实验动物替代方法原理与应用

Alternative Laboratory Animal Methods Principles and Applications

主　编　程树军　焦　红

科 学 出 版 社

北　京

内　容　简　介

本书系统论述实验动物替代方法的基本原理和在安全评价中的应用，全面反映替代技术研究的最新成果。全书上下两篇共25章，上篇为实验动物替代方法原理，介绍动物福利及3R原则的起源和法规管理，替代方法的验证认可和技术体系。下篇为动物试验替代方法应用，从动物试验的终点和安全评价的角度详细阐述替代方法的研究动态，并论及替代方法在生态环境、食品、化妆品、疫苗生物制品、医疗器械和纳米材料评价中的应用。重点突出替代方法的法规认可、实践应用、研究热点与前景展望。

本书可供生命科学、化学品/食品/化妆品安全、新药与生物制品研发、质检、环保、动物福利等领域专业技术人员和管理人员阅读，也可供医学、药学、兽医学、食品科学、日用化学、动物学、实验动物学、毒理学和环境科学等专业的师生参考。

图书在版编目(CIP)数据

实验动物替代方法原理与应用＝Alternative Laboratory Animal Methods Principles and Applications / 程树军，焦红主编. —北京：科学出版社，2010.9
ISBN 978-7-03-028812-7

Ⅰ.实…　Ⅱ.①程…②焦…　Ⅲ.实验动物-研究　Ⅳ.Q95-33

中国版本图书馆CIP数据核字(2010)第168331号

策划编辑：周万灏　李国红 / 责任编辑：胡治国　周万灏 / 责任校对：李　影
责任印制：徐晓晨 / 封面设计：黄　超

科学出版社出版
北京东黄城根北街16号
邮政编码：100717
http://www.sciencep.com
北京厚诚则铭印刷科技有限公司　印刷
科学出版社发行　各地新华书店经销
*
2010年9月第　一　版　　开本：787×1092　1/16
2021年1月第三次印刷　　印张：41 1/2　插页：4
字数：1 000 000
定价：298.00元
(如有印装质量问题，我社负责调换)

编委名单

主　编　程树军　焦　红

编　委（按姓氏汉语评音排序）

毕克新　国家质量监督检验检疫总局
曹　苹　深圳市药检所
程树军　广东出入境检验检疫局
高永清　广东药学院
顾为望　南方医科大学
郭中敏　中山大学
焦　红　广东出入境检验检疫局
邝　辉　深圳市药检所
赖　维　中山大学
马贵平　北京出入境检验检疫局
潘　芳　广东出入境检验检疫局
祁　贤　江苏省疾病预防控制中心
秦　瑶　中国替代方法研究评价中心
邱　路　上海出入境检验检疫局
谈伟君　广东药学院
王家骥　广州医学院
王丽霞　广东出入境检验检疫局
温巧玲　广东出入境检验检疫局
巫　玮　南方医科大学
吴晓亮　广州医学院
席　静　广东出入境检验检疫局
项　鹏　中山大学
徐丽艳　国家质量监督检验检疫总局
臧林泉　广东药学院
张宏伟　中国疾病预防控制中心
邹明强　中国检验检疫科学研究院
Alice CAI（蔡臻子）　欧莱雅（中国）研发和创新中心
Brian C. JONES　玫琳凯公司
Didier SAINT-LEGER　欧莱雅（中国）研发和创新中心
Jacques LECLAIRE　法国欧莱雅研发和创新中心
José COTOVIO　法国欧莱雅研发和创新中心
Rodger D. CURREN　美国体外科学研究所（IIVS）
Roland ROGUET　法国欧莱雅研发和创新中心

Contributors

Editors-in -Chief: Cheng Shujun Jiao Hong

Contributors:

Alice CAI L'OREAL (CHINA) Research & Innovation Centre

Bi Kexin General Administration of Quality Supervision, Inspection and Quarantine of China

Brian C. JONES Mary Kay Co.

Cao Ping Shenzhen Institute for the Control of Pharmaceutical Products

Cheng Jun Guangzhou Chn-alternative Institute for In Vitro Science

Cheng Shujun Guangdong Entry-Exit Inspection and Quarantine Bureau

Didier SAINT-LEGER L'OREAL (CHINA) Research & Innovation Centre

Gao Yongqing Guangdong Pharmaceutical University

Gu Weiwang Southchina Medicine University

Guo Zhongming Sun-yat Sin University

Jacques LECLAIRE L'OREAL Research & Innovation Centre

Jiao Hong Guangdong Entry-Exit Inspection and Quarantine Bureau

José COTOVIO L'OREAL Research & Innovation Centre

Kuang Hui Shenzhen Institute for the Control of Pharmaceutical Products

Lai Wei Sun-yat Sin University

Ma Guiping Beijing Entry-Exit Inspection and Quarantine Bureau

Pan Fang Guangdong Entry-Exit Inspection and Quarantine Bureau

Qi Xian Jiang Su Provincial Center for Disease Prevention and Control

Qin Yao Chinese Center for

Qiu Lu Shanghai Entry-Exit Inspection and Quarantine Bureau

Rodger D. CURREN Institute for In Vitro Science Inc.

Roland ROGUET L'OREAL Research & Innovation Centre

Tan Weijun Guangdong Pharmaceutical University

Wang Jiaji Guangzhou Medicine College

Wang Lixia Guangdong Entry-Exit Inspection and Quarantine Bureau

Weng Qiaoling Guangdong Entry-Exit Inspection and Quarantine Bureau

Wu Wei Southchina Medicine University

Wu Xiaoliang Guangzhou Medicine College

Xi Jing Guangdong Entry-Exit Inspection and Quarantine Bureau

Xiang Peng Sun-yat Sin University

Xu Liyan General Administration of Quality Supervision, Inspection and Quarantine of China

Zang Linqiuan Guangdong Pharmaceutical University

Zhang Hongwei Institute of Environmental health and related product safety, China CDC

Zou Mingqiang Chiunese Academy of Inspection and Quarantine

主编介绍

程树军

博士，硕士研究生导师

现为广东出入境检验检疫局国家食品安全检测重点实验室（广东）副研究员，主持体外毒理学。先后于1994年和1997年毕业于山西农业大学和华南农业大学，2004年在中山大学中山医学院获博士学位。1997～2004年曾任广东省实验动物监测所副研究员、监测室主任。现兼任国家认监委化妆品检测标准化工作组成员，广东省实验动物学会理事，广东药学院、广东海洋大学兼职副教授，中山大学公卫学院、广东药学院硕士生导师。广东省、广州市科技专家库成员。质检总局WTO/SPS通报评议专家。多年来一直从事消费品（药品、食品、化妆品、日用化学品）非临床毒理学安全评价研究和健康环境风险评估，致力于安全评价中动物实验及替代方法的研究和标准化。先后主持和参与科研课题20多项，包括国家自然科学基金、“九五”和“十一五”科技部攻关项目、质检总局和广东省课题。较早在国内开展安全性评价用大型实验动物（猴和犬）的自发疾病研究和比较组织学研究，提出建立安全评价毒性病理标准化的策略。较早在国内开展动物试验替代方法的研究和标准制订工作推行面向21世经的毒理学策略和3R原则，将干细胞技术、组织工程技术和“组学”技术应用于毒理学和实验动物替代方法的研发，主持体外替代实验室，提供检测技术服务于商品进出口检验。建立国内首家实验动物替代方法共享平台（www.vitrotox.com）和评价中心。近年来，指导培养博士和硕士研究生6名。先后在国内外杂志发表科研论文60余篇，主持编写国家标准和检验检疫行业标准10多项，主编和参编专著6部，获发明专利3项。研究成果获广东省和质检总局科技进步二等奖2项，三等奖2项。

焦　红

研究员，硕士研究生导师

现为广东出入境检验检疫局国家食品安全检测重点实验室（广东）主任。现兼任中山大学硕士生导师，中国科学院物理生物所客座教授，第一届国家食品安全标准审评委员会委员，国家认监委化妆品检测标准化工作组组长，CNAS 食品专业技术委员会委员，广东省食品安全专家委员会委员，国家质检总局 WTO/TBT-SPS 通报评议专家等学术职务。多年来一直从事食品化妆品安全质量检验技术标准化、实验室体系建设、应对进出口商品贸易壁垒等多方面的应用研究。主持国家级、省部级和广州市科研项目多项，获省部级一等奖、三等奖多项。获软件知识产权、著作权、发明专利多项。完成国家标准、行业标准和地方性标准多项。第一作者在国内核心期刊发表论文多篇。近年来重点研究国际前瞻性食品安全风险评估理论和技术，多次在国家食品安全应急事件和国际谈判中运用风险评估方法提供安全评估意见。作为系统内国家级重点实验室主任，熟悉国际先进的食品安全检验和实验室质量控制与管理技术，熟悉食品化妆品各专业检验技术的评价手段。带领团队建设国家食品安全检测重点实验室的化学、物理学、微生物学，体内/体外毒理学以及化妆品功效检验的综合技术平台。带领团队建立了强大的应对和处理食品安全突发事件的技术实力，多次完成国家质检总局交办的应急任务；完成欧盟、美国、日本、韩国等十多次国外政府机构、专业组织和专家对实验室的技术考核。对提升中国食品安全检验技术学术水平和中国出口食品的声誉做出了积极贡献。

Preface

Science develops in waves, often prompted by new technologies or societal needs. Toxicology is in no way different. The landmark publication by the US National Research Council in 2007 has put forward a vision of a Toxicology for the 21st Century. It proposes that toxicology should shift from primarily in vivo animal studies to in vitro assays, which has created an atmosphere of departure in our field. The alliances formed, symposia and meetings held and the articles following are remarkable, indicating that this is an idea whose time has come. Elias Zerhouni, the director of the US National Institute of Health commented: "Animal testing won't disappear overnight, but the agencies' work signals the beginning of an end."

In addition to technical opportunities to map pathways of toxicity and the regulatory implementation once the technological challenges are managed, a series of challenges lay before us to set this vision into practice. This includes the standardization and quality assurance of novel methodologies, their formal validation, their integration into test strategies with threshold setting, their finally global acceptance and implementation. This will require intense conceptual steering to have all pieces of the puzzle come together.

The willingness to accept risks in daily life is diminishing continuously in all modern societies. The willingness to lessen efforts for safety evaluations is therefore low. Thus, a generally accepted consensus is that new approaches must not lower the current safety standards. This leads quickly to a concept, where current methodologies are considered gold standards, which need to be met. It is therefore not sufficient to develop new approaches, but also to show their limitations in comparison to current regimes, a process normally summarized as validation. However, this typically leads to a strategy where out of the "patch-work" of the toxicological toolbox, maximally one patch is replaced by a new one. This does not really open up for a new general approach, a paradigm shift for toxicology as proposed by the Toxicity in the 21st Century vision.

We might take a different view and ask ourselves, how regulatory toxicology would be done, if we had to design it from the scratch. The vision of the NRC committee is laying out such a new design, putting forward a new approach based on modern technologies and in a more integrated way. This includes likely the accumulated knowledge on pathways of toxicity, modern technologies such as (human) cell culture, screening in lower species, omics technologies (genomics, proteomics, metabonomics), image analysis, high-throughput testing, in silico modeling including PBPK (physiology-based pharmaco-, here more toxico-, kinetic modeling) and QSAR (quantitative structure activity relationships). Let us assume the feasibility of such an approach: It is unrealistic to assume that it will be a one test approach, which will accomplish all this -likely it will be another test battery (toolbox). However, we can only progress if we construct this new approach from scratch and not only replace or add new "patches". We will still face some fundamental problems such as to to define adversity or validate the toolbox, if such a battery of novel tests can be achieved, independent of the technologies to be applied. Toxicology in the 21st century develops along with modern technologies and social needs, more than a shift of vision. It requires also an International harmonization. It is encouraging to see the intense stakeholder discussion in safety assessments worldwide in response to the report. New strategies are discussed at many places, which made me most excited to see the efforts of our Chinese colleagues.

Dr. Cheng is a young toxicologist from China, whom I met for the first time in December of 2006. At the time as the director of ECVAM, the European Centre for the Validation of Alternative Methods, I hosted a Chinese delegation to visit the Joint Research Centre in Ispra, Italy, after the second annual meeting of the European Partnership for Alternative Approaches (EPAA). In January of this year, a workshop of Chinese cosmetics regulators visited the Institute for In-Vitro Sciences (IIVS), and I met Dr. Cheng in Gaithersburg, MD, USA, again on this occasion. When I learned that his book would be the first academic monograph up to now that comprehensively introduces the principles and applications of 3Rs in China, I appreciated the invitation of writing the preface for it. I strongly believe that the publication of this book will push the further development of new toxicological strategy/approaches and alternative methods of animal testing in China.

Thomas Hartung, was head of ECVAM in Italy (2002－2008), now is director of the Center for Alternatives to Animal Testing (CAAT) and the Doerenkamp-Zbinden Professor and Chair for Evidence-based Toxicology in the Department of Environmental Health Sciences at the Johns Hopkins Bloomberg School of Public Health in Baltimore, USA.

June 2010

序

新技术或社会需求推动科学呈波浪式发展，毒理学亦是如此。2007 年，美国国立研究院(NRC)描绘了具有划时代意义的 21 世纪毒理学的前景(注：Toxicity Testing in the 21st Century: A Vision and a Strategy)，提出毒理学应当由原来的体内动物研究向体外试验转变。打开了本领域即将发生变革的序幕。之后，各种合作联盟纷纷成立，研讨会和学术会议应接不暇，表明实现这一愿景的时代正在到来。美国国立卫生研究院前主任 Elias Zerhouni 评论道“动物试验不会旦夕消失，但是各机构的工作预示着其终结的开始”。

在这一前景付诸实现的过程中，摆在我们面前的，除了实现毒性作用路径所提供的科学发现的机遇以外，还要面对一旦技术挑战得以解决后如何对法规进行完善，包括新方法的标准化及质量保证、正式验证、包含范围设置的整合试验策略，以及新方法的最终全球化认可与应用等。这就要求在观念上综合把握困难的方方面面。

现代社会，人们越来越不情愿接受日常生活中存在的风险，因而，也就不情愿减少安全性评价方面的努力。被多数人接受的观点是：新的试验方法应当不低于当前安全评价的标准所能达到的水平，这就自然而然地形成了一种观念，即目前的方法学是新试验方法必须符合的金标准。因此，一方面新方法的研发投入并不足够，另一方面按照通常概括为“验证”过程的现行评价体系，新方法与现行方法相比常显示出某种局限性。这样做的后果导致毒理学的策略难以摆脱对“毒理学工具箱”进行“修修补补”的框架的束缚，即充其量不过是一块“补丁”被新“补丁”替换，这不是真正依从“21 世纪毒理学前景”所建议的顺应毒理学变革而采取的对待新试验方法的开放的做法。

我们可以换个角度自问，设若不得不从头开始设计，管理毒理学应该如何进行？NRC 委员会的观点提出了一种新的方案，采用以现代技术为基础的和更加整合的新方法。包括对毒性作用路径认知的集成和现代技术的应用，如(人)细胞培养、低等物种筛选、组学技术(基因组、蛋白组、代谢组)、图像分析、高通量试验、包括 PBPK(基于药理学，更多的是基于毒理学的生理学模型)和 QSAR(定量构效关系)在内的计算机模型。既然认识到这些技术所产生的方法成为单一试验的想法是不现实的,那么将其组合起来成为另外一套成组试验(毒理学工具箱)或许可能实现。然而,如果我们只是从头开始建立新方法,而不仅仅是取代或增加新"补丁",我们仍面临着一些根本问题,例如当新的试验组合不依赖于所应用的技术得以完成时,如何确定毒理学工具箱的局限性或有效性。21 世纪的毒理学,与其说是观念的转变,不如说更多的是适应现代科学技术和社会发展的需要,它同样需要国际社会的协调一致。世界范围内安全性评价领域相关方面就该报告而引发的讨论令人鼓舞,许多地方都在探讨新策略,令我最为激动的是看到我们的中国同行所作出的努力。

程博士是一位年轻的中国毒理学家,我们初次见面是在 2006 年 12 月,当时我是欧洲替代方法研究中心(ECVAM)的主任,在中国代表团参加完欧洲替代方法合作联盟(EPAA)第二次年会后,作为东道主我接待了代表团访问欧洲联合研究中心(意大利 ISPRA)。今年 1 月份,中国化妆品法规工作组访问了体外科学研究所(IIVS),我与程博士在美国马里兰州盖瑟斯堡再次见面。获知中国国内首部全面介绍 3R 原理和应用的专著即将出版,应著者之邀欣然为序。我深信该书的出版将会进一步推动新毒理学策略/方法的研发和动物试验替代方法在中国的发展。

Thomas Hartung,原欧洲替代方法验证中心(ECVAM)主任(2002－2008),现担任 CAAT 主任、德国康斯坦茨 Doerenkamp-Zbinden 教授,并在约翰霍普金斯大学彭博公共卫生学院环境卫生科学系主持证据毒理学。

2010 年 6 月

前　言

诞生于100多年前的实验动物学是近现代生命科学的支撑和基础，实验动物为人类文明的发展和社会的进步作出了重要的贡献。50年前(1959年)，《人道动物实验原理》(The Principles of Humane Experimental Technique)出版了，在这本具有里程碑意义的专著中，英国动物学家William Russell和微生物学家Rex Burch提出了著名的“3R”人道主义试验原则，即替代(replacement)、减少(reduction)和优化(refinement)。经过50年的发展，目前这一理念已被科学界普遍认可，并被立法部门接受。

近20年来，在以西方为主的动物福利运动和现代科学技术的推动下，3R理念已逐渐成为生命科学研究中遵循的重要原则。体外试验技术、原理和方法已发展成为生命科学研究所不可缺少的重要组成部分。为了推动动物替代技术的发展，欧、美、日等主要发达国家不但成立了研究组织和管理机构，而且投入大量经费资助相关的研究。在这个领域不断有新技术、新方法得到推广和应用。这些技术已在生命科学研究的许多领域得到应用，有的成为影响国际贸易的技术壁垒，如欧盟化妆品动物实验禁令(2003/15/EC)，欧洲化学品REACH法规、欧盟86/609/EEC指令等。实验动物替代理念的提出和替代方法的发展，与其说是社会进步的需要，不如说更多的来自科学技术进步的推动。特别是随着(人)细胞培养、低等生物筛查技术、分子生物学、组学技术(基因组、蛋白组、代谢组、细胞组)、组织工程技术、干细胞技术、生物标记技术、图像分析、高通量试验、计算机模拟技术等生物科学技术的发展，使许多以前需要利用活体动物进行的研究完全或部分可以利用体外的方法实现。2007年，美国国立研究院(NRC)发表了具有里程碑意义文献“21世纪的毒理学观念和策略”(Toxicity Testing in the 21st Century: A Vision and a Strategy)，提出毒理学应当由原来的体内动物研究向体外试验转变，为科学领域的这一变革起到了纲领性的作用，NIH主任Elias Zerhouni认为“动物试验并不会在旦夕之间消失，但是各研发机构的工作预示着其终结的开始”。

近年来，我国加大了对动物试验替代技术的支持，如2001年科技部发布《科研条件建设“十五”发展纲要》中，就明确提出“推动建立与国际接轨的动物福利保障制度，鼓励在科学研究中使用替代实验动物技术的研究”；国家自然科学基金委员会把推动我国替代方法的研究纳入重点资助范围。2006年国家科技部发布了《关于善待动物的指导意见》。使我国的科学研究用动物的福利与技术向前进迈了一大步。国家质检总局非常重视动物实验替代技术的法规咨询与技术交流，多次开展替代技术的研讨、培训与磋商。为了应对欧盟已于2009

年实施的化妆品动物试验禁令,广东检验检疫局率先建立了检测实验室,建立检测标准,提供实验室检测技术服务,建立替代方法的资源共享网络和评价中心,开展相关的科学研究。

为了总结3R与实验动物福利技术的原理与背景,收集和整理动物试验替代方法的进展和前沿动向,向读者全面介绍实验福利与替代方法的由来、立法背景和技术进展。使实验动物替代从理念走向应用,从被动的技术应对走向自觉的技术实践。编者从2006年开始着手本书的编写工作,经过4年多的努力得以正式出版,愿以此书纪念3R发布50周年。

本书分上下两篇。上篇实验动物替代方法原理,分为6章,全面介绍动物福利及3R运动的历史与现状,国内外实验动物、动物福利及动物替代的法规化管理现状,替代方法的开发、验证与认可程序,替代方法的教育培训、学术交流和网络资源,体外试验系统与技术和替代实验室良好规范。下篇动物试验替代方法,分为19章,根据安全性评价动物试验的具体内容分章详细介绍动物实验及替代技术的进展,包括基本细胞毒性、急性毒性、皮肤刺激性/腐蚀性、皮肤过敏、皮肤吸收、亚慢性毒性、重复染毒和靶器官毒性、遗传毒性、光毒性、毒性动力学、致癌性、生殖和发育毒性、生态和环境毒性等。下篇还就替代方法在食品、化妆品、化学品、疫苗生物制品、医疗器械和纳米材料评价中的应用情况分章作了介绍。重点突出替代方法的验证认可现状和实践应用,并关注最新研究动态、技术热点和前景展望。书后附录包括3R与替代方法大事记、动物福利与替代方法网络资源和中英文索引方便读者检索。

本书部分内容来自作者承担的国家自然科学基金、科技部攻关项目、质检总局和广东省科技项目的支持,本书的编写过程中,非常荣幸地得到了国家质检总局进出口食品安全局、广东出入境检验检疫局、广东省科技厅各级领导的关心和指导。CAAT现任主席Thomas Hartung博士在今年年初中国质检总局化妆品代表团访问美国期间,应著者之邀请欣然为序。本书编委由来自国家质检总局,中国检验检疫科学研究院,广东、上海、北京等直属检验检疫局,中山大学、南方医科大学、广州医学院、广东药学院等高校以及法国欧莱雅研发和创新中心、美国体外科学研究所,药检疾控系统,玫琳凯公司和华代体外科学研究所等机构的30多名学者教授组成。使得本书能站在全球的角度审视替代方法的国际进展与成果。对全体编委的辛勤付出深表谢意。特别感谢国家质检总局的李元平、俞太尉、林伟,广东省实验动物学会的陈菊玉、余亮、黄韧,法国欧莱雅研发和创新中心的Valérie Facy、Annie Black、Damien Lelièvre、Pascale Justine、Nathalie Alépée和欧莱雅(中国)研发和创新中心的余晓君、裘捷、李楠、吴越。感谢我的同事许崇辉、刘慧智、李妙珍、刘超,感谢研究生黄楠楠、陈晓清、任美玲、郎静、步犁、敖华英,对我的家人以及其他给予支持和关注的朋友,在此一并致以衷心的感谢。

由于本书涉及的学科是目前国际上发展最快的领域之一,实践性强,新技术结合紧密,加之作者水平所限,不足和疏漏之处在所难免,敬请读者批评指正。希望在本书再版的时候有更多的有识之士参与进来,共同推动我国实验动物替代技术的发展。

程树军

2010年7月于广州

目　录

上篇　实验动物替代方法原理

下篇 动物试验替代方法应用

上篇　实验动物替代方法原理

第1章　动物福利与3R原则
Chapter 1　Animal Welfare and 3R Principle

第1节　动物实验的历史与观念

一、实验动物与动物实验的概念

实验动物(animal)、设备(equipment)、信息(information)和试剂(reagent)共同构成了生命科学研究必须具备的4个基本要素,通常称之为AEIR要素,实验动物居于首位。

实验动物(laboratory animal)是指经人工饲育,对其携带的微生物、寄生虫实行控制,遗传背景明确或者来源清楚,用于科学研究、教学、生产、检定及其他科学实验的动物。实验动物不同于野生动物、经济动物(如家畜、家禽)和观赏动物(如宠物)。

实验动物用于科学实验的结果应该具有可靠性、精确性和可重复性。为此实验动物必须满足科学实验应具备的4项基本要求,即:①对实验处理表现出极高的敏感性;②对实验处理个体反应表现出极强的均一性;③模型性状具有遗传上的稳定性;④动物来源具有易获得性。实验动物必须是先天遗传性状、后天繁育条件、微生物和寄生虫携带状况、营养需求以及环境因素等方面受到全面控制的动物。因此,实验动物有其特定含义,其一是必须人工培育,遗传背景明确,来源清楚,即遗传限定的动物;其二是对其携带的微生物、寄生虫实行人工控制,即微生物寄生虫限定的动物;其三是主要用于科学实验。由于实验动物种类有限,目前某些遗传背景不十分清楚,对其携带的微生物、寄生虫未做净化处理的动物也在用于科学实验,它们只能为试验用动物(experimental animal)。试验用动物是指能用于科学实验的动物,包括试验动物和某些野生动物、经济动物和观赏动物中一些用于实验的动物。其中有的动物未经严格的遗传学控制和微生物寄生虫学控制,标准化控制程度低。

动物实验(animal testing)是以实验动物为实验对象进行处理并观察其反应以获取资料的科学实验,包括以实验动物整体水平的综合性反应为评价指标的实验、以实验动物为对象的观测、以实验动物为材料来源的局部器官及系统的实验以及以实验动物的各种表现参数作为权衡尺度的实验室工作。对生命科学而言,动物实验结果的科学性、准确性及精密度与实验动物的选择、实验条件、实验技术与方法等直接相关。现代动物实验除了满足上述科学性的要求之外,还必须遵循伦理学规范,符合3R原则。

二、动物实验的必要性

(一)实验动物推动了生物医学的发展

自古以来,实验动物就是生物医学研究

和教学的基本工具,动物实验也是现代生物医学研究的主要手段。动物实验在揭开生命本质和起源之谜,保证人类健康和推动整个生命科学方面发挥了重要作用。

早在公元前 4 世纪至公元前 3 世纪,希腊杰出的生物学奠基人亚里士多德运用解剖技术展示了各种动物的内在差别,这是西方最早关于动物实验的文献记载。我国史料记载,炎黄时代便有"神农尝百草,一日而遇七十毒"的描述。古罗马时期,Galen 医生就曾通过对多种动物进行初步的活体解剖来推论人体的生理功能,对医学发展影响很大。公元 1 世纪前后英国的《埃伯斯医药籍》以及 15 世纪李时珍的《本草纲目》中记载的大量药物和药方许多都是通过动物实验初步验证的。17 世纪,英国医生 William Harvey 采用活体解剖的办法以蛙、蛇、鱼等几种动物做实验,发现了血液循环现象,使生理学真正发展为一门学科,也为实验药理学开创了新纪元。18 世纪末,科赫用牛、羊等动物做实验,发现了结核杆菌,提出了科赫原则。19 世纪,巴斯德开始在动物身上复制人类疾病的模型,用动物实验方法来研究疾病发生的原因和条件,开创了现代微生物学。人们以巴斯德的理论确认了许多种传染性疾病并研制出了相应的预防疫苗(包括白喉、破伤风、狂犬病、百日咳、结核、脊髓灰质炎、麻疹、流行性腮腺炎、风疹等)。巴甫洛夫用狗做实验,在心脏生理、消化生理和高级神经活动方面取得了重大成就。

动物实验研究不仅直接推动了疫苗和生物制剂的问世,而且在抗生素的开发方面也起到了重要的推动作用。磺胺药物的发现就有实验动物的功劳,研究这些化合物的德国细菌学家 Domagk 小组坚持把所有候选药物,除了用琼脂平板上生长的细菌进行筛选外,还都要用感染的小鼠进行筛选(即鼠保护实验),Domagk 敏锐地发现候选药物百浪多息(prontosil,第 1 个合成的磺胺类药物)在小鼠体内实验中抗菌效果极为有效,但它对体外培养的细菌却无效。Damask 以其对抗菌药物的研究获得 1939 年诺贝尔奖。相反,缺乏适当动物实验研究却使青霉素的应用推迟了 10 年。Alexander 在 1929 年的研究中没有用小鼠检测其含粗青霉素的培养物的效果(虽然他的确也指出这种培养物对小鼠和兔没有毒性),直至 1940 年,牛津大学的 Florwey 等最终通过鼠保护实验表明青霉素是一种具有奇效的抗生素而使其得以广泛应用。

生物医学发展中还有许多新发现和新技术的应用是通过动物实验获得的。1665 年,Wren 成功地用羽管对犬施行静脉注射;Lower 成功地对犬进行了输血,为后来人体静脉注射与输血提供了依据。1792 年,Jenner 发现牛痘可以保护人不生天花,这是世界上第 1 个疫苗。人类第 1 个证实的细菌病是牛羊的炭疽病(1878 年)。第 1 个放线菌病是在牛体发现(1877 年),第 2 年才在人体分离到此病原。最早发现的病毒病是犬的狂犬病(1885 年)和牛羊口蹄疫(1897 年)。最早发现的原虫病是骆驼的苏拉病(1880 年),不久又发现鸟的疟原虫,然后才发现人的原虫病。虫媒病也是先在动物中发现(牛的德克萨斯热,1893 年),以后才知道疟疾、黄热病、斑疹伤寒都是昆虫传播。慢病毒(包括艾滋病毒在内)最初也是在绵羊的痒病中发现,后来才在库鲁患者中分离到。几乎所有疫苗都是先通过动物实验在动物中研制成功,然后移用到人。如最早的死病毒疫苗的鼻祖是猪瘟疫苗,弱毒疫苗则是禽霍乱疫苗;最早的寄生虫病疫苗是牛的网尾线虫疫苗;最早的肿瘤疫苗是鸡的马立克病疫苗等。

从生物医学的历史发展进程看,生物医学的每一重大发展与进步几乎都与动物实验息息相关,现代医学各领域中许多最重要的进步都离不开以实验动物研究为基础的探索。实验动物代替人体受试者的地位,没有其他任何技术和方法可以完全取代，可以说现代医学的发展仍离不开动物实验。

（二）动物实验与人类生活紧密相关

实验动物作为活的“度量衡”直接或间接地影响着社会发展和生活的各个方面。

1. 医药领域 实验动物与医学、生物学药学的关系最为密切。探求人类疾病的发生、发展、预防、治疗，都需要通过动物实验加以阐明和证实。了解人类自身的心理、精神、行为进化，了解衰老和延缓衰老的过程等都离不开实验动物。新药、疫苗、生物制品、诊断试剂的研发、生产、质检等方面，实验动物也起着非常重要的作用，尤其是在新药的药效学测试和安全性评价必须通过严格的动物实验。

2. 农牧领域 农业上大量使用的杀虫剂、除草剂等农药的生态安全以及人类健康安全等都离不开动物实验。兽药、新农药的研发常常由于对人类健康危害或对生态系统的破坏而以失败告终。欧盟要求对农药的环境影响进行评估，除需要进行动物实验外，还需要进行生态动物的试验。

3. 工业领域 食品原料和添加剂、化妆品、纺织品、日用化学品等经常需要通过动物实验证明其应用于人类的安全性。

4. 环境保护领域 由于人类活动而不断增长的各种环境因素，如放射性物质、噪声、空气污染物、生物毒素、日用化学品等，对人类生活空间造成的污染、对人类健康的危害、对生态环境中其他生物的影响等的研究都离不开动物实验的支持。可以说，实验动物和动物实验已深入到人们生活的各个领域，包括科学研究、教学、环境、军事等。

三、动物实验的局限性

（一）动物实验存在片面性

片面性主要表现在以下方面：

1. 实验动物作为人类疾病动物模型的不足 大多数实验动物被应用于医学研究的主要方式是动物模型，特别是各种疾病动物模型。研究人员通过遗传控制、基因干预、外科手术或注入外来物质等方式诱发动物产生疾病，“模拟”人类的疾病。然而这种研究具有明显的缺陷，因为每个物种都是由多个系统和器官组成的十分复杂而又相互关联的有机体，物种之间在漫长的进化过程中已形成了无数微妙而又重要的差异。施加于动物一个或几个特殊器官或系统产生的“模拟”效应，往往不能精确预测或不能全面复制该疾病表现出的复杂的生物学特征。在这种不确定性的情况下，将动物实验结果的数据外推到其他物种（包括人类）可能是不可靠的。当然，“动物模型”最好类似于人的情况，但没有哪种理论能够证明这种类推法的有效性。因此，动物实验结果外推到人从理论上讲也缺乏逻辑性。

2. 实验动物作为安全性预测依据的局限性 实验动物的一个重要用途是用来测试药物和其他化学物质的安全性。但是，不同动物所测得的结果往往不一致，经常还相互矛盾。1988年，Lester Lave在《自然》杂志上报道，使用大鼠和小鼠测试214种化合物的致癌性的双重试验，其反应一致性的仅有70%，啮齿类动物和人之间的相关性更低。Olson 1998年报道131种化学物对动物的毒性与人的毒性的吻合率，啮齿类为6%，非啮齿类（犬和猴）为28%，合并后仅36%，所有的物种吻合率可达69%。David Salsburg也发现，已知19种人类摄入时会致癌的化合物，如采用规定的标准用量，只有7种化合物能在小鼠和大鼠身上引起癌症。

3. 动物实验误差不可避免 当人们对生物医学中的一些理论产生怀疑和争论时，往往引用动物实验的研究结果作为证据。但是，动物实验的结果有时是模棱两可的或者是不全面的，不同动物试验往往在试验方案、动物种属选择和试验条件上存在差异，互相持相反观点的人往往都能获得支持其理论的证据。如2006年，英国某实验室研制一种名为TGN1412的免疫制剂，动物试验表明能激活调节性免疫T细胞，从而应用于自体免疫疾病治疗，但人体志愿者在应用这种抗体后出现同实验动物完全相反的结果。

（二）动物实验有时可造成误导

在动物试验中观察到许多明显与人体反应不同的异常现象，有的可能是供试动物物种本身所特有的正常的生物学特性反应，也可能是非自然手段所引起的变化，或是由于实验室环境的应激反应所致，如F344大鼠自发肿瘤。标准化程度不高的实验动物（如非人灵长类动物和犬）通常具有较高的自发病变率，这种异常性可能与人类的病理变化毫不相关。如果据此而提出什么实验假说或假设，那么只能是差之毫厘，谬以千里。

动物试验有时还能够把研究人员引入歧途，如有时通过动物试验未能预测药物的毒性反应而过早地临床应用引起人类的疾病或死亡。例如，提高心输出量的药物米力农（milrinone）可提高诱发性心力衰竭的大鼠的存活率，但有严重慢性心力衰竭的人服用这种药后病死率却增加30%。20世纪80年代初，常用的止痛药氯苯酰二甲基吡咯乙酸钠很受消费者欢迎，当使用者体内发生严重的过敏反应甚至导致死亡、成百上千人的生命受到威胁之后才被从市场中取缔。再如抗抑郁药nomifensine对大鼠、家兔、犬和猕猴毒性极小，但在人类却会引起肝脏中毒和贫血。美国曾对1976年至1985年期间上市209种新药中的98种进行评价，发现其中52%的药物具有“严重的批准后的危险”，而当时在动物试验和有限的人体试验中未曾预见。而与此类似的尚未发现的不良反应较低的潜在药物又有多少呢？与此相反，我们无法估计又有多少具有潜在应用价值的药物却被放弃或禁止使用。

许多医学领域的重要进展之所以被推迟，部分原因是由于动物试验结果的误导所致。20世纪30年代，对猴的研究导致了一些严重错误的观念从而延迟了对脊髓灰质炎的防治。这些研究认为，脊髓灰质炎病毒主要侵染神经系统，这与先前的临床研究认为胃肠系统是主要的感染途径相矛盾。直到后来人们才证实，这是因为通过滴鼻接种病毒已对脑组织人为地产生了亲和力。这一错误的结论导致人们指导临床对该病产生错误的预防措施，并延迟了疫苗的开发。直到1949年，当人们首次使用人的肠道和四肢等非神经组织细胞培养这种病毒获得成功时，才改变了这一错误观念。

总之，动物试验应用于科学研究和检测只是许多可用的实验技术之一。除了动物试验外，还有许多可靠和可行的方法可供使用，包括流行病学调查、临床试验、体外组织和细胞培养、非介入性研究（图像分析）和计算机模型等。新技术的应用可明显提高动物试验的效率以及与人类的相关性。

四、动物实验与毒理学

毒理学是生物医学的一门重要基础学科，是研究化学因子、物理因子和生物因子与生物机体的有害交互作用的科学。毒理学最先是从药理学发展而来的，药理学为毒理学的发展奠定了科学基础。与药理学主要研究药物对生物体的有益作用不同，毒理学研究化学物在一定条件下对生物体的有害作用。在某种程度上药理学和毒理学的发展都离不开动物试验。

毒理学试验可采用整体动物、离体动物器官、组织、细胞或非生物的方法进行。根据所采用的方法不同，可分为体内试验和体外试验，通常把利用活体动物进行的试验称为体内(in vivo)试验,利用离体、培养物或非生物方法进行的试验称为体外(in vitro)试验。毒理学还利用受控的人体试验和流行病学调查直接研究外源化学物对人体和人群健康的影响。各种毒理学研究方法的优缺点见表1-1。现代毒理学虽然仍以动物实验为主要方法,但更重视新技术的应用,如体外技术、数学模拟技术、蛋白和基因组技术等,将在以后各章详细介绍。

表1-1 毒理学研究方法的优缺点

研究方法	流行病学研究	受控的临床研究	体内试验	体外试验
优点	· 真实的暴露条件 · 在各化学物之间发生相互作用 · 测定在人群的作用 · 表示全部人的敏感性	· 规定的受控的暴露条件 · 在人群中测定反应 · 对某组人群的研究是有力的证据 · 能确定效应的强度	· 易于控制暴露条件 · 能测定多种效应 · 能评价宿主特征的作用(如性别、年龄、遗传特征等)和其他调控因素(饮食等) · 可能评价机制	· 影响因素少,易于控制 · 可进行某些深入的研究 · 人力物力花费少
缺点	· 耗资、耗时多 · (事后性)无健康保护 · 难以确定暴露,有混合暴露问题 · 可检测的危害性增加应达到2倍以上 · 测定指数较粗(发病率、病死率)	· 耗资多 · 较低浓度和较短时间的暴露 · 限于较少量人群(一般≤50) · 限于暂时、微小、可逆的效应 · 最敏感的人群一般不适于研究	· 动物暴露与人暴露相关的不确定性 · 受控的饲养条件与人的实际情况不一致 · 暴露的浓度、时间模式与人群暴露显著不同	· 不能全面反应毒性作用,不能作为毒性评价和危险性评价的最后依据 · 难以观察慢性毒作用

(一)现代毒理学仍以动物实验为主

毒理学的主要任务是评价外源化合物的毒性,以研究化学物对人体的有害作用,通常需要借助实验动物模型才能实现这一目的,即以实验动物为试验对象,以模拟人体暴露的条件进行染毒,观察毒性作用。现代毒理学仍然以动物实验为主,其基本原则表现在:

1. 实验动物的毒理学效应可以外推到人 其基本假设前提是人是最敏感的物种,实验动物(特别是哺乳动物)和人在解剖、生理、生化代谢等生物学过程方面有很多相似之处。以单位体表面积计算在实验动物产生毒性作用的剂量通常和人相近,而以体重计算则人比动物敏感,差别可能高达10倍。因此,可以通过安全系数计算人的相对安全剂量。

2. 实验动物必须暴露于高剂量 这是发现对人造成潜在危害的可靠方法,根据群体效应发生率会随着剂量或暴露的增加而增加的原则,毒理学试验中设置多个试验组,通过观察剂量-反应(效应)关系确定受试物的毒性效应和有关毒性终点的参数。但这些参数对于判断某种化学物是否安全还是不够的,因为毒理学试验中实验模型所需的动物总是远远少于处于危险中的人群,为了在少量动物中得到有统计意义的可靠结果,需要应用相对较高的剂量,提高效应发生的频率以便被检测,然后根据毒理学原则外推估计低剂量的危险性。

3. 实验动物的染毒方式接近于人可能的暴露途径 为了使实验具有代表性和可重复性,必须使用成年健康(雄性和雌性未孕)实验动物,而将幼年、老龄和妊娠雌性动物作为特殊情况另作研究。毒理学动物实验结果的敏感性取决于受试物的毒性效应强度和实验误差两个因素。因此,应严格控制可能影响动物实验的各种因素,采用标准的试验方法,实施质量保证措施,降低实验误差。这样通过实验毒理学的一系列研究,可以对化学物的某一方面或某几方面的毒性进行选择性评价。

毒理学作为一门实验科学,是以动物实验为中心,以体外实验、人体实验和流行病学调查为补充。毒理学动物实验的设计、实施、结果观察和评价是毒理学研究的基本内容。毒理学试验作为化学物、化妆品、药品等健康相关产品安全评价的主要手段,已列入各国际组织、各国政府所颁布的规程或指南中。

(二) 毒理学动物实验的局限性

现代科学技术的发展在证明生物体共同衍生和演化规律的同时,也越来越多地证明了不同物种间以及生物个体间基因、蛋白以及代谢等多方面的差异,尽管各国政府主管部门制订了有关药品和各种化学品安全性评价的规范或准则,并不断使其完善,希望利用啮齿类和非啮齿类的毒理学研究能为安全性评价提供毒理学证据,但是以动物资料预测人类毒性的预测价值尚有待研究。正如WHO在《临床前药物安全性实验原则》文件中所指"虽然事先对生物活性物质进行了最仔细的研究,但给人类使用时总是不可避免地要冒一定的风险",这就是毒理学动物实验的局限性。其原因主要是

1. 从动物实验外推到人的不确定性 实验动物和人对外源化学物的毒性反应敏感性存在很大差异,有时甚至存在本质差别。虽然毒理学动物实验通常采用两种或两种以上的动物,并尽可能选择毒性反应与人相似的动物,但要完全避免物种差异是不可能的。例如,降胆固醇药氯苯氧异丁酸乙酯对犬的毒性较大,而对大鼠、猴和人的毒性小;苯可引起犬白细胞增多及脾脏和淋巴结增生,但对兔只能引起白细胞减少及造血器官发育不全。已证实大鼠饲以大剂量糖精会诱发膀胱癌发生,但人类膳食中糖精含量要低得多,与此相当的剂量则不会诱发膀胱癌。在高浓度条件下,糖精在大鼠膀胱内造成不溶的沉淀,随后对膀胱上皮细胞造成慢性刺激,促进细胞增生,最终形成膀胱肿瘤;但人类即使过量摄入这种人造甜味剂,在人的尿液中也不会达到形成沉淀的浓度。

表1-2显示了用猴预测人体毒性时的准确性。可以看出,骨髓和胃肠道的真阳性百分率最高,分别为80%和92%,假阴性率也最低,分别为8%和0%;其次为肝脏毒性,真阳性率为52%;肾、心血管及神经肌肉的真阳性率则均较低,分别为32%、28%和24%,假阴性率也较高分别为8%、12%和4%;其他系统则真阳性率更低,还有不少假阳性结果。

表1-2 用猴预测人体器官系统毒性时的准确性(%)

器官系统	真阳性	真阴性	假阳性	假阴性
注射部位	16	40	36	8
皮肤	12	40	32	16
心血管	28	36	24	12
呼吸	16	16	64	4
骨髓	80	0	12	8
淋巴组织	4	24	72	0
胃肠道	92	0	8	0
肝脏	52	4	44	0
肾脏	32	4	56	8
神经肌肉	24	12	60	4

表1-3显示用犬预测毒性试验和人的毒性结果的准确性。可以看出对骨髓的抑制作用,猴的结果与犬接近;对胃肠道毒性(主要为呕吐),猴的预测率较犬低;对肝、肾、神经肌肉等毒性则和犬相近。若同时采用犬和猴两种动物的实验结果,则预测率可提高,其中对骨髓毒性真阳性率可高达83%,

假阳性率为 0，对心血管、皮肤、肾毒性等预测准确性也提高。

表 1-3　用犬预测人体器官系统毒性时的准确性(%)

器官系统	真阳性	真阴性	假阳性	假阴性
注射部位	13	26	52	9
皮肤	13	17	57	13
心血管	22	26	30	22
呼吸	13	48	30	9
骨髓	83	13	0	4
淋巴组织	0	31	65	4
胃肠道	74	9	0	17
肝脏	52	35	13	0
肾脏	35	48	13	4
神经肌肉	22	30	39	9

事实上，人类对药物常常比所有动物都要敏感，不少药物的毒性往往首先是在人体试用时才出现，而不是先出现于动物实验中。有一些严重的常见的毒性反应很难从动物实验中预测，如过敏反应(青霉素过敏性休克)、再生障碍性贫血(氯霉素)、中毒性精神症状、特异质反应(对异烟肼和琥珀胆碱的异常反应)，还有一些症状在动物体内无法显示(如头晕、头痛、乏力、耳鸣、精神神经症状等)。

2. 高剂量向低剂量外推的不确定性　毒理学动物实验通常需要少量动物给予高剂量染毒，然而有些化合物在高剂量和低剂量的毒性作用规律并不一定一致，动物在大剂量下出现的反应可能是由于化合物在体内超出了代谢能力，因而高剂量向低剂量外推存在不确定性。

3. 小数量动物实验到大量人群外推的不确定性　毒理学试验所需动物数量有限，而且毒性试验项目不可能检测到所有的毒性效应，尤其是那些发生率很低的毒性反应，仅通过少量动物实验是难以发现的。而化学物进入市场后人群接触数量会很大，因而存在小数量动物实验到大量人群外推的不确定性。

(三) 现代毒理学提倡体外技术与动物实验的综合运用

非动物实验方法，包括基于计算机的方法和体外系统的研究，被广泛地应用于化学物质的筛选和分级中，对于获取毒性作用机制方面的信息具有重要意义。可以预见，生物医学的迅猛发展将会产生新一代基于机制的体外试验方法，这些方法作为传统毒理学动物试验的补充，甚至可以代替部分动物实验，满足危害物质评价和保护人类健康的需要。

如果说过去人们强调动物试验的必要性主要是出于当时社会文明程度和科技发展水平的考虑，那么近年来在概念上的明显变化，是人们逐渐认识到应用减少、优化或替代动物试验的 3R 方法不仅是适应动物保护主义的一种需要，而且也符合生命科学发展的要求。在科研实践中，西方国家以 3R 为基础的动物试验申请和审批研究方案许可制度，对于改进和完善实验程序和手段，提高科研质量和获得正确的实验结果都有积极的意义。而大量的不以活体动物为基础的体外试验方法的开发，以“组学”技术为代表的系统生物学的大规模应用，为毒理学科的发展提供了前所未有的机遇。

五、动物实验的现状及发展趋势

(一) 国外动物实验的现状

据统计，在美国每年约有 1700 万只动物用于各种试验(2005 年)，欧洲约 1200 万只(2005 年)，全世界每年的动物使用量约 4 亿只，实验动物中大多数是大鼠、小鼠，此外还有非人灵长类动物、犬、猫、豚鼠、兔、地鼠、猪、爬行动物、鱼和禽鸟等。尽管目前美国国立卫生研究院已明确支持对无脊椎动物进行研究，但实际情况是对脊椎动物研究所提供的资金资助力度却越来越大。在加拿大，每年使用的动物数约在 200 万只左右，但在许多领域，特别在环境毒理学方面，鼓励利用鱼类取代哺乳动物进行生态毒性评价。

2005 年，在欧盟 25 国实验动物使用量为 1210 多万只，其中啮齿类占 78%（其中小鼠 53.1%，大鼠 19.3%，豚鼠 2.1%，其他啮齿类 0.8%），冷血动物（主要是鱼和两栖类）占 15.1%，鸟类占 5.4%，兔占 2.6%，有蹄类（马牛羊猪）占 1.1%，非人灵长类占 0.1%，其他动物比较少。法国、德国和英国的实验动物使用量最多。

转基因动物的大量增长是目前和今后一段时期实验动物的使用结构和数量发生的显著变化之一，转基因动物的使用数量所占的比重已从 1995 年的 8%上升到 2006 年的 34%，总数超过 103 万只。

（二）我国实验动物发展概况

20 世纪 80 年代前，我国实验动物的饲养管理水平很低，基本上处于家庭作坊式状态，实验动物发展水平也较低，没有法规和标准，实验动物的使用和管理极不规范，使用数量无法准确统计。20 世纪 70 年代末期，随着改革开放和国家科技的快速发展，实验动物的使用越来越大，管理也越来越规范。据国家科技部统计，目前我国大陆地区实验动物生产使用单位有 2100 多家，工作人员近 1 万人，其中专业技术人员占 39.5%，已形成了许多地区性生产基地。全国（除港、澳、台地区外）实验动物设施面积约 80 万 m^2，其中动物饲养室约 51 万 m^2（SPF 级占 15%，清洁级占 33%，普通级占 52%）。年生产小鼠、大鼠、地鼠、豚鼠、家兔、犬、猴、小型猪等动物约 1321 万余只。年使用动物 1045 万余只，实验动物的生产供应基本能满足科学研究的需要。

（三）动物实验发展趋势

1. 使用动物的数量不断下降 早在 20 世纪 70 年代，欧洲及西方主要试验室使用动物的数量已趋于平衡，并呈缓慢下降趋势。近 20 年来，随着人们对动物福利要求的增加，动物用于实验和安全测试的方式也不断发生变化，动物使用数量减少了约 50%。在美国，1994 年与 1968 年相比，小鼠使用量下降 70%，大鼠使用量下降 46%。在日本，1994 年与 1991 年相比，小鼠使用量下降 40%，大鼠使用量下降 42%。在英国、荷兰、德国和其他几个欧洲国家，自 20 世纪 70 年代以来其总数已下降一半。在加拿大，哺乳动物的使用呈下降趋势，而水生动物的使用在增加。近年来在美国每年使用试验动物保持在 1800 万至 2200 万只之间，其中约 85%是大鼠、小鼠和鸟类。非人灵长类动物的使用保持平衡状态，犬和猫的使用量已逐年减少。

2. 使用动物的质量在不断提高 近年来，西方国家高质量等级实验动物的使用数量呈显著上升趋势，其中大多为无特定病原体动物（SPF 级动物），普通级动物逐渐被 SPF 级动物所取代。如日本 1991 年普通级动物和 SPF 级动物使用比例小鼠约为 1∶5，大鼠约为 1∶25。

3. 使用动物的种类不断增加 随着自然科学的发展，一些水生动物、特殊动物（如小型猪）、野生动物（如土拨鼠、雪豹）、昆虫等逐步被实验动物化，实验动物种子库的建立及其繁殖、生产，特别是突变系的培育，也增加了品种、品系的数量。目前，国外实验动物种系已达 3000 多种。不过，由于动物保护运动的兴起及有关组织的干预，非人灵长类及犬、猫等高等动物的使用受到限制，逐渐被猪、羊等食用动物所代替。

4. 动物实验模型走向商品化 发达国家已从实验动物生产供应的专业化、产业化，发展到了动物实验技术服务的社会化、动物实验模型的商品化。特殊疾病动物模型可由市场供应，为诸如心血管病、老年病、肿瘤、肝炎、艾滋病等医学热点的研究提供了良好材料。特别是转基因动物模型问世后，由于其体积小、价位高、具有较强的专一性和较好的经济效益，吸引着各国的生产企业纷纷投入大量人力、物力进行研究、开发和生产，已成为商品，实现社会化供应。

5. 动物替代物和替代方法不断应用 实验动物的福利和动物保护运动呈现全球化趋势，发达国家普遍开展了以替代、减少和优化为核心的“3R”运动。以单细胞动物、微生物或细胞、组织、器官甚至电子计算机模拟替代整体动物的试验。选用恰当的实验动物进行规范化动物实验，提高实验动物的利用率，减少使用动物的数量。通过使用麻醉等适当的实验方法减少动物精神紧张和痛苦。“3R”运动的推进，最终将实验动物的使用量逐步减少，动物实验结果的准确性、可靠性不断提高。

第2节 动物福利运动

关于人类对待动物的伦理学争论由来已久，早在18世纪，哲学家Jeremy Bethan(1748—1832)曾经说过：“问题并不是要我们回答动物能否思考，也不是它们能否说话，而是它们痛不痛苦?”。1831年，英国生理学家Marshall Hall建议对动物实验加以规范，并提出5条原则。早在1873年，美国联邦法规就记载了人道对待动物的法律条文；1966年，通过了“动物福利法案”。19世纪以来，西方国家出版了许多有关实验动物伦理学的书籍和文章，各种动物保护组织、保护运动层出不穷，促进了动物伦理学的发展。

一、动物保护与动物福利

实验动物为了人类科学研究与健康做出了贡献，与此同时，人类也给实验动物带来了痛苦。在西方，有一种观点认为，人类不能为了自身的需要而给动物制造痛苦甚至让它献出生命，这种观点形成一定的势力，这就是动物保护和权益运动。西方实验动物保护，有其自身的社会与宗教上的原因和理解，大体上在观点上经历了3个阶段发展：动物保护（animal protection）、动物福利（animal welfare）、动物权益/解放（animal rights/liberation）。

（一）动物权与动物权益

动物权的提出和动物保护意识的水平受多种因素的影响，即使在西方，对动物权和动物保护也存在不同的看法。1976年，澳大利亚哲学家Singer在其《动物的解放》一书中，首先提出了动物解放的概念，提出了“一切物种均应平等的观点”。他认为人类不应该为了获取自身的利益或者以动物不能表达自己的意愿而对动物采取歧视的态度和行为。他认为“不管如何，即使动物实验对人类的益处真有说服力，以动物做实验的道德问题却不能因而变得正当。人与动物的权益必须平等考虑——追求知识的权利并不能超越生命的神圣性”。Singer是现代动物解放论的先驱。

动物权主义者认为：许多导致极端痛苦的动物实验根本对人类无利益可言。这些动物实验之所以存在，其答案在于我们毫不怀疑地接受了动物歧视论。Singer认为如果仅仅简单地因为动物属于不同于人类的物种，或者只不过是动物而已，就理所当然地认为使用动物而给动物带来痛苦或伤害是合理的，那么这是一种偏见，就如同种族歧视或性别歧视一样，在伦理道德上是不能接受的。Singer指出，人类对待动物的态度不是基于人类自身的角度，而应该是站在动物的立场，“对动物的平等指的是被考虑的平等，而不是对待的平等”。

20世纪80年代，美国思想家Regan提出动物权的概念，他认为每一个有意识的动物均具有“内在价值”，这个内在价值源于动物自身生活的意识体验和这个体验对动物的重要性。“内在价值”与动物对人类的用处无关，也不涉及人类对动物的感情。对每个动物给予同等权利体现了对它们内在价值的捍卫，因而也赋予了它们的道德地位。Regan 完全反对科研中使用动物，无论这个研究将会给人类带来多大利益。

动物权益论者反对任何形式的屠杀、虐待和利用动物，包括反对动物实验，反对猎杀、生产、试验、观察以及使用动物品为原料生产化妆品和纺织品等。

（二）动物保护与动物保护主义

动物保护具有两方面的内容，一是指对物种资源和生物多样性的保护，以维持生态平衡；二是对动物个体生命的保护和保健，即使动物免受损伤、疾病折磨和精神痛苦等，它包含了动物康乐（well-being）、动物保健（animal health）和动物福利（animal welfare）等几层含义。Gunther 认为动物保护是指避免对动物的残忍行为，改善处置动物方式，减少动物的应激和紧张，以及对动物实验进行监督。

动物权利运动是以动物福利为核心内容，在以科学研究为目的而开展的动物实验领域，动物保护主义强调合理、人道地利用动物，尽量保证动物享有最基本的权利。动物保护主义始于 19 世纪初，英国人马丁（Richard Martin）是动物保护主义的先驱和创立者，1824 年，他发起成立了英国皇家防止虐待动物学会（Royal Society for the Prevention of Cruelty to Animals，RSPCA），这是世界上第一个防止虐待动物的组织，现在已发展成为有 68 个国家、200 多个机构与之合作的国际性组织，同时还是国际著名的慈善机构。其工作主要包括宠物救助、驯养、关怀，关注经济动物的福利问题，监督动物实验等。美国防止虐待动物组织（American Society for the Prevention of Cruelty to Animals，ASPCA）成立于 1866 年，之后，美国人道协会美国反活体解剖学会（American Anti Vivisection Society，ANVS）相继成立，1952 年，动物福利组织（Animal Welfare Institute，AWI）成立，1954 年，美国人道主义学会（Humane Society of the United States，HSUS）成立。到目前为止，美国的动物保护组织多达上千个。

Peter Singer(1946-)

Bill Russell(1925-2006)和 Rex Burch(1926-1996)

畜牧业方面，动物保护主义反对工业化养鸡（欧盟已决定从 2012 年起禁止笼养鸡）、残暴处死动物、禽类倒挂运输、阉割和去势、击头屠宰和活体放血、过量使用激素、强迫进食或禁食、活体采熊胆或割鹿茸、集约式养猪（欧盟部分国家已禁止）、限制动物转身、舔梳、站立、卧下和伸腿等自由。

动物实验方面：动物保护主义反对行为学和心理学实验（电击实验）、减压病实验、急性毒性试验（经典 LD_{50}、吸入毒性试验）、辐射试验、杀伤性休克试验、药瘾试验、眼眶取血和暴力处死等。

（三）动物福利

动物福利就是让动物在健康、快乐的状态下生存。动物的需求可分为 3 类，即维持维持的需要、维持健康的需要和维持舒适的需要，因此，动物福利的标准应包括动物无任何疾病、无行为异常、无心理紧张压抑和痛苦等。1962 年，英国学者 Bram Bell 最先推行动物福利运动。1965年，英国政府成立了布兰贝尔委员会，专门开展动物福利问题的研究，为改善农场动物的福利状况，该委员会提出保障农场动物应享有的5种自由的权利，即：①享有不受饥渴的自由；②享有获得新鲜饮水和空气的自由；③享有生活舒适的自由；④享有不受痛苦、疾病、损伤和恐惧的自由；⑤享有表达行为天性的自由。这5条已成为西方保护农场动物的立法依据，同样在实验动物也适用。

动物福利不反对开发、利用动物资源，不反对动物生产和试验，但反对虐待动物，特别反对利用动物过程中造成动物不必要的痛苦和损害。提倡通过改善动物福利，使人类更合理和人道地利用动物。

目前动物福利制度已在全世界广泛建立，世界上已经有100多个国家建立了比较完善的动物福利法规，动物福利的范围也从伴侣动物、野生动物，扩展到农业用动物和实验动物，有关法律制度见第2章。

二、动物的痛苦

尽管全面禁止动物实验目前还难以实现，欧美、日韩等国家已制订了一些法律法规，对实验动物的饲养管理及引起动物痛苦的实验进行严格限制。了解和实施动物福利必须科学地认识动物的痛苦，对于动物痛苦的分类，目前还没有统一的标准，以下为美国、加拿大动物痛苦的分类：

A类：非脊椎动物生物实验。

B类：脊椎动物手足的固定、采血、轻麻醉下的断头处死。

C类：使脊椎动物产生轻微的刺激/轻微而持续的痛苦/麻醉下的外科处理。

D类：对脊椎动物不能避免的强烈精神刺激，伴有强烈疼痛的处理。

E类：无麻醉下的重度烧伤实验，用士的宁处死，用微波处死。

三、动物实验的福利规范

最早在1831年，英国生理学家Hall提出了动物实验福利规范的5条建议，即：①如果靠观察可能获得所必需的资料，则不需要进行动物实验；②如果没有明确的限定和预期的结果，则也不需要进行动物实验；③科学家应对前人和同时代人的工作充分了解，以避免不必要的重复实验；④良好的实验应该使动物受到最小的痛苦；⑤任何实验动物均需在能提供明确结果的环境下进行，应避免或减少重复实验。可以说这就是最早的动物实验原则。

世界各国对于动物实验并没有统一的原则，而且对待动物的态度受文化背景、宗教信仰以及社会和经济发展水平的影响，所以，以科学研究为目的使用动物时，应根据各国的国情和社会经济文化发展程度，在不违背国际公约的前提下，制定适合本国的动物福利制度，逐步推动实验动物福利在本国的发展。

欧盟1986年《关于使各成员国有关用于实验和其他科学目的动物的保护法律、法规和行政规章接近的理事会指令》(86/609/EEC)和2003年《关于修订86/609/EEC〈关于使各成员国有关用于实验和其他科学目的动物的保护法律、法规和行政规章接近的理事会指令〉的理事会指令》，第7条至12条对于动物实验的操作过程规定了6个方面的特殊要求，可以采纳作为动物福利的规范：

(1) 不同的实验之间进行选择时，应当选择那些使用动物数量最少、使动物感受最低限度的神经生理敏感度，使动物产生最小疼痛、痛苦、忧伤、持续伤害而且最可能提供满意结果的实验。

(2) 除非其他动物的实验不能达到令人满意的目标，禁止把野生动物应用于实验。

(3) 如果不能采用麻醉剂，应当采用无痛方法或者其他合适的方法，以尽可能地限制动物所遭受的疼痛、痛苦、忧伤或者伤害，在任何情况下不得使动物遭受剧烈的疼痛、忧伤或者痛苦。麻醉苏醒后，应当对动物及时采取合理的疼痛减轻措施；如果不可能采取这种措施，应当立即对其采取人道的宰杀措施。

(4) 动物在实验中的重复利用，也应遵循福利的原则，对于已经遭受剧烈疼痛、痛苦或忧伤的动物，不得再次用于实验。

(5) 即使动物实验的目的合法，如果动物的健康状态不允许其应用于实验，或者该实验对环境和公共健康构成威胁，或者动物的福利没有得到最大限度的保护，则不应当进行这个动物试验。

(6) 动物试验的福利制度应当健全和完备。

某项研究计划是否有必要进行，可用 Bateson 立方图（图 1-1）形象地表示。决定研究进行与否的 3 个标准可用 3 个坐标表示：①研究的价值，即项目的科学意义；②研究收益，即研究项目产生重要的生物医学研究结果的可能性；③动物应激和痛苦的程度。

当一项研究的科学价值不高，预期收益难以实现，并且动物遭受痛苦较高时，该项实验肯定应当停止；即使是研究价值和预期科学收益均较高的项目，如果以动物承受巨大痛苦（或牺牲大量生命）为代价，也不应当进行。

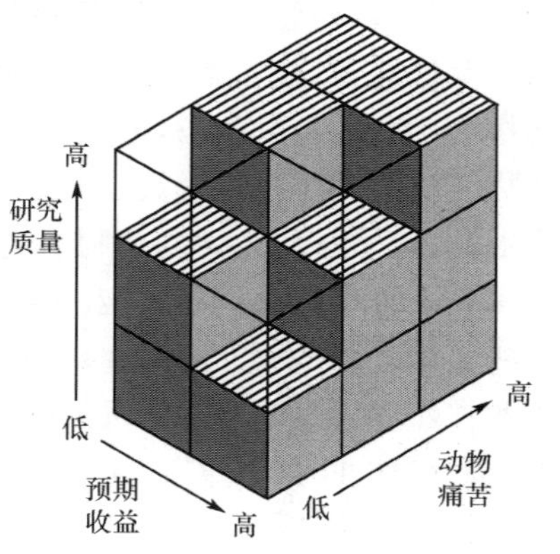

图 1-1　Bateson 立方图 (1986)

研究质量、预期目标和动物痛苦三者间应保持平衡关系，当一项研究计划处于阴影部分时，该项实验应当停止

四、实验动物福利技术

（一）动物痛苦的研究

生物医学研究中需要使用大量的动物进行外科手术。调查表明，许多动物没有实施术后疼痛缓解处理。一种解释认为由于动物的痛苦难以被可靠的认识，因而不需要实施麻醉等处置，因此，有必要对不同种属动物的痛苦进行研究，以正确评估动物术后遭受怎样的痛苦，否则就不能评估动物是否需要麻醉，也就不能评价处置是否有效。客观评价动物的痛苦目的，是为了能够在正确的时间、按正确的麻醉剂量，对动物实施必要的持续的处置。动物痛苦的认识可通过以下方法：①食物水消耗和体重变化：评价啮齿类动物术后痛苦表明，手术后未麻醉的动物，体重减轻多于那些实施了麻醉缓解的动物，大多数体重减轻是由于食物和水的消耗减少引起，当然体重减轻并不全部是由于痛苦所致，但意味着要对动物健康状况引起额外关注和详细评估；②疼痛的行为学检测：观察动物外部表现及行为的变化，例如猫由于组织炎症引起的疼痛，表现为姿势变化、缺少理毛行为等；③麻醉效果的检查：评价啮齿类动物麻醉效果的方法，包括爪压力试验(paw pressure)、热板法(hot-plate)及甩尾试验(tail flick tests)等。

（二）动物应激的研究

应激是机体对各种异常刺激所产生的一种非特异性应答反应，引起刺激的因素统称为应激原，常见的应激原包括环境温度变化引起的应激（热应激和冷应激）、缺氧、拥挤、混群、运输、换料、抓捕、惊吓、噪音，以及各种试验操作（捕捉、灌胃、固定、手术）等。实验动物时常处于物理、化学、生物、心理和环境等多种应激原所引起的应激状态下，并对应激原产生适应性和防御性反应。应激原具有递进性，前应激原产生的效应可成为新应激原，启动后面的应激反应。应激反应具有双向性，适度应激可增强机体的防御能力，频繁或持续的应激可使机体稳态失衡，出现生理、生化和行为学的改变，影响实验结果。实验动物出现应激反应导致的改变包括以下几个方面：

(1) 不同程度地影响动物的摄食量，进而影响体重和其他生理功能，如冷应激使动物的基础代谢率升高，能量代谢和采食量增加，使生产性能有所下降；运输应激会使动物体重严重损失，病死率增加。

(2) 电解质紊乱：热应激对动物血浆中的无机物影响比较明显（如使实验兔血浆 Cu^{2+} 浓度下降和 Zn^{2+} 浓度上升），应激还会影响血清中的 T_3 和 T_4 水平，糖皮质激素含量变化，是导致机体抗病力下降的主要原因。应激也会引起血液中的某些酶发生变化，如谷丙转氨酸和碱性磷酸酶的活性降低，肌酸磷酸激酶活性增加；引起炎症细胞因子（IL-2、TNF-α、IFN-γ）水平变化。

(3) 对动物机体免疫功能的影响：应激会改变细胞的免疫功能，使机体的免疫状态呈抑制效应，这种作用决定于应激的时间、动物的种类和年龄、所涉及的细胞类型及动物先前是否接触过致病菌等。

(4) 其他：严重应激还可能影响动物的生殖能力，易导致流产和死胎。

减少实验动物应激的方法：严格按照动物设施要求控制好温度、湿度、噪音、通风、换气、光照、饲养密度和提供饮食照料等。对于缺氧应激，水产动物在饲养过程中要做到及时换水并保证水中溶氧充足。

第3节　3R理论的形成和发展

3R是减少（reduction）、优化（refinement）和替代（replacement）的简称。3R的基本含义就是指采用其他手段代替实验动物，尽量减少动物使用量，并且设法改良动物实验方法以减轻实验动物的痛苦。目前，3R理论已逐渐为欧美及其他许多国家的科研工作者所接受，相应出现了一些有关的基金会、研究机构、出版物以及国际或地区性学术会议等。如果说过去人们强调3R主要是出于对动物福利的考虑，那么近年来在概念上的明显变化，是人们逐渐认识到应用3R不仅是适应动物保护主义的一种需要，而且也符合生命科学发展的要求。

一、3R理论的概念和形成

实验动物作为人类的替身为人类的科学发展起到了不可替代的作用，随着科学技术的发展，特别是生命科学研究领域实验动物使用数量的猛增，实验动物的痛苦及其权利引起了社会公众的极大关注，特别是在西方动物保护运动的推动下。1957年，英国动物学家Russell发表了《强化人道试验》（*The Increase of Humanity in Experimentation*），第一次提出了3R的概念。1959年，Russell和微生物学家Burch在其著作《人类实验技术原理》（*Principles of Humane Experimental Technique*）一书中第一次系统地提出了3R理论。1969年，英国设立了医学试验用动物中替代法基金会（FRAME）。1976年，英国许多的动物福利组织发起了动物福利年运动，以纪念《防止虐待动物法》发布100周年，随后成立了动物试验改革委员会。1983年，FRAME和英国兽医学会成立联盟，提出一系列改革计划。1985年，有关3R的内容写入了国际医学科学组织理事会（The Council for International Organizations of Medical Science，CIOMS）的医学研究指南文件。1986年，英国议会重新修订并通过了动物法案。著名的生理学家Smyth在对3R方面的调查研究基础上，发表了《动物试验替代物》(*Alternatives to Animal Experiment*),他在书中对替代物所下的定义被人们广泛接受。

3R 理论自形成以来一直影响着西方发达国家有关实验动物法规,如美国的动物福利法案(Animal Welfare Act,1966)和健康研究法的补充法案(Health Research Extension Act,1985),英国的动物科学实验程序法案(Animals(Scientific Procedures) Act),法国的 Décret No 87—848 RelAtif Aux Expériences Pratiquées Surles Animaux,日本人道对待和管理动物法(Law for the Humane Treatment and Management of Animals,2005)和我国科技部《关于善待实验动物的指导性意见》(2006)。3R 理论还影响到一些部门规章或行业法规的制订,以及为数众多的生物医学研究中科研计划与实验程序的论证和实施程序等。科研人员尽管有按照自己独特的方法开展研究的权利,但他们只能在动物福利法规的框架范围内享有学术自由和最优地使用动物。动物试验研究方案许可证拟定和申请的整个过程已成为良好科研实践的重要组成部分。

二、减　　少

(一) 减少的含义

3R 中减少(reduction)的含义是指在科学研究中,使用较少的动物获取同样多的试验数据或使用一定数量的动物能获得更多试验数据的方法。如果某一研究方案中必须使用实验动物,同时又没有可靠的替代选择方法,则应考虑把使用动物的数量降低到实现科研目的所必需的最小量。

(二) 减少的方法

减少动物使用量的伦理和经济目标,是在保证科学研究的可靠性和可行性(获得正确的实验结果)的前提下,使遭受疼痛和不安的动物数目减至最少,避免动物、药品和实验用品等资源的无谓浪费。减少动物使用量的方法可大致分为 5 类:

1. 充分利用已有的数据　在许多情况下,是否要进行某一项动物实验取决于以往的动物实验结果能否满足需要,重复性研究无任何科学价值,因此,充分利用可靠的科学文献资料将会减少无谓的动物使用。已公开的信息资源可从科学杂志、会议、书籍、专题报告等途径获取,也可从电子出版物获得,但在利用文献前应分析文献的参考价值。

2. 动物的重复使用(re-using)　不同的科研实验项目,按照不同的研究目的,尽可能地合用动物,可以减少科研活动中的动物使用数量。但是动物重复使用会增加对单个动物的伤害和痛苦,国外对动物重复使用的建议也比较谨慎。对于动物的重复使用 86/609/EEC 条款 9.1 有这样的阐述:“实验结束后,即使动物依然存活,若动物将持续遭受痛苦也应该处死。动物的重复使用应符合法律规定,特别是在实验中会导致动物产生严重痛苦或相似的不适时,动物不能被重复利用”。动物重复使用还受动物大小的影响,小动物(小鼠和大鼠)寿命短而且能提供的血液样品和组织样品有限,通常难以重复利用,犬和猴等大动物的重复使用更为普遍。遥感检测和成像技术等新的和较少侵入性技术的应用增加了动物重复使用的可能性,但是对于动物重复使用的情形进行个案分析的时候,必须考虑对单个动物福利的影响。有时,已经用于非介入性研究的动物可能被重复进行其他研究,例如在处死或已死亡的动物身上进行外科手术实习。另外一个应考虑的问题是,在动物被重复利用的情况下,如果被重复使用的动物背景变化较大(标准化程度降低),应评估这种降低对预期数据和试验结果的影响,估计是否由于个别动物标准下降反而需要增加每个实验组的动物数量以获得统计学意义的结果。

3. 实验数据的共享　实验室数据的共享可减少不必要的动物实验，从而减少动物的使用，欧洲 REACH 法规（见第 2 章）建议，加强化学物质分类评估的全球协作，实现毒理学数据的全球共享，减少不必要的重复实验。

4. 使用高等级、高质量的实验动物　即所谓的“以质量代替数量”。事实证明，用遗传背景均一、微生物质量级别高的动物做实验，所用动物数量可以减少。但绝不允许用数量代替质量，用大量劣质动物所获得的结果既不能达到科学上的可靠性，也是不准确的。

5. 合理设计实验方案和科学分析结果　科学合理的实验设计以及科学的结果统计分析，可以有效地控制实验中的生物学变异，减少实验动物的使用量，获得相同水平的研究结果。反之将会导致不必要的实验动物消耗和浪费。动物实验之前，应对影响动物实验的生物学变异因素给予充分考虑，如动物的种类、品系、年龄、性别、体重、分组等。选择敏感性高的动物、合理的实验分组、减少对照组的设置、必要的预试验等都是有效减少实验室生物学变异的方法。如果动物实验设计周密，可以利用比较少的人力、时间和比较少的实验动物获得可靠而丰富的实验数据。如急性经口毒性试验中，采用改良后的固定剂量法代替经典的 LD_{50} 急性毒性试验，可有效减少实验动物数量 40%。有关急性毒性的减少和替代方法见第 8 章。

三、优　　化

（一）优化的含义

所谓优化（refinement）是指通过改善动物设施、饲养管理和实验条件，精细地选择、设计技术路线和实验手段，精炼实验操作技术，尽量减少实验过程对动物机体的损伤，减轻动物遭受的痛苦和应激反应，使动物实验得出科学的结果。优化的内容是比较广泛的，简单概括就是实验设计科学化、动物试验规范化和标准化的过程。

（二）优化的方法

1. 实验方案设计的科学化　实验动物的选择（种类、品系、年龄、性别等生物学特性）应符合实验的要求，选择非侵入性的实验方法（如示踪、遥感和成像技术）可减少对动物机体的侵袭，提高实验质量。如使用磁共振成像（MRI）技术，只需 1 只动物而且不需处死就能获得过去需要处死很多动物分析组织样品才能获取的药代动力学曲线。采用导管介入装置，可在 1 个动物体内重复取样、反复注射，而不需要更多的动物。

2. 动物实验条件的规范化　实验条件是影响动物实验及其结果的重要因素，实验条件的波动和实验操作的随意性通常使受试动物很难维持其正常的血压、心率、激素水平、免疫耐受力、消化、食欲和行为表现，动物饲养和操作过程中的许多因素的改变可引起动物精神状态或机体健康受到损害，导致动物神经内分泌、免疫和行为生理学方面的异常，用这类动物做实验可能得不到可靠的结论。因此，符合有关法规和标准的实验动物设施既能满足动物福利的基本要求，也是动物实验科学性的需要。同时，一些新的设备和技术的应用可改善动物实验条件，如实验动物设施中采用光纤、激光、影像等电子设备，通过遥感采集数据，可大大减少对动物的干扰和活动的限制，减少应激和不必要的痛苦。

3. 实验操作的人道化　使用减轻动物痛苦和不适的技术，试验过程中合理、及时地使用麻醉剂、镇痛剂或镇静剂，可减轻动物在实验过程中遭受的不安、不适和疼痛。应注意选择合适的麻醉剂、麻醉剂量和麻醉方式，否则既达不到减轻动物痛苦的目的，重则还会造成动物死亡，也直接影响到实验的成败和结果。如研究发现，咪达唑仑、氯胺酮、美托咪定（medetomidine）比使用苯巴比妥更加安全有效；另外对小鼠使用三溴乙醇，对大鼠使用布托啡诺（butorphanol）代替舒芬太尼（sufentanil）更符合动物福利的要求。

改善实验动物的抓取固定和操作（如取样、注射/灌胃和手术），既对实验结果起到良固性影响，也符合动物福利的要求，而且是花费最小、最安全有效的手段。不正确的固定或不熟练的操作可使动物产生强烈的应激反应，甚至引起窒息和尾部皮肤剥落（如大小鼠）等，进而导致免疫系统功能的抑制和一系列不真实的实验结果。经过训练的动物会消除由恐惧引起的应激反应，适应甚至能配合实验人员的各种操作处置。实验操作者与实验动物之间建立某种熟悉、友好的关系将对动物精神和心理行为产生良好作用，结合娴熟、精细的实验操作，可减轻或消除动物的恐惧和应激，确保实验的顺利进行。

在动物试验的优化方面，比较成功的例子是代替传统皮肤致敏试验的局部淋巴结测试（LLNA），LLNA 方法可有效减少动物使用，该方法已被 OECD 认可，见第 11 章。

四、替　代

（一）替代的含义

替代（replacement）的定义，根据美国“ICCVAM 授权法案（2000）”是指一项新的或修订的实验方法，该方法能减少动物使用数量，或能优化试验程序以减轻或消除动物痛苦、不适或增加动物福利；或者能用非动物系统或者系统发生学上比较低等的动物种类代替高等动物进行实验，如用无脊椎动物代替哺乳类动物。

（二）替代的分类

1. 相对替代和绝对替代　根据是否使用动物或动物组织，替代可分为“相对替代”和“绝对替代”。前者指采用人道的方法处死动物或使用脊椎动物细胞、组织及器官进行体外试验研究，或用低等动物替代高等动物的试验研究；而后者则是完全不使用动物，如采用培养的人和脊椎动物的细胞或组织、计算机模型等。

2. 部分替代和完全替代　根据替代的程度，替代可分为“部分替代”和“完全替代”。前者指利用其他实验手段代替动物实验中的一部分或某一步骤，后者指用新的非动物实验方法取代原来的动物实验方法。

3. 狭义替代和广义替代　狭义替代（replace）是指用新建立的不用动物的方法或低等动物的方法代替传统的活体动物试验，即所谓的代替替代（replacing alternative）。广义的替代（alternative）不仅包括代替替代，还包括减少替代（reducing alternative）和优化替代（refining alternative）。本书所指的替代是广义的替代。

（三）替代的方法

实验动物替代选择的方法和途径主要包括以下几个方面：

1. 体外培养物代替实验动物　体外培养的生物系统，包括细胞和组织培养物、短期维持的组织切片、细胞悬液和灌注器官以及亚细胞结构部分等。常用于单克隆抗体生产、病毒疫苗制备、毒理学试验和其他科学研究等。特别是各种类型的人类细胞的广泛应用，不仅是动物实验的良好替代选择，而且极大地缓解了物种外推的困难。随着人类组织库的建立、器官型三维培养模型（如人类皮肤替代物）和细胞培养技术的改进，将推动体外试验方法的发展。

2. 低等动物代替高等动物　脊椎动物早期发育胚胎和只具有限知觉的“较低等”生物的应用，如果蝇用于遗传学研究及致畸、致突变和生殖毒性研究，已成为法定检验方法的 AMES 试验就是利用鼠伤寒沙门菌测定化合物的致突变性。

3. 人群研究资料　包括采用自愿者、患者以及流行病学的调查等。

4. 数学和计算机模型的应用　如定量结构-活性关系模型、计算机图像分析应用、生物医学过程模拟等(见第 5 章)。

5. 物理和化学技术的应用　如使用物理和机械学系统模拟心肺复活过程;免疫化学中用结合力很高的抗体来搜寻抗原,鉴定毒素的存在,以代替大量小鼠的接种。采用非介入性的方法监测动物的生理状态(如遥测体温、血压、行为等),检测器官/组织的生物学特性(如物理方法检测皮肤结构和功能),采用化学分析法检测海洋生物毒素代替传统小鼠生物试验等(见第 20 章)。

五、减少、替代和优化的相互关系

减少、替代和优化三者是彼此独立又密切关联的。实验科学的发展、技术方法的优化和替代方法的应用客观上减少了实验动物的使用数量,提高了实验动物的使用效率。如毒理学、药理学和其他医学领域科学研究中,细胞学、生物化学方法以及计算机技术的应用,在大大减少实验动物使用数量的同时,也促进了替代方法的研究和创新过程。可以认为,以减少、优化和替代为核心的 3R 理论的实践应用是实验动物学科发展的方向,是实验动物学发展的必然结果。

3R 原则中所讲的替代是相对的,对于关系到人类健康和生命安全的实验,如人类疾病模型实验、关键的药效实验和毒理学实验等,实验动物模型是最好的人类替身。实验动物替代是漫长和循序渐进的过程。3R 原则鼓励采用科学、合理、有效和人道的方式使用动物,能少用动物的就少用动物,能不用动物的就不用动物,必要的动物实验必须提出正当的理由和合理的设计,实验过程中应尽量减少对动物造成不必要的痛苦和伤害,尊重动物生命并善待动物等。这些要求都是科学和合理的,也是与实验动物科学的目的一致的,是推动实验动物科学发展的动力。图 1-2 示减少、替代和优化三者之间的相互关系。

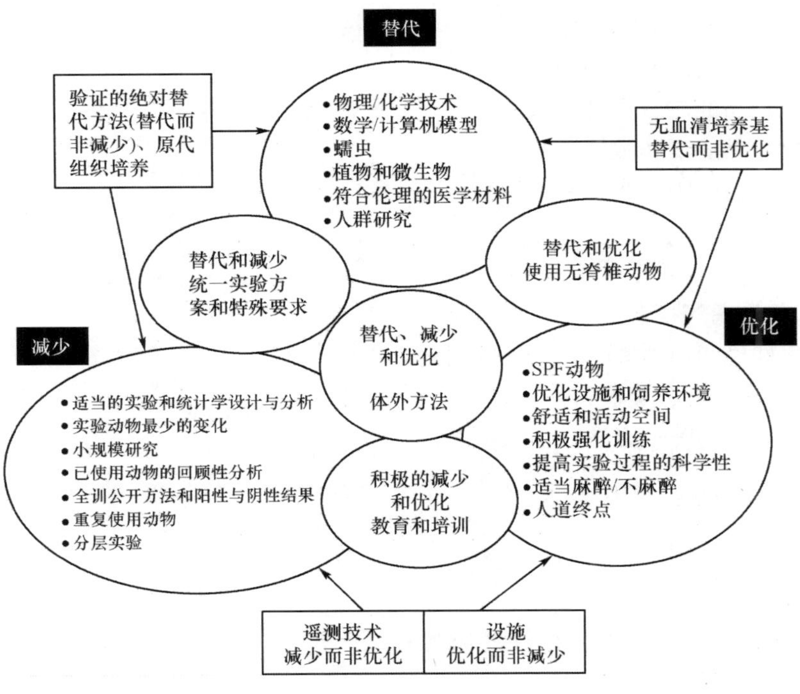

图 1-2　减少、替代和优化三者之间的相互关系(de Boo,2005)

六、3R 取得的成绩

20 世纪 60 年代 3R 概念提出以来，经过近 50 年的发展，3R 已从概念形成理论，走向立法并形成实际行动，3R 的发展离不开政府的推动、立法的约束、研究的投入、行业的应用以及科学普及。3R 已取得的成果总结如下，有关方法将在以后各章陆续介绍。

（一）动物实验的取消和替代

取消外源病毒疫苗的小鼠实验。

取消狂犬疫苗病毒悬浊液的污染检验。

用血清中和试验替代白喉菌的豚鼠攻毒。

用组织培养法替代猴检验小儿麻痹病毒疫苗。

采用空斑实验进行疫苗质量检定。

动物抗体制备中替代弗氏完全佐剂的刺激作用。

废除经典的化学品 LD_{50} 动物试验。

取消了化妆品的皮肤腐蚀/刺激试验。

取消了化妆品的皮肤光毒性试验。

取消了化妆品的皮肤致敏试验。

取消了化妆品的眼刺激试验。

（二）减少动物使用数量

破伤风、霍乱菌等疫苗的制造。

化学品急性经口毒性的改良方法（固定剂量法、上下程序法和分类法）。

内分泌干扰物的筛选方法。

（三）试验方法的优化和改良

转基因小鼠代替灵长类进行脊髓灰质炎病毒疫苗的神经毒性试验。

小鼠局部淋巴结试验代替传统的豚鼠致敏试验。

（四）非整体动物的替代试验

定量结构活性关系（QSAR）模型。

预测毒性的专家系统。

基因芯片小鼠。

胚胎干细胞、微团培养和全胚胎培养用于胚胎毒性的研究。

（程树军　顾为望）

参 考 文 献

程树军，黄韧．实验比格犬肝脏自发病变的组织学研究．上海实验动物科学，2003，23(3)：131～134

程树军，黄韧．广东省实验动物病理监测实施概况．实验动物科学与管理，2003，20(4)：25～27

贺争鸣，李冠民．动物实验替代方法概论．北京：学苑出版社，2003

黄韧，程树军．非人灵长类的自发性肿瘤．中国实验动物学报，2002，10(2)：123～128

黄韧，程树军．实验恒河猴肝脏自发病变的组织学初步观察，中国实验动物学杂志，2002，12(1)：24～27

吴端生，张健．现代实验动物学技术．北京：化学工业出版社，2007，422～448

周宗灿．毒理学教程．第 3 版．北京：北京大学医学出版社，2005

Anon. Annex to the Fifth Report on the Statistics on the Number of Animals Used for Experimental and other Scientific Purposes in the Member States of the European Union (COM(2007)675 final), 277pp. Brussels, 2007, Belgium: European Commission

Bateson P. When to experiment on animals. New Scientist, 1986, 20: 30～32

Balls M, Goldberg AM, Fentem JH, et al. The Three Rs: the way forward. Alternatives to Laboratory Animals, 1995, 23: 838～866

Buchanan-Smith HM, Rennie AE, Vitale A, et al. Harmonising the definition of refinement. Animal Welfare, 2005, 14: 379～384

de Boo MJ, Rennie AE, Buchanan-Smith HM. The interplay between replacement, reduction and refinement: considerations where the Three Rs interact. Animal Welfare, 2005, 14: 327～332

Festing MF, Altman DG. Guidelines for the design and statistical analysis of experiments using laboratory animals. Institute for Laboratory Animal Research Journa, 2002,1 43(4): 244～258

Goldberg AM. Use of animals in research: a science-society controversy? The American perspective: animal welfare issues. ALTEX,2002,19:137～139

Hendriksen CFM, Morton DB. Humane Endpoints in Animal Experiments for Biomedical Research. London:The Royal Society of Medicine Press,1999

Lave LB, Ennever FK, Herebert S,et al. The Information Value of the Animal Bioassay. Nature;1988,631

Olson H, Betton G, Stritar J, Robinson D. The predictivity of the toxicity of pharmaceuticals in humans from animal data—an interimassessment. Toxicology Letters, 1998, 102～103, 535～538

Prieto P, Thalen M, Baumans V. The humane collection of fetal bovine serum and possibilities for serum-free cell and tissue culture. Toxicology In Vitro,2004, 18: 1～12

Richardson CA, Flecknell PA. Anaesthesia and post-operative analgesia following experimental surgery in laboratory rodents-are we making progress? Alternatives to Laboratory Animals,2005,33: 119～127

Rusche B. The 3R, and animal welfare-cenflict or the way forward? ALTEX,2003,Suppl1,63～76

Russell WMS, Burch RL. The Principles of Humane Experimental Technique. London:Methuen,1959

第 2 章 实验动物福利与替代方法的法律规定

Chapter 2 Regulations of Animal Welfare and Alternative Methods

第 1 节 世界各国动物福利的法律规定

从历史发展的角度来看，动物实验替代方法即 3R 的提出与动物保护主义运动的发展有着一定的内在联系。目前，在欧盟、美国、加拿大等国家和地区，动物福利法已经得到长足的发展，并已经规模化和体系化。这些法规主要是从动物保护这一角度出发进行立法的。

一、欧洲各国的规定

动物福利法最早起源于英国，早在 1596 年，英国切斯特郡就制定了一项关于纵狗斗熊的禁令。1809 年，有人在英国国会提出一项禁止虐待动物的提案，该提案虽然在上院获得了通过，但在下院被否决。1822 年 6 月 22 日，英国议院接受了爱尔兰庄园主理查德·马丁提出的《禁止虐待家畜法案》，即马丁法案，成为动物保护史上的一座里程碑。根据该法案，在全国范围内残酷对待动物的行为都将被视为犯罪行为而受到惩罚。1824 年，马丁又组织了“禁止残害动物协会”（后改为“禁止残害动物皇家协会”）。此后英国又先后制定了《禁止残酷对待动物法》（1876 年）、《科学试验动物法》（1986 年）、《饲养和买卖狗的法律》（1999 年）等一系列关于保证或提高动物福利待遇的法律。

目前，欧洲成员国比较典型的早期立法事件包括：英国 1911 年颁布了《动物保护法》；丹麦 1950 年颁布了《关于保护动物的法律》；原联邦德国 1952 年颁布了《狩猎法》，1972 年颁布了《动物保护法》；芬兰 1954 年颁布了《兽药法》；法国 1968 年颁布了《规范应用活体动物从事实验和科学实验研究的法令》；挪威 1974 年公布了《动物福利法》；比利时 1975 年颁布了《保护动物法》；罗马尼亚 1976 年颁布了《狩猎法》；瑞士 1978 年颁布了《联邦动物保护法》；的前苏联 1980 年颁布了《动物保护与利用法》，1981 年又颁布了《联邦动物保护令》。这些法律的内容因各国的实际情况不同而有所差异，有的经常得到更新，而有的则五六十年都没有被修正过。进入 20 世纪 80 年代后，欧洲国家动物福利法的发展进入快速发展的轨道，如瑞典 1988 年公布实施了《动物福利法》（2002 年修订），丹麦 1991 年实施了《动物福利法》，德国 1993 年实施了《动物福利法》（1998 年修订），葡萄牙 1995 年公布实施了《保护动物法》。总的来说，欧洲大多数国家的动物福利保护立法是比较完备的，在世界上具有重要的影响。

二、美国和加拿大的规定

美国的动物福利保护立法不论是在美洲还是在全世界都是很发达的。1866 年 4 月 19 日，纽约立法当局通过了一项禁止残酷对待所有动物的法案，即《禁止残酷对待动物法》。1900 年，美国通过了禁止在各州之间贩运被非法猎杀的野生鸟类的《勒西法案》。1958 年，通过的《仁慈屠宰法》要求家畜屠宰场杜绝对动物施加没有必要的痛苦。1966 年，美国通过了《实验室动物福利法》，该法先后于 1970 年、1976 年、1985 年和 1990 年进行了大规模的修订，并于 1999 年修改为《动物和动物产品法》。1973 年，美国伊利诺伊州的《人道地照料动物的法律》要求动物的所有者为他的所有动物提供足量优质卫生的饮用水和食物；充分的庇护所和保护，以使其免受恶劣天气之害；人道的照料和待遇。该法律同时还规定任何人不得残酷对待、折磨、超载、过度劳作或用其他方法虐待任何动物。目前美国所有的州都有关于保护动物的法律，有些州的立法甚至将虐待动物的行为上升为犯罪，并通过刑法加以规制。如美国密歇根州刑法就专设了“动物”一章，针对虐待动物、残酷治疗、遗弃、不提供适当照料等行为，明确规定了当事人的刑事责任。2001 年 2 月 14 日，美国科罗拉多州推出了《威斯蒂法》，把虐待动物由原来的“不良行为”上升到“重罪”。把虐待动物定为有罪，可以给那些有意伤害动物的人以警示。

1966 年，美国国会正式通过了动物福利法。动物福利法文本厚达 110 页，由农业部动植物检疫局制定颁布。其内容包罗万象，对各种科学实验用动物的饲养、管理、运输、接触操作、饲料饮水、饲养条件和空间、饲养人员的条件与职责、专职兽医师的任务、合格证制度、申请手续、年检制度等均有详细规定，提高科学实验中动物的质量，从而有助于提高整个生物医学科研的水平。1966 年，颁布《濒危物种保护法》。1985 年，颁布《食品安全法》，对动物福利做出了规定。1990 年，颁布《食品和农业保护贸易法》规定宠物保护。1963 年，NIH 颁布了《实验动物饲养管理与使用指南》，覆盖了实验动物在使用、饲养管理、照料、保健过程中的各个方面。1985 年，卫生部颁布了《人道主义饲养和使用实验动物的公共卫生服务方针》。该方针对政府制定的《美国政府关于在测试、科研和培训中使用与管理脊椎动物的原则》和《动物福利法》做了全面的补充和完善。除此之外，每个州还制定了本州的“防止虐待动物法”。为保证所用实验动物质量合格，逐步形成了一系列的管理和控制措施，如实验动物保护法、动物研究设施登记法、实验动物应用与管理指南等。

三、日本和韩国的规定

为防止虐待动物，适当地使用动物，保护动物，日本于 1973 年制定了《保护动物法》，对动物饲养和保管进行了规定。1980 年，日本公布了总理府告示第 6 号，即《实验动物饲养及保管基准》，要求管理者等应爱护动物，了解实验动物的生理、生态、习性，以对科学负责的态度去饲养和保管实验动物，同时应努力避免实验动物对人的生命、身体及财产的侵害，努力防止实验动物对生活环境的污染。1986 年，颁布了《关于鸟兽保护和狩猎法》。1996 年，公布了总理府告示第 40 号，即《动物处分方法指引》，要求管理者及处分实施者在不得不处死动物时，充分理解被处分动物的生理、生态、习性，尊重生命的尊严，以不增加动物苦痛的方法执行。处分动物时应采取不危害人生命、身体及财产，不危害和污染周围生活环境的方法执行。另外，日本实验动物协会为了使本协会会员更好地执行 1996 年总理府告示第 40 号《动物处分方法指针》，还特别制定了“实验动物安乐死指引”。

为规范宠物所有者和管理者的行为，同时保护动物的基本权益，韩国于 1991 年 5 月出台并实施了《动物保护法》；2007 年，又公布了《动物保护法修正案》。根据《动物保护法修正案》，作为保护动物的综合对策，韩国引入了宠物繁殖业者、营销业者和所有者登记制。另外，修正案新增规定，拥有 50 万人口以上的地区，必须设立遗弃动物保护所。禁止捕捉、买卖、杀害遗弃动物。为防止遗弃动物被领养后再遭遗弃，还设定了领养者的资格标准。为减少虐待动物的现象，韩国将把"赛狗"和"斗狗"视为"虐待行为"，并设置了处罚标准。

第2节　世界各国实验动物的法律规定

实验动物作为人类的替身曾经为人类社会科技的发展和文明的进步起到了不可替代的作用，在今后一段相当长的时间内，仍将是科学发现和发展过程中不能或缺的重要手段。加强实验动物的管理，提高动物福利水平，强化科学研究和实验中的3R原则，已经成为世界各国实验动物法规管理的普遍共识，成为法规制订或修订过程中共同遵守的立法基础。欧盟各国、美国和加拿大等西方发达国家实验动物的法律管理框架比较完善，代表了国际社会实验动物管理的现状和未来的发展趋势。

一、《用于实验和其他科学目的的脊椎动物保护欧洲公约》

1986年3月18日，比利时、芬兰等国家在法国的斯特拉斯堡通过了《用于实验和其他科学目的的脊椎动物保护欧洲公约》(*European Convention for the Protection of Vertebrate Animals used for Experimental and other Scientific Purposes*，ETS no. 123)，该公约于1991年1月1日生效。欧洲共同体于1987年2月10日签署并于1998年3月23日批准了该公约。

该公约分为导言、正文和附录(分为附录A和附录B)3大部分。正文分为综合性规定、一般的照顾和容身、程序的操作、饲养与供应设施、使用设施、教育和培训、统计信息、对在其他成员方领土内进行的程序的承认、多边协商、最后的规定11个部分。

该公约旨在减少各成员国动物实验的次数以及使用动物的数量，鼓励成员国积极开展动物替代实验的研究，并仅在没有动物替代实验的情况下用动物做实验。实验动物的选取应遵从明确的定量准则，并应得到良好的照顾，尽可能免受可避免的痛苦。

1998年6月22日，欧洲保护试验用和其他科学研究用脊椎动物条约补充协议(EU - Protocol of Amendment to the European Convention for the Protection of Vertebrate Animals used for Experimental and other Scientific Purposes，ETS no. 170)在法国的斯特拉斯堡被通过。2000年3月15日，该修订议定书生效。为方便科学理解，该议定书更新了1986年公约(ETS no. 123)中的术语，这些术语主要涉及实验动物的照顾以及动物实验统计数据的表述。

二、1986年86/609/EEC和2003年2003/65/EC

为了落实《用于实验和其他科学目的的脊椎动物保护欧洲公约》的要求，协调各成员国的国内立法，确保为实验目的或其他科学目的而需要使用动物，消除贸易壁垒，防止竞争出现扭曲，避免影响共同市场的建立和功能，欧洲共同体于1986年11月24日在布鲁塞尔颁布了《关于使各成员国有关用于实验和其他科学目的的动物的保护法律、法规和行政规章接近的理事会指令》(86/609/EEC)。指令分为导言、正文和附件3个部分。指令正文和附件的规定与公约的规定基本一致，特殊的规定主要体现在动物实验的目的条件、濒危物种的实验以及关于动物实验技术的发展等方面。

指令区别于公约的一大亮点是关于濒危物种的实验。指令第4条规定，各成员国应当确保 1973 年《濒危野生动植物物种国际贸易公约》附件 1 和 82/3626/EEC(1997 年被 EC/338/96 取代)条例附录 C 和附录I中规定的濒危物种不被应用于实验,除非这些实验符合 82/3626/EEC 条例的规定,并且实验属于以保育这些动物物种为目的的研究或者只有这些动物物种适合于必要生化目的的实验。

另外,关于程序的操作,指令第 7 条至 12 条规定了以下 6 个方面的特殊内容:①在不同的实验之间进行选择时,应当选择那些使用动物数量最少、使动物感受最低限度的神经生理敏感度,使动物产生最小疼痛、痛苦、忧伤、持续伤害而且最可能提供满意结果的实验;②除非其他动物的实验不能达到令人满意的目标,禁止把野生动物应用于实验;③如果不能采用麻醉剂,应当采用无痛方法或者其他合适的方法,以尽可能地限制动物所遭受的疼痛、痛苦、忧伤或者伤害,在任何情况下不得使动物遭受剧烈的疼痛、忧伤或者痛苦。麻醉苏醒后,应当对动物及时采取合理的疼痛减轻措施;如果不可能采取这种措施,应当立即对其采取人道的宰杀措施;④动物在实验中的重复利用,应当遵守本指令的规定,对于已经遭受剧烈疼痛、痛苦或忧伤的动物,不得再次利用于实验;⑤即使动物实验的目的合法,如果动物的健康状态不允许其应用于实验,或者该实验对环境和公共健康构成威胁,或者动物的福利没有得到最大限度的保护,职责机构可以允许释放该动物;⑥各成员国应当健全动物实验提前向职责机构报告的制度。由此可见,该指令比 1986 年《用于实验和其他科学目的的脊椎动物保护欧洲公约》的规定要严格。

2003 年 7 月 22 日,欧洲理事会通过了《关于修正 86/609/EEC〈关于使各成员国有关用于实验和其他科学目的动物的保护法律、法规和行政规章接近的理事会指令〉的理事会指令》(2003/65/EC),该指令于 2005 年 10 月 2 日生效。2003 年的指令对 86/609/EEC 的实体性修正主要是要求在 86/609/EEC 指令第 24 条中插入 a 和 b 两款内容,即采取措施实施指令附件列举的主题和对共同体委员会的相关规定。

2008 年 11 月 8 日,欧洲委员会决定修订 86/609/EEC 指令。2009 年 5 月 5 日,欧洲议会通过了该文件的一读。欧洲委员会决定修订 86/609/EEC 指令经过了几年时间。2002 年,应欧盟环境总司的要求,欧洲食品安全局下属动物健康和福利科学委员会(AHAW)提交了一份实验用非灵长类动物福利的报告。同期,欧洲议会也提议修订 86/609/EEC。2003 年,欧盟环境总司成立了一个技术专家工作组(TEWG),主要收集法令修订的科学性和技术性资料。2004 年,AHAW 提交了一份与修订有关的报告,认为修订指令中实验动物应包括非脊椎动物和胎生动物,该报告于 2005 年 11 月 14 日被采纳。2006 年和 2007 年,欧洲委员会对指令的修订可能造成的影响进行评估。经过几年的研究,欧洲委员会于 2008 年决定修订 86/609/EEC 指令。

2009 年 12 月欧盟里斯本协议推出,动物福利与反歧视、推动性别平等、保护人类健康和维护人类福利,共同成为欧盟的 4 个核心价值。随着欧盟范围的扩大,如何使欧盟新成员国在实验动物福利方面协调一致成为立法者考虑的问题,此次修订将于 2010 年通过,使之成为保护实验用动物共同遵守的法律,在欧盟 27 个成员国中得到实施,取代已实施 24 年了旧指令。

新法规修订体现了以"3R"为中心的原则,具体涉及动物试验的伦理评估和建立持续的伦理审核制度,非人灵长类动物的使用,加强法规的透明度和执行力,加强成员国之间动物伦理的合作等内容。新条款中也提到了相关的宗教规则,传统习俗和民族传统应该受到尊重。

三、2007 年 2007/526/EC 指南

欧盟委员会关于试验及其他科学目的动物的饲养和管理推荐指南(Commission Recommendation of 18 June 2007 on guidelines for the accommodation and care of animals used for experimental and other scientific purposes)(2007/526/EC)

该指南从 2008 年 6 月 15 日起实施。指南分一般条款和特殊条款 2 部分。一般条款从设计和布局、环境及控制、培育和培训、管理 4 部分做出详细规定。特殊条款分别对啮齿类、兔、猫、犬、水貂、非人灵长类(包括绒猴、松鼠猴、狒狒)、农畜(牛、山羊、马等)和猪(猪、小型猪)、鸟类的环境、健康、饲养和运输等做出了详细规定。

四、我国的实验动物管理与立法

目前,我国实验动物的管理模式是统一规划,条块结合,共同管理。科学技术部主管全国实验动物的管理工作,统一制定我国实验动物的发展规划,确定发展方向、发展目标和实施方案。省、自治区、直辖市科学技术厅主管本地区的实验动物工作。国务院各有关部门,包括卫生部、质检总局、农业部、中科院、教育部、总后卫生部等负责管理本部门的实验动物工作。有关部门和地区设立了实验动物管理委员会,专门负责实验动物管理工作。进入 21 世纪,我国实验动物工作已经逐步向着管理法制化和科学化、生产供应商品化和规模化以及动物质量标准化的方向迈进。

实验动物的法制化管理对促进生物学、医学、药学、兽医学等学科的发展从而维护人民的健康有着重要作用。因此,有关管理部门已开始着手全面和系统的法规建设。

我国的实验动物立法由涉及实验动物个别保护内容的动物防疫与进出口检疫法律、1988 年的《实验动物管理条例》、有关部委颁布的部门规章与国家标准、地方法律规定和标准组成,已经形成了一个完整法律体系。

1988 年,国务院批准发布了《实验动物管理条例》。该条例对实验动物的生产、应用、质量控制、从业人员都提出了相应的要求。这些要求基本都集中在保证实验动物质量、保证科学实验方面。其中对动物福利的概念已有涉及,如在第 6 章第 29 条规定:“从事实验动物工作的人员对实验动物必须爱护,不得戏弄和虐待。”

1997 年,颁布了《农业系统实验动物管理办法》。该办法主要适用于从事实验动物研究、饲育、保种、供应、使用、饲料和设施生产、供应及实验动物质量监测的单位和个人。办法第 13 条至 14 条规定:“进行动物实验应根据不同的目的,选用相应的合格实验动物,并具备相应级别的动物实验条件。”

1998 年,卫生部颁布了《医学实验动物管理实施细则》,该细则明确卫生部主管全国医学实验动物管理工作。细则第 12 条至 16 条规定,“进行动物实验的研究课题在进行动物实验前,应当向同级医学实验动物管理委员会提出研究报告,经专家论证后方可进行。进行各种动物实验时,应当按动物实验技术要求进行。要善待动物,手术时进行必要的无痛麻醉。”

2002 年,科技部颁布了《实验动物许可证管理办法(试行)》。该办法明确了实验动物许可证包括生产许可证和使用许可证的申请、审批、发放、管理、监督和法律责任。

2004 年,《北京市实验动物管理条例》作为全国第一部实验动物管理的地方法规正式颁布,“条例”第 22 条规定:“从事动物实验的人员应当做好实验设计,使用正确的方法,不得虐待动物”,把优化动物实验方案提出要求正式写入地方法规。

为了提高实验动物管理工作质量和水

平，维护动物福利，促进人与自然和谐发展，适应科学研究、经济建设和对外开放的需要，2006 年 9 月 30 日，国家科技部颁布了《关于善待实验动物的指导性意见》，意见分 6 章具体提出了善待实验动物的建议。总则指出，实验动物生产单位及使用单位应设立实验动物管理委员会（或实验动物道德委员会、实验动物伦理委员会等）。主要任务是保证本单位实验动物设施、环境符合善待实验动物的要求，实验动物从业人员得到必要的培训和学习，动物实验实施方案设计合理，规章制度齐全并能有效实施，并协调本单位实验动物的应用者之间尽可能合理地使用动物以减少实验动物的使用数量。第 6 条提出“善待实验动物包括倡导减少、替代、优化的 3R 原则，科学、合理、人道地使用实验动物”。第 2～4 章分别从饲养管理、应用和运输过程中提出要求。第 5 章提出善待实验动物的相关措施，包括生产、经营和使用实验动物的组织和个人必须取得相应的行政许可。使用实验动物进行研究的科研项目，应制订科学、合理、可行的实施方案。该方案经实验动物管理委员会（或类似机构）批准后方可组织实施。使用实验动物进行动物实验应有益于科学技术的创新与发展，有益于教学及人才培养，有益于保护或改善人类及动物的健康及福利或有其他科学价值。各级实验动物管理部门应根据实际情况制订实验动物从业人员培训计划并组织实施，保证相关人员了解善待实验动物的知识和要求，正确掌握相关技术。

附：台湾地区

台湾地区于 1987 年 11 月开始实施“动物保护法”。该法体现了正确使用实验动物的 3R 原则，如“使用动物进行科学应用，应尽量减少数目，并以使动物产生最少痛苦及伤害之方式为之”，“进行动物科学应用之机构应组成动物实验管理小组，以督导该机构进行实验动物之科学应用”，“科学应用后，应立即检视实验动物之状况，如其已失去部分肢体器官或仍持续承受痛苦，而足以影响其生存品质者，应立即以最少痛苦之方式宰杀之”。另外还特别强调在中学不得进行所定课程标准外足以使动物受伤害或死亡之教学训练。

可以看出，我国在实验动物管理立法方面，并没有专门对动物福利采取制度化的保护措施，可以说，实验动物替代在我国的实验动物法规建设中还处在比较薄弱的位置上。专门的法规还没有建立，更没有完整的法规体系。与发达国家相比，差距较大。

第 3 节　动物试验替代的法律规定

随着科学技术的发展，特别是生物科学研究领域中实验动物的使用量猛增，动物替代实验越来越引起人们的关注。欧美等国家和地区相继通过制定法规和发布指令的方式，对动物试验进行规定。

一、REACH 中有关动物试验的规定

为有效管理和控制化学品市场准入，欧洲议会和欧盟理事会于 2006 年 12 月 18 日颁布了《关于化学品注册、评估、授权和限制的法规》（简称 REACH 法规）（1907/2006 (EC)），该法规于 2007 年 6 月 1 日起生效，2008 年 6 月 1 日起进入实施。

该法规明确体现了动物替代实验的 3R 原则。例如总则第 37 条规定：如果需要进行测试获得数据，应遵守关于实验动物保护的相关要求。第 47 条规定：根据第 86/609/EEC 号指令的规定，有必要替代、减少或优化脊椎动物试验。只要可能，本法规应基于使用适宜的替代试验方法就化学品的健康和环境危害进行适当的评估。借助欧盟委员会或其他国际机构确认的替代试验方法或欧

盟委员会和化学品管理局认可的符合本法规信息要求的替代试验方法，避免动物实验。为了尽可能减少动物实验，在征求有关利益方的意见后，欧盟委员会应在未来提出关于试验方法本法规的修正案，规定在适当情况下，应替代、减少或优化动物试验。欧盟委员会和化学品管理局应在为各利益相关方制定和修订指南的过程中、在化学品管理局制定执行程序的过程中，重点考虑这一问题，确保减少动物实验。第 49 条规定：为了避免重复工作，尤其为减少脊椎动物试验，当任何注册者提出信息共享要求时，注册的准备、提交及信息更新应该实现信息共享。如果涉及脊椎动物的信息，注册者被强制要求信息共享。第 64 条规定：为了防止不必要的动物试验，应给予利益相关方 45 天的时间期限，在此期间他们可以提供科学有效的信息和研究，提交有关物质的报告和物质的危害阈值，危害阈值会在测试提议中有描述。

二、欧盟化妆品指令对动物试验的规定

1986 年关于保护试验用动物的欧洲公约和欧盟委员会指令公布和实施后，迫使药品、生物制品、化学品等与安全评价相关的行业执行这一共同的法律规定，化妆品行业也不例外，研发新的体外试验方法成为化妆品行业的一项重要任务。同时，为适应科学技术进步和执行欧盟法律的规定，欧盟化妆品指令不断调整其有关动物试验的内容。早在 1993 年，欧盟就通过了一个有关化妆品检验的修正案，增加了一项很重要的内容，就是当经过验证的替代方法可行时，应停止动物实验。2000 年在这方面又做出相应决定，要求成员国在 2000 年 7 月 1 日开始禁止使用动物来对化妆品及原料进行安全性检测。由于技术原因和世界各国反应非常强烈的缘故，动物试验禁令的实施时间多次推迟。2003 年，欧委会通过了关于 76/768/EEC 第七次修订，即 2003/15/EC 指令，该指令明确了取消动物实验的时间表。2004 年，欧委会又在布鲁塞尔发布了《关于 76/768/EEC 第七次修订中明确的取消动物实验时间表的工作文件》。进一步对化妆品动物试验禁令做出说明。2009 年 12 月，欧盟委员会发布了新的化妆品法规，以取代实行了 30 多年的 76/768/EC 指令，新法令的突出特点是保留了有关动物试验的规定。

化妆品领域动物试验禁令的出台过程，反映了 3R 从理念到技术立法的轨迹。至少在欧洲范围内，动物福利和 3R 的原则已经完成了从最初的理念（1959 年），到立法约束（1986 年），到技术进步推进（2003 年），再到最后形成法律禁令（2009 年）的过程，科技发展和社会需要是推动这一进程的原动力。

（一）76/768/EEC

在新法规正式实施前的过渡期内，欧盟关于化妆品监管的法规仍沿用 1976 年 7 月 27 日制定的《关于使各成员国有关化妆品立法接近的理事会指令》，即 76/768/EC 指令。指令的目的是确保化妆品消费者的人身安全，其核心理念是欧盟内部一体化，消除技术法规壁垒，以促进产品在欧盟各成员国之间以公平的方式自由流通。为适应技术进步和社会发展需要，法规经常进行修订（大规模的修改）和修正（适应技术发展的修改）。2003 年，76/768/EC 指令进行了第 7 次大规模修订，正式提出了迄今为止有关动物试验的最严格的要求。使欧洲成为唯一法规禁止进行化妆品安全性评价动物实验的地区。

（二）2003/15/EC

2003 年，欧委会通过了关于 76/768/EEC 第七次修订，即 2003/15/EC 指令，该指令明确了取消动物实验的时间表。新指令主要涉及动物测试化妆品与化妆品成分，以

及以其他测试方法取代动物实验等事宜，要点如下：

（1）欧盟各国不得允许国内以动物实验测试化妆品。

（2）自 2004 年 9 月起，在已有其他认可实验方法的情况下，以动物实验测试最终配方的化妆品或含有以动物实验测试成分或成分组合的化妆品不得在欧盟销售。

（3）自 2009 年 3 月 11 日起，除重复剂量毒性测试、生殖毒性和毒代动力学测试外，禁止使用动物进行化妆品急性毒性、眼刺激和过敏试验，2013 年将全面禁止在动物身上进行化妆品和原料的安全性测试，也不允许成员国从外国进口和销售违反上述禁令的化妆品。该规定对欧盟内部成员国和非欧盟国家进口的产品的要求是一致的。

（4）当动物实验法已被其他认可测试法取代，欧盟各国亦须禁止以动物实验测试化妆品成分或成分组合。

（5）化妆品不得含有致癌、诱变和危害生殖系统的物质。所有在欧盟销售的化妆品必须符合额外的标签规定，包括最佳使用期限等。新指令又列出 25 种物质，若这些物质有使用在化妆品内且超过规定的含量，必须以标签说明，标签上需列出成分及用量。有关清单将加入大纲指令附则Ⅲ第一部分的现有清单中。

（三）2006/406/EC

2006 年 6 月 7 日，欧盟委员会颁布了《关于依照 76/768/EEC 没有进行动物试验声明的指南》(2006/406/EC)，对不使用动物试验的声明做出了规定。该指南的主要原则是化妆品声明的使用不能误导消费者。基于“未进行动物实验”标识声明，消费者应获得能够进行明确选择的切实利益。这些信息对消费者应是有益的。该声明的使用不应导致以该类声明作为市场手段的生产商和(或)供应商之间不公平的市场竞争。该指南的要点：

（1）产品制造商或负责产品投放市场信息的个人(代理商)，可以声明其产品没有经过动物试验。

（2）声明的自愿使用。无论是产品制造商还是负责产品投放市场信息的个人(代理商)发布这一声明不是强制性的。

（3）对 76/768/EEC 指令第 6(3)条款中的要求进行了释义。指出(a)“未进行动物实验”是指在化妆品或其成分的研发或安全评估过程中未使用动物实验。只有完全采用替代方法替代动物实验才可使用该类声明，如果只是减少或改良动物实验则不得使用该声明。此外，对于测试(重测试)是否在欧盟成员国或第三方国家进行以及何时进行的测试则并不重要。(b)“生产商和其供应商没有进行或委托任何动物实验……”是指生产商及其供应商，包括供应链中所有的供应商没有直接进行动物实验或通过赞助研究机构要求或支付动物实验。(c)生产商及其供应商不应“使用基于研发新化妆品目的而进行过动物实验的任何成分”是指生产商及其供应商不能使用来自其他任何基于新化妆品研发进行的动物实验而取得数据的成分，包括科学文献中的数据。“新化妆品的研发”既包括上市产品的重新配方也包括全新产品的开发。新包装不能被认为是一个新的化妆品。

（4）举证责任：指任何声明其产品相关的开发过程中未进行动物实验的人(生产商或代理商)有责任提供所做声明的证据。

（5）声明的措辞：只要指令中的相关要求得到履行，任何想要声明进行动物实验的人可自由选择声明的措辞和(或)使用任何图片、图形或其他标志。

对这一指令，可以归纳为以下几点加以理解：①产品制造商或负责产品投放市场信息的个人(代理商)，可以声明其产品没有经过动物试验；②发布这一声明不是强制性的；③对于进行的非动物试验的事实，要做出可能的自愿的声明；④要求代理商必须能够提供所做声明的证据；⑤声明的使用不能误导消费者；⑥对于“非动物试验”的标签声明，消费者能从知情的选择中获得真实的利益；⑦声明的信息对于消费者应是有用的。

（四）欧盟新化妆品法规 1223/2009

2009 年 12 月，欧盟发布了新的化妆品法规 1223/2009/EC，以取代实行了 30 多年的 76/768/EC 指令成为欧洲的化妆品统一法律，其目的是适应欧盟扩大带来的法律方面的不一致，实现公平竞争和消除技术壁垒。有关欧盟新的化妆品法规 1223/2009/EC 的全文翻译和内容解读可参考《欧盟化妆品管理法规和检测方法与指南》(2010 版)。法规正式实施前，有关内容还有可能调整和修订，新法规最主要的变化是增加了第五章“动物试验”的内容，保留了禁止动物试验的规定，进一步明确了 3R 的原则，同时对禁止动物试验的情形和豁免条件做出了规定。

三、经济合作与发展组织对动物试验的规定

经济合作与发展组织(简称 OECD)是一个国际组织，其职责之一就是公布官方认定的化学品测试指南。这些指南提供标准的测试准则，保证不论按照何种测试程序，结果在 OECD 成员国之间都是标准和可接受的，这样可避免不同国家间重复实验。

OECD 规定体外方法的有效性要求是：

(1) 在设计上应能准确预示对人体的危害，所得数据与采用其他方法或在不同实验室得到的数据之间具有可比性。

(2) 在同一实验室内所得数据重复性好，精密度高。

(3) 实验结果要提交权威机构进行有效性验证、认可，形成规范的标准化文件后能推广使用。

(4) 有效性验证程序一般需 4～6 年时间，如果一个替代方法已通过了预验证(即实验室间试验的评价)，有效性验证时间可以缩短到 2 年。

OECD 毒理学试验方法共 44 项，其中传统动物试验及遗传学试验共 38 项，替代试验 6 项。OECD 认可的替代方法包括：经皮肤吸收体外试验(OECD428)、体外皮肤腐蚀试验经皮电阻试验法(OECD430)、体外皮肤腐蚀试验人工皮肤模型法(OECD431)、体外皮肤腐蚀性的膜屏障试验法(OECD435)、皮肤变态反应试验-局部淋巴结法(OECD 429)、体外 3T3 NRU 光毒性实验(OECD432)。

四、美国对动物试验的规定

美国政府不直接设置专门的管理机构，而是通过立法经过动植物检疫局(APHIS)、食品与药品管理局(FDA)、国家卫生研究院(NIH)、动物饲养管理与应用委员会(LACUC)等官方或民间渠道，对实验动物及其设施条件进行监督与调控。

另外，在美国还有许多协会参与动物实验的工作。1965 年成立的国际实验动物管理评估及认证协会(AAALAC)是一个非盈利的国际认证机构，其主要工作是促进使用实验动物的单位都能达到高标准、高品质的实验动物管理及应用，以确保实验动物的福利。AAALAC 支持使用动物作为促进医学科学进步的基础，强调实验动物饲养的规范化和动物实验的科学化；同时也和其他动物福利组织一样，关注在实验动物饲养和动物实验期间的动物福利标准与存在的问题，使用动物的前提是没有替代方法可以利用，并且强调以伦理和人道的方式对待动物，不得虐待动物。

1986 年，美国国会办公室提出了在检验和教育中动物替代方法的技术评估报告，其中对 3R 概念和替代方法所显示出的作用给

予了充分肯定。

在美国动物福利协会(AWI)、动物联合行动组织(UAA)和动物保护协会的共同努力下,于1976年和1980年促进了《动物福利法》(制定于1966年)和《人道主义饲养和使用实验动物的公共卫生方针》的重新修订,通过这两个法规性文件,使3R在动物实验方面的应用得以落实。另外,修订的《动物福利法》还规定了减少动物痛苦的标准,并要求研究者在可能引起实验动物痛苦时考虑替代方法。1981年,霍普金斯大学卫生和公共健康学院成立了国际著名的动物实验替代方法研究中心(CAAT)。1986年,美国国会提出了关于在研究、检验和教育中动物应用替代物的技术评估报告。1993年,CAAT作为东道主举办了第一届生命科学中替代物和动物应用世界大会。

在美国,许多国家部门的工作中渗透了动物替代实验。1993年,一个由多部门参与的组织替代方法验证跨部门协调委员会(ICCVAM)成立。其主要职责是技术协调和评估新的和修订的实验方法。到目前为止,ICCVAM已评估了一些与毒理学终点和管理有关3R方法,如急性口毒性、生物学、发育毒性、内分泌紊乱、眼腐蚀/刺激、遗传毒性、致热性、皮肤腐蚀和皮肤敏感性。

五、其他国家动物试验的规定

(一) 英国

20世纪70年代早期,由于实验动物使用量增加,动物保护和3R研究的问题引起了社会各界的极大关注。1976年,英国的许多动物福利组织发起了动物福利年运动以纪念《防止虐待动物法》发表100周年,随后成立了动物试验改革委员会(CRAE)。1983年,CRAE、英国医学实验中动物替代方法基金会(FRAME)和英国兽医协会(BVA)成立联盟,提出一系列的计划,对英国政府产生了很大影响,有关3R方面的内容也写入了1985年的白皮书。同期,著名的生理学家Smyth在对3R方面的调查研究基础上,发表了他的著作《动物试验替代物》(*Alternatives to Animal Experiment*),他在书中对替代物所下的定义被人们广泛接受。1986年,重新修订《科学试验动物法》(*Animals for Scientific Procedures Act*)在英国议会通过。该法案规定科学试验项目必须申请许可证(project licences),申请须提交详细的试验过程描述和对潜在的危害进行评估。法案规定,除非试验过程中对动物造成可能的不良影响(痛苦、疼痛、应激或持续损害)与试验所获得的利益被精确地评估,否则许可申请不能被批准。获得许可的试验人员,必须熟悉所使用动物可能遭受的痛苦、不适和应激,采取可靠的麻醉技术进行控制、护理或其他措施减少动物痛苦。

(二) 德国

德国于1987年对动物保护法进行了修改并增加了一项重要内容,这就是要求联邦政府每2年要向联邦议院提出一份关于在动物保护措施实施方面的进展报告。通过这样一个步骤对有关的国立研究机构施加压力,使他们必须采取必要的措施,贯彻执行动物保护法。根据德国的动物保护法,如果没有充分的理由,任何人都不能给动物造成疼痛、不安和损伤。

(三) 荷兰

在荷兰的《动物试验法》(*Act on Animal Experimentation*,1977)中包含着3R方面的主要内容,如使用动物必须注册;进行动物实验的研究机构必须要有许可证;为达到某一目的,能用体外法或其他非动物代替方法时不得使用动物;要求从事动物试验的科研人员必须要在实验动物科学方面接受包括动物试验道德和替代法内容的教育与培训;

当预计到试验会给动物造成可感觉到的疼痛时，必须使用麻醉法，只有当这些会影响到试验目的时，才可省略不再使用等。

1996 年，荷兰议会下院开会讨论动物实验法的修订计划。此次修订的原因是为了履行委员会指会（86/609/EEC）中的有关规定，这些已写入荷兰的国家法规中。

（王丽霞　徐丽艳　程树军）

参考文献

程树军，许崇辉，潘芳等．欧洲化学品新法规下危险评价的动物试验及其替代方法，中国卫生检验杂志，2008，18(12)：2846～2848

国家科技部．关于善待实验动物的指导性意见．国科发财字〔2006〕398 号

贺争鸣，李冠民．动物实验替代方法概论．北京：学苑出版社，2003

Anon (1967). Council Directive 67/548/EEC of 27 June 1967 on the approximation of laws, regulations and administrative provisions relating to the classification, packaging and labelling of dangerous substances. Official Journal of the European Communities 196, 16. 8. 1967. 1. 98

Anon (1991). Establishment of a European Centre for the Validation of Alternative Methods (ECVAM). Communication from the Commission to the Council and the European Parliament, 6pp. Brussels, Belgium: Commission of the European Communities

Anon. Regulation (EC) No 1223/2009 of the European parliament and of the council of 30 November 2009 on cosmetic products Official Journal of the European Union 9 22. 12. 200

BUAV (2001). Action to End Animal Testing: The Way Forward, 19 pp. London, UK: British Union for the Abolition of Vivisection

COM (2007) 675 final. Fifth Report on the Statistics on the Number of Animals used for Experimental and other Scientific Purposes in the Member States of the European Union

Council Directive 86/609/EEC of 24 November 1986 on the approximation of laws, regulations and administrative provisions of the member States regarding the protection of animals used for experimental and other scientific purposes. Official Journal L 358, 18/12/1986 P. 1～28

Council of Europe (1997). Multilateral consultation of parties to the European convention for the protection of vertebrate animals used for experimental and other scientific purposes (ETS 123). Council of Europe: Report of the meeting, Strasbourg, 30 June 1997

De Boo MJ, Rennie AE , Buchanan-Smith HM, CFM Hendriksen. The interplay between replacement, reduction and refinement: considerations where the Three Rs interact. Animal Welfare, 2005, 14: 327～332

Dimas: Commission recommendation of 18 June 2007 on Guidelines for the Accommodation and Care of Animals Used for Experimental and Other Scientific Purposes (2007/526/EC). Official J Eur Union, 2007, 50

Directive 2003/15/EC1 of the European Parliament and the Council amending Council Directive 76/768/EEC2 on the approximation of the laws of the Member States relating to cosmetic products was adopted on 27 February 2003 and entered into force on 11 March 2003

Hendriksen CFM, Morton DB, eds (1999). Humane Endpoints in Animal Experiments for Biomedical Research. London, UK: The Royal Society of Medicine Press

Hengstler JG, Fothb H , Kahl R , et al . The REACH concept and its impact on toxicological sciences . Toxicology , 2006 ,220 (2～3) :232～239

IEH (2001). Testing Requirements Anon (2001). Report on the Commission White Paper on a Strategy for a Future Chemicals Policy. Document No. A5. 0356/2001. Adopted in Plenary Session on 15 November

第3章　替代方法的验证与认可
Chapter 3　Validation and Acceptance of Alternative Methods

第1节　替代方法的验证

一、验证的概念

随着生命科学研究和计算模拟技术的发展，目前在药品、化妆品、农药、生物制品等安全性评价领域，越来越多的实验室和研究机构从事动物试验替代方法的研究。在用新的实验方法替代这些动物试验时，必须证明新方法的相关性和可信性，也即必须进行验证，才有可能被管理部门接受纳入法规管理的范围，成为有效的替代方法。验证是一项严谨的科学研究过程，要摒弃那种认为只要研发中的替代方法证明可靠就自然会符合法规要求的错误认识。因为尽管在科研机构和企业中有许多体外试验方法被开发和应用，但只有很少的一部分经过科学验证和被法规认可能用于替代动物试验。

实验动物替代方法的验证概念最初是由 Scala 提出。之后，Frazier 受 OECD 委派，于 1990 年发表了体外毒性试验验证的科学标准(scientific criteria for validation of in vitro toxicity tests)一文，进一步扩展了验证的理论。同年，在美国霍普金斯动物实验替代法研究中心(The Johns Hopkins Center for Alternatives to Animal Testing，CAAT)和欧洲毒理实验替代方法研究小组(European Research Group for Alternatives in Toxicity Testing，ERGATT)共同主办的专题讨论会上，正式提出了有关验证的具体方法。

验证(validation)的定义也是不断完善的。1995 年，ECVAM 的定义是“为着特定的目的对一种试验方法的可靠性和相关性进行评价的过程”；2003 年，ICCVAM 的定义与 ECVAM 相似；2005 年，OECD 扩展了试验方法的范围，验证的范围也扩大为是指“为着明确的目的，对特定的试验、方法、程序或评价的相关性和可靠性建立程序的过程”。

相关性(relevance)：是指试验方法的科学价值，即对于所关注效应的相关程度，以及为了特定的目的，某种方法是否适用和具有科学意义。

可靠性(reliability)：是指试验结果的可重复性，即实验室内和不同实验室间能否在一定的准确度内正常使用某种方法，可靠性通过实验室内和实验室间的再现性，以及实验室内的重复性进行评价。

目的(purpose)：是指关于某一特定方面的体内毒性(毒性类型、靶器官、毒性程度、受试物种类等)的相关性和可靠性。可以说，验证是联系研究和规则之间的纽带。这种连接要能确保替代方法能被科学地验证，使之能最终通过产品审批或被安全评价的管理部门接受。

二、验证试验方法的分类

从替代试验方法试图应用的领域来看，被验证的试验方法可分为 5 种类型。

（一）筛选性试验方法（screening test method）

类似于 ECVAM 指南中所指的"非法规性替代方法"（Non-regulatory alternative procedures），是一种快速和相对简单的试验，目的是对于受试物的作用方式从大的类别上进行排序或分组，如雌激素受体结合试验。此类试验方法通常用于毒性机制的研究或者用于筛选（screening）和优选（prioritisation）。

（二）限定试验方法（definitive test method）

通过一项实验应能获得足够的数据以鉴别受试物的特定危害性而不需要进一步实验，如二代繁殖毒性研究。理想情况下，限定试验单独使用就可提供用于风险评估和风险管理的剂量效应与负反应的信息。法规中的动物实验通常为限定性试验。

（三）辅助试验方法（adjunct test method）

这种试验方法不能代替现有的法规程序，但它是比法规方法使用较少动物，或减轻动物痛苦和应激的优化程序，或能提供附加的资料，或有助于其他试验结果的解释（如用一只动物致癌原的毒代动力学解释其他物种发现的致癌性）。

（四）替代试验方法（replacement test method）

用于代替现有的试验方法，被代替的方法可以是筛选方法或限定方法，在这种情况下，替代试验方法应当比被替代的方法具有优势，如减少动物数量或减轻动物痛苦；同等或更精确地预测人类健康或环境危害；比现有方法可靠性和敏感性更高，能提供更多有用的支持结果判定的实验信息；经济或简化操作等。因其直接关系到法规的修改，对此类方法的验证最为严格，应当能提供相同或超出与被代替方法水平的信息。

（五）组合试验（test battery）

组合试验是由同时或相继进行的一系列试验方法组成的试验组合（如遗传毒性组合试验），试验方法之间具有互补作用，如测定不同的毒性终点或检测不同的反应机制。组合试验在验证时其组成试验应视为单一的试验，并需证明其组合后的试验效果比单独使用更有效和可靠。

三、验证的类型

前验证研究（prevalidation study）：是在试验方法开发后，在正式验证前进行的小规模的实验室内研究，研究的目的是为了确认试验方法是否充分优化完善和是否满足正式验证研究所需要的标准化，以及获得试验方法相关性和可靠性的初步评价。前验证程序通常采用有限数量的编码物质并在至少 3 个实验室内完成。

验证研究（validation study）：是大规模的实验室间研究，是为了特定目的对一项试验方法的相关性和可靠性进行评价的有计划的研究。

追加验证研究（catch-up validation study）：对于一项试验方法的结构和执行标准与其他相似的方法进行比较的一种验证研究，而后者已经过正式验证并且被认为是科学有效。如皮肤腐蚀性的 Epiderm 人工皮肤模型的验证就采用的是追加验证。1996～1998 年，ECVAM 成功地验证了人工皮肤模型 Episkin 和离体大鼠皮肤电阻（TER）两种皮肤腐蚀试验的体外替代方法。但 EPISKIN 模型在获得验证后不再商业化供应市场，为此，在 ECVAM 资助下，1998-1999 年间对另外一种商品化应用多年的皮肤模型 Epiderm 进行了追加验证研究，所选用的化学品与之前对 EPISKIN 的验证相同。验证结果认为 Epiderm 与 Episkin 类似能用于皮肤腐蚀性试验。

四、验证的评价指标

（一）验证研究的相关概念

试验方法需要经过验证研究获得一系列有意义的评价指标，进而得到相关性和可靠性的数据与评价结论，有关验证研究的概念定义如下：

再现性(reproducibility)：反映具有不同资质的实验室使用相同的试验规程和试验物质是否能得出质量上与数量上一致的结果。通常将实验室内再现性的评定作为验证的第一步，反映同一间实验室具有资质的实验员在不同时间内使用指定的实验方案是否能成功重复试验结果。实验室间再现性通常在前验证和验证过程中进行评估，反映试验方法在不同实验室间可以成功传递的程度。

一致性(concordance)：所有检测的化学物质正确地分类为阳性或阴性的比例。这是对试验方法运行进行测量的一个指标，也是"相关性"的一个方面。这个词经常与"准确性"互换使用。

准确性(accuracy)：包含两层意思(a)试验方法结果和可接受参考值间的一致性接近度。(b)试验方法得出正确结果所占的比例。这是对试验方法运行进行测量的一个指标，也是"相关性"的一个方面。这个词经常与"一致性"互换使用。准确性高度依赖于阳性物质占所研究群体的比例。

假阳性(false positive)：试验方法不能将受试物正确地鉴别为阳性。

假阳性率(false positive rate)：试验方法将所有阴性物质误判为阳性的比率，这是评价试验方法精确性的一个指标。

假阴性(false negative)：试验方法不能将受试物正确地鉴别为阴性。

假阴性率(false negative rate)：试验方法将所有阳性物质误判为阴性的比率，这是评价试验方法精确性的一个指标。

重复性(repeatability)：在指定条件下和给定时间内，一个实验室对相同物质检测获得一致结果的接近度。

预测性(predictivity)：用试验方法检测阳性(阴性)物质能得到正确阳性(阴性)反映的比例。它是评价试验方法准确性的一个指标，反映了试验方法的灵敏度，受测试时混合率的影响。

可靠性(reliability)：测量试验方法可以在实验室间长时间重现的程度，是通过测定实验室内和实验室间的重现性与实验室内的重复性来评价的。

敏感性(sensitivity)：在一个试验方法中，所有阳性化学物质被正确鉴别为阳性的比例，是评价试验方法准确性的指标。

特异性(specificity)：在一个试验方法中，所有阴性化学物质被正确鉴别为阴性的比例，是评价试验方法准确性的指标。

普适性、可转移性(transferability)：试验方法或试验程序可以精确地和可靠地在不同资质的实验室实行的能力。

混合率(prevalence)：阳性或阴性物质占所有被测试物质中的比例。

（二）验证指标的相互关系

实验方法的验证是对其敏感性、特异性、预测值进行综合测试来进行评价的，它们之间的关系可用 2×2 表(表 3-1)来表示。

表 3-1　试验方法验证相关指标的计算

试验结果	参考受试物质		总计
	阳性	阴性	
阳性	a	b	$a+b$
阴性	c	d	$c+d$
总计	$a+c$	$b+d$	$a+b+c+d$

a：阳性物质试验结果为阳性；b：阴性物质试验结果为假阳性；c：阳性物质试验结果为假阴性；d：阴性物质试验结果为阴性；$a+c$：检测的阳性物质；$b+d$：检测的阴性物质；$a+b$：检测结果为阳性；$c+d$：检测结果为阴性；$a+c+b+d$：所有测试物(结果)

从上表可以计算验证的各项指标：敏感性是指阳性物质的正确确认率，敏感性 $=a/(a+c)$；特异性是指阴性物质的正确确认率，特异性 $=d/(b+d)$；阳性预测值是指阳性结果中"阳性"物质所占的比率，即"阳性"的正确率，阳性预测性 $=a/(a+b)$；阴性预测值是阴性结果中"阴性"物质所占的比率，即"阴性"的正确率，阴性预测性 $=d/(c+d)$；假阳性是指阴性物质误定为"阳性"结果的比率，假阳性率 $=b/(b+d)$；假阴性是指阳性物质误定为"阴性"结果所占的比率，假阴性率 $=c/(a+c)$；准确性是指全部正确结果所占的比例，准确性 $=(a+d)/(a+b+c+d)$。

准确性受验证时阳性物质占所有测试物质的比率即混合率的影响，混合率 $=(a+c)/(a+b+c+d)$。决定预测值的阳性率取决于实验的敏感性，同时也因混合率而变化，因此，受试物的选择至关重要。

此外，同一实验室对同一物质检测的重复性，实验结果的重现性包括实验室内重现性和实验室间重现性等对于试验方法的评价也很重要。同时试验方法在不同实验室间技术转移的普适性也是重要的影响因素。

（三）预测模型

用于代替某项动物实验的替代试验方法是由试验系统和预测模型（prediction models，PM）两部分组成的，PM 是一种将体外实验数据转化为预测动物或人体药理毒理学终点的计算方法。即通过数理算法（algorithm，一种循序渐进解决问题的过程）将替代方法的数据进行处理转化，从而能用于预测毒理学终点。

合理的预测模型至少需要具备 4 个要素：①必须对替代方法获得的各类数据做出清晰的定义和描述；②必须提出一个规则系统算法，它可将各种类型的数据转化为对体内指标变化的预测；③必须提供预测的准确性和精确性的描述，如提供 95%置信区间；④预测模型必须限定受试物类型。

五、验证遵循的原则和基准

早期的实验室间评价为开发新的毒理学试验方法的提供了重要的信息，为建立正式验证的程序和标准奠定了基础。目前试验方法验证的基准和原则是由 OECD、ECVAM 和 ICCVAM 三个组织共同开发，经过 20 世纪 90 年代的历次会议和工作报告的基础上发展起来的。在共同协调下，它们之间的验证基准已无差异。1996 年，OECD 在瑞士 Solna 召开工作组会议，提出了一套验证的原则，即 SOLNA 原则，作为新的或修订的试验方法的验证基准。该原则扩大了验证的范围，无论是体内方法还是体外方法，也无论是对人类健康影响的方法还是对环境影响的试验都应遵循这一基准。此外，OECD、ECVAM 和 ICCVAM 还制订了与实验间验证研究相关的质量控制指南，如 GLP 和良好细胞培养规范（GCCP）。

（一）Solna 原则

考虑一个新制订或修订的试验方法对于风险评估管理目的是否有效，一般需要符合基本的验证原则和基准，当然随试验方法的原理、目的及用途有所不同，验证原则的符合程度也有差异，因此，对一个替代方法进行评定时要有一定灵活性。试验方法验证的 Solna 原则和基准如下：

1. 试验方法应当合理可行 包括明确阐述试验方法的科学基础、法规目的和必要性。

2. 应当描述试验方法的终点与所指向的（生物学）现象之间的关系 包括试验方法所测定的效应与所关注的特定类型的效应/毒性之间的科学相关性，这种关系可能是机制性的(生物学)或相关性的,但具有生物学相关的试验方法应优先被评估。

3. 试验方法应具有详细可行的操作规程 试验方案应当足够详细,并应包括所需材料的描述,如试验中可能用到的特殊类型细胞、构建的或来自动物的组织、检测指标及测定方法的描述、数据分析方法描述、数据评价的判定标准以及试验方法可接受的执行标准。

4. 必须证明试验方法在实验室内和实验室间的再现性 应提供一段时间以内实验室内和实验室间试验数据再现性与变异性的水平,应阐述对试验重现性有影响的生物学因素及其变异程度。

5. 试验方法必须经过有代表性的参考物质的证实 使用能代表该方法将来要应用到的受试物类型的参考化学物质的测试,以证实方法的可行性,参考化学物的数量应足够并应进行编码以排除偏倚。

6. 应当对试验方法的实施效果特点进行评估,即与受关注物种的相关信息和现有的相关毒性试验资料比较 替代方法应当具有足够可行的资料,并与预期被替代的试验进行比较,对来自传统(动物)试验方法的参考资料应当可用并且质量有保证。

7. 理想情况下,支持试验方法有效性的所有数据和报告都应符合良好实验室操作规范(GLP)的要求 不按照GLP操作收集的数据及其潜在的影响必须详细阐述。

8. 所有支持试验方法有效性评价的数据必须方便使用以便于回顾和评审 包括详细的试验操作方案应当是易于获得并通过公共渠道可获取;方法及结果应当由独立的同级评审机构出版或提交给出版社;试验方法的描述应足够详细,便于独立的实验室遵循该试验程序获得同等的数据,并能自行评估与标准方案的吻合程度。

(二) ECVAM和ICCVAM的验证原则

ICCVAM和ECVAM体外试验验证的基准与OECD类似,ICCVAM强调了对替代方法的局限性描述,即必须说明试验方法的局限性。例如,某些体外的或非动物的试验方法不可能完全复制体内试验出现的与化学毒性相关的所有代谢过程,试验方法的这一局限性应当予以说明。

ECVAM强调预测模型的作用,即要说明体外实验数据与体内毒性终点的关系,并给出明确算法。

六、验证的程序

过去10年中,新的毒性替代试验方法的开发得到了快速的发展,然而它们在管理毒理学中的接受过程并不是很快,因为只有采用的新方法能获得与目前动物试验相同的化学物质分类和标识结果,管理者才能接受这一方法,这是主要的障碍。而且,OECD已经指出只有经过成功的试验验证研究的体外毒性方法才能被接受。为了科学地推动这一过程,欧盟和美国的科学家就毒性试验方法的验证在瑞士Amden (1990年和1994年)召开了两次会议,达成了试验验证的定义和明确了验证的基本步骤。

一个新的动物试验替代方法从提出概念、研究开发到最终被法规认可通常要经过5个主要阶段,即试验方法的开发、前验证、验证、独立评价和法规认可程序。严格讲,只有完成了正式验证程序的试验方法才能被评估并纳入法规管理程序。虽然验证的过程被分为几个阶段,但实际上验证中的各种要素是紧密相连的,每一阶段的设计和运行都是建立在其他阶段工作基础上。不管验证的方法是探索性和(或)回顾性还是调整性,验证程序的目的都是对验证遵循准则的有效阐明。验证程序流程见图 3-1。

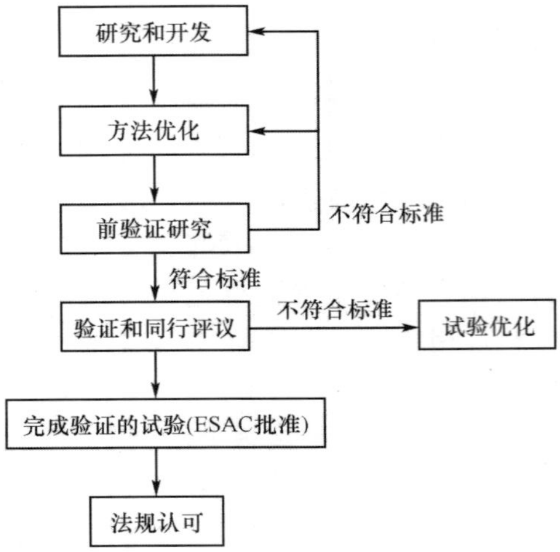

图 3-1　替代方法的验证程序

（一）试验方法的开发

1. 实验方法的建立　在考虑将一个试验列入验证研究之前，首先必须将该实验适当地开发出来，实验本身是最重要的，没有优良的实验方法为基础验证必然是空谈。开发一个新试验，研究者应当对实验的基础和科学目的以及有无其他适用的实验给予明确的阐述，并对其必要性、现况和使用范围予以说明。

(1) 确定替代方法的目的：确定是哪一种毒性试验的替代方法，包括试验方法的化学、生物化学或生物学基础的阐述，试验方法测定的终点与所关注毒性效应之间的相关性和合理性，因为替代方法的目标不同对其评价的基准也不同，因此必须确定目标。比如，以筛选为目的的替代方法，可以允许出现假阳性，而假阴性率必须限定在最低程度，同时方法必须简便、快速、经济。若为其他毒性试验提供辅助而使用的替代方法，则要求该替代方法具有与毒性表达机制相关的指标，且与主试验的检测指标不同。若为现有动物试验方法的替代，则要求敏感性、特异性等试验性能的测定指标的生物学机制必须明确。若为组合试验的一部分，应明确其在组合试验/试验策略中的位置和作用。

(2) 实验方法的建立：试验方法的研发阶段，应确定试验系统（细胞株、动物种类等）、受试物、测定指标和数据分析方法，以建立实现替代方法预期目标的最基本的试验程序和条件。在此阶段，还必要根据最基本的化学物的实验结果，对替代方法的可行性做一定程度的确认。

(3) 受试物的选择：必须充分了解适合替代试验的受试化学物的性质、类别和范围，还应掌握受试物的理化性质和有关毒理学方面的资料。此外，在设计受试物的组合时，应考虑适当的混合率，即阳性物和阴性物要适当搭配。

(4) 确定与之比较的数据：试验设计中应掌握被代替的试验方法的数据，以便与其进行比较，但在比较前应对已有的毒理学数据的可靠性和科学性做出判断。替代方法在研发过程中最好同时实施动物实验，以更好地利用体内试验数据进行比较。但是，考虑到动物福利等因素，目前一般主张使用现有的动物实验数据或已有的同类方法的体外试验数据，这也符合 3R 的原则。欧洲化学品毒理学和生态毒理学中心（European Centre for Ecotoxicology and Toxicology of Chemicals，ECETOC），欧洲体外毒理学数据库以及 ECVAM 信息中心等收集了这样的体内和体外试验方法的数据，可提供研究和管理人员使用（见第 4 章）。

2. 验证前的准备　验证的目的是为了判断新试验方法的有关信息是否符合验证基准和科学性的原则，以及评估试验方法对于原则的符合程度。因此，验证的信息既可以利用现有资料（验证现状的回顾性评估），也可以产生新的试验数据（预期的验证研究），或上述回顾性和预期性验证方法的结合使用。

(1) 预期性验证研究（prospective validation studies）：当部分或全部信息不足以评

价试验方法的有效性时可考虑进行预期性验证研究，即需要开展新的试验研究。新产生的实验数据能说明试验方法运行的特点，包括相关性、实验室内和实验室间的再现性、优点和局限性等。预期性验证研究应获得以下有用的信息：①明确阐述试验方法的科学合理性和目的；②试验方法必要性的解释：如试验方法关注的毒理学领域是否为现有方法中不存在的，新试验方法或新试验种类比现有方法具有优势（快速、操作简易、费用低、所用动物少、动物实验优化等），新方法敏感性和精确性提高、提高了对某种特定类别物质的鉴别能力等，或者能部分或全部代替体内试验等；③清楚而明确的标准化试验操作方案，最好符合 GLP 原则，并形成 SOP；④ 有关试验数据分析和结果解释的原理和标准，如判定标准（decision in principle，DIP）或预测模型（PM）；⑤支持试验方法实用性和局限性的背景信息，包括这些可用信息的正式和非正式发表的资料列表。

（2）验证状态的回顾性评价（retrospective assessment of validation status）：通过对可用的信息和资料的检查与综述，从而对试验方法验证状态进行回顾性评价，不管是支持还是怀疑的信息，包括以前验证研究的结果都是评审的内容，在这种情况下，新的试验可不要进行，但分析和评估的过程应是独立的。评估的方式和结论应符合验证的基准。

（3）评价验证状态的模块法（modular approaches）：对于一项试验方法，验证状态的回顾性评价是否足够以及是否需要进行预期性验证研究，取决于上述可靠的信息是否足以证明试验方法的有效性。实际上，通常采用回顾性方法和预期性方法相结合的方式。可以将这种方法称为“模块化方法”，在这一方法中，支持试验方法有效性的必需信息可以组合成 7 个模块：① 试验方法的定义：包括目的、必要性和科学基础；② 实验室内重复性和再现性；③ 实验室间的普适性；④ 实验室间再现性；⑤ 预测能力（准确性）；⑥ 适用范围；⑦ 执行标准。按照这一方法，这些模块化的信息需要在一个连续的或阶段性的工作中完成，才能最终评价一项试验方法的验证状态。

3. 明确试验方法的执行标准　运行标准（performance standards）是一项新的试验方法的基础，是新试验方法有别于现有方法的依据，运行标准的 3 个基本要素是：①试验方法的基本组成：一项有效的试验所应具备的基本结构、关键步骤、质量控制都应包括在提交的试验方案中；②用于评价试验方法精确性和可靠性的最少化学物质清单；③精确性和可靠性的数值。

（二）前验证研究

试验方法开发出来后，在考虑进行正式验证前开展先期验证十分必要。前验证通常在开发方法的实验室内进行。前验证研究内容包括验证申请书的优化，试验方法的优化和标准化，制订试验标准操作规范（SOP），确定试验系统（细胞和培养基种类）和试验条件，确定参考化学物质和标准物质类型。前验证研究可为下一阶段大规模的实验室间正式验证积累经验和提供信息，如提供试验方案合理性的预测，摸索多实验室操作的实验条件，为质量控制积累历史资料，获得试验方法普适性、再现性和可靠性的初步评价信息，了解试验结果的偏离情况，对初步设立的结果判定标准确定或优化，了解试验方法局限性等。

前验证程序可分为连续的 3 期，即实验方案优化（Ⅰ期），实验方案转移（Ⅱ期）和试验方案实施（Ⅲ期）。前验证程序通常采用有限数量的编码物质在至少 3 个实验室内完成。前验证完成后，应对其结果全面评估，评估结论有 4 种：①利用选定的试验方案和 SOP 继续进行正式的实验室间验证研究；

②建议进一步研究开发或改进试验方法；③在前验证研究数据、现有资料和对试验机制充分了解的前提条件下，试验方法可能不经过正式验证而直接进入独立评估程序；④不值得进一步验证而放弃试验方法。

（三）正式验证

正式验证的目的是测定替代试验方法的精确性和实验室内/实验室间的可重复性，因此，根据事先确定的评价指标，在双盲条件下，对相同编码的受试物进行检验，评价各参与实验室间检测结果的一致性。

1. 成立管理小组 正式验证是整个验证研究的关键阶段。在准备阶段，应成立验证管理小组并对验证的实施制订计划书，内容包括试验方法的选择，选定参与实验室，确定主导实验室和核定验证的 SOP。选定供盲样测试的受试物，并对其进行编码、分发、提供质量保证和安全指引。还要制定统一的试验采集方法、数据结构样式、统计分析方法和最终归档。

2. 制订计划书 验证计划书的制订应当使所有参与验证的各方对验证工作有清晰的认识，计划书应得到资助者、管理组、主导实验室和参与实验室的共同认可。

计划书应包括参与实验室的基本信息，列明其职责和任务，并随着验证研究的进展而更新。计划书应重点阐明几个方面：①明确验证研究的目标，明确试验方法的优点和局限性以及试验方法的适用范围，这样才能有利于统一对验证目的的理解和看法；②研究设计和计划应足够周密与详细，便于各参与实验室执行；③验证研究的参与各方（管理组，合同方，牵头实验室及其他参与人员）应明确分工与职责；④明确验证研究的组织结构和管理形式；⑤统一规定参考物质（标准品）的发放，以便能得到正确的检测结果；⑥明确参与实验室的验证时间表，保证在规定的时间内按时完成检测任务，提交试验资料；⑦统一验证数据的统计方法、结果解释和资料处理分析程序。

3. 参与实验室 参与验证研究的实验室应满足资质、人员、设备、安全和动物福利等方面所应具备的最低要求，并应建立质量保证程序。理想情况下，参与实验室应能承担并胜任被验证方法的试验，并应提供其他证明其资质的程序文件，如与 GLP 的符合程度等。理想情况下的验证研究其实施、资料记录和维护均应符合 GLP 原则。所有参与实验室应明确其特定的义务和权利，包括严格执行方案、按规定时间提交资料和研究结果等。根据试验的类型、验证所要解决问题的难易程度、每个实验室的工作量、试验的花费、动物消耗等决定完成验证所需的参与验证实验室的最低和最高数量。多数情况下，对于评价试验方法的实验室间重现性，需要 3～4 个实验室就足够了；但是对于试验方法的预测能力的评价，若数据充分，则需更少的实验室就能说明问题。

主导实验室通常由管理者指定，应当在验证和试验方面具有专业经验，验证的管理者对试验方案的制订进行监督，并适当培训参与验证的实验室人员，每个实验室的研究负责人应确保与验证管理者间保持联系。

4. 参考化学物质选择和管理

（1）化学物选择：管理组负责参考化学物质的选择，由于法规管理者是新方法的批准人或使用者，建议选择化学物质时咨询管理部门的建议或有管理专家参与。化学物的选择应根据验证研究的目的、试验方法的类型确定，并保证具有足够数量的代表性，化学物的种类和数量根据试验方法预测能力的大小而不同。应建立有关化学物质购买、编码、供应和安全的信息。化学物的选择应满足以下原则：能代表试验方法所能预测和检测的效应范围内的化学物质；被验证的方法与被代替的方法能产生一致的试验结果；能反映被验证方法的精确性；包含足够数量的阳性和阴性物质；毒性相关资料明确可靠；化学结构、纯度（使用最高纯度）或组分明确；所有实验室尽可能使用同一批次的参考物；化学物质应易于从商业途径获得，数量足够参与实验室使用；在明确的条件下稳定储存（或者至少在验证过程中持续稳定）；无严重的危害或不产生昂贵的处理费用。

受试物的选择对于验证替代方法的科学性非常重要，一项新的替代方法的验证需要积累足够的化学物质检测数据。一般认为，如果各种类别的化学物（以化学特性和结构进行分类，如酸、碱、离子）分别需要10～20种的话，总计需要200～250种物质的实验数据。通过这些实验数据得出试验方法可能存在的假阴性和假阳性发生的发生率。

（2）化学物编码：用于验证的受试物应当编码，除非基于科学、技术或安全的考虑可以不进行编码。为了便于实验室运输、配制、处理参考物，应提供受试物的理化性质资料，如形态、颜色、重量/体积、理化性质和储存条件等。

5. 实验室间验证 实验室间验证的时间和周期并没有明确的要求，当验证管理者认为试验方案清晰而明确，并能在所有参与实验室间都能充分运行，应认为达到了验证要求。

6. 资料收集和分析 对于大规模验证活动，任务小组除了负责实验室间协调、培训以外，还应负责验证数据的收集、管理和分析。验证研究应得到两类的数据，即测定试验方法可靠性或再现性的数据和相关性的数据。评价指标是来自不同实验室获得的定性和定量信息，包括实验室内和不同实验室间的变异值。参与验证的每个实验室独立分析测定试验结果的相关性，包括试验操作的精确性和对参比物质的预测能力。

资料的统计应选用最常用的方法，评价敏感性和特异性的定性或分类的资料通常采用Copper的统计学方法，如采用“靴带程序”进行不确定度的分析。

（四）独立评价

1. 选择同行评议专家 替代方法被有关管理部门正式考虑纳入法规性框架之前，还必须将公开发表的验证结果提交由国家或国际组织授权的独立评价专家组进行审核。这些国家或国际组织可以是政府机构，也可以由学术团体、产业协会担任。专家评价组成员具有广泛的代表性，应能代表科学界、产业界、管理部门以及动物福利团体的利益，并不能与待评定的验证方法存在任何利益关系。

2. 评议程序 评审的第一步是提交完整的试验方法任务包给评审专家，任务包应包括质疑书、验证研究报告和其他文件。在任何时候，评审过程都应是公开和透明的，利益相关方可以随时调用专家委员会的所有资料。专家评价组对验证研究的评价应包括：被评价的试验方法的重复性、相关性，根据验证的目的进行评价，对管理队伍和参与实验室的表现进行评价。凡是在验证研究计划书中有明确阐述的各个项目都属评审范围。评价组的首要任务是要确定验证研究的目标是否达到，其次是对已完成科学验证的替代方法与其他试验方法（包括已完成验证的和其他已知的正在研发或验证的方法）相比是否具有优势做出评价，最后还要对该方法作为法规认可方法的必要性和可行性进行评价。

新的试验方法因使用目的不同，对其特性的评价也不一样。理想的替代方法假阴性和假阳性率都应控制在合理的范围内，而且应具有高的重复性和再现性、与被替代的试验相关性高等特点。关于重复性的评价标准，CATT/ERGATT是这样规定的：作为筛选用途或补充性试验，重复性不得低于70%，替代性试验重复性不得低于80%，并且均应高于其体内相关性。对于替代试验的预测能力，筛选试验应超过 50%，补充性试验为 75%以上，替代试验为 90%以上。

试验方法的资助者最后负责核准专家评审委员会的建议书，并决定已完成验证的试验方法是否达到其最初设定的目的以及是否推荐给管理部门认可。资助者也可以在评审过程中澄清和阐述某些问题。

（五）法规认可程序

任何经过充分验证，确实能够替代现有方法的实验都应当尽可能多地获得国际上的广泛认可。为此，OECD 制订了替代方法法规认可的指南，对于指导成员国接受和认可替代方法提出了指导性准则。详见本章第 3 节“替代方法的法规认可”。

七、验证的组织管理与质量控制

因为验证是多个实验之间共同参与的协作研究，并且需要进行盲法实验操作，所以验证的组织管理和质量控制非常重要。

（一）验证的组织管理

验证的组织和管理结构可以采取不同的方式，ECVAM 提出的验证组织管理模式见图 3-2。

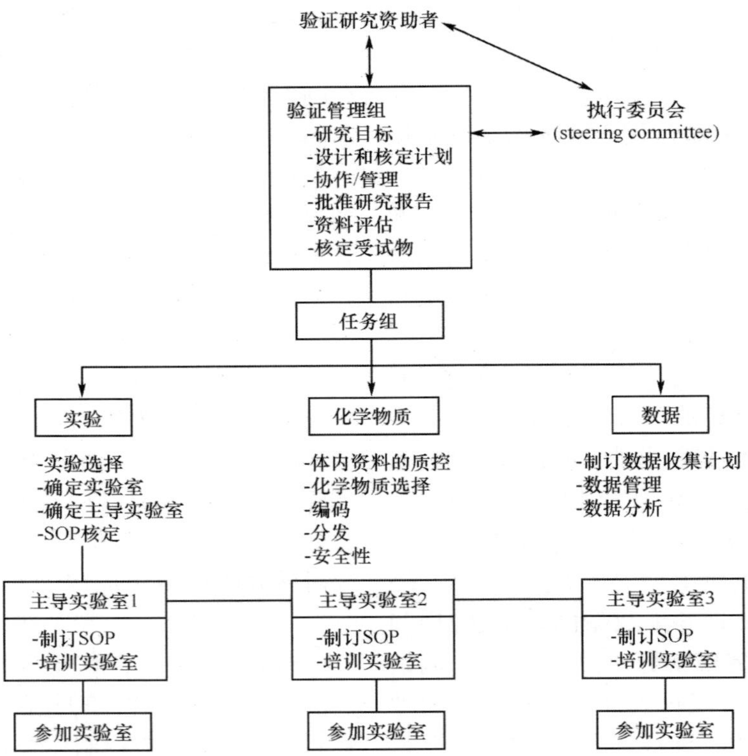

图 3-2 验证组织管理模式

1. 资助方 验证活动可以由国际组织、政府机构、验证机构（如 ECVAM、ICCVAM、ZEBET）资助，也可以由独立机构或商业协会组织资助，如欧洲化妆品、香水和化妆用品协会（European Cosmetics，Perfumery and Toiletry Association，COLIPA）、CTFA 等。资助方通常会指定一名验证管理者（管理小组）全面负责以及协调验证研究。如1992年～1998年间，欧盟化学品总司、ECVAM、德国替代方法验证中心(ZEBET)和COLIPA联合资助了3T3中性红光毒性试验的验证活动。

2006年，中国认证认可监督管理委员会以行业标准的形式首次在全国范围内资助了多项替代方法的验证活动。

2. 执行委员会 验证研究通常是多个实验室共同参与的协作活动，因此，必要时可设立一个机构以协调各方面的工作，即执行委员会。执行委员会原则上不直接干预验证实验数据的产生，执行委员会应由熟悉GLP规范和对替代方法实验技术有一定理解以及具有丰富的毒理学试验经验的人员组成。执行委员会协调与资助者之间的关系，有权对管理小组的工作提出意见和建议。

3. 管理小组 管理小组是验证活动的具体实施者，负责制定验证的研究目标，设计、制订和审核验证计划书，协调与资助者和承担方的关系，对试验方案核定和对验证的试验方法做出初步评估。验证的管理者应确保研究目的明确，计划设计合理，验证前和验证过程中收集专家的意见，并监督验证的过程。管理小组指导项目任务组的活动。根据验证的规范、复杂程度的不同，管理小组可以将基本任务委托给任务组或个人承担，如统计分析、受试物选择、参与实验室选择以及制定GLP符合程度的判定标准。具体任务包括3个方面：①验证试验的实施：包括试验方法的选择、选定并确定参与实验室、确定主导实验室和核定验证的SOP。主导实验室应对参与验证的其他实验室，采用小量的加密样品进行培训。为确保试验的可信性选择符合GLP要求的实验室最为理想，至少要做到实验操作的记录、数据的确认和处理归档符合GLP的规范；②验证化学样品：包括受试物的选择，对所选受试物质的体内毒性资料的甄别、受试物的选择、编码、分发、质量保证和提供安全指引等；③为方便数据数据分析，管理小组应在验证研究之前规定统一的试验采集方法、数据结构样式、统计分析方法，试验结果出来以后，对所有数据进行管理和分析。

4. 参与实验室 选择理想的参与实验室对验证质量保证非常重要，参与实验室最好符合GLP运行规范。

（二）验证的质量控制

1. 受试物的选择 见前文。

2. 统计处理 体外试验验证的统计学方法，可参见Edler等人的综述。

3. 体内参考资料的质量和有效性 因为过去的体内试验的资料几乎没有经过验证，使得有些体内试验的资料预测能力低下和缺少适用范围，因此，体内资料的不足使相关替代方法的开发及其验证变得复杂。

八、验证举例

（一）3T3NRU-PT体外光毒性试验验证（1992～1998年）

1. 项目来源 EU-COLIPA项目。

2. 目标 验证一项新的体外光毒性试验方法——3T3 NRU-PT方法，同时对其他方法进行评价，包括红细胞光溶血试验、原代人角质细胞试验、皮肤模型（LSE和Skin2）、组胺氧化试验、蛋白光结合试验和补体光激活试验。

3. 资助者 欧盟化学总司、ECVAM、ZEBET-BgVV、COLIPA。

4. 参与者 ZEBET-BgVV，Beiersdorf AG，Unilever，ESL，Novartis，Hoffmann-La Roche，Henkel KGaA，Procter & Gamble，FRAME，University of Warsaw。

5. 验证时间 1992～1994年，前验证；1994～1996年，正式验证研究；1997～1998年，UV滤光片专项研究；1998年，起草OECD指南。

6. 方法设计 3T3 细胞单层→24h 培养→化学物作用→1h→UVA-可见光/暗光照射→24h→活性试验(中性红吸收)。方法原理及操作见第 12 章。

7. 预测模型 比较同时进行的(+UVA)和(—UVA)试验中获得的“剂量-反应”结果。

8. 验证结果

(1) 前验证研究:使用了 11 种光毒性物、9 种非光毒物,采用非盲样试验,结果表明 3T3 NRU 能对全部光毒性和非光毒性物质正确地分类。

(2) 验证研究:由 11 个实验室参与,使用了 25 种光毒物、5 种非光毒物,采用盲样试验,化学物的选择依据是人光斑贴试验的结果,并由 ECVAM 指定的工作组选定,代表了光毒性物质的主要类别。结果表明 3T3 NRU 方法的再现性好,体外数据与体内数据的相关性好,ESAC 认为是一项科学有效的替代方法,准备考虑法规认可并应用。但欧盟化学品咨询委员会和 SCCNFP 的专家认为正式验证中对 UV-滤过剂的检测数据不足,为此,第 3 次验证专门对 UV-滤过剂进行了验证。

(3) UV-滤过剂验证:采用双盲法,检测化学物质共 20 种,其中光毒物和非光毒物各 10 种,结果均能对其正确分类。此次验证的 2×2 表见表 3-2。

表 3-2 3T3 NRU 体外光毒性试验对于 UV-滤过化学物质的验证研究结果

体外试验分类结果	体内试验分类结果		总计
	光毒性	非光毒性	
光毒性	40	5	45
非光毒性	0	35	35
总计	40	40	80
结果统计	敏感性:100%;特异性:88%;阳性预测率:89%;阴性预测率:100%;精确性:94%;x^2:58.72(≫3.8)		

说明:验证在双盲条件下对 20 种化学物质(光毒性和非光毒性各 10 种)在 4 个实验室进行,因此,总计进行了 80 次分类,引自 Spielman,1998

9. 专家参与的独立评估

(1) 前验证受试化学物的选择:COLIPA。

(2) 前验证结果评估:ECVAM 光毒性试验工作组。

(3) 验证研究受试化学物选择:ECVAM 光毒性试验工作组。

(4) 正式验证的结果评估:之前是美容科学委员会(Scientific Committee of Cosmetology,SCC),之后是 ESAC。

(5) 要求补充 UV 滤过剂的验证:SCC。

(6) UV 滤过剂研究中受试化学物的选择:SCCNFP 和 COLIPA 联合专家组。

(7) UV 滤过剂研究结果评估:ESAC 和 SCCNFP。

(二) ECVAM 皮肤腐蚀性验证研究(1994~1998 年)

1. 替代试验方法 TER 试验、Episkin、CORROSITEX™、Skin™ ZK 1350。

2. 参与实验室

(1) TER 试验:英国 Unilever ESL(主导实验室)、英国 ZENECA CTL、英国 Corning Hazleton。

(2) Episkin 试验:法国 Rhone-Poulenc Agro(主导实验室)、法国 Agence du Medicament、英国 INRS。

(3) CORROSITEX 试验:美国 MA Inc(主导实验室)、英国 MA Ltd、法国 Sanofi Recherche。

3. 化学受试物 由 SCC 独立选择 60 种化学物质。

4. 验证结果

(1) TER 试验:敏感性 88%,特异性 72%,可接受。

(2) Episkin 试验:敏感性 83%,特异性 80%,可接受。

(3) CORROSITEX 试验:敏感性 71%,特异性 76%,敏感性太低。

(4) Skin2 ZK 1350 试验:敏感性 53%,

特异性 100%，太不敏感不能通过验证。

5. 专家参与的独立评估

(1) 前验证结果评估：ECVAM Workshop 6。

(2) 正式验证研究化学物质选择：SCC。

(3) 正式验证研究中统计学方法的选定：Humboldt 大学和 ECVAM。

(4) 正式验证结果的评估：ECVAM 管理组和生物统计学家，ESAC。

6. 提交 OECD 皮肤腐蚀性的试验草案　略。

第 2 节　替代方法的认可

经过科学验证研究确实能够替代现有方法的替代方法应当尽可能地获得国际范围内的广泛认可。1996 年 1 月，OECD 在瑞典的 SOLNA 召开了有关毒性试验替代方法验证和法规认可的国际协调会议，OECD 成员国、替代机构以及部分行业协会的代表就替代方法的验证与法规认可的原则和标准进行了讨论，于 1999 年提出了指南，作为替代方法认可的指导原则。根据 OECD 规定，只要试验中遵循了 GLP 原则，并严格按照 OECD 的指南进行了试验，其试验结果在成员国之间能够相互认可。

一、认可的标准

有效的试验方法并不是自动被管理机构接受，它们需要适合法规管理的结构。提交给法规管理机构认可的试验方法总体上应符合以下几点：

(1) 提交的试验方法和支持的验证资料应已经过透明和独立的同行评审过程，评审人应是本领域内的专家，未参与试验方法的开发和验证，熟悉试验方法和所评审的资料，并且评价结果不会妨碍其经济利益。

(2) 试验方法产生的数据对于对风险评估目的（即对危害鉴定、剂量-反应评价，或暴露评估）应当是有用的。这些试验方法可能是单独地也可能是作为序列或阶梯试验方法的一部分被使用。

(3) 试验方法产生的数据应当是充分的，无论是对于预测关注终点，还是证明新试验方法和现有试验方法之间的联系，或是对于证明新试验方法和靶物种效应之间的关系。

(4) 对于法律程序或机构管理范围内的化学品或产品以及对于试验方法建议适用范围内的化学物质和产品，应当提供充分的试验方法的数据。

(5) 试验方法必须有很强的适应性（对试验方法的微小改变相对不敏感），在设备简陋和优良的实验室之间是可以转移的。试验方法最好经过标准化。

(6) 试验方法应当耗时少且费用低。

(7) 与现有方法相比，新的或者修订的试验方法应当提供公正性的资料，如更具有科学性、伦理性和经济性，特别是对于动物福利和减少、优化、替代的 3R 原则的考虑应当说明。

二、认可的成效

经过验证的替代方法，可由某一成员国的国家协调员或直接由 OECD 的执行秘书递交提案，申请将替代试验列入更新程序中，见表 3-3。认可通常由专家组承担。

表 3-3　已被国际社会（OECD）和欧洲管理部门认可的替代方法

序号	试验方法名称	认可（时间）
1	EpiSkin™皮肤腐蚀试验	67/548/EEC V B40(2000.4)；OECD TG 431(2002)
2	3 T3 中性红摄取光毒性试验	67 /548/EEC V B41(2000.4)；OECD TG 432(2002)

续表

序号	试验方法名称	认可(时间)
3	EpiDerm™皮肤腐蚀试验	67 /548/EEC V B40(2000.4);OECD TG 431(2002)
4	大鼠 TER 皮肤腐蚀试验	67 /548/EEC V B40(2000.4);OECD TG 430(2002)
5	体外经皮肤吸收试验	OECD TG 428(2002)
6	废除急性经口毒性,致死剂量试验	废除 67/548/EEC V B1(2001);废除 OECD TG 401
7	皮肤过敏的局部淋巴结试验	OECD TG 429(2002.4.24);EPA-OPPTS870.2600(1998.8)
8	丹毒疫苗批次毒力检验的 ELISA 试验	欧洲药典 4.6; No 01/2004:0064
9	人用破伤风疫苗的批次毒力检验的 ELISA 试验	列为破伤风疫苗检测方法 2.7.8;欧洲药典委员会 2003 年 3 月认可
10	人用破伤风疫苗的批次毒力检验的毒素结合抑制试验	列为破伤风疫苗检测方法 2.7.8;欧洲药典委员会 2003 年 3 月认可
11	皮肤腐蚀的体外膜屏障试验	OECD TG435,2006 年认可
12	鉴定眼腐蚀和严重刺激性的牛角膜混浊与通透试验	OECD TG437,2009 年认可
13	鉴定眼腐蚀和严重刺激性的离体鸡眼试验	OECD TG438,2009 年认可
14	大鼠(抗)雄腺特性短期筛选 Hershberger 生物检测	OECD TG411,2009 年认可
15	稳定转染人雌激素受体的转录活性试验用于检测化学物质的雌激素拮抗活性	OECD TG455,2009 年认可
16	急性吸入毒性——急性毒性分类法	OECD TG436,2009 年认可

第 3 节 验证的发展

一、验证机构

(一) OECD

OECD 是国际性的组织,其工作是通过由成员国代表组成的委员会和工作组进行的,20 世纪 90 年代初国际上对于替代方法的验证许多团体有大量的争论。OECD 试验方法的验证指南制订工作始于 1994 年,试图对替代方法验证的不同建议和观点进行国际性协调,并于 1996 年形成首份报告,即"Solna 原则"。之后,OECD 对验证和认可标准进行了优化,目前的指南是 2005 年制订的。OECD 也提出了(Q)SAR 模型的验证指南。按照 OECD 规定,一项试验方法在被考虑接受为 OECD 试验指南之前可以不经过验证,但试验方法的验证对于启动指南的形成是必需条件。

(二) 欧洲替代法验证中心(European Center for the Validation of Alternative Methods,ECVAM)

1. 成立背景 从 1985 开始,出于伦理的原因和迎合欧洲政治环境的变化,即不断增长的替代方法应用的要求,欧盟成员国一致认为需要支持替代方法的开发和验证。1986 年,理事会通过了关于保护试验和科学研究为目的的动物的理事会指令 86/609/EEC(动物保护指令)。1991 年,欧盟委员会批准成立了 ECVAM 以协调替代试验方法在欧盟内部的验证和促进有效的替代方法被欧盟与国际管理部门认可。ECVAM 首任主任是 Ball,2000~2008 年间 Hartung 任主任,现任主任是 Kreysa。

2. 组织构架 ECVAM 有自己的科学

咨询委员会(Scientific Advisory Committee, ESAC),成员除了欧盟15个成员国的代表以及欧盟内部和欧洲联合研究中心(Joint Research Centre, JRC)的代表外,还从其他组织中指定一些人参与委员会的工作,包括COLIPA、欧洲化学品生态毒理学和毒理学中心(ECETOC)、欧洲制药工业协会联合会(European Federation of Pharmaceutical Industries and Associations, EFPIA)、欧洲毒理实验替代方法研究小组(ERGATT)、动物福利小组等。

3. 职能 ECVAM主要包括4个方面的职能:① 欧盟范围内协调替代方法的科学验证;一旦某项方法进入正式验证程序,同时会启动独立的同行评议(peer-review)程序,随后ECVAM科学咨询委员会(ESAC)对试验方法的科学有效性提出建议;② 作为替代方法的信息交流中心;③ 建立维护和管理体外试验方法数据库;④ 促进立法者、企业、生物医学科学界、消费组织和动物福利团体间的对话,促进替代试验的开发验证和国际共识。

ECVAM同时监控由欧盟委员会资助的研究计划的执行情况,并于欧洲范围内致力于科学研究和法规管理中优化、减少和替代实验动物的相关单位保持良好的工作关系。

4. 验证活动 ECVAM参与了早期的验证研究和确定验证原则的国际行动。在这些经验的基础上,ECVAM于1995年发布了替代试验方法的验证原则。ECVAM目前的验证原则和程序是2002年公布的,提交给ECVAM验证的试验方法必须遵从该指南,此外,ECVAM还发布了与验证有关的详细的步骤方法和原则,如整合试验策略(integrated testing strategies)、验证模型以及证据验证原则。

ECVAM对于科学性验证的评价或者是基于前验证/或验证研究的结果,或者是基于"证据"的考虑。当一项方法存在足够数量的已经发表的信息,可以考虑采用"证据"验证的方法,否则就要进行前验证和验证研究。不管是谁组织的验证研究,由ECVAM进行的方法评价必须符合ECVAM的验证标准。ECVAM强调预测模型作为试验系统的完整组成部分。

ESAC支持ECVAM的活动,对已进行验证的方法,不管是采用"证据"法还是正式程序,做出有效性的评价,发布"方法科学有效性认可声明",并在"实验动物替代杂志(ATLA)"和ECVAM网站上发表。

ECVAM将已完成验证研究的评价结果提交给其他组织,以促进国际协调验证和认可替代方法。因为在欧盟范围内受化妆品法规2003/15/EC和化学品法规(REACH,1907/2006)的约束,动物替代方法的研究具有紧迫性,ECVAM已重新确定了关键研究领域,用于直接针对性的代替动物试验,如系统毒性、局部毒性和过敏性。

5. 已完成的验证 截至2009年,ECVAM已完成科学验证的替代方法共37项,主要包括:①皮肤腐蚀性实验;②胚胎毒性试验;③皮肤过敏实验;④光毒性实验;⑤体外热源试验;⑥疫苗生产;⑦体外血液毒性实验;⑧急性水生动物毒性试验;⑨眼刺激试验等,具体验证的试验项目见表3-4。在已完成科学验证的项目中,已被国际社会(OECD)和欧洲管理部门认可的替代方法13项,还有3项方法被欧洲药典委员会认可,见表3-4。

表3-4 ECVAM已完成验证的替代方法

序号	试验名称	ESAC声明日期	对3R的影响
1	3T3中性红摄取光毒性试验	1997.11.3	替代,OECD432
2	EpiSkin™皮肤腐蚀试验	1998.4.3	替代,OECD431

续表

序号	试验名称	ESAC 声明日期	对 3R 的影响
3	大鼠经皮电阻(TER)皮肤腐蚀试验	1998.4.3	替代,OECD430
4	3T3 中性红摄取光毒性试验 UV 滤过剂	1998.5.20	替代,OECD432
5	单克隆抗体的体外产生	1998.5.14	替代,OECD429
6	皮肤过敏的局部淋巴结试验 (LLNA)	2000.3.21	减少和优化
7	EpiDerm™皮肤腐蚀试验	2000.3.21	替代,OECD431
8	皮肤腐蚀性的 CORROSITEX 检测	2000.12.6	减少,OECD 草案 435
9	人用破伤风疫苗的批次毒力检验的 ELISA 试验	2000.12.6	减少和优化,欧洲药典认可
10	人用破伤风疫苗的批次毒力检验的毒素结合抑制试验 (ToBI)	2000.12.6	减少和优化,欧洲药典认可
11	胚胎毒性的胚胎干细胞试验	2002.5.1	减少,OECD 草案 43
12	微团培养胚胎毒性检测	2002.5.1	减少
13	大鼠全胚胎培养胚胎毒性检测	2002.5.1	减少
14	丹毒疫苗批次毒力检验的 ELISA 试验	2006.6.28	减少和优化,欧洲药典认可
15	兽用疫苗批次安全性试验的目标动物安全性检验的相关性	2006.6.28	欧洲药典废除部分批检验体内试验
16	红细胞生成素的效力试验	2002.6.28	优化,递交到欧洲药典未被认可
17	水生动物急性毒性的阈值浓度法 (UTC)	2006.3.21	减少,递交到 OECD
18	预测急性人类嗜中性白细胞减少症的克隆形成单位-粒细胞/巨噬细胞检测方法 (CFU-GM)	2006.3.21	减少,递交到 EMEA
19	体外热原试验的人全血 IL-1 试验	2006.3.21	替代,递交到 EMEA 和欧洲药典
20	体外热原试验的人全血 IL-6 试验	2006.3.21	替代,递交到 EMEA 和欧洲药典
21	体外热原试验的外周血单核细胞(PBMC)IL-6 试验	2006.3.21	替代,递交到 EMEA 和欧洲药典
22	体外热原试验的单核细胞系 MM6 细胞 IL-6 试验	2006.3.21	替代,递交到 EMEA 和欧洲药典
23	体外热原试验的冷冻人全血 IL-1 试验	2006.3.21	替代,递交到 EMEA 和欧洲药典
24	替代体外染色体畸变检测的体外微核试验	2006.11.17	试验组合,OECD 草案 827
25	Skinethic 人工皮肤模型腐蚀试验	2006.11.17	替代, OECD431
26	犬毒性研究的相关性	2006.11.17	优化
27	牛角膜混浊和渗透性试验	2007.4.27	减少,OECD 437
28	离体鸡眼试验	2007.4.27	减少,OECD 438
29	减少替代的局部淋巴结试验	2007.4.27	减少
30	Epiderm (MTT 还原)皮肤刺激试验	2007.4.27; 2008.11.5	替代
31	Episkin(MTT 还原)皮肤刺激试验	2007.4.27	替代
32	急性经口毒性的固定剂量法(FDP)	2007.10.31	优化,OECD420

续表

序号	试验名称	ESAC声明日期	对3R的影响
33	急性经口毒性的急性毒性分类法(ATC)	2007.10.31	优化,OECD423
34	急性经口毒性的上下程序法(UDP)	2007.10.31	优化,OECD 425
35	SkinEthic重建人工皮肤模型试验	2008.11.5	替代
36	眼刺激试验的细胞毒性/细胞功能体外检测(细胞微生理感应法和荧光素漏出法)	2009.6.10	替代
37	皮肤腐蚀性试验的EST-1000法	2009.6.12	替代,OECD 431

6. ECVAM对申请验证材料的要求　一项新的替代方法计划提交给ECVAM进行试验方法前验证评价时,申请人递交申请表应当包括下内容和遵从以下指引:

(1) 引言:需要填写一张"申请评价表",表中提供的信息可以允许对现存的信息和数据进行一个早期的综合评价。对试验方法的相关性和可靠性初步评价为良好的情况下,申请人会被告知与ECVAM共享更详细的信息以进行更深入的评价。

(2) 试验方法和试验终点评价的机制基础:在这个部分,申请人要对试验方法的机制基础进行简短描述,并对评价终点进行解释。如果有必要,还要阐述体外试验终点和体内相关物种(动物或人类)药理毒理学试验终点的异同点。

(3) 试验方法及申请实际应用的目的:应当就验证的预期应用目的加以说明,即是否属于非法规性替代方法、法规性指南中用于不同层次试验的替代方法,还是用于现有法规方法的替代方法。

(4) 试验方法的相关性:当用体外试验方法预测体内药理毒理学终点的情况下,任何支持试验方法预测能力的原始证据都应在这个部分加以描述,主要是指存在于试验方法及其产生效应之间的机制性的或关联性的任何早期评价。

(5) 试验方法与现有体内或其他体外试验方法的必要关系:这个部分包括解释试验方法和现有法规试验指南或其他可用的体外试验方法间的必要关系。

(6) 提出试验方法的定义:在这个部分申请人要通过以下定义来明确定义其他试验方法:

优化试验(refinement test):是指缓解或者减轻动物疼痛、不适和应激的试验方法。

减少试验(reduction test):是指使用较少数量的动物能获得相同水平信息的试验方法。

替代试验(replacement test):是指不使用活的脊椎动物达到预期目的的任何试验方法。

补充试验(complement test):是指为其他试验提供额外信息或者辅助解释试验结果的试验方法。

(7) 最优试验计划书的初步自我评价:申请人要提供一个信息列表允许对有关试验方法的最优水平的试验计划书进行初步评价。

(8) 有关预测模型的信息:如果已经开发了预测模型,申请人要提供所用预测模型的类型及其预测能力的初步信息。

(9) 其他信息:包括试验方法在其他实验室实践的资料;与试验方法最相关的专利和相关出版文献;申请人信息。

(三) ICCVAM和NICEATM

1. 机构简介　1997年,美国国立环境卫生科学研究所(National Institute of Environmental Health Sciences,NIEHS)成立了

替代方法验证部门间协调委员会(Interagency Coordinating Committee on the Validation of Alternative Methods,ICCVAM),负责涉及部门利益的新的、改良的和替代的试验方法进行部门间技术上的协调,并对毒理学试验方法的验证、认可和国内外一体化进行跨部门协调。2000 年 10 月 19 日,经"ICCVAM 授权法案 2000"授权[Public Law 106-545],在美国国家毒理学计划(National Toxicology Program ,NTP)替代毒理学部门评价中心(Interagency Center for the Evaluation of Alternative Toxicological Methods,NICEATM)指导下,ICCVAM 成为 NIEHS 的一个永久性的机构间委员会。

委员会由美国联邦管理和研究机构的 15 个与毒理学信息有关的部门代表组成,ICCVAM 致力于推动科学验证和法规认可毒理学试验方法,以采用优化、减少或替代动物实验的方法更精确地评价化学物质和产品的安全性或危害性。NICEATM 为 ICCVAM 的相关活动提供切实和科学的支持。NICEATM 与 ICCVAM 密切合作评价新的试验方法,提高试验方法在美国联邦机构的适用性。这 15 个部门是消费者保护委员会(CPSC)、农业部、国防部、能源部、卫生和公共服务部(DHHS)的毒物和疾病登记中心(ATSDR)、食药局(FDA)、国立癌症研究所(NCI)、国立职业安全和卫生研究所(NIOSH)、国立环境卫生科学研究所(NIEHS)、国立卫生研究所(NIH)、国立医学图书馆(NLM)、内政部、劳工部职业安全和健康管理局(OSHA)、运输部和环保局(EPA)。现任 ICCVAM 主席是 Schechtman 博士,NICEATM 主任兼 ICCVAM 行政主任是 Stokes。

建立 ICCVAM 的目的是:①提高联邦机构试验方法评审的有效性和效率;②消除不必要的重复试验和共享联邦管理机构之间的经验;③遴选联邦政府以外的科学家;④保证新的和修订的试验方法有效地适应联邦机构的需要;⑤切实减少、优化或替代动物的使用。

2. 科学顾问委员会 由 ICCVAM 的主管机构 NIEHS 成立科学顾问委员会来建议 ICCVAM 和 NICEATM 的活动。委员会由具有投票资格的成员和不具备投票权的代表组成。具有投票权的成员具有广泛的代表性,包括来自化妆品、药物、工业化学或农业等行业内或动物保护机构的替代方法的开发、验证或评价的专家以及来自学术机构的代表。不具备表决权的成员主要是组成 ICCVAM 的 15 个联邦管理机构的代表。

3. 职能

(1) 评审和评价新制订或修订或替代的试验方法,包括系列试验和筛选试验,可能会在指定规范内使用,包括对提交的新制订或修改或替代的试验方法涉及部门利益时进行技术上的协调。

(2) 对于在急性或慢性毒理学试验中积极提倡减少、优化和替代动物试验的方法,提供美国国内机构间和国际水平的协调统一和便利。

(3) 对于新制定或修改或替代的试验方法的验证标准、验证研究和验证程序提供指导和服务,并且帮助已完成科学验证的试验方法被联邦机构和其他利益相关方认可。

(4) 向 ICCVAM 递交试验方法推荐书,通过卫生与人类服务秘书处及时传送到每个合适的联邦机构。

(5) 对来自公众的请愿考虑是否进行评述和评估。

4. NICEATM-ICCVAM 的验证活动 ICCVAM 于 1997 年首次发布了验证和法规认可标准和程序,2001 年进行了更新,2003 年发布了与前述文件关联的指导文件。

NICEATM 对 ICCVAM 的活动提供管理性和技术性的支持,两者合作共同参与验证活动,同时,ICCVAM 也得到替代毒理学方法科学咨询委员会(Scientific Advisory

Committee on Alternative Toxicological Methods ,SACATM)的支持,后者由来自不同利益团体的 15 位科学家代表组成。SACATM 与 ESAC 不同,并不直接参与试验方法有效性的评价,只是起到向 ICCVAM 和 NICEATM 提出建议的作用。ICCVAM 和 SACATM 两个委员会每年只召开几次会议,而 NICEATM 在 NTP 内拥有自己的办公室和工作人员。

NICEATM-ICCVAM 主要对由政府管理部门和其他利益相关方提交的新制订或修订的试验方法进行评论,这些方必须是信息充分和可用。ICCVAM 和 NICEATM 工作人员会给予试验方法开发者和验证发起者积极的合作和提供反馈,并鼓励管理人员参与验证过程的所有环节。起初,NICEATM-ICCVAM 并不直接支持试验方法的验证研究,而只是与 ECVAM 和日本替代方法研究评价中心(JaCVAM)合作,但是从 2009 年开始,他们参与了"体外细胞毒性试验方法"和"体外雌激素受体转灵活化试验"的国际验证研究。

NICEATM 召集独立的同级科学评审小组对提交的试验方法进行评审,经过评审后审定有效的方法,同行评审小组会发表科学性同意声明。对于提交评审的方法,ICCVAM 会基于同行评审报告和 SACATM 的意见给出建议书,公众的评论也会加以考虑。如果 ICCVAM 判断该试验方法有效,下一步 ICCVAM 就会提交有效和可接受的推荐申请给相关的管理机构使其考虑认可这些试验方法。

对于已被 ECVAM 批准的试验方法,ICCVAM 也制订了相应的程序,以加强合作和促进替代试验方法的评审、验证和国际协调统一。

(四) 其他国家和地区

其他国家和地区也有致力于替代试验方法开发和验证的机构和活动,有些国家的管理部门会参与 ICCVAM 或 ECVAM 试验方法的审议。

日本替代方法验证中心(Japanese Center for the Validation of Alternative Methods,JaCVAM) 是日本国立卫生研究院的一部分。已进行过多次验证研究和参与国际水平的验证和协调与活动。

日本先后组织了 3 次大规模限制刺激替代方法的实验室间验证,方法有 HET-CAM、CAM-TB、RBC、血红蛋白变性、SKIN2、MATREX 法、CORNEPACK 法、SIRC 中性红吸收法、SIRC 结晶紫法、HELA MTT 法、CHL 结晶紫法和 EYETEX 法,同时实施了动物实验。协作单位共计 37 个,对 38 种编码的化妆品原料进行了实验室间比对试验。验证过程遵循了 GLP 原则和 OECD 的验证标准。结果表明,细胞方法(SIRC、HELA、CHL)的重复性好,除酸、碱和乙醇外,均与 Draize 试验有较高的相关性,缺点是要求受试物稀释使用,不能直接检测终产品。

韩国的替代方法开发和验证是在国立毒理学研究所(National Institute of Toxicological Research,NITR),NITR 于 2009 年正式计划建立韩国替代方法验证中心(Korean Center for the Validation of Alternative Methods ,KoCVAM)。

2006~2007 年,在中国认证认可监管管理委员会资助下,由化妆品检验标准化工作组对 4 项动物实验替代进行了标准化验证。2010 年由中国替代方法研究评价中心(CCARE)参考 OECD 验证原则和程序,建立了中国替代方法的验证标准。

(五) 利益相关方推动验证的行动

1. 行业和行业协会 许多行业和行业协会支持开发和验证替代方法。如 CTFA、COLIPA 等。

美国个人护理用品协会(Personal Care

Products Council, PCPC)前身是美国化妆品协会(Cosmetic, Toiletry, and Fragrance Association ,CTFA),CTFA 资助了对 9 种 Draize 眼刺激试验替代方法的验证研究的研究的研究小组使用 22 种市售产品对种 9 种眼刺激试验的替代方法进行了验证,这 9 种方法分别是:细胞蛋白含量试验、HET-CAM、兔角膜原代培养细胞纤溶酶原活化因子游离法、3T3 成纤维细胞毒性试验、2 种人工皮肤模型、人角质细胞中性红吸收法、SIRC 细胞毒性试验和四膜虫运动试验。结果表明,与动物实验的相关性在 0.58~0.91 之间,若从 22 种试验产品中去除碱性物质,则相关性可达 0.8~0.9,但对 HET-CAM、兔角膜原代培养细胞纤溶酶原活化因子游离法和四膜虫运动试验来讲,即使排除碱性物质结果变化也不大。其他 6 种替代方法可以鉴别出非刺激性物质,但对刺激性物质不能完全检出,也不能区分其相对刺激强度,而且替代方法不能获得眼损伤修复方面的资料。验证结论认为:除了碱性物质以外,多数替代方法可用于化学物的眼刺激评价。

COLIPA:1987~1997 年间,COLIPA 对眼刺激试验的替代方法进行了验证研究,验证结果认为,荧光素漏出法、红细胞溶血试验、SKIN2 法与 DRAIZE 试验结果的相关性较好,但没有一种单一试验可以完全替代动物试验。

2. 欧洲动物实验替代方法合作组织(The European Partners hip for Alternative Approaches to Animal Testing, EPAA) EPAA 是 2005 年成立的,旨在启动欧盟委员会和行业团体共同参与,加速替代方法的验证和认可,详见第 4 章。

二、验证的发展

(一) 时间表和限制因素

每一项新的或修订的试验方法的前验证和验证过程通常耗时 4~6 年时间,但采用 ECVAM 提出的"追加验证"可以不到 2 年完成。

对于替代方法验证和法规认可的每一步主要阶段,专家提出了以下的时间框架,见表 3-5。

表 3-5 ECVAM 估计达到完全替代动物试验所需的时间表

过程	理想时间范围(年)
方法研发并经过试验优化	不确定
前验证	2+
验证	1+
同行评议和确认批准	1+
法规认可(欧盟法规)	2+
OECD 指南	5+

新试验方法的开发和法规认可过程是整个验证程序的主要限制步骤,如果能整合更多资源参与和更多有经验的验证专家参与有望能够提高效率,加强验证程序的进一步协调统一和已验证方法的双边或多边认可可能会加速新的试验方法的法规采纳过程。

(二) 替代方法验证中的知识产权

为了达到验证的目的,专利或具有知识产权的方法应当与其他方法同等对待,并且应证明是科学有效的。OECD 目前还没有制订试验指南,也没有批准要求使用专利指定的唯一的设备或试验过程的方法,一个原因是 OECD 认为试验方法对于所有潜在的使用者都应当是方便使用的;另一个原因是避免试验方法被私营企业垄断。有专家认为 OECD 指南采纳专利方法的可能条件是:方法应包括对非专利内容的详细描述,对专利部分要求提供有效的参考基准、版本、运行标准。另外,无论是否为专利方法,都应符合试验的运行标准。

（三）组合试验的验证

试验组合（test battery/testing strategy）是由同时或连续进行的一系列试验组合成的成套（base set）或多层（tiered）的试验方法。组合试验中的每一项试验是为了其他试验的完成，如识别多因素效应的不同组分，或确定下一步试验项目。组合试验也可以是分层试验的组合，通常是连续实施的，上一层试验的结果对下一层试验是否进行具有决定作用，如生态毒性试验。

对于试验组合和试验策略的验证还没有形成统一的指南，但几条总的原则是比较公认的：组合实验（试验策略）内的单个试验，应当采用本章所述的验证原则证明其有效性，但应考虑到该试验在试验组合/试验策略中的局限作用。组合实验的认可应主要考虑其实现预期目标的总体实施效果。如果是分层实验方法，总的实验效果通常是由组成其整体的单个实验方法的实施效果决定的。分层试验组合的运行效果，即其毒性预测能力和代替、减少或优化动物的能力，可以通过对试验策略用现有资料模拟可能出现的研究结果来评估，如评价皮肤腐蚀性的分层试验策略，评价眼刺激性的分层试验策略。

（四）（Q）SARs方法的验证

结构活性关系（SAR）和定量结构活性关系（QSAR）是关于化学结构与理化性质或生物学活性之间相互关系的理论模型。利用（Q）SARs模型可以对相应的终点提供有用的预测信息，因此，可以减少获得同样信息所需的动物数量。

（Q）SAR作为可接受的替代动物试验的方法，其应用需满足验证的要求。2003年，OECD提出了（Q）SAR模型验证的6个原则，2004年正式通过了经过合并修订的验证原则，包括以下5条：

（1）明确的终点：（Q）SAR模型应具有明确的终点，终点指任何理化特性、生物学效应（人类健康或生态学）、可以检测和模拟的环境指标。这一原则的目的是为了保证模型所预测终点的透明度，以便于给定的终点用不同试验方案和在不同的试验条件下也能被测定。

（2）清楚的算法：（Q）SAR模型应当以清楚的数学算式表达，以保证模型算法的透明性。

（3）明确的适用范围：事实上，（Q）SARs是一种简化的模型，不可避免地在化学结构类型、理化特性和模型所预测的作用机制等方面具有一定的局限性。

（4）方法使用的稳定性、适合度和预测性：包括提供两方面的信息，一方面是模型内部的运行情况，通过训练集测定，用稳定性和适合度表示；另一方面是模型的预测能力，通过适当的试验集测定。

（5）可能的情况下应阐明机制：实际上，一个给定的（Q）SAR并不总是能提供有关机制的解释，此原则的目的是为了保证模型的描述符与预测的终点存在机制上的联系进行评估。机制上的解释能增强模型的可信度。

一般的替代方法验证的定义太简练不能充分体现（Q）SARs验证原则的关系，因此，在实际（Q）SAR模型的验证过程中，2005年，Worth等提出了操作性比较强的验证的定义："（Q）SAR的验证是为了特定的目的对模型的运行和机制阐明进行评价的过程。"根据这一定义，模型的运行指的是它的适合度、稳定性和预测能力，特定目的指的是（Q）SAR的科学性，由其明确的终点和适用范围决定。定义的前半部分（运行）指的是统计学验证，而后半部分（机制解释）指的是描述符的物理或化学解释，并建立连接描述符与终点的假说。

有关SAR/QSAR的概念和开发见第

5章。

（五）生物学标志物的验证

见第5章。

（程树军　焦　红）

参考文献

Anon. ESAC（ECVAM Scientific Advisory Committee）Statement on the application of the EpiDerm human skin model for skin corrosivity testing. ATLA ,2000, 28: 365～367

Archer G,Balls M,Bruner LH,et al. The validation of toxicological prediction models. ATLA,1997,25:505～516

Balls M, Amcoff P, Bremer S, et al. The principles of weight of evidence validation of test methods and test strategies. Altern. Lab. Anim,2006, 34: 603～620

Balls M, Fentem JH. The validation and acceptance of alternatives to animal testing. Toxicol. In Vitro ,1999,13: 837～846

Blaauboer BJ, Barratt MD, Houston JB. The integrated use of alternative methods in toxicological risk evaluation. ECVAM Integrated Testing Strategies Task Force Report 1. Altern. Lab. Anim,1999, 27: 229～237

Curren RD, Southee JA, Spielmann H, et al. The role of prevalidation in the development, validation and acceptance of alternative methods. Altern. Lab. Anim ,1995, 23: 211～217

ECVAM. Executive summary. (Eds. C. Eskes & V. Zuang). Altern. Lab. Anim,2005, 33: Suppl. 1,7～18

Edler L, Ittric C. Biostatistical Methods for the Validation of Alternative Methods for In Vitro Toxicity Testing. ATLA,2003,31:Suppl 1,5～41

Fentem JH, Archer GEB, Balls M, et al. The ECVAM international validation study on in vitro tests for skin corrosivity. 2. Results and evaluation by the Management Team. Toxicology in Vitro,1998, 12: 483～524

Goldberg AM, Frazier JM, Brusick D, et al. Framework for validation and implementation of in vitro toxicity Tests: report of the validation and technology transfer committee of the John Hopkins Center for Alternatives to Animal Testing. J. Am. Coll. Toxicol,1993, 12: 23～30

Hartung T, Bremer S, Casati S, et al. A modular approach to the ECVAM principles on test validity. Altern. Lab. Anim, 2004,32: 467～472

Hartung T, Bremer S, Casati S, et al. ECVAM's response to the changing political environment for alternatives: Consequences of the European Union chemicals and cosmetics policies. Altern. Lab. Anim,2003,31:473～481

ICCVAM. Recommended Performance Standards for In Vitro Test Methods for Skin Corrosion. NIH Publication No. 04～4510,2004

NICEATM-ICCVAM. ICCVAM guidelines for the nomination and submission of new, revised and alternative test methods. NIH Publication No. 03～4508,2003

NICEATM-ICCVAM. About the Interagency Coordinating Committee on the Validation of Alternative Methods,2007

NIEHS. Validation and Regulatory Acceptance of Toxicological Test Methods: A Report of the ad hoc Interagency Coordinating Committee on the Validation of Alternative Methods. NIH Publication No: 97-3981,1997

OECD. 1996. Report of the OECD workshop on harmonisation of validation and acceptance criteria for alternative toxicological test methods. (Solna report). paris: OECD,1996

OECD. Report from the expert group on (Quantitative) Structure-Activity Relationships [(Q) SARs] on the principles for the validation of (Q)SARs. Series on Testing and Assessment, No. 49. Paris:OECD,2004

OECD. Guidance document on the validation and international acceptance of new or updated test methods for hazard assessment, Series on Testing and Assessment, No. 34. Paris:OECD,2005

OECD. Guidance document on the validation of (Quantitative) Structure-Activity Relationships [(Q)SAR] models. Series on Testing and Assessment, No. 69. Paris: OECD,2007

Schechtman LM, Stokes WS. ECVAM-ICCVAM: Prospects for future collaboration. Altern Lab Anim, 2002, 30: Suppl. 2, 227～236

Spielmann H, Balls M, Brand M, et al. EC/COLIPA project on in vitro phototoxicity testing: first results obtained with the Balb/c 3T3 cell phototoxicityassay. Toxicology in Vitro,1994, 8: 793～796

Spielmann H, Liebsch M. Lessons learned from validation of in vitro toxicity test: From failure to acceptance into regulatory practice. Toxicol. In Vitro, 2001,15: 585～590

Spielmann H, Liebsch M. Validation Successes: Chemicals. ATLA,2002, 30: Suppl 2, 33～40

Spielmann H, Lovell WW, Hölzle E, et al. In vitro phototoxicity testing. The report and recommendations of EC-

VAM workshop 2. ATLA,1994,22：314～348

Worth AP, Balls M. The role of ECVAM in promoting the regulatory acceptance of alternative methods in the European Union. Altern, Lab. Anim, 2001,29：525～535

Worth AP, Barratt MD, Houston JB. The validation of computational prediction techniques. ATLA, 1998, 26：241～247

Worth AP, Cronin MTD. The use of bootstrap resampling to assess the uncertainty of Cooper statistics. ATLA, 2001, 29：447～459

Worth AP, Fentem JH, Balls M, et al. An evaluation of the proposed OECD testing strategy for skin corrosion. ATLA,1998,26:709～720

Worth AP, Fentem JH. A General Approach for Evaluating Stepwise Testing Strategies. ATLA,1999,27：161～177

第 4 章　替代方法的研究培训与信息交流

Chapter 4　Alternatives Methods Research, Education, Training and Communication

第 1 节　动物实验替代方法的社会发展推动

20 世纪 80 年代，在动物福利运动和 3R 理念的推动下，欧盟率先通过了《用于实验和其他科学目的的脊椎动物保护欧洲公约》(CETS no. 123)，随后颁布了《关于使各成员国有关用于实验和其他科学目的的动物的保护法律、法规和行政规章接近的理事会指令》(86/609/EEC)。有关实验动物替代技术的开发和应用提高到了法律的层次。从此，欧洲的替代方法研究从民间的自发行为，正式成为政府工作职责的一部分。之后，欧盟成员国先后成立了专门的研究机构，最早在 1989 年，前联邦德国卫生部建立了动物试验替代信息和评价中心(Centre for Documentation and Evaluation of Alternatives to Animal Experiments, ZEBET)，德国成为首个建立国家替代方法研究验证中心的国家。其他欧盟国家如荷兰、英国和法国也建立了类似机构。1992 年，欧盟在意大利 Ispra 建立了欧洲替代方法验证中心(ECVAM)。1996 年，美国成立了本国的验证中心——机构间替代方法验证协调委员会(ICCVAM)。2005 年，代表更广泛利益的 EPAA 正式成立。2005 年，日本厚生省建立了替代方法中心。2007 年，韩国成立了替代方法验证中心。2007 年，在加拿大召开了由欧洲、美国和日本参加的化妆品法规国际协调会议(International Cooperation on Cosmetic Regulation, ICCR)，推动替代方法的国际合作和促进 3R 的发展。我国早在 20 世纪 90 年代就开展了动物替代的推介和研究工作，北京实验动物学会于 1997 年成立了实验动物替代方法研究会，2008 年，中国建立了替代方法研究评价中心的网络平台(Chinese Center for Alternative Research and Evaluation, CCARE)。

需要说明的是，本章对于动物试验替代的相关组织和机构的分类只是为了表述和介绍的方便，实际上，与实验动物替代相关的机构，其活动包含但不仅限于以下几种：动物福利、开发/研究、验证/认可、管理/资助、交流/培训。通常许多机构既是信息的收集和发布者，本身也是信息的重要来源，而且，行业和企业越来越成为创新和开发的主体，详细机构清单可参考附录 2。

一、国际组织

OECD 是国际性的组织，其工作是通过由成员国代表组成的委员会和工作组进行的。20 世纪 90 年代初，国际社会对于替代方法的验证还存在争论，虽然当时 OECD 内部没有成立专门的替代验证机构，但在积极协调成员国的立场和推动全球范围内的替代方法认可方面做了大量工作。OECD 关于替代方法验证的指南制订工作始于 1994 年，并于 1996 年形成首份报告，之后，OECD 又对验证和认可标准进行了优化，目前的指南是 2005 年制订的。2004 年和 2007 年，OECD 还分别提出了(Q)SAR 模型的验证指南。按照 OECD 规定，一项试验方法在被考虑接受为

OECD试验指南之前可以不经过验证，但试验方法的验证对于启动指南的形成是重要条件。

2002年，OECD正式成立了动物保护国际委员会（International Council for Animal Protection in OECD Programmes），简称ICAPO，许多非政府组织、企业界和环保界的代表共同参与。欧洲、美国和日本等主要国家统一在OECD的框架内发挥各自作用，在化学测试指南中倡导有关实验动物保护的建议。ICAPO的目的是促进新的整合了替代方法的试验指南的研发和推广，以达到代替动物使用或减少动物使用数量的目的，但同时承认动物实验现阶段还不可能完全被取代。ICAPO的成员组织包括：加拿大动物联合会（Animal Alliance of Canada）、英国反活体解剖学会（the British Union for the Abolition of Vivisection）、桃丽丝·戴动物联盟（Doris Day Animal League）、哈德温博士人道主义研究信托基金（Dr Hadwen Trust for Humane Research）、动物福利欧洲集团（Eurogroup for Animal Welfare）、欧洲终止动物试验联盟（the European Coalition to End Animal Experiments）、日本反活体解剖学会（Japanese Anti-Vivisection Association）、美国人道主义学会（HSUS）、人道对待动物委员会（People for the Ethical Treatment of Animals，PETA）和美国责任医疗医师委员会（Physicians Committee for Responsible Medicine）。ICAPO成立以来，替代方法的验证和认可明显加快，从2002年起已有10多项替代方法被认可，仅2009年认可的方法就有5项。

二、政府间组织

（一）欧洲动物实验替代方法合作联盟（EPAA）

2005年11月7日，在布鲁塞尔召开的主题为“欧洲走向替代”的研讨会上，由欧盟委员会副主席Günter Verheugen和委员Janez Potoènik发起，成立了欧洲动物实验替代方法合作联盟（The European Partnership for Alternative Approaches to Animal Testing，EPAA），在会议结束时，联盟创建国通过一系列原则（即所谓3R宣言），阐述了EPAA的设想，并建立了职权范围。EPAA的建立旨在协调各相关利益方的关系，共同促进欧洲范围内动物试验替代方法的开发、验证和法规认可。合作联盟共同制订了行动方案，确定了中长期行动纲领，确定推行替代所面临的障碍，并提出合适的解决办法，以促进替代办法的开发，验证、监管机构认可和实施。

目前EPAA成员包括欧洲国际肥皂、洗涤剂和保养产品行业协会（the International Association for Soaps，Detergents and Maintenance Product Industry in Europe，AISE）、欧洲化学工业委员会（Cefic）、欧洲美容化妆品和香水协会（Colipa）、欧洲植物保护协会（the European Crop Protection Association ，ECPA）、欧洲制药工业协会联合会（EFPIA）、欧洲生物技术工业协会（the European Association for Bioindustries ，EuropaBio）和欧洲动物健康国际联盟（IFAH-Europe）7个组织，欧盟企业总司、欧盟健康和消费者保护总司、欧盟环境总司、欧盟研发总司、欧盟联合研究中心、欧盟替代方法验证中心（ECVAM）和欧盟化学品局等欧盟机构。最初有8家公司参与创立，截至2006年11月，会员公司已增加至27家（阿斯利康、巴斯夫、拜耳、妮维雅、香奈儿、高露洁棕榄、陶氏化学、伊丽莎白雅顿、雅诗兰黛、Euroderm 、葛兰素史克、汉高、强生、欧莱雅、路易威登、默克、默沙东、诺和诺德、辉瑞、宝洁、利洁时、雪兰诺、苏威、StratiCELL、先正达、联合利华、威隆）。

EPAA的成立，将欧洲范围内与3R和动物试验替代有关的政府组织、非政府组织、公司和行业协会等相关利益方组织在了一起，成为目前欧洲推动和实施 3R 理念最权威的协作机构。2006 年 5 月，EPAA 制订了行动计划，明确了第一个 5 年内各项工作的进展，分为 5 个工作组，分别是：①第 1 组：总结过往和目前的 3R 运动以制订后续计划和优先发展项目；②第 2 组：基于 3R 原则提出优先和完善的替代项目；③第 3 组：3R 框架内更好地推动各类动物替代组织的分工、交流、合作和实践；④第 4 组：完善 3R 框架内的法规和目标；⑤第 5 组：推动替代方法的验证和法规接受。

（二）欧洲动物试验替代方法共识平台（European Consensus Platform for Alternatives in Animal Experimentation，ECOPA）

欧洲各国已经接受这一观念，即企业界、学术界和政府机构有关各方之间就动物福利协商一致取得共识，是推动替代研究和认可实施动物实验替代的有效方式。ECOPA 的目标是建立这样一个泛欧洲平台，通过这个平台使欧洲各国国家平台之间得以相互链接，使 3R 策略在欧洲的推行能协商讨论、求同存异，取得最大化共识。ECOPA 成员包括奥地利、比利时、捷克共和国、芬兰、德国、意大利、荷兰、西班牙、瑞典、瑞士和英国，成员国有各自的网站。联系成员国包括丹麦、挪威、波兰、匈牙利和斯洛文尼亚。ECOPA 设有网上论坛并出版 ECOPA 通讯。

三、国家中心

在欧洲，除了 ECOPA 这个统一平台以及各国分中心外，有些国家还成立了专门的国家级机构。

（一）英国国家 3R 中心（The National Centre for the 3Rs in Research，NC3Rs）

2004 年 5 月，英国科技部政务次官 Sainsbury 勋爵宣布成立国家 3R 中心（NC3Rs）。该中心致力于在研究和许可的动物试验中推行减少、优化和替代的 3R 原则，是英国动物研究和试验中推广、开发和践行 3R 的国家中心，NC3Rs 把与 3R 有关的学术界、企业界、政府和动物福利组织等利益相关方团结在了一起，促进信息和观念交流，将研究发现转化为实践行动，使动物和科学都从中获益。中心资助高水平的 3R 研究，组织工作小组和召开座谈会以推进 3R 事业，开发 3R 信息资源和指南。正在实现的任务包括：制定英国实施 3R 原则的策略；支持 3R 的高水平研究；促进 3R 研究的协调；为科学界提供关于 3R 原则和动物福利的咨询意见和指导；支持英国科学界关于实验动物科学和福利方面实施最佳实践的承诺；致力于替代方法认可的协调工作。

NC3Rs 是一个独立组织，通过出版年度报告向科学大臣和利益相关方汇报，每月出版电子通讯，发布最新活动和 3R 进展。NC3Rs 每年颁发年度奖，授予近两年在医学、生物或兽医科学公开取得的有关 3R 的科学和技术创新性进展。资助来自以下组织：（英国）医学研究基金会（MRC）、生物技术和生物科学研究委员会（BBSRC）、内务部、Wellcome Trust 基金会、英国制药行业协会（ABPI）、葛兰素史克（GSK）、阿斯利康、联合利华、陶氏化学品公司、强生等委员会。2008 年度奖授予 Martin 博士与 Johnso 先生，表彰他们在替代动物方法研究方面取得的成绩（探索干细胞治疗青光眼的方法）。

（二）动物实验替代信息和评价中心（ZEBET）

ZEBET 成立于 1989 年，是首个建立的国家替代方法研究验证中心，目前，ZEBET隶属于联邦风险评估研究所（Federal Institute for Risk Assessment，BfR）。这一机构的目标是在法规（监管）领域应用替代方法，以减少实验动物至绝对必要的水平，以减轻实验动物的疼痛和痛苦。ZEBET 负责记录和评估动物实验替代方法，还建议或推动替代方法的国内和国际认可。欧盟理事会 86/609/EEC 指令和德国动物福利法是 ZEBET 开展活动的法律依据，ZEBET 自成立以来，一直参与上述法律和指令的修订或编写，ZEBET 还是德国联邦各州政府替代动物实验信息中心。为此，ZEBET 建立了替代方法数据库，提供免费检索服务。

ZEBET 另一项重要任务是从事替代方法的验证以确保将其列入官方安全性评价试验指南。ZEBET 可接受企业捐赠资助，还承担自己的研究，有独立预算以促进其他机构开发替代方法。

（三）奥地利动物实验替代和辅助方法中心（Austrian Center for Alternative and Complementary Methods in Animal Experiments，ZeT）

ZeT 是奥地利动物实验替代的国家平台，成立于 1996 年 1 月。中心有两个分支机构，分别在两个方面开展工作：在 Graz 大学开展替代方法的研究；在维也纳进行宣传和公共关系活动。ZeT 的创建者提出，ZeT 应成为类似德国的 ZEBET、荷兰的 NCA 和英国的 FRAME 那样的机构。ZeT 的工作范围和目标是：①依照 3R 的理念开发和验证新的替代方法；②在实际工作中应用替代方法；③作为动物福利代表，参与国家和国际咨询委员会的活动；④为公众免费提供有关资料信息。

四、验证机构

主要的验证机构是欧洲替代方法验证中心（ECVAM）、美国替代方法验证中心（ICCVAM）等，均是跨部门、跨行业的组织。近年来，OECD 等国际组织也参与部门方法的验证或认可过程。见第 3 章。

五、非政府组织

（一）美国人道主义学会（HSUS）

HSUS 是全美最大的动物保护机构，协会致力于广泛的人道问题，包括伴侣动物、野生动物、家畜和实验用动物。对于动物实验，HSUS 认为，基于动物的毒性研究用于评估人类和环境的危害性在伦理学上和科学上都是值得怀疑的。HSUS 致力于在全球和美国范围内推动对于可行有效的动物试验替代方法的信任和依赖，支持美国国家研究委员会做出的具有里程碑性质的呼吁，即对获取试验成果方式的根本改变——从以往过时、昂贵、缓慢和与人相关性不确定的方式向现代、有效、与人相关的非动物的方法转变。

（二）动物福利研究所（AWI）

AWI 是 1951 年建立的非营利慈善组织，致力于减少实验动物的痛苦与恐惧，促进开发非动物实验方法和阻止中学教育进行动物实验。AWI 的最终目标是在研究和测试中完全替代动物实验。AWI 提倡善待实验动物，并强调动物福利具有社会意义、行动和对人类生存环境优化的重要性。AWI 出版发行 AWI 季刊、在线出版物和发放小册子等宣传资料。

（三）动物福利大学联合会（Universities Federation for Animal Welfare，UFAW）

UFAW 原称伦敦大学动物福利社（ULAWS），成立于 1926 年，1938 年改为 UFAW。UFAW 是一个独立注册慈善团体，致力于全球范围内在科研与教育活动中促进和发展动物福利。UFAW 支持有利于动物福利的科学和技术进展；促进动物保护和福利的教育；提供信息，组织座谈会、讨论会等形式，出版书籍、视频、技术报告及国际性科学杂志——动物福利(Animal Welfare，季刊)；给政府和其他组织提供专家建议，帮助起草和修正法律及指导方针，团结动物管理人员、科学家、兽医、律师及其他关注动物的人士的力量等。

第2节 动物实验替代方法的技术进步推动

一、研究机构

(一) 美国约翰霍普金斯动物实验替代方法研究中心(The Johns Hopkins Center for Alternatives to Animal Testing，CAAT)

1981 年，由美国美容、化妆品、香水联合会(CTFA)资助在约翰霍普金斯大学彭勃公共卫生学院与健康学院成立了动物实验替代方法研究中心(CAAT)。其主要任务是：①促进和支持体外方法和其他替代技术的研发；②作为不同利益团体间信息交流的中心，以加快新的方法的产生，促进替代方法的认可和实施；③为学术界、政府、企业和普通公众提供关于替代的科学、哲学和政策性的可靠信息；④替代方法应用的培训和教育。

CAAT 为有兴趣研发替代方法的科学家提供资助与基金支持。至 2007 年中，该中心已提供超过 300 项资助，总金额超过 600 万美元。世界各国的科学家均可提出申请，CAAT 还常举行研讨会与座谈会，组织各界人士寻找共同的思想基础及尽可能设计既有效又人道的研究和测试方法。CAAT 在积极开展动物实验替代方法研究的同时，也致力于推动 3R 在其他国家的发展。为此，专门制订了一个 CAAT 之外的资助计划，支持在产品安全和药效实验中替代方法的研究。资助对象为所有国家从事体外细胞和靶器官毒理研究的科学家。每年收到的申请约 100 份，经审查后，约有一半的申请者要向 CAAT 的有关机构进一步提出详细的研究计划，经最终评审，每年约有 15 个项目可获得资助。2010 年 3 月 30 日，CAAT 在德国康斯坦茨大学正式成立了 CAAT-欧盟中心(Center for Alternatives to Animal Testing Europe ，CAAT-EU)。

(二) 荷兰动物替代方法研究中心(Netherlands Center Alternatives to Animal Use，NCA)

荷兰动物替代方法研究中心(NCA)成立于 1994 年，是荷兰协调动物实验替代方法研究的信息资料中心，也是乌得勒支大学兽医学院的一个部门。NCA 与荷兰实验动物替代平台(Dutch Alternatives to Animal Experiments Plateform)和荷兰卫生研究与发展组织(ZonMw)动物实验替代计划委员会(PrAD)密切合作。中心由荷兰政府代表、工业界和动物保护组织组成，负责有关研究计划的执行。Russell 和 Burch 的 3R 理念是其政策核心。NCA 主要活动包括：①鼓励对替代领域尚未有创新的部分进行研究；②参加国家和国际研究机构和信息网络系统；③在实验动物科学课程中讲授动物替代问题(Wod /荷兰动物福利法第 9 条)，在荷兰各个大学均设有该课程，是每个即将从事动物实验相关研究人员的必修课(行业准入条件)；为动物实验替代方法提供信息和建议，包括出版发行国内和国际通讯、新闻简报和举办研讨会和讲习班；④管理两个数据库，一个是替代研究科学文献数据库，一个是替代方法数据库(通过

PREX 在线信息服务系统可以得到有关代替方面的信息资料)；⑤支持动物实验替代方法论坛的活动；⑥建立来自不同工作领域专家的工作小组，并作为秘书处提出有关建议，发起、组织和协调验证的研究。

二、基 金 会

(一) 国际伦理学研究基金会(International Foundation for Ethical Research，IFER)

IFER 是成立于 1985 年的一个非营利性组织，位于美国伊利诺伊州芝加哥，致力于在科学研究、产品检验与教育领域支持制定和应用科学有效的替代方法，在动物实验中推行 3R 原则。自成立以来，IFER 每年向从事动物替代研究的科学家以及寻求将动物福利问题纳入其研究领域的研究生提供超过 100 万美元的资助。申请者要根据 IFER 所感兴趣的研究领域，向 IFER 的科学顾问委员会提出初步研究计划，经审查通过后，申请者还要向委员会提供一份全面详细的研究计划。此外，IFER 通过举办研讨会和发行出版物传播信息，旨在提高人们对替代的认知。IFER 支持研究的领域有：组织、细胞和器官培养；动物或人类临床研究；流行病学研究；加强利用现有的组织库和患者数据库；公共教育；数学和计算机模拟；放射免疫；定量药理学；理化模型。近年来的资助项目，如资助建立一种功能与肝脏类似的肝细胞培养物替代动物毒性实验，资助纽约大学 Buskirk 博士建立了一种人角膜模型替代兔眼刺激实验的方法。

(二) 美国替代方法研究与发展基金会(The Alternatives Research & Development Foundation，ARDF)

ARDF 成立于 1993 年，致力于在生物医学研究、产品检验和教育领域开发、验证和接受非动物方法。作为美国反对动物解剖学会的一个分支机构，ARDF 主要对从事动物实验替代方法研究的科学家和教育工作者提供专项资助；为个人、组织、学校和媒体代表及政府提供信息资料；通过出版物、文章、研究班课程和专题研讨会宣传替代方法的研究进展。自成立以来，ARDF 已经对 3 个领域的多个研究项目予以资助：①在教育领域，资助了药理、生理学交互式计算机模拟研究、3D 外科技术计算机辅助教学程序研究、解剖标本的网络实验替代活体解剖实验研究等；②在试验领域，资助用细胞培养方法检测化合物的致畸性、培养模拟人工肺和人类细胞、新 Draize 眼刺激体外替代测试，人类细胞测试鉴定抗癌药物和建立组织型培养模型等；③在基础研究领域，资助开发 3D 生物工程人类皮肤用于烧伤学研究、艾滋病疫苗体外效能测试、血脑屏障细胞模型、动脉粥样硬化体外模型等。2009 年，资助了 4 个研究项目，包括采用细胞和酶微阵列方法减少毒理研究中实验动物的使用、人体 3D 细胞培养模型用于研究黏膜炎动物模型的替代方法、评价一种体外药效学模型作为细菌毒力和毒性评估的动物模型的替代方法、开发一种用于动脉粥样硬化研究的人类动脉模型。基金会设立 William & Eleanor 奖。

(三) 医学实验中动物替代方法基金会(Fund for the Replacement of Animal in Medical Experiment，FRAME)

1969 年，FRAME 注册为英国慈善机构，其主要目的是促进以 3R 原则指引动物实验发展方向。FRAME 认为，目前的动物实验规模是不能接受的，但承认立即废除所有动物实验是不可能的，因为，基础医学研究必须继续下去，以便找到有效治疗影响人类和动物寿命及生活质量的疾病的方法。

新产品(包括药品和疫苗)以及工业和农业化学品,必须进行足够的测试,以确定其对人类、动物健康和环境的潜在危害。

FRAME 的长期目标是通过开发、验证和认可替代方法,彻底消除实验动物需要。此目标达成之前,FRAME 支持努力减少动物使用数量,通过更好的实验设计和数据分析,完善试验程序,以便使必须使用的动物痛苦最大限度地减小。1978 年,FRAME 在英国皇家学会举行了药物研究中替代使用专题讨论会。1979 年,第一届 FRAME 毒性委员会成立。1982 年,在英国皇家学会由 FRAME 主办的毒性测试动物与替代会议上,毒性委员会提交了第一份毒性试验动物替代报告。FRAME 替代实验室(FAL)于 1991 年在英国诺丁汉大学医学院成立。

1991~2006 年,该实验室由 Clothier 博士主持。在此期间 FAL 重点开展了动物毒性试验替代方法的研究。开发的光毒性测试方法于 1997 年被欧盟监管机构采纳。2006 年,Bennett 博士成为 FAL 新主任,工作重点转向基于人类细胞的人类疾病模型的建立,整合基于患者和志愿者的试验方法,其目的是建立人类代谢、毒性和疾病细胞模型,试图证明比动物或基于动物细胞的研究更有效。基金会出版著名的 ALTA 杂志,维护 FRAME 网站,提供替代方法相关资料和信息服务。

三、行业协会

(一) 日本动物实验替代协会(Japanese Society for Alternatives to Animal Experiments,JSAAE)

JSAAE 是一个学术研究组织,由京都大学 Sugahara 博士 1987 年发起,原名为"日本动物实验替代研究组(Japanese Study Group on Alternatives to Animal Experiments),后来于 1989 年更名日本动物实验替代协会(JSAAE)。其宗旨是促进科学研究、开发、教育和培训中有关实验动物福利与替代,推广研究成果。JSAAE 举办学术会议,出版 AATEX(Alternatives to Animal Testing and Experimentation)杂志,提供研究资助,并收集、管理和提供信息。

(二) 澳大利亚和新西兰研究和试验用动物管理委员会(Australia and New Zealand Council for the Care of Animal in Research and Testing,ANZCCART)

由于公众和科学界对研究与教学中使用动物的特别关注,1987 年,ANZCCART 成立。ANZCCART 发起者分别是澳大利亚和新西兰的研究机构、学会和大学,负责管理动物福利立法的州和地方政府部门也是其成员。ANZCCART 接受企业和社团的捐款。ANZCCART 的主要作用是领导制定有关研究和教学中动物使用的福利与伦理,使之成为社会和科学界的共识。ANZCCART 的目标是促进研究和教学中动物使用的优化,使 3R 原则应用于科学研究领域,举办有关替代方法的论坛,为科学家、学生和更广泛的社区提供教育和培训。每年不定期举行专题讲习班和研讨会,并轮流在澳大利亚和新西兰举办年度会议。

ANZCCART 出版学术刊物 ANZCCART 通讯(季刊),专门介绍动物实验替代方法,面向专业人士,管理人员和普通公众。从 1993 年开始到 2009 年为止已出版 21 卷。

(三) 欧洲化妆品工业协会(COLIPA)

COLIPA 是代表化妆品、洗涤用品和香水工业的欧洲贸易协会,成立于 1962 年。COLIPA 的成员包括 25 个国家协会,19 家国际公司,还有 7 个联合组织成员。COLIPA 代表欧洲约2000个公司的利益，雇员人数总计达50万人。COLIPA于1992年成立了动物实验替代指导委员会（the Steering Committee on Alternatives to Animal Testing，SCATT），推动欧洲化妆品行业在安全评价中开发和接受动物替代方法。COLIPA的工作始终建立在合作的基础上，既有COLIPA成员公司间的合作，也有与其他对动物替代的研究有法规影响的团体、学术机构、商会和其他行业的合作，如ZEBET、欧盟委员会消费者安全科学委员会（European Commission's Scientific Committee on Consumer Safety，SCCS）、欧洲委员会企业总司（DGENTR）、欧洲委员会研究总司（DG RES）及其联合研究中心（JRC）、ECVAM、ICCVAM和OECD等。2005年，COLIPA加入了EPAA。

（四）美国个人护理产品协会（PCPC）

个人护理产品协会（PCPC）即原来的美国化妆品协会（CTFA），在科学、法规、监管、立法和国际领域代表个人护理品产业界的利益和需求。现在CTFA大约有600多名成员，主要是美国的化妆品生产商、销售商及与之相关的供应商、消费者团体等利益相关方。

在持续增加的动物福利压力下，CTFA的药理学和毒理学委员会于1980年成立了专责小组，检讨Draize试验及探索替代试验方法，并推介替代方法的开发和/或验证程序。CTFA于1980年10月主持召开动物试验的专题研讨会，公开表明其“准备、愿意并考虑改变试验方法以满足替代程序”。1981年，CTFA委员会批准了对CAAT的为期3年的总额为100万美元的资助计划。CTFA与其他组织一道，共同促进了3R理念和替代方法在美国的发展。20世纪80年代，在动物权利团体的持续压力下，CTFA等组织集中资源试图在州一级禁止动物试验，而不仅是停留于一般的教育活动，1991年，加州成为目前唯一通过立法禁止动物试验的州。

（五）欧洲动物实验替代方法学会（the European Society for Alternatives to Animal Testing，EUSAAT）

EUSAAT的主要任务是传播和验证动物试验替代方法、促进3R研究、减少教育和继续教育领域动物的使用，通过更好地繁殖、饲养、制订试验计划和其他相应措施减少实验动物的痛苦、应激，为公共、私人机构、企业和大学提供专业指导和咨询参考，为公众和媒体提供合适信息。现任主任是柏林自由大学的Spielmann教授。学会出版ALTEX杂志。

（六）欧盟/美国跨大西洋毒理学智库（EU/USA：A transatlantic think tank of toxicology，T4）

Doerenkamp-Zbinden（DZF）基金会决定成立一个跨大西洋的毒理学智囊团，简称“T4”，其目的是：①分析现有研究工具、程序和模型，并预测安全性评价与经济费用（成本/效益分析）的可能后果；②在国际范围内（特别是泛大西洋）比较不同的方法，并支持方法的协调统一；③明确循证毒理学（evidenced-based toxicology，EBT）的概念并推动其发展；④对方法变更所涉及的概念进行制定和评估，如预测毒理学、整合试验、系统毒理学、器官重建和干细胞培养；⑤建立和维护信息平台（AltWeb，ALTEX，TestSmart工作组等），以推进毒理学模式的变化。为了构建这样一个架构，隶属于Konstanz大学和Utrecht大学的Doerenkamp-Zbinden基金会将与约翰霍普金斯动物试验替代中心（CAAT）合作。智囊团将就毒理学问题提出高质量的报告，并通过CAAT的AltWeb网站及ALTEX杂志发布。为此，T4建议将ALTEX打造成为动物试验替代的国际学术刊物。

四、3R 奖项

目前许多国家的机构设立了实验动物替代或福利奖，奖励那些致力于动物福利研究或动物试验中推行 3R 的组织或个人，统称为 3R 奖，设置机构包括基金会、学会、行业协会、非政府组织等。重要的有以下几个：

1. Björn Ekwall 纪念奖 每年在斯堪的那维亚召开的细胞毒理学会年会上颁发。

2. CAAT 贡献奖 在每次世界大会上颁发，表彰在 3R 领域、替代方法开发或体外科学领域杰出贡献的个人或组织。

3. Henry Spira 纪念奖 为了纪念 20 世纪最有影响力的动物权利活动家，动物权利运动的先驱 Spira，美国约翰霍普金斯大学替代方法研究中心（CAAT）设立了该奖项，每 4 年颁发 1 次。

4. 欧洲化学工业协会（Cefic）-LRI 创新科学奖 欧洲化学品工业协会提供 10 万欧元的奖金，用于奖励从事毒理学多学科创新项目研究的个人。2008 年的创新科学奖颁给了英国莱斯特大学毒理学部的 Taylor 博士。

5. 英特威/先灵葆雅公司 Dieter Lütticken 奖 资金 2 万欧元，奖励从事生物学和药学动物实验体外模型研发的科学家和公共生命科学研究机构。

6. 荷兰替代动物使用奖 由荷兰 NCA 和荷兰保护动物学会（DSPA）联合会设立，每 2 年颁发 1 次。

7. 德国动物福利研究奖 由德国联邦食品、农业和消费者保护部门联合设立，资金 2.5 万欧元。

8. 美国人道主义学会拉塞尔伯奇奖 在替代世界大会颁发，资励在推动替代方法、生物医学研究、科学实验和高等教育中做出杰出贡献的科学家，资金 5000 美元。

9. 英国国家 3R 中心奖 是制药业巨头葛兰素史克为推动 3R 事业资助的奖项，奖金 1 万英镑。

10. 北美替代奖 由宝洁公司和美国人道主义协会联合设立，每 3 年奖励 1 次，每项奖金 2 万美元。

11. 美国毒理学会（SOT）体外专业特别奖 分别设置了针对科学家、博士后、研究生和本科生的奖项。

其他实验动物替代方面的奖励还有许多，如日本动物试验替代学会奖（JSAAE 奖）、新西兰国立动物伦理咨询委员会 3Rs 奖、北欧动物实验替代奖（由丹麦、瑞典和芬兰联合资助）、体外生物学学会奖（SIVB 奖）、德国 Händel 动物福利奖、美国 ARDF 基金会的 William & Eleanor 奖等。

第 3 节 信息交流与学术出版物

一、信息交流与咨询平台

（一）动物实验替代网站（Alternatives to Animal Testing Web Site，Altweb）

Altweb 是替代新闻、信息和资源的门户网站，主要面向专业人员、企业、政府和非政府组织、动物福利社团和普通公众。Altweb 的 5 个实践目标是：①为从事替代方法研究的科技人员提供帮助；②替代信息和文献（出版物和数据库等）的资源中心；③开发、建立和维护新的替代方法资源；④通过网络、邮件或其他方式宣传 3R，促进替代资源的共享；⑤促进替代相关团体或个人（尤其是在信息方面）之间的沟通和协作。

（二）AltTox（毒性测试非动物方法，Non-animal Methods for Toxicity Testing）

AltTox.org 是推进非动物毒性试验方

法的一个专业网站，其宗旨既是为了更好地保护人类、动物健康和环境，也是为了减少目前毒理学评价使用动物的数量和痛苦，鼓励所有从事体外毒性研究的科技人员之间的技术和信息交流。其特色表现在两个方面：一是 AltTox Forum（论坛），包括毒性试验终点与测试、新兴技术、计划及政策和挑战与机遇，每个论坛由一个或多个国际公认的专家主持；二是毒性试验资源中心（TTRC），它提供了一个全面了解毒理学中动物实验替代方法发展和技术进步的信息。

（三）动物福利科学工作者中心（Scientists Center for Animal Welfare，SCAW）

SCAW 成立于 1978 年 2 月，由致力于动物福利的基础及应用科学研究的专家组成，旨在促进科学研究和检验用动物的最佳使用，提升研究、测试、教学用动物的健康与福利。SCAW 认为科学研究中实验动物使用的潜在获利和动物实验成本都必须加以考虑。SCAW 认为某些研究领域关于动物的使用面临挑战。SCAW 通过直接教育和培训应对这种挑战，促进公开讨论，并提出解决方案。SCAW 出版有关信息材料，组织各种会议和支持各种教育活动。

（四）中国替代方法研究评价中心（CCARE）

CCARE 建立于 2008 年，创建之初的目的是为了应对出入境商品检验检疫领域日益高涨的动物福利技术壁垒，为中国的替代方法研究提供信息交流、法规介绍和技术服务的平台。CCARE 认识到，对 3R 原则的认识不能只停留在动物福利的范畴，而应从科学和实验动物的双向角度，运用科学的手段、以减少或替代动物的方式解决以往只有用动物试验才能说明的问题。为此 CCARE 致力于推广新的检测技术和提供 3R 原则的科学解决之道。使 3R 原则和实验动物替代原理从概念走向应用，从被动的技术应对走向自觉的技术实践。CCARE 定期发行 CCARE 通讯（CCARE newsletter）和发行科普手册，免费向公众和专业人士提供。CCARE 通讯是内部交流刊物，主要记录替代方法研究和评价领域的重要学术活动、会议简报、国际动态，也刊登一些专栏文章和即将发生的重要事件。

二、实验动物替代专业刊物

（一）实验动物替代方法（Alternatives to Laboratory Animal，ATLA）

ATLA 是由 FRAME 出版发行的国际同行评审的科学杂志，双月刊，ATLA 作为替代领域的领先杂志已发行超过 25 年，到 2009 年已出版 37 卷。目前的 ATLA 已拥有国际地位，被学术界、企业界和科学家广为接受。ATLA 发表关于动物替代方法的建立、验证和应用等方面的最新研究文章；发布最新消息、介绍重大活动与审查出版物与有关替代产品；发表近期具有重要学术价值的研究论文；社论和评论栏目中，发表一些争论性的文章。此外 ATLA 还定期刊登一些会议报告，不定期刊登 ECVAM 工作组的专题报告。

（二）ECVAM 工作报告和专题报告

ECVAM 工作报告（workshop）由 ECVAM 发布，从 1994 年开始到 2009 年共发布了 67 项报告，内容覆盖有关 3R 法规和技术进展的各个方面，如验证、后验证、结构活性关系、重复毒性的替代等。ECVAM 还不定期发布特别工作组的专题报告（taskforce report），目前只出版了 7 份，分别是前验证、良好细胞培养规范、肝细胞和代谢、皮肤刺激、整合试验策略、生物统计和神经毒性工作组的专题报告。这些报告均可在 ATLA 杂志及 ECVAM 数据库中找到。

（三）CAAT 通讯

CAAT 通讯是由美国霍普金斯动物实验替代方法研究中心(CAAT)出版的刊物。从 1982 年开始到 2009 年为止已出版 29 卷，1998 年开始不再提供纸质文档，但可从网站获取。CAAT 通讯得到 Bernice Barbour 基金会的资助，CAAT 通讯主要介绍 CAAT 开展的各种活动以及来自 FRAME 的信息、专题研讨会报道和其他有关替代的信息资源，发表的观点并不全部代表 CAAT 的指导思想。此外，CAAT 在 ATLA 杂志中开辟了专栏。CAAT 还出版一份名为“CAATalyst”的杂志，主要面向中学师生介绍动物实验替代理念。

（四）NCA 通讯

NCA 通讯由 NCA 每年不定期出版，主要内容涉及 NCA 的一些活动和动物实验替代方法研究新进展，特别是一些国际上最新的研究成果和研究动向，如在 2000 年 8 月出版的 NCA 通讯中专门报道了首次被欧共体以法规的形式接受认可的 3 个体外实验，及时让人们了解到替代方法在实际应用中的法律依据。NCA 通讯基本上不刊登学术论文，而强调快捷和简明的特点。内容主要是欧洲特别是荷兰国内与替代试验有关的一些新闻，同时也有一些书评、数据库介绍、国际合作研究计划、新的研究机构介绍、国际交流以及专业学术会议或专题研讨会消息的报道。读者可以向 NCA 申请免费获得 NCA 通讯。

（五）日本动物检测和动物实验替代方法杂志(Alternatives to Animal Testing and Experimentation，AATEX)

AATEX 是由日本动物实验替代方法协会(JSAAE)出版发行的一本国际学术期刊(季刊)，到 2009 年已出版至第 14 卷。AATEX 杂志设有 26 人组成的编辑顾问委员会，办公室设在 Hatano 研究所的食品和药品安全评价中心。杂志主要介绍有关动物实验和动物试验替代方法的新发展以及这些替代方法涉及的技术、验证和应用。AATEX 设有研究论文、简讯和综述等栏目。AATEX 的出版发行得到了日本化妆品企业联合会、健康研究基金会等 4 家企业的资助。

（六）FRAME 通讯

FRAME 通讯由医学实验中动物替代方法基金会(FRAME)主办和公开发行，专门报道动物试验替代方法方面的活动。读者对象主要是科学家、政府官员、管理人员和普通民众。内容包括专家评论、活动与会议、世界各地有关新闻(特别是关于欧洲的一些情况)、对 FRAME 资助的研究项目进展情况的综述等。另外，FRAME 还对 FRAME 的支持者发行“FRAME 的朋友”这本刊物。针对中小学生的特点，FRAME 还专门发行 2 本手册和 3 种宣传材料，以普及动物实验和替代物等方面的知识。

（七）动物试验替代方法(Alternatives to Animal Experiments，ALTEX)

ALTEX 由瑞士动物试验替代学会编辑出版，是 CAAT、EUSAAT 和 T4 的官方杂志。致力于发表动物试验替代方法的开发和研究报告，发表原创文章、短讯和综述、新闻和评论，会议报道和书籍介绍。除了喜笑颜开覆盖生物医学领域的动物实验外，还关注人与动物之间复杂的生物伦理学的研究。以德文或英文出版。

（八）体外动物(In Vitro Animal)

体外动物是体外生物学会(Society for

In Vitro Biology，SIVB）发行的两本学术刊物之一。

（九）体外毒理学（Toxicology In Vitro）

体外毒理学是由英国 Elsevier Science 公司负责发行的国际杂志，1987 年发行。

（十）毒理学机制和方法（Toxicology Mechanisms and Methods）

原名为毒理学方法，由 Taylor & Francis Health Sciences 负责发行，从 1991 年开始出版，季度发行，主要发表毒理学家关于当代和创新的毒理学检测方法、技术和设备的开发、验证和应用进行的评论。

（十一）动物福利（Animal Welfare）

动物福利杂志（季刊）由英国动物福利大学联合会（UFAW）负责出版，到 2000 年共出版 9 卷。有研究论文、短评、报告和评论、书评和技术报告等栏目。其内容涉及广泛，包括农用动物、动物园动物、野生动物、实验动物、伴侣动物、鱼类、禽类、道德与哲学以及动物福利学等。动物福利是这本杂志的主题，主要从动物的行为学、动物的饲养条件和微环境（如笼具等）、饲养方式（群养或单养）、使用转基因小鼠的福利、转基因小鼠检测的评分标准等方面探讨动物的福利和使用动物的道德问题。编辑部内设有澳大利亚、美国、法国、英国、荷兰等国科学家组成的编辑顾问组，以保证杂志的质量。

（十二）动物福利信息中心公报（Animal Welfare Information Center Bulletin）

季刊，1990 年开始发行。可以从国立农业图书馆（NAL）免费获取，为研究人员、技术人员、管理者和公众提供目前有关动物福利的信息。

（十三）ILAR 杂志

ILAR 是美国华盛顿的实验动物资源研究所（Institute of Laboratory Animal Resources，ILAR）发行的杂志。

其他专业杂志也有一些，如农业和环境伦理学杂志（Journal of agricultural & environmental ethics）、应用动物福利科学杂志（Journal of Applied Animal Welfare Science，JAAWS）、实验动物科学杂志（Journal of Experimental Animal Science）、兽医教育杂志（Journal of Veterinary Medical Education）、实验动物杂志（Lab Animal Magazine）、实验动物（美国）（Laboratory Animals）、实验灵长类通讯（Laboratory Primate Newsletter）、实验动物（日本）（Experimental Animals）、兽医教育替代方法（Alternatives in Veterinary Medical Education）（加拿大动物权利兽医协会），当代实验动物科学（Contemporary Topics in Laboratory Animal Science）（美国实验动物科学学会）等，见附录 2。

三、学术交流

（一）动物实验替代方法世界大会（World Congress on Alternatives and Animal Use in the Life Sciences）

1989 年，美国 CAAT 主任 Goldberg 教授和荷兰 Utrecht 大学实验动物科学系 Zutphen 教授经商定后，决定发起一个连续举办的动物实验替代方法的世界性大会，并确定每 3 年举办 1 次。Goldberg 教授作为主席，于 1993 年 11 月 14 日～19 日在美国马里兰州的巴尔的摩（Baltimore）举办了第 1 届生命科学中替代方法和动物应用世界大会（简称替代方法世界大会），来自 24 个国家的 725 人（代表着学术界、企业界、政府和动物保护组织）出席了大会。

1996 年 10 月 20 日～24 日在荷兰的乌特勒支(Utrecht)举行了第 2 届生命科学中替代方法和动物应用世界大会,大会主席为 Utrecht 大学实验动物科学系 Zutphen 教授,来自包括中国在内的 35 个国家和地区的 1000 多名学者出席了此次大会,大会期间有 400 多篇论文以各种形式进行了交流。此次大会出席人员之多,论文涉及的内容之广,都表明 3R 的研究及应用已在众多领域得到高度重视和发展,并取得令人瞩目的成果。

1999 年 8 月 29 日～9 月 2 日,在意大利的波伦那(Bologna)举行了第 3 届生命科学中替代方法和动物应用世界大会,欧洲替代方法验证中心(ECVAM)Michael Balls 教授和美国人道主义协会(HSUS)Roman 教授担任大会主席。来自 40 个国家的 850 多名科学家出席了此次大会,《人道主义试验技术原理》的作者 Russell 教授也参加了此次盛会。大会主题包括:替代方法的研究进展;替代试验的验证和认可;减少替代的方法及 3Rs 在生物制品学中的应用;动物试验程序的优化;教育、道德和数据库。大会以专题报告、分组交流、专题研讨会、墙报交流和实物参展的形式进行。

第 4 届生命科学中替代方法和动物应用世界大会于 2002 年 8 月 4 日～8 日在美国的新奥尔良举行。大会主席是美国人道主义协会(HSUS)Roman 教授。

第 5 届生命科学中替代方法和动物应用世界大会于 2005 年在柏林召开。

第 6 届大会于 2007 年 8 月 21 日～25 日在日本东京召开,由日本动物实验替代协会(JSAAE)和日本科协共同主办,会议期间分别在中国北京和韩国首尔召开了卫星会议。

第 7 届大会于 2009 年 8 月 30 日～9 月 3 日在意大利罗马召开,大会的提出的口号是"呼唤科学",其目的在于强调当今科学进步与 3R 原则的推进是相互促进的。会议分为几个议程:①技术、概念及方法的革新:阐述广义 3R 的概念、方法及策略,整合基因组学、蛋白组学、代谢组学及系统生物学新技术;②动物使用方面:包括基础研究、药物开发、特殊产品和生物制品的安全性评价,教育和培训的新进展,动物福利行动计划及大规模试验计划;③生命科学领域进展:阐述基础及应用研究和特殊危害终点,包括动物权益及环境科学;④关注 3R 原则相关科学进展。2009 年是 Russel 和 Burch 提出 3R 原则 50 周年纪念,大会举行了隆重的纪念活动。

历届生命科学替代方法和动物应用世界大会见 4-1。

表 4-1 历届生命科学替代方法和动物应用世界大会简表

届次	年度	举办地点	主办方	大会主席	会议出版物	出席者
1	1993	美国巴尔迪摩	CAAT	Alan Goldberg 和 Bert van Zutphen	毒理学替代方法	750 人
2	1996	荷兰乌德勒支	乌德勒支大学	Bert van Zutphen 和 Michael Balls	动物替代、福利与伦理	900～1000 人(37 个国家)
3	1999	意大利波隆那	ECVAM	Michael Balls 和 Andrew Rowan	减少、优化与替代动物实验进展	850 人(40 个国家)
4	2002	美国新奥尔良	HSUS; Alternatives Congress Trust	Horst Spielmann 和 Andrew Rowan	ATLA,2004	500 人(34 个国家)
5	2005	德国柏林	ZEBET; Alternatives Congress Trust	Horst Spielmann 和 Andrew Rowan	ALTEX Special Issue 2006;Abstracts	900 人(45 个国家)

续表

届次	年度	举办地点	主办方	大会主席	会议出版物	出席者
6	2007	日本东京	JSAAE；Alternatives Congress Trust；日本科协；	Yasuo Ohno 和 Horst Spielmann	AATEX，Vol. 14	1000 人（35 多个国家）
7	2009	意大利罗马	Alternatives Congress Trust	Herman Koëter 和 Thomas Hartung	ALTEX Special，2009	
8	2011	加拿大蒙特利尔	Canadian Council on Animal Care	Clement Gauthier 和 Herman Koëter	—	—

说明：引自 http://www.alttox.org/spotlight/026.html，并补充

（二）欧洲动物实验伦理大会（Congress on the Ethics of Animal Experimentation）

1996 年 12 月 17 日～18 日，由欧洲生物医学研究协会和欧洲实验动物科学协会联合会（Federation of European Laboratory Animal Science Association，FELASA）共同组织召开了欧洲动物实验伦理大会。前者代表了欧洲使用动物进行研究的科学家和研究机构，宗旨是要人们对为什么和如何在医学研究中使用动物有一个更广泛的了解。后者主要由一些国家级和地方级实验动物学会组成，宗旨是为了科学的目的，达到善待和合理使用动物而创造良好的条件。

会议认为，对医学研究中动物的使用问题，始终是在科学界引起伦理争论的一个主题。会议认为在研究中需要使用动物的科学组织也应关心动物福利和动物实验伦理的问题。在这一议题上，动物福利团体和一些哲学家与科学团体之间存在着不同观点，这是这次会议之所以引人关注的焦点所在。

第 4 节　教育与培训

3R 的发展在很大的程度上取决于对从事研究和检测工作的科技人员的教育与培训。应该强调的是这里所指的教育和培训是有较大区别的。教育是指通过讲座的形式来介绍动物实验替代方法的理论知识，对建立 3R 的概念和正确理解 3R 与动物实验的内在关系有很大的帮助。培训则是指获得与动物实验替代有关的操作技术和整个程序有关的知识。教育和培训对推动 3R 研究和应用是非常必要的。通过教育和培训，可使科研人员能够在科学和动物福利的高标准下全面考虑使用动物和进行动物实验的科学性及动物福利和伦理。通过参加培训，使从业人员获得以下的知识和技能：有能力进行正确的实验设计、有能力进行动物的管理和按照标准操作规程进行有关实验、对实验中使用动物的方法做出伦理方面的评价、有能力确定是否有替代方法可以使用。此外，在科学合理的前提下，如何减少动物的使用量、如何使实验程序得到优化、如何减少或降低因实验操作给动物造成的疼痛和不安，同样在教育和培训中体现出来。

一、教育中试验动物的替代

假如原本设定的学习目标仍然可以实现，教育工作者、学生和一般公众实际上是赞同在教育课程中以非动物替代模型代替动物实验的。近年来，替代方法已出现了相当大的发展，替代技术和产品的应用非常具有潜力（例如计算机模拟和视频），使人们有可能减少教育中使用动物的数量。但与科学研究中广泛应用替代方法相比，教育和职业培训中替代方法的应用还很有限。

教育中应用替代方法首先要明确预期目的和希望实现的成效，这会使得使用动物或非动物替代的选择更加明确。然而，有时在教育中学习的目标可能不太明确，就要依据教育、学生和课程类型的不同而进行调整。对于教学中如何使用替代方法，需要对不同的情况具体分析，通常可分为3种情况：①有些教育与培训可以做到完全不使用动物；②有些情况下可以使用符合伦理来源的动物尸体或废料；③对于某些特定领域，动物实验是必不可少的，但可以优化的方式减少动物的使用数量。

教育中使用动物大多数是用于课堂理论知识的额外示教，如解剖和生理实验，还有是用于实习和实践实验操作技能。对于教学中是否需要使用动物目前还很难界定，它与许多因素有关，如教育类型、学生类型、职业预期、有无替代品等。特别是教育类型是要着重考虑的，因为一些国家在小学和中学教育以及在职业培训和高等教育中都使用动物。其实，至少就小学和中学而言，以计算机程序、书籍（图片）、多媒体教学（电影、科教或动画）、屠宰场材料（在某些情况下）可以或更好地达到学习目的。西方许多国家对教育中动物的使用需要由主管委员会严格评估。

二、教育中替代动物的优势

教育替代：在教学中，替代通常意味着取代，即以非动物方法取代动物使用。在这方面有多种替代方法可应用，如三维模型（人体模型和机械模拟器）、电影和交互式视频、计算机模拟和虚拟现实、自身实验和人体实验、现场观测和实地调查、屠宰场取材、体外细胞系研究、符合伦理原则的动物尸体（如自然死亡和安乐死的动物）、临床实践等。只有在少数情况下，如实验操作技术培训，需要使用少量动物。

在教学中使用替代方法，具有以下3方面的优势：①符合伦理原则：通常认为只有在绝对必要时，才允许在教学中使用动物，因为涉及使用动物的课程可能会对学生产生负面心理影响，而用非动物方法符合普遍的伦理原则；②创新教学方法：在教学方面，特定的动物实验可能只提供一次，而替代模型可多次使用，且时间和地点没有限制；替代模型可提供明确的和完整的数据，从而避免“失败的实验”带来的消极学习经历；许多替代模型设有自我评估程序，让学生可估计是否已达到阶段性学习目标；通过器官和细胞的结构和功能的动画演示，利用现代多媒体的替代模型可以演示动物实验通常不能观察到的现象。事实证明，使用计算机模拟学习的学生与使用动物的学生一样，都能取得既定的学习目标。计算机辅助学习（Computer-assisted learning，CAL）可以达到许多学习目标，并增加人-机互动，而且CAL成本也低于使用动物；③经济：使用动物的教育是昂贵的，但教育替代品通常只需要购买一次就可以在一段时间内反复使用，节省了资金。

三、教育与培训资源

下列组织支持使用替代教育，通过其网站可了解有关替代模型的信息。

（一）欧洲高等教育替代资源中心（European Resource Centre for Alternatives in Higher Education ，EURCA）

1999年，由ECVAM发起，就高等教育中动物和替代的使用进行了研讨，结论认为，由于可靠信息有限和从业教师或多或少缺乏有关替代方法教学的知识，替代在教育领域的使用严重受限。因此，2001年成立了欧洲高等教育替代资源中心，EURCA旨在提供一个有效的传播高等教育中可利用的替代信息的机制，并积极通过开展活动鼓励使用替代方法。

EURCA活动包括：①管理EURCA资源中心，收集替代技术和三维模型引入有关的科学会议，为感兴趣的代表演示；②以出版简讯、参加学术会议等方式传播高等教育动物替代理念；③维护EURCA网站；④通过一个独立、有效的替代审查程序了解替代模型的教学质量，用户可得到关于模型的许多实用信息和评价；⑤通过制订统一标准评估教育中替代模型的适用性和有效性，咨询该领域的专家的建议。

（二）国际人道教育网络（The International Network for Humane Education, InterNICHE）

InterNICHE支持先进的科学教学和动物实验替代方法，劝导教师引入替代的教学观念和引导学生良知与动物福利意识。InterNICHE组织参观相关机构和推广替代试验系统。

（三）NORINA数据库

NORINA是一个视听在线数据库，载有3500多个可用于替代或补充动物实验教学的视听教具资料。

（四）动物福利信息中心（Animal Welfare Information center, AWIC）

AWIC隶属美国农业部国家农业图书馆，位于马里兰州贝兹维尔。该中心始建于1986年，为修订《动物福利法》1985版而成立。AWIC主要工作是从事员工培训、确定必要的研究设施以防止不必要的重复动物实验、改进动物实验方法（包括减少或取代动物使用）、开发减少痛苦和应激的方法（如麻醉和镇痛的程序）。中心的工作重点是收集整理涉及动物保护及使用的多方面的信息，提供信息产品（免费电子出版物）、技术服务和开展活动。AWIC还给美国农业部其他机构提供支持服务，如动物和植物卫生检疫等。

《动物福利信息中心通报》（AWIC Bulletin）是为研究人员、兽医、动物保健工作人员、行政管理人员和其他从事动物饲养、管理和使用的人士提供信息的出版物。内容涉及会议通知、立法/法规进展，新技术和专题文章。

（五）计算机辅助兽医教学（CLIVE）公会

CLIVE创立于1993年12月1日，由英国高等教育基金委员会资助。所有的材料资助在全世界范围内可免费索取。CLIVE包括6所英国大学与兽医学校。CLIVE倾向于自学，与英国的课程修订保持一致。

四、教育和培训在国外的发展

1983年，荷兰Utrecht大学成立了实验动物科学系，制定了包括3R内容的研究和教育计划，为科学家定期举办实验动物科学的课程培训，使其了解善待动物和保证研究质量的基本原理，每年举办每期2周的培训班，各个国家的科学家均可申请参加。培训内容由欧洲实验动物协会联合会（FELASA）推荐。

在美国，以往有些机构对禁止用狗或猪来练习外科技术存在疑虑。现在，医学学生不必担心拒绝动物实验会影响成绩。在美国已有许多医学院校取消了活动物教学实验。据美国高等教育委员会报道，尽管动物还是被广泛应用于研究，但125个医学院校中只有12所仍有活动物用于生理学、药理学、外科学实验技术教学，使用活动物教学的院校数目在锐减，主要原因包括现实的替代方法(例如交互式计算机模拟、尸体、逼真的人体模型等)增加了非活体教育法的可靠性、学生对使用活动物的伦理学关注、维持动物实验室的经费及人员成本太高。

以心脏教学为例,医学学生可以应用具有解剖位置准确的气管,瞳孔可以收缩、扩大并有心音和肺音的人体模型进行药物相互作用实验。使用者可利用这个模型,对多种药物如何反应进行了实验性程序设计,还可以边设计边纠正使用者的错误;而传统的教学方法,采用的是给 1 只狗 2～3 种药物,记录药物对心率的影响,然后处死狗进行解剖观察。除此以外动物的反应并不能镜像地反映人的反应,实际教学效果有限。

第 5 节　3R 运动在我国的发展

我国开展这方面的工作较晚,但近年来有了很好的起步。为推动 3R 研究工作的开展,北京实验动物学会于 1997 年成立了实验动物替代方法研究会,组织学术讲座,介绍国外动物实验替代方法的概念、研究内容、验证体系、研究机构、研究成果和应用以及对生命科学研究的意义。在《实验动物科学与管理》杂志上设立了 3R 专栏,介绍国外 3R 研究及在各学科中的应用和我国学者所开展的相关工作。在国家科技部 1997 年《关于"九五"期间实验动物发展的若干意见》中,已把对 3R 的研究列为资助的重点。在 2000 年的科研立项中,资助了"实验动物替代物—肿瘤耐药基因芯片的研究"、"外贸中壁垒性技术—动物实验替代方法的研究"和"剑尾鱼水生实验动物化研究"3 个项目的研究。北京市实验动物"九五"发展计划和 2010 年发展规划也把替代研究列为北京地区实验动物发展的重点任务和关键技术,并在 2000 年的科研课题立项中,对"我国开展动物实验替代方法工作的前景研究"给予资助。所有这些都将对我国 3R 研究工作的发展起到非常重要、积极的推动作用。

近年来,我国科技管理部门已认识到 3R 研究对科技进步和经济发展的重要性与必要性,以及我国尽快开展 3R 研究的紧迫性。主要表现在以下几方面:

一、通过政策引导推动实验动物福利及 3R 事业的发展

1997 年,国家科学技术部(原国家科委)等 4 部委联合发布的《关于"九五"期间实验动物发展的若干意见》,第一次将 3R 的基本概念写进实验动物工作管理和科技发展的文件,对国际实验动物发展趋势给予了高度关注,并把"实验动物替代研究"列入"实验动物基础性研究"的重点内容,提出予以重点资助。

2006 年 9 月,国家科技部发布了《关于善待实验动物的指导性原则》,共 6 章 30 条。在第 3 章《应用过程中善待实验动物的指导性原则》中提到,要优化动物实验程序和技术,"在符合科学原则的条件下,应积极开展动物实验替代方法的研究和应用","处死实验动物时,须按照人道主义原则实施安死术。处死现场,不宜有其他动物在场。确认动物死亡后,方可妥善处理尸体",而且要求"在不影响实验结果判定的情况下,应选择仁慈终点,避免延长动物承受痛苦的时间"等。这是我国第一个关于实验动物福利和动物实验伦理的法规性文件,这个指导意见不仅有利于科学研究的发展和规范实验动物的应用,而且有利于推动我国动物实验替代方法研究的开展。

近期,我国的实验动物管理条例已经开始修订,动物福利的内容将正式写入《实验动物管理条例》,包括:从事实验的工作人

员必须爱护动物，禁止伤害虐待动物；在符合科学原则的情况下开展动物替代方法研究；在不影响实验结果的情况下采取有效措施避免给动物造成不必要的不安、痛苦和伤害；实验结束后采取最少痛苦的方法处置动物。动物福利内容出现在动物相关法案中，在我国尚属首次，但这已表明了当代中国人生态伦理的回归和对异类情感的觉醒。

二、建立资源共享的信息网络平台

受社会发展程度的影响，我国的3R运动还处于起步阶段，在一些问题上认识还不统一。因此，有必要加强宣传和信息交流，建议建立替代方法的信息平台，加大3R宣传力度，使更多的人了解并投入到3R事业中来，一方面可为实验室检测结果、技术方法、替代标准和验证数据等信息的交流提供平台，另一方面也有助于联合全国实验动物界、医药卫生界、质检系统等从事3R和替代方法的力量，整体上推进3R水平的提高。同时应跟踪和引进先进的替代技术与方法，争取实现动物试验替代方法的技术共享和合作开发。可喜的是我国已于2008年成立了替代方法的网络平台—CCARE，承担动物试验替代方法的法规宣传，标准推进，技术服务和知识普及的职责。

三、开展动物试验替代方法的研究

早在20年前，我国已开展了替代方法的研究，并在多个领域取得了进展。近年来，部分检验检测机构（如疾控中心和质检实验室）加大了替代方法的研究力度，并积极推动替代方法的标准化，有关研究活动得到了国家认监委、科技部和地方科技主管部门的支持。但科技投入与研究力度仍不够。为了加快这一进程，建议开展动物试验替代方法研究的近期目标是：以应对欧盟化妆品指令为契机，在分析国际替代方法现状和发展趋势的基础上，以法规检验急需的替代方法为突破口，开展多部门参与的协作攻关，尽快建立检验技术体系；启动必要的原创性研究，为建立自有知识产权的壁垒性替代技术打下基础；同时呼吁主管部门，在统一协调、合理布局、重点扶持和避免重复建设的原则下，加大实验室设施、仪器设备以及科研投入力度。

四、成立中国替代方法验证中心

为了推动动物实验替代方法的研究及协调各利益方的关系，欧盟理事会、欧盟各成员国以及美国、日本、澳大利亚等国际组织和国家先后成立了动物实验替代机构，如ECVAM、美国替代方法验证国际协作委员会（ICCVAM）、日本替代动物试验协会（JSAAE）和英国动物替代方法基金会（FRAME）等。考虑到替代方法在国内发展不平衡的实际情况，建议先在某些行业或系统内成立替代方法工作组。其职能包括制订本部门替代方法的工作规划和程序、确定工作目标和实施计划、协调与标准委、主管部门和科技部门的关系、加强与企业和行业协会的联系等。

五、推进替代方法的标准化

经过20多年的发展，许多替代方法已在企业和实验室内部使用，有的已成为国际通行的标准，因此，应加快替代方法标准的吸收、转化、研发、制订和推广工作，实现与国外先进方法的同步接轨。近年来，我国已加快了国际标准的转化（采标力度），已获得国外机构验证和认可的替代方法标准已转化为国家标准，但对于自行研发或等同于国外同类标准的方法应给予支持，经过严格验证评估可形成标准推广应用，同时鼓励替代方法创新项目的研究，建立自有知识产权的替代技术、替代产品和替代标准。

总之，以动物试验替代方法为核心的3R原则代表了当前动物福利运动和生物医学研究模式变革的趋势，替代方法的建立不仅可应用于化妆品检验领域，对于药品、危险品、食品原料的安全性评价也有重大意义。借鉴欧盟的经验，从加强替代方法的信息交流与沟通、积极应对影响进出口贸易的替代方法的法案和指令、支持动物试验替代技术的研究和推进替代方法的标准化这4个方面入手，就能有力地促进我国3R事业的发展。

（程树军　潘　芳　巫　玮）

参考文献

程树军，马贵平，邱璐等．欧洲推进替代-参加EPAA第二次会议见闻．中国比较医学杂志，2007，17(6)：370～372

程树军，徐丽艳，曾静等．加强技术培训完善我国替代方法检验体系．第八届中国化妆品学术研讨会，2010，6：314～315

贺争鸣，李冠民．动物实验替代方法概论．北京：学苑出版社，2003

Adamczak W, Nase A. Gaining Insight from Research Information. 6th International Conference on Current Researoh Information Systerms. Kassel: Kassel University Press, 2002

Balls M, Blaauboer BJ, Fentem JH, et al. Practical aspects of the validation of toxicity test procedures. The report and recommendations of the ECVAM Workshop 5. Altern. Lab. Anim, 1995, 23: 129～147

Bauer MS, Glickman N, Salisbury SK, Toombs JP, Prostredny JM. Surgical vs terminal animal laboratories to teach small animal surgery. Journal of Veterinary Medical Education, 1992, 19(2): 54～58

Dewhurst DG, Jenkinson L. The impact of computer-based alternatives on the use of animals in undergraduate teaching. ATLA, 1995, 23: 521～530

Janusch A, van der Kamp MDO, Bottrill K. et al. Current Status and Future Developments of Databases on Alternative Methods. ATLA, 1997, 25: 411～422

Leathard HL, Dewhurst, DG. Comparison of the cost effectiveness of a computer-assisted learning program with a tutored demonstration to teach intestinal motility to medical students. ALT-J, 1995, 3(1): 118～125

Pavletic MM, Schwartz AJ, Knapp BD. An assessment of the outcome of the alternative medical and surgical laboratory program at Tufts University. JAVMA, 1994, 205 (1): 97～100

Rogers DA, Regehr G, Yeh KA, Howdieshell TR. Computer-assisted learning versus a lecture and feedback seminar for teaching a basic surgical technical skill. Am J Surg, 1998, 175(6): 508～510

第 5 章　实验动物替代技术

Chapter 5　Animal Testing Alternative Technology

第 1 节　动物实验及标准化

毒理学是生物医学的一门重要基础学科，毒理学是研究化学因子、物理因子和生物因子与生物机体的有害交互作用的科学。毒理学常用外源化学物一词，外源化学物（xenobiotics）是在人类生活的外界环境中存在、可能与机体接触并进入机体、在体内呈现一定的生物学作用的一些化学物质。毒性（toxicity）是指化学物引起有害作用的固有能力。毒性是物质一种内在、不变的分子性质，这种性质取决于物质的化学结构。化学物对机体健康引起的有害作用称为毒效应。毒性与毒效应的区别是：毒性是化学物固有的生物学性质，而毒效应是化学物毒性在某些条件下引起机体健康有害作用的表现，改变条件可能影响毒效应。

毒物是指在较低的剂量下与机体交互作用可导致机体损伤的物质。由于任何一种化学物在一定条件下都可引起机体的有害作用，为适应生产和使用的管理需要，实际上，毒物已成为法规管理的名词。对于急性毒性，规定在某个剂量下可引起机体的有害作用的物质为毒物；而对致癌、致畸、致突变性及靶器官毒性则根据证据的充分性来确定为人或动物的器官毒物、致癌物、致畸物、致突变物及特定靶器官毒物。

一、毒理学动物试验的原则

毒理学是一门实验科学，毒理学实验可采用整体动物、游离的动物脏器、组织、细胞进行。采用的方法主要可分为体内试验和体外试验两类。体内试验或称为整体动物实验是毒理学研究的主要手段，实验多采用哺乳动物，也可采用鱼类或其他水生生物。哺乳动物体内试验是外源化合物人类健康危害评估的基本方法，其目的是通过外源化学物对实验动物的毒性反应，向人外推，以期评估外源化学物对人的危害及危险性。

毒理学动物试验遵循 3 个基本原则：

（1）第 1 个原则是通过设计合理和质量控制的实验，化合物在实验动物产生的毒性效应，可以外推用来预测对人类的影响。其基本假设前提为人是最敏感的动物，人和实验动物的生物学过程（包括化学物的代谢）与体重（或体表面积）相关。以单位体表面积计算在人产生毒作用的剂量和实验动物通常相近似，而以体重计算则人通常比实验动物敏感，差别可能达 10 倍。如果已有动物和人类之间差异的定量资料，则可以通过选择合适的安全系数外推计算人的相对安全剂量。

（2）第 2 个原则是实验动物必须暴露于高剂量，目的在于发现对人造成的潜在危害。这种方法既是合理必要的，也是可靠有效的。这一原则的理论依据是质量反应关系的概念，即随接触剂量或暴露增加，群体中某效应的发生率增加。实验体系的设计必须从实际考虑，毒理学试验中实验模型所用动物的数目总是受到限制，与危险人群相比要少得多。要想通过一群数目很少的动物得到统计学上可靠的结果，就得使用较大的剂量,才能使效应发生的频率足以被检出。

(3) 第 3 个原则是,选择成年健康(雄性和雌性未孕)的实验动物,并采用与人可能相同的暴露途径,目的是为了使实验结果具有代表性和可重复性,减少实验误差。

世界各国毒理学试验方法基本遵循 OECD 试验指南的原则(表 5-1),多数为动物试验,2001 年以后陆续有一些替代方法得到认可。

表 5-1 OECD 毒性实验指导原则

编号	方法名称	现状
401	急性经口毒性——LD_{50}测定	2002 年废除
402	急性经皮毒性	修订,2001 年
403	急性吸入毒性	修订,2009 年
404	急性毒性:皮肤刺激/腐蚀	
405	急性毒性:眼刺激/腐蚀	
406	皮肤过敏	
407	啮齿类动物 28 天经口重复剂量毒性	
408	啮齿类动物 90 天经口重复剂量毒性研究	
409	非啮齿类动物 90 天经口重复剂量毒性研究	
410	经皮肤重复剂量毒性:21 天或 28 天	
411	经皮肤亚慢性毒性:90 天	
412	重复吸入毒性:28 天或 14 天	修订,2009 年
413	亚慢性吸入毒性:90 天	修订,2009 年
414	出生前发育毒性研究	
415	一代生殖毒性试验	
416	二代生殖毒性研究	
417	毒代动力学研究	
418	有机磷急性暴露后迟发性神经毒性	
419	有机磷迟发性神经毒性研究:28 天重复剂量染毒	
420	急性经口毒性——固定剂量程序 FDP	2001 年
421	生殖/发育毒性筛选试验	
422	联合重复给药毒性研究与生殖/发育毒性筛选试验	
423	急性经口毒性——急性毒性分类方法 ATC	2001 年
424	啮齿类动物神经毒性研究	
425	急性经口毒性——上下程序法 UDP	2006 年
427	皮肤吸收:体内试验	
428	体外经皮肤吸收试验	2004 年
429	皮肤过敏的局部淋巴结试验	2002 年
430	大鼠 TER 皮肤腐蚀试验	2004 年
431	EpiSkin™、EpiDerm™皮肤腐蚀试验	2004 年

续表

编号	方法名称	现状
432	3T3中性红摄取光毒性试验	2004年
433	急性吸入毒性——固定浓度程序	草案
435	皮肤腐蚀的体外膜屏障试验	2006年
436	急性吸入毒性——急性毒性分类法	2009年
437	眼腐蚀和严重刺激性鉴定的牛角膜混浊和通透试验	2009年
438	眼腐蚀和严重刺激性鉴定的分离鸡眼试验	2009年
441	大鼠Hershberger生物检测——短期(抗)雄激素筛选试验	2009年
440	子宫增重试验(uterotropic试验)	
451	致癌试验(carcinogenicity test)	修订,2009年
452	慢性毒性试验	修订,2009年
453	慢性毒性/致癌性联合研究	修订,2009年
455	雌激素受体转录试验	2009年

二、动物试验的优化技术

在动物实验领域,当前迫切需要建立非侵入性的检测或监测技术,以寻找灵敏并且特异的指标来反映由疾病或者毒性引起的体内生理、病理和生化改变。例如,迟发性疾病的早期生物学标志物被认为是非常重要的,因为它可能起到早期预警的作用,并且最终可能会减少对长期动物实验的需要。同样,进一步了解细胞凋亡在正常发育和疾病发生时细胞非正常死亡中的作用,将会为新检测终点的研究提供可能。自动形态学测量,如大脑不同区域的非损伤性影像和细胞计数,使传统的显微病理学变得更加精细。当这些技术成熟时,有可能应用到人类医学科研领域,并被动物毒理学研究者所接受。以下是这方面的一些例子。

(一)生物传感器和遥测技术

植入性生物传感器已在临床医学中得到应用(如用于重症监护),主要用于内源性物质的体内动态监测。因此,这种技术的使用前提是早期发现重要的内源性物质(如葡萄糖)在血液中的明显变化。生物传感器结合遥测技术(telemetry)可对实验动物给药(染青)后的体内效应进行连续监测特别适用于短暂多变的反应。采用植入传感器的无线遥测已应用于长期监测清醒无束缚的实验动物的心率、体温和活动量等生理参数。现在开发的生物传感器已能突破芯片大小方面的局限,动物血管内和器官内植入芯片的技术获得快速的发展。

(二)磁共振光谱和磁共振成像

磁共振技术除了应用于某些临床检验领域外,还可用于软组织成像和研究含磷或氟等特殊元素的外源化学物在体内的分布和代谢。目前开发的检测设备正向小型化、低费用和高灵敏度等方向发展,以使这些非侵入性的技术得以在动物研究中得到应用。小动物磁共振成像仪是目前开发和应用最具前景的领域,运用这种技术,可针对小动物进行形态学、波谱学和功能影像等方面的研究,实时监测标记药物/毒物在动物体内的运动情况,从而判断该化合物是否能够准确到达靶区和代谢途径。分子影像学还可对早期毒性效应中分子水平的病变进行检测和诊断。如果应用于微生物感染模型,还可清楚地看到标记的病毒或DNA载体对活体动物的侵染和在体内的表达，对以病毒和非病毒做载体的基因治疗的研究都有极大应用。这种技术在免疫学、信号传导、发育和内分泌学等研究也有重要的作用。

（三）呼出的挥发性物质检测

对人类和实验动物的代谢排泄物（包括呼出气体、尿液和粪便）进行检测，早已成为了解体内生化反应的生物标志物的常规技术。比较熟悉的例子是通过测定呼出的气体中乙醇的含量来检测是否饮酒过度。临床上也有一些其他的应用实例，如通过测定呼出的气体中氢的浓度来评价诸如肠道细菌产生的乳糖等碳水化合物的代谢，有助于判断个体肠道中消化和吸收相关酶是否缺乏。类似的方法可用于评价其他碳水化合物的不耐受性（如蘑菇中的海藻糖）。尽管如此，对呼出化学物的研究和应用还很有限，早在20多年前就有人提出检测啮齿类动物呼出气体中乙烷和戊烷的量可作为脂质过氧化的指标，但由于过程复杂和结果的非特异性，没有得到很好的应用。

随着毒性作用机制的不断深入了解以及检测技术的进步，呼出气体中挥发物分析可作为动物实验的一项非损伤性的检测技术，其用途主要是：检测分子量相对较低的能够通过呼吸道排出的代谢终产物；对挥发物的检测可反映化合物在体内代谢过程中发生的动态变化，尤其是对于个体差异导致的变化；测量人体呼出的挥发物能够得到“独特”的代谢谱。

（四）动物运动和感觉功能改变的检测

毒物进入动物体内后可引起其行为和生理功能的改变，这种变化可以非常明显，也可能微乎其微。对于比较明显的变化，可根据标准的毒性实验指南客观地进行观察记录；更细微的一些变化，只有通过复杂的非损伤性实验技术才能检测出来，这些技术已用于神经毒性量化指标的检测、心理和生理指标的检测等。如ECGenie™仪可非侵入性地记录神志清楚的小型实验动物（小鼠、大鼠和豚鼠）的心电图；利用动物行为分析系统（如LABORAS系统），运用动作感应器及震动侦测的原理，可在不受光线限制（包括黑暗）和动物皮毛颜色限制的环境下使用，自动侦测几种常见的动物行为，包括刻板运动、自主运动、舔舐、梳理毛发、攀缘、休眠、抚育等特殊行为，还可侦测动物的轨迹（自由活动轨迹、行进路径距离、行进速度），计算平均值、最大值以及偏好位置的分布等。动物发出的超声波人耳不能听到，但是能代表动物的心理舒适或痛苦的状况，使用超声波检测系统，可以检测到20～100kHz的全频超声波，评估动物的精神和心理状况。特别是对于评价动物的痛苦（反映环境适应性、痛觉、惊吓、压力、沮丧、害怕等），优化动物实验操作都有帮助。

（五）皮肤功能的物理检测法

采用非损伤的技术可用于局部皮肤功能的检测，对于局部皮肤毒性反应和化妆品皮肤测试都具有意义。如接触式温度记录仪、红外线温度记录仪测定皮肤的温度，对区分致敏和刺激反应有一定的应用前景。激光多普勒血流法被用于对皮肤刺激试验的结果测定，以评估刺激物引起的炎性反应程度。表皮水分丢失测定可用于评价皮肤的屏障功能和用于动物和人斑贴试验结果的评估。还有其他一些非损性的方法，如立体显微镜观察、皮肤分光光度计等也可用于皮肤功能的评价。有关内容可参考第9章。

第2节　毒理学计划

毒理学动物试验的发展为化学物危害识别提供了毒性分析的工具，但是仍然有许多化学物质的动物毒性资料很少或几乎没有。尽管目前的毒理学试验策略运用了

SAR(或QSAR)模型进行毒性预测,以做出化合物优先处置的顺序或进一步评价的决定,但是对于化合物的毒性管理,仍然将重点集中在对实验动物模型的临床和病理评价的基础上。这一传统的毒理学策略需要世界范围内成千上万的研究人员、风险评估和风险管理人员参与,耗资巨大,其结果只能是使现行毒性资料不断被修正或补充(以前未涉及的毒理学终点);另一方面,现行的毒理学试验和风险评估方法仍不能满足法规管理的需要,不能满足对化学品安全评价的要求。因此,需要重新审视现行毒理学评价方法的有效性,而计算机、信息学和分子科学的应用提供了这样的机遇。特别是后基因组时代,以基因组学、蛋白组学、代谢组学和细胞组学为代表的系统生物学的建立和快速发展,更新了21世纪的毒理学理念和方法。

在此背景下,欧美等发达国家开展了新的毒理学安全评价策略的研究。2004年,美国EPA委托美国国家研究委员会(National Research Council,NRC)审查现有的毒理学策略;2007年,提出了长期的毒性试验和风险评估指导建议,即所谓的"毒性路径"(toxicity pathway)的概念。与之类似,美国国家毒理学计划提出了未来路线图(NTP Roadmap for the Future),FDA提出的策略名为关键路线计划(Critical Path Program)。EPA的研究和开发处(Office of Research and Development,ORD)以及其他部门建立了相应的研究项目以支持毒理学策略的这一转变,如ORD于2006年成立了国家计算毒理学中心(National Center for Computational Toxicology,NCCT),资助应用体外方法进行风险评估和毒性试验;隶属于EPA的预防农药及有毒物质办公室(Office of Prevention, Pesticides, and Toxic Substances, OPPTS)也在积极开发计算机毒理学工具用于风险评估和管理。

一、基于"通路"的风险评估策略

2007年,"21世纪的毒性试验:观念和策略"发表,这是一篇影响深远的文章,指出毒理学试验和风险评价策略应重点放在"毒性作用路径"这一科学理念的基础上,即基因、蛋白质和小分子物质如何相互作用维持细胞功能的分子路径,暴露于外源化学物如何破坏这些路径引起关键事件的级联反应,并最终导致负的健康效应。毒性作用的后果如图5-1所示,描述了由于暴露于环境应激因素而导致正常生物学过程被干扰和破坏,最终导致细胞损伤的过程。这一策略成功地应用新的毒理学工具,有助于提高安全评价方案设计的合理性和有效性。

目前风险评价方法中不确定因素有:①实验动物研究与人类的相关性(物种外推);②动物试验中使用的高剂量用来估计低剂量的或不确定的人类暴露风险(剂量外推);③敏感人群的风险预测。近年来提出了一种以毒性通路为核心的试验策略,通过对导致负效应的毒性通路受损程度的量化检测,提高了化学物毒性试验和风险评估的能力。

基因组技术带来的生物技术革命促进了毒理学技术的发展和推动了高通量筛选工具的开发,使得大规模地研究化学物质作用的靶分子与靶细胞成为可能。检测化学物作用靶点(分子或细胞)与传统毒性终点之间的关系是第一步,在这些具有特征性的相互关系中,那些具有显著差异的表型是建立危害评价和风险分析的毒性通路的关键。证明一种毒性通路,并研究其与化学物相互作用的体外检测方法,最大的潜在用途是评价上千万种与之类似作用方式的化学物。因此,研究关键靶组织、器官和某个生命阶段的毒性通路以及它们与整个生物机体和暴露途径的相互联系是这一策略的核心。

如图5-2所示,化学物可能是单一途径

的相互作用(蓝色化学物),也可能是多种途径的相互作用(黄色化学物)。此外,多种途径可能导致在靶器官中出现相同的毒性表现,如由于信号通路趋于相同。应该注意到,任何特定的毒性作用均可能存在多种作用机制,在这一毒性通路的策略中两个关键的问题是:①扩展分子紊乱和细胞信号通路的知识,以更好地了解不同生物分子之间的联系;②扩展与适应性改变和/或负反应结果相关的体内和体外标志物的知识。随着研究的推进,可能获得分子事件与更高层级的改变之间的定量关系,进而确定毒性通路。在此基础上开发体外检测方法,通过与体内结果的比较,选择适宜的方法用于人类和其他物种毒性的预测。

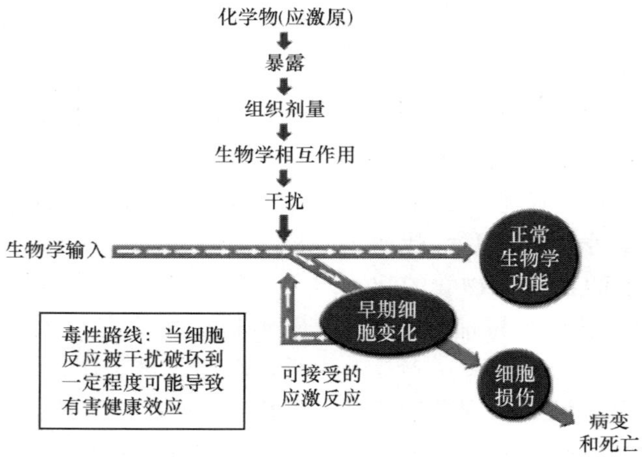

图 5-1 毒性通路,描述了由于暴露于应激原导致正常生物学过程发生紊乱的过程

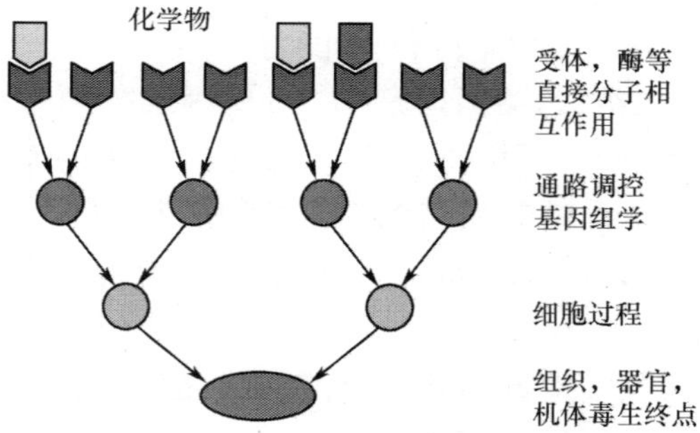

图 5-2 生物体靶器官多水平的毒性作用途径

(一) 确定毒性通路和开发检测方法

基因表达谱的概念可用于化学物毒性通路的研究中,以基因表达变化作为鉴别毒物类别、细胞紊乱和其他毒性作用终点的“标签”,称之为化学标签方法。利用这些标签可有效地指导对预测毒性生物学标志的探索及对毒性作用的适应性反应在分子水平的机制动态改变的理解。

研究方案有两种:一种是采用假设驱动的方法(hypothesis-driven approaches)阐明毒性通路,即研究开始前,以一个假说或早期实验数据分析发现的模型作为假设，再进行实验求证以获得证据支持或否定假设（求证法）；第二种方案是发现驱动的方法（discovery-driven approaches），通常是无预先设定目标高通量收集关于特定生物学功能或系统的全面信息，然后分析结果，从中分析和寻找可能存在的重要特征。可见假设驱动的方法更有效。其结果也可分为两类：一类是开发"基于系统"（systems-based）的模型，要求完全阐明化学物暴露导致的毒性发生的生物学过程，这就需要鉴定和开发的毒性通路能有助于确定适宜的体外检测方法以明确剂量-反应特征和紊乱发生的时间过程。上述研究目标可能用到大量的新技术，如转录组学、蛋白组学、代谢组学以及细胞和生化分析方法，采用体内和体外系统识别毒性通路。除了体外检测方法和毒性通路的研究以外，开发其他的覆盖更广泛的毒性通路相关的检测方法也很重要，如发育神经毒性的关键反应已知是细胞增生、凋亡、分化（为不同细胞类型和形成不同功能细胞或细胞结构）、轴突过度生长、突触发生和髓鞘形成，但具体的分子通路并不是完全清楚，通过基于系统的方法，参与控制这些细胞事件的分子调控信息的流动过程就能鉴别、分类和模拟。

提出基于毒性作用的策略，包括毒性机制资料的收集和体外方法，是为了达到预测化学物暴露的人类风险的目的。这一预测新方法的过程可以概括为6个阶段：①确认或预测潜在人类暴露；②估计化学物靶通路、组织或器官最终暴露剂量（大小、频率和持续时间）；③剂量与人群暴露一致的情况下检测毒性通路；④根据通路被干扰的情况预测体内反应的结果；⑤对人群差异和易感性的范围定性；⑥运用体内系统（如实验动物和流行病学资料）验证预测效果。

（二）基于知识的毒性通路

据NRC（2007年）估计目前可以确定的毒性通路约有100多种，采用体外检测方法可以对其进行研究，以获得对化学物干扰这些通路的信息，几种重要的毒性通路研究较为深入，如应激（如氧化应激反应）和信号通路，但仍有相当多的毒性通路以及其他影响毒理学反应过程因素仍然需要深入研究。为了完成这一目标，就需要开发和建立一种适用于毒性通路和暴露评估的基于知识的数据库，将不同类型的信息组合成一个系统，由单个相互作用的子库构成（如传统毒理学、化学结构信息、高通量筛选数据、分子信号分析、化学资料、文献回顾分析等）。

（三）建立毒理学要素的计算机模型

利用计算机技术在组织、器官和系统与暴露、剂量和反应之间建立虚拟的联系。

计算机技术在这一策略中的应用可分为两个分支：基于发现的知识（资料收集、挖掘和分析）和动态计算机模拟（在不同水平的数学模拟）。对于后者其中心思想是：外源化学物对分子、细胞、组织和器官等不同水平路径的关键作用可以通过计算机模型进行捕捉，其焦点是分子调节信息的流动，信息的流动受遗传和环境信号的影响。计算机系统模拟可用于预测由于暴露于化学刺激物而导致的器官损伤，包括：①暴露和剂量的动态特征；②分子通路紊乱的动力学变化；③导致细胞状态发生改变的动态过程的关联因素；④将分子和细胞反应整合形成一种生理组织模型。通过对生物系统及关键调控组成的了解，有助于对化学物暴露导致毒性通路损伤及在器官水平影响的认识。这些重要的器官包括肝、心肺功能、选择性免疫系统、多器官内分泌轴、发育中的胚胎组织等。受影响的通路包括细胞信号（如细胞增生、凋亡、细胞黏附)、中间代谢物(如糖代谢,氧消耗,脂肪酸生物合成)、特殊分化功能(如细胞外基质重塑)等。

计算机模拟技术与生物学和暴露过程相结合可以用于开发出更有效和精确的预测化学物风险的方法,可以开发预测化学物代谢和运输、环境浓度、暴露和剂量的模型,将这些暴露模型与体外试验使用的组织学模型相结合,用于定量风险评估。

(四)人类评估和定量风险评价

实现这一新的毒理学研究策略的关键是运用体外机制性试验、有目的的体外与体内试验比较和计算机模拟以证明预期的毒理学效应的科学性和可行性,思路上可考虑采用回顾性(retrospectively)或预测性方法(prospectively),现有的药理学、流行病学、临床试验和病例等资料可提供模型的信息的支持,有助于阐明以下问题:哪一项对健康效应的终点具有预测性(如癌症、免疫抑制和肾疾病)的关键事件(重要干扰因素)是必须证明的?哪些造成基本生物学过程紊乱并足以诱导重要的细胞水平的反应(如应激反应)的事件应适当考虑作为风险评估的终点。随着人们对化学物与分子靶点相互作用认识的不断深入,对这些靶点的干扰如何转化为某些特异性的毒性反应的认识也会不断深入,从而使以细胞机制为主的体外试验就能用于预测体内的结果。理想情况下,基于通路的研究策略应与已知的毒性作用机制充分结合,如通过运用定量生物学技术、剂量-反应模型等,而且也应当与人群暴露的流行病学研究相结合,特别是人群中生物标志物的测定可提供体内试验的线索,支持通路模型的研究。如发现毒性通路的某个基因与人群的易感性有关时,可通过全基因组的研究寻找和鉴定易感基因,反过来也可以证明该毒性通路的正确性。此外还应当注意,当用体外方法和计算机模型预测风险时,应对其不确定性和变异程度进行评估。

二、欧盟研究和技术开发计划

欧盟认为实施研究和技术开发(Research and Technological Development,RTD)是战略工业国家重要的基本职能。第6次框架计划(The Sixth Framework Programme for RTD,FP6)为期5年(2002~2006年),共投入175亿欧元,约占欧盟各成员国总的技术研发经费投入的4%~5%。第7次框架计划(FP7)为期7年(2007~2014年),投入预算505亿欧元。

FP6的主要目的是通过欧盟内部的整合与协作,推动欧盟研究领域的创新,增强经济竞争力,解决主要的社会问题和支持欧盟政策的制订和完善。FP6有7个优先资助的领域,许多领域都涉及替代技术和体外方法的研发。FP6明确提出开发“新的代替动物试验的体外试验技术”。FP7计划中明确提出“尽量实现研究和试验中使用动物的减少,并最终替代动物的使用”。FP6和FP7致力于科学界和企业界应对法规和政策要求,开发替代方法,使健康和环境领域共享非动物模型的研究成果,服务于药物开发以及化学物毒性、生态毒性和产品安全评价,后者包括食品添加剂、化妆品以及其他对消费者健康具有潜在风险的物质。

表5-2是FP6和FP7计划内有关动物试验替代方面的项目简介。

其中EXERA项目投资217万欧元,2006年10月启动,为期3年半,目的是开发新的小鼠组织2D或3D模型(含小鼠雌激素报告子),用于核受体相互作用化合物的药理毒理学分析,这些组织包括非生殖系统的肝、皮肤、骨以及卵巢和睾丸。

目前处于研发阶段的Predictomics项目,投入高达1133万欧元,于2008年启动,为期5年,目的是药物开发早期阶段提高药物的安全性，运用传统毒理学与现代系统生物学整合的替代方法，将化学分析、细胞生物学、代谢毒理学、计算机模型与先进的新技术结合，如组学技术和高通量成像技术，更好地预测候选药物的毒性。最终目标是在临床前安全评价的动物试验之前，建立一套检测指标明确的组合试验策略，以减少动物使用和推动 3R 原则的应用。

表 5-2 欧盟框架计划 FP6 和 FP7 替代试验策略

项目技术和方法	项目简称	内 容
基于细胞的技术	ReProTect	结合和运用体外、组织和传感器技术开发生殖毒性危害和风险评估的新方法
	VITROCELLOMICS	干细胞来源的人肝体外模型用于临床前药物的预测，以减少动物试验
	MEMTRANS	药物膜转运模型
	EXERA	开发小鼠雌激素报告子的 3D 体外模型，用于核受体相互作用化合物的药理毒理学分析
	INVITROHEART	利用来源于胚胎干细胞的人心肌细胞体外模型减少药物研究的动物实验
	LIINTOP	肝和肠道的体外优化模型，用于药代和药动研究
	ARTEMIS	体外神经系统替代转基因动物用于记忆/认知缺陷研究
	ESNATS	基于胚胎干细胞的新的替代试验策略
整合试验策略	ACuteTox	预测人类急性毒性的体外试验策略的优化和预验证
“组学”，生物信息学和计算机生物学技术	Predictomics	结合体外培养模型，运用细胞组学/基因组学/蛋白组学全面分析毒物诱发的细胞效应，分析药物诱导的慢性毒性的作用机制
	Sens-it-iv	运用蛋白组学、代谢组学、基因组学等技术研究化学物和蛋白的过敏机制
	carcinoGENOMICS	运用基因组技术，即基因组转录学和代谢组学，开发基于致病机制的体外试验
	PREDICT-IV	常规代谢组学、基因组资料和计算机模拟，以改进药物安全性评价的策略
计算机模拟和评估技术	OpenTox	毒理学 QSAR 方法的推广、开发、认可和完善
高通量技术	TOXDROP	开发先进的细胞芯片技术，最先用于杀虫剂毒性筛选，目前进一步开发用于评价纳米颗粒的健康效应
	COMICS	DNA 损伤的彗星试验的高通量和检测技术
	NanoTEST	运用体外和计算机方法开发高通量的试验策略用于纳米颗粒的毒理学评价
论坛和工作组	CONAM	欧洲替代咨询网络

续表

项目技术和方法	项目简称	内　容
	SCARLET	结构活性关系:遗传和致癌专家组
	ForInViTox	研究者和管理者示范使用替代方法,解决替代方法从研发到推广使用之间存在的瓶颈
	InViToPharma	制药工业对于体外毒性试验的需求分析
	START-UP	药物开发过程以及欧盟政策对于3R替代法研究的科学和技术观念

第3节　动物试验替代技术

一、生物标志技术

生物学标志物是常用于评估暴露或疾病危险性的工具。Bottrill定义:生物学标志物是那些能够进行定量、半定量和定性评估的参数,这些参数能够提供外源化学物暴露及这种暴露对个体或全体的真实或潜在的效应的信息。国际化学品安全规划署(International Programme on Chemical Safety, IPCS)1993年提出的生物标志物广义定义为:能在体内测定,反应生物系统与外源化学物和生物之间相互作用,并能影响或预测结局或疾病的发生率的任何测定指标或其产物、结构或过程。

(一) 生物学标志物的类型

IPCS将生物标志物分为暴露、效应和易感性3种类型。USFDA将生物标志分为3类:0类生物学标志物测量一种疾病的自然史,并应该在各个时段与已知的临床指标相关;Ⅰ类生物学标志是指示一种药物的干预作用;Ⅱ类生物学标志是指替代终点标志,主要用于药理学研究的生物标志物。欧洲科学和技术合作组织(European Cooperation in Science and Technology, COST)专家组(2005年)将生物学标志分为7类:基因型/表型(类型0)、化合物的浓度(类型1)、占领分子靶(类型2,如受体、酶、通道)、分子靶活化(类型3,如EEG)、生理学测量(类型4,如血液动力学参数)、病理生理学测量(类型5,如炎性细胞因子)和临床分级(类型6)。这些分类只是为了便于表述和研究应用。外源性化合物进入体内到产生疾病是一个多阶段有机连续的过程,生物标志物可以通过对若干事件的测定描述这个过程以及影响因素,但是往往各类标志物之间没有明确的界限。在不同的条件下,同一标志物可能被划分为不同的类别或用作不同的用途。例如,血液中碳氧血红蛋白在与环境接触水平相联系时可以被视为早期效应;而当与器官损害或者疾病相联系时则可以被当作内剂量。

1. 暴露生物标志物　暴露生物标志物(biomarker of exposure)反映体内外源性化学物或其代谢物或外源性化学物与某些靶细胞或靶分子相互作用产物的含量,是探讨毒物的吸收、分布、代谢和排泄,确定毒物的总暴露剂量,探明剂量/效应关系的指标。通过有效暴露剂量的测定可了解毒物的生理学作用以及混合毒物对生物系统的效应及相互作用的毒理机制。暴露生物标志物可以进一步分为反映内剂量(internal dose)和生物效应剂量(biologically effective dose)两类标志物,这些暴露生物标志物如与外剂量相关或与毒作用效应相关,可评价暴露水平或建立生物阈限值。

内剂量表示吸收到体内外源性物质的量,包括细胞、组织、体液或排泄物中(血液、尿液、粪便、呼出气、唾液、毛发、耵聍等)原型或者代谢产物的含量，内剂量标志物是外源化学物在生物体内已经发生和正在延续的接触指示剂，它通过测定生物体某一特定组分的化学物或其代谢物来实现。生物效应剂量是指达到机体效应部位(组织、细胞和分子)并与其相互作用的外源性物质或代谢产物的含量，包括外源性物质或代谢产物与清蛋白、血红蛋白共价结合，或者蛋白与DNA交联物的水平。生物有效剂量标志物是靶分子或靶细胞部位的暴露指示剂，是表示到达机体效应部位(组织、细胞和分子)并与其作用的外源化学物或其代谢物的含量的指标。它通常是通过测定组织或体液中的特殊加合物(DNA、血红蛋白、清蛋白加合物)来实现。由于化学物在生物体内代谢的速率和途径的不同，靶部位的有效剂量标志物较内剂量标志物更有用。由于直接测定效应部位或靶部位的剂量十分困难，因此，常使用替代生物标志物(surrogate biomarker)水平推测靶部位的剂量。只有测定与效应部位浓度存在相关关系的替代物浓度，才可间接地评价有效剂量。

2. 效应生物标志物 效应生物标志物(biomarker of effect)指机体中可测出的生化、生理、行为或其他改变的指标，又可进一步分为早期生物效应(early biological effect)、结构和/或功能改变(altered structure/function)及疾病(disease)3类，其中前两类效应生物标志物对预防具有重要的意义。

早期生物效应一般是指机体接触环境有害因素后出现的早期效应，例如接触铅导致的ALAD活性的抑制，接触有机磷农药导致胆碱酯酶的抑制。结构/功能改变通常指发生疾病前机体或特定器官的结构和功能的变化，一般这些改变在早期是可逆的，如接触PAHs后DNA损伤增多、苯导致白细胞的早期降低、TNT肝功能改变等。疾病标志物指应用于诊断疾病的各种检测指标，如诊断苯引起再生障碍贫血和白血病的血液和骨髓检测指标，正己烷引起周围神经改变的电生理改变。其中早期生物效应和结构功能改变生物标志物对预防具有重要意义。疾病标志物有助于疾病的早期发现、诊断和治疗措施的选择，以及预测疾病的结局和预后。目前，在临床上已经开发了很多疾病生物标志物。

与生物活性受限于特定的暴露或者特定的病例不同，非侵害性生物学标志物通常建立在测定遗传改变的基础之上，用于评估整个机体的遗传毒性物质负荷。如特异的DNA加合物、DNA断裂、DNA氧化损伤和微核(例如血淋巴细胞和某些体细胞)均可以作为遗传毒性危害增加的标志。这是基于这样的假设：DNA损伤增加可导致关键靶基因和靶细胞发生突变的概率增高，DNA损伤的增加意味着遗传毒性物质的负荷增加，从而促进致癌作用的过程(通过诱导DNA损伤，与致癌作用其他分子过程一样)。这种损伤可以通过分析外周血、原代或培养的细胞系统、尿排泄物中提示遗传毒性交互作用的反应产物检测到。目前存在很多可用的生物标志物的分析方法，如微卫星改变、突变剂高敏感性、淋巴细胞微核、染色体畸变、分裂率指数以及人类体细胞突变等，也可以采用其他的技术研究效应标志物，包括检测待定DNA加合物的^{32}P后标记法以及各种检测外周血淋巴细胞、血浆、尿液或者唾液中的氧化损伤方法。

3. 易感性生物标志物 易感性生物标志物(biomarker of susceptibility)是反映机体先天具有或后天获得的对接触外源性物质产生反应能力的指标。这些标志物既可以与遗传有关，又可以与环境诱发有关。如环境化学物在接触者体内代谢酶及靶分子的基因多态性，属于遗传易感性标志物。当环境因素作为应激原时，机体的神经、内分泌和免疫系统的反应及适应性亦可反映机体的易感性，属于获得性易感性标志物。以癌症为例，可以分为两种主要的易感性类型：①预先的损害：研究对象可能是那些高危的个体，因为他们携带有癌症靶基因高度外显的遗传学改变。从这些个体中分离细胞以寻找其他的相关参数，可以提高检测非常早期改变的能力（如 *p*53 基因的特定加合物）；②易感性改变：研究对象可能是处于不同危险度的个体，因为他们携带常见的低外显度的基因改变（基因多态性）。这种情况发生率较高，与致癌过程的关系更加直接（如活化酶的基因多态性通常催化氧化反应Ⅰ相酶）。这些基因变异可能与特定酶引起的代谢转化率的升高或者降低有关。根据代谢转化的类型（活化或者灭活），其结果可一定程度表示遗传毒性暴露及危险性。

（二）生物学标志物的验证和评价

生物标志物的验证是对其有效性证明的过程，有效性是生物标志物在生物系统中反映指定事件的程度，这些事件通常是指暴露、效应/疾病和易感性。测定有效性包括实验室和流行病学验证两部分。实验室验证是检测生物标志的性质及检测方法的特征，通过给定浓度下检测信号的敏感性和此信号对某种特异事件的指示能力，并应了解影响试验结果的因素。流行病学验证建立在实验室有效性验证结果的基础上，以此作为人群研究的基础，以证明检测或试验结果为阳性的候选人发展为疾病（或暴露）的可能性大小，以及为结果阴性的候选人不发展为疾病（或未暴露）的可能性大小；同时流行病学验证还应了解生物学标志用于人群的可行性和现场条件下试验的可靠性，以及各种流行病学影响因素。最终，验证需要用流行病学研究设计来评价以下 3 种关系中至少 1 种关系：暴露内剂量、生物学效应-疾病、影响暴露-疾病关系的易感性。

生物标志物在外源化学物危险度评价的各个环节中起重要作用。在危害识别中，应用敏感而特异的生物标志物有助于快速、客观地鉴别环境有害因素；在剂量-反应关系评价中，暴露、效应、易感性的生物标志物的联合作用在量化和精确函数关系方面起重要作用；在暴露评估中，生物标志物在降低外暴露评价产生的不确定因素和其他影响因素方面具有独特的优势。

理想的生物标志物应当具备以下 4 个特征：①关联性：提供证据支持合理使用生物学标志物的理论基础，即生物标志物和暴露或疾病之间存在定性和定量的联系，尤其是与机制的密切相关性；②敏感性和特异性：即检测出的相互作用灵敏和特异。一般来说，灵敏性和特异性相互制约，提高了灵敏性，就会降低特异性，反之亦然；③检测方法标准化和有效性：标准化的分析和检测方法是生物标志物建立参比值和判定检测结果可信度的重要前提，应提供能证明生物标志物检测的准确性、精确性和重复性的数据；④适用性：亦即分析方法简单、取材非创伤性和便于现场使用以及成本适宜。

（三）利用体外技术筛选新的生物标志物

体外毒理学研究方法将通过以下几个方面的应用促进生物学标志物的发展：①分析毒性效应的机制；②研究联合效应（协同作用、抑制作用）；③了解易感性如何影响危险性因子的作用；④寻找新的作用终点。组学技术的应用可通过高通量技术研究基因、蛋白或代谢物的变化，建立反应毒性变化的新的标志物。另外，体外方法也可进一步发展成为生物学标志物技术的一部分，如：①用淋巴细胞进行攻击实验；②结肠细胞分析粪液的遗传毒性，分离脱落细胞作为生物学标志物测定中的靶点；③用活检组织的细胞作为生物学标志物测定中的靶点。有关生物标志物的应用参考第 19 章。

二、结构活性关系研究

化学物的化学结构是决定毒性的物质

基础，化学结构决定化学物的理化性质和化学活性，进而影响其在体内的毒动学和毒效学过程。研究化学物结构性质关系（structure-property relationship，SPR）和结构活性关系（structure-activity relationship，SAR）是预测毒理学的重要内容。通过化学物的结构和功能基团可以预测潜在的毒性效应和/或代谢产物。在结构-活性关系预测的基础上，如能预测人对化学物的摄入途径和量时，就能有助于决定必需的毒理实验的范围。这种定性的 SARs 进一步发展成更精确、信息化的定量方法，即定量结构-活性关系（quantitative structure-activity relationship，QSARs）。QSARs 模型最初被用在新的药物和杀虫剂的发明和发展上，目的是了解作用机制，减少动物实验和其他方面的费用。

计算机方法可以分为 3 类：统计学方法、规则-基础方法和三维分子模型技术。每一种方法都有其优势和局限，随着这些方法被逐渐使用，应当对其局限性和发展趋势有所认识。

（一）二维定量构效关系方法

传统的二维定量构效关系方法很多，有 Hansch 法、基团贡献法和分子连接性指数法等。其中 Hansch 法最早于 1964 年建立，并且应用最为广泛。Hansch 方法的基本理论是：一个化学物经过结构改造成为一个衍生物时，生物活性的改变取决于结构改变后引起的疏水性、电子效应及空间效应的改变。化学物的生物活性可用其理化参数定量地表达，且大多数理化参数具有加和性。通过统计学方法导出这些理化参数与生物活性的关系式，即 Hansch 方程

$$\log 1/C = -K_1(\log P)^2 + K_2 \log P + K_3 \sigma + K_4 Es + Ks$$

当 $\log P$ 用 π 代替时可得

$$\log 1/C = -K_1 \pi^2 + K_2 \pi + K_3 \sigma + K_4 Es + Ks$$

式中 C 为化学物产生某种特定生物活性（如 ED_{50}、LD_{50} 等）的浓度，P 为脂水分配系数，π 为疏水参数，σ 为电子效应参数，即 Hammet 常数，Es 为 Taff 立体参数（空间效应参数）。方程式右边的各项并不都是必需的，可以根据具体情况进行取舍。

Hansch 方程建立在下列假定的基础上：①所有化学物的限速反应均相同；②化学物与酶或受体结合时，不考虑化学物、酶或受体所引起的构象变化；③与受体亲和力有关的线性自由能均具有加和性；④忽略化学物在体内代谢差异。Hansch 方程的研究只限于作用机制相同的化学物。如果药理/毒理作用过程不同则难于应用，因此，Hansch 方法所得的 QSAR 方程只适用于同源化学物生物活性的预测。

基团贡献法又称 Free-Wilson 法，是在对有机物亚结构信息和生物毒性的相关研究基础上建立的一种方法。这种模式认为有机物与受体间的毒性效应是该有机物特定位置上不同取代基团毒性贡献的加和。Free-Wilson 法仅适用于具有相同母体结构的有机物，常用于对有机物毒性的初筛。

分子连接性指数法（molecular connective index，MCI）是由 Kier 和 Hall 提出，根据分子中各个骨架原子排列或相连接的方式来描述分子的结构性质。MCI 是一种拓扑学参数，有零阶项（$^0X^V$）、一阶项（$^1X^V$）、二阶项（$^2X^V$）等，可以根据分子的结构式和原子的点价（δ）计算得到，MCI 与有机物的毒性数据有较好的相关性。MCI 能较强地反映分子的立体结构，但反映分子电子结构的能力较弱，因此，缺乏明确的物理意义，但具有方便、简单且不依赖于实验等优点。

（二）三维定量结构-活性关系

由于结构相似的同类化学物的分子特性资料（分子描述）和毒理学资料相关，所以可以采用统计分析方法建立一个 QSARs 模

型。这些分子描述资料可分为理化特性、图形理论(拓扑学)和量子力学3类(见表5-3),由于在每一个方面都需要建立不同的结构模型,可以从这些结构-性质-活性的研究中得到很多不同的实验结果。

表5-3 分子描述的代表性类别

类型	举例	意义
物理化学性质	log$P$	测量疏水性
	水溶性	测量亲水性
(芳香族化学物)	π值	取代基的疏水作用
(芳香族化学物)	Hammett σ值	取代基的电子效应
(芳香族化学物)	Taft's立体常数Es	邻位取代基的立体效应
图形理论特征	Wiener值	整数拓扑指数
	连接性指数	实数拓扑指数
量子力学特征	HOMO-LUMO间隙	最高被占用分子轨道与最低空余分子轨道之间的能量差距
	键序	电子参数

分子结构图可用拓扑描述符表示。简单的分子结构图分为两种,即构型和构象。构型描述分子内的连接,模拟化学键间的相互作用。构象描述分子的形状,并模拟空间上的相互作用,典型的就是三维(3-dimension,3D)分子空间模型。量子力学模型既包括分子化学键间相互作用(夸克分子轨道模型),又包括空间上的相互作用。某些量子力学模型属于混合模型,考虑了三维形状的测量。

3D模型能够提供电子特征(如电荷分布)、立体空间特征(如构象)和形状(表面和体积)的相关关系,所以已成为应用最广泛的分子结构图。因为分子不是同质体,用拓扑学描述符描述其特征比用单一参数表征整个分子更为准确。可以利用不同的分子模拟软件测量或估计分子特性,并应用于QSAR的研究。这些特性包括以下方面:原子电荷数、电子密度、范德华力和溶剂笼表面积、范德华力和溶剂笼效的表面积决定的分子体积、log$P$、水合作用的能量、用原子片断理论得出的折射率、用原子片断理论得出的极化性、用简明方法得出的质量。弄清在建立模型过程中使用的各种方法是理解QSAR模型的关键(图5-3)。

毒性资料和分子特征之间简化的数学关系往往要通过多变量回归分析得出。QSAR研究中典型做法是:先选择要被分析的化学物及其理化特性,再选择通过测量或估计而得出的分子特征描述符。最常用的统计分析方法是多变量回归分析。一个较好的回归模型可以反映出复杂的生物特性(活性和毒性)与相对简单易于理解的理化特性之间的对应关系。随着QSAR研究中遇到的问题越来越困难和复杂,已经发展了新的数据资料压缩技术,包括人工智能和人工神经网络技术。例如,现有的软件系统可以基于图形、信息理论和严格的诊断程序,利用丰富的分子结构特征信息对化学物的毒性作用和环境影响进行自动估算和验证。

QSAR具有以下广泛用途:①筛选和预测化学物的活性作用;②估计化学物的物化特性;③估测化学物的毒性;④把化学物按危害分级排序以便进一步研究。

QSAR研究也有其限制性:①预测结果只适用于被选为进行相关分析的作用类型;②模型建立时要求具体说明标准效应的生

物学资料(例如生物学或毒理学终点);如果实验条件不同(例如温度、pH、离子强度、物种、年龄、实验时间等),则可能影响生物学效应之间的可比性;③因变量的实验误差常被忽略,可能会导致模型过度拟合;④QSAR 模型可以预测一组具有相同作用机制的化学物的活性强度,但却不能预测一种非预期的作用类型;⑤化学物的毒性可能会发生消失或减少,而不受建立模型时所用的理化特性的控制;⑥基于大量不同化学物的数据库建立的模型通常不能模拟单一的作用机制;⑦如果仅有少数几种化学物的数据,那么选择太多的自变量就会使偶然相关性的发生概率增高。

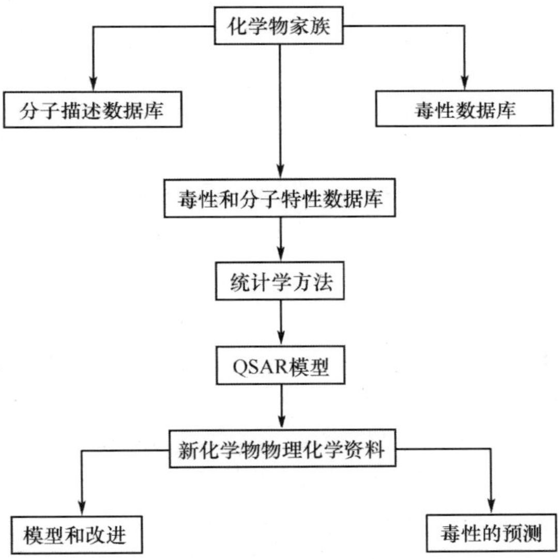

图 5-3　QSAR 在毒理学中的应用

(三) QSAR 的研究方法

3DQSAR 模型研究方法有很多种,如分子形状分析(molecular shape analysis ,MSA)、距离几何方法(distance geometry,DG)、比较分子力场分析(comparative molecular field analysis, oMFA)、比较分子相似因子分析 (comparative molecular similarity indices analysis, CoMSIA) 以及虚拟受体 (phesudoreceptor)等方法,其中应用最为广泛的是 CoMFA 方法。CoMFA 方法的基本原理是:认为在分子水平上,影响生物活性的相互作用主要是非共价性的立体和静电等相互作用。按照此原理,如果一组相似化合物以同一作用方式作用于同一受体,那么它们的生物活性就取决于每个化合物周围分子场的差别。CoMFA 计算可以分为以下几个步骤:①确定化合物的活性构象:借助分子力学或量子化学程序得到分子的最优构象;②分子叠加:分子重叠方式及重叠程度对 CoMFA 影响很大,在计算过程中必须保证所有分子在三维网格中取向一致,通常以活性最大的化合物的最优构象做模板,其余分子都和模板分子骨架上的相应原子相重叠使分子间重叠的均方根偏差最小;③计算相互作用能:确定一个足够容得下这一组中所有化合物的三维网格,将化合物放入其中,选择一个合适的探针原子(常用的有 SP^3杂化的 C^+、H_2O 、H^+ 、CH_3等),计算每行进一个步长探针与化合物的相互作用能,大于邻界值的取临界值,小于临界值的用具体数值来表示;④偏最小二乘法分析,CoMFA 方法中由于自变量数目远大于因变量,故采用偏最小二乘法进行回归。首先用交叉验证方法检验所得模型的预测能力,并确定最佳主成分数,再以得出的最佳主成分对变量进行回归分析,拟合 QSAR 模型,利用非交叉验证的相关系数平方 r^2、方差比 F、绝对标准偏差 s 作为衡量回归模型的预测能力的判据,最后以三维图形显示。

目前已开发出一系列反映化学物结构和毒性的关系的 QSAR 模型,对于结构相似或具有相同药理或毒理作用机制的一组同源化学物,QSAR 在提供相对精确的预测方面有优势。如以疏水性(用 $\log P$ 表示)和亲电性(以最低空余分子轨道之间的能量描述,E_{LUMO})建模,用于预测脂肪簇对细菌的毒性。以疏水性、亲电子性和分子连接性($^3\overline{X}_{pc}$)建模,预测支链和无支链的短链脂肪醇的肝毒性,根据模型得出灌注大鼠肝的

ALT 释放量方程，$\log ALT = 0.58\log P - 0.19E_{LUMO} + 0.49\ {}^{3}\overline{X}_{pc} - 1.19$，相关性均很好（$r^2$ 分别为 0.85 和 0.84）。已报道其他 QSARs 方程，其中很多已经编入了 C-QSAR 数据库。

（四）预测毒性的专家系统

目前已开发了多种商业化的毒性预测软件系统，只需输入分子结构就可以自动预测毒性。这些预测系统主要特征总结于表 5-4。商业化的 SAR 预测模型可分为两类：一类为统计学/模拟的数值模型（如 TOPKAT、CASE/MultiCASE），另一类为专家/基于规则的推理模型（如 ONCOLOGIC、DEREK）。

表 5-4　QSARs 和专家系统毒性预测的比较

QSAR 软件	以机制为基础	使用可靠的数据	能以批模式运行	能给出预测可信度	知识来源	易与计算机库整合	网址（可应用和可购得的）
QSARs	是	是	否	否	统计	否	—
TOPKAT	否	是	是	是	统计	是	www. oxfordmolecular. com
DEREK	是	是	是	否	专家	是	www. chem. leeds. ac. uk
HazardExpert Pro	是	是	是	是	专家	是	www. compudrug. com
CASE	否	是	是	是	统计	是	www. multicase. com

1. TOPKAT 系统　TOPKAT 系统以统计学为基础，由一套 QSAR 模型组成，由 Accelrys 公司开发，模型通常是通过对大量毒理学信息的分析推导出来。分子描述以大量的结构、图形理论（拓扑学）和电子特征参数为特征，通过连续终点的回归分析和对毒性资料的分类分析建立模型。

2. 计算机辅助结构分析　计算机辅助结构分析（computer-automated structure Evaluation，CASE）方法：CASE 方法及其全部版本都是由 Klopman 及同事开发的。它有各种终点和硬件平台的多个模型，CASE 方法通过一种概率评价法测定结构片段是否与毒性相关。为此目的，分子结构被分成一定路径长度的结构片段。通过概率法评价是否片段明显促进或抑制毒性。为了建立模型，结构性的片段被拟合入回归分析方程中。现有多种形式的 CASE 模型，根据被模拟的终点、硬件平台和软件的不同，分别称为 CASE、MultiCASE（MCASE）、CASE-TOX 和 TOXALERT。

3. DEREK 专家系统　DEREK 是一个基于知识的专家系统，称为基于现有知识推导估计风险系统（DEREK）。DEREK 用于预测毒理学危害，采用含有描述结构毒性关系的警示性规则作为基础，重点在于对毒性和代谢机制的了解，目前约有总共 296 条警示覆盖广泛的毒理学终点。美国健康和安全管理局（Health and safety Exeutive，HSE）和法国利用此软件供内部和非正式使用，但还不能用于管理决策。

4. OASIS 系统　基于结构参数集的优化方法（optimized approach based on structural indices set，OASIS）预测软件由 Mekenyan 等开发，OASIS 预测模型采用的是一种（提供使用者使用界面）壳系统，通过与化学物质的构象运动性有关的理化性质和毒性终点的分析筛选化学物。软件设计成专为个人计算机用户使用，界面程序采用了 QSAR 模型便于化学物的筛选，目前可用的与健康效应相关的生物学活性模型是预测雌激素和雄激素的亲合力和致突变性。代谢模型也在开发中。

5. SuCCSES 系统　基于子结构的计算

机化学筛选专家系统(substructure-based computerized chemical selection expert system, SuCCSES)开发的目的是为了方便ITC公司审核大量具有相似子结构(或作用模型)的大量化学物,并不是用于开发QSARs。SuCCSES的开发是基于历史资料的分析,该系统涉及商业秘密,不向公众开放。

6. HazardExpert Pro 系统 HazardExpert Pro专家系统由CompuDrug公司开发,用于快速预测化合物在人体和动物的7种特征毒性症状(致癌性、致突变性、致畸、膜刺激性、过敏、免疫毒性和神经毒性),是一个基于规则的开放性的系统。除了上述表述外,如果与Metabol Expert专家系统组合使用,也可对化合物的生物利用度、生物蓄积和代谢提供简单但有效的模拟预测。

目前,还没有一个毒性预测系统证明是完全成功的,在运用这些系统前,应对所用模型的适用性和局限性了解清楚,推荐利用不同系统的成组方法。应该认识到目前缺乏两种数据:一种是用于建立毒性预测模型的数据,另一种是对现存模型进行验证的数据。运用基因芯片等高通量技术可以获得大量毒性数据,可为开发下一代毒性预测系统提供充足的数据支持。结构-活性关系研究已成为预测毒理学一个重要组成。在一些国际组织和政府机构的化学物健康危险性评定指南中,SAR分析和模型能用来预测分子的性质、替代生物学终点和关注的毒效应。SAR分析可为危险性评定提供有价值的初步信息,从而可能增强或减轻对化学物危害的关注,并成为证据权重的一部分(见第20章)。

三、组织工程技术

(一) 器官培养与器官型培养

细胞间的相互作用不是单一反应,而是连锁反应,因此,外源化学物可能引起一种或两种相互作用细胞的表型发生变化。一种细胞可能只对一种信号产生反应,如肺泡细胞仅对邻近成纤维细胞释放的激素刺激发生反应,合成和释放表面活性物质;表皮和真皮的相互作用可能属于另一种情况,上皮可以对基质成分反应发生分化,这些基质成分常常是由上皮和结缔组织共同分泌的。因此,细胞间的相互作用用单层培养的细胞是难以分析的,需要借助于组织型或器官型的培养模型,以更全面地了解器官的整体功能或毒性作用引起的功能障碍。

能像体内一样提供细胞生长和发育的相互作用环境一直是细胞培养努力实现的目标,有两种途径可以达到这种目的:一是明确细胞在组织的分布,将组织取出,按器官培养维持细胞生长,即器官培养;二是纯化和扩增每个细胞谱系,在同种细胞相互作用的条件下进行单独研究,然后再将这些细胞结合起来研究其共同的相互作用,即器官型培养。

器官培养(见第6章所述)是将整个器官或其中具有代表性的部分以小组织块的形式在培养基中维持生长,并保留参与细胞在数量和空间上的内在分布。其目的是保持相同类型或不同细胞原有的结构关系及其相互作用,以便研究外源性刺激对其进一步发育的作用,如脑切片培养、肝切片培养。

器官型培养是指将不同谱系的细胞按照实验确定的比率和空间关系结合起来,重新构筑研究状态下的器官成分。它是将分离的(最好是纯化和特化)各细胞谱系重新结合起来,由此产生一种三维、高密度器官型培养物,然后研究各细胞谱系的相互作用,或研究对外源性刺激发生的反应。外源性刺激可以是激素、营养条件或受试物。

(二) 器官培养的特点

器官培养的优点是能相对保持结构的完整性,相对于细胞培养是利用机械分离或酶消化分离的细胞，器官培养则是以维持正常组织的细胞联系为目的。因此，采用器官培养，可保存存在于原有组织中的正确的同种和异种细胞的相互作用和维持细胞外基质的正确构型。器官培养对了解发育生物学和组织的相互作用具有重要意义，如用鸡胚器官培养显示胚胎诱导过程。

器官培养基本上是一种结合组织的研究而不是分离细胞行为的技术，常用的分析方法是依靠组织培养技术，而不宜进行生物化学和分子生物学分析。这主要是由于制备器官培养物时取样的变异、在处理标本和几何形状方面的细小差别以及培养物中各种细胞比率的变化所造成的。此外器官培养比重复培养传代的细胞系更加困难，没有可供参考的有关特征性产品。器官培养不能扩增，故每次实验都需要最初的供体组织。器官培养存在实验准备费时费力、有用组织的产生率低、重复性较差等问题。细胞的有丝分裂在整块组织中呈不随机分配，有丝分裂仅发生在组织块的外周部，而中心部常出现坏死。

（三）器官型培养的方法

多年来人们认识到，如果像器官培养那样使组织的三维结构得到维持，那么细胞之间的相互作用就能激发，细胞的特化功能就可以较长地保留。常用的技术包括改进培养系统（如采用灌注系统、滤孔嵌套）、营造培养细胞的体内环境条件和特定基质条件（如胶原凝胶、纤维素、明胶海绵或天然产物）。

1. 凝胶和海绵技术 Leighton 首次证明细胞能穿透纤维素海绵，这种能力似乎与细胞的恶性行为无关。用胶原包被的海绵可以促进细胞穿透。胶原凝胶为上皮结构和形态形成与维持提供基质，并为上皮形成发育不全的管状和腺状结构提供条件。利用胶原的这一特性，采用胶原包被的培养板或支持材料能有效地提高细胞的培养效率。

2. 滤孔嵌套技术 由于滤孔嵌套技术提供了研究细胞关系、分层和极性的机会，使其在许多领域成为一种普遍的培养系统。通过移植到特殊结构封固的胶原包被的滤膜上，滤孔嵌套已用于产生复层的表皮、极性肠上皮和肾上皮等替代动物的模型，如商品化的真皮与表皮复合培养模型，肺、前列腺和乳腺等细胞生长与分化的旁分泌控制模型，见图 5-4。也有人用滤孔嵌套研究粒细胞或恶性肿瘤细胞的侵袭性。

滤孔嵌套的主要优点之一是使细胞以高组织样密度进行重新集合，细胞以多种形式接近培养液和进行气体交换，细胞在这种培养模式下生长、分层、极化和分化。滤孔嵌套可从几家供应商处购买，有多种半透明或透明材料，包括聚碳酸酯、PTEE 和聚乙烯对苯二甲酸三酯，大小范围为 6.5～9cm，适合于 6 孔、12 孔、24 孔或更大的培养皿。此外，还有预先用胶原、层连蛋白、纤维蛋白或 Matrigel 预处理的滤孔嵌套。

3. 脑聚集培养 脑细胞的聚集培养可广泛应用于神经细胞分化的研究以及用于外源化学物神经毒性的评价。通过细胞重新聚集培养，聚集细胞重新按体内观察到的相同发育顺序进行复杂性生长，产生一个由完整的神经元、星形胶质细胞和少突胶质细胞组成的器官样结构，形成突触和髓鞘，并排列形成三维结构，组织具备典型的细胞间细胞之间相互作用，见第 16 章。

（四）替代动物试验的器官型培养模型

自滤孔嵌套技术问世以来，人们建立了几种上皮组织的模型，如皮肤、角膜、肠道、口腔和阴道黏膜等，用于相关组织的炎症反应的检测。这些系统假设一种受试物（化妆品、化学品或其他刺激物）与初级靶标（如表皮、角膜上皮）间相互作用启动了旁分泌反应，从而促发了次级基质成分（如真皮）释放细胞因子(如 IL-2、IL-8),这些细胞因子可以用 ELISA 技术进行检测,从而检测炎症反应的程度。有的上皮(如表皮、角膜上皮、MDCK、Caco2)和内皮细胞在达到融合后几天形成紧密连接,采用胶原包被预处理滤膜可加快屏障结构的形成,屏障功能可通过跨上皮电阻法(TEER)测定,利用嵌入培养模型的这个特点,可进行跨上皮通透性和细胞转运研究,毒性损伤作用研究等。器官型人工皮肤模型的培养见第 9 章、第 11 章和第 12 章。器官型人工角膜模型见第 13 章。

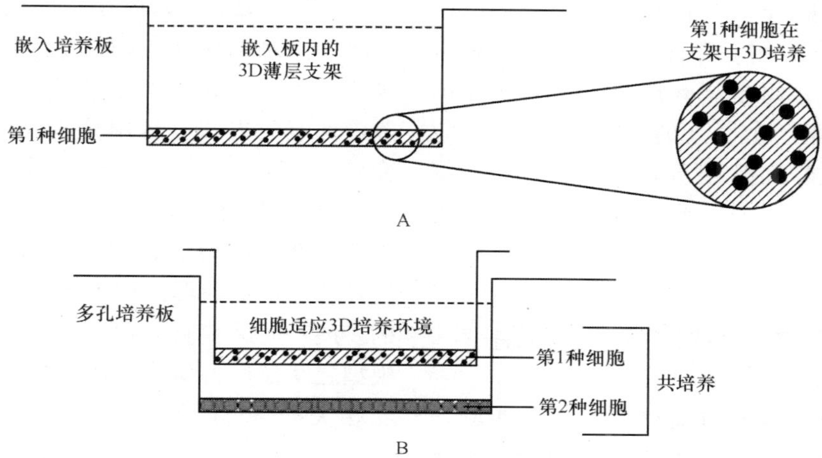

图 5-4　滤孔嵌套技术模式图

A. 在嵌入板的 3D 支架材料上培养第 1 种细胞;B. 外层培养板培养第 2 种细胞,然后共培养

第 4 节　组 学 技 术

2003 年,人类基因组计划(Human Genome Project,HGP)的所有目标全部实现,这标志着后基因组时代(PEG)正式开始,HGP 计划完成遗传图谱、物理图谱、序列图谱和转录图谱 4 张图谱,后基因组时代的生命科学的各个领域面临前所未有的发展机遇。在 HGP 实施的过程中,新兴学科不断出现并快速发展,随着基因组学(DNA 序列)、转录组学(基因表达描述)的蛋白质组学(基因表达产物)、代谢组学(代谢产物识别)、细胞组学等技术的飞速发展,并结合不断发展的生物信息学,为毒理学的快速发展创造了一个难得的机会,开始了环境基因组计划、毒物基因组学等。这些技术的应用将有助于推动建立更有效的安全性评估策略和毒性预测技术。

大规模检测细胞分子(如基因、蛋白或小分子代谢物)某些特性的技术均被冠以后缀“-omics”用于命名,“组学(omics)”指研究组成器官的细胞内不同类型分子的作用、相互关系和功能的集成性技术。这些技术包括:①基因组学:如人类基因组计划(HGP)的定义是指研究基因及其功能;②蛋白组学;研究蛋白;③代谢组学:研究参与细胞代谢的小分子;④转录组学:研究 mRNA;⑤糖组学(glycomics):研究细胞的碳水化合物;⑥脂质组学(lipomics)研究细胞脂质;⑦相互作用组学(interactomics):系统研究各种分子间的相互作用,发现和鉴别分子机制、途径和网络,构建类似集成电路的生物学模块,并在研究模块的相互作用基础上绘制生物体的相互作用图谱;⑧表型组学(phenomics):是在基因组水平上系统研究某一生物或细胞在各种不同环境条件下的所有表型，它是生物体基因型和表型的桥梁。

组学技术提供了强大的检测工具，但是需要审视不同物种间和不同个体间在DNA、RNA、蛋白和其他细胞分子间存在的差异。当细胞或组织暴露于化学物或药物以后，这些多种类型的分子水平的差异仍然存在，因此，组学技术应用于毒理学评价中具有非常重要的作用。组学试验通常采用高通量的检测方法，能产生大量的基于细胞功能或/和结构相关的数据，对于研究细胞和组织损伤的分子反应以及细胞系统功能的紊乱提供了革命性的便利。

一、基因组学和毒性基因组学

尽管基因技术目前仅仅是一项实验研究技术，但是它的应用将对毒性检测具有重要意义。如将动物和人类的基因表达模式相比较，有助于进一步提高动物实验结果外推到人的可靠性。

美国NIEHS于2000年启动了毒理基因组学协作研究计划，成立了国家毒理基因组学中心(NCT)，旨在研究人体接触环境因素后的整个基因组反应，揭示环境因素致病的机制。

基因组学技术在毒理学中的应用称为毒性基因组学(toxicogenomics)，美国NTP指出，毒性基因组学研究生物体暴露于药物、化学物或毒物后与未暴露情况下(阴性对照)比较基因表达的变化，某个基因或某组基因的上调或下调可能与生物体特定器官或细胞类型发生的毒性反应有关。毒性基因组学的目的是鉴定与特定化学物或某类化学物有关的基因表达的方式，可应用于毒性评价的终点。毒性基因组学技术已应用于可控制的动物实验暴露条件下优化动物试验和识别毒性作用机制的研究中。细胞培养过程中暴露于毒物引起的基因表达的变化也可(有限地)应用于体内毒性的预测。

毒性基因组学是基于这样一个原理，即所有的毒理学相关效应都伴随有基因表达模式的改变，作为毒物暴露的直接或是间接的结果。这些基因表达的改变通常比毒性作用本身更敏感、更具有特征性，基因表达变化可作为毒性终点(在低于毒性剂量时)也进行测量，并且可以提供新信息来补充和改进现有的方法。运用分析总的基因表达变化的方法，可以识别诊断性基因表达模式，用于确定化学物(在低于毒性剂量下和暴露日期)的作用潜能。另外，应用这些新技术将产生新的毒性标志物(生物学标志物的发展)，促进实验动物、人类以及人类体外模型之间在危害识别方面的外推，并促进建立相关的、基于毒性作用机制的体外实验系统。

二、转 录 组 学

基因组学包含许多种不同的技术，所有这些技术在某些方面都与细胞的信息内容有关(例如细胞的DNA或者RNA)。其根本是分子生物学的中心法则，即编码在DNA上的基因被复制到信使RNA(mRNA)，然后翻译成功能性蛋白质。分析分子表达情况主要有两种方法：产生mRNA表达图(转录组学)和分析蛋白质的表达轮廓(蛋白质组学)。经典的研究转录情况的方法，如RNA印迹杂交、RNA酶保护分析法、S1核酸酶分析、斑点杂交以及狭线印迹法等都是费时耗力的方法。现在已经可以在反转录后运用RT-PCR方法来分析mRNA的转录情况，这项技术的优点是可以定量分析单个mRNA，不足之处是需要对感兴趣的基因设计特异引物，通常效率比较低。采用新的方法，如差异表达、基因表达序列分析(SAGE)以及基因芯片技术，大大地提高了检测效率。表 5-5为目前在转录水平研究基因表达可用的方法。

表 5-5　目前在转录水平研究基因表达可用的方法

杂交技术	RNA 印迹杂交
	S1 酶绘图和 RNA 酶保护分析法
	差异斑点杂交
	基因敲除
	DNA 微阵列
PCR 技术	差异显示技术
	表达差异分析（representation difference analysis）
	定量 PCR 技术
序列分析技术	已表达序列标签技术
	基因表达序列分析
	大量平行特征序列
	DNA-序列芯片
	质谱序列分析

随着 DNA 和寡核苷酸微阵列技术的成熟，建立了一种全新的研究基因表达轮廓和基因组构成的方法，可以对一个生物样品同时半定量地检测上千个基因的转录活性。通过将 cDNA PCR 产物或克隆 DNA 固定在固相支持物（如尼龙滤膜、玻片或者硅片）产生微阵列，DNA 阵列可以由合成的寡核甘酸直接构建，或者直接使用合成的寡核苷酸，也可采用照相平版印刷技术结合固相化学合成的方法。阵列中包括的基因可以选择包含特定终点或途径的基因，或者选择包含有大范围生物学过程的基因。为了测定基因表达的差异，可将荧光或放射（^{32}P 或 ^{33}P）标记的 RNA 探针与阵列中载有的 DNA 或寡核苷酸杂交。其表面可用激光扫描（记录每个特征单元的荧光信号），或用放射性的探针标记、荧光分析方法，或加放射自显影技术使信号形象化。目前用单个阵列可以检测 10 000 或更多个基因的表达（1 个实验），也可检测两种或多种生物样品之间相关基因表达的变化。

微阵列技术的应用领域包括：大规模基因表达轮廓分析、基因图谱的绘制及确定、组织基因表达的轮廓分析、广泛的生物过程的机制研究、疾病易感性的新标志物、确定潜在的新药物作用的靶目标、药物筛选和毒理学研究的平台、发现突变和多态性、基因敲除技术的应用、疾病基因的位点克隆、进化序列分析以及病原体的识别。

三、蛋白质组学

蛋白质是细胞内的主要结构和功能分子，由氨基酸线性排列组成，线性多肽链折叠成次级和三级结构成为功能性蛋白，与细胞基因的相对稳定性不同，蛋白质为了细胞自身的需要而不断变化。鉴定所有生物体细胞内蛋白质的功能、调节和相互作用，称为蛋白组（proteome）。研究暴露于毒性物质后细胞和组织蛋白组的变化，通过与正常细胞比较，可用于毒性作用机制的研究。

毒理学可能是蛋白质组学最重要的应用之一。双相凝胶电泳是筛选毒性和探讨毒性作用机制的高度敏感方法，通过比较暴露于化学物的生物测试系统与未暴露系统所表达的蛋白质，观察可能与毒性相关蛋白质组的改变，有可能发现生化途径的变化。一旦建立已知毒性化学物蛋白质组学特征的数据库，就有可能用来评估未知毒性化学物的毒性。蛋白质组学的一个显著的优点是可以结合高通量、自动化的分析技术。这些技术能用于组织样品、细胞培养液和体液（如血清、尿液、脑脊液、滑膜液）的分析。

蛋白质组学技术尽管有潜力，目前仍然存在技术方面的限制。使用现有实验方法，只能分离出有限的蛋白质，低丰度的蛋白质如转录因子可能会检测不到，因此，需要进一步发展溶解蛋白的可视化技术。尽管如此，但蛋白质组学提供的结果与功能直接相关，使其在分析任何类型细胞的复杂蛋白质混合物方面有着独特的魅力。

许多年以来，人们利用双向凝胶电泳法来分离复杂的蛋白质混合物。这种方法结合第一相的等电聚焦（IEF）以及第二相的SDS-PAGE基于分子量来分离蛋白质。电泳的结果是一个含有蛋白质点的长方形图谱，通常用考马斯亮蓝、银或荧光染色来显示蛋白质点。通过这种方法分离的每一种蛋白质的量，往往低于化学鉴定所需量一个数量级，这就需要开发半自动的纯化蛋白质方法以及更灵敏的鉴定蛋白质的方法。质谱分析技术（MS）和MALDI（基质辅助激光解吸附/电离）的应用，极大地扩展了分析蛋白质的范围。蛋白质质量指纹识别技术是源于MS的一种快速、有效鉴定蛋白质的方法，这种方法利用酶（通常是胰蛋白酶）对蛋白质选择性地剪切，并与数据库中的理论多肽进行片段质量的比较，理论多肽由计算机进行类似的"消化"。MALDI-TOF（基质辅助激光解吸附/电离时间飞行）通常用于多肽质量的指纹识别，这种方法和电离喷雾法均可以用来检测低水平的蛋白质，并且适合于自动化。应用MALDI-TOF，每周可以分析几千种从凝胶中分离的蛋白质。

转录组学和蛋白质组学的联合应用对于检测毒性反应的早期变化是一个强有力的工具，可被看作是互相补充的技术，如应用标准的双相凝胶电泳，很难在蛋白质水平定量检测到少量的转录；而使用PCR介导的靶扩增技术，可以在mRNA水平定量检测基因的表达。组织活检样本和细胞培养模型均可以提供高质量mRNA和蛋白质。然而与蛋白质相比，mRNA降解的速度更快，所以从体液中分离出来的mRNA的量通常较低。对毒性作用来讲，从体液（如血浆或尿液）中提取出来的RNA并不是非常有意义的毒性标志物，而体内合成的蛋白质常常可作为更合适的毒性标志物的替代品。对蛋白质翻译之后的修饰的检测，往往仅限于蛋白质表达的分析，而且这种修饰通常与蛋白质的功能有关。越来越多的证据表明，mRNA和蛋白质丰度间的相关性很弱，说明mRNA和蛋白质谱是相互补充的，应当参照应用。

生物体的基因组具有构成机体必需的固定信息，而蛋白组学（转录组学）可以随着发育阶段、疾病状态或环境条件的改变而改变，因此，它更接近于反映基因表达改变后的生物结果。蛋白质组学的发展得益于基因组学所收集的丰富的信息，它使得肽的资料可以与核苷酸和基因信息直接联系起来。

四、代谢组学

代谢组学（metabonomics/metabolomics）是继基因组学和蛋白质组学之后新近发展起来的一门学科，是系统生物学的重要组成部分。基因组学和蛋白质组学分别从基因和蛋白质层面探寻生命的活动，而实际上细胞内许多生命活动是发生在代谢物层面的，如细胞信号释放、能量传递、细胞间通信等都是受代谢物调控的。代谢组（metabolome）是指某一生物或细胞在一特定生理时期内所有的低分子量代谢产物，代谢组学则是对某一生物或细胞在一特定生理时期内所有低分子量代谢产物同时进行定性和定量分析的一门新学科。代谢组学的研究对象大都是相对分子质量1000以内的小分子物质。基因与蛋白质的表达紧密相连，而代谢物则更多地反映了细胞所处的环境，这又与细胞的营养状态、药物和环境污染物的作用以及其他外界因素的影响密切相关。因此，有人认为，"基因组学和蛋白质组学告诉你什么可能会发生，而代谢组学则告诉你什么确实发生了"。代谢组学以组群指标分析为基础，以高通量检测和数据处理为手段，以信息建模与系统整合为目标。

代谢组学的研究方法与蛋白质组学的方法类似，通常有两种方法：一种方法是代谢物指纹分析（metabolomic fingerprinting），采用液相色谱-质谱联用（LC-MS）的方法，比较不同样本中各自的代谢产物以确定其中所含的全部代谢产物。从本质上来说，代谢指纹分析涉及比较不同个体中代谢产物的质谱峰，最终了解不同化合物的结构，建立一套完备的识别这些不同化合物特征的分析方法；另一种方法是代谢轮廓分析（metabolomic profiling），需要事先假定一条特定的代谢途径，并对此进行更深入的研究。

代谢组学采用的主要技术手段是磁共振（NMR）、质谱（MS）和色谱（HPLC、GC），其中以 NMR 为主。因为质谱只能检测离子化的物质，但有些代谢产物在质谱仪中不能被离子化，因此，采用磁共振（NMR）的方法可以弥补色谱的不足。通过检测一系列样品的 NMR 谱图，再结合模式识别方法，可以判断出生物体的病理生理状态，并有可能找出与之相关的生物标志物。为比较不同样品间小分子代谢物的差异，可结合使用 NMR 和 MS 技术对所获得的大量数据进行分析。此外，还需要结合基因组学研究获得的数据。

五、细胞组学

细胞组学是近年来发展起来的一种以测定单细胞分子表型为目的，进而研究细胞结构及分子功能的科学。细胞组学可认为是基于单细胞分析的科学，即在外部影响因素的调节下，通过细胞动力学和组织功能将基因组学和组织学联系起来。其本质是使用高灵敏、非介入、多参数荧光分析方法整合多种单细胞的不同事件，阐释组织和有机体的复杂事件和行为。细胞组学最常运用的技术是流式细胞术、激光共聚焦扫描显微镜和激光捕获显微解剖技术，借助于快速发展的其他新技术（如单细胞生物成像和生物信息技术），利用这些技术具有的高容量和高通量的分析能力，细胞组学已成为新药筛选和毒理学试验的重要工具，也可用于毒理学评价中实验动物替代方法的研究。

细胞组学是研究各种不同细胞组成和细胞系统（所谓的细胞组）多方面生物化学特征的科学，细胞组学多参数的分析能力，对于鉴定、证明和分离干细胞群非常有用，还可应用于单个分子的定量分析、原核细胞和真核细胞分析、药理毒理学、环境和临床研究。结合数据模式分析，通过分析正常与毒性情况下基因、蛋白和分子信号通路的差异起源，经过整合与相互关联、相互作用的基因、蛋白和多重代谢反应的网络系统研究，可发现毒物作用的靶点。利用上述概念构建的细胞组学工作模型与先进的测试手段和信息工具综合而成的细胞组学，可望给药理毒理学研究带来新机遇。

六、生物信息学

生物信息学（Bioinformatics）是生物学和计算科学所形成的交叉学科，是采用先进的计算机技术管理和分析生物学资料的科学。生物信息学和生物信息技术数据库可用于形成细胞水平、生理路径和反应三者之间相互关系的路线图，通过组织、分析和保存基因组学、转录组学和蛋白质组学所获得的大量关键资料和信息。从复杂的 DNA 微阵列和蛋白质组学资料中提炼出有用的信息，需要用到多种生物信息学工具（如数据挖掘工具）。美国国立生物技术信息中心（National Center for Biotechnology Information，NCBI）为研究者提供了一个整合了基因组学信息和生物信息学工具的资源。其中一种非常有用的工具是基础局部排列研究工具（basic local alignment search tool，BLAST），主要是用于比较基因和蛋白序列。

充分解释基因组学、转录组学和蛋白质组学所得结果的关键是整合不同来源的资料，将基因表达的资料与 DNA 序列的信息、可在公共数据库中得到的信息相联系，将已检测反应途径为最终目的的实验资料与毒性密切相关的成组的特定终点的基因联系起来。资料挖掘技术用于识别(分析)隐含于大量资料中而常规统计分析难以发现的趋势和模式，这一技术目前已经用于 DNA 微阵列资料的分析。资料挖掘技术的应用建立在复杂的运算模型基础之上，这些运算起源于通过识别资料模型和可能存在的关系对含有复杂的更大集合资料进行解释和模型预测。例如，模式识别可应用于多个实验中受到类似机制调节的基因组，或者在很多基因组可以产生类似转录效应的处理组。相似性可以通过适当的统计方法或基因表达差异性分析的方式显示出来。例如，强大的集束运算模型可用于提供有类似表达模式的基因的信息。

应用“组学”的一个最大的挑战是对资料进行解释。对来源于多个实验(不同时间、不同剂量、重复、不同动物/种属)的结果进行识别，筛选出差异表达的基因，本身就是一个挑战。因此，要求有专门的软件来分析计算机的数据资料文件，与具有群集算法的复杂软件联合使用，以此来确定在不同剂量、时间等因素的情况下基因表达变化的模式。这种方法适用于分析具有类似毒性终点的不同化学物的阵列数据以及促进这些终点的基因表达诊断模式的识别。反过来，这些方法如能对新化学物毒性的预测有所提示。

为了充分地在化学物危害识别实验中解释转录组学和蛋白质组学所获得的结果，有必要建立已知毒性效应特征的化学物效应数据库。此外，更复杂的是要将基因表达的资料和更多的经典毒性终点相联系，这对于评估和充分理解观察到的基因表达变化的生物学意义是一个富有挑战性而且必要的过程。基因表达的变化，就其本身而言，并不意味着长期接触相应剂量的化学物就可以产生毒性效应。

七、系统生物学

系统生物学(systems biology)是将全部不同水平的复杂科学的数据，如基因组学、蛋白组学、代谢组学和其他分子机制，作为一个正常生物学系统或病理过程系统加以整合分析的科学。其目的是形成功能性细胞、多细胞系统以及整个生物体的总体的计算机模型。这些计算机模型可提供虚拟的试验系统用于评价细胞、组织和器官的毒性反应。

系统生物学与基因组学、蛋白质组学等各种“组学”的不同之处在于它是一种整合型的科学。首先，它要把系统内不同性质的构成要素（基因、mRNA、蛋白质、生物小分子等)整合在一起进行研究。系统生物学研究领域的第一篇研究论文就是整合酵母的基因组分析和蛋白质组分析，研究酵母的代谢网络。由于不同生物分子的研究难度不一样，技术发展程度不一样，目前对它们的研究水平有较大的差距。例如，基因组和基因表达方面的研究已经比较完善，而蛋白质研究就较为困难，至于涉及生物小分子的代谢组分的研究就更不成熟。因此，要真正实现这种整合还有很长的路要走。其次，系统生物学要实现从基因到细胞、到组织、到个体的各个层次的整合。第三，这种整合是立体的整合，即研究思路和方法的整合。经典的分子生物学研究是一种垂直型的研究，即采用多种手段研究个别的基因和蛋白质，例如先在 DNA 水平上寻找特定的基因，然后通过基因突变、基因剔除等手段研究基因的功能；在基因研究的基础上，研究蛋白质的空间结构，蛋白质的修饰以及蛋白质间的相互作用等。基因组学、蛋白质组学和其他各种"组学"则是水平型研究，即以单一的手段同时研究成千上万个基因或蛋白质。系统生物学的特点，则是要把水平型研究和垂直型研究整合起来，成为一种"三维"的研究。此外，系统生物学还是典型的多学科交叉研究，它需要生命科学、信息科学、数学、计算机科学等各种学科的共同参与。

系统生物学的基本工作流程分为 4 个阶段。首先是对选定的某一生物系统的所有组分进行了解和确定，描绘出该系统的结构，包括基因相互作用网络和代谢途径以及细胞内和细胞间的作用机制，以此构造出一个初步的系统模型。第二步是系统地改变被研究对象的内部组成成分（如基因突变）或外部生长条件，然后观测在这些情况下系统组分或结构所发生的相应变化，包括基因表达、蛋白质表达和相互作用、代谢途径等的变化，并把得到的有关信息进行整合。第三步是把通过实验得到的数据与根据模型预测的情况进行比较，并对初始模型进行修订。第四阶段是根据修正后的模型的预测或假设，设定和实施新的改变系统状态的实验，重复第二步和第三步，不断地通过实验数据对模型进行修订和精练。系统生物学的目标就是要得到一个理想的模型，使其理论预测能够反映出生物系统的真实性。

系统生物学的主要技术平台为基因组学、转录组学、蛋白质组学、代谢组学、细胞组学、相互作用组学和表型组学等。系统生物学使生命科学由描述式的科学转变为定量描述和预测的科学，已在预测医学、预防医学和个性化医学中得到应用，如用代谢组学的生物指纹预测冠心病患者的危险程度和肿瘤的诊断和治疗过程的监控；用基因多态性图谱预测患者对药物的应答；利用多肽指纹分析技术分析毒物的体内毒性作用。表型组学的细胞芯片和代谢组学的生物指纹将广泛用于新药的开发和毒理学评价。系统生物学将不仅推动生命科学和生物技术的发展，而且对整个国民经济、社会和人类本身产生重大和深远的影响。

总体上讲，安全性评估的基本方法在近 10 年来很少改变，一般以临床生化改变、血液和组织学参数的变化作为器官损害的指标来评估对实验动物的毒性。随着基因组学、转录组学和蛋白质组学的飞速发展，结合不断增强的生物信息学能力以及整合系统生物学方法，我们有机会建立一个更有效的危害识别的方法以提高对生物学安全性评估的预测能力。

八、组学技术与 3R

（一）"组学"与优化

（1）利用基因组学技术可建立更早期的毒性终点，某种化合物或处理导致的效应可在病理症状出现之前（或在亚临床水平）就可被检测出来。动物试验在开始遭受严重的临床症状带来的痛苦前就可以停止。

（2）微阵列技术可鉴别生物标志物和基因表达方式，可用来建立更人道和更早的试验终点。

（3）利用微阵列技术可提高检测的敏感性，因此，可采用更低或更切合实际用量的剂量染毒，反过来相当于减少了由于大剂量带来的动物的痛苦。

（二）"组学"与减少

（1）"组学"技术可同时检测不同水平的多种指标，与单一基因的方法相比，可以在单个试验中获取更多的数据，结果是减少了动物的使用。

（2）以基因表达作为早期指标代替后期的效应（如血清学或行为学改变），提高了方法的敏感性和有效性。

（3）种间差异的比较可在基因（基因组学）或蛋白（蛋白质组学）水平进行，使实验者在试验开始之前就能选择最相关的动物模型，避免了从不同模型中选择最优模型的试验。

(4) 通过建立已知毒物的指纹图对化合物进行预筛选，有可能证明被研究化合物的某些特征，如致癌性或致突变性，在这种情况下，动物试验不再必要。

(三)"组学"与替代

(1) 将基因表达作为了解生物学过程的指标，有可能在动物、体外和人群的研究中发现不同于以往病理学或临床效应的指标，可能更相关和更适宜。如果不同的试验系统具有相同的基因表达，那么动物试验就会减少，体外试验就会增加，而且后者更易标准化和广泛应用。

(2)"组学"技术可充分利用人源细胞或干细胞进行体外试验，与人的相关性更高。

(3) 基因或蛋白的活性可在亚临床水平或低剂量下进行测定，有可能直接评价人群的效应，代替动物研究。

(程树军)

参考文献

弗雷谢尼著，章静波，徐存拴等译．动物细胞培养-基本技术指南，北京：科学出版社，2004

沈惠麟，顾祖维，吴宜群．生物监测和生物标志物理论基础及应用，北京大学医学出版社，2005

张卓然．培养细胞学与细胞培养技术．上海：上海科学技术出版社，2004

Ball CA, Sherlock G, Parkinson H, et al. Standards for microarray data. Science, 2002, 298:539

CEFIC. ICCA Workshop on "(Q)SARS for human health and the environment: workshop on regulatory acceptance". Held in Setubal, Portugal, 2002, 3:4～6

Coecke S, Goldberg AM, Allen S, et al. Workgroup report: incorporating *in vitro* alternative methods for developmental neurotoxicity into international hazard and risk assessment strategies. Environ Health Perspect, 2007, 115(6):924～931

Collins FS, Gray GM, Bucher JR. Transforming Environmental Health Protection. Science, 2008, 319:906～907

Cronin MTD, Jaworska JS, Walker JD, et al. Use of QSARs in international decision-making frameworks to predict health effects of chemical substances. Environmental Health Perspectives, 2003, 111: 1391～1401

Dix DJ, Houck KA, Martin MT, et al. The ToxCast program for prioritizing toxicity testing of environmental chemicals. Toxicol Sci, 2007, 95(1):5～12

Eriksson L, Jaworska JS, Worth AP, et al. Methods for reliability and uncertainty assessment and for applicability evaluations of classification-and regression-based QSARs. Environmental Health Perspectives, 2003, 111: 1361～1375

Guyton KZ, Kyle AD, Aubrecht J, et al. Improving prediction of chemical carcinogenicity by considering multiple mechanisms and applying toxicogenomic approaches. Mutat. Res, 2008, 10:001

Hamadeh HK, Bushel PR, Jayadev S, et al. Prediction of compound signature using high density gene expression profiling. Toxicol Sci, 2002, 67:232～240

Huang E, Ishida S, Pittmann J, et al. Gene expression phenotypic models that predict the activity of oncogenic pathways. Nature Genetics, 2003, 34(2):226～230

Jaworska JS, Comber M, Auer C, et al. Summary of a workshop on regulatory acceptance of (Q)SARs for human health and environmental endpoints. Environmental Health Perspectives, 2003, 111: 1358～1360

Judson R, Richard A, Dix D, et al. ACToR——Aggregated Computational Toxicology Resource. Toxicol Appl Pharmacol, 2008, 233(1):7～13

Kulkarni SA, Raje DV, Chakrabarti T. Quantitative structure-activity relationships based on functional and tructural characteristics of organic compounds. SAR and QSAR in Environmental Researchm, 2001, 12: 565～591

Lein P, Locke P, Goldberg A. Meeting report: alternatives for developmental neurotoxicity testing. Environ Health Perspect, 2007, 115(5):764～768

National Research Council of the National Academies (NRC). Toxicity Testing in the 21 Century: A Vision and A Strategy. Washington DC: The National Academies Press, 2007

Shi L, et al. The MicroArray Quality Control (MAQC) project shows inter- and intraplatform reproducibility of gene expression measurements. Nat Biotechnol, 2006, 24(9):1151～1161

Steiner G, Suter L, Boess F, Gasser R, de Vera MC, Albertini S, et al. Discriminating different classes of toxicants by transcript profiling. Environ Health Perspect Toxicogenomics, 2004, 112(12): 1236～1248

Thomas RS, Rank DR, Penn SG, et al. 2001. Identification of toxicologically predictive gene sets using cDNA microarrays. Mol Pharmacol, 2001, 60(6): 1189～1194

Tong W, Cao X, Harris S, et al. ArrayTrack—supporting toxicogenomic research at the U. S. Food and Drug Administration National Center for Toxicological Research. Environ Health Perspect Toxicogenomics, 2003, 111: 1819～1826

Tong W, Hong H, Xie Q, et al. Assessing QSAR limitations: a regulatory perspective. Current Computer Aided Drug Design, 2004, 1: 65～72

Waters MD, Boorman G, Bushel P, et al. Systems toxicology and the chemical effects in biological systems knowledge base. Environ Health Perspect Toxicogenomics, 2003, 111: 811～824

第6章　体外试验系统及规范
Chapter 6　In vitro Test System and Specification

第1节　体外替代实验室良好规范

一、体外替代实验室良好实验室规范

非整体动物的替代试验既有器官和组织水平的研究，也有细胞和分子水平的研究；既有法定要求的检测，也有专业技术的研发。作为新兴的学科和专业化程度很高的实验室，实验机构、设施和试验系统的设置和管理体系的运行应符合良好实验室规范(GLP)的原则，这是从事体外研究和检测的试验、提高实验室结果可信度的基本保证。

（一）组织机构和人员

从事体外替代研究和检测的实验室或其所在的检测机构应有明确的法律地位，应获得检测和校准实验室能力认证和计量认证等相关实验室资质认定。其内部和外部活动应符合ISO/IEC 17025的质量规定要求，行业实验室还应符合行业规范的要求，如《化妆品体外试验实验室规范》(SN/T 2285—2009)。试验机构要有组织结构图描述组织同试验机构的关系和机构内工作信息传递流向。组织结构图应该明确最高管理者在机构中的位置，明确在实验室良好操作规范构架内每个岗位的主要工作领域和职责。实验室应按照检验技术层次设机构负责人、研究负责人、研究人员等岗位，并明确其职责。应直接任命独立于检测工作以外的质量保证人员，兼职或者全职执行体外试验实验室质量保证计划，保证实验室的质量体系运行。

对于试验机构、研究负责人和全部的研究过程在1个场所进行的单地点研究，研究负责人是全部研究过程中的唯一责任人、每个专题研究只有1个负责人、1份研究计划和1份研究报告(图6-1)。1个体外试验项目可以分布在几个不同的独立机构内完成，即多地点研究。每项多地点研究只有一个研究负责人、1份研究计划和1份研究报告(图6-1)。多学科参与的安全性评价研究，特别是外源化学物质的毒性研究，通常是多点研究。

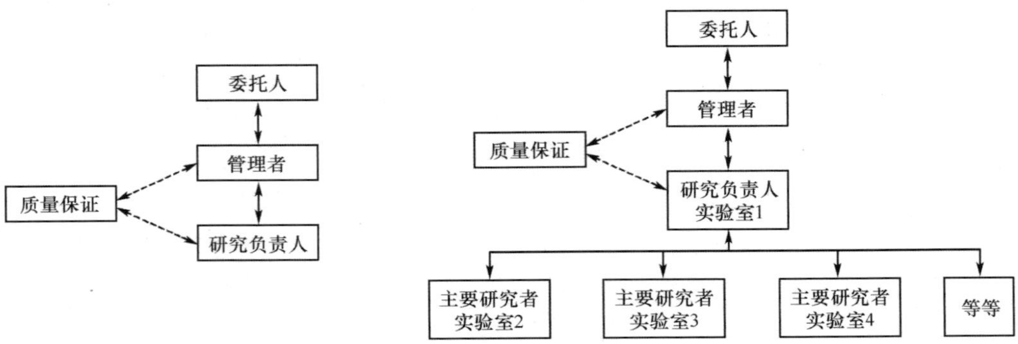

图6-1　单地点研究和多地点研究的组织

（二）质量保证计划

试验机构应有一个书面的质量保证计划，以确保实施的研究遵循良好规范原则。试验机构应制定独立于实验研究之外的质量保证计划和质量保证人员，确保遵从体外试验良好操作规范的要求。

（三）实验设施

试验机构应提供足够的场地从事体外试验，其建筑和地点的选择应确保研究的有效性，确保研究过程中外界的环境干扰（如噪音、光照和生物安全等）减到最小；室内环境以及隔离环境应维持在一定水平。试验机构应有充足的房间或明确的功能区域，测试系统内应有明确的生物安全隔离和防护区，试验系统应与其他工作系统隔离，不同测试项目间应有隔离。为防止污染或交叉污染，实验室内必须有独立的房间、区域或储藏柜用于接收和储存测试物、对照物和受控物。受试物、对照和受控的混合物的运输必须严格操作以阻止污染和交叉污染。应有充足独立的受试物和对照物配制和储存设施，确保储藏区与测试区分开设置；有害物质应有专门的区域安全存储，防止试验系统受污染破坏。

实验室应具备保管实验方案、研究计划、各类标本、原始记录、总结报告及有关文件档案的设施，并妥善保管免受破坏。应有独立、洁净、集中和稳定的清洁处理区域。

（四）仪器设备和实验材料

体外研究（如细胞和组织培养）必须在垂直层流生物安全柜内进行，应有适应研究工作量的生物安全柜和通风柜设备，以保护研究人员、测试环境和测试系统的安全无污染。构成体外研究的样品、材料和设备等应保证无交叉污染，应有充足的样品和试剂的储存转移设备和器材，例如冰箱、冷冻机、低温冰箱、液氮罐等。要确保所用仪器设备的准确度和精确度，应按照国家有关标准实施计量标定要求。实验设备必须定期检查、清洗、维护、监测和校准，应建立阶段性评估和维护记录。设备的温度、湿度和二氧化碳含量等参数必须每天记录、调整和归档保存。为防止污染或交叉污染，测试物、对照物和受控物质必须有独立的储藏柜用于接收和储存。如体外试验同微生物检验在一起，要与其适当隔离。用于研究的化学制品、试剂和溶液，直接购买的培养基、组织和细胞等应及时加贴标签，标签要标明浓度，有效期限和具体储存要求（如适用，需简略标示使用指导）。为便于结果溯源，应建立介质、组织和细胞的来源、准备日期和稳定性等信息附表，归档保存。实验器皿等载体上的测试、对照和受控的混合物质必须进行安全有效地处理，确保清洁后再用，防止污染和交叉污染。确保有适当的废弃物存储和处置设施和设备，对用过的用具和废弃物要及时处理并记录。

（五）标准操作程序

试验机构负责人应保证同研究和检测质量有关的各操作环节都有特定的标准操作程序（SOP），在 SOP 中每个人都有自己的职责，在多项目研究中，SOP 可以分配到每个人。试验机构根据需要参阅必要的 SOP：SOP 的编辑和管理；质量保证程序；实验室的准备及环境因素的调控和记录；实验设施和仪器设备的维护、保养、校正、使用和管理；良好细胞培养程序；供试品和对照品的接收、标识、保存、处理、配制、领用及取样分析；各种实验样品的采集、编号和各种指标的检查和测定等操作技术；清洁去污和废弃物处置规程；各种实验数据的管理和处理；计算机系统的操作和管理；实验报告的管理；人员培训管理标准操作程序；工作人员的健康检查制度；留样保管以及留样处理管理程序以及其他需要制定标准操作规程的工作。

（六）研究工作的实施

每项研究都必须制定一个书面的实施方案。研究方案由研究负责人制定，质量保证人员核实，经委托方同意，试验机构负责人批准签名后方能实施。如实验过程中需要修改实施方案，则必须对原方案的偏离进行描述、解释，经研究负责人批准签名，以维护研究方案原始数据的真实性。

实施方案的内容应包括：①一般情况说明：包括研究项目名称、研究目的、受试物代码或名称、理化特征等；②阴性对照和阳性对照物；③委托方和试验机构信息：包括委托方名称、地址和联系人信息、试验机构和试验点名称和地址、研究负责人信息、质量保证人员信息以及机构负责人姓名电话等；④研究日期的记录：包括研究方案分别被研究负责人、试验机构负责人和委托方批准和签名的日期、实验开始和实验完成日期；⑤测试方法的描述：包括使用的方法来源（如参照OECD试验指南、国际标准、国家标准、行业标准或者经验证和认可的实验室方法等）、测试系统选择的原因及合理性（如生物系统的种属来源、组织起源、供应商信息、细胞传代、培养情况和其他信息）、生物系统染毒次数和间隔、染毒剂量大小和浓度、处理总次数和每一处理的重复次数等；⑥实验设计的详细信息：包括具体研究的技术路线、使用的阳性对照和阴性对照、分析方法类型和频率、需要测量、观察和检查的内容、研究结果验收分析的标准、需要统计的数据；⑦所有实验记录的清单以及存放地点；⑧受试物或样本以及试验参照物的留样应妥善标记，按不同样品保管规定和要求保管。阳性结果样品保存不少于半年，阴性样品保存3个月，到期后按样品处理要求处理留样，有生物安全要求的按生物安全要求处理。

研究工作结束后，研究负责人应及时写出总结报告，签名或盖章后交质量保证部门负责人审查和签署意见，机构负责人批准，批准日期作为研究结束日期。实验报告经机构负责人签字后，需要修改或补充时，有关人员应详细说明修改或补充的内容、理由和日期，经研究负责人认可，并经质量保证部门负责人审查和机构负责人批准。实验报告及其记录格式应该服从GLP原则，如有偏离应清楚地描述偏离GLP的情况。GLP服从声明必须由研究负责人签字和注明日期，任何不属于GLP计划范围内的试验点要特别注明。

（七）档案存储与保管

研究工作结束后，研究负责人应将所有与实验有关的资料整理汇总交资料档案室保管。以下资料应依照实验机构规定的保存期限，保存于档案中：包括每项研究的实验方案、原始数据、各种书面文件以及进度表、总结报告的原件和最终报告；质量保证部门的检查报告、所有检查的文字记录、独立质量保证声明；人员资质、培训、健康体检、工作经历和从事研究岗位的记录；仪器维护和校准的记录和报告；计算机化的系统确认文件；关于所有标准操作程序的历史档案；环境监控记录。

二、替代实验室的规划与建设

（一）规划

无菌是组织培养实验室不同于其他大多数实验技术的主要要求，在规划新的实验室时，需要根据具体条件综合考虑建筑物结构、面积和房间安排等进行设计，要根据目前工作量和工作性质规划实验室的面积和布局，并根据业务前景预留发展空间。具体设计可参考专业书籍，需要特别考虑的规划如下所述：

1. 进风口和出风口设置　洁净台的管道口朝外可以促进空气流通和实验室散热，也便于甲醛污染物的排出，防护罩安在室外，有利于室内空气外流，还可防止中央空调或室内空调输入的空气与洁净台的气流相遇而造成干扰。

2. 洗刷和灭菌设置　考虑洗刷间、灭菌室和实验室其他房间的设置地方与关系，天花板高度有无不同，地面有无斜坡等因素。

3. 区域设置　用于体外毒理学评价的细胞培养室应靠近洁净动物房，又彼此分隔，便于取材和动物试验对比；如果不具备动物房设施，应设置专用的检疫区，或配备专用的动物解剖和获取组织的空间，因为按常规方法使用新引进的细胞系和活组织检查材料前，通常需要当场检验它们受支原体感染的情况。

4. 工作空间　应当为实验室工作人员，包括负责洗刷、灭菌和准备的工作人员、负责操作的科技人员等，营造合适的空间，以减少工作的单调。通常进行培养操作的地方应该最大，便于洁净台、细胞计数器、离心机、培养箱、显微镜、玻璃器皿等的摆放。用于洗刷、准备和灭菌的空间应该仅次于组织培养操作室。储藏室的大小应位居第三，第四是暗室，这些地方的面积比大致为4∶2∶2∶1。无菌培养间内洁净台与洁净台的间隔约50cm为宜，便于工作人员和维修人员进出，也可减小各洁净台的空气流动相互干扰。洁净台间最好放置可移动的手推车或台车，用于实验用品的转移。设置专门的准备间（区）和储藏间（区）。

5. 窗户　细胞培养室不宜安装活动的窗户，因为窗户能造成实验室受热，紫外线的作用使培养基变质，密封不严时还易造成微生物污染。

6. 过道　过道要足够宽、足够高，天花板净空要能适应安装设备（如洁净台、培养箱和消毒锅）的要求。

（二）建设与使用

培养室的建设应遵循洁净、方便和生物安全的原则。

1. 洁净　进入培养实验室的空气应经过过滤（或净化），并达到细胞培养的通常标准（空气洁净度10 000级），各房间的设计要便于清洁，地板上要铺有耐腐蚀易清洁的材料。

2. 分区　最好将准备区、洗刷区、无菌区与组织培养室分隔开，洗刷室和灭菌室可分开也可不分开，但应便利于组织培养工作。

3. 通道　设法使人、物、手推车等在各分区间的出入便捷，使物品的补给和废物的清理不影响无菌操作。

4. 动力供应　要事先对插座数和每个插座的负荷进行考虑，估算所需仪器设备的耗电量，并按仪器数量和耗电量的3倍为实验室供电和配备插座；如果条件允许最好采用集中供气（包括CO_2、O_2、N），有时还需要加压空气（如某些玻璃器皿洗刷机）。

（三）布局

体外替代实验室（主要指细胞培养室）要具备进行无菌操作、培养、准备、洗刷、灭菌和储存6项主要功能（表6-1），每项功能最好有独立的操作间。如果实验室就只有一个房间，为使房间不同部位的无菌程度有别，应把进行无菌操作的洁净台置于远离房门的一端；洗刷和灭菌区位于房间与洁净台相对的一端；准备、储存和培养区位于两者之间，准备区应靠近洗刷区和灭菌区，储存区和培养区应靠近无菌操作区。

1. 无菌操作间（区）　无菌区应设在实验室相对安静的地方，应没有过道和无灰尘、气流等因素的干扰。无菌操作区要充分应用层流原理，最简单的办法是使用洁净台（或生物安全柜）。如果几个洁净台并排放

表 6-1 体外替代实验室的条件

最低要求	理想的条件	有用的附加设备
无菌清洁、安静、无过道	空气过滤(空调)	大体积液氮罐存放室
与动物房和微生物实验室隔离	操作台靠近培养区	显微镜室
准备区	各房间隔开	暗室
洗刷区(可设在培养实验室内或邻近培养室)	培养室有温度记录	真空管道
检查区:放培养箱和培养物检查	无菌室隔开	
储存区:冰箱、工作台	钢瓶存放区隔开	
气瓶;液氮罐;水槽		

置,各洁净台间的距离不应小于 0.5m;如果两个洁净台正面相对放置,则其最前沿之间的距离不应小于 3m。操作台应设置在离无菌操作区较近的地方,用于放置细胞计数器、显微镜等必要设备。操作台还有把无菌操作区与实验室的其他部分隔开的作用。操作台上方的货架上和下方的橱柜里可存放实验用品。无菌操作区除了进行培养操作外,还经常进行分装、制备试剂和溶液(PBS、胰酶)、稀释等小型无菌操作。因此,应在无菌操作区内设置工作台,用于放置细胞计数器、显微镜等必要设备。并备有粗天平、精密天平、pH 计、渗透压计等。工作台用于溶解、搅拌、分装溶液和包装其他用品等操作。

2. 洗刷间(区) 最好把洗刷和消毒的设备放在培养室外面,将高压蒸气消毒锅、烤箱、蒸馏器等放置到一个隔开的空间内,并安装高效抽风机,这样便于湿气和热量的消散。洗刷区应有足够的地方浸泡玻璃器皿、分检吸管和进行无菌用品的包装和封包。如果空间有限,灭菌设备必须放到无菌室内,应将其置于离无菌区排气口最近、离无菌操作区最远的地方。

3. 储存间(区) 需要储存的物品包括无菌液体(PBS、水)、培养基干粉(4℃);培养基储备液、血清、胰酶、细胞因子、谷氨酰胺等(-20℃);无菌玻璃器皿、一次性无菌塑料制品(如培养瓶、培养皿、离心管、注射器)、液氮和钢瓶等。冰箱和冷冻箱应置于实验室的靠近非无菌区一端,最好与无菌区分开,因为门和压缩鼓风机会产生灰尘和气流,并能带进真菌孢子。

(四)设备

体外毒理学实验室的设备可分为 3 类,即必需设备、辅助设备和其他常用设备。必需设备是开展工作必备的,如洁净台或生物安全柜(Ⅱ级)、CO_2 培养箱、高压蒸汽灭菌器、冰箱、倒置显微镜、清洗设备(如耐强酸的浸泡缸或浸泡槽、吸管桶或吸管缸)、吸管清洗器、高温干热箱(用于吸管和玻璃器皿的灭菌)、水纯化设备(蒸馏水器或超纯水机)、离心机、天平(精密电子天平)、计时设备(用于暴露时间测定)、人工光源(用于光毒性试验)、酶标仪(用于细胞毒性分析)等。辅助设备可使工作做得更快、更好、更有成效。如细胞计数器可用于精确测量细胞生长曲线,抽气泵(蠕动泵)可用于除去培养瓶中用过的培养基或其他试剂,也可代替真空泵用于无菌过滤、pH 计用于配制溶液、电导仪用于检测溶液离子浓度、渗透压仪用于培养基的质控。其他最好配备的仪器还包括温度记录仪(用于检测冷藏箱、冰箱、培养箱、烘箱、恒温箱、水浴锅等的精确控温)、移液设备(如电动加样器、手动加样器、移液器和微量移液器)、膜电阻测定仪用于组织工程皮肤(角膜)的质量检测。有条件的还可配备多头移液器、平板加样器(用于微量滴定板的自动加样)、微量滴定盘等液体处理设备。其他常用设备可改善工作条件,使实验室工作更轻松方便。如玻璃器皿清洗机、图像采集和分析装置、流式细胞仪、离心淘洗机、程序降温仪、集落计数器、角膜透光仪等，见表 6-2。

表 6-2　体外替代实验室常用仪器设备

必需设备	有益非必需设备	辅助设备
洁净台（或生物安全柜）	细胞计数器	玻璃器皿清洗机
CO_2培养箱	蠕动泵	细胞收集器
CO_2钢瓶	移液器	渗透压仪
天平	pH 计	集落计数器
灭菌器（高压蒸汽灭菌器）	干燥灭菌烘箱	低温冷冻离心机
冰箱、冷冻箱	相差显微镜	超声波破碎仪
倒置显微镜	荧光显微镜	细胞分选仪（磁珠分选仪）
浸泡缸（酸缸）和深洗槽	吸管干燥器	共聚焦显微镜
人工光源（紫外光源）	自动分装器	闪烁计数器
吸管清洗器	手推车或台车	流式细胞仪
蒸馏水器（或超纯水机）	旋转架（用于转瓶培养）	
台式离心机	膜电阻测定仪	
液氮罐	超低温冰箱	
磁力搅拌器	图像分析仪	
血球计数器	程序降温仪	
酶标仪		

（五）安全

替代实验室应严格遵循《检验和校准实验室认可通用准则》(17025)的规定，在我国可参考卫生部的规定，在美国可从美国职业健康和安全部(OHSA)获得，在欧洲有 1992 年出台的《健康和安全工作管理法规》及 1992 年出台的《仪器设备的提供和使用》。除了符合国家对实验室生物安全的有关规定外，必要时做好危险性评估。采取适宜措施避免和最小化危险是确保安全的基础。工作环境(尤其是实验室)中的危险可能比较复杂，对其进行评估需要专业知识且须严格执行，风险评估的结果应予以记录，不仅为确认其已得到执行并采取了适宜措施，而且要作为个人执行任务评估的参考记录。应定期审查评估以考虑部分操作、国家或国际法规的变化或科学知识的拓展。

与培养工作有关的实验室危害主要分为 3 种：物理危害、化学危害和生物危害。危险评估计划应将所有与工作相关的危险纳于考虑之中：

物理危险：细胞和组织培养实验室一般不会造成特殊物理危险，潜在的风险主要来自高压灭菌锅、紫外灯、激光、放射性核素、液氮和压缩气体的设备安全。

化学危险：细胞和组织培养实验室并没有特别的化学危险，对常用有危害的化学品应有安全操作程序，如二甲基亚砜(DMSO)是一种强溶剂和皮肤渗透剂，能促进许多物质透入皮肤，甚至穿过一些具有保护性的(橡胶或硅胶)手套。对任何于健康有潜在危害的物质(如诱变剂、冻存剂、标记染料)，应掌握其危害数据作为化学物使用风险评估的基础，因为风险水平会依据所使用化学物的数量和采用的预防措施而变化，处理这些物品应在安全柜内进行。对一些生物学效应难以界定或未知的化学物，应保持一般的安全标准以保护工作人员避免不确定的危害。实验室应有核准的废物处理流程。

生物危险：某些情况下，必须考虑许多

关于细胞和组织培养实验室潜在生物危险的不同问题，并进行监管和记录，如由物种来源引起的问题（最危险的是人类和灵长类细胞）、捐献者的健康状况、微生物筛选测试数据。虽然生物危险一般不会对使用者造成危害，但是细胞和组织存在感染人类的病毒复制的潜在可能性。实验室新培养的所有细胞和组织都应经过严格检验检疫程序处理，包括表6-3列出的常规指南中避免潜在污染传播的适宜预防措施。

表6-3 确保处理细胞或组织实验人员安全的特殊预防措施

处理细胞前后均应洗手或消毒
进入实验室应着适宜的实验服或实验袍，离开时脱去
影响细胞和组织培养操作的个人物品（如戒指、手表）应摘除或包裹以避免污染
条件允许，应戴手套，手套破裂、刺穿或工作时间延长应更换
在进行细胞或组织培养时，工作人员应避免将培养物通过手传播到身体未受保护部分（例如眼和口）、衣物和实验室环境中敞露的部分
只要合理可行，所有细胞、组织培养均应在二级生物安全柜中进行
严令禁止经口吹（吸管）液体的操作
所有步骤应采用使悬浮微粒产生（避免通过细胞或微生物传播污染）最小化的方法
应用的消毒剂应对所进行工作有效且适宜
在工作前后，应以适宜消毒剂清洁工作表面
应尽可能避免使用尖锐物。根据经批准的操作步骤使用和处理必要的尖锐物
所有培养物应有清晰、不易混淆的标签

第2节　良好细胞培养规范

体外试验系统建立在细胞培养、离体组织/器官培养和组织重建等技术基础上，因此，体外试验系统的开发、验证和应用工作应确保细胞和组织系统的可靠性和精确性，需满足的4个基本要素是：①真实性：包括系统的一致性，如基因型和（或）表型特征的起源和确认；②纯净性：如无生物污染；③稳定性和功能完整性；④标准化：从动物或人体供体及分离的细胞和组织开始，包括后续的操作、维持和保存。

体外试验系统的标准化是一项艰苦的任务，因为细胞和组织在培养的过程中趋于变异，并在分离、培养、使用和保存过程中不可避免地受到物理和（或）化学损害。然而，通过建立影响因子的可控程序，可将引起变异的和其他影响重复性和可靠性的不良效应降到最低。在体外替代实验室建立良好细胞培养规范（good cell culture practice, GCCP）对于保证研究或检验的科学性和可重复性十分必要。参考ECVAM的指导性文件，体外细胞培养应遵循以下6条原则，该原则也同样适用于离体器官培养、组织工程培养等体外试验系统。

一、原则一：建立充分了解体外系统及其影响因素的措施

（一）细胞系统

有关原代细胞、连续细胞系和干细胞的特点及其标准化要求见本章第3节。

（二）体外培养条件

细胞和组织的体外培养环境与体内有诸多不同。体外培养条件的关键要素包括培养基、添加剂及其他添加物、培养器皿以及培养条件。

1. 培养基　体外培养一般要在复杂的营养基质中进行。根据具体情况，基础培养基可添加血清或者不添加血清，但应按需要

添加补充剂。培养基组分的任何细微差别都有可能从根本上改变特定细胞和组织的特性，因此，在特殊应用的情况下，必须精确指定使用的培养基，并慎重考虑培养基组成及添加物的变化。

2. 血清 血清是多种细胞增殖和生长所必需的，是含大量组成成分的复杂混合物，包括各种促进或抑制生长的生物分子。然而，由于其复杂性及批间差异，血清会将未知变化引入培养系统而影响到系统的稳定性。动物血清可来源于成年、新生动物或动物胚胎。最常用的是牛血清。由于血清成分的多变特点，当前批血清基本用完时，将新一批血清与之进行平行评估是很重要的，最常用的方法是铺板率实验。动物血清还是一个潜在的微生物污染源，生产商通常采用过滤、照射和热灭活等技术减少微生物污染。由于血清的固有缺陷，人们为寻找血清替代物已进行了诸多尝试，包括使用未经确定的添加剂（如垂体提取物、鸡胚提取物、牛奶成分、牛初乳）和各种植物提取物（如植物血清）。某些情况下，使用经化学鉴定、成分完全已知的培养基（加入合适的激素和生长因子）是有可能的。无血清培养基的开发和使用既是体外试验系统标准化的需要，也符合 3R 原则，近年来，已有许多商业化无血清培养基供应（见第 3 节）。

3. 营养状况 设计合理的细胞培养基补给（培养基体积和换液频率）和细胞传代（如传代分瓶比率）操作流程很关键。当利用条件培养基抑制原培养细胞转而促进另一种细胞生长时，也可以考虑通过营养状况流程的设计实现控制。

4. 抗生素 抗生素的使用可保护组织、器官、原代培养和细胞系免受污染，还可用于抗生素抗性基因表达的重组细胞克隆株阳性筛选。但应注意，抗生素在有效地对抗病原细胞（例如细菌）的同时，也对细胞生物学基本特性造成阻滞或扰乱等毒性作用。因此，在细胞培养中应尽量避免使用抗生素，不要依赖抗生素作为有效无菌技术的替代。

（三）处理和维持

应尽量注意不要使细胞或组织暴露于不适宜条件（如在培养箱外时间过长）。应制定设备（包括培养箱、空气层流装置、生物安全柜、冻存设备）的关键注意事项并正确使用，特别注意温度、气体、pH 等培养因素以及细胞消化与传代、冷冻、储存及复苏等操作因素对细胞的影响。应进行无菌操作的须实验严格执行无菌操作。对细胞和组织的常规分离、处理及培养原则应设立为标准操作规程（SOP）。

二、原则二：确保材料和方法的质量，以保持试验方法的完整性、有效性和重复性

质量控制的目标是保证体外细胞和组织实验操作的一致性、可追溯性以及可重复性。每一个实验室都应该制定质量控制程序，指定人员监督实施，质量控制内容包括细胞和组织，培养基及其他所有材料、方法、原则、标准操作流程、生长培养基和所有其他的材料、设备及其维护、记录操作流程、结果的表述等。如对于细胞和组织，替代实验室对新细胞和组织的接纳以及处理、培养、储存应该有专用规程或标准操作流程，并定期监督检查遵守情况。对于细胞材料的质量控制，需要考虑的因素包括可靠性、形态学表征、活力、生长率、传代次数或群体倍增、功能性、分化状态、污染以及交叉污染等。对于血清的质量控制需要考虑无菌、内毒素检测、物理和生化分析、功能检测。对于试验方法的有效性应定期进行审核，并记录和分析方法的变异程度。

血清、培养基、添加剂及补充剂成分的

质量控制既昂贵又耗时，通常都由供货商提供，但应要求供货商提供相关质量控制文件，实验室也应建立质量评价程序。

三、原则三：建立材料和方法信息的可追溯制度

（一）细胞和组织来源

对细胞试验系统的维持、使用和运行应做清晰记录，以使研究工作具有可追溯性、可诠释性及可重复性。可追溯的内容应包括工作目的、选择程序与使用材料的依据、使用的材料及设备、细胞或组织的来源和特性、结果、原始数据和质量控制记录的实验室记录、细胞与组织保藏与储存流程、所采用的实验设计、标准操作流程及产生的任何误差。

当使用人或动物的组织或细胞时，需掌握有关细胞/组织的最基本信息，表 6-4 是某实验室细胞信息记录表。

表 6-4　细胞和组织来源记录表

	分离的动物器官和组织（如大鼠脑组织）	动物原代培养物（如大鼠肝细胞）	所有人源材料（如脐带血）	细胞系（如 3T3 细胞）
伦理和安全性问题	+	+	+	—
种/系	+	+	+	+
来源	+	+	+	+
性别	+	+	+	+
年龄	+	+	+	+
供体数量	+	+	如经许可	不适用
健康状况	+	+	+	+
任何特殊前处理	+	+	+	+
器官组织来源	+	+	+	+
分离的细胞类型	+	+	+	+
分离技术	+	+	+	+
分离日期	+	+	+	+
操作者	+	+	+	+
供应者	+	+	+	+
知情同意书	不适用	不适用	+	+
病原试验	如可用[a]	如可用[a]	+[a]	+[a]
运输条件	+	+	+	+
材料到达状态	+	+	+	+
细胞系鉴定和验证	不适用	不适用	不适用	+
支原体试验	不适用	不适用[b]	不适用[b]	+

a：用于克隆筛选或供体时需要；b：长期培养（用于饲养层或组织构建等培养）时需要；+：需要说明；—：无需说明

（二）处置、维持和保存

良好细胞培养系统必须保存以下记录：①培养基（包括所有添加剂和辅助成分）和其他溶液、试剂（包括供应商、批次、储存条件、失效日期的详细资料）和制备方法（属于

一般的研究和开发工作按照标准操作规程；对于特殊研究，需要记录每一步骤以确保试验的可重复性）；②培养底物（包被材料的类型和供应商，如胶原、纤黏蛋白、层黏蛋白、多聚赖氨酸、基质胶、基底膜）、包被过程的记录、应用于何处；③制备或使用细胞或组织的流程；④关于细胞培养器皿和设备的处理、维护和储存。对于离体系统还应记录宿主的情况。

四、原则四：建立保护个体和环境安全的措施

细胞培养的安全风险见第1节。此外，还应注意环境风险。环境危害通常是由于废弃物处理不良，导致水、空气和土壤污染，或有害物质污染释放产生，环境也可能由于事故造成的生物材料释放而污染，系统应确保防止或最小化这种危害的可能性。

实验室应建立适宜的废弃物处理方法，细胞培养实验室在处理产生的废弃物时至少要执行的预防措施有：除无菌培养基或溶液以外，所有废液在处理之前须化学灭活（次氯酸钠或其他消毒剂进行抑制）或高压灭菌；所有被组织培养液和（或）细胞污染了的固体废物在带出实验室之前应进行高压灭活，如要带到其他地方进行高压灭菌或焚化处理，应先置于刚性、防漏容器中。

五、原则五：与相关法律、法规和伦理原则保持一致

从伦理和法律的角度来看，在世界范围内建立细胞和组织培养的统一标准是必然趋势，目前还没有针对专门管理细胞和组织培养实践活动的国际法律，但是有各种处理特殊来源及用途的细胞和组织培养的指南、规范和法律。一些国家已经或准备立法，对人类来源材料的使用加以规范和控制。一般来说，任何涉及动物材料的工作应该遵守当地和国家有关动物实验法律规定以及3R原则。

对于人类胚胎干细胞的来源及其潜在用途，基因工程细胞的制备、储存、运输、使用及处理须依照有关生物安全的要求和符合有关伦理规定。对于这些快速发展的新技术领域，其长期影响尚未可知，各国政府对于移植、再生医学、干细胞研究和基因修饰生物所带来的挑战和机遇的应对新措施正在草拟中。细胞培养规范应与不断发展的法规与法律要求相适应。此外，还应遵循细胞系统的知识产权问题，如细胞系所有权和专利权、特殊培养基、培养材料和培养方法的专利权等。

六、原则六：人员的教育与培训

细胞培养的应用范围已不仅限于基础科学、应用科学、生产、诊断、产品安全测试领域，还广泛用于临床治疗（例如化学诱导及基因修饰）、环境评估等范围。因此，确保实验人员具备执行实验任务的能力，对于体外研究按照相关科学、法定、安全和标准的要求进行是很重要的，这需要实施持续的教育与培训，并定期监督其执行成效。培训的主要内容应当是关于细胞及组织培养的性质、目的和用途，基础教育（应包括体外实验、无菌技术、细胞及组织处理、质量保障及伦理基本原则）、继续教育（新的培养技术和检测技术、良好培养能力的保持）。

第3节 体外试验系统

广义的实验动物替代包括使用脊椎动物细胞、组织及器官进行体外试验研究，或使用低等动物或动物组织替代高等动物的试验研究，还包括不使用生物体的计算机模型等，因此，体外试验系统范围是相当广泛的，大体可分为（低等）无脊椎生物系统、人

和动物组织、细胞培养系统、计算机系统等几类。体内试验与体外试验的差异见表 6-5,常用的体外系统及应用见表 6-6。

表 6-5 体内实验与体外实验的优缺点

	优点	缺点
体内	稳态:活的生物体依靠有效的体液维持机体活力; 体内模型具有化合物和毒物吸收、分布、代谢和排泄的全部要素; 具备全身反应,尤其是全身免疫在体外是很难模拟的;技术含量低,多数动物实验是标准化的方法,不需要特别昂贵的设备,但转基因和克隆动物技术复杂	伦理问题,动物的消耗和痛苦需要说明;物种间差异,特别是动物试验外推到人的不确定性;高质量设施中实验动物的维护费用昂贵;受试验样品量限制统计上的不确定性
体外	与动物实验相比,费用相对较低;高通量,体外系统易于自动化 重复试验的次数少于体内实验,与复杂的生物体相比相对简单;变异小,影响因素少,易于控制;使用人源的材料易于外推到人	易受到化学、微生物或交叉污染;遗传不稳定性(异质性和变异性)和表型不稳定性(去分化和选择适应性);缺少体内(神经和内分泌系统)复杂的调控机制和多细胞间的相互作用;缺少对化学物动力学和新陈代谢的模拟

表 6-6 体外试验系统

试验系统	方法	替代描述	开发状态
		细胞培养系统	
原代/(细胞系)角质细胞/成纤维细胞	细胞毒性试验	急性 LD_{50} 预测	④⑤
人原代细胞	血管细胞共培养系统	动脉硬化症和瓣膜狭窄	③④
人脐带切片		检测抗肌内膜抗体	③⑤
生物反应器	肝细胞、乳腺	药物筛选,肝毒性研究	③④
干细胞系统	胚胎干细胞实验	胚胎毒性和神经毒性	③⑤
基因改良细胞	永生化细胞转入人类基因	环境内分泌筛查	③
人工生物膜	单层细胞或共培养模型	跨生物屏障的转运	③⑤
人或哺乳动物细胞(猴肾细胞)	体外单克隆抗体生产	不同的细胞产和不同的抗体	③④
		组织/器官系统	
离体眼(兔、牛、鸡等)	离体眼球或角膜	眼刺激/腐蚀试验	⑤
离体皮肤(大鼠、小型猪)	离体皮肤	皮肤刺激/吸收实验	④⑤
离体心脏	心脏灌流模型	药理研究,心脏毒性	⑤
大鼠全脑	脑切片培养	神经生理和毒性研究	③④
重建组织器官	重建皮肤模型	皮肤吸收/刺激/光毒性	⑤
	重建角膜模型	眼刺激实验	④
		低等生物系统	
鸡胚	CAM 肿瘤细胞接种	心血管药物研究	②
	单克隆抗体生产	疫苗和抗体生产	①
	HEFCAM 试验	眼刺激试验	④

续表

试验系统	方法	替代描述	开发状态
非洲爪蟾	爪蟾蛙胚胎致畸试验	生殖毒性	③⑤
鱼胚胎	生长试验和发育试验	发育毒性，环境污染监测	③⑤
蛞蝓	黏膜刺激试验	眼刺激试验	①
果蝇	伴性隐性致死试验	遗传毒性	③④
水螅		环境污染监测，发育毒性	②
酿酒酵母	基因突变试验 分裂重组试验	遗传毒性	③⑤
四膜虫	化学感应试验	环境监测，刺激性试验	②④
花粉管	花粉管生长试验	环境污染物评估，眼刺激试验	②④
	非生物系统(计算机系统)		
CADD-计算机辅助药物设计	结构-活性预测	药物设计	③④
定量结构活性关系(QSAR)	结构-活性模型	毒理和药理评价	③④
人工膜	CORROSITEX 试验	皮肤腐蚀性	③⑤

注：①：仅限于开发实验室；②：部分实验室采用；③：国际范围内应用；④：已达到评估和验证的不同阶段；⑤：已经完成评估或验证

一、体外试验系统的重要特征

（一）体外试验系统的重要性

体外实验系统的重要性表现在：①为一系列毒理学终点提供快速而有效的对外源化学物进行筛查和分级的方法；②可以在人类系统中开展以机制为驱动的评估；③为提高在细胞和分子水平上对化学物有害效应的认识提供了重要的工具；④是连接动物实验与人类实验的桥梁；⑤对于详细了解种属差异的基础是必需的；⑥提供稳定明确的体外试验系统来研究结构——活性关系。

（二）体外试验系统的应用

体外试验系统的应用可以有针对性的研究其他方法不能很好解决的问题，例如：①在分子和细胞水平深入研究毒性机制，因果关系和适应性反应；②确定毒性作用中关键分子事件，以建立有效的毒性效应的生物学标志物；③深入分析人群中遗传变异的毒理学结果；④评估细胞特异性（如肝、心脏、肾、神经以及免疫系统）效应；如可能也对组织特异性效应（例如胚胎）进行评估；⑤确立来自不同种属与不同组织的细胞的浓度-效应关系的性质以及存在的效应特异性阈值；⑥用于筛选；⑦预测急性毒性；⑧机制研究。

（三）体外试验系统的局限性

1. 代谢动力学　多数体外毒性试验通常是一个细胞事件。要在体外重建暴露于外源化学物后的复杂的代谢动力学是件极为困难的事情。体内和体外试验在暴露时间、浓度、浓度的变化速率、新陈代谢、组织渗透、清除和排泄方面常常有明显的差异。尽管人们对多变量复杂参数的模拟研究越来越多，但大多数研究都着眼于直接的细胞反应。

2. 新陈代谢　很多无毒物质在通过肝脏代谢后具有毒性。此外，许多在体外有毒的物质可能被肝脏酶类解毒。因此，要想将体外试验作为动物试验的替代方法，就必须要证明潜在的毒素在体内和体外进入细胞的方式是相同的。这种试验可能需要一些额外的处理，如肝脏微粒体的酶类制备、与活化肝细胞共同培养或导入、在可调控启动子调节下的代谢酶类的基因来对靶细胞进行遗传学修饰等。

3. 组织和全身反应 反应的性质也必须认真考虑，体外的毒性反应可以用细胞活性或代谢的变化来测定，而体内的主要问题可能主要是组织应答（如炎症反应、纤维化、肾脏转运）或系统应答（如发热、血管扩张）。要使体外试验更为有效，就必须构建这些应答模型，应答模型的构建或许可以利用细胞培养，它可由几种不同的细胞类型重新组建而成，并且可以维持在适当的激素微环境中。

随着毒性作用机制的研究深入和体外实验技术的发展，以往在体外无法模拟的复杂组织甚至器官的反应可以进行模拟，只要完全认识细胞间的相互作用及内分泌激素与分泌因子间的相互作用，炎症应答、致畸性疾病以及神经功能紊乱等试验在体外进行或许都是可行的。

二、细胞试验系统

细胞培养是指从体内组织分离培养细胞，模拟体内环境，在无菌、适宜温度及酸碱度和一定营养条件下，使其生长繁殖并维持结构和功能的一种培养技术。细胞培养的培养物为单个细胞或细胞群。现代生物科学中，细胞培养是一种发展迅速的实验技术，在细胞学、遗传学、病毒学、免疫学、肿瘤学、分子生物学等领域已得到广泛的应用。近年来发展起来的核移植、细胞杂交、DNA介导的基因转移以及一些物理图谱的建立，也都需要与细胞培养紧密结合。以细胞培养技术为核心，结合组织工程技术、生物材料技术的细胞试验系统已成为体外替代试验系统的重要组成部分。

（一）细胞试验系统及概念

细胞培养（cell culture）与组织培养（tissue culture）是同义词，泛指所有的体外培养，即器官、组织和细胞培养的总称。

器官培养（organ culture）：是指未离散组织的三维（three-dimensional，3D）培养，它保持体内组织某些或全部的组织学特征。通常需要在气-液界面进行，这样有利于维持三维形态。

细胞培养：是指从来源组织、原代培养物或细胞系或细胞株经酶学、机械或化学离散而取得的分散细胞的培养。

组织型培养（histotypic culture）：指细胞重新聚集，并重建三维组织样结构的培养。通常是将高密度的细胞培养于滤孔中、饲养层上、支持物上（琼脂、胶原等）、基质中（凝胶、蛋白、胶原等）或悬滴培养。如人工表皮替代物的重建过程，就是将高密度培养的皮肤角质细胞培养于胶原或其他生物活性支持物上经气-液培养形成。

器官型培养（organotypic culture）：操作与组织型培养相同，差别之处是将更多不同的细胞谱系重集，并且能如它们来源器官那样相互作用。如人工皮肤替代物的重建，就是将表皮角质细胞与表皮成纤维细胞联合培养在一起，甚至再加入黑素细胞、朗汉斯细胞等。

（二）细胞培养的优点与用途

细胞培养从20世纪初创立以来，经过近100年的发展，已成为生命科学中不可或缺的重要研究手段，并发展成为独立的学科。细胞培养的优点主要表现在以下方面：① 环境控制：即理化环境的可控（pH、温度、渗透压、O_2和CO_2）和培养条件保持相对恒定（培养基、血清等）；② 培养样品的均一性：异质性的组织样品，经过1次或2次传代培养后可能会与它原来的组成细胞类型不同，呈现均一性。这是由于在每次传代时细胞都会随机地混合，在培养条件的选择性压力下，使得它们倾向于产生最有活力的细胞类型的均一培养物。因此，每次传代时，复制的样品都是同一的，细胞系的特征可能经过几代后固定下来。如果储存于液氮中其特性可永久保持；

③经济和规模化：由于培养物与试剂直接接触，与体内试验相比，细胞培养所需试剂少，而且多孔培养技术和自动化设备的应用在短时间内能实现大规模培养；④符合伦理原则：用于化学物质的评价、药物的筛选合乎道德规范，无实验动物的伦理问题。

目前细胞培养广泛应用于疫苗制造、药物开发、产品检验和安全评价等生命科学研究的各个领域。在3R理念的推动下，细胞实验系统已广泛用于毒理学动物替代实验中，有的已成为标准方法用于法规监管目的。其用途表现在：① 人为控制下的外环境模拟，观察外环境各种物理、化学、生物等因素对细胞结构和功能产生的毒性作用，观察单因素与多因素影响下的变化；② 减少整体动物的使用，通过对靶器官的直接细胞毒理作用，避免了使用整体动物的个体差异及体内试验各种复杂因素的干扰；③ 以细胞为对象，通过各种手段和技术直接观察或检测与毒性效应有关的致炎症、致畸、致癌等指标的变化，如细胞与细胞间的作用、能量代谢、蛋白质合成、细胞间信息传递、染色体畸变、DNA损伤、基因突变等，从细胞水平甚至分子水平阐述其毒效应机制；④ 细胞来源广泛，从低等的果蝇、昆虫细胞到鱼类、啮齿动物、犬、猴以及人体组织，可满足不同研究的需要；⑤可用于药物安全性评价，用于急性毒性预测和活性物质的高通量筛选。

（三）细胞培养的局限性

细胞培养的局限性主要表现在：

（1）细胞培养必须在严格的无菌条件下进行，培养过程需要避免化学污染、微生物污染和交叉污染，因此，需要操作者具备一定的专业技术与知识水平，懂得培养系统的要求以及解决培养时出现问题的能力。

（2）培养细胞的环境与体内不同，把体外培养的细胞当作体内生理模型的合理性常受到质疑。由于环境的改变，培养细胞与其体内相对应的细胞通常在形态行为上存在许多差异，其原因主要来源于细胞生长三维环境的改变以及激素和营养环境的改变。因此，体外细胞的增殖不同于体内正常细胞。细胞与细胞、细胞与细胞外基质的相互作用减弱，有利于非特化细胞铺展、迁移和增殖，但不利于表达分化特征。由于体外细胞三维环境的改变，体内组织中所特有的细胞相互作用已不复存在，因此，当细胞铺展时就具有了运动性，而且在许多情况下，非优势的细胞逐渐丧失增殖能力，当形成一个细胞系时，它只代表一种或两种细胞类型，许多细胞-细胞间相互作用已丧失。

（3）体外培养环境缺少体内的多种系统调节成分，如神经和内分泌系统参与的调控，没有这种调控，体外细胞的代谢更加恒定，但可能不真正代表该细胞来源组织的代谢状况，因此，细胞培养基中需加入许多不同激素。

（4）能量代谢方式：体外能量代谢主要由糖酵解完成，虽然三羧酸循环也在进行，但作用甚小。

（5）体外细胞培养需要严格控制影响细胞培养的环境因素，包括附着物或支持物性质、培养基的性质和成分、气相成分以及培养温度等。

（四）动物试验替代方法中的细胞实验系统

细胞试验系统可包括2个大类：原代培养和细胞系（包括有限、连续和干细胞系）。

1. 原代细胞 直接来源于动物和人体组织以及收获细胞的最初体外培养称为原代培养，多数情况下，这种培养物也能呈现与体内相似的关键特征，所以原代培养在基础研究和其他体外实验中广泛应用。通常原代培养的细胞具有有限的生命周期，随培养的延长分化特性发生改变，而且原代培养对培养基的要求较高。原代培养物通常是异质性的细胞群，与传代细胞相比，标准化程度和再生产水平较低。

2. 细胞系 细胞系是指能够在体外长期增殖的细胞，可以分为有限细胞系、传代细胞系和干细胞系。

（1）有限细胞系（finite cell line）：是指能够进行多次传代培养，但最终会停止复制进入衰老期的细胞系。因此，可利用其在体外的有限生命周期内，通过维持其特征和质量控制进行应用。目前已经建立了大量有限细胞系（表 6-7），这些细胞系具有遗传稳定性，并经多次传代仍保持二倍体状态，但通常在群体扩增 60～70 代后达到衰老期。

（2）连续细胞系（continuous cell line）：是指具有无限传代能力的细胞系，没有衰老期，连续细胞系一般是从肿瘤或者是正常的胚胎组织衍生而来的。常用于体外的 Caco-2、3T3 成纤维细胞、HaCaT 都是连续细胞系。有些连续细胞系是几种细胞杂交形成的（如人早幼粒细胞性白血病细胞 HL-60、RD、SH5YSY）。连续细胞系通常都是非整倍体，染色体数目一般介于二倍体和四倍体之间。

（3）干细胞系：如胚胎细胞系和生殖细胞系，是指具有干细胞特征，能分化形成多种细胞类型的连续细胞系。它们对培养、处理和冻存的要求较高，确保其维持干细胞特征和分化能力。胚胎干细胞通常用鼠胚胎成纤维细胞或者是其他的饲养层细胞维持。干细胞无血清培养法和无饲喂层培养法已取得明显进展。如用于胚胎毒性筛选的小鼠 ES 细胞。

表 6-7 动物试验替代方法的常用细胞系

细胞系	形态学	起源	种属	年龄	倍性	特征	用途
3T3-A31	成纤维细胞		BALB/C 小鼠	胚胎期	非整倍体	接触抑制，已被转化	光毒性滋养层
3T3-L1	成纤维细胞			胚胎期	非整倍体	脂肪分化	细胞毒性
BHK21-C13	成纤维细胞	肾	叙利亚仓鼠	新生	二倍体	多瘤病毒转化	细胞毒性
HaCaT	上皮细胞	角质细胞	人	成年	二倍体	角质化作用	细胞毒性
Hep G2					二倍体		细胞毒性
HL-60	类急性前髓细胞淋巴瘤细胞		人		二倍体		细胞毒性
LLC-PK1 细胞系	上皮细胞	肾近曲小管	猪	成年	二倍体	NA 依赖的葡萄糖转运	肾细胞毒性
MDCK	犬肾细胞系	肾	犬	成年		隆凸，转运	细胞毒性
张氏肝细胞	上皮细胞	喉	人	胚胎	非整倍体		细胞毒性
OK 细胞系	上皮细胞	肾小管	美洲负鼠		钠依赖性的转运系统	肾小管功能	
COS-1，COS-7	上皮样细胞	肾	猪	成年		DNA 转染的良好宿主	雄激素干扰毒性
HK-2 细胞系	上皮细胞	肾近端小管	人	成年	乳头状瘤病毒转染	药物转运	肾毒性
HEK-293 细胞系	上皮细胞	肾	人	胚胎期	非整倍体	已被转化	内分泌毒性
MCF-7	上皮细胞	乳腺癌	人	成年		已被转化	雌激素干扰

（五）哺乳动物代谢活化系统

体外试验缺少代谢功能，需要加入外源性的代谢酶。加入代谢活化系统后，可使原来的替代方法适用于更广泛的测试物种类，如用于细菌回复突变实验、胚胎干细胞试验等。

哺乳动物代谢活化系统（S9 和 S9 混合液）的制备，通常选用大鼠，经诱导剂（多氯联苯 Aroclor 1254 或国产 PCB-五氯）腹腔注射处理，取肝组织制备匀浆，9000g 离心，上清液为 S9 组分。S9 制成后，经无菌检查，Lowry 法测定蛋白含量，每 ml 蛋白含量不超过 40 mg 为宜，并经间接致癌物（诱变剂）鉴定其生物活性合格后深低温储存或冷冻干燥，保存期不超过 1 年。S9 组分再与辅助成分以适当比例组成 S9 混合液，用作试验中的代谢活化系统。

三、组织/器官系统

（一）离体灌注系统(perfusion culture)

图 6-3 描述了生物医学研究中离体器官灌注模型与（人类或动物来源的）细胞培养的位置和关系。离体灌注器官与其在体内的情形非常相似，具有完整的器官结构，保留细胞间的生理接触和正常细胞内基质，在毒理学中的应用非常广泛。目前建立的离体灌注系统包括离体皮肤、眼、肠道和实质器官（肝、肾）等。主要的局限可能是由于离体器官快速发生变化，导致体外实验持续时间较短。

灌注培养与微孔滤膜技术结合使用，提供一种器官型的环境，能改善培养物的分化和生存时间。如灌注培养条件下的 LLC-PK-1 细胞，能转化成更加耗氧的代谢类型。此外，灌注培养能以非侵入的方法测定系统释放出的生物标志，有利于测定毒物诱发损伤的动力学，并适合于开发先进的数学模型，如群体平衡模型。更重要的是，灌注培养与器官型培养结合（单一培养或共培养）能以类似于体内的暴露方式用于重复剂量毒性试验。

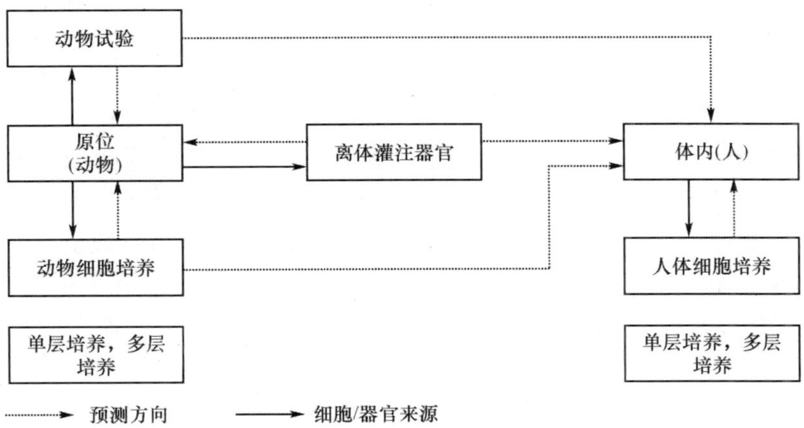

图 6-3　生物医学研究中离体灌注器官的位置

（二）切片技术

肝、肺、肾或脑等组织的超薄切片能保持原来器官一些结构和功能特征，可用于这些器官的毒性作用评价。如肝切片技术用于生化和药理学研究已有 50 多年历史，早在 20 世纪 60 年代，就有人利用肝切片研究四氯化碳的毒性作用。切片培养中，切片的厚度和培养条件对毒性参数的评价产生重要影响。近年来，精确的大鼠肝切片制备技术使得这一系统可提供标准均一的切片用于肝损伤的评价。亚利桑那大学开发的一套动态培养系统，可使切片在培养过程中上下表面都暴露于气相中，以克服长期培养过程中切片-界质交界面的崩解。

（三）器官型系统

器官型系统采用分离和重聚的技术，可将来源于皮肤、脑和肝等器官的细胞进行三维结构的重建，重新获得原来器官或组织的一些结构和功能特性，见第 9 章。

直接取自动物或人体供体的离体器官或组织广泛应用于体外试验，由于具有复杂的环境和营养需求以及供体间的个体差异，很难对其进行标准化。在这些试验中制备足够数量的重复培养系统非常重要。

（四）生物反应器

生物反应器是利用酶或生物体（如微生物）所具有的生物功能，在体外进行生化反应的装置系统，是一种生物功能模拟装置，如发酵罐、固定化酶或固定化细胞反应器等。生物反应器在体外模拟生物体功能的生物反应器，除了可用于生产外，还可用于检测各种化学品的功能或毒性效应。早期开发的生物反应器是固定化酶，后来人们认识到，细胞本身就是一个具有多功能的生化反应系统，采用物理或化学方法将细胞固定化，称为细胞反应器，其应用程度已超过固定化酶。其他生物反应器如哺乳动物乳腺生物反应器、输卵管生物反应器、膀胱生物反应器和转基因动物生物反应器，可用于药用蛋白的生产，如抗凝血酶Ⅲ、β-乳球蛋白、红细胞生成素（EPO）、α_1-抗胰蛋白酶、人生长激素。中空纤维生物反应器是另外一种灌注培养系统，随着培养液的流动，细胞生长在中空纤维周围，从而模拟体内血管的情形。来自血液和其他体液的细胞可较容易地制备成均一样品，在体外的研究中非常有用。脐带血和骨髓的制品提供了丰富的干细胞来源，并可能成为其他体外系统赖以建立的基础。

四、低等生物系统

模式生物是指被选定用于进行科学研究，用于揭示某种具有普遍规律的生命现象的标准化实验生物。如早期，孟德尔揭示生物界遗传规律时选用豌豆作为实验材料，而摩根选用果蝇作为实验材料，豌豆和果蝇就是研究生物体遗传规律的模式生物。目前最广泛利用的模式生物包括：噬菌体、大肠杆菌、酵母、水螅、线虫、果蝇、非洲爪蟾、斑马鱼、小鼠、大鼠等。在植物学研究中比较常用的有，拟南芥、水稻等。模式生物具有的共同特点是：①易于细胞和遗传操作，如转基因、诱变、组织移植等；②完备的基因组信息，例如线虫、果蝇、水螅、小鼠和斑马鱼的基因组全序列已测出。③较高的繁殖力；④生长周期短；⑤体积小，易于养殖，可以用较小的投入获得充足的实验材料。

利用低等的模式生物（单细胞生物和无脊椎动物）代替高等的模式生物（哺乳动物）是减少实验动物使用和替代技术开发的重要内容。其依据有：①低等无脊椎动物具有各自独特的优势，例如人们对果蝇的遗传背景、基因定位与表型效应的认识远胜于其他实验动物；斑马鱼具有很强的繁殖能力，是目前唯一可以进行大模型随机诱变筛选隐性突变体的脊椎动物；②人类基因组计划的研究表明，生物是从共同祖先演化而来的，对生命活动有重要功能的基因在进化上是保守的，这些基因的结构和功能在低等生物和高等生物中是相似的。因此，可以利用更为简单的低等生物作为模型来代替人体或高等动物，研究其基因的结构和生物学功能，推测相似的人体基因的功能；③符合 3R 原则，由于生物进化的保守性，在某一种生物内的生物过程很可能在高等生物(例如人)中也是类似甚至完全一样的。因此可以利用一些技术上更容易操作的生物来研究高等生物的生物学问题。

(一) 非洲爪蟾

非洲爪蟾(xenopus laevis)是两栖类动物,属于比较原始的蛙类,广泛分布于非洲撒哈拉沙漠以南。爪蟾是实验胚胎学常用实验动物,很早就用于诊断早期妊娠。非洲爪蟾的优点在于取卵方便,在实验室条件下,它可以常年产卵,不受季节限制。只要注射激素,雌体第 1 天就可以产卵,而且产卵量很大,可以通过人工授精获得受精卵。非洲爪蟾的成熟卵子具有明确的植物极和动物极。爪蟾胚胎经过卵裂、囊胚、原肠胚、神经胚、尾芽期等阶段,蝌蚪到 2 个月时完成变态。幼体要生长 1～2 年才能达到性成熟。由于非洲爪蟾的卵子和胚胎个体较大,很方便进行实验胚胎学研究,如显微注射、胚胎切割和移植等。但由于其生命周期过长,同时它是假四倍体,多数基因存在 4 个拷贝,很难进行遗传突变实验。爪蟾蛙胚胎致畸试验(FETAX)是美国 ASTM 认可的试验方法,可作为筛选方法鉴定潜在的人类致畸物和发育毒物,见第 17 章。

(二) 鱼胚胎培养

早期鱼类胚胎培养主要用于研究水体污染物的生殖毒性。研究证实外源发育毒性化学物质的剂量与鱼类发育状况具有较好的剂量-反应关系。近年来,鱼胚胎试验应用于研究外源化学物的发育毒性和致畸性、环境污染物的筛选。如果在受精前暴露受试物,还可用于生殖毒性的研究。鱼类胚胎培养可采用静式培养或循环动态培养两种模式,检测终点包括幼鱼孵化水平、致死性和致畸性、鱼卵存活等。环境毒性评价可参考 OECD 试验方法。

(三) 果蝇

果蝇(*Drosophila*)是广泛用作遗传学和发育演化研究的经典的模式生物,尤其黄果蝇(*D. Melanogaster*)易于培育,生活史短,是最常用的种类。关于果蝇的遗传资料收集得比任何动物都多。果蝇的染色体尤其是成熟幼虫唾腺中最大的染色体,是研究遗传特性和基因作用的基础。如果蝇伴性隐性致死试验(SLRL)是 OECD TG477 的标准遗传毒性试验方法,主要用于雄性生殖细胞遗传损伤分析、基因点突变、小缺失和重排等损伤的检测,可认为是一种替代动物实验的方法(见第 14 章)。果蝇也可用于生殖毒性研究,将果蝇暴露于不同浓度的测试物中,将果蝇雌雄配对产子,观察并记录亲代雌雄果蝇存活数、子代成蛹数和新羽化的果蝇数,检测果蝇生育量和生育期的影响,从而得出测试物对果蝇的生殖毒性(见第 17 章)。

(四) 水螅

水螅(*Hydroid*)是一种腔肠动物,分布广泛,大多雌雄同体,通常进行无性生殖,夏初或秋末进行有性生殖。水螅是无脊椎动物实验的重要材料之一。2010 年 3 月,一个国际科研小组完成了水螅基因组的测序工作,并将其公布在《自然》杂志上,测序结果显示,水螅基因数目与人类相似,具有诸多相同基因。令科学家们惊讶的是,水螅也存在与亨廷顿舞蹈症以及阿尔茨海默症相关的基因,这表明水螅将来可能成为研究这两种疾病的模型。完成水螅基因组测序也为利用水螅进一步研究干细胞基本生物学特征提供了便利。目前,水螅主要用于环境污染物的监测,也可用于发育毒性的研究(见第 17 章)。

（五）线虫

线虫是袋形动物门线虫纲（Nematoda）所有蠕虫的通称，已知约有 13 000 种，广泛寄生于动、植物中，或自由生活于土壤、淡水和海水环境中。寄生性线虫由于多数具有医学、兽医学或经济重要性而被大量研究。秀丽隐杆线虫（*C. Elegans*）是一种很小的蠕虫，已经成为现代发育生物学、遗传学和基因组学研究的重要模式生物。其成体长仅1mm，全身透明，全身共有 959 个细胞，性别为雌雄同体或雄性。线虫生命周期仅 3 天，野生型线虫胚胎发育从卵到成体每个细胞分裂和细胞系的形成具有高度的程序性，这样就便于对其发育进行遗传学分析。

（六）酿酒酵母

酿酒酵母（*Saccharomyces Cerevisiae*）是与人类关系最广泛的一种酵母，传统上用于食品发酵和酿造，现代分子和细胞生物学中用作真核模式生物，其作用相当于原核的模式生物大肠埃希菌。酿酒酵母的细胞为球形或者卵形，直径 5～10 μm。其繁殖的方法为出芽生殖。酿酒酵母是第一个完成基因组测序的真核生物，测序工作于 1996 年完成。酿酒酵母的基因组包含大约 1200 万碱基对，分成 16 组染色体，共有 6275 个基因，其中可能约有 5800 个真正具有功能，据估计其基因约有 23%与人类同源。酿酒酵母是研究真核细胞遗传学和生理学的重要工具，在人体中重要的蛋白质很多都是在酵母中先发现其同源物，其中包括有关细胞周期的蛋白、信号蛋白和蛋白质加工酶。酿酒酵母在毒理学动物替代试验中的应用包括光毒性试验（第 12 章）、遗传毒性试验。酿酒酵母基因突变试验（OECD TG 480）和酿酒酵母分裂重组试验（OECD TG 481）是被标准认可的遗传毒性筛选方法，见第 14 章。

（七）四膜虫

四膜虫（*Tetrahymena*）是一种单细胞淡水真核生物，其外观呈椭圆长梨状，体长约50μm，全身布满数百根长约 4～6μm 长的纤毛。四膜虫易于在实验室培养，是一种实验生物学常用的模式生物，利用这种生物可进行各种基础生物学现象的研究和分子遗传学的研究。利用四膜虫的化学感应特性，可用于水环境毒性的监控，见第 20 章。

（八）蛞蝓

蛞蝓（*Arion Lusitanicus*）是一种软体动物，可用于预测药物制剂和原料的黏膜刺激性，也可用于代替兔眼刺激试验用于评估化学物的眼刺激性。如可以通过暴露化学物后体表黏液量的产生量以及蛞蝓黏膜表面释放的蛋白、LDH 和 ALP 的量所反映黏膜的损伤来评估。

（九）花粉管

花粉管（pollen tube）是花粉外壁上的萌发孔（或沟）向外伸出的细管，由于花粉是非光学合成组织，其生长不受叶绿素和其他因素的干扰。通过测量暴露于化学物的花粉管的长度可反映化学物的毒性。例如，利用烟草植物的花粉管生长试验用于环境污染物评估，也可用于眼刺激试验的替代（见第 13 章）。

五、非生物系统

（一）蛋白膜系统

EYTEX 系统和 IRRITECTION 系统是由蛋白质和糖蛋白、碳水化合物、脂肪和低分子量成分混合组成的大分子试剂，当其重新水化时，形成规则的大分子基质模拟高度有序的透明角膜结构，可用于代替眼刺激动物试验，模拟刺激性化学物导致角膜浑浊发生时角膜蛋白质紊乱或变性导致的结果，见第 13 章。

（二）人工合成膜

人工合成膜包括合成纤维素薄膜、合成聚合物类薄膜、硅橡胶薄膜、微孔滤膜、无孔合成膜等，是生物材料学发展的产物。用于合成膜的材料可以是生物材料（如胶原、蛋壳膜），也可以是硅橡胶、乙烯-乙酸乙烯共聚物、聚脲及其他稠环聚合物（如水凝胶、微孔薄膜）等。人工合成膜有着比较广泛的应用，如替代整体动物皮肤用于化学物渗透特性的研究，乙酸纤维素薄膜可用于测定激素类药物的通透系数，见第 10 章。

（三）CORROSITEX 生物膜

CORROSITEX 生物膜是模拟皮肤正常屏障功能的大分子生物膜，可用于替代皮肤腐蚀性的动物试验。CORROSITEX 生物膜由蛋白大分子水凝胶和渗透支持膜两部分组成，大分子蛋白胶基质由角蛋白、胶原或蛋白质混合物构成，是受试物作用的靶，将蛋白胶铺于支持膜的表面，形成胶体面，从而形成具有类似皮肤角质层屏障功能的生物膜。将受试物作用于人工膜屏障的表面，通过检测由腐蚀性受试物引起的膜屏障损伤（如 pH 指示剂颜色的改变和其他特性的改变）用于化学物皮肤腐蚀性的评价，见第 9 章。

六、体外试验系统中无血清培养物的使用

（一）含血清培养液

尽管现在大多数细胞系仍然需要培养液中加入血清以辅助其生长，但是在很多情况下，细胞的培养和增殖也可在无血清培养液中进行。动物细胞无血清培养是生物科学领域中的重要研究课题之一，一方面是为了满足培养标准化的需要，满足细胞原代培养和细胞克隆化培养更为严格、特异的要求，希望去除培养物及其产物中不易控制和经常被污染的天然组分（尤其是血清）；另一方面也是基于 3R 原则的考虑。

血清的作用包括：

（1）提供有利于细胞生长增殖所需的激素、生长因子或提供合成培养基所缺乏的营养物质。

（2）提供可识别金属、激素、维生素和脂质的结合蛋白，并通过与上述物质的结合而起到稳定和调节上述物质的作用。此外结合蛋白还可消除某些毒素和金属对细胞的毒性作用。

（3）提供贴壁细胞固着于适当的附着面所需的贴壁因子和扩展因子。

（4）提供蛋白酶抑制剂，使细胞免受蛋白酶的损伤。

（5）提供 pH 缓冲物质，调节培养基 pH。

（6）影响培养系统中的某些物理特性，如剪切力、黏度、渗透压和气体传递速度等。

血清可能引发的问题：

（1）在一些基础研究中，往往影响实验结果。

（2）血清中含有某些不利于细胞生长的毒性物质或抑制物质，对某些细胞的体外培养有去分化作用。

（3）血清中大量成分复杂的蛋白质给疫苗、细胞因子、单克隆抗体等细胞产品的分离纯化带来很大困难。

（二）血清的替代

能选择性地促进特殊类型细胞的生长是无血清培养液的主要优点之一。例如，现在用 MCDB170 和 153 培养的乳腺、皮肤细胞有效地解决了长久以来基质成纤维细胞过度生长的问题；用无血清培养基培养，黑素细胞能在没有成纤维细胞和角质细胞的条件下培养；在造血细胞的培养中，通过挑

选某种适当的生长因子或一组生长因子，可选择性地促进单一细胞谱系甚至某个分化阶段的细胞生长，从而调节细胞增殖、分化。

无血清培养液除了对细胞类型具有选择性能以外，还具有调节细胞增殖或分化的性能。培养物经必要的扩增以后，将加入的生长因子转换为另一种或另一系列分化因子，扩增培养后的细胞就可能具有一个或多个特殊功能。

血清中的主要成分包括：①黏附因子：如纤连蛋白；②肽类：如可调节细胞生长和分化的胰岛素、血小板生长因子、转化生长因子；③必要的营养物质：如无机物、维生素、脂肪酸和中间代谢物；④激素类：如胰岛素、氢化可的松、雌激素、三碘甲状腺氨酸等，它们可调节跨膜转运、细胞表型及细胞表面的组成。因此，无血清培养基通常含有类似血清组成的各种物质：激素和生长因子、结合蛋白、贴壁因子和扩展因子以及低分子量营养因子。上述成分中的一部分是无血清培养液必备的，而另一部分根据实验方案进行调整。

黏附因子：如果除掉血清，就必须在培养液中加入 20～50 μg/ml 的黏连蛋白或 1～5μg/ml的层黏连蛋白用以处理塑料培养器皿的生长表面。

蛋白酶抑制剂：利用胰蛋白酶进行传代培养后，血清可抑制剩余的蛋白水解酶的活性，所以用无血清培养液进行传代培养时必须在培养液中加入如大豆胰蛋白酶抑制剂或 0.1mg/ml 的牛胰蛋白酶抑制剂。

肽素：用来代替血清的激素包括 50ng/ml 的生长激素（促生长素）和 1～10 U/ml 的胰岛素，它们能增加多种不同类型细胞的贴瓶率；氢化可的松能提高胶质细胞、成纤维细胞的克隆形成率，对维持表皮角质细胞和其他一些上皮细胞的生长是必需的。

体内已发现的促有丝分裂的多肽家族已相当多，包括肝素结合生长因子（包括 FGF 家族）、EGF、PDGF、IGF-1 和 IGF-2 及白介素等，白介素在 1～10 ng/ml 范围内都有活性。生长因子和细胞因子有广泛的特异性，但在造血系统中除外。角质细胞生长因子（KGF）不仅在表皮角质细胞中表现活性，而且也可诱导前列腺表皮细胞的增殖和分化。肝细胞的生长因子（HGF）对肝细胞有促有丝分裂的作用，也是肾小管形态发生因子。

如果使用无血清培养液是为了促进一种特异类型细胞的生长，那么这种选择性是由培养液的选择性决定的，如 MCDB153 用于培养表皮角质细胞、LHC-9 用于培养支气管上皮细胞、HITES 用于培养小细胞肺癌细胞、MCDB130 用于培养内皮细胞等。如果不用血清培养连续细胞系（如 CHO 细胞或杂交瘤细胞），只是为减少细胞产物中含有血清蛋白或被污染的可能，那么这种选择的范围就会更广，并有许多商品可供选择。表 6-8为常用的无血清培养基。

表 6-8　体外实验常用的无血清培养基

细胞或细胞系	无血清培养基	供应商
支气管上皮细胞	LHC-9	Biofluids，Biowittaker
中国仓鼠卵巢细胞(CHO)	MCDB302	Biowittaker
连续细胞系	M199，MB752/1，MCDB，DMEM-F12	Biowittaker，Sigma，Gibco，PromoCell
内皮细胞	MCDB130，131	Biowittaker1
成纤维细胞	MCDB110，202，402	Biowittaker，Sigma
神经胶质细胞	Michler-Stucke	Biowittaker，G-5，Gibco

续表

细胞或细胞系	无血清培养基	供应商
肝细胞	Williams E，L15	Sigma
角质形成细胞	MCDB153	Gibco，Biowittaker
MDCK 肾上皮细胞	K-1	UltraMDCK，Biowittaker
黑色素细胞	Gilchrest	Biowittaker
神经细胞	DMEM-F12/N3；B27/Neurobasal	N2，Gibco
3T3 细胞	MCDB402	

（焦　红　程树军　毕克新）

参考文献

程树军，焦红，潘芳．GLP原则在体外毒理学评价实验室的应用．中国比较医学杂志，2008，18(11)：58～62

弗雷谢尼著，章静波，徐存拴等译．动物细胞培养-基本技术指南．北京：科学出版社，2004

席静，陈文锐，程树军．毒理学实验室的生物安全管理．中国卫生检验杂志，2007，17(12)：2324～2327

张卓然．培养细胞学与细胞培养技术．上海：上海科学技术出版社，2004

Anon. Directive 2004/23/EC of the European parliament and of the Council of 31 March 2004 on setting standards of quality and safety for the donation，procurement ，testing，processing，preservation，storage and distribution of human tissues and cells. Offical Journal of the European Union，2004，L102：48～58

Coecke S ，Balls M，Bowe G，et al．Guidance on good cell culture practice．ALTA ，2005 ，33 ：261～287

Cooper W，Hannan R，Harbell JW，Coecke S，et al. The principles of good laboratory practice：application to in vitro toxicology studies．ATLA ，1999 ，27 ：539～5771

Falkner E，Schöffl H，Appl H，et al. Replacement of sera for cell culture purposes：a survey. ALTEX，2003，20：167

Freshney RI. Cell line provenance. Cytotechnology，2002，39：55～67

Gstraunthaler G. The Bologna statement on Good Cell Culture Practice (GCCP) - 10 years later. Altex 26 (Spec. Issue)，2009，65

Hartung T，Balls M，Bardouille C，et al. Good cell culture practices，ALTA，2002，30：407～414

Rauch C，Feifel E，Spötl HP，et al. Alternatives to the use of fetal bovine serum：platelet lysates as serum replacement in cell and tissue culture. Altex 26 (Spec. Issue)，2009，119

Sens DA，Detrisac C J，Sens M A，et al. Tissue culture of human renal epithelial cells using a defined serum-free growth formulation. Exp. Nephrol，1999，7：344～352

SN/T 2285-2009. 化妆品体外试验实验室规范

Zimmermann A M，Vierck J L，O'Reilly BA et al. Formulation of a defined medium to maintain cell health and viability in vitro. Methods Cell Sci，2000，22：43～49

下篇　动物试验替代方法应用

第 7 章　基本细胞毒性
Chapter 7　Basal Cytotoxicity

第 1 节　基本细胞毒性的特征

毒性在体内是一个复杂的事件，它可能直接损伤细胞，如有细胞毒性的抗癌药物；可能是生理效应，如肾脏的膜转运或脑内的神经毒性；也可能是局部的炎性效应以及其他一些全身效应。目前体外试验系统很难模拟和监控全身的生理效应，因此，大多数实验都是测定细胞水平的效应，即细胞毒性。细胞毒性(cytotoxicity)是化学物质作用于细胞基本结构和/或生理过程(如细胞膜或细胞骨架结构、细胞的新陈代谢过程、细胞组分或产物的合成、降解或释放、离子调控及细胞分裂等过程)，导致细胞存活、增殖和/或功能的紊乱所引发的不良反应。细胞毒性被认为是化学物引起细胞死亡能力的最初表现。细胞毒性试验的结果除了可用于体内急性毒性的预测(见第 8 章)外，还可用于毒性作用机制的研究、毒性效应的快速筛查和靶细胞特殊毒性作用的预测，对于确定进一步体内研究的浓度范围以及体外遗传毒性、致畸或程序性死亡等详细的研究方案的制订都具有重要意义。

一、细胞毒性的类型

按作用机制细胞毒性可分为 3 种类型：①基本细胞毒性：涉及一种或多种细胞结构或功能的改变，适用于所有类型的细胞；②选择细胞毒性：存在于某些分化细胞中，主要通过化学物质的生物转化，需要与特殊受体结合或由特殊的摄入机制引发；③细胞特殊功能毒性：这种损伤虽然对细胞结构和功能影响轻微，但对整个机体损伤非常严重。毒性作用可通过影响细胞因子、激素和递质的合成、释放、结合和降解，干扰细胞与细胞间的交流或特殊的转运过程而实现，毒性作用也可能通过干扰细胞内的代谢过程而实现。因此，任何一种非动物检测系统的开发都应对细胞毒性机制的多种因素加以考虑。1983 年，Ekwall 提出“基本细胞功能”的概念，即多数化学物质的毒性作用是对细胞功能的非特异性损伤，其结果可引起器官功能的特异性改变甚至机体死亡。体外基本细胞毒性目前已作为化学物体内毒性评价的起点。

当然，细胞毒性的定义不是一成不变的，还要取决于研究的性质以及目的。如抗癌药物细胞毒性研究的目的可能旨在将细胞杀死；光毒性细胞试验旨在为潜在光毒性化学物质法规管理提供筛选证据；而药物细胞毒性研究的目的可能旨在监控细胞的代谢变化和细胞间信号改变等。由于细胞毒性试验经济、快速、易于量化和可重复性好、符合 3R 原则而被广泛采用。

二、细胞毒性的作用机制

大多数有毒物质是通过破坏细胞和分子的动态平衡而产生效应的。最开始的反应可能是破坏细胞的一般功能，如代谢速率、细胞生长或基因转录；进一步破坏内环境的稳态可产生一系列的效应，如改变特殊靶器官细胞的基本功能。此外，有些毒物除了产生一般的细胞毒性外，其效应还包括改变细胞修复机制进而影响细胞增殖等。毒物对机体的作用是各种生化、细胞和分子间生物学相互作用的结果。通常，“作用方式”这一术语用于描述毒性作用中的关键事件和过程，而“作用机制”则涉及更多的细节，比“作用方式”更注重分子的变化。一般来讲，就危害的特征描述而言，不需要知道精确的作用机制，只需要了解作用方式。

（一）细胞稳态的失调

细胞稳态的改变与细胞损伤之间关系密切，细胞稳态失调已被公认为不同的毒物通过相同的途径导致细胞损伤和死亡的机制之一。毒物之所以能够引起细胞改变，除了可通过改变细胞成分的含量（如电解质的浓度），也可通过改变内源性物质（如激素）在细胞周围的浓度。例如，细胞内钙离子浓度失衡首先导致细胞骨架结构变化和形成空泡，核染色质凝集以及线粒体固缩，随着细胞内钙离子浓度的升高，可出现 DNA 断裂，进而导致程序性细胞死亡（凋亡）。

（二）受体介导的机制

许多化学物的毒性效应可以用细胞膜或细胞质受体介导作用来解释。环戊二烯类杀虫剂（如狄氏剂）的神经毒作用是通过拮抗膜结合 γ 氨基丁酸（GABA）受体特别是 $GABA_A$ 受体而产生。这些抑制性受体通过依赖电压的氯离子通道来调节氯离子流量，引起抑制失调，并继发神经毒性，如兴奋或痉挛。生物毒素（如河豚毒素或石房蛤毒素）通过损伤可兴奋细胞的钠离子通道而阻断神经传导，见第 21 章。二氯二苯三氯乙烷（DDT）是一种氯化羟类杀虫剂，它通过减慢钠离子通道的关闭速率，从而改变可兴奋细胞膜的复极过程而发挥毒性作用。

与胞质中的芳烃受体（Ah）相结合是卤代芳烃（例如四氯二苯二氧杂环己二烯（TCDD）及其类似物）在细胞中发挥毒性作用的第一步。Ah 受体作为可溶性胞质蛋白复合物的一部分与 TCDD 等化学物相结合，进而继发一系列的反应，引起配体-受体复合物在细胞核内易位，并与 DNA 增强子序列结合引起转录活化和/或抑制，从而改变许多细胞蛋白质的合成，包括特定的药物代谢酶（P450 介导和非 P450 介导）和生长调节蛋白，如表皮生长因子受体、转化生长因子 α 及白介素 1β。

糖皮质激素（如雌二醇和睾丸激素）由性腺合成和分泌，对多种基础生命活动起调控作用，其作用机制的第一步是与细胞内的特定受体相结合。多种内分泌干扰物（工业化学物、环境污染物、植物雌激素）也能与这些受体相互作用，诱发与糖皮质激素相似的反应，干扰生殖发育。例如，多种杀虫剂（十氯酮、DDT）、植物激素（木质素、黄酮类化学物）以及真菌毒素（玉米赤霉烯酮）都能与雌激素受体结合。根据这一毒性作用机制，可开发基于类固醇受体结合或竞争性结合的体外检测方法，用于内分泌干扰物或生殖毒性化合物的筛查，见第 19 章。

（三）细胞膜介导的效应

细胞膜是毒性损伤的常见靶点，作为细胞与外环境之间的一级屏障，细胞膜是毒物进入细胞的必经途径，毒物通常会与细胞膜的某些成分相互作用。除了特异性的膜受体结合外，其他靶点也会受毒物的影响。有些化学物，如催眠药和有机溶剂，通过非特异地改变细胞膜的流动性而产生中枢神经系统镇静效应。

（四）细胞能量的变化

细胞能量的产生和利用对所有细胞的生存都至关重要。当脑、心和肾脏组织中的一些细胞产生和利用能量物质的能力降低时，它们对毒性物质作用的敏感性也增加。任何直接或间接影响能量产生和利用的化学物都有可能对细胞产生不良影响。例如，孔雀石绿其化学结构为 *N*-甲基二胺三苯甲烷，它能溶解线粒体膜，导致膜通透性增加，继而线粒体肿胀，最终出现细胞呼吸抑制。

（五）与细胞内重要的大分子物质相结合

毒物与细胞内一些重要的大分子共价结合是造成细胞损害的一种机制。已有研究证实，这些物质的活性代谢物与特定细胞组分结合后能够引起组织坏死，造成靶器官特异性的损害。毒物通常与结构蛋白、关键酶、脂质和（或）核酸结合。结合作用一般发生在亲电子的活性中间产物与亲核的巯基、氨基或羟基之间。如果共价结合超出了细胞修复能力的范围，这种结合便是一种不可逆的过程。亲电子活性物质与 DNA 上的亲核位点相互作用可导致遗传毒性。例如，黄曲霉毒素是由黄曲霉和寄生曲霉产生的一类真菌毒素，其中以黄曲霉毒素 AFB_1 的毒性和致癌性最强，AFB_1 本身没有活性，但其代谢产物 AFB_1-8，9 环氧化物能与蛋白质结合产生细胞毒性，还能与 DNA 结合造成遗传毒性，诱发肝癌。

（六）氧化应激

氧化应激是指氧化-抗氧化之间的平衡被打破，氧化过程增强，从而形成潜在的损害。氧化物质的生成增加、组织还原能力降低以及两者的联合作用都可能导致氧化-抗氧化平衡的破坏。氧化损伤是由自由基造成的，特别是以氧为中心的自由基造成的氧化损伤成为生物系统中最常见的损伤类型。此外，有机分子中的其他一些原子如碳、氮、硫和磷原子，都可以自由基的形式存在。自由基能与蛋白质、脂类和 DNA 发生反应，这些生物大分子的改变反过来又能影响各种各样的信号传导系统和修复酶，氧化与抗氧化相互作用的最终的结果是使细胞从适应现状到重新回到稳态，或者是发生永久性损害甚至死亡。

（七）DNA 修复的失控

细胞受损后，启动一系列损伤修复机制，受损分子的修复有不同途径，蛋白质巯基的氧化和 DNA 的甲基化容易被修复，DNA 脱碱基和脂质断裂等的修复过程比较复杂，有时受损的分子完全降解，需要重新合成。损伤的细胞启动凋亡过程，凋亡通过损伤细胞的坏死而阻碍毒性作用的进一步发展。如果损伤超出了修复能力，细胞损伤进一步恶化。例如，DNA 修复系统对多价态重金属镍（Ⅱ）、镉（Ⅱ）、钴（Ⅱ）和砷（Ⅲ）非常敏感，修复系统对这 4 种金属造成的 DNA 损害的修复效率均降低，因而机体内肿瘤形成的危险性相应提高。这 4 种金属的作用机制是不同的：镍（Ⅱ）和镉（Ⅱ）干扰核苷酸剪切修复过程的第一步，即 DNA 损害识别；砷（Ⅲ）在低浓度时抑制剪切，在高浓度时抑制连接；而钴（Ⅱ）则对剪切和聚合都起到抑制作用。

三、细胞毒性的局限性

相对于复杂的体内反应，所有的细胞毒性试验都是过分简化了的简单事件，与体内毒性相比有其局限性，这些局限性也是大多数体外试验系统共有的，见第 6 章。

四、细胞毒性试验的分类

细胞毒性可从细胞形态、细胞生长情况及其生化改变来评价。检测细胞毒性最常用的终点是：

（一）反映细胞数量多少的指标

细胞蛋白质含量或 DNA 含量、活细胞计数、结晶紫试验、中性红试验、MTT 试验和 WST-1 试验。

（二）检测细胞膜完整性或通透性的指标

染料（中性红）摄取、染料（台盼蓝）排除、细胞内酶（乳酸脱氢酶）的释放、^{51}Cr 预负荷、核苷的释放、尿苷的摄取等。

（三）反映亚细胞器损伤的指标

中性红试验（溶酶体）、MTT 试验和 WST-1 试验（线粒体）。

（四）反映细胞代谢活性的指标

1. 反映细胞能量代谢 ATP 含量、乳酸/丙酮酸比值。

2. 反映氧化还原状态 还原型谷胱甘肽（GSH）含量、脂质过氧化产物生成量。

3. 反映生物大分子合成状态 蛋白质合成量、DNA 合成量。

（五）反映形态学改变的指标

细胞核和细胞质的改变、细胞空泡积累、脂质小滴、细胞膜膨出（鼓泡）、细胞核染色质的变化及细胞器（如线粒体、溶酶体等）的变化、细胞脱壁和贴壁等。

（六）细胞复制的变化

另外还有将几种指标结合起来反映不同损害靶点的联合检测法，如 WST-1 试验和中性红试验结合，可对同一细胞样本先后进行检测，以分别检测细胞的线粒体损伤和溶酶体损伤。

细胞毒性试验检测指标的具体选择除了要考虑到应与体内诱导的损害相符外，还要注意试验方法的可靠性、可重复性、灵敏度、方便性、费用及种属差异，最后还要考虑检测的化学物毒性作用特点。

五、细胞毒性的应用

（一）用于急性经口毒性 LD_{50} 预测

早在 20 世纪 50 年代，人们发现化学物质体外细胞毒性与动物急性毒性死亡剂量以及血液中该物质的致死浓度之间都存在良好的相关性。化学物质产生的损伤和死亡最终可表现为细胞水平上的改变，因此，可利用体外细胞毒性预测急性经口毒性的开始剂量代替传统的 LD_{50} 动物实验。也可以将体外细胞毒性试验用于系列组合试验中，作为新化学物质分类和标识的依据，以减少或替代现行的动物实验。目前，经验证的基本细胞毒性试验方法有两项，分别是 3T3 中性红吸收细胞毒性检测和正常人角质细胞中性红吸收细胞毒性检测，见第 3 节。

（二）作为急性毒性组合试验的组成部分

1989 年，体外细胞毒性多中心评价（multicenter evaluation of in vitro cytotoxicity tests，MEIC）计划启动，旨在确定最好的试验组合（试验序列）用于急性毒性试验。最终 MEIC 确定了 3 种人类细胞系组合的试验策略，由 4 项终点和 2 个暴露时间段组成，即 HepG2 细胞蛋白含量/24h 暴露、HL-60 细胞 ATP 含量/24h 暴露、Chang 肝细胞形态变化/24h 和 168h 暴露。利用这一试验组合，可实现对全部 50 种化学物质人类致死性血液浓度的预测，见第 8 章。

(三) 用于最大耐受剂量预测

原代培养的大鼠肝细胞、MDBK 和 McCoy 细胞的细胞毒性试验结果，可用于预测大鼠和犬体内 4 周毒性试验最大耐受剂量。原代培养大鼠肝细胞更敏感，被用于预测体内犬试验的数值。MDBK(牛肾细胞)敏感性稍差，可用于预测大鼠体内的数值。McCoy(人上皮细胞)作为体外对照。

(四) 基本细胞毒性试验用于产品检测

细胞毒性试验可用于医疗器械的安全评价，见第 24 章。

(五) 用于遗传毒性检测

许多遗传毒性试验通过体外系统进行，如 V79(CHO)/HGPRT 细胞系统的基因突变试验、V792 细胞的姊妹染色单体交换实验、原代培养肝细胞的非程序性 DNA 合成实验等，见第 14 章。

(六) 毒性作用机制研究

人类生存环境的恶化，使环境内分泌干扰物的研究备受关注，通过体外培养的细胞毒性试验可从机制上阐明环境内分泌干扰物的损伤靶点和作用模式，见第 19 章。

(七) 用于靶器官毒性预测

来源于不同器官的细胞可进行所属器官特异性毒性的预测，如神经细胞预测神经毒性、肝细胞预测肝脏毒性、胚胎干细胞分化对胚胎毒性的预测等。

第 2 节　细胞毒性检测方法

细胞毒性分析方法的选择取决于研究目的、应答性质以及特定的靶细胞，这些分析方法可分为 5 大类：①生存力(viability)：一种快速或短期的应答，如膜渗透性的改变或者特定代谢途径的紊乱；②存活(survival)：自我更新能力的长期维持；③代谢(metabolic)：通常是基于微滴定的中期分析，可以测定暴露当时或稍后的代谢应答(如 LDH 活性、DNA、RNA 或蛋白质合成)，也可在暴露 2 或 3 次群体倍增时测定同一参数，以便更好地反应细胞的生长潜力和存活率；④转化(transformation)：反映生长条件改变时的存活情况(如表达遗传突变或恶性转化时的情况)；⑤刺激性(irritancy)：与体内炎症、过敏或刺激反应类似的一种应答，通常采用器官或器官型培养系统，通过监测细胞因子的释放来进行分析。

一、生存力检测

生存力分析可用于检测潜在的损伤过程，如原代分离、传代或冻融后活细胞的比例。多数生存力试验都是建立在化学物使膜完整性发生破坏这一情形之下，通过染料的摄取或释放来测定。有的染料在正常时不能进入细胞(如台盼蓝、藻红或萘黑)，而膜破坏时进入细胞内；有的染料在正常时由活细胞摄取并储存其间，而膜破坏时被释放出来(如二乙酰荧光素或中性红)。细胞的这种效应是瞬间的，并不能预测细胞最终的存活。此外，染料排斥的检测方法总是过高地估计了细胞的生存力，如保存在液氮中的细胞融化后有可能排斥台盼蓝，但这些融化后的细胞仅有 60%在 24h 后证明能贴壁。

(一) 实验 1. 细胞计数法

1. 原理　药物或毒物可使细胞坏死和溶解，导致细胞数减少。通过检测细胞数目的变化，可反映受试物细胞毒性的大小。

2. 方法　将细胞接种于 24 孔或 96 孔培养板上，待细胞融合后加入不同浓度的受试物，对照组加溶剂对照。24h 后制备细胞悬液。用血细胞计数板或细胞计数仪计数各组细胞悬液中的完整细胞数。

3. 分析　可直接比较完整细胞数的多少。经统计学分析，若受试物组细胞数多于对照组，表明受试物有促细胞增殖作用，反之表明受试物有抑制细胞增殖作用。按以下公式可计算相对细胞数：

相对细胞数(%)=[受试物组细胞数/对照组细胞数]×100%

相对细胞数越高，表明对细胞的毒性越小；相对细胞数越小，表明对细胞的毒性越大。

（二）实验2. 染料排斥法测定细胞生存率（台盼蓝拒染试验）

1. 原理　台盼蓝、萘黑以及很多其他染料均不能透过活的细胞，但当受试物损害细胞使细胞膜通透性增强时，台盼蓝染料可通过细胞膜而使细胞着蓝色。通过计算细胞蓝染率可估计细胞毒性的程度。

2. 方法　将不同浓度受试物作用下的细胞制成高浓度细胞悬液(约 10^6个/ml)，取 50μl 细胞悬液与 50μl 0.4%台盼蓝溶液混匀，取1滴混匀悬液加入血细胞计数器内，在显微镜下计数着色(蓝染)细胞数和未着色细胞数。

3. 分析　计算着色细胞的百分数(细胞蓝染率)即为细胞死亡率，未着色细胞的百分数即为细胞生存率。细胞蓝染率高表明受试物的细胞毒性强。通过设计一系列浓度梯度得出细胞死亡率或计算化学物对细胞的半数抑制浓度(IC_{50})，比较不同受试物的 IC_{50} 可知细胞对不同受试物的敏感性。IC_{50}越大，表明细胞毒性越小，反之亦然。

（三）实验3. 染料摄取法测定细胞生存力（荧光素吸收试验）

1. 原理　活细胞可以摄取二乙酰荧光素，并将其水解成荧光素，水解后的荧光素不能透过活细胞的细胞膜。活细胞发出绿色荧光，而死细胞则不能。没有生存力的细胞可以被碘化丙啶染色，随后发出红色荧光。因此，可将细胞悬液用碘化丙啶和二乙酰荧光素的混合液染色，然后用荧光显微镜或流式细胞仪进行检测。发绿色荧光的细胞的百分数表示细胞生存力。

2. 方法　将不同浓度受试物作用下的细胞制成细胞悬液(注意生长液不含酚红)；以1∶10的比例加入荧光素染料混合液，二乙酰荧光素的终浓度为1μg/ml，碘化丙啶的终浓度为50μg/ml；将细胞在37℃ 10min 温育，取1滴混匀悬液加入血细胞计数器内，荧光显微镜下观察计数。

3. 分析　发绿色荧光的是活细胞，而发红色荧光的是没有生存力的细胞，细胞生存力可用发绿色荧光的细胞数占细胞总数的百分比来表示。着色的单细胞悬液也可用流式细胞仪进行分析。

（四）实验4. 染料摄取法测定细胞生存力（中性红吸收试验）

1. 原理　中性红(NR)是一种弱的阳离子染料，极易以非离子扩散的方式穿透细胞膜并在细胞溶酶体内聚集。活细胞可摄取中性红，并将其储存于溶酶体中；没有生存力的细胞不能储存中性红。外源化学物质作用引起细胞表面的改变或溶酶体膜敏感性的改变，导致细胞吸收和连接 NR 的能力下降。因此，可以用中性红摄取试验区分活的、损伤的或死亡的细胞。

2. 方法　在96孔培养板上培养细胞。倒掉培养液，加入 0.15% 中性红溶液 0.1ml，培养 3h 后倒掉中性红溶液。加入 0.2ml 细胞固定液(各含1%的乙酸和甲醛混合物)固定 5min，倒掉固定液。最后加入中性红提取液(乙酸和乙醇的混合物，含乙酸 1%、乙醇 50%) 0.1ml，在测定波长 570nm、参考波长 650nm 处比色。在加入中性红提取液之前，应将板内残留中性红溶液彻底洗净，以免影响检测结果。

3. 分析 用乙酸和乙醇的混合物提取溶酶体中性红，溶酶体受损伤或死亡的细胞提取液颜色浅。中性红摄取率(%)=(受试物组吸光度值/对照组吸光度值)×100%。中性红相对摄取率越高，表明细胞毒性越小；中性红的相对摄取率越低，表明细胞毒性越大。

二、细胞存活检测

短期细胞毒性试验操作简单、快速，但它只能表示在试验当时细胞是死的还是活的，然而，有些毒性作用的效应(如放射、药物作用)通常要在数小时甚至数天后才发挥作用。因此，测定长期细胞毒性试验时，死细胞可能已经消失，此时的细胞存活更多地意味着细胞保持着再生能力而不是或许可以逆转的短期毒性。细胞的再生能力可以通过贴壁效率或克隆形成实验来测定。

(一) 实验5. 贴壁效率试验

1. 原理 贴壁效率是通过显示细胞几个世代的增殖能力来测定细胞的存活能力，它是分析细胞增殖和存活的良好指标，可反映一个群体中生长率的差异以及区分生长速率(集落大小)和细胞存活(集落数目)的改变。只要细胞的贴壁效率足够高，其集落就可看作是整个细胞群体的代表。如果可以证实每一个集落是从单个细胞生长而来，那么贴壁效率可以看作克隆效率。

2. 方法 用不同浓度的受试物处理细胞24h，经胰酶消化后，以低细胞密度(2～50个/cm^2)接种，孵育1～3周，用甲醇固定细胞，结晶紫染色，从集落的数目计算其贴壁效率。

3. 分析 根据贴壁效率=试验细胞形成的集落数/对照细胞形成的集落数，做出对数受试物浓度下细胞的相对贴壁效率曲线图，可以用来确定IC_{50}或IC_{90}，分别代表50%或90%的集落形成被抑制时的化合物浓度。定出一个阈值对于计数集落很重要，通常每个集落的细胞数以大于50个为准。

(二) 实验6. 细胞增殖测定——生长曲线

细胞增殖率的测定常常用来确定细胞对某一特殊刺激或毒物的反应性。定量测定培养细胞的生长曲线可以监视培养的稳定性，又可知道最佳传代时间、最适稀释度以及估计不同细胞浓度下的贴壁效率，对维持细胞的常规培养很重要。细胞增殖还常用于培养基、血清、培养皿或基质等培养影响因素的质量控制。

1. 原理 培养的细胞在潜伏期、指数生长期(对数期)和静止期(平台期)的许多方面均有很大的不同，因此，为了确定细胞是否增殖，要考虑实验开始时以及取样时细胞的生长状态。如果它们在增殖，要考虑它们的群体倍增时间(population-doubling time，PDT)和细胞周期时间。已进入平台期的细胞的生长分数会大大下降，形态将有所不同，有更多细胞分化并且可能产生极性；它们通常可以分泌更多的细胞外基质，而且不易被分散开来。通常指数期的培养细胞比较恒定和均一，在此期末取样产量最高，增殖能力最强。对数期和平台期能提供细胞系的重要信息，如指数生长期的PDT、平台期的最大细胞密度(即饱和密度)。PDT的测定可用于细胞对不同抑制因子、培养条件(如不同营养成分及配比、激素)和外源化学物作用的定量研究。PDT是适用于整个细胞群体的平均数。

2. 方法 经胰酶消化的细胞，稀释细胞悬液分别至1×10^5、3×10^4、1×10^4个细胞，每一浓度均含25ml培养基，每一浓度分别用一块24孔板，每孔加入1ml培养液，分别于培养24h、48h、72h取样进行细胞计数。对于迅速生长的细胞(PDT为12～24h)可以每天连续取样；但是对于生长缓慢的细胞(PDT大于24h)，则每两日取样，直至细胞达到平台期。

3. 分析　①计算每孔每ml培养基以及每孔中每cm^3生长的细胞数；②将细胞密度(每cm^3的细胞)和细胞浓度(每ml中的细胞)以对数和线性作图；③确定出延迟时间、PDT和平台期密度；④确定常规传代的合适起始浓度；⑤比较不同条件下的生长曲线。

三、代谢检测

贴壁效率试验既费时又费力，每个试验周期可能需要2～4周，不便于大量标本的筛查，而且原代新鲜分离的细胞贴壁效率通常都很低。因此，需要建立能在更高密度时对细胞进行分析的方法(如微滴定板试验)，这些方法直接测定的并不是细胞存活，而是细胞数目的净增长(即生长曲线)、蛋白质或DNA总量的增加，或是保留的合成蛋白质或DNA的能力。此时，存活可代表一个整体的细胞群体在去除毒性影响后的某段时间保留的代谢或增殖能力。然而这类试验的缺点之一是不能区别出是每个细胞代谢或增殖活性的降低还是细胞数目的减少。基于多孔板的微滴定试验提高了检测效率，适于自动操作。目前应用最广泛的是MTT还原法。

(一) 实验7. MTT四噻唑蓝试验

1. 原理　将指数生长期的细胞暴露于受试物中，暴露的持续时间通常决定于产生最大损伤所需的时间，同时也要考虑受试物的稳定性。将受试物去除后，让细胞再增殖2～3个群体倍增时间，这样就可以把能够增殖的存活细胞与那些不能增殖的存活细胞区别开来。然后利用MTT染料还原反应测定存活细胞的数目。四噻唑蓝(methylthiazoletrazolium，MTT)系浅黄色粉末，可溶于生理盐水或PBS中，但溶解度不高且缓慢。在一定浓度下(在培养液中的终浓度为0.5mg/ml)，细胞可摄取MTT，并被线粒体脱氢酶(主要是琥珀酸脱氢酶)氧化为蓝紫色甲臜颗粒，各孔颗粒产生量与活细胞数成正比。将MTT-甲臜产物溶于适当溶剂中，就可以用分光光度计来定量测定。

2. 方法　先将不同浓度的受试物加入到在微孔板上培养的单层细胞中，去除受试物，每日换液至2～3个PDT，然后再次更换培养液并在每个孔中加入MTT。于暗处温育4h，然后再撤除培养基和MTT。将不溶于水的MTT-甲臜结晶溶于DMSO中，加入缓冲液调节最终的pH，在酶标仪上记录吸光值。

3. 分析　将各受试物浓度组的吸光度值与对照组相比得出的百分率作为各受试物浓度组的细胞存活率，细胞存活率越高，细胞毒性越小。通过设计一系列合理的剂量得出的细胞存活率可计算受试物的IC_{50}，比较不同受试物的IC_{50}可知细胞对不同受试物的敏感性。

(二) 试验8. WST-1试验

与MTT相似，WST-1也能被线粒体脱氢酶代谢，但其代谢产物是水溶性的，呈黄色，故无需溶解步骤而可直接进行比色。商业购得的WST-1系红色液体，需冷冻保存，临用前融化，也是10倍稀释于培养液中应用。加入WST-1后一般在孵箱中孵育4h，直接进行比色，设定波长为450nm。结果分析与计算和MTT试验相同。本法的优点是测完后细胞不受损伤，经洗涤后可再进行其他检测或形态观察；缺点是WST-1价格较高。现已有商品化的WST-1细胞增殖及细胞毒性检测试剂盒供应。

四、转　　化

常用的体外转化试验包括锚定非依赖

性、细胞增殖的密度极限降低以及遗传诱变等。遗传诱变可以用姐妹染色单体交换、微核试验和彗星试验来测定，方法见第 14 章。转化试验可用于致癌性的评价试验，如 3T3 细胞和胚胎细胞转化试验，见第 18 章。

五、炎症反应

随着 3R 运动的发展，现在越来越多需要用组织培养试验来揭示炎症反应，这些炎症反应可能是由于局部应用药物、化妆品或化学品引起的（如皮肤刺激、眼刺激、黏膜刺激等），或是由于吸入或摄入异源生物或化学物质引起（如肺炎症、肠炎症、过敏反应等）。

自滤孔培养技术问世以来，人们利用滤孔系统提供的不同细胞类型共培养技术应用于人体器官模型的构建过程，目前已成功建立了皮肤、角膜、肠上皮等模型。如皮肤模型系统可用于过敏原或刺激物的直接接触测试，通过检测由损伤细胞释放到培养液中的炎性细胞因子，反映受试物的毒性效应，这些因子可用 ELISA 技术进行检测。这一试验系统是体外毒理学的主要发展领域，见第 5 章。

（一）实验 9. 乳酸脱氢酶漏出率

1. 原理 乳酸脱氢酶（LDH）是一种胞质酶，正常情况下不能透过细胞膜，但当细胞受到损伤时，细胞膜通透性增强，LDH 会从细胞内漏出到培养液中，测定培养液中 LDH 活性或 LDH 漏出率可反映受试物的细胞毒性。LDH 在有辅酶Ⅰ携带氢的情况下，催化乳酸与丙酮酸之间的可逆反应。以乳酸为基质，在 pH10 的条件下，经 LDH 作用后，测定生成的丙酮酸量，从而推知 LDH 的活性。

2. 方法 收集毒性试验结束后的细胞培养液。将丙酮酸溶液、缓冲基质液和 2,4-二硝基苯肼按不同比例混合，置 37℃水浴 15min 后，各管加入 0.4mol/L NaOH 溶液 10ml，混匀，室温下放置 5min，440nm 处比色。以 LDH 为横坐标，以各管光密度值为纵坐标，绘成标准曲线。将待测细胞培养液 0.1ml 与缓冲基质液 1ml 混匀，置 37℃水浴约 3min，然后加入辅酶Ⅰ溶液 0.2ml，置 37℃水浴 15min，加入 2,4-二硝基苯肼 1ml，置 37℃水浴 15min，最后加入 0.4mol/L NaOH 溶液 10ml。混匀后室温下放置 5min，以对照管为空白，440nm 处比色。根据标准曲线确定细胞培养液中 LDH 的活性。

3. 分析 通过直接比较每培养孔 LDH 的活性来判定受试物的细胞毒性。培养孔 LDH 的活性越高，表示细胞膜通透性越高，细胞受损越严重，受试物细胞毒性越大。也可比较每培养孔 LDH 的相对活性（%）。LDH 在肾、肝和上皮细胞中的含量比较高，LDH 漏出试验可作为评价上述组织细胞毒物损伤的常规指标，LDH 释放水平通常反映的是化学物的非特异性细胞膜损伤。

（二）实验 10. *N*-乙酰-β-*D*-氨基葡萄糖苷酶（NAG）漏出

1. 原理 NAG 是重要的溶酶体水解酶，在肾实质内具有较高浓度，主要存在于近曲小管。NAG 近年来被认为是肾小管上皮细胞损伤的特异性指标，广泛应用于肾小管上皮细胞损伤的检测。在一定条件下（37℃，合适 pH）NAG 水解 2-氯-4-硝基苯基-*N*-乙酰-β-*D*-氨基葡萄糖苷（CNP-NAG）的糖苷键，游离出 2-氯 4-硝基苯（CNP），CNP 的含量可以通过 400～415nm 吸光度的变化测定。

2. 方法和分析 基本操作过程和分析同 LDH。

（三）实验 11. 细胞蛋白含量测定

1. 原理 细胞中蛋白质含量可反映细

胞生长和增殖的状况，从而反映受试物对细胞的毒性作用。测定时，先将细胞溶解释放蛋白质，再加入游离状态的考马斯亮蓝 G-250，在酸性条件下考马斯亮蓝 G-250 呈红褐色，与蛋白质结合后呈蓝色。在一定的浓度范围内蛋白质含量与颜色的深度成正比，通过比色并与标准蛋白质比较可得出蛋白质浓度，进而计算出细胞中蛋白质含量。

2. 方法　绘制标准蛋白质曲线。吸取培养板各孔培养液，加入与培养液等量的生理盐水洗涤，弃去生理盐水，然后加入等量的 0.5 mol/L NaOH 溶液，以使细胞释放蛋白质，然后于测定管中依次加入待测液 0.1ml、生理盐水 0.9ml 和考马斯亮蓝 G-250 溶液 5ml，混匀后静置 5min，以对照管为空白，595nm 处比色，根据标准曲线确定样品中蛋白质浓度。

3. 分析　每培养孔蛋白质含量(μg/孔)＝测定的蛋白质浓度(μg/ml)×每孔加入的 0.5mol/L NaOH 溶液的体积(ml)×稀释的倍数。受试物细胞毒性越大，每培养孔中蛋白质含量越低。

（四）实验 12. 细胞形态观察法

可通过细胞形态变化来判断细胞毒性，细胞形态变化很难定量，但可通过形态变化程度分级，或根据形态改变细胞数占总细胞的百分比进行所谓的半定量。细胞形态改变可在倒置显微镜下直接观察，也可经染色后观察，HE 染色和吉姆萨染色是观察细胞形态最常用的方法。

第 3 节　用于替代实验的基本细胞毒性方法

多数体外细胞试验方法的研究都是假定急性毒性的基本原理是化合物干扰细胞的基本功能，因此，将引起细胞培养物中 50%的细胞产生基本细胞毒性的化学物的浓度假设为体内 LD_{50} 的指示，与测试的细胞类型无关。如果这一关系成立的话，即意味着细胞培养物中受试物的浓度与体内靶细胞预期的暴露浓度是相当的。其前提是假设化学物快速经口吸收而且在器官中平均分布，不存在化学物的快速排泄，而且不形成毒性更强的代谢产物。另一假设前提是体内毒性并不是主要因为损伤已分化细胞的特定功能引起的，即器官或组织特异性效应不是急性毒性作用的主要测定因素。

有些化学物质用基本细胞毒性预测急性系统毒性效果比较差，是由于化学物质在低组织浓度时会与靶器官发生特异性的作用，受生物活性决定而限制了其到达靶器官的水平；或者是由于化学物被快速清除；或者通过代谢解毒。因此，这类化学物质的急性毒性预测需要考虑生物动力学模型或其他体外毒性资料。理论上讲，任何能检测基本细胞毒性的体外试验方法都能用于预测最佳开始剂量，如 UDP、ATC 等急性经口毒性的预测。

2002 年，ICCVAM 验证了两项基本细胞毒性试验方法，分别是 3T3 中性红吸收细胞毒性检测和正常人角质细胞中性红吸收细胞毒性检测。2006 年，AcuteTox 项目提出了 6 种基本细胞毒性方法，包括 Fa32/NR 摄取、Fa32/蛋白含量、3T3/NR 摄取、NHK/NR 摄取、HepG2/蛋白含量和 HL60/ATP 含量。其中 Fa32/NR 摄取、Fa32/蛋白含量、3T3/NR 摄取和 NHK/NR 摄取 4 种检测方法对 97 种参考物质的绝大多数均适用，HepG2/蛋白含量和 HL60/ATP 含量检测对半数参考物质适用。全部 6 种基本细胞毒性检测得出的结果基本相似。不同细胞对化合物的毒性分类均一致。也有例外，如对秋水仙碱、六氯苯、地高辛和 5-氟尿嘧啶，Hep-G2、HL-60 和 NHK 细胞的敏感性较低，IC_{50}较 3T3 和 Fa32 细胞高。3T3/NR 摄取和 HepG2/MTT 检测可用于商业化的高通量计算机检测平台。

一、3T3 中性红吸收细胞毒性试验

德国 ZEBET 中心开发了 3T3 中性红吸收细胞毒性检测(BALB/c 3T3 neutral red uptake test),简称 BALB/c 3T3 NRU。

(一) 原理

体内动物毒性试验与体外细胞毒性试验具有一定的关联性,通过体外基本细胞毒性试验可预测受试物的体内毒性效应。本方法通过检测化学物对小鼠成纤维细胞(BALB/c3T3)对染料中性红(NR)摄取能力的抑制效果,反映受试物对细胞膜结构、细胞器功能、物质和能量代谢以及由此导致的细胞增殖和存活力的影响,据此推断外源化学物质的基本毒性作用。中性红吸收是一种检测细胞存活的方法,其原理见第 2 节。

(二) 试验过程

制备浓度为 1×10^5 细胞/ml 的细胞悬液,接种于 96 孔培养板,每孔 100μL(相当于 1×10^4 细胞/孔),培养至细胞形成半融合单层。弃掉培养液,每孔加入 150 μl PBS 洗涤 2 次,再加入 100μl 处理培养液(分别含不同浓度的受试物、阳性对照和空白对照),继续培养 24h。在相差显微镜下观察细胞,记录细胞形态学变化。用 150 μl 预热的 PBS 洗涤细胞,轻轻地移去洗液,加入 100 μl 含中性红的培养液,继续培育 3~4 h。培育结束后,移去中性红培养液,用 150 μl PBS 洗涤细胞。弃掉洗涤液,加入 150 μl 中性红解析液(乙醇/乙酸溶液),持续振荡 10 min,直至中性红被解析形成均一溶液。测量终溶液在 540nm 处的光密度值(OD_{540nm}),与没有用受试物处理的对照细胞比较,根据浓度-反应曲线计算能抑制 50%中性红吸收的被试物质的浓度(IC_{50}值),单位为 μg/ml 或者 mmol/L。

(三) 结果判定

用于急性经口毒性的预测模型

$$\text{Log}(LD_{50}[\text{mmol/kg}])=0.435\times\log(IC_{50}[\text{mmol/l}])+0.625$$

用于生物材料和医疗器械的评价:参考 ISO10993 标准:①定性评价:检查细胞形态并评分;②定量评价:通过与阳性和阴性对照比较。

(四) 验证研究

2002 年,NICEATM 和 ECVAM 组织了对 BALB/c 3T3 NRU 试验和正常人角质细胞中性红吸收细胞毒性检测(NKC NRU)试验的联合验证研究,验证结果表明这两种方法正确地按照 GHS 对化学物质进行分类;能预测体内毒性试验的开始剂量,并有效减少动物的使用。此外评估了与人类致死性浓度间的相关性。2007 年,经过同行评审后,ICCVAM 批准了两项体外基本细胞毒性试验方法,用于估计 UDP 和 FDP 两项"减少性替代方法"的开始剂量,ECVAM 也认同 ICCVAM 进行的国际细胞毒性检测方法验证研究,但这两项方法作为组合替代试验的组分还没有被验证。

二、正常人角质细胞中性红吸收细胞毒性试验

(一) 原理

正常人角质细胞中性红吸收细胞毒性检测(normal human keratinocyte neutral red uptake test)简称 NHK NRU,采用正常人角质细胞,应用中性红吸收(NRU)细胞毒性试验检测受试物的细胞毒性。体外培养的正常哺乳动物细胞不断地分裂增生,毒性物质不论其作用位点和机制如何,都会干扰细胞的分裂增殖过程,导致细胞生长速率下降和数量减少。培养中的正常细胞经受试

物暴露后，细胞毒性表现为浓度依赖性的中性红摄取降低，据此可以得出有关细胞完整性受损和生长抑制等作用的信息。

（二）试验过程

可采用人永生化角质细胞系 HaCaT、正常人角质细胞系或原代人角质细胞。

制备浓度为（1.6～2.0）$\times 10^4$/ml 的细胞悬液，接种于 96 孔培养板，每孔 125μL 相当于（2～2.5）$\times 10^3$ 个细胞。孵育 48～72h 后细胞形成半融合单层。直接加入 125μl 合适浓度的受试物溶液、阳性对照溶液或者溶剂对照溶液到测试孔中。继续培养（48±0.5）h。在相差显微镜下观察细胞，记录细胞形态学变化。然后去除培养液，用 250 μl 预热的 D-PBS 小心洗涤细胞，轻轻地移去洗液，加入 250 μl 含中性红的培养液，继续培育（3±0.1h）。孵育结束后，移去中性红培养液，用 250 μL D-PBS 洗涤细胞。弃掉洗涤液，加入 100 μL 中性红解析液（乙醇/乙酸溶液），持续振荡 20～45min，直至中性红被解析形成均一溶液。测量终溶液在 540nm 处的光密度值（OD_{540nm}），与没有用被试物质处理的对照细胞比较，根据浓度-反应曲线计算能抑制 50%中性红吸收的被试物质的浓度（IC_{50}值），单位为 μg/ml 或者 mmol/L。

（三）结果判定

啮齿类动物急性经口试验开始剂量的模型

$$\log(LD_{50}[\text{mmol/kg}]) = 0.435 \times \log(IC_{50}[\text{mmol/L}]) + 0.625$$

用于生物材料和医疗器械的评价：参考 ISO10993 标准：①定性评价：检查细胞形态并评分；②定量评价：通过与阳性和阴性对照比较。

（四）验证和应用

同 3T3 NRU 试验。

三、肝细胞毒性试验预测急性毒性

大鼠肝癌来源的 Fa32 细胞和人肝癌细胞 Hep G2 均可用于人类急性毒性预测，测定方法包括 Fa32 中性红摄取和 Fa32 蛋白含量检测、HepG2 蛋白含量检测。在 MEIC 研究中，Hep G2/24-h 总蛋白检测试验方法被认为是最好的体外预测人类急性毒性的方法。用中性红摄取或 MTT 法检测 Fa32 细胞暴露受试物后的 IC_{50}浓度，结果发现与人类毒理学数据具有良好的相关性。其主要机制是受试物引起细胞溶酶体或线粒体功能受损。

蛋白水平测定采用的是 Lowry 法，Dierickx 改进了蛋白测定方法，采用 3-(-羧基苯甲酰基)-喹啉-2-甲醛（CBQCA）作为荧光探针，可定量检测细胞总蛋白含量。与 Lowry 法相比，Hep G2/24h/CBQCA 总蛋白测定法的优势在于易于大规模自动化分析。同样 CBQCA 法也适用于 Fa32 细胞蛋白含量分析。

Fa32 细胞和 Hep G2 细胞也可用于迟发性细胞毒性的研究。例如，用 44 种 MEIC 参考化学物进行测试，Fa32 细胞用受试物处理 24h，再用常规培养基培养 5d，中性红摄取抑制法测定细胞毒性，结果用 NI_{50} del 表示，即与对照细胞相比，使中性红摄取下降 50%的受试物浓度，与急性 NI_{50} 比较，后者是受试物作用 24h 结束后即刻测定的值。在 44 种化学物中，9 种细胞表现出延时的细胞毒性（NI_{50} del$\leqslant NI_{50}$），11 种疑似延时毒性，24 种无延时毒性（NI_{50} del$>1.5\times NI_{50}$）。NI_{50} del 与人类毒性数据相比，相关系数 $r^2=0.761$。相关性明显高于 Hep G2 细胞（$r^2=0.695$）。

Scheers 等在 EDIT 计划中，用 Hep G2 细胞对 27 种化学品的长期毒性进行了检测，首先测定 PI_{5024h}值，即经过 24 h 暴露后总蛋白含量下降 50%的受试物浓度。细胞用相同浓度化学物 1 周处理 2 次，每周消化和计数（动态培养），比较受试组与对照组细胞数，6 周后测定 $EC_{50\ 6w}$值，即经过 6 周处理后使细胞数下降 50%的受试物浓度。将其与 $PI_{50\ 24h}$比较，其中 27 种化学物的具有较好相关性($r^2=0.860$)。6 周后，测定用特定浓度受试物预处理 6 周后去除受试物 24h 总蛋白含量下降 50%的受试物浓度 $PI_{50\ 24h\text{-}6w}$。对大多数化学物，$PI_{50\ 24h}$和 $PI_{50\ 24h\text{-}6w}$无差异，但对于乙醇、三氧化二砷(Ⅲ)等化学物，$PI_{50\ 24h\text{-}6w}$高于 $PI_{50\ 24h}$。有的化学物存在剂量反应关系，线性回归分析表明 $EC_{50\ 6w}$和人的急性毒性数据具有良好相关性($r^2=0.709$)。

四、HL60/ATP 含量检测

HL60/ATP 含量检测是预测经口急性毒性的一种细胞方法。HL60 细胞是人白血病细胞，用含 10%FBS 的 RPMI-1640 的培养基培养，以 2×10^4个细胞/(100μl·孔)的密度接种细胞于 96 孔培养板，用不同浓度的化学物处理 24h，硫酸喹纳定为阳性对照，测定 ATP 含量，计算细胞活性。

五、ECVAM 发布的基本细胞毒性试验方法

ECVAM 科学信息中心(Scientific Information System，SIS)是最早开展体外试验方法研发验证和信息发布的机构，从 20 世纪 90 年代开始，发布的基本细胞毒性试验方法近 20 多项，见表 7-1。

表 7-1 SIS 基本细胞毒性试验方法列表

SIS 编号	试验名称	检测终点	应用
no:3	FRAME 改良中性红摄取细胞毒性试验	中性红摄取	基本细胞毒性
no: 6	人淋巴细胞毒性检测	DNA 和 LDH 漏出，MTT 法检测细胞活性	基本细胞毒性
No:9	灌注细胞培养物中膜渗透性检测	检测[^{3}H]-2-脱氧-D-葡萄糖-6-磷酸酶的渗透量	基本细胞毒性
No:14	Hel-30 细胞毒性试验	蛋白合成能力分析	基本细胞毒性，化学物对合成代谢的影响
No:15	FRAME 细胞毒性试验(Kenacid 蓝)	Kenacid R 蓝染料结合法测定细胞蛋白含量变化	基本细胞毒性
No:16	原代培养人肝细胞		基本细胞毒性，遗传毒性
no:17	MTT 检测	有色染料分光光度检测	基本细胞毒性
no:24	细胞骨架变化检测	免疫荧光显微镜和定量生物化学方法间接测定细胞骨架蛋白	基本细胞毒性
no:33	酵母生长率细胞毒性试验	测定细胞生长密度反映细胞增殖的抑制	基本细胞毒性
no:34	酵母胞质膜 H^+-ATP 酶细胞毒性试验	检测细胞膜 H^+-ATP 酶活性	基本细胞毒性
no:35	中国仓鼠卵巢细胞(CHO) Na^+/K^+-ATP 酶试验	检测 Na^+/K^+-ATP 酶活性	基本细胞毒性
no:36	中国仓鼠卵巢细胞(CHO)增殖试验	细胞增殖检测	基本细胞毒性
no:38	LS-L929 细胞毒性试验	溴化乙锭染料摄取和醋酸荧光素吸收测定细胞活性	基本细胞毒性，眼刺激性

续表

SIS编号	试验名称	检测终点	应用
no:39	V 79细胞膜损伤毒性试验	核酸漏出测定	基本细胞毒性
no:46	BALB/C 3T3 细胞毒性试验	中性红摄取测定细胞活性，Kenacid R 蓝结合测定总蛋白	基本细胞毒性，眼刺激性
no:52	细胞器运动和线粒体特异性荧光素观察	视频增强对比光显微镜（AVEC-DIC）结合线粒体特异性荧光显色定量分析细胞器运动和细微结构变化	基本细胞毒性
no:58	UV吸收估计细胞数量	UV吸收法测定细胞数量结合DNA合成分析	基本细胞毒性
no:66	体外预测最大耐受剂量	原代大鼠肝细胞、MDBK和McCoy细胞用于预测大鼠和犬体内4周最大耐受剂量	基本细胞毒性，急性全身毒性
no:73	两室人组织细胞毒性试验	人肝微粒体活化系统与靶细胞（人单核淋巴细胞或红细胞）以半透膜隔开，鉴定代谢产物的扩散	基本细胞毒性，Ⅰ型代谢介导的肝毒性作用
no:76	四膜虫膜稳定性检测	视频图像分析纤毛原虫的运动速率反应生物膜脂质结构和蛋白离子通道变化	基本细胞毒性，生态毒性，水环境污染物
no:112	CYP1A1-诱发能力和HEPA-1小鼠肝癌细胞毒性试验	CYP1A1-诱发试验：测定芳香羟化酶（AHH）和7-乙氧基异恶唑-O-脱乙基酶（EROD）活性；Hepa-l细胞毒性试验：测定细胞活性	基本细胞毒性，生态毒性

第4节　细胞毒性的新标志

虽然文献报道了大量关于毒性作用机制的信息以及研究毒性效应的生物学反应的新方法，然而，在细胞损伤的机制方面以及预测毒性作用的能力方面依然有许多未解决的问题。现代分子生物学技术在毒理学中的应用开创了新的研究领域，尤其是以蛋白质组学、基因组学、转录组学等为代表的“组学”技术的进步可描绘上千个mRNA和蛋白质表达的信息，这就有可能提供新的更好的细胞损伤检测方法。尽管目前已获得了毒性刺激作用下大量关于基因表达的资料，但其中只有数量很少的基因活性变化与机制有关。理论上讲，靶基因的激活应该是与毒性作用机制相关的特异的生物学或生化反应的信号。

细胞对毒物暴露后，一些关键的细胞反应有可能成为毒性反应的早期标志物，包括：① 毒物暴露后产生的有活性的亲电子剂的反应（如氧化应激）：谷胱甘肽（GSH）的丢失、活性氧簇（ROS）的数量和敏感性增加、细胞内钙水平升高、脂质过氧化、ATP减少和线粒体/内质网膜受体减少等；② 细胞对应激的反应：如热休克蛋白（HSP）家族的合成增加、应激活化蛋白激酶（SAPKs）和葡萄糖调节蛋白（GRPS）的诱导等；③ 关键酶水平的变化：如毒性化学物解毒过程中的Ⅰ相和Ⅱ相代谢酶；④金属结合蛋白的诱导：如金属硫蛋白（MTs）；⑤细胞膜的紊乱、缝隙连接和细胞间通讯的抑制等（包括连接蛋白Cx43、Cx32和Cx26）；⑥ 细胞增殖的诱导：如TNF-α、TNF-β、纤溶酶原激活剂抑制因子-2（PAI-2）、肿瘤增殖标志物Ki-67抗原和增殖细胞核抗原（PCNA）等；⑦与关键细胞大分子结合：DNA损伤和修复机制等。

细胞暴露于毒性化学物后发生的原发性生物化学事件包括诱导特定的酶类、抑制诱导特定的酶类、特异性酶类过度负荷、保护性物质耗竭、置换载体蛋白、与内源性受体相互作用以及膜调节过程紊乱等。来自不同生物体的细胞通过不同的生化机制对毒性化学物产生反应，细胞特定和精确的反应性质取决于化学物结构和细胞种类，因此，首先要根据化学物的结构选择需要的相关研究终点。

一、新的细胞毒性标志物

（一）氧化应激和谷胱甘肽的稳态

细胞内 ROS 水平的增加即为氧化应激，它常代表潜在毒性损伤。如果不及时清除，可导致细胞膜功能紊乱、脂质过氧化、DNA 损伤以及蛋白质失活等，这些毒性效应常被用作研究氧化应激的终点。以脂质过氧化物作为检测终点比较复杂，且只能对脂质过氧化的程度提供一个大致的估计。但在毒性作用发生早期，与氧化应激毒性作用机制有关的特殊基因或蛋白质表达的改变，有可能作为氧化损伤的早期特异性的标志物，包括 NL-κB、环氧化酶-2（COX-2）、早期生长反应转录因子（Egr-1）、c-fox、c-jun、c-myc、c-jun、氨基末端激酶（JNK）、一氧化氮合成酶（iNOS）、白细胞介素 8（IL-8）、细胞黏附因子-1（ICAM-1）以及硫氧还原蛋白（Trx）等。外源化合物作为活性氧的来源可促进细胞内氧自由基的产生，如苯醌、某些染料、双吡啶基除草剂、某些过渡金属和芳香硝基化合物都是已知的氧化还原循环中的化合物。为了防止细胞成分被自由基破坏，体内有许多抗氧化防御体系用来清除细胞内的 ROS，如超氧化物歧化酶（SODs）、过氧化氢酶、谷胱甘肽过氧化物酶（GPx）和谷胱甘肽还原酶（GR）等，这些酶的水平可作为氧化应激的标志物。

在氧化应激的产生过程中，谷胱甘肽（GSH）的代谢是一种主要的细胞保护机制。GSH 在多个水平参与解毒作用，并且能清除自由基、降低过氧化氢水平或者与亲电子化合物共轭结合，因此，谷胱甘肽不仅对抗 ROS，且对抗其毒性产物，从而提供多重防御机制以保护细胞。氧化应激过程中谷胱甘肽的耗竭将严重影响细胞抗氧化的能力，故它可以作为氧化应激反应的适宜标志物，如利用亲电化合物与 GSH 结合的特性可用于皮肤接触过敏原的快速筛查，见第 11 章。

（二）钙调节和内质网

大量证据表明，许多毒性化学物以 Ca^{2+} 信号传导过程为靶并使其改变，进而以凋亡的形式诱导细胞死亡。暴露于药物或环境因子之后，控制细胞内 Ca^{2+} 稳态和 Ca^{2+} 信号传导过程机制的紊乱是许多疾病或病理状态发生的基础，如癌症、糖尿病、自身免疫性疾病和神经退行性改变。内质网包含应激蛋白的补体成分、葡萄糖调节蛋白（GRPS）和钙结合伴侣蛋白，如钙网蛋白和钙连接蛋白。具有干扰内质网积聚和/或耗竭钙能力的因子是 grp78 和 grp94（典型 *grp* 基因）激活的有效信号。Grp78（也称为免疫球蛋白结合蛋白），和 Grp94 是细胞溶质 Hsp70 和 Hsp90 的内质网同系物，在蛋白质的折叠中具有类似的功能。

（三）热休克蛋白

所有的真核细胞和原核细胞暴露于热或者其他代谢应激物（包括各种毒素）的时候，会导致一种或多种高度保守蛋白家族的合成增加，这些蛋白被称为热休克蛋白（HSP）。这些蛋白质由分子量不同的几个亚群组成（如 HSP25、HSP60、HSP70、HSP90），它们作为分子伴侣辅助新生蛋白质的折叠和组装，也存在于非应激状态的细胞中，因而将其作为毒性作用的标志物。有观察发现，HSP 的诱导可发生在化学物的浓度低于毒性作用浓度时，并且是细胞暴露于化学物后的最早反应之一。此外，HSP 的诱导是许多不同生物的最保守反应之一，因此，它在不同种属间的外推有一定的置信度。最后，细胞的应激反应通常快速和容易检测，在暴露于化学物的数小时内就可以观察到 HSP 水平的显著增加。

（四）应激活化的蛋白激酶

细胞对应激诱导因子的另一个重要方面是产生应激活化蛋白激酶（SAPK），这些蛋白激酶形成级联，它们直接相互平行，但是有别于信号转导的 MAP 激酶途径。SAPK 最终激活转录活化因子 c-jun，然后导致广泛的基因转录发生。SAPK 途径的某些诱导剂与诱导 HSP70 和免疫球蛋白结合蛋白（BIP）/grp78 合成的诱导剂相同。

（五）金属硫蛋白

金属硫蛋白（MT）是一种低分子量、富含半胱氨酸、可与金属结合的蛋白质。*MT* 基因很容易被生理学和毒理学刺激诱导。由于不同种属的 MT 中半胱氨酸的含量都较高，因此，认为半胱氨酸对 MT 的功能是必不可少的。大量的研究表明，MT 在细胞生物学上具有多种功能，包括：①Zn 的储库；②自由基清除剂；③对镉（Cd）毒性有拮抗作用。然而也有研究认为 MT 的诱导是细胞的一种适应性反应。MT 的诱导可以影响金属（如 Cd）及许多有机化学物的毒性损伤程度，因此，将 MT 的诱导作为细胞损伤和死亡的标志物的可能性比较复杂。

二、细胞毒性标志物用于替代试验

AcuteTox 项目是欧洲框架计划内资助的一项大型协作项目，旨在开发体外试验策略以替代化学物的体内急性毒性，总资助费用高达 1500 万欧元。AcuteTox 项目组的研究人员研究了 57 种参考物质细胞毒性的 77 个检测终点（表 7-2），对检测终点进行比较分析以便于将其列于整合试验策略中。此外，还研究了更为特异的终点，检测了 56 种化合物对体外人全血培养物产生细胞因子的作用，并对于 CFU-GM 和巨核细胞前体细胞的影响进行了研究，表明细胞毒性结果与大鼠经口 LD_{50} 值具有很好的相关性（r^2 约为 0.85）。一项新的采用全血培养检测细胞因子的试验方法已被开发，通过细菌产物脂多糖刺激白细胞，然后用磁珠分选流式细胞仪测定 3 种相关炎性因子 IL-1β、IL-6 和 TNF-α。根据这一思路，可以使用相关性更好的有丝分裂分裂促进剂（如植物血凝素）激活免疫系统，研究外源物质暴露对免疫功能的毒性影响；还可以进行小型化检测，如用于细胞毒性筛选和氧化应激筛选的细胞组学，用 56 种化学物质对 3 种人的细胞系（HepG2、SH-SY5Y 神经母细胞瘤和 A.704 肾腺癌细胞）进行细胞组学毒性检测，与体内人的毒性数据相关性非常好，但低于其他体外细胞毒性预测结果，与啮齿类毒性相关性最差。这些检测方法适用于按照 GHS 分类系统对化学物评价，细胞组学检测不能用于明确区分属于“有毒”类的化合物（GHS 分类 1-5），但能用于鉴别 GHS 分类属于“无毒类”的化合物。

细胞组学用于体外基本细胞毒性的分析，为建立预测毒性的新标志带来新机遇。有关技术的应用见第 5 章。

表 7-2　用于试验策略中的细胞毒性的标志物

临床终点	细胞系	终点
基本细胞毒性	HL-60 人细胞系	ATP 含量
	HepG2 人肝癌细胞系	蛋白含量（CBQCA 检测）
	Fa32 大鼠肝癌细胞系	Balb/3T3 中性红摄取
	Balb/3T3 小鼠成纤维细胞	NHK 中性红摄取
	正常人角质细胞（NHK）	Fa32 大鼠肝细胞中性红摄取

续表

临床终点	细胞系	终点
新细胞和新终点(血液毒性、肝毒性、肾毒性、神经毒性)	人外周血单核细胞(PBMCs) 人脐带血细胞 A. 704 肾腺癌细胞 HepG2 人肝癌细胞系 SH-SY5Y 人神经母细胞瘤细胞系	多元流式细胞分析细胞因子释放(IL-12HSP70、IFN-c、IL-2、IL-10、IL-8、IL-6、IL-4、IL-5、IL-1β、TNF-α、TNF-β) ELISA 分析细胞因子 IL-5、IFN-c 和 TNF-α 释放 克隆形成单位-粒细胞/巨噬细胞(CFU-GM) 克隆形成单位-巨核细胞(CFU-Mkg) 细胞毒性的流式细胞筛选,包括细胞内 Ca^{2+}(Fluo-4 探针) 线粒体膜电位(罗丹明 123)、细胞膜电位(DIBAC 探针)、细胞内脂质含量(BoDIPY 探针) 氧化应激的流式细胞筛选,包括细胞内过氧化体、线粒体超氧化物和细胞内 DNA 氧化(8-含氧鸟嘌呤碱基水平)
动力学	非细胞系统 Caco-2 小肠细胞系 血脑屏障模型 Not available Pooled human plasma 大鼠肝微粒体 人肝脏微粒体 原代大鼠肝细胞 冻存人肝细胞	人工膜渗透性(PAMPA)检测 小肠吸收(渗透性检测) 小肠吸收(毒性检测-14C-甘露醇) 小肠吸收(毒性检测-荧光黄) 血脑屏障通路(渗透性检测) 血脑屏障(毒性检测-荧光黄) 血脑屏障(毒性检测-14C-蔗糖) 水溶性 血浆蛋白结合 代谢稳定性
神经毒性	原代大鼠小脑颗粒细胞(CGCs) 纯粹酶 SH-SY5Y 人神经母细胞瘤细胞系 大鼠脑切片 原代小鼠大脑皮质神经元 原代小鼠小脑颗粒细胞(CGCs) 大鼠重聚脑细胞培养 原代大鼠小脑颗粒细胞(CGCs)	阿尔玛蓝(Alamar blue)检测 线粒体膜电位 AChE 抑制 AChE 抑制 LDH 漏出 Ca^{2+} 过载 GABA-A 受体功能 GABA 摄取 细胞去极化 谷氨酸盐摄取 基因表达(GFAP、MBP、NF-H、NF-M、PPAR-γ、HSP-32、iNoS) 酶抑制/活化(ChAT、GS、AChE、LDH、2,3-CNP) 甲硫氨酸摄取(蛋白合成) 尿苷摄取(RNA 合成) 2-脱氧葡萄糖摄取 Caspase-3 mRNA 表达 MTT 检测 谷氨酸盐诱导细胞内 Ca^{2+} 增高 活性氧 RoS 产生 LDH 释放 微阵列 31 种基因定量 mRNA 表达分析

续表

临床终点	细胞系	终点
肾毒性	LLCPK-1 肾上皮细胞系	阿尔玛蓝(Alamar blue) 跨上皮电阻(TEER)
代谢和肝毒性	大鼠肝细胞 Balb/3T3 小鼠成纤维细胞 HepG2	MTT 检测

(程树军　秦　瑶)

参 考 文 献

程树军,潘芳．体外皮肤刺激模型的生物标志研究进展．中国比较医学杂志,2010,20(3):71～75

弗雷谢尼著,章静波,徐存拴等译．动物细胞培养-基本技术指南．北京:科学出版社,2004

肖颖,李勇主译．欧洲食物安全:食物和膳食中化学物的危险性评估．北京:北京大学医学出版社,2005,52～64

张卓然．培养细胞学与细胞培养技术,上海:上海科学技术出版社,2004

周宗灿．毒理学教程．第 3 版．北京:北京大学医学出版社,2006

Cerrato L, Valeri A, Bueren JA, Albella B. "In vitro sensitivity of granulo-monocytic progenitors as a new toxicological cell system and endpoint in the acutetox project"Toxicology and Applied Pharmacology,2009,238:111～119

Clothier R, Dierickx P, Lakhanisky T, et al. Database of IC50 values and principle component analysis of six basal cytotoxicity assays, for use in modeling of *invitro -in vivo* data of the ACuteTox project. ATLA,2008. 36: 503～519

Diaz L, Gomes A, Pinto S, et al. *In Vitro* Strategies for Predicting Human Acute Toxicity: Screening Oxidative Cytotoxity by Flow Cytometry and High Content Assays. Free Radical Research, 2007,41: 23

Dierickx PJ. Evidence for delayed cytotoxicity effects following exposure of rat hepatoma-derived Fa32 cells: implications for predicting human acute toxicity Toxiclology in Vitro, 2003,17: 797～801

Dierickx P. Prediction of human acute toxicity by the hep G2/24-hour/total protein assay, with protein measurement by the CBQCA method. Altern Lab Anim,2005,33(3):207～213

Eskes C, Zuang V. Alternative (non-animal) method for cosmetics testing : current status and future prospects. ATLA ,2005,33: suppl,147～175

Guerra A, Paez JA, Campillo NE. Prediction of Blood-Brain Barrier Permeation, accepted for publication in QSAR & Combinatorial Science,2007

Herrera G, Diaz L, Martinez-Romero A, et al. Cytomics: A Multiparametric, Dynamic Approach to Cell Research. Toxicol,2007,21: 176～182

Herrera G, Pinto S, Diaz L, et al. Assessment of Oxidative Damage to DNA by Flow Cytometry and High Content Bioimaging Assays. Free Radical Research, 2007, 41: 23

Kinsner-Ovaskainen A, Rzepka R, Rudowski R, et al. Acutoxbase, an innovative database for *in vitro* acute toxicity studies. Toxicol. In Vitro, 2009,23: 476～485

Nogueiro EM. European Commission: Alternative testing strategies progress report, 2009, http://ec. europa. eu/research/research-eu

Noor F, Niklas J, Müller-Vieira U, Heinzle E. An integrated approach to improved toxicity prediction for the safety assessment during preclinical drug development usingHep G2 cells. Toxicol Appl Pharmacol. 2009,237(2):221～231

Pinto S, Diaz L, Herrera G, et al. High Content Bioimaging Assays for Oxidative Stress Assessment in Primary Cultures of Hepatocytes. Free Radical Research, 2007, 41: 23

Sjostrom M, Clemedson C, Clothier R, Kolman A. Estimation of human blood LC_{50} values for use in modeling of *in vitro-in* vivo data of the ACuteTox project. Toxicology in Vitro, 2008, 22: 1405～1411

第8章　急性毒性试验及替代方法
Chapter 8　Acute Toxicity Test and Alternative Methods

第1节　概　　述

急性毒性实验通常是毒理学研究的起始阶段，包括经口、经皮、吸入和其他途径的急性毒性，研究内容包括急性毒性效应表现、剂量-反应关系、靶器官病变及其可逆性等。急性毒性试验(acute toxicity test)是毒理学研究最基础的工作。1927年，Trevan在评价地高辛的急性毒性时第一次引入了半数致死量(LD_{50})的概念，此后，该指标得到广泛应用，成为急性毒性的主要指标。从20世纪70年代开始，LD_{50}试验受到科学界和动物福利主义者的广泛批评，此后，经典急性毒性试验方案经过多次改进，优化的方法有效地减少了动物使用数量和减轻动物痛苦。2001年年底，OECD发布了3项改良的急性毒性试验方法。2002年12月，OECD指南中废除了经典的经口LD_{50}试验(OECD TG 401)。之后，急性吸入毒性的试验方法也进行了修订，2009年，急性吸入毒性的优化方法获得OECD认可(TG436)。

一、急性毒性试验的概念

急性毒性按照GHS的定义是指经口或经皮肤途径一次接触或24h内多次接触某一化学物质，或4h内吸入暴露化学物所引起的不良效应。"一次"接触，在经口和经注射途径染毒时，是指瞬间给予实验动物染毒；在经呼吸道与皮肤染毒时，是指在一个规定的时间段内使实验动物持续接触化学物的过程。"多次"接触是指当外源化学物毒性很低时，即使一次给予实验动物最大染毒剂量仍不能观察到毒性作用，从而需要在24h内对实验动物进行多次染毒，以达到规定的限制剂量。

二、急性毒性试验的目的

急性毒性试验可以分为两类：一类是以死亡为毒性终点的经典试验，以检测受试物急性毒性上限指标为试验目的，这类试验主要是求得LD_{50}；另一类急性毒性实验不以死亡为观察终点，这类试验可得到受试物靶器官毒性和非致死性不良反应的数据。归纳起来，试验目的主要有：①评价化学物对机体的急性毒性大小，从风险分析的角度对化学物进行急性毒性分级，从而为其分类、包装和标识提供依据；②通过急性毒性效应的表现、临床症状和死亡情况，初步评价毒物对机体的危害特征、靶器官效应和剂量-反应(效应)关系；③为亚慢性、慢性毒性研究及其他毒理试验提供接触剂量设计和观察指标选择的依据；④为毒性作用机制研究提供线索。

通过外源化学物的急性毒性，可以得到一系列的毒性参数，包括：①绝对致死剂量或浓度(LD_{100}或LC_{100})；②半数致死剂量或浓度(LD_{50}或LC_{50})；③最小致死剂量或浓度(MLD，LD_{01}，或MLC，LC_{01})；④最大非致死剂量或浓度(MNLD或LD_0，LC_0)。这4种参数是外源化学物急性毒性上限参数，以死亡为终点。此外，还可以得到以非致死性急性毒作用为终点的下限参数，即⑤急性毒性最低可见有害作用水平（LOAEL）；⑥急性毒性NOAEL（未观察到有害作用水平）。

三、经典急性毒性试验

（一）实验动物的选择

尽量选择急性毒性反应与人近似，符合实验动物质量控制标准、健康、易于饲养管理和操作方便，价格较低和易于获得的动物。科学研究中动物的选择应符合科研课题的具体要求。按法规性要求进行的毒理学试验，动物的选择应符合相关法规的要求，如食品、药品、农药、化学品、化妆品和医疗器械等安全性评价程序中对急性毒性试验实验动物的规定。

急性毒性试验一般选用成年哺乳动物，首选大鼠，其使用量约占急性毒性研究所需实验动物用量的一半；其次是小鼠。也可选择豚鼠、兔、犬和猴。大鼠品系以SD、Wistar为主，小鼠中昆明种、NIH、Bablc/c用量较多。非啮齿类通常选择犬或猴。

除特殊要求外，急性毒性试验通常选择刚成年、健康且未曾交配和受孕的动物。实验动物应当是雌、雄各半，若采用单一性别动物则应说明其选择的合理性。如果发现受试化学物急性毒性有性别差异时，应单独分别试验并求出雌性与雄性动物各自的急性毒性反应剂量。如果试验仅是为特定的试验做准备，也可仅做单一性别的急性毒性试验，如雄性生殖毒性可只选择雄性动物进行试验；致畸试验可只选择雌性动物进行试验。

（二）实验设计

首先要了解受试物的化学结构和理化性质，如溶解性、挥发性、pH等，然后根据该受试物有关的测试规范要求决定实验方案。对于新化学物，还应检索与其化学结构和理化性质相似的化学物的毒性文献资料，取其LD_{50}值作为参考，选择相同或相近的物种/品系、染毒途径和剂量系列。试验前对受试物的理化性质、现有毒性资料做充分的检索分析既是提高动物实验结果的有效性和准确性的需要，对于减少和优化实验动物的使用也是必需的，但在实际工作中往往重视不够。

剂量选择是否恰当是试验能否成功的基础，也是运用3R原则的关键。总的原则是先用少量动物，以较大的剂量间隔（一般是按几何级数）染毒，找出10%～90%（或0～100%）的致死剂量范围，然后在这个剂量范围内以合适的间距设几个剂量组。经典急性毒性试验一般设置4～6组，每组雌雄至少各5只动物，以适当组距间隔，产生一系列毒效应和死亡率，以得到剂量-反应关系和求得LD_{50}。在不以死亡为终点的优化试验方法中，应根据试验方案的不同要求设计受试物剂量和动物数量。急性致死性毒性试验可以不设阴性对照组。

（三）染毒方法

染毒途径的选择对受试物急性毒性的影响很大，应综合考虑以下几个因素：①模拟生活和环境中人实际接触受试物的途径和方式；②受试物的性质和用途；③所选用的毒性评价程序的要求；④现有毒理学资料提示等。不同染毒途径的吸收量和吸收速率差异较大，一般是静脉注射＞吸入＞肌内注射＞腹腔注射＞皮下注射＞经口＞皮内注射＞经皮，同一受试物不同染毒途径的LD_{50}大小通常也符合此规律。

1. 经口染毒　对于新物质通常先进行经口染毒途径的急性毒性试验，以得出的LD_{50}比较不同化学物质急性毒性大小。经口途径可分为灌胃（强饲）、喂饲和胶囊吞咽等方式，其中以灌胃法最常用。灌胃前对动物禁食不禁水，大鼠应过夜禁食，小鼠应禁食4h。染毒后继续禁食3～4h。

2. 经呼吸道染毒　呼吸道染毒途径常

用于职业暴露的工业毒物、环境空气污染物和以吸入毒性为主的化学物质的毒性评价。吸入染毒可分为静式吸入和动态吸入两种。具体试验要求见本章第 4 节。

3. 经皮肤染毒 就解剖和生理特性而言，小型猪、兔、豚鼠与人类皮肤较近似，但实际工作中，最常用的还是大鼠，见第 9 章。

4. 注射染毒 注射药品需做注射途径染毒试验，在进行化学物质毒性作用机制研究和染毒途径对毒性作用的影响和毒物代谢动力学研究时，也需进行注射途径染毒试验。注射途径可分为静脉注射或滴注、腹腔注射、肌内注射、皮下注射、皮内注射等。

（四）观察

急性毒性的内涵是很丰富的，不能简单地理解为只是 LD_{50} 的测定。急性毒性试验的观察记录内容主要包括 4 个方面：临床症状及发生过程、死亡情况和时间分布、体重和病理形态变化。观察时间一般要求 14 天，如有必要可延长。临床观察每天至少 1 次，主要观察皮肤、被毛、眼睛和黏膜改变，呼吸、循环、自主和中枢神经系统、四肢活动和行为方式的变化。还应观察并记录动物出现的中毒性症状、发生时间和发展过程。急性毒性试验常见的临床体征可参阅有关试验指南，临床观察主要用于毒性效应观察和结果分析评价的参考。

实验动物染毒后往往出现先兴奋后抑制/死亡或抑制/死亡的现象。有些化学物中毒体征发展迅速且很快死亡，如丙烯腈；而有些化学物的中毒体征发展缓慢，甚至先出现体征缓解，然后再发生严重体征而死亡，如二膦酸盐类药物伊斑膦酸钠。因此，应注意观察并记录发生每种体征的时间、表现程度、发展过程及死亡前特征和死亡时间。

体重改变可以反映动物染毒后的整体变化，应于染毒前、染毒后每周和死亡时测定体重。对死亡动物应及时进行大体尸检，除肉眼检查大体病变外，必要时做好组织病理学检查。试验结束后，对存活动物也应进行大体解剖，并记录观察到的全部病变，必要时进行组织病理学检查。

急性毒性研究中，对非致死指标及其可逆性的观察有助于全面了解化学物的急性毒性。可逆性毒效应是指随着化学物从体内消失而逐渐减小以至消失的现象。毒作用的可逆性与受试物作用的器官和系统、化学物本身的毒作用特点、化学物接触时间、特定时间内机体接触化学物的总量、动物的年龄及一般状况有关。动物研究中观察到的不可逆性效应，在外推到人时比可逆性毒效应更为重要。

（五）LD_{50} 计算

半数致死量（LD_{50}）的定义是“经过统计得出的引起实验组动物 50% 死亡的剂量”，LD_{50} 是经统计学计算得到的毒性参数，并可报告其 95%可信限。LD_{50}（LC_{50}）值是一个统计量，受实验动物个体易感性差异的影响较小，因此，是最重要的急性毒性参数，也是进行急性毒性分级的依据。对于非致死性指标的量化，可以利用半数有效剂量（median effective dose，ED_{50}）和相应的剂量-反应关系曲线来解决。ED_{50} 是指一次给予实验动物某种化学物引起动物群体中 50%的个体出现某种特殊效应的剂量，该指标也是通过统计学计算处理得到的。

以对数剂量为横轴，将累积死亡率转换为概率单位作为纵轴，急性毒性剂量反应关系图形表现为直线。因此，可以将剂量对数值与死亡率（概率单位）的关系进行直线回归，用最小二乘法求出 a、b 值。代入直线方程：$Y=a+bX$。式中，X 为剂量对数值，Y 为死亡率的概率单位。利用此式即可求得受试化学物的 LD_{50} 及其 95%可信区间。

实际工作中，对于速杀性化学物也可仅根据 24h 的死亡数计算 LD_{50}。某些速杀性化学物（如久效磷）的 24h LD_{50} 与 14 天的 LD_{50} 没有明显差别。则应在试验报告中说明是 24h 的 LD_{50}。

最小致死剂量(MLD)：如果急性毒性试验得到较好的剂量-反应关系，则可直接计算 LD_{01}(使一组实验动物 1%死亡的剂量)，并以 LD_{01} 作为 MLD 的估计值。实际上，即使得到很好的剂量-反应关系曲线，LD_{01} 的可信限也是相当宽的，并包含了最大非致死剂量。

四、经典急性毒性试验的认识

(一) 经典急性致死性毒性试验的局限性

经典急性毒性试验及其 LD_{50} 值的精确评定曾经是世界各国药品、农药和化学品等健康相关产品法规管理的重要组成部分，对上述产品的开发注册登记备案发挥了重要作用，但随着科学的发展，经典急性毒性试验存在的科学上的局限性和动物福利上的欠缺性逐渐受到关注：

(1) 相对于急性毒性试验的绝大多数预期目的，LD_{50} 值能给予的信息及其可用性十分有限：急性毒性效应不能简单地等同于 LD_{50} 值，死亡仅仅是评价急性毒性的许多观察终点之一。单次给予实验动物大剂量的化学物质，由于实验动物死亡过于迅速，通常毒性作用症状还未出现，各种器质性变化尚未发展，故未能显示出靶器官的病变特征，对重复染毒研究剂量选择的参考价值有限。然而，采用非动物试验，如人细胞培养方法，不仅能在体外进行重复剂量染毒的快速研究，而且不存在种间外推的问题。

(2) 从生物学的角度看，LD_{50} 没有稳定的数值，LD_{50} 数值的变异受到多种因素影响：不同的试验条件和实验室对于同一受试物得出的结果差别较大，变化范围可达 3～11 倍。

(3) 通常急性毒性试验所用的剂量与临床使用剂量差别很大，所以不能期望使用急性毒性试验的结果来拟定人的临床剂量：例如，对于东莨宕碱、阿托品等药物，小鼠的 LD_{50} 分别为人的致死剂量 1253 倍和 250 倍。利用啮齿类急性毒性试验数据预测人类急性毒性效应的准确率只有 43%，如果包括致癌性和生殖毒性在内，预测效果更差，低于目前体外方法验证所要求的对于人类毒性的预测率。

(4) 人和动物对化学物的敏感性差别很大：人和动物的致死剂量相差很大，即使是大鼠和小鼠急性毒性试验的结果也存在差异(表 8-1)。对乙氨基酚对小鼠的 LD_{50} 浓度是 250～400mg/kg，通常由于肝坏死引起死亡；对大鼠的 LD_{50} 是 1000mg/kg，而且很少出现肝损伤症状。大鼠和小鼠对萘的毒性反应也不一致。硫脲对 Hopkins 大鼠的 LD_{50} 是 4mg/kg，而对野生型 Norway 大鼠的 LD_{50} 为 1830mg/kg，差异非常大。MEIC 登记的 50 种化学物质，用大鼠 LD_{50} 值预测小鼠的毒性相关性较好(相关系数 0.88)，但用大鼠和小鼠的 LD_{50} 预测人类急性致死浓度效果相当差(相关系数分别为 0.61 和 0.65)。因此，LD_{50} 试验的结果对于医学诊断和治疗意义较小。

表 8-1　大鼠和小鼠 LD_{50} 比较

化学物质	大鼠 LD_{50}(mg/kg 体重)	小鼠 LD_{50}(mg/kg 体重)	比值(大鼠/小鼠)
四氯化碳	2350	8260	0.28
右旋丙氧芬 dextropropoxyphene	84	225	0.37
二氯甲烷 dichloromethane	1600	873	1.8
苯妥英钠 diphenylhydantion	1640	150	10.9
乙醇 ethanol	7060	3450	2.0
氯化汞(Ⅱ)mercury chloride	1	6	0.17
尼古丁 nicotine	50	3	16.7

续表

化学物质	大鼠 LD_{50}(mg/kg 体重)	小鼠 LD_{50}(mg/kg 体重)	比值(大鼠/小鼠)
扑热息痛(对乙酰氨基酚) paracetamol	2400	340	7.0
草酸钠 oxalate	11200	5100	2.2
硫利达嗪 thioridazine	995	385	2.6

(5) 经典急性毒性试验消耗动物量大:测定 LD_{50} 至少需要 30～50 只动物,成本高,造成了不必要的动物资源的浪费和带给动物不必要的痛苦,不符合 3R 原则。而且,毒性试验耗时较长,如美国国家毒理学计划和美国国立癌症研究所花了 36 年时间才完成了 500 种化学物质的长期毒性和致癌性研究。OECD 信息中心(SIDS)曾计划主要利用动物实验获得急性毒性、重复毒性和遗传毒性信息,经过 10 年的国际合作,也只评估了 60 种化学物质。

(6) 对于多数法规来说,关注的是动物出现的毒性和剂量间的量效关系,通常没有必要求出精确的 LD_{50} 值。

(二)国际社会对于经典急性致死性毒性试验的共识

1980 年,成立了废除 LD_{50} 国际委员会。1984 年,英国毒理学会专门讨论对 LD_{50} 的重新认识和评价,首先提出不使用大量动物来获得看似精确的 LD_{50} 值。1985 年,美国 EPA 主张不再采用传统的 LD_{50} 试验方法。1987 年,欧洲委员会决定废除经典 LD_{50} 试验法,规定用固定剂量法代替 LD_{50} 试验法。1988 年,FDA 也签署声明终止 LD_{50} 试验。1990 年,日本厚生省废除了传统 LD_{50} 方法,改用优化方法。

1991 年,在英国召开了美国、欧盟和日本共同参加的人用药物注册技术要求国际协调会(International Conference on Harmonisation of Technical Requirementsn for Registration of Pharmaceuticals for Human Use,ICH)第一次会议,会议讨论了 LD_{50} 的意义和局限性,达成如下共识:经典的 LD_{50} 测定已不再是单剂量急性毒性试验的正式要求;目前申报资料建议进行逐渐增加剂量的耐受性研究,以监测不同剂量下的毒性反应;建议采用两种哺乳动物,可以用两种啮齿类动物或一种啮齿类动物加一种非啮齿类动物的严格设计、单次给药、逐渐增加剂量的耐受性研究取代啮齿类动物或非啮齿类动物 LD_{50} 测定的要求。如果相关的话,ICH 建议对药理学上相关的主要代谢产物进行单次给药的毒性研究。因此,ICH 规定在新药的报批材料中不必准确地测定 LD_{50},只需了解其近似致死量和详细记录中毒表现即可。

欧盟法规对于急性毒性替代方法的强大推动力量来自工业化学品评价需求的增长,如欧盟关于危险品分类、包装和标识的指南要求(67/548/EEC),2007 年实施的欧盟化学品法规(REACH)。REACH 法规对于毒性试验的要求见第 22 章。其他指令如植物保护产品指令(91/414/EEC,和生物农药指令(98/8/EC)等都从法规的角度对急性毒性试验的要求进行修订,增加了优化的方案。优化后的标准化试验方法可参考 OECD 指南和欧盟指令 67/548/EEC 附录 V。

(三)体内 LD_{50} 数据库

LD_{50} 数据和资料的收集对于急性毒性替代方法的开发、验证具有重要意义。因为 LD_{50} 试验是检测化学物质毒性作用强度的标准化实验,历史积累数据最丰富,大多数替代方法的研究都把与 LD_{50} 数据的符合程度作为评价替代方法精确性和可行性的重要依据。有关 LD_{50} 的数据库可作为替代方法验证的数据来源有国际统一化学信息数据库、欧洲化学品局新化学物质数据库(ECB)、化学物质毒性效应登记数据库(Registry of Toxic Effects of Chemical Substances, RTECS)、美国国立癌症研究所(NCI)数据库、美国 EPA 杀虫剂登记数据库等。

化学物质毒性效应登记数据库(RTECS)最早来源于美国国立职业安全与卫生研究所,后来数据库转到了 MDL 信息系统,是最常用的 LD_{50} 及其他毒理学信息的数据库。Halle 对该数据库的 LD_{50} 值与体外 IC_{50} 的相关性进行过评价。ECB 拥有大量新化学物质数据,数据比较新而且符合 GLP 原则,对于体外方法的验证价值较高。NCI 的特点是收集了上万种化学物质的大鼠和小鼠毒性资料,以及临床前试验的最大耐受剂量等数据。美国 EPA 农药数据库和 FDA 药物数据库拥有上千种化合物的高质量的 LD_{50} 数据,但大多数资料都不公开。美国 FDA 的食品安全和营养中心收集了有关食品污染物的毒理学信息,特别是关于生物毒素的毒性信息是其特色。

第 2 节　急性毒性分级

基于经口、皮肤或吸入途径的急性毒性试验求出 LD_{50}(LC_{50})的值,通过 LC_{50} 的值进行急性毒性分级,用于比较毒物急性毒性的大小。目前国际上对外源化学物急性毒性分级的标准已经统一。2003 年,WHO《全球化学品统一分类和标签制度》(GHS)对多种毒性进行分级,包括急性毒性、皮肤腐蚀/刺激、眼腐蚀/刺激、呼吸或皮肤过敏作用、生殖细胞致突变性、致癌性、生殖毒性、特定靶器官系统毒性和水生环境危害。GHS 的化学品分级为 5 级标准(表 8-2),但药品、食品添加剂、化妆品和食品中杀虫剂残留物等不在全球统一分类和标签制度的覆盖范围内。我国根据 GHS 的分类标准,制订了国家强制标准《化学品分类、警示标签和警示性说明安全规范——急性毒性》(GB 20592-2006)。1994 年颁布的《食品安全性毒理学评价程序和方法》沿用了急性毒性的 6 级标准 (表 8-3)。

世界卫生组织(WHO)推荐的农药危害分级标准,主要根据农药的大鼠急性经口和经皮 LD_{50} 值,分固体和液体两种存在形态对农药产品的危害进行分级(表 8-4)。世界各国的农药毒性分级通常是依据 WHO 标准并结合本国实际情况制定,如美国 EPA 对于农药(杀虫剂)和化学品采用 4 分类法,增加了依据农药产品对眼刺激、皮肤刺激试验结果,将剧毒和高毒两级合并为一级,并明确提出了微毒级农药(表 8-5)。欧洲的农药毒性分级标准考虑了产品存在的形态,但仅分为 3 个级别(表 8-6)。以 WHO 推荐的农药危害分级标准为模板,结合我国农药生产、使用和管理的实际情况,《农药登记资料要求》规定农药产品的毒性分为剧毒、高毒、中等毒、低毒和微毒 5 个等级(表 8-7)。

表 8-2　GHS 化学品急性毒性分级(2007)

毒性分级	经口 LD_{50} (mg/kg 体重)	吸入毒性 LC_{50}			经皮 LD_{50} (mg/kg 体重)	标识
		气体(ppm)[a]	蒸汽 (mg/L)	气溶胶(粉尘、烟雾)(mg/L)		
1 级	≤5	≤100	≤0.5	≤0.05	≤50	吞咽致死;经皮肤接触致死;吸入致死
2 级	5~50	>100 且≤500	>0.5 且≤2	>0.05 且≤0.5	50~200	吞咽致死;经皮肤接触致死;吸入致死
3 级	50~300	>500 且≤2500	>2 且≤10	>0.5 且≤1	200~1000	吞咽会中毒;皮肤接触会中毒;吸入会中毒

续表

毒性分级	经口 LD_{50} (mg/kg 体重)	吸入毒性 LC_{50}			经皮 LD_{50} (mg/kg 体重)	标识
		气体(ppm)[a]	蒸汽 (mg/L)	气溶胶(粉尘、烟雾)(mg/L)		
4 级	300～2000	＞2500 且≤20000	＞10 且≤20	＞1 且≤5	1000～2000	吞咽有害;皮肤接触有害;吸入有害
5 级	2000,5000	＞20000	＞20	＞5	2000,5000	吞咽可能有害;皮肤接触可能有害;吸入可能有害

a. 在 GHS 分类系统中对气体使用 ppm 作为单位导致气体和蒸汽(单位是 mg/L)分类数据的不一致,分子质量大于 122 时不一致增加,此时,从 ppm 到 mg/L 的转换系数为 0.005。

表 8-3 中国食品毒理急性毒性分级法

毒性分级	大鼠经口 LD_{50} (mg/kg 体重)	相当人的致死剂量	
		mg/kg 体重	g/人
6 级(极毒)	＜1	稍尝	0.05
5 级(剧毒)	1～50	500～4000	0.5
4 级(中等毒)	51～500	4000～30 000	5
3 级(低毒)	501～5000	30 000～25 0000	50
2 级(实际无毒)	5001～15 000	250 000～500 000	500
1 级(无毒)	＞15 000	＞500 000	2500

表 8-4 世界卫生组织的农药危害分级标准

毒性分级	级别符号语	经口 LD_{50} (mg/kg 体重)		经皮 LD_{50} (mg/kg 体重)	
		固体	液体	固体	液体
Ⅰa 级	剧毒	≤5	≤20	≤10	≤40
Ⅰb 级	高毒	＞5～50	＞20～200	＞10～100	＞40～400
Ⅱ级	中等毒	＞50～500	＞200～2000	＞100～1000	＞400～4000
Ⅲ级	低毒	＞500	＞2000	＞1000	＞4000

表 8-5 美国农药毒性分级标准

毒性分级	级别符号语	经口 LD_{50} (mg/kg 体重)	经皮 LD_{50} (mg/kg 体重)	吸入 LD_{50} (mg/L)	眼睛刺激	皮肤刺激
Ⅰ级	高毒、剧毒	≤50	≤200	≤0.2	腐蚀性、不可恢复的角膜混浊	腐蚀性
Ⅱ级	中等毒	50～500	200～2000	0.2～2.0	在7天内可恢复的角膜混浊、持续7天的刺激	72h 重度刺激
Ⅲ级	低毒	500～5000	2000～20 000	＞2.0～20	没有角膜混浊、7天内可恢复的刺激	72h 中等度刺激
Ⅳ级	微毒	≥5000	≥20000	≥20	无刺激	72h 轻度或中度刺激

表 8-6　欧盟农药毒性分级标准

级别符号语	急性经口 LD_{50}(mg/kg 体重)		急性经皮 LD_{50}(mg/kg 体重)		急性吸入 LC_{50}(mg/L)
	固体	液体	固体	液体	气体及液化气体
剧毒	≤5	≤25	≤10	≤50	≤0.5
有毒	>5～50	>25～200	>10～100	>50～400	>0.5～2
有害	>50～500	>200～2000	>100～1000	>400～4000	>2～20

表 8-7　中国农药毒性分级标准

毒性分级	级别符号语	经口 LD_{50}(mg/kg 体重)	经皮 LD_{50}(mg/kg 体重)	吸入 LC_{50}(mg/L)
Ⅰa 级	剧毒	≤5	≤20	≤20
Ⅰb 级	高毒	>5～50	>20～200	>20～200
Ⅱ级	中等毒	>50～500	>200～2000	>200～2000
Ⅲ级	低毒	>500～5000	>2000～5000	>2000～5000
Ⅳ级	微毒	>5000	>5000	>5000

第 3 节　急性经口毒性试验的减少和优化

从法规角度讲，急性毒性试验的主要目的是按照有关管理规定对外源化学物质的固有毒性进行基本分类，即对于潜在危险物质的人体暴露做出规定，目的是保护公众健康。目前 OECD 有关急性经口毒性试验共有 4 项试验指南，即 TG401、TG420、TG423 和 TG425。经典的 OECD401 已于 2002 年废除，OECD TG 420(固定剂量程序)、TG 423(急性毒性分类方法)和 TG 425(上下程序法)是优化方法。每种方法均需预设剂量，开始剂量的确定可基于小范围内的预试验研究、细胞毒性筛选或已有资料进行分析。染毒后，观察动物明显的毒性症状，包括死亡(如 ATC 或 UDP)，或基于证据的毒性(evident toxicity)，如 FDP，因为 FDP 并不依赖死亡为终点。在欧美等国家以死亡为终点的试验已被所有法规废除，因此，急性毒性试验中的替代方法已成为强制性的方法。据 Schlede 报导，欧洲约 50%的经口毒性试验采用的是经口急性毒性分类试验(ATC)。

急性皮肤毒性仍沿用 OECD402，是指受试物应用于实验动物(大鼠、兔或豚鼠)不超过体表皮肤面积的 10%，经过 14 天观察，出现动物死亡用于测定 LD_{50} 值，同时大体病理学变化用于估算受试物的相对毒性。试验对于皮肤吸收和其他亚慢性皮肤毒性试验的剂量确定是有用的。Stallard 2004 年描述了一种减少/优化的替代方法，即皮肤固定剂量法(dermal fixed dose procedure，dermal FDP)及其验证研究，该方法仅用适度毒性剂量并以非致死性指标为试验终点。OECD 建议将草案指南 434 列为经皮毒性固定剂量法，尚待认可。

有关急性吸入毒性及优化方法见第 4 节。

一、固定剂量试验法

固定剂量法(fixed dose procedure，FDP)于 1984 年由英国毒理学会(BTS)最早提出，OECD 于 1992 年采用，欧盟指令 67/548/EEC 附录 V 列为 B.1bis，2001 年更新后作为指南 TG 420。2008 年，我国采用该方法为国家标准。GB/T21804-2009 固定剂量法与以往经典急性毒性试验方法不同点是它不以动物死亡为观察终点，而是利用预先选定的或固定的一系列剂量染毒，从观察化学物的毒性反应体征作为终点来对化学物的毒性进行分级。该方法的价值在于使估计化学品急性经口毒性所需要的动物量达到最小。其结果可用于对物质进行分级和分类。

（一）原理

试验各组选用同一性别（通常选用雌性）动物，以 5mg/kg、50mg/kg、300mg/kg 和 2000mg/kg4 个固定剂量（特殊需要可考虑增加 5000 mg/kg）顺次进行经口染毒。根据预试验结果确定的能够产生毒性反应但不产生严重的毒性反应或死亡的剂量作为起始剂量。根据毒性反应和死亡的有无来确定是否在更高剂量或更低剂量继续进行试验。出现下列情况结束试验：①当出现明显的毒性反应或已确认不多于 1 只动物死亡；②最高剂量未出现毒性反应；③最低剂量动物出现死亡。

（二）方法

实验动物首选大鼠，采用一次染毒的方式（如不能一次给予足够剂量，可分成小的组份，但不能超过 24h）。如无资料证明雄性动物对受试物更敏感，首先选取雌性动物进行预试。根据受试物的有关资料，从上述 4 个剂量中选择 1 个作为初始剂量。若无资料可作参考时，可用 300mg/kg 作为初始剂量进行预试；如无毒性反应，则用 2000 mg/kg 进行预试，此剂量如无死亡发生即可结束预试。如初始剂量出现严重的毒性反应，即降低一个档次的剂量进行预试，如此时动物存活，就在此 2 个固定剂量之间选择一个中间剂量试验，直到找到引起明显毒性的剂量。每个剂量只给 1 只动物，预试验一般不超过 5 只动物。每个剂量试验之间至少应间隔 24h。染毒后的观察期至少 7 天，如动物的毒性反应到第 7 天仍然存在，则应继续观察 7 天。预试验中，如果在最低剂量 5mg/kg 试验动物发生死亡，应停止试验，选取第 2 只动物按照 5mg/kg 剂量重新染毒；如果第 2 只动物死亡，则试验结束，该物质划分为“高毒”类，GHS 急性毒性 1 类物质。

在上述预试的基础上进行正式试验，选取只产生明显毒性反应但不引起死亡的剂量作为起始剂量。如在正式试验时选择的起始剂量未见明显毒性，应接着进行下一个较高剂量的染毒；如在正式试验时选择的起始剂量中实验动物死亡或严重毒性反应时，应选择下一个较低剂量染毒。每个剂量组 5 只动物（包括预试验中该剂量组使用的一只动物）。

每天观察动物临床症状，总共 14 天，观察指标包括皮肤、毛、眼睛和黏膜的变化、呼吸、循环、自主运动和中枢神经系统、肢体活动性和行为变化。重点观察震颤、抽搐、流涎、腹泻、呆滞、睡眠和昏迷等情况。按照人道原则和判断标准对濒死状态、严重痛苦动物进行处死。染毒前后个体重量应称重。所有动物应大体解剖并记录病理变化。

（三）结果

对于固定剂法的结果评价可见表 8-8。以初始剂量为 50mg/kg 为例，5 只实验动物（包括预实验 1 只），如果死亡数≥2 只，则再选择一组动物给予 5mg/kg 的受试物；如果≥1 只动物具有明显毒性，或 1 只死亡，则将该受试物按 GHS 分类为 3 类物质；如表现为无毒性，则再选择一组动物给予 300mg/kg 的受试物。FDP 法估计 LD_{50} 在一个限定的剂量间隔内，结果可按照 GHS 分级系统对化合物进行正确分类。

表 8-8 急性经口毒性固定剂量法试验结果的评价

剂量（mg/kg 体重）	试验结果		
	死亡数≥2 只	1 只死亡，或≥1 只动物毒性表现明显	100％存活，无明显中毒表现

续表

剂量(mg/kg 体重)		试验结果	
5.0	高毒,GHS1 类	有毒,GHS2 类	用 50mg/kg 试验
50.0	有毒或高毒,GHS1 类或 2 类,用 5mg/kg试验	GHS 3 类,有害	用 500mg/kg 试验
300.0	有毒或有害,GHS 2 类或 3 类,用 50mg/kg 试验	GHS 4 类	用 2000mg/kg 试验
2000.0	GHS 3 类,用 500mg/kg 试验	GHS 5 类	GHS 5 类或未划分

(四) 验证

OECD 组织了 11 个国家的 33 个实验室对固定剂量法和经典急性毒性进行国际性验证,结果表明:①毒性分级:比较了 10 个化合物的两种试验方法所得结果,根据急性经口毒性的分级标准,516 次固定剂量法试验中,有 414 次试验结果的毒性分级与 LD_{50} 的分级相同,一致性为 87.2%;②毒性反应:从毒性反应的类别、出现和持续的时间、消失的时间等方面分析,两种试验方法未显出明显差别;③试验所用动物数:LD_{50} 试验平均每个化合物用大鼠 24.2 只;固定剂量法平均用大鼠 14.8 只,明显比前者少。

二、急性毒性分类法

急性毒性分类法(acute toxic class method,ATC)由 Sumiey 于 1990 年提出,OECD 于 1996 年采用,2001 年更新后列为指南 TG 423,欧盟指令 67/548/EEC 附录 V 列为 B.1tris。2008 年,我国采纳该方法(GB/T21757－2008)与经典急性毒性试验法相比,采用 ATC 法仅需 2～4 步即可判定急性毒性分类,所用大鼠不超过 12 只,有效地减少了动物的使用量。

(一) 原理

急性经口毒性分类法是以死亡为终点的分阶段试验法,试验分步进行,每一步使用单一性别(通常为雌性)的 3 只动物,确定动物的死活情况后再决定下一步试验。有 3 种可能的结局:①无需进一步试验即可分级;②同一剂量水平再做 3 只动物;③在高一级或低一级剂量水平另做 3 只动物。

(二) 方法

首选雌性大鼠,从 4 个设定的剂量水平(5mg/kg、50mg/kg、300mg/kg、2000 mg/kg)选择其中之一为开始剂量,最好开始剂量是动物可能产生死亡的剂量,当没有受试物的信息时,推荐的开始剂量是 300 mg/kg。最初剂量通过灌胃法一次给予(如不能一次给予,可分成小的组份多次给予,但不能超过 24h)。以开始剂量 300 mg/kg 为例,如图 8-1 所示,给予 3 只动物染毒,如出现2～3只动物死亡,则下一步试验降低一级剂量,以 50mg/kg 剂量染毒;如出现 0～1 只动物死亡,则下一步试验再用同一剂量水平进行另外 3 只动物的染毒。

染毒后每天观察动物临床症状,总共 14 天,观察指标同 FDP 试验。

(三) 结果

不能计算出精确的 LD_{50}。

三、上下增减剂量法

上下增减剂量法(up-and-down procedure,UDP),又称阶梯法、序贯法,由 Dixon 和 Mood 于 1948 年首次提出。1985 年 Bruce 进行了改进。1987 年该方法被美国材料学会(ASTM)采纳,并于 1990 年进行了修订。美国 FDA 和 EPA 均接受其为标准试验方法。OECD 于 1998 年采用,2001 年采

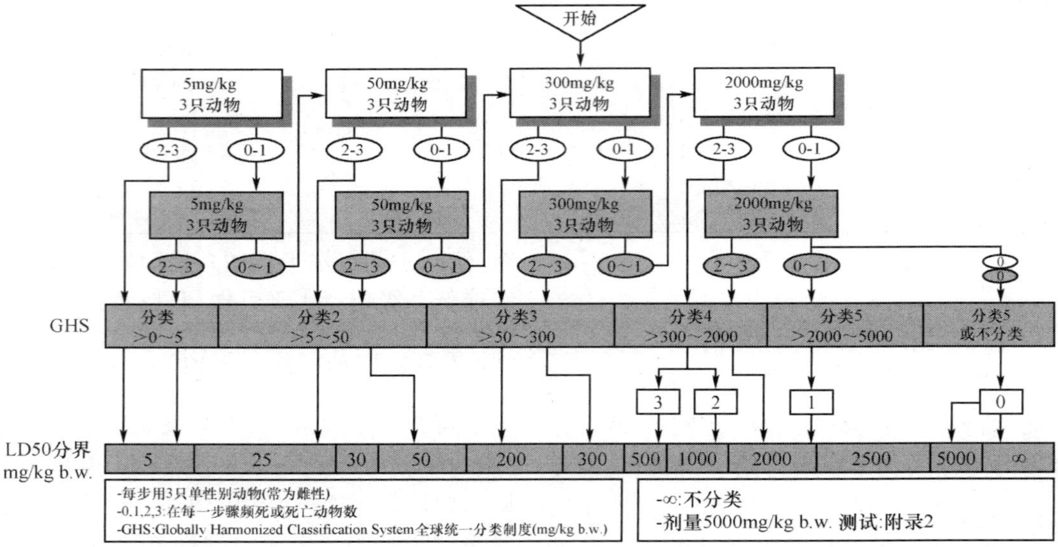

图 8-1 急性毒性分类法试验程序(以初始剂量 300mg/kg 为例)

纳,2006 年更新后列为指南 TG 425。该方法最大的特点是大大减少实验动物的使用,不但可以进行毒性表现的观察,还可以估算 LD_{50} 及其可信限,适合于能引起动物快速死亡的受试物。我国 SFDA 颁布的化学药物急性毒性试验技术指导原则也推荐使用该方法,2008 年,我国采用该方法为国家标准(GB/T 21826-2008)。

(一) 原理

UDP 由限度试验和主试验组成,限度试验分为 2000mg/kg 和 5000mg/kg 两个剂量水平,用于受试物毒性可能较小的情况,两种剂量限度试验过程有细微差别,但最多仅用 5 只动物。主试验是一个预先设计的染毒程序,每次染毒 1 只动物,由第 1 只动物染毒后的反应决定第 2 只动物接受化学物的剂量,若动物存活,第 2 只动物给予高一级剂量,若第 1 只动物死亡或出现濒死状态,第 2 只动物给予低一级剂量。在对每只染毒动物仔细观察 48h 后,可以决定是否对下 1 只动物染毒以及确定染毒剂量。当满足停止试验的标准时可以结束试验。根据终止时所有动物的状态,用最大可能性法计算 LD_{50} 值。实验需要选择一个比较合适的剂量范围,使得大部分的动物所接受的化学物剂量都会在真正的平均致死剂量左右。如果剂量范围过大,则需要有更多的动物来进行观察。采用上下增减剂量法确定 LD_{50} 只需要 6～9 只动物。

(二) 方法

通常选用雌性大鼠。通过喂饲法(或灌胃法)一次给予(如不能一次给予,可分成小的组份多次给予,但不能超过 24h)。

2000mg/kg 剂量限度试验:将受试物给予 1 只动物,如果该动物死亡,则进行主试验并计算 LD_{50};如果该动物存活,依次将受试物给予另外 4 只动物,动物总数为 5 只。如果有 3 只或 3 只以上动物死亡时,限度试验就停止,LD_{50} 应小于 2000mg/kg,需进行主试验;如果有 3 只或 3 只以上动物存活时,那么 LD_{50} 大于 2000mg/kg。如果研究中动物出现迟发性死亡,应停止对其他动物染毒,并观察所有动物是否在相似的观察期间也发生死亡。

对试验过程中死亡的全部动物计数。

5000mg/kg 剂量限度试验：特殊情况下才进行 5000mg/kg 剂量限度试验，出于人道考虑，OECD 不主张对 GHS 第 5 类（2000～5000mg/kg）物质进行动物测试。对 1 只动物给予 5000mg/kg 剂量染毒，如果该动物死亡，则 LD_{50} 应小于 5000mg/kg，需进行主试验来确定；如果该动物存活，继续对另外 2 只动物进行染毒。如果 2 只动物都存活，则 LD_{50} 高于 5000mg/kg，限度试验结束（观察 14 天，不对另外动物进行染毒）。如果 1 只或者 2 只动物出现死亡，那么再给另外 2 只动物依次染毒。如果研究中有 1 只动物出现迟发性死亡且其他动物存活，应停止对其他动物染毒，对所有动物进行观察，是否在相似的观察期间也发生死亡。对试验过程中死亡的全部动物计数。

主试验：由一个预先设定的染毒程序组成，每次染毒 1 只动物，间隔至少 48h，染毒间隔取决于毒性出现和持续时间以及严重程度。确定前 1 只动物染毒后仍然存活，方可进行下一个剂量动物的染毒。染毒间隔时间可以适当调整，但使用单一时间间隔的试验更简便。第 1 只动物的染毒剂量要低于 LD_{50} 的最佳预测值。如果这只动物存活，第 2 只动物给予高一级剂量；如果第 1 只动物死亡或者出现濒死状况，第 2 只动物给予低一级剂量。剂量级数因子应选定为 1/（剂量-反应曲线斜率的预测值）的反对数（如斜率为 2 对应的级数为 3.2），并应在整个试验过程中保持不变。当没有受试物质的斜率信息时，通常默认的剂量级数因子为 3.2，则应从以下序列中选择染毒剂量：1.75、5.5、17.5、55、175、550、2000mg/kg（或有特殊需要时使用 1.75、5.5、17.5、55、175、550、1750、5000mg/kg）。如果没有受试物的预测估计值，染毒剂量应从 175 mg/kg 开始。如果预期动物对受试物的耐受程度较高（即预期斜率低于 2.0），在开始试验前应考虑在剂量对数值量度上增加 0.5（即 3.2 级数因子）。同样，对于已知斜率很陡的受试物，应该选定小于默认值的级数因子。每只动物应观察 48h，以决定是否及如何对下一只动物继续染毒。当符合下列停止试验标准之一时，可以结束试验，同时根据试验停止时所有动物的状态，用最大可能性法计算 LD_{50} 估计值和可信区间：①连续的 3 只实验动物存活；②连续试验的任意 6 只动物中有 5 只连续发生存活/死亡转换；③第 1 只动物发生转换之后，至少有 4 只动物进入试验，并且其 LD_{50} 估算值的范围超出临界值（首次转换后的第 4 只动物时，对每一次染毒进行计算）。对于 LD_{50} 和斜率变化很大的化合物，试验在出现死亡/存活转换之后，用 4～6 只动物即可满足停止试验标准③。但在一些情况下，对于剂量-反应曲线斜率较小的化学物质，可能需要更多的动物（总共可达 15 只）。

每天观察动物临床症状，总共 14 天，观察指标同前述。

（三）结果

美国 EPA 开发了上下增减剂量法的统计学软件“Acute Oral Toxicity Statistical（Guideline 425）Program”（AOT 425StatPgm），用于分析试验数据，研究者只需将每次的染毒剂量及动物情况输入程序，程序会自动给出试验的终点剂量，并计算 LD_{50} 及 95％可信限。软件可自 EPA 网站下载。

（四）验证

2001 年，美国 ICCVAM 和 NTP-NICEATM 评价了上下法急性经口毒性试验，Lipnick 等分别利用 UDP 法、FDP 法和经典 LD_{50} 法进行急性毒性试验比较，UDP 法和经典法一致性为 23/25，UDP 法与 FDP 法一致性为 16/20。UDP 法使用单一性别 6～10 只动物，少于另外两种方法。

通常测试物质可能会引起迟发性死亡（染毒 5 天后或更长），引起迟发性死亡的物质对指南 425 的实际操作会有影响，其试验持续时间应比其他试验方法明显延长，然而在指南 420、423 中，如出现迟发性死亡只要求另外降低剂量水平或重新研究。

四、探针剂量法

探针剂量法(dose probing protocol)以较大间距设定 3 个剂量，最高剂量通常是最大给药量，每剂量 1 只动物。剂量间距最好是固定倍数，如剂量设为 3000mg/kg、300mg/kg 和 30mg/kg。以探针剂量的反应决定以后的剂量选择。如没有动物死亡，则不进行限量试验，最高剂量再加 2 只动物以证实此限量。如有 1 只或 2 只动物死亡，在致死和非致死剂量之间选择 2 个附加剂量，每个剂量 3 只动物。选择的剂量一般为最高剂量分数或是低剂量的倍数。初始致死和非致死剂量组每组加 2 只动物和在 2 个新剂量组每组 3 只动物。结果应该是 4 个组，每组 3 只动物，应该能提供充分的数据计算曲线的 LD_{50} 和斜率。在大部分的情况下，此设计产生足够数据，并最多使用 18 只动物。探针剂量法有两个缺点：①迟发死亡可引起判断困难，故所有的动物应该观察至少 7 天；②如果后续剂量产生了矛盾反应，下个决定点就不清楚，可能需要增加动物数。这两个缺点在其他急性毒性替代性试验中也存在。

五、金字塔法

金字塔法(pyramiding study)主要用于非啮齿类动物的急性毒性试验，动物用量最少。典型的金字塔法研究在整个观察期内都给动物受试物，一般是隔天染毒，但剂量是逐渐增加的。例如 1、3、10、30、100、300、1000、3000 mg/kg 剂量系列或者是 10、20、40、80、160、320、640、1280mg/kg 剂量系列。给予动物的剂量一直按上述系列增加，直到 1 只动物或 2 只动物死亡，或者达到剂量上限。对于药物，非啮齿类动物一般很少超过 1000mg/kg，啮齿类动物很少超过 3000 mg/kg。

金字塔法常用于非啮齿类的动物的急件毒性研究。试验组 4 只，对照组 4 只，均雌雄各半，共约 8 只犬。试验组用于实验第 1、3、5、7、9 天染毒，每次染毒后 2～4h 内进行临床体检，包括触诊、行为观察、脊髓反射检查、瞳孔光反射、呼吸频率、心电图、直肠温度、临床实验室外检查，于试验第 10 天处死动物，并进行尸体解剖。

通过金字塔研究获得的资料可以得到 3 种结论：①如果没有动物死亡，则最小致死剂量和 LD_{50} 均大于极限剂量或试验所用最高剂量；②如果所有动物死于同一剂量，则 LD_{50} 和最小致死剂量在试验所用最后两个剂量之间；③如果 1 只动物死于某一个剂量，而另 1 只死于高一个剂量，则最小致死剂量位于出现第 1 只动物死亡的剂量与前一个剂量之间，LD_{50} 则位于出现第 1 只动物死亡的剂量与所有动物死亡的剂量之间。此法的缺点为：①此法得不到死亡曲线，也无法计算 LD_{50}；②无法确定迟发的死亡，例如第 2 次给药后动物出现死亡，则无法确定是由于第 1 次给药引起的迟发死亡还是第 2 次给药引起的死亡；③对于有些半衰期特别长的化学物，由于蓄积作用可能会导致得到的急性致死剂量偏低；而且由于适应性的存在，可使得到的急性致死剂量偏高。

六、限量试验

如受试物的毒性很低，可用限量试验(limit test)。一般啮齿类(大鼠或小鼠)动物 20 只，也有用 10 只，雌雄各半。半次染毒剂量不超过 5g/kg 体重，也有认为剂量一般不超过 2g/kg 体重，对于食品毒理学试验限量可为 15g/kg 体重。吸入毒性的限度试验采用的是第 4 类的上限浓度(气体 20 000ppm、蒸汽 20mg/L、气溶胶 5mg/L）。实验动物20只的可能的结果为：①如果实验动物无死亡，结论是最小致死剂量（MLD）大于该限量；②如果死亡动物数低于50%，结论是LD_{50}大于限量；③如果死亡动物数高于50%，则应重新设计，进行常规的急性毒性试验。保守的观点认为：根据二项分布，20只动物死亡5只，死亡百分率的95%可信区间为9%～49%；如果死亡动物数为5只或5只以下，结论是LD_{50}大于限量；如死亡为6只或6只以上，即应重新设计试验。用10只大鼠或小鼠进行试验，如无死亡或死亡动物数仅为1只，才可认为LD_{50}大于限量；④该方法没有经过科学验证或被法规认可。

七、系统急性毒性试验

系统急性毒性试验的设计是为了更全面地确定药物的急性毒性。共有3种，即最低急性毒性试验、完全急性毒性试验和补充的急性毒性试验。这些试验可得到急性毒性资料见表7-5。

在剂量设计上应注意，一般设3个剂量组和1个溶剂对照组。最高剂量应有明显的毒性（包括死亡），但不需要使全部动物死亡。如果受试物毒性很低可仅设1个限量组和1个对照组。每组10只大鼠或小鼠，雌雄各半。最高剂量超过3g/kg体重几乎不会得到更多的毒性信息，最高剂量不应大于人临床拟用剂量的100～300倍，剂量间距应较大（如3～10倍）。

最低急性毒性试验：在染毒当天（0天）测量体重后染毒，染毒后多次（如每小时1次，共4次）观察临床体征，此后每天1次观察体征和死亡率，于第7天和第14天测体重，第14天处死。对观察期死亡和试验结束后处死的动物进行尸体解剖。

完全急性毒性试验：目的是发现靶器官。每组20只大鼠或小鼠，雌雄各半，除满足最低急性毒性试验的要求之外，于第0、1、2、3、4天测体重和饲料消耗，于第3天和第14天各处死50%动物进行尸体解剖、临床实验室检查及收集器官（脑、心、肝、脾、肾、胃、胸腺、睾丸）进行组织病理学检查。

补充急性毒性试验较少进行，主要出于特殊的目的，如毒物动力学研究、靶器官毒性的研究等。上述3种急性系统毒性可能得到的毒性资料见表8-9。

表8-9　急性系统毒性可能得到的毒性资料（Gad，1995）

致死/死亡率	靶器官鉴定
LD_{50}及其可信限	尸体解剖
致死曲线的形状和斜率	组织学检查
最大非致死剂量或最小致死剂量	临床化学和血液学改变
死亡时间	特定的功能试验
临床体征	免疫功能
毒性发生和恢复时间	神经肌肉筛查
急性LOAEL和NOAEL	行为筛查
濒死体征或非濒死体征	毒物动力学
特异的或一般的毒效应	不同染毒途径的毒性差别
剂量-反应曲线与致死曲线的间隔	受试物血浆浓度，曲线下面积、分布体积
体重改变	半衰期
体重下降或增长降低	受试物代谢谱
恢复	在关键器官的分布
饲料消耗改变	血浆浓度与临床体征发生的关系
死亡和存活动物体重变化	

第4节　急性吸入毒性试验的减少和优化

急性吸入毒性(acute inhalation toxicity)是指单次不超过24h的不间断吸入暴露在空气中的试验颗粒引起的不良反应,多数急性吸入毒性研究持续时间为4h,吸入途径毒性试验常用于职业暴露的工业毒物、环境空气污染物和以吸入毒性为主的化学物质的毒性评价 。

一、急性吸入毒性试验的法规要求

对化学物急性吸入性毒性评价的重点在于测定其毒性致死潜能以及对其分级和标识是否符合当前的法规需求。另外,世界各国的化学物急性试验指南通常要求选择和考虑进行2种以上途径的试验,其中经口毒性是强制的,经皮或吸入性暴露可以在专家评估后进行选择。吸入途径被认为是最可靠的第2种染毒途径,尤其当存在含有可吸入范围的颗粒的粉末和在环境温度下具有高挥发的物质。还有,像农药杀虫剂,通常要求强制进行3种染毒途径的实验。

1981年,OECD批准了经典的试验指南"急性吸入毒性试验"TG403,之后TG403一直是唯一的急性吸入毒性的指导准则。但是从2001年"急性经口毒性"TG401被优化方法TG420、423和425取代后,2002年,OECD试验指南国际协作组(WNT)认为有必要开发新的优化方法以替代"急性吸入毒性TG403"。WNT第14次会议批准了英国的建议,把"急性吸入毒性-固定浓度程序(FCP)"(TG433草案)作为TG403的减少和优化方法。在WNT第16次会议上,德国提出了"急性吸入毒性-急性毒性分类(ATC)方法(TG436草案)",并列入WNT工作计划中。TG433和TG436第1版草案分别形成于2002年11月和2004年12月。之后,OECD成立了指南文件起草小组和由德国牵头的评估小组,以加快两项替代方法的进度。经过几次工作组会议,2008年的WNT20会议上,英国撤回了TG433提案。美国EPA于2008年4月在华盛顿召开专家咨询会,经深入讨论后最终批准了TG436报告。ATC(TG436)应用系列步骤和固定目标浓度,按照GHS化学物质分类和标签的要求对受试物进行毒性分类。根据TG436的原则,2009年,另外两项吸入毒性试验指南TG412(重复剂量吸入物毒性:28天或14天研究)和TG413(亚慢性吸入物毒性:90天研究)也进行了更新。目前还没有特别针对吸入途径的慢性或致癌性研究试验指南,但TG451(致癌性研究)、TG452(慢性毒物研究)和TG453(联合慢性毒性/致癌性研究)包括了吸入途径在内的暴露方式。

二、急性吸入毒性试验方法

(一) 传统急性吸入毒性试验

短期吸入暴露可能导致健康危害,急性吸入毒性试验结果提供的研究数据(如LC_{50})可作为受试物分类和标识的基础。

实验动物选择和分组:最好选择大鼠,实验动物分成几组暴露于一定浓度梯度(至少3个)的受试物中一段时间,1个浓度为1组。每个浓度至少10只动物(5雌和5雄)。

1. 染毒系统　吸入染毒系统可分为静式吸入和动态吸入两种。静式吸入系统设备简单,受试物消耗量少,动物在染毒期间得不到氧气补充,随着试验进行,氧分压下降,实验动物有经皮吸收的可能。静态染毒途径系统目前已较少使用,主要适合于小鼠接触易挥发的液态或气态化学物质的急性毒性试验。动态吸入染毒设备复杂,由空气调节供应系统、受试物颗粒发生器、空气稀释和运输系统、染毒室、空气采集和分析系统以及净化排出系统组成。染毒室的类型依赖于染毒方式(经鼻染毒或整体染毒)、受试物化学性质、运输系统的效率等因素控制,染毒室宜采用不锈钢、玻璃或塑料等惰性材料。染毒室应设计为轻微负压以免受试物逸散。染毒室大小应足以降低动物的拥挤程度和使其最大化暴露于测试物质,动物负荷应为 5%左右或更小。空气稀释和运输系统保证新鲜空气、受试物浓度在染毒柜中维持动态平衡,实验过程中有新鲜空气流动,气流动态维持于 12～15 次/h 气体交换,保证 19%的充足氧气含量并使空气均衡分布。图 8-2 为天津合普公司的整体动态染毒系统和鼻式动态染毒系统。

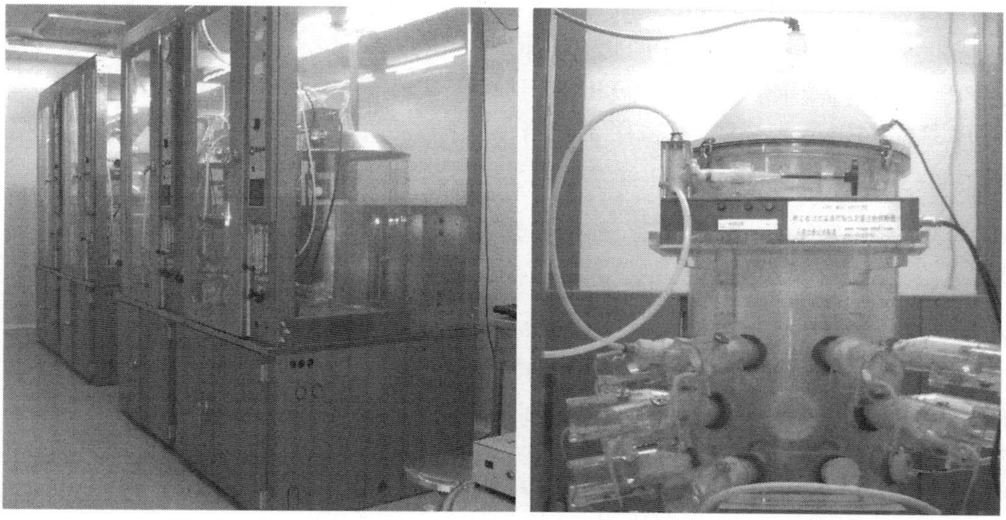

图 8-2 天津合普公司的整体动态染毒设备和口鼻式动态染毒设备

2. 染毒方式 吸入染毒实验常用的染毒方式有整体染毒、经鼻染毒、头部染毒和气管滴入等。整体染毒是模拟人类接触吸入性化学物最常见的方式,物质在呼吸道能很好地分布,受试物除了呼吸道吸入外,气体、蒸汽态、液态或固体化学物可以溶于呼吸道表面黏液,在黏液纤毛的作用下进入咽部并被吞咽入胃,受试物还可经皮肤吸收,还可因动物皮毛的过滤作用而减少实验动物的实际染毒量。经鼻染毒通常将实验动物固定于动态染毒室,动物通过面罩、管子、气体发生器呼吸染毒室内气体。经鼻染毒严格限制受试物进入呼吸道的量,受试物用量大大减少,鼻式染毒可用于浓度-时间关系的精确分析。

气管内滴注可以准确得到作用于肺部的剂量,该技术比吸入暴露更简单,并且能减小实验人员暴露于毒性物质的风险。气管内滴注允许在短时间内给肺部施用一系列剂量范围的受试物,并且物质需要量更少,还可以避免皮肤和毛发对受试物的暴露,在大型动物中还可以实现定位施用的效果。对于那些容易被人体吸入但不易被实验动物吸入的受试物可以采用气管内滴注,但气管内滴注由于施用剂量较大,会造成肺清除能力的超负荷,还不能完全替代吸入性染毒。

试验期间每天观察动物症状,共 14 天,观察指标包括皮肤、毛发和黏膜的变化,呼吸、循环、自主运动和中枢神经系统、躯体运动活性和行为方式。重点观察震颤、抽搐、流涎、腹泻、呆滞、睡眠和昏迷。染毒前后个体重量应称重,所有动物应大体解剖并记录病理变化。

3. 试验程序 在 2006 年 11 月的美国 EPA 主持的第 2 次专家咨询会议上,会议同意了评估小组的报告，建议成立专门小组讨论TG403增加浓度-时间关系（concentration-time，Cxt）程序。2008年4月的华盛顿会议上，修订后的TG403正式采纳了Cxt程序。因此，现行的TG403包括传统的LG_{50}和一个浓度-时间关系（Cxt）程序，这个程序为确定浓度-死亡率的整个范围提供了最大的灵活性，所以可以满足各种法规监管的需要。Cxt程序还可以提供对于某种特定目的有用的其他附加信息，如急性暴露指南水平的来源（AEGLs），但Cxt程序只能采用鼻式暴露，不适用于全身暴露。

（二）急性吸入毒性-急性毒性分类法

急性吸入毒性-急性毒性分类法（acute inhalation toxicity - acute toxic class method，ATC）即OECD TG436，虽然该试验方法的重点是急性毒性研究，但其中的许多原则也适用于重复暴露研究。重复暴露吸入研究有两个目的：第一个目的是评估特殊的气溶胶吸入排出途径与非吸入途径相比是否产生可检测到的生物利用度；第二个目的是评估是否由于呼吸途径代谢导致受试物毒性增强或减弱，使肝和其他器官首过代谢导致毒性增强或减弱。

替代试验指南TG436能满足大多数法规监管的需要，提供一个对LG_{50}和GHS分类的范围估计。与TG403相比，替代方法使用了更少的动物。当然，TG436无法满足所有监管和科学研究的需要，必要时可执行修订后的TG403。

（三）急性吸入毒性-固定浓度程序

急性吸入毒性-固定浓度程序（acute inhalation toxicity-Fixed concentration procedure）即TG 433，曾作为TG 403的一种优化替代方法，于2002年在WNT第14次会议上由英国提出，草案TG 433的试验目的与TG 403相同，其与TG 403的主要区别是固定剂量程序应用在后面，与TG 420采用的策略相同，以出现明显毒性症状作为终点而不是以死亡为终点，在减轻动物痛苦和减少动物数量方面取得了相当大的进展。WNT19会议上专家组认为支持TG433草案的验证材料并不能令人满意，在随后2008年的WNT20会议上，英国撤回了TG433提案。因此，TG433并未正式认可。

三、急性吸入毒性试验方法的选择原则

（一）试验指南的优先考虑

当毒性估计范围足以评估急性吸入毒性时，应该优先选择TG436，因其明显减少了动物的使用数量。TG403是通过分析从非致死到致死浓度全部范围内的浓度-反应关系，以得出半数致死浓度（LC_{50}）、非致死性阈浓度（LC_{01}）和斜率等准确数值。试验方法的选择应能满足受试物的特殊需要，如果预期结果可以达到监管或科学的要求，应该选择TG436。当试验的目的仅是进行一项限度试验，或仅是在最大浓度进行一项试验以获得非致死性的结果时，应该使用TG436。如果出于法规或科学的要求，需要对浓度反应关系进行评估时，无论有没有Cxt关系的详细分析，都应优先选择TG403。

当为受试物选择试验方法时，研究者应考虑以下因素：

1. 现有证据 通过交叉/桥式/(Q)SAR等程序预测试验结果，特别是对那些毒性成分已知的混合物。如果预测的可信性较高，应该以预测的单一浓度开始试验（如估计的LG_{50}或限制浓度）。如果预测结果的可信性较低，可以用作TG436研究的起点浓度。

2. 法规要求 应考虑从TG436研究中得到的结果是否能满足法规的要求。如果出于法规或保护消费者的要求需要得出致死性估计终点（例如LG_{50}或LG_{10}）、浓度效

应分析或性别易感性的定量数据，应该进行TG403 研究。

3. 高毒性的受试物　一些高毒性受试物可能具有特殊的健康危害，如果受试物在TG436 实验中被分级为 GHS1 类或 2 类，或者如果有资料表明受试物可能分级为 1 类或 2 类，应该考虑实行 TG403 研究，以进一步明确其毒性特点。

4. 严重刺激或腐蚀性样本　吸入毒性试验前，应由专家对受试物可能造成的严重疼痛或不适的刺激或腐蚀性进行判断，具体可依据人类和动物实验数据，如体外数据、pH、来自相似物质或任何其他相关数据的信息等。

5. 技术问题　采用固定浓度进行的TG436 研究可能会遇到技术问题，如在预试验中实验舱不能达到所需的受试物目标气体浓度，这种情况下应进行 TG403 研究，因TG403 研究较少受到目标浓度偏差的影响，是以达到的实际浓度进行统计分析。

6. TG403 研究中传统程序和 Cxt 程序的确定　如果需要对致死性固定终点进行估计（如 4 hLC_{50}），应使用传统的 LC_{50} 方法；如果需要对某一浓度进行时间效应的估计，应该实行 Cxt 程序；如果需要获得 LC_{50} 或 LC_{01} 值的信息，Cxt 方案比传统的 LC_{50} 方案能提供更好的估计值。

（二）预试验研究

TC403 指南中正式试验前需进行范围试验，以估计受试物毒力、证实性别易感性和确定主试验的暴露浓度水平。通常每一浓度每一性别使用 3 只动物进行预实验选出主要研究的最适起始浓度，每一性别使用 3 只动物用于估计性别差异是必要的，而 TC436 试验不必进行预试验。

（三）主试验研究

2008 年新修订的 TG403 包括传统的 LC_{50} 研究和 Cxt 研究两种方案，试验前研究者应基于法规和科学的考虑，从两种类型的研究中做出选定。在传统 LC_{50} 研究中，每种性别和浓度的 5 只大鼠暴露于逐步分段程序中，所选最低浓度预期造成较低的死亡率，最高浓度造成几乎全部动物死亡。Cxt 研究采用多种浓度和暴露期间，通过定期将动物放入或移出鼻式染毒室的方式，获得每一种暴露情形的浓度 x 时间（Cxt）关系范围。对两个研究方案，应选择已知更为敏感的单一性别动物进行试验。TG403 试验可获得有关死亡率、LC_{50}、置信区间和斜率的统计数据，以及其他致死性毒性指标（如 LC_{01}、LD_{10}）。

TG436 是以死亡为终点的分阶段试验法，采用预先设定的固定浓度分步进行试验。气体选择 100、500、2500、20 000ppm；蒸汽选择 0.5、2.0、10.0、20.0mg/L；气溶胶选择 0.05、0.5、1.0、5.0mg/L。每一步使用单一性别的 3 只动物（或更敏感的性别使用 6 只动物）同时染毒，确定动物的生死后再决定下一步试验。大多数研究持续时间为 4h，但特殊目的可以延长试验时间。

（四）从急性毒性范围值估算急性毒性试验浓度

由于受吸入颗粒物体积、分子量、状态的影响，从急性吸入毒性预试验得出的毒性范围（或急性毒性风险分类范围）估算正式试验浓度比较复杂，OECD 指南 39 给出了推荐表，见表 8-10～表 8-12。

表 8-10　从急性毒性范围到急性毒性浓度估计值的转换——气体

急性吸入毒性风险估计范围（ppm）	经转化估算急性毒性浓度（ppm）
0＜1 类≤100	10
100＜2 类≤500	100

续表

急性吸入毒性风险估计范围(ppm)	经转化估算急性毒性浓度(ppm)
500<3 类≤2500	700
2500<4 类≤20000	4500
5 类>20000	

表 8-11 从急性毒性范围到急性毒性浓度估计值的转换——蒸汽

急性吸入毒性风险估计范围(mg/L)	经转化估算急性毒性浓度(mg/L)
0<1 类≤0.5	0.05
0.5<2 类≤2.0	0.5
2.0<3 类≤10.0	3
10.0<4 类≤20.0	11
5 类>20.0	

表 8-12 从急性毒性范围到急性毒性浓度估计值的转换——气溶胶(粉尘和薄雾)

急性吸入毒性风险估计范围(mg/L)	经转化估算急性毒性浓度(mg/L)
0<1 类≤0.05	0.005
0.05<2 类≤0.5	0.05
0.5<3 类≤1.0	0.5
1.0<4 类≤5.0	1.5
5 类>5.0	

(五)动物福利考虑

如果不包括限度试验,采用 TG403 传统的吸入毒性 LD_{50} 方案进行全部 4 个浓度试验,两种性别共需动物 40 只,在已知敏感性别的情况下,共需动物 20 只。采用 TG403 Cxt 方案,进行 4 个浓度试验,如果每个测试浓度每种性别 1 只动物,则两种性别(或易感性别)共需动物 40 只;如果每个测试浓度每种性别 2 只动物,则动物使用量要增加一倍。采用 TG436 方法,每一设定浓度仅需动物 6 只,最多进行 3 个浓度试验即可得出受试物分类结果,共需动物 18 只,大大减少了实验动物的使用。OECD TG 403 和 436 的比较见表 8-13。

表 8-13 OECD 急性吸入毒性试验指南比较

研究设计	修正的 TG403(2008) 传统 LG_{50}研究	修正的 TG403(2008)Cxt 研究	TG436(2008)
主要终点	死亡率	死亡率	死亡率
主要目的	反映致死和非致死终点的浓度(终点独立于系统)	反映致死和非致死终点的浓度(终点独立于系统);在 $C^n xt$ 导出 n	测定估计范围
数据使用	用于包括 GHS 系统在内的多个系统的分类和标识;为特殊监管需要从一个特定期间(通常 4h)导出 LC_X 值	用于包括 GHS 系统在内的多个系统的分类和标识;为特殊监管需要从一个特定期间(通常 4h)导出 LC_X 值	只能用于 GHS 系统分类和标识(基于 GHS 判断设定准则中的固定浓度);对一个特定期间(通常 4h)的 LG_{50} 范围估计

续表

研究设计	修正的 TG403(2008) 传统 LG_{50}研究	修正的 TG403(2008)Cxt 研究	TG436(2008)
染毒方式	只鼻式或全身	只鼻式(不能使用全身暴露)	只鼻式或全身
检测浓度	可变化——由研究者选择	可变化——由研究者选择	气体:100、500、2500、20000ppm 蒸汽:0.5、2.0、10.0、20.0 mg/L 气溶胶:0.05、0.5、1.0、5.0mg/L
气体:浓度可变量	气体和蒸汽:±10%气溶胶:±20%	气体和蒸汽:±10%气溶胶:±20%	气体和蒸汽:±10%气溶胶:±20%
气体:稳定性	持续或按小时监控	持续或按小时监控	持续或按小时监控
颗粒大小(模式)	4 h 暴露中至少 2 次(阶式碰撞器)	4 h 暴露中至少 2 次(阶式碰撞器)	4 h 暴露中至少 2 次(阶式碰撞器)
试验浓度	限度试验:1 组主试验:至少 3 组	限度试验:1 组主试验:4 组	1 组或更多
颗粒大小(气溶胶)	MMAD:1～4μmGSD:1.5～3	MMAD:1～4μmGSD:1.5～3	MMAD:1～4μmGSD:1.5～3
观察期间	至少 14 天	至少 14 天	至少 14 天
媒介对照组	不统一要求(如果不能排除相互反应,需要历史数据)	不统一要求(如果不能排除相互反应,需要历史数据)	不统一要求(如果不能排除相互反应,需要历史数据)
限度试验动物数	3 雌和 3 雄(或 5 只已知敏感性别)	如果 1 只/性别/只(Cxt)点:两种性别:10;敏感性别:10 如果 2 只/性别/(Cxt)点:两种性别:20;敏感性别:20	3 雌和 3 雄(或 6 只已知敏感性别)
观察研究动物数	每种浓度≤3 雄和≤3 雌(或≤3 对于已知敏感性别)。至少每种浓度 3 雌 3 雄以检测性别差异(如果不知道差异)	每种浓度≤3 雄和≤3 雌	0(不用观察研究)
主试验研究动物数	每种浓度 5 雌 5 雄(或者对已知敏感性别 5)	1 或 2 只/性别/(Cxt)点,或 2 或 4 只敏感性别动物/(Cxt)点,每种浓度 5 只动物	每种浓度 3 雄和 3 雌(或 6 只已知敏感性别)
在非限制研究中的总使用动物数	如果检测 4 个浓度:两种性别=40 已知敏感性别=20(如果用作分类和标识)	如果检测 4 个浓度:如果 1 只/性别/(Cxt)点:两种性别:40;敏感性别:40 如果 2 只/性别/(Cxt)点:两种性别:80;敏感性别:80	如果检测 1 个浓度:6;如果检测 2 个浓度:12;如果检测 3 个浓度:18

四、急性吸入毒性的体外试验

目前已有一些体外技术用于呼吸系统毒性试验,在短期暴露研究中越来越多的方法采用非死亡的终点判定,随着对吸入毒性作用机制的深入了解,促进了对致病机制的认识和为重复剂量吸入研究提供剂量判定。由潜在肺毒性物质引起的肺疾病传统上是通过组织学、肺功能试验和支气管肺泡灌流术进行评价。

体外细胞试验可用于急性吸入毒性预测，如 CULTEX 是一种对细胞进行培养和暴露的新方法，它将测试细胞直接暴露于气液界面中，检测那些呈颗粒状、气溶胶或混合状态的飘尘的生物反应。通过吸入毒性发生过程中与急性毒性相关机制的分解和认识，采用新技术建立吸入毒理学领域的替代策略。这些检测终点和新技术包括细胞毒性分析、转化生长因子的产生和组织分布、易感细胞群的损伤、高代偿修复的相关因子的变化、急性肺损伤中肺泡上皮细胞修复成完整肺泡壁的关键成分的分析。此外，对肺上皮屏障功能的研究可采用细胞培养进行，因为体外试验系统能够对细胞之间相互作用进行有效的控制。有关呼吸系统毒性的试验方法见第 16 章。

第 5 节　急性毒性试验替代方法

急性毒性试验的目的是为了测定化学物质或其他物质的相对健康危害，传统的急性毒性试验用动物进行，近年来研究表明体外和体内毒性具有相关性，因此，体外方法可以预测体内急性毒性。急性毒性试验的替代方法见表 8-14。

表 8-14　急性毒性试验的替代方法

目前动物试验的终点	可用的替代方法	检测终点	目的	应用范围	验证状态
TG420 TG423 TG425 TG403 （皮肤、眼、呼吸、循环、中枢神经系统、行为方式、呆滞、睡眠、昏迷、死亡、尸检、病理）	HepG2 细胞/蛋白含量	蛋白含量	部分替代（试验序列）	所有可溶化学物质	前验证 MEIC
	HL60/ATP 含量	ATP 含量	部分替代（试验序列）		前验证 MEIC
	张氏肝细胞/形态	形态学	部分替代（试验序列）		前验证 MEIC
	张氏细胞/pH 变化	pH 变化	部分替代（试验序列）		前验证 MEIC
	BALB/c 3T3 NRU	细胞活性/细胞毒性	减少，部分替代（试验序列）		ICCVAM 完成
	正常人角质细胞 NRU	细胞活性/细胞毒性	减少，部分替代（试验序列）		ICCVAM 完成
	MTD 体外预测	细胞活性	减少，部分替代（试验序列）		前验证 MEIC
	MDCK，LLC-PK1 肾小管细胞	上皮屏障完整性	部分替代（试验序列）		完成
	QSAR 模型	多种	部分替代（试验序列）		研发中
	克隆形成单位-粒细胞/巨噬细胞试验（CFU-GM）	急性嗜中性白血球减少症血液毒性			

一、急性毒性试验替代方法的研究和验证

从 20 世纪 90 年代开始，许多研究发现体外细胞毒性与体内急性毒性效应之间存在相关关系，多种细胞毒性检测方法被开发出来，尝试用不同来源细胞的基本细胞毒性终点预测体内毒性的相关性。如 FRAME、MEIC 计划、日本动物试验替代协会（JSAAE）、ZEBET、ECVAM、化学品安全评价方法科学委员会（Scientific Group on Methodologies for the Safety Evaluation of Chemicals，SGOMSEC）和 TestSmart 的研究，其中 MEIC 和 ZEBET 的方案受到广泛的关注。2002 年，ECVAM 提出了急性毒性

的试验组合和受试物急性毒性评价的试验策略。2007年，欧盟启动了AcuteTox计划（2005～2010年），该计划提出了整合试验方法（integrated testing approach），尝试开发一种用于预测人类急性系统毒性的整合体外/计算机替代策略。

总之，无论是已开发或经过验证的单一的体外基本细胞毒性试验，还是可以考虑列为整合试验的组成部分的体外方法，大体可分为3类：细胞毒性检测（筛选方法）、器官特异性毒性检测和毒动/代谢方法。

（一）MEIC和EDIT计划

体外细胞毒性试验多中心评价（Multicenter Evaluation of in vitro Cytotoxicity Tests），简称MEIC，是由斯堪的那维亚细胞毒理学会1989年启动的评价急性毒性体外方法的国际间评价研究项目（1989～1999年）。项目由乌普萨拉大学细胞实验室主任Ekwall发起，其目的是通过对体外细胞毒性试验的合理评价预测人类急性系统毒性，第二个目的是选择最好的试验组合（试验序列）用于急性毒性试验。MEIC结果表明采用合适的人类细胞系测定基本细胞毒性可用于估计人类急性毒性。MEIC计划选择了50种动物急性经口毒性资料和人血液中毒浓度均已知的化合物为参考物质。对96个实验室提供的82种体外细胞毒性方法进行了评价，完成全部50种化学物质评价的方法共61种，其中20种方法采用的是人细胞（18种细胞系、2种原代细胞），21种方法采用的动物细胞（12种细胞系、9种原代细胞）；18种是细胞毒理学试验，2种是非细胞试验。结果表明：3种人类细胞系的基本细胞毒性检测方法与人类致死性血液浓度具有高度相关性，而采用细菌或植物的生态毒理学检测方法试验效果不好；以反映细胞活性或细胞生长为主要指标的检测终点相关性最好；体外试验最常用的暴露时间是24h，对于哺乳动物细胞，可在24～168h的暴露时间内获得试验结果。MEIC确定了3种人类细胞系组合的试验策略，由4项终点和2个暴露时间段组成，即HepG2细胞蛋白含量/24h暴露、HL-60细胞ATP含量/24h暴露、Chang肝细胞形态变化/24h和168h暴露。利用这一试验组合，可实现对全部50种化学物质人类致死性血液浓度的预测（$r^2=0.798$，$q^2=0.76$），如果试验组合结合BBB通透信息，r^2值可提高到0.83。

MEIC的研究结果表明，如果增加体外毒性动力学数据（如通过血脑屏障资料、蛋白结合和化学物分布的评估数据），可明显提高预测的准确性。后来，MEIC的组织者提出了新的计划，即新的体外试验组合开发评估指南（Evaluation-guided Development of New In Vitro Test Batteries，EDIT），研究重点集中在体外试验组合方法的开发和评价上，以评估与毒代动力学和靶器官毒性相关的体外试验，最终将三者整合成一个试验组合用于预测人类急生系统毒性。MEIC计划确定了体外细胞毒性试验的选择标准：①细胞类型（人类或动物细胞，细胞系或原代培养）及其特征（稳定性、来源、特点和实用性）；②暴露时间；③检测终点（如NRU、LDH、ATP）。此外，预测模型、重复性证据、实验室间的可转移性和是否易于自动化或高通量也是考虑因素。1999年，ICCVAM对MEIC的研究进行了评估。评估分4个小组，包括评价急性毒性的体外筛选方法、测定毒性动力学的体外方法、预测器官特异性毒性的体外方法和验证体外急性毒性试验方法的化学物质资料库，NTP、NIEHs和sEPA资助了此项评估研究。

（二）ZEBET计划

1998年，德国发布了细胞毒性数据库（rigistry of cytotoxicity，RC），由347种化学物质的体内急性毒性资料和体外细胞毒性资料组成。用这些数据建立的回归模型，能基于细胞毒性数据预测 LD_{50} 数值。ZEBET 的专家推荐用细胞毒性方法预测经口急性毒性的开始剂量（见下文）。

（三）ECVAM-NICEATM 的验证研究

2000 年，“评价急性系统毒性体外方法的国际工作组”建议有必要对开发程度和标准化程度较高的两项基本细胞毒性试验方法进行验证研究，以评估其用于预测啮齿类急性 LD_{50} 的能力以及作为急性毒性开始剂量的测定方法的能力。这两项方法是啮齿类成纤维细胞 NRU 试验（3T3 NRU）和正常人角质细胞 NRU 试验（NHK NRU）。2002 年，NICEATM 和 ECVAM 组织了联合验证研究，由欧洲和美国的 3 家实验室参与。共选择了 72 种化学物质进行验证，其中 50 种来自 MEIC，其他由不同的管理机构指定。验证结果表明这两种方法能达到以下预期的验证目标：正确地按照 GHS 对化学物质进行分类；预测体内毒性试验的开始剂量、有效减少动物的使用、评估与人类致死性浓度间的相关性。2007 年，经过同行评审后，ICCVAM 批准了两项体外基本细胞毒性试验方法，用于估计 UDP 和 FDP 两项“减少性替代方法”的开始剂量，ECVAM 也认同 ICCVAM 进行的国际细胞毒性检测方法验证研究，但这两项方法作为替代试验计划的组成部分还没有被验证。

（四）ECVAM 急性毒性的试验组合

体外细胞毒性试验模型是将细胞直接暴露于受试物中得到关键作用浓度，然而在体内情况下，许多毒性动力学因素（如 ADME）对于决定到达靶位点的关键浓度起着重要的作用。2002 年，ECVAM 提出了受试物急性毒性评价的试验策略，在这一试验策略中，受试物应按以下 5 步法顺序进行评价：(Q)SAR 和体外检测（(Q)SAR → 细胞毒性试验→ 代谢的计算机模型→ 生物转化检测→ 细胞特异性毒性试验，如果每一步测试该物质都分类为“高毒”，则该物质的分类就此确定，试验即可中止。如果所有的前面所述实验的评价结果都表明该物质“不是非常毒”，才需要进行有限的体内实验。

（五）AcuteTox 计划

2005 年 1 月，为期 5 年，耗资 900 万欧元，由 13 个欧盟成员的 35 个机构参与的急性毒性计划（AcuteTox project）正式启动，其目的是利用多种类型细胞开发理想的体外评价毒性的策略，用于完全取代现在使用的急性动物毒性试验，预测人类急性系统毒性。该项目的目标包括：①编制并评价形成高质量的体内、体外实验数据用于比较分析；②阐明影响体外毒性（浓度）和体内毒性（剂量）之间相关性的各种因素（ADME 和器官特异性），确定转换的线性函数；③寻找新的研究工具和细胞系统，用于确定动物和人类毒性的新终点和策略；④设计简单、稳定和可靠的体外试验策略，作为预测急性毒性的模型。预计计划完成后，欧盟用于毒性试验的动物数量将减少 30%～35%。如果项目最终制订的试验策略完成全部验证，并获得法规认可，将纳入化学品评价的标准试验指南，有可能代替 EU 指南 67/548 附录 V 的急性毒性改良法（B. 1 和 B. 2）以及相应的 OECD420、423 和 425。

二、急性毒性的体外筛选方法

早在 20 世纪 50 年代，利用体外细胞系统预测体内急性毒性效应的研究就开始了，人们发现体外细胞毒性与动物急性毒性死亡剂量之间具有相关高度性，还有研究表明诱发体外细胞毒性的化学物浓度与人血液该物质的致死浓度之间存在相关性。细胞毒性用于替代传统 LD_{50} 试验的第一步是应用于确定急性经口毒性的开始剂量，其次是将体外细胞毒性试验用于系列组合试验中，做为新化学物质分类和标识的依据，以减少或替代现行的动物实验。

（一）预测体内毒性的开始剂量

ZEBET 提出了利用体外细胞毒性预测急性经口毒性试验的策略，在细胞毒性的 IC_{50} 和急性经口毒性的 LD_{50} 数据之间建立标准回归方程，用细胞毒性估计体内经口毒性的 LD_{50} 的值，作为体内试验的开始剂量。建立回归方程的数据来自 RC 数据库，包括 347 种化学物质的大鼠、小鼠急性经口 LD_{50} 数据和体外细胞毒性的 IC_{50} 数值。ZEBET 制订了体外细胞毒性数据的接受标准：① 至少有两个不同的 IC_{50} 值，或来自不同的细胞类型或来自不同的细胞系，或来自不同的细胞毒性终点；②只有来自哺乳动物细胞的数据才能用；③肝细胞的毒性资料不能用；④细胞毒性试验中化学物暴露时间最少为 16h。可接受的细胞毒性终点：①细胞增生：细胞计数、蛋白和 DNA 含量、DNA 合成、克隆形成；②细胞代谢活性指标：MIT-24、MTT、MTS、XXTC；③细胞膜活性指标：NRU、台盼蓝拒染、细胞脱壁和贴壁效率；④细胞分化指标。

1. 预测模型　通过对以上数据的分析，将 $IC_{50}x$ 和经口毒性的 LD_{50}（mmol/kg）对数转化，以 a 为截距，b 为回归系数，建立线性回归方程，经分析得到体外细胞毒性预测急性经口毒性的预测模型：$\log(LD_{50}) = b\,x \log(IC_{50}x) + a$，$\log(LD_{50}) = 0.435x \log(IC_{50}x) + 0.625$。见图 8-3。

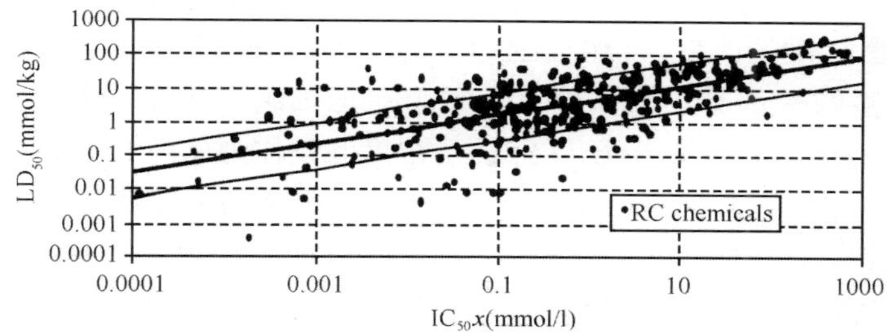

图 8-3　细胞毒性（$IC_{50}x$）和啮齿动物急性经口毒性的 LD_{50} 的回归关系

粗线表示数据拟合的线性回归模型（$r=0.67$），上下两条细线代表±log 5 边界，表示预测模型的可接受区间

2. 对改良 LD_{50} 方法的影响　对于改良后的经口毒性试验，无论是急性毒性分类法还是上下程序法，开始剂量的准确预测对于试验的顺利进行非常重要。研究表明，对于大多数化学物质，如果 ATC 试验开始前能从细胞毒性试验资料获得最佳开始剂量的合理预测，则可以减少 1～3 个剂量的试验步骤。Spielman1999 年利用 RC 中的化学物质的细胞毒性数据预测 LD_{50} 的值，结果表明细胞毒性预测开始剂量可用于 UDP 实验，有效减少实验动物的使用数量达 40％。如果从细胞毒性预测的 LD_{50} 值比较高［≥2000mg/（kg. b. w）］，按照目前的体内试验优化方法（如 FDP），只需进行体内限度试验即可。

对于一个实验室，如何将细胞毒性试验数据作为组合试验策略的一部分用于 ATC、UDP 等动物实验方法开始剂量的计算呢？Spielman 提出 4 步建议：第一步，从 RC 数据库中选择 10～20 种参考化学物质，用标准细胞毒性试验方法进行测试，最好用 BABL/c 3T3 NRU 方法；第二步，用细胞实验中得到的IC_{50}值与RC数据库中的LD_{50}值进行线性回归分析，计算出本实验室的回归方程；第三步，将本实验室得到的回归方程与RC的回归方程比较，判断是否与RC方程一致，并处于确定的预测区间内；第四步，如果符合上述条件，则可用于体内毒性试验的预测；否则，建议改进细胞种类或试验方法以调整试验方法的敏感性。

（二）急性毒性的细胞毒性试验组合

MEIC计划确定了利用3种人类细胞系组合的试验策略，由4个实验组合而成，即① HepG2细胞蛋白含量/24h暴露；② HL-60细胞ATP含量/24h暴露；③ Chang氏肝细胞形态变化/24h暴露；④ Chang氏肝细胞PH改变/168h暴露。

1. HepG2细胞蛋白容量试验 肝细胞瘤细胞系Hep G2暴露于测试物中，通过Lowry法测定蛋白容量的改变，检测细胞毒性。用于序列试验的一部分，与②、③和④组合，或仅与试验②组合，可减少经口急性毒性的动物数量。

2. HL-60细胞/ATP含量试验 HL-60细胞（人类急性前髓细胞淋巴瘤细胞）暴露于测试物质中，采用（Lucifer-LU试剂盒）荧光素-荧光素酶反应产生的生物发光强度检测ATP含量。用于序列试验的一部分，与①、③和④组合，或仅与试验①组合，可减少经口急性毒性的动物数量。

3. 张氏肝细胞/形态学 MIT-24检测方法最早由Paul于1975年提出。Chang肝细胞培养于石蜡封固的96孔微孔板中，细胞形态学改变为纺锤状表明生长存在缺陷，以此作为生长抑制的判断依据。再培养7天收获培养物，可用于试验④。用于序列试验的一部分，与①、②和④组合，可减少经口急性毒性的动物数量。

4. 张氏细胞/pH改变试验 试验④的培养物经168h后记录培养基（酚红指示剂的）pH颜色变化，正常为黄色，紫色可判断为完全受抑制，介于红色和黄色之间判断为部分受抑制。用于序列试验的一部分，与①、②和③组合，可减少经口急性毒性的动物数量。

上述试验组合没有考虑代谢介导的毒性作用，因此，需要结合其他（体外或计算机）预测系统用于组合试验之前确定母体化学物质是否经过代谢后产生毒性增强或减弱的物质。

MEIC计划不是严格意义的验证研究，研究数据缺少严格的对照，因此，采用肝细胞培养的细胞毒性检测方法不符合基本细胞毒性判断标准。

（三）基本细胞毒性试验方法

多数体外细胞试验方法的研究都是假定急性毒性的基本原理是化合物干扰细胞的基本功能，因此，将引起细胞培养物中50%的细胞产生基本细胞毒性的化学物的浓度假设作为体内LD_{50}的指示，而与测试的细胞类型无关。如果这一关系成立的话，即意味着细胞培养物中受试物的浓度与体内靶细胞预期的暴露浓度是相当的。其前提是假设化学物快速经口吸收而且在器官中平均分布，不存在化学物的快速排泄，而且不形成更为毒性的代谢产物。另一假设前提是，体内毒性并不是主要因为损伤已分化细胞的特定功能引进的，即器官或组织特异性效应不是急性毒性作用的主要测定因素。

对于有些化学物质，用基本细胞毒性预测急性系统毒性效果比较差的原因是由于化学物质在低组织浓度与靶器官发生特异性的作用，受生物活化因素决定而限制了其到达靶器官的水平；或者是由于化学物被快速清除；或者通过代谢解毒。因此，这类化学物质的急性毒性预测需要考虑生物动力学模型或其他体外毒性资料。理论上讲，任何能检测基本细胞毒性的体外试验方法都能用于估计最佳开始剂量而用于 UDP、ATC 等急性毒性试验中。目前，经验证的基本细胞毒性试验方法有两项，分别是 3T3 中性红吸收细胞毒性检测和正常人角质细胞中性红吸收细胞毒性检测，这两项试验方法见第 7 章。

总之，应当明确，基本细胞毒性和急性致死剂量之间的关系对于所有的化学物质并不是一成不变的，也有例外的情况。从以前的研究经验可知，如果基本细胞毒性的 IC_{50} 值是用于分类目的，则约有 30% 的化学物质 LD_{50} 预测值偏高或偏低。应确定影响体外方法预测体内急性毒性的主要参数（如吸收、分布、代谢和器官特异性），以提高急性系统毒性的体外-体内的相关性。

（四）体外预测最大耐受剂量

用体外试验预测体内最大耐受剂量是基于以下假设：引起细胞形态改变、LDH 释放达到 50% 的细胞死亡（CT_{50}）的体外最小药物浓度假定与体内引起初始或中等毒性信号的药物剂量相对应，而引起超过 90% 的细胞死亡的体外最小药物浓度（CT_{100}）假定与体内引起明显临床症状的药物剂量相对应，则 CT_{50} 和 CT_{100} 的值（g/ml）转换成 mg/(kg · d) 的体内阈值。原代培养大鼠肝细胞更敏感，被用于获得犬体内的数值。MDBK（牛肾细胞）敏感性稍差，可用于获得大鼠体内的值。原代培养的大鼠肝细胞、MDBK 和 McCoy 细胞的细胞毒性试验结果，可用于预测大鼠和犬体内 4 周最大耐受剂量。McCoy（人上皮细胞）作为体外对照。细胞暴露于化学物质（肝细胞 24 h，细胞系 24、48、72h），记录下列指标：细胞生长和形态、生长细胞占有的表面积（仅细胞系）、细胞大小和形状变化、胞质出现空泡、细胞分离、死亡和濒死。

三、评价急性毒性的体外生物动力学测定法

建立在基本细胞毒性基础上的急性毒性预测试验，如能与毒物的生物动力学测试相结合，可提高预测能力，见第 17 章。

四、器官特异性方法

评价化学物质的急性毒性，除了与死亡有关的指标外，主要应考虑以下的器官系统：肝、中枢神经系统、肾、心、造血系统和肺。单一剂量急性暴露引起的这些系统的损伤足以致个体死亡。其他局部毒性和胚胎毒性虽然也很严重，但作为替代急性毒性试验的体外策略的组成部分理由并不充分。有关靶器官的体外试验主要针对重复剂量毒性，但利用来源于靶器官的原代培养细胞或细胞系对于急性毒性的评价以及获得靶器官特异的信息非常有用。有关体外模型与方法见第 16 章。

不同的化学物质可引起多种细胞出现独特的组织特异性的毒性作用，3～5 天暴露后出现的毒性变化能提供有关迟发性毒性作用和细胞损伤后恢复能力的信息，如细胞增生、线粒体功能、PCNA 或清蛋白（仅肝细胞）合成等。有关靶器官特异常性的试验方法具体见第 13 章。

靶器官急性毒性的试验方法简单举例如下：

（一）急性肾毒性的预测

肾细胞系 LLC-PK1 为近曲小管上皮细胞，MDCK 为远曲小管上皮细胞。利用这两种上皮细胞建立跨上皮电阻（transepithelial resistance，TER）和跨细胞通透性（paracellular permeability，PCP）检测方法。跨上皮电阻（TER）的测定和不带电小分子（如

FITC-胰岛素）的跨上皮运输是确定上皮屏障完整性的可靠指标。将细胞接种于 24 孔聚碳酸酯渗透板中，然后暴露于测试物。通过电极自动采样测定跨上皮电阻的变化以及基础板中标记物的荧光变化，评估上皮屏障的损伤程度。以测定的 TER 值和 PCP 值作为肾毒性的常用指标。

目前还没有统一的细胞毒性试验方法的开发原则，但对于急性毒性的细胞毒性试验方法应主要考虑 3 个因素：①选择用于评价一般细胞毒性的细胞类型：如啮齿类成纤维细胞系或人上皮细胞，单层或悬浮细胞（HL-60 人急性淋巴瘤细胞系）培养；②暴露时间：通常最少为 24h，如果必要可考虑延长至 72h；③检测终点和测定方法（NRU、ATP、MTT、蛋白）：对于急性毒性的预测，测定终点的选择对于试验方法的相关性并不是关键因素，那些操作最简单、费用最少、重复性最好、受试物干扰最小和易于自动化应当是最好的选择。

（二）急性神经毒性的预测

急性系统毒性中神经功能的毒性效应，主要与中枢神经系统（CNS）或周围神经系统（PNS）过度兴奋或抑制的结果有关，产生体内诸如致死性抽搐、呼吸窘迫和丧失意识等症状，与 CNS、PNS 激活/抑制以及脑损伤有关的主要分子机制是 GABA 能、谷酰胺能和胆碱神经递质的变化。因此，建立急性神经毒性体外试验方法的特异性关键分子检测终点是：电压操控的离子通道和配体操控的受体，如离子型 GABAA、NMDA 和 AMPA/红藻氨酸（kainate）和烟碱型乙酰胆碱受体；氨基酸能和胺能神经递质转运子；参与神经递质合成和降解的酶。其他检测终点虽然与神经特异性关系较小，但对于维持 CNS 功能也是绝对必需的，包括细胞能量状态、细胞膜和线粒体膜电位、细胞内钙稳态 [Ca^{2+}] 和活性氧的可控性产生与激活。

神经毒性化学物以不同机制发挥作用，通过这些作用机制的评价能够建立一套由多种试验方法组成的策略，用于预测化合物潜在的神经毒性。如采用培养的神经元、检测 GABAA 受体、GABA 和谷氨酸转运体和乙酰胆碱酯酶活性，结果表明神经机制的试验结果与细胞活性终点的结果相关，后者（包括细胞膜破坏和细胞活性）与细胞所在器官的功能无关，而且已作为非神经特异性的标志物用于试验模型。如阿托品、卡马西平、六氯化苯（林丹）、马拉硫磷、美沙酮和五氯苯酚抑制 GABAA 受体介导的氯离子的内流，可能导致痉挛反应等症状。因此，体外评价神经终点可用于人类急性神经毒性化学物的鉴定，前提是采用了急性神经紊乱的相关体外模型。

五、QSAR 模型

有许多软件包用于预测人类健康的影响和相关的毒性，这些系统能够直接从化学物质的结构预测其毒性。由于其使用方便和快速的特点，已经在实践中得到应用。如美国、丹麦等国家环保部门利用 SAR 预测急性毒性用于法规管理。

TOPKAT 是一个基于统计学的系统、由一套 QSAR 模型组成的模型，模型是经过分析大量已有的毒性信息数据得出的，通常来自文献报道。TOPKAT 通过大量的结构、拓扑、电拓扑的数据信息确定分子的特点，模型的开发采用了连续终点的回归分析，分类毒性资料的判别式分析。

TOPKAT 大鼠经口 LD_{50} 模型：由 19 个 QSAR 模型及其来源的数据组成，包括近 4000 个公开文献报道的化学物质的 LD_{50}。每个定量结构-毒性关系（quantity-structure toxicity relationship，QSTR）模型是根据大鼠经口 LD_{50} 对某类特殊化学物质进行分类评价。

TOPKAT 大鼠吸入毒性 LC_{50} 模型：由 5 个 QSAR 模型及其来源的数据组成。这些多元回归模型来源于已公开文献综述的超过 643 个化学物质的经试验得出的 LC_{50}。引用的文献资料有严格的时间限制，只有暴露时间在 0.5～14 h 范围内才能采纳。终点统一表示为 log10(1/C) - log10(暴露时间)，C 是浓度，以 mol/m^3 表示。化学物质分为 5 个特定级别的组：苯、芳香杂环和多苯、脂环族、有氯和无氯的脂肪族。每一评价急性大鼠 LC_{50} 的 QSTR 模型分为特定的组，并以 $mol/(m^3 \cdot h)$ 为单位表示。

基于体外细胞毒性数据的(Q)SAR 模型可应用于预测啮齿类急性毒性，前提是对体外和体内数据进行充分的挖掘，例如 ZEBET细胞毒性登记中心(RC)对其体外细胞毒性数据和体内(大小鼠静脉和经口 LD_{50})资料按照基于机制的/化学品亚分类法(mechanism-based chemical subclasses)重新进行了评价。此外，(Q)SAR 模型还应符合 OECD 的验证基准，见第 5 章。

六、急性毒性的试验策略

急性系统毒性的替代方法必须模拟体内毒性反应的其他重要方面，如靶器官毒性和毒性动力学。虽然目前已经初步建立了基本细胞毒性方法，但对生物动力学因素和特定细胞类型/器官系统，如对心和脑有特殊毒性的物质而言，还没有完全形成替代方法的草案计划。另一方面，早先已公布的结论表明，对于急性系统性毒性可能并不需要对所有可能的特定器官进行体外模型试验；相反，对于能量代谢试验和评价化合物破坏上皮屏障功能的试验可能是必要的，此外，对吸入途径的急性毒性的预测还没有可应用的体外方法，许多模型和方法仍处于研发阶段。据 ECVAM 2005 年估计，急性毒性试验的替代方法可能仍需 10 年时间实现完全替代。

(一) ECVAM 急性毒性的试验组合

ECVAM2004 年提出急性毒性实验的主要目的是为了预测化学物质对人体的作用，基于风险管理目的而建立的化合物危害和危险水平的评价，首先需要正确了解急性暴露化学物质后引起的致死效应，其次才是对特定器官的损害。因此，专家组推荐分步骤的方案代替目前的急性经口毒性试验，通过建立试验组合系统，除简单的细胞毒性实验外整合生物动力学实验(代谢)和器官特异性实验，从而达到预测化合物对人体作用的目的，见图 8-4。

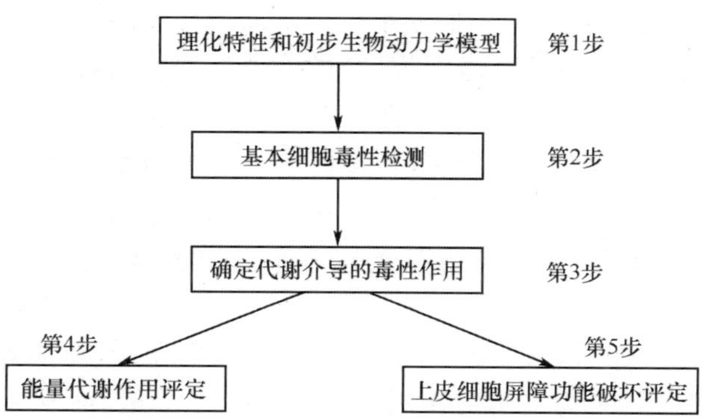

图 8-4　ECVAM 推荐的体外预测急性毒性作用的组合试验方案

第 1 步:物理化学性质分析和初步的生物动力学建模。这些信息用于与那些毒性数据已知的结构或性质相似的化学物进行比较,还可以用于估计组织分布情况。有些化学物可能通过这个步骤就能明确其毒性作用。

第 2 步:进行基本细胞毒性实验。

第 3 步:确定第 2 步的结果是否经过了代谢中介作用。利用转染主要代谢酶的 HEPG2 细胞进行验证,至少需要 4 种不同的细胞系,即每一种细胞含其中一种关键代谢酶,最好使用人源肝细胞。细胞毒性测定和代谢作用测定应同时进行,代谢测定可检测母体化合物的减少或者直接测定代谢产物。

如果受试物在肝细胞毒性试验系统得出的细胞毒性结果大于第 2 步,则表明化合物代谢形成毒性更强的物质,在这种情况下,从代谢活化系统得到的细胞毒性结果更有价值,应取代第 2 步结果用于物质评估。

如果得出的细胞毒性结果小于第 2 步,则表明肝脏对化合物具有代谢解毒作用(首过消除),然后才对全身其他部位产生暴露,这种情况下,可能应当相应降低对毒性作用的预测。

如果细胞毒性结果与第 2 步相当,则表明仍需要对化合物的代谢产物是否可能对其他没有代谢能力的肝细胞具有的作用进行测定,以进一步证明代谢产物的确切作用。如果没有关于代谢作用的进一步证据,那么就可以利用第 2 步的结果;如果有代谢的证据,那么必须在经过代谢之后重新进行第 2 步,直接用代谢产物在该系统进行实验,可使用一些尚未定型的系统,如共同培养或条件培养基。

第 4 步:使用具有良好需氧代谢功能的神经细胞系测定受试物对能量代谢的作用,因神经系统或心血管系统都需要高消耗的代谢作用,以其为靶器官有助于测定化合物的需氧能量代谢作用。测定能量代谢的终点可以是有关能量变化的一些特定指标,如氧消耗、线粒体功能等。如果第 3 步已证明存在代谢作用,则母体化合物及其代谢产物都必须做这些实验。

第 5 步(与第 4 步无顺序差别):利用透膜的跨上皮电阻检测化合物破坏上皮屏障的能力,如 MDCK 细胞,有助于评价化合物对具有上皮屏障功能的靶器官(如脑、肾)作用的分析。测定终点可以采用染料漏出法。如果化合物引起屏障功能破坏的作用值低于基本细胞毒性,则可能需要考虑降低测定器官作用时的剂量。如果第 3 步已证明存在代谢作用,则母体化合物及其代谢产物都必须做这些实验。

ECVAM 专家指出,在采用组合试验系统评价化合物的急性毒性前,应注意根据准确性、重现性、经济性和可行性的原则选定最好的细胞系统;对全部 5 个步骤制订完整的操作程序,并进行验证;根据管理要求建立预测人体毒性水平的预测模型(如 NOAELS 模型)并加以说明;测定终点应适用于大多数受试物,预测模型应具有代表性;整个研究方案和预测模型应经过验证。

(二) AcuteTox 计划

MEIC 和 EDIT 计划的结果是建立 AcuteTox 计划的基础。

AcuteTox 计划的目的是为了提高现有的体外基本细胞毒性和啮齿类 LD_{50} 数值以及人类致死性血液浓度的相关性,以确保人类急性毒性预测结果有效性达到的足够水平,需要通过整合细胞毒性资料和其他动力学、代谢和器官毒性的信息。

AcuteTox 项目包括关于受测试化合物的一切关键信息,如物理化学特性(如 pKa、亲脂性、分子量、活性基团)、与已知生物活性化合物的结构相似性(SAR)、生物利用度和已知的生物活性。

AcuteTox 项目认为，理想的体外/计算机试验组合应当由高通量的基本细胞毒性试验（如 3T3 NRU 试验）经过超出一个细胞循环周期的暴露时间后评价细胞活性；进而需要对化学物或其代谢产物将到达关键靶组织的可能性进行评估，再结合体内吸收和分布的评估，这样把关于物质代谢的数据整合形成总的毒性评价。对于吸收和分布的评估最好采用计算机模型，一方面节约费用和时间，同时还能获得可靠充足的信息。

AcuteTox 试验组合还考虑到化学物质与特殊细胞发生作用导致神经毒性、肾毒性、造血系统毒性和肝毒性的可能性。理想的高通量的体外系统，应当包括能测定关键的神经毒性、肾毒性、造血系统毒性和肝毒性等毒性终点的方法。项目的目标是提出一项由 5～7 项体外/计算机试验组成的理想的试验组合，能够正确地预测至少 90%的化合物。当然，提出这样一个试验组合可能比被替代的传统的 LD_{50} 试验还要复杂和昂贵。当前，依靠简单的和可靠的试验组合仍能提供较高预测性的结果。MEIC 的研究结果表明，试验组合中包含神经毒性试验是非常重要的，而肝毒性试验和生物转化试验对于急性毒性显然没有长期毒性那么重要。因此，AcuteTox 的近期目标是广泛收集神经毒性的检测方法，特别是找到只用基本细胞毒性筛选就能较好地预测神经毒性化合物的方法。

（三）TOXDROP 计划

欧盟资助了一项新的计划，简称 TOXDROP，利用来自不同器官的细胞制备成纳米微滴芯片，旨在建立高通量的急性毒性的体外检测方法。该计划的近期目标是开发一种细胞芯片技术，通过高度均一显型的细胞与单一芯片反应，可以用于确定细胞毒性的不同表型。通过形成细胞水平的纳米微滴，建立在荧光检测基础上的高容量的细胞物培养分析，利用高反差对比的光学检测方法，再加上质谱表型信号分析，可以达到生物芯片底物分析所要求的精度。

七、小　结

在急性毒性领域，目前已验证的替代方法还不能完全代替动物实验方法。表 8-14 提供的体外试验方法并不能单独作为预测急性经口毒性的方法，但作为组合试验的一部分或用于阶梯试验中可能是一个比较好的选择。这一试验策略应包括一般细胞毒性、代谢、毒性动力学和靶器官毒性在内的系列试验。替代实验在基本细胞毒性方法方面目前已取得了良好的进展，而对于阐明代谢、毒性动力学、靶器官毒性和潜在过敏性等毒性终点的方法进展还不大。

一旦单一毒性终点的试验方法得到验证，接下来就是将单个试验方法整合成一个有效的试验组合，结合预测模型将试验资料外推到人。值得注意的是，替代方法迄今所获得的数据都是关于接触性的（如皮肤腐蚀性、眼睛刺激性），显然不需要阐明毒性的复杂性和可能具有不同敏感性的靶组织。急性经口毒性的替代模型验证与之前的研究相比更加复杂，比局部毒性试验更具有复杂性和挑战性，如亚慢性毒性和发育、生殖毒性。

短期的目标是减少和替代急性经口毒性试验，长期的目标是利用人的细胞和组织开发与建立一套体外试验组合，并与其他信息（理化特点、代谢和动力学数据）整合以预测人类急性毒性，包括系统的靶器官效应。

组合试验计划中 QSARs 和细胞毒性检测方法的优化使用有望进一步减少实验动物的使用，直到最终替代动物实验。许多体外方法作为预测急性毒性的整合试验方法的组成部分被开发、评估和验证。组合的要求之一是必须对整合试验方法内的多个终点加以阐明，如 HepG2 进行简单的细胞毒性检测是不足以鉴别肝毒性药物的，但是“一种死亡前机制的细胞检测法”证明对于测定药物毒性更加特异，这一体外药物筛选方法采用的是“高通量筛选检测（HCS）”，能同时评估多个毒理学机制终点，细胞内指标包括药物引起的细胞膜、核面积、线粒体膜、细胞内钙、膜通透性等。采用这一试验组合预测人类毒性可达 87％的敏感性和 90％的特异性。研究者认为人类肝毒性与用新方法和 HCS 检测获得的体外细胞毒性高度一致。因此，HCS 方法采用多个指标进行评价，覆盖更广谱的毒性效应范围，比传统的体外方法预测性更好。

完全替代急性毒性试验的时间严重依赖于科学研究的结果，估计时间不会超过 10 年。

（程树军　焦　红）

参考文献

国家环境保护总局．化学品测试方法．北京：中国环境科学出版社，2004，640～717

化妆品卫生规范．军事医学科学出版社，2007

周宗灿．毒理学教程．第 3 版．北京大学医学出版社，2006

Anon. Official Journal of the European Union. Council Directive 91/414/EEC concerning the placing of plant protection products on the market，1991

Clemedson C，Dierickx PJ，Sjöström M. The prediction of human acute systemic toxicity by the EDIT/MEIC *in vitro* test battery：The importance of protein binding and of partitioning into lipids. Altern. Lab. Anim，2003，31：245～256

Clemedson C，Kolman A，Forsby A. The integrated acute systemic toxicity project（ACuteTox）for the optimisation and validation of alternative in vitro tests. Altern. Lab. Anim，2007，35：33～38

Duff T，Carter S，Feldman G，et al. Transepithelial resistance and inulin permeability as endpoints in in vitro nephrotoxicity testing. ATLA，2002，30：53～59

Eskes C，Zuang V. Alternative（non-animal）method for cosmetics testing ：current status and future prospects. ATLA ，2005，33：suppl，147～175

GB15193. 1-2003 食品安全性毒理学评价程序

GB 20592-2006 化学品分类、警示标签和警示性说明安全规范 急性毒性

GB/T 21757-2008 化学品 急性经口毒性试验 急性毒性分类法

GB/T 21804-2008 化学品 急性经口毒性固定剂量试验方法

GB/T 21826-2008 化学品 急性经口毒性试验方法 上下增减剂量法

Gennari A，van den Berghe C，Casati S，et al. Strategies to replace *in vivo* acute systemic toxicity testing：The report and recommendations of ECVAM Workshop 50. Altern. Lab. Anim，2004，32：437～459

Gribaldo L，Gennari A，Blackburn K.，et al. Acute Toxicity. Altern. lab. Anim，2005，33：Suppl. 1，27～34

Gülden M，Dierickx P，Seibert H. Validation of a prediction model for estimating serum concentrations of chemicals which are equivalent to toxic concentrations *in vitro*. Toxicol. In Vitro. 2006，20：1114～1124

Halle，W. The Registry of Cytotoxicity：Toxicity testing in cell cultures to predict acute toxicity（LD_{50}）and to reduce testing in animals. Altern. Lab. Anim，2003，31：189～198

Nogueiro EM. European Commission：Alternative testing strategies progress report，2009

OECD. Test Guideline 403. OECD Guideline for Testing of Chemicals. Acute Inhalation Toxicity Testing，1981

OECD. Test Guideline 402. Acute Oral Toxicity（Deleted in 2002），1987

OECD. Guidance document 39 on acute inhalation toxicity testing，2009

Olson H. Concordance of the toxicity of pharmaceuticals in humans and in animals. Reg. Toxicol. Pharmacol，2000，32：56～67

Schlede E，Genschow E，Spielmann H，et al. Oral acute toxic class method：A successful alternative to the oral LD_{50} test. *Regul*. Toxicol. Pharmacol，2005，42：15～23

Seibert H，Mörchel S，Gülden M. Factors influencing nominal effective concentrations of chemical compounds *in vitro*：Medium protein concentration. Toxicol. In Vitro，2002，16：289～297

Shrivastava R，John GW，Rispat G，et al. Can the in vivo maximum tolerated dose be predicted using *in vitro* techniques? A working hypothesis. ATLA，1991，19：393～402

Sjöström M，Kolman A，Clemedson C，Clothier

R. Estimation of human blood LC_{50} values for use in modelling of in vitro-in vivo data of the ACuteTox project. Toxicology in Vitro, 2008, 22: 1405～1411

SN/T 2328-2009 化妆品急性毒性的角质细胞试验

Stallard N, Whitehead A, Indans I. Statistical evaluation of an acute dermal toxicity test using the dermal fixed dose procedure. Hum. Exp. Toxicol, 2004, 23: 405～412

Stallard N, Whitehead A, Indans I. Statistical evaluation of the fixed concentration procedure for acute inhalation toxicity assessment. Hum. Exp. Toxicol, 2003, 22: 575～585

United Nations Economic Commission for Europe (UNECE). Globally harmonized system of classification and labeling of chemicals (GHS). ST/SG/AC. 10/30, UN, New York and Geneva, 2007

Van der Heuvel MJ, Clark DG, Fielder RJ, et al. The international validation of a fixed-dose procedure as an alternative to the classical LD_{50} test. Fd. Chem. Toxicol. 1990, 28: 469～482

Whitehead A, Stallard N. Opportunities for reduction in acute toxicity testing via improved design. Altern. Lab. Anin. 2004, 32: Suppl 2, 73～80

第 9 章　皮肤刺激/腐蚀试验及替代方法
Chapter 9　Skin Irritation/Corrosion Test and Alternative Methods

第 1 节　概　　述

皮肤直接与外界接触，对机体有重要的保护作用。皮肤及其附属器官不仅是化学物质作用的对象，而且可能成为化学物质进入机体的入口。日常生活和工作中接触到的工业化学物、环境污染物、家用化学品和化妆品等均可引起各种皮肤损伤，其中化学因素造成的损伤占 90%，物理因素造成的损伤约占 10%。美国职业安全和健康研究所(NIOSH)已经意识到皮肤暴露的潜在危害，认为皮肤疾病是美国最普遍的职业健康问题之一。1982 年，NIOSH 根据皮肤病的发生次数、严重程度和预防的可能性，将皮肤病列为 10 种最主要的工作相关疾病之一。对于由化妆品、洗涤用品等引起的皮肤疾病，职业病记录很不充分或很少追查，因此，这部分皮肤疾病的发生率总体上是被低估的。

一、皮肤的结构

皮肤是人体最大的器官，重量约占体重的 10%以上，面积为 1.2～$2m^2$。皮肤由表皮和真皮组成，借皮下组织与深部相连，皮肤内还有毛、甲、皮脂腺、汗腺等皮肤附属器(图 9-1)。皮肤的结构和功能不仅是皮肤毒性效应的靶点，而且也是皮肤毒理学试验方法研究的基础和依据。

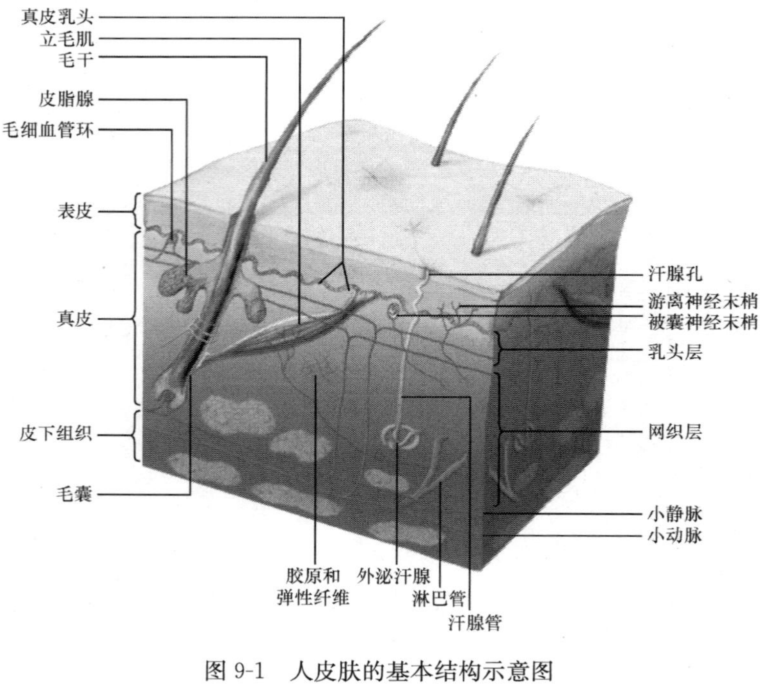

图 9-1　人皮肤的基本结构示意图

（一）表皮

表皮位于皮肤外表面，形成阻止外来物质进入体内的第一道屏障，表皮由两类细胞组成：一类是角质形成细胞（keratinocyte，KC），为表皮的主要成分；另一类是非角质形成细胞，数量少，分布于角质形成细胞之间，有黑素细胞（melanocytes，MC）、朗格汉斯细胞（Langerhans cells，LC）、梅克尔细胞（Merkel cells）和散在 T 淋巴细胞。表皮从外向内可分为角质层、颗粒层、棘层和基底层。脚掌和手掌等处的厚皮肤还可见位于颗粒层上方的透明层。皮肤的保护作用主要由角质层提供，角质层由多层极扁平的细胞组成，厚度约 10～40μm（15～20 层），角质层是化学物质经皮吸收和防止水分丢失的主要屏障。角质层以下由多种形态的表皮细胞构成，厚度约 40～150 μm。表皮能不断进行更新，表皮细胞从基底层开始，经一系列分化过程最终从角质层表面脱落的时间约14～30天。

（二）真皮

真皮厚度约 2～3 mm，含有许多结构，包括血管、神经、平滑肌、淋巴组织以及毛和毛囊、皮脂腺、汗腺等皮肤附属器。真皮在结构上可分为两层：真皮浅层靠近表皮的部分称乳头层；深层为网织层。乳头层主要由疏松结缔组织构成，网织层主要为不规则致密结缔组织。真皮主要的细胞类型为成纤维细胞、巨噬细胞和肥大细胞。成纤维细胞分泌产生胶原蛋白、弹性蛋白和蛋白多糖，使皮肤具有机械支持力和弹性。细胞和基质对角质细胞的分化速率与分化程度以及表皮层的形成有影响。胶原纤维是真皮的主要纤维成分，其化学成分主要为胶原蛋白。正常人真皮中，以Ⅰ型和Ⅲ型胶原蛋白为主。真皮的细胞和纤维浸埋在基质中，基质的主要成分是蛋白多糖，它是由蛋白质与大量多糖结合成的大分子复合物。其中多糖主要有透明质酸、硫酸皮肤素、6-硫酸软骨素和硫酸肝素等。蛋白多糖和胶原纤维结合形成网状结构，起到支持、固定和屏障作用。基质组分与细胞的相互影响促进细胞移动、成长、分化和增殖。因此，体外构建人工真皮时，加入上述蛋白多糖活性成分能有效改善人工皮肤的组织结构和功能。

（三）皮下组织

皮下组织由疏松结缔组织和脂肪组织组成，具有防止体温散失和缓冲机械压力的作用。

（四）皮肤附属器

皮肤附属器约占皮肤面积的 1%，包括毛囊、汗腺、皮脂腺和指（趾）甲。汗腺分为大汗腺和小汗腺，数量约 400 个/cm^2。毛发分布于除手掌和足底的人体表面，虽然毛囊的表面积只占皮肤总表面的 0.1%～1%，但毛囊在外源物质经皮渗透过程中起重要作用。皮脂腺位于毛囊上部的一侧，为全浆分泌腺，遍布全身体表，密度为 1～2 个/毛囊，皮脂腺的活性随部位和年龄不同变化很大。毛囊和与其相连的皮脂腺统称为毛囊皮脂腺单位。皮肤附属器分散分布在皮肤里，通常认为皮肤附属器是角质层屏障的旁路通道，对于加速局部外源物质的经皮吸收具有重要作用。物质经皮传递能力的不同，皮脂腺的作用极为重要，见第 10 章。

人体不同部位皮肤的组织结构特征见图 9-2。

二、皮肤的功能

（一）屏障功能

表皮的主要功能是发挥双重的屏障作用，即防止水分、电解质和机体其他成分的丢失和阻止环境微生物与外来物质的进入。

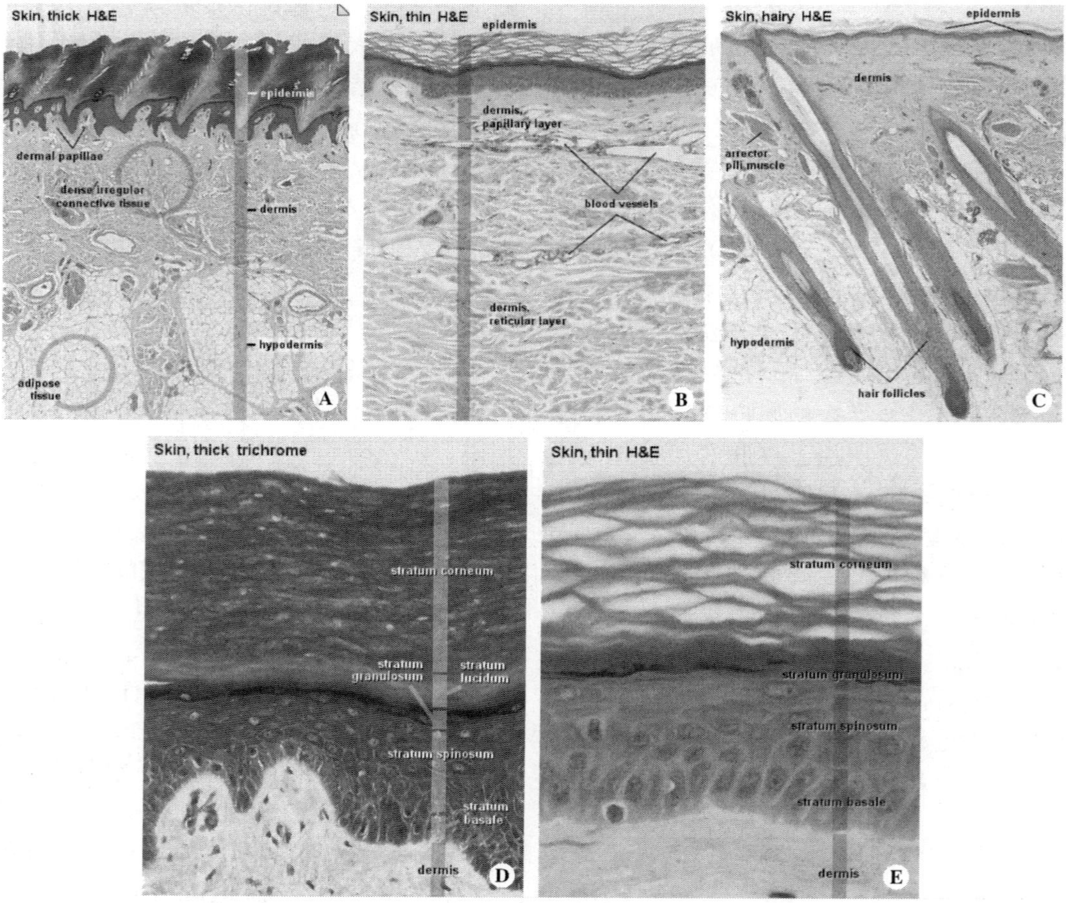

图 9-2 人体不同部位皮肤的组织结构特征

A. 厚皮肤；B. 薄皮肤；C. 有毛皮肤；D. 厚皮肤；E. 薄皮肤

外源化学物通过皮肤进入人体的血液循环需经过 3 道屏障：①表面膜：由皮脂、汗液残留物和脱落的角质细胞碎片组成，呈微酸性，对水溶性化学物具有一定的阻滞作用，但不能阻止脂溶性物质透过；②表皮屏障：主要指角质层下部和透明层的区域；该区域细胞排列紧密，胞膜较厚，细胞内充满交错排列的角蛋白细丝和基质，细胞间隙狭窄，间隙中有板状脂类和细胞间桥，由此构成表皮屏障，使外源性化学物穿透较困难；③表皮真皮交界：为胶原样结构，由硬蛋白、脂类、糖蛋白和黏多糖蛋白构成。该层起选择性屏障作用，对一般外源化学物阻碍不大，但对某些物质起屏障作用。采用分离表皮进行水分扩散试验研究皮肤的渗透性，结果表明分离表皮的电阻与全层皮肤的电阻几乎一样，因此，皮肤屏障功能主要是由角质层承担。这也是采用离体皮肤的跨表皮水分丢失试验（transepidermal water loss，TEWL）替代活体动物试验进行皮肤刺激性试验的依据，具体方法见本章第 4 节。

1. 角质细胞的组成 角质形成细胞由深向浅移位过程中进行一种特殊的分化，即表皮角化，角化过程产生一系列物质，这些物质随细胞角化的不同阶段而不断改变，成为细胞分化的重要标志。角细胞由约 80%

不同分化类型的角蛋白(keratin)组成，角蛋白基质提供了角质细胞的结构的稳定性、伸展性和弹性。基底层和棘层的角质形成细胞是角蛋白合成旺盛的细胞。基底细胞含角蛋白K5和K14，它们呈网状分布在胞质中；到达棘层，细胞合成两种新的角蛋白K1和K10，在细胞内呈束状分布。细胞移入颗粒层时，它们停止合成角蛋白丝，转而合成另一种结构蛋白，即透明角蛋白颗粒中的高度磷酸化的富组氨酸蛋白，又称前细丝聚集蛋白(profilaggrin)。到达角质层时，脱去磷酸基，变为致密均质状基质，称为细丝聚集蛋白(filaggrin)，后者完全降解为游离氨基酸，成为皮肤保持湿润的组成成分。

角质形成细胞到达角质层时，细胞膜增厚，胞膜由内外两层构成：外层为原来的细胞膜；内层为化学性质高度稳定的套膜，称为细胞套膜，细胞套膜的前体是套膜蛋白(involucrin)，主要含有小富脯蛋白(small proline rich proteins，SPRP)1、小富脯蛋白2和细丝聚集蛋白，它是使角质细胞具有稳定性和机械强度的物质基础。

2. 角质层的脂质　角质层的脂质是皮肤渗透重要的调节因子，颗粒层中的角质细胞胞质中含有丰富的透明角质颗粒，颗粒富含碳水化合物、极性脂类和辣根过氧化物酶(HRP)。颗粒多分布于细胞周边，呈卵圆形。颗粒内容物在颗粒层和角质层交界处以胞吐方式排放出来，极性的脂类前体经酶解作用转换为非极性的产物，并重新排列聚集成板层状结构填充在细胞间隙或涂布于细胞膜外表面。糖脂类水解产生神经酰胺，磷脂转化为游离脂肪酸(FFA)。普遍认为细胞间脂质主要由胆固醇、游离脂肪酸和神经酰胺组成，此外还有胆固醇酯、少量甘油三酸酯、葡糖神经鞘脂和胆固醇硫酸盐等。

人类角质层已发现有9种游离的神经酰胺，它们在分子结构和极性上存在差别，一般来讲，神经酰胺由长链的神经鞘氨醇基团或植物鞘氨醇基团和氨基连接的非羟基脂肪酸或羟基脂肪酸组成，羟基神经酰胺和二羟基神经酰胺共价结合于围绕套膜周围的蛋白质，也是角质层的重要组成部分。共价结合位点还不清楚，可能是套膜蛋白。

游离脂肪酸占角质层脂质总量的10%，主要由超过20个碳原子的饱和脂肪酸组成，通过分析离体的人角质层，结果表明游离脂肪酸包括二十四烷酸(C24:0)、二十六烷酸(C26:0)、硬脂酸(C18:0)，少量棕榈酸(C16:0)、花生酸(C20:0)、二十二烷酸(C22:0)和二十三烷酸(C23:0)。油酸(C18:1)和亚油酸(18:2)是角质层中仅有的不饱和脂肪酸。

角质层其他重要的脂质是胆固醇和胆固醇硫酸盐，游离胆固醇是角质层中含量第二多的脂类，占可提取脂类的25%。此外，角质层脂质含有约5%的胆固醇硫酸盐和少量的胆固醇脂肪酸酯。虽然皮肤中的胆固醇硫酸盐含量很少，但它对角质层的脱落过程十分重要。

(二) 吸收途径

经皮肤吸收是机体的一个重要吸收途径。有关皮肤吸收方法见第10章。

(三) 代谢功能

皮肤含有丰富的多种酶系，参与糖、脂肪和蛋白质代谢转化，如细胞色素P450酶系。通常皮肤对外源化学物的代谢是解毒或灭活，但也有一些外源化合物在皮肤代谢活化，如致癌性多环芳烃(PAH)可经皮肤P450酶转化为终致癌物。此外，皮肤有色素代谢，皮肤中色素的形成过程在黑素细胞内进行，因此，黑素细胞在化妆品的功效评价和安全评价中具有意义。

(四) 免疫功能

朗格汉斯细胞是皮肤中参与免疫功能

的主要细胞，在皮肤过敏反应中发挥作用，见第 11 章。

三、皮肤刺激性/腐蚀性试验的法规与标准要求

日用化工产品通常引起刺激性皮炎、色素沉着和变态反应性皮炎等皮肤疾病，在化妆品所引起的病例中占到了 95%以上。因此，皮肤刺激/腐蚀试验是化妆品总体安全评价程序的一部分，特别是对于可能引起皮肤刺激或腐蚀作用的化妆品特殊组分，进行皮肤刺激/腐蚀试验十分必要。世界各国都把化妆品及其原料的皮肤刺激/腐蚀试验列为化妆品安全评价的检测内容。

目前皮肤刺激性的数据仍然是健康相关产品安全公告所要明确列明的内容，包括新开发和已存在的化学物质、农业化学品、化妆品原料、药物和医疗设备等。目前测试皮肤刺激性的试验指南包括 OECD 化学品急性皮肤刺激性和腐蚀性试验指南（TG 404）和医疗产品非临床皮肤耐受试验指南（EC1998）。

传统皮肤刺激和腐蚀试验多采用动物进行。为了提高皮肤评价试验的科学性，更好地体现 3R 原则，2002 年，新版 OECD 指南对皮肤刺激性的动物试验的有关条款进行了优化，采用新的试验策略，可以避免和减少不必要的动物皮肤刺激/腐蚀试验。修订后的 TG 404 测试准则增加了以下条款：“对原料腐蚀性的预测，在体外测试预测为腐蚀性的结果基础上，可以不再进行体内测试。”

四、局部皮肤毒性反应

皮肤暴露于外源物质（包括化学品、药物或化妆品）可引起多种皮肤反应，反应早期通常是因皮肤屏障功能破坏而出现的皮肤干燥（水分失丢），然后形成红斑和水肿为特征的皮肤刺激反应；还有一部分是由于过敏导致的接触过敏和色素沉着。据报道，职业因素和化妆品引起的皮肤病中接触性皮炎约占 90%以上，其中全部接触性皮炎病例中约 70%为皮肤刺激性反应。临床上引起两种不同类型的炎症反应过程：刺激性和变态反应性皮炎。

通常皮肤接触化学物质后，可观察和辨别到几种非免疫性的反应形式。

（一）皮肤刺激性（skin irritation）

皮肤刺激性按照是指皮肤接触受试物后产生的局部可逆性损伤。皮肤刺激反应一般无免疫系统的参与，其典型表现是红斑或水肿。刺激性试验也可用于鉴别化学品引起皮肤刺激性的能力，是建立化学品管理、包装和运输程序的重要考虑因素。皮肤刺激性也是化妆品原料和成品安全性评价的检测项目。

（二）皮肤腐蚀性（skin corrosion）

皮肤腐蚀性是指皮肤接触受试物后产生的不可逆的损伤，也即使用受试物 4h 后肉眼可见的透过表皮直至真皮的坏死。腐蚀性反应的典型表现是溃疡、出血和血痂以及观察至 14 天由于皮肤漂白出现的脱色、脱发和瘢痕。

化学品引起皮肤腐蚀性的能力是建立化学品管理、包装和运输程序的重要考虑因素，因此，国际法规强制要求化学品上市前必须进行皮肤腐蚀性评价。但是腐蚀性并不是化妆品使用中希望发生的现象，只是由于制造商失误或消费者误用的情况下偶然发生的情况。另一方面，化妆品原料也可能本身具有腐蚀性，但在化妆品中并不排斥使用，因此，终产品腐蚀性的大小与下列因素密切相关：化妆品中腐蚀物质的终浓度、中

和物质的有无、赋形剂的使用、暴露途径以及使用条件等。

（三）刺激性接触性皮炎(irritant contact dermatitis)

刺激性接触性皮炎是指外源性物质直接作用于皮肤部位出现的非免疫反应。它们可能是急性皮肤毒性作用的结果(如偶然暴露于酸或碱),也可能是边缘性刺激物重复或累积性损伤,包括物理和化学两方面。浓度、pH、温度、时间、反复接触和封闭等可明显影响皮炎的表现。强酸、强碱和化学活性强的不稳定化学物是最强的刺激物。

（四）累积性刺激(cumulative irritation)

累积性刺激是重复暴露于外源物质发生的可逆刺激反应,接触此类物质引起的皮肤变化较缓慢,如皮肤增厚、皱纹产生和色素沉着等,这些变化是皮肤炎症的间接效应,外源物质本身不一定直接引起急性刺激性损害。

（五）边缘刺激物(marginal irritants)

一次偶然暴露于pH过高或过低的化学物可立即导致急性不可逆的严重皮炎,这种急性刺激表现与化学烧伤相似。还有一些强刺激化学物质,一次暴露不引起明显的反应,重复暴露才会出现明显临床改变,如出现湿疹性皮炎或变态性接触性皮炎的临床和病理学改变,这种皮炎不是真正的炎症反应,导致这两种反应的化学物质被称为"边缘刺激物"。

（六）化学烧灼(chemical burns)

化学烧灼是指强腐蚀性化学反应物导致皮肤组织速发性凝固性坏死、溃疡和腐烂。化学烧灼不同于刺激性皮炎,它是化学物质直接损伤的结果,而不是继发于皮肤的炎性表现。除了化学物质的直接影响外,坏死组织也可作为化学物质的储存库,导致持续的皮肤损伤或经皮肤吸收损伤机体。常见引起皮肤烧伤的化学物有氨水、氧化钙、氯、环氧乙烷、盐酸、氟化氢、过氧化氢、溴甲烷、氮氧化物、磷、苯酚、氢氧化钠和甲苯二异氰酸脂等。

（七）光毒性或光刺激性(phototox-icity or photoirritation)

将在第12章叙述。

（八）皮肤变态反应和过敏性皮炎

有关概念和发生机制见第11章。

外源化学物引起的刺激性皮炎和变态反应性皮炎是两种不同的炎症反应过程,这两种皮炎的临床表现特点都很相似,难以分辨,典型的表现都是直接暴露部位出现红斑、结痂、脱屑和囊泡。

五、皮肤刺激和腐蚀反应的发生机制

（一）皮肤刺激的发生原理

具有双位点效应的物质,其理化特点使其具有产品宣称的功效,但有时会对使用者皮肤产生不良反应。化妆品和清洁用品都是具有疏水性尾部和亲水层头部样的结构物质,如表面活性剂和乳化剂。它们都能使溶液的表面张力降低并形成微粒,因而这两类物质都是化妆品的主要组分。另一方面,它们能与皮肤的脂质相互作用从而导致皮肤产生负效应。表面活性剂和乳化剂具有诱发刺激性的能力,具体可能与微粒浓度、羟基团的结构、功能团或其他基团的结构以及基团间的单独或联合作用等有关。总体上讲,具备脂溶特性的溶液能导致皮肤刺激作用,因此,芳香类和脂肪类的碳水化合物及其衍生物能引发刺激性的问题(如喷射性燃料)。其他一些已知的无机化学物，如酸、碱和盐也能诱发刺激性。

外源化学物引起皮肤刺激的机制非常复杂，而且产生炎症反应的途径可能不尽相同，目前认为至少存在两种明显不同的途径诱发和调节刺激反应:第一种是损伤皮肤的屏障功能;第二种是对皮肤细胞的直接作用。两种途径的单独或联合作用导致皮肤刺激的发生。

刺激物进入角质层可能引起脂质丢失和蛋白变性，一旦不同脂质间的平衡被打破，皮肤屏障功能就会减弱。表皮屏障功能的损伤导致跨表皮水分丢失增多，加速了毒性物质穿透到达角质细胞。许多化合物能穿透角层是由于能破坏细胞膜导致细胞内容物释放到细胞外。表皮层所有角质细胞的细胞质均含有前炎性细胞因子IL-1α，由其引起的炎性级联反应见图 9-3。IL-1α 的释放诱发次级分子反应，诱导 IL-6、IL-8 等细胞因子的进一步表达，然后激发磷脂酸 A2 (PLA2)，它是花生四烯酸级联反应的关键酶，之后有更多的介质参与了这一反应，如 TNF-α、PGE2 等。接着发生形态学改变和最终形成接触性皮炎的典型症状(如水肿、红斑、瘙痒和疼痛)。

与这一机制相比，不以膜损伤为特点的刺激物可能并不启动由 IL-1α 释放导致的炎性反应，而在细胞水平引起角质细胞复杂的变化，其中的一个重要的作用是由于氧化应激引起的刺激反应。角质细胞不断产生反应性氧化物(reactive oxidative species, ROS)，通过调节磷酸化蛋白和激酶的水平和活性发挥其次级信使的作用。ROS 通过氧化核酸、蛋白质和膜脂引起细胞损害，后者继而引起基因表达的变化或直接引起细胞毒性。另一种外来物质的损伤机制是通过调节细胞膜的脂质双层影响皮肤屏障。在亚细胞毒性浓度情况下，化学物质与细胞膜的相互作用可能引起膜流动的改变，继而对受体介导的信号传导产生影响，从而诱发刺激反应的发生。

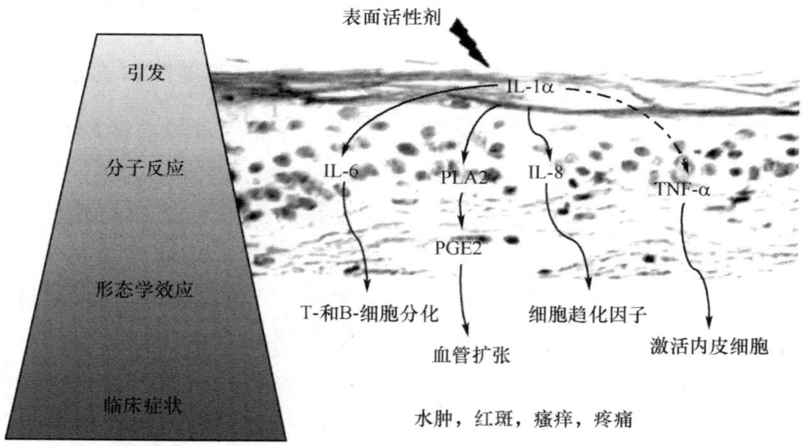

图 9-3 表面活性剂引起皮肤刺激反应的模式图

IL-1α:炎性细胞因子;TNF-α:肿瘤坏死因子;IL-8:趋化性细胞因子;PLA2:磷脂酶 A2;PGE2 :前列腺素 E2

防腐剂、蛋白溶剂、氧化还原剂和脱水剂类刺激物主要是破坏角蛋白的超微结构或直接损伤重要的细胞大分子或亚细胞器。如十四烷醇佛波醇乙酸酯(TPA)是一种强刺激物，作用于培养的人角质形成细胞可诱导前列腺素 E2 增加 10 倍，而刺激物苯丙炔酸乙酯(ethyphenylpropriolate)对前列腺素E2 无诱导作用。氯苄烷铵(洁尔灭)和十二烷基磺酸钠诱导刺激性皮炎,其囊泡液中的前列腺素和白介素 B4 与表皮红斑及表皮屏障损伤有关,三乙醇胺和 Tween 80 不是诱发刺激性皮炎的介质。十二烷基磺酸钠作用于皮肤 48h 后角质形成细胞增生,朗汉斯细胞数目和分布无变化,暴露 24h 和 48h 后表皮细胞凋亡;相反,壬酸作用 24h 后角质形成细胞的增生减少,作用 6h 后表皮细胞出现凋亡,尤其是暴露 24h 和 48h 后,朗汉斯细胞减少,半数以上诱发凋亡。各种刺激性皮炎可溶性黏附分子的表达无明显改变,变态反应性接触性皮炎有可溶性黏附分子表达明显增加。

总之,多种机制参与了外来物质对表皮屏障的破坏作用,更深入的了解这一复杂的过程对于开发皮肤刺激反应的替代方法是非常重要的。

(二) 生物标志

皮肤刺激的生物标志是指皮肤刺激发生过程中出现的细胞组织毒性或活性改变、形态学改变、基因表达差异、蛋白分布差异或其他分子的变化。了解皮肤刺激发生过程中生物标志物的变化特点,是开发皮肤刺激试验的体外方法和提高检测方法敏感性、特异性的重要内容。与体外检测方法相关的检测终点除了反应细胞活性的线粒体 MTT 检测外,还包括小分子量蛋白、酶、脂肪酸衍生物和钙离子等。

细胞活性(MTT)和膜完整性(中性红吸收或 LDH 释放)是最常用的检测刺激性的参数。人们早就发现刺激性和细胞活性的下降之间具有明显的相关性,1998 年,前后 ECVAM 的预验证研究评估了 5 项皮肤刺激性的体外模型,包括重建人体皮肤模型 EPIDERM、SKINETHIC、PREDSKIN 和猪耳、小鼠皮肤完整性试验,主要的评价指标就是 MTT 检测细胞活性。

IL-1α 是启动炎性发生的主要开关和介质。IL-1α 无疏水性的头部不能以跨膜形式分泌,因而只能由损伤的细胞或细胞膜漏出。IL-1α 通过与角质细胞膜表面的 IL-1 受体接合,诱导细胞增量表达 IL-1α 和其他前炎性因子,如 IL-6、IL-8。目前 ECVAM 验证的人工皮肤试验方法均把检测 IL-1α 与 MTT 测定结合使用,IL-1 受体拮抗体(IL-1rα)是 IL-1 家族的另一个成员,IL-1rα 与 IL-1 受体的结合和与 IL-1α 的结合几乎具有相同的亲和力,但并不启动反应,结果使组织有效地阻止了过高 IL-1α 导致的反应。在体外刺激试验后的上清液中已检测到了 IL-1rα 的存在。Bernhofer 等提出检测表皮模型中 IL-1rα 的分泌量是区分弱刺激性表面活性剂的最敏感的预测指标。IL-6 是一个多效的影响炎性反应的细胞因子,是潜在的 B 细胞分化因子和角质细胞增生的刺激物。IL-8 是一种 C-X-C 类趋化因子,对多形核嗜中性粒细胞和淋巴细胞具有强的趋化作用,还具有增加细胞间钙浓度和诱导细胞外泌颗粒的作用。角质细胞受到 IL-1α、IL-1β、IFN-γ 或 TNF-α 的刺激作用后可表达 IL-8。有人建议将培养液中 IL-8 与 IL-1α 的比值作为区分刺激物和致敏物的指标。其他因子还包括 TNF-α、白介素 10(IL-10)、花生四烯酸代谢物等,新的生物标志还包括皮肤特异性趋化因子 CCL-27 和受体 CCR10、皮肤源性的抗白细胞蛋白酶(SKALP)、髓过氧化物酶(MPO)等。

第 2 节　皮肤刺激/腐蚀的体内试验方法

体内皮肤刺激试验应按照 OECD TG 404 进行,按照新修订的版本,只有非腐蚀性物质才允许进行体内皮肤刺激试验。

一、皮肤刺激性的动物试验

（一）一次性皮肤刺激试验

皮肤刺激动物试验通常采用兔或豚鼠进行，因这两种动物的皮肤相对敏感。兔皮肤厚度约 0.8～1.1μm，约为人的一半，皮肤渗透量明显高于人皮肤，因此，兔是指南推荐的皮肤刺激性试验的首选动物，常用的部位是背部、腹部和耳背。由于兔的皮肤比人的敏感，特别是对于轻微到中等强度的刺激可能会过高地估计其危险性，基于兔试验结果可能导致化学品不正确的分类。许多报道指出动物品种存在皮肤刺激反应的差异，猪或许是比兔更合适的替代模型，因为猪皮肤的形态和屏障功能与人的相似。因此，猪被作为药物皮肤试验的次选物种。

每次试验至少选择 4 只成年、健康、皮肤完好的实验兔。如预期有刺激反应，初试应考虑使用 1 只动物。如没有出现明显的阳性反应（红斑或水肿记分大于 2）时，应至少再使用 2 只动物进行试验。如预期无反应，初试可使用 3 只动物。在使用了至少 3 只动物后，如仍为疑似反应或不明确，应考虑进行复试。

试验前 24h，将兔或豚鼠背部脊柱两侧的毛剪掉，去毛范围左右各约 6～9cm^2。24h 后直接涂布受试物 0.5ml，然后用纱布或玻璃纸覆盖，作用时间 4h。试验结束后，用温水或无刺激性溶剂洗去残留受试物。去除受试物后 1h、24 h、48h 观察涂布部位的皮肤反应。如存在持久性损伤有必要延长观察时间，以评价这种损伤的可逆性或不可逆性，但延长期不必超过 14 天。如测试物为药物，则药物作用时间应根据临床使用的情况而定。皮肤刺激反应的观察指标包括红斑、焦痂或水肿等，表现从无红斑形成到有紫红色斑并有结痂形成，从无水肿到水肿隆起超过 1mm，按其严重程度评分，评分标准类似于眼刺激试验的 Draize 评分。皮肤刺激反应评分见表 9-1。

表 9-1 皮肤刺激反应评分

皮肤反应	积分	皮肤反应	积分
红斑和结痂形成		水肿形成	
无红斑	0	无水肿	0
轻微红斑（勉强可见）	1	轻微水肿（勉强可见）	1
明显红斑	2	轻度水肿（皮肤隆起轮廓清楚）	2
中度～重度红斑	3	中度水肿（皮肤隆起约 1mm）	3
严重红斑（紫红色）至轻微焦痂形成	4	重度水肿（皮肤隆起超过 1mm，范围扩大）	4
		最高积分	8

可根据皮肤刺激反应评分结果，按表 9-2计算平均刺激评分，单次接触试验的原发性刺激指数（PII）仅使用 24h、48h 和 72h 的观察数据进行计算，试验之前或 72 h 后的恢复观察数据不用于计算，将每只动物在每一规定时间试验材料引起的红斑和水肿的原发性刺激记分相加后再除以观察总数之和（每一试验部位的 1 个观察数据包括红斑和水肿 2 个记分）。当采用空白溶液或阴性对照时，计算出对照原发性刺激记分，将试验材料原发性刺激记分减去该记分，即得出原发性刺激记分。该值即为原发性刺激指数。

表 9-2 兔刺激反应类型

平均记分	反应类型
0～0.4	极轻微
0.5～1.9	轻度
2～4.9	中度
5～8	重度

（二）重复皮肤刺激试验

7～14 天内进行重复皮肤染毒试验对检

测受试物刺激性的效果比单次染毒效果好。受试物若是与皮肤长期密切接触的消费品或反复使用的产品时，重复染毒试验的优点更为突出。每次试验选择 3 组以上的动物，每组动物雌雄各 5～10 只，各组分别接受不同剂量的受试物进行测试，2 周、3 周、4 周或 13 周内每天使用受试物涂布皮肤，对照动物用赋形剂同样处理。多次接触试验时，每次在除去敷贴片后 1h 以及再次接触前记录接触部位情况。接触次数可不限。末次接触后，除去敷贴片后 1h、24h、48h 和 72h 记录各接触部位情况。如有持久性损伤可能需要延长观察时间至 14 天。

涂布皮肤方法具体如下：剪除动物背部的毛发，将受试物直接敷到背部皮肤，包裹和密封好后将动物放回笼内。6h 后去除斑贴物，用湿布或干布轻轻地擦拭受试部位。每天观察皮肤刺激反应，按照产生的红斑和水肿评分。实验后期，收集涂布受试物的皮肤和未经涂布的皮肤标本，显微镜下观察、评估刺激反应的程度。

多次接触试验按下列规定确定原发性刺激指数(PII)：将每只动物在每一规定时间的红斑和水肿的原发性刺激记分相加后再除以观察总数即为每只动物刺激记分，全部动物刺激记分相加后再除以动物总数即得出累计刺激指数。

二、皮肤刺激和腐蚀动物试验的优化

皮肤腐蚀试验与刺激试验采用同一试验程序，不同之处是动物反应程度的差异。试验用成年兔。试验前 24h，去除试验区毛发，单剂量(0.5ml 液体或 0.5g 固体或膏体)施加受试物于小面积皮肤表面，覆以薄纱布。以未处理皮肤区域为对照。强烈建议只用 1 只动物进行初次试验，特别是对于预期具有腐蚀性的受试物。

对实验动物先后使用共 3 次斑贴，第 1 次斑贴在使用 3min 后去除。如果未观察到严重皮肤反应，则在不同的位点使用第 2 次斑贴，1h 后去除。如果在这个阶段观察的结果表明动物对受试物的第 3 次暴露造成的痛苦能够忍受，则第 3 次应在 4 h 后去除斑贴。记录每个时间点的反应程度。

如果在连续的 3 次暴露后的任何 1 次观察到腐蚀效应(如溃疡、出血)，则试验立即终止，如果最后 1 次斑贴去除后仍未观察到腐蚀效应，动物应观察满 14 天(除非在观察早期出现腐蚀性)。

2002 年，OECD 试验指南 TG 404 对皮肤刺激和腐蚀试验进行了优化。新的版本建议，在进行物质刺激/腐蚀的体内动物试验前，应先制定连续的实验策略，序列试验的判断树见图 9-4。这一策略基于如下阶梯式顺序：现有资料分析、pH 测定、使用经验证和接受的体外方法，最后才进行体内试验。在下列 4 种情况下，可不考虑进行皮肤腐蚀试验：①根据结构与活性关系或理化特性推断可能具有皮肤腐蚀性的物质，如强碱或强酸类，pH≤2.0 或 pH≥11.5；②经急性经皮毒性试验显示具有很强系统毒性的物质；③经腐蚀性试验的替代试验(列于指南 67/548/EEC 附录 V)的其中一种方法证明具有腐蚀性的物质；④急性经皮毒性试验中，染毒剂量达 2000mg/kg 时仍未产生皮肤刺激体征的物质。

三、体内人体皮肤刺激试验

人体志愿者的研究称为皮肤贴斑试验(human patch test, HPT)，包括单剂量刺激贴斑试验、重复剂量刺激贴斑试验和加强暴露刺激试验(exaggerated exposure irritation test)，其目的是检测受试物引起人体不良反应的可能性。人体试验一般是用来决定产品或配方的“皮肤相对兼容性”和进行局部“暴露”的危险性评价，以证明这种物质应用于化妆品中第1次接触人皮肤或黏膜时对人体无损害。然而,如果是基于危害评价的目的,由人体志愿者对化妆品成分进行测试获得的数据存在一些特定的偶然性。

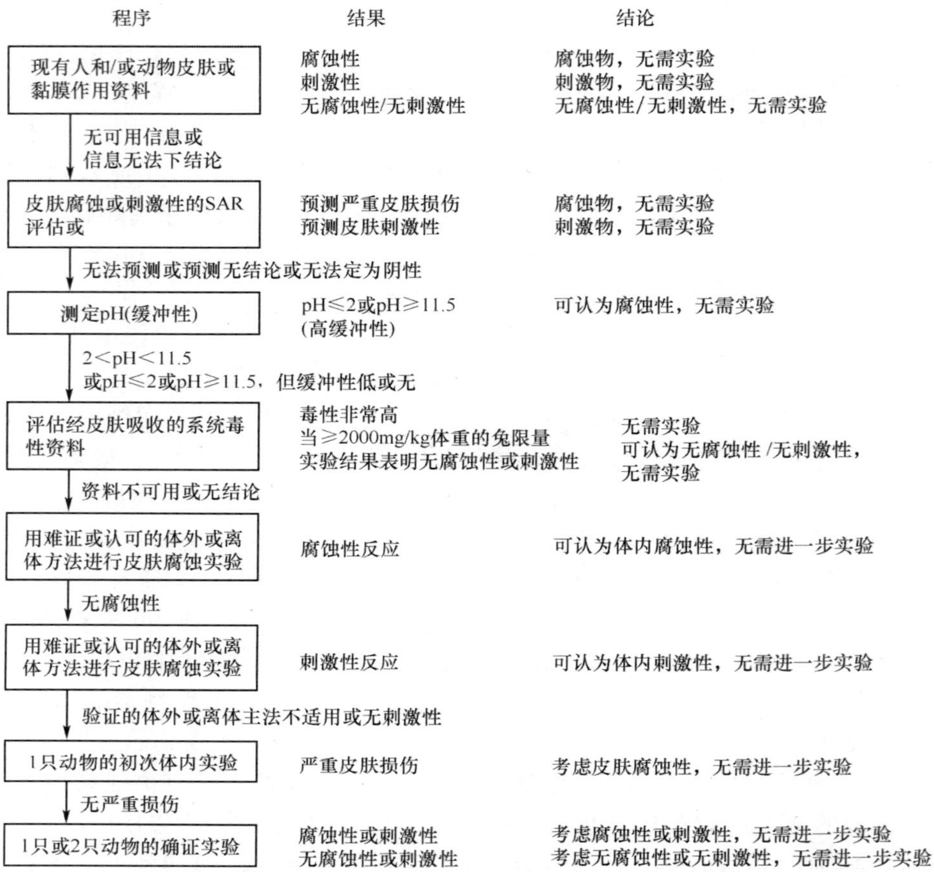

图 9-4 OECD TG404 皮肤腐蚀性和刺激性的评价策略

(一) 刺激性斑贴试验

单剂量刺激贴斑试验(single application irritation patch test)是评价化学物质对皮肤刺激性的经典方法之一,试验所用的封闭材料是斑贴片、绷带、胶布和固定架子,近年来多改用芬兰斑试器(Finn Chamber)或不同直径的Hilltop斑试器。实验方法有局部全封闭斑贴法(occlusive patches)和局部半封闭斑贴法(semi-occlusive patches),区别在于前者完全不透气,后者使用半封闭敷料固定。原来要求封闭给药的时间为48h以上,但近来已可以采纳4h的封闭给药时间。实验中要注意,增加封闭程度将使刺激反应的程度增加,所以不能用高密闭性的胶布包裹斑贴片,这样会显著影响检测结果。

(二) 重复刺激性斑贴试验

检测人类较少接触的化学物是否为刺激物可用一次斑贴的研究方案,但对属于日常消费的化学物进行评估需采用重复剂量刺激贴斑试验(repeated insult patch testing,RIPT),因为某些化学物接触皮肤一次不产生刺激反应,但接触皮肤多次却可能引发强烈的刺激反应。

应用RIPT法可评估一种化学物或化学混合物是否会引起累积性刺激反应或变应性接触性皮炎。实验方法是将少量待测物涂布皮肤并封闭在背部皮肤，24～48h后移去斑贴片，观察涂皮部位是否发生了累积性刺激反应；而且在3周内对同一部位进行同样的重复斑贴封闭和观察；休息至少10天后，再进行1次诱导性的小剂量的涂皮斑贴试验，24h、48h和(或)96h后对涂皮部位进行观察，判断是否产生了变应性接触性皮炎。

进行RIPT研究时，实验对象的数量可有很大范围的变动，如果要对整个种群可能受到某种化学物的影响进行预测，实验对象的数量要足够大；如果只是对某种化学物的累积性刺激反应进行预测，实验对象可相应少一些。但是，如果要对某种化学物是否会引起过敏反应有一个可信度高的预测，所要求的测试对象的数量将会相当巨大，以至于在逻辑上和经济上都不可能进行这种测试。

RIPT法对受试物应用到普通人群中发生反应的预测存在不足。受试对象不足是主要原因；此外，对实验条件的控制也存在一定的难度，包括不同受试个体的皮肤可能存在差异、试验时使用的封闭涂抹条件与产品实际使用存在差异、不同试验环境条件存在差异等。所以，研究对象的选择对结果的判定相当重要。

（三）斑贴试验的其他形式

单一成分斑贴试验或致敏斑贴诊断试剂盒一般针对引起过敏反应的化学物的其中一个成分来制备，但有时候，试验对象对一个配方表现出致敏反应，但却对这个配方的所有成分均不过敏，这种现象称作复合过敏反应(compound allergy)，原因可能是配方的成分在一起产生了能引起过敏反应的产物。单一成分斑贴试验或致敏斑贴技术尚存在不完善的地方。因此，人们发展了几种改进的试验方法，用于特殊用途化学物的检测。皮肤划痕试验(scarification test)是一种用受损皮肤评估化学物刺激反应的试验方法。肥皂小室(soap chamber)试验是专门用来研究肥皂是否导致皮肤干裂和剥落的一种试验方法。弯曲洗涤试验(flex washing test)或肘关节弯曲洗涤试验(elbow crease washing test)中没有使用斑贴片，该方法主要应用于评估肥皂和去污剂接触后人体皮肤产生刺激反应的情况。目前，不少测试皮肤刺激或致敏反应的改良方法已被应用，将来会有更多的改进方法被采用。

（四）斑贴试验的结果评估

斑贴试验一般通过对皮肤封闭区域的刺激反应进行评分判别等级，分级的主要依据是按照是否产生红斑、水肿、水疱和焦痂等来评级，0级为没有反应，1～4级或5级为炎症部位依次增强。由于这种分级法不考虑形成的小疱、大疱或焦痂等反应症状，因此，有人提出了更详细的16级的分级系统，具体分级及评估法可参考有关标准。应当注意的是，斑贴试验中皮肤反应主要靠肉眼来评判，主观性强，对弱刺激反应的评判不够敏感。目前，公开的体内人体皮肤刺激性的定量资料很少，而且仅限于有限数量的化妆品。

四、皮肤刺激反应的辅助评价方法

人和动物皮肤试验结果的评估主要依赖于受试物皮肤接触部位的感观评分，不利于实验者和实验室之间结果的比较。利用生物工程仪器的辅助检测方法，可减少皮肤刺激试验的主观影响。这些方法包括：

（一）接触式温度记录法

接触式温度记录法通过记录接触化学物部位的皮肤温度，根据图形变化对反应进行评估。其依据是刺激反应的程度越强，受刺激皮肤的相对温度就越高。然而，实际检测结果表明，受刺激部位皮肤的温度变化具有刺激物特异性，如巴豆油刺激产生发热的损伤而十二烷基硫酸钠刺激则引起发冷的损伤。因此，温度记录法很难对刺激程度进行定量检测。后来又发展红外线温度记录法，对区分致敏和刺激反应有一定的应用前景，但需进一步证实。

（二）激光多普勒血流法

激光多普勒血流法通过分析红细胞散发的光线而对血流情况进行检测，也被用于对皮肤刺激试验的结果测定。该法应用一个手动的探测器，发射激光至皮肤特定区域，通过检测血液通过该区域的皮肤微循环血流量获得测定结果。这种方法不损伤皮肤、比红斑感观评分灵敏、重复性好，但参数有较宽的正常值范围。主要用于对刺激物引起的炎性反应进行评估，有利于区分阳性或阴性皮肤炎性反应，但对于强阳性皮肤炎性反应检测效果不佳。此外，研究还发现存在检测结果与感观评分法不一致的情况。

（三）皮肤分光光度测量法

皮肤颜色的微小变化造成皮肤表面对光波反射的变化，通过测量皮肤颜色改变可辅助评判皮肤刺激反应，是一种极有价值的皮肤刺激评价法。红斑指数法（erythema index）是通过比较皮肤反射的红光和绿光的差异来定量测定炎症反应的方法，用于评估皮肤刺激反应。

（四）角质层的完整性和功能测定

刺激物引起皮肤屏障功能破坏，皮肤水分含量下降，表皮水分丢失（TWEL）增加。根据这一原理可通过检测皮肤含水量和 TWEL 评估皮肤刺激作用，用于动物和人斑贴试验结果的评估。该技术测定刺激性皮炎比测定过敏性皮炎更灵敏，是一种有效区分刺激性皮炎和过敏性皮炎的方法，对于过敏反应的适用范围需要进一步积累数据和明确。

（五）立体显微镜观察皮肤表现特征

通过皮肤显微镜可观察皮肤粗糙程度以了解皮肤重复接触刺激物引起的变化，通过测量皮肤厚度评估水肿反应，这些非创伤技术都可用于皮肤刺激反应的辅助评估。

（六）组织病理检查

体内动物实验或离体皮肤试验的皮肤样本可制备组织切片，显微镜下观察皮肤组织的病理变化。皮肤组织病理学检查可发现肉眼难以观察到的变化和鉴别可能存在的假阴性，提高皮肤刺激反应评估的分辨率和准确度。特别适用于检查皮肤的轻度损伤和损伤后的恢复。实际工作中将感觉评分与病理检查两者相互结合来权衡评价物质对皮肤的刺激性。组织病理检查除了观察组织病变外，还应包括整个皮肤截面细胞形态的测量和评估，如测量细胞总体积、细胞核大小、形状及核质比等，还可以采用特殊染色观察特定结构变化。

（七）血液或皮肤局部分泌物的生化指标分析

分泌物的生化指标分析可对皮肤刺激反应进行评估，主要包括酶活性、组织和血清中前列腺素及白三烯的浓度、急性反应阶段的蛋白质反应物等。但是这些指标缺少特异性，而且生物标本不易获得，测量结果缺少客观性和可重复性。

第 3 节　皮肤刺激/腐蚀替代方法的设计

皮肤刺激/腐蚀试验的体外方法包括细胞

模型、器官培养模型、人工皮肤模型和数学模型等多种类型近30种，还有许多方法在研究开发中。目前，完成前期验证的替代方法估计约10余种，完成验证的有5种，已有3种替代方法被法规认可，作为欧盟或OECD的试验指南。

有关化学品皮肤刺激的动物资料很少公开出版，欧洲生态毒理和化学毒理中心(ECETOC)建立了皮肤刺激的参考资料数据库，以帮助替代方法的开发者不需进行体内试验就能获得评价其技术的有用资料。该资料库包括176种化学品的体内兔皮肤刺激资料，试验按OECD TG404进行。

一、皮肤刺激/腐蚀试验的细胞模型

（一）角质细胞

角质细胞(KC)是构成皮肤屏障功能的主要成分，此外对于皮肤的免疫监视(immune surveilance)也起到关键的作用。角质细胞启动了刺激后的免疫反应，与位于真皮中的成纤维细胞、内皮细胞和免疫细胞相互联系，角质细胞在炎症的启动、介导和调节中起到重要作用。体外培养的角质细胞可采用皮肤原代分离培养，也可以采用永久性角质形成细胞系，如NIKS、HaCaT等。

原代培养角质细胞：将手术环切下的新鲜包皮用含青霉素、链霉素的0.1mol/LPBS缓冲液彻底清洗，无菌条件下去除皮下组织，将包皮剪切成约1.0mm×1.5mm的皮片，用质量浓度0.25%裂解酶(dispases)37℃消化2h或4℃过夜分离表皮和真皮，生理盐水或D-Hanks液清洗。表皮部分用质量浓度0.25%胰酶+0.01%EDTA溶液消化成单细胞悬液，用角质细胞无血清培养基重悬细胞，接种于Ⅳ型胶原包被的培养皿中，置5% CO_2 37℃培养箱内孵育10min，吸出培养液及未贴壁细胞，用角质细胞无血清培养基继续培养；真皮部分以0.125%胰酶消化获取成纤维细胞，放入含10%新生牛血清DMEM培养基培养。从新鲜皮肤分离培养角质形成细胞的过程见图9-5。

来源于人皮肤的角质形成细胞可作为体外模型用于皮肤刺激性试验，用于检测由刺激因子产生的信号，并且有助于皮肤刺激机制的研究。其优势包括细胞是人源的、可重复性高、保存和传代容易。但由于单层细胞的维持需要浸没培养，因此，只能用来测试水溶性物质。由于没有角质层，这种模型对化学物的毒性作用敏感性偏高。

角质细胞也是使用最广泛的皮肤重建种子细胞，但表皮KC是瞬间放大细胞，其分化能力有限，不能产生皮肤附属结构。实践中发现以KC细胞为种子细胞重建表皮，因表皮成熟过快导致活细胞层数较少，角质层细胞数量多，而棘层、颗粒层、基底层等形成不良；同时某些重要分化标志物如套膜蛋白、转谷氨酰胺酶、细胞丝聚集素等提前表达，而另一些蛋白如K6/K16、皮肤衍生抗白细胞蛋白酶等则出现类似病理状态的表达；此外，重建表皮中还常出现脂类组成异常，降低了表皮的屏障功能。

（二）成体皮肤干细胞

表皮细胞可分为表皮干细胞、瞬间放大细胞和终末分化细胞3类，它们各有不同的特征和定位。现在一般认为表皮干细胞位于基底层内，在有毛发的皮肤中，干细胞位于毛囊上部皮脂腺与立毛肌之间的毛囊隆突部，在无毛发部位则位于覆盖真皮乳头表面的基底层内。这些部位的表皮干细胞均呈 β_1 整合素强阳性，并表达CK15和CK19。表皮干细胞具有高度自我更新能力，能分化产生角质细胞。体外培养中的表皮干细胞能形成完全克隆，它分裂后除一部分细胞保留干细胞特性外，大部分细胞可分化为瞬间放大细胞。细胞经过3～5轮的快速细胞分裂后退出细胞分裂周期成为有丝分裂后细胞，并离开基底层向上层移动，最后到达表皮的表面，角化、死亡和脱落。

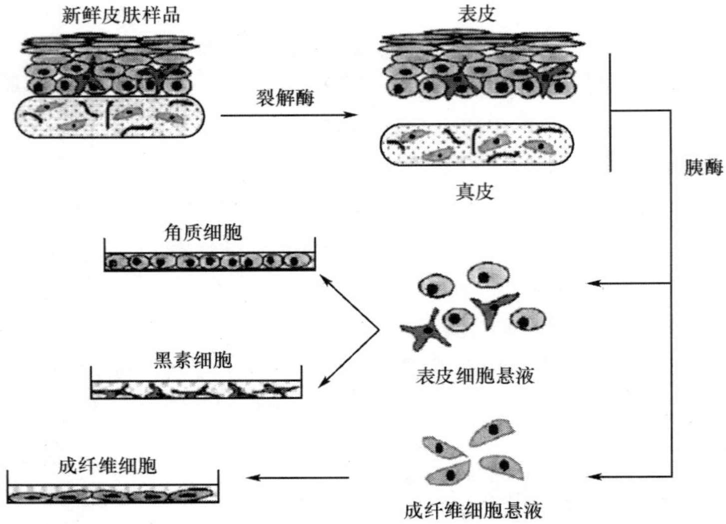

图 9-5 从新鲜皮肤活组织建立单层细胞培养的示意图(Ghalbzouri，2004)

毛囊是由多种细胞成分组成的皮肤附属器官，分上皮部分和真皮部分，上皮部分至少包括外根鞘、内根鞘、鞘小皮、毛发皮质和髓质等结构，真皮部分包括真皮鞘和毛乳头。研究表明毛囊外根鞘可重建表皮结构，如将原代培养的毛囊外根鞘消化后接种于覆盖有成纤维细胞的微孔膜上，2 周后可得到复层培养表皮。但与表皮角质形成细胞一样，毛囊外根鞘细胞也是瞬间放大细胞，只能产生表皮结构。位于毛囊隆突部的毛囊干细胞不仅证实可作为表皮自我更新的来源，还能产生毛囊结构。正常状态下，表皮干细胞通常只能产生多层表皮结构，而毛发和毛囊则由毛囊干细胞分化而来，两者属于 2 种完全不同的干细胞，之间无细胞联系；但在皮肤缺损、化学刺激和紫外线照射等情况下，表皮干细胞、毛囊干细胞及位于汗腺、皮脂腺等处的许多潜在干细胞可被激活而呈现横向分化的多能性。

(三) ES 细胞源性表皮干细胞

表皮及皮肤附属物都是由胚胎外胚层细胞分化发育而来的，体外诱导实验也表明胚胎干细胞具有分化形成皮肤的潜能，因此，ES 细胞及 ES 源的表皮干细胞可能成为组织工程种子细胞的新来源。胚胎干细胞向皮肤细胞的分化与细胞因子、细胞间相互作用和细胞外基质等多种因素有关，如 β_1 整合素、转录因子 Lef-1、Shh 信号传导通路、FGF、Wnt 信号传导通路、β 连环蛋白、BMP-4 等，在目前无法明确其分化的主控基因和主导因素的情况下，模拟胚胎外胚层分化的微环境，采用羊膜诱导是有效而可靠的方法。程树军等将小鼠的 ES 细胞和人的 ES 细胞与人羊膜共培养，4 天后诱导产生表皮样干细胞，表达表皮干细胞的标记物。裸鼠体内移植表明具有分化形成表皮、皮脂腺、汗腺和毛囊等结构的潜能，由此重建的全层皮肤有望用于皮肤毒理学评价试验。

(四) 成纤维细胞

皮肤的构建需要建立表皮与真皮的有机联系以及发挥细胞与细胞之间的相互影响和协同作用。单纯的表皮膜片或表皮细胞结合真皮基质往往效果不理想，就是由于缺乏这种相互作用。人真皮层中含有大量的成纤维细胞，成纤维细胞可分泌多种细胞外基质和生长因子，包括Ⅰ、Ⅲ型胶原及纤黏连蛋白、层黏连蛋白、FGF、VEGF 等。在人工重建皮肤模型中引入成纤维细胞具有多重意义，使真皮层具有细胞活性，真皮成分更加接近生理状态，使真皮基质部分重构和有序化，促进表皮细胞的生长、分化及基底膜形成，诱导血管内皮细胞生长等。成纤维细胞的免疫排斥不明显，许多活性真皮替代物和全层皮肤替代物都含成纤维细胞。

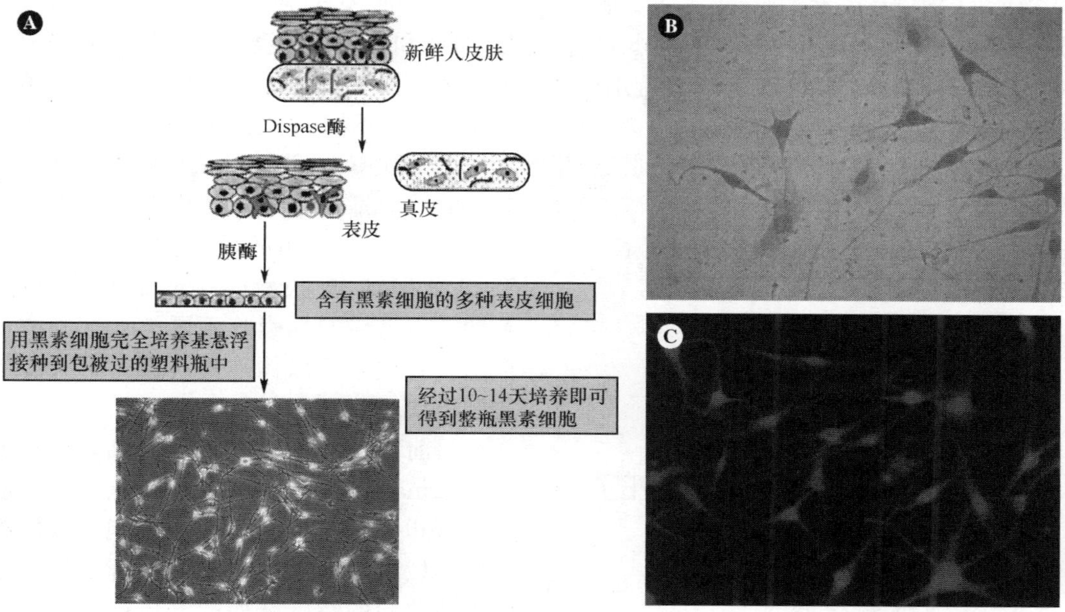

图 9-6　黑素细胞原代培养和鉴定

A. 人体黑素细胞原代培养示意图；B. 人黑素细胞 L-dopa 染色（光镜，×400），胞质内有黑素颗粒的为黑素细胞，胞质干净无颗粒的为成纤维细胞；C. 人黑素细胞 MART-1 免疫荧光染色（荧光倒置相差显微镜，×200 倍），胞质表达强烈红色荧光为人类黑素细胞，不表达或极弱红色荧光为成纤维细胞

（五）黑素细胞

黑素细胞是皮肤中的黑素颗粒的产生部位，在外界各种刺激（如 UV、化学物、超氧化物等）和体内一些激素、代谢产物（如促黑素分泌激素、碱性成纤维细胞生长因子、内皮素等）作用下，黑素颗粒分泌增加，经过与表皮基底部的角质形成细胞的突触连接，将生成的黑素颗粒传递到角质形成细胞中发挥其生物学效应。大约 1 个黑素细胞和其周围的 40 个角质形成细胞形成一个这样的功能单位，称之为表皮黑色素单位。正常黑素颗粒的形成对于皮肤抗紫外线和抗氧化具有积极的作用。

人黑素细胞的原代培养方法（见图 9-6）：配制人黑素细胞专用培养基——角质细胞无血清培养基 K-SFM（keratinocyte serum-free medium），添加营养成分，包括各种辅助因子，如氢化可的松（0.4μg/ml）、牛胰岛素（10μg/ml）、L-谷氨酰胺（6mmol）、TPA（81.06nmol/L）、IBMX（0.1nmol/L）、转铁蛋白（10μg/ml）、霍乱毒素（10ng/ml）、b-FGF（10ng/ml）和 EGF（10ng/ml）10ng/ml（括号中为终浓度）。将外科手术环切下的幼儿新鲜包皮按前述方法分离表皮和真皮。将过夜分离的皮片从 Dispases Ⅱ 中取出，用镊子轻轻将表皮和真皮分离，将表皮收集在含有青霉素、链霉素对抗的 PBS 中，彻底清洗 2～3 次。用已经灭菌的眼科手术剪将表皮组织剪碎，加入适量 0.25%胰酶+0.02% EDTA 溶液消化真皮。加入血清中止消化，将所得的表皮细胞混悬液(100 目的滤器)过滤，去除未消化的细胞。将得到的细胞悬液室温下 1200r/min 离心 5min，得到的沉淀即为多种表皮细胞(黑素细胞、表皮干细胞，角质形成细胞以及少量的成纤维细胞)。用 K-SFM 培养基清洗 1 次细胞后，将细胞用已经配制好的黑素细胞培养基按照($1\times10^5\sim2\times10^5$)cell/$cm^2$ 重悬细胞，并将其接种到已经用Ⅳ型胶原包被好的细胞培养瓶中。隔天换液，大约 10～14 天，黑素细胞即可长满培养瓶。

(六) 朗格汉斯细胞

有关培养和应用见第 11 章。

二、皮肤刺激/腐蚀试验的人工皮肤模型

(一) 皮肤模型的特点

由于皮肤毒性作用的复杂性，采用细胞系的方法虽然标准化程度高、成本低，但由于结构简单，不具备屏障功能，而且单层培养模型会过高预测毒性作用，使用具有一定局限性。直接应用外科手术获取的皮肤进行毒理学评价，数量少且不规范，又有诸多伦理上的限制。因此，从 20 世纪 80 年代开始，三维重建人工皮肤模型成为替代动物试验的理想模型。

最早开发的人工皮肤用于临床治疗严重烧伤的患者，其中的一些产品后来经再次开发用于皮肤毒性作用的检测。有些人工皮肤已实现商品化，如 EPISKIN™(EPISKINC)、EpiDerm™(MatTek)、SkinEthic™(SkinEthic)、EST-1000™(Cell Systems 公司)、Phenion™(Phenion 公司)，还有许多模型在开发和评价中，如威娜公司开发的 Cosmital 模型、Ponec 等人开发的模型、美国 Organogenesis 公司开发的 TESTSKIN™ 模型、日本和中国的模型等。重建人皮肤模型能在很大程度上模拟人类皮肤，它是由角质细胞生长于不同的底层，通过气液界面培养形成的三维模型，能被受试物质以原样或稀释的方式暴露。重建皮肤模型能用于几乎所有局部毒性作用的检测试验，如皮肤刺激、皮肤腐蚀、皮肤渗透和光毒性。目前研究的重点已转向探索将不同类型细胞或皮肤附属结构整合以构建更接近正常人体的皮肤模型。

目前，商品化的皮肤模型包括表皮模型(epidermal model)(含角质细胞)、全层皮肤模型(full thickness)(含角质细胞和成纤维细胞)以及含黑素细胞的重建模型。用于眼睛毒性试验的特殊结构的人体组织已有开发，如 MatTek 公司开发的 EpiOcular 和 SkinEthic 公司的重建角膜模型(见第 13 章眼刺激)。含朗汉斯细胞的免疫型皮肤替代物已基本构建成功，见第 11 章。重建人工皮肤的优点和局限性列于表 9-3。虽然现阶段开发的重建人类皮肤模型还不能完全模仿人类皮肤，已经可以用于皮肤学研究或体外药理、毒理试验中。如研究皮肤对外源物质的基本反应、代谢、损伤治疗、皮肤吸收、跨表皮药物传递、化合物及产品功效评价等，还可用于以监管为目的检测试验中，如化学品、化妆品体外皮肤刺激/腐蚀试验和皮肤光毒性试验。

表 9-3 重建人体皮肤模型和离体人体皮肤的优点与局限性

参数	离体人体皮肤	重建人体皮肤模型	单层细胞
屏障功能	短暂保持	保持，但不完善	无
细胞类型	所有残留细胞类型	不完全，但足以满足某类试验要求	不完全

续表

参数	离体人体皮肤	重建人体皮肤模型	单层细胞
回顾评价	局限	局限	无
结果变异	中	低(标准化的生产过程 GMP 和标准化的试验技术 GLP)	低(标准化的细胞培养技术 GCCP)
变异类型	供体间差异	批间差异	批间差异
有效性	局限	好	好
费用	低	中/高	低/中
预测价值	好,但极少用	中到高(视验证方法而定)	中到高(视验证方法而定)

(二) 皮肤模型构建的基本原理

重建人类皮肤模型最早是由 Bell 于 1979 年建立的,它由活性成纤维细胞包埋于胶原纤维组成的凝胶中混合培养形成。1989 年,Naughton 开发了另一种皮肤替代物,它由成纤维细胞生长于尼龙网内形成。后来发现空气暴露培养可实现表皮细胞的完全分化。从那时起,重建皮肤技术经过多次的改进,但从原代细胞重建皮肤的基础并没有太大变化。种子细胞、支架材料和组织构建是重建皮肤模型的 3 个要素。

1. 种子细胞 除了可选择正常皮肤中所含有的角质细胞、皮肤干细胞(毛囊和表皮干细胞)、成纤维细胞、朗格汉斯细胞、黑素细胞外(见前文),还可选择从胚胎干细胞、骨髓、外周血或脐带血分离诱导细胞(第 11 章)。而且成体细胞逆分化、横向分化技术的发展和基因转染技术的应用,用于重建皮肤的种子细胞的来源更加丰富。

2. 细胞支架 用于支持细胞生长的支架材料可取材于同种异体皮或异种皮,其组织成分与自体皮肤最接近,且具有完整的胶原三维结构,生物相容性好。缺点是皮肤组织来源困难,且标准化程度不高,需要使用动物。与天然支架相比,人工支架组成成分及交联物质可改变,可大量生产,长期储存。制备人工支架的生物材料或高分子化学材料必须符合以下基本条件:生物相容性好,不引起明显排斥反应和异物反应;可允许种子细胞(角质细胞、成纤维细胞、黑素细胞等)浸润生长。目前,人工支架材料主要采用胶原、GAG、甲壳素及其衍生物等天然材料。

3. 皮肤构建 重建人体皮肤模型由角质细胞种植于适当的支架上形成,如富含成纤维细胞的胶原基质、去表皮真皮、胶原或人工膜(图 9-7),将细胞吸附于底层后,培养物在培养基中浸没培养几天以刺激增生和形成多层组织。随后,培养物暴露于空气中(气液界面)以诱导进一步分化。将表皮细胞暴露于空气中培养对于出现多层的黏成片的角质层是关键的步骤。

4. 培养液 重建人体皮肤可用含血清或补充多种生长促进因子的无血清培养基培养,如激素、微生素、生长因子和脂肪酸。用于皮肤培养和重建的培养基类型和补充剂见表 9-4。

表 9-4 体外构建皮肤的常用培养基

基本培养基	补充物
Eagle's 基础培养基(BME)	血清:小牛,人
Dulbecco's 改良 Eagle's 培养基(DMEM)	激素:胰岛素、氢化可的松、牛垂体提取物

续表

基本培养基	补充物
DMEM/Ham's F-12 混合营养培养基	生长因子:EGF, KGF, TGFα, IGF, FGF
Eagle's 基础培养基	维生素:脂溶性(如视黄素),水溶性(Vc)
RPMI 1640 培养基	连接蛋白:白蛋白
M199 培养基	微量元素:Cu, Fe, Mn, Ni, Se, Zn
MCDB 153 培养基	脂质:脂肪酸
	其他:转铁蛋白、霍乱毒素

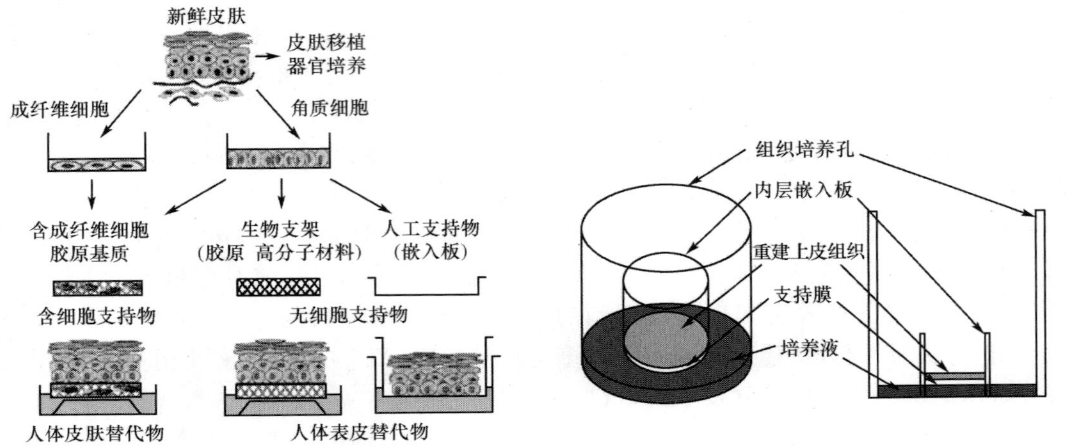

图 9-7　三维皮肤模型重建过程及示意图

(三) 重建皮肤模型的类型

按组织结构分,体外重建皮肤分为 3 种基本类型:重建表皮(角质细胞生长于无细胞基质上)、重建真皮替代物(含成纤维细胞的真皮支持层)、重建全层皮肤模型(由表皮和真皮部分组成)。

根据构建模型的支持物的不同,可产生多种类型的人体皮肤替代物(图 9-8)。来自于尸体的去表皮的真皮,保留基底膜部分;由醋酸纤维素或聚碳酸酯组成的惰性滤过膜,如 EpiDerm、SkinEthic、EST-1000;由胶原组成的薄膜,如 EPSKIN;富集成纤维细胞的 Ⅰ 型胶原凝胶;生长有成纤维细胞的尼龙网;冻干的胶原-黏多糖膜;高分子材料等。

(四) 重建皮肤模型的特征

过去 10 年中,开发新的毒理学试验的替代方法,包括重建人类皮肤模型得到了快速的发展,但是替代方法被管理毒理学所接受的进展却很慢。主要的障碍是存在这样一个事实:管理者认为对于一个新的试验方法,只有与目前所用的动物试验的结果一致,能够对化学品进行分类和标识,这一替代方法才能被接受。此外 OECD 已表明,只有经过科学的试验验证研究,体外毒性试验才能被认可用于管理的目的(见第 3 章,替代方法的验证)。因此,用于皮肤刺激或腐蚀试验的皮肤模型应满足以下基本条件和功能条件:

1. 皮肤模型应满足的基本条件　应使

用人体角质形成细胞构建皮肤模型的上皮，功能性的角质层以下应含有多层有活性上皮细胞。角质层应是含有必需脂质成分的多层结构，以形成功能性屏障抵抗细胞毒性物质的快速渗透。模型的封闭特性应可以阻止角质层周围的物质进入到活性组织内部。理想的皮肤模型其角质层周围应不存在受试物进入活性组织的通道，否则无法模拟皮肤暴露的实际情况。皮肤模型应避免被细菌(包括支原体)和真菌污染。

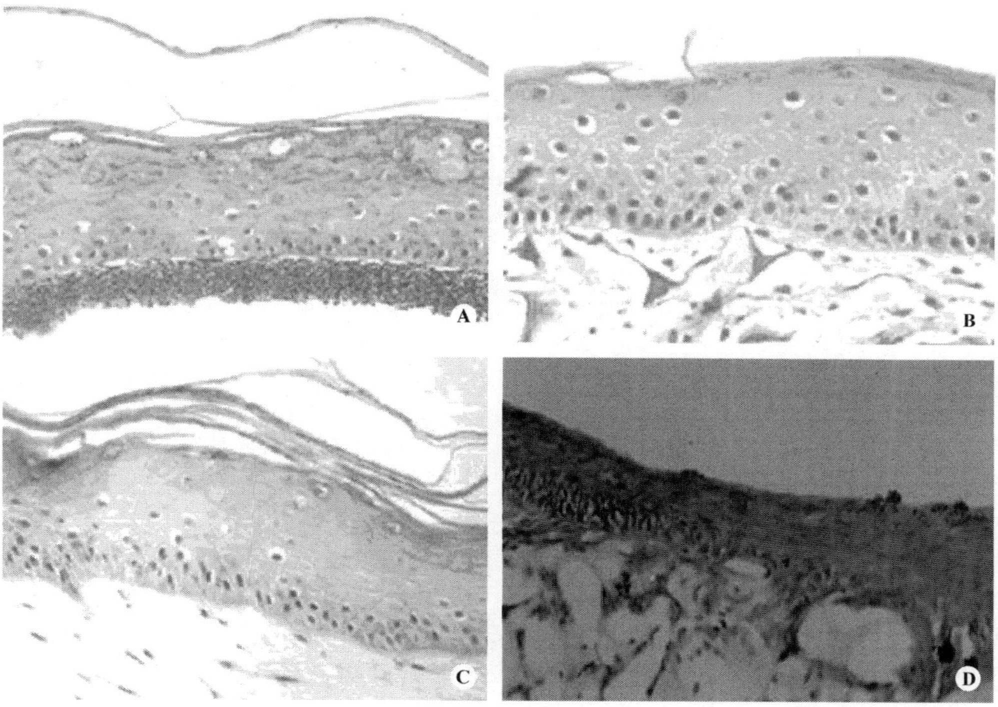

图 9-8 重建人工皮肤模型的分化类型

A:生长于无细胞基质的重建人类表皮模型(内层过滤性嵌入板- EpiDerm EPI-200);B:生长于人工含成纤维细胞支持物的重建人体皮肤替代物 (Phenion);C:生长于含成纤维细胞的胶原支持物的重建人体皮肤替代物(EpiDerm FT-model);D:生长于含成纤维细胞的高分子材料支持物的重建人体皮肤替代物(ALTSKIN)

2. 皮肤模型的功能性条件

(1) 细胞活性:细胞活性可用 MTT 或其他代谢转换有关的活体染料进行定量测定;重建皮肤组织提取染料的光密度(D)值至少应高于溶剂对照值的 20 倍。皮肤组织应能在测试期间保持稳定培养(组织活性保持稳定)。

(2) 屏障功能:角质层应能充分阻止某些细胞毒性化学物(如 1% Triton X-100 溶液)的快速渗透。该性能可以通过使细胞活性降低 50%(ET_{50})的暴露时间来评估(如 EpiDerm ™和 EPISKIN ™模型所需的暴露时间应>2h)。

(3) 形态特征:组织学检查重建皮肤模型表皮应含有功能性角质层。

(4) 重复性:皮肤组织模型最好在不同实验室间、长时间内显示出良好的重复性;而且,根据所选的试验方案,该皮肤组织应能对已知标准参考化学品的腐蚀性或刺激性正确分类。

(5) 质量控制:每批次的皮肤模型都应满足上述的质控要求,如 EpiDerm ™模型用 1% Triton X-100 溶液作用,平均可接受 ET_{50}应为 6.7h,接受范围为 4.8～8.7h。EPISKIN ™模型用 SLS 作用 18h，平均可接受 IC_{50} 为 2.32mg/ml，接受范围为 1.0～3.0mg/ml。不符合质量要求的不能用于实验。

皮肤模型特征的分析方法用于确定重建皮肤模型特征的方法有很多，最常用的方法见表 9-5。

表 9-5　重建人体皮肤模型特征的研究方法

研究项目	采用技术	评价内容(终点)
组织形态	光镜	
	- HE 染色	-完整组织形态
	- 免疫组化	-特殊分化标志物
	电镜技术	
	- 透射电镜	-完整组织形态和细胞间脂质层
	- 冷冻片段电镜	-角质细胞间结构(脂类、桥粒)
	- 粒子微探针	-离子分布
脂类分析	高效薄层色谱	-单个脂类成分的评价和半定量分析
	气相色谱	-测定游离脂肪酸谱
	X 线衍射(小角和宽角)	-脂质层堆砌方式和角质层脂质层衍射相重复距离
渗透性(角质层和屏障功能)	激光共聚焦扫描显微镜	-展现时间和空间的渗透过程
	Franz 细胞技术	-渗透速度和渗透物质的定量测定
	TEER (跨表皮电阻测定)	-电阻变化指示屏障功能的质量
	TEWL (跨表皮水分丢失)	-跨表皮水分丢失的变化

(参考 Boelsma，1999，稍有改变)

(1) 形态特征分析　完整的重建皮肤模型应具有多层的角质细胞构成的表皮结构，它由基底层、棘层、颗粒层和角质层组成。HE 染色观察至少应包括 4 层可见的细胞。可以分析不同分化标志物的表达获取更详细的信息，如角蛋白、involucrin、loricin、fillagrin，见表 9-6。皮肤替代物与正常皮肤相比，在某些方面存在差异，如物质通过角质层的穿透速率高约10～30 倍。Perkins 指出，这对于轻度刺激性产品的检验可能是优点，但也可能导致过高地预测刺激物的刺激性。

角质层屏障结构研究发现细胞间脂质是经皮水分丧失和经皮吸收的主要途径。采用冰冻断裂电镜技术可较客观地反映角质层细胞间脂质的结构，减少传统电镜标本制作因素的影响。透射电镜观察时，改用四氧化钌固定角质层，可大大提高细胞间隙经透射电镜扫描成像的分辨率，进而提供角质层致密层和颗粒层之间的移行区脂质组织的初步信息。差示扫描量热法(differential scanning calorimetry)通过测量加热后样本吸收或释放的热量，以此反映角质层构成成分(脂质和角蛋白)不同状态变迁时所需的能量。不同水合状态的角质层所需能量不同。运用 X 射线衍射分析，小角度 X 射线衍射可提供脂质片层重复特性的资料，宽角 X 射线衍射可提供片层中关于脂质的来源的结构信息。运用傅立叶变换红外分光镜，根据脂质碱基链吸收红外光波长的不同可获得其微观结构动态特性的资料。

表 9-6　重建皮肤的特点

皮肤特点	重建皮肤	自体皮肤
组织结构分层	所有层	所有层
表达分化特异性蛋白标志		
角蛋白	基底层：K5，K14	基底层：K5，K14

续表

皮肤特点	重建皮肤	自体皮肤
	基底上层:K1,K10	基底上层:K1,K10
	基底上层(第一细胞层):K6	
套膜蛋白(involucrin)	棘层,颗粒层	颗粒层
小富脯蛋白(SPRP)1	棘层上部,颗粒层	毛囊
小富脯蛋白(SPRP)2	颗粒层	颗粒层
小富脯蛋白(SPRP)3	无	无
兜甲蛋白(Loricrin)	颗粒层	颗粒层
转谷氨酰胺酶(Transglutaminase)	棘层,颗粒层	颗粒层
细丝聚集蛋白(Filaggrin)	棘层,颗粒层	颗粒层

(2) 屏障功能测定　两种方法可用于重建皮肤屏障功能的测定:一种方法是表皮电阻(TER)的下降,另一种方法是测定暴露 TritonX-100 后的 ET_{50} 的值。

跨表皮电阻(TEER)测定电阻可用于评价细胞单层的致密性,可采用 Millicell-ERS 测定仪(图 9-9)。组织屏障功能的质量可用时间-过程测定法来评价,即测定细胞活性减少 50%所需的暴露时间(测定 ET_{50} 的值)。

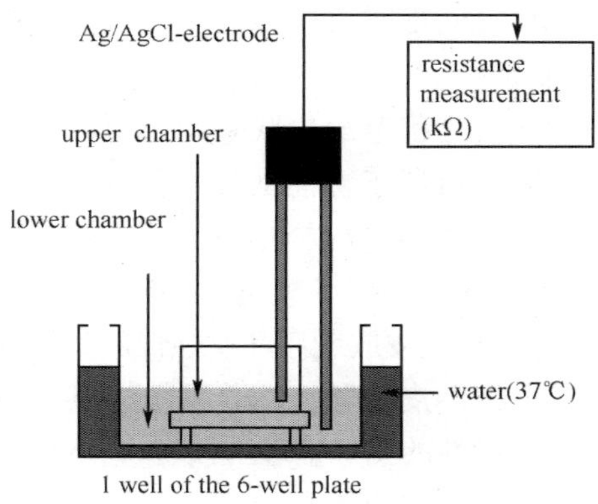

图 9-9　经皮电阻测定仪及原理

(3) 皮肤表面脂质测定　重建皮肤特征的分析重点应放在角质层的结构及其脂类的组成方面。有研究表明重建皮肤与正常皮肤在角质层组成方面存在差异,角质层脂类组成的不规则是导致一些皮肤模型的通透性大于正常皮肤的原因。

基于高效薄层色谱分析技术(high performance thin layer chromatography, HPTLC)对角质层脂类进行半定量分析是一项有效且相对简单的方法。整个检测中最关键的步骤是建立标准化的提取程序。皮脂提取的原理是利用其在有机溶剂中的溶解性。用有机溶剂(己烷、乙醚等)将皮肤上的皮脂洗脱下来,待溶剂挥发后,残余物即为皮脂样品,皮脂样品可用称量法定量或用色谱法进行组成分析。

三、皮肤模型研究现状

(一) 已完成验证的皮肤模型

现有的皮肤模型中,截止 2009 年底,共有 4 种模型通过了验证,分别是 EPISKIN、EpiDerm、SkinEthic 和 EST-1000,见下节。

1. EST-1000 模型　2004 年德国 Cell Systems 公司开发了新的重建人工表皮模型 EST-1000(Epidermal-Skin-Test 1000),以用于预测皮肤腐蚀性和刺激性。模型由来源于正常人的表皮角质细胞,用专用条件培养液经气液界面培养制备,分化形成与体内类似的组织结构。皮肤模型生长于嵌入板的聚碳酯膜(孔径 0.4 μm)表面,商业化的试剂盒分 12 孔和 24 孔两种。组织学和免疫组化研究表明,模型表达表皮的特征的标志物(KI-67,CK1/10/5/14,转谷氨酰胺酶,Ⅳ型胶原,involucrin,β1 整合素)。用于皮肤腐蚀试验的方案执行 TG431 的标准。另一种全层皮肤模型名为 AST-2000（Advanced-Skin-Test 2000）。2009 年 3 月，EST-1000 模型通过了 ECVAM 组织的验证，对 12 种化学物的检测表明，其敏感性 100%，特异性 91.7%，总的精确性 95.8%。

2. Phenion 全层皮肤模型 由德国汉高 Phenion 公司生产，采用来源于新生儿包皮组织的角质细胞和成纤维细胞体外培养制备而成的全层重建皮肤模型，由表皮层、基底膜和真皮层组成，表达与正常皮肤组织相似的表皮分化标志，如角蛋白 10、filaggrin、转谷氨酰胺酶和 involucrin。表皮真皮连接处表达层黏连蛋白和Ⅳ型胶原两种基底膜的主要蛋白，真皮部分含成纤维细胞表达弹性蛋白和纤黏连蛋白。Ki-67 染色呈阳性表明基底层具有增生能力。制备好的组织可在体外培养 9 天，可用于局部毒性试验、重复染毒试验，以及用于某些机理和功能性的研究。

3. Cosmital 模型 由德国 Wella 公司开发的内部使用的皮肤模型，同其他商业化的皮肤模型类似，也以暴露于化学物一定时间后，检测 MTT、前炎性介质的释放和胞质内酶释放为终点。有研究比较过不同皮肤模型间 MTT 还原值、ET-50 值，IL-1a、LDH 和 GOT 酶释放的差异，EpiDerm 模型的一致性和重复性最好，SkinEthic 模型的敏感性最好但重复性最低，Episkin 和 Cosmital 模型适中。

4. LabCyte EPI 模型 是由日本组织工程公司开发的一种皮肤模型，按照 ECVAM 的验证要求对皮肤模型用于刺激试验检测进行了内部评估，精确性为 79%，敏感性为 78%，特异性为 80%。

5. AltSkin 全层皮肤 是由程树军等研发的全层人体皮肤模型，种子细胞为来源于正常人体（新生儿包皮组织）的原代角质细胞与成纤维细胞，以复合胶原凝胶（含胶原和透明质酸、硫酸软骨素等细胞外基质）为真皮支架，采用筏式培养法，无血清培养基气-液界面培养 14 天完成皮肤重建，组织形态学与正常皮肤相似，角质层表达角蛋白（PAN、CK10），基底膜呈波形蛋白和层黏连蛋白阳性，真皮成纤维表达波形蛋白和纤黏连蛋白。另一种皮肤模型 Inspectskin，是以小鼠胚胎干细胞来源的表皮干细胞和小鼠成纤维细胞为种子细胞，以与高分子材料（PHBV）共培养为支架构建的皮肤模型，具有进一步分化为皮肤附属结构的潜能，目的是为了进一步开发具备皮肤附属结构的新型人体重建皮肤，以满足体外皮肤毒性检验的需要。

四、离体器官模型

目前的重建皮肤模型主要用于皮肤腐蚀物的检测，但对于刺激物强度不易区分。离体人体皮肤器官培养含有全部细胞类型，组织结构和功能在体外维持时间较长，理论上讲是最理想的试验模型，但由于皮肤来源困难，而且个体差异大难以大规模应用。

离体动物皮肤可代替人体皮肤用于皮肤刺激/腐蚀实验。如大鼠、小鼠、兔、小型猪等都可提供可靠稳定的皮肤来源，猪耳、背部和腹部皮肤均可用于毒性试验。利用这些离体组织可建立体外实验方法，如大鼠皮肤经皮电阻试验、非灌注的猪耳模型、体外小鼠皮肤完整性功能试验、皮肤刺激和腐蚀性的离体皮肤实验等。离体皮肤器官培养系统提供了一个检测皮肤毒性的良好生理学模型，它可以广泛用于进行测试皮肤毒性，废除了使用活体动物进行化合物测试，而且可以利用手术后获得的人体皮肤或从屠宰场获得的猪皮，从而在某些情况下完全不再需要使用实验动物。

小型猪由于组织结构和生理特征与人体皮肤最为接近，是理想的皮肤来源。离体小型猪皮肤的培养方法如下：从人道处死的健康小型猪身上，切取全层皮肤，无菌操作，用剪刀和镊子小心去除皮下组织和肌肉，用打孔机取下直径为 16mm 的皮肤圆片，用冲洗液清洗皮肤圆片 3 次，将皮片放在培养皿中，37℃下浸泡，交替翻转皮片反复清洗 3 次。取 1.2ml 培养液加入 6 孔培养板的孔中，孔中放入 Millicell-HA 嵌入培养板，使培养液浸没嵌入板的支持膜。取一块皮片，真皮层朝下放到支持膜上。在 CO_2 浓度为 5%、O_2 浓度为 40%、N_2 浓度为 55%的培养箱内气-液界面培养 24h。培养期间，培养板应每分钟振荡约 9 次。制备好的离体皮肤培养系统可用于皮肤刺激、皮肤吸收、经皮肤代谢和皮肤过敏以及光毒性研究。

此外，采用人工材料模拟人体皮肤结构和功能构建的人工膜也可用于皮肤腐蚀的检测和研究，如 CORROSITEX 模型，见下节。

第 4 节　皮肤腐蚀试验的替代方法

一、体外皮肤腐蚀试验的验证

皮肤刺激性体外方法的前验证研究始于 1994 年，1996～1997 年由 ECVAM 发起并资助了正式验证研究，这次验证研究对 4 项试验进行了评价，分别是大鼠经皮电阻试验（rat skin transcutaneous electrical resistance test，TER）、CORROSITEX、Skin² ZK1350 和 EPISKIN 试验。验证的结果是：2 项检测方法被认可用于完全替代体内皮肤腐蚀试验，其中 TER 试验是通过测定离体皮肤的跨表皮电阻的变化，而 EPISKIN 试验是通过重建人体表皮模型 EPISKIN 进行。后来另外一种重建人类表皮模型 EpiDerm 也成功地通过了 ECVAM 在 1999 年和 2000 年进行的验证研究。2000 年，TER 和体外皮肤模型试验被采纳作为指令 67/548 B.40 附录 V 的方法。2004 年，这两项方法也被 OECD 认可采纳，TG430 为 TER 试验，TG 431 为人体皮肤模型试验。此外，EPISKIN 方法是目前唯一能区分腐蚀性程度强弱，即区分 R35（UNI 类）和 R34（UN 分类Ⅱ和Ⅲ）的试验方法。

为了允许其他试验系统（如新建立的人体皮肤模型）能够用于皮肤腐蚀试验，专家们同意在 OECD TG 431 中明确指出模型系统在用于试验前需要进行评价，使模型符合“通常性和功能性”的条件（见前述）。此外还必须提供对列于 OECD TG 431 所指定的 12 种参考物质能正确分类的证明。任何符合这些标准的新的试验系统都应认为是科学有效的，在通过独立进行的确证研究后可被接受。

2004 年 10 月至 2005 年 4 月间，对 EPISKIN 和 EpiDerm 两种模型进行了 2 期验证研究，对 60 种化学品和混合物的检测数据表明，EPISKIN 精确性 83%（50/60 化学品或混合物）、敏感性 82%（23/28）、特异性 84%（27/32）、假阳性率 16%（5/32）和假阴性率 18%（5/28）。此外，EPISKIN 能对已知的 R35/Ⅰ和 R34/Ⅱ &Ⅲ化学品进行区分。前验证可接受的判定标准是假阳性假阴性率均不超过 20%，上述数据显然符合这一标准。ECVAM 研究管理组结论：认为 EPISKIN 作为体内试验的替代方法，用于区分腐蚀性或非腐蚀性化学品是有效的。

皮肤腐蚀的体外方法目前的状态列于表 9-7，3 种方法已完成验证，包括：①体外皮肤腐蚀——大鼠皮肤经皮电阻（TER）试验；②体外皮肤腐蚀——人体皮肤模型试验；皮肤替代物模型可用 EPISKIN™ 和 EpiDerm™，以细胞活性（MTT）作为终点；③Corrositex™试验：采用测试物通过氢化胶原基质（生物屏障）和支持滤膜的渗透作用进行，代表了另外一种腐蚀试验的方法，但被认为仅用于酸类、碱类及其衍生物，尽管通过了 ECVAM 的验证并被 ESAC 推荐，但并没有被 EU 法规接受。该试验方法被美国运输部认可，一项基于 Corrositex™ 试验方法的草案指南，“皮肤腐蚀的体外膜屏障试验方法”被递交到 OECD 成员国讨论。

表 9-7 皮肤腐蚀试验的体外模型及验证认可状态

替代模型	检测终点	可检测的刺激物范围	可检测化学物分类	验证	认可
大鼠皮肤经皮电阻检测	角质层完整性和屏障功能(电阻)	腐蚀和非腐蚀物	①	ECVAM	440/2008/EC B.40 OECDTG430
人体皮肤模型(如EpiSkin™, EpiDerm™, SkinEthic™, EST-1000)	MTT检测组织活性	腐蚀和非腐蚀物	①②	ECVAM	440/2008/EC B.40 OECDTG431
CORROSITEX	受试物穿透水溶性胶原膜基质引起溶液颜色变化	腐蚀和非腐蚀物	③	ECVAM, ICCVAM	仅用于酸、碱及其衍生物 OECD435
EST1000模型	MTT检测组织活性,组织学	腐蚀和非腐蚀物	①②	需要追加验证	未认可

注:①多种不同理化物质的化合物,少数材料可能干扰MTT还原反应;②有些物质可能与支持物或培养皿反应;③主要是酸、碱及其衍生物

二、皮肤腐蚀的结构-活性关系

多种皮肤腐蚀的SARs已被Barratt及其同事报道,总的来讲,这些研究中的SARs均是采用主成分(principal component,PC)结构的形式,基于理化特性将化学物分为腐蚀性(C)和非腐蚀性(NC),其他分类模型并没有提出。它不是对不同种类的化学物质进行模拟,而是对酸、碱、亲电子试剂和中性有机物(定义为缺少共价反应电势和在生物条件下无离子化的不带电分子)进行单独分析。除了PC分析外,判别分析和神经网络分析也可应用于一组中性和亲电子化学物、酸、碱和酚类的分析。在另外一项研究中,酸的PC结构不仅限于其理化特性,还包括其体外小鼠3T3细胞毒性的测定。最近的研究表明,不同种类的一套有机化合物,根据其熔点(Mpt)和分子重量(MW),按照以下的预测模型(PM)可以预测为腐蚀物或非腐蚀物。如果Mpt ≥37℃且MW≤123 g/mol,预测为C;否则预测为NC。

Gerner及其同事开发了的类似的规则,他还将其用于德国消费者卫生保护和兽医研究所(BgVV)的专家系统的判断规则。其中遵循PM的一个例子是:如果MW > 1200 g/mol,则该物质无局部毒性效应。

三、皮肤腐蚀试验的人工皮肤模型

(一) EpiSkin 皮肤腐蚀性试验

1998年,ECVAM完成了一项针对皮肤腐蚀性体外测试方法的验证研究,主要目的是要找到能够区分腐蚀性和非腐蚀性化学物的测试方法,另一个目的则是要能够将已知的R35(联合国包装类别Ⅰ)和R34(联合国包装类别Ⅱ和Ⅲ)区分开来。参加评估的测试方法为:大鼠皮肤的经皮电阻试验(TER, Transcutaneous electrical resistance)、CORROSITEX™、Skin2™ ZK 1350腐蚀性测试和EPISKIN™测试方法。每个测试都是在3个独立的实验室分别对60个匿名编码的化学品进行的。验证结果见表9-8。

表 9-8　ECVAM 对 3 种皮肤腐蚀替代方法的验证结果

	TER	EPISKIN	EPIDERM
验证化学物数量	60	60	24
敏感性(sensitivity)(%)	88	83	88
特异性(specificity)(%)	72	80	86
预测能力(predictivity)(%)		77	
准确性(accuracy)(%)	79	81	87
假阳性率(%)	28	20	14
假阴性率(%)	12	17	13

1. 原理　人重组皮肤模型 EpiSkin™是在胶原蛋白支持物上用人角质形成细胞培养的一种多层人体皮肤模型。胶原蛋白支持物类似于人皮肤的真皮，含Ⅰ型胶原蛋白。利用 EpiSkin™人重组皮肤模型，根据在特定作用时间内，受试物接触皮肤后通过扩散作用或腐蚀作用穿透角质层并引起下层细胞活性(如 MTT 还原法测定)降低到设定的阈值水平来识别腐蚀性物质。

2. 方法　将受试物直接与 EpiSkin™模型作用 3、60、240min3 个时间，液体 50ml，固体 20mg，液体受试物可直接均匀涂在皮肤模型上；固体受试物先将受试物研磨成粉末均匀铺在皮肤模型上，加入少许 NaCl 溶液使受试物与皮肤模型接触良好，然后用 PBS 漂洗干净；用噻唑蓝(MTT)法检测受试物对细胞存活率的影响：将皮肤模型放入 20～28℃的 MTT 溶液中作用 3h，然后提取蓝色甲瓒还原产物，通过在波长 540～595 nm 范围内测定 *OD* 值来确定甲瓒的浓度。阳性对照为冰醋酸或 8mol/L KOH 溶液，阴性对照为生理盐水或水。阴性对照的细胞相对活性设定为 100%，每一样品测得的 *OD* 值与阴性对照相比，求出样品的细胞相对活性百分比，根据标准判断受试物是否具有腐蚀性。

EpiSkin™模型的腐蚀性判定标准为：

(1) 受试物具有腐蚀性：EU R35 或 UN Ⅰ类：受试物作用 3min 后，皮肤细胞活性≤35%。EU R34 或 UN Ⅱ类：受试物作用 3min 后，皮肤细胞活性≥35%，作用 1h 后细胞活性＜35%。UN Ⅲ类：受试物作用 1h 后，皮肤细胞活性≥35%，作用 4h 后细胞活性＜35%。

(2) 受试物没有腐蚀性：受试物作用 4h 后，皮肤细胞活性≥35%。EpiSkin™法通过使用一个稳定的细胞毒性测试方法和一个简单的预测模型体外检测化学物的皮肤腐蚀性，在实验室内和实验室间的比对试验结果重现性很好，可以测试各种不同理化特性的物质。EpiSkin™方法作为一种可靠的、可代替动物模型区分受试物皮肤腐蚀性和非腐蚀性的试验方法，而且是目前唯一能够区分腐蚀性强弱的方法。

(二) EpiDerm™皮肤腐蚀性试验

1. 原理　人重组皮肤模型 EpiDerm™是用正常人表皮角质形成细胞(NHK)培养而成的一种多层皮肤模型，它包含基底层、棘层、微粒层和一层内含细胞间脂质的角质层，通过 MTT 染色法检测受试物穿透 EpiDerm™角质层对下层细胞存活率的影响，评定受试物的腐蚀性。

2. 方法　将受试物加在皮肤模型上 3min～1h，然后用 MTT 法测定受试物的细胞毒性。每个受试物要求做 1 个阴性对照组(蒸馏水)、1 个阳性对照组(KOH)和 4 个实验组。其中 2 个实验组暴露时间为 3min，另外 2 个实验组暴露时间为 1h。阳性对照为冰醋酸或 8mol/L KOH 溶液，阴性对照为生理盐水或水。阴性对照的细胞相对活性设定为 100%，每一样品测得的 *OD* 值与阴性对照相比，求出样品的细胞相对活性百分比，根据标准判断受试物是否具有腐蚀性。

EpiDerm™模型的腐蚀性判定标准为：

(1) 受试物具有腐蚀性：受试物作用 3min 后，皮肤细胞活性＜50%；或受试物作用 3min 后，皮肤细胞活性≥50%，而且作用

1h 后细胞活性<15%。

(2) 受试物没有腐蚀性：受试物作用 3min 后，皮肤细胞活性≥50%，而且作用 1h 后细胞活性≥15%。

(三) Skinethic 模型

SkinEthic 重建表皮模型从 1992 年开始商业化应用，许多科学研究对其进行过评价，按 OECD TG 431 的要求，包括 MTT 检测终点的有效性、组织形态、超微结构、脂质成分与结构的验证。因此，目前可认为该模型与 EpiDerm 和 EPISKIN 模型相比已获得足够的特征确认，为取得管理机构的接受用于腐蚀试验。有关该模型的追加验证已完成。

(四) CORROSITEX™ 皮肤腐蚀试验

1. 原理 CORROSITEX™试验体系由人造的大分子生物膜和检测系统(chemical detection system, CDS)两部分组成。大分子生物膜模拟皮肤的正常功能，假定腐蚀性物质作用于生物膜与作用于活体皮肤的机制相似，将受试物作用于人工膜屏障的表面，检测由腐蚀性受试物引起的膜屏障损伤。通过多种方法检测膜屏障的渗透性，包括 pH 指示剂颜色的改变和指示剂溶液其他特性的改变。分类依据受试物渗透通过膜屏障进入指示剂溶液的时间确定。

2. 方法 膜屏障由蛋白大分子水凝胶和渗透支持膜两部分组成。液体和固体不能通过蛋白水凝胶，但发生腐蚀作用后能够透过。构建完成的膜屏障应储存在一定的条件下，防止其变性。在蛋白水凝胶制备和受试物试验期间，渗透支持膜对蛋白水凝胶起机械支撑作用。渗透支持膜要能够防止胶的下陷和移位，并对所有的受试物都具有较好的渗透性。蛋白胶基质由角蛋白、胶原或蛋白质混合物构成，是受试物作用的靶。先将蛋白胶铺于支持膜的表面，形成胶体面，然后将膜屏障置于指示剂溶液上。蛋白水凝胶的厚度和密度要均匀，不能有气泡或其他影响整体功能的缺陷。

试验前，先进行相容性试验以判断 CDS 能否检测到受试物。如果 CDS 无法检测到受试物，该膜屏障试验方法不适于评价该受试物的腐蚀性，需要使用其他试验方法。试验时，将膜屏障放置在一个装有指示剂溶液的小瓶(管)中，确保支持膜与指示剂溶液完全接触而且膜与液面之间没有气泡。把适量受试物，如 500μl 液体或 500 mg 粉末，小心地平铺在膜屏障表面并使之均匀分布。每个受试物及相应对照均需要一定数量的平行样(如 4 个)。记录受试物作用膜屏障的时间和指示液颜色改变的时间(即膜通透性改变的时间)，求出两时间之间的差值。

阳性对照物氢氧化钠可来检测系统是否工作正常，选择与受试物具有相同的化学物分级的阳性对照物可用于评估腐蚀性物质的相对腐蚀活性。选用弱腐蚀性物质作为阳性对照物可用来区分弱腐蚀性和无腐蚀性的物质。阴性对照物可选用 10%枸橼酸溶液或 6%丙酸溶液。

受试物开始作用于膜屏障到膜屏障渗透改变之间经过的时间(以 min 计)作为受试物腐蚀性分类和 UN 化学品包装分类(如果适用)的依据。每 1 个试验方法都有 3 种腐蚀性分类的截止时间值。根据截止时间对受试物腐蚀性的判定应当使腐蚀性危害最小化，即减少假阴性结果的出现。

3. 验证和局限性 Corrositex™由 Gordon 等于 1994 年提出，最早由美国运输部认可用于危害化学物分类，ICCVAM 认可其对酸、碱衍生物以及以其为主要成分的配方的检测，该方法已经通过验证并且提供商品化的试剂盒。鉴于其公认的合理有效性，此试验方法已被推荐为评估化学品皮肤腐蚀性危害分级测试策略的一部分。

该方法的局限性在于：很多非腐蚀性的化学品或混合物以及某些腐蚀性化学品或混合物无法使用该方法进行检测。虽然 pH 在 4.5～8.5 的化学品水溶液通常不适用于体外膜屏障法进行检测，但 85％上述 pH 范围内的化学品水溶液的动物试验结果都是无腐蚀性的。体外膜屏障试验方法可以用于检测固体（包括能溶于水和不溶于水）、液体（包括水溶液和非水溶液）和乳剂。然而在相容性试验中，很多受试化学品或混合物化学检测系统（CDS）出现颜色改变，证明不是腐蚀性物质，因此不适用于膜屏障方法。

四、离体器官试验方法

（一）大鼠皮肤经皮电阻试验

1. 原理 以经皮电阻值为检测终点，通过检测受试物对皮肤角质层完整性和屏障功能的损害能力评定受试物的腐蚀性。

2. 方法 选用 28～30 天龄的 Wister 大鼠的背部皮肤制作皮肤薄片。将一个大小适合的橡胶环紧套在皮肤薄片上，橡胶环与一段聚四氟乙烯（PTFE）管连接，保证皮肤薄片与 PTFE 管的末端接触良好。再将 PTFE 管的另一端用弹簧夹固定到一个装有电解溶液（154 mmol/L $MgSO_4$ 溶液）的容器上。液体受试物可直接均匀涂在皮肤薄片上；固体受试物将其研磨成粉末状用水湿润后均匀铺在皮肤薄片上。通常每个受试物要求用 3 个皮肤薄片进行检测。受试物与皮肤薄片作用 24h 后，用水冲洗干净，然后加入足够量的 70％乙醇溶液覆盖在皮肤薄片上以减低皮肤表面张力，几秒钟后，倒置 PTFE 管去除乙醇后加入 3 ml $MgSO_4$ 溶液，将电极置于薄片的两端用低电压交流电测量经皮电阻。

同时设一个阴性对照和一个阳性对照，阳性对照选用 10mol/L 的 HCL 溶液，经皮电阻范围 0.5～1.0kΩ，阴性对照选用蒸馏水，经皮电阻范围为 10～25kΩ。受试物测量结果的有效范围为 0.5～25kΩ。经皮电阻值＞5kΩ，评定该受试物无腐蚀性；如经皮电阻≤5kΩ，而且该受试物不是表面活性物质或中性有机溶剂，评定受试物具有腐蚀性；如果受试物为表面活性物质或中性有机溶剂，经皮电阻≤5kΩ，可增加硫丹明 B（sulforhodamine B）染色剂穿透试验，以确定是否出现假阳性。

罗丹明 B 染色体穿透试验：将 150μl 10％ sulforhodamine B 染剂加到事先用受试物处理过的皮肤薄片上，2h 后用水冲洗约 10s，清除多余的染色剂。将皮肤薄片放到一个容器为 20ml 的玻璃瓶中（内含 8ml 去离子水），轻轻震荡 5min 除去剩余的染剂。将皮肤薄片移入另一个玻璃瓶中，加入 5ml SDS，轻轻震荡 5min，然后在 60℃恒温箱中放置过夜。第 2 天，丢弃皮肤薄片，将剩下的溶液高速离心 8min，取出 1ml 上清液，用 30％SDS 溶液稀释到 1/5，然后在 565nm 波长处测定该溶液的光密度，通过光密度计算每个皮肤薄片的染色剂含量。同时设 1 个阴性对照和 1 个阳性对照。阳性对照选用 10mol/L 的 HCl 溶液，阳性物染色剂含量范围为 40～100μg/皮肤薄片；阴性对照选用蒸馏水，阴性物染色剂含量范围为本 15～100μg/皮肤薄片，当受试物皮肤薄片的染色剂含量≥36％阳性物皮肤薄片的染色剂含量时，评定受试物具有腐蚀性；当受试物皮肤薄片的染色剂含量＜36％阳性物皮肤薄片的染色剂含量时，评定受试物无腐蚀性。

TER 法由 Oliver 及其同事创立，作为一种常规试验在几个实验室成功运用近 10 年，实验室内和实验室间的比对试验重现性很好。其测量范围很广，可以测试各种不同理化特性的物质。

（二）离体皮肤模型试验

1. 原理 利用离体兔、人类或猪皮肤进行化学物质的局部皮肤毒性试验，试验采用嵌入式培养模型，检测终点采用MTT法，通过定量测定受试物作用皮肤不同时间后的效应，可用于区分急性和迟发性毒性作用，延长培养时间至7天还可以区分化学品的不可逆的有害作用。

2. 方法 离体皮肤可来自兔、猪或人，制备方法见第3节。将制备好的离体皮肤模型，经过夜培养后，更换新的培养液。测试化合物局部涂抹于皮片表面，作用4h。除去测试化合物后，分别于0、24、48h检测MTT。此外，根据实验目的，还可检测表皮细胞的增殖、中性红摄取和羟基脂肪酸释放。用滤纸干燥皮片的表皮面，把干净滤纸置于每块皮片的表皮面，把100μl稀释的测试物质加到滤纸表面，以纯净水（或者矿物油）为对照。如果不使用滤纸，也可以用金属环（内径为10mm）置于皮片上，将受试物加入金属环内。要求每1试验终点包括3次平行检测，作用4h去除滤纸，用PBS冲洗去除受试物，分别于去除受试物后的0、24、48h进行MTT检测。以对照组的平均光密度值*OD*代表100%活性。计算每个浓度的测试化合物在MTT检测中的相对活性（MTT-70），统计结果的显著性。

离体兔、猪和人的全层皮肤在良好的培养条件下能维持4～7天，这样就能使试验系统可用于研究机体的迟发毒性和损害后的恢复。此外，它还可用来研究透皮吸收和杀虫剂和类固醇等化合物的皮肤代谢。该方法已完成内部评估，但还未完成正式验证研究。

五、前景展望和建议

皮肤腐蚀的替代方法已被验证和被EU与OECD成员国法规接受，因此动物不能再进行。皮肤腐蚀的危险性识别（分类和标识）应该以pH测试和适当的体外试验（大鼠皮肤TER检测、人皮肤模型检测或测试物化学特性、CORROSITEX）。对于危险评价（剂量-反应调查、与皮肤腐蚀试验阴性剂量时的皮肤刺激潜能评价结合）推荐使用大鼠皮肤TER或人类皮肤模型检测，进一步的建议是QSARs的验证和皮肤腐蚀的专家系统数据库的开发。

第5节　皮肤刺激试验的替代方法

由于体内皮肤腐蚀或刺激试验会造成动物严重的不适和痛苦，从20世纪70年代开始，人们一直试图开发试验方法进行替代。这些体外替代方法相差很大，从简单的细胞模型（如角质细胞培养）到非常复杂的器官型培养和重建人体皮肤模型都有。由于单层细胞模型的局限性，现倾向于使用人工皮肤替代模型或离体皮肤模型的方法。本节主要介绍皮肤器官模型的试验方法。

2009年，ESAC批准了经过ECVAM验证的评价皮肤刺激性的3种方法，即EpiSkin SIT试验、改良EpiDerm皮肤刺激试验（SIT）和SkinEthic重建人体表皮模型试验（RHE），并被欧盟法规所认可，列为草案draft TG B. 46，这些皮肤刺激试验的体外方法已提交到OECD，2010年3月OECD国际协调会议采纳了将其列入试验指南的建议，即体外皮肤刺激性——重建人体表皮（RhE）试验方法（In Vitro Skin Irritation: Reconstructed Human Epidermis (RhE) Test Method）。指南正等待最后的批准。

一、皮肤刺激体外试验方法验证

有关皮肤刺激作用的 QSAR 研究相对较少，几个体外替代方法正在进行前验证中。1999～2001 年期间，一些最有希望的体外方法在前验证研究中进行了评价。这 5 种试验包括 EpiDerm™，EpiSkin™，Prediskin™，非灌注的猪耳模型（non-perfused pig ear model）和体外小鼠皮肤完整性功能试验（in vitro mouse skin integrity function test，SIFT）。这些研究的结果是没有一种方法能通过而进入下一步的验证。经过许多改进和努力后，部分试验方案经过优化后达到了正式验证所要求的标准，见表 9-9。

经过这些努力后，在 2004～2005 年由 ECVAM 资助的正式验证研究中，EpiSkin™、EpiDerm™和 SIFT 试验方案和预测模型经过了评价。主要的目的是为了证明这些体外替代方法能正确的区分皮肤刺激物质和非刺激物质；次要目的是为了对替代方法的试验结果进行评价，判断其是否与全球统一分类系统一致（GHS）。1 期验证研究包括 3 种替代方法，分别在各自实验室进行，在双盲条件下检测了 20 种受试物，结果表明两种人体皮肤模型，EpiSkin™和 EpiDerm™有希望进入 2 期，而 SIFT 的预测能力不足，并建议开发 SIFT 的实验室应该重新评价其试验方案及预测模型，特别是在固体和非表面活性剂的处理应进行改进。

表 9-9　皮肤刺激试验的体外模型及验证认可状态

替代模型	检测终点	可检测的刺激物范围	可检测化学物分类	验证	认可
EpiSkin 模型	MTT 检测组织活性，IL-1a 测定	R38 和非刺激物	①	ECVAM，2007	EU
EpiDerm 模型	MTT 检测组织活性，IL-1a	R38 和非刺激物	①	ECVAM，2008	EU
SkinEthic™ RHE 模型	MTT 检测组织活性，组织学，IL-1a、IL-8 测定	R 38 和非刺激物，R38 和过敏物	①	ECVAM，2008	EU
Prediskin	MTT 检测组织活性，组织学	R38 和非刺激物	③	前验证结论认为过于敏感	未获认可
EST 1000 模型				未验证	未认可
Altskin™模型	MTT 检测组织活性，组织学，IL/8IL-1a 比值	R38 和非刺激物	①	未验证	未认可
小鼠离体皮肤完整功能检测	角质层屏障功能和完整性：上皮水分流失和电阻	R38 和非刺激物	③	前验证完成，优化方案在验证中	未认可
猪耳试验	跨表皮的水分丢失（TEWL）	R38 和非刺激物	③	ECVAM 认为没有达到第 3 阶段验证的标准	未认可
角质细胞培养	细胞因子 IL-1a、TNF-a 测定	缺少角质层，过于敏感	②		未认可

注：①多种不同理化性质的化合物，少数材料可能干扰 MTT 还原反应；② 水难溶性物不能测试；③ 因预测率偏低不能确定，少数材料可能干扰 TEWL 或 ER 测定；R38：皮肤刺激物

二、皮肤刺激性的人工皮肤模型替代方法

皮肤刺激性的人工皮肤模型主要有EPISKN模型、EpiDerm模型和Skinethic模型,其基本特征见表9-10。

表9-10 3种皮肤替代模型的基本特征

内容	EpiSkin模型	EpiDerm模型	Skinethic模型
嵌入板类型	嵌入板由聚碳酸酯制成,Ⅰ型胶原膜为支持物	化学改良的Millicell细胞嵌入板,包被胶原纤维薄膜	聚碳酯膜嵌入板
组织表面积	1.07 cm^2	EPI-200 0.63 cm^2 EPI～606 4 cm^2	EPI-200 0.63 cm^2 EPI～606 4 cm^2
细胞生物学来源	腹部皮肤	包皮或腹部皮肤	包皮或腹部皮肤
组织学类型	8～10层细胞	9～12层细胞	5～7层细胞
用途	用于屏障功能研究和组织学研究	用于皮肤刺激、皮肤腐蚀光毒性、屏障功能研究	用于皮肤刺激、皮肤腐蚀光毒性、屏障功能研究和激光共聚焦显微镜组织学研究

(一) EpiSkin模型

1. 模型描述和应用 EpiSkin由位于法国里昂的EPISKIN-SNC公司开发,该公司2000年成为欧莱雅的全资子公司。EpiSkin是一种三维人体皮肤模型,先将Ⅳ型胶原包被的Ⅰ型牛胶原基质(作为真皮替代物)固定于聚碳酸酯嵌入板,再于真皮面接种成人角质形成细胞。这些嵌入板是特别设计的,能使表皮在培养孔中保持在固定的位置,在试验过程中既能满足气体交换,又容易接触到培养基。经过13天培养后,细胞分化分层后形成含角质层的三维表皮。含皮肤模型的嵌入板包埋于含营养液的琼脂糖凝胶中,与多孔板一起在室温下运输。质量控制包括组织学分析和IC_{50}检测(用SDS测定)。

基于这一皮肤模型开发了系列产品和方法用于替代皮肤刺激/腐蚀,如采用EpiSkin模型建立的CorroSkin方法已经过验证,从2002年开始,用于测试化学品皮肤腐蚀性的CorroSkin试剂盒上市销售。用于评价化学品皮肤刺激性的IrriSkin方法正在验证中,而EpiTol已成为欧莱雅公司用来预测化妆品皮肤刺激性的常规方法。

2. 用于替代试验 用于皮肤刺激试验时,直接将测试物质局部应用于皮肤表面,然后用MTT法评价测试物对细胞活性的作用,以细胞活性的百分率为检测终点区分皮肤刺激/非刺激。

标准的皮肤刺激检测试剂盒(IrriSkin)含培养基、试剂和12个表皮单位,表皮单位由重建表皮和具有功能的角质层组成,可以检测所有剂型的化学物质,包括粉剂、液体、分散剂等。使用方法:将受试物(10μl或10mg)涂抹于人工皮肤表面,接触15min后,以PBS冲洗去除受试物,后孵育42h,用MTT法测试细胞存活率。判断标准:与对照组相比细胞活性>50%表明受试物无刺激性(NI);细胞活性≤50%表明受试物具有刺激性(I/R38)。

1999～2000年间，EpiSkin模型参与了ECVAM支持的化学品急性皮肤刺激体外试验的前验证研究，在1期和2期的前验证研究中，对该方法的重复性（reproducibility）和普适性（transferability）进行了检验，由于特异性较低，该方法在预测能力方面的表现不够理想。后来对方案进行了优化，缩短了表皮与受试化学物质的暴露时间。优化后的方法敏感性、特异性、准确性和预测能力均有提高。基于EpiSkin模型的皮肤腐蚀检测方法（CorroSkin）已完成验证，皮肤刺激检测方法（IrriSkin）正在验证中，而专门用于化妆品皮肤刺激性检测的EpiTol方法则处于前验证状态，由多间实验室和企业进行验证。

（二）EpiDerm™模型

1. 模型描述和应用　EpiDerm皮肤模型由来源于人皮肤的角质细胞生长于特殊制备的Millicell细胞嵌入培养板中形成多层分化的人类表皮模型，模型由基底层、棘层、颗粒层和角化层组成，与体内皮肤结构类似。含EpiDerm皮肤模型的检测试剂盒包括一系列型号，如EpiDerm™（EPI）是不含真皮层的人工表皮，EpiDermFT™（EFT）系列是含KC和成纤维细胞的人工皮肤，MelanoDerm™（MEL）则是增加了MC的人工皮肤。

以EPI-200为例，试剂盒含24块人工皮肤组织，培养10天的人工皮肤以特殊制备的嵌入板为支持物，嵌入板包埋于含营养液的琼脂糖凝胶中，在4～6℃条件下进行运输，试剂盒还包括维持培养基和MTT检测成分（MTT浓缩液、MTT稀释液、PBS、异丙醇、24孔板等）。质量控制应保证MTT检测中产生的甲瓒*OD*值（570 nm）高于1.0。此外，通过测定ET_{50}值进行时间过程检测评估组织的屏障功能，即接触细胞毒性化学物后组织活性降低50％所需的时间。检测物为TritonX-100，ET_{50}的值应在历史建立的数据范围之内。

2. 替代皮肤刺激试验　最初的EpiDerm试验方案采用的是指组织模型经受试物暴露后组织活力下降50％（ET_{50}）所需的时间，与参照标准组织活力下降50％（ET_{50}）所需时间进行比较。采用这一方案经室内和室间的重复性证明是可以接受的，但在前验证研究的第3阶段，这一方法存在较高的假阴性率。前验证研究后，试验方案和预测模型进行了修改，提高了该模型的预测水平。

为了不同的皮肤模型间采用共同的试验方案，专家建议将修改后的EPISKIN方案（采用MTT法检测细胞活性和缩短暴露时间）应用于EpiDerm模型中。新方案表明有希望通过ECVAM组织的替代急性皮肤刺激试验的验证研究。

（三）SkinEthic™模型

Skinethic是由位于法国尼斯的SkinEthic公司（SkinEthic，Nice，France.）开发的人工皮肤模型。2006年1月，隶属于欧莱雅的EPISKIN公司完成了对SkinEthic公司的收购。

Skinethic模型已制备成商品化的试剂盒，包括几十种型号和规格的产品，如RHE（reconstituted RFT（reconstituted full thickness tissue model）是含表皮和真皮的双层人工皮肤，RFTM（reconstituted full thickness tissue model with melanocytes）是含有黑素细胞的双层皮肤产品。

Skinethic模型是从Rosdy和Clauss（1990年）开发的模型发展出来的，采用无血清培养基制备，制备过程是由培养人正常角质细胞于聚碳酸酯嵌入培养板，经气-液界面培养17天完全分化形成表皮结构。质量控制包括组织学观察、组织活性测定（MTT试验）。*OD*值大于0.8且组织学观察切片显示至少4层活性细胞层为合格。已提出基于该方法的二步法急性和累积性刺激筛选系统，该方法最常用的终点是细胞活性、IL-1释放和形态学改变。

（四）其他模型

还有一些其他的模型构建原理基本相同，均采用角质细胞气液界面培养，只是支持底物稍有不同。它们中没有一种方法能达到上述几种方法现有的水平。模型只要能明确符合现有的标准就能尽快进入验证程序。如Cosmital模型由瑞士Wella公司开发，Cosmital模型的预测能力及其体内体外的资料比较已被评估。

Apligraf皮肤模型最初由美国美国马萨诸塞州Organogenesis公司开发用于临床上严重皮肤损伤患者的治疗，后来经改进用于皮肤毒性试验的替代方法，商品名为Testskin。Testskin具有表皮和真皮双层结构，由人KC细胞分化形成的多层角质细胞构成表皮层，由人真皮成纤维细胞种植于Ⅰ型1牛胶原支架构成真皮层，可用于化妆品皮肤刺激/腐蚀实验、光毒性和细胞损伤作用的检验。除细胞活性的MTT检测外，炎性介质IL-1、PGE-2以及表皮的渗透性等也可选择作为检测终点。Apligraf®用于替代试验的策略以评价化学物质的累积性皮肤刺激作用已评估。

去表皮真皮上的重建表皮（reconstituted epidermis on de-epidermized dermis，RE-DED）由Ponec及其合作者开发使用。

SKIN^{2}是由美国加州Advanced Tissue Sciences公司生产的三维人工皮肤模型，具有表皮和真皮双层结构，成纤维细胞种植于内层的尼龙网中形成真皮组织，角质形成细胞种植于真皮上形成表皮部分。除可用于皮肤刺激试验外，光毒性试验也经过EC/COLIPA的验证。原理是通过测定MTT活性，判别紫外线照射下化学物质对皮肤细胞的毒性。其优点是器官型的皮肤模型不受测试物溶解性质和剂型的限制；缺点是人工皮肤角质层的通透性较正常皮肤高。

三、皮肤移植物和器官培养

（一）小鼠皮肤完整性功能试验

小鼠皮肤完整性功能试验（the mouse skin integrity function test，SIFT）由位于英国柴郡马切斯菲德的先正达研究中心毒理学实验室开发，是通过将小鼠皮肤暴露于受试物评价小鼠皮肤的完整性，即跨表皮水分丢失（TEWL）和经皮电阻（electrical resistance，ER）。SIFT方案是为评价工业化学物质刺激的预筛方法被开发出来的。它结合了体外经皮吸收的原理和用完整皮肤评价皮肤刺激性的模型两方面的知识，而皮肤完整性评价是该方法的基本原理。小鼠皮肤足够薄，相应的生物化学活性和高度重复性以及屏障功能。SIFT预测模型的基础是比较应用测试物前后TEWL或TER的值，以大于或小于5倍说明测试物有或无刺激性。在前验证中没有通过的预测模型，经过选择更适合于该模型的新的评价统计方法进行改进，这一改进提高了该模型的特异性和敏感性。

将受试物涂抹于小鼠完整皮肤上，作用一段时间后，测定接触受试物TEWL和电阻（ER）的大小，计算TEWL比值和ER比值，评定受试物是否具有刺激性。正常小鼠完整皮肤模型的TEWL值为（3-10）g/m^2，ER值为5～20kΩ。

该方法已完成试验方案优化，有室内验证资料和室间验证资料，有体内体外比较。为了提高Ⅲ期前验证研究中较低的实验室内重复性，改进试验方案，使TEWL和ER阳性和阴性对照组的实验值在一定的范围内。

（二）Prediskin™模型

Prediskin™（Biopredic，Rennes，France）改进了试验方案，将人皮肤培养物（来自外科

手术的患者皮肤)的暴露时间延长至 20 h,然后采用 MTT 法评价细胞活性百分率的变化。最初的方案中,如果细胞活力大于 35%,还要进行组织学观察。Prediskin 模型在Ⅱ期验证中并不是特别好,方案总体上太过敏感。此外,Ⅰ期重复研究中,Prediskin 方案通过增加阈值以区分刺激性和非刺激性(MTT assay)。预测模型的变化改进了区分非刺激性化学物质与刺激性物质的能力。然而,商业化使用还需进一步努力。

(三)猪耳试验

非灌注猪耳试验(the non-per fused pig ear test)是将猪耳暴露于试验物质,检测皮肤表面跨表皮水分丢失(TEWL)的绝对增加值,用于区分刺激性和非刺激性。该方法在进行Ⅰ期和Ⅱ期验证的时候效果并不是特别好。经改进后进入Ⅲ期,所得结果的变异太大,表明该方法的预期价值有限。

四、皮肤刺激的结构-活性关系

结构-活性模型的依据是皮肤刺激反应发生的终点与特定的化学功能基团和(或)分子的一个可测量的参数之间相互联系。依据不断积累的化学物皮肤刺激效应测试结果等数据,可通过将某一未知毒性反应终点的化学物的分子结构与已知余点的具有相似结构的化学物进行比较来预测未知化学物的反应终点。随着对皮肤刺激反应的分子机制的认识的增加,应用相关数据库来进行精确和可靠的结构-活性模型分析的例子也会增多。

皮肤刺激反应过程中发生的生物化学反应是非常复杂的,有许多因素仍有待探索。不同家族的化学物所引起的皮肤炎症变化的机制各式各样,因此,化学物的定量结构-活性模型的建立是一项有意义又非常艰难的工作。生物化学模型的建立要求对刺激物和皮肤内源分子之间的反应有清楚的了解,但是化学物对皮肤作用的整个过程由各种复杂的反应组成,而每一个反应过程又是由许多复杂的因素参与。目前,一般的做法是将仔细选择的有机化合物组配成不同的部分,模拟皮肤的各层结构系统,将试验物质加入这个系统中,然后选择几个参数进行测定和评估,根据实验结果提出一个相关的生物化学反应的模型。

文献中皮肤刺激的 QSAR 研究相对较少。有学者建立了有机化学物质原发性刺激指数(PII)的 QSAR 预测方法,但预测值较低 ($r^2=0.42$)。同一研究中,判别分析表明能按 EU 的分类标准区分出刺激性和非刺激性化学物质,精确度 67%。Hayashi 报道了 2 种用 QSAR 方法预测苯酚摩尔-重量 PII 的方法:一种模型是以绝对硬度作为最小的占位分子轨道(lowest unoccupied molecular orbital,LUMO)能量为阴性的化学物质;另一个模型是以辛醇-水分配系数(octanol-water partition coefficient)的对数,作为 LUMO 能量阳性的化学物质。这些模型的相关系数分别为 0.72 和 0.82(即 r^2的值为 0.52 和 0.67)。

Smith 等分析了 42 种酯类的资料,其中有关人类刺激性的资料是很有价值的,而且考虑到了 19 种物理化学特性。最好的 Best subsets regression 用于变量的选择,后来包含在判别式模型中。最好的变量是水溶性(刺激性低或无刺激性)、离散性参数(刺激物较高)、氢-连接参数(刺激物较高)、部分阳性电荷的总和(刺激物较低)和密度(刺激物较低)。基于所有 5 个参数的判别式模型其敏感性为 85%,特异性为 92%。

专家系统如 DEREK、HazardExpert 和 TOPKAT 已被 Cronin 等人综述(2003 年)。BgVV 数据库已被用于开发预测皮肤刺激/腐蚀的特定 SAR 模型。这些模型已被整合入 DSS。DSS 主要是一种基于规则的方法,规则的开发不仅基于亚结构分子特征,也基于物理化学特性,如分子量、水溶性和分配系数。规则已被开发并经过 1508 种化学物质的验证(其中 199 分类为危险物质)。DSS 设计用于 EU 风险阶段的预测,QSAR 不可能被它们自己取代,但对于优先决定和筛选是有价值的工具,建议进一步开发皮肤刺激的 QSAR 和(或)专家规则系统。

五、无可用的替代方法

目前已完成验证的体外方法仅能用于急性(单一应用)作用的研究。评价重复暴露后不利影响及测定这一影响的可逆性的模型/草案已在开发中,而测定炎性反应和刺激反应时间过程的模型/草案仍处于研究水平。这些方面的信息对于总体危险性评价是关键的,而目前仅有来自动物试验的资料,基于人类皮肤刺激的知识仍很有限。

六、前景展望和建议

替代体内皮肤刺激试验的体外重建人体皮肤模型试验方法已被欧盟认可,2010 年 3 月,OECD 正式将其列为试验指南,有望在年内发布为正式方法。到时,完全不用动物就可以进行皮肤刺激试验的动物试验替代方法就有了法规认可的方法。

目前已完成验证的体外方法仅能用于急性单次作用的研究,评价重复暴露后的刺激作用及测定这一影响的可逆性的模型已经在研发过程中。而且反映刺激作用的时间和炎性发生的过程的试验模型仍处于研究水平。这些方面的信息对于化学物的总体危险性评价是关键的,而目前仅有来自动物试验的资料,而基于人类皮肤刺激的知识仍很有限。

如今,体外皮肤模型的工业化生产已比较成熟(适用性、标准化和价格),它们可用于评估各种不同理化特性的化学物质的生物和毒理学效应,尤其是可以用于局部皮肤急性刺激性和腐蚀性的体外评估,可以完全替代 Draize 动物试验。同时,体外皮肤模型及试验方法仍有需要改进的地方,具体有以下几点:①化学品/化妆品局部施用后的皮肤耐受力和累积刺激性的测试和评估,要求模型具有更有效的屏障功能、更长的生命周期、甚至角质脱落的过程(以更接近于人体皮肤);②在测试皮肤敏感性方面,现有的含有免疫细胞、黑色素细胞或皮肤附属结构的模型还有待进-步开发和改进;③需要采用分子技术确定更好的人类皮肤刺激作用的终点和预测标志物(基因组学、蛋白组学等);④体外皮肤模型能否用于评估刺激性试验的可逆性问题;⑤基于体外或非动物方法建立的剂量-反应(危险性)评价模型和评估结论是否足够可靠;⑥随着技术进步,定期评估完全替代动物试验的整体试验策略、方法、测试指标和验证程序。

(程树军,José Cotovio,Roland Roguet,Alice Cai)

参 考 文 献

程树军,黄锦桃,李海标等. 体外构建的皮肤模型 Inspectskin Ⅰ修复裸鼠全层皮肤缺损. 中山大学学报(医学科学版),2009,30(2):132~135

程树军,黄锦桃,李海标. ES 细胞源表皮样干细胞与胶原海绵体外构建组织工程皮肤的研究. 中山大学学报(医学科学版),2006,27(1):4~7

程树军,黄锦桃,李海标. 胚胎干细胞源性表皮干细胞在腹腔微环境中分化潜能的初步研究. 中山大学学报. 医学版,2004,25(2):204~207

程树军,黄锦桃,李卉,李海标. 几种真皮支架的体内组织相容性比较. 中国比较医学杂志,2006,16(6):327~332

程树军,焦红. 皮肤毒性检验中替代模型的研究进展和应用评价. 毒理学杂志,2006,20(4):254~256

程树军,焦红. 体外构建新型化妆品检测用皮肤 Inspecskin

Ⅰ的初步研究．毒理学杂志，2008，22(6)：428～430

程树军，潘芳．体外皮肤刺激模型的生物标志研究进展．中国比较医学杂志，2010，20(3)：71～75

郑俊民．经皮给药新剂型．人民卫生出版社，2006

Allen RG, Tresini M. Oxidative stress and gene regulation. Free Radic. Biol. Med，2000，28 (3)：463～499

Barratt MD, Brantom PG, Fentem JH, et al. The ECVAM international validation study on in vitro tests for skin corrosivity. 1. Selection and distribution of test chemicals. Toxicol. Vitro，1998，12：471～482

Boelsma E, Gibbs S, Faller C, et al. Characterization and comparison of reconstructed skin models: morphological and immunohistochemical evaluation. Acta Derm. Venereol，2000，80：82～88

Cotovio J, Justine P, Duché D, et al. Catroux Phase I, Phase II and antioxydant enzyme activities in the human reconstructed epidermis EPISKIN：Comparison with human keratinocytes monolayers. ATLA，1998，27：82

Cotovio J, Grandidier MH, Lelievre D, et al. In Vitro acute skin irritancy of chemicals using the validated EPISKIN model in a tiered strategy. Results and performances with 184 cosmetics ingredients. AATEX，2007，14：351～358

Cotovio J, Grandidier MH, Portes P, et al. The in vitro skin irritation of chemicals: optimisation of the EPISKIN prediction model within the framework of the ECVAM validation process. Altern. Lab. Anim，2005，33 (4)：329～349

EU 2008 Council Regulation (EC) N°440/2008 of May 2008 laying down test methods pursuant to Regulation (EC) N°1907/2006 of the European Parliament and of the Council on Registration, Evaluation, Authorisation and restriction of Chemicals (REACH) Official J. Eur. Union，2008，L142：1～739

Faller C, Bracher M, Dami N, Roguet R. Predictive ability of reconstructed human epidermis equivalents for the assessment of skin irritation of cosmetics. Toxicology In Vitro，2002，16：557～572

Fentem JH, Archer GEB, Balls M, et al. The ECVAM international validation study on in vitro tests for skin corrosivity. 2. Results and evaluation by the Management Team. Toxicology in Vitro，1998，12：483～524

Fentem JH, Briggs D, Chesn C, et al. A prevalidation study on in vitro tests for acute skin irritation: results and evaluation by the Management Team. Toxicology in Vitro，2001，15：57～93

Gerner I, Spielmann H, Hoefer T, et al. Regulatory use of (Q) SARs in toxicological hazard assessment strategies. SAR QSAR Environ. Res，2004，15：359～366

Ghalbzouri A, Lamme A, Ponec M. Crucial role of fibroblasts in regulatin epidermal morphogenesis. Cell Tissue Res，2002，310：189～199

Heylings JR, Diot S, Esdaile DJ, et al. A prevalidation study on the in vitro skin irritation function test (SIFT) for prediction of acute skin irritation in vivo: results and evaluation of ECVAM Phase Ⅲ. Toxicology in Vitro，2003，17：123～138

Hoffmann J, Heisler E, Karpinski S, et al. Epidermal-skin-test 1000 (EST-1000) - A new reconstructed epidermis for in vitro skin corrosivity testing. Toxicology in Vitro，2005，19：925～929

Liebsch M, Traue D, Barrabas Ch, et al. The ECVAM prevalidation study on the use of EpiDerm for skin corrosivity testing. ATLA，2000，28：371～401

Lotte C, Patouillet C, Zanini M, Messager A, et al. Permeation and skin absorption: reproducibility of various industrial reconstructed human skin models Skin Pharmacology and Applied Skin Physiology，2002，15：18～30

Macfarlane M, Jones P, Goebel C, et al. A tiered approach to the use of alternatives to animal testing for the safety assessment of cosmetics: Skin irritation Regulatory Toxicology and pharmacology，2009，54：188～196

OCDE TG 404，2002 Guideline for testing of chemicals, N° 404: Acute Dermal Irritation, Corrosion. Revised Test Guideline as adopted 24 April, plus Annexes，2002，7pp

OECD. Guidelines for the Testing of Chemicals，No. 431: In Vitro Skin Corrosion: Human SkinModel Test. Paris: OECD，2004，8p

Perkins MA, Osborne R, Johnson GR. Development of an in vitro method for skin corrosion testing. Fund. Appl. Toxicol，1996，31：9～18

Ponec M, Kempenaar J. The use of human skin recombi-nants as an in vitro model for testing the irritation potential of cutaneous irritants, Skin Pharmacol，1995，8：49～59

Portes P, Grandidier MH, Cohen C, Roguet R. Refinement of the Episkin protocol for the assessment of acute skin irritation of chemicals: follow-up to the ECVAM prevalidation study. Toxicology in Vitro，2002，16：765～770

Robinson MK, McFadden JP, Basketter DA. Validity and ethics of the human 4 h patch test as an alternative method to assess skin irritation potential. Contact Dermatitis,

2001, 45: 1～12

Roguet R, Schaefer H. Overview of in Vitro Cell Culture Technologies and Pharmaco-toxicological Applications. Toxicology in Vitro, 1997, 11: 591～599

Roguet R, Tessoneaud E, Gagne C, et al. Use of standardized reconstructed epidermis kit to assess in vitro the tolerance and efficacy of cosmetics. Int. Journal of Cosmetic Science, 2000, 22: 409～421

Spielmann H. The ECVAM International validation study on In Vitro tests for acute skin irritation: report on the validity of the EPISKIN and EpiDerm assays and the Skin Integrity Function test. ATLA, 2007, 35: 559～601

Tornier C, Rosdy M, Maibach HI. In vitro skin irritation testing on reconstructed human epidermis: Reproduicibility for 50 chemicals tested with two protocols Toxicology In Vitro, 2006, 20: 401～416

Van de Sandt J, Roguet R, Cohen C, et al. The use of human keratinocytes and human skin models for predicting skin irritation. ATLA, 1999, 27: 723～743

Welss T, Basketter DA, Schröder KR. In vitro skin irritation: facts and future. State of the art review of mechanisms and models. Toxicology in Vitro, 2004, 18. 231～243

Zuang V, Alonso MA, Botham PA, et al. Skin Irritation and Corrosion. ATLA, 2005, 33: Suppl. 1, 35～46

Zuang V, Balls M, Botham P, et al. Follow-up to the ECVAM revalidation study on in vitro tests for acute skin irritation. ECVAM Skin Irritation Task Force Report 2. ATLA, 2002, 30: 109～129

第 10 章　皮肤吸收和渗透试验及替代方法

Chapter 10　Skin Absorption/Penetration Test and Alternative Methods

第 1 节　概　　述

皮肤是机体和外界之间的天然屏障，可防止外界有害物质的入侵，皮肤也是药物经皮吸收的主要途径。20 世纪以前，皮肤一直被认为是外来物质不可逾越的屏障，随着时间的推移，人们逐渐意识到外来物质是可以穿透皮肤的，尽管这个过程通常很慢。在过去的 50 年里，体内经皮吸收试验技术逐渐成熟，体外试验技术也取得了进展。

不同的官方文献中对皮肤吸收的定义稍有差异，世界卫生组织(WHO)2005 年给出定义为：经皮/皮肤吸收(percutaneous/dermal absorption)是指化合物穿透皮肤的过程，这一过程可分为 3 步：渗入(penetration)是指化合物进入皮肤特定层或结构，如进入角质层；透过(permeation)指化合物通过第一层向另外一层的渗透，这一层的结构和功能均不同于第一层；再吸收(reabsorption)指化合物吸收进入血管系统(淋巴或血管)，进而到达全身。

研究外来化学物质经皮吸收作用有助于科学地应用外用药物和防止毒性物质对皮肤的侵害。对于化妆品成分的皮肤吸收研究，目的是为了获得在正常使用情况下化妆品成分可能进入人体系统的定性和(或)定量的信息。经皮肤吸收的试验数据可作为参考，用于重复剂量毒性研究计算 NOAEL 的值。

一、皮肤吸收和渗透作用

(一) 皮肤吸收的过程

化合物接触完整皮肤后，通过皮肤吸收进入体内有 3 种途径：①细胞间途径(intercellular route)：经由皮肤细胞间隙的渗透方式；②跨细胞途径(transcellular route)，穿过角质层的途径；③通过毛囊、汗腺管、皮脂腺等皮肤附属器途径，或称支路或旁路途径(transappendageal route)。图 10-1 为皮肤转运通道模式图(不包括通过皮肤附属器的途径)。

细胞间和细胞内的渗透途径：由于角质层相对不易渗透的特征，激光共聚集扫描显微镜和 X 线分析结果表明：物质的渗透途径主要是通过角质细胞间曲折的路径进行的。几种因子可影响物质通过角质层的扩散速率，如物质的理化特性(分子量、化学结构、亲脂性等)、物质的浓度、有无载体和化合物在角质层内的扩散能力。

通过皮肤附属物的渗透：皮肤附属器占总皮肤面积的不到 1%，通常通过这一途径的渗透非常少，但在渗透的早期阶段、大量极性物质存在的情况下，通过完整角质层的渗透出现困难时，通过附属物的渗透变得重要。

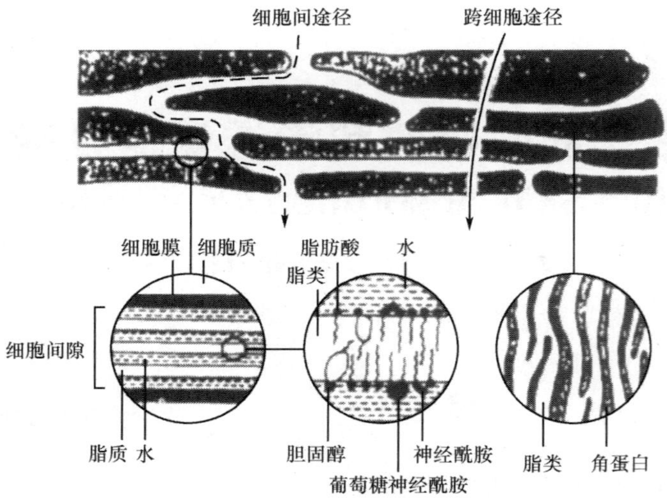

图 10-1 皮肤转运模式图(不包括通过皮肤附属器的渗透)

一般来讲,低分子量亲脂性的化合物透过皮肤的能力优于那些亲水性或高分子量物质。这是由于角质层具有低水分和高脂质含量的特点。然而,如果长时间接触水分而使皮肤变得含水分较高时,皮肤作为亲水性物质屏障功能的效力自然下降。通常实验动物皮肤的水合能力高于人皮肤,因而提高了皮肤表面物质的吸收速率。通过表皮的扩散速率不单受皮肤厚度的影响,而且根据解剖位置的不同而有差异。损伤或病态的皮肤屏障功能受损,外源物质可能直接进入循环系统。

外源化学物经皮吸收包括两个时相:①穿透相:外源化合物通过被动扩散透过角质层以及整个表皮层的过程;②吸收相:外源化合物通过表皮达到真皮层透过毛细血管壁吸收入血的过程。脂/水分配系数较高的外源化学物才易被皮肤吸收。

(二) 影响皮肤吸收的因素

影响外源化学物经皮吸收的因素,不仅取决于外源化学物的理化性质(溶解度、分子量和吸收性),而且与皮肤的接触条件密切相关,主要包括以下方面:

1. 种属差异 常用经皮吸收的实验动物包括小鼠、大鼠、兔、豚鼠、猪和猴等。化合物经皮吸收存在种属差异,主要与皮肤结构中的皮脂、角质层和毛囊的组成与结构等因素有关,小鼠、大鼠和兔缺少汗腺但毛囊比人类多,因此,考虑啮齿类动物经皮吸收作用时,毛囊路径很可能起重要作用。大的动物通常比小的动物拥有更多的与人类相似的结构和功能特性,不同物种间皮肤渗透性从大到小依次为:小鼠>大鼠>豚鼠>家兔>猴>猪>人。

2. 接触部位 同一个体不同部位皮肤对外源化学物吸收速度差异很大,这是因为不同的部位表皮层的厚度差异很大,如眼睑为 0.15mm、手掌为 0.8mm,身体各部位的吸收速度从阴囊、前额、腋窝、头皮、背部、腹部、手掌到足掌依次变小。

3. 年龄 大鼠的皮肤透过能力从胚胎末期开始,在出生后数日内迅速降低,以后变化不大。一般来说,新生儿皮肤渗透性比成人大。

4. 性别 女性皮肤渗透性比男性高。

5. 皮肤的完整性 损伤部位皮肤的渗透性明显高于完整部位皮肤。当最外层的角质层受到损伤时，经皮吸收量增加数百倍，电解质的吸收尤为显著。

6. 皮肤的温度、湿度及 pH　温度高、湿度大的情况下，化合物的皮肤渗透速度增加。pH 影响化学物的解离度，也影响经皮吸收。

7. 接触面积和时间　接触面积大，时间长，经皮吸收毒物多。影响经皮吸收的因素见表 10-1。

表 10-1　经皮吸收的影响因素

载体释放	给药面积的影响
载体中溶解度不同	给药频率的影响
浓度不同	组织分布
pH 不同	排泄动力学
皮肤浸透动力学	皮肤的完整性
解剖位置的影响	挥发性
阻塞程度的影响	对清洗和摩擦耐力
皮肤内部情况的影响	与皮肤组分结合
动物年龄的影响	皮肤的代谢
给药浓度的影响	解剖途径

二、经皮肤吸收和渗透作用的法规要求

（一）化妆品

1. 化妆品组分

（1）对化妆品原料供应商提供资料的要求：按照欧洲化学危害物质的法律规定，化学品的皮肤吸收试验通常不是必需的（67/548/EEC）。然而化妆品公司会要求原料供应商提供皮肤吸收资料，特别是对于“活性物质”，如着色剂、防腐剂、紫外线过滤剂以及对使用浓度和使用部位有限制的物质。在这些情况下，欧盟化妆品法规 76/768/EEC 第 6 次修正要求，企业提交给 SCCNFP 的公众利益报告（public interest report，PIR）的安全附件中必须包括化妆品成分的皮肤吸收资料。

（2）对化妆品企业提供资料的要求：所有成分的皮肤吸收资料，特别是“活性物质”成分的皮肤吸收资料必须包含在 PIR 的安全附件中（6^{th}修正）。

2. 化妆品成品　除了相关配方（类似于市售产品）必须进行上述提到的成分试验外，通常终产品不要求提供皮肤吸收/渗透资料，但应该考虑到日常使用时可能出现的最坏情况，见“化妆品成分皮肤吸收体外评价基本标准”（SCCP/0970/06）。

3. 化妆品动物试验　欧盟化妆品法规的第 6 次和第 7 次修正提出了化妆品及其原料动物试验的禁令。关于物质皮肤吸收和经皮渗透特性的评价，基于伦理的要求和可能性的原则推荐使用体外试验方法。

（二）化学品

人们已经认识到日常在农业、化工、家居等生活中使用的大量有害物质的潜在毒性和危险性，对其经皮吸收的评价也越来越引起重视，美国 EPA 目前着手研究 80 种化合物经皮吸收的试验问题。化学品的经皮吸收是其风险评价的重要内容。

（三）药品

目前经皮肤吸收作用的试验方法包括体内和体外试验方法，其中许多方法已经被认定为管理机构和相关委员会的实验研究指导原则或方法，如 OECD 、美国 FDA 和美国药学科学家协会（American Association of Pharmaceutical Scientists，AAPS）制订的有关体外经皮吸收评价的方法，欧洲 ECVAM、欧洲化合物生态毒理学和毒理学中心（ECETOC）、COLIPA 制订的方法。

美国药品与食物管理局规定：在开发外用药时，体外皮肤渗透研究内容可用作文献资料，作为测定释放率和渗透率的参考，有助于保证外用药的生物利用度和对现有外用药进行改进。

三、皮肤吸收和渗透的体内试验方法

（一）胶带剥离实验

外源性受试物施于皮肤并渗透进入角质层后，在进一步扩散入表皮生发层前，由于其亲脂性和扩散系数影响，会储留在角质层一段时间。在这一段时间之前剥离角质层可测出受试物在角质层的吸收量。受试物作用30min后胶带剥离所得化合物量与4天后体内分析所得结果有很好的相关性。实验可用胶片、胶带或胶盘等剥离角质层表层，因最表层细胞连接疏松，第1次剥离的角质层最多。皮肤水合状态、皮肤角化脱屑程度、应用的胶带类型以及胶带的洁净度和作用时间长短都会影响剥离角质层的数量。剥离前后称重计算移走的角质层量，用有机溶剂提取剥离角质层中的待测化合物并用适当方法分析，可得出渗入角质层的受试物的浓度，部分受试物和剂型在角质层短时摄取量和经皮吸收总量之间具有线性关系。

胶带剥离实验可用于研究角质层结构及其更新动力学、体内评价抗生素效力、鉴定皮肤屏障中的内源性和外源性成分，尤其适用于化妆品、遮光剂、紫外线吸收剂等的研究。此外，还可用于制作角质层受损的皮肤模型、临床药物的研究。研究表明（剥离角质层的）破损皮肤吸收较完整皮肤和UVB致炎皮肤显著增加。

（二）红外光谱法

分光镜法可直接测定角质层中的化合物，提供化合物分子结构及活动特性的信息，包括逐步扫描傅立叶变换红外光声分光镜（photoacoustic spect roscopy）、衰减全反射傅立叶变换红外分光镜和紫外光声分光镜等几种。分光镜法一般不会造成皮肤创伤，缺点是仅限于吸收光谱适宜的化合物，而且光透入角质层的深度亦有限，约0.8～2.0μm，即大约角质层厚度的10％～20％。

（三）微渗析技术

微渗析技术可测定体内内源性和外源性小分子或亲水性化合物在真皮内的浓度，适用于研究皮肤代谢、经皮吸收、皮肤炎症。该方法不适用于蛋白结合度高的物质或亲脂性物质，其原因可能是由于现有的渗析液分析技术不够灵敏。

（四）吸疱实验

吸疱实验可用于药动学和药效学研究，在吸疱前、吸疱过程中或吸疱后系统或局部施用受试物，多次收集疱液进行分析。常用的方法有负压吸疱和化学吸疱两种。负压吸疱可用于人体和动物皮肤，真空负压（26.6kPa）下吸疱2～3h，形成表皮下水疱。正常情况下疱液约50～150μl，含有蛋白和脂质可作为细胞间液的代表，其中所含电解质的浓度与血清一致。缺点是由于皮肤厚度或真表皮连接处的结构差异使得吸疱所需时间差异较大。斑蝥素致疱仅能用于人体，斑蝥素接触皮肤后产生表皮内水疱，疱液为炎性渗出液，其清蛋白浓度超过负压吸疱液。与负压所致水疱相比，药物进入斑蝥素所致水疱较慢。可用细针注射器穿破疱顶收集疱液，此外还可于疱顶（表皮）和疱底（真皮）收集样本测定药物浓度。

（五）皮肤活检

在局部麻醉下切取皮肤组织，包括表皮、真皮甚至皮下组织，可直接获取所需组织，提供受试物在皮肤中分布的信息。缺点是对皮肤造成创伤，经口或局部外用受试物后活检，可显示人或动物皮肤内从表皮、真皮到皮下组织受试物形成的浓度梯度。共聚焦荧光显微镜可跟踪活检组织中荧光物质的渗透。

（六）放射活性的测定

外用放射标记的药物后检测排泄物（尿、粪便）中的放射活性可间接反映经皮吸收的情况。如 Mizojiri 等以^{14}C标记 4-苯甲酸研究其外用和皮下给药后大鼠的吸收、体内分布、代谢和排泄，以外用药后排泄物的放射活性与肠胃外（皮下、肌肉、静脉）给药后的排泄物放射活性之比反映经皮吸收的情况。

（七）皮瓣模型

皮瓣模型对技术含量要求较高，耗时长，且价格较贵。将人正常皮肤移植到无胸腺小鼠或免疫抑制的裸鼠身上构成系统，该系统可用于生物利用度测定和毒性实验研究。缺点是有时要用到免疫抑制剂（如环孢素）以减弱皮肤屏障功能。体外培养的人重建皮肤亦可用作皮瓣进行移植。此外尚有复杂的鼠-人三明治皮瓣，带有动静脉系统，外用药后可直接测得血管内的药物浓度，但技术更为复杂。

（八）药效学反应

通过局部用药后的药效学反应可间接评定药物的经皮肤吸收，但该方法仅能用于施药后产生可评估反应的药物。如糖皮质激素的血管收缩反应即皮肤苍白实验，主要用来评价其抗感染活性，观察皮肤苍白是否可用于比较不同剂型或浓度的激素的效力。血管舒张剂烟酸酯外用后的皮肤潮红以及麻醉剂如利多卡因等外用后局部皮肤的神经反应均属药效学反应，药物经皮吸收的情况若形成剂量-反应依赖关系，可为生物等效性测试提供参考。

（九）动物模型

猴、猪、兔、豚鼠、鼠、狗等都可用于经皮肤吸收动物实验，其中猴和猪更接近于人。使用动物皮肤模型进行药物经皮吸收研究的几点结论：①有高密度毛囊的动物皮肤对人类皮肤的代表性较差；②大鼠和家兔不能给出人类皮肤通透性的可靠评价；③猪和恒河猴的皮肤对几种化合物的吸收与人类很近似；④有毛皮肤的剔毛或脱毛可能会改变皮肤的屏障功能。

第 2 节　皮肤吸收和渗透试验的替代方法

体外方法用于评价化合物的经皮吸收被工业和学术界广泛采用，在药物、化学品、化妆品成分的皮肤毒性试验中，体外扩散池实验通常是评价化合物经皮通透性的最好的方法。

一、体外经皮肤吸收试验的原则

（一）体外实验与体内试验的优缺点

采用离体皮肤进行体外皮肤吸收研究的原理是基于这样一个事实，即表皮特别是角质层构成了皮肤抵抗外源物质渗透和吸收进入机体的主要体内屏障，因此，可用具有屏障功能的离体皮肤、去层皮肤或皮肤替代物进行体外实验。体外评价方法比体内测试具有优越性，表现在：① 受试样品可直接从皮肤表面下取得，简单易行，便于测定；② 体外实验直接测定药物透过皮肤的吸收速度，避免了尿排泄速度推算法可能带来的误差；③ 对于某些剧毒性物质只能用体外方法进行渗透性研究；④ 通过控制实验条件，可改变影响物质通透性的因素，也可模拟体内条件预测药物分子经过皮肤进入体内的动力学过程。

但是体外方法也有其不足之处，对于某些物质的评价，体外实验必须与体内实验相结合，主要表现在：①在体内情况下，微循环系统（血管和淋巴管）可将化合物从皮肤运送到全身（再吸收），而在体外研究中，微循环是不完善的，化合物的再吸收能力并不能被充分地研究；②在体内，真皮组织可能潴留渗入的化合物，从而使其不能进入体内，因此，利用体外模型的研究必须去除真皮部分（所谓分离的全层皮肤（split-thickness skin，STS）），或者在解释体外研究结果的时候必须考虑化合物在真皮和表皮内可能存在滞留；③表皮通过连续的增生、分化和角化过程不断更新，每天约有1层角化细胞从表皮脱落。局部应用受试物后，外来物质可在体外皮肤中特别是在角质层和毛囊皮脂腺单位中检测到；而在体内，外来物质可能通过脱屑或皮脂腺分泌而被排出，这些过程在体外皮肤中是不存在的，因此，外来物质在体外表皮中的水平可能高于相应的体内水平；④外来化学物经皮吸收的过程包括扩散和代谢两个过程，因此，体内和体外试验除了评价物理-化学过程外，还应包括酶的代谢作用。通常离体皮肤仅能代表皮肤中的表皮及真皮上部，不能反映在体皮肤的血管系统、酶系统等对化学物质的通透性及代谢的影响。

（二）体外皮肤吸收实验的设计原则

综合以上考虑，体外皮肤吸收研究的方案包括以下内容：

（1）应当用合适的标准化的皮肤进行研究，选择非标准化的皮肤应当说明其合理性。

（2）试验结束后，应进行总质量平衡。

（3）应考虑受试物在体内可能发生经皮肤代谢而需要进一步研究；而冰冻的皮肤可能缺乏受试物生物转化的酶系统，不能进行生物转化或潜在代谢产物的皮肤吸收研究。

（4）有时受试物可能会与表皮发生不可逆结合，随后经体内皮肤表面的脱屑作用排出体外，如推测存在这一机制，必须另外的试验加以证明。

二、体外经皮吸收方法的研发和验证

1999年，OECD经皮吸收指南发布之前，SCCNFP对当时发表的体外经皮吸收的重要科学文献进行了讨论，发布了化妆品成分体外经皮吸收评价的基本标准（SCCNFP/0167/99）。2000年，OECD公布了两项皮肤吸收的试验方案，即OECD草案指南427“皮肤吸收的体内方法”和OECD草案指南428“皮肤吸收的体外方法”。之后，结合OECD方法公布后获得的试验数据，皮肤吸收的体外方法逐渐被化妆品成分、植保产品、生物杀虫剂等法规/指令采纳为毒理学研究方法（98/8/EC，2000/6/EC，Sanco/222/2000）。2003年和2006年SCCNFP对文件SCCNFP/0167/99进行了两次更新（SCCNFP/0750/03，SCCNFP/0970/06）。2008年，体外皮肤试验法被欧洲试验方法指南列为400/2008/EC B.45。

三、皮肤吸收的研究模型

（一）离体皮肤模型

1. 离体人体皮肤 选择人体皮肤研究化合物的体外经皮吸收作用效果最好，缺点是获得人体皮肤组织比较困难，而且皮肤的性质受到许多可变因素的影响。

（1）个体差异：Southwell等研究了不同样本间和相同样本内的人体皮肤体内外的通透性变化，从一系列化合物通透性的实验结果得出结论：认为体外样本间的变化是66%±25%，而样本内的变化是43%±25%，统计学分布分析表明，体外人体皮肤的通透性呈对数正态分布而不是正态分布。

（2）年龄和性别：有关年龄和性别如何影响人体皮肤的通透性的报道混乱而且不确定，如有些研究表明体外人体皮肤的通透性与年龄、性别或储存条件没有明显的依赖性。通常认为老年人皮肤由于水合作用降低和类脂含量减少，从而导致亲水性化合物皮肤通透性明显降低（如苯甲酸），而对于疏水性化合物未发现此现象，但也有的化合物不符合这一假设（如睾酮、盐酸甲酯）。

(3) 种族：有报道认为，由于黑色人种的皮肤在角质层内有较多的细胞层和更高的类脂含量，因而黑色人种皮肤通透性稍小。另有一些研究认为皮肤对多数化合物的通透性没有种族差异。这些相互矛盾的实验结果表明在这一方面仍有待进一步研究。

(4) 解剖部位：皮肤解剖的部位不同造成皮肤通透性的差异，这种差异可以通过胶带粘贴技术测定，其与角质细胞的直径即与扩散路径长短有关。不考虑化合物通透模式在不同部位皮肤间的差异，通常情况下身体某些特定部位（头和生殖器）比其他部位（肢体）有更强的透过性。体外通透性研究中，实验用皮肤最好取自与实验目的相关的皮肤部位，如果难以实现，则应对取自不同供给者或不同部位的皮肤进行大量重复试验，以保证实验结果的可靠性。

2. 人工合成膜 人皮肤来源比较困难，且存在着通透性的个体差异，人工合成膜稳定性好，批间均匀度高，使用方便，具有较高的应用价值。合成纤维素薄膜已经有着比较广泛的应用。多孔薄膜的屏障性功能主要受分子大小、形状、静电作用等制约。相反，无孔薄膜对通透有一定的限速作用，因而更接近于生物组织中的扩散。通常纤维素膜的通透性比生物膜和无孔合成膜高，与扩散分子的性质关系不大，此类产品已经用于释放研究。Kazmi 曾用合成纤维素膜密封软膏瓶，以磷酸盐缓冲液为介质，测定硝酸异山梨酯在不同基质中的释放，并与家兔体内实验进行相关比较。

合成聚合物类薄膜的扩散很多方面类似于未搅拌液体中的扩散。硅橡胶薄膜为疏水性膜，通透性相对较高，制备简单易行，故广泛应用于药物传递的研究。硅橡胶分子链流动性好，易形成扩散通道，因而对许多药物，比热塑性树脂更容易透过。硅橡胶薄膜通透研究中最重要的参数是聚合物链的流动性及扩散分子在骨架中的溶解度。硅橡胶薄膜为惰性的脂溶性化合物，其无孔径特征提供了某些限速功能，是最适合用于扩散池系统实验的合成膜。

微孔滤膜对扩散不产生显著的屏障作用，所以在通透动力学的研究中用途不大。人工合成膜材料可以从生物材料中得到，如胶原、蛋壳膜等。这类材料主要含角蛋白，与角质层类似，很有开发前途。其他人工膜材料还包括硅橡胶、乙烯-醋酸乙烯共聚物、聚脲及其他稠环聚合物如水凝胶、微孔薄膜等。

3. 动物皮肤 由于人体组织来源有限，故更多的实验中常用动物模型来代替人体皮肤。实验动物包括小鼠、大鼠、兔、狗、猪、猴以及豚鼠等。

关于通透性的屏障作用，应重点考察的因素是皮脂、角质层和毛囊的差异。小实验动物小鼠、大鼠和兔缺少汗腺但毛囊比人类要多，在这些种属中化合物经皮吸收时毛囊路径很可能起到重要作用。

在不同物种间，常用哺乳类实验动物的角质层脂质在总的类型上没有明显差异，主要组成为神经酰胺、胆固醇（包括胆固醇脂）和游离脂肪酸酯，但在脂质数量上种属间有些不同。如果不同种属的皮肤通透性特性与体积大小和平均生理学存活时间有关，则皮肤通透顺序按以下顺序排列：小鼠＞大鼠＞豚鼠＞家兔＞猴＞狗＞山羊＞绵羊＞猪＞牛＞人。

啮齿类动物：皮肤来源方便，处理简便，价格便宜。无毛小鼠广泛地应用于透皮吸收研究。有人发现无毛小鼠与人体通透差异虽大，但在药物结构-扩散性关系的预实验筛选中很有意义。大鼠也是比较常用的实验动物。大鼠离体皮肤的通透性通常比人皮或猪皮高，对于一些化合物，大鼠皮肤也可以作为良好的模型。豚鼠在透皮吸收研究中的应用相对较少。组织学研究表明，豚鼠皮肤结构与人相近；但实验表明，甾体类及氚代水在豚鼠全皮中的通透性比人皮大。豚鼠在通透性筛选及促渗作用仍有待进一步证明和开发。

兔：多数研究表明，实验动物中家兔的通透性最大，因此很难作为透皮吸收预测模型。而正是由于吸收快的性质，家兔可以用来指示皮肤毒性。

猪：小型猪(minipig)是皮肤毒理学研究的良好动物模型。有学者报道了 10 种化合物的猪皮体外通透数据，与文献报道的人体体内数据具有显著的统计学相关性。用分离猪皮代替全皮试验，体内与体外结果具有更好的一致性。小型猪皮肤的屏障结构接近人皮，角质层厚度、毛发直径均为人的 2 倍，但其毛囊密度小，与人近似。

蛇蜕：不属于哺乳动物的皮肤，但国外一些化合物的通透性试验表明，蛇蜕的通透速度与人角质层接近。蛇蜕表皮为一个大的完整薄层，能够制备多个样品，单个动物便可提供多次蜕皮，从而消除个体差异；皮肤采集对动物不造成伤害；蛇蜕不是活体组织，可在室温保存，且与新鲜制备的蛇蜕不存在通透性差异；蛇蜕缺乏毛囊，可以避免经毛囊路径的通透。

（二）重建人体皮肤模型

见第 9 章。

四、皮肤吸收的扩散池法

评价体外皮肤通透性的最常用的试验方法是扩散池(diffusion cells)。

（一）实验原理

离体皮肤固定于供给池和扩散池之间，将测试样品置于完整的皮片表面，扩散池可设计为静态池，也可为流通池(flow-through)。测试样品停留在皮肤接受面(donor side)保持接触一定时间，维持停留或者移除/冲洗受试物的时间视试验目的而定。试验结束后或在试验过程中的不同时间点提取接受液，采用适当的方法分析皮肤和/或液体样品，如闪烁计数(scintillation counting)、高效液相色谱(HPLC)和气相色谱(GC)。

（二）实验方法

切割下的皮肤样本固定于扩散池，受试物施于角质层面，皮肤底面与接受池(receptor side/ cell) 中液体接触，定时提取接受液进行分析，测定渗透率。常用的是 Franz 单室扩散池，全层皮肤或切层皮肤均可采用。化学物的被动扩散受温度影响，因此，扩散池和皮肤温度应维持在接近正常皮肤温度的范围内(32℃±1℃)，相对湿度在 30%～70%。

（三）扩散池的设计

扩散池由供给池和接受池组成，二者之间用皮肤隔开，角质层朝向供给池。制备扩散池的材料必须是惰性和非吸收性，如玻璃、聚四氟乙烯和不锈钢。在试验的不同时间点测定受试物从供给池扩散进入接受池一侧的量。接受池(有时是供给池)的介质应与受试物充分的混合，易于取样。接受池介质要持续搅拌，从接受池的整体溶液中取样而不是从接受池侧壁局部取样，取样后要准确补充介质。设计合理的扩散池应满足以下条件：①材料为惰性；②牢固易于处理；③接受池介质与受试物可以充分混合；④可以使用不同厚度的膜；⑤膜与接受液间完全接触；⑥恒温；⑦体积和扩散面积精确；⑧可以保持膜的完整性；⑨易于取样和补充介质。扩散池的类型很多，如水平式、立式和流通式。

1. 水平式（两室扩散池）　最普遍的设计是使用两个固定容积的半池，池内充满液体介质，动物皮片夹在两半池中间，膜的一侧加入被测化学物质，定时从另一池取样并补充同体积介质，以累积透过量对时间作图，进行通透参数的计算。水平扩散池通常用于研究溶液中的物质（药物）通过膜的扩散性，经过改良后也可用于研究气态受试物（农药、挥发性物质）的通透性。图 10-2A 为水平扩散池，其容积较小，仅有 1.5ml 左右，两半池中心内径为 1.0cm，各有两个开口，长的为供给池，短的为取样口。

2. 立式（限量）扩散池　又称 Franz 扩散池。较好地模拟了在体条件，适用于成品如化妆品、贴剂、软膏的体外通透性研究，如图 10-2B 所示。

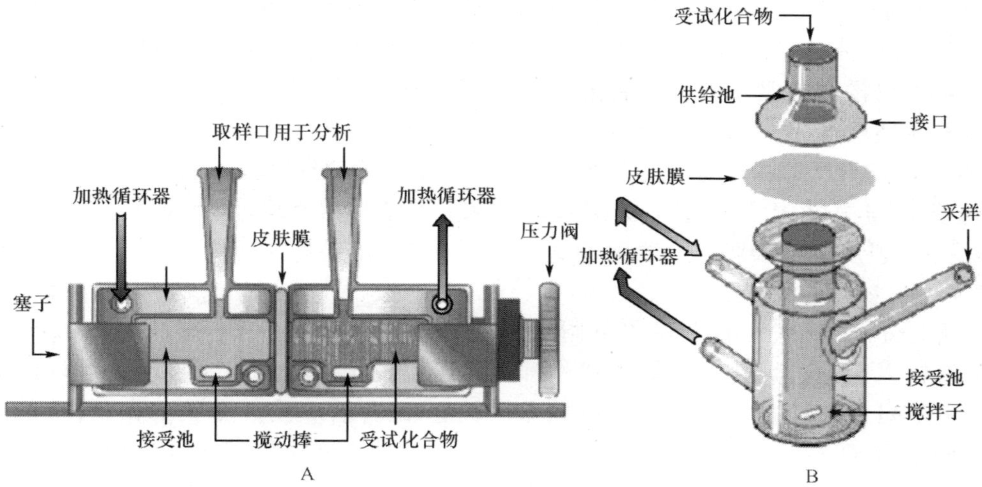

图 10-2　水平和立式扩散池

3. 流通池　此类池的结构特点是用一个标准储液半池作为供给室，接受池充分搅拌，定时更换全部接受液或连续大量冲洗使浓度保持为零，从而确保漏槽条件，其优点是较好地模拟了毛细血管的作用，可以获得更好的经皮吸收机制的评价。

（四）接受液

接受液（receptor Fluid）的成分不能对测试物的渗透程度造成限制，应保证所研究的物质理论上的总溶解性。接受液不能影响皮肤的完整性或改变皮肤的渗透性。推荐盐或缓冲盐溶液作为亲水化合物的介质，最常用的是 pH 7.4 的 PBS。对于亲脂性的分子或水溶解度低于 10μg/ml 的化合物，添加血清清蛋白或其他溶剂可能是合适的，如非离子表面活性剂，但应保证膜的完整性不受影响。OECD TG428 推荐的介质是 Volpo N20（一种非离子表面活性剂，即 PEG20-油醇醚），它不会干扰大鼠皮肤对亲水性化合物的屏障作用，但 Volpo N20 是许多成分组成的混合物，其缺点是可能对样品分析产生干扰。

有人用硅胶片收集低水溶性的杀虫剂，然后用一个合适的溶剂从橡胶上解吸附后进行分析。也可用流动的气体作为挥发性受试物的接受相。接收池特别是真空处理的静态接受池应不停地搅拌，保证接受液中受试物的浓度不能超过其饱和溶解度的 10%，接受液浓度过高导致反渗透和吸收速率降低，进而导致过低估计其真实的经皮渗透量。

（五）皮片的制备

用正常皮肤制备皮片，修成合适大小，可以是全层皮、切层厚皮（split-thickness skin，STS），也可以是表皮。这些皮片的厚度通常不超过 1mm。新制备的皮肤最好在 24h 内使用。

皮肤在体外与体内的环境存在很大不同，在体内，穿透真皮的血管由于血液的连续灌注能迅速将到达表皮-真皮结合处的药物转移走；而在体外皮肤模型中，即使存在这样的血管也没有血液灌注。在体外真皮周围的水性环境能阻止亲脂性化合物的通透；而在体内这种屏障由于毛细血管网的存在而避免。与真皮相比，选择切层厚皮（1mm 厚）或表皮进行亲脂化合物的通透实验更为合适。

皮肤的分离：皮肤含有大量皮下脂肪，而且厚度较大，因此，可在不破坏屏障性质的基础上尽可能减小皮肤的厚度。皮肤分离方法可分为：①热分离：将皮肤浸于 60℃水中 45s，或在预先加的金属板中间直接分离，可以移取表皮，并可进一步处理得到角质层；②酶分离：胰蛋白酶、木瓜蛋白酶、无花果蛋白酶和弹性蛋白酶均可以用于皮肤的分离，其中胰蛋白酶比较常用，可以降解表皮的活细胞得到角质层。具体步骤是将表皮浸于 37℃胰蛋白酶溶液（0.0001%胰蛋白酶及 0.5%碳酸钠溶液）中处理 24h 即可；③化学方法：一些化学试剂，如氢氧化钠、甲酸、溴化钠、乙二酸四乙酸等处理皮肤可使之分离。

切层皮肤的制备：去除大部分脂肪，真皮层向下将皮肤放入一个金属盘中使之贴附在金属上，在角质层上覆盖一层薄塑料以保护角质层，再将另一个金属盘放在上面，用夹子夹住两个盘，冷却至－20℃直到完全冷冻，取出后上层金属盘稍加热使其易从角质层上移走，取出塑料层，用植皮刀切割所需厚度的皮肤带（通常为 200～600μm）。制备皮肤切层时要尽量小心，以减少对毛囊的损害，否则会造成物质的高通透现象。

表皮层制备：表皮层与真皮层的分离比较简单。去除皮下脂肪组织，将全皮浸入 60℃水中 45s。从水中取出，真皮层向下将皮肤固定于解剖板上，表皮层即可用金属弯镊轻轻剥去。然后将表皮层漂浮于温水中，在支持膜上固定，制备好的表皮层可剪成合适大小用于扩散池的安装。此外，还可用微波技术或酶消化法分离表皮层与真皮层。

角质层制备：常采用发疱法，在角质层与表皮之间控制给予 0.2%斑蝥素，发疱部位分离之后即可使用。有时也可用氢氧化铵代替斑蝥素发疱，但有可能会造成表皮和真皮结构的破坏。

（六）皮肤膜的完整性

皮肤屏障功能的完整性是体外试验的关键，试验前应检查皮肤的完整性，可以通过测定一个已知通透速度的标志性化合物进行，如氚标记的水、咖啡因或蔗糖，测定结果比历史“正常值”高则表明皮膜可能受到损伤。很多文献报道将水的通透系数作为评价皮膜屏障功能的指标。屏障功能的完整性也可用跨表皮水分丢失（TEWL）或跨电阻等物理方法测定。研究表明，如果将人的表皮层用一个合适的非限速膜（Millipore GSWP 过滤器）支撑，可在 5 天内保持完整，电阻值变化维持在 35～42 $k\Omega/cm^2$ 之间，渗透系数＜0.8×10^8 cm/s。没有滤膜支持的皮肤其完整性会破坏，电阻值下降而通透系数升高。

（七）受试物

1. 给药方式　受试物应用于皮肤表面可有两种方式：一种是无限剂量技术，即在实验过程中提供足够量的受试物，通常在计算通透系数或需评价通透促进剂的效果时使用这种技术；另一种是有限剂量技术，即模拟在人体的使用情况，包括在一个实验中可以耗尽的剂量或模拟清洗过程，作用一段时间后清洗除去受试物。

2. 剂量 根据试验目的的不同，受试物可为溶液，也可为产品，应使皮肤与受试物保持良好的接触以模拟预期使用情况。对于固体受试物，可以用水湿润，某些情况下也可以选用人工汗液。对于化妆品检测，受试物的剂量应尽量与产品的预期使用量相近或略高，以获得极端使用情况下（如评价可以预见的误用）的数据。受试物在试验条件下的稳定性应已知。

受试物剂量与皮肤通透性的关系还存在争议，FDA/AAPS指导原则推荐，一般药物制剂的用量约为5mg/cm^2。欧洲香水化妆品协会（COLIPA）建议液体制剂为5μl/cm^2，半固体制剂为2mg/cm^2（如与液体制剂比较时使用5mg/cm^2）。OECD试验指南建议固体制剂为1～5mg/cm^2，液体制剂可达到10μl cm^2。通透性实验中应用放射性标记技术可以极大简化样品分析过程。欧洲COLIPA协会介绍了放射性标记物的选择和使用的指导原则。放射性标记物与未标记物的均匀混合是很重要的前提，因为在一个复杂的包含不连续相的制剂中，通过简单的混合方式可能得达不到微观水平上的均匀分布效果，而且用于溶解标记物的溶剂可能还会改变剂型的性质。此外，使用放射性标记物最大的问题是缺少特异性，在实验中必须保证受试物分子的完整性，以保证放射性的计数只与目标分子的通透性有关，而与杂质、降解、代谢等作用无关。

3. 作用时间 扩散池实验一般采用的持续时间为24h，对于皮肤渗透缓慢的物质可适当延长时间，有人认为实验时间为48h比较合适。时间过短，难于从无限剂量建立稳态流量，将导致对数据的错误解释。ECVAM建议在这种情况下可以将实验延长到72h（需加入抗生素）。

4. 取样间隔 对于未知其通透性的化合物，取样间隔以2h为宜。实验初期的取样（1～4h）对于识别皮肤膜是否渗漏具有重要意义。试验结束后，应测定冲洗液、皮肤膜内和扩散池清洗液中剩余的未渗透的受试物的量，受试物总的回收率至少应在（100±15）%范围内。如果回收率比较低，应分析原因，可能包括蛋白结合、渗入池壁或管壁、挥发或反应损失。

5. 实验重复次数 考虑到皮肤样品间的个体差异，每一剂量方案均应适当地重复，通常最小应重复6次。实验动物皮肤的通透性比人体皮肤更均一，可减少重复次数。

受试物的相关毒理学和理化资料（刺激性、pH、分子量、纯度、溶解性、稳定性和辛醇-水分配系数）、分析方法及其检测限应已知。

（八）结果分析

接受池皮肤冲洗液必须进行分析，如果可能的话，全皮、皮肤各层和皮肤表面的受试物量也应分析。采用的定量分析方法有闪烁计数、高效液相色谱（HPLC）和气相色谱（GC）；定性或半定量的方法（如放射自显影术）对于受试物在皮肤内的分析也是有用的。试验可计算得出滞后时间和吸收/渗透率，但渗透常数只能通过无限剂量试验求得。

经皮肤吸收试验中通常会得到以下几个实验数据，反映了皮肤吸收的过程。角质层吸收量表示皮肤扩散试验停止后（暴露时间可能很短）角质层中储留的受试物的量，这一数值不能认为是系统吸收量。真皮吸收量表示皮肤扩散试验停止后表皮（角质层除外）和真皮中发现的受试物的量，这一数值可认为是系统吸收量。经皮渗透量表示皮肤扩散试验停止后接受池中检测到的受试物的量，这一数值可认为是系统吸收量。

（九）应用

2004年，OECD428发布，采用离体皮肤方法进行皮肤吸收试验。其局限性在于很少能获得有关代谢、分布和血流对通透性影响的信息。

五、经皮吸收的离体实验模型

（一）全皮代替物培养(full-thickness skin substitutes)

Kao等报道了哺乳动物全皮的培养模型。新鲜的离体皮肤块贴于无菌滤纸上，表皮向上，然后置于一个器官培养皿中。培养介质中含有小牛血清，故皮肤可以保持在介质上。经葡萄糖利用实验测定，成活时间可保持在24h以上。皮肤给药之后，产生的代谢产物可以在培养介质中及皮肤自身中分析。运用这种方法，可以研究发生在活性皮肤中的代谢程度及特征，并能同其他组织或血液参与的代谢区分开，而且这种技术实验费用较低。

（二）粉末化人角质层(powdered human stratum corneum，PHSC)

粉末化人体角质层(PHSC)是指来源于人脚胼胝，加干冰研磨而得到的角质层粉末。可以用细筛(40～80目)过筛而获得粒子均匀的粉末。胼胝是由角质层细胞衍生而来，因此，在一定程度上保留或代表了角质层细胞的一些物理、化学性质。PHSC可以作为药物和化学物质经皮肤吸收及与皮肤结合能力的研究模型。PHSC还可以用于外用制剂处方的优化，以提高角质层中药物浓度和药物的经皮吸收。此外，病态皮肤的PHSC还可以用来作为病态皮肤模型。PHSC还用于人体皮肤清洁剂去污能力的测定，特别是对于除去人体皮肤中的某些有毒物质的能力的测定。

六、灌注动物组织模型

此类模型包括隔离灌注的猪皮瓣、牛乳房、兔耳、猪耳等。离体皮瓣灌流等模型可用于局部药物生物利用度、经皮吸收等的研究，但存在皮肤分离过程中的形态改变。

（一）离体灌注猪皮瓣(isolated perfused porcine skin flap)

这种方法可以作为动物模型的替代物，用以研究皮肤毒理学、药物代谢及经皮吸收。这一模型借助手术在猪体中产生皮瓣，一般需要2～6天。皮瓣形成后，将其移置到一个单独的器官灌注仪器上，灌注液中含有用氧处理的缓冲液，包括葡萄糖和抗生素。经葡萄糖利用试验和显微镜观察，皮瓣的成活时间可保持10～16h。这种系统的优点在于保持了角质层的物理通透屏障作用和表皮的活性代谢屏障作用，下层血管组织的灌注可模拟正常的血液流动。这一系统允许在一正常、隔离、受控制的组织中测定经皮吸收和代谢。

（二）单向灌注兔耳(single-pass perfused rabbit ear)

离体灌注兔耳是由Behrendt和Kampffmeger1989年建立的，切取下耳朵后，将肉眼可见的主要动脉插管用缓冲液灌注，肉眼能见到流出物的边缘静脉也被插管，并将耳朵移入灌注仪器中。应用这种技术，有人研究了皮肤给药后水杨酸甲酯的酯分解及4-硝基茴香醚与4-硝基苯酚的结合反应与羟化反应。结果表明酯分解是皮肤中主要代谢反应，其次是结合与羟化反应。缺点是这种模型实验费用昂贵。

七、数学模型

膜通透性(membrane permeability)是膜(主要为生物膜)的一种基本性质,反映了分子、离子可以通过膜的能力。膜通透性可以用每种物质在每秒内通过每平方厘米膜的物质的量即跨膜通量(mol/(s · cm^2))来表示。化合物质跨膜通量的大小,除了取决于它们在膜两侧的浓度差外,还受这些化合物的脂溶性、温度等其他因素的影响。化学物从吸收部位转运到作用部位的过程中需通过多个相膜,很难对各个阶段的机制做微观的描述。Abraham采用线性自由能相关分析法得出化学物的生物活性与化学物分配系数 P 的关系式

$$\log(1/C)=a(\log P)^2+b(\log P)+q\sigma+\delta E+\text{常数}$$

式中 σ 为电性参数;E 为立体参数;a、b、q、δ 为各因数的系数,其正、负值取决于化学物的类型和作用方式;C 为化学物产生效应的浓度,C 值越小、活性越大,故用 $\log 1/C$ 表示化学物的生物活性,它与 $\log P$ 有一个最佳适宜值,此时的活性最大。化学物的亲脂性或疏水性对于控制其在生物体内的吸收和分布早已被认识。因细胞膜具有双脂质层结构,故对化合物的吸收随分配系数增大而增大。化合物在辛醇-水体系中的分配系数 P 是模拟生物体内化合物亲脂性或疏水性的物理参数,常用 $P=C_0/C_W$ 或 $\log P$ 值表示。其中 C_0、C_W 分别代表化合物在辛醇相和水相中“物质的量”浓度。用化合物在辛醇-水体系的分配系数和在磷脂质膜-水体系的分配系数之差 $\Delta\log P$ 来描述化合物在辛醇相和磷脂膜间的分配平衡,并用它来描述化合物在人体内脂肪组织和非脂肪组织间的竞争分配;$\Delta\log P$ 值大,意味在脂组织的储存量多。化合物在脂肪组织、器官、肌肉等不同部位的分配对化合物在生物体内的动力学过程有很大的影响,因此,了解和控制化合物分配的分子特征能更合理地控制化学物在生物体的动力学过程。

QSAR 模型可对化合物透皮吸收渗透性进行定量预测,在一定的条件下可对化合物能否吸收进行定性预测。化合物符合以下条件中任意 2 点表明其有较差的吸收特性:①相对分子质量>500;②$\log P>5.0$;③氢键供体>5;④氢键受体>10。

数学模型可模拟药物从基质中的释出、渗透入皮肤以及系统分布和代谢。结构-活性定量关系推算法可从化合物的结构预测其经皮吸收的情况,对新型化合物的合成或毒性研究以及环境危险因素评估均具有指导意义。

定量构-效关系(QSAR)模型是试图将化合物的经皮穿透性与其结构或物理化学参数用统计学的方法联系起来。在 Flynn 发布 94 种化合物经皮通透性数据之前,这些研究中的大多数是以对同系物或母体结构相近的系列化合物的分析为基础的,许多研究还揭示出药物的经皮通透性与亲脂性呈线性关系,但是不能区别分子大小引起的疏水性对脂溶性大分子穿透性的影响。

Flynn 提出了基于化合物的辛醇-水分配系数和分子量的一种简单的预测皮肤通透性的计算方法(表 10-2)。Potts 和 Guy 基于溶解-扩散模型并结合自由体积理论,对 Flynn 的数据进行分析提出了下列方程

表 10-2　根据 Flynn 所得到的数据计算通透系数(P)

$\log K_{oct/w}$	低分子量化合物(MW<150)	高分子量化合物(MW>150)
$\log K_{oct/w}<0.5$	$\log P=-3$	$\log P=-5$
$0.5\leqslant\log K_{oct/w}\leqslant 3.0$	$\log P=\log K_{oct/w}-3.5$	
$0.5\leqslant\log K_{oct/w}\leqslant 3.5$		$\log P=\log p_{oct/w}-5.5$

续表

$\log K_{oct/w}$	低分子量化合物(MW<150)	高分子量化合物(MW>150)
$\log K_{oct/w}>3.0$	$\log P=-0.5$	
$\log K_{oct/w}>3.5$		$\log P=-5.5$

$$\text{Log } P=-6.3+0.71\log K_{oct/w}-0.0061\text{MW}$$
$$(r^2=0.67, n=93)$$

公式中 $\log P$ 为人体皮肤通透系数的对数，$\log K_{oct/w}$ 为辛醇-水分配系数的对数，MW 为分子量。

Tayar 等在验证皮肤通透性各种数据时，发现皮肤通透性与表示溶质氢键供体酸性的主要量度参数 $\Delta\log K_{oct\text{-}hep}$（$\log K_{oct/水}-\log K_{hep/水}$）呈负相关。相关的解释是，在角质层油脂相中氢键受体基团（酯键、磷酸脂基团等）较多，质子型化合物可能在低极性介质中易于与脂质形成相对稳定的氢键，延缓它们扩散。另外，还认为分子大小在皮肤通透性预测中并不重要，$\Delta\log K_{oct\text{-}hep}$ 不只是溶质氢键活性的量度，还反映亲脂性、碱性、极性以及酸性等复合参数。

有一些文献报道，在更严格的物理化学模型中可应用线性溶剂化能方程（linear salvation energy equation）。Abraham 等用 47 种化合物的皮肤通透系数得到以下方程

$$\log P=-5.242+0.43R_2-0.410\pi_{2H}-1.631\sum\alpha_{2H}-3.286\sum\beta_{2H}+2.012V_x$$
$$(n=47, r^2=0.9567, s=0.197, F=181)$$

公式中 R_2 为剩余摩尔折光（excess molar refraction），π_{2H} 为偶极-极化率。$\sum\alpha_{2H}$ 和 $\sum\beta_{2H}$ 分别为全部或有效氢键酸性和碱性，V_x 为 McGowan 特征体积。尽管与化合物性质有关的这些系数的绝对值在研究中是变化的，但这些模型能够显示化合物的结构特征对通透性的影响。如果化合物是双极性或氢键酸时，则 $\log P$ 轻微降低；如果是氢键碱时，则 $\log P$ 大幅度降低；分子大小增大，$\log P$ 增大。表示分子大小的参数是正系数反映疏水性与此参数的相关性。另一方面，如果分子大小与皮肤扩散性呈负相关，可认为分配的影响比扩散的影响更重要。

第 3 节 替代方法前景预测

一、目前可用的替代方法详细清单

（一）检测皮肤吸收/渗透的替代方法

（1）OECD：皮肤吸收——体内方法，TG 427，2002 年 5 月采纳（仅大鼠方案）。

（2）OECD：皮肤吸收——体外方法，TG 428，2002 年 5 月采纳（流通池或静态扩散池，分离猪或人皮）。

（3）OECD：皮肤吸收研究的指导文件，No. 28，2002 年 5 月采纳。

（4）COLIPA：化妆品原料——经皮吸收/渗透指南，1995。

（5）欧盟指令：新通报物质危险性评价的指令 93/67/EEC，现有物质危险性评价的指令 98/8/EC、生物产品上市的指南 EUR 20418 EN/1（2003）。

（6）美国 EPA：关于某种关系职业安全和健康管理的化学品的体外皮肤吸收试验，联邦记事（Federal Register），1999，64，NO 110。

SCCNFP/0167/99：体外评价化妆品成分经皮肤吸收基本标准。

（二）目前可用的人类试验和资料

人类志愿者的皮肤吸收研究能进行低毒性化妆品原料和成品的检验，但通常缺少可用的人类资料。按照 OECD 指南 428，体外试验更适宜用离体的猪皮或人体皮肤进行。只有这些资料是可接受的，体外啮齿类皮肤吸收资

料被认为不合适，小型猪皮肤是个不错的选择，目前需要做的是积累皮肤吸收的比较生物学资料和化学物检测资料。

二、未验证的替代方法

目前还没有标准化的重复局部给药的体外方案，尽管有些试验设计了限定时间(24～48h)内的重复给药方案，也没有皮肤吸收/渗透与代谢相结合的体外试验方法。

三、替代方法前景预测

多种动物的离体皮肤比较容易得到(猪皮通常为首选)，因此，能够制备试验所需的合适的皮膜，使试验的质量控制和重复得以保证。人体皮肤也可以用于试验，但从外科手术和尸体来源的数量毕竟有限。

对于体外吸收/渗透的研究中采用器官型皮肤模型需要进一步研究以体现其应用前景。皮肤活性能力对于渗透试验并不是必备条件，因为渗透过程主要是被动扩散，而主动运输并不明显。

离体皮肤在合适的冷冻储存条件下，皮肤的屏障特性通常能保持数月之久，角质层是影响皮肤扩散的主要屏障，因此，在试验前必须对角质的完整性进行逐个检查和控制。

对于大多数化学物质来讲，皮肤内的生物转化通常不重要，即使出现例外的情况，也可采用新分离的皮肤，在延长其生存能力的条件下单独进行生物转化的检测。

(程树军　马贵平)

参考文献

程树军，焦红，潘芳．小型猪皮肤试验系统及在毒理学研究中的应用．第一届广州东莞小型猪国际论坛论文集，2010

冯华，郑家润．经皮吸收实验技术．国外医学皮肤性病学分册，2003，29(4)：244～246

郑俊民．经皮给药新剂型．北京：人民卫生出版社，2006.

Benfeldt E, Groth L. Feasibility of measuring lipophilic or protein bound drugs in the dermis by in vivo microdialysis after topical or systemic drug administration. Acta Derm Venereol, 1998, 78 (4): 274～278

Bouwstra JA, Honeywell-Nguyen PL, Gooris GS, et al. Structure of the skin barrier and its modulation by vesicular formulations. Progress in Lipid Research, 2003, 42: 1～36

COLIPA. Cosmetic Ingredients: Guidelines for Percutaneous Absorption/Penetration. Brussels: The European Cosmetic Toiletry and Perfumery Association (COLIPA), 1995

Couteau C, Perez Cullel N, Connan AE, et al. Stripping method to quantify absorption of two sunscreens in human. Int J Pharm, 2001, 222(1): 153～157

Diembeck W, et al., "Test Guidelines for In Vitro Assessment of Dermal Absorption and Percutaneous Penetration of Cosmetic Ingredients", Food and Chemical Toxicology, 1999, 37: 191～205

ECETOC. ECETOC Percutaneous Absorption, European Centre for Ecotoxicology and Toxicology of Chemicals (ECETOC), Monograph No 20, Brussels: 1993

EPA (United States Environmental Protection Agency) Proposed rule for *in vitro* dermal absorption rate testing of certain chemicals of interest to occupational safety and health administration. Federal Register, Volume 64, Number 110, June 9 (1999)

EPA. Proposed Rule for In Vitro Dermal Absorption Rate Testing of Certain Chemicals of Interest to Occupational Safety and Health Administration, Federal Register, 1999. Vol. 64, No. 110

Fullerton A, Stucker M, Wilhelm KP, et al. Guidelines for visualization of cutaneous blood flow by laser Doppler perfusion imaging. A report from the Standardization Group of the European Society of Contact Dermatitis based upon the HIRELADO European community project. Contact Dermatitis, 2002, 46 (3): 129～140

Higounenc I, Demarchez M, Regnier M, et al. Improvement of epidermal differentiation and barrier function in reconstructed human skin after grafting onto athymic nude mice. Arch Dermatol Res, 1994, 286 (2): 107～114

Howes D, Guy R, Hadgraft J, et al. Methods for assessing percutaneous absorption, ECVAM Workshop Report No. 13. ATLA, 1996, 24: 81～106

Kreilgaard M, Kemme MJ, Burggraaf J, et al. Influence of a microemulsion vehicle on cutaneous bioequivalence of a lipophilic model drug assessed by microdialysis and pharmacodynamics. Pharm Res, 2001, 18(5): 593～599

Logan TP, Millard CB, Shutz M, et al. Cutaneous uptake of C142HD vapor by the hairless guinea pig. Drug Chem Toxicol, 1999, 22 (2): 375～387

Martin GP, Ladenheim D, Marriott C, et al. The influence of hydrocolloid patch composition on the bioavailability of triamcinolone acetonide in humans. Drug Dev Ind Pharm, 2000, 26 (1): 35～43

Mizojiri K, Okabe H, Sugeno K, et al. Studies on the metabolism and disposition of the new retinoid 4-[(5,6,7,8-tetrahydro-5,5,8,8-tetramethyl-2-naphthyl) carbamoyl] benzoic acid. 1st communication: absorption, distribution, metabolism and excretion after topical application and subcutaneous administration in rats. Arzneimittelforschung, 1997, 47 (1): 59～69

Moretti MD, Gavini E, Peana AT. In vitro release and anti-inflammatory activity of topical formulations of ketoprofen. Boll Chim Farm, 2000, 139 (2): 67～72

OECD. Guidance Document for the Conduct of Skin Absorption Studies. Paris: OECD, 2004

OECD. Test Guideline 427: Skin Absorption: In Vivo Method. Paris: OECD, 2004

OECD. Test Guideline 428: Skin Absorption: In Vitro Method. Paris: OECD, 2004

Sanco/222/2000: "Guidance Document on Dermal Absorption, European Commission, Health and Consumer Protection Directorate-General Doc. Sanco/222/2000, Rev. 6, 27 November 2002", Regulatory Toxicology and Pharmacology, 31 (2000): 53～58

SCCNFP/š/03, Final: Notes of Guidance for Testing of Cosmetic Ingredients for Their Safety Evaluation, 5th revision, on the agenda of the plenary meeting of 20 October, 2003

SCCNFP/ 0157/03, Updated basic criteria for the *in vitro* assessment of dermal absorption of cosmetic ingredients, discussed by the SCCNFP at subgroup meeting 10 September 2003, on the agenda of the plenary of 20 October 2003

SCCNFP/0167/99, Final: Basic Criteria for the *in vitro* assessment of percutaneous absorption of cosmetic ingredients, adopted by the SCCNFP during the 8th plenary meeting of 23 June 1999

SCCNFP/0321/00: "Guidelines for in vitro methods to assess percutaneous absorption of cosmetic ingredients" in "Notes of Guidance for testing of cosmetic ingredients for their safety evaluation", SCCNFP/0321/00 Final, 2000

Zghoul N, Fuchs R, Lehr CM, et al. Reconstructed skin equivalents for assessing percutaneous drug absorption from pharmaceutical for mulations. AL TEX, 2001, 18 (2): 103～106

Zhai H, Maibach HI. Occlusion vs. skin barrier function. Skin Res Technol, 2002, 8(1): 1～6

第 11 章　皮肤致敏试验及替代方法
Chapter 11　Skin Sensitisation Test and Alternative Methods

第 1 节　概　　述

皮肤致敏或过敏性接触性皮炎(skin sensitization, allergic contact dermatitis, ACD)是皮肤对外源物质产生的免疫源性皮肤反应,即皮肤重复接触某种物质后机体产生的免疫介导的皮肤反应。人体的这种反应可能以瘙痒、红斑、丘疹、水肿、水疱、融合性水疱为表现特征。动物的反应和人有所不同,可能仅有皮肤红斑和水肿。

一、皮肤致敏试验的规定

(一) 化妆品

1. 化妆品原料　欧盟指令 67/548/EEC 对于危险品的分类、包装和标识同样适用于大多数化妆品原料,但对于有些成分,如某些植物提取物是不适用的。虽然在化妆品安全评价领域正在尝试以体外替代方法代替体内致敏试验,但考虑到目前尚无有效的替代方法可用,因此,对于化妆品原料的致敏评价仍然要求按照 OECD 和欧盟的试验指南,在符合 GLP 原则的条件下进行必要的动物实验。人体志愿者也常用于过敏评估。

2. 化妆品终产品　在欧洲由于动物实验被禁止,化妆品终产品的皮肤致敏评价不需再进行动物试验,主要通过以下方式:单个成分的动物实验、现有资料分析、历史数据和计算机专家系统。

(二) 化学品

EPA 870.2600 规定化学品致敏的试验方法为局部淋巴结试验、豚鼠最大值试验和 Buehler 试验。

二、GHS 对皮肤致敏的规定

(一) 危害类别

GHS 规定,符合以下标准的物质应划分为接触致敏感物:如果有人类证据表明该物质可通过皮肤接触在许多人中引起致敏作用,或者如果适当的动物试验得到阳性结果。对于致敏强度进行子类别分类的动物或其他试验方法尚未得到证实和认可,因此,GHS 没有考虑将其纳入统一分类制度。

(二) 分类依据

对一种物质进行分类的证据应包括以下 1 项或全部:①斑贴试验得到的可靠的结果为阳性;②流行病学研究显示,该物质导致了过敏性接触性皮炎;③对于高比例的接触者显示出特征性症状的情况,应予以特别关注;④适当的动物研究得到的数据为阳性;⑤对人的实验性研究得到的数据为阳性;⑥记录充分的过敏性接触性皮炎病例。

从人体或动物身上观察到的阳性效应通常会证明分类的正确性,动物研究得到的证据通常比人体接触得到的证据更可靠。因为人类数据不是从为了危害分类目的而进行的自愿者对照实验中产生的，而是作为旨在证实在动物实验中缺少的效应的危险评定的一部分产生的。人类病例的发生除了物质的内在性质之外，还受诸如生物利用率、个体差异和所采取的预防措施等因素的影响。一般不能使用阴性人类数据来否定动物研究得到的阳性结果。如果上述条件无一满足，就不应将物质划分为接触致敏物。

（三）动物实验

GHS 认为在使用辅助性的试验方法进行皮肤致敏感作用试验时，至少 30％的动物出现反应才应考虑为阳性结果。对于非辅助性试验方法，至少 15％的动物出现反应才应考虑为阳性结果。

第 2 节　皮肤致敏的动物试验方法

一、动物试验

传统的动物实验法是检验受试物是否具有皮肤变态反应的优选方法，目前最常用的检测方法是 Magnusson Kligman 豚鼠最大剂量法和 Buehler 封闭斑贴试验法。它们是当前 OECD(TG 406)、EU 试验指南 67/548/EEC 附录 V(B. 42)以及我国 2008 年发布的 GB/T 21608-2008《化学品皮肤致敏试验方法》公布使用的方法。此外，还有一些其他的体内方法，如 Split 佐剂试验法(split adjuvant test)、开放式表皮试验法(open epicutaneous test)、Mauer 最优化试验(mauer optimization test)、豚鼠脚垫试验(footpad test in guinea pig)、累积接触增强试验(cumulative contact enhancement test)、皮肤划痕试验(scratched skin test)等。

（一）Magnusson Kligman 豚鼠最大值试验

豚鼠最大值试验(guinea pig maximization test，GPMT)是 Magnusson 和 Kligman 在 1969 年提出的一种使用佐剂的方法，1992 年列入 OECD 试验指南 406。GPMT 是一项高度敏感的方法，使用弗氏完全佐剂作为免疫增强剂，试验包括皮内注射、局部接触诱导和激发封闭斑贴 3 个过程。

试验组动物至少 10 只，对照组 5 只，诱导受试物浓度为能引起皮肤轻度刺激反应的最高浓度，激发接触受试物浓度为不能引起皮肤刺激反应的最高浓度。第 1 天(皮内注射)将含有或不含有弗氏完全佐剂(Freund complete adjvant，FCA)的受试物皮内注射入豚鼠颈背部皮下。每只豚鼠背部去毛区选择 3 个点：第 1 点注射 1∶1(V/V)的 FCA 与生理盐水混合物，第 2 点注射耐受浓度的受试物，第 3 点注射用 1∶1(V/V)FCA 配制的受试物。第 7 天(诱导接触)将涂有受试物(0.5g)的封闭斑贴贴敷在同一注射部位去毛区固定 48h。对于非皮肤刺激物，试验部位诱发前预先经 10％的 SLS 斑贴 24h 处理。最后 1 次诱发斑贴后，休止 2 周。第 21 天(激发接触)再将涂有受试物(0.5g)的斑贴贴敷在同一注射部位去毛区固定 24h。激发接触后，除去受试物斑贴后 24h、48h 和 72h 观察皮肤反应。按表 11-1 评分，当对照组动物皮肤反应积分＜1 而试验组皮肤评分≥1时，提示致敏反应阳性；如对照组动物皮肤反应积分≥1，试验组动物反应积分超过对照组中最严重的反应，则认为致敏反应阳性。如为疑似反应，可在第 1 次激发接触 1 周后进行重复激发以确认首次激发结果。试验结果用试验和对照动物中阳性激发结果的发生率表示，如果阳性反应的动物数超过 30％，判定受试物为变态反应阳性物。偶尔试验组动物出现反应的动物数量多于对照组动物，但反应强度并不超过对照组，在此情况下，应在首次激发后 1～2 周进行再次激发，方法与首次激发相同，只是应用动物的另一腹侧部位。计算≥2 分的动物数。

表 11-1　Magnusson 和 Kligman 分级标准

斑贴皮肤反应	评分
无明显改变	0
散在或斑点状红斑	1
中度融合性红斑	2
重度红斑和水肿	3

弗氏完全佐剂的应用使该试验方法具有较高的灵敏度，提高了筛选弱致敏原的能力。但有研究认为，在某些情况下，佐剂的使用可能导致过高估计受试物的致敏潜力。近年来有不少关于 GPMT 法改进的报道，如 Kashima 等尝试通过改变不同的试验步骤以缩短致敏试验时间。

（二）Buehler 豚鼠试验

Buehler 豚鼠封闭斑贴试验（Buehler test，BT）是 Buehler 在 1965 年提出的重复斑贴试验方法，OECD 试验指南列为 406。这种方法不使用佐剂，只在诱导期和激发期局部皮肤上涂抹受试物。试验选用至少 20 只动物，受试物浓度设置同 GPMT。试验前 24h 将动物背部去毛，将受试物（0.2ml）斑贴涂在去毛皮肤上，封闭贴敷 6h。第 7 天和第 16 天以同样方法重复 1 次。第 28 天在豚鼠背部另一侧皮肤上涂抹受试物（0.2ml）斑贴固定 6h，进行激发接触。激发接触后 24h 和 48h 观察皮肤红斑和水肿形成。如果必要，可在第 1 次激发接触 1 周后进行重复激发。阳性反应的动物数超过 15%判定受试物为变态反应阳性物。

这种方法能够准确预测出中度至重度致敏物。由于没有使用 FCA 免疫增强剂来刺激免疫系统，BT 的灵敏度比 GPMT 低。

（三）传统动物试验的优缺点

豚鼠致敏试验最大的优点是对致敏物的敏感性强，能较准确地预测出受试物的潜在致敏力。

豚鼠致敏试验需要动物数量多，GPMT 要求试验组至少 10 只豚鼠，对照组至少 5 只；BT 法要求组至少 20 只豚鼠，对照组至少 10 只。如果试验结果难以确定受试样品的致敏性，还需增加动物数。豚鼠致敏试验周期长，试验结果很大程度上取决于许多与动物相关的因素，如动物品系、性别、年龄、试验条件、动物试验部位及去毛方式（剪毛、剃毛还是用化学物质脱毛）；另外，试验还取决于实验人员操作的技术因素，如敷贴片设计型式、受试物剂量和程度和时间、皮肤反应的评分等。

此外，豚鼠致敏试验基本属于定性试验，试验者的主观判断对结果影响较大。豚鼠致敏试验对一些能使动物皮肤染色的样品（染料、色素）因干扰而使结果难以判定。

豚鼠的皮肤解剖学和细胞组成与人类之间有种属差异，试验中使用的致敏原剂量比人实际接触量要大，引起豚鼠强烈反应的物质在人群中可能引起一定程度的变态反应，而引起豚鼠较弱反应的物质在人群中也许不能引起皮肤变态反应。

二、动物实验的减少和优化

用小鼠代替豚鼠进行皮肤变态反应试验减少了动物使用数量，改进了结果测量方法，使结果更为客观，实现了优化和减少的原则。试验方法有小鼠局部淋巴结试验和小鼠耳郭肿胀试验。

（一）小鼠局部淋巴结试验（LLNA）

小鼠局部淋巴结试验（murine local lymph node assay，LLNA）已经得到充分的

验证，是鉴别皮肤变态反应可选的方法之一，在 2002 年被 OECD 正式采用作为评估化学品对皮肤致敏作用的第 2 个实验指南（OECD TG 429），同时也是列入欧盟 67/548/EEC 附录 VB42 的方法。LLNA 也是美国 EPA、FDA 和 ISO（ISO 10993-10：2002）认可的方法。我国 2008 年发布为国标方法（GB/T 21827-2008）。

1. 原理 皮肤变态反应在诱导阶段即可引起接触部位局部淋巴结 T 细胞的活化和增殖，增殖反应与化学物的剂量（即致敏原的致敏力）成比例，因此，可以通过比较受试物与溶剂对照引起淋巴细胞增殖的剂量-反应关系（即刺激指数，SI）来评估增殖状况。当刺激指数≥3 时，提示受试物是潜在的皮肤致敏物。

2. 试验过程 受试样品可以是液态、固体和颗粒状，必要时可用适当溶剂溶解，推荐溶剂按优先顺序为：丙酮/橄榄油（4∶1，V/V）、二甲基甲酰胺、丁酮、丙二醇和二甲基亚砜。试验选择 8～12 周、未生育过和未怀孕的成年雌性小鼠，CBA/Ca 或 CBA/J 品系。每一剂量组至少应有 4 只动物，受试物至少设 3 个剂量组，同时设溶剂对照组和阳性对照。剂量可以从下列浓度系列中选择：100%、50%、25%、10%、5%、2.5%、1%、0.5%等。如果有资料，在选择 3 个连续剂量时应考虑现有的急性毒性和皮肤刺激性资料，最高剂量组应避免出现系统毒性和剧烈的局部皮肤刺激性。阳性对照应该产生阳性的试验结果，与阴性对照相比，其刺激指数（stimulation index，SI）的增加应在 3 倍以上。阳性对照剂量的选择应是能够产生明显但又不过度的致敏诱导作用。首选的阳性物为己基苯乙烯乙醛和巯基苯并噻唑。

第 1 天动物随机分组并称体重。将 25μl 受试样品稀释液、溶剂对照或阳性对照涂于相应组别的动物耳背。第 2～3 天重复染毒性，第 4～5 天不进行处理。第 6 天记录每只动物的体重。将 250μl 含（7.4e＋5 Bq）^{3}H-甲基胸腺嘧啶脱氧核苷的 PBS 注射入所有试验组和对照组小鼠的尾静脉；或注入 250μl 含（7.4e＋4 Bq）^{125}I-碘脱氧尿嘧啶核苷和 10^{-5} M 氟脱氧尿嘧啶核苷的 PBS 溶液。5h 后处死动物。摘取每个试验组动物每一只耳朵的淋巴结并浸泡于 PBS 溶液中（以每个实验组为单位），或摘取每只动物的双侧淋巴结并浸泡于 PBS 溶液中（以每只动物为单位）。用 200μm 的不锈钢网纱对上述步骤中所取的成组动物的淋巴结或单只动物的双侧淋巴结轻柔地进行机械分解，制成单细胞悬液，然后用过量的 PBS 洗涤 2 次，并用 5%三氯乙酸（TCA）4℃沉淀 18h。沉淀物用 1ml TCA 重新混旋转移至闪烁瓶中（内含 1.0ml 闪烁液）进行^{3}H-计数，或直接转移至 γ 计数管中进行^{125}I-计数。用 β-闪烁计数仪测定^{3}H-甲基胸腺嘧啶脱氧核苷，以每分钟衰变数（DPM）计算；或用^{125}I-计数仪测定^{125}I-碘脱氧尿嘧啶核苷，亦以 DPM 计算。根据计算方式的不同，检测结果分别以 DPM/试验组或 DPM/只表示。试验期间，仔细观察动物的临床体征、局部刺激反应或系统毒性。

结果以 SI 表达。若以组为单位，则 SI 为试验组 DPM/阴性对照组 DPM；若以每只动物为单位，SI 为每个受试样品试验组和阳性对照组的平均 DPM/阴性对照组的平均 DPM。阴性对照组的平均 SI 为 1。阳性反应的确定：SI≥3，并具有统计学意义，则表明存在剂量-反应关系。

3. 应用与局限性 LLNA 试验中，受试物局部作用于鼠耳连续 3 天，第 6 天检测由于原发性免疫反应引起的淋巴细胞增殖，淋巴细胞增殖的测定是通过淋巴结内掺入增生的细胞 DNA 内的^{3}H-甲基胸腺嘧啶核苷的定量。LLNA 试验不包括激发阶段，关注的终点是刺激指数（SI）。

LLNA 的优点是既体现了科学的进步，

又兼顾了动物福利的问题。它检测的是皮肤变态反应的诱导阶段淋巴细胞的增殖，可以提供评估剂量-效应的量化数据。LLNA是一项体内试验，相比豚鼠致敏试验具有以下优点：LLNA 每一剂量组需要至少 4 只动物，比豚鼠试验减少了动物使用的数量；LLNA只需把受试物涂于动物耳背，优化了动物接触受试物的方法；LLNA 仅需建立诱导阶段，不需要激发皮肤的致敏反应，而且也不需要使用佐剂（如 GPMT 试验），减少了试验动物的痛苦。此外，从 LLNA 可得到 EC3 浓度，即与溶剂对照相比使 SI 增加 3 倍的受试物浓度，可用于定量测定受试物的致敏力，有助于化学物的定量风险评估。

虽然 LLNA 有很多优点，但 LLNA 也有一定的缺陷，如在某些金属物质和皮肤刺激物试验中出现假阴性或假阳性结果，这时必须使用传统的豚鼠试验。LLNA 需用放射性核素，易造成环境污染。

4. 改进与优化　法规认可的 LLNA 法（OECD TG429）是通过核素标记检测细胞增殖，还可采用其他方法，如采用胸腺嘧啶脱氧核苷的类似物溴脱氧核苷尿嘧啶（bromodeoxyuridine，BrdU）进行标记，通过流式细胞仪检测掺入淋巴结 DNA 的 BrdU 的含量，从而检测淋巴细胞的增生，称为流式-小鼠局部淋巴结试验（flow cytometry- local lymph node assay，FC-LLNA）。更优化的 LLNA 方法已于近期完成验证，提交给 OECD 审议。也有研究尝试用 MTT 法判断淋巴细胞增殖程度。另外 OECD 指南中将 CBA 雌性小鼠作为 LLNA 的指定动物，这一品系小鼠在国内供应量极少、价格贵，刘协等尝试以国内常用的 BALB/c 及 ICR 小鼠进行 LLNA 试验，试验结果表明，两种小鼠的品系差异对二硝基氯苯（dinitrochlorobenzene，DNCB）的致敏性判断并无明显差异，以 BALB/c 小鼠为优。

（二）小鼠耳郭肿胀试验

小鼠耳郭肿胀试验（mouse ear swelling test，MEST）是一种通过比较免疫反应的诱导期和发作期检测变态反应的方法，检测终点通过小鼠耳朵肿胀程度来定量评价。基本方法是在试验前数周及试验期间给小鼠喂饲能提高接触致敏反应的维生素 A，将小鼠腹部诱导部位剃毛，皮内注射 FCA，进行胶布剥离（即将胶布粘贴于小鼠已剃毛的腹部敏感部位，然后撕去胶布以“剥脱”最外层的表皮细胞，这一操作增加了皮肤的通透性，能有效提高致敏效果），然后将溶于溶剂的受试物或单纯的溶剂（对照组）敷于脱毛部位中央，胶布剥离和局部重复贴受试物连续 3 天。7 天后进行激发，将溶于溶剂的受试物敷在受试组及对照组每只动物左耳，右耳涂溶剂作为对照（为防止假阳性，激发当天可先测量小鼠耳郭厚度）。激发后约 24h、48h 分别用乙醚将动物轻度麻醉，用测微计测量双耳耳郭厚度。如果实验侧耳比对照耳增厚 20%以上为阳性反应，以阳性反应动物数计算反应百分率。

Gad 等选用 72 种有致敏性的化学物质对 MEST 方法进行验证，仅有一种化学物质的分类与已知情况不符。MEST 实验原理与豚鼠试验相同，经过诱导和激发两阶段未能减轻动物的痛苦。与豚鼠致敏试验相比，MEST 的优点是对皮肤变态反应采用了定量测量，且缩短了试验时间，减少了实验费用。有研究认为 MEST 的灵敏度不如 LLNA，不同实验室的研究表明，MEST 一般只适合筛选强致敏物，阴性结果仍需用其他实验方法加以确认。

三、人体试验

人体皮肤致敏试验已开展了 50 多年，而且有许多试验方法，其区别在于斑贴的数量、位置和最大用量等步骤，然而对这些差异的意义认识并不是完全清楚。SCCNFP评估了采用志愿者进行致敏危害评价的方法，结论是：作为总的原则，已通过动物实验或其他有效的方法证实为致敏原的化妆品原料不应当再用志愿者进行测试。由于每一次人体志愿者致敏测试通常需要150～200名志愿者参与，不仅耗时，且非常昂贵，尽管考虑使用人体最大值试验可能会减少志愿者数量，但这种测试会增加某一反应的严重程度，而且人体志愿者个体反应差异较大，为了获得95%置信区间，仍然需要大量志愿者参与才能获得可靠结果。致敏试验的预测总是希望得到长期或持续处于免疫状态的某一群体的反应，但基于伦理的考虑，这一预期的实现比较困难。

（一）Schwartz-Peck 试验

Schwartz-Peck 试验（Schwartz-Peck Test）指受试者接受单次斑贴分别持续24、72、96h，在诱发期间和去除斑贴后的10～14天，用激发斑贴作用48h，去除斑贴后，对皮肤反应进行评分。完整的Schwartz-Peck试验应在激发斑贴后继续试用产品4周，该试验仅能检测潜在的有效致敏剂现已很少使用。

（二）人体重复斑贴试验

重复斑贴基本上与上述方法相同，不同的是在10～14天的致敏诱导期间，每隔2天在同一部位连续给予受试物数次；2周后，必须在另一位置的皮肤上再做一次斑贴测试。光斑贴试验与上述斑贴试验的技术类似，但光斑贴试验的皮肤测试部位在施予检测物前要预先给予紫外线照射。人体重复斑贴试验（human repeated insult patch tests, HRIPT）至少有4种不同的方式，对RIPT试验中用于诱发和激发的受试材料的浓度选择由以下因素决定：已有的人体试用经验、已有的豚鼠致敏试验和人体刺激性研究结果。实践中通常是几种物质同时检测，以节省时间和费用。

1. Draize HRIPT 试验 10次连续诱发斑贴应用于皮肤检测部位，背部或臂部24 h/每天，每周3次。去除斑贴时对每个诱发位点进行红斑和水肿等症状的评价。最后1次诱发后2周应用激发斑贴24h，然后评分。激发后的皮肤反应与最初诱发斑贴后的反应进行比较。

2. Shelanski-Shelanski 试验 与Draize HRIPT试验类似，但在同一部位连续施用15次诱发斑贴，如果在诱发期间出现红斑或水肿，接下来的斑贴应当移向周围未处理区域。最后一次诱发后2～3周用激发斑贴48h，然后评分。激发后的皮肤反应与最初诱发斑贴后的反应进行比较。诱发斑贴的皮肤反应也要记录，作为蓄积性刺激的证据。

3. Voss-Griffith 试验 与Draize HRIPT类似，采用的是3周时间内进行9次24h斑贴试验，最后一次诱发斑贴后，分别在诱发部位及其对侧臂部皮肤进行2周的激发斑贴。该试验可同时进行4个材料的测试，如果出现难以判断皮肤反应的情况，建议重复进行激发斑贴。

4. 改良 Draize 试验 与原来的Draize试验方案不同之处在于志愿者要经过连续的诱发期，在此期间1周之内更换斑贴3次，斑贴总次为10次。斑贴施用部位相同，如果在诱发期间出现中等程度的炎症，接下来的斑贴应当移向周围未处理的区域。经过非刺激性浓度的受试物72h斑贴试验后，2周后进行激发斑贴。

目前，HRIPT通常仅用于确认含有致敏性物质的化妆品使用的安全性，如化妆品或日化产品，其他物质通常并不进行HRIPT测试。受试物的浓度通常是在建议使用浓度范围的最高点，但低于给定的动物试验阳性结果的浓度。

（三）人体最大化试验

人体最大化试验（human maximisation test，HMT）包括同一皮肤位置的 5 次重复的 48h 封闭式斑贴，在去除和再施加斑贴之间有 24 h 的休止期。刺激性物质的浓度是引起中等程度红斑的浓度；对非刺激物质，试验部位诱发前预先经 5%的 SLS 斑贴 24h 处理。最后 1 次诱发斑贴后，休止 2 周。最高无刺激浓度的受试物作用于发生轻微刺激反应的皮肤部位，经 48h 封闭斑贴后评价致敏的程度。斑贴去除 24h 和 48h 后，对激发位点进行评分，记录致敏指数。人体最大化试验可能对皮肤造成严重的后果，似乎不太被认可。

（四）皮肤致敏的诊断

斑贴试验是确定接触性致敏原的一种可靠的诊断工具，但试验方法要求较高。该方法通过一个或几个怀疑致敏原的少量给药试验观察给药部位的局部的反应来评估怀疑物是否有致敏性。目前方法的操作、抗原和载体进行了标准化，使用于诊断的斑贴试验试剂盒准确、可靠，但这种试剂盒的实用性可能受限制，因为筛查检测系列试剂盒是由纯化学试剂制备，而实际环境中的致敏原可能是以污染物的形式存在，使得对照实验结果可能有偏差。斑贴试验常在背部进行，也可在上臂、大腿和小腿上进行。通常的斑贴试验方法是：将吸附了待测化学物的纤维素纸片或纱布贴于皮肤上，上面覆盖上一个小的铝箔（或玻璃纸），再用防敏感胶布加以固定。斑贴片必须在皮肤上保留 24h，由于许多皮肤反应有潜伏期，一般需保留的时间是48～96h。达到作用时间后，去除斑贴片，经过20～30min，待一些非特异、机械性刺激的反应消退后再进行观察评估。阳性反应，会在用药部位产生红斑、水肿，还可能有小疱致敏反应症状会持续好几天。因自然因素刺激产生的局部反应会在几小时后消退。去除斑贴片后 7～10 天还需对检测部位进行观察评估，因为有一些致敏反应会延迟至接触化学物 1 周以后才发生。

检测中有一些内源因素和外源因素可影响结果，使之出现假阳性或假阴性。例如，受试对象刚接受抗感染治疗，或者测试皮肤不小心暴露于 UV 下，或者实验中固定用的胶布本身与测试皮肤发生了反应，或者皮肤恰巧处于超兴奋状态等，此外测试时化学物浓度的变化也会影响测试结果。

第 3 节　皮肤致敏试验的替代方法

一、皮肤致敏试验的发生机制

（一）变态反应接触性皮炎（ACD）的发生过程

ACD 是皮肤接触小分子化学物质引起的一种细胞介导的免疫反应，常因局部使用产品或者其成分引起，近年来变态反应接触性皮炎的分子和细胞反应机制研究取得很大进展。ACD 反应过程分为两个阶段。

1. 第一阶段　为致敏（诱导）阶段，其中的关键事件是位于表皮的树突状细胞（dendritic cell，DC）的激活（未成熟的树突细胞），这一阶段发生在皮肤与免疫原性化学物质接触时，可分为两个步骤：第一步是化学物透过皮肤并与内源性蛋白（如可溶性蛋白或表皮细胞膜的载体蛋白）发生反应，有些化学物需要通过皮肤代谢活化成为半抗原之后才能与蛋白结合；第二步是这些被称为“半抗原化自身蛋白”的化学物-蛋白复合物被郎格汉斯细胞（Langerhans cells，LC）摄取（所谓内化作用），再加上炎性信号的作用，表皮内的未成熟树突状细胞被激活成为活化状态。激活后的树突状细胞（DC）细胞开始从表皮向淋巴结迁移，成为完全成熟的交错突树突细胞，并且将半抗原化的自身蛋白通过 MHC 呈递给辅助 T 细胞，导致细胞增殖并产生半抗原特异的记忆 T 淋巴细胞，并移行至皮肤。致敏过程无临床症状，大约持续8～15 天。

2. 第二阶段 为激发阶段。当皮肤再次暴露于致敏原时，皮肤内对半抗原特异的 T 细胞被激活，增殖并分泌前炎症细胞因子，诱导在真皮的角质细胞和内皮细胞表面表达黏附分子。在这些炎性介质作用下触发炎症反应。共同促使炎症细胞迁移到皮肤，导致皮肤红斑、丘疹和水疱形成。这一过程大约数小时至 3 天，见图 11-1。

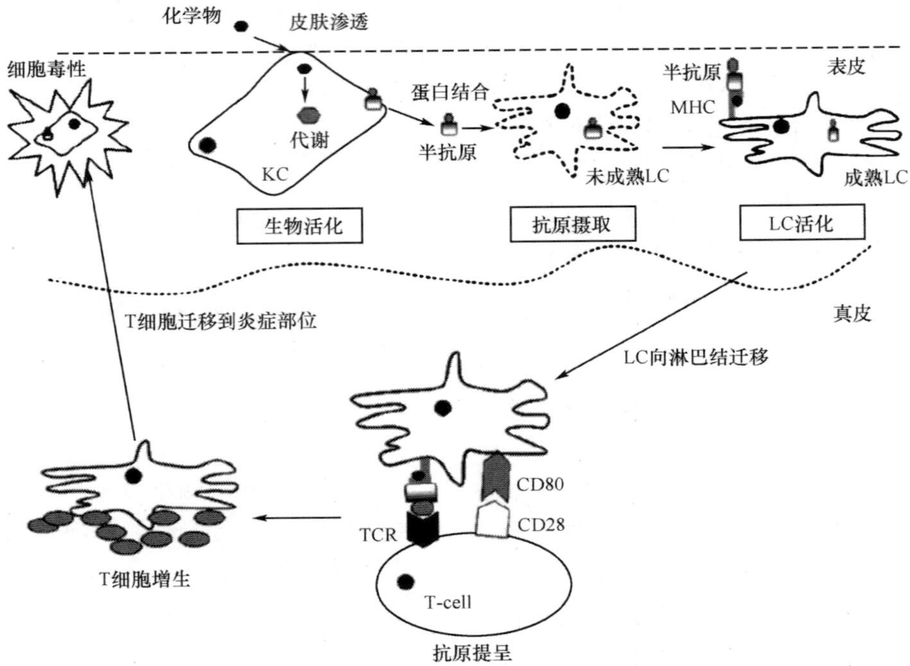

图 11-1 致敏原诱发皮肤致敏免疫反应的机制

（二）致敏试验替代方法的研究策略

根据皮肤致敏的发生机制，将化学物与免疫系统不同部分所发生的复杂的相互作用进行分解，有助于体外试验方法的研究。皮肤致敏可分为 5 个方面：①化学物穿透进入皮肤；②与内源性蛋白反应；③皮肤代谢：有的化学物称为前半抗原（prohaptens），需要通过皮肤代谢进行活化成为半抗原之后才具备结合皮肤蛋白的能力；④DC 激活：半抗原化的自身蛋白内化并被未成熟的 DC 细胞识别，这一过程导致 DC 的活化，然后启动一系列的反应，激活后的 DC 具有一些特性，如上调细胞表面标志物（CD83 或 CD86）、分泌多种细胞因子（IL-1β）、下调参与抗原摄取的蛋白（如水通道蛋白（aquaporins））；⑤抗原特异性免疫反应。

皮肤渗透→蛋白结合→皮肤代谢→DC 激活是体内皮肤 ACD 发生的先后事件，体外单一的试验方法应组合成新的试验策略以覆盖上述致敏发生的整个过程。如生物利用度可以通过体外皮肤吸收模型（如猪皮）进行评价，可按照标准方法 OECD TG428。代谢和蛋白结合能力可以通过体外培养的人或大鼠的肝细胞或角质细胞对受试物的代谢试验进行评估。未成熟 DC 的激活可通过对外周血单核细胞的分析进行评价，包括流式细胞分析 CD86 阳性细胞和实时定量 PCR 检测 IL-1β mRNA 的表达。

用于评估这些过程的试验系统包括：细胞生物学系统如角质形成细胞的培养、郎汉斯细胞的培养、树突细胞的培养、器官培养（包括重组表皮、重组皮肤、外植块）和化学物质的结构-活性关系等。体外评价化学物质致敏原的试验方法有很多种途径，如利用不同来源的培养细胞观察迁移抑制因子（MIF）的产生或细胞迁移反应、表面标记物的变化、胞吞作用和酪氨酸磷酸化的变化等。由于一些致敏物同时具有刺激性，在体外测试中如何辨别这两种物质也是科学家需要解决的问题。

二、结构活性关系

化学物的生物学特性与其固有的化学结构密切相关。定量结构活性关系（QSAR）在研究化学物致敏性方面有了很大的进展，如计算机专家系统 DEREK（从现有的认识进行危害演绎评估）研究的关键是化学物是否含有能与膜蛋白结合的结构。QSAR 可作为预测化学物致敏性的起始工具，它可以快速筛选有可能具有致敏性的物质。然而，该方法依赖于一个完整、可用的化学物致敏性的数据库系统。

化学物结构和生物学特性之间的关系可以编程为基于知识的专家系统（如DEREK），覆盖了许多毒理学终点，包括致突变、致癌和皮肤致敏等，广泛用于化学工业。其他预测皮肤致敏的专家系统包括 TOPKAT 和 CASE 系统。这些以计算机为基础的系统应用了不同的方法，但全部采用了化学致敏物和非致敏物理化性质的描述因素，用于提示更普遍的潜在致敏物质的特征。

（一）TORKAT 系统

TOPKAT 系统由两套模块组成，一个是区分非致敏物和致敏物，另一个模块将致敏物区分为强和弱致敏物，其预测是基于理化特性而不是生物学或生化机制。与DEREK不同，TOPKAT 不是一个专家系统，不包括结构警示。该系统由许多不同的物理和物理化学特征描述符组成，包括形状指数（Kappa）、对称指数、分子量、log P、Kier-Hall 亲电子状态与毒性资料间存在相关性，毒性资料来自豚鼠最大化实验。目前许多机构都在使用该系统。

（二）DEREK 系统

DEREK 系统是基于知识的计算机系统，包括控制程序和化学规则库。化学规则库由分子结构描述符组成，称为“结构警示”，与特定的毒性终点相关。使用者与DEREK交流，只需提供待分析化学物的二维结构，规则库就会从数据库中寻找结构类似物，任何结构警示都会突出显示，并提供内在毒理学危害的信息指示。规则库内含有约 50 条与原发性皮肤过敏有关的规则，大部分来自历史数据，包括已经按 EU 标准被分类为皮肤致敏原的 135 种化学物质的豚鼠最大化试验数据以及相同数量的非致敏原数据。该系统开发已超过 10 年，现行的版本是 6.1。DEREK 是少数基于计算机基础的系统，可满足商业化应用的需要，用于预测化学物是否具有内在的皮肤致敏危害。

当使用 DEREK 规则库评估皮肤致敏时，通常需要用到以下两步策略：通过规则库分析化学物质是否具有与皮肤蛋白发生反应的能力，或者直接作用或者通过代谢后起作用。如果无触发结构警示，说明化学物不具有设定的反应特点，或其反应性超出了目前规则库的知识范围。在某些情况下，不具有化学反应性的物质可以通过检查化学结构加以确认，这些化学物无须再进行下一步计算机评估，但专家输入通常要求考虑对化学物的可能代谢活性进行评估。如果化学物及其代谢产物均无化学反应性，则第二步应评估其皮肤渗透性或分配参数，开始通常是采用经验值或利用计算机计算辛醇/水分配系数（log$P$）和理论预测渗透系数（logKp）。在预测公式中，分子重量和熔点值也要用来计算 logKp。Kp 值也可以通过经过验证的体外皮肤渗透模型测定。方法见第 10 章。

三、体外试验系统

尽管近年来体外替代方法的研究取得了很大的成就，但目前为止还没有一项能完全替代体内皮肤致敏试验。

（一）角质形成细胞培养系统

表皮中超过 90%的细胞是角质形成细胞，渗入角质层的化学物质首先接触的细胞是 KC。KC 能产生和分泌一定数量的前炎性细胞因子、趋化性细胞因子和生长因子，有证据表明 KC 在免疫介导的皮肤疾病中（包括 ACD）扮演了重要角色。但对于如何用 KC 区分致敏物和刺激物的检测指标还不能确定，这些可能的检测终点包括以下几类：

1. 细胞因子　Wilmer 等用商品化的人 KC 研究致敏化学物和非致敏化学刺激物对细胞分泌细胞因子的影响。非致敏刺激物苯酚、十二烷基硫酸钠（SDS）、巴豆油诱导 KC 产生更多的白细胞介素 8（IL-8）。然而用苯扎氯铵（BC）、三氧化铬或接触变应原二硝基氟苯（dinitrofluorobenzene，DNFB）、处理后 IL-8 的基线水平无任何变化。毛豆油、苯酚、SDS、BC 和 DNFB 都能刺激细胞内 IL-1α 的产生和积聚。换言之，依靠是否产生 IL-8 或 IL-1α 的方法无法区分致敏物和非致敏刺激物。Wilmer 推断细胞因子产生方式具有化学特异性。Pastore 等研究了 3 种接触致敏物（硫酸新霉素、苯坐卡因和二硝基苯磺酸钠）（DNBS）对新生儿包皮培养的正常 KC IL-1α mRNA 表达的影响，结果发现 3 种接触致敏物对 KC IL-1α mRNA 表达的影响是不同的，分别为呈剂量依赖关系、无变化和被抑制。Corsini 等用小鼠 KC 细胞系 HEL30 研究 IL-1α 的体外产物，探索了 5 种变应原、2 种刺激物和 2 种非致敏物诱导产生细胞外（释放）IL-1α 和细胞内（细胞相关）IL-1α 的能力。只有接触性变应原能引起细胞相关 IL-1α 的增加，呈剂量依赖关系，然而变应原和刺激物都能诱导 IL-1α 的释放。非致敏化学物乙醇和甘油对 IL-1α 产生无影响。

2. 细胞表面标志　Coutant 等人用 BALB/c 小鼠表皮细胞培养物进行实验，发现强接触变应原三硝基苯磺酸（trinitrobenzene sulphonic acid，TNBS）能诱导 KC 细胞（定义为 Ia/CD45 阴性细胞）表达 CD40，而刺激物 SLS 无此效应。Wakem 等人证实，用变应原或刺激物处理培养的人 KC，它们对 KC 细胞内 CD80 的转录活性和细胞表面的表达在上调程度上相似。他们推测，KC 细胞对化学刺激物的反应是激活 T 细胞介导的炎症反应（变应性接触性皮炎和刺激性接触性皮炎）的信号。Wakem 认为 KC 细胞只是简单地对毒性损伤产生反应，并不能区分刺激物和变应原。Lozsekova 等人检测了 4 种已知变应原硫酸镍、重铬酸钾、硝酸钴和硫酸镉对人 KC 上的细胞接触蛋白（纽蛋白、踝蛋白、E-钙黏蛋白、细胞黏附蛋白）和肌动蛋白骨架的作用。结果表明：所有的变应原均可引起细胞接触蛋白的减少和细胞骨架的解构，其中变化最显著的是 E-钙黏蛋白、纽蛋白和肌动蛋白骨架，细胞黏附蛋白和踝蛋白损伤较小。总之，对 KC 在皮肤致敏启动和发生过程中的确切作用还不完全清楚，从而限制了 KC 模型的作用。

（二）朗格汉斯细胞培养系统

朗格汉斯细胞（LC）是皮肤中主要的抗原呈递细胞（antigen presenting cells，APCs），在变应性接触致敏反应中起着关键作用。LC 在表皮的所有细胞中仅占 1%～3%。虽然有许多分离技术用于从鼠或人类皮肤中获取纯化的 LC 群，但获得的细胞数量相当有限，目前为止还未能建成 LC 细胞系。因此，在提高 LC 纯化和分离技术的同时，应建立检测朗格汉斯细胞敏感和特异标志物的方法，使单层细胞也能用于体外筛查或预测试验。

1. 细胞表面标志 Herouet 等人用鼠 LC 和流式细胞技术检测体外化学物对 LC 表面标记物表达的影响，包括 MHC-Ⅰ抗原和 MHC-Ⅱ抗原、黏附分子 CD54 和 CD11c、协同刺激分子 CD80 和 CD86、树突状细胞特异标记物 DEC-205、4F7 和 33D1。结果发现，暴露于接触致敏物后唯一受到影响的表面标记物是 33D1。暴露于强致敏物（唑酮、DNBS）、中等强度致敏物（对苯二胺（para-phenylenedeamine，PPDA））和弱致敏物巯基苯并噻唑 30min 内 LC 上 33D1 的表达一致、可重复地减弱。虽然刺激物 SDS 也能诱导 33D1 表达降低，但是 SLS 对 LC 细胞质膜的完整性有影响，也会影响到其他标记物的检测。对于 33D1 分子在接触致敏物产生免疫应答过程中的确切作用还需进一步阐明，作为体外测试的标志物的可能性有待进一步研究。

Verrier 等人用流式细胞技术证明了人表皮 LC 在 37℃下暴露于接触致敏原异丁香酚、肉桂醛、TNBS、班德罗夫斯基碱（Bandrowski's base）、对苯二胺 4h，LC 表面的 E-钙黏蛋白和 HLA-DR 表达发生改变，HLA-DR 的减少呈剂量依赖性，除异丁香酚外，其他 4 种致敏原均使 E-钙黏蛋白阳性细胞的百分比下降，E-钙黏蛋白表达下调。用 SLS 处理对 HLA-DR 或 E-钙黏蛋白的表达无影响。Tuschl 和 Kovac 报道从来源于外周血单核细胞来源的树突状细胞对 $NiSO_4$、二硝基氯苯（DNCB）、TNBS、α-已基肉桂醛和丁子香酚产生的应答与协同刺激分子 CD86、细胞间黏附分子 CD54 和 HLA-DR 抗原上调有关，但 SDS 无此作用。

2. MHC-Ⅱ分子胞吞作用 对人和鼠 LC 细胞的研究均证明表面 MHC-Ⅱ分子通过 APCs 的胞吞作用内化是抗原加工一个重要步骤。Lempertz 等人探索了用鼠 LC 对接触致敏物的胞吞作用为基础的体外预测试验的可能性。简言之，将表皮细胞悬液中的 LC 用抗-MHC-Ⅱ单克隆抗体标记，pH-敏感的荧光染料标记作为二抗，后者可借助于流式细胞仪检测，结果发现，经胞吞内化后标记的荧光染料的平均强度的变化与化学物处理 LC 的浓度相关。MHC 复合物经胞吞作用到酸性区域中会导致荧光淬灭，胞吞作用到弱酸性区域中荧光强度不变。以暴露于 DMSO 的细胞作阳性对照，定义它们的荧光强度为 100%。用刺激物 SLS 和苯甲酸、非致敏刺激材料刀豆球蛋白 A（Con A）和佛波酯（PMA）处理，荧光强度仅有微小改变或无改变。用接触致敏原 5-氯 2-甲基异噻唑啉酮和 2-甲基异噻唑啉酮混合物（5-chloro-2-methylisothiazolinone plus 2-methylisothiazolinone，MCI/MI）、二硝基氟苯（DNFB）、二硝基氯苯（DNCB）和三硝基氯苯（TNCB）处理，荧光强度是经 DMSO 处理细胞的 1.7～2.0 倍。虽然半抗原对受体介导的胞吞作用的影响还不能作为判断化学物致敏潜力的依据，但在这个试验中化学物表现出的反应性与它们在体内的致敏能力间有很强的相关性。Rizova 等用人的 LC 做了类似的研究，探讨将 MHC-Ⅱ的胞吞作用作为区分致敏物和刺激物的方法，分别用流式细胞（FCM）、激光共聚焦扫描显微镜（LSCM）和电子显微镜（EM）3 种技术评估 HLA-DR 的表面表达和内化作用。结果表明：用流式细胞技术无法区分这两类化学物；用 LSCM 观察致敏物处理过的细胞，其 HLA-DR 分子内化进入大的泡囊，发出明亮的荧光，用刺激物处理的细胞与未处理对照相似，HLA-DR 分子内化进入小泡囊，发出弥散性荧光；用电子显微镜技术同样可观察到显著的区别：用致敏物处理的 LC、HLA-DR首先发现于聚集在细胞核附近的溶酶体；而用刺激物处理的 LC 观察到 MCH-II 分子位于细胞膜表面和前溶酶体中。

3. 酪氨酸磷酸化 检测人和鼠 LC 细胞接触致敏物刺激后对酪氨酸磷酸化的诱导作用可用于体外致敏试验的评价指标。流式细胞分析表明，新分离的人 LC 经半抗原 MCI/MI 刺激后，检测不到磷酸酪氨酸（phosphotyrosine，p-tyr）的变化；而经 24h 培养后再暴露于半抗原 MCI/MI，p-tyr 显著增加。Neisius 等人报道，体外用强接触致敏物 TNCB 和 MCI/MI 刺激小鼠 LC，p-tyr 有类似的增加；用刺激物 SDS 或苯甲酸刺激，p-tyr 无增加。尽管还不清楚半抗原介导的活化作用中 LC 细胞信号传导机制，但它可作为体外测试体系发展的基础。

（三）外周血来源的树突状细胞

DC 是具有独特形态学特征的淋巴细胞，能通过加工和呈递抗原启动免疫反应。从原代皮肤获取大量 LC 是比较困难的，因此，从 $CD34^+$ 前体（来源于骨髓或脐带血）和外周血单核细胞（peripheral blood mononuclear cell，PBMC）制备 DC 细胞可获得大量类 LC 抗原呈递细胞以供体外研究。而且，PBMC 来源的 DC 具有典型的细胞形态和表面标记与骨髓来源的 DC 一致，能引起原发性免疫原性混合淋巴细胞反应。到目前为止还没有建立从 PBMC 制备 DC 的标准方法。有研究认为，单核细胞来源的 DC 比 $CD34^+$ 前体细胞应答致敏原能力更强。许多研究尝试利用上述细胞建立接触致敏反应的体外模型，并建立敏感特异的检测方法。

1. 细胞表面标志 Degwert 等研究了低毒性浓度的化学物和致敏物作用下外周血来源 DC 的表型变化，结果表明：如果 DC 与接触致敏物漆酚、樱草素、C10-和 C11-樱草素类似物、土木香内酯、异土木香内酯和硫酸镍共同培养时间不超过 3h，会导致 DC 表面的 HLA-DR 表达降低；而 DC 在相同条件下与刺激物 SDS、BC 共同培养，不会改变 HLA-DR 的表达。在刺激物和接触致敏物作用下黏附分子 ICAM-1（CD54）的表达无区别。Degwert 认为这一方法可用于区分接触致敏物和刺激物。如果延长培养时间（24h 和 48h），结果发现，与未处理对照或用刺激物（$ZnCl_2$、SLS 或 BC）处理的 DC 相比，半抗原如氯化镍和 DNCB 能引起单核细胞来源 DC 上的 CD54、CD86 和 HLA-DR 表面表达的显著增加。但是，这些标记物表达的改变对不同化学物的测试结果差别较大。Coutant 等人有类似的发现，他们证明了来源于单核细胞的 DC 暴露于半抗原（氨基苯酚、盐酸氯丙嗪、DNCB、硫酸镍）时比暴露于刺激物（SDS、苯甲酸）时表达更高的 HLA-DR、CD86、CD40 和 CD54 表面标记。Rougier 等人用类 LC 的 DC（$CD34^+$ 脐带血细胞与 GM-CSF 和 TNF-α 共同培养 8 天获得的 DC），证明与半抗原培养 48h 能诱导 DC 成熟，表现为 CD83、HLA-DR 和 CD86 表达增加、E-钙黏蛋白减少。所有的这些改变在用强变应原（Brandowski's base（BB））而不是刺激物 SDS 处理后均能观察到。然而用较弱的变应原 PPDA、香茅醛和香豆素测试，通常只发现 CD86 表达改变，HLA-DR 或 CD83 表达的改变不明显。Hulette 等人用 DNFB 和 MCI/MI、刺激物 SLS、脂多糖（LPS）和 TNFα 处理 48h 后，检测了 DC 上 HLA-DR、CD54、CD80 和 CD86 的表达。用 MCI/MI 或 DNFB 处理 PBMC-DC，诱导 MHC-II 表达微上调（HLA-DR），LPS 和 TNFα 的作用是显著上调 CD54、微上调 CD80 和 HLA-DR 表达。用来源于人的急性骨髓单核细胞白血病 DC 细胞系 KG-1 测试，仅 MCI/MI 上调 CD86 的表达，TNF-α

上调CD54表达和微上调CD80与CD86表达。SLS对PBMC-DC或KG-1 DC表面标记物表达无影响。以上数据说明，在这些确定的分离和培养条件下，PBMC-DC的敏感性有限。至少在目前的培养和处理条件下，用PBMC-DC或KG-1 DC在体外检测表面标记改变作为检测指标还不足以作为评估化学物接触致敏潜力敏感的体外方法。

2. 表面MCH-Ⅱ分子内化检测致敏作用 目前已知表面MCH-Ⅱ分子通过抗原呈递细胞的胞吞作用内化是抗原加工的重要步骤。Becker等人用外周血来源的DC代替LC，用流式细胞法筛查化学物对受体介导的胞吞作用的调节，根据抗体交联的MHC-Ⅱ分子被人DC细胞摄取这一原理设计了一种监测化学物对这一过程影响的方法。这个实验的基础是内化的荧光素耦合MHC-Ⅱ特异抗体具有pH-敏感性，未处理的DC由于内化进酸性的小泡内荧光强度淬灭；然而用强接触致敏物（DNFB、MCI/MI和咪唑尿素）处理的DC其荧光强度恒定不变（见前文）。其机制可能与细胞对半抗原和刺激物胞吞作用的处置过程不同有关。

3. 细胞因子IL-1β IL-1β是在鼠皮肤表面局部使用接触致敏物后LC快速产生的第一个细胞因子，IL-1β这一早期的上调是接触致敏物所特有而刺激物没有的。这些数据强烈地表明IL-1β在诱导原发性免疫反应中起关键作用（如ACD）。因此，IL-1β表达可提供一个评价化学物致敏活性的替代方法。Reutter等人在体外研究了5种接触致敏物和1种刺激物引起PBMC-DC细胞IL-1β基因表达的能力。DC细胞用添加了GM-CSF和IL-4的无血清培养基培养5天。然后DC与低毒浓度的接触致敏物十五烷儿茶酚、TNBS、DNFB、$NiSO_4$、$K_2Cr_2O_7$和刺激物SLS在37℃孵育30min。从DC细胞中提取总RNA，用逆转录聚合酶链反应（RT-PCR）检测IL-1β mRNA表达。结果表明：所有的接触致敏物都会增加IL-1β的基因表达。然而用SLS处理则无明显影响。但也有研究（Pichowski等人）观察到体外暴露于致敏物DNFB后，强接触致敏物能选择性地上调IL-1β mRNA表达，但受供体来源的影响较大，而且用强致敏物仅观察到中等程度的上调反应。因此，检测人血来源的DC中的IL-1β能否成为评估皮肤致敏反应的常规方法还有待确定。

4. 其他细胞因子 除了细胞表面标记物的改变外，检测DC分泌的细胞因子也可能作为检测指标。暴露于$NiCl_2$的DC分泌IL-1β、IL-6β和TNF-α明显增加，而用DNCB处理仅发现IL-1β的分泌增加。Lore等人开发了一种直接的免疫细胞化学方法，这种方法能在单个细胞水平上鉴别外周血细胞来源的DC的细胞因子和趋化因子产物。这种方法能用于评估TNF-α、IL-1α、IL-1rα、IL-6α、IL-8α、IL-10α、IL-12α、GM-CSF、MIP-1α、MIP-1β和RNATES。在无刺激物培养的DC中，10%～25%的细胞表达IL-1rα和IL-1α，未检测到其他细胞因子；经LPS刺激3h后，85%的LC细胞表达IL-1rα、IL-1α和IL-1β。这一方法可作为预测DC活化作用的体外方法。细胞凋亡的检测可作为研究半抗原/DC相互作用的一个指标。

（四）细胞系

原代培养的LC或DC通常难以分离和获得充足数量的细胞，许多研究探索用不同细胞系作为DC的替代品。XS52细胞系是一种来源于新生BALB/c小鼠表皮的细胞，表现出新分离LC细胞的形态学、表型和功能特征。XS52细胞的细胞因子及其受体mRNA表达谱与LC相同，它在抗原依赖性的T细胞相互影响下，能上调IL-1β mRNA和分泌大量IL-1β蛋白。与LC类似，用强半抗原刺激后，XS52细胞的酪氨酸磷酸化作用增加。另外，最近证实，这些细胞在可溶性因子作用下可转变为成熟的DC。XS52细胞有希望开发成为致敏试验的体外方法。

THP-1细胞是另外一种有望用于体外检测的细胞。Yoshida等人用致敏原处理后，THP-1细胞CD54和CD86表达增加，MHC-II内化作用上调。而且用变应原与γ-干扰素同时处理细胞能使上调作用增强。

（五）共培养系统

皮肤致敏的发生是LC、T、KC等多种细胞共同参与的复杂生物学过程，建立多细胞的共培养系统将为体外致敏试验提供技术支持。

1. 表皮细胞与树突状细胞（EC-DC）**共培养系统**　表皮角质层的屏障功能有效地保护皮肤免受有害化学物和病原的损害，表皮基底层和棘层含有朗格汉斯细胞，因此，角质细胞和LC细胞是致敏化学物作用的靶细胞，在接触性致敏性皮炎发生过程中共同发挥作用。构建含有DC的表皮模型可以评价皮肤屏障功能在预测化学物致敏中所起的作用并研究EC与DC的相互作用。

共培养系统中，EC与DC以多孔的transwell膜分隔，表皮细胞接种于支持膜表面，气-液界面培养形成表皮层，DC于下层培养孔中浸没培养，两种细胞通过可溶性介质相互影响，应分别对两种细胞进行分析。受试物直接局部作用于表皮面，穿透表皮屏障进入下层并与DC接触，如果化学物为致敏原，则最终导致DCs的成熟。皮肤LC可用人髓系白血病来源的细胞系MUTZ-3或使用其LC-样分化状态MUTZ-LC或使用其原型MUTZ-3。现在已独立开发了两个模型，分别是商品化的Episkin模型与MUTZ-3共培养（L' Oreal公司），另一个是荷兰自由大学开发的EE与MUTZ-LC共培养的VUmc-EE模型，见图11-2。

2. 抗原呈递细胞与T细胞（APC-T）**共培养系统**　由于接触性过敏的诱导发生与LC和T细胞的交互作用有关，因此，一个包含刺激性APC和应答T细胞的共培养系统将成为体外致敏试验最好的方法。用半抗原处理体外培养的小鼠LC，证明能使内源性的T细胞活化和增殖。LC被化学致敏物TNBS或异硫氰酸荧光素（fluorescein isothiocyanate，FITC）修饰后，引起非致敏的T-辅助细胞的强烈增殖反应。另外，这些体外致敏的T细胞在体外经半抗原修饰的脾细胞再刺激后增殖应答明显。Moulon等人

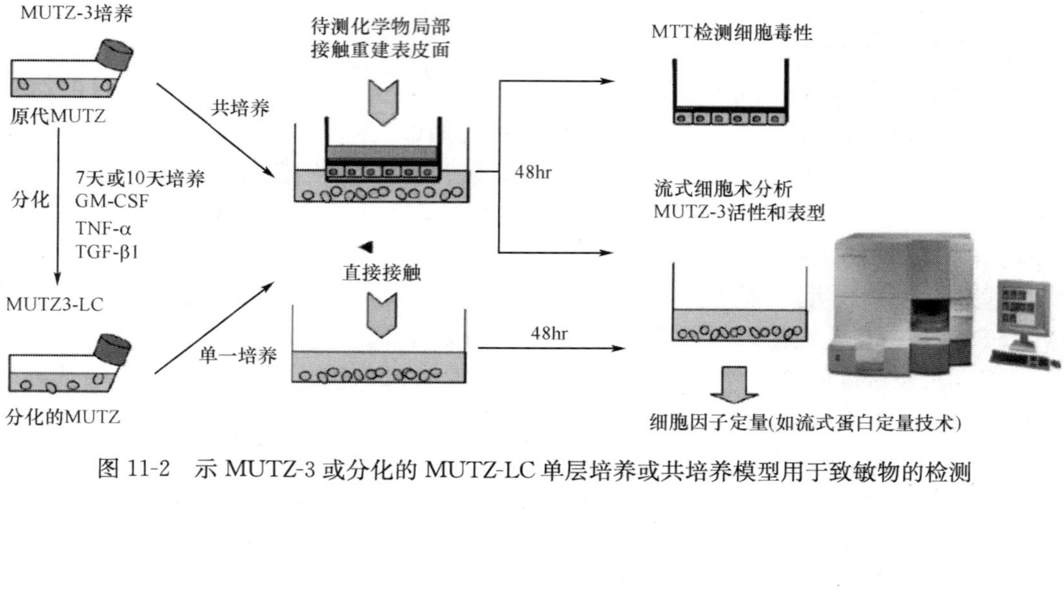

图11-2　示MUTZ-3或分化的MUTZ-LC单层培养或共培养模型用于致敏物的检测

用类似的方法检测人LC使自身T细胞致敏的能力。他们发现,用TNBS处理培养2天的LC能在体外诱导原发性T细胞增殖反应。经培养的LC是很强的抗原呈递细胞,T细胞应答中反应细胞与刺激细胞的比例(R∶S)高达100∶1。用TNBS处理过的LC再次刺激T细胞,通过T细胞二次应答时增殖能力的检测可用来证实半抗原特异性的原发性T细胞的应答。Krasteva等人用这一方法尝试开发体外筛选接触致敏物的方法,用半抗原修饰的LC经致敏物质刺激后,用[^{3}H]-胸腺嘧啶核苷掺入法检测T细胞增殖,可用于评估强致敏物(TNBS、FITC)、中等强度致敏物(PPDA及其氧化产物、BB)和弱致敏物(香茅醛、羟基香茅醛、香豆素)以及刺激物SDS。

人外周血单核细胞单独与GM-CSF培养或与GM-CSF和IL-4共同培养,被证实能诱导体外T细胞对三硝基苯基半抗原的原发性致敏反应,然而用新分离的单核细胞刺激仅弱应答或无应答。贴壁生长的外周血单核细胞与GM-CSF培养24h,用DNCB衍生化半抗原能刺激原态自发的T细胞的增殖和产生IFN-α。然而,这些APCs的激发效应不一。Rougier等人用CD34^{+}脐带血来源的DC作为APCs,发现相似的结果,即强致敏原(TNBS、FITC和BB)诱发原态自发T淋巴细胞的显著增殖,而用SDS和较弱的致敏原(PPDA、香茅醛、香豆素)测试无法诱导明显的T细胞应答。将这些方法改进,使原发性T细胞对较弱的致敏原(PPDA、香茅醛和香豆素)也能产生增殖反应。类LC的DC(LLDCs)由CD34^{+}脐带血前体在GM-CSF和TNF-α下培养8天生成,然后,将LLDC与无细胞毒性浓度的半抗原再培养48h,这一过程可能诱导LLDC的成熟和增强它们的免疫刺激能力。Rougier认为半抗原诱导LLDC表型和功能的成熟可用于筛选强致敏物,但检测弱致敏原需要进行补充实验。

Rustemeyer等人报道了一个用来源于外周血经半抗原处理的自发DC体外启动原态T细胞的方法。在体外培养系统中,获得对半抗原硫酸镍和甲基丙烯酸羟乙酯(2-hydroxyethyl-methacrylate, HEMA)特异的T细胞,DC经半抗原处理后再暴露于TNF-α成熟,与自发T细胞在含IL1-β、IL-2和IL-7细胞因子的培养液中共同培养7天,已激发的T细胞在抗原刺激下产生二次增殖应答。

3. 表皮细胞与T细胞(EC-T)共培养系统 Yokozeki等人开发了一种共培养系统,用结合半抗原的Pam212细胞(一个鼠角质细胞系)去诱导未致敏的小鼠获得的原发性T细胞的致敏反应。试验过程:单层培养细胞Pam212与化学物共同孵育,清洗,用3%多聚甲醛溶液固定。从非致敏小鼠上获得T细胞(已灭活),与脾脏来源的巨噬细胞和经化学物修饰的Pam212细胞共培养5天。收集T细胞,用丝裂霉素C再刺激,与半抗原结合脾细胞以R∶S为5∶1再培养3天。用有半抗原修饰的脾细胞的DPM除以无修饰脾细胞的DPM计算得出刺激指数(SI)。许多化学物用该培养系统测试,包括4种强致敏物(唑酮、TNP、二硝基苯和FITC)、3种有效的致敏物(PPDA、$NiCl_2$和重铬酸钾)、2种糖皮质激素(β-糖皮质激素和布地奈德)和1种刺激物(水杨酸甲酯)。强致敏物的SI约为4.0,有效致敏物的SI约为2.0~2.5,糖皮质激素和刺激物的SI小于2.0。初步验证研究采用11种致敏原和2种刺激物进行测试,其结果与GPMT方法相比较,5个化学物中有3个被分类为中等强度致敏物,所有强致敏物在体外测试和GPMT法中均呈现阳性。这一方法的有效性需进一步评估,严格来讲,该试验不是完全的非动物替代方法,仍需要少量动物获取细胞。

(六) 人工皮肤/重组表皮培养

人体皮肤三维培养通常分成两种:重组表皮和重组皮肤。根据皮肤替代物是否含免疫细胞可分为免疫模型和普通模型。

1. 不含免疫细胞的皮肤替代物 Kubilus 等人用 EpiDerm 模型,经刺激物和变应原处理后检测皮肤模型的细胞活力、组织学改变、IL-1α 和 PGE2 的释放。他们发现,用接触刺激物处理后 IL-1α 和 PGE2 的释放反映了细胞毒性的剂量反应关系,即越高的细胞因子释放细胞毒性越大。然而,用接触致敏原处理,细胞因子的释放量并不直接与细胞毒性的程度相对应,因为无细胞毒性的剂量产生更多的 IL-1α 和 PGE2,并随变应原不同而变化。

Coquette 等人用 SkinEthic 模型检测刺激物和致敏原处理后 IL-1α、IL-8 mRNA 和蛋白水平。Coquette 等人建议测试 IL-8、IL-1α和 MTT 代谢,有可能在单个测试中判别和分类刺激物与变应原,如用刺激物 Triton X-100 和 BC 处理后皮肤模型的IL-1α释放随细胞毒性增加而增加但对 IL-8 水平无影响。相反,致敏原 DNCB 不能诱导IL-1α释放,但能引起 IL-8 释放水平增加。进一步检测 mRNA 表达发现,BC、Triton X-100和 DNCB 都能诱导 IL-8 mRNA 上调,但仅 BC 上调 IL-1α mRNA。

Crosini 等人用化学致敏物作用于 EPISKIN™模型,能选择性诱导白介素-12(IL-12)释放。经暴露于致敏原(唑酮、丁香酚和 DNCB)3h 后,IL-12 P40 和 IL-12 P35 的 mRNA 水平均被上调,而刺激物(SDS 和 BC)没有此作用。

Gerberick 对一些用于评价刺激物和接触致敏物对重组皮肤的细胞因子 mRNA 水平影响的研究结果进行了综述。每个化学物似乎都能改变细胞因子 mRNA 表达(表达对化学物独一无二),而且是浓度依赖和(或)时间依赖,但没有一种细胞因子被证明能用于预测致敏潜力。

2. 含有树突状细胞的人体皮肤重建模型 2000 年,Black 博士曾阐述了一个免疫皮肤模型,该模型是第一次将 $CD34^+$ 来源的树突状细胞接种到一个带有真皮胶原海绵的内皮化皮肤类似物。树突状细胞能否整合到真皮和(或)表皮取决于接种 CD34 来源的细胞的时间。如果在接种角质形成细胞之后的浸没期或气液培养期加入 CD34 来源的细胞,那么重建模型中既有朗格汉斯细胞($Langerin^+$)也有真皮树突状细胞($DC\text{-}SIGN^+$)。但是由于巨噬细胞也能表达 DC-SIGN,因此,除了真皮树突状细胞之外不排除可能还存在巨噬细胞。

欧莱雅实验室还开发了含 CD34 来源的树突状细胞以及以胶原网架作为真皮基底的皮肤模型。CD34 来源的细胞与角质形成细胞在浸没培养期开始时同时接种,可获得表皮($Langerin^+$)和真皮($CD1c^+$)树突状细胞,在真皮层还同时可获得 CD34 来源的类巨噬细胞($CD163^+$)(图 11-3)。科研人员还开发了同一类型的含 CD14 来源树突状细胞的皮肤免疫模型(图 11-4),并且在巴斯夫公司(BASF)进行了测试。

一个日本研究团队也在开始开发人体皮肤模型,采用商品化的 $CD86^+$ 树突状细胞,模型构建在胶原 Vitrigel 膜上。将树突状细胞与胶原混合后,铺到含有成纤维细胞的膜的反面,2h 后再接种角质形成细胞。这样,树突状细胞层位于角质形成细胞层的下方,且这两种细胞间没有物理性接触。尽管用这个模型研究致敏原诱导的树突状细胞活化还不是很理想(CD86 活化标记物的表达在一开始就已经存在),但该模型在施用 DNCB 致敏原作用后也同样能表现出 CD86 的过表达(定性免疫染色),因此,可以进一步用于免疫领域的研究。

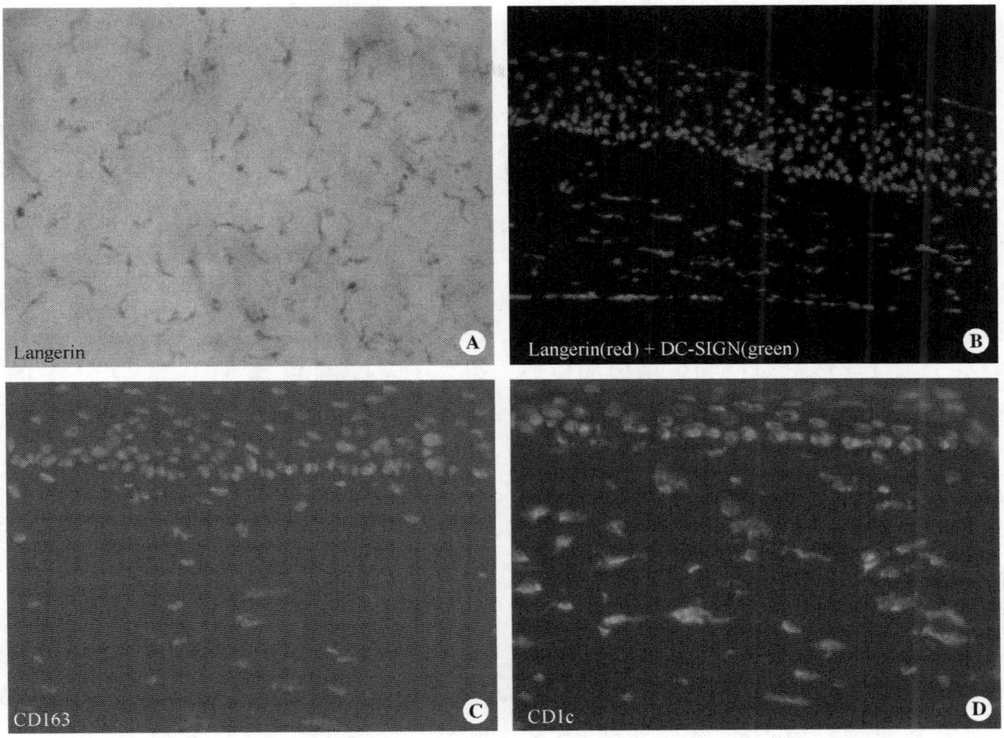

图 11-3　含有 CD34 来源细胞的皮肤重建模型的免疫组化分析

在冷冻切片上对表皮薄片进行(A) 抗 Langerin 染色(辣根过氧化物酶/AEC 反应)以及(B)抗 Langerin+、抗 DC-SIGN、(C)抗 CD163 和(D)抗 CD1c 的免疫荧光染色(Alexa-488,除了 Langerin 采用 Alexa-546),用 Hoechst 进行细胞核的复染

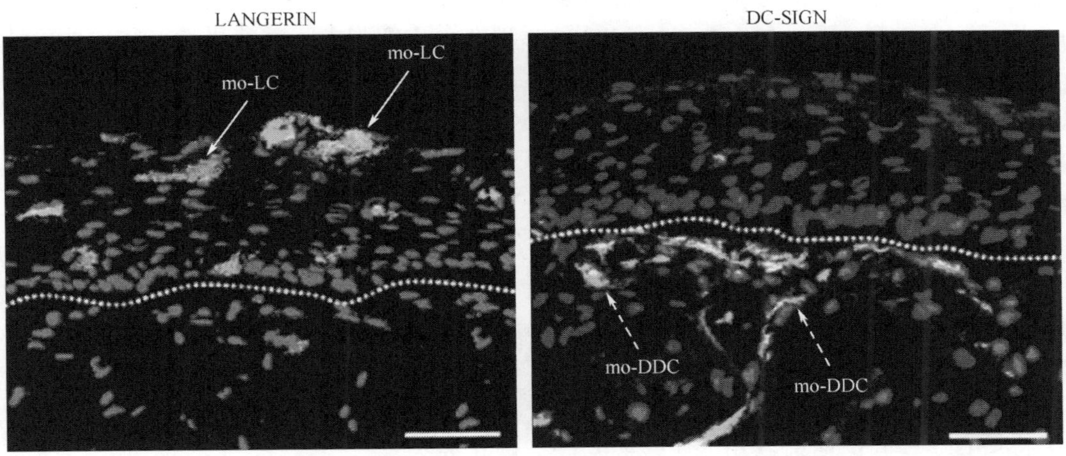

图 11-4　免疫荧光和电镜观察皮肤类似物(SEs)中来源于单核细胞的朗格汉斯细胞和真皮树突状细胞(分别为 mo-LC 和 mo-DDC)。用免疫荧光检测含有 mo-LC 和 mo-DDC 的 SE 切片中 Langerin 与树突状细胞特异性的细胞间黏附分子 3(ICAM-3)结合非整合素分子(DC-SIGN)标记物的表达和定位。用 4′,6-二脒基-2-苯基吲哚对细胞核进行复染。点状线:真皮-表皮分界;连续线白色箭头:mo-LC;点状线白色箭头:mo-DDC;标尺:25μm

总之，含有 CD34 或 CD14 来源树突状细胞的皮肤模型将是筛选免疫调控活性成分的有用工具，可用于分析树突状细胞和巨噬细胞的活化，并更好地了解这两种树突状细胞群体各自的功能以及接触性超敏反应的机制。由于存在也会参与接触性超敏反应的真皮树突状细胞，致敏剂所引起的反应将会更大。这些模型也可用于研究细胞的迁移。然而，在用于筛选潜在的致敏原之前，充分了解这些模型对已知致敏原的反应是十分必要的。

采用混合不同来源的细胞供体的方法可以提高这些模型的标准化。另一种解决方案是采用一些造血细胞作为树突状细胞前体。目前一些实验室正在做这方面的研究。

一个瑞士研究组开发了含有 CD14 来源的类朗格汉斯细胞的表皮模型。这个“三明治式”重建模型很具原创性：将表皮薄片（来源于毛发小囊外根鞘）接种到培养吊篮的膜表面，膜的下层为成纤维细胞，上层含有血液 $CD14^+$ 细胞。表皮 CXCL14 趋化因子（chemokine）和分化了的组织将分别起到聚集 $CD14^+$ 细胞和诱导它们分化成朗格汉斯细胞的作用。这些类朗格汉斯细胞能够在炎症刺激下成熟，并且获得诱导初始 T 细胞增殖的能力。所以该模型可以用作评估免疫调控活性物质的工具。

用同样的方法可以制备在表皮和真皮中都含有树突状细胞的皮肤模型，从而更好地模拟体内环境并更好地预测致敏。Régnier 等人把 LC 加进人重组表皮，开发出一种协同培养系统，暴露于已知致敏物 DNFB、$NiSO_4$ 以及 UV-照射会引起 LC 形态学的改变以及表面标记 CD86 的上调。SLS 则未能诱导相同的反应。

（七）人体皮肤移植物培养

全层人体皮肤标本的外植块培养通常由乳腺或腹部整容/修复外科手术获得。类似人工皮肤培养物，皮肤外植块培养也可局部使用测试化学物。皮肤外植块除 KC 和成纤维细胞外，还有免疫系统的细胞（LC）和其他皮肤细胞，如黑素细胞和内皮细胞。Pistoor 等人提出了一种用皮肤外植块培养物预测接触致敏原的方法。无毒性浓度的化学测试物作用于上皮 24h 后做冷冻切片，观察 LC 群体分布范围的改变。结果发现，接触致敏原会诱导表皮的 LC（HLA-DR＋ CD1a＋细胞）数量呈剂量-依赖减少，其他 LC 细胞在表皮-真皮结合处积累。然而，皮肤外植块 LC 移行可能不是接触致敏原体外试验的一个可靠终点，因为外植块培养 1～3 天后，LC 会自发地移行出人皮肤。进一步分析外植块 LC 细胞表面分子和细胞因子表达的改变，结果发现，暴露于接触致敏原 24h 后，移行至表皮真皮结合处的 LC 其 CD1α 和 HLA-DR 的表达降低、ICAM-1（CD54）表达显著增加。用接触致敏原 DNFB 处理 4h 后即在表皮细胞中检测到 IL-1β。用 DNFB 处理 24h 后，IL-1β、TNF-α、IL-1α、GM-CSF 和 IL-6 都出现在表皮细胞中。其特异性有待评估。

四、体外试验方法

（一）接触致敏原的体外筛选法

筛查接触过敏原的多肽反应检测法（peptide reactivity assay for screening contact allergens）是由宝洁公司的 Gerberick 等开发的。该方法可用于致敏原的筛查，还能将化学物按致敏感程度分为微、低、中和高度几类。

1. 原理 大多数化学致敏感原（半抗原）都是亲电性的，能与氨基酸的亲核中心（nucleophilic amino acids）结合反应。试验采用受试物与还原型谷胱甘肽（glutathione，GSH）和两种合成肽（半胱氨酸和赖氨酸肽）共孵育的方式，采用 HPLC 分析反应液中 GSH 或多肽的损耗。

2. 试验过程

(1) 受试物与谷胱甘肽的反应：用不含氧的 PBS（pH 7.4）制备 50 μl 2mmol 的 GSH 储备液，用 DMSO 配制 200mmol 的受试化学物，取 50 μl 受试物溶液加入 400 μl 不含氧的 PBS 缓冲液中，GSH 终反应浓度为 0.2mmol、受试物为 20mmol，摩尔比例为 1∶100。混合后 25℃ 下不断搅动孵育 15min。每次测试取不含受试物的 GSH 和谷胱甘肽二硫化物（glutathione disulfide, GSSG）作为对照和标准样用于绘制标准曲线。孵育结束后，通过碘乙酸和二硝基氟苯（DNFB）提取样品与标准溶液中的 GSH 和 GSSG，然后通过反相 HPLC 分别对其定量测定，经过与对照曲线相比计算损耗的谷胱甘肽的百分率。

(2) 受试物与氨基酸肽的反应：制备含有半胱氨酸（Ac-RFAACAA-COOH）或赖氨酸（Ac-RFAAKAA-COOH）的短肽，纯度 >90%。分别用乙酸胺缓冲液或 PBS 缓冲液制备 1.25 mmol 的赖氨酸或半胱氨酸肽储备液 400 μl。用乙腈或 DMSO/乙腈配制的 100mmol 受试物贮备液加入 100mmol 含赖氨酸肽的乙酸胺缓冲液（pH 10.2）中，或加入 100mmol 含半胱氨酸的 PBS（pH 7.5）中。终反应液含 0.5mmol 肽和 5h 5mmol 受试化学物，摩尔比分别为 1∶10 或 1∶50，混合后 25℃暗处孵育 24h。对照品和标准品用于绘制标准曲线。孵育完后，用反相 HPLC 定量检测未发生反应的肽含量。通过与对照曲线相比计算损耗的氨基酸肽的百分率。结果采用分类树（classification tree）的方法进行判断，根据多肽的消耗量多少对致敏原进行判定和分级。

3. 验证和标准化　通常非致敏原和弱致敏原显现出微小或低的多肽结合反应，而中等或极高致敏强度的致敏原表现中等到高度的多肽结合反应。研究表明，基于半胱氨酸和赖氨酸肽结合的预测能力精确度达 89%。目前该试验方案已完成优化，2009 年正式进入验证阶段。

（二）皮肤重建模型

树突状细胞能够参与Ⅳ型超敏反应或接触性变态反应。含有树突状细胞的皮肤重建模型（免疫模型）由于比普通的细胞模型更接近体内皮肤的状态，因此更具研究意义。现有 2 种活性的体外三维培养人皮肤模型：表皮类似物或皮肤类似物。对于免疫模型而言，其表皮类似物模型至少包含角质形成细胞和树突状细胞（朗格汉斯细胞），而其皮肤类似物模型还整合有至少包含成纤维细胞和真皮树突状细胞的真皮类似物。

皮肤重建模型可以不受测试物剂型的影响直接接触测试，特别是可用于不溶解于培养基的疏水性化合物的测试，在筛选过程中同时考虑到了表皮屏障功能和分子的代谢过程对筛选结果的影响。已知某些分子只有在皮肤中发生了化学转化之后才具有致敏性。

包含真皮部分的模型在预测接触性变态反应方面的应用前景显得更有希望。除了表皮朗格汉斯细胞之外，真皮树突状细胞也参与接触性超敏反应。2005 年发表的关于 LC-缺陷型小鼠模型的相关数据进一步确认了真皮树突状细胞的参与作用。皮肤重建模型可用于研究树突状细胞的迁移、了解朗格汉斯细胞和真皮树突状细胞各自的作用以及接触性变态反应的机制。

1. 含有朗格汉斯细胞的人表皮重建模型　1997 年，欧莱雅的研究人员报道了第 1 例含有朗格汉斯细胞的人表皮重建模型，该模型成功地将来源于 $CD34^+$ 细胞的朗格汉斯细胞整合到了构建在惰性地去除了表皮的人真皮上（dead de-epidermized acellular human dermis）的人表皮重建模型中。几年后，同一研究组报道了他们在类似模型上对于敏感性反应功能研究的结果，而该模型则是构建在无细胞的Episkin胶原支持物上的。整合入模型的朗格汉斯细胞具有表皮朗格汉斯细胞的特异性特征，如表达Langerin和CD1a抗原。在皮肤器官培养过程中，朗格汉斯细胞会自发地从表皮向外迁移，而该模型的优点是其中的朗格汉斯细胞则能保持稳定的位置，不会向外迁移。

如图11-5所示，在EpiSkin胶原支持物上的人表皮重建模型呈现出一个分层良好的表皮结构，其中的朗格汉斯细胞位于基底上层。对表皮底层的朗格汉斯细胞进行免疫荧光标记，结果显示，均匀分布的朗格汉斯细胞形成致密的网络，其密度（30 000 cells/cm^2）与正常人皮肤相当。

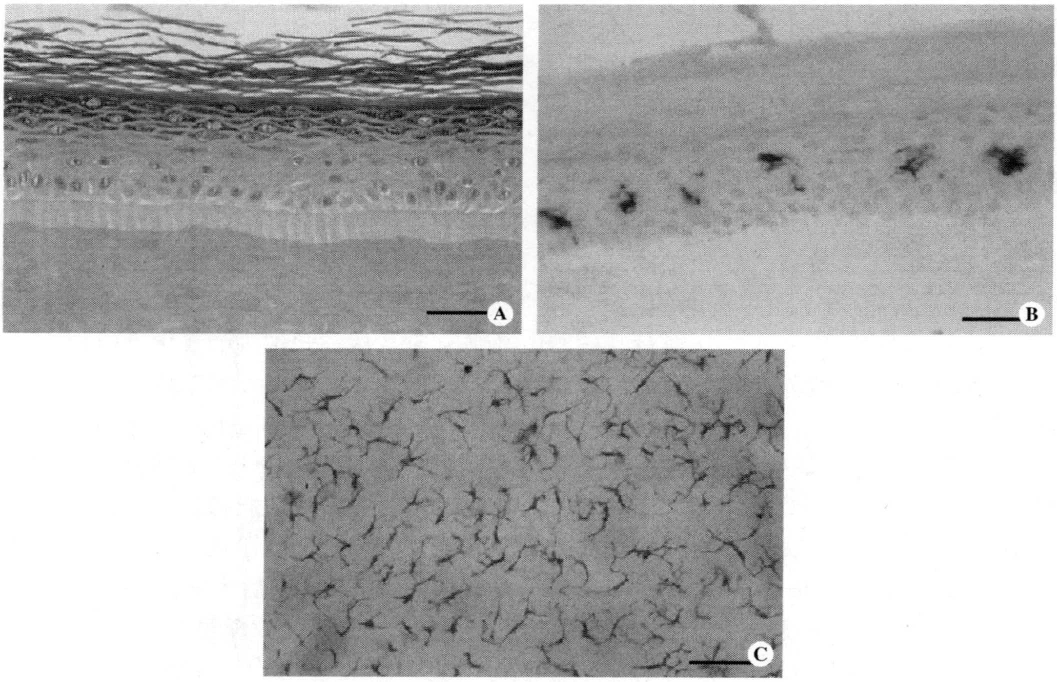

图11-5　含有朗格汉斯细胞的表皮重建模型的免疫组化分析

A. 用HES染色对含有朗格汉斯细胞的表皮重建模型进行组织化学分析；B. 通过对冷冻切片进行Langerin抗体染色（辣根过氧化物酶/AEC反应）以及苏木精复染，将朗格汉斯细胞定位在了表皮层的内部（棕色细胞为Langerin阳性细胞）；C. 对表皮薄片进行Langerin免疫染色，显示树突状的朗格汉斯细胞形成一个致密的网络。标尺：50μm（$a-b$），100μm

2. 替代体内皮肤致敏试验　为了评估模型中朗格汉斯细胞的反应能力，可以对表皮重建模型用一些已知的致敏原或刺激剂处理。局部施用致敏剂二硝基氟苯（DNFB）、唑酮、对苯二胺（PPDA）、硫酸镍（$NiSO_4$）、丁香油酚和苯佐卡因可以诱导朗格汉斯细胞的活化表型，表现为细胞体着色较深以及突触变短。在刺激剂SLS和氯化苯甲烃铵的诱导下则没有看到显著变化，这些观察验证了Aiba等人的发现（1997年），即树突状细胞对半抗原和刺激剂会产生不同的应答。这些形态上的变化同剂量和处理时间都相关（图11-6）。此外，不同供体的皮肤细胞也会产生不同的结果，88%的供体（或供体对）提供的细胞都会出现突触缩短的情况。

受试物剂量应是通过MTT测试确定的无细胞毒性的最大剂量，并且通常与斑贴测试的剂量相关。有趣的是，局部施用可被致敏原诱导的细胞因子（IL-1 β和TNF-α）同样能够在24h处理后诱导朗格汉斯细胞出现活化的表型，即细胞体着色加深且突触缩短。

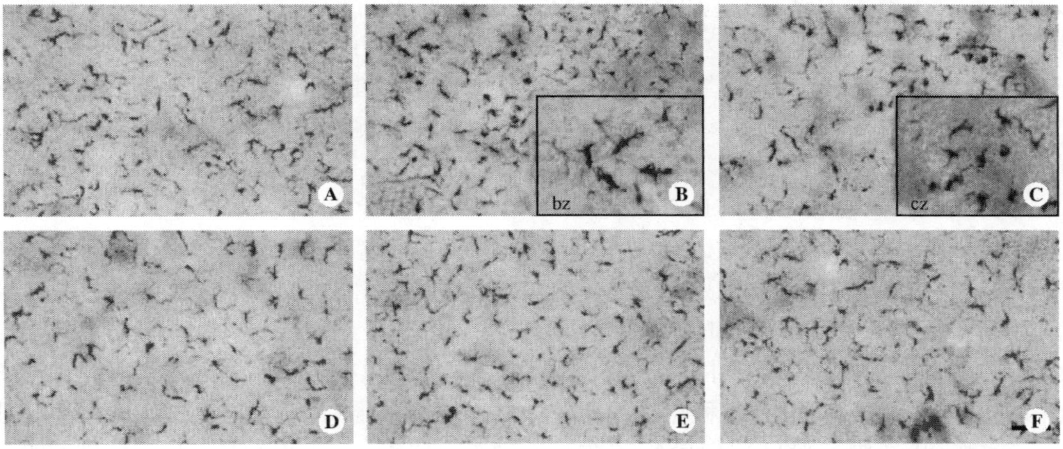

图 11-6　局部施用致敏原对于表皮重建模型中 langerin 阳性细胞的剂量和时间依赖性作用

对经过不同处理的表皮切片免疫染色：A. 用溶剂处理；B. 用 0.2%DNFB 溶液处理 24h(bz：放大)；C. 处理 48h (cz：放大)；D. 处理 3、5、18、21h；E. 用 0.02%DNFB 溶液处理；F. 用 1%SLS 溶液处理。标尺：100 μm (A—F)

将表皮重建模型与致敏剂接触后，发现 IL-1 β 和 CD86 mRNA 的表达上调(图 11-7)。CD86 的过表达是朗格汉斯细胞特异性的反应，而在某些强致敏原的作用下角质形成细胞也会出现 IL-1 β 的过表达。这些过表达是供体依赖性的，在 58%的供体中出现了上述情况。

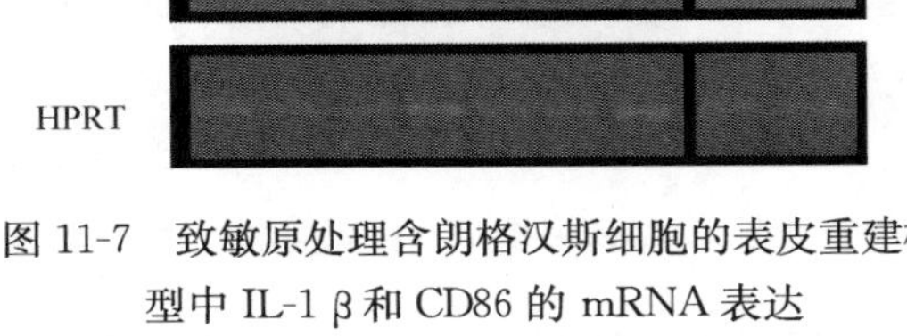

图 11-7　致敏原处理含朗格汉斯细胞的表皮重建模型中 IL-1 β 和 CD86 的 mRNA 表达

分别用溶剂(丙酮/油)、DNFB(0.2%)、唑酮(1%)、$NiSO_4$ (5%)、对苯二胺 PDA(1%)、丁香油酚(2.5%)和苯佐卡因 benzocaine(5%)、氯化苯甲烃铵 SLS (0.1%)处理 24h 后，对表皮进行 RT-PCR 检测。加入溴化乙啶进行电泳，检测 IL-1β、CD86 和 HPRT (管家基因)的 PCR 产物

3. 重建皮肤模型的局限性　可以通过图像分析研究突触的长度对形态变化进行定量，但费用较高而且很花时间；对 CD86 进行定量实时 PCR 分析就必须根据存在的朗格汉斯细胞的数量进行标准化。为此，将男性 CD34 来源的朗格汉斯细胞整合入模型，但是未能成功地对牙釉质蛋白基因(*amelogenin*)进行定量。当存在过量女性 DNA 的情况下，PCR 不能有效地检测到较少量的男性 DNA 量。与溶剂对照相比，致敏原诱导的 CD86 mRNA 过表达也常常过于微弱而检测不到。

4. 改进与优化　欧莱雅研究人员还分析了构建在聚碳酸酯膜上且含有 CD34 来源朗格汉斯细胞的 SkinEthic 表皮模型。在用 2,4-二硝基氯苯(DNCB)和 PPDA 处理 24h 后，观察到表皮重建模型中 CCR7 和 CD80 mRNA 表达上调；但是用另 2 种致敏剂唑酮和二硫化四甲基秋兰姆(TMTD)处理后，没有能检测到这些基因的过表达。

这些结果表明致敏剂能够诱导不同机制的反应，这与已知报道相同。利用该表皮模型可以研究这些致敏剂导致的反应以及与接触性变态反应相关的皮肤生理学。皮肤模型对于致敏原诱导反应的初步结果令人鼓舞，还需要继续采用这些模型来进行疏水性致敏原筛选研究。

（三）树突状细胞浸没试验

树突状细胞浸没试验（DC cells submerged assays）是目前正在研发的利用骨髓细胞来源的DC细胞系区分致敏物与非致敏物的方法。可用的3种细胞系分别是MUTZ-3、U937和IHP-1，其中MUTZ-3与体内细胞特性最接近。用21种化学物比较了3种树突状细胞试验区分致敏物和非致敏物的能力，细胞培养物暴露于4个不同浓度的受试化学物，通过碘化丙啶（PI）的方法测定相对细胞活性（rCV）进而确定受试物的浓度，浓度 $C_1=75\%\ rCV$，$C_2=75\%\ C_1$，$C_3=50\%\ C_1$，$C_4=50\%\ C_2$。孵育24h，检测终点为CD86和IL-8，用CD86计算的刺激指数，由两个变量组成：CD86表达密度和 $CD86^+$ 细胞百分数；IL-8应＞2倍对照组。表达 $CD86^+$ 细胞增多和IL-8产生增加表明受试物呈阳性（致敏物）。阳性对照为DNCB。该方法还不能用于法规管理，但可作为整合试验策略的组成单元。目前该方法在Sens-it-iv框架内完成实验室间的标准化，正处于大规模的化学致敏剂和刺激物测试阶段。

（四）人角质细胞系NCTC 2544试验

采用角质细胞系NCTC 2544可用于致敏化学物的评价。细胞系NCTC2544暴露于3个浓度的化学物，浓度通过MTT法检测细胞相对活性（rCV）确定，浓度 $C_1=75\%$（rCV），$C_2=50\%C_1$，$C_3=50\%C_2$，$C_4=50\%\ C_3$，培养24h。检测终点为IL-18，细胞内IL-18产生＞2倍可判断为阳性。阳性对照为DNCB。研究表明，该试验对于皮肤致敏剂为阳性，而对呼吸道致敏物和刺激物不能诱导细胞内IL-18产生。该方法还不能用于法规管理，但可作为整合试验策略的组成单元。目前该方法在Sens-it-iv框架内完成实验室间的标准化，正处于大规模的化学致敏剂和刺激物测试阶段。

（五）树突细胞迁移试验

LC经抗原激活后，从皮肤移行入局部引流淋巴结，根据这一原理，可在体外模拟这一过程，采用双室系统，中间用多孔支持膜（基质胶包被的聚碳酸酯膜，下有硝酸纤维素滤膜垫层）隔开，上层细胞可由原代皮肤分离获得，也可采用诱导分化的细胞悬液经抗原刺激后接种细胞于上室，下室为成纤维细胞条件培养基作为化学吸引剂。通过计算硝酸纤维素膜上表面HLA-DR阳性细胞数确定LC移行数量，也可采用荧光标志的方法测定。

树突细胞迁移试验（DC-migration assay）用于评价致敏，细胞系采用MUTZ-3来源的LC。试验采用双室模型，由多孔膜将试验系统分隔成上下两部分，下层部分含有成纤维细胞或重组趋化因子（CXCL12或CCL5），上层部分含有MUTZ-3来源的LC细胞，并接受致敏原的暴露，通过计数下层荧光标记的细胞数检测LC细胞的迁移（图11-8）。

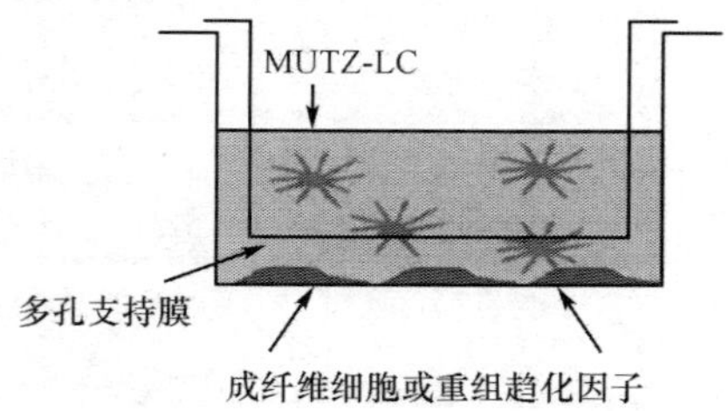

图11-8　树突细胞迁移试验示意图

CSFE标记的MUTZ-LC细胞暴露于接触性致敏原后，LC细胞向CXCL12迁移，暴露于刺激物导致细胞向CCL5迁移。培养时间为16h。检测终点是下部MUTZ-LC细胞数量（由荧光素测定）。如果CXCL12/CCL5＞1.0，则判定为致敏感物；如果 CXCL12/CCL5＜1.0 则为非致敏物。阳性对照为 DNCB。该试验能明确区分致敏剂和非致敏剂。

（六）T 细胞激活试验

T 细胞激活试验（T-cell priming assay）采用化学物修饰的 DC 体外刺激人的内源性 T-细胞克隆增殖，可用于鉴定引起 ACD 的致敏物。

原理：接触性致敏原完全激活皮肤 DC 细胞需要两个信号的参与：暴露于接触性致敏原诱导未成熟的 DC 细胞（iDC）上调 CD40、CD86、MHCII 和 CCR7，但不能诱导细胞因子产生；触发的附加信号经 Toll 样受体（Toll like receptors，TLR）介导诱发 DC 成熟（mDC）。成熟 DC 产生细胞因子，如 IL-6、IL-12p70、IFNα/β 和 IL-23，促进 T 细胞分化为 $CD8^+$ 细胞毒性效应表型的细胞（Tc1）。在这些细胞因子中，IL-12通过 IL-12 受体（IL-12R）可同时作用于 DC 细胞和 T 细胞。皮肤微环境对接触性过敏原产生的这些反应信号是通过内源性的 TLR2/4 配体的形成实现的，见图 11-9。

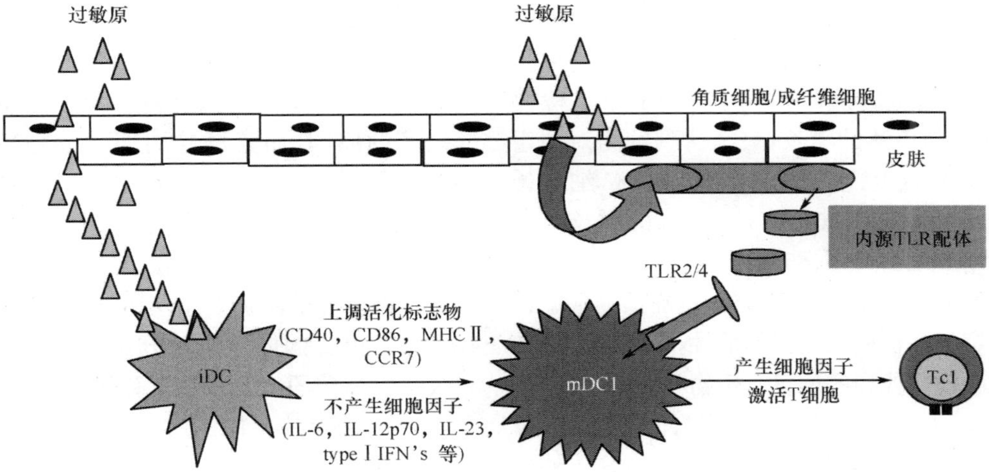

图 11-9　T 细胞激活试验示意图

试验分 2 个步骤：第 1 步是 T 细胞增殖，用有限数量稀释的 T 细胞在多克隆抗体的刺激下，增生近 5000 倍成为特异性 T 细胞；第 2 步是 T 细胞初次激发试验，T 细胞克隆在类 DC 细胞和化合物存在的情况下刺激 72h，检测终点是抗原特异的 IL-2 的产生。目前试验方案还在优化中。

五、组合试验

体外致敏组合模型包括树突状细胞活化和猪皮肤渗透研究两方面内容。

组合试验由以下 4 项实验组成：①树突状细胞制备；②流式细胞测定 CD86；③定量 RT-PCR 测定 IL-1β；④猪皮肤渗透研究。

1. 制备树突状细胞　从健康成年志愿者获取肝素抗凝的外周血细胞，用磷酸缓冲液 1∶1 稀释，取白细胞层，使用 Ficoll-Paque 和 Percoll 密度梯度离心法分离单核细胞，PBS 洗涤后，用含 5%胎牛血清的 PBS 进行重悬，调整细胞密度为 1×10^7/ml，将富含单核细胞培养液液氮冻存，来自不同供体的细胞解冻、混合，在含 GM-CSF、IL-4 和 10%胎牛血清的 RPMI 1640 培养液中培养 4 天。4 天后，经 GM-CSF 和 IL-4 刺激的人外周血单核细胞呈现树突状细胞的表型。

2. 通过 DC 表面标志的差异反应区分致敏物和刺激物　测定表达 CD86 的细胞所占总树突状细胞的百分比，受试物 CD86 与阴性对照比较。结果表明，致敏物（TNBS）导致 DC 激活，而刺激物（SDS）不能活化 DC（图 11-10）。

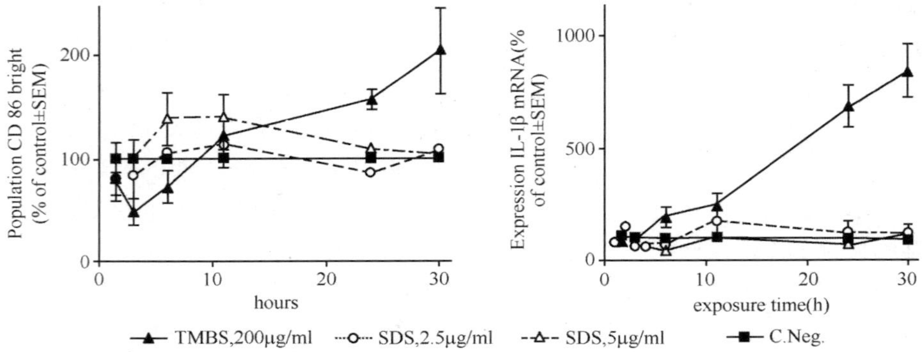

图 11-10　暴露于刺激物(SDS)和致敏物(TNBS)对 CD86(a)和 IL-1β mRNA(b)表达的影响

3. IL-1β 分泌的差异反应　细胞因子 IL-1β 是重要的 DC 迁移和 T 细胞活化信号。DC 细胞与 TNBS 孵育超过 6h 检测 IL-1β基因表达的增长,最高达到约为对照组暴露 30h 后表达量的 800 倍,而 DC 细胞暴露于 SDS11h 仅诱发最高 170%的增长,30h 后回落到对照组的 80%。

4. 体内皮肤渗透研究　正确预测致敏性需要定量评价树突细胞的活性,再加上化学物皮肤渗透和代谢的信息。生物利用度(皮肤渗透试验)无需动物试验,可通过体外猪皮肤渗透试验检测,如扩散池法,见第 10 章。体外代谢可以通过人、大鼠和小鼠肝细胞检测与体外合成多肽的结合试验等,这些试验仍在开发中。采用这种方法已经正确地预测了多种对苯二胺(PPDA) 衍生物的致敏性。

六、应用前景

变态反应的各种方法已广泛开展,包括动物的方法和非动物的方法。传统动物的方法相对比较成熟,但是这些方法要使用较多的动物,不仅周期长,观察指标主观,而且无法检测一些有颜色的试验材料。随着 3R 原则的进一步推进,这一方法将逐渐被更优越的方法所替代。如果将体内皮肤致敏的发生过程分解为两个阶段 12 个前后发生的步骤,目前的体外替代试验已对应某些步骤找到了解决的方法,见表 11-2。这些方法的名称、用途及研发现状列于表 11-3。

小鼠试验体现了 3R 原则中“优化”和“减少”的原则,而且试验周期大大缩短,观察指标客观,对于一些有颜色的试验材料也能检测其致敏性。然而,小鼠试验仍然不是一个完全的非动物试验方法。

目前体外试验仍处于基础研究阶段。现在还没有可行的体外试验方法进入ECVAM 有效性验证阶段,但在科学家们的不懈努力下,随着变态反应机制的进一步阐明,将能逐渐开发出更完善的体外方法。

目前公认的变态反应体外试验研究策略包括:①已有资料表明某种物质具有致敏性,直接进行分级和标识,不需做进一步的试验;②利用化学物结构资料和大量现有的毒性资料对化学物进行预测,使用计算机定量结构活性关系(QSAR)模型,预测化学物质的致敏潜力;③根据 OECD 428 进行皮肤吸收试验或者体外皮肤渗透试验,判断化学物质是否能够通过皮肤屏障;或者利用新鲜皮片检测化学物质在皮肤内的新陈代谢,以确定该物质在体内是否能转化为致敏原;④如果化学物质具有与致敏原相似的分子结构,并能穿透皮肤屏障,则可认为其具有致敏性;根据体外蛋白质结合试验判定化学物质与蛋白质的结合能力,试验结果为阴性的物质可认为无致敏性;⑤利用志愿者进行皮肤斑贴试验，评价非蛋白结合物的致敏性；⑥用角质形成细胞、树突状细胞/郎格汉斯细胞、器官培养等体外培养系统对化学物质的致敏性进行评价、分级和标识(表 11-2)。

表 11-2 体内致敏试验和体外替代试验覆盖皮肤致敏机制的发生过程

<table>
<tr><th colspan="4">动物实验</th><th colspan="3">体外替代试验</th></tr>
<tr><td rowspan="8">皮肤第一次接触致敏原(诱导阶段)</td><td>(1) 致敏物质穿透皮肤</td><td rowspan="12">GPMT、MEST、Buehler 试验、HRIPT、HMT</td><td rowspan="7">LLNA</td><td rowspan="12">计算机辅助 QSAR 和专家系统</td><td rowspan="4"></td><td>离体猪，人皮肤或重建皮肤渗透</td></tr>
<tr><td>(2) 前半抗原经过代谢转化为半抗原</td><td rowspan="2">无细胞或含细胞的蛋白/多肽结合试验+/一代谢系统</td></tr>
<tr><td>(3) 半抗原与可溶性或细胞相连蛋白结合</td></tr>
<tr><td>(4) LC 细胞摄取半抗原-蛋白加合物</td><td rowspan="3"></td></tr>
<tr><td>(5) 诱导 LC 细胞向引流淋巴结迁移，使其成熟为抗原呈递的树突状细胞</td><td rowspan="7">自身人或小鼠 T 淋巴细胞质体外初次激</td></tr>
<tr><td>(6) 淋巴结树突状细胞出现半抗原多肽-MHC 复合体</td></tr>
<tr><td>(7) 自身 T 淋巴细胞通过 T 细胞受体与呈递的半抗原多肽-MHC 复合体识别</td><td rowspan="2">细胞表面标志和 LC、DC、KC 细胞因子基因表达，细胞间信号，组织中的 LC 迁移</td></tr>
<tr><td>(8) 初级 T 淋巴细胞增殖和分化为效应和记忆 T 细胞，并经血流和淋巴再次进入循环</td><td rowspan="5"></td></tr>
<tr><td rowspan="4">皮肤再次接触致敏原(激发阶段)</td><td>(9) 致敏物质穿透皮肤</td><td rowspan="4"></td></tr>
<tr><td>(10) 前半抗原代谢转化为半抗原，半抗原与蛋白结合，LC 细胞摄取或表达 MHC-Ⅱ的细胞(如 KC)摄取</td></tr>
<tr><td>(11) 诱发巨噬细胞和效应 T 细胞从血液向皮肤浸润</td></tr>
<tr><td>(12) 效应 T 细胞与识别呈递的半抗原化多肽-MHC 复合物，随后诱发的局部炎症反应</td><td></td></tr>
</table>

表 11-3 皮肤致敏的体外方法

动物实验终点	替代方法	检测终点	目的	应用范围	验证和法规认可状态
LLNA OECD429，淋巴细胞增殖	计算机 QSAR		部分替代	所有化学物	优化，有限认可 研发过程中，未认可
	蛋白/多肽结合	蛋白/多肽结合			
	角质细胞培养	角质细胞活化，如产生前炎性因子			
MEST 耳肿胀 GPMT	朗格汉斯细胞培养 外周血来源树突细胞树突细胞系	LC 和 DC 活化，如迁移、细胞表面标志表达、细胞因子产生			
	T 淋巴细胞				
Buehler 试验 OECD 406，皮肤反应	共培养系统	T 细胞活化(增生、表达表面标志)			
	重建表皮培养	角质细胞活化和皮肤渗透			
	人体皮肤移植物培养	皮肤渗透，角质细胞和 LC 细胞活化			
	体外试验组合	多种方案	可能完全替代		未认可

(程树军 Valérie Facy Annie Black Silvia Teissier 赖 维)

参考文献

程树军，焦红．皮肤毒性检验中替代模型的研究进展和应用评价．毒理学杂志，2006，20(4)：254～256

黄亚东，程树军．树突状细胞提取与鉴定方法的研究进展．华南国防医学杂志，2008，22(4)：74～77

Aeby P, Sieber T, Beck H, et al. Skin Sensitization to p-Phenylenediamine: The Diverging Roles of Oxidation and N-Acetylation for Dendritic Cell Activation and the Immune Response. J. Invest. Dermatol, 2009, 129: 99～109

Aiba S, Terunuma A, Manome H, Tagami H. Dendritic cells differently respond to haptens and irritants by their production of cytokines and expression of co-stimulatory molecules. Eur. J. Immunol, 1997, 27: 3031～3038

Bechetoille N, Dezutter-Dambuyant C, Damour O, et al. Effects of solar ultraviolet radiation on engineered human skin equivalent containing both Langerhans cells and dermal dendritic cells. Tissue Eng, 2007, 13 (11): 2667～2679

Becker D, Kuhn U, Lempertz U, et al. Flow-cytometric screening for the modulation of receptor-mediated endocytosis in human dendritic cells: implications for the development of an in vitro technique for predictive testing of contact sensitizers. Journal of Immunological Methods, 1997, 203, 171～180.

Coquette A, Berna N, Vandenbosch, et al. Analysis of interleukin-1α(IL-1α) and interleukin-8 (IL-8) expression and release in *in vitro* reconstructed human epidermis for the prediction of in vivo skin irritation and/or sesitization. Toxicology in Vitro, 2003, 17: 311～321

Corsini E, Limiroli E, Marinovich M, et al. Selective induction of interleukin-12 in reconstructed human epidermis by chemical allergens. Alternatives To Laboratory Animals, 1999, 27: 261～269

Coutant KD, de Brugerolle de Fraissinette A, Cordier A, et al. Modulation of the activity of human monocyte-derived dendritic cells by chemical haptens, a metal allergen, and a staphylococcal superantigen. Toxicological Sciences, 1999, 52: 189～198

De Smedt AC, Van Den Heuvel RL, Van Tendeloo VF, et al. Phenotypic alterations and IL-1 beta production in CD34(+) progenitor- and monocyte-derived dendritic cells after exposure to allergens: a comparative analysis. Archives of Dermatological Research, 2002, 294: 109～116

Degwert J, Steckel F, Hoppe U, Kligman H. In vitro model for contact sensitization: I. Stimulatory capacities of human blood-derived dendritic cells and their phenotypical alterations in the presence of contact sensitizers. Toxicology in Vitro, 1997, 11: 613～618

Dezutter-Dambuyant C, Black A, Bechetoille N, et al. Evolutive skin reconstructions: from the dermal collagen-glycosaminoglycan-chitosane substrate to an immunocompetent reconstructed skin. Bio-Med. Mat. and Eng, 2006, 16: S85～S94

Eskes C, Zuang V. Alternative (non-animal) method for cosmetics testing : current status and future prospects. ATLA, 2005, 33: suppl, 147～175

Facy V, Flouret V, R gnier M, Schmidt R. Langerhans cells integrated in human reconstructed epidermis respond to known sensitizers and ultraviolet exposure. J. Invest. Dermatol, 2004, 122(2): 552～553

Facy V, Flouret V, Régnier M, Schmidt R. Reactivity of human Langerhans cells in human reconstructed epidermis to known allergens and UV radiation. Toxicol. In Vitro, 2005, 19: 787～795

Gad SC. The mouse ear swelling test (MEST) in the 1990s. Toxicol, 1994, 93: 33～46

Gerberick GF, Sikorski EE. In vitro and in vivo testing techniques for allergic contact dermatitis. American Journal of Contact Dermatitis, 1998, 9: 111～118

Gerberick GF, Vassallo JD, Bailey RE, et al. Development of a peptide reactivity assay for screening contact allergens. Toxicological Sciences, 2004, 81: 332～343

Hulette BC, Ryan CA, Gerberick GF. Elucidating changes in surface marker expression of dendritic cells following chemical allergen treatment. Toxicology and Applied Pharmacology, 2002, 182: 226～233

Kaplan DH, Kissenpfennig A, Clausen BE. Insights into Langerhans cell function from Langerhans cell ablation models. Eur. J. Immunol, 2008, 38: 2369～2376

Larsen CP, Steinman RM, Witmer-Pack M, et al. Migration and maturation of Langerhans cells in skin transplants and explants. J. Exp. Med, 1990, 172: 1483～1493

Lozsekova A, Kaiser HW, Danilla T, et al. The effect of nickel sulfate, potassium dichromate, cobalt nitrate and cadmium sulphate on the proteins of cellular contacts and actin skeleton of cultivated human keratinocytes. Bratisl Lek Listy, 2002, 103: 254～259

Ochoa MT, Loncaric A, Krutzik SR, et al. "dermal dendritic cells" comprise two distinct populations: CD1+ dendritic cells and CD209+ macrophages. J Invest Dermatol,

2008,128(9): 2225～2231

Régnier M, Staquet MJ, Schmitt D, Schmidt R. Integration of Langerhans cells into a pigmented reconstructed human epidermis. J. Invest. Dermatol, 1997, 109: 510～512

Rougier N, Redziniak G, Mougin D, et al. In vitro evaluation of the sensitization potential of weak contact allergens using Langerhans-like dendritic cells and autologous T cells. Toxicology, 2000, 145, 73～82

Rustemeyer T, De Ligter S, Von Blomberg ME, et al. Human T lymphocyte priming in vitro by haptenated autologous dendritic cells. Clinical and Experimental Immunology, 1999, 117, 209～216

Ryan CA, Hulette BC, Gerberick GF. Approaches for the development of cellbased in vitro methods for contact sensitization. Toxicology In Vitro, 2001, 15: 43～55

Sailstad DM, Hattan D, Hill RN, Stokes WS. ICCVAM evaluation of the murine local lymph node assay. I. The ICCVAM review process. Regul. Toxicol. Pharmacol, 2001, 34: 249～257

SCCNFP. The Scientific Committee on Cosmetic Products and Non-Food Products Intended for Consumers Notes of Guidance For Testing of Cosmetic Ingredients For TheirSafety Evaluation. SCCNFP/0321/00 Final, adopted by the SCCNFP during the plenary meeting of 24 October 2000

Schaerli P, Willimann K, Ebert LM, et al. Cutaneous CXCL14 targets blood precursors to epidermal niches for Langerhans cell differentiation. Immunity, 2005, 23: 331～342

Sens-it-iv: Novel Testing Strategies for In Vitro Assessment of Allergens. 2005-2010, http: /www. Sens-it-iv. eu

Uchino T, Takezawa T and Ikarashi Y. Reconstruction of three-dimensional human skin model composed of dendritic cells, keratinocytes and fibroblasts utilizing a handy scaffold of collagen vitrigel membrane. Toxicol. In Vitro, 2009, 23: 333～337

Verrier AC, Schmitt D, Staquet MJ. Fragrance and contact allergens in vitro modulate the HLA-DR and E-Cadherin expression on human epidermal Langerhans cells. International Archives of Allergy and Immunology, 1999, 120: 56～62

Wakem P, Burns RP, Ramirez F, et al. Allergens and irritants transcriptionally upregulate CD80 gene expression in human keratinocytes. Journal of Investigative Dermatology, 2000, 114: 1085～1092

Wilmer JL, Burleson FG, Kayama F, et al. Cytokine induction in human epidermal keratinocytes exposed to contact irritants and its relation to chemical-induced inflammation in mouse skin. Journal of Investigative Dermatology, 1994, 102: 915～922

Yamada N, Katz SI. Generation of mature dendritic cells from a $CD14^+$ cell line (XS52) by IL-4, TNF-α, IL-1b, and agonistic anti-CD40 monoclonal antibody. Journal of Immunology, 1999, 163: 5331～5337

Yokozeki H, Katayama I, Nishioka K. Experimental study for the development of an in vitro test for contact allergens. 1. Primary activation of hapten-specific T cells by hapten-conjugated epidermal cells. International Archives of Allergy and Immunology, 1995, 106: 394～400

Yoshida Y, Sakaguchi H, Ito Y, et al. Evaluation of the skin sensitization potential of chemicals using expression of co-stimulatory molecules, CD54 and CD86, on the naive THP-1 cell line. Toxicology In Vitro, 2003, 17: 221～228

Zinke S, Gerner I, Schlede E. Evaluation of a rule base for identifying contact allergens by using a regulatory database: Comparison of data on chemicals notified in the European Union with "structural alerts" used in the DEREK expert system. Altern Lab Anim, 2002, 30: 285～298

第 12 章　光毒性试验及替代方法
Chapter 12　Photo-induced Toxicity Test and Alternative Methods

第 1 节　概　　述

皮肤光毒性(phototoxicity)是指皮肤一次接触某些化学物质继而暴露于特定波长的光线照射下所产生的局部或全身的毒性反应,或全身接触某种化学物质后通过一定途径经血流到达皮肤,经光照后激活诱发的类似于皮肤刺激的反应。传统的皮肤光毒性试验以动物试验为主,20 世纪 80 年代以来,光毒性的体外替代试验得到较快的发展,急性光毒性效应已找到完全替代动物试验的方法,光遗传毒性和光变应性的替代方法也逐渐被重视和关注。

一、光毒性效应

化学物质通过经口、注射或局部途径进入体内后在光线参与下诱发的不良反应均可称之为光毒性效应,具有产生光毒性效应的物质称为光敏物质(photosensitiser)。光敏物质分为内源性和外源性两种。光毒性作用分为内源性毒性作用和外源性毒性作用。光毒性效应是光敏物质与光线联合诱发的多种机制参与的复杂过程(图 12-1),包括急性光刺激性、光变态反应、光遗传毒性和光致癌性等。

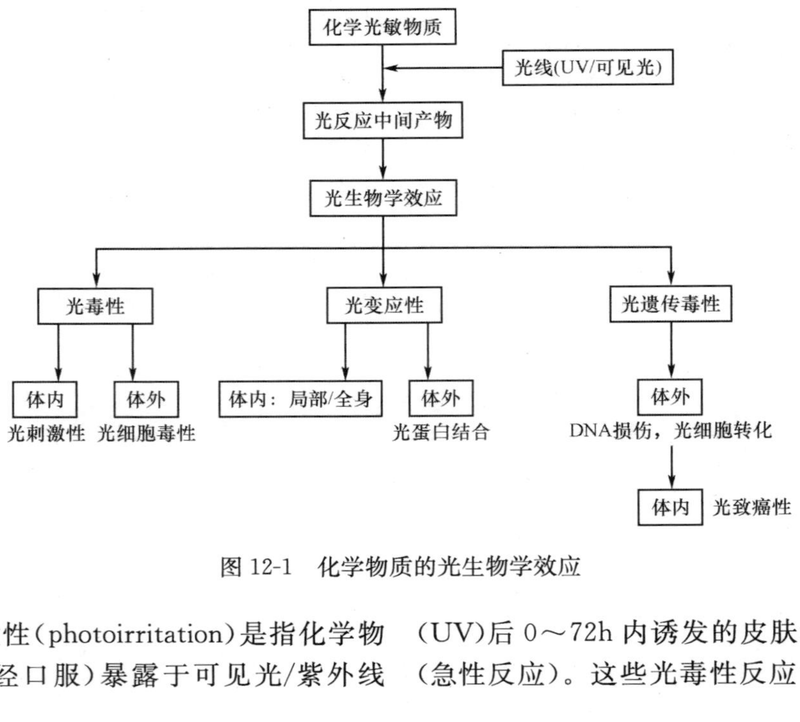

图 12-1　化学物质的光生物学效应

光刺激性(photoirritation)是指化学物质(局部或经口服)暴露于可见光/紫外线(UV)后 0～72h 内诱发的皮肤光毒性反应(急性反应)。这些光毒性反应常常导致细胞非特异性损伤(如阳光灼伤)。光敏性反应(photosensitisation)是指正常无效应照射剂量诱导的一个反应过程,在这个试验系统中,具有特殊的吸收射线的物质(光致敏剂)在相同的照射剂量下能引起另一种物质(底物)发生改变,当用于描述皮肤对外源性化学物质和 UV/可见光的反应时,通常还包括光毒性和光变态反应。

光变态反应/光变应性反应(photoallergy)是一种获得性免疫反应,皮肤第 1 次接触化学物质和光线时不产生,需要经过 1～2 周的诱导期再次接触光致敏剂以及 UV/可见光照射才能观察到皮肤反应。光遗传毒性/光致突变性(photogenotoxicity/photomutagenicity)指在遗传学水平发生的基因毒性反应,是暴露于化学物质(光敏剂)和无遗传毒性剂量的紫外线/可见光时诱发的反应。光致癌性(photocarcinogenicity)指由于重复光线照射和使用某一化学物质而诱发的致癌性。如果某一化学物具有增强紫外线诱发肿瘤形成的作用,称之为“光协同致癌作用(photo co-carcinogenesis)”。

根据国际照明委员会(CIE)推荐的定义,紫外光(UV)波长范围为 UVA(315～400nm)、UVB(280～315nm)和 UVC(100～280nm);UVB 和 UVA 的分界线通常在 320nm,UVA 可在 340nm 处分为 UV-A1 和 UV-A2。可见光(VIS)的波长为 400～750nm,范围介于紫外线和红外线之间。

二、光毒性临床表现

不受保护的皮肤暴露于阳光或人造光源的紫外线下可引发毒性反应,既包括急性可逆性的反应,如阳光灼伤(红斑)和晒黑(皮肤黑色素增加);也包括慢性不可逆的反应,如皮肤早衰(失去弹性)和皮肤癌变等。皮肤暴露于 UVB 可选择性地改变皮肤的免疫功能,使皮肤对致敏原和微生物(Ⅰ型和Ⅱ型如单纯疱疹病毒)的免疫反应发生改变,这种免疫功能的改变可促使皮肤癌发生和发展。外源光敏物质还可以通过局部皮肤接触或经全身其他组织吸收经血流到达皮肤,经光照射后被激活,从而发生光敏作用。光毒性的临床表现主要有以下几种。

(一) 光毒性皮炎

光毒性皮炎(phototoxic dermatitis)是由光激活化学物引起的非免疫性、光诱导的皮炎。皮肤里的化学物质暴露于特定波长的光,在生理上阈剂量下的光或生理上“无作用”的光照射下引起机体的特定效应。少数光毒性皮炎是由光直接刺激皮肤形成一个稳定的光毒性产物而诱发,绝大多数光毒性皮炎则是由射线作用后形成的中间产物诱发,例如使脂类过氧化引起局部发炎。光毒性皮炎有氧化依赖型和非氧化依赖两种类型。氧化依赖型的反应中有氧分子参加,它们吸收光子并获得能量,产生单线态氧(O^-)、超氧阴离子、羟自由基并造成皮肤损害,如原卟啉的光毒性反应。非氧化依赖型反应不需要氧,反应中化学物直接吸收光子并处于活化状态,再与靶分子作用形成光化学产物,如 8-甲氧补骨脂素(8-methoxypsoralen,8-MOP)、氯丙嗪和普罗替林等诱导的光毒性反应。光毒性皮炎的临床表现类似于化学物的原发性刺激反应,其特点是表现为皮肤的红斑反应、水肿、皮肤剥落或伴有消退后的过度色素沉着,受影响区域一般仅限于暴露光线的区域。光毒性反应的严重程度与剂量有关,可能的光毒性物质包括四环素、磺胺类药物、氯丙嗪、蒽(色素成分)、卟啉、补骨脂素(光化学治疗剂)、硫化铬、某些色素、煤焦油和香水等,见表 12-1。

(二) 光变应性接触性皮炎

光变应性接触性皮炎(photoallergic

contact dermatitis,PCD)是皮肤接触光变应原物质后在暴露于光线的部位出现的炎症反应,而在不接触光的部位则不出现这种反应。该变应性反应属于T细胞介导的湿疹样反应,表现以湿疹为特征,在暴露部位出现小疱疹和发展为大疱疹,并伴有脱屑、结痂,慢性阶段可出现苔藓样皮肤增厚。例如,皮肤接触含有对羟基甲酸及其酯类物质等变应原的防晒化妆品,只要一次接触日光即可发生此类皮炎,并持续1周左右。葵子麝香是重要的光变应原,皮肤使用含该香料的化妆品可引发光变应性皮炎,甚至可发展为持久性光敏反应。接触含煤焦油染料的化妆品可引起光变应性皮炎,后期可出现色素沉着,也称之为“色素性化妆品皮炎”。光变应性反应的程度不完全与剂量相关,对于某些特应性的个体,相对低剂量的暴露也可能引起很严重的皮肤反应。常见的光致敏原包括磺胺类药物、吩噻嗪、香豆素、苯胺、葵子麝香(剃须液),对氨基苯甲酸衍生物(防晒剂),见表12-1。

表 12-1 常见的光毒性化合物和光变应原

光毒性化合物	光变应原	光毒性化合物	光变应原
染料类	卤素、水杨酰苯胺类	呋喃香豆素类	吩噻嗪类
蒽醌	四氯水杨酰苯胺	补骨脂素	氯丙嗪
曙红	三溴水杨酰苯胺	8-甲氧基补骨脂	异丙嗪
亚甲蓝	二溴水杨酰苯胺	4,5,8 三甲基补骨脂	防晒剂类
煤焦油衍生物	三氯碳酰替苯胺	药物	对氨基苯甲酸脂
吖啶	硫氯酚	萘啶酮酸	二倍酰三油酸盐
蒽	磺胺类	吩噻嗪类	增白剂
菲	抗真菌药	磺胺类	芪类
吡啶	硫双氯酚	四环素	香料
	溴氯柳苯胺	噻嗪类	合成麝香
			甲基香豆素

(三)职业性色素加深

过度接触紫外线、日光、红外线、煤焦油及其衍生物、橡胶改良剂和防老化剂,无机砷、碳素及某些染料,或从事避孕药及氯丙嗪生产等,均有可能引起皮肤色素增多。紫外线作用于黑素细胞,引起黑素在细胞内从底部向表面转移重新分布,造成皮肤色素增加。在UV下照射5min内,皮肤可暂时性变黑,称为晒斑反应(sunburn),主要由长波紫外线UVA引起。当紫外线照射较长时间后,在UVB的作用下,表皮内黑素细胞数目增加,合成新的黑素,黑素体将黑素转运到表皮角质细胞中,皮肤色素加深。

煤焦油和沥青等物质中含有强光敏性物质蒽、甲基蒽及荧蒽等,当UV照射到吸收了这些物质的皮肤时,激发形成光敏物质,皮肤发生光毒性炎症反应。还原型谷胱甘肽可抑制黑素形成,紫外线照射和细胞炎症反应促使谷胱甘肽发生氧化,阻断还原型谷胱甘肽对黑素形成的抑制,色素形成加速。长期职业接触煤焦油和沥青可形成职业性黑变病。

(四)皮肤癌

使人体产生皮肤癌的主要因素是紫外线照射,鳞状细胞癌和表皮基底细胞癌通常与慢性或过量的UV暴露相联系。部分化学物质也能诱发皮肤癌,如流行病学调查发现煤烟中的化学致癌物可引起阴囊皮肤癌。

某些化学物如多环芳烃和无机砷等还参与UV致癌作用的调控。

三、光毒性效应机制

许多种类的化学物质能诱导产生光毒性效应，光毒性效应的化学和生物学机制见图12-2。光敏物质的共同特点是能吸收300～750nm波长范围的光线，吸收光能量后被激活为活跃的单线态。激发后的一些分子会以不同的方式释放能量，包括光分解/光降解等过程，导致毒性产物形成。按照光化学第一定律（Grotthus-Draper定律），只有吸收足够的光量子才能发生光化学反应。因此，测定UV/可见吸收光谱是任何体外或体内生物系统测试光敏特性的前提。测定方法可参考OECD试验指南101和国家GB/T9721-2006化学试剂分子吸收分光光度法（紫外可见光部分）。如果摩尔消光/吸收系数小于10L/(mol·cm^2)，则该化学物质光吸收低，不可能具有光反应性。该化学物质不必进行急性光毒性试验，也不必进行任何其他测定光化学效应的生物学试验。

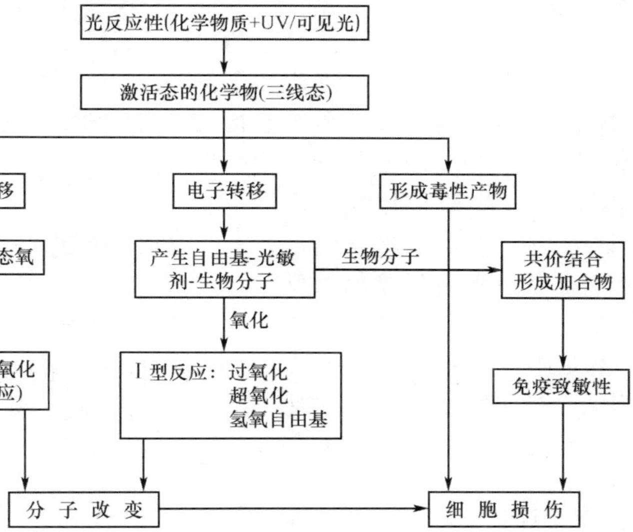

图 12-2　光毒性效应发生机制

具有光毒性的化学物质（光毒物质）在UV/可见光照射下吸收光子后可形成两种电子激活状态：一种是单线态，半衰期较短；一种是三线态，半衰期较长。几乎全部的光致敏氧化过程都是通过三线态的光致敏剂引起的。三线态的光毒性物质诱导两种反应：一种是电子还原或氢离子转移（自由基）的Ⅰ型反应，这个过程需不需氧均可；另一种是能量转移到氧形成激活态的单线氧的Ⅱ型反应。Ⅰ型和Ⅱ型反应主要取决于光毒性物质和底物的化学特性、反应条件（如溶质、酸碱度、光毒性物质、底物和氧的浓度），有时还取决于光毒性物质的吸收光谱。

尽管比单线态光毒性物质有更长的半衰期，但典型三线态光毒性物质的半衰期也仅有亚毫秒。因此，光毒性物质需要在其生物学靶点附近激活才能发挥有效的光毒性作用。细胞内光致敏剂的氧化作用靶点包括细胞膜、细胞器和细胞核等。

某些光毒性物质的稳定光降解产物可起到毒素的作用或再次成为光毒性物质，对机体造成伤害。但多数反应类型可能只有短时的低能量激活态的有效过程，特别是当光毒性物质在“无光”条件下连接于大分子物质时，如8-MOP连接于DNA或四氯水杨酰苯胺（tetrachlorosalicylanilide）连接于血清白蛋白。

光毒性反应和光变应性反应是有区别的，只要接触或体内存在有足够剂量的引发光毒性反应的物质，经一定波长和强度的紫外线或可见光照射，所有个体均会发生光毒性反应；而光变应性反应取决于接触者机体所具有的特应性。光照使皮肤产生光变应原的反应途径有两种：一是化学物质吸收光线后直接转变为致敏原；二是化学物质吸收光线后，产生一个可与细胞成分（蛋白质）连接的中间媒介物（半抗原），后者再与蛋白质结合为变应原或进一步吸收光线后改变复合物的抗原性。因此，光变应性可认为是由光毒性物质-蛋白结合物中间产物引起的一种迟发型超敏反应。所以，与皮肤蛋白的结合是光变应原的重要特点，但不是唯一的特点。影响光毒性物质和细胞结合的理化因素主要包括油水分配系数、溶解度、离子性质和相对分子量等。

近年来，光遗传毒性和光致癌性作为化学物质UV光毒性效应的终点引起了药品、化妆品企业监管部门和科学家的重视，但评价这些终点的标准方法尚有待建立。

四、光毒性作用的法规与标准要求

（一）化妆品

根据欧盟化妆品与非食品科学委员会（Scientific Committee on Cosmetic Products and Non-Food Products Intended for Consumers，SCCNFP）现行的指南，能吸收紫外线的化妆品成分和化妆品成分的混合物（用于紫外线过滤剂的化学物，用于确保化妆品的光稳定性或用于防晒产品中）应进行急性光毒性和潜在光遗传毒性测试。虽然对于潜在光致敏性（免疫光敏性）测试不作特别要求，但这类试验也常进行。《中国化妆品卫生规范》（2007版）规定，化妆品的新原料一般需进行包括皮肤和急性眼刺激性/腐蚀性、皮肤变态反应和皮肤光毒性和光敏感等在内的多项毒理学试验。

（二）化学品

欧盟关于危险品分类、包装和标识的官方指南（EU Directive 67/548/EEC）中官方的化学品试验方法列于指令67/548/EEC附录V，2000年修订的指令附录V之B部分包括41项毒性试验方法，其中光毒性的检测为细胞试验。

五、光毒性替代方法概述

（一）急性光毒性

经过1992年～1998年严格的多中心试验和验证研究，体外光毒性3T3中性红摄取试验（3T3 neutral red uptake phototoxicity test，3T3-NRU-PT）于1998年被SCCNFP认可，并被EMEA/CPMP推荐为急性光毒性临床前试验的一个基本方法。该方法在2000年被认可列为欧盟指令67/548/EEC附录V的第41号方法。2002年，OECD接受该方法作为新的试验指南432方法。体外3T3光毒性中性红摄取试验可作为鉴定潜在急性光毒性的基本筛选方法。

另外两种经过双盲对照测试法正式评价的体外试验方法是红细胞光毒性测试（RBC phototoxicity test，RBC-PT）和人三维皮肤模型光毒性测试（human-D skin model phototoxicity test，H3D-PT）。这两种方法是3T3中性红摄取光毒性试验有效和重要的辅助方法，能弥补3T3中性红摄取光毒性试验的某些不足。

总之，化学物急性光毒性危害能够通过有效的体外测试方法进行鉴别，动物实验可以被完全替代。

（二）光遗传毒性

在光遗传毒性领域，几乎所有的体外遗传毒性试验方法都被转化为光遗传毒性试验方法。染色体断裂作用的试验如光-染色体致畸变试验（photo-chromosome aberration，P-CAT）和光微核试验（photo-micronucleus test，P-MNT），比专门预测基因突变的测试方法如光-Ames测试法（photo-ames test，P-Ames法）和光-胸腺嘧啶激酶测试法（photo-thymidine kinase test，P-TKT）更为重要。另外，研发了许多有发展前景的指示性试验（indicator tests），如光-彗星试验（photo-comet assay，P-Comet）。虽然上述方法都在实验室常规运用，但目前为止这些光遗传毒性测试方法还没有通过正式的验证。P-MNT法和P-Comet法现正处于实验室间正式验证评估阶段。

（三）光变态反应（光敏性反应）

尽管"无光照下"预测潜在迟发型接触性过敏反应（delayed contact sensitization/allergenicity）的体外试验方法得到了发展，但在光变态反应（光敏性反应）领域，由于无法模拟潜在变态反应复杂作用机制，目前还没有有效体外测试方法（见第11章）。一种模拟光活化化学物与人血清蛋白共价结合的体外筛选方法可能会成为实质性的方法。尽管激活的化学物与蛋白质结合是光变态反应的先决条件，但这并不能作为独立的预测方法。现今正在开发的唯一有希望的方法是体内优化方法，如光局部淋巴结测试法（photo local lymph node assay，PLLNA）。一旦一种评价潜在"暗"敏感作用（无光敏感作用）的可靠的、预测性的体外方法试验组合和策略被研发和被认可，这类方法可能同样适用于评价相似的光敏性反应物质。

第2节　光毒性的体内试验

一、人体光斑贴试验（human photopatch testing）

欧洲的光斑贴试验工作组成立于1984年，目的是为了研究光变态反应和进行流行病学调查。从1985年到1997年共进行了两期研究，最后明确了对23种化学物质的人体光斑贴流行病学调查结果，这些物质可作为皮肤光斑贴试验的标准参考，包括四氯水杨酰苯胺（tetrachlorosalicylanilide）、溴柳氯苯胺（monobromosalicylchloranilide）、六氯酚（hexachlorophene）、硫氯酚（bithionol）、磺胺（sulphanilamide）、异丙嗪（promethazine）、奎尼定（quinidine）、葵子麝香（musk ambrette）、对氨基苯甲酸（p-aminobenzoic acid）、对甲氧基肉桂酸异戊酯（isoamyl p-methoxycinnamate）、2-乙基己基对甲氧基肉桂酸酯（2-ethylhexyl p-methoxycinnamate）、3-(4-甲基苯亚甲基）樟脑（3-[4-methylbenzylidene] camphor）、氰苯甲酮（oxybenzone）、舒利苯酮（sulisobenzone）、氯丙嗪（chlorpromazine）、喹乙醇（olaquindo）等。可用于体外光毒性试验方法的验证标准物质见表12-2。

表 12-2 体外光刺激性验证参考化学物质

序号	名称(中文)	名称(英文)	体内	评价		
				PHF	OD	判定
1	2-羟基-4-甲氧基二苯甲酮	2-hydroxy-4-methoxybenzophenone	−	−	−	−
2	5-甲氧基补骨脂	5-methoxypsoralen(5-MOP)	+	−	−	−
3	6-甲基香豆素	6-methylcoumarin	+	+/−	+	+
4	盐酸丫啶	acridine hydrochloride	+	+/−	+	+
5	丫啶(游离碱)	acridine free base	+	+	+	+
6	乙胺碘呋酮	amiodarone	+	+/−	−	+/−
7	蒽	anthracene	+	+/−	+	+
8	香柠檬油；佛手柑油	bergamot oil	+	−	+	+
9	硫氯酚；硫双二氯酚	bithionol	+	+/−	+	+
10	盐酸氯己定;盐酸洗必泰	chlorhexidine dihydrochloride	−	−	−	−
11	氯丙嗪	chlorpromazine	+	+/−	+	+
12	地美环素；去甲基金霉素	demeclocycline	+	−	+	+
13	非诺贝特；降脂异丙酯	fenofibrate	+	+	+	+
14	呋塞米;利尿磺胺;速尿,呋喃苯胺酸	furosemide	+/−	−	−	−
15	六氯酚	hexachlorophene	−	−	+	+
16	酮洛芬;酮基布洛芬	ketoprofen	+	+	+	+
17	十二烷基硫酸钠	sodium lauryl sulphate	−	−	−	−
18	葵子麝香	musk ambrette	+	+	+	+
19	萘啶酮酸钠	nalidixic acid sodium salt	+	+/−	+	+
20	萘啶酮酸(无盐)	nalidixic acid free salt	+	−	+	+
21	中性红	neutral red	+	+	+	+
22	诺氟沙星；氟哌酸	norfloxacin	+	−	+	+
23	氧氟沙星	ofloxacin	+	−	−	−
24	对氨基苯甲酸	p-aminobenzoic acid(PABA)	−	−	+	+
25	青霉素 G,盘尼西林	penicillin G	−	−	−	−
26	异丙嗪	promethazine	+	−	+	+
27	卟啉 IX(自由酸)	protoporphyrin IX free acid	+	+	+	+
28	卟啉 IX 二钠	protoporphyrin IX disodium	+	+	−	+
29	玫瑰红;四碘四氯荧光素	rose bengal	+	+	+	+
30	噻洛芬酸；苯噻丙酸；苯酰甲基噻吩乙酸	tiaprofenic acid	+	+	+	+

注:PHF:光溶血因子;OD_{max}:光密度;+:阳性;−:阴性,+/−:不确定

人体光斑贴试验是通过在人体皮肤表面直接敷贴受试物并同时接受一定剂量适当波长紫外线照射的方法,是检测诱发光毒性与光变应性皮炎的光敏剂以及检测机体对某些光敏剂反应的一种皮肤试验。方法和一般的斑贴试验一样,首先将被检物贴敷

在患者背部或前臂屈侧，同时照射 UVB 和 UVA，测定其最小红斑量（minimal erythema dose，MED）。24～48h 后以 3/4MED 的光线照射贴敷物的一半，再过 48h 观察结果，如果仅在贴敷物＋照射部位发红、水肿或发生小丘疹（有时发生小水疱）时为阳性反应，被检物质即是光敏物质。

（一）光斑贴试验程序

一般采用汞气石英灯或水冷式石英灯，光源到皮肤的距离为 50cm。试验前 24h 测定最小红斑量。加有可疑光敏物质的 Finn 小室（斑贴试验胶带）贴于志愿者背部，同时做三处闭合斑贴试验，或使用斑贴试验胶带同时进行几种不同受试物的检测。24h 后去除 3 处斑贴试验物，其中一处立即用遮光物覆盖，避免任何光线照射，作为对照；第二处用低于 MED 的亚红斑量照射（主要是 UVB）；第三处用经普通窗玻璃滤过的光源照射（主要是 UVA，剂量为 10 J/cm^2 UVA，时间为 MED 的 20～30 倍。于照射后 0、24、48、72h 后观察记录结果。

（二）结果判定

仅在亚红斑量照射处出现阳性反应（晒斑样）可判定为光毒性反应；仅在经滤过后光源照射处出现阳性反应（湿疹样）可判定为光变应性反应；若后两者均出现阳性反应则说明既有光毒反应又有光变应性反应。

二、光毒性动物实验

将一定量受试物涂抹在动物去毛的背部皮肤上，经一定时间间隔后暴露于 UVA 光线下，观察受试动物皮肤反应并确定该受试物是否有光毒性。

（一）试验程序

使用 6 只成年白色实验兔或白化豚鼠，雌雄各半。使用波长为 320～400nm 的 UVA 光源，UVA 的剂量不得超过 0.1J/cm^2，照射剂量为 10J/cm^2。阳性对照为 8-甲氧基补骨脂。

正式光毒试验前 18～24h 于动物脊柱两侧选择 4 块区域皮肤去毛，左侧从前到后分别编号为 1、3，右侧为 2、4，每块面积约为 2cm×2cm。正式试验时将动物固定，在动物去毛区 1 和 2 涂敷 0.2ml(g) 受试物。所用受试物浓度不能引起皮肤刺激反应（可通过预试验确定），30min 后，左侧（去毛区 1 和 3）用铝箔覆盖，胶带固定，右侧用 UVA 进行照射。结束后分别于 1、24、48、72h 观察皮肤反应，对每只动物皮肤反应评分。

（二）结果评价

单纯涂受试物而未经照射区域未出现皮肤反应，而涂受试物后经照射的区域出现皮肤反应分值之和为 2 或 2 以上的动物数为 1 只或 1 只以上时，判为受试物具有光毒性。

附：光源的选择

光毒性试验通常采用两种类型的光源：一种是日光/UV 辐射光源，只发射有限范围的光谱，如 UVA 或 UVB 荧光管以及汞弧灯；另一种是模拟太阳光的发射光谱的光源，如常规实验室用于 3T3 NRU 光毒性试验的光源采用的是经过滤后的汞金属灯，其发射的光线接近太阳光谱。图 12-3A 是 HOL 500 太阳光模拟器发射的光谱能量分布，图 12-3B 为 LOT-Oriel 公司的太阳模拟器（1.6kW）配备 WG335/3mm 滤波片后的光谱能量分布图。

研究光生物学效应时，光源的发射光谱和实际起作用光谱是十分重要的。广谱范围内的照射剂量的测定对于实验室内测定数据的比较固然重要，但某一波段内照射剂量的稳定性同样需要经常检测。太阳光模拟器是一种理想的人造光源，经滤过的太阳光模拟器发出的光能分布应接近于自然光。

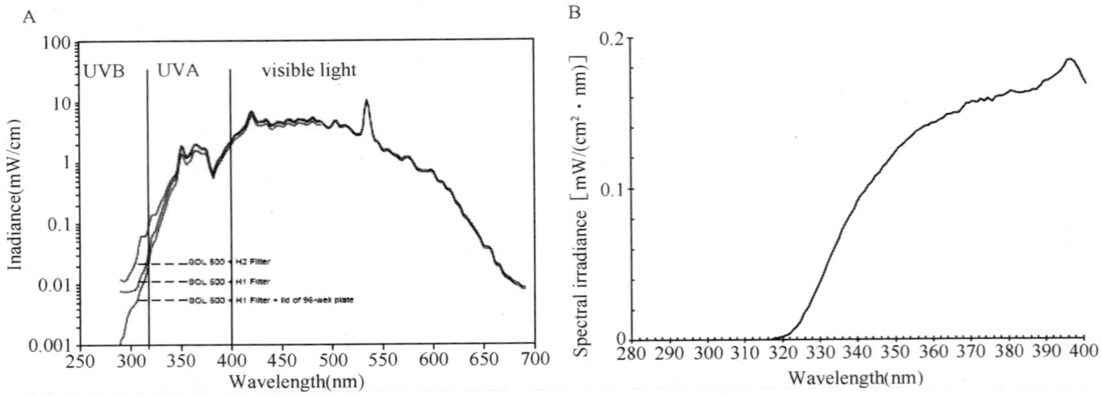

图 12-3　太阳光模拟器的光谱能量分布图

A. HOL500；B. LOT-Oriel

氙弧灯卤化汞灯常用于太阳光模拟器，后者具有散热少和价格便宜的优点，但与太阳光的匹配程度不如氙弧灯。欧盟试验方法指出"光敏反应通常与 UVA 和可见光区域相关，而与 UVB 相关性小，但 UVB 却具有较高的细胞毒性。随着波长从 313nm 到 280nm 变化，细胞毒性增加约 1000 倍"。由于所有太阳光模拟器都发射出相当数量的 UVB，因此，它们应经过适当的过滤以削弱 UVB 波长造成的高细胞毒性。

选择合适的光源和滤光片是光毒性试验的关键因素。光源的选择标准应包括：光源发射的光波长能被受试物吸收，光剂量（在一个合理的暴露时间内能达到的剂量）能满足已知光毒性化学物质的检测。此外，所用的波长和剂量不能有损于试验系统，如（红外区域）热量散发作用。光化学遗传毒性试验推荐用太阳模拟器，光源的特点需详细描述，特别是光源输出光谱中 UVB∶UVA 比例的信息，总体上自然光中二者比例约为 1∶20。应当注意光源中 UVB（290～320nm）的量需要适当增强，以增加所用试验方法的敏感性，当用单层哺乳动物细胞时适当增加 UVB 含量，当用修复缺陷器官时应增大 UVB 含量。

第 3 节　急性光毒性及替代方法

化学物急性光毒性是一次接触化学物和紫外光或可见光照射引起的急性反应。在体内只要化学物浓度和光剂量合适就能激发光毒性反应。"急性"既包括即时反应也包括延迟反应（如 48h）。因为已经有体外替代方法成功获得验证可用于监管目的，因此，欧洲从 2000 年起不再允许用动物进行急性光毒性体内实验。2004 年，国际间达成了可以用体外方法测试急性光毒性的一致意见。3T3-NRU-PT 成为核心测试法，它通常是法规要求的光毒性测试的唯一方法。当采用 3T3-NRU-PT 法无法获得足够的信息时，还可以用另外两种体外方法 RBC-PT 和 H3D-PT。RBC-PT 法的一个重要优势是在高剂量的 UVB 作用下也可使用，并能提供光毒性机制的信息，以及对受试物的生物利用度进行评价。虽然 H3D-PT 方法还没有通过正式验证，但目前在化妆品企业中，通常 3T3-NRU-PT 试验获得阳性结果的化学物再用 H3D-PT 方法进行测试，可评估化学物人体皮肤生物利用度的相关性。

一、3T3 成纤维细胞中性红摄取光毒性试验(3T3 NRU-PT)

本试验方法建立的基础是比较有或无非细胞毒性剂量的刺激性光照射情况下化学物的细胞毒性。用来预测化学物的体内光毒性效应。

(一) 原理

在 3T3-NRU-PT 法中,一种化学物的细胞毒性是其在"无光照"时的 IC_{50}(-UV)与其暴露在无细胞毒性剂量的紫外线下或波长>290nm的可见光时的 IC_{50}(+UV)相比所得值。光细胞毒性是以浓度相关的活性染料中性红摄取的减少值来表示的,即在有紫外光照射和无紫外光照射下的小鼠成纤维细胞系 BALB/c 3T3 暴露于化学物质 24h 后,比较中性红摄取(NRU)值的变化。

(二) 试验程序

加有不同浓度受试物的 3T3 细胞在 96 孔板中孵育 1h,然后,暴露在紫外线/可见光(有效 UVA 剂量为 $1.67mW/cm^2$)50min,24h 后测试中性红在 540nm 处的光密度值。同时,加有相同化学物的第二块板放在暗处做对照板。通过剂量-反应曲线的非线性拟合模型计算使细胞活性抑制 50%的受试物浓度(IC_{50})。为区别光刺激化学物和非光刺激化学物,可采用两种计算模型:一种是光刺激因子(photo irritation factor,PIF),定义为测得的无 UVA 照射和有 UVA 照射时 IC_{50} 值的比,即 PIF = IC_{50}(-UV)/IC_{50}(+UV);另一种是平均光效应(mean photo effect,MPE),即比较化学物在有 UV 光和无 UV 光时获得的剂量-反应曲线下面积,通过数学分析导出数值。

结果判断:如果 PIF<2 或 MPE<0.1 时,预测"无光毒性";如果 2<PIF<5 或 0.1<MPE<0.15 时,预测"可能有光毒性";如果 PIF>5 或 MPE>0.15 时,预测"有光毒性"。对每个开始建立这一测试的实验室,对新物质进行光毒性评价试验前应先测试列出的参考物质,只有对所列参考物质正确分类才能用于常规检测。一个计算 PIF 和 MPE 的软件包可从 COLIPA 和 OECD 的秘书处获得。

(三) 研发、验证和标准化

德国 Battelle 实验室最早用人体皮肤细胞进行体外光细胞毒性试验,后来,Beiersdorf(德国汉堡)实验室用开发了 BALB/c 小鼠成纤维细胞 3T3 NRU-PT 光毒性试验方法。1994 年,ZEBET 的统计学家从预验证阶段所用的 20 种测试化学物数据中开发了 PIF 预测模型,之后,汉堡大学的 Holzhütter 等人从正式验证研究获得的数据中开发了 MPE 预测模型。在 ZEBET 资助下 Peter 和 Holzhütter 开发和改进了数据处理和分析的软件。

3T3-NRU-PT 试验在 1992~1994 年进行了前验证研究,1994~1996 年进行了正式验证研究,用于验证的化学物质覆盖了目前已知的所有种类的光毒性药品和化学品共 31 种,见表 12-2。表中所列化学物质与红细胞光毒性试验验证参考物质相同。包括 5 种非光毒性物质和 25 种光毒性物质。表中所列的参考物质可用于检测实验室建立该方法的参考,也可用于质量控制和能力验证的参考。

3T3-NRU-PT 试验 1998 年通过了 EU/COLOPA 的科学性验证,2000 年,被欧盟委员会认可为指令 67/548/EEC 附录 V 中第 41 方法;2002 年,被经济合作和发展组织(OECD)列为草案,2004 年,正式作为指南 TG 432 发布;2002 年,被 EMEA(欧洲药品管理局)认可;2002 年,日本官方认可了该方法;2003 年,被美国食品药品食品和药物管理局(FDA)认可作为监管用途;2008 年,中国将其转化为国家标准(GB/T21769-2008)。

(四) 应用和局限性

3T3-NRU-PT 试验已成为世界范围内化妆品、化学品和药品工业试验室评价化学物光毒性的标准方法,用于化学品监管、化妆品原料测试和科学研究。

有研究表明,由于人体角质细胞有更强的紫外线吸收能力,所以在光细胞毒性试验中角质细胞的敏感性比小鼠成纤维细胞系要低。此外,3T3-NRU-PT 测试不能提供有关光毒性机制的信息,成纤维细胞单层模型与皮肤三维结构相比过于简单,它没有不同类型细胞之间以及细胞和胞外基质间的联导和相互作用,而且有些非水溶性的化学品只能在低浓度下进行测试,这使得测试结果不够可靠。还有许多复杂的混合物或配方不能够用这种方法测试。该测试方法只能够提供模拟类全身用药的化学品的直接光细胞毒性的信息,没有考虑到局部施用于皮肤表面的化学品的生物可利用率,因而不能用于评价一种受试化合物在人体皮肤上的生物利用率,而这个信息在许多情况下都是必要的。所以,在风险评估的实际进程中,除单层 3T3 NRU 细胞光毒性测试之外还需要进行 RBC-PT 试验和 H3D-PT 试验等其他体外测试作为补充。

二、联合血红细胞光毒性测试(RBC-PT)

光溶血是一种古老又简单的筛选光敏物质的体外技术。文献报道的光溶血试验有许多种方案,它们采用不同的光源和不同来源的红细胞。综合这些信息,Hetherington 和 Johnson 提出了测试药品和其他化学物潜在光毒性的光溶血方法。

另一个重要的光毒性终点是红细胞的自由基产物和血红蛋白的氧化。由于经常可以在红细胞的光毒性测试中观察到高铁血红蛋白的形成,因此,在 RBC-PT 光刺激试验中红细胞溶解和血红蛋白氧化两种现象可以进行联合检测。这一方法可用于在人体细胞水平上筛选光敏物和研究光毒性机制。如果光毒性化合物仅与 DNA 发生反应且活性氧(ROS)的产生不是细胞毒性机制的一部分,则会使 RBC-PT 测试出现阴性结果。

(一) 原理

进入红细胞的光毒物质接触光线后,可促使细胞膜阳离子流出,膜脂质过氧化,蛋白交联,形成甲基化血红蛋白,细胞肿胀乃至破裂、溶血,产生“光动力学反应”。RBC-PT 试验方法测定红细胞的两个终点:光溶血和甲基化-血红蛋白(met-haemoglobin, met-Hb)形成,包括光溶血(photo hemolysis test)和血红蛋白光氧化(hemoglobin photooxidation test)两个试验。

(二) 试验过程

将化学物质与红细胞接触,暴露于光线一段时间,在 525 nm 处测定吸光度评价光溶血作用,630nm 处测定吸光度评价 met-Hb 的形成。预测模型通过检测光溶血因子(photohaemolysis-factor, PHF)和最大吸光度值来确定化学物质的光毒性。PHF≥3.0 判定为光溶血阳性,最大吸光度值(Δ)OD_{max}≥0.05 判定为 met-Hb 形成阳性。

(三) 研发、验证和标准化

Hetherington 和 Johnson 开发了测试药品和其他化学物潜在光毒性的光溶血方法,目前的 RBC-PT 测试方法由 Beiersdorf 的 Pape 及其合作者开发。

在 COLIPA/ECVAM 前验证研究中 RBC-PT 测试方法获得的初步数据显示良好的前景。在 ECVAM/COLIPA 验证研究中有 3 个实验室参与了对 34 种光毒性物质的盲法测试，结果表明其准确率和敏感性较好，阳性预测率较高，重现性也较好，能较好地区分光毒性物质和非光毒性物质；但其阴性预测率低，假阴性较多，仍需进一步改进。结论认为，RBC-PT 测试与体内试验终点具有良好的一致性，并提供两种不同类型的光动力学反应机制的信息（甲基化血红蛋白形成表明Ⅰ型反应，光红细胞溶血效应表明原发性Ⅱ型反应）。用红细胞的另一个优点是其对太阳光的短波 UVB 部分有耐受性，使 PBC-PT 测试能较长时间地暴露于太阳光谱下。目前 RBC-PT 试验还没有被认可为急性光毒性体外测试的标准方法，但已成功通过 COLIPA/ECVAM 的双盲测试条件下的预验证和验证。

（四）应用和局限性

目前 RBC-PT 已用于欧洲（德国）、日本的一些实验室，中国质检和部分从事体外检测的实验室也开展此项检测。

RBC-PT 试验不是评价化学物急性光毒性的独立方法。与 3T3-NRU-PT 测试相比，RBC-PT 测试可以在照射光谱中有高剂量的 UVB 时应用，能提供 3T3-NRU-PT 测试所不能评估的光毒性机制信息。因此，RBC-PT 测试是体外测试很有用的辅助方法。将红细胞光溶血及血红蛋白光氧化两个试验方法联合可用于鉴别光致敏剂，并且从裂解红细胞和/或氧化氧合血红蛋白（oxy-Hb）的能力两个方面研究化学物质的光毒性作用机制。与单独使用光溶血试验相比，联合方法把光诱导 met-Hb 形成作为第 2 个检测终点，由于 met-Hb 可能在过度（高剂量）暴露于太阳光下产生，可作为Ⅰ型光动力学反应的结果。此外，与角质细胞或成纤维细胞相比，哺乳动物红细胞易于获得，再者由于其自身特殊性的细胞防御机制，红细胞与组织细胞相比更能暴露于高强度的 UV 射线下，特别是对于光线中的短波 UVB 具有较强耐受性。但由于红细胞无细胞核，该方法对于光遗传效应的检测不敏感。

三、人体三维皮肤模型的体外光毒性测试（H3D-PT）

三维重建皮肤模型可用商品化产品或来自少部分有经验的实验室。有 3 种类型：真皮模型（含皮肤成纤维细胞）、表皮模型（含皮肤角质细胞和角质层）和全层皮肤模型（含皮肤成纤维细胞、角质细胞和角质层）。因后两类模型含有代谢活性的原代皮肤细胞和皮肤屏障，故被称为“三维皮肤模型”。虽然皮肤模型已成功用于常规实验室的研究检验中，但只有标准化程度高和严格质量控制的皮肤模型才能用于体外毒性试验。

与单层细胞培养物相比（如 3T3 成纤维细胞），人体皮肤模型可适用于不同种类、不同方法制备的化学物，对受试物溶解性限制少，未经稀释、极端 pH 甚至“不可溶的”测试材料均可直接用于三维皮肤模型。

最早将三维皮肤模型应用于光毒性试验是在 1994～1995 年间，分别采用全层皮肤模型和表皮模型。目前应用最广泛的模型是 EpiDerm™ 和 SkinEthic™ 表皮模型。验证研究表明，当把光毒性试验方法从表皮模型转向全层皮膜模型时，基本试验方案和预测模型不需要更改。

由于器官型皮肤模型具有功能性的角质层结构，允许对局部使用的测试物进行生物利用度的研究，因此，H3D-PT 试验重要用途之一是确证 3T3-NRU-PT 法得到的阳性结果。例如，一些光过敏原（如香豆素、6-甲基香豆素、葵子麝香）在体内并不引起光刺激性，使用 3T3-NRU-PT 试验将其分类为阳性物质，但用皮肤模型试验能正确将其分类为阴性物质。真皮模型由于不含皮肤屏障，对光毒性化学物的敏感性与 3T3-NRU-PT

试验结果一样，对光毒性测试无优势。

（一）EpiSkin™模型光毒性试验

1. 试验过程 EpiSkin™皮肤模型是由EpiSkin公司（法国里昂）生产的由成人角质形成细胞经器官型培养而分化形成的多层人体表皮。简单地说，在一个塑料室底部包被着由Ⅰ型胶原和Ⅳ型胶原所组成的真皮替代物，其上接种成人角质形成细胞。经过空气暴露培养步骤，上皮分化为一个具有基底层、棘层、颗粒层（具备特殊生物标记）和角质层的三维重组表皮（表面积1.07 cm^2）（图12-4）。每个试剂盒包含12个单位的皮片和必须培养基、无菌培养板和质量检测证书（SDS半抑制浓度，MTT细胞活性和组织切片结果）。EpiSkin™板配送到实验室后需立刻转移到加有预热到37°C的维持培养基（每孔2ml）的12孔板中，然后在37°C、5%的二氧化碳和95%的湿度下培养过夜。

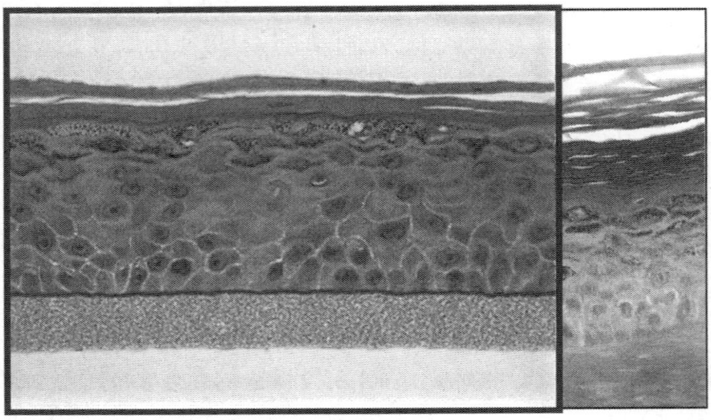

图12-4 培养第13天的EpiSkin™模型的组织学特征（Lelièvre供图）

第2天将表皮转移到加入1.5ml含钙镁离子的磷酸盐缓冲液的12孔板中。每个样品对应两个副孔。100μl各种浓度的待测化学品以直接加于皮肤表面或者加入到下层培养基中（类全身用药），对照则用100μl的相应溶剂处理。同时制备两块板，分别用于平行UVA照射和黑暗放置（对照）。2h后将剩余产品清除，然后对重建组织用已知的无细胞毒性的剂量进行照射（50J/cm^2 辐照剂量，97W/m^2）。在照射过程中，为了避免温度的升高，重建组织被放置在一块附带制冷装置的板上，同时经化学品处理但不进行辐照的对照组织被放置在相同条件下的暗处。照射后2h，将皮肤组织放在37°C、5%CO_2 和95%湿度下的新鲜维持培养基中培养过夜。最后进行细胞活性测定（MTT法），培养基样品分装储存在－20°C以进行炎症介质（IL-1α）的测定。

2. 结果分析 ①细胞活性：用一定浓度待测产品处理过的组织，在经照射和未经照射后都用两个副孔的平均值与对照组的比值表示；②IL-1α：计算不同浓度测试产品两个复孔IL-1α释放浓度的平均值，并用差值表示（IL-1α处理后组织减去IL-1α对照组织）。在测试产品与对照的差值为负的情况下结果都定为0。

3. 预测模型 光毒性的基本机制可以描述为角质形成细胞释放的促炎症介质伴随或引发毒性的过程。因此，一个经全身或局部处理后可吸收UVA和可见光的化学物在UVA照射后与未照射组相比，如果导致细胞毒性增加25 %以上或者IL-1α释放量之差≥40 pg/ml，则这个化学物就被预测为具有光毒性。相反，如果一个化学物既没有引起细胞毒性增加25%也没有引起IL 1α>

40pg,就被预测为无光毒性。

4. 举例说明　采用 EpiSkin™模型按上述程序对 3 种光毒性物(5-MOP、异丙嗪和 CPZ)和香豆素(不具光毒性)共 4 种化学物进行光毒性检测。结果如图 12-5 所示,无论用何种实验浓度的测试化合物处理未暴露于 UVA 的表皮模型,都既不引起细胞活力下降,也不会导致 IL-1α 释放量的上升(图 12-5)。然而在经过 UVA 照射后,具有光毒性的 5-MOP、异丙嗪和 CPZ 表现出显著的药物浓度与细胞毒性的正相关性。UVA 照射经不同浓度的 5-MOP 和 CPZ 处理过的表皮后,表皮的活力都会明显的降低,与未经药物处理的表皮相比其活力降低要超过 25%以上(图 12-5A,B)。异丙嗪只有在最高浓度时才显示出光毒性(图 12-5C)。同时,随着这些化合物浓度的上升,IL-1α 的释放量也显著上升,并伴随细胞死亡。经无光毒药物香豆素处理后的表皮经 UVA 照射后不会引起细胞毒性和IL-1α的释放 (图 12-5D)。按照预测模型的判定标准,EpiSkin™模型能正确区分这些已知的光毒性和无光毒性化合物。

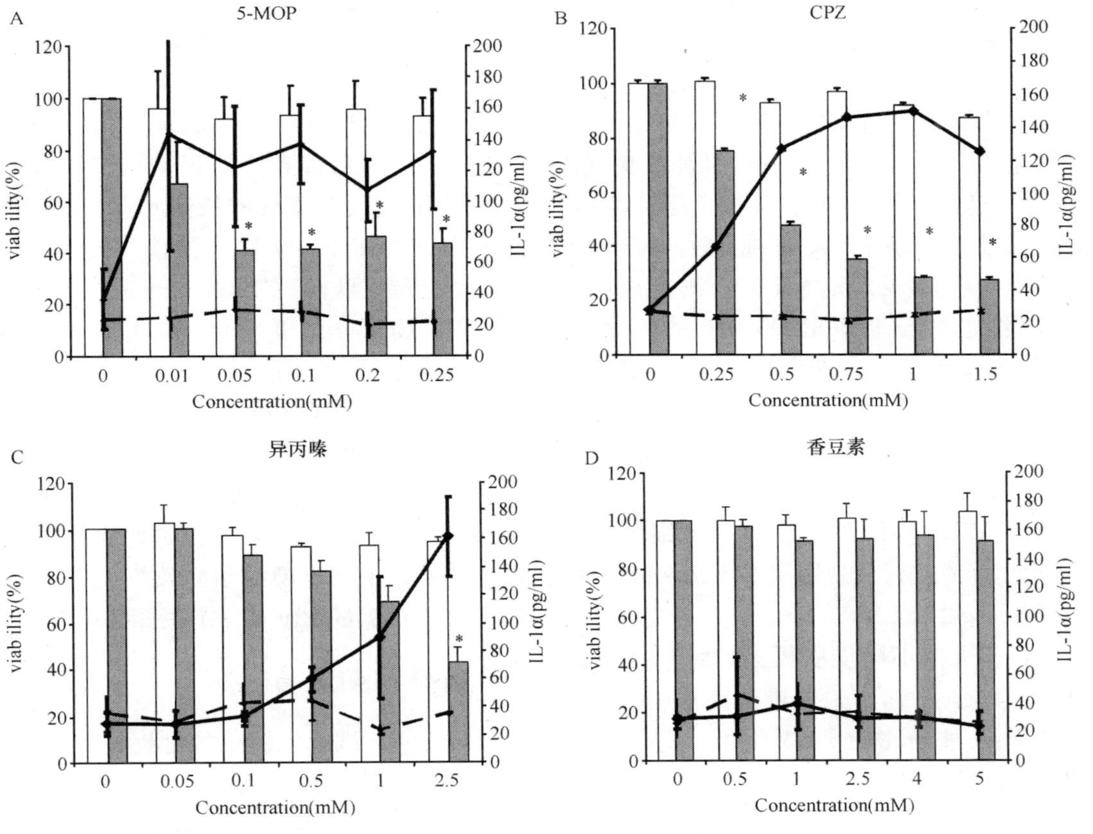

图 12-5　用 EpiSkin 模型检测 5-MOP (光毒性)、异丙嗪(光毒性)、CPZ (光毒性) 及香豆素(非光毒性)4 种化学物 UVA 照射后的光毒反应的结果(Lelièvre 供图)

□细胞活性(－UVA) ▨细胞活性(＋UVA)　－－IL-1α(－UVA) — IL-1α(＋UVA)

(二) EpiDerm™模型光毒性试验

EpiDerm™人工皮肤模型光毒性试验模式图见图 12-6,模型重建方法见第 8 章。

将符合标准的人工皮肤组织分为 3 组:①已知光毒素;②待测物;③非刺激物(非光

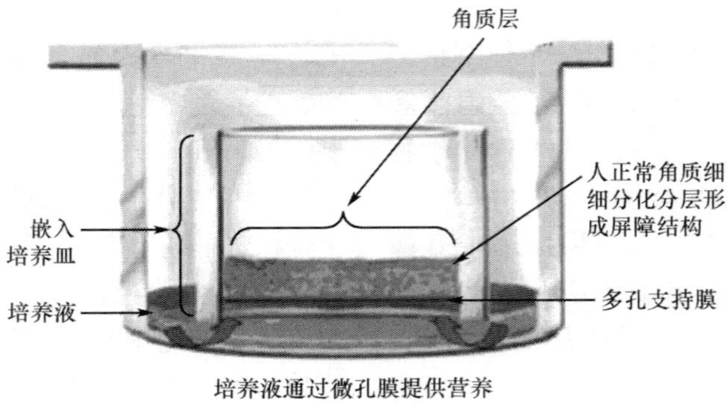

图 12-6 人工皮肤模型光毒性试验模式图

毒性物)。组织悬浮于 0.9ml 检测培养基中，直接于表面加 100μl 赋形剂或受试物，孵育 18～24h。受试物处理后，用 Honle SOL 500 太阳光模拟器发射 UVA，剂量为 6J/cm^2（辐照度 1.7mW/cm^2 约 60 min）照射皮肤替代物。未照射的对照组于室温下暗处孵育。经 UVA 照射的组织用 PBS 冲洗后放回孵箱。

照射后 18～24h，MTT 法测定组织活性，即将组织与未补充 DMEM 的 1mg/ml MTT 溶液孵育 3h。冲洗后，室温下过夜抽提还原甲瓒。微孔板读数测定吸光度，计算组织活性百分率：组织活性(%)＝ 100×(OD 待测样/OD 赋形剂对照)。UVA 照射后和加 MTT 检测液前吸出部分细胞培养液，对培养液进行前列腺素 2(PGE2)和细胞因子 IL-1α 的 ELISA 分析。

目前根据不同皮肤模型设计的光毒性试验方案有多种，结果分析主要采用两种预测模型：一种是比较＋UVA 和－UVA获得的 IC_{50}值；另一种是比较观察到明显光毒性效应的最低剂量(LOAEL)。EpiDerm 和 SkinEthic 模型采用的是后一种方案。

(三) 研发、验证和标准化

最早在 1994～1995 年，两种皮肤模型检测光毒性的方法同时被开发出来，Roguet 等人开发出表皮模型 EpiSkin™的方案，Edwards 等人开发出完全皮肤模型 Skin^{2}的方案。两种方法的基本试验设计是相近的，都是用无细胞毒性的最高 UVA/可见光剂量照射皮肤组织，然后检测皮肤细胞的活性(MTT 法)。但是两个方法的预测模型不一样，Roguet 采用的是＋UVA 和－UVA 条件下 IC_{50}值比较，Liebsch 采用的是可观察到的最低光毒性效应剂量的比较。或许由于后一种预测模型不仅适用于全层皮肤模型(Skin^2)，也适用于表皮模型(如 EpiDerm 和 SkinEthic)，因而在目前的试验方案中使用较多。

H3D-PT 测试方案成功通过了 EC/COLIPA 组织的光毒性验证研究和评估。一期验证 20 种化学物进行非盲测试研究，二期验证用 30 种化学物进行盲法测试评估，均获得可喜结果。预测模型的预测效果优于 3T3-NRU-PT 试验的 PIF 或 MPE 预测模型。

(四) 应用和局限性

H3D-PT 试验已被一些化妆品公司(如法国的欧莱雅、德国的 Beiersdorf 和英国的联合利华等)的实验室认可为光毒性测试的辅助方法，在一些合约测试实验室如 Schrader 博士研究所(德国)、体外科学研究所(美国)和 MB 研究实验室(美国)也有使用。

H3D-PT 试验不能作为评估化学物固有光毒性的独立方法。与 3T3-NRU-PT 相比，H3D-PT 试验不能检测那些不能通过局部途径进入皮肤但通过系统途径(例如口服或注射暴露)在皮肤具有足够生物利用度的光毒性物质,也不能检测需要重复暴露后才能造成光变态反应的弱光反应化学物。H3D-PT 试验的优势在于其模拟了化学物的生物利用度和局部皮肤暴露的特点,因而可以作为 3T3-NRU-PT 试验的补充方法,用于对可能的假阳性结果进一步定性,OECD 指南 TG432 对此有专门的说明。此外,还应注意到,体外皮肤模型的渗透屏障作用比体内弱,检测时应注意某些受试物可直接引起 MTT 还原,干扰 MTT 测试结果。

与 3T3 NRU 光毒性试验相比,人体皮肤模型具有以下优势:①纯化学物质或复杂的混合物都能模拟皮肤局部实际使用方式在皮肤模型局部应用;②试验浓度接近于实际暴露的情况,包括皮肤斑贴试验的使用浓度;③可以进行暴露组和对照组的组织学分析;④暴露于光线能更好地适应实际使用的情形,如暴露时间和模拟太阳光谱;⑤三维的结构包含了细胞间以及细胞和胞外基质的连接,并具有角质层屏障功能,对于原始化学物质的吸收和渗透或暴露过程中产生的分子能提供更详细的试验结果;⑥由于来源于人体皮肤组织,使模型预测结果更接近于体内情况。

人体皮肤模型也有局限性:①皮肤模型的商业化供应还很有限,仅限于 MatTek™、Skinethic™、EpiSkin™、CellSystems™;②缺少皮肤附属器,如毛囊、皮脂腺和汗腺,它们可能是体内光反应的敏感区域,可能与皮肤光毒性相关;③目前还不能用于光变应性化学物质的预测;④皮肤模型价格昂贵,不适合常规实验室大量使用。

四、酵母试验(yeast assay)

哺乳动物细胞和细菌对于长时间的紫外线特别是 UVB 暴露过于敏感,限制了其在光毒性和光遗传毒性试验中的应用。厌氧啤酒酵母(*Saccharomyces Cerevisiae*)是一种真核生物,具有对太阳光暴露或水溶性化学物长时间暴露相对不敏感的优点,无论水溶性受试物是油状还是膏体状,甚至是氧压极低的情况(如油状或奶油状)都可使用。与哺乳动物细胞和其他试验生物相比,利用啤酒酵母检测化学品的光毒性相对简单和经济,可以快速进行定量和定性检测。

厌氧酵母增殖试验是基于化学物质与细胞、器官或 DNA 的光动力学反应,通过比较光照和非光照条件下检测与化学物质接触 24h 后的细胞增殖率或克隆形成能力来评价光照下化学物质对细胞生长的影响。

啤酒酵母具有长时间暴露于 UVB、UVA、模拟太阳光或太阳光的优点,可用于评价光暴露和受试物浓度相关性、剂量效应关系、与临床用药相似浓度的光致敏剂和光保护剂等化学物质的光细胞毒性和光遗传毒性。

此外,厌氧酵母试验过程中还可以通过比较 DNA 修复-缺陷株与 DNA 修复竞争株的反应不同判断 DNA 损伤。因为所有已知的 DNA 修复通路的突变株都是容易得到的,因此,利用厌氧酵母甚至可以评价光诱导的细胞死亡的特殊机制。利用此类突变株能明显提高试验的敏感性,而且光突变性和有丝分裂重组也易于评价,如 Marrot 利用啤酒酵母检测香料中痕量的呋喃香豆素(furocoumarins)的光毒性。

用于传统遗传毒性的沙门菌(*Salmonella Typhimurium*)AMES 试验比酵母试验更加敏感,但后者能提供有关光毒性更为有用的信息。Averbeck 和 Morlié 采用酵母菌试验方法首次阐明某些具有两种不同功能的补骨脂的特性,如 8-甲氧基补骨脂(8-MOP)或 5-甲氧基补骨脂(5-methoxypsoralen,5-MOP)在 UVA 作用下造成遗传性损伤(突变和染色体重组)。这些结果后来用培养的哺乳动物和人体细胞得到了证实。Agapakis-Causse 等将酵母试验用于光遗传毒性的常规试验策略中，用这一试验系统测定了氟喹诺酮类(fluoroquinolones)的光突变效应。

五、光鸡胚试验

光鸡胚试验(photo hen's egg test，PHET)利用鸡胚胎卵黄囊的血管系统，将非毒性浓度的受试物作用于鸡胚，在 5J/cm² UVA 照射下观察 24h 内胚胎存活、膜脱色和出血等毒性指标。Neumann 用该方法检测异丙嗪、血卟啉、环丙沙星和 8-甲氧基补骨脂等已知的光毒性阳性物质获得理想结果。对照组分别为仅用受试物、仅 UVA 照射和空白未处理。PHET 试验能用于光敏剂的筛选，该方法有待进一步标准化和科学验证研究。

第 4 节 光遗传毒性及替代方法

一般较少进行光遗传毒性的体内试验，因为在标准方法中无法使用活体皮肤。然而，转基因致突变模型可用于光遗传毒性试验(例如 lacI 或 lacZ 转基因鼠)，因为已证实紫外线照射可诱导皮肤细胞突变。此外，已开发出用小鼠和大鼠皮肤作为靶器官的微核试验方法，可能适用于光微核测试。仅有少数几项遗传毒性试验用于体内光遗传毒性检测的报道。Itoh 等人证实喹诺酮在小鼠体内能诱导皮肤的光化学微核作用。此外，在彗星试验中报道了氟喹诺酮和克林沙星的阳性结果。然而，如果必须做在体试验，这些测试需要进一步开发和验证。SCCNFP 没有要求对化妆品进行潜在光遗传毒性的体内试验。

总之，与普通遗传毒性测试相比，光遗传毒性测试是体外测试一个比较适宜的领域。SCCNFP 提出在紫外线照射下进行细菌基因突变试验和体外哺乳动物细胞染色体畸变试验。迄今为止，还没一项体外光遗传毒性试验通过正式验证。关键问题是无法阐明体外方法与体内的相关性，因为到目前为止仅有一种光遗传毒性化学物(8-MOP)在人体内被证实具有光致癌性。

多项体外光遗传毒性测试方法适用于检测光激活后的化学物损伤 DNA 的作用，但采用常规体外试验系统的方法应当是目前研究的重点，而且已知的光遗传毒性化学物全部都是通过基因断裂发挥作用而不是通过基因突变，因此，建议优先进行光裂变遗传效应(染色体畸变或微核)试验。此外，彗星试验作为一项较好的辅助试验，可提供化合物光遗传毒性特性的有用信息。

一、人群资料

UVB 是已知的人体皮肤致癌物，其对基因直接毒性作用被认为是致癌的主要原因，UVB 也是已知的啮齿类皮肤致癌物。但到目前为止，还缺少这样一些人体光化学致癌物可以同时进行光化学遗传毒性试验和啮齿类致癌试验，从而作为评价受试化合物的相关光毒性的参考物。8-甲氧补骨脂(8-MOP)与 UVA 联合作用，即所谓的用于牛皮癣治疗的 PUVA 治疗剂，是唯一记载的人体光化学遗传毒性致癌物。除了补骨脂和氟喹诺酮以外，再没有其他的光致瘤剂被详细研究过。事实上动物模型和人体之间的确切相关性还不十分清楚。因此，用有限的人体和啮齿类光化学致癌剂和非致癌剂的资料来评价短期光化学遗传毒性试验的人群相关性是有困难的。尽管如此，用标准化的光化学致突变/染色体裂诱变(photochemical mutagenic/clastogenic)试验方法研究受试物的遗传毒性/致癌性仍是非常理想的方法。

二、光化学遗传毒性试验现状

多种不同的遗传毒性试验系统已用于光化学遗传毒性的评价中，总体上，大多数标准化的体外基因毒性试验方法都能适用于光遗传物质毒性测试。近年来，已证实有几类化学物质如补骨脂类、吩噻嗪类或用于光动力学治疗的化合物（如卟啉及其衍生化合物），经光线激发后能诱发遗传毒性作用。近年还发现氟喹诺酮抗体具有光化学遗传毒性作用。

关于产品的安全性试验策略，SCCNFP 指南指出 UV 照射下的基因突变的细菌试验和哺乳动物细胞体外染色体畸变试验两项都需进行。

考虑到新化学物质的可能致癌性，遗传毒性的评价已成为整体毒理学评价的一部分。关于遗传毒性的体外和体内试验方法，见本书第 14 章。

三、光化学遗传毒性的试验系统和策略

应当考虑进行光化学遗传毒性试验的情况包括：计划用于皮肤局部或广泛全身性分布而又显著皮肤暴露的化合物、已证明具有潜在光毒性的化合物、已证明无光毒性但有证据表明能吸收 UV/或见光的化合物、含有已知的光毒性或光遗传毒性化学物质的化合物。

对于产品的安全试验，当前对于哪种试验系统能用较少试验组合获得化合物光化学遗传毒性评价所需的足够信息还没有达成一致的共识。也没有哪一种已知的光化学遗传毒素具有唯一的基因突变阳性，而且由于对光化学遗传毒性的认识主要是裂诱变，对于筛选目的，建议进行光化学染色体畸形试验就足够了。

因此，光化学遗传毒性试验应当遵循的一般顺序包括：

（1）诱发染色体损伤体外试验：如变异或微核畸变。

（2）诱发哺乳动物基因突变的试验或细菌试验。

（3）彗星试验：评价光化学诱发的 DNA 损伤，然而因为这些试验目前尚未被化学品遗传毒性试验的标准序列认可，应当将其视为辅助工具。

彗星试验是目前唯一的被成功应用的体内光化学遗传试验的方法，应用该方法成功测定了阳性化合物氟喹诺酮类化合物克林沙星（clinafloxacin）。

四、光化学协同致癌试验系统

对于应用于皮肤或分布于皮肤系统的药物，FDA 提出使用光化学协同致癌的动物试验，目前评价这一作用的唯一的模型是 SKH1（hr/hr）白化无毛小鼠模型，判断的终点是持续处理 40 周后皮肤乳头瘤形成的数量和大小。多种 UVA 光源和强度用于光化学致癌作用的评价，由于经常使用高致瘤剂量的 UVB 而且组织病理学分析不是肿瘤鉴定的完整部分，按目前的试验方案，从模型提供的对于致癌机制上的认识非常有限。采用宽波长的光源，用非致瘤性剂量的 UVA 的改良试验方法测试 8-MOP 和一些氟喹诺酮药物，也观察到了高发生率的皮肤乳头瘤。如上所述，由于极度缺少光致敏的人类皮肤肿瘤发生的资料，为数不多的资料来自小鼠的研究，使得啮齿类光致癌性模型的相关性难以客观评价。总体上，啮齿类光致癌性模型对于人类情形的预测性是不清楚的，啮齿类研究对于人类健康风险的相关性也不能可靠评价。光致癌性试验的通用方法见图 12-7。

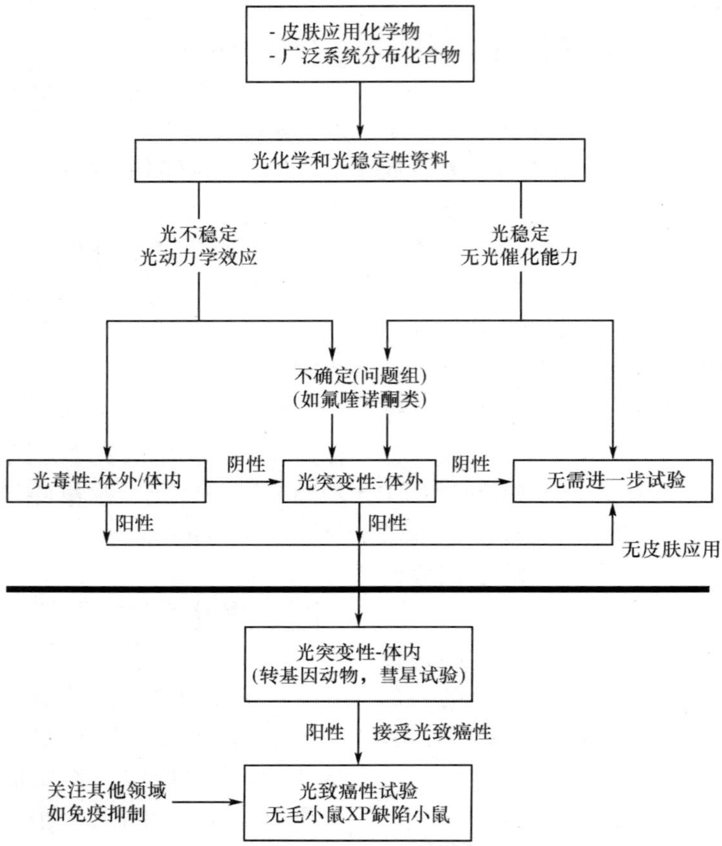

图 12-7　光致癌性试验的通用方法

五、反向基因/点突变：光 A-mes 试验(P-Ames)

(一) 简述

原核细菌突变试验比用真核哺乳动物细胞测试光遗传毒性更简便。因此，光 A-mes试验(photo ames test，P-Ames)是第一个体外光遗传毒性测试方案。在 P-Ames 测试中，研究非致突变性的紫外线-可见光照射下，呈剂量依赖性、受试化学物介导的组氨酸依赖细菌株向非组氨酸依赖的野生型细菌反突变的增加。

(二) 开发、验证和标准化

第一个 P-Ames 试验在 Ames 测试文章发表 6 年后提出。目前使用最多的是 Dean 等人描述的方法，这个方法也是 SCCNFP 推荐的方法，并获得化妆品安全性试验领域的认可。目前，P-Ames 试验还未通过正式验证，许多研究试图将现有方案标准化。

(三) 应用和局限性

该方法被化妆品和药品企业、一些合约研究实验室和学术机构使用。据 Brendler-Schwaab 等人报道，所有 P-Ames 测试方法的关键点是鼠伤寒沙门菌株或大肠杆菌株对紫外光的敏感性。为了达到激发光遗传毒性需要的光剂量，化学物常需在无细菌时进行预照射。此外，如果 DNA 点突变测试当作是试验序列的一部分，那么用常规的“无光照”Ames 试验获得的预测结果是有限的，此时建议采用哺乳动物细胞而不是细菌进行测试。

六、正向基因/点突变：光-次黄嘌呤-鸟嘌呤磷酸核糖基转移酶试验(P-HPRT)和光鼠淋巴瘤试验(P-MLA)

(一) 简述

在常规遗传毒性试验中，体外哺乳动物基因突变测试是监管要求的试验组合的一部分，其预测价值高于细菌基因突变测试。试验原理与 Ames 大致相似，用 Ames 试验检测反向突变，用小鼠淋巴瘤试验(mouse lymphoma assay，MLA)检测正向突变，但只有变异株能在选择压力下存活。

MLA 测试的原理：L51788YTK＋/－MLA 检测由于碱基对改变、移码和删除造成的胸苷激酶(thymidine kinase，TK)位点突变。由于在 TK 位点发生正向突变(从 TK＋至 TK－)，缺乏 TK 的突变细胞能够耐受嘧啶类似物如三氟胸苷(trifluorothymidine，TFT)的细胞毒性作用。受试物的致突变性是通过受试物处理后突变体增加的数量来表示的。

还有一些试验采用的是其他位点的突变，如次黄嘌呤-鸟嘌呤磷酸核糖基转移酶试验(hypoxanthine-guanine phosphoribosyl transferase assay，HPRT)或转基因黄嘌呤-鸟嘌呤磷酸核糖基转移酶试验(XPRT)，通常采用中国仓鼠细胞系，如 CHO、CHO-AS52 和更常用的 V79。

体外哺乳动物细胞基因光遗传毒性测试可用类似的方法，但受试物是在有和无非遗传毒性或轻微遗传毒性的紫外-可见光照射下进行研究。

(二) 开发、验证和标准化

目前有一些国外制药企业、学术机构和公共健康机构(如日本 Hadano 研究所和食品、药品安全中心的实验室建立了 P-HPRT 和 P-MLA 试验。文献显示采用 P-HPRT 试验的实验室多于 P-MLA 试验。

P-HPRT 和 P-MLA 试验未通过正式验证。然而去除“光照”这一条件，两种试验方法的“无光照”试验方法标准化程度比较高(作为许多安全性试验法规中的一部分)，这些试验方法的改进方案仍需标准化，特别是有关紫外线-可见光照射的内容。然而，由于这些试验中受测试的化学物的种类数量非常有限(大多数是补骨脂和其他用于 P-UVA 治疗的化学物，一些氟喹诺酮和一些 UV 滤过物)，如要对这一试验方法进行验证，需要开发一个详尽的数据库。

(三) 应用和局限性

P-HPRT 和 P-MLA 光遗传毒性的终点和 P-Ames 一样(基因突变)。尽管哺乳动物细胞与人的相近，然而因为细胞系对紫外照射耐受，P-HPRT 和 P-MLA 可能产生的假阳性结果减少。

七、光染色体畸形：光-染色体畸变试验(P-CAT)

(一) 简述

染色体畸形试验(即染色体水平的突变现象)是化学品、化妆品和药品测试策略的基本部分。由于在基因水平没有已知的完全光遗传毒性物质，因此，测定潜在的光染色体畸形非常重要，因为其关系到受试物潜在光致癌性的危害评估。

光-染色体畸变试验(photo chromosome aberration test，P-CAT)的目的是鉴别在无染色体畸形效应的紫外线-可见光照射下引起培养的哺乳动物细胞染色体结构畸变的物质。结构突变有染色体或染色单体畸变两种类型。大多数化学诱变剂诱导的畸变类型是染色单体畸变，但染色体畸变也会发生。P-CAT 试验可用已建系的细胞培养物(如 CHL、CHO、V79)或原代细胞培养物(如人淋巴细胞)。

(二) 开发、验证和标准化

P-CAT 试验未通过正式验证，该试验被 SCCNFP 推荐和接受为化妆品成分安全性评价试验。目前的 P-CAT 试验方案在光源及剂量设置方面需进一步标准化。

(三) 应用领域和局限性

P-CAT 试验在一些制药和化妆品企业的实验室、合约研究机构和科研机构的实验室有使用。P-CAT 试验的应用领域是检测光化学诱发的染色体畸变，是评价潜在光致癌性最相关的体外终点，而且测试结果不受所用的细胞系(或原代细胞)的约束。

八、光染色体畸形：光-微核试验(P-MNT)

(一) 简述

体外微核试验(MNT)是检测化学物诱导间期细胞细胞质中形成小的膜结合 DNA 片段即微核的一种诱变遗传性测试系统。这些微核可来源于缺乏着丝点的染色体片段或来自在细胞分裂后期不能与其余染色体一起移动的全染色体。因此，原则上微核试验适于检测染色体畸变效应和细胞分裂效应(尽管后者与光遗传毒性测试无关)。

现有的采用中国仓鼠 V79 细胞的体外微核测试方法已被两个实验室通过协作研究验证成功地用于测试光遗传毒性。方法建立在有和无紫外-可见太阳模拟器照射下的剂量-反应试验的基础。目前，光微核试验(photo-micronuleus test，P-MNT)在德国研究技术部门资助下进行正式的国际实验室盲法测试验证，共有 5 个在德国和瑞士的实验室参加。

(二) 开发、验证和标准化

Kersten 等人的 P-MNT 标准化方法早在 2003 年已进行正式验证。这一研究由 ZEBET 提供独立支持(化学物译码、分类、生物统计)，已于 2005 年底结束。两个 P-MNT 改良方法在同一年发表。目前正在进行验证的 P-MNT 方法是拜耳、德国联邦药物和医疗器材研究所(BfArM)协作研究开发，正处于大范围的验证前研究阶段。

(三) 应用和局限性

P-MNT 试验目前在 5 个参与正式验证的实验室作为共同方法使用，实验室分别是拜耳、BfArM、RCC-Cytotest 细胞研究所、德国美因茨大学和瑞士罗氏公司。

P-MNT 试验用于检测光化学物诱发的染色体畸变效应，它是评价潜在光致癌性最相关的体外终点。测试结果不受所用细胞系(或原代细胞)的约束，而且比 P-CAT 试验更快速和更容易，易于实现自动化。

九、DNA 损伤指征：光-彗星试验(P-Comet)

(一) 原理

“无光照”彗星试验是电泳法测量 DNA 断裂的方法。原则上，测试可以用任何真核细胞类型进行，但仅有少数细胞用到。DNA 链断裂可以由遗传毒性化合物直接作用造成，也可通过与活性氧或其他活性中间体相互作用造成。彗星试验具有很高的敏感性，它能检测单个细胞的 DNA 损伤。这一试验通常在碱性条件下进行，用来测定单链 DNA 的断裂。

（二）研发、验证和标准化

Ostling 和 Johanson 首次描述了彗星试验，Singh 等人对方法进行了改良。Singh 等人的方法成功被应用于光遗传毒性试验，之后德国研究和技术部资助了拜耳的一个研究项目，2003 年，P-Comet 试验进入正式验证研究，这一研究有 6 个实验室参加，分别是拜耳、BfArM、RCC-Cytotest 细胞研究所、德国美因茨大学、威娜公司和诺华制药。

（三）应用和局限性

P-Comet 试验用于检测由紫外-可见光照射的受试物诱导产生或紫外-可见光辐射与受试物共同作用诱导产生的 DNA 链断裂。P-Comet 试验是非常敏感的测试，但一些化学物用这个试验得出阴性结果，用其他光遗传毒性测试（如 P-MNT 试验）得出的结果是阳性。类似的化学物有萘啶酸、8-MOP，造成这样的结果是因为在紫外光作用下 DNA-DNA 链交叉耦合所致。P-Comet 试验已通过实验室间盲法试验进行评估，正式验证已完成。在这个试验被推荐成为光遗传毒性测试试验组合的一部分前，其在测试组合中的关联性和作用需进一步阐明。

十、光化学遗传毒性试验指南

与环境水平的阳光照射相比，UVB 在照射剂量仅有几秒或几分钟的情况下，其直接的遗传毒性作用能诱发较高的基因突变频率或染色体损伤。化学物质对 UVB 的这种高反应性，某种程度上会造成实际试验中照射剂量水平使用的限制，理论上弱的 UVB 可能对于激活那些相对较弱的光化学遗传毒素可能太低了，因此，实际试验中对于不只在 UVB 区域有吸收的化合物的试验有必要减弱光源中 UVB 的含量。透过塑胶盖的射线通常能满足这一要求，培养板的塑胶盖主要能减少光谱中的 UVB 部分，但是不同制造商的培养板盖对于光线的穿透效果可能不同而影响到试验结果，石英玻璃盖、食品包装用塑胶膜都不会影响光谱组成。因此，建议试验报告应包括有和无化合物的情况下试验系统对光线的完整的剂量-反应曲线。不感光的物质也需检测，因为它可能起到促发单线态氧的光催化剂的作用。

有关光遗传毒性测试体外方法有助于建立这样一种体外试验策略，用于评估化合物在紫外线或可见光照射刺激和激活后变成光致癌物的可能性。对于药品，由于能在避光的条件下安全使用，因此，当研究药品的潜在光致癌性时可能仍需进一步做体内试验；但是在化妆品领域，具有潜在光致癌性的化学物不能作为化妆品成分，故在这个领域不需进行体内试验。

P-Ames、P-HPRT、P-MLA、P-CAT 和 P-MNT 试验已经是比较优化的测试方法（即准备验证前研究和验证研究）。尽管这些方法已被 SCCNFP 等机构接受，但这些试验作为光遗传毒性组合试验的一部分进入验证程序还需要考虑以下问题：①对于 P-Ames试验，费用昂贵，预验证和正式验证成本较高；②用于测试的参考化学物质种类和数目都有限，所以应先建立一个详尽的数据库，列出阳性和对照物质；③有关照射剂量和试验方案明确并进行标准化。如果不计划进行正式验证研究，评估机构能认可这些试验方法的数据，前提是试验方法采用了有关紫外线-可见光的光谱和剂量，同时设置了阳性对照和阴性对照。

第 5 节　光变态反应（光敏性）及替代方法

在光皮肤病学和免疫毒理学风险评估中，从急性光毒性/光刺激性中准确地预测和区分由小分子量化合物引起的光变应性反应是非常重要的。尽管皮肤损伤的临床检查标准已经发挥了很大的作用并不断发展改进中，但临床诊断并不是没有局限性。目前用于化合物光变应性筛选的动物模型差异非常大而且耗时，为实现正确风险评估，目前所用的动物模型不得不被其他方法代替，如通过更准确地预测人群的光反应提高危害鉴定的目的。

一、光变应性的人群和经验证据

临床和经验的主要障碍是难以界定光反应的实质，即确定光变应性或光毒性反应。有关光反应性化学物质的人群资料比较丰富，但化学物质光变应性和光毒性特点的区分资料大多来源于临床指标的观察，临床观察并不总是很充分。光刺激性和光变应性的主要区别是(光)抗原特异性免疫竞争细胞的激活。诱发光变应性反应的前期条件是修饰的(光)抗原呈递特异性 T 细胞。考虑到光变应性的这一机制，参与特异性反应的 T 淋巴细胞或抗体应当是区分两种光反应的一个有用工具。一种按照这一思路进行改进后的体外检测方法称为淋巴细胞转化试验(lymphocyte transformation test，LTT)。然而，LTT 目前仍是一种回顾性检测方法，需要使用来源于敏感患者的淋巴细胞。

对于临床前以筛选为目的的试验，最为理想的方法是改良的局部淋巴结检测，即 UV-LLNA 或 UV-IMDS(IMDS，区分皮肤反应的整合模型，integrated model for the differentiation of skin reactions)。表 12-3 列出了体内试验的研究结果，表明了化学物质具有的人、豚鼠和小鼠明确的光变应性的证据。

表 12-3　验证区分皮肤反应试验的完整模型

化合物分类(中/英文)	斑贴试验	T 细胞	动物试验			化学机制
			豚鼠试验	小鼠	PMT	
卤代水杨酰苯胺衍生物(如 3,5,3′,4′四氯水杨酰苯胺、3,5,4′,-三溴水杨酰苯胺)(halogenated salicylanilides(TCSA,TBSA))	+	+	+	+	+	+,PA
卤代硫羟酚化合物(如硫氯酚、硫双氯酚)(halogenated thiolic phenols(bithionol;fentichlor))	+	−	+	+	+	?,PT,PA
硝基芳香化合物(如葵子麝香)(aromatic nitro (musk ambrette))	+	−	+	+	neg.	+,PA
香豆素类(如 6-甲基香豆素)(coumarins(for example,6-methylcoumarin))	+	?	(+),−	+,?	+	−,(PT),PA
苯酮类(如酮洛芬、thiaprofen、PTPA 卡洛芬(benzophenones(ketoprofen, thiaprofen, PTPA carprofen))	+	−	+ −	+	−	+,PT,PA
芳香胺类(如磺胺、对氨基苯甲酸)(aromatic amines(sulphonamides,PABA))	+	+	+	?	+	−,(PT),PA
芳香氮氧化合物(如巯氧吡啶、喹多克平)(aromatic nitro-oxides(for example,omadine,quindoxin))	+	−	+	+	+	?,PA

续表

化合物分类(中/英文)	斑贴试验	T细胞	动物试验			化学机制
			豚鼠试验	小鼠	PMT	
四环素类(如多西环素、土霉素、金霉素、四环素)tetracyclines (doxycycline, oxytetracycline, chlortetracycline, tetracycline)	+	+	?	?	—	+,?
吩噻嗪类(如氯丙嗪;异丙嗪)(phenothiazines (for example, chlorpromazine, promethazine))	+	?	+	+	+,—	+,PT,PA
氟喹诺酮类(如洛美沙星;司帕沙星)(fluoroquinolones (for example, lomefloxacin, sparfloxacin))	+[a]	—	+[a]	+[a]	(+)[a] PT,(PA)	—

PT. 光毒性反应(光刺激性);PA. 光变应性反应;a. 仅在经口/静脉注射后,局部应用无反应;+. positive;—. negative;? . 结果不确定;PMT. 光最大化试验

二、光变应性的体内试验

目前大多数光过敏危害性识别的试验都利用豚鼠模型,由于此类动物试验过程复杂昂贵、耗时,给动物造成伤害,缺少客观评价终点,所以要求建立新的试验策略,既要考虑到危害识别的目的,又要兼顾动物福利。联合运用 LLNA、原发性小鼠耳肿胀试验(MEST)和 IMDS,或许能提供兼顾动物福利与试验目的的合理的替代方法。光-LLNA 只进行了实验室内的前验证,结果表明该方法能用于区分光变应性和光毒性反应。正式验证有待完成。整合运用 LLNA 试验和结构-活性关系分析的试验策略见图 12-8 和图 12-9。

三、光变应性的体外试验

与蛋白质结合是光变应原的共同特点,目前已开发了一种基于光变应原与人血清蛋白光结合的试验方法。用该模型能检测

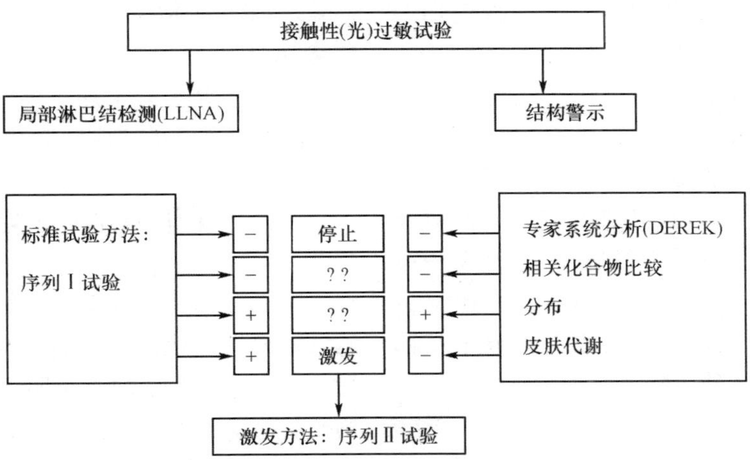

图 12-8 接触性(光)过敏试验流程

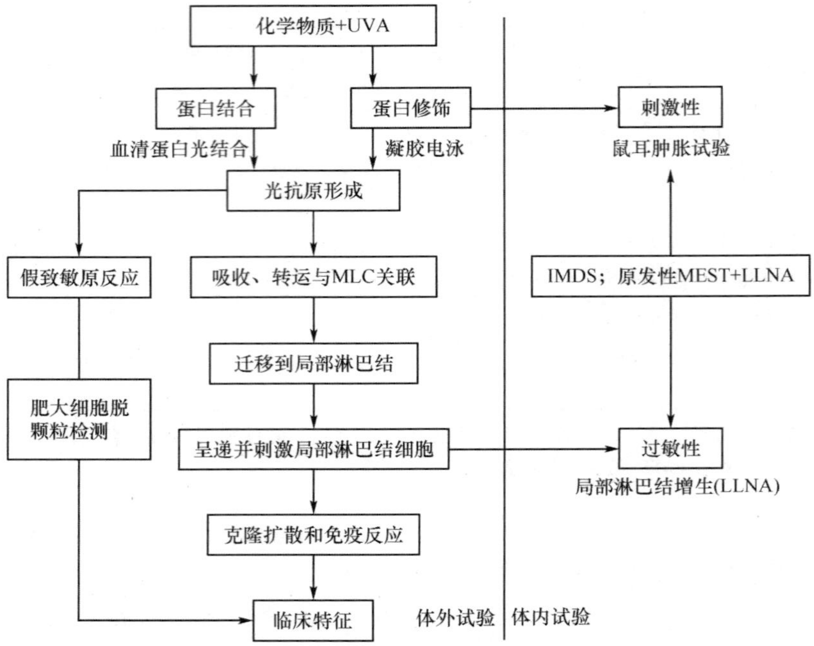

图 12-9　光变态试验方案

IMDS：区分皮肤反应的整合模型（integrated model for the differentiation of skin reactions）；LLNA：局部淋巴结检测；MLC：成熟朗格汉斯细胞（mature Langerhans cells ）；MEST：鼠耳肿胀测试

目前已知的全部变应原，尽管与蛋白质结合是光变态反应的先决条件，但用该方法并不足以区分光变应物和光刺激物。辅以物理性的机制试验，包括光氧化试验，有助于区分光变应原。光结合试验模型联合使用组胺光氧化检测已成功用于检测 EU/COLIPA 光毒性工作组选定的 30 种化学物质。

在危害评价实际工作中，光变应性潜力的生物学模型可能是有用的（图 12-7），早期上调的免疫介质 IL-1β 由树突细胞和免疫物质半抗原激活的内源性细胞产生，证明免疫原性的体外指示物存在。用于光变应原分析的这一试验系统的不断改进构成了目前光化学模型的体外生物学试验方法。

基于伦理的因素，在人群中开展化学物质光变应原致敏力的检测几乎是不可能的，因此，人群风险评估只能依赖临床病例报告和光斑贴试验。光反应的理想的临床前筛选试验是前面提到的 IMDS，至少可以分析经口摄入后受试物诱发光刺激性和光变应性的能力。

化妆品成分无需特别检测潜在光敏性（免疫性光变态反应），但此方法经常会用到。尚缺乏标准的体内光变态反应试验方法。目前常用的方法类似于豚鼠最大值试验法（GPMT），只是另外增加了紫外-可见光照射。有关无光条件下的变应性检测方法见 11 章。

四、小　　结

在光变态反应领域，无光条件下体外预测潜在迟发型接触性过敏反应/变态反应方法不断发展。由于缺乏阐明变态反应复杂作用机制的模型，目前并没有理想的预测潜在光敏性反应的体外测试方法（见皮肤敏感作用一节）。一种模拟光活化化学物与人血清蛋白共价结合的体外筛选方法可能会成为比较合适的方法，但并不能作为独立的预测方法。现今唯一可行的独立试验方法是的体内优化方法，如光局部淋巴结试验(photo local lymph node assay,PLLNA)，以及 P-LLNA 法与光鼠耳肿胀测试法(photo-mouse ear swelling test,P-MEST)结合使用。

一旦一种可靠的、具预测性评价潜在“无光”条件下敏感作用的体外测试组合或试验策略被研发和被认可，这类方法可能同样适用于评价相似的光敏性反应。

第 6 节　替代方法前景预测

一、光毒性试验的危害鉴定

体外光变应性物质的危害评价的阶层试验方案应以化学性质综述开始，包括结构-活性关系和光毒理学(图 12-10)。如果试验证据需要，UV/可见光吸收谱可用于预筛选，具有明显光吸收的物质可能也具有负光化学性质应当进一步测试。有人建议 3T3 NRU 光毒性试验可用于吸光物质光致敏性的一般筛选试验(图 12-10)。如果筛选试验结果为阳性，应进行蛋白光结合和光氧化的体外筛选试验。如果受试物质是一种有效的光氧化剂，则该物质倾向于光刺激性而不是光变应性。如果光结合试验为阳性，则预期该物质可能不具有光变应性，进一步的光变应性试验可不进行。如果受试物质在无显著的光氧化的情况下能与蛋白结合，则预期该物质具有光变应性。安全性评价可以是不连续的，但如果期望获得有关受试物质更多的信息，则可以考虑附加试验，如经皮肤渗透试验或考虑用放射性标记受试物质进行体外光结合的定量研究。

现有的光毒性策略如图 12-9 所示，第一步建议应采用验证过的体外光毒性试验，如果选择一套经验证的体外光毒性试验方法后检测不出潜在光毒性，下一步可进行人体临床试验，而不需要进行任何动物试验。3T3 NRU 光毒性试验能测定大多数光变应原、光基因毒素和光刺激物。因此，3T3 试验在化合物浓度达到 100 μg/ml 的条件下获得的阴性结果是该物质不具备负光生物学效应的良好证据。对于新化学品进行人体临床前试验前建议应获得有关光变态和光遗传毒性/光致癌性的附加信息。但用于检测光变应性和光遗传毒性/光致癌性的体外或体内试验方法仍需进一步验证确认。

二、建议和前景预测

目前可用的光毒性效应的动物试验替代方法概述于表 12-4。

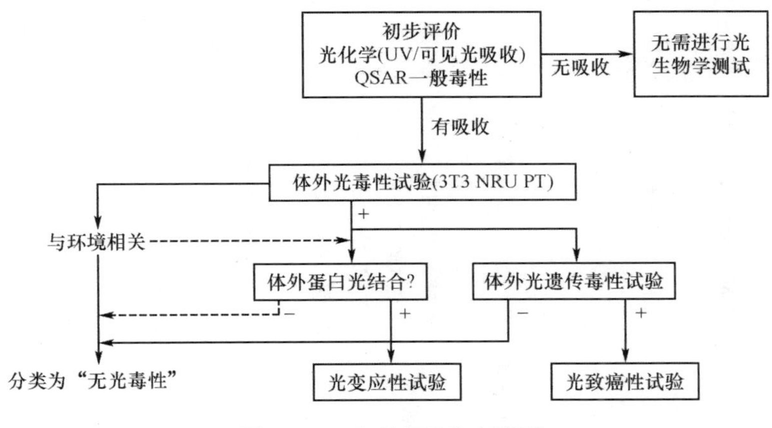

图 12-10　光毒理学危害识别

表 12-4 目前评估光毒性效应的替代方法

动物试验终点	可行的替代试验	体外试验终点	目的	应用领域	验证状态	监管认可	说明
急性光毒性(无需特别进行动物实验)	3 T3 中性红摄取光毒性测试(3T3 NRU PT)	光细胞毒性	替代	常规	通过验证(ESAC 认可)	B41,TG432	用辅助方法克服局限性(相当低的 UVB 耐受,无法模拟皮肤局部应用测试物的生物利用度)
	红细胞光毒性试验(RBC-PT)	光溶血,血红蛋白氧化	替代	RBC PT 可在高剂量 UVB 时使用	通过验证(无同行评议或 ESAC 声明)		已验证的 3T3 NRU PT 试验的辅助试验,不是一个独立的试验
	人体三维皮肤体外光毒性测试(H3D-PT)	皮肤细胞存活力	替代	3 T3 NRU PT 试验弱阳性并可能具有皮肤生物利用	验证前(ECVAM)可行性研究(photo-potency/光安全性测试)		已验证的 3T3 NRU PT 试验的辅助试验,不是一个独立的试验
光化学遗传毒性	光-细菌反突变试验	基因位点突变	替代	常规	乐观	无,被一些机构认可	与染色体畸变等其他试验终点联合使用,作为组合实验的一部分
	光-哺乳动物细胞基因突变试验(P-HPRTA 和 P-MLA)	基因位点突变	替代	常规	乐观	无,被一些机构认可	在标准实验组合中极少使用,细菌突变的附加试验
	光-染色体畸变试验(P-CAT)	染色体畸变	替代	常规	乐观	无,被一些机构认可	与基因突变等其他试验终点联合使用,作为组合试验的一部分
	光-微核试验(P-MNT)	染色体畸变(包括数量畸变)	替代	常规	正在验证(BfArM 和 ZEBET)		与基因突变等其他试验终点联合使用,作为组合试验的一部分替代 P-CAT 试验
	光-彗星试验(P-Comet)	DNA 损伤	替代	常规	正在验证(BfArM 和 ZEBET)		筛选目的和机制研究
光变态反应(光敏性)(无需特别做动物试验)	光-局部淋巴结试验(P-LLNA)	受累淋巴结淋巴细胞光化学性增生	优化	常规	乐观		
	体外试验(见第 11 章)		替代		将由皮肤致敏试验的进展决定		一旦有验证的皮肤致敏体外方法(测试组合),该试验适用于 UVA 可见光照射

（一）人体斑贴试验

现有的用于光斑贴试验的一套化学物质含有23种光致敏剂，对于光毒性物质的检测发挥了重要的作用。该表应按照试验和临床研究的结果不断修正和补充。

（二）急性光毒性试验

1. 3T3 NRU 光毒性试验　使用已验证的3T3 NRU光毒性试验得出的分类结果应当与最新的人体光斑贴试验资料对比评价。虽然没有证据表明3T3 NRU光毒性试验需要包括代谢活化的步骤。但是考虑到包含代谢活化系统的合理性，应当使用人体角质细胞代替3T3小鼠成纤维细胞进行试验。

2. 人体皮肤模型　对于使用不同的三维皮肤模型设计的不同的试验方案，建议加强交流和协调，并进行以下努力：

（1）基于三维皮肤模型的前验证和验证检测应当强制进行，以证明其适用性和可行性。

（2）已完成验证的人体皮肤光毒性试验模型应公开方法。

（3）关于终产品测试的资料特别急需。

（4）需要提供皮肤模型代谢能力的比较资料，加速其应用。

（5）应当继续评价皮肤模型用于光毒性能力的价值。

（三）光变态反应

最近报道表明联合应用LLNA试验和原发性MEST（IMDS）试验可能是提供符合动物福利目的的较为合理的替代方法。目前P-LLNA仅完成实验室内的前验证，结果表明该方法为区分光变态和光毒性反应提供了可能性。应当在国际专家委员会的监督下完成下一步的验证研究。

建议进行体外光结合模型的实验室间验证，并与光氧化的试验相结合同时进行，因为这一模型能检测与光刺激性明显不同的光变态反应的能力。

建议加强树突状细胞、抗原形成和细胞因子的应用研究，以提出不同于光刺激物的光致敏源检测的新附加方法。有关进展见第11章。

（四）光遗传毒性研究

目前，光化学遗传毒性试验方法的标准化程度还不足够，而且仅有为数不多的几个实验室从事此项检测，因此，建议从几个方面加强光遗传毒性体外试验方法的研究。

（1）进一步评估光毒性和光遗传毒性间的联系，如重新测试已在3T3/NRU验证中用过的化合物。

（2）成对评价具有光吸收作用的光毒性/无光毒性化合物。

（3）阐明代谢对于光遗传毒素的产生是否重要。

（4）探索光化学遗传毒素体外诱发细胞转化的可能性，如SHE的细胞转化试验。候选的化学物质是那些动物试验已证明能诱发皮肤肿瘤的光化学基因毒素，如某些补骨脂类、多环烃类和氟喹诺酮类。

（5）开发评价光遗传毒性化合物的体内短期皮肤检测方法，即用光毒素＋UV/可见光照射处理小鼠或人的表皮悬浮物进行的彗星试验。

（6）评估现有的高UVB输出的光源（如太阳光模拟器），是否限制了现有的预测模型对光遗传毒性物质和光致癌物质的检测，因UVB本身就是已知的基因毒性物质和致癌剂。

（程树军　温巧玲　张宏伟　Damien Lelièvre Pascale Justine　Julie Coutet Laurent Marrot）

参考文献

Agapakis-Causse C，Bosca F，Castell JV，et al. Tiaprofenic acidphotosensitized damage to nucleic acids: a mechanistic study using complementary in vitro approaches. Photochemistry and Photobiology, 2000, 71: 499～505

Anon. European Commission, Directorate General XXIV. The Scientific Committee On Cosmetic Products And Non-Food Products Intended For Consumers--SCCNFP/0069/98 Final. Opinion on "in vitro methods to assess phototoxicity in the safety evaluation of cosmetics ingredients or mixtures of ingredients"; adopted by the plenary session of the SCCNFP of 25 November 1998

Averbeck D. Relationship between lesions photoinduced by mono- and bifunctional furocoumarins in DNA and genotoxic effects in diploid yeast. Mutation Research, 1985, 148: 217～233

Barratt MD, Brown KR. Photochemical binding of photoallergens to human serum albumin: a simple in vitro method for screening potential photoallergens. Toxicology Letters, 1985, 24: 1～6

Bernerd F, Asselineau D. An Organotypic Model Of Skin To Study Photodamage And Photoprotection In Vitro. J Am Acad Dermatol, 2008, 58(5): Suppl 2, 155～159

Borenfreund E, Puerner JA, Toxicity determined in vitro by morphological alterations and neutral red absorption. Toxicology letters, 1985, 24: 119～124

Brendler-Schwaab S, Czich A, Epe B, et al. Photochemical genotoxicity: principles and test methods. Report of a GUM taskforce. Review. Mutation Res, 2004, 566: 65～91

Chetelat AA. The photomutagenicity of fluoroquinolones in tests for gene mutation, chromosomal aberration, gene conversion and DNA breakage (Comet assay). Mutagenesis, 1996, 11: 497～504

Clothier R, Willshaw A, Cox M, et al. The use of human keratinocytes in the EU/COLIPA international in vitro phototoxicity test validation study and the ECVAM/COLIPA study on UV filter chemicals; Alternatives to laboratory animals. ATLA, 1999, 27(2): 247～259

EMEA (European Agency for the Evaluation of Medicinal Products), CPMP (Committee for Proprietary Medicinal Products) (2002) Note for guidance on photosafety testing. PMP/SWP/398/01, EMEA, London

Eskes C, Zuang V. Alternative (non-animal) method for cosmetics testing : current status and future prospects. ATLA , 2005, 33: suppl, 147～175

GB/T 21769-2008 化学品体外 3T3 中性红摄取光毒性试验方法, 2008. 5

Hetherington AM, Johnson BE. Photohemolysis. Photodermatology, 1984, 1: 255～260

Holzhuetter HG. A general measure of in vitro phototoxicity derived from pairs of doseresponse curves and its use for predicting the in vivo phototoxicity of chemicals. ; Alternatives to laboratory animals. ATLA, 1997, 25: 445～462

Itoh S, Katoh M, Furuhama K. In vivo photochemical micronucleus induction due to certain quinolone antimicrobial agents in the skin of hairless mice. Mutation Research, 2002, 520: 133～139

Jones PA, King AV, Earl LK, Lawrence RS. An assessment of the phototoxic hazard of a personal product ingredient using in vitro assays. Toxicology In Vitro, 2003, 17: 471～480

Kersten B, Kasper P, Brendler-Schwaab SY, et al. Use of the photomicronucleus assay in Chinese hamster V79 cells to study photochemical genotoxicity. Mutat. Res, 2002, 519: 49～66

Liebsch M, Barrabas C, Traue T, et al. Entwicklung eines in vitro Tests auf dermale Phototoxizität in einem Modell menschlicher Epidermis (EpiDerm™). ALTEX (Alternativen zu Tierexperimenten), 1997, 14: 165～174

Lovell WW, Jones PA. An evaluation of mechanistic in vitro tests for the discrimination of photoallergic and photoirritant potential. ATLA, 2000, 28: 707～724

Marrot LA, Perez LP, Meunier JR. Use Of The Yeast Saccharomyces Cerevisiae As A Pre-Screening Approach For Assessment Of Chemical-Induced Phototoxicity Toxicology In Vitro, 2006, 20(6): 1040～1050

Neumann NJ, Hanneken S, Ruzicka T, et al. Phototoxicity of Exogenous Protoporphyrin IX And Δ-Aminolevulinic Acid In The Photo Hen's Egg Test. Photodermatology Photoimmunology & Photomedicine 2004, 20: 224～229

Nishikawa T, Haresaku M, Fukushima A, et al. Further evaluation of an in vivo micronucleus test on rat and mouse skin: results of five skin carcinogens. 2002, 513: 93～102

OECD. Test Guidelines Programme: Draft proposal for a new guideline 432 "In Vitro 3T3 NRU phototoxicity test". 15 p. Paris: Organisation for Economic Co-operation and Development, 2002

Okamoto Y, Ryu A, Ohkoshi K. In vitro alternatives and phototoxicity testing. I. Evaluation of in vitro phototoxicity assays. ATLA, 1999, 27: 639～644

Ostling O, Johanson KJ. Microelectrophoretic study of radiation-induced DNA damages in individual mammalian cells,

Biochem. Biophys. Res. Commun, 1984, 123: 291～298

Pape WJW, Maurer T, Pfannenbecker U, Steiling W. The Red Blood Cell Test (Photohaemolysis and Haemoglobin Oxidation). EU/COLIPA Validation Programme on Phototoxicity (Phase Ⅱ). ALTA, 2001, 29: 145～162

Peters B, Holzhütter HG. In Vitro Phototoxicity Testing: Development and validation of a new concentration response analysis software and biostatistical analyses related to the use of various prediction models. ATLA, 2002, 30: 415～432

Portes P, Pygmalion MJ, Popovic E, Cottin M, et al. Use of Human Reconstituted Epidermis Episkin For Assessment Of Weak Phototoxic Potential of Chemical Compounds. Photodermatol Photoimmunol Photomed, 2002, 18(2): 96～102

Roguet R, Cohen C, Rougier A. A reconstituted human epidermis to assess cutaneous irritation, photoirritation and photoprotection in vitro. In Alternative Methods in Toxicology, 1994, 10: In vitro Skin Toxicology - Irritation, Phototoxicity, Sensitization (eds. A. Rougier, A. Goldberg & H. Maibach); Mary Ann Libert Publ., New York, pp. 141～149

Singh NP, McCoy MT, Tice RR, et al. A simple technique for quantitation of low levels of DNA damage in individual cells, Exp. Cell. Res, 1988. 175: 184～191

Spielmann H, Balls M, Brand M, et al. EC/COLIPA project on in vitro phototoxicity testing: first results obtained with the Balb/c 3T3 cell phototoxicity assay. Toxicol. in Vitro, 1994, 8: 793～796

Spielmann H, Balls M, Dupuis J, et al. The international EU/COLIPA In vitro phototoxicity validation study: results of phase II (blind trial), part 1: the 3T3 NRU phototoxicity test. Toxic. In Vitro, 1998, 12: 305～327

Spielmann H, Müller L, Averbeck D, et al. The Second ECVAM Workshop on Phototoxicity Testing. The Report and Recommendations of ECVAM Workshop 42. ATLA, 2000, 28: 777～814

Ulrich P, Homey B, Vohr HW. A modified local lymph node assay for the differentiation of contact photoallergy from phototoxicity by analysis of cytokine expression in skin-draining lymph node cells. Toxicology, 1998, 125: 149～168

Vohr HW, Blümel J, Blotz A, et al. An intra-laboratory validation of the Integrated Model for the Differentiation of Skin Reactions (IMDS): discrimination between (photo) allergic and (photo) irritant skin reactions in mice. Archives of Toxicology, 2000, 73 (10～11), 501～509

Von der Hude W. In vitro micronucleus assay with Chinese hamster V79 cells. Results of a collaborative study with in situ exposure to 26 chemical substances. Mutat Res, 2000, 468: 137～163

第 13 章　眼刺激/腐蚀试验及替代方法

Chapter 13　Ocular Irritation/Corrosion Test and Alternative Methods

第 1 节　概　　述

在某些环境条件下，眼可能是外源化学物的毒性作用靶器官或吸收途径，外源化学物质与眼睛直接接触可导致的毒性作用包括外周刺激作用、眼和周围组织的局部刺激、损伤和或炎症反应、过敏反应、穿透外表结构直达眼内深部的组织损伤，以局部眼刺激性/腐蚀性最为常见。此外，经过眼周表面血管或经鼻泪管的吸收还可引起全身系统毒性。

一、眼球结构与毒性的关系

眼球由眼球壁与眼内容物组成，眼球壁由外层纤维层、中层脉管层和内层神经层(或视网膜层)组成。外层纤维层由角膜和巩膜组成，其中前 1/6 为透明的角膜，其余 5/6 为白色不透明的巩膜。脉管层组成虹膜、睫状体和脉络膜；视网膜层由感觉和神经上皮组成。角膜后方与虹膜、晶状体之间构成了眼前房，也是进行毒性试验的部位。角膜由较厚的基质组成，其前部覆以上皮，由若干层细胞和博尔曼膜构成，其后部覆以德思密膜和一层内皮。眼内容物包括房水、晶状体和玻璃体，三者均透明，与角膜一起构成眼的屈光系统。

角膜具有高度透明性、敏感性和特殊的代谢功能，其上皮损伤可以自身修复，内皮损伤后不能再生。角膜内皮具有角膜-房水屏障功能，损伤后角膜实质层和上皮发生水肿。

(一) 局部刺激作用

除了职业暴露和眼部用药外，正常情况下，眼睛很少直接接触外源物质。但在化妆品使用过程中，通常由于意外使化妆品以稀释的形式进入眼睛，产生刺激作用。

(二) 经眼睛的全身毒性

用于眼表面的大多数物质一般不会引起全身毒性，主要是由于眼表面和结膜囊内提供的接触面积小，而且流泪和眼睑痉挛可降低其浓度，但短时间内大量接触强吸收性物质也可能引起全身毒性。如一项调查研究发现，经常使用铅含量在 17.3%～79.5% 之间的眼影粉，可导致婴儿血铅含量增高。

(三) 眼睛的吸收作用

外源化学物通过眼睛的吸收主要有眼结膜、鼻黏膜和消化道 3 种途径，吸收剂量的分布随化学物种类和状态的变化而变化。通过结膜血管的吸收易导致结膜充血，而且受流泪、眼睑痉挛和鼻泪管排泄系统的影响；鼻黏膜表面积较大、血管丰富，可能是眼作用物吸收的主要部位(如疏水药物心舒得)；通过鼻泪管排入鼻腔的物质经过鼻咽部被吞入，因而可以进入消化道，如肾上腺素滴入眼可进入肠道。

二、眼刺激性和腐蚀性的概念和分类

眼刺激性是指眼睛前表面直接接触受试物后引起的眼及其周围黏膜可逆性炎性变化。眼腐蚀性是指眼睛前表面直接接触受试物后引起的眼及其周围黏膜不可逆性组织损伤。眼刺激性和腐蚀性分级标准见表 13-1。

表 13-1　眼刺激性和腐蚀性分级标准

1 类 不可逆眼损伤	1. 任 1 只动物的角膜、虹膜和(或)结膜刺激反应积分在 21 天观察期间没有完全恢复 2. 2/3 动物的刺激反应积分均值：角膜浑浊≥3 和/或虹膜>1.5
2 类 可逆眼损伤	2/3 动物的刺激反应积分均值：角膜浑浊≥1、虹膜≥1、结膜充血≥2、结膜水肿≥2 2A(刺激性)：刺激反应积分在<21 天完全恢复 2B(轻刺激性)：刺激反应积分在≤7 天完全恢复

注：我国《化妆品卫生规范》(2007)采用了这个分级标准，仅 2A 是轻刺激性，2B 是刺激性

三、体内眼刺激的发生机制

Maurer 等研究了体内眼刺激的发生机制，使用了不同分类的化学品，包括表面活性剂(阴离子，阳离子，非离子)、酸、乙醇、乙醛、碱和漂白剂。结果表明，实验兔暴露受试物后最初几个小时(一般 3h)内，角膜的损伤程度可以预测眼睛损伤的持续时间和最终损伤程度。一般来说，轻度刺激物只影响表层角膜上皮，轻度和中度刺激物主要影响上皮和表层基质，严重刺激物能穿透更深的基质发挥作用，甚至可能是基质全部。化学反应剂(例如漂白剂)毒性反应的发生比较延迟，暴露 1 天后引起的深度损伤应给予重视。随着观察时间的延长，测定的受试物损伤程度同大体组织评分结果更一致，而且损伤的可逆性和最初的损伤程度相关。

损伤程度(细胞损伤)和大体观察两者之间的相关关系，对于开发和验证预测角膜损伤程度(细胞毒性程度)的体外/离体检测方法提供了机制性基础。结膜反应一般早于角膜反应，按照法规管理的要求应对中等和严重程度的角膜损伤进行标识。在所有可能影响角膜损伤的动力学因素中，受试物的自身细胞毒性潜力排在第一位。可溶解细胞膜或者是导致蛋白质凝集的物质可立即产生细胞毒性，如表面活化剂和一些有机溶剂是这类物质的代表。作用于细胞能量代谢的物质也可快速产生作用，但可能没有第一类物质迅速。化学物质还可以通过对大分子的烷化或者其他影响而产生作用，这类物质的作用可能表现为一种迟发性的细胞毒性(如迟发性坏死或者凋亡)。

体内眼刺激实验中受试物局部接触角膜(和结膜)，而实际情况下暴露的持续时间并不确定，可能从几分钟到几小时不等。角膜细胞层的暴露深度取决于受试物在冲洗前渗透和(或)固定于表层的速度和能力。这样就很好理解产生明显细胞毒性所需的时间和细胞接触受试物后产生“损伤”所需的时间并不一致，而后者可能最终导致细胞死亡。快速损伤细胞的物质可能更容易对眼细胞产生毒性作用。

四、眼刺激性的法规和标准要求

不同法规对眼刺激性不同的规定，相关法规有美国消费品安全委员会(CPSC)颁布的危险物品管理和眼刺激强制试验(Hazardous Substances and Articles; Administration and Enforcement Regulations Test for Eye Irritants)；美国环保局污染、杀虫剂和有毒物质办公室(OPPTS)1998 年颁布的健康效应试

验指南急性眼刺激性(OPPTS 870.2400);杀虫剂办公室颁布的联邦法令 40 CFR 157.20,杀虫剂及设备包装要求:自愿使用儿童防护包装(157.22 杀虫剂眼和皮肤腐蚀性)(Packaging Requirements for Pesticides and Devices: Voluntary Use of Child-Resistant Packaging (157.22 pesticides corrosive to eyes or skin));数据注册要求(40 CFR 158、40 CFR 158.20 、40 CFR 158.70);美国化妆品标签法案(21 CFR 330,21 CFR 701)。

美国职业安全和卫生管理局(OSHA)法案 29 CFR 1910.1200 附录 A-危害交流:腐蚀性定义;29 CFR 1910.1200 附录 B - Hazard Communication: Hazard determination。

检测化学物的刺激性和腐蚀性的传统实验是由 Draize 等提出的兔眼实验,目前仍是测定急性眼毒性的国际标准,如 OECD TG405 和 EC B.5。其他还有如美国材料学会(ASTM)环境毒理学标准(ASTM E1055-99)"评价眼刺激性标准兔试验方法"。近年来,在动物福利和压力下,一些优化的试验方法被提出,并陆续被验证和认可。

第 2 节　眼刺激性/腐蚀性的动物实验

受试物直接接触动物结膜囊,随后通过肉眼仔细检查角膜、虹膜和结膜的变化,并量化评分,从而对生理反应做出分类。

目前在不同的法规中具有多种不同的评分系统,对角膜、虹膜和结膜的损伤程度进行评价,评价范围有最大单次组织计分和全部 3 种组织平均加权总分计分等。关于化妆品的安全评估,加权总分、最大平均分(MAS)和改良最大平均分(MMAS,不包括接触受试物后 1h 的结果)仍然在使用。在 GHS 系统中,它们都是基于平均单一组织的观察,并考虑到了观察结果的可逆性。

Draize 实验有 4 大主要目的:①鉴定严重刺激性和腐蚀性物质(根据 EU 分类 R41);②测试中度眼刺激物质(EU 分类 R36);③化妆品安全评价;④眼科用药安全评价。这项试验除了造成动物的痛苦外,还有其他两个主要缺点:一是评分的主观性,即实验室间重复性较低;二是兔和人类对受试物的敏感存在差异。

为了减轻动物遭受的痛苦和达到更高的恢复速度,已经提出一些优化意见,如低眼容量实验(LVET)。减少和优化的方法已经包括在试验策略中,作为 OECD TG 405 和 EC B.5 的补充,而体内兔眼试验仅需要在最后一步进行,也就是说当全部其他序列试验已经得出阴性评价结果,需要对轻度到中度的刺激性混合物进行评价时才考虑性体内兔眼试验。

一、眼刺激动物实验

(一) 实验动物

眼刺激 Draize 试验大多用兔来完成,主要原因有以下几点:①操作容易;②可获得用于检查的眼球和眼外周组织,表面积相对较大;③为大多数文献资料所推荐的动物种属,便于比较;④化学物对兔眼影响的文献资料较多。体内实验也有其不利方面:①兔眼与人眼结构存在差异,如兔有瞬眼膜,一些专家认为这种结构可使刺激物从眼外表面排除;②生理反应存在差异,如兔眼催泪机制的有效性较人低,而且兔角膜(睑闭)反射慢,这关系到眼接触外源化学物的程度和持续时间;③人与兔的眼房水 pH 和缓冲能力不同,这可能是兔眼更易诱发化学性虹膜炎的原因;④人和兔的角膜厚度和组织学结构不同,兔眼角膜(平均 0.37mm)比人(平均 0.5mm)薄;角膜前弹性层也较薄,这使得刺激物容易穿透进入;兔角膜占眼面积的 25%,而人仅有 7%;⑤与人眼相比,刺激物更易于使兔眼麻木或麻醉,因而易于减少保护性闭眼；⑥结果观察与判定受主观因素影响较大；⑦给动物带来一定痛苦。

(二) 受试物质

为满足大多数试验目的，一般推荐使用的剂量为 0.1ml 液体，并置于结膜囊内。但在有些情况下用 0.01mg(ml)或 0.005mg(ml)受检物就会产生眼损害。由于 0.1 ml 接近于兔眼结膜囊内能容纳的最大体积，建议用较小体积液体更适合于与人眼飞溅污染的实际情况相比较，如经过改良的低容量眼试验(LVET)受试物用量为 0.01ml。对产品配方来讲，为了减少试验动物使用，只需检测受试物成分即可满足要求。若一种受试物成分可诱发眼损害，同时应检测其稀释剂是否有眼刺激作用。如果要检测一种非液体物质，应选用没有刺激作用的溶剂来溶解，如盐水、低分子量聚乙二醇、丙二醇或单硬脂酸甘油酯等。

(三) 试验程序

实验使用健康、初成年的白化兔 4 只，雌雄不限，同一品系，体重 2～3kg。每只兔的一只眼睛滴入 0.1ml 受试物，另一只作为对照，滴入后可不冲洗，也可在滴入后不同时间(如 4s 或 30s)冲洗，观察眼睛的变化，于染毒后 24h、48h、72h，4 天和 7 天以肉眼或手提式裂隙灯检查眼的反应。按规定的分级标准对结膜、角膜和虹膜的反应进行评分。

为减轻动物痛苦，有人提出使用局部麻醉方法来减轻眼部不适症状。但有专家认为，局部麻醉可能会加剧眼部刺激作用，可能会延长角膜治愈时间，且其本身也可能引起角膜损害，如实验证明局部麻醉药羟丁基普鲁卡因可引起角膜渗透性增加，且呈正相关关系，还可对角膜内皮细胞产生毒性作用。此外，局部麻醉还能抑制闭眼反射。因此，眼刺激试验选择麻醉剂应慎重。

为体现 3R 的原则，现行的方案采用优化的程序，初试应使用 1 只动物评价试验材料。如预期无反应，初试可采用 3 只动物；如 1 只动物出现清晰的阳性反应时则不必再进行试验。固体或液体材料如没有出现清晰反应时，应至少再使用 2 只动物进行试验。对于浸提液，每种浸提液也应至少再使用 2 只动物。使用了至少 3 只动物后，如试验反应仍然疑似或不明确，应考虑进行复试。

(四) 眼损伤评分

眼刺激试验有多种损伤的分级和评分方案，以 Draize 提出的方案最为常用。这一评分系统可用于评价化学物、化妆品等产品对角膜、虹膜和结膜的影响，见表 13-2。

表 13-2 眼损伤评分标准

眼损伤	积分
角膜	
A 混浊(以最致密部位为准)	
无混浊或溃疡形成	0
分散(云翳)或弥漫性混浊，虹膜清晰可见	1[a]
半透明区易辨别，虹膜模糊不清	2[a]
出现灰白色半透明区，虹膜区不可见，瞳孔大小几乎不可见	3[a]
角膜混浊，虹膜不可辨	4[a]
B 角膜受损范围	
大于 0，小于或等于 1/4	1

续表

眼损伤	积分
大于 1/4,小于 1/2	2
大于 1/2,小于 3/4	3
大于 3/4 直至整个角膜区域	4
	角膜分数＝A×B×5(最大总分＝80)
虹膜	
A 正常	0
超出正常皱襞,充血,肿胀,角膜缘轻度充血(局部或全部),瞳孔仍有对光反射	1[a]
无对光反射,出血,肉眼可见结构破坏(其中一种或全部)	2[a]
	积分＝A×5(最大分数＝10)
结膜	
A 充血状态	
血管正常,无充血	0
血管明显充血,呈鲜红色	1
弥散性充血,呈深红色,血管纹理不清	2[a]
弥散性充血,呈紫红色	3[a]
B 水肿	
无球结膜水肿	0
肿胀超过正常(轻微水肿)	1[a]
明显水肿,伴部分眼睑外翻	2[a]
眼睑肿胀,约有一半闭合	3[a]
眼睑肿胀,超过一半闭合	4[a]
C 分泌物	
无分泌物	0
有少量分泌物(不包括正常动物眼内眦少量分泌物)	1
分泌物使眼睑和睑周睫毛潮湿或黏着	2
大量分泌物使整个眼区潮湿或黏着	3
[a]为阳性结果	积分＝(A＋B＋C)×2(最大分数＝20)
	总的最大分数(角膜＋虹膜＋结膜)＝110

1. 体内动物实验主要描述角膜、虹膜和结膜 3 种组织的某种变化 角膜分为混浊和受损范围两种;虹膜被看作是一个整体;结膜分为结膜充血和分泌物增多、球结膜水肿 3 种。这样的评分系统可能不全面。

2. 每种记录结果的分级范围不同 角膜作用包括混浊和受损范围,分为 0～4 级;虹膜分为 0～2 级;结膜分泌物增多和充血分为 0～3 级,球结膜水肿分为 0～4 级。由于分级标准不统一,使得实验室间相互比较相当困难。

3. 报告结果的数值存在偏倚 例如,角膜评分以混浊和累及区为基础,它有 5 个偏倚因素;虹膜评分是分级的 5 倍;结膜评分是充血、水肿和分泌物增多总分的 2 倍。因此，总分 110 分中，可能 73%来自角膜评分，结膜和虹膜分别占 18%和 9%，角膜、结膜和虹膜的评分偏倚比为 8∶2∶1。

美国食品和药物管理局(FDA)对 Draize 方法进行了修改，其评分系统为无偏倚的总评分，突出了对危险物质的标识作用(表 13-3)。为了便于不同实验室间的比较和提高试验结果的重现性，FDA 出版了与评分相同的颜色成像方法，在这一评分系统中对流泪、眼睑炎、球结膜水肿、结膜充血、虹膜炎、角膜炎和角膜基质血管增生进行了评分和分级(表 13-4)，为使方法更为统一，每一种结果均记为 0～5。

表 13-3　美国食品和药物管理局的眼损伤分级系统

分级	角膜	虹膜	结膜	
			充血状态	水肿
0	无溃疡或混浊	正常	血管正常	无肿胀
1	分散或弥漫混浊，虹膜可见	皱褶加深，充血肿胀，中度角膜周围充血，虹膜仍有对光反射	部分血管充血	肿胀超过正常
2	可分辨半透明区，虹膜轻度不清	无对光反射，出血，大量破坏	弥散，暗红色，个别血管不易分辨	明显肿胀，部分眼睑外翻
3	珍珠色区，虹膜不见区，瞳孔偶可见		弥散，深红色	肿胀，眼闭合近 1/2
4	完全角膜混浊，虹膜分辨不清			肿胀，眼睑闭合超过 1/2

表 13-4　眼损害评分等级

病症	等级	症状	病症	等级	症状
流泪	0	正常	球结膜水肿	0	无结膜水肿
	1	下睑缘稍微增多		1	结膜轻度肿胀，无眼睑外翻
	2	眼眶周围睫毛轻度湿润		2	结膜中度肿胀，眼睑轻微外翻
	3	睑缘和眶周睫毛明显潮湿		3	结膜轻度肿胀，眼睑中度外翻，且累及角膜
	4	眶周睫毛大量潮湿		4	结膜明显肿胀，外翻组织几乎使角膜完全消失
	5	眶周睫毛大量潮湿，且流到脸上		5	完全肿胀和外翻，角膜完全消失
眼睑炎	0	眼睑正常	结膜充血	0	血管正常
	1	睑缘轻度潮红		1	少量血管充盈
	2	睑缘轻度红肿		2	血管中度充盈且弥漫
	3	睑缘中度红肿		3	血管弥漫性显著肿胀，但血管可辨
	4	睑缘明显红肿，且极度增厚、变形		4	血管弥漫性完全肿胀，仅少量血管可辨
	5	睑缘明显红肿且极度增厚、不规则变形，上下眼睑间裂隙变窄			

续表

病症	等级	症状
	5	弥漫性肿胀呈粉红色，血管不可见
胬肉形成	0	无
	1	眼翳斑块脱落
	2	脱落扩散到感觉灵敏膜
	3	细小眼翳脱落增多，且有少量脓性分泌物流出
	4	膜明显脱落，中度脓性分泌物流出
	5	膜完全脱落，大量脓性分泌物流出
虹膜炎	0	虹膜正常
	1	虹膜血管轻度充血
	2	皱襞轻度增厚，血管中度充盈，瞳孔对光反射存在
	3	皱襞中度增厚，血管中度充盈，对光反射迟钝
	4	皱襞明显增厚，且有红斑扩散，对光反射迟钝
	5	对光反射消失，瞳孔变形，炎性出血
角膜炎	0	角膜正常
	1	轻度角膜模糊
	2	明显角膜混浊（局部或全面），但虹膜清晰可见
	3	角膜部分或全部混浊，虹膜几乎不可见
	4	角膜部分或全部混浊，虹膜不可见
	5	角膜完全混浊、变形和/或溃疡形成
角膜血管形成		
	0	无血管
	1	局部血管向内生长 1～2mm
	2	全部血管向内生长 1～2mm
	3	全部血管向内生长 3～4mm
	4	血管向内生长到角膜中心 1～2mm，无融合
	5	结膜完全血管化，结膜中心出现血管融合

（五）辅助检测方法

采用一些辅助检查方法，可对眼损伤特征进行更准确评价。这些方法包括：①活组织裂隙灯检查：可用于早期发现角膜细微改变，也可对角膜、虹膜、晶状体和房水的结构进行更准确的评价，如房水中过多蛋白质会出现闪光；②角膜渗透性研究：角膜上皮受损可能使荧光素穿过角膜的速率增加，因此，检测房水中荧光素的存在可作为角膜通透性增高与否的一个指标，目前碱性蕊香红荧光素发光检测已用作定量评价角膜通透性的基本方法。房水荧光素浓度的改变也能用裂隙生物显微镜上的荧光成像仪定量测定，这有助于客观检测眼损伤；③荧光素染色：直接滴入 2%荧光素 1～2 滴于眼角膜，几分钟后用等渗盐水冲洗，受损上皮比完好上皮保留更多染料，出现较亮的黄色，借助紫外灯或裂隙灯更易观察到。如观察到呈黄绿色区的荧光素染色，表明染料穿透上皮损伤部位，并弥散到正常组织；④检查角膜厚度：测量角膜厚度是一种决定角膜损伤的客观方法，尤其是在损伤早期；⑤角膜上皮修复率：角膜上皮受损后，出现上皮再生和角膜厚度增加，但有毒物质可能使正常治愈率降低。检测角膜厚度和修复率可作为评价可能的眼刺激的一种方法，特别是可能引起眼损伤的眼药。这种方法需要用环钻和剥离角膜上皮作为对照，用荧光素染色成像损伤部位检测角膜修复率，用面积估测其大小，在损伤前后均测量角膜厚度；⑥病理组织学检查：有助于研究眼损伤发病机制。

二、动物实验的优化

传统眼刺激试验受到来自各方面的争议，特别是动物福利组织的压力。过去几年里已经提出了多项优化 Draize 眼刺激试验的方法。目的是通过降低受试物浓度、使用低损害或非损害性技术提高检测眼损伤的敏感性来明显减轻动物不适感，或通过优化实验程序减少动物使用，运用定量评价方法减少主观性等。

（一）角膜厚度测量

角膜厚度、水合作用和透明度是相互关联的，角膜厚度与水合作用有线性关系。急性化学眼损伤后角膜上皮、内皮或角膜缘血管受损，使水进入基质更容易，从而导致角膜厚度增加。多种化学物诱导角膜损伤均可见上皮和/或内皮受损，导致角膜水肿、眼内压增加、抑制 Na^{+}- K^{+}-ATP 酶活性等症状。测量角膜厚度有以下优点：①获得的定量资料易于统计分析，可用于不同物质间的比较评价；②这种方法是非侵害性的，对动物仅引起最小的不适；③能明显在低于引起肉眼可见的眼刺激浓度下检测角膜厚度增加；④可获得浓度-反应曲线，检测可能的刺激物。

可通过装在裂隙灯活组织显微镜上的光学装置或超声探针装置检测角膜厚度，两种检查方法均有较好重现性，且不需接触角膜表面。

角膜厚度增加与剂量相关，轻度刺激物使角膜厚度增加小，剂量-效应曲线上最大浓度产生肉眼可见的眼损伤；中度眼刺激物产生浓度相关的角膜厚度增加直到肉眼可见刺激的浓度，剂量-效应坡度表现突然增加。因此，剂量-效应曲线的形状和坡度可用于预测受试物眼刺激的严重程度。Martins 等研究表明角膜厚度和临床观察有较好相关、较高的敏感性和重现性。通过共聚焦显微镜技术(CMTF)，可以量化角膜不同组织层深度和厚度以及其结构。这种技术通过角膜高速运动迅速自动聚焦，使之产生 Z 轴图像，并重构角膜厚度的三维结构。Maurer 等用一系列表面活性剂作为受试物刺激兔眼，并检测其上皮细胞大小、上皮层厚度、角膜总厚度和角化细胞坏死程度，发现由于不同表面活性剂的刺激性不同，角膜损伤面积和深度也明显不同，一般滴注 3h 后进行观察用于区分眼刺激作用程度大小。这种方法也可用于体外试验。

（二）眼内压检测

可引起眼内压(IOP)增加的原因很多，包括房水排出管道阻塞、睫状体房水产生增加和房水中溶质浓度增加。大量实验表明，当眼暴露于刺激物时，即使恢复后也可引起 IOP 增高；IOP 增高的程度及其持续时间取决于刺激反应的严重程度。将导管插入眼前房可测量 IOP，但这种方法有一些缺点，如需要麻醉、不适合长期测量且具有侵害性。更适合的是压力计测量方法，它通过对眼施加标准压力测量其产生角膜变形数量(凹入压力测量法)或测量产生标准程度角膜扁平所需要的力量(扁平压力测量法)，后者比凹入测量法有优势。兔可用作合适的动物模型，因为现已从兔获得了大量有关刺激物引起 IOP 的背景资料。

暴露于眼刺激物一定时间内就可测量到 IOP 增高。IOP 恢复到正常对照水平的时间取决于受试物浓度、刺激性和穿透角膜引起深部结构和/或功能损害的能力；时间变化从 1h 到几天。因此，测量应在早期，并连续进行测量。一般来说，在特定暴露时间内 IOP 增高越大，受试物刺激作用越强。轻或中度刺激物随着浓度增加，IOP 也呈线性增加；而重度刺激物在低浓度时，呈缓慢的剂量-反应曲线，在高浓度时，曲线突然上升。比较剂量的改变和剂量反应曲线斜率可用于预测受试物产生刺激作用的严重程度。

（三）角膜通透性研究

借助灵敏分析设备，角膜通透性研究可

用作检测角膜早期损伤和预测眼刺激大小的候选方法。滴加受试物于角膜上皮内，冲洗1min后，再滴荧光素(fluorophore)到上皮细胞1min，用一种特殊结构的荧光素测量仪插入直径3mm循环装置到眼前房，测定荧光素穿透力。这种方法具有操作简单、省时和重现性好的优点，能给出客观的剂量-反应关系，作为筛选试验是有价值的。

(四) 低容量眼试验(LVET)

为更准确预测人类眼刺激的危害性所需的最佳试验条件，宝洁公司最早开发了LVET试验方法。与标准Draize眼刺激试验程序相比，LVET试验只需0.01ml的受试物作用于动物眼角膜而不接触结膜囊。并且，接触受试物后眼睑不用强制闭合以储留受试物，允许动物眨眼等自然动作稀释或消除受试物。根据标准的Draize系统进行眼刺激评分，采用相应的LVET-最大平均分值(LVET-MAS)。因为只使用相当于Draize试验的1/10受试物用量，减轻了动物的痛苦，提高了刺激后的恢复速率。

通过与人类暴露的文献资料比较，如临床和消费者的眼刺激数据、志愿者和兔试验的实验数据，结果表明，LVET比Draize试验能更好地预测受试物对人眼的刺激反应。LVET试验在不同实验室间具有很好的可重复性，由OPAL组织的6个不同实验室参加的研究表明，LVET数据和Draize最大平均分值(MAS)评分的线性相关性为0.93，角膜、虹膜和结膜评分呈显著正相关(r=0.60、0.73、0.69)，相比之下，LVET-最大平均分值(MAS)对油/水乳剂的精确性相对较差。

目前LEVT主要在美国化妆品和家用清洁用品企业使用，美国机构间替代方法管理小组(IRAG)推荐LVET可以用来检测在其他离体试验中尚未被分类的可疑的重度眼刺激物。ESAC 2009年的审议结论认为LVET可用于去垢剂和清洁用品的分类和标识。LVET同样被推荐作为替代Draize试验的体外试验方法的参照试验。

美国材料学会(ASTM)环境毒理学标准(ASTM E1055-99)"评价眼刺激性标准兔试验方法"，2003年已采用该优化方法，将受试物体积定为0.01ml。

第3节 眼刺激性/腐蚀性的替代方法

一、体外眼刺激试验方法与体内机制的关系

表13-5表示目前开发和研究中的眼刺激试验体外方法与体内不同损伤机制间的对应关系。其中的一些试验方法不能测定损伤的深度，但可通过靶器官的反应速度和/或产生毒性所需的剂量来区分重度刺激性的受试物。

表13-5 体内眼刺激的机制和体外试验的模拟

试验分类	试验名称	细胞毒性			损伤深度			
		立即(<5min)	快速(<30min)	延迟(>4h)	部分上皮(轻微)	全层上皮(轻度—中度)	上层基质(中度)	深层基质(重度)
离体器官方法	BCOP	是	是	暴露后长期组织学观察[a]	是	是	是(结合组织学观察)	组织学
	IRE	是	是	暴露后长期组织学观察[a]	是	是	结合组织学观察	组织学

续表

试验分类	试验名称	细胞毒性			损伤深度			
		立即(<5min)	快速(<30min)	延迟(>4h)	部分上皮(轻微)	全层上皮(轻度一中度)	上层基质(中度)	深层基质(重度)
离体器官方法	CEET	是	是	暴露后长期组织学观察[a]	是	是	是(结合组织学观察)	组织学
绒毛膜尿囊膜方法(CAM)	HET-CAM	是	不	不	是	备注 1		
	CAMVA	是	一些	不	是	备注 1		
	CAMTB	是	不	不	是	备注 1		
重组人组织模型	EpiOcular	是	是	一般不	是	是	是	备注 2
	人角膜 HCE	是	是	一般不	是	是	是	备注 2
	HCE-TEP	是	局部	不	是	是	是	备注 3
细胞基础上的细胞毒性方法	NRU	是	是	是	备注 4			
	NRR	是	不	不	备注 5			
	RBC 血液透析	是	不	不	备注 5			
细胞功能性试验	FL(MDCK 细胞)	是	不	不	备注 5			
	SM	是	是	不	备注 6			

a:标准方法延长观察时间到 240min

注 1:任何基于 CAM 的试验方法都不能直接检测损伤深度,CAM 可用于区分中度和重度刺激物,但严重刺激程度可能难以测定。

注 2:不能直接检测对基质的损伤深度。上皮结构的极快速破坏可用于预测体内上皮细胞的快速破坏作用和可能的基质渗透作用。可用于区分中度和重度刺激物,但严重刺激程度可能难以测定。

注 3:HCT-TEP 试验用来预测轻到中度的眼刺激性。刺激性更强的物质可通过降低使屏障完整性破坏的浓度得出。

注 4:延长暴露时间(一般 24～48h)可检测所有 3 种不同类型的细胞毒性。不能直接检测损伤深度(反应刺激的严重程度)。

注 5:短时间暴露和即时评估细胞活性(完整性)限制了该方法只适用于检测对细胞有快速作用的物质(例如,细胞膜溶解或蛋白质凝结)。不能直接测定损伤深度(反应刺激的严重度)。

注 6:剂量设计和观察终点可用于评估细胞的实时和一些快速反应(如代谢反应)。不能直接测定损伤深度(反应刺激的严重度)。

二、眼刺激体外替代方法的验证

(一) 研究现状

1991～1997 年间,共进行了 6 项眼刺激试验的评价研究,分别是 EC/HO、欧洲香化协会(COLIPA)、BGA/BMBF、CTFA、IRAG 和 MHW/JCIA。全球性的 EC/HO 项目评估了 9 项体外替代方法,测试了 60 种物质,其中含 12 种表面活性剂。Balls 等总结认为目前没有一项研究可以替代 Draize 实验,但其中的一些实验作为眼刺激物筛选的方法具有良好的前景。主要原因是很难将体外实验结果与动物实验历史数据进行比较,Draize 试验的组织损伤评分的主观性导致体内试验数据不稳定。其他可能的原因是:①体外实验只是部分模拟复杂的体内眼刺激实验;②试验方案和预测模型(PM)还不完善;③数据统计分析方法和选择不适当。虽然还没有被正式验证,但这些体外/离体试验替代方法被一些管理机构、企业内部和协议研究机构为特定和有限的目的使用。

（二）欧洲化妆品协会（COLIPA）眼刺激研究项目

眼刺激试验的减少和优化替代方法证明是有效的，但经过充分验证和认可的替代方法还不多。仍需要加强化学受试物眼刺激反应的体外预测方法与体内试验的相关性的了解。重点研究化学受试物眼损伤的机制，眼刺激体外替代试验的开发应建立在与机制相关的生物学事件上。包括：①明确眼细胞模型的特征；②测定细胞损伤的生化终点；③人类反应数据库，包含各类别化学物和不同程度眼刺激物。

欧洲化妆品协会（COLIPA）动物实验替代方法评议委员会（Steering Committee for Alternatives to Animal Testing，SCAAT）与学术界制定了合作研究项目，项目依据的机制性基础是：损伤深度是预测初发性损伤的基础，而眼损伤的动态变化和暴露受试物后的恢复不能确定是眼刺激性的决定因素，因此，对这一机制的理解是成功开发眼刺激动物替代试验方法的关键。

COLIPA 眼刺激研究项目由两部分组成。第一部分主要是关于体外灌注角膜对化学刺激物的药物动力学反应，目的是说明角膜生理功能改变和损伤症状是否可用来预测化学受试物对眼睛的损伤能力。形态学改变的时间长达 22 天。测量的生理参数主要为屏障功能、角膜厚度和浑浊度、pH、氧化还原能力、K^+浓度、酶和炎症介质的释出。第二部分重点关注人类角膜上皮细胞的损伤及恢复，不管是单层培养物，还是整合了上皮、基质或是上皮、基质和内皮的 3D 模型。这部分的目的是确定与损伤幅度有关的毒性终点以及明确人类永生化细胞和 3D 结构的质量控制，包括结构质量（通过共聚焦显微镜检测浑浊度）、角质细胞活化、酶和炎症介质的释放和恢复。

（三）认可的替代方法

2009 年 9 月 21 日，OECD 认可了 2 项眼刺激试验的替代方法，分别是牛角膜混浊试验（OECD TG437）和分离鸡眼试验方法（OECD TG 438），用于腐蚀物和严重眼刺激物的鉴定和标识。

三、眼刺激性/腐蚀性的替代方法

眼刺激实验的替代方法应用了许多体外生物系统，如原代和细胞系（角膜上皮培养）、重建人工角膜模型、离体角膜组织或器官（BCOP、IRE）、器官型方法（鸡胚法），甚至低等生物（蛞蝓、花粉管）和无细胞的测试系统（QSAR 模型）。而且，还不断有新的测试方法被研究和验证。

（一）离体器官试验

离体器官试验系统是将化学受试物暴露于分离的牛、猪、鸡或者兔的眼球或角膜。新鲜眼球、角膜或晶状体从屠宰场或其他毒性测试的动物获取，放入特制挟持装置中维持一段时间用于受试物测试。实验中借助于不同类型的仪器检测离体角膜或者含原位角膜眼球的浑浊度、渗透性、水肿和厚度等指标。检查角膜所有细胞层，即上皮、Bowman 膜、基质、Descemet 膜和内皮细胞。这可能有助于判断毒性反应是否与特定的角膜层相关。例如，毒性可能是内皮依赖性或上皮依赖性。离体器官（角膜）试验是相对简单的技术，具有相对准确的量化指标，而且是局部施加受试化学物，理论上可用于评估大部分受试物而无需稀释，但对于有些方法检测未经稀释的固体受试物可能特别困难。

组织学方法是体内试验评估组织损伤深度和程度的主要内容，同样适用于离体角膜或眼球的评价，如仅用浑浊度和渗透性不能预测损伤程度或者深度的某些严重刺激化学物(如羟丁酸钠和喹钠克林),对角质细胞的影响超过上皮而导致刺激反应延迟发生的某些化学物(如过氧化氢),结合组织学检查就可清晰地观察到刺激的严重程度。

1. 牛角膜浑浊和渗透性实验　牛角膜浑浊和渗透性实验(bovine corneal opacity and permeability,BCOP)主要是由 Gautheron 及其合作者设计开发的。使用屠宰场获得的标本,减少了实验动物的使用。BCOP 是目前通过验证并得到法规认可的眼腐蚀性和严重刺激性的替代方法/试验标准之一。

试验过程:如图 13-1。新鲜分离的角膜水平固定于支持架,然后放置于特殊改进的透光容器里。恒温条件下,封闭角膜将测试容器分为上下 2 个隔室。受试物添加于包围着角膜上皮表面的隔室中,测量浑浊度后,在上室上皮表面添加含荧光素溶液,通过测量下室培养液的光密度(*OD*)评估角膜的渗透性。测出的透光值和渗透值可用来进行体外分值计算。根据方法设定的评分系统对受试物进行分类。对某些种类的化学受试物,如增加对角膜的组织学评估,预测效果更好。

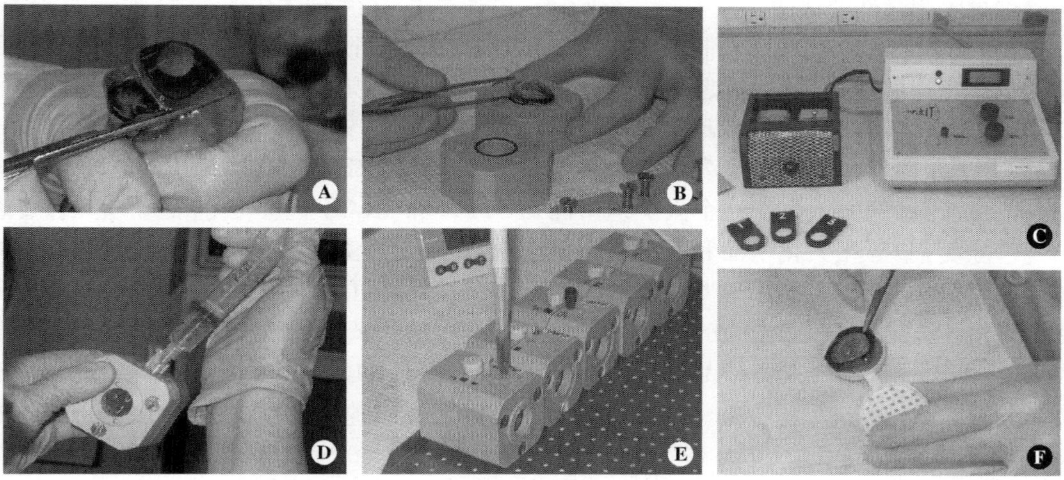

图 13-1　BCOP 试验的操作过程

A. 分离角膜;B. 装配角膜于挟持器;C. 检查角膜的透光性;D. 添加受试物;E. 加入荧光素染料;F. 组织学分析

验证:BCOP 实验在 EC 资助的由 12 个实验室参与的对 52 种物质测试的实验间对比试验中结果满意,数据重复性好。BCOP 评分和 Draize 的最大平均分值(MAS)值的相关性是 0.73,但出现 4 项假阳性(其中三种为液体物质)和 4 项假阴性(全部为固体受试物)。在 EC/HO 研究中,包括 BCOP 在内的所有参与评价的体外方法中都出现几个假阴性预测结果。但 Curren 采用增加组织学终点的方法重新检查这些低于预测值的化学受试物,结果表明可以鉴定出这些严重刺激性化学物质。BCOP 实验在美国 CTFA 研究中进行到了 3 期评价。BCOP 实验还参与了美国机构间替代方法管理小组(IRAG)组织的由 8 个独立实验室参与的评价研究,结论认为 BCOP 试验在鉴定中度到重度刺激性的物质总体上是合理的,对相对刺激性的分级结果满意。

欧盟 ECVAM 的 ESAC 和美国 ICCVAM 均于 2007 年通过对该方法的验证和认可。2008 年列为 OECD 新的试验指南草案,2009 年正式发布为试验指南 TG437。2002 年 EU 认可用于严重眼刺激物(R41)的鉴定和标识方法,2008 年美国认可其作为组合试验策略中检测眼腐蚀物和严重眼刺激物的筛选方法。

(3) 应用与局限性：BCOP 实验非常适合用于测试不同物理性状和溶解度范围变化较大的受试物，适用于鉴定中度以上刺激性和腐蚀性物质，但对区分轻度到极轻度的水平的刺激物不太敏感，后者更适合用上皮样组织或者细胞毒性方法进行检测。其原因是 BCOP 低估了受试物对虹膜和结膜的刺激作用。建议将 BCOP 实验应与其他观察终点的试验方法结合使用(例如细胞毒性实验)，或者作为试验序列的一部分，共同参与受试物眼刺激性的评估。

BCOP 实验用于化妆品和制药企业内部中间生产过程的安全评估，或者测试芳香性产品(例如空气清新剂)、日用和工业用清洁产品、盥洗产品、氧化剂(染发剂，清洁用品)、防虫产品(例如杀虫剂)、个人护理产品(香波，除臭剂)等相关化学品和配方。许多国家的管理部门许可采用 BCOP 检测的阳性结果用于鉴定严重刺激物(分类 R41)。美国 EPA 将其用于防虫配方产品登记前的许可试验。

2. 离体兔眼实验 Burton 等在早先研究兔角膜孵育和检查装置的基础上开发了离体兔眼实验(isolated rabbit eye test, IRE)。通过检测眼球接触刺激性物质后角膜透光值和角膜增厚(角膜肿胀)评价受试物的眼刺激性。

试验过程：从人道处死的实验兔中立即分离健康完整兔眼球，固定和直立维持于超渗容器中，控制温度和湿度。预温的生理盐水按一定的时间间隔直接逐滴滴入角膜，以保持角膜湿润。受试样品染毒前，目测检查眼球的浑浊度，同时评估荧光素渗透性和角膜水肿程度，去除有损伤的眼球。然后取出眼球或者继续保持原位(由受试物类型决定)接触受试物。暴露时间不定，例如鉴定严重刺激物接触 10s，区分损伤程度较轻的受试物可接触 1min 或更长。去除受试物后，将眼球重新放入容器中，检查角膜透光值和角膜厚度。30min 和 1、2、3、4h 后进一步评估。染毒 30min 和 4h 分别检查荧光素渗透性。记录角膜透光值(类似 Draize 评分)和荧光素渗透性。对每种实验样品，计算 3 只眼球的角膜肿胀平均百分数，并与未染毒的对照眼球比较。染毒角膜的组织学观察可用来确认角膜损伤的水平和深度。根据获得的试验结果，通过不同观察指标的组合分析可对受试物的总体损伤做出评估。通常导致角膜水肿超过 15%的化学受试物可认为具有引起体内严重眼刺激的能力。目前已有人开发出结合透光值、角膜水肿和角膜上皮组织学观察等在内的更为复杂的分类模型。

验证：IRE 实验参加了 EC/HO、美国 CTFA 和 IRAG 的多项验证研究，结果表明，IRE 方法实验室间一致性较好，与其他体外实验具有可比性。IRE 实验适合检测大多数类型的受试物，特别是用来筛选严重刺激性的物质(R41)。10s 接触时间最适合用于鉴定严重眼刺激物；更长的接触时间(如 1min)适合于对损伤较轻的物质进行分类。结合组织学观察可提高其预测能力。

应用与局限性：IRE 实验被很多实验室使用。作为安全评价的序列实验的组成部分，常规用于化妆品和制药企业内部生产过程和配方的安全评估。在欧洲，IRE 实验的阳性结果可用于鉴定严重眼刺激物。IRE 实验主要用来预测角膜损伤，它不能提供受试物对结膜的作用或角膜损伤后的恢复，而这些作用在体内可能发生。因此，不能绝对认为 IRE 实验中未观察到损伤表明在体内也无作用。

3. 离体鸡眼实验 荷兰应用科学研究所(TNO)的 Prinsen 等借鉴 Burton 分离兔眼实验开发了离体鸡眼实验(isolated chicken eye, ICE)，2009 年，OECD 认可为试验指南 438。ICE 是一种利用离体鸡球短期培养进行眼刺激检测的体外方法，眼损伤通过角膜水肿、通透性和荧光素保持进行评价。可用于评价腐蚀物和严重眼刺激物，或作为组合试验的一部分用于特定化学物质的法规分类的标识。

试验过程：取新鲜宰杀鸡的眼球，检查上皮荧光素滞留和透光值。选择未受损角膜，将眼球固定和维持直立于超渗容器中，控制温度和湿度。在实验开始前对每一只眼球的角膜厚度、透光值和荧光素滞留等基本检测数据进行记分。然后从容器中取出眼球，角膜接触受试物 10s。冲洗去除受试物后，眼球重新放置入容器内，检查由于角膜上皮受损而导致的角膜厚度、透光值和荧光素滞留的改变，并记录角膜的形态学改变（如上皮疏松）。处理后 30、75、120、180、240min 分别做出评估。荧光素滞留则只在暴露受试物 30min 后记录 1 次。眼球固定于福尔马林中用于角膜组织病理学检查。每个测试标本计算 3 只眼球的角膜水肿平均百分数，1 只眼球作对照。角膜水肿、透光值和荧光素滞留的数值作为毒理学终点。平均最大分值用于对无刺激到严重刺激物进行分类，计算 ICE 刺激指数，其范围从 2 到 200。

验证：IRAG1993 年对 Draize 实验值（个体组织反应，不同指数，恢复天数）和 ICE 的评分值进行了比较，总体相关系数为 0.82 到 0.91。EC/HO 的验证评估表明 CEEETR 实验室间差异较小（相关系数 0.83～0.85）。

应用与局限性：实验可作为替代兔眼刺激试验的有效的常规检测方法。目前，法国和德国均认可 ICE 实验用于鉴别严重刺激性物质。荷兰认可其作为鉴别“眼严重刺激物（R41）”的（预）筛选方法，但不能作为区分刺激物和非刺激物的确认试验。ICE 实验常规用于化妆品和日用品企业实验室。ICE 试验通过局部接触角膜检测受试物的眼刺激性，虽然该方法是用来预测角膜的作用，但与结膜的作用也显示出较高的相关性。

欧盟 ECVAM 的 ESAC 和美国 ICCVAM 均于 2007 年通过对该方法的验证和认可。2008 年，列为 OECD 新的试验指南草案。2002 年，EU 认可用于严重眼刺激物（R41）的鉴定和标识方法。2008 年，美国认可其作为组合试验策略中检测眼腐蚀物和严重眼刺激物的筛选方法。

（二）器官型方法（organotypic methods）

1. 绒毛膜尿囊膜方法　受精鸡胚的绒毛膜尿囊膜（chorioallantoic membrane，CAM）被认为是模拟物质对眼结膜组织作用的合适模型。鸡胚孵化过程需 20～21 天，鸡胚有 4 层胚膜（卵黄囊膜、羊膜、浆膜、尿囊膜）和 2 套血管网（卵黄囊血管网、尿囊膜浆膜血管网）。鸡胚尿囊膜出现在孵育的第 3.5 天，在孵育的 4～10 天，尿囊腔迅速增大至胚外体腔并包围羊膜，以后尿囊外壁与绒毛膜紧贴形成尿囊绒毛膜。CAM 组织学结构有 3 层：外胚层位于壳膜下方，由来自绒毛膜的上皮组成；中胚层是一层富含毛细血管的结缔组织；内胚层位于尿囊，由来自尿囊膜的内皮形成。CAM 是一个体外呼吸器官，随胚龄的增加而增大，毛细血管极其丰富。不成熟的血管散在分布于中胚层，直到第 8 天形成毛细血管丛，覆盖在绒毛上皮细胞表面。毛细血管快速增殖持续到第 11 天，此后内皮细胞有丝分裂指数迅速下降，到第 18 天，血管系统最终形成。

（1）鸡胚绒毛膜尿囊膜试验：鸡胚绒毛膜尿囊膜试验（Hen's egg test on the chorio-allantoic membrane，HET-CAM）最早由 Luepke开发（1985 年），并经过多次改进用于测试不同理化性质的物质。与其他器官型的方法类似，HET-CAM 实验可以用于鉴定那些与标准的 Draize 眼刺激试验反应类似的物质。

试验过程：HET-CAM 试验系统主要测定 3 种反应，即在鸡胚发育第 9 天时神经组织和痛感还没形成的阶段检测绒膜尿囊发生的出血、血管溶解和凝血（有时充血也可作为观察指标）。CAM 直接接触受试物，于 5min 的观察期内评价上述 3 种指标的发生情况。最广泛使用的方法是反应时间法，测定 3 种反应终点每一种出现的时间。另一种方法是刺激阈值法，测定第一次观察到出现上述毒性终点的受试物浓度。这两种方法主要用于透明受试物质的检测。第三种方法可用于不透明难溶解和固体受试物的检测，即将 CAM 暴露于受试物一个固定时间（如 30s 或者 5min），小心冲洗除去受试样品后检查上述终点。目前广泛运用的仍然是最早开发的 HET-CAM 记分系统，即加权评分法，其中凝血比出血和溶血占更高的权重。

验证：多个国家组织的验证研究已经评估过 HET-CAM 实验作为替代 Draize 实验的可能性，包括化妆品公司的合作研究、美国的 CTFA 计划、欧洲化妆品协会（COLIPA）、德国研究和技术部（BMFT）-联邦卫生部（BGA）的联合项目、法国的 OPAL、日本卫生与福利厅（MHW）-日本化妆品工业协会（JCIA）联合评估项目以及全球性的 EC/HO 项目。大多数评估结论认为 HET-CAM 实验和 Draize 实验在评估原材料和化妆品方面具有相关性。体外实验和体内实验在轻度和非刺激性受试物、表面活性剂和以表面活性剂为基础的配方等物质的测试中显示较好相关性。然而，回归分析表明仅在刺激性较小的区域具有线性关系，而并没有覆盖 Draize 的最大平均分值（MAS）的全部范围。此外，HET-CAM 实验对于固体、不溶性或黏稠物质的测试在实验结果的重复性方面较差，色素和染料可通过对 CAM 染色而产生干扰，并且当使用 HET-CAM 方法和 NRU 方法对比测试乙醇/酯和表面活性物质的刺激性时，表面活性物的结果有很好的相关性，但乙醇/酯的相关性欠佳。

应用与局限性：相对于体内眼刺激实验发生的机制和测量的终点，HET-CAM 实验应该是模拟了 Draize 兔实验的结膜反应。在应用 HET-CAM 实验用于受试物眼刺激性筛选方法的同时，应当认识到该方法的局限性，即不能评价刺激反应的可逆性，这也是目前所有的 HET-CAM 实验方案均不能达到的。因此，适宜将 HET-CAM 实验作为眼刺激序列试验的组成部分。

HET-CAM 实验已经在企业内部用于眼刺激性的筛选和配方/原料的安全评价中，确定可能的非刺激性或者轻度刺激物，有效地减少了动物试验。也可用于为管理目的进行的风险评估中和物质的标识和分类。HET-CAM 实验已被法国、德国、荷兰和英国的管理部门认可，用于严重刺激物的分类。

目前存在的问题是试验方案的标准化，由于不同国家和地区眼刺激的法规分类系统存在差异，导致 HET-CAM 实验方案和预测模型难以统一。因此，建立 HET-CAM 试验标准化的操作程序和优化结果评价方法（预测模型）有利于使其获得更广泛的认可，而且推荐使用已知的标准受试物或者其他参照受试物完善客观评分系统而不是继续使用现阶段的主观系统以增加实验室间 HET-CAM 结果的可重复性是该试验方法努力的目标。

（2）绒毛膜尿囊膜血管试验：绒毛膜尿囊膜血管试验（chorioallantoic membrane vascular assay，CAMVA）最早由 Leighton 于 1985 年提出，后经过 Bagley 等人改进。CAMVA 方法通过观察受试物对血管的作用评价潜在的眼刺激性，因为 CAM 的血管结构和眼结膜类似，血管活性物质作用于平滑肌细胞，使毛细血管扩张或者收缩，出血终点表明内皮细胞和周围组织细胞发生溶解。

试验过程：实验准备阶段需要在4天于受精鸡胚上开一小口，去除部分清蛋白，使CAM适度扩大。密封开口，继续孵育鸡胚6天。第10天，受试物直接接触CAM的小片区域，暴露30min后观察CAM血管变化，如出血或充血（毛细血管扩张）、血管消失（鬼影血管），使50%的受精卵出现这些损伤的受试物浓度被认为是毒性终点。CAMVA试验需要测定10个供试鸡胚出现50%阳性反应所达到的剂量。水溶性和脂溶性物质都可用于检测。目前，CAMVA主要用于美国化妆品行业，用于化妆品筛选和安全评估。

验证：包括美国肥皂和洗涤用品协会（SDA）、COLIPA、美国CTFA、IRAG等在内的多个机构组织的验证评估研究结果表明，CAMVA方法和兔眼刺激实验的最大平均分值（MAS）值有很好的相关性（相关系数为0.91，一致性达75.8%），可正确将受试物分类为刺激物和非刺激物。COLIPA的研究结论表明CAMVA更适合检测水醇类物质，CTFA的三期实验表明，与其他以CAM为基础的实验方法相比，CAMVA对表面活性为基础的配方检测效果欠佳。美国机构间替代方法管理小组（IRAG）对以CAM为基础的检测方法的严格评估中也观察到类似的结果，该评估报告指出，CAMVA对醇类物质的测量结果最好，而HET-CAM实验对表面活性剂和表面活性剂为基础的配方有更好的效果。CAMVA的局限性还表现在对含聚氧乙烯配方的检测易导致假阳性结果，对测试不溶性物质需要较高的操作技术。

应用与局限性：总体上讲，CAMVA适合作为化妆品和个人护理用品配方、醇类物质和表面活性剂的刺激程度的筛选方法，最适合用于评价轻度到中度范围的刺激性物质，但不能用于严重刺激性物质的分类。

（3）绒毛膜尿囊膜苔盼蓝染色试验（CAM-TBS）：绒毛膜尿囊膜苔盼蓝染色试验（chicken chorioallantoic membrane-trypan blue staining，CAM-TB）是Hagino提出的经过改进的HET-CAM方法。CAM-TB试验克服了HET-CAM实验缺乏客观性和难量化的缺点，通过测定CAM吸收台盼蓝的量来检测受试物损伤作用。CAM-TB实验是日本MHW计划的一部分，该计划名为“评估化妆品新成分安全性的测试方法的研究”。结果表明，该方法比HET-CAM实验方法变异性低，而且和最大平均分值（MAS）有很好的相关性，局限性与HET-CAM类似，有色物质可能干扰终点的测定。

2. 人角膜上皮模型（human corneal epithelium models） 正常人的角膜上皮组织由5或6层分化的外胚层细胞组成，保护角膜并构成它的视觉特性。角膜损伤在化学物的眼损伤中占主要地位，因此，测定化学物质暴露对角膜伤害的风险十分关键。

用于构建EpiOcular角膜模型的上皮细胞来源于新生儿包皮角质细胞的原代培养物。角质细胞悬液接种于以聚碳酸酯（PCF）为支持膜的嵌入式培养板（如Millicell）中，37℃5%CO_2培养条件下，采用添加营养素、生长因子和激素的DMEM无血清培养基，气液界面培养1周，用琼脂糖密封，无菌包装和运输。

EpiOcular模型和HCE模型的HE染色组织学观察见图13-2，都是由立方形的基底层细胞和连续的扁平细胞层组成，没有颗粒层和棘层。在气液界面培养条件下，角质细胞完全分化，组织表面细胞呈扁平鳞状，并可见狭长的细胞核。

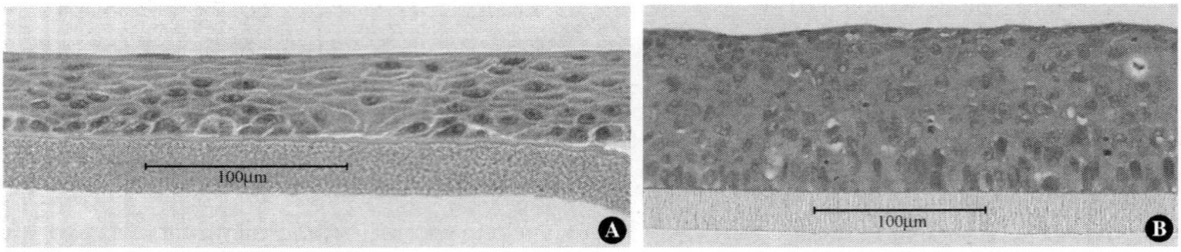

图 13-2 重建角膜组织模型的形态结构

A. EpiOcular; B. SkinEthic

（1）EpiOcular 试验：美国 MatTek 公司的 EpiOcular 角膜模型由来源于正常人的表皮角质细胞生长于特殊制备的嵌入式细胞培养板中以无血清培养基制备而成，细胞可分化形成多层结构，与角膜上皮非常相似。EpiOcular 试验的检测终点，主要是 MTT 检测，也包括 IL-1a、PGE_2、LDH 和钠荧光素渗透性检测。通过 MTT 试验得出 ET_{50} 的值（使组织活性降低 50%的有效暴露时间）并与动物体内试验数据比较。使用时间变量而不是剂量可以检测受试物成分和配方，而受试物无需用培养液稀释，这样亲水性和疏水性的物质都可以采用此种方法检测。

EpiOcular 是一种模拟角膜上皮和结膜损伤的分层上皮组织，可用于检测中度到极轻度范围内（轻微的角膜和结膜刺激）的眼刺激物。通过非常短的 ET_{50} 的值，该模型也可用于区分高中度和严重刺激物。然而，严重刺激通常和基质的改变有关，体外重建的上皮结构还不能像全层角膜（如离体角膜）一样提供严重刺激程度的检测结果。

试验过程：见图 13-3。购买的 EpiOcular 角膜人工角膜商品测试之前在 4°C 环境中储存 24～72h。将组织从包裹中取出并置于每孔含有 0.9ml 测试培养基的 6 孔板中，在 37°C 复苏 1h。1h 之后更换新鲜培养基并对组织按剂量给予受试物。比重高于 0.95 的液体受试物，使用前用超纯水稀释到 20%。非水溶性物质要与等质量的超纯水混合制成膏剂使用。将制备好的受试物（液体受试物 100μl，膏状固体受试物 200mg 铺布成 0.5cm^2）平衡置于组织表面。从 1、5、20、60、240min 系列中选择 3 个连续的时间点作为暴露时间，先将受试物进行 20min（n=2 个组织）暴露作为确定后续暴露时间的依据。如果 20min 暴露得出细胞活性结果小于 30%，则附加 1min 和 5min 的暴露时间；如果 20min 暴露得出细胞活性结果大于 90%，则附加 60min 和 240min 的暴露时间；如果 20min 暴露得出细胞活性结果范围为 30%～90%，则附加 5min 和 60min 的暴露时间。阳性对照为 0.3%Triton-X100 溶液，暴露时间 15min 和 45min，阴性对照为去离子水，暴露时间为 15min、4h、8h、24h。每次暴露时间结束后，将细胞培养支持膜浸泡在 PBS 溶液中完全漂洗去除受试物。用 MTT 法测定组织活性。通过与对照组比较得出 ET_{50} 的值。

验证：Stern 等报道用 EpiOcular 模型对 43 种不同类别和刺激程度的眼刺激物样品进行检测，63%分类正确，余下的样本预测结果稍有偏高。2003 年，组织了对EpiOcular模型的正式验证，重点研究表面活性成分（如单一表面活性物）和少量表面活性配方。验证分为两个阶段；一期主要包括 20 个编码受试物，分别在 4 个实验室对每种受试物进行 3 次有效试验。二期主要是在 2 个实验室对 54 种受度物进行 2 次有效试验。验证结果表明，实验室间的变异系数低于 10%。

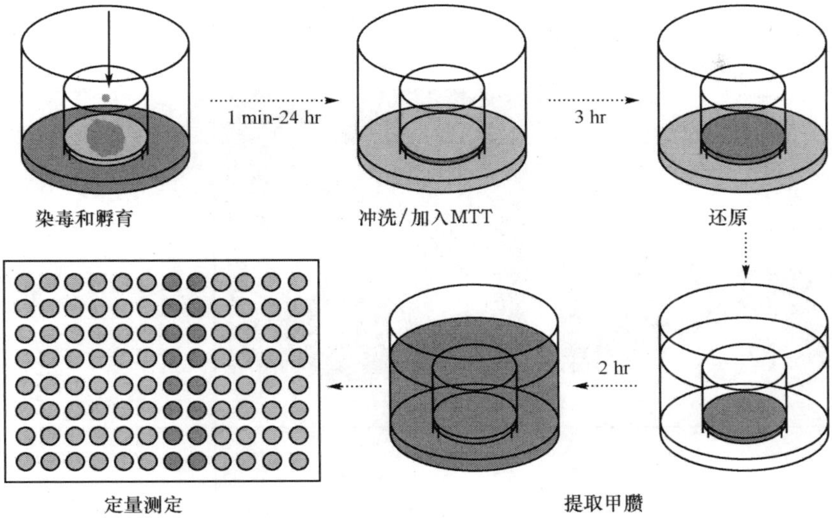

图 13-3 EpiOcular 检测流程示意图

应用与局限性：目前该方法已在化妆品、个人护理、日化和化工企业的研究实验室和企业使用，用于确定受试物的毒性限量(如测定轻微作用水平剂量)，或用于(轻到中度眼刺激性)产品配方的临床前安全性试验、配方优化、表面活性剂及其配方的安全评估等。如果将接触时间延长到最长为24h，还可用来预测重复应用产品的人体适应性或评估使用者的接受度。

EpiOcular 模型最常用于区分轻度或中度刺激物，也可以用于测试严重刺激物质，但其结构特点(同其他上皮结构)决定了其不能很好地区分重度损伤的程度。对于重度刺激物采用离体组织的方法检测结果更好。受试物可为亲水性或疏水性物质，固体和液体均可以。EpiOcular 模型对醇类和酯类物质过于敏感，此外，可能不适合检测高度挥发性液体、有机溶剂和某些化学活性物质(如过氧化氢)。组织活性的 MTT 检测结合显微组织改变，可能有助于提高模型的预测能力。

结果判定：无刺激性和微刺激性 ET_{50} >60min，弱刺激物 31～60min，中等刺激物 3～30min，严重刺激物<3min。

(2) SkinEthic 体外重组人角膜上皮模型：SkinEthic™ HCE 模型是由法国 SkinEthic 实验室开发的人角膜上皮(human corneal epithelium，HCE)模型，是将永生化了的人类角膜上皮细胞(HCT 细胞系)接种于聚碳酸酯人造膜上，用已知化学成分的培养基，采用气-液界面培养，从而形成由多层上皮细胞组成的包含 5～7 层上皮细胞的上皮组织，因不含角质层而在形态上与人眼角膜黏膜类似(图 13-4)。正如在体内一样，可以观察到柱状细胞和翼细胞(wing cells)的存在(图 13-4D)。上皮组织的特点是存在中间丝、成熟的半细胞桥粒和细胞桥粒等特征性的超微结构。也曾报道有特异性的细胞角蛋白 K3(64kD)。

2006 年建立的方法，采用的是短接触时间方法(10min 处理时间，无处理后培养)，在一个多中心的研究实验中了使用了相同的模型来评估眼部刺激性测试，并对方法的实验室间重复性以及相关性进行验证。所获得的结果十分令人鼓舞，而且这个实验方法的应用范围随之扩大，同时强调了可能需要对使用这个模型的某些实验步骤进行调整或优化。

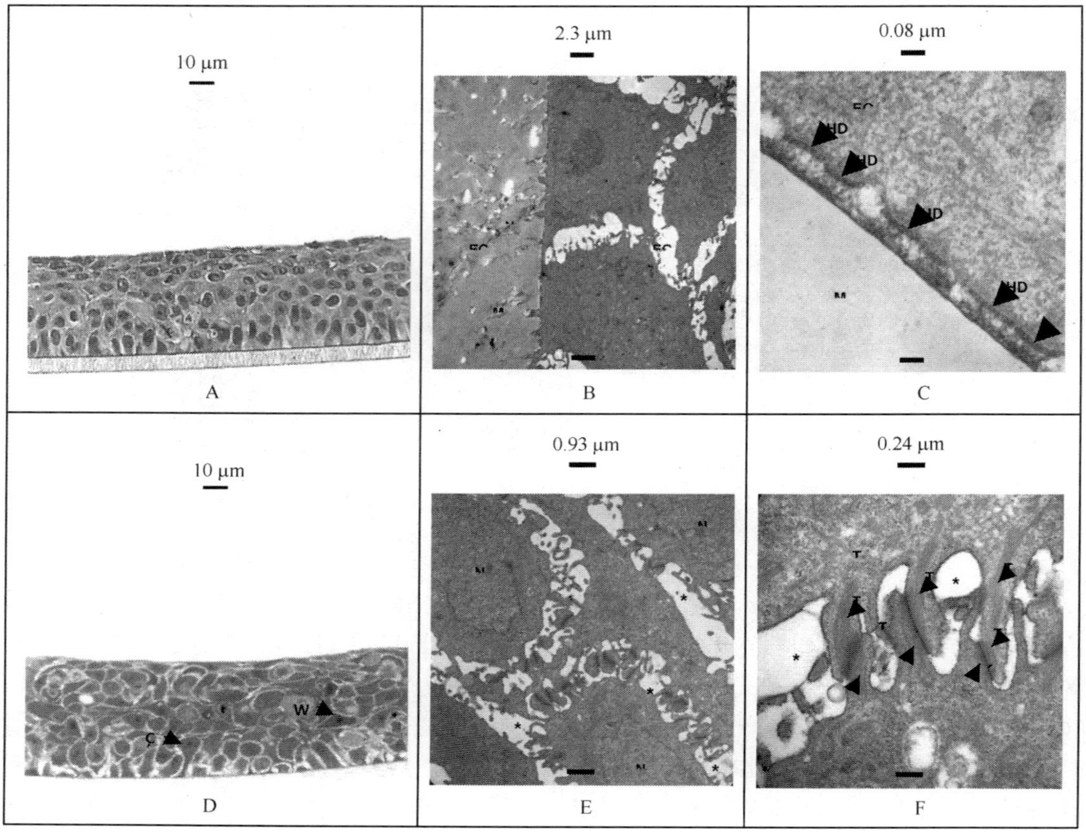

图 13-4 SkinEthic™ HCE 模型-永生化人角膜上皮细胞接种在多聚碳酸酯膜上并进行气液界面培养

A. 组织学纵切面(苏木紫/曙红染色);B,C,E,F. 横切面电子显微图,ZEISS CEM 902A;D. 半薄切片,甲苯胺蓝着色;N. 细胞核;M. 支撑膜;D. 细胞桥粒;*. 细胞间隙;Nu. 核仁;HD. 半桥粒;T. 张力丝束;C. 柱状细胞;W. 翼状细胞

SkinEthic™ HCE 模型可作为检测的终点包括:MTT 试验或 LDH 释放测定组织活性、组织学观察、细胞因子释放定量(如 IL-1a、IL-6、IL-8、PGE2)和基因表达。已完成该模型的体内/体外研究比较,对方法的实验室间重复性评估结果以及对 130 种成品进行的验证研究表明,该模型与体内 Draize 试验模型有令人满意的相关性。HCT 模型可用于阐述体外角膜的损伤和恢复。目前 HCT 模型被几家化妆品、化学和制药公司用于成品和原材料的刺激性测试。

最近研究人员建立了长时间接触方法(LET),即采用 1h 接触后再加 16h 接触后培养,LET 测试方法被应用于测试一大批化妆品工业用化学物质,代表不同的化学分类和特性。基本过程是:HCE 上皮模型表面局部涂抹(30±2)μl(相当于 60μl/cm^2)液体(可以用吸液器吸取的物质),或(30±2)mg(相当于 60mg/cm^2)固体,固体可被磨成细粉但不能用吸液器吸取。在室温下和受测物质接触时间满 1h 后,HCE 组织被冲洗后放置于新的维持培养基中,在 37°C,5% CO_2 培养箱中后培养 16h。0.2% 溶于水的 Triton X100 被作为批间对照(BC),乙醇作为阳性对照(PC),PBS 则被用于作为阴性对照(NC)。培养结束后,用 MTT 方法检测组织的活力。

该方法应用于 102 种不同分类的化学物

质，共包括 11 个种类：5 个染料，6 个脂肪族衍生物、3 个脂肪表面活性剂、14 个基础活性物质、8 个生物活性物质、1 个防腐剂、2 个填充物、17 个多聚物、14 个硅酮、7 个溶剂和 25 个表面活性剂。这个优化组合中包括 21 个 R41，8 个 R36 和 73 个非刺激性物质。对重建角膜组织的正常评估，包括正常组织活性的 MTT 评估（所有 *OD* 值需大于 0.7）、BC 批间对照（残留活性小于等于 40%）和 PC 阳性对照（残留活性小于等于 10%），结果均在可接受范围内，并且显示了测试中所用组织的质量基本保持一致。最终检测结果非常令人鼓舞，证明 LET 方法具有区分刺激物和非刺激物的能力。按照 EU 和 GHS 分类（表 13-6），这个优化试验所表现出的平均的敏感性和特异性使得整体精确性处在一个良好的水平（84.3%）。随后实验室对该方法进行了更广泛化学物的测试稳定性研究（扩大到 435 种物质），还特别开发了适用于对组织染色的化学物质的实验方法，从而扩大了本测试方法在这类物质中的应用范围。在这个试验中，LET 方法同样显示了良好性能，敏感性水平为 90%和 81%（分别对应 EU 和 GHS 分类），特异性水平为 81% 和 82%（分别对应 EU 和 GHS 分类）。充分证明了这个测试方法和测试模型的稳定性。因此，所获得的最终目标是尽可能地扩展这个模型的可应用范围，特别是针对化妆品成分族群。

表 13-6　SkinEthic 长时间接触方法对受试物的检测结果分析

	EU/%	GHS/%
敏感性（刺激物预测*）	86.2	83.9
特异性（非刺激物预测）	83.5	84.5
精确性	84.3	84.3

*：R41 和 R36 或者 GHS Cat. 1 和 GHS Cat. 2

实验室的优化数据获得了 Colipa 眼刺激性项目组和 ECVAM 专家们的共享和认可，并且正在进行审核的过程中以便下一步进入 ECVAM 眼刺激性前瞻性的认证研究项目。这个测试方法的适用范围经评估可涵盖化妆品工业中多个具有代表性的物质系列，覆盖了各种不同的理化性质以及包含了富有挑战性的原料物质。不论何种分类都获得了良好而持续的性能。在工业用户内部使用该模型方法评估大量成分物质的策略，不仅是为了覆盖本行业特殊特点和要求，同时也是为了找出可改进之处并扩大可应用操作的适用范围，这项工作正在进行中。体内的现象相当复杂，必须将所有可利用的数据和资源，如运用计算机进行的分析预测（in silico）、离体和体外的工具等都应结合起来，以得到更好和更相关联的预测结果。由于它优异的总体性能，LET 测试方法已成为一个合适的候选去结合和巩固此类测试策略。

(3) Gillette 的 HCE-T 模型：Gillette 公司开发的人角膜组织模型（HCE-T）采用转染的人类角膜上皮细胞系（HCE-T），经气液界面培养于嵌入式细胞培养皿的胶原膜表面，分层形成 4 到 6 层的上皮结构。对荧光素钠的跨上皮渗透（TEP）和跨上皮电阻（TER）测定已证明该模型可用于评价角膜上皮屏障功能的完整性等相关生理参数。细胞活性可由 MTT 试验测定，组织形态学可作为观察终点。

目前该模型只在部分协议研究实验室使用，主要适用于液态含表面活性剂配方检测，对其他类型的受试物资料有限。用目前的预测模型对那些能使蛋白质沉淀的阳离子表面活性剂的预测效果不好。目前正在对含液体表面活性成分的配方进行合作验证研究，由 4 个实验室参与。试验结果正待发表。

（三）基于细胞毒性的试验（cell based cytotoxicity methods）

实验观察发现，某些损伤眼睛的受试物也能引起不同类型细胞的细胞毒性作用，包括眼球的各种上皮和内皮组织，基于这一观察可以应用细胞毒性试验检测眼刺激作用。

1. 中性红摄取（NRU）试验 NRU试验是一种应用最广泛的细胞毒性试验，检测受试物抑制活性细胞摄取中性红染料的能力。中性红染料能穿透细胞膜，在细胞内溶酶体中聚积，细胞表面或溶酶体膜敏感性的改变导致细胞摄取的能力染料下降，因此，中性红染料可作为细胞活性的标志物。NRU试验已经在原代细胞培养物和多种已建系的细胞系中使用，如中国仓鼠V79、CHO、3T3 BALB/c和兔角膜细胞（SIRC系）。具体讲，生长于微孔板的单层细胞培养物在达到融合前用不同梯度浓度的受试物孵育。经过通常为24h或48h的暴露后，洗涤细胞，使用含染料的培养液孵育细胞3小时。然后，细胞经洗涤/固定液处理，用合适的溶剂洗提染料。在549nm处测定终溶液的光密度。对比没有接触过受试物的参照样本，通过剂量反应曲线推断获得产生中性红摄取能力50%抑制的受试物浓度。毒性结果通常用IC_{50}值表达。

目前，常用的NRU试验包括正常人表皮角质形成细胞（NHEK）、BALB/c 3T3小鼠成纤维细胞和兔角膜IRC细胞系。这些方法通常在许多化妆品和制药公司的实验室采用，作为组合试验的组成部分，或作为筛选眼刺激物序列试验的辅助方法以及作为EU危险品R41分类的附加试验，通常NRU试验与体外器官型试验联合使用。

几乎所有的Draize试验体外替代方法的验证研究都包括NRU试验。NHEK细胞的NRU试验参与了分别由CTFA和SDA组织的2项研究。BALB/c 3T3细胞NRU试验参与了国际性的EC/HO研究、COLIPA研究、BMFT/BGA研究和CTFA的评估。SIRC细胞的NRU试验参与了OPAL的评估和日本MHW-JCIA联合研究。NHEK和SIRC细胞的NRU试验也被美国IRAG的细胞毒性试验工作组进行了严格评估。

总体来说，与LVET、Draize最大平均分值（MAS）等体内试验结果相比，NRU试验获得的数据重复性和相关性较好。

对于轻度眼刺激物评价和分类，NRU试验是一项特别有用的方法，但其单独作为区分中度和重度眼刺激物质的方法有其局限性。主要适用于检测的受试物类型包括：①受试物应当是水溶性的，或至少能与水混匀，以及酸碱度适宜的受试物；②非常高或低的pH以及对培养介质起反应的受试物不能用于检测；③ 极易溶于水且结构相对简单的物质比结构复杂甚至疏水配方的受试物检测结果更好；④对易挥发性化学物、易爆、有色混合物和对溶酶体/内涵体有局部作用的化合物（例如硫酸氯喹通过改变细胞内的溶酶体/内涵体抑制NRU）评估有一定困难；⑤ 对表面活性剂和含表面活性剂的配方（例如香波等）的检测比较适合，而测试纤维性的柔化剂比较困难。

当联合其他体外器官型试验方法如HET-CAM试验或IRE试验时，NRU试验可作为成套试验的一部分成功地用于区分严重眼刺激物质（R41类）。对NRU试验与HET-CAM试验的组合试验用醇/酯类物质和表面活性化学物分别进行检测，结果表明，HET-CAM/NRU联合试验对表面活性剂试验效果很好，对醇酯类物质结果不佳，但试验数据优于EpiOcular的结果。

2. 中性红释放（NRR）试验 中性红释放试验（neutral red release assay，NRR）主要用于检测立即发生的毒性反应，例如，短期暴露于相对高剂量的受试物导致细胞膜的损伤和溶酶体完整性丢失，毒性反应可通过测量预先负荷染料的细胞丢失染料的量进行评估。NRR试验已经在原代细胞培养物和多种已建系的细胞系中使用。接近融合或者已达到融合的单层细胞经染料孵育

3h,更换培养液后,将细胞直接接触系列浓度稀释的受试物中1～5min。漂洗细胞,然后用洗涤/固定液处理,用合适的溶剂洗提释放仍滞留在细胞内的染料。在540nm处测定终溶液的光密度。通过剂量-反应曲线计算使预负载细胞中性红染料释放50% NRU的受试物浓度。毒性终点通常用NRR_{50}表达,其他的终点为20%或80%染料释放的浓度。

NRR试验由Reader设计,主要应用的细胞包括BALB/c 3T3小鼠成纤维细胞、正常人表皮角质形成细胞以及兔成纤维细胞系,后者已开发成商业化检测试剂盒(PREDISAFE)。

在验证研究中发现,NRR对表面活性剂配方的测试与Draize试验的一致性最好,然而它对油/水乳剂的测试结果不理想。IRAG的评估结论与此类似。NRR可以从轻到中度和更严重的毒性物质中区分非毒性物质,也可用于评估个人护理用品中正常毒性范围内使用的表面活性剂物质。然而,在测试非表面活性配方时要小心使用。虽然NRR检测比NRU检测覆盖的眼刺激分值范围更广,但对于Draize的最大平均分值(MAS)的预测并不是十分精确(相关系数范围从0.607～0.708)。

NRR试验操作时间短,易于标准化。NRR试验特别适合检测轻度和极轻度范围的眼刺激物质,那些动物试验不能观察到的轻度刺激物采用NRR试验也可以检测到。该试验检测受试物对靶细胞的实时作用,主要用于鉴定那些高浓度直接接触眼球后可能立即产生毒性反应的物质(如由于意外发生的情况)。适合测试表面活性剂和表面活性剂配方,对受试物的要求与NRU相同。

3. 红细胞溶血试验 红细胞溶血试验(red blood cell haemolysis test,RBC)是根据化学物质能损伤细胞膜的原理设计的,通过测量标准条件下与受试物孵育的新鲜分离的红细胞中血红蛋白的渗漏量的吸光值来评估试验结果。氧合血红蛋白(oxyHb)变性(即蛋白结构改变)作为第二毒性终点。哺乳动物红细胞容易获得,因此,RBC试验可减少眼刺激试验的动物使用。试验分2个步骤,在浓度确定试验中,60min内将红细胞暴露于浓度逐渐增高的受试物中,通过测定541nm处减少的吸光值可得出红细胞溶解和oxyHb的变性结果。此步骤的目的是确定使红细胞溶解发生的受试物浓度范围。通过与参照样本相比得出全部测定结果,对照样品应使全部红细胞发生溶解(将其设定为100%溶血)。

主试验用来测定更准确的血红蛋白漏出的浓度-反应曲线,以计算导致50%红细胞溶解时的受试物浓度(H_{50}的值)。OxyHb变性在范围确定试验中描述为Dmax,即在任何检测浓度时观察到的最大变性百分率,Dlow即变性超过10%的最低受试物浓度。Pape和同事的研究表明,任何导致红细胞溶解的受试物不可避免在Draize试验中有不同程度的眼刺激性。H_{50}和Dlow与Draize的最大平均分值(MAS)值呈负相关,Dmax值与最大平均分值(MAS)值呈正相关。根据红细胞溶解和OxyHb变性两个终点得出的混合物分级,特别是采用L/D(溶解/变性率)时,与体内眼刺激分级呈显著相关。

红细胞溶解、oxyHb变性和L/D比率是RBC试验的毒性终点,EC/HO、CTFA和IRAG的验证研究表明,RBC试验可以用于区分极轻度和非轻度的表面活性剂,实验室间的重复性比较好。虽然红细胞溶解和Draize的最大平均分值(MAS)值为中度相关(－0.631),但对于强刺激物质能正确分类。由欧洲化妆品协会(COLIPA)进行的研究肯定了RBC试验适合评估表面活性配方和成分的急性作用。关于本试验有多种检测眼刺激力的数学预测模型,如其中的分类模型可用来检测成分和配方,另一种模型用于检测表面活性剂。

RBC试验作为序列组合试验的一部分用于常规筛选试验，主要适用于表面活性剂的检测，受试物可为水溶性和疏水性物质。如与其他替代方法联合使用，可提高其对眼刺激性的总体评估。

（四）基于细胞功能的试验(cell function based assays)

1. 荧光素漏出试验 荧光素漏出试验(fluorescein leakage，FL)是基于角膜上皮具有防止有害化学物质渗透的屏障功能的原理设计的，屏障结构损伤导致眼刺激反应出现。在FL试验中，通过体外黏附性生长的上皮细胞模拟角膜上皮，一般采用MDCK细胞，也有人采用单层或者多层培养的NHEK细胞或者人角膜细胞。细胞生长于嵌入培养皿，当达到融合时培养的上皮细胞形成紧密连接和细胞桥粒。细胞层将培养基分隔为两部分，细胞在上层接触受试物一定时间，然后去除样本溶液，洗涤，用含荧光素钠溶液加到上层孵育细胞30min，通过分光光度计测量进入下层的荧光素的量，作为细胞屏障功能损伤程度的指标。结果与未经受试物处理的细胞对照值(0%渗透)或无细胞的嵌入式培养皿(100%渗透)的值比较，记录导致20%或50%漏出的受试物浓度，因为大部分细胞仍存活，该方法也可用来评价实验后细胞的恢复情况。

FL试验或跨上皮渗透试验由Tchao设计，Shaw等进一步完善。目前已建立了标准操作程序。FL试验在多个实验室应用，作为化妆品企业的筛选试验，也是成套实验的一部分。

EC/HO的验证结论认为，当FL试验联合其他体外实验如离体眼或NRU实验时可获得理想的结果。欧洲化妆品协会(COLIPA)研究发现，FL实验可作为预测3种不同水平刺激物的可靠分类模型，但更适合轻到中度刺激范围样品的检测。在美国，FL试验完成了CTFA项目3期阶段。1994年，IRAG对细胞功能基础试验严格评价，认为该实验适合检测表面活性剂、表面活性配方和醇类物质的眼刺激性，但建议进一步标准化和优化操作方案，如所用的嵌入式培养皿的孔的属性、用来源于角膜的上皮细胞替换MDCK细胞。其他研究者提出FL试验应该和其他活性染料如alamar蓝等联合使用，以同时测量细胞层的完整性、细胞活性和细胞损伤后的恢复。

FL试验只限于检测可溶于水性缓冲液或者轻质矿物油的液体物质，因为黏性物质和固体在处理后很难去除，故不能用于测试，而且在正常剂量范围内腐蚀性物质很容易杀伤细胞。因此，该方法最适合评估轻度刺激受试物的眼刺激作用。

2. 硅微生理仪检测试验 硅微生理仪(silicon microphysiometer，SM)或称细胞感受器微生理仪(cytosensor microphysiometer)是一种基于电生理的检测方法，由Bruner、McConnell和Catroux等多名科学家开发。

在SM试验中受试物作用引起黏附培养的细胞(如NHEK细胞或L929细胞)代谢活性改变，可作为眼刺激性的间接检测方法。细胞在合适的嵌入式培养皿中生长，然后放置入静止模式的微型流通室内。其中一侧室壁包被硅胶，包被物含有pH敏感的羟基团和氨基团，培养细胞释放酸性代谢产物于圆周培养液中，使其pH下降，导致包被的硅胶感受器表面特性或者电位发生改变，这些变化与细胞代谢状态有关。试验前先检测细胞的正常代谢率(基础代谢率)，然后将细胞暴露于浓度增加的受试物中，每一剂量孵育不同的暴露时间。每次接触后去除受试物，再次检测代谢率(即培养液的酸化作用)。重复操作直到细胞不再释放任何酸性代谢产物为止。计算细胞代谢率抑制到对照水平的50%的受试物浓度(代谢抑制半数浓度，MRD_{50}），作为毒性结果。SM 实验作为化妆品企业内部检测试验，是成套试验的一部分。

SM 试验已经接受多项评估研究，包括美国 CTFA 研究、IRAG 研究和 Bruner 进行的 7 项方法的对比研究，在欧洲参与了 EC/HO 研究、COLIPA 项目。

结果表明，SM 实验室间的重复性和 Draize 最大平均分值（MAS）间的相关性很好。COLIPA 研究发现酸、碱和有机物质的眼刺激程度在 SM 试验中效果不理想，但对表面活性及其配方能正确鉴定。IRAG 推荐 SM 试验作为液体、水溶性物质和表面活性产品（个人护理和家庭清洁产品）等眼刺激性的检测方法。总体上，SM 试验可以检测大部分的眼刺激物质，如无刺激-轻度、轻度-中度和中度-重度这 3 类的表面活性剂和表面活性配方。作为成套试验的一部分，结合其他体外试验可增加 SM 试验的总体预测表面活性剂特别是所有极重度刺激物质的能力。该方法是非侵入性的，细胞保持完整，因此，也可用来研究暴露后代谢活动的恢复。

（五）其他试验

1. 蛞蝓黏膜刺激模型 比利时根特大学的 Adriaens 等人开发了利用蛞蝓（slug，学名 *Arion Iusitanicus*）为供试生物体，代替黏膜刺激试验用于评估化学物质眼刺激性的方法。SMI 实验（slug mucosal irritation）最初设计用来预测药物制剂和原料的黏膜刺激性。受试物的刺激作用可以通过暴露后产生的黏液量以及蛞蝓体表黏膜表面释放的蛋白、LDH 和 ALP 所反映出来的黏膜损伤来评估。根据这 2 项观察终点，可将受试物按欧盟的三分类法总体正确地分为无眼刺激性（NI）和刺激性（R36 和 R41）。目前该方法已进行了优化，并开发出预测模型（PM）。该方法可用于生物黏性粉状配方的安全评价，但黏膜刺激试验还没纳入正式的验证研究。

2. IRRITECTION 试验 IRRITECTION 试验是之前 EYTEX 系统的更新试验方法，检测试剂盒由美国加州的体外国际研究所开发，基于以下原理：眼刺激和角膜浑浊的发生是由于接触刺激性化学物后角膜蛋白质紊乱或变性导致的结果。试验系统是由蛋白质和糖蛋白、碳水化合物、脂肪和低分子量成分混合组成的大分子试剂，当重新水化时，形成规则的大分子基质模拟高度有序的透明角膜结构。当刺激性化学物和试验系统反应，造成试验系统结构和水化程度的改变产生试剂浑浊。通过分光光度计测量浑浊和已知的 Draize 眼刺激评分的标准来比较。化学刺激物一般产生线性或 Σ 形的剂量-反应曲线，但表面活性剂产生不同的剂量-反应曲线。

前 EYTEX 试验广泛用于化学、化妆品和制药企业，已建立了大型数据库。IRRITECTION 试验还未纳入任何大型评估研究中，前 EYTEX 试验参与 1991～1997 年的评估试验，但结论并不一致，对于一些试验的 Draize 评分相关性很好，但 EC/HO 和日本的研究相关性很差。试验对 CTFA 研究的水醇性配方结果很好，但检测表面活性配方的结果不好。美国机构间替代方法管理小组（IRAG）组发现EYTEX试验适合检测评估香波、汽油物质和阴离子表面活性剂。COLIPA 的结论认为，WYTEX 试验不适合评估表面活性剂和表面活性配方，而且 EYTEX 试验不适合检测有色物质。对其中阳离子表面活性剂的效果较正常低，而表面活性配方如镁和多羟酸酯物质的刺激性结果则偏大。COLIPA建议 EYTEX 试验应明确定义和重新评估局限性，明确预测模型（PM）、统一试验原则，而且 IRRITECTION 试验是 EYTEX 试验升级版，在正式验证前还需要大量的数据支持。

3. 花粉管增长试验（PTG 试验） 花粉管增长试验（pollen tube growth，PTG）通过

显微镜下观察测量几百条花粉管的长度评估化学物对花粉管生长影响。PTG试验可在体外标准环境下光度计量化测定花粉管的质量。花粉是非光学合成组织，因此不受叶绿素和其他色素的干扰。烟草植物的花粉以一定确定浓度悬浮培养于生长培养基中，在不同浓度受试物作用下培养18h。这段时间内增加的花粉管质量可通过光学测量，也可以测量孵育后花粉管悬浮液的浑浊程度，或通过阿新蓝花粉管染色(能特异性结合于花粉管壁的疏水性的多聚糖，并在酸化后分离)进行测定。花粉管经离心沉淀后，上清液中重新溶解的染料的减少数值与花粉管质量直接相关，可得出花粉管质量增长及其增长百分率的数据，即分析花粉管生长与化学物之间的浓度－反应曲线。毒性终点是半数有效剂量或ED_{50}，即与对照组相比，使花粉管生长减少50%的受试物浓度。试验应至少重复五次，以得出具有统计学意义的数据。

PTG试验主要用于化学品的安全性评估，环境污染物评估，花粉受精的生化机制的基础研究。在对比试验中，PTG试验得出的ED_{50}值和其他体外毒性试验数据和大鼠LD_{50}值有很好的相关性。PTG试验参与了多项大型评估研究，在CTFA的验证研究中(主要包含极低一中度强度的刺激物)结果满意。COLIPA的研究认为PTG试验适合评估成品。然而，预测模型(PM)对于某个类别的化学物，例如醇类、表面活性剂和强酸强碱物质的测定不尽理想，特别是对阳离子表面活性剂刺激性的测定偏低，而对阴离子表面活性剂刺激性的测定偏高。因此，对于预测模型需要补充实验数据和进行改进。而且对不溶于水和不能形成乳液的化学物也不适于评价。作为体外成套试验的一部分，PTG试验可用于预测化学物的急性眼刺激性，以减少动物的使用。但PTG试验还需要通过更多实验室参与的对比评估和验证研究。

(六)眼刺激的结构活性关系

由于眼刺激生物机制的复杂性使其很难在体外计算机模拟，因此，大多数眼刺激性的计算机方法来自对生理学效应的模拟，如通透性或腐蚀性。最常用的方法有以下几方面：①传统定量模型(检测预期眼刺激力)；②分类模型(预期眼刺激性的分类)；③分子-膜相互作用的模拟；④神经网络模型；⑤专家系统。

1. 传统定量模型 Cronin等进行的一项研究，采用线性回归分析了53种有机溶液的23项生化特性，开发了显著统计意义的QSAR模型(基于$\log P$)，用来预测醇类和醋酸盐的摩尔眼评分(MES)。MES是以作用于兔眼的分子量进行校正优化的最大平均分(MMAS)。后来，Abraham等通过色谱分析试验获得的溶剂显色参数(摩尔分数、极性、酸碱亲水基团)，对Cronin先前分析的53类有机液体的38类数据进行了模拟，基于参数和水蒸气溶解参数，建立了预测MES的QSAR模型，相关系数r^2达到0.89。

Abraham等最近的研究，通过液体饱和蒸气压P值对68种纯液体的MMAS值进行了调整，调整后的分值以$\log(MMAS/P)$表达，与人类眼刺激阈值(EIT)相当，以$\log(1/EIT)$表达。对91种混合物的数据分析表明，$\log(MMAS/P)$或$\log(1/EIT)$可以通过含5项参数的溶剂显色方程式预测，$r^2=0.94$。作者认为Draize试验的作用机制和人类EIT试验所包含的混合物双相被动转运机制的关系与水和血浆并不类似，而类似于甲基甲酰胺等有机溶剂。

2. 分类模型 有研究者尝试开发眼刺激试验的分类模型。Cronin等对53种有机液体进行了线性判别分析，结果没有发现理化特性的线性组合能区分刺激性和非刺激性化学物。然而，对全部23种参数进行计算机软件包分析，发现刺激性化学物似乎在非刺激性化学物内形成了嵌入簇。Barratt 也报道了类似的发现。Cronin 等进一步分析了刺激化学物的嵌入簇现象，这次采用簇显著分析（CSA）技术测定嵌入簇是否具有统计学意义。在全部 23 种生化参数中有 5 项最有统计学意义指标，分别为 $\log P$、$\log P_2$、热形成、偶极和拓扑指数。后来，“嵌入簇模拟”被开发形成椭圆预测模型，并运用于眼刺激数据分析。

3. 分子-细胞膜相互作用模型　Kulkarni 和 Hopfinger 设计了不同预测摩尔眼评分的方法（1999 年）。除了采用基于溶剂属性的参数外，还用分子动力学方法来产生分子间细胞膜-溶液相互作用的特性。通过遗传算法用这些特性得出 QSAR，基于这 3 个参数的 QSAR（2 个能量参数和 1 个拓扑指数）的 r^2 值为 0.92。该模型用于推导模型的 16 项化学物为芳香族化合物和芳香族碳氢化合物、脂肪酮、醇类和醋酸盐。

4. 神经网络系统　Patlewicz 等的研究重点在非表面活性化合物（Q）SAR 的开发方面（2000 年）。神经网络分析表明，阳离子表面活性剂的最大平均分值（MAS）同表面活性剂浓度和微胶粒浓度呈正相关，与 $\log P$ 呈负相关。

5. 专家系统方法　RosenKranz 等还进行了眼刺激物生化测定的研究。与非刺激性物质相比，刺激性化学物质具有明显的较低分子量、较高水溶性、较低 $\log P$ 值和较高分子轨道能隙（绝对硬值），从而认为化学反应性不是眼刺激的必需反应。可用于眼刺激分析的专家系统还包括 MULTI-CASE、DEREK（包含 29 项眼刺激结构警示），HazardExpert 和 TOPKAT（包含 15 项化学特异分类的 QSAR）。

第 4 节　替代方法前景预测

眼刺激和腐蚀试验是替代方法研究中最为活跃的领域之一，多数方法试图通过验证研究以证明其可靠性和相关性。但到目前为止，还没有单一的体外试验可完全代替体内 Draize 试验，也即没有单独的体外试验预测的范围可以完全覆盖 Draize 兔试验所能反映的损伤和炎症的标准范围。

在体外试验的验证方面，用体内试验数据作为体外方法验证的“金标准”的局限性在于，①已有体内试验数据质量有限（主要是缺乏实验室间的比对和重复性）；②体内试验遵循的不同试验原则和主观评分系统的局限导致差的实验室间和实验室数据的重复性较差；③体内试验的判断依据不同，眼刺激性的分类系统不同国家和地区存在差异；④体外方法本身的局限，如毒性终点的差异和预测机制的不同；⑤体外试验方法的不断改进使不同时期进行的验证研究数据利用率和可信度不高。另一方面，用单一方法替代方法直接评估所有体内试验的相关参数存在方法学上的局限性，如结膜作用或者评估刺激的持续性与可逆性。而且有些局限性可能是由于受研究的物质的局限性引起的，因此，验证研究中选择适当的类别和分类的参考化学物非常有利于体内与体外试验方法间的比较。

为了解决只用单一体外试验方法不能完全覆盖体内试验所检测的损伤范围的现状，许多机构（如 OECD、ICCVAM 和 ECVAM）推荐使用成套试验程序，成套的组合试验也需要科学的验证。为了加速最具应用前景的眼刺激体外替代方法的验证过程，推荐采用权重评价或追加验证的方式，早在 2004 年 5 月 EVCAM 就曾讨论了这一建立在对过去试验进行评价的验证方法，但是采用这一方法需要建立高质量的体内数据和进行全面的分析，以确认和区分原发性损伤和反应、炎症过程和持续反应，以及恢复作用。建议统一采用 LVET 试验对单个化学受试物进行体内试验建立体内试验数据库，以便于替代方法的体内与体外试验的验证比较，以及便于新测试参考化学物的评估。

当然，仍有必要进一步研发新的体外试验方法，不仅限于眼刺激的某一方面（如对应于角膜、虹膜和结膜损伤），还包括对可逆性和不可逆性刺激物的损伤深度和损伤恢复机制的机制研究、检测终点标志物研究，以开发更适宜的评估眼刺激的替代方法。

在目前情况下，建议采用多层成套的试验策略，将不同敏感程度的体外方法组合，可覆盖体内试验的范围，并有可能克服体内试验的局限性，检测体内试验不能检测的机制。如采用人工组织模型和离体眼球试验的组合可覆盖 Draize 试验的范围，其中人工角膜模型（EpiOcular 试验）可检测非常轻微到中等程度的刺激性，离体眼球试验（BCOP，ICE）检测中等到严重刺激性（腐蚀性），如增加上皮或敏感细胞的检测方法（如 HET-CAM、SIRC、NRR）等方法，可能检测体内试验所不能检测的轻度和极轻微的眼刺激物。

（潘　芳　José Cotovio　Nathalie Alépée　Damien Lelièvre　Rodger Curren　程树军）

参考文献

Abraham MH，Hassanisadi M，Jalali-Heravi M，et al. Draize rabbit eye test compatibility with eye irritation thresholds in humans：a quantitative structure-activity relationship analysis. Toxicological Sciences，2003，76：384～392

Adriaens E，Bytheway H，De Wever B，et al. Successful prevalidation of the slug mucosal irritation test to assess the eye irritation potency of chemicals. Toxicology in Vitro，2008，22：1285～1296

Bagley DM，Cervin D，Harbell JW. Assessment of the chorioallantoic membrane vascular assay（CAMVA）in the COLIPA in vitro eye irritation validation study. Toxicology In Vitro，1999，13：285～293

Balls M，Berg N，Bruner LH，et al. ECVAM Workshop Report 34，Eye Irritation Testing：The Way Forward，Appendix 1. ATLA，1999，27：72～77

Blazka M，Harbell JW，Klausner M，et al. Evaluating the ocular irritation potential of 54 test articles using the EpiOcular human tissue construct model（OCL-200）. The Toxicologist，2003，72：221

Brantom PG，Bruner LH，Chamberlain M，et al. A summary report of the COLIPA international validation study on alternatives to the Draize rabbit eye irritation test. ；Toxicology in vitro；1997，11(N1-2)：141～179

Bruner LH，Miller KR，Owicki JC，et al. Testing ocular irritancy in vitro with the silicon microphysiometer. Toxicology in vitro，1991，5：277～284

Builles N，Bechetoille N，Justin V，et al. Development of a hemicornea from human primary cell cultures for pharmacotoxicology testing. Cellular Biology and Toxicology，2007，23：279～292

Castro-Munozledo F. Corneal epithelial cell culturesas a tool for research，drug screening and testing. Experimental Eye Research，2008，86：459～469

Clothier RH，Starzec G，Stipho S，et al. Assessment of initial damage and recovery followingexposure of MDCK cells to an irritant. Toxicology In Vitro，1999，13：713～717

Cooper KJ，Earl LK，Harbell J，Raabe H. Prediction of ocular irritancy of prototype shampoo formulations by the isolated rabbit eye（IRE）test and bovine corneal opacity and permeability（BCOP）assay. Toxicology In Vitro，2001，15(2)：95～103

Cotovio J，Grandidier MH，Lelièvre D，et al. The use of the reconstructed humancorneal model（HCE）to assess in vitro eye irritancy of chemicals. AATEX ，2008. 14，special issue：343～350

Cottin M，Zanvit A. Flourescein leakage test：a useful tool in ocular safety assessment. Toxicology In Vitro，1997，11(4)：399～405

Cronin MTD，Jaworska JS，Walker JD，et al. Use of QSARs in international decision-making frameworks to predict health effects of chemical substances. Environmental Health Perspectives，2003，111：1391～1401

Curren R，Evans M，Raabe H，et al. Optimization of the bovine corneal opacity and permeability assay：histopathology aids understanding of the EC/HO false negative materials. ATLA，1999，27：344

Doucet O，Lanvin M，Thillou C，et al. Reconstituted human corneal epithelium：A new alternative to the Draize eye test for the assessment of the eye irritation potential of chemicals and cosmetic products. Toxicology In Vitro，

2006,20:499～512

Eskes C, Bessou S, Bruner L, et al. Eye Irritation. ATLA, 2005, 33: suppl. 1, 47～81

Gettings SD, Lordo RA, Hintze KL, et al. An evaluation of in vitro alternatives to the Draize Primary Eye Irritation Test. (Phase Ⅲ) Surfactant-based Formulations. Food and Chemical Toxicology, 1996, 34: 79～117

Hagino S, Okasaki Y, Itagaki H. An in vitro tier evaluation for the identification of cosmetics ingredients which are not ocular irritants. ATLA, 2008, 36: 642～652

Harbell JW, Koontz SW, Lewis RW, et al. IRAG Working Group 4. Cell cytotoxicity assays. ; Food and chemical toxicology, 1997, 35: 79～126

ICCVAM Test Method Evaluation Report: In Vitro Ocular Toxicity Methods for Identifying Severe Irritants and Corrosives. NIH Publication No: 07-4517. 2006

Jones PA, Budynsky E, Cooper KJ, et al. Comparative evaluation of five in vitro tests for assessing the eye irritation potential of hair-care products. ATLA, 2001, 29: 669～692

Kaluzhny Y, Thornton L, Kandarova H, Klausner M. Expanded utilization of the EpiOcular human tissue model for ocular irritation testing. The Toxicologist, 2008, 101(1): 66

MacNamee P, Declercq L, De Smedt A, et al. Update of the Colipa Research program for the development of in vitro alternative methods for eye irritation. AATEX, 2008, 14: special issue, 337～241

Matsukawa K, Masuda K, Kakishima H, et al. Interlaboratory validation of the in vitro eye irritation tests for cosmetic ingredients. ; Toxicology in vitro, 1999, 13(1): 209～217

Maurer JK, Parker RD, Jester JV. Extent of initial corneal injury as the mechanistic basis for ocular irritation: key findings and recommendations for the development of alternative assays. Regulatory Toxicology and Pharmacology, 2002, 36: 106～117

McCain NE, Binetti RR, Gettings SD, Jones BC. Assessment of ocular irritation ranges of market-leading cosmetic and personal-care products using an in vitro tissue equivalent. The Toxicologist, 2002, 66 (1-S): 243

Ohno Y, Kaneko T, Inoue T, et al. Interlaboratory validation of the in vitro eye irritation tests for cosmetic ingredients. (1) Overview of the validation study and Draize scores for the evaluation of the tests; Toxicology In Vitro, 1999, 13(1): 73～98

Pape WJW, Pfannenbecker U, Argembeaux H, et al. COLIPA validation project on in vitro eye irritation tests for cosmetic ingredients and finished products (phase I): the red blood cell test for the estimation of acute eye irritation potentials. Present status. Toxicology in Vitro, 1999, 13: 343～354

Pauly A, Meloni M, Brignole-Beaudouin F, et al. Multiple end point analysis of the 3-D reconstructed corneal epithelium efter treatment with benzalkonium chloride: early detection of toxic damage. Investigative Ophalmology and Visual Science, 2009, 50(4): 1644～1652

Prinsen MK. The Chicken Enucleated Eye Test (CEET): a practical (pre) screen for the assessment of eye irritation/corrosion potential of test materials. Food and Chemical Toxicology, 1996, 34(3): 291～296

Reader SJ, Blackwell V, O'Hara R, et al. Neutral red release from preloaded cells as in vitro approach to testing for eye irritancy potential; Toxicology in vitro, 1990, 4: 264～266

SN/T2329-2009 化妆品眼刺激性/腐蚀性的鸡胚绒毛尿囊膜试验

Spielmann H, Hoffmann S, Liebsch M, et al. The ECVAM International Validation on in vitro tests for acute skin irritation: report on the validity of the EMISKIN and EpiDerm assays and on the Skin integrity function test. ATLA, 2007, 35: 559～601

Steiling W, Bracher M, Courtellemont, et al. The HET-CAM, a useful in vitro assay for assessing the eye irritation properties of cosmetics formulations and indigrents, Toxicology in vitro, 1999, 13: 375～384

Stern M, Klausner M, Alvarado R, et al. Evaluation of EpiOculartm Tissue model as an alternative to the Draize eye irritation test. Toxicology in Vitro, 1998, 12: 455～461

Swanson JE, White BT, Gran BP, et al. Evaluating oxidizing/reactive cleaning products in the bovine corneal opacity and permeability (BCOP) assay. The Toxicologist, 2003, 72: 220～221

Takahashi Y, Koike M, Honda H, et al. Development of the short time exposure (STE) test: an in vitro eye irritation test using the SIRC cells. Toxicology In Vitro, 2008, 22: 760～770

Tani N, Kinoshita S, Okamoto Y, et al. Interlaboratory validation of the in vitro eye irritation tests for cosmetic ingredients. (8) Evaluation of cytotoxicity tests on SIRC cells; Toxicology In Vitro, 1999, 13(1): 175～187

Toropainen E, Ranta VP, Talvitie A, et al. Culture model of corneal epithelium for prediction of ocular drug absorption. Investigative Ophtalmology & Visual Science,

2001,42(12):2942～2948

United Nations-Economic Commission for Europe (UN/ECE). Globally Harmonised System of Classification and Labelling of Chemicals (GHS). UN, New York and Geneva, 2007

Van Goethem F, Adriaens E, Alépée N, et al. Prevalidation of a new in vitro reconstituted human corneal model to assess the eye irritating potential of chemicals. Toxicology In Vitro, 2006,20:1～17

Vinardell MP, Mitjans M. Alternative methods for eye and skin irritation tests: An overview. Journal of Pharmaceutical Sciences, 2006,97:46～49

Worth AP, Balls M. Alternative (non-animal) methods for chemicals testing current status and future prospects. A report prepared by ECVAM working group on chemicals. ALTA, 2002,30: suppl. 1,78～92

第 14 章 遗传毒性/致突变试验及替代方法

Chapter 14 Genotoxicity/Mutagenicity Test and Alternative Methods

第 1 节 概 述

遗传是生物物种通过各种繁殖方式以保证生命体延续的过程。遗传毒性包括由各种途径引起的生物遗传物质的损伤。遗传结构本身的变化和变异称为突变(mutation),突变可随着遗传传给子代。另外,遗传的过程也会发生自发突变,但发生率极低,大部分的突变还是由外环境因素所引起的。大多数的遗传毒性表现为致突变性。

一、遗传毒性/致突变作用的概念和分类

致突变作用(mutagenesis)是外来因素特别是化学因子引起细胞核中的遗传物质发生改变的能力,而且这种改变可随细胞分裂过程而传递。致突变作用的后果是产生突变,包括基因突变、染色体畸变及染色体数目改变。这些遗传学损伤的本质是一致的,多因 DNA 受损所致,也可能因 DNA 以外的靶组织受损引起,区别在于受损程度。通常以光学显微镜的分辨率 0.2μm 来区分基因突变和染色体畸变。基因突变是用光学显微镜观察不到的,须通过生长发育、生化和形态等表型改变来判断;而染色体畸变可用光学显微镜进行观察。

突变基因(mutagenesis)指 DNA 序列的改变,这些改变(突变)可以是单基因水平,也可以是一组基因的变化。基因突变分为两种类型;碱基置换(base substitution)和移码突变(frameshift mutation)。

染色体畸变(chromosome aberration)指染色体结构的改变,如涉及染色单体中的一条,称染色单体型畸变(chromatid-type aberration);涉及两条染色单体,称为染色体型畸变(chromosome-type aberration)。产生何种畸变取决于损伤发生在 DNA 复制前还是复制后。染色体结构异常是染色体或染色单体断裂所致,其类型包括缺失、重复、倒位和异位。

染色体数量的变化指出现非整倍体(aneuploid)和多倍体(polyploid)数目的染色体。

二、遗传损伤的终点

研究发现,人们在接触一些化学物或复合物后可以引起肿瘤,并且推测许多化学物都可以引起人类遗传性的改变,造成子代的疾病。如果细胞的分裂和分化不能正常受控,发生异常分化,就可能发生癌症,当然这种过程需要经过多个阶段。所以,通常遗传毒性和突变基因的测试是化学物危害评估中的重要的部分。观察化学毒物致突变作用一般通过致突变实验进行。目前已有 200 多种实验,常规使用的约 20 种。为评估遗传毒性和/或基因突变情况,必须选择各种毒性终点来表达,但 1 种实验通常只能反应1~

2个遗传学终点，所以对于化学物可能存在的遗传毒性或基因突变的评估不能使用单个的分析系统，应使用多个测试系统或采用一组配套试验进行检测。

国际环境致诱变剂和致癌物防护委员会(International Commission for Protection against Environmental Mutagens and Carcinogens, ICPEMC)1983年提出了致突变的遗传学终点分为5类：DNA完整性的改变(断裂、交联、加合物形成)、DNA重排或交换、DNA碱基序列改变、染色体完整性改变和染色体分离改变。主要的致突变反应终点基本可归为5类，见表14-1，但个别致突变实验的终点并没有被列入，如细胞转化实验的终产物是细胞团的形态、生长方式和生化反应的变化。

表14-1 主要致突变试验反应的遗传学终点

实验名称	DNA完整性	DNA重排或交换	DNA碱基序列改变	染色体完整性改变	染色体分离改变
细胞遗传学试验				A	B
微核试验				A	B
显性致死试验				A	B
体外姐妹染色单体交换试验(SCE)		B		A	
可遗传易位试验				A	
细菌回复突变试验(Ames试验)			A		
哺乳动物细胞突变试验			A		
果蝇伴性隐性致死试验			A		
小鼠特定基因座突变试验			A		
酵母重组试验		A	B		
细菌DNA修复试验	A				
体外UDS试验(非程序性DNA合成试验)	A				
单细胞凝胶电泳技术	A				
DNA加合物检测	A				

注：A，B分别代表主要和次要反映的终点。

三、遗传毒性作用机制

化学毒物作用于细胞的靶部位不同，引起的损伤作用也不同，如诱导基因突变和染色体畸变的主要靶分子为DNA，而诱导非整倍体和多倍体的靶部位通常是有丝分裂和减数分裂的成分(如纺锤体)，因此，了解遗传作用机制是开发和建立遗传毒理学实验方法的基础。

(一) 引起突变的DNA变化

DNA结构的化学或物理性质的改变是致突变作用的基础，致突变物引起DNA变化的机制分为碱基损伤和DNA链受损。

引起碱基损伤的机制可能包括：①碱基错配：如烷化剂提供甲基或乙基等烷基与DNA共价结合，使碱基发生错配；②一些平面结构的大分子嵌入DNA链：如前黄素(2，8-氨基吖啶)、溴乙啶等能在DNA复制时与DNA分子结合，插入邻近的碱基对之间，造成DNA排列参差不齐；③碱基类似物取代：有些结构与碱基相似的化学物在DNA合成期能与正常碱基竞争，取代其位置，发生碱基置换，如5-溴脱氧尿嘧啶核苷(Brdu)取代胸腺嘧啶、2-氨基嘌呤(2-AP)取代鸟嘌呤；④碱基的化学结构改变或破坏；有的化学物对碱基有氧化作用，如亚硝酸盐使腺嘌呤氧化性脱氨，生成黄嘌呤和尿嘌呤。

DNA 链受损的原因包括：①二聚体形成：如紫外线照射使 DNA 发生化学变化形成二聚体；②DNA 加合物形成：活性化学物与细胞大分子通过共价键结合形成稳定的复合物，如烷化的 DNA 加合物；③DNA-蛋白质交联物形成。

（二）引起细胞分裂过程改变

非整倍体和多倍体是由于染色体分离异常而产生，主要涉及细胞分裂过程的改变，如纺锤体、微管蛋白的合成与聚合、微管结合蛋白合成与功能、细胞分裂纺锤纤维的功能、着丝粒及相关蛋白、极体复制与分离、同源染色体联合配对和重组等。非整倍体与多倍体产生机制是相似的，差别是程度上的不同，如完全阻止纺锤体的形成则导致多倍体形成、部分阻止则形成非整倍体。目前对纺锤体损伤的机制研究比较深入，主要包括：①与微管蛋白二聚体结合；②与微管上的巯基结合；③破坏已组装好的微管；④中心粒移动受阻。

（三）其他改变

其他损伤机制还包括对 DNA 合成和修复有关酶系统的作用可间接导致 DNA 损伤，如光修复的光裂合酶、切割修复的 DNA 糖基酶等。此外，作用于组蛋白和非组蛋白成分也可造成突变。

第2节　遗传毒性试验要求和策略

一、遗传毒性实验法规要求

化学物质遗传毒性/致突变性的最终结果主要导致 3 方面的变化。除了基因突变（点突变），还可导致染色体数量的变化（多倍体或非整倍性）或者染色体结构的改变（断裂、缺失、重组）。遗传毒性的检测可以通过体内或体外的测试方法，但 1 种致突变试验通常只能反映 1～2 个遗传学终点，因此，全面了解化学物的遗传毒性通常采用组合试验。

相对于其他毒理安全性评价试验，在遗传毒性检测中，一些传统的试验本身就是在体外模式上进行的。由于遗传毒性和致突变性对于机体的损伤最终都以 DNA 的不同类型或程度损伤的为结果，所以此类试验所需选择的毒性终点非常明确并且单纯，而且以 DNA 损伤为基础的相关检测易于在体外进行。但是对于除遗传毒性以外的其他一些毒理试验所需要的生化学终点的表达，使用单一体外替代试验完全表达体内情况显然要困难得多。

ISO 10993-3（1993 年）中对遗传毒性试验的指南见表 14-2。在其第 3 部分中，强调至少使用 3 项体外试验，且其中 2 项必须使用哺乳动物细胞进行，在 3 个水平进行遗传毒性效应的检测。同时也强调可以使用适当的细胞转化系统进行致癌性的前期筛选。FDA 没有具体的指南，但提出进行遗传毒性试验时可以在上述的两种指南中进行选择。OECD 提供了更多可供选择的试验的方法（表 14-3），包括体内和体外的试验，但也应从优先评价 DNA 损伤、基因突变和染色体畸变的角度进行选择。

二、遗传毒性的试验策略

遗传毒理学评价程序必然是一组体内、体外试验的组合，这是因为化学毒物的致突变机制复杂多样，作用的靶细胞可能是体细胞，也可能是生殖细胞，因此，组合实验中既要检测体细胞也要检测生殖细胞，既有分子水平检测，还要从细胞水平检测。由于遗传毒性一般以基因损伤为目标，体外模型的建立相对较为容易，体内与体外实验组合可互为补充。

表 14-2 ISO 遗传毒性指南

遗传毒性效应	意义	选择试验
DNA 效应	由化学物或材料引起的 DNA 损伤可以引起突变等遗传学损伤,进而发展成癌症。DNA 损伤后,细胞产生新的 DNA,通过对新合成 DNA 的检测,可以判断 DNA 的变化	非程序性 DNA 合成试验(UDS)
基因突变	某些编码主要蛋白的基因突变与肿瘤的发生有关	Ames 试验;次黄嘌呤鸟嘌呤转磷酸核糖基酶试验(HGPRT)
染色体畸变	染色体的物理损伤或 DNA 的物理损伤可造成细胞生长异常或致癌	染色体畸变试验

表 14-3 目前 OECD/EU 检测遗传毒性/致突变的体外体内实验方法

	OECD TG	EU 附录 V	试验方法	终点
体外	471	B. 13-14	鼠伤寒沙门氏菌恢复突变试验(Ames)	细菌基因突变
	472		大肠杆菌恢复突变试验	细菌基因突变
	473	B. 10	哺乳动物染色体畸变试验	染色体畸变
	476	B. 17	哺乳动物细胞基因突变试验(小鼠淋巴瘤试验)	基因突变
	479	B. 19	哺乳动物细胞姐妹染色单体互换试验(SCE)	DNA 损伤
	480	B. 15	酿酒酵母基因突变试验	酵母基因突变
	481	B. 16	酿酒酵母有丝分裂重组试验	酵母重组
	482	B. 18	哺乳动物细胞程序外 DNA 合成试验(UDS)	肝细胞 DNA 损伤
	487		体外微核试验	体外细胞染色体结构、数量变化
体内	474	B. 12	哺乳动物骨髓多染红细胞微核试验	体细胞染色体结构、数量变化
	475	B. 11	哺乳动物骨髓细胞染色体畸变试验	染色体畸变
	477	B. 20	果蝇伴性隐性致死试验	种系中基因突变
	478	B. 22	啮齿类显性致死试验	生殖组织染色体畸变和/或基因突变
	483	B. 23	哺乳动物精原细胞染色体畸变试验	性染色体畸变
	484	B. 24	小鼠点试验	致胚胎细胞突变性
	485	B. 25	小鼠可遗传易位试验	遗传性染色体畸变
	486	B. 39	哺乳动物肝细胞程序外 DNA 合成(UDS)	肝细胞 DNA 损伤

(一)试验策略的原则

在组合实验系统中,试验项目的选择应遵循以下原则:

1. 实验方法的选择 遗传毒性主要有基因突变、染色体畸变、染色体分离异常和原发性 DNA 损伤等,组合实验应包括 5 种类型的遗传学终点。按照表 14-1,通常选择回复突变实验、微核实验、DNA 修复实验和 SCE4 种实验即可满足要求。

2. 实验材料的选择 应包括多种进化程度不同的物种,如原核生物、低等和高等真核细胞,通过多种生物系统的致突变性检测结果更具说服力。

3. 体内实验与体外实验结合 通常认为,体外试验可检测受试物本身是否具有遗传毒性,体内试验可考虑影响化学物遗传毒性作用的内部相关因素,如 ADME。

（二）试验策略

1. ICH 组合试验　ICH（国际协调会议）1997 年提出对药品遗传毒性评价检测试验组合的建议：①细菌基因突变试验（采用 OECD471/472）；②体外哺乳动物染色体畸变试验（采用 OECD473）或小鼠淋巴瘤 TK 基因突变试验（采用 OECD476）；③体内啮齿类动物造血细胞染色体损伤试验（骨髓细胞染色体畸变试验或骨髓/外周血多染红细胞微核试验）（采用 OECD474）。如果经 3 项标准试验组合得到的致突变作用结果需进一步研究时，可选择其他附加试验，如 DNA 加合物测试、DNA 链断裂检测、DNA 修复和重组试验等，但要求提供证明组合试验不适宜的充分科学证据。

对于 3 项标准试验中检测为阴性的化学物，通常可认为其无遗传毒性作用。但对于构效关系显示有可能具有致癌性或致突变性而在 3 项标准试验中结果为阴性的化合物，还需要改进试验方法或再增加试验项目。对于 3 项标准试验为阴性，而致癌试验显示有致癌效应，又无明确的证据说明该化学物是通过非遗传毒性机制发挥作用时，为了解其作用模式，可再进行改变代谢活化系统的体外试验或应用肿瘤发生的靶器官进行损伤试验，如肝脏 UDS 试验、DNA 加合物试验、转基因突变检测、肿瘤相关基因的遗传改变检测。对于在 3 项标准试验中检测为阳性的化学物，则需要根据临床用途进行更多的试验。

另外，对于不适宜以细菌回复突变进行遗传毒性评价的情况，如对细菌毒性太大（某些抗生素）或已知化学物可干扰哺乳动物细胞的复制功能（如拓扑异构酶的抑制剂、核苷类似物及 DNA 代谢抑制剂）时，通常应选用两种不同类型的哺乳动物细胞进行两种不同遗传学终点（基因突变和染色体损伤）的体外试验。对于毒代动力学或药代动力学资料提示不能被机体吸收或不易达到靶器官的化学物，如铝抗酸剂、放射性造影剂及某些皮肤药物等，可仅基于体外试验进行评价。

2. COM 试验策略　食品、日用品和环境中化学物致突变性委员会（The Committee on Mutage *nicity* of Chemicals in Food, Consumer Products and the Environment, COM）于 2000 年提出化学物致突变性测试策略指南，将测试分为 3 个阶段：初步筛选试验、体内体细胞试验和生殖细胞试验。

（1）第一阶段：初步筛选试验。

考虑因素：受试物的理化性质、杂质、SAR。

第一阶段试验组合：

——细菌基因突变试验。

——指示致断裂剂和致非整倍体剂的试验：体外中期相分析、体外微核试验。如果中期相分析提示（如超二倍体或多倍体）或微核试验是阳性结果，需要利用适当的染色方法确定受试物是否为非整倍体剂。

——哺乳动物细胞突变试验（优先选择小鼠淋巴瘤试验），对人暴露很少或无暴露的物质不需要进行。

根据第一阶段试验结果，进行以下情形判定：

——如果 3 个试验中任一试验获得阳性结果，该物质应该被认为是体外致突变物，需要进行体内试验。

——如果 3 个试验都获得阴性结果，考虑该物质是非致突变物；当预期人群是高暴露或中暴露以及持续暴露时，进行第二阶段试验。

——如果获得的结果意义不明确，考虑进一步做体内试验；如还不能明确，必须进行第二阶段体内遗传试验。

（2）第二阶段：体内体细胞试验。

考虑因素：审核第一阶段的试验结果、化学物代谢谱以及代谢产物的结构资料。

第二阶段试验组合：

——体内微核试验（啮齿类骨髓或外周血）或骨髓致断裂剂性试验，其他试验（如局部接触部位试验）也可考虑。

——除骨髓以外的其他组织的致突变试验，如肝脏 UDS 试验、彗星试验（或其他 DNA 链断裂试验）、转基因动物模型（基因突变）、^{32}P-后标记试验；与 DNA 共价结合试验。

根据第二阶段试验结果，进行以下情形判定：

——如果 2 个试验均为阳性，考虑为体内体细胞的致突变物，并且是潜在的致癌物和可能的生殖细胞致突变物；根据需要进行第三阶段试验。

——如果 2 个试验均为阴性，需要综合考虑所有可得到的信息，该化学物不是体内致突变物，但结论只能作为一般的指导。

——如果试验结果意义不明确，在个案基础上考虑到所有的信息是否能基于权重分析得出结论，或需要进一步试验，如重复骨髓试验或进行其他组织的试验。

（3）第三阶段：生殖细胞试验。

考虑因素：对于大多数被认为是体内体细胞致突变物，不必进行进一步试验；当前一阶段试验提示对生殖细胞具有潜在影响时，进行第三阶段试验。

第三阶段试验包括：应用哺乳动物精原细胞或精母细胞进行致断裂性和致非整倍体性试验、显性致死试验、其他检测致突变性或 DNA 损害的试验。试验的选择考虑已有的试验结果、化学物的动力学和代谢。

根据第二阶段试验结果，进行以下情形判定：

——如果阳性，考虑化学物是生殖细胞致突变物/非整倍体剂。

——如果阴性，考虑所有可得到的数据，以得出的该化学物不是生殖细胞致突变物。

——如果结果意义不明确，审核所有的数据，并考虑是否进行进一步试验，或是否可以基于权重分析得出结论。

3. ECVAM 化妆品遗传毒性动物替代试验策略 ECVAM 建议化妆品遗传毒性替代动物试验策略分为 4 个步骤：①第 1 步：通过已有的数据和知识对物质进行定性；②第 2 步：应用基本体外序列试验进行危害识别；③第 3 步：如果第 2 步中的单个或多个方法得到阳性结果，接下来应进行体外模型的研究；④第 4 步：如果第 3 步中任意一个结果都是阳性，必须继续进行体内试验。

（1）步骤 1：收集化合物化学性质和皮肤吸收特性的信息非常重要，可以通过数据库分析和应用计算机为基础的方式而获得。如果能够证明化合物无皮肤吸收并且不会进入皮肤基底细胞层，可不进行致突变/遗传毒性检测。

（2）步骤 2：此阶段由危害识别的体外序列试验组成。包括：

——Ames 试验（B. 13-14，OECD TG 471）。

——哺乳动物细胞基因突变检测（最好是小鼠淋巴瘤试验）。

——微核试验和/或染色体畸变试验（首选微核试验，它不仅可检测断裂剂，还可检测染色体非整倍体诱发剂，比中期相分析更为直接）。

如果可能发生 UV 暴露，并且化合物可能被光活化，必须进行光遗传毒性的检测。对于那些吸收 290～700nmUV 光的化学物和中试阶段产品，需要使用细菌或哺乳动物细胞进行光致突变性试验，见第 12 章。

应进行所有基本要求的试验。虽然对非致突变性/非遗传毒性进行绝对证明并非不是不可能，但化合物若经所有基本系列试验后都为有效的阴性结果，即可分类为对人类细胞无致突变性，无需再进行进一步的试验。

如果在一个或多个试验中的结果为阳性，则需进行第 3 步的试验，以阐明作用机制。

(3) 步骤 3：本步骤的重点在于用体外靶细胞进行危害识别，目的是作为一个中间步骤，如果试验成功有效，则可以消除第 2 步中的任何"假阳性"结果。对以下步骤 3 列出的系列试验需要进一步开发和验证。对于大多数化妆品而言，皮肤细胞是大部分化妆品首先接触的部位，所以被认为存在高水平的暴露。建议测试如下：

——皮肤细胞原代培养或模型的彗星试验。

——原代皮肤细胞或皮肤模型的微核试验（如果染色体畸变或微核试验在第 2 步中被包括的话）。

对于光致突变/遗传毒性检测，考虑进行类似的试验。

——原代皮肤细胞或皮肤模型的光-彗星试验。

——原代皮肤细胞或皮肤模型的光-微核试验。

如果在第 3 步中完成的试验结果均为阴性，无需进行进一步试验。

对于非皮肤用化妆品，需要建立和验证以原代细胞或者模型为基础的新的合适的试验，以进行致突变/遗传毒性的评估。

(4) 步骤 4：此步骤包括在必要情况下所进行的一些体内试验，常用于化妆品工业的体内试验包括：

——经典体内微核试验(OECD TG 474)。

——哺乳动物肝细胞程序外 DNA 合成试验(UDS)(OECD TG 486)。

偶尔用于化妆品工业的体内试验包括：

——体内彗星试验。

——骨髓染色体畸变试验（OECD TG 475）。

——转基因致突变模型（BigBlue 突变小鼠）试验。

这些模型对于测定皮肤细胞遗传毒性和致突变作用（DNA 链断裂或基因突变）可能是适合的。

化妆品和非食品科学委员会(SCCNFP)建议的一些试验策略还包括：

——SCCNFP 推荐的染发剂检测策略(SCCNFP/0720/03)。

——SCCNFP 化妆品成分检测及其安全性评价试验指南(SCCNFP/06903)。

——SCCNFP 致突变性/遗传毒性检测，委员会指令 76/768/EEC 推荐的化妆品成分安全性测试项目(SCCNFP/0755/03)。

ECVAM 专家组对于化妆品的遗传毒性试验策略总结如下。第一步：根据现有的数据和了解的情况，包括皮肤吸收的数据，掌握受试物的一些基本特征，如果对受试物系统暴露情况存在异议并且无法排除，则必须进行危害鉴别的系列试验（3 个），而且必须覆盖遗传毒性的 3 个终点：基因突变、（染色体）诱裂变和非整倍体（第二步）。如果在第二步中出现阳性结果，第三步以靶细胞的体外模型（如三维皮肤模型）为对象的试验就必须进行。第三步为中间步骤，它可以起很好的验证作用，能够去除第二步中假阳性的结果。如果第三步中的试验结果是阴性，就不必再进行进一步的实验。试验策略中的第二步使用的方法是已被法规认可的方法，第三步试验所用的方法还没有完全验证。但是，如果第三步的结果仍然显示有致突变性或可能的遗传毒性，或者诸如此类的中间方法无法成功地验证其有效性，则体内动物试验进行确认仍然是必要的。

三、遗传毒性的危害性评价

在用遗传毒理学试验预测对人类的危害时，一般认为权重的分配应是：①体内试验大于体外试验；② 真核生物的试验大于原核生物的试验；③哺乳动物的试验大于非哺乳动物；④对于预测可遗传的效应，生殖细胞大于体细胞；⑤ 各遗传学终点的相对重要性尚不明确，基因突变、染色体畸变和非整倍体大于原发性 DNA 损伤。

哺乳动物生殖细胞致突变性与对人的遗传危害性之间还缺乏直接相关的证据。为评价外源化学物对人类的遗传危害性，遗传流行病学的研究是最直接、最可靠的方法。但由于遗传性疾病发生率低，缺乏适宜的检测指标，而且潜伏期长，有的要在隔代或隔数代才发现，化学物接触的水平又很难确定，所以流行病学调查的难度很大。目前，评价遗传危害主要还是依据遗传毒理学试验的结果，特别是体内生殖细胞的致突变试验结果。如果一种化学物在多项遗传毒理学试验中证明有致突变性，一般也假定其对人可能具有遗传危害性。美国 EPA 在其制定的致突变作用危害性评价指南（1986年）中，将对人类生殖细胞潜在诱变性的证据分为 8 级，按证据权重大小顺序分别为：①人类生殖细胞研究获得阳性资料；②哺乳类生殖细胞可遗传的突变效应研究中得到肯定的阳性结果；③哺乳类生殖细胞染色体畸变研究中得到不涉及从一代传递到下一代的肯定的阳性结果；④有化学物与生殖细胞相互作用的充分证据，并且在两项致突变试验（其中至少一项为体内或体外的哺乳动物试验）中得到肯定的阳性结果，得到阳性结果的两项试验可以都是检测基因突变或检测染色体畸变的试验，如果一项是基因突变试验，另一项是染色体畸变试验，则二者都须为哺乳动物系统；⑤有化学物与生殖细胞相互作用的提示证据，并且如以上第 4 中一样在两项致突变试验中得到肯定的阳性结果。或者在两项致突变试验中得到的试验结果不如以上第 4 级中的充分，但有化学物与生殖细胞相互作用的充分证据；⑥致突变试验中得到的阳性结果不如以上第 4 级中的充分，同时有化学物与生殖细胞相互作用的提示证据；⑦如果化学物在所有的终点都得到阴性结果，此时虽然不能将其确定为不具有诱变活性，但实际上可将其作为人类生殖细胞的非致突变物；⑧化学物致突变性及其与生殖细胞相互作用的证据都不足。

环境因素对人类致癌性及遗传危害性的直接证据来自人群的分子流行病学资料，应加强这方面的研究。体内的外源化学物原型及其代谢产物含量、DNA 加合物、蛋白质加合物等可作为致突变物的接触标志；DNA 损伤、染色体畸变、微核、SCE 等细胞遗传学指标、细胞基因突变等遗传毒理学试验指标可作为致突变作用的效应标志；外源化学物代谢酶的基因多态性及 DNA 损伤修复酶的基因多态性则可作为易感性标志在人群流行病学研究中应用。

第 3 节 遗传毒性的体内实验方法

一、微核试验（micronucleus test，MNT）

（一）背景与原理

微核是在细胞的有丝分裂后期染色体有规律地进入子细胞形成细胞核时仍然留在细胞质中的染色单体或染色体的无着丝粒断片或环，在末期以后单独形成一个或几个规则的次核，被包含在细胞的胞质内而形成，由于比核小得多故称微核。这种情况的出现往往是受到染色体断裂剂作用的结果。另外，也可能是受到纺锤体毒物的作用，主核没有能够形成，代之以一组小核，此时小核往往比一般典型的微核稍大。微核试验通过观察微核的形成，判断染色体畸变的发生情况，用于检测断裂剂及非整倍体诱变剂。可用于微核检测的细胞很多，包括植物细胞（如紫露草花粉母细胞、蚕豆根尖等）、哺乳类动物细胞（如骨髓细胞、肺细胞、肝细胞、脾细胞、淋巴细胞、红细胞、精子、上皮细胞、皮肤细胞）和非哺乳类动物细胞。

目前，遗传毒性检测中应用最多的是啮

齿类动物骨髓多染红细胞微核试验，这是一种经典体内试验，通过观察骨髓多染红细胞(polychromatic erythrocyte，PCE)的微核来评估体细胞中染色体结构和数量的畸变状况。PCE是红细胞成熟之前最后一次分离后数小时将主核排出的细胞，而微核仍保留在细胞质中。该方法是国内外标准认可的方法，见表14-3。

（二）试验过程

通常选用7～12周龄、体重25～30g的小鼠或体重150～200g的大鼠。每组用两种性别的动物至少各5只。受试物设3个剂量组，最高剂量组原则上为动物出现严重中毒表现和/或个别动物出现死亡的剂量，一般可取1/2 LD_{50}；低剂量组应不表现出毒性，分别取1/4 LD_{50}和1/8 LD_{50}作为中、低剂量。如急性毒性试验给予受试物最大剂量(最大使用浓度和最大灌胃容量)仍无法求出LD_{50}时，高剂量组则按以下顺序进行设计：①10g /kg体重；②人的可能摄入量的100倍；③一次最大灌胃剂量，再下设中、低剂量组。另设溶剂对照和阳性对照。阳性对照物可用环磷酰胺，按40 mg/kg体重经口或腹腔注射(首选经口)染毒。根据细胞周期和不同物质的作用特点，可先做预试验，确定取材时间。常用30h染毒法。即2次染毒间隔24h，第2次染毒性后6h，颈椎脱臼处死动物。取胸骨或股骨，用止血钳挤出骨髓液，与玻片一端的小牛血清混匀，常规涂片，或用小牛血清冲洗股骨骨髓腔，制成细胞悬液涂片，涂片自然干燥后放入甲醇中固定5～10min。固定好的涂片经Giemsa染色、冲洗、晾干后保存。

选择细胞完整、分散均匀、着色适当的区域在油镜下观察。嗜多染红细胞呈灰蓝色，成熟红细胞呈粉红色。典型的微核多为单个、圆形、边缘光滑整齐，嗜色性与核质一致，呈紫红色或蓝紫色，直径通常为红细胞的1/20～1/5。每只动物计数1000个PCE细胞，观察含有微核的嗜多染红细胞数，微核率以千分率表示。PCE细胞与正染红细胞比值(PCE/NCE)可作为细胞毒性指标之一。受试物组未成熟红细胞占红细胞总数的比例不应少于对照组的20%。

（三）结果评价

检测结果按动物性别分别统计。试验组与对照组相比，试验组微核率有明显的剂量-反应关系并有统计学意义时即可确认为阳性结果。若统计学有显著性差异但无剂量-反应关系时，则须进行重复试验。结果能重复者可确定为阳性。一般阴性对照组的微核率＜5‰，但应有本试验室所用实验动物的自发微核率作为参考。

二、染色体畸变分析(chromosome aberration analysis)

（一）背景与原理

染色体畸变分析是观察染色体形态结构和数目改变的试验。采用一定的手段使细胞停留在细胞分裂中期相，用显微镜检查染色体畸变和染色体分离异常，可以观察到裂隙、断裂、断片、无着丝粒环、染色体环、双或多着丝粒染色体、射体和染色体粉碎等染色体畸变。对于缺失，除染色单体缺失外，需做核型分析或用流式细胞仪做电脑图像分析才能做出判断。对于倒位、插入、重复以及易位均需显带技术检查。对于染色体分离异常，需要染毒后经过一次细胞分裂才能发现，但此时一些不稳定的染色体畸变往往消失。

传统的染色体畸变分析是体内试验，动物经过适当途径染毒一定时间后处死，处死前用细胞分裂中期阻断剂处理。处死后取出骨髓，经低渗固定后制备骨髓细胞染色体标本，经染色在显微镜下观察中期分裂象细胞分析染色体畸变。OECD 所提供的方法指南为哺乳动物骨髓染色体畸变分析(TG475)和哺乳动物精母细胞染色的畸变分析(TG483)的体内试验分析。体外的相应试验多是在细胞系上进行,见第 3 节。

(二) 试验过程

实验动物可选择健康成年大鼠、小鼠和中国仓鼠。常用的小鼠品系有 NIH 和 ICR,7～12 周龄,体重 20～24g。受试物一般设 3 个剂量组,剂量设置同 MNT 试验。如没有可观察到的毒性效应,并且根据结构相关物质的资料不能推断受试样品有遗传毒性,也可以不必设 3 个剂量。根据试验目的或受试样品的性质选择染毒途径。建议采用经口灌胃或腹腔注射方式。一般一次性给药,如受试物容量大,则可同日染毒 2 次,间隔时间不超过几小时。也可以采用多次染毒方式,一般为每天 1 次,连续 5 天。于处死动物前 2～4h 腹腔注射秋水仙素 4mg/kg bw。颈椎脱臼处死动物,迅速取出双侧股骨,用生理盐水反复冲洗骨髓数次直至股骨断面由红色变粉色,然后以 1000～1500rpm/min 离心 10min,弃去上清液。离心后的沉淀物加入 4ml 0.075mol/L 氯化钾溶液进行低渗处理,混匀后在 37℃ 水浴或恒温箱中放置 10～20min,离心弃去上清液。

将新配制的甲醇-冰乙酸固定液 4ml 沿管壁加入离心管中固定 10～15min 后,用吸管将细胞团块打碎继续固定 10～15min,离心弃去上清液,再固定 1 次,制成 0.5～1.0ml 细胞悬液。取细胞悬液数滴于洁净冰冷的载玻片上,空气自然干燥。临用时用 Giemsa 染色、冲液、干燥。用油镜进行细胞中期染色体分析。每只动物分析 100 个中期相细胞,每个剂量组不少于 1000 个中期相细胞,观察染色体数目和结构的变化。

(三) 结果评价

试验组与对照组相比,染色体畸变率有明显的剂量-反应关系并有统计学意义时即可确认为阳性结果。若统计学上差异有显著性但无剂量反应关系时,则应进行重复试验。结果能重复者可确定为阳性。如受试剂量达到 LD_{50} 或最大溶解度,畸变率＜5%,或畸变率无统计学意义增加,则可判为阴性。

三、姐妹染色单体交换试验 (sister-chromatid exchange,SCE)

(一) 背景与原理

姐妹染色单体交换指染色体同源座位上 DNA 复制产物的相互交换,其频率与 DNA 断裂和修复有关。虽然 SCE 的特性及其形成的分子基础尚不清楚,但已作为一个检测 DNA 损伤的灵敏指标。细胞在含 5-溴脱氧尿苷(BrdU)的培养液中生长 2 个周期。由于 BrdU 是嘧啶类似物,可于合成中期掺入 DNA 互补链,所以在下一个中期所见染色体的姐妹染色单体之间各有 1 条互补链掺入了 BrdU,于是 BrdU 对姐妹染色单体造成同等的干扰,其染色并无区别。但到了第 2 个周期中期相,每个染色体中只有一条染色单体保留了原来不带 BrdU 的模板链,而另一条染色单体则是上一周期带 BrdU 的互补链成为模板链。于是经两个周期的 BrdU 掺入互补链可使两姐妹染色单体所含 BrdU 量不相等,从而出现染色差别。如果 BrdU 仅在第一周期掺入,第二周期不掺入,则第二中期相可见姐妹染色单体染色有差别。如果 DNA 单链发生了断裂,而且在修复过程中发生重排,就在第二周期可见姐妹染色单体同位节段的相互交换。经差别染色后,可观察到两条明暗不同的染色单体。若两条染色单体间发生等位交换,可根据每条染色单体内出现深浅不同的染色片段进行识别和计数。SCE 试验可分为体外试验、体内试验和体内、体外结合试验。体外 SCE 试验可采用贴壁生长的细胞，如中国仓鼠卵巢细胞(Chinese hamaster ovary cell，CHO)、V79、中国仓鼠肺细胞(Chinese hamster lung cell，CHL)，也可用悬浮生长的细胞，如人外周血淋巴细胞。目前 OECD 指南中提供的为体外方法(TG479)，但值得注意的是 SCE 试验的结果可信度不高。

(二) 试验过程

常选择大鼠、小鼠和中国仓鼠进行骨髓细胞 SCE 试验，剂量与分组同上述骨髓染色体畸变试验。根据试验目的或受试样品的性质选择染毒途径。可以采用多次皮下、腹腔注射、尾静脉连续灌输和皮下植入等，建议采用经口灌胃或腹腔注射方式。处死动物前 2h 腹腔注射秋水仙素(4mg/kg bw)。同上述的骨髓染色体畸变试验进行低渗处理、固定和制备细胞悬液。

在洁净的冷冻玻片上方 3～5cm 处滴 3～4 滴细胞悬液，轻吹细胞悬液扩散平铺于玻片上，空气中自然干燥。标本在 0.5μg/ml Hoechst 33258 溶液中浸泡 12min，用去离子水冲洗，在日光下老化 24h，在 60℃ 的 2×SSC 液中孵育 2h，用蒸馏水冲洗。Giemsa 液染色 30min。先在低倍镜下观察，片中的所有染色体应较集中，而各个染色体较分散，互不重叠，长短收缩适中。染色单体易于区分，可清晰显示着丝点位置。用油镜对含有二倍体的细胞进行 SCE 分析。用双盲法阅片，每只动物分析 25～50 个分散良好的中期分裂象细胞。凡在染色单体端部出现的交换记为 1 个 SCE；在染色单体中间出现的交换记为 2 个 SCE；凡在着丝点部位发生 1 次交换，判明不是两条染色单体在着丝点部位发生的扭转记为 1 次 SCE。

(三) 结果评价

每一只动物作为 1 个观察单位。每组动物按性别分别计算平均每个细胞的 SCE。如果雌雄动物之间的敏感性无明显的性别差异时可合并计算结果。一般用双侧 t 检验法进行统计学分析。如受试样品组 SCE 频率与阴性对照组相比有显著性统计学差异，并有明显的剂量-反应关系，或者至少有 1 个受试样品组出现 SCE 频率明显增高超过对照组 SCE 的 2 倍并具有统计学意义，且经重复试验证实，即可认为 SCE 试验结果阳性。

四、显性致死试验(dominant lethal test)

(一) 背景与原理

显性致死试验是一种典型的体内试验，用于检测整体动物生殖细胞遗传性损伤。显性致死突变指哺乳动物生殖细胞染色体发生结构和数目的变化，出现的受精卵在着床前死亡或胚胎早期死亡。本试验是对雄性动物染毒，观察精子发育周期中各个阶段雌鼠胚胎早期死亡发生率的情况，判断受试物对雄性生殖系统的损害与否、损害发生的敏感阶段，从而判断是否具有致突变作用。显性致死实验是一种较好的评价毒物对雄性动物生殖细胞遗传毒性的体内方法，可以作为其他方法或体外方法的确证试验，OECD 列为 478。

(二) 试验过程

选用健康雄性成年小鼠或大鼠，经生殖能力预试，受孕率应在 70%以上者。动物预先接触受试物再进行交配。交配用的成年雌鼠不接触受试物。每组雄鼠一般不少于 15 只，雌鼠数量为雄鼠的 5～6 倍。雄雌交配，使每组产生至少 30 只受孕雌鼠。试验至少设 3 个剂量组，高剂量组应引起动物生育力轻度下降。各组受试物剂量可在 1/10～1/3LD_{50}之间。如急性毒性试验给予受试物最大剂量求不出 LD_{50}时，则以10g/kg体重、人的可能摄入量的 100 倍或受试物最大给予剂量为最高剂量，再下设 2 个剂量组。另设溶剂对照组和阳性对照组。阳性对照物可用环磷酰胺(40mg/kg bw)。

一般采用灌胃法或喂饲法染毒。1 日 1 次或 1 日 2 次,连续 6 天或 3 个月。给予雄鼠受试物后,按雌雄 2∶1 比例同笼交配 6 天后,取出雌鼠另行饲养。雄鼠则于 1 天后,再与同样数量的另一批雌鼠同笼交配,如此共进行 5～6 批。以雌雄鼠同笼日算起第15～17 天,采用颈椎脱臼法处死雌鼠后,立即剖腹取出子宫,仔细检查、计数,分别记录每一雌鼠的活胎数、早期死亡胚胎数与晚期死亡胚胎数。

胚胎鉴别:①活胎:完整成形,色鲜红,有自然运动,机械刺激后有运动反应;②早期死亡胚胎:胚胎形体较小,外形不完整,胎盘较小或不明显。最早期死亡胚胎会在子宫内膜上隆起如一小瘤。如已完全被吸收,仅在子宫内膜上留一隆起暗褐色点状物;③晚期死亡胚胎:成形,色泽暗淡,无自然运动,机械刺激后无运动反应。

(三) 结果评价

根据试验结果和公式计算出受孕率、总着床数、早期和晚期胚胎死亡率予以评价。试验组与对照组相比,受孕率或总着床数明显低于对照组;早期或晚期胚胎死亡率明显高于对照组,有明显的剂量-反应关系并有统计学意义时即可确认为阳性结果,若统计学上差异有显著性但无剂量-反应关系时,则须进行重复试验,结果能重复者可确定为阳性。

五、果蝇伴性隐性致死试验

果蝇伴性隐性致死试验(sex-linmked recessive lethal test in drosophila melanogaster,SLRL)是基于低等无脊椎动物系统的体内试验,也是一种广泛意义上的替代方法。主要用于雄性生殖细胞遗传损伤分析,用于基因点突变、小缺失和重排等损伤的检测。该试验的特异性较高,接近 100%,但敏感性较低,仅 27%～79%,通常阳性结果的实际价值较高,而对于阴性结果还需要补充其他真核系统的试验。该方法是列为 OECD TG477 的标准方法。

(一) 背景与原理

隐性基因在伴性遗传过程中具有交叉遗传的特征,即雄蝇的 X 染色体传给 F1 代雌蝇,又通过 F1 代雌蝇传给 F2 代雄蝇。位于 X 染色体上的隐性基因在 F1 代雌蝇为杂合性,不能表达,但能在半合型 F2 代雄蝇表现出来。果蝇伴性隐性致死试验利用眼色性状由 X 染色体上珠基因决定并与 X 染色体的遗传相关联的特征来作为观察在 X 染色体上基因突变的标记。对野生型雄蝇进行染毒处理(红色圆眼、正常蝇),与 Basc(杏色棒眼)雌蝇交配,以眼色性状为标志来判断试验结果。

(二) 试验过程

雄蝇用野生型,雌蝇用 Basc 品系的处女蝇,试验设 2 个剂量组及阳性和阴性对照组,每组至少染毒 100 只雄蝇,高剂量可选1/2 LD_{50},低剂量为 1/5～1/10 LD_{50}。阳性对照用 *N*-亚硝基二甲胺或甲基磺酸乙酯。主要采用喂饲法染毒,也可采用注射或局部接触方式,暴露时间为 1～3 天。收集处女蝇,放入新试管,1 只管中不超过 25 只。为了检测受试物对哪一期生殖细胞最为敏感,可将雄蝇在接触受试物后按 2、3、3 天的间隔与处女蝇交配,即已染毒的野生型雄蝇单个地每隔 2、3、3 天与 2 只雌蝇交配,分别代表对精子、精细胞和精母细胞的效应。再以产生的 F1 代按雌雄比例 1∶1 或 1∶2 交配。12～14 天后观察 F2 代。

(三) 结果评价

对 F2 代的结果判定:观察每一试管中红

色圆眼的野生型雄蝇的数量，如果多于 20 个子代中没有发现则为阳性，受试物属于致死突变；如果有 2 只以上者为阴性；如果 F2 代少于 20 只或为只有 1 只野生型雄蝇的可疑管，需进行 F3 代的观察。如果仅存雌雄亲本而无仔蝇，则为不育。如果 F2 代有一批阳性管，且来源于同一处理雄蝇，则为假阳性，原因可能是来自雄蝇精原细胞的自发突变。根据试验组染色体数与阳性对照组比较计算致死率。统计分析致死率，如果性连锁隐性致死突变率存在剂量-反应关系且超过自发突变频率 2 倍以上，则可判定为阳性结果。

第 4 节　遗传毒性的体外方法

基因突变、染色体畸形和断裂是遗传毒性试验的 3 个主要毒性终点，可以表明受试物是否具有致突变性/遗传毒性的可能性，但目前替代方法研究中，还没有一项经过验证的单一检测系统能完全检测这三方面信息。这与体内试验的情况是一致的。因此，受试物遗传毒性和致突变性的检测必须采用系列试验来评估。很多评估遗传和致突变性的体外方法在国际范围内已为一些权威机构所接受，而且已较为常规地用于化学品安全评价中，成为体外标准系列试验，与体内试验共同组合成试验策略。

一、体外试验的局限性

目前可用的替代方法在结果的阐明上都存在一定程度的局限性，无法获得受试物在哺乳动物特别在人类体内的真突致突变性/遗传毒性情况，这些局限包括：①体外细胞系缺乏体内系统的代谢功能；②体外系统不包括毒代动力学因素；③与体内相比体外系统敏感性过高，特异性降低；④某些细胞系与所预测的靶器官毒性终点并不相关；⑤在重复剂量水平下，靶器官产生的突变/遗传毒性可能与受试物实际使用的部位并不一致。由于这些局限性，特别是体外系统不能显示毒代动力作用和代谢相互作用，考虑到毒代动力和代谢作用的替代方法的建立进步非常缓慢，因此，一段时间内体内遗传毒性和致突变性的实验不能完全被替代。

二、体外试验的验证

目前，被管理机构认可并且作为遗传毒性试验的标准体外方法已超过全部标准试验方法的一半，包括哺乳动物细胞染色体畸变试验、细菌回复突变试验、哺乳动物细胞基因突变试验、非程序性 DNA 合成试验等，见表 14-4。体外哺乳动物细胞微核试验被推荐作为体外系列实验的一个部分，并为权威机构 OECD 接受成为指南。体外彗星试验已被用于化妆品工业中检测 DNA 的损伤，下一步是需要对其进行正式验证研究。

还有一些方法，如酿酒酵母基因突变试验和分裂重组试验已被广泛认可，但并没有被列入标准试验系列。哺乳动物细胞中姐妹染色体互换实验(SCE)是另一个体外致突变检测实验，目前虽极少被使用，但已被监管部门认可。SkinEthic 和 EpiDerm 三维重组皮肤模型被化妆品工业用来作为检测光致突变性，但没有经过验证。

体外试验主要分为微生物试验和哺乳动物细胞试验两大类，都需在含有和不含有体外代谢活化酶(S9)的条件下进行。体外活化酶通常来源于大鼠的肝脏。

体外试验的结果存在一定假阳性、假阴性和不确定性，如用 Ames 试验仅有 11%的化学品显示阳性，而染色体变异试验的阳性率超过 30%。因此，国际间几个组织讨论如何对体外遗传毒性数据进行解释，特别是阳性结果。如 ECVAM 工作组、遗传毒性试验国际工作组(International Workshop on Genotoxicity Testing，IWGT)和国际生命科

表 14-4 目前检测遗传毒性/致突变的替代方法

动物试验的毒理终点	目前可应用的替代方法	体外试验终点	目的	应用范围	验证状态	法规接受情况
基因点突变(B. 20,TG477 B. 22,)TG478 B. 24,TG484	Ames test(B. 13-14,TG471)	基因点突变	部分替代(分层策略和/或成套试验)	致突变性/遗传毒性	完成	EC,OECD
	酿酒酵母基因突变试验(B. 15,TG480)	基因点突变	部分替代(分层策略和/或成套试验)	致突变性/遗传毒性	完成	EC,OECD
	哺乳动物细胞基因突变(B. 17,TG476)	基因点突变	部分替代(分层策略和/或成套试验)	致突变性/遗传毒性	完成	EC,OECD
DNA 损伤(B. 39,TG486)	酿酒酵母分裂重组试验(B. 16,TG481)	DNA 损伤	部分替代(分层策略和/或成套试验)	致突变性/遗传毒性	完成	EC,OECD
	程序性外 DNA 合成(UDS)(B. 18,TG482)	DNA 损伤	部分替代(分层策略和/或成套试验)	致突变性/遗传毒性	完成	EC,OECD
	姐妹染色单体互换试验(SCE)(B. 19,TG479)	DNA 损伤	部分替代(分层策略和/或成套试验)	致突变性/遗传毒性	完成	EC, OECD
	碱基彗星试验	DNA 损伤	部分替代(分层策略和/或成套试验)	遗传毒性	乐观	—
	在皮肤细胞/模型上的碱性彗星试验	DNA 损伤	完全替代	遗传毒性	研发,方法需要统一	—
染色体畸变(B. 11,TG475;B22,TG478 B. 25,TG485 B. 23,TG483)	哺乳动物染色体畸变试验(B. 10,TG473)	染色体畸变	部分替代(分层策略和/或成套试验)	致突变性/遗传毒性	完成	EC,OECD
检测非整倍体和染色体断裂(B. 12,TG474)	细胞系微核试验	非整倍体和染色体断裂	部分替代(分层策略和/或成套试验)	致突变性/遗传毒性	完成	OECD
	靶组织细胞和皮肤模型微核试验	非整倍体和染色体断裂	完全替代	致突变性/遗传毒性	研发,方法需要统一	—
基于毒性机制的检测	毒理基因组学	多终点	部分替代(分层策略和/或成套试验)	遗传毒性	研发,方法需标准化	—

学研究所/健康和环境科学研究所(ILSI/HESI)专门讨论如何减少体外遗传毒性试验的假阳性和避免不必的后续实验。如果能避免或减少从体外哺乳动物细胞试验获得的大量无关紧要的阳性结果，那么就能有效减少后续的体内动物试验。

三、体外试验方法

(一) 体外哺乳动物染色体畸变实验

体外哺乳动物染色体畸变实验(the mammalian chromosome aberration test)最初由 Evans 建立，其目的在于检测受试物能否导致体外培养的哺乳动物细胞染色体结构畸变。此外，还可以检测染色体数量的变化，包括多倍体和复制的变化。染色体结构畸变包括染色体和染色单体畸变两种类型。化学致突变物诱发的畸变大部分属于后一类型。体外染色体畸变试验可以利用体外细胞系、细胞株或原代培养的细胞中完成。用于试验的细胞或细胞系在体外培养中必须具有生长能力以及稳定的核型、染色体数量、染色体多样性和自发染色体畸变频率。该试验可用于筛选可能的哺乳类致突变剂，虽然试验获得的阳性结果与致癌性之间并不存在直接的相关性，但是通过本试验得到阳性结果的某些化合物被明确证实为哺乳类致癌剂，而有些阴性结果的化合物也可能通过 DNA 损伤之外的机制对机体产生致癌作用。染色体畸变以及相关效应可引起许多人类的遗传性疾病，同时这种畸变也可以使体细胞中的肿瘤基因和肿瘤抑制基因发生改变，这些基因的变化与人类和试验动物中癌症的发生有关。体外哺乳动物染色体畸变实验是 OECD 标准(TG 473)和欧盟标准(B. 10)，见表 14-4。

1. 原理　培养细胞暴露于带有或不带有代谢活化系统的受试物系统中，预实验确定暴露时间，用秋水仙素物质处理细胞使其生长停滞于中期分裂象，收获细胞并染色，在显微镜下观察染色体畸变，统计结果。

2. 方法概述　在活化或非活化系统下，用含受试物的培养基处理细胞。可选用中国地鼠肺 CHL 细胞株或卵巢 CHO 细胞株，人或其他哺乳动物外周血淋巴细胞。一般推荐使用 CHL 细胞株。对于体内的淋巴细胞，必须在促分裂干预后的 48h 开始。淋巴细胞可从抗凝全血获得，培养时加入植物凝血素等促细胞分裂剂并且 37℃孵育。液体受试物可以直接使用，固体受试物需用适当溶剂溶解并稀释后作用。暴露的浓度至少设立 3 个，最高浓度一般应产生细胞毒性。对于没有细胞毒性的物质，最高浓度可以设为 5μl/ml、5mg/ml 或 0.01mol。在双系统(有或无代谢活化)试验中每个时间点都必须设有阳性和阴性对照。暴露的时间为 3～6h，然后在大约 1.5 倍的细胞生命周期时收获细胞，如对照及受试物结果均为阴性，则可延长暴露时间。在收获细胞前 1～3h 用秋水仙素处理细胞，收获后低渗处理，然后固定染色。显微镜观察。计算染色体畸变率。

3. 结果评价　计算指标包括每个细胞畸变数、染色体结构异常百分率、各剂量组及对照组不同类型染色体异常数与频率等。分裂细胞数应分别统计，一般不包括在总异常频率中。若不同性别动物间无差别，各指标可合并统计。所得各组的染色体畸变率用 χ^2 检验进行统计学处理，以评价剂量组和对照组之间是否有显著性差异。

下列两种情况可判定受试样品为阳性：①受试样品引起染色体结构畸变数的增加具有统计学意义，并有剂量效应；②受试样品在任何一个剂量条件下引起具有统计学意义结果，并可重复。阴性结果的判定需在相对存活率(%RS)＜20%的情况下未见突变频率显著增加时方可做出。细胞畸变率(细胞畸变数/分析细胞总数)＜5%判定为阴性；＞10%为阳性；5%～10%为可疑。阳性对照：无活化系统为浓度为 10μg/ml 的甲磺酸甲酯(methyl methancsulphonate,MMS),有活化系统为浓度为 10μg/ml 的环磷酰胺(Cyclophosphamide,CP)。

(二)细菌回复突变实验

细菌回复突变实验(bacterial reverse mutatuon test)即 Ames,是应用最广泛的检测基因突变的方法,也是一个典型的体外方法,最初是由美国加州大学教授 Ames 在 20 世纪 70 年代建立的,通过使用氨基酸依赖的菌株鼠伤寒沙门菌和大肠杆菌来检测点突变。突变包括一个或多个碱基替换、插入或缺失等情况。点突变可以造成人类多种遗传性疾病,有证据表明在肿瘤基因及肿瘤抑制基因中的点突变与人类及试验动物肿瘤的形成有关。Ames 试验快速、经济和相对操作简单。大部分试验菌株对于突变的检测都具有敏感的特性,表现在恢复位点 DNA 序列的正常化、对于大分子物质细胞通透性的增高、DNA 修复系统的去除和错配倾向的 DNA 修复过程的加强。目前已建立了较为成熟的方法,并已积累了 Ames 试验结果的大型数据库。Ames 试验是欧盟标准(B. 13-14)和 OECD 标准(TG 471)。

Ames 试验使用的是原核细胞,与哺乳动物细胞在吸收、代谢、染色体结构及 DNA 修复过程上都有差异,因而不能提供受试物对哺乳动物产生致突变或致癌的可能性的直接信息。通常用于致突变物的初筛,特别是点突变的情况。有数据表明在Ames试验中为阳性的化学物在其他的试验同样表现出致突变性。也有一些在 Ames 试验中未检出阳性的致突变物,原因可能在于检测终点的特性不同、代谢活性不同或生物利用率不同。另一方面,促进回复突变的敏感性可以更有效地评估突变活性。但对于一些特殊的物质,Ames 试验是不适用的,如强杀菌物质、被认为特别影响哺乳动物细胞复制系统的物质(如拓扑异构酶,核苷类似物)等。虽然在本试验中测定到为阳性的物质可以确定为哺乳类致癌剂,但其相关性并不确定。有些在本试验中为阴性的致癌物也可能通过其他的机制导致机体肿瘤。

1. 原理 Ames 试验是以营养缺陷型的突变菌株为试验系统,观察受试物能否纠正或补偿突变体的突变。常用的菌株有组氨酸营养缺陷型鼠伤寒沙门菌和色氨酸营养缺陷型大肠埃希菌,以前者较为常用。这些菌株的组氨酸操纵子基因发生点突变,丧失了合成组氨酸的能力,并且自发回复突变的能力都很低,只有在外界各种诱变因子的干预下才可以突变回复到野生型,重新具有合成组氨酸的能力,表现在不含组氨酸的培养基上可见生长的菌落。根据试验组生长的菌落数与对照组自发回复突变而生长的菌落数比较,来判定受试物是否为突变物。组氨酸合成基因调控点可以发生在基因的不同部位,所以可以产生不同突变位点的菌株。常用的几株鼠伤寒沙门菌株为:TA1535、TA1537、TA1538、TA 98、TA100、TA 97 及 Ta102 等。检测菌株 Ta1535 含有一个碱基置换突变,能检测引起置换突变的诱变剂。Ta1537 在重复的 G-C 碱基对序列中有一个移码突变,能检测引起移码的诱变剂。TA100 和 TA98 是上述菌株分别加上一个抗药性转移因子 pKM101 质粒后的菌株(质粒易丢失,故应尽可能减少传代)。由于选用的测试菌株有多种,所携带的突变位于不同的基因中,特性不同,因此,可以测定碱基置换和/或移码突变。TA1537、TA97、TA98 主要用于检测移码突变;TA1535、TA100、TA102、TA104 可以检测碱基置换型突变,但要注意适用范围。TA1535、TA1537、TA97、TA100 的 his 突变发生在 G:C 位点;而 TA102,TA104 的 his 突变位点发生在 A:T,选择时要注意是否是引起该位点突变的受试物。另外,具有 pKM101 的 TA100、TA102、TA104 也可检出部分的移码突变。

另外，还可以生成一些附加突变的菌株来增加受试系统的敏感性，如切除修复突变(ΔuvrB)、脂多糖(rfa)突变、附带 R 因子(pKM101)、附带质粒(pAQ1)等。Rfa 突变使得细菌表面脂多糖屏障部分丧失，增加了膜通透性，结晶紫、苯并(a)芘等大分子物质就可以进入胞内。ΔuvrB 提高了细菌对化学物的敏感性。PKM101 使细菌修复能力增强，扩大了化学物的检测范围，可以同时检测碱基置换和移码突变。综上所述，由于试验菌有不同的突变菌株，所以在试验中应该根据具体情况选用配套的菌株。

Ames 试验的方法有多种，如平板掺入法、预培养平板掺入法、Fluctuation 法和悬浮培养法等。可以根据不同的情况选择。有些特殊的化学物必须使用特定的方法，这也意味着有些致突变物并不能用标准的方法检出，对其检测可以用其他的替代方法完成。对 Ames 试验的方法选择可以参见相关的 OECD 标准。

2. 菌株及鉴定 表 14-5 列出了部分菌株的基因标志和特性。一般同时采用 4 株鼠伤寒沙门菌突变型菌 TA97、TA98、TA100 和 TA102 进行试验。T A97 和 TA 98 可以检测各种移码型诱变剂；TA 100 可检测引起碱基对置换的诱变剂；TA 102 能检测出其他测试菌株不能检出或极少检出的某些诱变剂，如甲醛、各种过氧化氢化合物和丝裂霉素 C 等交联剂。一般用来测试受试物诱变性时，必须通过其中 4 个菌株的检测。必要时增加 TA 1535、TA 1537 或 TA 104 任一菌株。中国《化学品毒性鉴定技术规范》常采用 TA 100、TA 98、TA 97 和 TA 102 作为标准菌株。《食品安全性毒理学评价程序》建议必要时可以增加 TA 1535、TA 1537 或 TA 104 中的任一株。ICH 建议进行常规检测时可以使用以下菌株：①TA 98；② TA 100；③ TA 1535；④ TA 1537 或 TA 97 或 TA 97a；⑤ TA 102 或 *E. coli* WP2uvrA 或 *E. coli* WP2uvrA(pKM101)。

表 14-5 Ames 试验常用的测试菌株

菌株	突变部位	检出突变	切除修复	R 因子	脂多糖突变
TA1535	hisG46	置换	ΔuvrB	无	rfa
TA100	hisG46	置换+移码	ΔuvrB	pKM101	rfa
TA1537	C3076	移码	ΔuvrB	无	rfa
TA97	hisD6610	移码	ΔuvrB	pKM101	rfa
TA1538	hisD3052	移码	ΔuvrB	无	rfa
TA98	hisD3052	移码	ΔuvrB	pKM101	rfa
TA102	hisG428	置换+移码	存在切除修复	pKM101, pAQ1	rfa
TA104	hisG428	置换+移码	ΔuvrB	pKM101, pAQ1	rfa

由于突变菌株在储存过程中特性可能会丢失或者变异，所以应当定期对菌株进行鉴定，菌株特性应与 Ames 试验标准相符(见表 14-5)。这些情况包括：①在收到培养菌株后；②当制备一套新的冷冻保存株或冰冻干燥菌株时；③当每皿自发回变数不在正常范围时；④当对标准诱变剂丧失敏感性时；⑤使用主平板传代时；⑥投入使用前。

不用突变株的鉴定可参考有关试验指南

鉴定合格的菌种应在低温(如－80℃)、液氮或者制成干粉 4℃保存。除液氮条件外，保存期一般不超过 2 年。

3. 活化系统 由于细菌缺乏哺乳动物的代谢酶，为了检测直接和间接致突变物，在进行细菌回复突变试验时，应分别进行不加和加代谢活化系统的检测，最常用的活化系统是 S9 混合物。哺乳动物活化系统（S9 和 S9 混合液）的制备见第 6 章。

4. 试验设计 决定受试物最高剂量的原则是受试物对试验菌株的毒性和受试物的溶解度。对于纯的化学物质，一般最低剂量为每平皿 0.2μg，最高剂量为 5mg 或最高溶解度、饱和浓度或对细菌产生最小毒性浓度。对于毒性很低、摄入量很大的产品，可根据其溶解度和对细菌的毒性采用可能的最大剂量。每种受试物在允许最高剂量下设 4 个（含 4 个）以上剂量，剂量间隔不超过 5 倍，每个剂量应做 3 个平皿。

溶剂可选用水、二甲基亚砜或其他无诱变性溶剂。试验应同时设阳性对照组、溶剂对照组和未处理对照组，均包括加 S9 和不加 S9 两种情况。阳性对照应根据菌株的类型选择。若遇特殊受试物可做非常规处理。

5. 试验方法 可分为平板掺入法、预培养平板掺入法及点试法等。平板掺入法是细菌回复突变试验的标准方法；点试验法一般用于预试验，对于某些受试物通过预培养可提高测试灵敏度。

（1）平板掺入法：①增菌培养：取营养肉汤培养基 5ml，加入无菌小三角瓶或无菌试管中，将主平板或冷冻保存的菌株培养物接种于营养肉汤培养基内，37℃振荡（100 次/min）培养 10 h 至对数增长期，不少于（1～2）$\times 10^9$ 个/ml；②准备底层培养基平皿若干个；③融化顶层培养基分装于无菌小试管，每管 2ml，在 45℃水浴中保温；④在保温的顶层培养基中依次加入测试菌株新鲜增菌液 0.1ml，混匀；加受试物 0.1ml，需活化时另加入 10% S9 混合液 0.5ml，再混匀，迅速倾倒在底层培养基上，转动平皿使顶层培养基均匀分布在底层上，平放固化，37℃培养 48h 观察结果。另做一阳性对照、溶剂对照和未处理对照。

（2）预培养平板掺入法：方法基本同平板掺入法，在加入顶层琼脂前，先将受试物（需活化时另加入 10% S9 混合液）和菌液在 37℃中培养 20min（或 30℃培养 30min），然后再加 2ml 顶层琼脂培养基。

（3）点试法：同平板参入法前三步骤，在水浴中保温的顶层培养基中依次加入测试菌株增菌液 0.1ml（需要时加 10% S9 混合液 0.5ml），混匀，迅速倾入底层培养基上，转动平皿，使顶层培养基在底层上均匀分布。平放固化后取无菌滤纸圆片（直径为 6mm）小心放在已固化的顶层培养基的适当位置上，用移液器取 10μl 受试物点在纸片上，37℃培养 48h 观察结果。

6. 结果评价 采用掺入法的试验，直接计数培养基上长出的回变菌落数。如果在背景生长良好条件下，受试物组回变菌落数增加 1 倍以上，并有剂量-反应关系或至少某一测试点有可重复的并有统计学意义的阳性反应，即可认为该受试物诱变试验阳性。直接诱变剂敌克松（dexon，100μg/皿）、叠氮化钠（sodium azide，SA，15 μg/皿）和间接诱变剂 2-氨基芴（2-AF，30μg/皿）、2-氨基蒽（2-AN，5μg/皿）分别在非活化和活化条件下诱发测试菌株回变菌落数明显增加，比阴性对照均增加 1 倍以上，表明试验系统可靠。

采用点试法的试验，如在受试物点样纸片周围长出较多密集的回变菌落，与未处理对照相比有明显区别者，可初步判定该受试物诱变试验阳性，但应该用掺入法试验来确证。

阳性结果至少应做 3 次测试，阴性结果至少进行 2 次测试，才能对受试物做出判定。受试物的诱变性要用平板掺入试验来确证，如果受试物对所有的测试菌株（加或不加 S9）的平板掺入试验均得到阴性结果，则可判断受试物无致突变性；反之受试物对一种或多种受试物（加或不加 S9）的平板掺入试验得到阳性结果，则认为该受试物为致突变物。

（三）酿酒酵母基因突变分析

酿酒酵母由多种单倍体和双倍体酵母菌株构成。1975 年，Zimmermann 建立了体外酿酒酵母基因突变试验（saccaromyces cerevisiae gene mutation assay），用以检测具有代谢活性或不具代谢活性化学物质诱导的基因突变。酿酒酵母基因突变分析为欧盟标准（B. 15）和 OECD 标准（TG 480）。

1. 原理　这个系统建立在真核细胞的基础上，可以检测化学物引起的正向或反向突变。应用单倍体菌株的正向突变系统，可以检测腺嘌呤依赖的红色突变株（ade-1，ade-2）变为双腺嘌呤依赖的白色突变株，证明阳性致突变物。另有一些选择性系统如抗放线菌酮（cycloheximide）系统也被应用。

最为广泛有效的检测回复突变系统是使用单倍体菌株 xv185-14c，它携带褐色无义密码子突变基因 ade2-1、arg4-17、lys1-1 和 trp5-48 位点特异的突变物或者褐色抑制剂突变物，可以通过碱基替代使菌株原先的突变回复。Xv185-14c 还携带 his1-7 标志基因，通过第二位点突变回复的错义突变，以及携带 hom3-10 标志基因，移码突变诱变剂可使其使突变回复。

2. 方法概述　单倍体菌株 xv185-14c 和双倍体菌株 D7 是最广泛使用的菌株。将菌稀释至（1～5）×10^7 细胞/ml，受试物经过前处理后，至少稀释成 5 个稀释度。对于毒性物质，最高浓度的设定不应使存活率降低至 5%～10%。用不同稀释度的受试物干预酿酒酵母，在 28～37℃下摇动孵育 18h。每个浓度做 3 个平行样本，如需代谢活化试验，在试验同时加入活化体系。孵育完成，离心并清洗细胞，最后置细胞于合适的培养基中，制成平板。继续在 28～37℃黑暗环境中孵育 4～7d，计数平板中存活的菌落数。

3. 结果评价　列出并统计数据，包括菌落数量突变数目、生存数目及突变率数据。如果干预剂量与突变率有剂量-效应关系，并有统计学意义，受试样品至少有一个剂量点检出致突变性，且重现性好。则可认为受试物在此试验体系中具有致突变活性，反之则无致突变性。

（四）酿酒酵母分裂重组试验

酿酒酵母分裂重组试验（saccaromyces cerevisiae mitotic recombination assay）是欧盟（B. 16）和 OECD（TG 481）标准。真核生物酵母可用于检测基因之间（或更为普遍地在 1 个基因及其着丝点之间）和基因内部的有丝分裂遗传因子重组状况。前者被称为有丝交叉互换，产生倒易移位；而后者被称为基因转换。

1. 原理　基因交叉互换通常由隐性纯合体种群或由杂合体品系产生的种群来测定，而基因转换则由原养型回复突变者测定。测定有丝分裂中基因转换的最常用菌株是 D_4（异等位基因，ade2 和 trp5）、D_7（异等位基因，trp 5）、BZ_{34}（异等位基因，arg 4）和 JD1（异等位基因，his 4 和 trp5），这些等位基因进行有丝分裂基因转换，产生携带一个野生型等位基因的原生型菌落，这些菌落可以在缺乏色氨酸（trp）或腺嘌呤的选择性培养基上生长。有丝分裂交叉互换产生红色和粉红纯合体种群可用 D_5 或 D_7（也测定有丝分裂基因转换和在的反突变）菌株进行，它们在 ade2 互补等位基因位点是杂合等位基因，通过观察菌落颜色的变化可检测有丝分裂交换的发生。

2. 方法概述　较常使用的品系是双倍体 D_4、D_5、D_7 和 JD1，液态培养酵母至细胞处于对数生长期。取（1～5）×10^7 细胞/ml，给予受试物，在 28～30 ℃培养 18h。受试物至少应设立 5 个浓度的剂量组。必须考虑受试物的毒性和溶解度。设立的最低浓度必须对细胞的生存能力不产生影响，有毒化学物的最高浓度不能使细胞生存率降到 5%～10%以下。难溶于水的化学物应使其达到溶解极限，易溶于水的非毒性物质浓度上限应由预试验测定。在细胞间歇期或增殖期染毒18h。将细胞离心、洗涤，接种于在适当的培养基中。于28～30℃避光培养4～7天，计数平板。对于检测有丝分裂的平板，计数前在4℃中再放置1～2天，以产生含色素菌落。对培养皿中存活和变异的细胞做记号。

3. 结果评价 重组率随浓度的增高而增高，并有统计学差异，或者至少在1个浓度水平出现可以重复的有统计学意义的重组率的增高，可判为阳性。

（五）哺乳动物细胞正向基因突变实验

体外哺乳动物细胞突变实验(mammalian cell gene mutation test)可用来检测化学物质导致的基因突变。适合使用的细胞系有小鼠淋巴细胞瘤细胞(L5178Y)和人类淋巴细胞系(TK6 WTK1)，中华仓鼠细胞系CHO、CHO-AS52和V79。最常用于遗传突变检测的终点是胸苷激酶(thymidine kinase，*TK*)和次黄嘌呤酸核糖基转移酶(*TK*)以及黄嘌呤磷酸核糖基转移酶(*XPRT*)。最常用的试验方法是小鼠淋巴细胞瘤(L5178Y)细胞胸苷激酶位点(*TK*)突变检测，即小鼠淋巴瘤检测(mouse lymphoma assay，MLA)，以及中华仓鼠细胞系CHO和V79次黄嘌呤磷酸核糖基转移酶位点(*HPRT*)突变检测。通过对这些酶突变的检测可以了解遗传学事件中不同的基因谱。TK和XPRT位于常染色体，HPRT位于X-染色体上，分别用于检测不同遗传基因性质的改变，*TK*基因位点的突变可检测基因突变、缺失、易位及有丝分裂重组等遗传改变的发生，它比其他位点的突变试验能检测更广泛的遗传毒物。US EPA将MLA作为哺乳动物细胞基因突变试验的优先检测项目。该试验是欧盟(B. 17)和OECD标准(TG 476)方法。

1. 原理 在加入或不加入肝混合功能氧化酶系统S9混合液的条件下，使细胞暴露于受试样品一定时间，然后将细胞传代培养，突变细胞在含有6-硫代鸟嘌呤(6-thioguanine，6-TG)或嘧啶类似物三氟胸苷(trifluorothymidine，TFT)的选择性培养液中能继续分裂并形成集落。根据突变集落数可计算突变频率，从而评价受试样品的致突变性。如果使胸腺激酶$TK^{+/-}$突变至$TK^{-/-}$，细胞内胸腺激酶缺失，从而使细胞具有对嘧啶类似物的抗性。由于*TK*缺陷细胞对TFT的敏感，可造成细胞代谢的抑制并阻滞细胞进一步的分裂，因此，突变的细胞在TFT存在可以增殖，而正常的细胞却不可以。同样，*HPRT*、*XPRT*缺陷的细胞对6-硫代鸟嘌呤(6-TG)，8-氮鸟嘌呤(8-AG)会产生选择性抗性。通过计数选择性培养系统中的细胞群落数，可以计算出突变率。

2. 方法概述 对化学物敏感、高度繁殖能力的L5178Y、CHO、AS52、V79、TK6细胞都可以使用，自发突变率必须稳定。*HPRT*位点突变分析常使用中国仓鼠肺细胞株(V79)和中国仓鼠卵巢细胞株(CHO)。*TK*位点突变分析常用小鼠淋巴细胞株(L5178Y)和人类淋巴细胞细胞株(TK6)。原始细胞数必须考虑细胞自发突变率的因素，一般推荐使用10^6细胞。培养的条件必须使细胞在干预后酶的表达期间能够稳定生长，具有良好的构成集落的能力。试验前对于存在的突变细胞进行杀灭。将细胞暴露在活化系统存在或不存在的体系中，至少需设立4个稀释度，其浓度最好能覆盖最低到最高的细胞毒性。对于非毒性物质，最高的浓度可以设立为5mg/ml、5μl/ml或0.01mol。一般采用3～6h的暴露时间。在代谢活化系统和非活化系统中阳性对照的设立不同。

3. 结果评价 *HPRT*位点突变分析应计算绝对和相对集落形成效率(CFE)、突变频率(MF)，*TK*位点突变分析应计算平板效率(PE)、相对存活率(%*RS*)、突变频率(MF)等。如果受试样品引起突变频率具有统计学意义并有剂量-效应关系,同时受试样品在任何一个剂量条件下引起具有统计学意义并有可重复性的阳性反应,可判定为阳性结果。阴性结果的判定需在相对存活率(%RS)< 20%的情况下未见突变频率显著增加时方可做出。评价时应综合考虑生物学和统计学意义。阳性对照:无活化系统为浓度为 10μg/ml 的甲磺酸甲酯(methyl methancsulphonate,MMS),有活化系统为浓度为 10μg/ml 的环磷酰胺(cyclophosphamide,CP)。

(六)体外哺乳动物细胞姐妹染色单体交换实验

姐妹染色单体互换(Sister Chromatid Exchange,SCE)指染色体同源座上 DNA 复制产物的相互交换,其过程涉及 DNA 的断裂和修复,在细胞周期的中期相可见到这种交换,其分子机制还不清楚,可能需要 DNA 双螺旋的酶切、转移和连接。SCE 实验需要运用一些不同标记姐妹染色单体的技术手段,如将 5-溴脱氧尿嘧啶核苷(5-BrdU)加入染色体 DNA 中,经过 2 个细胞周期后进行检测。该方法是欧盟和(B.19)OECD 标准(TG 479)。

1. 原理 哺乳动物体外细胞在有或无混合功能氧化酶系统代谢活化作用下接触受试样品,在中期相细胞中,每条染色体由两条染色单体组成,每条染色单体由双 DNA 构成,BrdU 作为核苷酸前体取代 DNA 分子中的胸腺嘧啶核苷,经 2 个细胞周期,即 2 次复制后两条姊妹染色单体的 DNA 双链在化学组成上就有差别,即一条姊妹染色单体的 DNA 其双链全为 BrdU 取代,另一条的 DNA 中仅有一条链中有 BrdU 取代,两者可用差异染色区分。当两等位染色单体间发生交换,可根据每条染色单体内夹着深浅不同的染色片段而被识别。第 1 个细胞周期,BrdU 掺入到每条染色单体的 DNA 单链上,每条染色单体均为深染。第 2 个细胞周期,两条染色单体 BrdU 掺入的量不同,一条单体中两条 DNA 链均的掺入,而另一条单体只有一条 DNA 链中有掺入,故前者深染,后者浅染。第 3 个细胞周期,BrdU 掺入到 1/4 条染色单体的 DNA 单链上和 3/4 条染色单体的双链上,故 1/4 为深染,3/4 为浅染。在使用或不使用哺乳动物外源活化系统的情况下,细胞暴露于受试化学物质。在 BrdU 存在的培养基中培养 2 代,用纺锤体阻断剂处理细胞,使细胞维持在分裂中期相状态(C 期),然后收获细胞,提取染色体并且进行分析。

2. 方法概述 首选中国仓鼠 CHO 或 CHL 细胞,此外也可用人二倍体成纤维细胞和人外周血淋巴细胞。受试样品应在细胞的指数增长期与细胞接触,CHO 可在种植后 12~24h 取用。多数在接触 1~2h 可产生作用,但处理时间可延至 2 个细胞周期。受试样品至少应设 3 个剂量。剂量范围建议覆盖两个 10 倍稀释系列。最高剂量在 BrdU 存在下细胞经过 2 次复制后的细胞总数与对照组相比应明显减少(减少 75%),或导致染色体结构畸变明显增加。

细胞与受试样品接触 3~24h 后,除去含受试样品的培养基。细胞经洗涤后,加入含 10~20μmol BrdU 培养基,于 37℃ 5%~10% CO_2 培养箱内培养。经 2 个细胞周期后收获细胞(CHO 约 24h,人二倍体细胞约 48h)。加入 BrdU 后培养瓶应避光,以减少掺入 BrdU 的 DNA 发生光解作用。收获细胞前 1~4h ,用秋水仙碱对细胞进行处理,使最终浓度为 0.4~0.6g/ml ,抑制细胞分裂。收获时将培养液吸出至一离心管内,加 0.25%胰蛋白酶液在 37 ℃下处理 10min,弃去胰酶溶液,加入原培养液少许,反复吸打制成细胞悬液,然后离心,收集细胞。用 0.075mol/L 氯化钾低渗溶液处理细胞,使细胞膨胀破裂，染色体均匀分散。用甲醇：冰醋酸（3：1）液常规方法固定。吸取混匀的细胞悬液滴在玻片上，室温下自然干燥。吉姆萨液染色30min。镜检和观察计数。

3. 结果评价 求出每一剂量的平均每个细胞的SCE数，然后以剂量组的数据与对照组数据用双尾t检验进行统计分析。至少有一剂量超过SCE自然交换频率的2倍者为强阳性。有3个试验点超过SCE自然交换频率并有剂量-效应关系，而且其中至少有1个试验点与对照组有显著性差异达者为弱阳性。若结果已有统计差异（$P<0.05$）但尚未到达上述阳性判断标准者可判为暂定阳物。这类物质或为弱SCE诱导剂，或需做进一步试验，如改进体外活化系统和采用较广的剂量范围（最高剂量点用毒性作用阈，如降低细胞有丝分裂指数引起细胞死亡，在体内试验时表现为动物死亡）。

（七）哺乳动物肝细胞程序外DNA合成试验

哺乳动物肝细胞程序外DNA合成试验（unschedule DNA synthesis in mammalian cells，UDS）是欧盟（B.18）和OECD标准（TG 482）。

1. 原理 正常情况下，在细胞分裂周期中，仅S期为DNA的合成期。而DNA受损伤时，损伤修复的DNA合成是在S期之外的周期进行，称作程序外DNA合成，即UDS。当化学性和物理性物质损伤DNA时，受损的DNA链被切除后再进行修复及DNA再合成，这时UDS就会增高，表明DNA发生过损伤。在体外培养的细胞中，用测量UDS来显示DNA修复合成的主要关键在于鉴别很高水平的半保留DNA复制和水平较低的UDS时，可以通过同步培养将细胞阻断于G1期并用阻断剂抑制残留的半保留DNA复制后显示。同步培养时可用缺乏必需氨基酸精氨酸的培养基使DNA合成的始动受阻而使细胞同步于G1期。在半保留DNA合成明显抑制和阻断了的细胞中，UDS检测终点的判断可用^{3}H-胸腺嘧啶核苷（^{3}H-TdR）的掺入增加显示。通过放射自显影或液闪记数法来测量。在系统中增加代谢活化物或不增加同时进行。如使用具有代谢活性的原代大鼠肝细胞时，则无需进行添加外源活化物质的实验。

通常使用人淋巴细胞或啮齿动物肝细胞等不处于增殖状态的细胞较为方便，否则就需要人为地将细胞阻断于G1期，使增殖同步化。然后在药物的抑制下使残存的半保留DNA复制降低到最低限度，才能避免掺入水平很高的半保留复制对掺入水平很低的程序外DNA合成的干扰。OECD指南提供了在哺乳动物肝细胞上进行的UDS的方法（OECD486）。

2. 方法概述 试验对象可选用人成纤维细胞、大鼠原代肝细胞、外周血淋巴细胞等。应设置多个剂量组。最高剂量应产生细胞毒性作用。放射性自显影技术检测UDS时每一试验剂量至少设2个平行，液体闪烁计数法检测UDS时每剂量应设6个平行（或适当调整后小于6个）。对水溶性高的受试物应预先测试其毒性大小，无明显细胞毒性的水溶性受试物应配制为饱和溶液，水溶性低的受试物应用适当的方式溶解。

UDS放射自显影法实验步骤：将细胞增殖至所需数量后，用完全培养液制成单细胞悬液，浓度为$(0.5\sim1.0)\times10^5$个/ml。将细胞悬液接种于有小盖玻片的6孔细胞培养板中，在37℃ CO_2培养箱内培养1～3天至细胞50%融合。每一剂量组和对照组分别做2～3个平行样本。更换培养液培养3天。在进行放射自显影技术前一日下午，加入羟基脲（HU）储备液，保证HU的终末浓度为10mmol/L。继续在37℃下培养16h，然后将上述长有细胞的盖玻片置于含有不同浓度的受试物、10mmol/L HU及^{3}H-胸腺嘧啶核苷(5～10μCi/ml,30μCi/ml)的同步培养液中,37℃下培养 5h。孵育结束后,小盖玻片经 Hanks 液充分洗涤后,用 1%枸橼酸钠溶液处理 10min 。随后用乙醇：冰乙酸(3：1 V/V)固定,空气干燥,中性树胶封片。将玻片进行放射自显影处理。可在封片前用地衣红(Orcein)2%冰醋酸溶液或在显影后用吉姆萨染液染色。在油镜下计数各样本细胞核上乳胶层中的显影银粒数,至少计数 50 个细胞核,同时计数相当面积的本底银粒数,两者之差为细胞核净银粒数。

3. 结果评价　计算各样本中银粒数/核的均值及其统计量。在一张玻片上获得的银粒数/核的均值及其标准差反映该细胞群体中的细胞间的变异度。用 t 检验或其他适当的显著性检验方法进行统计学处理。若有统计学差异并见剂量-效应关系者可判为阳性。若虽未见剂量-效应关系但在某一剂量可重现地诱发羟基脲抗性 ^{3}H-TdR 掺入的增加也可判为阳性。

(八) 体外哺乳动物细胞微核实验

体外哺乳动物微核实验(in vitro mammalian micronucleus test)的目的是为了证实物质是否会引起染色体数量(numerical chromosome)和结构的变化。实验运用细胞系或组织原代培养的细胞,可作为体内微核实验和染色体畸变的替代方法。

1. 原理　在加入或不加入(如使用具有代谢能力的原代细胞时)外源性代谢活化系统的条件下,给予培养细胞受试物染毒。染毒后,细胞经足够的时间生长以发生染色体及纺锤体损伤,从而在间期细胞形成微核,此时细胞处于非整倍体形成敏感期(G2/M)。收集培养的细胞、染色、在显微镜下计数微核。理想的情况是仅在染毒后发生完整核分裂的细胞中计数微核。如果对培养的细胞进行了胞质分裂阻断处理,则应仅在双核细胞中计数微核。

2. 方法概述

(1) 试验对象:可使用人外周血淋巴细胞或叙利亚仓鼠胚胎细胞(SHE),也可以使用 CHO、V79、CHL/IU 和 L5178\Y 等细胞株(应注意细胞分裂抑素 B 对 L5178\Y 可能有不良作用)。由于细胞的自发微核率影响试验的灵敏度,推荐使用自发微核率稳定的细胞类型。将储存的细胞以一定密度接种在适当培养基中,37℃培养。细胞未全部融合前收获细胞。对于淋巴细胞,将经抗凝血剂(肝素)处理的全血或分离的淋巴细胞在染毒前加入有丝分裂原(植物凝集素 PHA)进行培养。

(2) 剂量设计:至少设 3 个染毒浓度,浓度的选择应依照细胞毒性的预试验结果。如果预试验表明有细胞毒性时,所选择的浓度应涵盖最大毒性效应浓度、轻微毒性效应浓度和无毒性效应浓度范围。最高浓度应产生 50%～70%的细胞毒性。当毒性效应曲线斜率很大,特别当受试物是非整倍体诱导剂时,高浓度组应避免假阴性。其他的浓度一般按照组距不大于 $\sqrt{10}$ 设计。如果没有观察到细胞毒性(细胞增殖抑制),应选择 0.01mol、5mg/ml or 5μl/ml 其中的一个作为最高染毒浓度。

(3) 细胞毒性/细胞增殖抑制的预试验:评价细胞的增殖抑制情况用于说明与对照组细胞相比染毒组细胞的增殖是否减低。在培养细胞中不加入细胞分裂抑素 B 的情况下,采用细胞计数和细胞倍增方法同时评价细胞毒性和细胞增殖。在培养细胞中加入细胞分裂抑素 B 的情况下,采用胞质分裂阻断增殖指数(CBPI)或复制指数(RI)评价细胞毒性/细胞增殖。CBPI 是指每个细胞在与细胞分裂抑素 B 共培养过程中的细胞周期数。

(4) 染毒:在有或无 S9 存在的情况下,仅需要较短时间(3～6h)的染毒就可检测出大多数非整倍体诱导剂和染色体断裂剂,需要时可进行染毒后恢复期观察。细胞染毒后在相当于2倍正常细胞周期时间时收集细胞。有时细胞染毒后需要给予较长的恢复期,如已知可明显延长细胞周期的受试物(如核苷类似物),应延长染毒时间到3个细胞周期。结果为阴性或有争议时,应确定染毒过程是否是连续的,或者也可改变染毒条件。染毒时若加入了外源代谢活化系统,则应通过重复第1次试验或修改染毒条件(如增加S9的浓度)等方式开展验证试验。淋巴细胞在PHA刺激48h后进行试验,细胞在有和无S9的情况下经过3～6h染毒其细胞周期的同步性已经减退,这时应在无S9的情况下继续染毒20h。细胞分裂抑素B在去除受试物后以及收集细胞前28h加入。如果出现阴性结果或结果不确定时,应通过改变染毒条件(如细胞在受PHA刺激后24h开始染毒)或通过改变S9浓度等方法改良试验步骤。除非在按照原试验步骤得出的结果表明细胞分裂抑素B作用于细胞的时间需要缩短(如多核细胞数过多)或延长(如双核细胞不够多)时,细胞分裂抑素B一般应在去除受试物后和收集细胞前28h加入。如果已知或怀疑受试物特异性作用于细胞的某一特定细胞周期相时,则应改变试验步骤以对这一时相的细胞进行染毒。按常规方法收获、低渗处理、固定和染色细胞。

(5)分析:对于经细胞分裂抑素B处理组的标本片,计数微核时每个浓度组应观察2000个双核细胞(每个浓度组的两个平行样各计数1000个双核细胞)。对于未经细胞分裂抑素B处理组的标本片,每个浓度组应观察2000各单核细胞(两个平行样各计数1000个单核细胞)。

如果细胞经细胞分裂抑素B处理,需要评价细胞的增殖情况,应测定CBPI。如果细胞未经细胞分裂抑素B处理,应在单核细胞内计数微核,这时应有证据证明细胞的增殖情况符合要求。

对细胞进行胞质分裂阻断处理时,应注意有些细胞可逃避这种阻断作用,因此,有些单核细胞可能已经完成了分裂、有些双核细胞可能已经完成了不止一次的分裂。应注意不要计数形状不规则、主核太小的细胞,因为这些细胞可能就是已经完成了不止一次分裂的双核细胞;还应注意不要把双核细胞与重叠起来的单核细胞相混淆。计数微核时不应观察含2个以上主核的细胞,因为这些细胞受某些非遗传毒性作用的影响(如核衰变),其微核自然发生率较高。如果受试物干扰细胞分裂(如秋水仙素),细胞经设定的浓度染毒后可能只形成很少量的双核细胞,不足以进行微核检测,然而这类受试物可增加单核细胞的微核率,这时应该检测单核细胞的微核率。

3. 结果评价 统计时以每个培养皿(样本)为单位。此外,单核、双核、两个以上核的细胞应分开观察。如果细胞采用了胞质分裂阻断处理,评价致微核作用时仅记录双核细胞内的微核;细胞未经胞质分裂阻断处理时则主要记录单核细胞内的微核。

对细胞进行胞质分裂阻断时,应测量所有浓度组以及对照组的CBPI以评价细胞周期延迟,并同时评价对细胞的毒性作用。微核试验结果的评价,应考虑结果的生物学意义,可借助统计学方法计算微核率,但统计学显著性不能作为判断结果阳性的唯一考虑。

4. 应用 作为体外替代系列试验的一部分,该试验已应用于药物、化妆品开发和研究中,参与了日本、欧洲等机构的协作研究与验证。2004年6月,体外微核实验指导的草案已递交OECD。2009年,该试验已被OECD接受并形成指南No. 487(2007)。

微核与DNA和染色体水平的损伤/加合有关,也直接或非直接地与染色体分离中涉及的一些蛋白有关。除了体外实验共有的一般限制外,细胞凋亡也可以产生微核,易造成假阳性结果。在法国巴斯德参与的一项多中心评估研究中，应用到一种新型转染细胞系（CTLL2），这种细胞系由于转染了凋亡抑制基因 *bcl* 2 而不产生细胞凋亡。

（九）体外彗星实验

彗星实验（in vitro comet test）又称单细胞凝胶电泳试验（single cell gel electrophoresis，SCG），是在单细胞水平定量检测 DNA 链断裂的一种方法，最初由 Singh 和同事共同建立，可以作为 DNA 损伤体内实验的替代方法。一些具有遗传毒性的物质可以造成 DNA 链的断裂，或通过氧自由基和其他同样作用酶的直接作用，或通过外切修复酶的作用。彗星实验技术简单、快速、灵敏、比较易于标准化。彗星试验有许多优点，如能检测单细胞水平的 DNA 链断裂、仅需少量的细胞即可完成、无需增殖细胞、在任何细胞系或组织上都可进行。

1. 原理　在电泳槽中，DNA 片段在电场的作用下由细胞核中移出，并向阳极泳动，经荧光染色后可见到细胞核和移出的 DNA 片段形成同彗星一样的彗头和彗尾，DNA 迁移的速度与单链 DNA 断裂的水平有关。彗星试验可在中性或碱性条件下完成，在碱性条件下进行更为普遍。

2. 方法概述　准备细胞：已构建的细胞系、各种细胞株或是原代细胞都可用于来进行实验；将体外培养的细胞经胰酶消化成单细胞悬液，调整细胞密度为 10^5 个细胞/ml。制备胶板：先取 35μl 普通琼脂糖铺于磨砂载玻片上形成底胶，再取 150μl 普通熔点的琼脂糖加在底胶上，加盖玻片，4℃冷凝 10min，取下盖片，将 50μl 1.0%的低熔点琼脂糖与 50μl 细胞悬液混匀，立即铺片，加盖玻片，4℃冷凝 10min，然后再取 70μl 低熔点琼脂糖（0.5%）铺片，4℃冷凝。细胞裂解与电泳：将制备好的胶板浸于碱性裂解液中，4℃裂解 1h，然后放入电泳槽中，浸泡在电泳液中解旋，4℃电泳 20min。带负电荷的 DNA 断裂端由阴极向阳极迁移。DNA 经 EB 或 PI 染色后在荧光显微镜下可观察到 DNA 受损的细胞核出现一条尾巴、呈彗星状；如 DNA 无损伤则见圆形的核。用图像自动分析仪可测定呈彗星状细胞的数量和比例及计算出受损的 DNA 量。计数观察的细胞，记录彗星细胞出现的频率，测量彗星头长与全长，计算核 DNA 迁移距离，将结果进行统计学分析。

3. 结果评价　该方法目前在医药和化妆品工业、研究机构使用。可以用于筛选目的和毒性作用机制研究，也可作为体内 UDS 试验的替代方法，用于寻找遗传毒性作用的靶细胞。其缺陷在于仍未通过正式验证，试验指南未正式发布。彗星实验可以替代体内 UDS 实验，以减少实验动物的使用，如果遗传毒性的靶器官因素能够被确定或者排除，则对于进一步替代动物实验是非常有益的。

（十）原代皮肤细胞或重建皮肤模型的体外彗星实验

运用原代培养的角质细胞或重组皮肤模型进行彗星试验可作为 DNA 损伤体内检测的替代方法。有试验用人的 H103 角质细胞系检测 H_2O_2 诱导的遗传毒性，也有报道用人的角质细胞系 HaCaT 检测羰基应激（carbonyl Stress）和光敏素的遗传毒性。还可用人角质细胞进行光遗传毒性机制方面的研究，见第 12 章。

大量三维皮肤模型目前已经商业化提供，它们适合用于进行彗星试验。如 SkinEthic 公司的 HCE™模型由永生化的人类角膜上皮细胞（HCE 细胞系）构成，细胞培养在聚碳酯膜支持物上，气液培养形成含有角质层的上皮组织，形态学上与人眼角膜上皮（组织）类似。HCE 模型已被用作检测诱变剂和非整倍体诱变剂的模型，还可用于光诱变性的检测模型。其他重建皮肤如 EpiDerm[TM]模型，见第 9 章。

重组皮肤模型已用于光遗传毒性的评估中，如在 3-维颊黏膜模型上进行彗星试验。但原代细胞或三维皮肤模型的彗星试验应当视为标准系列试验的附加实验，主要用于机制研究。

目前，运用角质细胞原代培养和三维皮肤模型进行彗星试验仍处于方法标准化和验证阶段，还未获得认可。而且建立在靶细胞基础上的体内彗星试验方法也未完全建立。为了能进入验证程序，建议进行以下的努力：建立重复性好的标准化试验方法、评估原代培养的角质细胞和三维培养的皮肤模型的代谢能力、为了与体内试验进行比较应当评估三维模型的屏障作用、为了客观评估体外试验的有效性体外彗星实验应与啮齿类角质细胞体内彗星实验进行比较。

（十一）原代皮肤细胞或重建皮肤模型的体外微核实验

1. 原理 运用原代角质细胞培养或重建三维皮肤模型进行微核试验，可用于微核和染色体畸变体内试验的替代方法。从包皮中获得的人角质细胞含有某些细胞色素 P450 同工酶，而且可以保留代谢活性，对一些诱变剂和低剂量的 UVB 和 UVA 介导的微核作用十分敏感。另外，有报道显示秋水仙素无法介导人角质细胞的微核作用，但对其他人类细胞却可以介导。

2. 方法概述 以重建皮肤的彗星试验为例，受试物可溶解于适当溶剂或直接用培养液溶解，接触皮肤一段时间后，用胰酶-EDTA 液冲洗嵌入板上的皮肤组织，收集细胞，然后观察。试验过程约 1h，每个组织观察 500 个细胞，测定微核细胞的百分率，用已知的阳性遗传毒物丝裂霉素 C 和硫酸长春碱（vinblastine sulfate）作为对照。由于重建皮肤的屏障功能，每次染毒最小可观察的效应水平较体内方法测定的结果小 10 倍。重建皮肤模型的优势在于模拟体内的代谢活性和屏障功能，假阳性率也大大降低。可替代动物进行微核试验。

3. 结果评价 大量三维皮肤模型目前已经商业化提供，如上述 HCE 和 EpiDerm 重组皮肤模型，微核实验可以用这些模型进行。运用原代培养角质细胞和重组皮肤培养上进行微核实验仍处于方法标准化阶段。完成验证研究需要进行的努力与彗星试验相同。

由于哺乳动物细胞体外遗传毒性试验假阳性率较高，所以运用角质细胞原代培养和三维皮肤模型进行彗星试验具有一定优势，特别是对于局部运用的化妆品的评价。COLIPA 资助了体外三维人体皮肤微核试验（3D human skin micronucleus assay，RSMN）项目，评价 EpiDerm[TM]用于微核试验的评估，由多家实验室参与，包括宝洁、欧莱雅、汉高和体外科学研究所（IIVS）等。

（十二）体外毒理基因组学

毒理基因组学是用基因组学方法解决毒理学领域问题的一种应用。实际上，在经过化学或者物理物质暴露后的任何组织中（体内或体外）都会出现基因或者是蛋白表达的变化，这种变化都可通过基因组学的方法进行测定。

毒理基因组学的快速发展，对遗传毒性及致癌性两个领域的研究带来重要影响，而且随着人们不断提高对这些方法的了解认识，有助于推动建立更好的工具来评估试验的终点。基因组学的初步研究发现诱导基因表达改变的模式可以作为毒性物质分级的工具，并且鉴别这些特异性指纹图谱有助于不同机制下受试物的分类（级）。基于这一毒性研究策略，对于减少那些大量的需要区别作用机制或模式的试验而言无疑是有发展潜力的。

基因组学的方法目前还在研究和建立阶段。因为毒理基因组学是一个较新的领域，大部分试验结果还不足以作为法规的判定标准。实验室技术和检测方法都未被验证。另外，使用的检测系统误差很大，而且由于不同亚群具有不同遗传背景，因此得到的结果不一致，无法归类或者在不同种属间或不同人种间进行外推。

（十三）遗传毒性的 QSAR 模型

基于结构与活性关系 QSAR(quantitive structure activity relationship)技术由于其高效、快速、较好的预测性等优点已在安全性评价领域得以一定的应用。QSAR 通过将化合物的生物活性与其以分子的亚结构碎片的类型和数量所描述的分子组成之间建立相关关系，应用偏最小二乘回归技术建立定量预测模型，从而对化合物的生物活性进行预测。这项技术较早用于环境生态毒性领域对化学物进行筛选定性。利用 QSAR 技术对遗传定性进行预测，首先用 QSAR 分析选择的目标化学物并建模，经过分子构建及结构优化后，产生分子全息，从而可以对受试物进行遗传毒性预测。QSAR 可以做到高通量和快速的筛选，所以发达国家比较多地运用 QSAR 等替代技术认识化学物质，接受预测数据用于新化学物质的风险评估和管理，不适合对混合化学物进行评估。

三、遗传毒性替代方法展望

（一）以减少动物使用为目的的推荐性建议

1. 一般建议

——为检测遗传毒性作用，亚慢性或慢性毒性研究中的动物应当共享使用，可以用流式细胞技术或图像分析，评估来源于啮齿动物血液细胞的微核情况。

——每个动物应充当其自身的对照，因此动力学检测应利用 1 个动物进行(样本可多次取用)。

——在相同的动物上进行多剂量检测(如微核实验和彗星实验)。

——一般情况下，无需进行两个性别的动物试验。

——只选择单一试验(考虑遗传毒性的终点)以替代两个途径的常规体内实验。

2. 特别建议

——通过使用流式细胞分析，实质性地减少经典体内微核实验(TG474)使用的动物数量。

3. 特别针对化妆品工业，建议下列(EU/OECD 名单)**体内试验可以不必进行**

——啮齿动物显性致死实验(TG478)。

——小鼠遗传移位实验(TG485)。

——小鼠点试验(TG484)。

——哺乳动物精子染色体畸变实验(TG481)。

——果蝇伴性隐性致死试验(TG477)。

（二）目前提供的替代方法、策略及展望

从法规角度，遗传毒性和致突变试验是化学品危害性评估的重要部分。体外试验的主要局限是缺乏毒代动力特性和/或使用的细胞系与预期的遗传毒性靶组织无相关性。所以，目前没有单一的体外试验可以完全替代体内动物试验。因此，建议运用分步骤的试验策略。

为了克服体外方法的限制并且达到动物试验的完全替代，要求毒代动力学和代谢模型系统能够准确反映体内的情况。毒理基因组学的发展为建立“正确”的体外方法检测遗传毒性/致突变性提供了新的机会。考虑到这些领域的状况，在未来 10 年内要做到遗传毒性/致突变性动物试验的

完全替代还需要扎实的工作。其困难主要是基于下列几点：

（1）需要建立能准确反应体内情况的毒代动力和代谢模型系统。

（2）需要建立并且验证化妆品检测中基于靶细胞基础上的新检测方法，必须依赖可信的体内试验数据新方法才可以确立，但这些靶细胞的数据目前还不存在。

（3）各实验室需要交流在这个领域的研究。

（4）实验室和/或组织机构应进行合作共同进行这些项目研究。关于减少动物使用的问题，需要对现行使用的体内方法指南的适用范围和相互关系进一步确定，如果在这个方面能够得以改进，在遗传毒性检测中将使动物使用实质性减少。

（邱　璐　程树军）

参考文献

国家环境保护总局．化学品测试方法．北京：中国环境科学出版社，2004：640～717

彭双清，郝卫东，伍一军．毒理学替代法．北京：军事医学科学出版社，2009

周宗灿．毒理学教程．第3版．北京：北京大学医学出版社，2006

Aardema M, MacGregor JT. Toxicology and genetic toxicology in the new era of "toxicogenomics": impact of "omics" technologies. Mutat Res, 2002, 13～25

Aaron CS, Bolcsfold G, Glatt HR, et al. Mammalian Cell Gene Mutation Assays Working Group Report. Report of the International Workshop on Standardisation of Genotoxicity Test Procedures. Mutat. Res., 1994, 312: 235～239

Ames BN, Mccann J, Yamasaki E. Methods for Detecting Carcinogens and Mutagens with the Salmonella/Mammalian-Microsome Mutagenicity Test. Mutation Res, 1975, 31: 347～364

Anderson D, Plewa MJ. The international "Comet assay workshop". Mutagenesis, 1998, 13: 67～73

Casciano DA. Development and utilization of primary hepatocyte culture systems to evaluate metabolism, DNA binding, and DNA repair of xenobiotics. Drug Metab Rev. 2000, 32(1): 1～13

Eskes C, Zuang V. Alternative (non-animal) method for cosmetics testing: current status and future prospects. ATLA, 2005, 33: suppl, 147～175

Garriott ML, Phelps JB, Hoffman WP. A protocol for the in vitro micronucleus test. I. Contributions to the development of a protocol suitable for regulatory submissions from an examination of 16 chemicals with different mechanisms of action and different levels of activity. Mutat Res. 2002, 27: 517(1～2): 123～134

Hagmar L, Stromberg U, Tinnerberg H, et al. The usefulness of cytogenetic biomarkers as intermediate endpoints in carcinogenesis. Int J Hyg Environ Health, 2001, 204(1): 43～47

Hartmann A, Agurell E, Beevers C, et al. Recommendations for conducting the *in vivo* alkaline Comet assay. Mutagenesis, 2003, 18(1): 45～51

Kirkland DS, Pfuhler D, Tweats M, et al. How to reduce false positive results with in vitro genotoxicity testing and avoid unnecessary follow-up animal tests: Report of an ECVAM Workshop. Mutat. Res., 2007, 628: 31～55

Kirsch-Volders M, Sofuni T, Aardema M, et al. Report from the in vitro micronucleus assay working group. Mutat. Res, 2003, 540: 153～163

Müller L, Kikuchi Y, Probst G, et al. ICH-harmonised guidances on genotoxicity testing of pharmaceuticals: evolution, reasoning and impact. Mutat Res., 1999, 436: 195～225

Meintieres S, Biola A, Pallardy M, et al. Apoptosis can be a confusing factor *in vitin* clastogenic assays. Mut agenesis., 16(3): 243～50. Erratum in: Mutagenesis, 2001, 16(5): 453

Meintieres S, Biola A, Pallardy M, et al. Using CTLL-2 and CTLL-2 bcl2 cells to avoid interference by apoptosis in the *in vitro* micronucleus test, Environ Mol Mutagen, 2003, 41(1): 14～27

Pennie WA. Use of cDNA microarray to probe and understand the toxicological consequences of altered gene expression. Toxicol Lett, 2000, 112/113: 473～477

Phelps JB, Hoffman WP, Garriott, et al. Relative percent cell survival and positive response in the *in vitro* micronucleus test. Mutat Res, 2003, 537: 115～116

Rockett JC, Dix DJ. Application of DNA arrays to toxicology. Environ Health perspect, 1999, 107: 681～685

Russo A. *In vivo* cytogenetics: mammalian germ cells. Mutat Res, 2000, 455(1～2): 167～189

Scott D, Galloway SM, Marshall RR, et al. Genotoxicity under Extreme Culture Conditions. A report from ICPEMC Task Group 9. Mutat. Res, 1991, 257: 147～204

Tice RR, Agurell E, Anderson D, et al. The single cell gel / comet assay: Guidelines for *in vitro* and *in vivo* genetic toxicology testing. Environm. Mol. Mutagen, 2000, 35: 206～221

Torous DK, Hall NE, Murante FG, et al. Comparative scoring of micronucleated reticulocytes in rat peripheral blood by flow cytometry and microscopy. Toxicol. Sci, 2003, 74 (2): 309～314

Van Pelt FN, Haring RM, Weterings PJ, et al. Micronucleus formation in cultured human keratinocytes following exposure to mitomycin C and cyclophosphamide. Mutat Res, 1991, 252: 45～50

Woods JA, Traynor NJ, Brancaleon L, Moseley H. The effect of Photofrin on DNA strand breaks and base oxication in HaCaT keratinocytes: A Comet assay study. Photochemistry and Photobiology, 2004, 79(1): 105～113

第 15 章　重复染毒毒性试验及替代方法

Chapter 15　Repeat Dose Toxicity Test and Alternative Methods

第 1 节　概　　述

在大多数情况下，人类对生活和生产环境中的化学物接触水平均较低，不致发生急性中毒，但却可能在长期反复接触中发生中毒。有些化学物没有急性毒性或急性毒性极低，却有亚慢性或慢性毒性。因此，查明化学物长期反复接触后产生的毒性是保障人群免于化学物污染危害的关键。

一、重复剂量毒性试验的概念

根据接触毒物的时间长短，可将产生的一般毒性作用分为急性、亚急性、亚慢性和慢性毒性。相应地，毒理学动物试验按染毒期限可分为 4 种，即急性、亚急性、亚慢性和慢性毒性试验，后 3 种可统称为重复染毒毒性试验。其中亚急性毒性（subacute toxicity）亦称短期毒性，是指在相当于实验动物生命期的 1/10 时间内连续接触外源化学物所产生的中毒效应。亚慢性毒性（subchronic toxiciy）是指实验动物或人连续较长期接触外源化学物所产生的中毒效应。所谓“较长期”是相对于急性、慢性毒性而言，并没有统一的、严格的时间界限，通常为 1～6 个月。

实际工作中，毒物的一般毒性作用观察是毒理学的经常性工作，能够进入人类生态环境和人密切接触的物质，特别是新化学物，均需对其进行一般毒性作用的观察和评价，如新的食品、药品、农药、工业化学品等。化学毒物一般毒性作用的研究对防治外源化学物所致急慢性中毒、毒理学安全性评价和危险度评定、制订卫生标准以及管理毒理学的决策方面均具有十分重要的意义。

二、重复染毒毒性试验的目的

（1）确定受试物重复染毒毒性的效应谱，对在急性毒性试验中发现的毒作用提供新的信息，并发现在急性毒性试验中未发现的毒作用。

（2）研究受试物重复染毒毒作用的靶器官。

（3）研究受试物重复染毒毒性剂量-反应（效应）关系，确定其观察到有害作用的最低剂量（LOAEL）和未观察到有害作用的剂量（NOAEL），提出人类接触的安全限量参考值。

（4）研究受试物重复染毒毒性损害的可逆性。

（5）亚急（慢）性毒性试验为慢性毒性试验的剂量设计及观察指标选择提供依据。

（6）确定不同动物物种对受试物重复染毒和其他毒效应的差异，为受试物毒性机制研究和将研究结果外推到人提供依据。

三、法规和试验方法要求

根据 OECD 试验指南，2～4 周重复染毒毒性（亚急性毒性通常）包括 3 项：①OECD407：啮齿类动物 28 天经口重复染毒毒性；②OECD TG410：经皮肤重复染毒毒性(21 天或 28 天);③OECD TG412:重复吸入毒性(28 天或 14 天)。亚慢性毒性研究包括 5 项:①OECD TG408:啮齿类动物 90 天经口重复染毒毒性研究;②OECD TG 409:非啮齿类动物 90 天经口重复染毒毒性研究;③OECD TG 411:经皮肤亚慢性毒性(90 天);④OECD TG 413:亚慢性吸入毒性(90 天);⑤OECD TG452:慢性毒性研究。为体现近年来 3R 的成果,2009 年,OECD 对亚慢性毒性试验进行了修订。

四、毒效应谱

重复染毒毒性可观察到多种变化,称为毒效应谱(spectrum of toxic effects),可以表现为临床症状(如体重和食物消耗减少)、临床生化和血液学指标异常、靶器官组织病理学变化。这些变化的发生及严重程度取决于许多因素,如化学物的理化特性和动力学、动物暴露水平(频率和途径)、动物反应能力等。这些反应也可能包括诱发酶的变化(适应性变化)和 DNA 修复(保护性修复)。毒性作用可能是短暂、可逆或不可逆的,严重或不严重的(适应性反应)。这些毒性效应反映了细胞活动的紊乱,进而以不同的方式影响更多的细胞类型、器官和系统,这与化学物的固有毒性、代谢途径和物种特异性有关。总之,最终可能影响到全身各系统,包括神经、内分泌、血管、免疫、生殖和胃肠道系统。细胞的损伤可能最终导致细胞死亡。许多毒性物质化学结构是稳定的,但通过对体内生化或生理稳态机制的干扰而产生特征性的效应,包括干扰正常受体-配体相互作用(如二乙基己烯雌酚干扰激素受体)、干扰膜功能(如 DDT 影响离子流动)、干扰细胞能量产生(如 CO 影响氧输送)、与生物分子结合(如臭氧)和脂质过氧化,氧化应激(如对乙酰氨基酚损耗 GSH)、干扰钙稳态(如某些杀真菌剂干扰细胞骨架)、选择性细胞致死(如出生缺陷和沙利度胺)、体细胞非致死性遗传损害(诱发肿瘤,如 *N*-二乙基亚硝胺和苯巴比妥)。外源化学物对稳态机制的干扰最先引起细胞功能的改变,可能最终影响到病变细胞、受累组织或整个器官,如由对乙酰氨基酚引起的肝衰竭、由沙利度胺引起的四肢缺陷。

因此,充分了解外源化学物的生物化学特性、分子作用模式和作用位点是至关重要的。有害物质暴露后无论产生何种形式的细胞毒性损害结果,在其所属组织、器官或机体的功能明显削弱之前,细胞数量出现代偿的能力差异很大。有些细胞类型如肾和肝的上皮由损伤导致的再生能力很强;神经元等组织则不能再生;有些器官如肝、肺和肾具有强大的功能储备,甚至出现细胞大面积死亡的情况下仍能维持正常功能。除了导致细胞死亡、破坏细胞正常分裂功能以外,外源化学物还可能对所影响器官造成长期的有害后果。总之,体内慢性暴露外源化学物的结果是包括分子细胞、器官和系统各个层次在内的复杂的过程。面对如此复杂的毒性作用谱,开发体外非动物的方法极具挑战性。

五、替代方法开发现状

目前,还没有被认可的重复染毒毒性的动物实验替代方法。采用体外模型进行慢性毒性评价的主要障碍是:①缺少合适的体外系统模拟所有可能的体内作用结果;②体外系统不能获得 NOAEL,而后者是传统风险评估的出发点;③不可能用细胞培养系统解释动力学和生物转化过程。尽管存在这些局限,但是在近 10 多年来,在欧美公众动物保护潮流冲击下和经济因素影响下,已经开发的体外系统至少能部分实现对体内重复剂量毒性的预测。这些方法作为筛选工具,可使用更少的实验动物、消耗更少量的供试化学品,加速试验研发过程。目前,在重复剂量毒性研究领域完全替代动物使用仍是科学和技术的巨大挑战。多中心的研究计划在“ERGATT/CFN”综合毒性试验项目中(ECITTS)显示出令人鼓舞的成果,如采用体外神经毒性试验方法组合、用于化学品神经系统效应的风险评估、动力学模拟和QSARs等。体外方法的进展包括体外毒性测试的敏感终点的整合、动力学模拟、暴露评估,从而得出风险评估的边缘安全性(margin-of-safety,MOS)。

第2节 重复染毒毒性动物试验方法

急性毒性试验主要是研究外源化学物急性毒作用的特征和上限参数,即 LD_{50},并据此进行急性毒性分级。由于人体接触外源化学物往往是长期且反复的,仅仅利用急性毒性试验的资料难以预测长期反复接触产生的毒性。这是因为:①外源化学物在长期重复染毒时可产生与急性毒性试验完全不同的毒作用,如苯急性中毒引起中枢神经系统抑制,而长期反复接触可引起粒细胞缺乏及白血病;②随着动物的衰老,有些因素如组织易感性改变、代谢和生理功能的改变以及自发性疾病等均可影响毒作用的性质和程度;③某些重要的疾病如心脏病、亚慢性肾衰竭、肿瘤等均与年龄的增长有关。因此,进一步研究长期反复接触外源化学物产生的毒性是很有必要的。

慢性毒性试验代表了人长期反复染毒这种暴露特征的毒性试验方法。由于慢性毒性试验耗费大量的人力、物力和时间,亚急性、亚慢性毒性试验就具有预筛试验的性质。当外源化学物在亚急性、亚慢性毒性试验中有严重的毒作用时,此受试物就应考虑放弃,只有在必要时才进行慢性毒性试验。Parkinson 等(1995 年)对 117 种药品狗亚慢性(90 天)和慢性(24 个月)毒性试验结果与大鼠(短期或长期毒性试验)的结果比较,几乎没有发现新的毒性资料。因此,认为动物毒性试验长于 6 个月是没有必要的,除非是研究致癌作用。其他研究报告也认为大鼠 90 天毒性试验即可确定受试物的未观察到有害作用水平(no-observed-adverse-effect-level,NOAEL)。尽管还有争论,亚慢性毒性试验(特别是 90 天亚慢性试验)已成为比较常用的重复染毒毒性试验。

一、实验动物选择

亚慢性和慢性毒性试验一般选择两种实验动物:啮齿类和非啮齿类,常用大鼠和犬,大鼠品系常用 Wistar 或 SD,犬常用 Beagle 犬,有时用灵长类动物。选择两种实验动物的目的是为了降低外源化学物对不同物种动物的毒作用特点不同所造成的将实验结果外推到人的偏差。在经皮毒性试验时,也可考虑用兔或豚鼠。一般要求选用两种性别,雌雄各半。特殊情况下如研究某种受试物的性腺毒性或生殖毒性,也可选用单性别动物。大鼠6～8周龄(体重 80～100g)。同组动物体重相差不应超过平均体重的 10%,组间平均体重不超过 5%。啮齿类每组每一性别动物数10～20 只,非啮齿类每组每一性别 6～8 只。若试验设计要求在试验中期处死部分动物,则每组动物数量还应增加。

亚急(慢)性毒性试验周期相对较长,观察指标较多,实验动物的质量、喂饲条件和试验环境明显影响受试物的毒性反应。应尽可能使用高等级实验动物,在符合国家实验动物标准的试验环境中进行。

二、染毒方法

(一) 染毒期限

对不同的试验动物同样的染毒期限其意义不同,见表 15-1。啮齿类通常至少进行6 个月,非啮齿类 9～12 个月,或至少 1 年。

表 15-1　动物研究期限相当于寿命期(%)和人染毒的时间

物种	研究期限(月)相当于寿命期(%)					研究期限(月)相当于人寿命(月)				
	1	3	6	12	24	1	3	6	12	24
大鼠	4.1	12.0	25.0	49.0	99.0	34	101	202	404	808
兔	1.4	4.5	9.0	18.0	36.0	12	36	72	145	289
狗	0.82	2.5	4.9	9.8	20.0	6.5	20	40	81	162
猪	0.82	2.5	4.9	9.8	20.0	6.5	20	40	81	162
猴	0.55	1.6	3.3	6.6	13.0	4.5	13	27	61	107

亚急(慢)性毒性实验的期限应依受试物的具体要求和实验动物的物种而定,工业毒理学要求 6 个月,环境毒理学和食品毒理学要求 1 年以上,OECD 要求慢性毒性试验大鼠染毒期限至少 1 年。在药物临床前毒性研究中,毒性试验的期限主要取决于临床拟用药的期限(表 15-2)。

表 15-2　临床前研究动物毒性试验的期限

临床用药时间	动物染毒期限
最多 3 次	2 周
10 天	1 个月
1 个月	3 个月
未限制	1 年(美国),6 个月(欧洲及日本)

(二) 染毒途径

染毒途径的选择主要考虑两点:一是应当尽量选择和人类接触途径相似的方式;二是应当与预期进行的慢性毒作用研究的接触途径相一致。亚急(慢)性毒性试验常用经胃肠道、经呼吸道、经皮肤染毒 3 种途径,药物临床前毒性试验中动物染毒途径应尽可能与人的用药途径一致。经胃肠道染毒毒物最好采用喂饲法,即将受试物与食物或饮水混匀,使实验动物自然摄入。但应提供受试物在饲料中混合均匀性、稳定性等方面的资料和措施,否则易影响试验结果。如果受试化学物质有异味或易水解时,也可以用灌胃方式染毒。应注意对挥发性受试物及饲料粉尘的影响,尽量减少实验人员及动物受污染的危险性。当用狗或猴进行长期实验时,通常采用胶囊或插胃管染毒,以避免浪费。实验中如出现失误,应如实记录,以利于试验结果的准确评价。

经呼吸道吸入染毒每天吸入时间依实验要求而定,亚急(慢)性毒性研究在工业毒理学可为 1～4h,环境毒理学可为 4～6h。凡需要在吸入期间喂食、喂水时,要注意防止受试化学物质污染食物、饮水及食具。

经注射染毒,犬静脉注射比较易行、常用。大鼠反复长期的静脉注射十分困难,即使有熟练的技术人员也是难以进行的。可用其他注射途径代替,如腹腔注射。尽管大鼠有较强的抗感染能力,但长期反复腹腔注射仍应注意无菌操作。

经皮染毒的去毛部位面积一般不大于动物体表总面积的 10%～15%,大鼠约为 20～50cm^2,每次染毒 4～6h,应防止动物舔食。

为保证受试物在动物体内浓度的稳定,每天应在相同的时间及实验条件下染毒。一般在每日上午进行,给药后喂食。每周至少染毒 6～7 天,有研究表明,相同毒物在相同剂量的情况下,每周 5 天染毒与 7 天染毒的毒性反应是不一致的。

必须每周或每 2 周调整饲料中受试物的浓度以维持恒定的剂量水平,因为单位体重的饲料消耗量随动物年龄的增长而下降。例如,在啮齿类试验中,从离乳到成年过程中饲料中受试物浓度保持恒定不变,整个实验过程中的染毒剂量约减少至 40%。这会影响毒性反应的严重程度，并可能做出有耐受性的错误判断。

（三）试验分组和剂量设计

在亚急（慢）性毒性试验中，为了要得出明确的剂量-反应关系，一般至少应设 3 个剂量组和 1 个阴性（溶剂）对照组。高剂量组应能引起较为明显的毒性，中剂量组应该为观察到有害作用的最低剂量（low-observed adverse-effect-level，LOAEL），低剂量组应相当于未观察到有害作用剂量（NOAEL）。亚急性毒性试验高剂量的选择，可以参考两个数值：一种是以急性毒性的阈剂量为该受试物的亚急性毒作用的最高剂量，另一种是取受试物 LD_{50} 的 1/20～1/5 为最高剂量。高、中、低 3 个剂量间组距以 3～10 倍为宜，最低不小于 2 倍。亚慢性毒性试验剂量选择：高剂量可以选择亚急性毒效应的 NOAEL 或其 1/5～1/2 为亚慢性毒性研究的最高剂量；各剂量组间距以差 2～5 倍为宜，最低不小于 2 倍。亚慢性毒性试验剂量间距应小于亚急性毒性试验。剂量选择的一般步骤是从急性（单剂量）毒性试验→14 天毒性试验→90 天毒性试验的程序，直接从急性毒性资料来确定亚慢性毒性试验的剂量经常有困难，可能高估或低估受试物的亚慢性毒性。如对剂量选择没有把握，则可在某项试验中多设几个剂量组，这要比重复整个试验费用低得多。同时，如有性别差异，不同性别可选择不同的剂量。

对于药物而言，可用人拟用剂量的倍数来设计试验剂量，亚急性毒性试验大鼠可用人拟用剂量 10、30、100 倍，非啮齿类可用 5、15、50 倍；亚慢性毒性试验大鼠可用人拟用剂量 5、15、50 倍，非啮齿类可用 3、9、30 倍。ICH 对于药品亚慢性毒性和致癌性研究的最高剂量已取得一致的意见，但对于农药、工业化学品、食品添加剂和其他非药用化学物试验剂量的选择还有争论。美国 ILSI 风险科学研究所是由代表美国、加拿大、欧洲和日本的科学界、工业及政府的科学家组成的关于啮齿类亚慢性毒性试验剂量选择工作组，该工作组（1997）鼓励不再唯一依照最大耐受量（maximal Tolerance Dose，MTD）原则（MTD 主要由体重和组织病理学来确定），并提出选择最高剂量和较低剂量的以下 5 个原则：

（1）根据毒理学原理，亚慢性毒性试验剂量选择应使亚慢性毒性试验的敏感性增加到最大程度。在合理的剂量范围内，提高剂量可能增加检测毒效应的能力。

（2）在选择剂量时，应考虑适当的试验设计、作用机制及其他有关的资料。

（3）中、低剂量的选择不应该仅按最高剂量的某个固定的比例，而应考虑毒性作用的机制和模式、毒性动力学以及下述的其他因素，而且中、低剂量的选择应尽可能显示剂量-反应曲线的形状，并且考虑人体的暴露水平。

（4）选择剂量时应考虑之前进行的各项研究所评价的终点如组织病理学、毒动学、细胞增殖和凋亡、生理功能、临床化学、血液学和尿分析、器官重量、体重等。

（5）应考虑理化因素、生物利用度、在饲料或饮水中的适口性等。

三、毒效应终点

亚急（慢）性毒性试验过程中必须对染毒后的实验动物进行全面、系统、深入的观察检测，检查的时间包括试验过程中、染毒结束时，必要时还需在染毒前和染毒结束后的恢复期做检查。合理地选择观察指标并采用灵敏、精确的检测方法是正确评价化学毒物对机体毒效应的关键。一般来说，亚急（慢）性毒性试验选择的指标应比较广泛，具有筛选性。观察指标和测试项目一般根据前期试验（急性试验、蓄积试验等）提供的数据，以及参考有关文献资料或已有的同系物毒性资料进行选择。检查的项目包括一般性指标、实验室指标、系统尸解和组织病理学检查、其他特殊指标检查。外来化学物亚急(慢)性毒作用研究对毒性效应检测流程图见图 15-1。

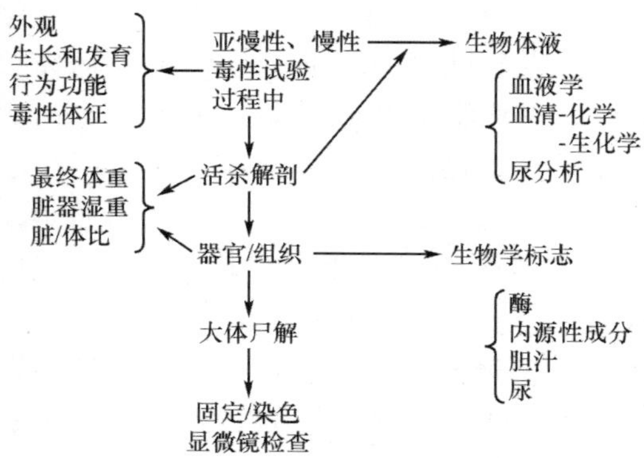

图 15-1　亚急性、亚慢性毒性试验检测各种毒性终点的流程图

(一) 一般性指标

在实验过程中，应仔细观察动物的外观(体表通道和毛色等)、社会行为(躁动、冷漠、探究活动)、刺激性(好斗等)及对周围环境、食物、水的兴趣，这些信息如单独一项无太多的意义，但结合起来就有可能揭示出未观察到毒性症状前的潜在毒性效应。

在亚急(慢)性毒性研究中，动物体重是一个比较重要且比较敏感的指标，反映了受试物对实验动物的生长发育及一般状态的影响。与对照组处于相同的喂饲条件下，如果受试组动物体重增长比对照组低 10%，就可以认为是由受试化学物所引起的毒效应。如果各剂量组体重增长改变有剂量-反应关系，就可以肯定这是一种综合毒性效应。一般在亚急性毒性试验应每周测体重 1 次；对亚慢性毒性试验，最初 13 周每周测体重 1 次，以后如动物健康状况无明显改变可每 2 周测体重 1 次。

对各剂量组和对照组动物同期体重的统计和比较可有多种方式，可以用体重直接统计，也可用体重的增长重量或用体重百分增长率(以染毒开始时体重为 100%)进行统计。

除体重外，还应记录动物的饲料消耗，并计算食物利用率(实验动物每食入 100g 饲料所增长的体重(g))。比较各染毒组与对照组实验动物的食物利用率，有助于分析受试物对实验动物的生物学效应。食物利用率可用于鉴别啮齿类动物体重降低或增长减缓是由于受试物不适口还是真正的毒作用。

(二) 实验室检查

在亚慢性毒性试验中，必须评价受试物对各器官系统的功能影响。血、尿等体液的实验室检查的目的是发现受试物所致的器官功能紊乱。重点是评价解毒和排泄器官(即肝和肾)，因为这两个器官受试物的浓度较高，另一个重要的靶器官是血液。

血液学检查包括红细胞计数、血红蛋白含量、白细胞计数及分类、血小板计数、凝血时间等。

血液生化检查主要为血清天冬氨酸氨基转移酶(AST)、丙氨酸氨基转移酶(ALT)、碱性磷酸酶(ALP)、尿素氮、肌酐、总蛋白、白蛋白、血糖、总胆固醇、总胆红素等。其中大部分血清酶类都没有组织特异性，但在肝细胞胞浆中水平较高。正常情况下，血清中只检测到低水平的这些酶(如 AST，ALT)；在某些毒物的作用下，肝细胞膜的完整性受到破坏，这些酶进入血液，几小时内能升高 5～10 倍。血清酶类检测对于其他靶器官毒性的敏感性均不如肝脏，一方面是因为在其他靶器官中这些酶存在的水平较低；另一方面，毒物对肝脏的影响常掩盖其他靶器官的毒性效应。临床化学指标与器官系统功能关系如下：①心脏：肌酸激酶及其同工酶、乳酸脱氢酶(LDH)及其同工酶；②肝：丙氨酸氨基转移酶(ALT)、清蛋白、碱性磷酸酶(ALP)、天冬氨酸氨基转移酶(AST)、γ-谷氨酰转肽酶(GGT)、LDH、山梨醇脱氢酶、总蛋白;③肾:清蛋白、氯、肌酐(尿和血清)、葡萄糖、钾、蛋白(尿和血清)、钠、尿素氮;④胰:淀粉酶、葡萄糖、脂酶、钙;⑤骨:ALP、钙、磷、尿酸;⑥其他:胆固醇(饲料和肝)、三酰甘油(饲料和肝)、高密度脂蛋白胆固醇、脂蛋白、葡萄糖、胆碱酯酶。单个参数的变化很少有生物学意义,因为这些参数常常是相互有关的,应注意研究预期的参数变化谱。

实际操作中不影响实验动物生理功能的最大取血量为其总血量的10%;总血量约为50ml/kg,故0.3kg的大鼠约有15 ml血液,一次取血量不应超过1.5ml。

尿液检查包括外观、pH、蛋白、糖、潜血(半定量)和沉淀物镜检等,可提供与毒物有关的中间代谢产物及靶器官毒性的证据。

用大鼠作为实验动物,亚急性毒性试验一般在试验结束时进行实验室检查,必要时可在染毒期间测定1次;亚慢性毒性试验则在实验开始后每隔6个月(各剂量组雌雄部分大鼠)及结束时(全部)各检查1次。用狗作为实验动物,应在染毒前、染毒期间、染毒结束时进行实验室检查。必要时应留部分实验动物在恢复期后再进行实验室检查。如已了解受试物毒作用的靶器官,可适当对该器官进行生理功能的测定,但不作为常规试验。

(三)解剖检查

试验结束,活杀实验动物。采血进行上述实验室检查,并系统解剖,测定脏器重量,进行肉眼和病理学检查。濒死的动物应及时解剖。

1. 脏器湿重和脏器系数 一般称取心、肝、脾、肺、肾、肾上腺、睾丸、脑等脏器湿重,并计算其脏器系数。脏器系数或称脏体比值指单位体重(通常以100g体重或克体重计)与某个脏器的比值,如肝/体比是(全肝湿重/体重)×100%。这个指标的意义在于实验动物随着年龄(体重)的增长,在不同年龄期各脏器与体重之间重量比值均有一定的规律,如果和对照组比较出现显著性差异,则有可能是受试物毒作用的结果。脏器系数增加可能是由于充血、水肿、增生或肿瘤等;脏器系数降低可能是由于坏死、萎缩等。如果受试物能明显阻碍实验动物体重增长而对脏器无明显毒性效应时,也会出现脏器系数增加。故当实验动物体重明显受到影响时,应同时比较各剂量组与对照组动物各脏器的绝对湿重,以排除可能出现的假象。

2. 病理学检查 病理学检查是实验毒理学的基础,对各器官的肉眼和显微镜检查是为了得到受试物毒性效应的形态学证据。功能状态的改变应与其相应的形态学改变相联系,以适当评价其毒理学意义。确定受试物的安全性,最终的依据通常是靠病理组织学检查。

所有的试验动物,包括试验过程中死亡的动物都应进行完整的系统解剖和仔细的肉眼观察。肉眼可见的损伤或可疑损伤部位都应采样固定,做进一步组织学检查。对照组和高剂量组动物以及系统解剖时发现的异常组织均需做详细的组织学检查。其他剂量组一般仅在高剂量有异常发现时进行。检查脏器一般包括脑、心、肝、脾、肺、肾、肾上腺、睾丸、卵巢等。在亚慢性毒性试验中,组织病理学检查包括的器官可多达20种以上。除规定应检查的组织脏器,有些情况下也可保留其他的组织进行特殊染色,必要时进行电镜观察、组织化学、定量形态学分析等。

应评价器官组织病理改变的性质和发生率。病理组织学损害程度进行半定量评价将易于判断损害是否由于受试物诱发的损害及是否随染毒剂量和时间增加而严重。从理论上讲,所有的显微镜检查都应盲法进行，即病理学家不知该组织切片来自哪个组织哪只动物。实际上要做到这一点较困难，且经常会降低评价的质量，了解有关的试验资料更有助于评价各种效应的相关性、严重性、时间性及特殊毒性可能的作用机制，而盲法分析可用于就某种特定的发现进行评价和探讨。

总之，上述几类指标中临床观察可寻找早期临床体征，对血液和尿标本的分析可评价器官系统的功能，尸解和组织病理学检查是为了得到毒理学损害的形态学证据，应综合起来评价受试物的毒性效应。

（四）特异性指标（生物学标志）

所谓特异性指标是反映外源化学物对机体毒作用本质的特征性指标，并常与其毒作用机制有关。实际上特异性指标就是生物学标志（主要是效应标志）。重复染毒毒性试验中利用生物学标志技术对研究外源化学物对人体的毒作用具有重要的意义，见第 5 章。

（五）数据处理和结果分析

重复染毒毒性试验的所有的定量数据，应按组别（必要时还按性别）以均数±标准差表示，并注明其单位。根据数据的性质及其统计学分布，选择适当的统计学方法，进行各剂量组与阴性对照组的比较，以说明剂量-反应关系。有些化学物在染毒早期可引起机体某些脏器出现代偿性现象或某些酶出现诱导性活力改变而呈一过性变化，对此应注意分析是否为损害作用。

在结果分析时要综合考虑统计学意义和生物学意义，特别是结合剂量-反应关系来考虑，才可能得到客观可靠的结论。染毒组某些参数如红细胞、白细胞、血小板计数、尿量等与阴性对照组比较很可能有统计学意义，但如在正常范围内则无实际生物学意义。相反，有时虽无统计学意义，如网织红细胞数如有增高趋势，则应重视受试物对红细胞系的作用或引起溶血的可能性，不能因无统计学意义而忽略其可能的毒性。

（六）重复染毒毒性作用评价

对亚急性毒性进行评价时，应包括 3 个步骤：①明确化学物质的毒效应：通过全面观察、准确检测和综合分析，对接触化学毒物的个体和群体出现与对照组相比有统计学差异的有害效应以及剂量-反应关系或剂量-效应关系做出判断，确定机体出现的各种有害效应；②根据在试验早期和最低剂量组出现有统计学意义的指标变化，确定毒效应的敏感指标，并依据指标出现变化的情况来确定最小有作用量（minimal effective dose，MED）阈剂量或最大无作用剂量；③根据阈剂量或最大无作用剂量，对化学毒物的亚急性毒性做出评价。

亚慢性毒性评价的原则、内容与亚急性毒性评价基本相同。根据毒作用的敏感指标，确定亚慢性阈剂量或最大无作用剂量以及亚慢性毒作用带，依据表 15-3 进行评价。

表 15-3　化学物危险性分级标准

分级	急性作用危险性			亚慢性作用危险性		
	Iac	Limac	Zac	Ich	Limac	Zch
低度危险	<3	1.0～	54～	0～	0.1～	<2.5
中等危险	3～	0.1～	18～	10～	0.01～	2.5～
高度危险	30	0.01～	6～	100～	0.001～	5.0～
极度危险	300～	0.001～	<6	1000～	<0.001	10.0～

总之，在重复染毒毒性评价过程中，必须对整个试验期间的全部观察和检测结果，包括恢复期的观察和检测结果，进行全面的综合分析，结合化学毒物的理化性质、化学结构，应用生物学和医学的基本理论进行科学的评价，为阐明化学毒物的重复染毒毒作用性质、特点、毒作用类型、主要靶器官及中毒机制提供参考。

（七）重复染毒毒性试验的注意事项

亚慢性毒性试验有不少特殊性，如实验时间较长、试验过程中动物容易发生自发性疾病而干扰实验结果、实验人员操作错误出现的可能性较大、检测仪器和试剂的变化不易控制。长期低剂量染毒，实验动物处在不断损伤、不断适应和恢复的过程中，观察指标的变化程度较小，变化规律复杂。重复染毒毒性试验通常和终生致癌试验合并进行，观察指标多，毒性反应观察终点复杂。总之，影响亚慢性毒性试验结果的客观和主观因素繁杂，在试验中应充分注意以下几点：

1. 试验动物环境的要求 试验动物的饲养和试验环境规范化十分重要。如用大鼠进行毒性试验必须在符合国家实验动物标准的屏障环境中进行。相对于设施的硬件条件来说，实验室的管理和严密维护更重要。相对于屏障系统静态的达标来说，动态试验过程中的稳定规范运行更有意义。保持试验动物屏障设施在试验期间一直稳定有效规范地工作是亚慢性毒性试验正常开展的基本要求。

2. 检测条件的控制 重复染毒毒性试验在试验前、试验过程中和结束时有可能要多次检测，这就不仅要求所有检测仪器和辅助条件在短期内的准确可靠，而且要长期稳定可比。实验室应实施严格的质量控制。从仪器设备、试剂的选购、安装、保管、维护、校正，到检测方法、样品处理等的标准操作规程(SOP)制定，经常性的室间和室内质控、操作人员的培训等均纳入科学的管理之中。

3. 实验过程的观察与记录 重视试验前和对照组的检测，动态、密切地观察检测试验全过程各项指标的变化。在试验前尽可能多的获取检测数据，剔除个体差异过大的动物，使实验对象保持齐同，为最后结果的比较、评价和毒性结论的判断提供良好基础。染毒期间动态检测，在原先设定的检测外根据毒性反应情况可增加观察的频度和范围。在试验过程中濒死或死亡动物，要注意提前采集生物材料进行检查。

总之，亚慢性毒性试验应在 GLP 规范下进行，在试验全过程中贯彻和执行 GLP 的要求。

第 3 节 重复染毒毒性的体外评价策略

一、靶器官毒性评价

文献报道了许多靶器官毒性的体外模型，这些体外模型在评估毒性的种属差异、特殊化学物的毒性分类等方面起到重要作用。体外模型可采用无细胞系统(如蛋白)、细胞系统、组织和器官系统等，见第 6 章。用活性细胞检测外源物质急性毒性效应的体外模型已经建立，见第 7 章。这些方法也常用于指示靶器官特异性毒性的体外试验方法。体外实验研究的重点应是关注那些参与吸收和代谢的器官的培养，或参与母体化合物和/或其代谢物聚集的器官的培养。随着组织组织技术的发展，目前许多特征明确的体外模型已被开发并应用，上皮系统模型包括皮肤、肠道、肾、肝和呼吸道上皮，间质系统模型包括脂肪组织、平滑肌、心肌、骨骼肌、软骨和骨以及血管内皮，神经外胚层系统的体外模型包括神经元、神经胶质细胞和某些内分泌细胞。10 多年来，更多类似于体内细胞和组织培养物的模型已实现了短期甚至长期培养，如器官型脑切片培养、血脑屏障(BBB)、肠屏障和呼吸道屏障。其中的一些模型还实现了与其生物学相关的“邻居”细胞(皮肤、肝脏、肾、肠、神经元、神经胶质细胞和内皮)的共培养，这些系统可用于毒理学研究中。这些模型中，应用最广泛的是那些能代表参与药物/化学物吸收、代谢和清除的最相关的靶器官的体外模型，包括皮肤、肠道、肝、肾、呼吸道、血液和中枢神经系统(CNS)。皮肤和肠系统分别在第 8 章和第 21 章阐述，肝、肾、呼吸道、血液和 CNS 的体外方法主要在第 16 章阐述。目前应用的靶器官毒性的体外模型见表 15-4。

表 15-4　主要靶器官毒性的体外模型

系统	体外模型
肝	离体灌注肝脏(2～3h)，肝切片(5 天)，分离肝细胞(24h)，胶原夹心培养(15 天)，Ito 细胞和 Ito 细胞/肝细胞共培养(96h)，表达人或动物 P450 酶的基因工程细胞，源于人肝肿瘤的细胞系，持续培养基供给的 HepG2(5 天)，胶原包被的切片培养液持续表面灌注肝细胞单层(2 周)，96 孔板生物反应器
肾	分离灌注肾(4h)，持续培养液供给的肾上皮细胞培养(6 周)
中枢神经系统	离体灌注的器官培养，如脊索、神经节、眼(6h)； 器官型脑切片培养(6 周至 4 月)，再聚集培养(3 月)，大鼠原代神经元细胞培养(7～14 天)，连续神经细胞系(人 SHSY5Y 和小鼠 N-18 神经母细胞瘤细胞系，卫星细胞培养(原代或细胞系如 C6)，小胶质细胞培养小神经胶质细胞培养；
呼吸上皮	离体灌注大鼠和小鼠肺(1h)，肺切片(8h)，商品化的人类呼吸道模型(如 MatTek 公司 EpiAirway™系统)，大鼠Ⅱ型肺泡细胞原代培养
造血系统	启动细胞长期培养(LTC-IC)检测(鼠检测 1 周至 3 个月，人检测 1 周至 2 个月)； 髓细胞性淋巴启动细胞(ML-IC)检测(Myeloid-lymphoid initiating) 人骨髓鹅卵石样区形成细胞(CAFC)检测(4～6 周)； 集落-克隆形成细胞(Blast-CFC)检测(鼠检测 14 天，人检测 28 天)； 克隆形成单位检测(CFU-A)(鼠检测 11 天，人检测 23 天)

二、体外重复染毒毒性评价的策略

ECVAM 提出了分级步骤，将体外模型的结果用于体内解释。如果不产生急性毒性效应，接下来就需要找到使短期处理的细胞不引起可见的急性损伤但最终导致体内慢性效应的标志物。首先是寻找导致细胞功能发生改变的参数，如增生、细胞骨架变化、线粒体损伤等。如未观察到反应，需要研究更为特异的细胞功能变化，如肝细胞的胆酸转运、肾细胞的管型形成、神经元静息和活动的变化。如果这些体外毒性试验的结果仍不能提供毒性效应的足够依据，则需要进行体内实验，见图 15-2。

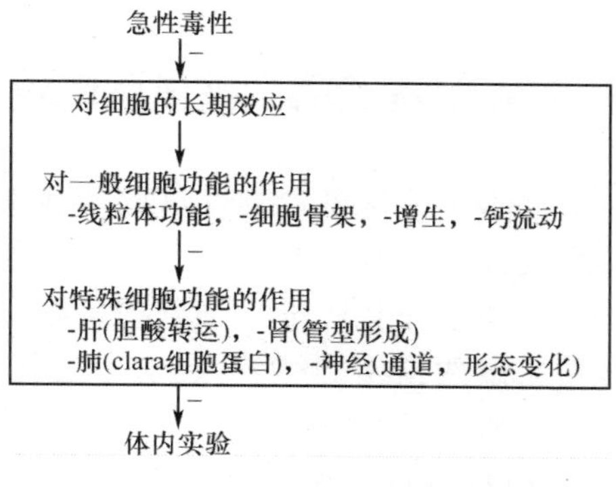

图 15-2　ECVAM 分级步骤流程图

体外模型的开发应当将那些最经常受到毒性影响的组织列为研究重点，如肝、肾、肺、血液、皮肤、生殖系统、内分泌系统、免疫系统、CNS 和骨髓。将这些系统包含在序列试验中。同时考虑化学物的理化特性、动力学和基于生物动力学的生理学(physiologically based biokinetic,PBBK)模型。最终的目的是构建一个尽可能模拟体内反应的体外系统。因此,序列试验中应当包括人类器官型培养物(如脑切片)、特征明确的人和动物细胞系(即对毒物质效应已知)。这些方法中只有少部分有现行有效的方法,有些尚待开发。但是继发效应在体外是难以整合的,如局部和全身的免疫介导的反应。另外还有一些动物特异性的效应,如食物消耗、体重变化、脏器比例和临床症状,也是难以在体外进行检测的。因此,体外试验系统评估的重点是那些与体内复杂效应相关的生物学指标。

采用体外方法预测体内长期毒性效应在技术上是不断发展的过程,重复染毒毒性效应可分为非器官特异性的长期毒性效应和靶器官特异性的长期毒性效应两类。对于前者,分析指标与慢性毒性类似,不同之处是慢性毒性关注的是低剂量的长期效应。对于靶器官特异性的长期效应,采用灌注培养、切片培养或生物反应器培养具有优势,而且随着技术的发展,新的模型的方法将开发并应用。

三、体外重复染毒毒性试验的终点

寻找体外重复染毒毒性试验的相关终点是重复染毒毒性试验最为困难的课题之一,例如,细胞外基质进入细胞内可能导致器官功能慢性损伤的结果,在这一过程中,除了可以观察到产生炎症特征外,还可能导致纤维化(中枢神经系统的神经星形胶质细胞增生)。其原因是多方面的,包括由多种信号介导的细胞变化(如趋化因子、炎性和前炎性细胞因子、各种生长因子)、促有丝分裂剂以及与代谢有关的损伤,如活性氧(ROS)。这些物质的释放通常可因毒性外源物质引起,但只有少数的因子被证明参与了纤维化(或星形胶质细胞增生)硬化的过程。但研究发现,某些化学物(环孢霉素)可诱发上皮向间质细胞横向分化,导致成纤维样细胞出现,从而产生大量胶原和纤维蛋白。因此,寻找新的标志物或毒性作用终点有助于体外模型或检测方法的开发。

四、利用多种"omics"技术寻找新的毒性评价生物标志

"组学"(omics)技术代表了由基因组学(genomics)、蛋白组学(proteomics)、代谢组学(metabonomics)、细胞组学(cytomics)和组学(telomics)组成的新兴技术。基因组学分析细胞暴露于化学物质引起的基因调节和表达的总体变化,这些变化最常用到的基因芯片技术,用于证明与细胞功能相关的基因调节和表达的上调或下调(DNA 直接分析或反转录 RNA 分析)。蛋白组学分析细胞暴露化学物或其他刺激物后发生的总的蛋白的变化,通常要求复杂的细胞分离技术(如二维凝胶色谱分析)和应用模式识别技术。对于未知蛋白,还要用到质谱技术以明确变化的特征。代谢组学主要分析细胞或体液中低分子量成分的整体变化,以发现因化学干预或物理刺激引起的功能性的变化,通常这些复杂的变化是通过模式识别进行评价,结合整体分析方法,如应用质子核磁共振光谱(1H-NMR)、GC-MS 和 LC-MS。细胞组学是将基因组、蛋白组和代谢组与细胞动力学和组织功能联系在一起的细胞水平的分析。细胞组学分析,特别是流式细胞分析技术,能用于与某种特定毒性机制相关的辅助性的功能终点的评价,如膜电位、pH、Na^+、细胞内信号级联。Telomics 运用的是细胞组学技术和其他筛选方法以阐明组织样品、器官型脑切片培养物中神经元损伤和细胞死亡的筛选。

"组学"技术的应用明显提高了化学诱

导的细胞早期变化的测定，这些变化可能作为重复剂量暴露后细胞出现的指示性表征。基于 DNA 阵列的基因组学分析技术，能传递控制蛋白表达的某种基因激活或抑制的早期的信息（可通过蛋白组学技术，如基质辅助激光解析/离子时间飞行质谱[MALDItof]等进行测定），能提供重要的代谢途径或细胞内信号级联，这些变化可能导致培养细胞功能表型的改变。代谢组学技术，如应用质子磁共振光谱、应用质子核磁共振光谱、液相色谱-质谱（LC-MS）、气相色谱-质谱（GC-MS）、HPLC 与 MALDItof 联用技术等方法，可能发现并检测出诱发细胞功能紊乱的新的标志物。

毒性基因组学和毒性蛋白组学的应用通常在相关试验终止后进行，而毒性代谢组学可对过程中材料的收集进行比较，或来自培养上清液，或来自灌注培养物的输出培养液，或者来自活性细胞培养物，可直接采用非侵入的方法，如磁共振波谱技术或高分辨魔角旋转磁共振技术（high resolution magic angle spinning，HRMAS）、质子磁共振（1H-NMR）光谱技术。这些新技术与体外器官型模型的结合使用，可能进一步发现细胞对化学物高度特异和敏感的反应，这些技术的使用应当与其他可能的负反应的指示性标志物结合起来。

图 15-3 详细显示如何将每一种技术获得的信息结合并确定成为不同化合物体内观察到的特定现象的共同的形式或标志物，如毒性基因组学方法与代谢组方法相结合。

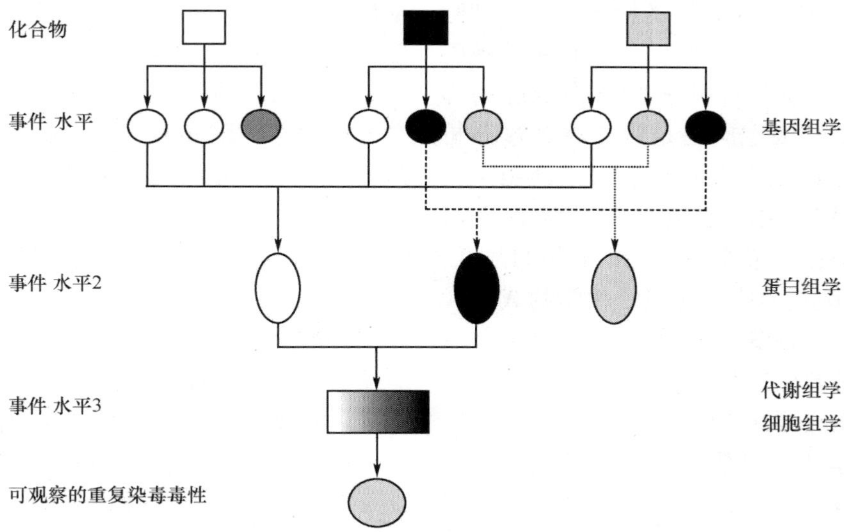

图 15-3　“组学”技术相结合应用于化合物毒性研究（Prieto，2006）

体内短期低剂量的暴露与基因组学相结合对于鉴定体外重复剂量毒性的早期指标是非常有用的，例如，使用体内实验的信息结合“组学”技术可用于鉴定预测慢性毒性的相关标志物。首先从动物实验获得有关基因组学的数据，接着进行微阵列分析和评估候选基因与体内毒性作用机制的相关性，然后对体内与体外实验得出的微阵列的信息进行体外/体内比较，最后将体外人类数据与动物体内数据相比较，最终目的是为了鉴定重复剂量毒性的早期特异性的标志物。

五、预测 NOEL/NOAEL 水平的推荐方法

NOAEL 是未观察到负反应的最低剂

量，NOEL是未诱发任何可检测的负反应的最低剂量水平（与检测终点的敏感性有关）。NOAEL和NOEL的数值受研究方案的影响。细胞培养用于重复剂量毒性研究的主要局限是不能确定NOAEL或NOEL。下面介绍的替代方法——边缘安全性（margin-of-safety，MOS）方法，是测定推算的NOAEL超出测定的或估计的暴露水平多少的一种方法，MOS的大小（>100或<100）反映的是与特定暴露相关性的程度。该方法能提供用于风险评估的相似信息。已开发的体外技术应当被视为测试某种特殊器官毒性和排除某种不可能毒性效应的“过滤器”。MOS方法测定化学物对细胞培养模型的易感终点的毒性效应，并测定“未观察到效应浓度”（no-observed-effect-concentrations，NOECs）。NOECs的测定取决于细胞功能有关的终点的易感性，也与技术的敏感性有关，应当选择体外实验最为敏感的终点。NOEC的测定应当是建立在经过分析后测定的到达靶位点的化学物或其相关代谢产物的浓度（细胞内浓度或细胞周围浓度），而不是加于培养系统的化学物的浓度。此外，用于试验的浓度应当是化学物或其代谢产物测定或预测的人类暴露的浓度，并以其为体外试验的起始浓度，然后浓度逐渐上升直到观察到毒性效应。

利用体外试验系统第一次出现反应的化学物浓度，从真实的靶器官浓度（预测或测定）与细胞内浓度（或细胞外局部浓度）之间的差异，可得出近似MOS值。因此，采用MOS方法可获得数据和有关健康风险与安全性的结论，并与传统动物试验所采用的“安全因子”和以NOAEL为起始外推剂量的方法类似。如果采用推荐的体外试验方法结合动物学和暴露模式，获得的MOS预测值非常大，则在预期人类暴露的情况下，可以肯定化学物对人类的毒性相关性无须关注，动物实验不必进行。如果MOS较小，可能需要进一步动物实验或进行风险管理。这一方法的验证需要结合现代分析化学，运用暴露评估、“组学”技术和模型技术，并将体外研究结果与已有可用的体内数据相比较。现阶段为了确定所选择终点是否与体内情形相关，应当将这一方法首先用于肾、肝和脑的毒性评估中，因为这些系统的体外细胞和组织培养系统比较成熟，而且大量化学物的器官和细胞特异性的神经毒素、肝毒素和肾毒素的体内效应都是已知的，验证设计比较可行。

第4节　替代方法前景预测

目前，由于大量的化学物需要采用传统的亚急（慢）性毒性试验进行研究，因而需要使用大量的动物。人们向往使用基于科学知识的替代方法，这些方法必须考虑到可能引起毒性的各种生物交互作用，还必须在目前的危险毒评估实践中是可预测并且可应用的。

一、替代方法面临的问题

目前亚急（慢）性毒性试验的替代试验方法研究首先要面临以下问题：

（1）如何确定化学物质影响的靶器官？

（2）如何确定剂量-反应关系？

（3）如何选择毒性作用的标志？

（4）如何选择试验的剂量？

（5）替代试验获得的数据如何用于危险度评价？

二、替代方法的局限性

亚急（慢）性毒性试验的替代试验方法的体外模型的使用的主要限制：

（1）缺少合适的体外系统来模仿所有可能的在体内发生的交互作用。

(2) 使用细胞培养系统来说明动力学和生物转换的有限的可能性。

(3) 来源于体内系统测试值(如NOAEL)的难度,这种测试值传统是作为危险度评估起始点使用的。

尽管存在这些限制,已经建立预测体内重复剂量毒性的一些能力的系统,这些系统在制药/化学/农用化学品筛查中具有重要价值。

三、替代方法的目标

亚急(慢)性毒性试验的替代试验方法的近期目标是为了减少动物使用数量。

大量新技术和新方法的应用将使毒理学研究水平更加深入。除上面提到的一些体外细胞检测和转基因动物或基因删除动物模型应用于毒理学研究外,其他新技术包括系列分析法、DNA芯片或DNA微点阵等可同时测定数千个基因的表达,用于观察基因的上调和下调;应用基因分布图能区别特异性或非特异性的细胞损伤;应用络合物形成作用介导的PCR研究DNA损伤和核苷酸水平上的修复;生物标记物在毒理学中的应用显得越来越重要,如特异的DNA和蛋白质加合物用于有效暴露的生物标记。

采用多种方法结合起来评价化学物的毒性将是一个重要趋势,过去20多年应用常规的毒理学方法研究外源性化学物,对于大多数化学物是否获得足够的毒理学信息值得怀疑。考虑到化学物质的暴露对人类健康的影响,这一问题就显得更为突出。由于毒理学试验要消耗大量动物,因此,在毒理学研究中尽量减少动物用量是每一个负责任的毒理学家应该考虑的问题。显然,如果想对如此众多的外源性化学物有一个合理的改变,就应该建立新的、可供选择的、耗费动物少、试验周期较短、花费较少的毒理学研究方法。这些方法应该根据以下标准来衡量:①动物用量减少;②试验周期缩短;③研究化学物在环境中的实际浓度;④利用统计或数学模型;⑤预先进行有效的实验设计;⑥发展管理毒理学等。

目前,用亚急(慢)性毒性试验的替代试验完全替代使用动物代表了一项巨大的科学和科技的挑战。完全替代动物的试验计划此时不具足够的支持力,因此,亚急(慢)性毒性试验的替代试验方法的近期目标只是为了减少动物使用数量。

四、建立重复剂量毒性的试验策略

目前的可用的所有体外替代方法还是集中在对单个靶器官毒性的研究上,应建立重复剂量毒性的试验策略,并将这些方法整合到这个策略中。

(一) 转基因动物在毒理学中的应用

转基因动物是在其基因组中含有外来遗传物质的动物,它被广泛应用于科学研究的各个方面。由于转基因动物集整体、细胞和分子水平于一体,更能体现生命整体研究的效果,因此,这种动物能显示化学物的组织细胞特异毒理学作用,如用于致癌性的研究(见第18章)。

(二) SAR(结构与活性关系)的新型测试规范

利用SAR可以对活性相关性进行量化,称之为QSAR。SAR和QSAR都是成熟可靠的技术,可以用来测定化学结构与其化学、物理和生物性能的关系。当前已有很多应用QSAR的程序在化学物质测定中使用,可以单独依靠化学物质结构来进行毒性评价,其结果可信。过去10多年中,这种计算机测试已经被一些大学、行业部门和政府进行有效的集成,成为毒性测试程序。SAR可以减少新的和现有化学物质生产和开发中的潜在健康、安全和环境危险，满足对减少动物试验的政策。

（三）计算机模型(in silico 毒理学)

在组合化学、计算机辅助化学物设计、代谢工程、生物技术和化合物库迅速发展的同时，新化合物的高通量筛选技术应运而生，毒理学在理论和实践上发生变革，产生了 in silico 毒理学(指用计算机技术处理毒理学问题)。采用大量的公众数据和计算机模型，可在数分钟内在分子水平检测数千种化合物的代谢、毒性和一般药理学特征，在新化合物开发和评价过程中替代实验动物的应用，避免了实验动物的伦理学争论，最大幅度地降低了成本、缩短了实验周期。

（四）生物芯片技术在毒理学研究中的应用

生物芯片技术将外来化学物毒性与基因表达特征联系起来，通过基因表达分析便可确定化学物毒性，化学物毒性或不期望出现的效应在使用前就可确认。应用 DNA 芯片，可以在一个实验中同时对成千上万个基因的表达情况进行分析，为研究化学物分子对生物系统的作用提供全新的线索；该技术也可对单个或多个有害物质进行分析，确定化学物质在低剂量条件下的毒性，分析、推断有毒物质对不同生物的毒性。如果不同类型的有毒物质所对应的基因表达有特征性的规律，那么就可比较对照样品和有毒物质的基因表达谱，对各种不同的有毒物质进行分类，在此基础上进一步建立合适的生物模型系统，通过基因表达变化来反映化学物对人体的毒性。基因芯片技术应用于化学物毒作用的研究将改变传统的毒理学研究方式，节省大量的动物实验，提高化学物的安全性。现有研究工作表明，利用 DNA 芯片预测化合物毒性和对毒性物质进行分类是可行的。

重复染毒毒性试验以化学毒物连续反复的染毒、比较充分而适当的接触时间、较大范围的剂量和广泛深入的检测，可以观察实验动物所产生的生物学效应，获得丰富的毒理学信息。在实际工作中应用很多，特别是在评价新化学物的毒性方面目前尚无法替代。

另外，体内对外源物长期暴露的后果涉及分子、细胞、器官和系统水平的复杂的过程。这种复杂性说明了尝试开发努力模仿体内环境的无动物方法时科学家们所面临的困难。所以，当前的发展趋势是重视研究外源化学物更早发生、在小剂量作用下、分子/基因方面必变的机制，从机制出发来改进现代毒性试验方法以及根据毒作用机制来进行安全性毒理学评价，逐步建立起国际通用的“替代试验方法”与评价标准。

（五）近期研究重点

重复染毒毒性的替代方法研究是多学科协作的系统工程，采用基于人体细胞和组织的体外试验系统，综合运用组织工程技术、细胞培养技术、“组学”技术和计算机模型，有望开发预测重复染毒毒性的新的替代方法(图 15-4)。近期研究的重点应是：

(1) 开发和使用先进的体外器官模拟装置用于长期毒性试验；如整合了人来源的多种靶细胞的共培养体系，应用生物活性支架材料和多孔结构的材料重建体内器官；开发新的模拟体内屏障的模型，以及建立微型化的自动传感器和记录系统。

(2) 优化现有方法和开发新试验方法；在体外对来源于人类的靶细胞的功能进行界定，将研究重点从啮齿类细胞系统向更为精确的人类模型转化，对人类毒理学生物标志物和终点进行确定；优先发展干细胞技术；优化细胞培养系统记录和开发建立新的细胞培养技术。

(3) 研究人类来源的靶细胞与重复染毒系统毒性试验相关的检测终点和相关标志

物；利用“组学”技术研究和验证新的标志物，以及标志物的组合应用。

（4）优化计算模型和预测技术；包括开发基于网络的数据库系统，建立参考化学物选择库和建模化学物数据库，以及体外试验系统的数据数据库，如体外毒性试验的细胞/组织库、离体和重建器官库。

（5）开发系统生物学方法；建立基于生理的药动学（PBPK）模型和（Q）SAR 方法，开发化学物体内代谢的预测因果的计算机模型，用于预测未知化学物的潜在毒性，应用整合基因组学技术分析毒性作用通路。

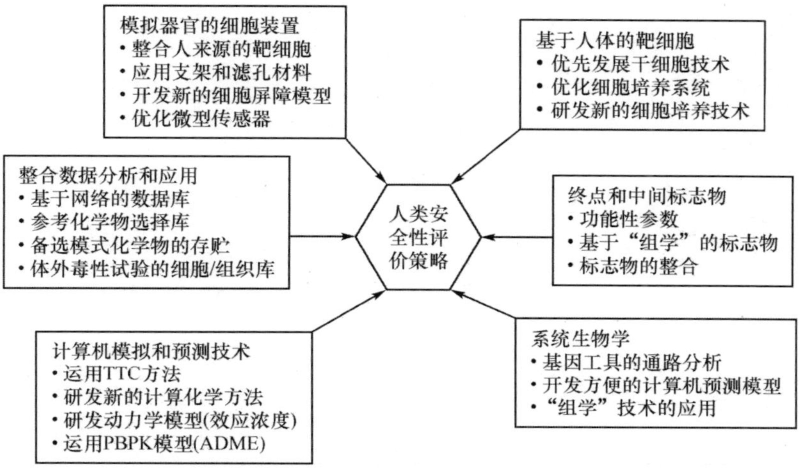

图 15-4　体外方法预测人体安全性评价的策略

（高永清　谈伟君）

参 考 文 献

Balbus JM. Ushering in the new toxicology: toxicogenomics and the public interest. Environmental Health Perspectives, 2005, 113: 818～822

Behrsing HP, Vickers AE, Tyson CA. Extended rat liver slice survival and stability monitored using clinical biomarkers. Biochemical and Biophysical Research Communications, 2003, 321: 209～213

Eckmann L, Freshney M, Wright EG, et al. A novel in vitro assay for murine haematopoietic stem cells. British Journal of Cancer, 1988, 9: Suppl, 36～40

Griffin JL, Bonnet SA, Mann C, et al. An integrated reverse functional genomic and metabolic approach to understanding orotic acid-induced fatty liver. Physiological Genomics, 2004, 17: 140～149

Grindon C, Combes R, Cronin MT, et al. An integrated decision-tree testing strategy for repeat dose toxicity with respect to the requirements of the EU REACH legislation. Alternatives to Laboratory Animals, 2008, 36: Suppl, 1

Leighton JK. Application of emerging technologies in toxicology and safety assessment: regulatory perspectives. International Journal of Toxicology, 2005, 24: 153～155

O'Connor JE, Martinez A, Castell JV, et al. Multiparametric characterization by flow cytometry of flow-sorted subpopulations of a human hepatoma cell line useful for drug research. The Journal of the International Society of Analytical Cytology: Cytometry Part A, 2005, 63: 48～58

Pfaller W, Balls M, Clothier R, et al. Novel advanced in vitro methods for long term toxicity testing. The report and recommendations of ECVAM workshop 45. ATLA, 2001, 29: 393～426

Ploemacher RE, van der Sluijs JP, Voerman JS, Brons NH. An in vitro limiting-dilution assay of long-term repopulating hematopoietic stem cells in the mouse. Blood, 1989, 74: 2755～2763

Prieto P, Baird AW, Blaauboer BJ, et al. The Assessment of Repeated Dose Toxicity In Vitro: A Proposed Approach. ATLA, 2006, 34: 315～341

Punzel M, Wissink SD, Miller JS, et al. The myeloid-lymphoid initiating cell (ML-IC) assay assesses the fate of multipotent human progenitors in vitro. Blood, 1999, 93: 3750～3756

Striggow F, Röhnert P, Reymann K. Telomics: Tissue-based screening for target validation and preclinical drug development. New Drugs ,2002,1:30～36

Valet G. Human cytome project, cytomics, and systems biology: The incentive for new horizons in cytometry. Journal of the International Society of Analytical Cytology: Cytometry Part A,2005,64:1～2

Worth AP, Balls M, eds. Alternative (non-animal) methods for chemicals testing: current status and future prospects. A report prepared by ECVAM and the ECVAM working group on chemicals. ALTA, 2002, 30: Suppl. 1,71

第16章　靶器官毒性及替代方法

Chapter 16　Target Toxicology and Alternative Methods

第1节　概　　述

外源化学物被吸收并分布到全身，引起全身毒性效应，但其对机体各器官或组织的损害程度并不相同，通常只对一个或几个主要器官造成比较严重的损害，这些组织器官称为靶器官。毒物对器官的选择性损害通常与摄入途径无关，即所谓的器官选择性。

靶器官毒理学是在器官系统水平研究外源化学物与机体的相互作用，研究外源化学物引起各个器官系统有害作用的规律和机制以及影响因素。靶器官毒理学是风险评估和危害识别的重要内容，对于阐明毒作用模式/机制、发现新的生物标志、剂量-效应关系具有重要意义。靶器官毒理学主要研究内容包括：①证实外源化学物的靶器官及其对靶器官结构和功能的影响，毒性损害类型和结局；②研究外源化学物对靶器官毒性作用的剂量-效应关系；③研究外源化学物作用于靶器官的模式/机制；④从毒物动力学和毒效学角度阐明外源化学物的器官选择性机制；⑤研究和比较各种化学结构不同的外源化学物引起特定靶器官的毒性作用表现、作用机制差异，阐明其规律和差别。

一、外源化学物的靶器官易感性

对于机体的某个特定器官如何成为化学物作用的靶器官的机制还不清楚，可能与毒物动力学和毒效学多种因素有关：如器官的解剖位置与毒物暴露途径的关系和该器官的血液供应、器官的功能特点、特殊的酶或生物转化、毒物代谢能力和活化/解毒系统、对特异性操作的易感性等。因此，外源化学物的靶器官选择性取决于外源化学物本身的化学结构和靶器官的结构功能特点两类因素，前者决定了其在体内的ADME过程，到达靶器官后，外源化学物或其代谢活化产物的理化特性决定了与生物分子的反应能力；后者决定了对外源化学物及其代谢产物的毒性作用的易感性。

（一）外源化学物生物活化模式与组织易感性

化学毒性代谢物损伤的靶组织中，一些靶组织具有广泛的生物转化能力，而另一些则不具备这种能力。有时一些化学物必须经过由多种组织的酶催化的多步代谢反应才能生成活性代谢物，而有些化学物只需简单代谢即能被生物活化。一些毒性代谢物在其生成的部位引起组织损伤，而其他毒性代谢物可以转运到远处组织并引起毒效应。显然，这些因素间复杂的相互作用支配着生物活化如何引起靶组织损伤，基于这一原理，可应用以下3种模型对化学毒物和致癌物进行初步分类(图16-1)。

1. 模型1　靶组织含有将原型化学物转变为活性代谢物所必需的酶，活性代谢产物引起组织损伤(图16-1A)。这是最简单的一种模型，因为许多化合物在具有明显生物活化能力的组织(如肝脏、肺和肾等)被代谢活化为毒物和致癌物。该模型对那些毒性代谢物活性强并且不能从其生成的细胞转运到远处组织的化学物最为适用。

2. 模型 2 靶组织本身不能将原型化学物转化为活性代谢物,却可以进一步活化由其他组织转化生成的毒性代谢物(图 16-1B)。该模型主要应用于那些在肝脏进行初始代谢进而在其他组织发生生物转化的化学物,如肠道中细菌的生物转化可以产生毒性代谢物并被重吸收引起毒性效应。靶组织中含有肝脏中没有的生物转化酶,如肾近曲小管中的谷胱甘肽结合物的代谢酶、肾髓质中的过氧化物酶、骨髓中的淋巴细胞髓过氧化物酶以及肝外组织特异性的 P450 酶。初级代谢物不具有生物活性,但是次级代谢物活性足以引起其他组织的损伤。

3. 模型 3 靶组织不能活化原型化学物,只对由其他组织产生的活性代谢物敏感(图 16-1C)。该模型一般适用于在没有生物活化作用或者其作用很微弱的组织引起损伤的化学物。该模型中靶组织的范围很广,从完全没有生物转化能力的周围神经到生物转化活跃的肺。其共有的特征就是均缺乏活化特定化学物的能力,却能被来自其他组织的该化学物的代谢物损伤。易感性的生化基础包括:暴露于高水平的毒性代谢物、缺乏解毒作用、活性代谢物优先作用于靶组织和缺乏修复。只有当化学物的生物活性及其活性代谢物的转归已知时,将化学物归为该模型才是可靠的,而这其中的任何不确定因素都可能导致对化学物的错误分类,此时更适当的分类将是模型 1 或模型 2。

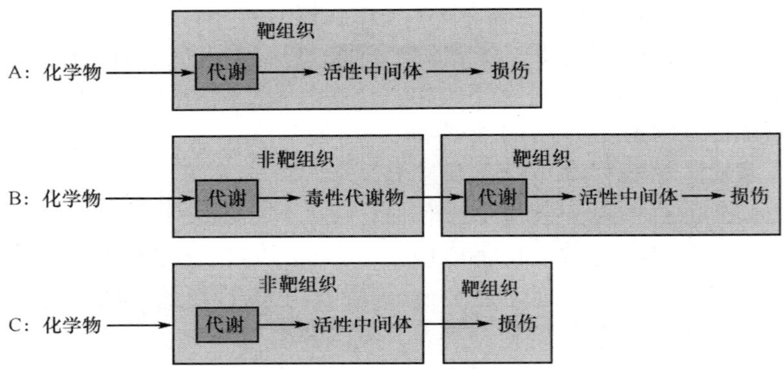

图 16-1 外源化学物的代谢活化与靶器官的 3 种关系

(二) 靶器官毒作用的部位和细胞选择性

多种结构和功能不同的细胞按特定的方式组合在一起构成了器官,但是靶器官毒性绝不等于细胞毒性在量上的简单加和,因为靶器官内细胞毒性按特定的方式组合将产生质的变化,显示与该器官结构和功能相关联的特点。因此,在靶器官毒性的研究中,应重视靶器官内细胞毒性作用部位的选择性。

体内主要的器官在组织结构和生理功能上可进一步分为结构或功能单位,如肝脏的肝小叶及其腺泡、肾脏的肾单位及其分段等。靶器官内部位选择性损伤与器官的结构、功能、血供等因素有关。部位选择性损伤研究有助于说明外源化学物毒作用机制和影响因素。

另外,外源化学物质对器官内实质细胞和间质细胞的毒性作用也存在选择性。心脏的心肌细胞、肝脏的肝细胞、肾脏的肾小球上皮细胞和肾小管上皮细胞、中枢神经的神经元等是实质细胞,而巨噬细胞、肝血窦细胞、胶质细胞是间质细胞,间质细胞对维持和完成器官的功能也有重要的意义。例如，实验研究表明肝血窦细胞活化作为原发性或继发性因素在毒物的肝损伤过程中发挥作用，外源物质对血窦细胞的毒性反应可导致肝储脂细胞损伤或活化，活化的储脂细胞产生胶原是毒物诱发肝纤维化的机制之一。在靶器官毒理学研究中，应重视外源化学物对实质和(或)间质细胞的直接作用，也应重视因细胞间信号级联反应所导致的间接作用。

二、外源化学物的靶器官效应

(一) 外源化学物靶器官毒作用模式

外源化学物引起靶器官的毒性作用可分为直接作用和间接作用两类，间接作用是由免疫介导的(免疫中介型)或特异体质化学依赖的(体质依赖型)。直接作用是外源化学物或其活化产物引起关键性生物大分子损伤，与剂量呈相关性，可通过模型预测和实验复制；间接作用是外源化学物或其活化产物由免疫介质或依赖于遗传特异体质的，与剂量无相关性，难以通过实验复制和模型预测，见图 16-2。

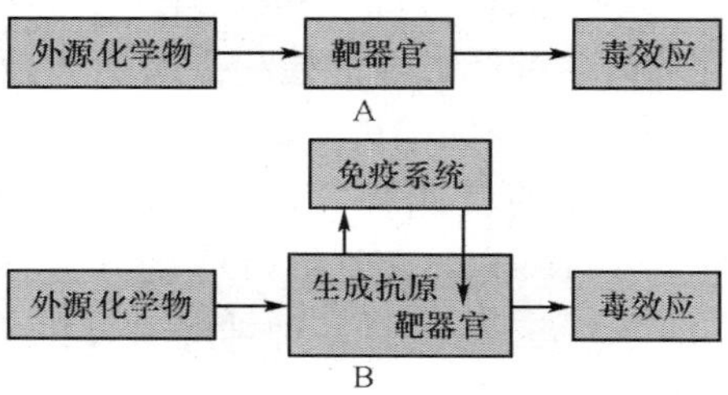

图 16-2　外源化学物导致靶器官毒作用的基本模式
A:直接毒作用；B:间接毒作用(免疫中介)

免疫介导的靶器官毒作用见于各种靶器官，外源化学物或其活化产物作为抗原或半抗原，引起体液或细胞免疫反应，导致靶器官毒作用。外源化学物或其活化产物作为半抗原可以与靶器官生物大分子结合形成全抗原，如氟烷引起胆汁淤积或坏死；也可与非靶器官生物大分子结合形成全抗原引起免疫反应，导致靶器官损伤，如抗原抗体复合物型肾小球肾炎。正因为多种靶器官的毒作用机制均可能涉及免疫介导，因此，免疫系统毒理学在靶器官毒理学中占有重要的地位。

对于遗传特异体质的了解尚有限，应该包括毒动学和毒效学的遗传多态性。已知一些外源化学物代谢酶基因多态性可引起遗传特异体质，如 G-6-PD 及乙酰化酶等。对毒效学的遗传多态性有待研究。毒物基因组学的研究将有助于遗传特异体质的机制阐明、遗传特异体质的检出和中毒预防。

(二) 外源化学物靶器官毒效应损伤结局

外源化学物或其活化产物在靶器官中与生物分子作用，引起关键性生物大分子(如核酸、蛋白质、脂质)的损伤，外源化学物或其活化产物靶器官中也可能很快被代谢或消除，靶器官毒作用的进展和表现主要取决于：①受损的生物大分子和细胞的性质与功能；②细胞和器官的修复和适应能力，其他器官代偿能力；③靶器官结构、功能和在机体生命活动中的重要性。外源化学物或其活化产物在靶器官引起毒效应的过程见图 16-3。

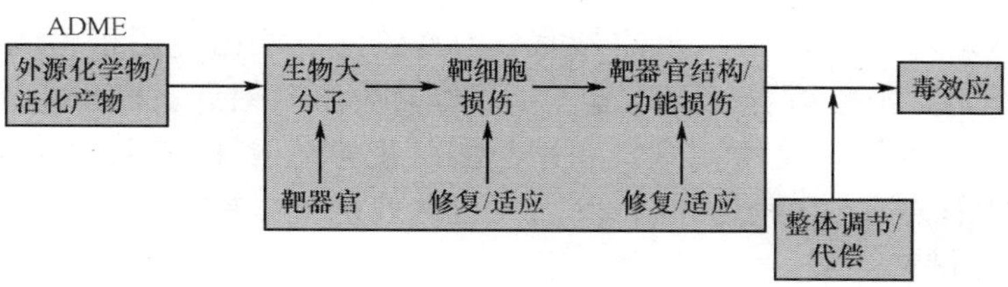

图 16-3　外源化学物或其活性产物在靶器官引起毒效应的过程

靶器官毒理学是细胞毒理学研究和整体水平的毒作用研究的中间环节，整体水平的毒作用表现由于存在神经体液机制的调节和器官系统间的代偿将更为复杂。

由于各靶器官结构功能的特殊性和对机体生命活动的重要性不同，对靶器官毒理学研究不仅应重视发现早期损害的生物学标志，还应对毒效应的进展和结局进行预测或诊断。

三、靶器官毒理学研究方法

靶器官毒理学必须采用体内研究和体外研究相结合的办法进行。

体内研究以受试物处理实验动物，采集体液进行生物学标志检测，进行详细的靶器官解剖病理学检查和组织病理学检查；进行靶器官重要化学组成和生物化学研究（如重要的酶系统），进行器官和细胞成分的代谢能力和其他功能的研究，进行暴露生物学标志的分析以及靶器官有害效应生物学标志分析。动物实验可采用正常健康动物，也可选择合适的模型动物，如转基因动物模型或疾病动物模型，以发现和证实靶器官效应。详细见各节动物实验部分。

体外试验系统可用于进一步检测靶器官中不同细胞的损伤程度、功能状态和对外刺激的反应等，有助于发现在体内难以发现的毒效应和毒作用机制。用于靶器官毒性研究的体外试验系统包括离体器官（如灌注肝、肾、肠和肺）、器官切片、细胞系统（如原代细胞培养和细胞系）、重建器官（如重聚脑组织、器官型培养、人工器官）等。体外系统的基本原理见第 6 章。利用体外系统易实现标准化、高通量和自动化。采用离体或体外试验系统，减少和替代整体动物是今后靶器官毒理学的重要发展方向。

第 2 节　神经系统毒性及替代方法

神经系统是机体内在结构和功能上最为复杂的系统，有其自身的特殊结构特点。它在受到致命的破坏后基本没有再生能力，并且有可能导致死亡效应。因此，神经系统对环境化学物质的毒性损害更为敏感，很容易受到外源性有毒物质的攻击。美国环保署(EPA)已经将它引入工业化学品的毒性测试项目之中。

神经毒性实验主要是检测在发育期或成熟期接触的化学物质是否会对神经系统造成结构性或功能性损害。这些损害可能包括对情绪和认知功能的短期影响直到对中枢神经和外周神经系统产生不可逆损伤，进而导致神经心理或感觉传导功能损害的一系列改变。神经毒性的检测终点，除了神经病理学评价外，还应进行功能学/行为学测试，还应注意可能会在发育期出现的神经毒性。目前，OECD 测试指南中用于评价外源化学物质的神经毒性研究都是基于体内研究。这些测试既包括一般毒理学实验的终点，还有许多神经毒性的检测指南，明确列出了与成年或发育期啮齿类动物相关的大部分神经学终点的检测程序，如 OECD TG424、EPA(/630/R-95/001Fa)和 FDA 的方法。

迄今为止，尚没有一种神经毒性的体外方法通过了验证。国际上众多毒理学研究机构包括 ECVAM 和美国 NTP 正致力于神经毒性测试方法和替代方法的研究工作。有些体外方法已应用于检测外源物质的生物转化、作用靶点、神经递质释放和吸收功能以及神经毒性的测定。体外实验是神经毒性现在和未来的研究热点。

神经毒性的体外评价模型可分为以下 4 个不同层次的试验系统：①组织器官培养（脑切片、脑组织块、外植块和全胚胎培养）；

②原代细胞培养；③转化细胞培养(肿瘤细胞)；④无细胞系统(脑组织匀浆、特殊细胞器和数学模型)。各种神经系统体外培养系统均有优缺点，在实际应用时应有所选择和结合使用，将不同试验系统的毒性终点组合起来进行分层次试验才能较全面地评价神经毒性(表 16-1)。体外组织培养技术在神经毒性评价中起到非常重要的作用。利用体外组织培养技术和方法既能保持组织固有结构不变，同时又有利于试验条件的控制和试验结果的观察，在一定程度上能反应体内动物实验的毒性效应。但应注意，神经系统本身对外源物质的代谢具有部位特异性，因此，细胞培养实验具有局限性。此外，许多神经毒性物质需经过代谢活化才能发挥作用，在实验系统中需要加入微粒体酶代谢系统，如肝细胞与神经细胞共培养。体外系统主要用于以下研究和检测：①用于预测外源化学物质的神经毒性，如用于检测神经系统功能的影响和血脑屏障的完整性；②用于神经生物学复杂的功能机制研究，如体外研究神经化学改变以及行为现象。随着神经科学和毒理学技术的发展，新的替代方法将会越来越多，神经毒性的评价指标和体系也会越来越全面。

表 16-1　神经毒性的体外实验系统

系统类型	举例	优点	缺点
组织器官	脑切片 神经隔膜	可以保存一些功能，维持培养时间较长	技术掌握困难，终点控制困难
原代细胞	小脑颗粒细胞 星形胶质细胞 血管内皮细胞	细胞量大，能表现细胞特异性	培养条件要求严格，细胞传代次数有限
转化细胞	神经母细胞瘤 星形细胞瘤 雪旺细胞瘤	神经元有增殖力	正常表型丢失，传代培养时间过长易导致表型不稳定
亚细胞	脑匀浆 突触小体 线粒体	易于培养，保持新陈代谢能力	在体外生长受到限制，丧失细胞特异性

一、神经毒性的作用特点

(1) 神经系统的功能最复杂，反应最迅速，和其他器官系统的联系也最广泛。毒物作用于神经系统产生的早期损伤效应通常以功能性改变为主，表现为大脑功能紊乱或传导功能障碍。

(2) 中枢神经系统的新陈代谢率和耗氧量较高，对低氧、低血流量、低血糖等间接损害异常敏感。

(3) 神经元具有快速传递信号的功能和特性，但这些特性也是外源化学物对神经组织造成损伤的潜在位点。

(4) 神经系统中存在着一些特殊结构(如突触)、神经递质以及酶类等，是维持神经系统正常生理功能所必需的物质基础，同时也是神经毒作用的靶点。

(5) 神经元一般不能像胶质细胞一样再生，死亡的神经细胞也不能通过存活细胞的分裂来取代。中枢神经细胞受损后，损伤的部位通常通过星状胶质细胞的增殖来填补，但功能无法恢复。

(6) 血脑屏障虽然是机体用以补偿中枢神经系统对毒物高敏感性的一种机制，但是在某些情况下也会成为毒物作用的部位而失去屏障效应。

(7) 神经系统发育和成熟过程中对某些

毒物的作用特别敏感，因此神经系统在不同发育阶段对毒作用的反应有不同的表现。

（8）虽然大脑细胞（包括神经元、胶质细胞和内皮细胞）代谢外源化学物的能力和肝细胞相比非常微弱，但是中枢神经系统中存在着多种亚细胞群，提示一些特定类型的生物转化可以在某个局部或者类型的细胞中发生，这可能是毒作用的区域选择性和细胞特异性的主要原因。

上述特点决定了神经系统对毒物的作用比较敏感；不同区域的细胞对神经毒物的作用敏感性有一定差别；疾病、药物作用、营养缺乏、年龄、环境改变等因素导致的血脑屏障功能不全、血流供应不足、缺氧或血糖下降等病理状态可以大大加重外源化学物对中枢神经系统的损害。

二、神经毒性作用机制

（一）促进神经传导

通过血-脑屏障进入大脑的分子可通过多种途径调节神经传导速度。首先，毒物可以竞争性地与神经递质受体相结合，或直接促进神经递质的释放而引起非生理性的信号转导增强。还有一些化学物质通过抑制神经递质的重吸收而延长其作用时间。在任何一种情况下，只要毒物影响神经传递的作用足够大，作用时间足够长，均可能打破原有的动态平衡，导致神经传导障碍。

（二）选择性抑制神经递质

一些化学物竞争性抑制内源性神经递质与受体的结合，或通过破坏递质的储存和释放而发挥抑制神经递质作用。

（三）破坏离子通道和钙稳态

离子通道激活和关闭会影响神经递质的释放。许多毒物通过干扰钠离子通道的活性或影响 Na^+，K^+-ATP 酶的活性而引起神经传导异常，如河豚毒素通过阻止钠通道电位的升高来破坏动作电位（第 20 章）。拟除虫菊酯则作用于另一种能量依赖性 Ca^{2+}，Mg^{2+}-ATP 酶，通过抑制钙结合蛋白而发挥毒性作用，钙结合蛋白的抑制导致细胞内钙离子水平升高，从而干扰细胞内信号转导通路。一些重金属物质也可以引起细胞内钙离子水平过高，如汞、铅、铝等。

（四）缺氧引起的中枢神经损伤

任何可以引起中枢神经系统缺氧的物质均可产生神经毒性。大脑组织尤其是海马和大脑皮质的代谢率非常高，所以对缺血、缺氧非常敏感。

（五）对膜的毒性作用

多数重金属物质对细胞膜有直接的毒性作用，有机铅和无机铅可以通过破坏神经细胞膜上的离子通道损伤含髓磷脂膜的神经纤维，同时干扰线粒体膜的功能，引起能量代谢障碍。

（六）影响氧化磷酸化

线粒体中的氧化磷酸化过程在所有细胞的生命活动中起着非常关键的作用。中枢神经系统由于对能量供应的需求量高且依赖性强，因此对呼吸链解偶联剂尤其敏感。

（七）损伤髓磷脂

很多神经元的轴突都被特定神经胶质细胞（在中枢神经系统中称为少突胶质细胞）膜形成的外鞘所包围（髓磷脂鞘）它的完整性是神经细胞各种功能正常发挥的物质基础，而且也是各种外源化学物作用的靶位点之一。许多作用于周围神经的物质，如六氯苯，异烟井、铅以及有机锡等，也可以在中枢神经系统引起脱髓鞘作用。

三、神经毒性的研究方法

目前评价神经毒性效应的手段和方法很多,包括传统的形态学、电生理学、病理学、生物化学以及神经行为学等。在具体评价某个神经毒物的神经毒性时,这些方法可互相补充,将这些方法综合起来应用,可以很好的解释和评价各类毒物的神经毒性。

(一) 神经电生理方法

神经电生理测定是检测神经毒性的敏感指标之一,用于评价感觉和运动神经的传导速度、神经肌肉功能、中枢感觉的投射及脑电波的改变等;膜片钳技术常用来研究和评价毒物对神经细胞膜离子通道以及信号传导过程的影响作用。

(二) 神经病理学方法

神经病理学方法是确认神经毒性的最经典的方法,是评价神经毒性损害及其病变过程可逆性程度的重要手段;免疫组化以及细胞化学方法可确认神经毒性的细胞特异性以及某些特殊生化过程的影响,可以对神经细胞中的大分子物质如蛋白质及核酸进行定位和定量研究。

(三) 分子生物学方法

分子生物学方法可用于研究外源化学物对神经系统发生、发育、分化和功能调节等方面的影响,在蛋白质、核酸和基因水平阐明毒性作用机制。

(四) 化学方法

化学方法可以通过现代的分析设备和技术,研究神经毒物对神经系统各部位作用后发生的一系列化学变化,如神经元的化学构成、神经系统代谢、能量代谢、神经介质和有关的酶系、神经肽和内分泌的变化等。

四、神经毒性体外研究策略

Atterwill 于 1988 年提出了一套“分层”或“阶梯式”的体外中枢神经系统神经毒素测试程序,可分为 3 个阶段或层次,见图 16-4。第 1 阶段是用神经细胞系或脑“微团”培养模型(简单系统),结合非特异性和神经特异性检测指标来筛选和识别神经毒剂,一般应用反应结构和功能改变的指标确定是否存在明显的神经毒性。这是最初步的评价,可作为进一步深入研究的依据。随后再用器官类型系统(复合系统),例如全脑再聚集培养等进行第 2 阶段试验,观察神经毒性的时间(剂量)效应关系关系、特异性及其机制,由此可以求得毒物对神经系统作用的阈剂量,对其毒性做出定量评价。第 3 阶段试验可通过使用细胞类型特异神经细胞培养和(或)替代细胞系统在细胞类型与毒性机制上获得更多的信息,这是神经毒性研究的深化。它有助于指导前两个层次的评价,并可加深对生物标志与神经毒性关系的认识。

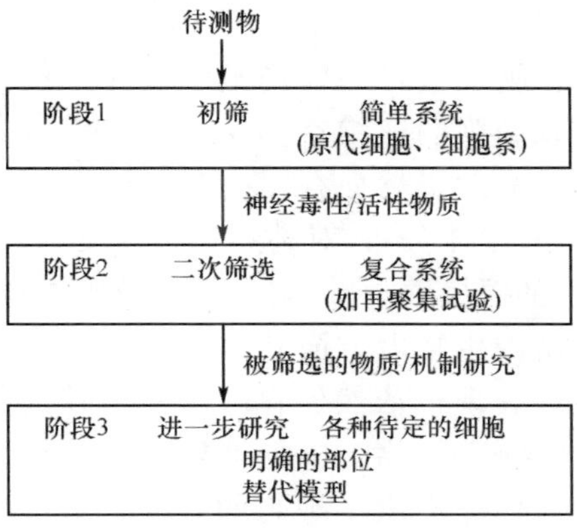

图 16-4　检测神经毒物的体外“阶梯式”试验模型(Atterwill,1988)

由于毒物对神经系统作用的复杂性及诸多不确定因素,尚难提出一套“通用”的神经毒物危险度评价方法,迄今还没有一种培养模型系统可以用来评价所有的神经毒性效应，因此，建议使用特异性高的体外成套试验检测化学物质的神经毒性，综合评估毒物引起神经细胞损伤的可能机制。

五、神经毒性研究的体外方法

（一）组织器官培养

从脑、脊髓、后根神经节、感觉传导神经节神经系统乃至整个胚胎在合适的培养基中都可进行离体培养。离体的神经器官、组织或细胞在培养基中生长与分化，可用于神经系统毒理学的研究，采用电生理、形态学和生化检查等多种手段，进行神经毒性的评价及作用机制的分析。

1. 脑片培养 脑片培养（brain slice culture）是除细胞培养外应用最普遍的体外模型。将来自大脑不同部位的组织切片置于特定的培养基内保温培育，不断更换培养液，通过脑片表面渗透和周围环境交换物质。在培养条件下，这样的神经组织可以基本保留在体内时的生物特征，神经元发育良好，神经元间的神经纤维联系也保持相对完好，神经纤维可能与其他的靶细胞建立突触联系。脑片包含与体内脑组织相同的细胞种类及细胞的三维空间结构、树突、轴突以及单个突触仍然保存，它们之间的连接、突触回路、受体分布、对某些化学物质（如神经递质）的提摄取、合成与代谢以及膜电位、动作电位等生物电方面其他生理功能以及病理生理表现也依然保存。其在体外的长期培养为研究毒物对中枢神经的慢性作用与神经损伤等提供了理想的条件。由于体外培养脑片突出的优越性，它既满足体外培养实验条件易于控制、试验过程易于观察的要求，又具备了与体内组织结构和环境更贴近的优势，除了正常结构的研究外，还得研究能够制作各类疾病及神经损伤模型，并观察在不同剂量、作用时间等条件下神经元的病理生理改变。在脑片培养条件下，可以对某些神经元进行电生理、基因表达等多方面的研究。现在常用的静态脑片培养技术对设备的要求相对比较简单，有细胞培养条件，再配备一台活组织切片机就可以进行脑片培养。因此，近年来体外脑片培养在神经毒性评价中占有举足轻重的地位。

方法：用二氧化碳吸入窒息或断头法处死大鼠，打开颅骨后首先用冰冷的人工脑脊液进行漂洗，去除脑膜、血管等表面结构；快速将脑区分离，将组织块在 0～4℃冰箱中至少保存 3～60min。对冷却的大块脑组织在解剖显微镜下进行手工修正，用氰基丙烯酸酯胶将另一面固定在切片机的载物台上，立即用冰冷的低钙人工脑脊液充盈，将分离的脑组织切成 300～500μm 厚度的脑片。将切好的脑片立即转移到装有灌流液并用纤细棉网做底的实验槽中。每周半量换液 2 次。在不同的培育时间点以受试药物作用，至培养终点收获脑片进行评价。

评价：①体视显微镜形态学观察培养过程中的脑片存活和生长情况；②依据 NMDA 侵害前后细胞对 PI 的摄取率来检测脑片中神经元活力；③MTT 法测定脑片活力；④神经细胞电生理反应解剖显微镜下，根据标本特点和试验目的在脑片中安放刺激电极，记录电生理反应；⑤Nissl 染色和免疫组织化学观察毒物对神经元形态结构改变和检测相关蛋白的定位与表达。

2. 全脑再聚集培养 全脑再聚集培养（whole brain reaggregation culture）方法最初由 Moscona 1961 年建立，后来经改良应用于神经毒性的评价。通过聚集培养，脑细胞重新生成像体内实验中那样更多的复杂性（包括突触和髓鞘）。再聚集培养系统与体内很相似，包括完整的神经元和胶质细胞群，排列形成三维结构，组织具备典型的细胞-细胞之间相互作用。通常选择大、小鼠用于取材，胚胎期大鼠脑组织为首选。起始培养的脑组织很大程度上影响细胞成分以及培养物的发育潜能。由于突变小鼠和转基因小鼠的日益增多，选择小鼠也逐渐显出优势。胚胎神经组织的发育时间是其能否在体外正常生长发育衍化的重要因素，因此，针对培养目的和培养取材部位的不同，所选择动物的最佳胎龄也不尽相同，如使用大鼠组织作为对象，脊索不晚于孕 14 天，全脑不晚于孕 15 天，端脑不晚于孕 16 天。

在培养的第 8 天或第 9 天往培养基中加入受试物，于受试物处理后的不同时间点收获聚集物进行分析。检测细胞存活率(MTT)、DNA 和蛋白质、胆碱乙酰转移酶(ChAT)，乳酸脱氢酶(LDH)、Na^+-K^+-ATP 酶活性、蕈毒碱样受体结合、胶质原纤维酸性蛋白(GFAP)、微管结合蛋白2(MAP2)、神经纤丝蛋白(NFs)等。

（二）原代细胞培养

原代神经细胞培养是检测外源物质神经毒性效应的良好体外模型。神经细胞的原代培养既可以来自胎仔(神经元)也可以取自新生动物如 2 日龄大鼠脑(胶质细胞)。细胞在体外培养若干天后可以用来模拟和评价与神经发育相关的改变。评价指标包括形态学改变、细胞坏死(释放乳酸脱氢酶)和凋亡(核断裂)、神经递质改变(谷氨酸盐的摄取减少或释放增加)、神经炎症(炎性因子分泌增加)、产生氧化损伤(ROS 的形成和谷氨酸盐代谢紊乱)。

除神经元以外，中枢神经系统包含血-脑屏障(blood-brain barrier，BBB)，而外周神经系统存在血-神经屏障(blood-nerve barrier，ENB)系统，这些结构在神经组织代谢调控方面具有重要作用。神经细胞骨架结构(包括神经细胞中的微管和神经丝)不再简单地被看作为支持细胞结构的细胞器。这些结构对维持神经细胞的功能和生存至关重要。许多神经毒物(如重金属和有机溶剂)都可破坏这些结构，引起神经系统各种退行性和功能性变化。过去人们一直认为胶质细胞的功能是支持作用，其中星形细胞起连接支撑和损伤后的瘢痕形成的作用，而少突细胞参与轴突髓鞘的形成。目前认为，胶质细胞与神经代谢、修复和神经元损伤密切相关。这些细胞的原代培养也非常重要。

1. 神经细胞、神经胶质细胞、少突胶质细胞培养 神经组织主要由神经元和神经胶质细胞组成。神纤细胞分化程度高，在组织发生晚期已失去增殖能力，对生存条件要求高，只有在适宜的环境下才能生存，如接种在胶原底层上并加入神经生长因子和胶质细胞因子时可出现一定程度的分化现象(长出突起)，即使培养胚胎组织也是如此。神经胶质细胞分星型、少突和小胶质细胞，相对容易培养。

神经细胞分散培养是将神经组织从动物或人体内取出后，用机械方法或酶消化法将其分离成单个细胞，模拟体内的生理条件进行培养，使之在体外存活、生长和繁殖。这类培养的优点是细胞以单层生长，可以获得充分的营养，细胞及其突起的形态结构在光镜下清晰可见，因此，细胞分散培养技术目前已得到广泛的应用。

根据培养的细胞是否能传代，神经细胞分散培养又可分为原代细胞培养和传代细胞培养。神经细胞一般不再分裂，不再传代，称为原代细胞培养，在目前的培养条件下，它可以存活几周，甚至更长。神经胶质细胞或胶质瘤细胞在合适条件下可以繁殖传代，称为传代培养。

大脑皮质神经元原代培养，通常取 17～18 日龄的大鼠胚胎或 18 日龄的小鼠胚胎为宜。17～18 日龄的胚胎取材容易，且存活率高。较大龄胚胎和新生鼠神经元分离难度相对较大，而且已经有细胞轴突和树突相互接触，分离过程中容易造成细胞连接受损且容易混杂有较多的胶质细胞。

2. 神经干细胞培养 神经干细胞是一

种能发育成神经组织、未分化、具有自我更新能力和多向分化性的细胞。自我更新是指能自我复制，产生许多细胞分支，形成子细胞。这种子细胞仍然具有自我更新能力和多向分化，最终能分化出神经组织中的各种类型的细胞。

神经干细胞具以下特点：具有增殖能力、在整个生命过程中能自我维持或自我更新、能通过扩增祖细胞而产生大量的子代细胞、具有向多细胞系分化的能力、损伤或疾病能刺激干细胞的分化。

体外神经干细胞分离方法，首先是从已被证明含有神经干细胞的胚胎或成年哺乳动物的脑中取材，然后将所取的组织进行解离分散，最后将已分离的细胞暴露于含有高浓度促细胞分裂剂的培养基中，经过一定数量的增殖后，撤销促细胞分裂剂而诱导细胞进行分化（如将细胞置于神经元限定性培养液可诱导其向神经元方向分化），或把细胞暴露于其他因子中，使其中的一些细胞发育为不同的细胞系。

神经干细胞在体外合适的培养基（神经细胞基础培养基）中可以长期存活、增殖，但不能永久增殖。其持续增殖依赖于有丝分裂原信号的存在，如 EGF、成纤维细胞生长因子-2（fibroblast growth factor-2，FGF-2）、脑源性神经营养因子（brain derived neurotrophic factor，BDNF）等。细胞的生长离不开细胞间的联系，如能使细胞间保留原有的联系，就可以使细胞保持增殖状态，在短期内获得更多的干细胞用于研究。

3. 人神经细胞培养 对神经母细胞瘤等人类细胞的应用可作为神经毒性实验的一种替代物。这些肿瘤细胞在基因上的可控制程度还未被定义，功能性活动无法与正常的人脑细胞进行比较。来自人类神经组织的原始细胞因此是最佳选择。但由于伦理上及法律上的原因，人类组织如来源要受到限制。

4. 联合培养 来自不同器官的联合培养，如在培养鸡脑细胞或神经细胞中加入肝细胞，提供了一个可以与肝脏相比的代谢激活系统（图 16-5，图 16-6）。来自用母体复合物处理的肝细胞上清液的细胞毒性的系列实验是一种筛查检测量代谢产物副作用的稳定性和半衰期的方法。与不同试验方法的联合应用有助于阐明可能在体内与体外毒理和药理实验中存在的结果不至及可能机制。

一种化学品可通过在肝脏中的新陈代谢作用直接或间接地表现出毒性。稳定的代谢产物可经肝细胞释放进入血流并在通过血脑屏障后被运输到大脑。因此，基于单个器官的细胞培养系统就无法鉴别“间接活性”的神经毒性复合物（即需要生物激活的复合物）。化学物质的代谢激活或解毒能在各种不同物种中已确立的细胞培养系统中被清楚地检测。因此，器官之间可能的交互作用就需要来自与器官相关的典型类型细胞的联合。对来自肝脏的不同类型细胞的单独培养或联合培养适合检测肝脏的特殊毒性，同时，为了检测神经毒性，肝细胞培养必须与脑细胞培养联合，并且必须考虑血-肝-脑通路。

（三）转化细胞

在过去的 30 多年中，研究人员已经从神经系统肿瘤中克隆出许多具有永生化且分裂增殖速度快的细胞系，如成神经细胞肿瘤、神经胶质瘤、嗜铬细胞瘤等细胞系，这些细胞系绝大多数是来自自发性或化学致癌剂诱发的肿瘤细胞，在一定程度上保持着它们在机体中的生理特征，可以无限传代，并表现出相当稳定的表型。运用神经细胞系检测药物或毒物的基本细胞毒性，结合生物动力学模型能预测药物或毒物对整体生物的剂量，能减少试验动物用量，成本低效率高，符合 3R 原则。细胞系特异性强，能排除

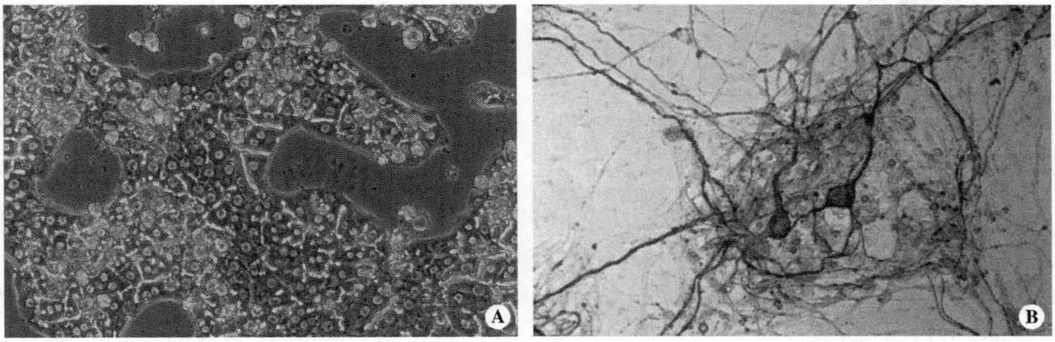

图16-5 肝细胞与脑细胞的联合培养

A. 大鼠肝细胞(4天培养);B. 小鸡脑细胞(8天培养)(Bruinink,2007)

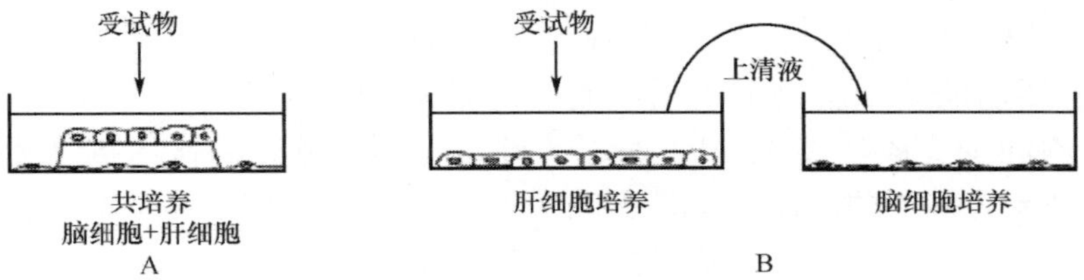

图16-6 共培养系统模式图

A. 受试物暴露于肝细胞代谢产物为中介的脑细胞培养物;B. 在连续培养中,受试物先经肝细胞代谢活化,再取悬浮液作用于脑细胞培养物(Bruinink,2007)

原代神经细胞中杂细胞的干扰,检测特定神经细胞的特异性指标,从而找到受试物的特殊神经毒性作用,并能深入了解其作用特异的分子机制,如对AChE和NTE的研究。因此,神经细胞系被广泛应用于多种特殊神经毒性检测终点和神经毒性机制的研究。随着现代生命科学技术的发展,生物化学、分子生物学、基因组学、蛋白质组学、代谢组学和电生理学技术正逐渐应用于神经细胞系的研究中。

下面是神经毒性评价研究中几种常用的细胞系。

1. 成神经瘤细胞系 成神经细胞瘤是一种由成神经细胞组成的恶性肿瘤,原发于自主神经系统或肾上腺髓质中。从成神经瘤克隆出的成神经瘤细胞系主要有以下2类:①人成神经瘤细胞系SK-N-SH和SH-SY5Y:SK-N-SH最初是从成神经细胞瘤患者骨髓转移灶中分离获得。SK-N-SH贴壁良好,有神经瘤样细胞形态特征,胞体小而圆,胞质较少,轴突较短。其形态可随着培养时间的延长而发生变化。随着传代次数的增加,可导致突触变长,产生神经细胞的分化。SK-N-SH是一种检测和评价毒物或药物在细胞水平神经毒性的经典细胞模型。SH-SY5Y来源于SK-N-SH的神经瘤型亚系。作为拟神经细胞模型,SH-SY5Y细胞系广泛应用于神经系统疾病发病机制和防治措施的研究中,如筛选毒物是否对神经系统的生长、分化和发育有影响;鉴定有机磷酸酯对酯酶活性的抑制和区别有机磷化合物是否可以引起迟发性神经病变;检测SH-SY5Y的Ca^{2+}稳态改变来进行特殊神经毒性分析等;②小鼠来源成神经瘤细胞(neuro-2a,N2a):N2a是Klebe和Ruddle从A型白化小鼠的自发肿瘤中分离所得。N2a能产生大量的微管蛋白，而微管蛋白在神经系统（轴索）浆流的收缩系统中起重要作用。因此，N2a 是一个研究微管蛋白沉淀、动态合成组装的良好模型。另外，可利用 MTT 法、乳酸脱氢酶释放等指标，检测药物对 N2a 神经细胞生存能力的影响；利用检测 DNA 片段化、细胞色素 *c*、半胱天冬酶 3 等的表达来进行药物对 N2a 细胞凋亡影响的分析；通过检测 ROS 和线粒体跨膜电位来进行神经毒物对 N2a 细胞的氧化损伤机制的研究。

2. 胶质瘤细胞系 神经胶质细胞广泛分布于大脑和脊髓，是组成 CNS 的主要细胞，占中枢神经细胞总数的 70%以上。中枢神经系统中主要的胶质细胞是大胶质细胞（星形胶质细胞和少突胶质细胞）和小胶质细胞，周围神经系统主要的胶质细胞是雪旺细胞。胶质细胞除了对神经元起到屏障支持和营养作用外，还能与其他神经细胞共同构成对 CNS 调控的立体网络，对维持 CNS 内稳态、调节神经递质代谢和突触信息传导中具有不可忽视的作用。胶质细胞对许多外来神经毒物具有代谢活化作用。研究表明，胶质细胞中含有多种参与神经毒物的代谢活化代谢酶，如单胺氧化酶、Ⅰ相酶、Ⅱ相酶等，胶质细胞可以促进神经毒物转变成其活性形式。另外当小胶质细胞和星形胶质细胞被激活时，可释放大量化学因子、细胞因子或炎性介质，激活补体，引起神经炎症和神经免疫反应，导致神经功能紊乱。因此，神经胶质细胞是一种神经毒性的良好体外模型。①人脑神经胶质瘤细胞（H4）：H4 是从一名 37 岁男性白人的神经胶质瘤中分离所得。神经毒性主要作用机制为氧化损伤，通过检测化学物质对 H4 细胞内 ROS 的生成、脂质过氧化水平及对抗氧化系统的影响，综合评价化学物质的氧化应激状态，探讨化学物的神经毒性作用机制。②大鼠神经胶质瘤（C6）：C6 是一种高度恶性的胶质瘤细胞，由 Benda 等经过一系列的动物实验和传代在 N－亚硝基甲脲诱发的神经胶质瘤中克隆分离获得。C6 常用于研究化学物对神经细胞的氧化损伤和凋亡机制。

3. 嗜铬细胞瘤细胞系 嗜铬细胞瘤是来源于肾上腺髓质和肾上腺以外嗜铬组织分泌儿茶酚胺的肿瘤。嗜铬细胞瘤细胞主要有大鼠肾上腺嗜铬细胞 PC12 细胞系。PC12 细胞系来源于一种可移植的 X 射线诱发的褐家鼠（rattus norvegicus）肾上腺嗜铬细胞瘤（一种交感神经系统的肿瘤）。PC12 细胞能表达神经元特征，是一个常用的神经细胞株，并且是国际公认的在体外进行神经化学与神经生物化学及神经系统疾病研究的理想模型。PC12 主要用于研究毒性物质引起的神经分化的作用机制和对神经生长因子相关基因的影响，常用于神经毒物的检测。

（四）中脑细胞微团培养

胚胎中脑细胞培养（midbrain micromass culture）可作为筛选发育神经毒性化学物的一种体外短期试验，由 Flint、Renault 和 Wise 等建立并加以完善，材料多取自啮齿类动物。该法利用处于神经细胞分化前期的胚胎中脑细胞，经体外高密度培养后形成由神经元和胶质细胞组成的细胞集落，神经细胞具有典型的神经突起，可用来观察细胞生长发育。由于细胞在此期间对化学毒物的作用非常敏感，毒物可抑制神经细胞的分化和增殖，因此，该方法广泛用作初筛具有神经毒性的外源化学物质，并可应用于研究化学物质的毒性机制。

第 3 节 呼吸系统毒性及替代方法

随着工业化生产的发展以及环境污染的日益加重，人类经呼吸道接触外源化学物的机会也越来越多，其后果是直接损伤呼吸道和肺，另一方面也可经呼吸道吸收到达其他组织或器官，引起全身损害；同时，经其他途径进入机体的外源化学物也可到达肺，引起肺的损伤。肺不仅仅是气体交换的器官，它对内、外源化学物的代谢以及对外源化学物的防御起着十分重要的作用，所以肺的损伤不仅仅是呼吸功能的损伤，也与全身的损害有关。呼吸毒理学是研究外源化学物对呼吸系统的损害作用、探讨检测方法以及阐述损害机制的毒理学分支，对呼吸毒理学的研究有助于对中毒的诊断、治疗、预防以及中毒机制的探讨。目前尚无已经通过验证的呼吸系统毒性的替代方法。

一、呼吸系统毒性的特点

外源化学物对呼吸道的损伤具有部位特点，在机制上可分为直接（或间接）引起的损伤和免疫中介的损伤。

（一）上皮细胞损伤

纤毛细胞是气管支气管的主要细胞，与黏液一起清除进入肺内的颗粒物质，毒性物质可破坏黏液-纤毛清除机制。呼吸细支气管的Clara细胞具有很强的对外源化学物代谢和活化的能力，可能是某些致癌物代谢活化的部位，如某些亚硝基衍生物可诱发起源于Clara细胞的肺肿瘤。肺泡Ⅰ型和Ⅱ细胞上皮细胞是大量毒物的靶部位，极易受到毒物的不可逆损伤。

（二）肺血管内皮细胞损伤

血管内皮细胞是肺毒物的重要损害部位之一。

（三）呼吸系统的生物转化

肺含有代谢外源化合物的大多数酶，尽管这些酶在肺部的总量比肝脏低，但它们常常高度浓集于呼吸道的某些细胞群中。部分细胞色素P450同工酶在肺内的水平更高，导致一些物质由肺P450酶转化比肝脏快。肺还有两个重要的外源化合物代谢酶S-谷胱甘肽转移酶和谷胱甘肽过氧化物酶。肺脏还可以通过其自身所具备的和产生诱导的抗氧化酶剂和抗氧化物质消除肺脏毒物在肺中产生的活性氧。

（四）巨噬细胞损伤

肺泡巨噬细胞对肺泡颗粒物的清除起着重要作用。巨噬细胞吞噬颗粒物可使其活化释放炎性介质如趋化因子、血小板活性因子、生长因子、肿瘤坏死因子α和白介素-1等细胞因子。一旦由于肺内大量的颗粒使巨噬细胞的吞噬功能下降，即使颗粒不具备细胞毒性，也会使巨噬细胞的清除率下降和释放一些生物活性物质，总体效应是扩大炎性反应并导致肺组织的严重损害。

（五）非表面活性物质破坏

肺表面活性物质位于肺泡内壁的气-液界面之间，具有降低肺表面张力，防止肺泡萎缩的作用，同时对保护肺泡内的巨噬细胞也有一定作用。外源化学物通过两种途径破坏肺表面活性物质：一是直接破坏作用；二是外源化学物质引起的脂质过氧化作用或通过损伤Ⅱ型肺泡上皮细胞使之合成减少。此外，肺内脂质代谢障碍可间接影响肺表面活性物质的合成。

（六）肺毒性介质

细胞因子和炎性介质是研究外源化学物引起肺损伤机制的核心，对于阐明毒物引起肺损伤机制有重要意义。细胞因子可分为3类：第1类是启动细胞因子，如肿瘤坏死因子α（TNF-α）和白介素-1；第2类是募集细胞因子，如趋化因子；第3类是溶解细胞因子，如生长因子α和β，白介素-4、6、10，细胞因子参与肺纤维化有关的级联反应。白介素中的几种成分尤其是IL-1、IL-2、IL-5、IL-

8 是肺上皮细胞损伤反应过程中的重要成分。多种特殊的前列腺素尤其是 PGE2 和白三烯参与肺的细胞内信号传导通路。

二、呼吸系统毒性的作用机制

外源化学物与呼吸道相互作用的毒性效应具有种属差异，如按单位体重计算，大鼠比人具有更大的鼻腔表面积，高活性气体甲醛可以诱发大鼠的鼻肿瘤，而根据大鼠甲醛毒性浓度将大鼠肿瘤数据外推到人，则会高估甲醛诱发人肿瘤的毒性作用。

呼吸道不同部位处理吸入物质的方式不同，所以产生的不良效应也会呈现出部位特异性或伴随部位特异相关的因素而出现。吸入物质在肺部可以通过一系列方式进行清除，如通过黏液纤毛清除、消散、吸收进入循环系统、局部滞留和积蓄在肺巨噬细胞中或直接转移到肺泡、肺泡间隙和肺部淋巴结。试验物质在肺部细胞中也会被激活或抑制，尤其是对于反应性、亲电性物质。肺部可以分泌一系列从小到大的分子量的清除物质，如谷胱甘肽转移酶(GSH)或蛋白质。这些物质可以通过亲核结合抑制对抗敏感机体的氧化应激作用。不同肺部细胞会产生不同水平和不同量的辅助因子，这使得肺不同于其他器官细胞呈现的最敏感的细胞最早被侵害和产生最明确的毒性效应。在这种情形下，肺内的交互作用是多种多样的，如硫醇类物质扮演很多角色，其中就包括 GSH 的转运和转酯反应、蛋白生成和细胞内解毒或参与中间反应或通过气路进行细胞外转移。亲电物质、反应性物质和炎性介质能增加氧化应激来影响肺敏感水平，这也取决于相关物质的生成和转运率。当介质的转运率超过内生清除剂的补充，毒性就很有可能发生。即使是反应性弱的化学物质如低溶解的无毒物质会缓慢地从肺部清除并蓄积在肺泡巨噬细胞和肺组织中。被吞噬的颗粒如果继续蓄积和未成功降解的话就会产生大量能引起易感物种慢性肺部炎症，甚至是肺肿瘤的内生因子。

三、呼吸系统毒性的动物实验

(一) 急性吸入毒性

见第 8 章。

(二) 重复吸入毒性试验

见第 15 章。

在 OECD 试验指南中，重复吸入染毒试验有两项，分别是 OECD TG412：重复吸入毒性(28 或 14 天)；OECD TG 413：亚慢性吸入毒性(90 天)。目前还没有特别针对吸入途径的慢性或致癌性研究试验指南，但 TG451(致癌性研究)、TG452(慢性毒性研究)和 TG453(联合慢性毒性/致癌性研究)包括了吸入途径在内的暴露方式。2009 年，为体现 3R 理念和毒理学的最新技术，两项吸入毒性试验指南 TG412 和 TG413 进行了更新。可查阅有关文献。

四、呼吸系统毒性的体外实验

(一) 支气管肺泡灌洗

支气管肺泡灌洗(broncho alveolar lavage，BAL)又称肺灌流(perfused lung)，是用等渗的盐溶液冲洗和灌注气管与肺泡区表面的过程，是一种采集支气管和肺泡表皮脱落细胞和液体的方法。灌注的肺器官保持了结构和细胞间的相互作用，可用于短期体外毒性试验。肺组织切片也能维持肺体内的结构，但同样只能用于急性毒性研究。而且，肺切片的体外存活时间只有几小时。通过对支气管肺泡灌洗液(broncho alveolar lavage fluids，BALF)细胞组成和功能特点以及生化参数的分析，可以对支气管肺泡区的炎性反应的存在进行检测，以判断疾病的进展情况并阐明其病理机制。

对于小动物如大、小鼠，可以对全肺进行多次灌注，将几次的灌液混合用于分析。对于大动物或人，可用气管镜对一个肺叶进行灌洗，灌洗液以密闭导管引出。如要获得大量的细胞，必须反复灌洗，同时要避免灌洗液中可能含有的钙、镁离子。

支气管肺泡灌洗液分析包括对细胞和蛋白质的分析。对BALF细胞的分析主要是分析巨噬细胞和单核细胞(及其吞噬能力)、多核白细胞以及淋巴细胞。其中巨噬细胞在正常的动物BALF中占95%～100%；淋巴细胞大动物(如人体)中的较小成分，在啮齿类动物BALF中很少发现；多核白细胞与炎症反应过程有关，而在正常肺中很难发现。

正常动物BALF中只有少量的蛋白(主要是清蛋白)和低水平的酶活性(如β-葡萄糖醛酸糖苷酶、酸性磷酸酶、乳酸脱氢酶)。当呼吸系统表皮和(或)内皮细胞膜损伤时，导致血清流入呼吸道，蛋白增加；受损时巨噬细胞释放溶酶体酶、酸性磷酸酶和β-葡萄糖醛酸糖苷酶，使其含量增加；如果呼吸系统吸入的是不溶性的颗粒，则巨噬细胞被活化，细胞膜吞噬不溶颗粒，释放活性氧和细胞因子等。(见第25章)

(二) 肺切片与显微切割

肺切片是将肺实质或气道切片，然后使其在培养基中培养，毒物可加入其中，观察毒物在肺中的吸收与代谢情况。显微切割利用显微方法从肺组织中剥离小支气管和终末细支气管，以保持气道的独立，然后通过形态学方法和生化方法研究毒物对小气道细胞的影响。

(三) 肺灌注

肺灌注可分为离体灌流(isolated perfused lung)和原位灌流(insite perfused lung)两种方式。前者是将肺切下移出体外灌流；后者是将肺保留在胸腔内灌流。具体方法是通过肺动脉向肺灌流血液或血液替代物，同时肺主动通气(通过正压作用产生节律性充气-放气循环)或被动通气(将肺悬挂在一个“人造胸廓”中，产生负压)。毒物可以加到灌流液或吸入气中，反复灌流肺可检测毒物的代谢率或肺的代谢活性。

(四) 细胞培养

细胞培养技术在呼吸毒理学中被广泛地应用，目前已经分离出了许多种类型的肺原代细胞。肺巨噬细胞很容易从人或动物支气管肺泡灌洗液中得到，可在体外检测其功能；肺经消化和分离，可得到纯化的Ⅱ型肺泡上皮细胞、Ⅰ型肺泡上皮、Clara细胞及神经上皮细胞。目前建立了许多来源于人或动物的肺肿瘤细胞系，用于呼吸毒理学的研究。另外，有几个实验室正在开发建立在静态或灌注培养条件下的肺呼吸道上皮细胞的气液间模型。目前已经开发出一些商业化模型(如MucilAir)，但是仍待进一步研究、验证。体外培养的Ⅱ型肺泡上皮细胞保持了对某些信号(如配体、机械应激或细胞外ATP)的反应能力，能释放表面活性剂，但几天后这一能力就会丧失。通过改进培养条件(如气-液间隔模型，静态或灌注模式)或建立永生化的细胞系有助于提高模型的应用范围，与肺肿瘤来源的细胞系(如A549)相比更具优势，后者虽然胞质内含有黏液分泌载体，但不具备释放表面活性剂的能力。

1. 肺上皮细胞系培养 肺上皮细胞系包括A549、Calu-3、Beas-2B、16HGE14O等。A549细胞系是从肺癌组织移植物中分离培养的，根据研究目的不同，可用于替代肺泡细胞或气管上皮细胞。由于A549具有一定代谢外源性物质的能力，因此，在细胞毒性研究中非常有用。但A549细胞间紧密连接很少或几乎没有，限制了其在吸收研究中的应用。Calu-3 细胞来源于气管黏膜下腺的浆液细胞，通常在黏膜纤毛清除能力缺失的情况下起作用，而并非真正的上皮细胞。该细胞在培养条件下能形成紧密连接，主要应用在吸收研究方面。BEAS-2B 细胞系来源于正常人的支气管上皮，通过病毒(腺病毒12-SV40 杂合子、Ad12SV40)感染而永生化。该细胞在血清中分化成鳞片状(但并不表达纤毛)。BBM 和 BZR 是从 BEAS-2B 衍生出来的两个细胞系，其胞间紧密连接程度较 Calu-3 和 16HBE14O 细胞低。16HBE14O 细胞来源于一个患有心肺疾病男童的支气管上皮细胞，经转化后而建立。

2. 肺原代细胞、原代气管细胞和原代肺泡上皮细胞培养 人和动物的鼻腔、气管上皮和二型肺泡细胞经常用于不同的实验研究中，包括细胞毒性、生物转化和吸收，但这些方法都没有经过验证。对大多数实验室来讲，人体组织的获得困难是最大的问题。体外试验系统也用于颗粒化合物的细胞毒性、吸收和转化的研究中，但这样的试验系统很少，也没有经过验证。主要采用的细胞系是 Calu-3、A549 与Ⅱ型肺泡细胞。

检测肺部上皮细胞吸收的系统是由肠道细胞(Caco-2)系统借鉴过来的。一些以人呼吸道为基础的模型已经商品化。

五、应用和前景

体外细胞系统可用于阐明化合物和微粒通过呼吸道上皮的摄取机制。在药物转运方面，用于药物系统吸收有效性的评价，了解药物吸收的机制以及提高药物的使用安全性。在环境研究方面，可用于研究气体污染物和微粒的吸入危害。还可用于肺部接触纳米微粒的安全性评估。化妆品工业方面用于喷雾剂和气雾剂使用的安全性试验。

目前的体外试验技术都未标准化，因此，必须加快这些方法的进一步开发和预验证。一些人类气管细胞系统(如 Calu-3、16HBE14O、BEAS-2B)和一些商品化的模型应做进一步的评估。其中一个关键的问题是是否可以单纯用一种气管细胞系来研究整个肺部的吸收，而采用培养原代细胞的方法应受限制。尽管现有使用的人源细胞系统备受期望，但仍不清楚在研究化合物和微粒的吸收和毒性方面应分别选用哪一个细胞系较为合适。目前还没有一个细胞系适合用于肺泡的吸收研究。虽然可以联合选用人的气管细胞或肺泡细胞，但获取人体组织对大部分研究中心来说都是一个难题。就计算机模拟系统而言，极有必要对微粒在肺内的易位机制做深入的研究，但该方面研究仍未起步。在培养技术方面，对不同的细胞系统都必须做详细的研究，考虑的因素应包括细胞生长的支持物、载体的孔径大小、需要在细胞的顶端加入人工表面活性剂黏液膜、培养基类型、测定细胞单层最小电阻值(TEER)以便制备一个较好的单细胞层等。

第 4 节 血液/心血管系统毒性及替代方法

血液系统涉及血液、骨髓、脾和各种淋巴组织，血液毒理学研究的是外源化学物对血液及造血组织的毒性效应。心血管系统包括心脏、血管和调节血液循环的神经体液装置，它由一系列复杂的管道连合而成，由于其中所含的液体成分不同，可分为心血管系统及淋巴系统两部分。心血管毒理学研究的是外源心血管毒物对心血管系统的毒性作用及其机制。

通过机体屏障进入体内的各种化学物在吸收后首先进入血液，除了主要对外周血和骨髓造血功能产生影响外，外源化学物随循环系统到达靶器官的同时也对心血管产生影响。心血管维持机体血液循环，将营养物质、氧气和其他物质运送到全身各组织和器官，并将外源物质及代谢产物通过血液循环排出体外，因此，血液与心血管系统关系密切，放在本节一起讨论。

一、血液/造血系统的易感性

进入机体的各种化学物在吸收后首先进入血液，并达到较高的浓度，在随后的分布、交换、代谢和排泄等过程中化学物都依靠血液来运输，因此，血液和造血器官中的各种成分与化学物接触的机会较多，容易受到损伤。外周血中的各种细胞均由骨髓中始祖细胞(造血干细胞)分化而来，而处于不同发育、分化阶段的高度增殖的各种血细胞对化学物和其他环境因素敏感性较高。此外，血液系统成分和功能的复杂性使血液系统很容易受到外源化学物的影响。

如果外源化学物直接影响血液中的一种或多种成分，这种效应称为原发血液毒性效应，通常比较严重；当化学物质先引起其他组织损伤或系统紊乱，继而造成血液的毒性效应，这种效应称为继发血液毒性效应，由于血细胞能反映出大范围毒物对其他组织局部或系统的影响，因此，继发毒性效应更为常见。外周血样品是动物毒理学试验和临床观察中血细胞分析与血液生化检验的标本，除了用于评价其他器官的功能状态外，还可用于检测暴露、效应和易感的生物标志物的研究。

体内抗肿瘤物质、微生物毒素、电离辐射均可破坏快速分裂的骨髓祖细胞，单次暴露即可在4～20天后导致急性、可逆性的中性粒细胞减少或血小板减少症。祖细胞池的快速增殖先于外周数目恢复数天。

临床前药物开发的重要目的是预测新物质对骨髓是否具有临床毒性，毒性是否针对某种细胞系(淋巴细胞、中性粒细胞、巨核细胞或红细胞)，药物在何种剂量或血浆水平才具毒性，哪个模型预测临床情况最佳，何时发生血细胞减少，何时是血细胞减少低谷，何时又可能开始复苏。骨髓毒性是抗肿瘤药物全剂量使用的主要限制之一，通常的调节设置着重于预测两个暴露水平：不引起临床不良反应的最高剂量和可耐受、外周血计数干扰可逆的最大剂量，称为最大耐受剂量(maximum tolerated dose，MTD)。基于最敏感物种MTD的第1期试验初始剂量的选择是至关重要的，因为选择的剂量既不能导致毒性，而同时必须达到给患者以有效治疗效果。即使开始应用分子靶向来开发新治疗方法，大多数抗癌药物仍然造成了人骨髓抑制的剂量限制性毒性(dose-limiting toxicity，DLT)。体外试验可减少因动物外推至人类而造成的不确定性，精确度高，可为计算临床剂量和确定人体暴露限值提供更合理的依据。

二、血液/造血系统的毒性作用

各种原因造成的血液毒性的结果可分为3类：①血细胞生成异常：表现为外周血中各种细胞的减少或增多，如巨幼红细胞性贫血、粒细胞缺乏症、再生障碍性贫血、血细胞增多症和白血病等；②血红蛋白异常和溶血，高铁血红蛋白血症、硫化血红蛋白血症、碳氧血红蛋白血症、溶血性贫血等；③出血性疾病：如血小板减少症、药物或化学物引起的凝血机制障碍而发生的出血等。

(一) 红细胞毒性

外源化合物可能影响到红细胞的产生、功能和存活期，最常见的毒性效应是导致红细胞数量减少(贫血)，而化学物引起的红细胞增多症比较罕见。红细胞的生成是个持续的过程，依赖于细胞不断的分化和血红蛋白的高速合成。有的外源化学物或其活性代谢产物可引起造血微环境的异常和影响造血干细胞的分化成熟，最终导致外周血各种血细胞的较少，引起再生障碍性贫血，如许多治疗恶性肿瘤的抗增殖药物、苯和放射性物质有抑制红细胞生成的作用。血红蛋白的合成依赖于珠蛋白链和血红素两部分协调生成，外源化学物可以影响珠蛋白链合成和血红素合成，导致血红蛋白合成减少并引起贫血，如羟基脲的作用是使蛋白链合成增加，而慢性铅中毒可导致血红素合成障碍。血红蛋白对于肺与组织间有效运输氧气和二氧化碳是必需的。外源化学物可影响血红蛋白结构和与氧的亲和力，改变血红蛋白的呼吸功能（如 CO、苯胺等）。红细胞在正常血循环中的生存周期大约是 120 天，在其生命周期内面临的任何一种损害如氧化损伤增加、代谢障碍以及细胞膜的改变都可以导致红细胞减少，引发贫血，其特点是外周血象中出现网织红细胞和骨髓中红系增生。

（二）白细胞毒性

与其他造血组织一样，中性粒细胞的高增值速率使它们的祖细胞与前幼粒细胞对有丝分裂抑制剂等多种抗癌药物特别敏感，而且这种效应是与剂量相关的，导致粒细胞减少症或粒细胞缺乏症。如氯氮平等可损伤外周血嗜中性多形核粒细胞，氯霉素可影响前骨髓细胞和骨髓细胞，引起骨髓再生不良。

（三）血小板毒性

血小板、多种血浆蛋白和血管内皮细胞共同构成了机体复杂的止血系统，起到防止血液因血管受损流出、并使循环中的血液保持流动状态的作用。止血过程包括 3 个基本过程：受伤的小血管收缩、血小板血栓形成和纤维蛋白凝块的形成和维持。凝血过程分为 3 期：多种凝血因子参与，形成凝血酶原酶，并适当限制和调节血凝反应。止血系统是各种外源化学物毒性作用的靶。外源化合物对止血系统各成分的影响都会导致止血功能紊乱，如流血过多和血栓形成。有些化合物可直接作用于血小板而引起血小板减少症，有的可以诱导机体产生免疫应答，通过抗体与血小板膜受体结合而引起血小板减少。

三、血液系统毒性的替代方法

由于成熟血细胞生命有限，所以血液系统毒性的替代方法目前主要有有长期骨髓细胞培养（long-term bone marrow cultures，LTBMC）、长期培养起始细胞（long-term culture-initiating cells，LTC-IC）、髓淋巴起始细胞（myeloid-lymphoid initiating cells，ML-IC）试验、原始细胞集落形成细胞（blast colony-forming cells，BL-CFC）试验、卵石区形成细胞（cobblestone area-forming cells，CAFC）试验、高增殖潜能集落形成细胞（High proliferative potential-colony forming cells，HPP-CFC）试验等。

利用造血细胞体外培养技术，可以检测处于不同分化阶段造血干细胞的增殖分化能力。造血细胞长期培养（long-term culture，LTC）常利用预先贴壁的基质细胞作为滋养层，这些基质细胞为造血细胞提供刺激和抑制信号，调节细胞增殖。LTC 有多种方法，如利用不同的滋养细胞（如原代培养的骨髓成纤维细胞或转化的细胞系），计数方法也有多种，常用极限稀释法进行频率计算。无论用什么方法，LTC 培养 1～3 周的细胞代表相对成熟的造血祖细胞；而更长时间点（5～8 周）的细胞来源于非常原始的细胞，称为长期培养起始细胞（LTC-IC）。集落形成细胞（colony-forming cell，CFC）培养用于检测某一细胞群体多潜能祖细胞和系列特异性祖细胞，如红系、粒系、单核-吞噬细胞系和巨核细胞系的含量。通常将单细胞悬液接种于半固体培养基中，添加多种细胞因子，以促进单个祖细胞增殖分化，形成由数个至数十个子代细胞组成的集落。在光学显微镜下，可根据原位集落内成熟细胞的形态进行分类计数。在一定的接种细胞数范围内，CFC 的数量应和接种细胞数成直线关系。总的来说，在适宜的培养条件下，更原始的造血祖细胞形成两系或三系细胞组成的集落(混合集落)，而偏成熟的祖细胞形成的集落由单一系列细胞组成。

体外造血模型被越来越多地用于血液病理学和候选药物临床前安全性研究，也可用于确定不同物种血液毒性的相对敏感性和研究数种化合物的协同和拮抗作用。体外血液毒性研究最经常、最深入的研究类型是对骨髓祖细胞如粒细胞巨噬细胞集落形成单位(colony forming unit-granulocyte and macrophage，CFU-GM)、红系集落形成单位(colony-forming-units of erythroid lineage，CFU-E)及巨核细胞祖细胞(colony-forming unit-megakaryocyte，CFU-MK)的急性毒性作用，对暴露于最大刺激细胞因子浓度下的祖细胞存活数进行量化。由于毒物既可直接干扰不同造血祖细胞，也可使细胞因子及其受体表达以产生血液毒性，因此，已有多种不同体外血液毒性测试方法得以开发应用。

(一) 粒细胞巨噬细胞集落形成单位(CFU-GM)试验

通过评价对粒细胞巨噬细胞集落形成的抑制率可以确定外源化合物的潜在血液毒性。CFU-GM 试验可作为预测化合物诱导骨髓抑制的筛选模型，被认为是一种评价和预测外源化合物血液毒性程度的体外替代方法。除一般筛选目的以外，该测试还可应用于临床前药物开发及临床治疗方案制订。

1. 原理　集落生成试验用于研究外源化合物对造血系统直接造成的不良影响。该系统的多能干细胞(也称为集落形成单位，CFU)依赖特定微环境中体液生长因子及局部细胞活性物质定向分化为不同谱系成熟血细胞的祖细胞。通过祖细胞无性生长为粒细胞和(或)巨噬细胞前体，最后形成成熟红细胞、粒细胞、巨噬细胞体外集落。形成何种类型的造血集落取决于培养基中添加的适宜营养素及生长因子。体外 CFU-GM 测试可检测外源化合物对祖细胞增殖能力的直接不良影响，还可用于预测急性暴露后可造成临床中性粒细胞减少症的外源化合物暴露水平。

2. 试验过程　测试系统可采用鼠的骨髓单核细胞(cord blood mononuclear cells，MNC)或人的脐带血单核细胞(human cord blood mononuclear cells，Hu-CBMNC)。先配制甲基纤维素培养基，置于圆底离心管中，将受试物、甲基纤维素培养基及细胞混合，铺入培养皿。每次实验设 3 个阳性对照皿、2 个溶剂对照、6 个受试物浓度。然后将小鼠 MNC 或人 Hu-CBMNC 细胞悬液加入各管中，细胞与培养基混合物分别加入 3 个培养皿中。暴露于受试物的细胞在 37℃、5%CO_2、饱和湿度条件下培养 7 天。孵育 7 天(小鼠细胞)或 14 天(人细胞)后集落计数。根据集落计数标准，在倒置显微镜下计整个培养皿中的 CFU-GM 集落。结果统计计算 IC_{90}(使 90%细胞增殖抑制的浓度值)。

受试物可为药物(抗肿瘤、抗病毒、抗感染药等)、环境污染物、农药、食品添加剂及污染物(真菌毒素)等。

3. 数据分析/预测模型　体外方法的预测模型(PM)重点关注的是临床上中性粒细胞数量减少的严重程度。动物实验数据显示：CFU-GM 减少与中性粒细胞绝对计数(absolute neutrophil count，ANC)降低明显相关，预测使 ANC 降低至最大耐受值的急性外源物暴露水平就是体外血液毒性试验预期达到的目的。

4. 开发和验证状态 CFU-GM法可预测药物、化合物潜在血液毒性及一般毒性，用于外源物质血液毒性的筛选和危害/风险评估，有助于减少动物试验或常规测试所用动物数量。该试验采用小鼠骨髓细胞和人脐带血细胞均可，利用小鼠体内毒性数据外推预测人最大耐受剂量(MTD)的算法已经建立，由于大鼠是最常用的药物、化学品和环境污染物的实验动物，因而大鼠CFU-GMs法也进入验证程序。

2006年，ECVAM科学顾问委员会一致认可CFU-GM测试可替代第二个物种(如犬和其他动物)试验预测人类急性中性粒细胞减少症。但需要指出的是，该试验依赖于小鼠MTD数据的有效性，因而，尚不是完全替代方法。

体外血液毒性试验的目的是预测造成中性粒细胞绝对计数(ANC)减少的外源化合物急性暴露的最大耐受剂量。在ECVAM第1期预验证中，利用吡唑啉吖啶(Pyrazoloacridine，PZA)初步证实了以体外数据预测药物暴露水平的可行性。外源化合物可造成人类3～4级中性粒细胞减少症，4级中性粒细胞减少被界定为是耐受限制剂量，其严重程度表示骨髓功能正常而中性粒细胞绝对计数减少90%；3级被界定为可耐受及代表计数降低75%。因此，预测模型很大程度依赖对剂量限制中性粒细胞祖细胞的抑制程度的正确选择。通过人类PZA研究显示：体外CFU-GM抑制90%等同于体内ANC降低90%。而通常使用的IC_{50}不能完全反映骨髓功能正常的患者的临床暴露水平，IC_{50}只能显示造成急性暴露后轻微中性粒细胞减少的CFU-GM集落减少。某些体外研究重视IC_{70}～IC_{75}值，因为从临床角度来看其对于预测导致3级(而不是4级)中性粒细胞减少的暴露水平更为重要。而且IC_{70}对于轻度中性粒细胞减少患者也是有用的指标。

(二) 巨核系集落生成单位体外检测(CFU-Mk)

巨核系祖细胞是造血干细胞向多向性干、祖细胞和巨核祖细胞增殖、分化，最终生成血小板过程中的必经阶段。骨髓巨核系祖细胞集落生成单位(CFU-Mk)体外检测方法是目前了解巨核系祖细胞数量及其增殖能力的主要方法。体外试验只需3个细胞的集落就可反映巨核系祖细胞的特性，并可进行不经细胞分裂的核内倍增和成熟周期的分析。CFU - Mk常规检测的适宜条件是不易确定的，但是有些方案已经尝试建立支持集落生长及单祖细胞成熟的体外培养条件。如在琼脂培养基上进行小鼠骨髓祖细胞CFU-Mk培养。由于染色后的巨核细胞集落鉴别困难，建议使用血浆凝块以获得可固定并且染色后细胞形态保持良好的人类巨核细胞。但也有人认为，由于重现性差及缺乏特异性，血浆凝块不适合用于体外毒理学研究，而建议使用半固体基质——胶原蛋白凝胶，可使巨核细胞集落生长并且能通过全培养固定及免疫细胞化学特异染色进行集落识别。

血小板减少症是指血小板数量急剧下降(常可跌破10^9/L)，可分为两种主要类型：有毒药物诱导血小板减少症和过敏药物引起的血小板减少。第一类是外源性化学物质直接抑制血小板前体或循环血小板；第二类是由于形成抑制血小板的免疫复合物或合成与血小板反应的自身抗体而诱发血小板减少。为研究第一类血小板减少(症)，Froquet等(2001年)应用CFU-Mk方法研究模型进行体外化学品直接影响研究。经验证的体外血液毒性检测方法可以实质性地优化动物实验预测数据，也减少了血液毒性测试的动物使用量。

四、心血管系统的毒性

（一）心脏毒性及机制

具有心血管毒性的外源化学物可以引起复杂的生物学效应，其结果可能是导致心律失常、传导阻滞、心肌肥大、缺血性心脏病、心肌坏死和心力衰竭等。心血管毒物短时间作用引起心脏的早期反应是生化改变，如心肌酶活性变化和能量代谢以及离子稳态改变，并可致心律失常。在毒物的持续作用下，可以激活心肌细胞转录因子，引起心肌细胞的进一步损伤甚至发展成不可逆损伤。心脏毒性的机制通常包括：①影响离子稳态；②造成冠状动脉血流改变；③缺血-再灌注损伤；④心肌肥大；⑤氧化应激；⑥细胞凋亡与坏死；⑦线粒体损伤。

（二）血管毒性及机制

具有血管毒性的化学物包括来自环境和工业的化学物，如脘基胺类、重金属类、硝基芳香类、多环芳烃类、二氧化硫、一氧化碳等，以及一些具有心血管毒性的药物，如拟交感神经胺类、抗肿瘤药物、非甾体类镇痛抗感染药和磷酸二酯酶抑制剂等。无论这些化合物以何种暴露方式进入人体，在其到达靶部位之前都要先接触血管细胞，使血管细胞极易成为靶细胞而受到损伤。毒性损伤一般从血管内腔到血管壁深层，首先是第一层起到屏障作用的内皮细胞，其次是中层平滑肌细胞和（或）外膜或纤维细胞的损伤。其作用机制包括：①膜结构和功能的变化引起血管反应性改变；②氧化应激使基因调节机制、抗氧化损伤机制紊乱和稳态丧失；③血管特异性毒物的生物活化；④血管细胞中毒物的选择性蓄积。了解毒性作用的机制对于研发新的动物实验替代方法具有重要意义。

五、心血管系统毒性的替代方法

（一）基因动物模型

用于心血管毒理学研究中的动物模型包括转基因动物模型、基因敲除动物模型和基因转导模型等几种。主要用于研究导入基因对心血管毒性及调控过程的影响，研究某个特定敲除基因对心脏毒性及调控过程的改变，以及研究导入基因对心血管的直接效应。应用这些模型的目的都是为了确定特定基因的功能，探讨心血管毒性作用的分子机制。最常用的转基因/基因敲除动物模型是小鼠，如基因敲除建立低密度脂蛋白小鼠模型。

（二）离体模型

离体器官灌注模型是靶器官毒理学研究中最常见的体外替代模型，采用人工控制条件下离体动物心脏灌注技术，可研究各种试验因素对心脏功能的影响。离体心脏灌注模型主要分为两类。一类是 Langendorff 模型，即非做功离体心脏灌流模型，它以恒压或恒流方式，从主动脉根部逆向用氧合盐溶液灌洗心脏（逆行灌流），逆行灌流过程中，主动脉瓣关闭。正如在体心脏处于舒张期一样，使得灌注液经冠状动脉分布，并流入冠状窦和开放的右房。这一模型的优点是可观察心脏的收缩力、冠脉流量及心脏节律等指标；缺点是灌流过程中心室不充盈，不按照容量压力曲线做功，与生理状态偏离较大，所能观察的指标也较少，不能满足心脏复杂功能研究的需要。另一类模型是离体工作心脏灌流模型，即在肺动脉或左心房内插入另一根导管，灌流液可以经导管通过二尖瓣进入左心室（顺心室灌流），心脏收缩是左心室可克服后负荷将灌流液泵入主动脉而做功。经过改良，现在所用的模型通常使先进行 Langendorff 灌流，待心脏恢复收缩后再行顺行灌流，心脏开始做功，稳定后进行正式实验。优点是心脏的活动接近在体条件下的情况，可同时研究心脏舒缩功能、心泵功能、冠脉灌注状态以及心肌氧耗、底物的利用、酶学改变等多项生理功能。缺点是不受整体条件下神经体液的调节作用，且人工灌流液的组成及性状与正常血液相比仍有差异，故不能完全等同于在体心脏。离体心脏维持时间不能太久，试验操作必须在一定时间内完成。

离体灌流体外模型维持了心脏正常生理功能和组织结构的完整性，它排除神经、体液因素及其他脏器和系统的干扰，可用于研究某些试验因素对心脏的影响。离体灌流模型具有整体动物实验和体外试验的优点，可用于心血管药物的筛选和外源化学物对心脏毒性作用的研究中。

（三）全胚胎培养模型

全胚胎培养模型是将处于器官形成期的动物胚胎在离体条件下进行多气体动态培养，目前多采用大鼠胚胎进行全胚胎培养。全胚胎培养模型已经过 ECVAM 的验证，成为替代胚胎和发育毒性的替代方法。全胚胎试验也适用于研究胚胎心血管系统发育期对外源物质的毒性效应。有关试验方法见第 19 章。

（四）细胞（系）实验模型

在循环系统毒理相关研究中大量使用细胞（系）作为实验模型。细胞（系）模型包括成熟心肌培养、胚胎心肌原代培养、血管平滑肌培养和其他相关细胞（系）培养，需要说明的是，心肌细胞具有终末分化的特点，增殖分化能力十分有限，尽管有些心肌细胞可以传代并具有心脏的表型，但是到目前为止还没有心肌细胞系。培养的成熟心肌细胞一直被用作体外试验模型，但由于其保存时间短，细胞结构有别于内心肌细胞而受到许多限制。目前用于成熟心肌细胞培养的方法有去分化法和快速吸附法。去分化法培养的心肌细胞可保存数周到数月，但心肌结构发生改变，且培养需要血清，血清中的细胞因子对心肌细胞的影响不易控制。快速吸附法培养细胞能存活 14 天，且能保持心肌细胞的柱状、纹状形态。如何保证培养的成熟心肌细胞与在体成熟心肌细胞生物学特性的一致性是成熟心肌细胞模型使用的关键。

胚胎心肌细胞是心血管毒理学研究中最常用的心肌细胞实验模型。胚胎心肌细胞具有在体心肌细胞的大部分特性，又具有一定的增殖能力，主要用来研究心血管毒物对心肌毒性效应和作用机制。由于胚胎心肌细胞是处于特殊发育阶段的心肌细胞，胚胎心肌细胞表现的毒性效应并不能完全等同于在体成熟心肌细胞对毒物的反应。

第 5 节　肝毒性及替代方法

在机体内肝具有特殊的解剖位置和生理生化特性，肝最易作为外来化学物的毒作用靶器官。化学物质无论从何种途径进入机体，均可通过血液循环达到肝，尤其从消化道吸收的毒物，在进入血液循环以前毒物首先与肝接触。肝脏作为化学毒物生物转化的主要器官，在一定条件下，化学毒物的损害。

肝细胞由肝实质性细胞（即肝细胞）和非实质性细胞组成，前者约占 60%，后者约占 40%，其中非实质性细胞包括内皮细胞、库普弗细胞（Kupffer 细胞）、储脂细胞（又称 Ito 细胞）、大颗粒淋巴细胞、胆管上皮细胞、成纤维细胞等。肝细胞是组成肝最主要的细胞，它是一种高分化的细胞，功能复杂，由于肝细胞是肝的主要代谢细胞，因此毒理学实验中常用肝细胞作为研究材料。肝损伤的体外试验评价是在没有肝外因素影响下来评价化学毒物引起肝损伤，用于肝毒性筛选和机制研究。体外试验包括离体灌流肝试验、肝细胞毒性试验、原代肝细胞培养试验、肝匀浆试验以及肝切片孵育等。这类试验突出的缺点是没有考虑生物机体对毒物的整体反应性，因而体外试验结果外推到人存在较大距离。

一、肝脏结构与毒性作用关系

（一）肝对化学物的摄取和浓缩

肝位位于胃肠道的门脉血流的下游，易"首过性"摄取有害化学物。肝血窦上皮中的窗孔使血液中分子与肝细胞紧密接触，故亲脂性化学物易于扩散进入肝细胞，并被肝脏浓缩。某些毒物是肝血窦转运体的底物，故可从血液中快速抽提进入肝脏。肝脏主动摄取和储存的生理过程可使毒物在肝脏蓄积，因而是鬼笔环肽、微囊藻素、维生素A和几种金属（如镉、铁）肝毒性的决定因素。

（二）化学物代谢活化与解毒

肝是外源化学物最主要的代谢器官。某些遗传因素或后天因素可促进代谢活化过程或阻碍解毒过程，从而将平衡转向肝损伤。后天因素中值得注意的是药物或化学物的Ⅰ相诱导效应和（或）抗氧化剂耗竭效应。

（三）破坏细胞骨架

鬼笔环肽及微囊藻素是肝血窦转运体的底物，可被血窦转运体大量转运于肝细胞中，通过影响在细胞骨架动力学中有重要作用的某些蛋白质，引起细胞骨架的破坏。

（四）线粒体损伤

线粒体DNA编码的几种蛋白质参与线粒体电子传递。核苷类似物参入碱基导致错码或提前终止多肽合成，故可直接导致线粒体DNA损伤。核苷类似物非阿尿苷对合成线粒体的DNA多聚酶的亲合性高于对合成核DNA的多聚酶的亲合性，可导致肝线粒体严重损伤。线粒体DNA还因DNA修复能力有限易发生突变。

（五）胆汁淤积

在胆汁形成过程中，有6种致胆汁淤积的潜在机制，包括：①抑制摄取；②细胞骨架依赖性转胞吞作用降低；③分泌障碍（跨胆小管膜分泌障碍的原因既可能是转运体抑制，也可能是转运体脱离胆小管膜）；④胆小管收缩性下降，使胆小管闭合能力下降，导致胆汁泄漏；⑤在胆小管腔与血液起封闭作用的细胞连接发生泄漏；⑥近胆小管区有毒物质高度蓄积所导致的有害作用。

（六）肝血窦细胞活化

实验观察表明，肝血窦细胞活化作为原发性或继发性因素在毒物肝损伤过程中发挥作用。血窦细胞的中毒反应可导致损伤或活化。此过程可能涉及：①毒物损伤肝细胞；②受损肝细胞向库普弗细胞和Ito细胞传递信号；③库普弗细胞释放细胞毒素；④Ito细胞释放胶原。库普弗细胞激活在一些毒物引起肝损伤的过程中发挥重要作用。刺激活性Ito细胞产生胶原是毒物诱发肝纤维变性的发生机制之一。

二、肝毒性作用机制

化学物引起肝细胞死亡的可能机制有：① 肝细胞膜脂质过氧化；如CCl_4等化学毒物在细胞色素P450系统作用下，产生三氯甲烷自由基，后者可使细胞质膜或亚细胞结构膜脂质发生过氧化，引起膜通透性增加，最终导致细胞死亡；② 毒物及其代谢产物与生物大分子发生结合：如CCl_4体内产生的三氯甲烷自由基可与生物大分子（如蛋白质和不饱和脂质)发生共价结合,使生物大分子功能丧失,导致细胞死亡;③影响肝细胞呼吸链中酶蛋白的合成:由于肝线粒体DNA(mtDNA)编码电子传递链所需的酶蛋白,化学毒物如碱基类似药物 fialuridine 可插入mtDNA链中,使其错误编码呼吸链中酶蛋白,或终止其酶蛋白合成,导致酶蛋白的合成发生障碍、肝细胞内呼吸停止、细胞死亡;④由于细胞膜脂质过氧化,钙稳态失调,引起肝细胞死亡;⑤ 通过消耗谷胱甘肽(GSH)损伤肝细胞:GSH是一种具有重要解毒功能的三肽物质,与化学毒物或其代谢产物相结合,形成硫醚氨酸,经胆汁或尿液排出。GSH还可参与消除游离自由基作用。化学毒物(如 CCl_4 染毒)使GSH急剧耗竭,导致毒物中间代谢产物与生物大分子发生共价结合,引起肝细胞死亡。

三、肝毒性的体内试验评价

肝是化学毒物在体内进行生物转化的重要器官。许多化学毒物及其代谢产物容易对肝产生毒作用,导致肝生理生化功能紊乱与组织病理学改变。

在检测化学毒物诱发肝损害时,采用科学的实验设计和敏感的检测方法,不但能够评价化学毒物导致肝损害的程度,而且还能评价肝损害的性质。评价化学毒物引起肝损害的方法有整体动物实验和体外试验两大类。体内试验方法是将肝毒物给予受试动物,然后处死动物或在动物存活的情况下进行各种生物检测,如动物染毒后的血清酶学分析、肝排泄和分泌功能测定、肝化学组成分析以及肝损害的组织病理学检查等。体外试验是指采用某种实验技术从动物机体分离出肝、肝细胞或肝细胞的亚细胞结构,让其在体外与肝毒物接触一定时间,然后进行各种检测,如动物的离体肝灌流试验、肝细胞原代培养与肝细胞毒性试验、肝匀浆毒物代谢试验等。

在肝脏毒理学实验选择实验动物时,要考虑所选动物对受试肝毒物的敏感性,如豚鼠对氯二丁烯肝毒性的敏感性高于大鼠。敏感动物种类可通过查阅文献或预试验确定。动物染毒应尽量选择与人暴露化学毒物相同的途径。实验性肝损伤的体内试验方法有下面几种:

(一)血清酶学检测

在肝损伤时肝酶释放到血液中,因此,检测血液肝酶的活性是目前肝脏毒性研究中最有用的工具之一。选择测定的血清酶,应考虑其对评价肝脏损伤时的特异性和敏感性。血清酶大致可分为4组:①第Ⅰ组反应胆汁淤积较实质损伤敏感;②第Ⅱ组反映实质损伤较胆汁淤积敏感,其中ⅡA组反映肝外疾病和肝脏损伤,ⅡB组相对特异地反映肝脏损伤,ⅡC特异性地反映肝脏损伤;③第Ⅲ组对肝损伤相对或根本不敏感;④第Ⅳ组则在肝脏损伤时水平降低。第Ⅰ、Ⅱ组酶在普通肝病研究中最有价值,第Ⅱ组酶在实验性中毒性肝损伤研究中最有意义。

血清酶水平在肝脏毒性的研究中仍受到一定的限制,因酶水平升高可为肝细胞膜通透性改变而泄漏的结果而并非细胞明显坏死,如缺氧导致的血清酶水平升高。此外,某些酶的改变实际上也可来自其他器官;某些中毒性肝损伤(如乙硫氨基酪酸和磷诱导)时血清酶升高相对较轻。因此,在缺乏损伤证据时,血清酶水平研究需经组织学研究确认后方能得到正确结论。此外,血清酶学在一定程度上可反映细胞器损伤。

(二)肝脏排泄功能检测

最常用于检测肝脏损伤的方法有血清磺溴酞钠(BSP)排泄试验和靛青绿(indocyanine green,ICG)试验。肝功能减退或衰竭时BSP和ICG从血中消失时间延长,通过测定血浆清除率可评价肝功能损伤的程度。不同实验动物 ICG 的生物半衰期($t_{1/2}$)与每分钟清除量(%)不同。

(三) 肝脏化学组成改变的检测

最常用于评价肝损伤的肝脏化学组成成分有:

(1) 脂质成分测定。

(2) 葡糖-6-磷酸酶(G-6-Pase)活性:此酶是肝脏的特异性酶,其活性与肝细胞内质网的完整性有关。

(3) 肝纤维化测定:肝胶原蓄积是纤维化的基础,在胶原中羟脯氨酸含量高,所以肝脏羟脯氨酸含量是评价肝纤维化的生物学标志。用灌饲法给大鼠反复染毒 CC_{14} 以观察其对肝脏羟脯氨酸含量的影响,发现染毒时间越长肝脏胶原含量越高。

(4) 脂质过氧化产物。

(5) 肝毒物及其代谢产物的形成与大分子共价结合。

(四) 肝脏病理学检查

在肝脏毒理学的整体动物实验研究结束后,通常进行大体尸体解剖和组织病理学检查。必要时进行电镜检查,能提供肝细胞早期损伤的形态学改变,为研究化学性肝损伤机制提供依据。化学毒物引起的各种亚细胞结构损伤也具有一定的选择性。

四、肝毒性的体外评价方法

肝毒性评价的体外模型从离体肝细胞悬浮培养,传统的单层培养到更复杂的器官型培养,包括离体灌注肝脏、肝切片、分离肝细胞、肝匀浆试验、胶原夹心培养、Ito 细胞和 Ito 细胞/肝细胞共培养、表达人或动物 P450 酶的基因工程细胞、源于人肝肿瘤的细胞系等。各种体外技术的优点和缺点见表 16-2。

表 16-2 肝脏毒性体外技术的优点和缺点

体外技术	优点	缺点
人 CYP 和 UGT 超微体	存在同一个同工酶,不同的基因型,酶活性高	难以外推至人肝代谢和体内
人肝微粒体	切实可行,个体、性别和种属特异性生物转化研究	不适合定量的测量,只有 CYPh 和 UGT
人肝细胞液	NAT、ST 和 GST 活性依赖于存在辅因子,酶活性高,个体、性别和种属特异性生物转化研究	只有 NAT、ST 和 GST
人肝 S_9	个体、性别和种属特异性生物转化研究,Ⅰ相和Ⅱ相研究	酶活性低于微粒体和胞液
人肝细胞系	易于培养,相对稳定的酶表达水平,CYP 可诱导性	表达水平低
转基因细胞系	易于培养,较高的表达水平,研究 CYP 一种或一组同工酶	不完全表现体内情形,只表达几种同工酶
原代肝细胞	已很好地建立了方法和表征,可研究调节剂和酶诱导剂,仍有药物转运体并起作用	分离较复杂费时,仅能研究预先选择的细胞,在分离期间有细胞损害
肝薄片	完整的细胞交互作用,可进行形态学研究,可研究个体变异	渗透不充分,边缘上的细胞被损伤,存活时间有限,仪器昂贵
离体肝灌注	胆汁形成,三维结构	模型较复杂费时,重复性差,人肝脏不可得

整体动物模型对评价肝损伤的发展及慢性损伤反应尤为重要。使用诱导剂、抑制剂、耗竭剂或失活剂能确定各种特定过程的作用,虽然非特异性作用的潜在影响常使结

果难以解释。应用模型系统可在细胞、细胞器及分子水平上观察各种中毒事件，从而进一步加深了解化学物肝毒性的发生机制和关键因素。肝离体灌注法、肝细胞分离及肝细胞组分分级分离等体外系统可在无其他系统的混杂影响下观察各种不同水平的肝损伤。采用共培养模型和采用某种化学物灭活某种特定的肝细胞能确定此种细胞的功能和不同细胞间的相互作用。采用高纯化的胆小管膜、可分泌胆汁的成对肝细胞及胆管细胞原代培养等技术有可能在胆汁淤积领域取得进展。某些化学物的作用靶部位也已明确，此类化学物的实验研究有助于阐明肝脏各部分的损伤后果。应用转基因和基因敲除啮齿动物及其他分子生物学技术可进一步深入了解代谢活化和排泄过程在肝毒性发生中的重要作用。

（一）离体肝脏灌流模型

离体灌流肝（isolated perfused liver，IPL）实验较接近体内试验的条件，排除体内试验中其他脏器和系统的影响。该法介于整体动物试验与肝切片孵育试验之间，能广泛用于各种肝毒物的体外研究。

1. 原理与特点 与其他体外模型相比，离体肝脏灌流是一种与在体肝脏最具有可比性的体外系统。离体灌流的肝脏保留着完整细胞的天然屏障和营养液的供给，因而能在一段时间内保持肝组织结构和功能的完整性；有完整的脉管系统，能够反映出不同区域肝细胞以及不同种类细胞间的相互作用；灌流状态下的肝脏有正常的摄取、转运、代谢、排泄和分泌功能，氧、营养物质和化合物可经正常的生理途径进入细胞。离体灌流的肝脏还具有离体系统的优点，能够排除其他器官组织、血液成分以及神经体液因素的干扰；可通过调节灌流介质的成分和流速严格控制进入肝脏的化学物质的量；易于多次采取胆汁和灌流液，可动态定量分析化学物质对肝脏的作用。

2. 分类 根据灌流液是否循环可将离体肝脏灌流分为循环式和一过式（非循环式）两种。循环式灌流是密闭型灌流，灌流液流回储液池，不断循环；一过式是开放性的，灌流液经过肝脏后不再循环，自腔静脉流出。

循环式肝脏灌流反映了物质在肝脏中不断循环、不断代谢的真实情况，更接近生理状态；由于灌流液不断循环，因而所需的灌流液量少，所用化学物质的量也少，但循环式肝脏灌流积累的内源性代谢产物有时会影响肝脏的功能。一过式肝脏灌流可以立即检测流出液中化学物质的瞬时转变和代谢产物的生成，减少代谢产物的累积；可根据流出液中化学物质的变化评价灌流肝脏的活性、观察剂量-反应关系，且易于改变受试化学物质的浓度等试验条件。但一过式肝脏灌流需要大量的灌流液，而且内源性物质不断被灌流液冲洗掉，如果某些代谢过于微弱，就不易检测出其变化。

肝脏萃取率高、代谢较快的化学物质宜用一过性肝脏灌流或增加循环式肝脏灌流中灌流液内化学物质的浓度，而肝脏萃取率低的化学物质宜进行循环式灌流。

3. 应用 IPL是运用体外肝灌流技术，在保持肝组织结构完整的条件下，研究化合物对肝生物合成功能、物质代谢、转运与排泄等过程的影响，也可用来研究某些化合物对肝的损害作用，如用体外肝灌流方法证明红霉素等化学毒物干扰胆汁排泄和BSP廓清。离体灌流肝实验的缺点是结果的重现性差，而且需要一定的灌流设备、操作难度较大。

此外，离体肝脏灌流技术还存在一定的缺陷，如需要特定的装置、操作相对复杂、肝脏功能完整性仅能维持数小时，因而长时间灌流仍是目前需要进一步解决的问题；相对于其他体外模型而言利用率较低，一个离体灌流的肝脏只能用于检测一种特定浓度的化学物，不适用于多个化学物、多个浓度的研究，不能大幅度减少实验动物的数量；因伦理问题不能用人肝进行试验。但与其突出的优点相比，这些缺点并不限制该模型在外源化学物质研究中的广泛应用，IPL 是目前研究各种化学物质肝脏代谢和肝脏毒性的重要方法和理想模型。

（二）肝匀浆试验

肝匀浆用于毒物代谢、蛋白合成能力及脂质过氧化作用等研究，缺点是其失去了正常存在的细胞内各细胞器之间的生理调节。制作肝匀浆的匀浆器一般采用玻璃或聚四氟乙烯制成，匀浆棒与匀浆管管壁之间的间隙为 0.25～0.50mm，匀浆速度为 1000～2000rpm 之间。试验介质与试验条件根据试验目的而定。

（三）精密肝切片模型

大鼠肝切片模型（precision-cut liver slice）保存了肝脏的组织结构，包含了肝组织内所有类型细胞，还保存了完好的细胞间及细胞与基质间的联系。尽管肝实质细胞在外源化学物的代谢中起主要作用，但库普弗细胞、内皮细胞和胆管上皮细胞等也通过直接或间接机制参与了外源化学物质致肝损伤作用，因此与其他体外试验模型相比，肝切片的功能异质性和代谢能力比较接近整体器官。

精密肝切片技术具有许多优点：一个肝脏可以切成许多切片，可用来自同一动物的肝切片同时进行多种化学物质和不同浓度化学物质的研究，可极大减少实验动物的数量；培养系统中化学物及其代谢产物的分离检测比较容易，可缩短试验周期；组织来源可以是各种实验动物，也可以是符合伦理要求的人体组织，避免了结果由动物向人体外推的过程；可以采用新鲜组织，也可将冻存组织复苏后进行培养，提高了标本的利用率。上述特点使得精密肝切片技术成为研究化学物质代谢转化及毒性以及分析比较不同动物种属和人类之间差异的一种良好的体外试验模型。

精密肝切片模型的不足之处是胆管系统被破坏，无法收集胆汁进行分析，因此，不能测定胆汁成分和功能参数。另外，由于切片存在一定厚度，受试物不易均匀到达细胞内，切片表面的肝细胞与内部肝细胞接触的受试物浓度存在一定差异。与离体灌流的肝脏相似，肝切片也不适于慢性研究。通过改进孵育技术制备的肝切片模型可用来观察毒物对肝细胞膜的损伤和对脂质分泌功能的抑制作用。但由于物质通过介质转移到细胞内必须依赖于被动扩散，其扩散速率与物质迁移距离的平方成反比，因此肝薄片要薄，否则会影响实验结果。

（四）原代肝细胞培养

目前尚未建立可传代的正常肝细胞株（系），多采用原代培养。肝细胞原代培养维持生存期 1～2 周，期间细胞不分裂、不增殖，但基因转录是存在的。原代培养人肝细胞最接近体内肝脏生理环境，但肝源有限。目前以大鼠、猴、猪、犬等作为肝源分离和培养肝细胞，一般多采用大鼠肝细胞。肝细胞属于高度分化的类上皮细胞，在体内与其他类型细胞及细胞外基质共同维持肝脏的三维结构。分离出的肝细胞离开了体内微环境，这一刺激直接启动了肝细胞的去分化状态，使肝细胞很快失去肝脏特异性功能。因此在原代肝细胞的培养体系中，根据研究目的不同可以选择不同的培养条件，主要有单层培养法、胶原凝胶夹心培养法、共培养和悬浮培养法等。

1. 单层培养　肝细胞属于上皮细胞型，体外培养后具有贴壁生长的能力，贴壁是肝细胞体外增殖的条件。体外贴壁培养的肝细胞，其生物活性短时间内可维持在较高水平。

2. 胶原凝胶夹心培养法 这是一种较为常用的三维培养方法，在肝细胞长期培养过程中，通过采取添加基质膜和胶原凝胶的方法制备成“三明治”模型，或建立肝细胞和上皮细胞（或神经细胞）共培养模型的方法，用来维持肝实质细胞生物学特性和应用于细胞相互作用的研究。胶原凝胶夹心培养模型的制备过程是：首先在培养皿底部包被一层胶原，待胶原凝固后加入细胞悬液，培养一定时间让肝细胞贴壁，再加入胶原，待胶原凝固后，在上面添加培养基。应用“三明治”培养系统使肝细胞生长在两层胶原凝胶之间，比传统的单层胶原更接近体内细胞周围环境特点。采用夹心模型培养的肝细胞在体外重建了肝细胞极性，可在较长时间内保持正常形态、代谢和分泌功能等特异功能。将肝细胞与神经细胞联合培养（见第二节），通过肝细胞提供的代谢系统，可模拟体内环境研究化合物是否经过代谢后产生神经毒性效应。

3. 悬浮培养法 这是一类高密度、长期培养肝细胞的方法，常用的技术有微载体黏附培养法、球形聚集培养法、微囊肝细胞培养法和中空纤维管培养法等。这些方法都是根据肝细胞的生长特性，采用高分子材料，尽可能地为肝细胞生长提供接近于体内生存的三维环境，从而获得大量、高密度和特异功能良好的肝细胞。

4. 肝细胞共培养 肝细胞共培养体系是在培养非实质细胞（主要为肝窦内皮细胞、星状细胞、库普佛细胞）的基础上，再种植肝实质细胞，尽量模拟与体内相似的微环境，维持肝细胞的立体构型，从而肝细胞功能的保持。

原代细胞培养作为一种体外模型，有其突出的优点，它较好的保留和维持了肝细胞的完整形态和肝细胞体外代谢活性，可真实反应体内的代谢情况，并可在接近生理状态的情况下研究化学物质的代谢及毒性；排除了其他器官和组织的影响。但其也存在一定缺陷，如肝细胞存活时间较短，CYP-450的活性下降过快等。尽管如此，原代培养肝细胞仍然是广泛应用的体外模型，用于药物和其他化学物质的代谢、药效和毒性作用机制的研究。

（五）肝细胞系模型

肝细胞系的特点是具有相对的无限生长能力和较高的存活率。目前使用的肝细胞系主要来源于肝脏肿瘤或转染了病毒或细胞 DNA 的正常肝细胞。已经从动物和人肝脏肿瘤建立了多种肝癌细胞系，但这些细胞系的肝脏代谢酶谱表达都不完全，而且随着培养时间的延长，细胞的基因型和表型均发生偏离。迄今，没有一个肝细胞系可以保持完整的肝组织特异性功能，完全模拟体内情况。目前应用最广泛的细胞系为 HepG2 细胞，它来源于人肝肿瘤，具有肝细胞的一切基本功能，如含有某些细胞色素 P 450 亚型（如细胞色素 P2E1、1A1 等），常用于细胞色素 P 450 诱导、基因表达及化学物代谢机制研究。

肝细胞系的发展为体外肝脏模型的发展提供了一个新的空间，但由于维持肝细胞的正常功能非常困难，因此肝细胞系方面的研究仍需深入。

（六）亚细胞系模型

亚细胞模型即组织匀浆、纯化的细胞器如微粒体、线粒体、细胞核等。上述亚细胞成分都可应用于外源引起的肝损伤及毒性机制研究，但这些亚细胞体外模型仅适用于短期研究。

鉴于肝脏在外源化学物质代谢过程中的重要作用，目前较常用的是微粒体。肝微粒体及 S_9 组分是外源化合物在肝内代谢活化的主要部位，常用于一些化学毒物的代谢活化研究。肝微粒体体外孵育反应是比较成熟的技术，公认的酶底物、抑制剂和灵敏有效的多种检测方法，使得体外孵育成为有力的药物代谢研究方法。肝微粒体体外孵育法较其他体外肝代谢方法而言，酶制备技术简单，代谢过程快，结果重现性好，便于积累代谢样品用于结构鉴定；同时，该方法可用于细胞色素 P 450 的抑制和诱导、体外代谢清除和药物相互作用等研究，因而在实际工作中应用较为广泛，是研究体外代谢的常用方法之一。但肝微粒体体外孵育法与体内情况的一致性方面存在不足，因而其试验结果用于预测体内情况仍需进一步确证。

目前，肝微粒体或 S_9 组分最常用于检测外源化学物的潜在遗传毒性（如 Ames 试验、微核试验）。大多数具有遗传毒性的化合物都是以前致突变剂或前致癌剂的形式存在，经肝酶代谢活化后才能造成 DNA 损伤，最后呈现致突变或致癌作用。所以在进行外源化合物的体外致突变试验时需加入体外代谢活化系统（肝微粒体或 S_9 组分）。但该系统存在以下问题：S_9 组分的代谢活性随时间延长而下降，这将使检测的灵敏度降低，导致化合物漏检；不同组织来源的肝脏制品对同一化合物的代谢途径不同，可能会导致检测指标的改变。

另外，肝脏线粒体可用来研究化合物对氧化磷酸化、ATP 合成和脂肪酸 β 氧化的影响；细胞核则可以进行基因转录分析。

第 6 节　肾毒性及替代方法

肾脏在解剖结构和生理功能上都是一个非常复杂的器官，肾脏在维持机体内外环境的稳定起着关键作用。肾脏是外源化合物代谢及排泄的主要器官，具有较强的代偿能力和多种解毒功能，毒物可以损伤肾的部分甚至全部功能，因此，肾脏是化合物毒性作用的主要靶器官之一。由于肾脏组织结构的复杂性和不均一性，加之肾脏损伤缺乏特异表现，给肾脏毒性研究和评价带来很大的困难。

许多非创伤性的方法可用于检测化学物对实验动物或人是否具有肾毒性效应。如尿液生化分析是评价肾功能损伤的一组标准检测方法，其中尿蛋白、尿酶活性及尿沉渣的改变已经成为评价肾功能异常的重要指标。但尿蛋白和尿酶的增高是反映肾脏急性损伤的指标，其改变往往是一过性的，而且特异性不高（如可能是膀胱源性的），因此对于慢性损伤则意义不大。近年来更多的研究采用模式识别技术检测肾毒性，提供一些有关化学物可能的毒性作用位点资料，如近球小管毒物可产生明显的糖尿、氨基酸尿、乳酸尿；肾乳头毒物引起尿三甲氨升高；血浆肌酐或血尿素氮浓度反应肾分泌功能的改变等。进一步了解肾功能改变可采用体内实验，如检测菊糖的肾清除率，提示肾小球滤过功能的改变；对氨基马尿酸的肾清除和肾分泌，估计肾血流量的变化。对于肾毒性动物实验，可采用非创伤的肾成像技术辅助诊断无痛性肾病，还可应用组织化学、免疫细胞化学和原位杂交技术进行肾脏组织病理学检查。但由于体内复杂的神经内分泌调节作用及细胞间的相互作用，传统的体内动物实验很难确定外源化合物肾脏毒性损伤的确切机制和作用位点，而且试验周期长，涉及种属差异和剂量外推的复杂问题，也不符合 3R 原则。寻找周期短、灵敏度高、特异性强的替代方法成为研究化合物肾脏毒性的重要内容。

近年来，各种体外试验系统，如肾细胞培养、组织培养、切片培养、离体灌注等方法逐渐应用于化合物肾毒性评价、优化筛选及毒性机制研究中。有些体外方法已用于化学物高通量的体外筛选研究中。随着人们对于动物福利的关注以及体外试验方法的发展，越来越多的体外替代方法会得到运用。

一、肾脏结构特点与毒性作用关系

肾脏的基本生理功能包括排泄代谢产物、调节体液分泌以及酸碱平衡、分泌激素等。肾脏是外源化合物最常见的靶器官之一，其原因主要与其结构特点和生理功能有关。

（一）肾脏的血流

皮质血流量约占全身的 1/4，按重量计肾脏是全身血流量最大的器官，因而血中有害物质易流进肾脏，特别是肾皮质。髓质血流量少，不到肾血流量的 0.8%，易受缺血缺氧的损伤。

（二）肾有高度浓缩能力

经过肾的高度浓缩作用，使血浆中浓度较低的毒物亦可在肾小管达到毒性的“阈浓度”。远曲小管和集合管可吸收钠、钾、分泌氨及氢离子，保持酸性环境，使难溶于酸性环境的物质析出、沉淀、堵塞管腔。如一些磺胺类药当给予高剂量时候能引起肾小管坏死，原因是其代谢产物乙酰化物在肾小管液体中浓度增加和 pH 依赖的溶解性，在小管腔中形成结晶。

（三）化学物经肾小管细胞的主动转运

从血液经肾小管细胞主动转运进入肾小管液的化学物可能蓄积在近端肾小管细胞，尤其在转运体系饱和时，肾小管细胞暴露的浓度可能要远高于血液，如头孢噻啶引起近端肾小管的损害。

（四）肾有巨大的内皮细胞网

肾脏具有按重量计全身最大的内皮细胞网，可高达 0.005 m^2/g，为毒物引起的免疫性内皮细胞损伤提供了结构基础。

（五）肾的蓄积能力强

肾脏是重要的蓄积器官。肾含有金属硫蛋白(MT)，通过巯基作用与重金属（汞、镉、锌、铜等）结合，沉积在细胞内。可溶性酸性蛋白在与金属离子结合后形成不溶性酸性蛋白复合物沉积在肾小管细胞内，或形成核内包涵体，如铅核内包涵体是铅中毒的特异性病理改变。

（六）肾具有代谢活化能力

肾脏含有丰富的代谢活化酶如细胞色素 P 450 和其他的氧化酶类如前列腺素合成酶系统、C-S 裂解酶和谷胱甘肽转移酶。肾内的物质代谢可促进外源化学物肾毒性效应的产生，类似于肝脏。药物、化学毒物在肾内的生物转化分两个阶段：肾细胞内质网上细胞色素 P 450 混合功能氧化酶催化外源化学物生物转化的第一阶段（即Ⅰ相反应），包括氧化、还原、水解反应，生成水溶性较强的极性物质；第二阶段（即Ⅱ相反应）以结合反应为主，生成水溶性更强的复合物，利于由肾排出。除了细胞色素 P 450 混合功能氧化酶外，其他药物代谢酶在肾内也有活性，如前列腺素 H 合成酶、谷胱甘肽-S-转移酶，氨肽酶、*N*-乙酰基转移酶、磺基转移酶和二磷酸转移酶等，外源化学物的肾内代谢也可生成具有高度活性的自由基，与细胞内大分子物质反应而产生细胞毒性。自由基团可由酶催化或不经酶催化，经氧化反应或还原反应生成。肾外源化学物生物转化的结果是生成许多活性化学物，直接或由肾内活化生成细胞毒性产物而产生肾损害。

二、肾毒性作用机制

许多外源化学物进入体内对肾脏产生直接或间接毒性，直接毒性是外源化学物及其活性代谢物直接损害肾单位，损害作用可发生在肾单位的不同部位，如近端小管、肾小球、髓袢/集合管等。位点的选择性损伤是复杂的，但细胞毒性作用的基本机制是建立特异性检测或生物标志的依据，这也是建立体外细胞模型的基础。

（一）细胞死亡

肾细胞损伤将最终引起细胞死亡，细胞死亡可以是坏死（oncosis），也可以是凋亡（apoptosis），两者在形态和生理上差别很大。凋亡是一个有严密调控的过程，往往只影响和涉及散在的个别细胞，细胞分解后被周围细胞或巨噬细胞吞噬而不引起炎症反应。坏死常累及成片细胞，细胞破裂后释放多种细胞内成分而引发炎症反应。许多毒物在低剂量时引起凋亡；浓度增加时，则坏死起主导作用。

（二）活性中间代谢产物

毒物引起细胞损伤可有不同机制。有些毒物可能与某个或某类大分子高度亲和，故可通过改变（增高或降低）大分子活性造成细胞损伤，如汞和细胞巯基相结合。但有些化学物本身并没有毒性，只有转化成活性中间代谢产物才有毒性。生物活性中间代谢产物如烷化剂是亲电子物质，可以与细胞成分相结合。活性中间代谢产物和靶细胞大分子共价结合，影响大分子的生物活性，而造成细胞损伤，毒物在经生物转化为活性中间体后可能通过氧化还原循环直接增加细胞内活性氧自由基（ROS），如超氧化物阴离子自由基（O_2^-）、过氧化氢（H_2O_2）和羟基自由基（OH），诱导氧化应激。

（三）细胞容积和离子内稳定

肾小管上皮细胞的细胞体积和离子的动态平衡受到严格控制并且对其重吸收功能非常重要。毒物可以通过与细胞膜反应增加离子的渗透性或通过抑制能量生成影响细胞体积和离子的动态平衡。

（四）细胞骨架和细胞极性

毒物可能引起刷状缘缺失、浆膜水泡化或改变膜的极性等膜完整性的早期改变，这些改变可能是毒物通过改变细胞骨架的组成以及细胞骨架与膜的相互作用造成的，也可能与造成了功能代谢或钙和磷脂平衡的紊乱有关。

（五）细胞钙的内稳态

钙作为第二信使在细胞的许多功能中起到了重要作用。钙离子在肾细胞内的分布很复杂，它不但可以与大分子相结合，也可存在亚细胞结构中。胞内自由钙浓度的持续升高或异常大量增加可以激活磷脂、蛋白酶等钙离子依赖的降解酶，最后造成细胞的结构和功能异常。

三、肾毒性的体内试验评价

正常肾有强大储备能力，故当肾损害尚未达到明显程度时，各种试验仍可正常。因此，肾功能检查正常不能排除肾器质性损害。肾功能检查的主要目的是对肾毒性进行早期诊断和肾功能评价。肾毒性评价的整体性方法也要求与离体研究相结合。不仅用不同种系的动物，也要结合人群临床及流行病学研究。需要对肾功能的检查进行全面的综合分析，才能做出正确的判断。

（一）尿成分改变

尿常规分析包括尿液外观、比重、pH、尿糖、尿蛋白、尿胆红素、尿胆原、酮体和尿液沉渣的显微镜观察。尿常规分析的价值有限，除非有明显肾毒性。

1. 尿蛋白 生理情况下，尿蛋白主要来自原尿中未被肾小管完全吸收的少量小分子蛋白质和部分脱落的肾小管细胞。若尿中以大分子蛋白（如白蛋白）为主或出现大量蛋白质，提示肾小球的选择性滤过功能障碍或结构不完整；若以小分子蛋白（常见的如 β_2-微球蛋白、α_1 微球蛋白、视黄醇结合蛋白）为主，则提示损伤部位主要在近曲小管；尿微量清蛋白和尿转铁蛋白增加反映肾小球早期损伤。在有条件的情况下，在测蛋白含量的同时最好测定蛋白的分子量。应注意不同动物间尿蛋白的排泄量种属差异很大。

2. 尿酶 正常情况下尿酶主要来自于血浆中的酶（极少数低分子量酶经肾小球滤过后未被肾小管吸收）、肾单位各部分细胞的脱落、溶解（尤其是富含酶的肾小管上皮细胞）、泌尿道上皮细胞内含的酶。尿酶是肾损害早期和敏感的指标之一。不同的酶来自于肾脏的不同部位，可以作为肾脏损害的标记酶。如碱性磷酸酶和 γ-谷氨酰转移酶活性增高是刷状缘受到损害的标志酶，而 LDH、GDH 等线粒体普遍存在的酶增高表明可能存在广泛的细胞损伤。

（二）肾小球功能试验

肾小球滤过率（glomerular filtration rate，GFR）测定：肾小球滤过是指血液流经肾小球毛细血管网时，血浆中的水、电解质及一些小分子物质（如低分子量蛋白）和蛋白质、核酸、糖等物质的代谢物通过滤过膜进入肾球囊形成原尿的过程。单位时间内两肾生成原尿的量称为肾小球滤过率。临床上只能用一些合适的内源性或外源性物质从肾脏清除的速率简称清除率（clearance rate，Cr）来间接反映 GFR。肾小球清除率（glomerular clearance rate，Gcr）是指肾脏清除某种物质的能力，即肾脏在单位时间（一般为每分钟）内能将多少毫升血浆中的某种物质完全清除的能力。临床常用的有内生肌酐清除率、菊糖清除率和血清半胱氨酸蛋白酶抑制剂 C 测定。此外，血清中肌酐、尿素氮（BUN）、尿酸含量的变化也在一定程度可反映肾小球的滤过功能。

（三）肾小管功能检验

远端肾单位功能检验包括髓袢、远端肾小管和集合管的功能检验、浓缩稀释试验、尿渗量测定、渗透溶质清除率（Cosm）测定、自由水清除率（CH_2O）测定。近端肾小管功能检验常用酚红排泄试验。

肾浓缩-稀释试验用于反映肾脏浓缩功能。在生理情况下，限制饮水则远曲小管及集合管对水分的重吸收增多，尿量减少，比重上升；大量饮水则尿量增多而比重下降。如果远曲小管及集合管的重吸收功能障碍可导致肾脏浓缩-稀释功能下降或丧失。此项功能测定一般先做浓缩试验，再做稀释试验，两项试验的间隔时间需 24h。对人体做试验时，在禁水一定时间后，尿比重应在 1.020以上，而稀释试验至少应有一次尿液比重是由于血管升压素分泌不足或释放障碍。动物试验中，尤其对于小动物，因尿量少不便测定尿比重，可粗略地用尿量来反映其浓缩能力。

（四）其他肾功能检验

1. 肾对氨基马尿酸（p-aminohippuric，PAH）**清除试验** 血中 PAH 几乎全部通过肾脏分泌这一途径清除，血中 PAH 经过肾脏时，被清除的量与肾血浆流量密切相关，故它的清除值一般就看作是有效肾血流量（effective renal plasma flow，ERPF），用红细胞比容校正就可得出肾血流量。

2. 其他肾功能检测 还包括肾小球滤过分数、肾小管葡萄糖最大重吸收量试验、肾小管对氨马尿酸盐最大排泄量试验、酚红排泄试验等。

（五）形态学和酶组织化学检查

急性或慢性毒性试验结束时，需常规称

量肾脏和体重，计算相对脏器重量(肾湿重/体重、肾湿重/脑重)。脏器重量和相对脏器重量改变，提示可能有肾脏损害。此外，大体检查还能发现肾脏有无充血、水肿、纤维化等病理改变。

光镜和电镜检查能发现肾脏在组织学以及亚细胞水平上损害的部位、范围、性质、形态学特征以及严重的程度。酶组织化学检查能对某些病损或某些功能(如一些酶活性)进行定位研究，在肾脏毒理学研究中具有重要的意义。

四、肾毒性的体外评价方法

(一) 肾灌注

肾灌注采用新鲜分离的大鼠肾脏，将灌流液和待测毒物共同注入离体肾脏，未滤过的灌流液经肾静脉流出后可继续进入循环或进行分析，而从输尿管滤过的液体可用于直接分析。由于体外肾脏灌注完整地保留了肾小球滤过和肾小管的重吸收和分泌功能，为化合物毒性研究提供了一个与体内相似的环境，而且不受高级调节系统(神经、激素等)和其他器官组织的影响，肾灌流方法是目前检测毒物对肾脏直接作用理想方法之一，用于外源化学物滤过、分泌、重吸收以及代谢的研究。

通常选用雄性大鼠，全身麻醉后，开腹暴露右肾，分离血管后迅速切取右肾用氧合灌流液冲洗并移至 37℃恒温循环仪上。灌流液用 Krebs-Henseleit 碳酸盐缓冲液作为母液，加入肌酐、葡萄糖、氨基酸等，渗透压维持在 771～797kPa。灌流液按 0.4ml/g 体重，控制流量在 10ml/min，持续 120min，每隔 30min 收集灌流液和尿液用于检测，测定指标包括灌流量、肾小球滤过率以及水回收率。离体肾脏的功能评价一般使用菊糖清除率试验。

肾灌注技术主要用于研究毒物在肾脏的分布和生物转化以及研究毒物对肾脏的损伤机制。用于测定的指标包括：有机阴离子的转运和蓄积、原尿的生成、毒物蓄积、Na^+、K^+ 的排出与储留、GFR、乳酸脱氢酶(LDH)、碱性磷酸酶(ALP)和 γ-谷氨酰转移酶(γ-GT)等酶的漏出。缺点是实验操作技术难度大，而且离体肾脏在体外存活时间通常只有 4～5h，肾灌注只能够用于短期毒性试验，肾脏自身不均一等因素限制了该方法在高通量筛选中的应用。

(二) 肾切片

肾切片分肾皮质切片和髓质切片两类，前者应用更为广泛。肾切片技术排除了其他脏器的干扰，去除了血流动力学的影响，使试验条件稳定可控，同时又保留了肾实质中的多种细胞和细胞之间的联系，使探讨毒物对细胞与细胞之间相互作用成为可能。

使用小鼠或大鼠，雌雄不限，全身麻醉后，快速开腹取肾，置于冷的 PBS 缓冲液中，剥去外膜，用 Stadie-Riggs 或 Mcll wain 组织切片机沿矢中线两侧全肾切片，厚度 0.2～0.5mm。然后将肾切片放入一定的培养基(DMEM-F12 培养基)中振荡水浴箱内培养，培养基中加入待测定的化学物，经过一定时间后，测定培养基和薄片中化学物的代谢和转运。该技术特别适用研究有机物的转运，还能用于检测组织中钾、钠浓度，组织总水分和细胞内外水的分布。切片的功能维持可用标志酶(如 LDH)或离子(K^+)的漏出进行检测。

由于肾切片保留了与体内相似的细胞蓄积方式，目前已经广泛应用于外来化合物的代谢和分布、药物肾毒性的初筛、毒物的毒性评价和作用机制研究，也常用来研究金属的分布，如汞、镉、砷等。通过检测培养液和切片中物质的含量可以研究毒物对葡萄糖、氨基酸、蛋白质以及能量代谢的影响。另外，应用移植排斥下来的肾脏使利用人肾切片进行毒性研究成为可能，减少了毒性资料从动物外推到人的种属差异。

肾切片技术相对简单，与肾灌注技术相比，它能够研究毒物对靶细胞的直接作用，能较长时间的保持代谢（一般可以保持 48h）能力，肾切片体外培育时间已经可以长达 5 天，但是还不能应用于慢性毒性研究和致癌性试验。同时切片过程中会对细胞造成不可避免的机械损伤，这些损伤究竟对细胞的基因表达、蛋白质合成、信号转导以及细胞通讯产生何种程度的影响还有待研究。

（三）游离肾单位

肾单位是原尿生成和排泄的基本单位，也是许多毒物作用的靶标。新鲜分离的肾小球及肾小管保持了上皮结构的完整性，容易检测到化合物引起的肾单位特异性的损伤，尤其是肾小球和肾小管的损伤。

使用大鼠或兔，全身麻醉后，打开腹腔，首先分离肾、肾动脉和输尿管，清除脂肪。肾动脉插管灌流以清除肾脏内血液，继续用 0.5%氧化铁悬液灌流直至肾脏变为黑色。去除被膜后将外皮质切成 1mm 片，匀浆、过筛、冲洗，将保留的肾小球及肾小管用培养基制成悬液，用磁力搅拌棒搅拌，移出吸附在磁棒上的肾小球。再次重悬和吸附过程制备较纯的肾单位。将游离肾小球或肾小管直接加入含 1%胎牛血清的 DMEM/F12 培养液中，置 37℃、5% CO_2 培养箱中培养。游离肾单位的功能评价可采用细胞内酶的漏出（如 LDH）、细胞染色（台盼蓝、中性红）、线粒体功能（MTT、XTT）以及细胞内 ATP 和 K^+ 等方法。最好选用对细胞损伤较小的方法，以免对以后的试验造成影响，如细胞微观结构、物质转运以及通过免疫染色和某些标志物检测鉴定紧单位的功能。

游离肾单位可应用于外来化学物的肾毒性评价以及应用于肾毒性机制的研究。利用游离肾小球不仅可以研究氧化应激、Ca^{++} 凋亡等在肾脏损伤中的作用，而且可结合蛋白质组学技术探讨清蛋白在肾小球中滤过性改变的机制。游离肾小管已广泛应用于庆大霉素、顺铂等药物的肾毒性机制研究中。近年来在此基础上发展起来的肾小管微灌注技术（tubule microperfusion），就是将肾小管分离出来后再进行灌注试验。这项技术最复杂和困难的是肾小管的制备，需在显微镜下人工完成，微量加样器用于灌注。分离出的肾小管基本保持其正常的生理功能，在药理学和毒理学中都有广泛的应用。游离肾单位的缺点是体外存活时间短，操作困难，限制了该方法进一步发展应用。

（四）原代肾细胞培养

目前几乎所有的肾细胞都已实现了体外培养，包括近曲小管上皮细胞、肾小球系膜细胞、肾间质细胞、集合管细胞以及远曲小管细胞等。通过体外培养模型在可控条件下可研究化学物对某一类型细胞的毒性作用机制，

从肾外层皮质切除的组织块进行原代分离培养，表达许多近曲小管功能特征的上皮细胞拥有丰富的代谢转化和生物转化功能，可保持体内前体细胞分化状态，对外源性毒物的损害特别敏感，是研究肾毒性损伤最用的体外模型，可以根据肾小管上皮细胞表面抗原的不同特异性、无血清特异培养基等方法分离不同细胞。

大鼠断颈处死后，摘除肾脏，把从皮质切除的组织块剪碎，经筛网研磨冲洗，放入胶原蛋白酶和膜蛋白酶混合液中消化，中止消化后离心，收集细胞，用含 5%胎牛血清的 DMEM-F12 培养液混悬细胞，将细胞接种于培养皿。肾上皮细胞呈碱性磷酸酶阳性染色，可免疫组化进行鉴定。细胞功能的评价可采用细胞内 LDH 酶的漏出、MTT 以及物质的转运等方法。

原代肾近曲小管上皮细胞主要用于化

合物毒性的评价与研究，缺点是受肾脏供体的年龄、性别、品系等的影响。原代培养的细胞差异很大，并缺乏稳定的表现型。

生长在微孔支持物上时，这些培养模型容许通过评估它们的吸收和分泌能力、跨上皮电阻和(或)跨细胞和细胞旁路的穿透力进行上皮屏障功能试验。这些参数可用来检测上皮整体性，并允许对损害上皮屏障性能化学物效应的筛查。

（五）永生化肾细胞

肾近端小管是肾毒性损伤最常见的部位，利用肾近端小管上皮细胞系可在药物开发早期阶段优化筛选先导化合物，并比较结构相似化合物的相对肾毒性。也可用于其他化学物质的肾毒性研究。常用的永生化肾细胞系有犬肾集合管上皮细胞(MDCK)、美洲负鼠(opossum)肾近曲小管上皮(OK)、猪肾近曲小管上皮(LLC-PK1)和人肾近曲小管上皮(HK-2 和 HKC)等。这些细胞系的共同特征是具有肾上皮细胞特有的结构和功能，能部分表达肾小管特异性标志酶，具有部分的分化功能，且存活时间较长、易于传代培养。连续细胞系可以通过细胞形态学观察以及细胞存活状况来判定，也可依据所培养细胞的特征通过特定的酶或转运功能鉴定。

1. OK 细胞系　来源于美洲负鼠的肾小管上皮细胞，是研究肾小管细胞功能的一个主要体外模型。OK 细胞系具有可以被甲状旁腺激素所调节的钠依赖性的磷酸盐、氨基酸和葡萄糖转运系统，其钠依赖性的磷酸盐转运系统还受 5-羟色胺、甲状腺激素、甲状旁腺激素及 cAMP 等的调节。细胞的顶侧膜上具有 Na^+/H^+ 交换系统和参与各种有机离子分泌的对氨基马尿酸转运系统。OK 细胞几乎不能表达肾近端小管细胞标志酶——碱性磷酸酶(AP)和 γ-谷氨酰转肽酶(γ-GT)，也不表达葡糖 6-磷酸酶和己糖激酶，但 Na^+/H^+-ATP 酶活性高于其他常用的肾小管细胞系。目前，OK 细胞已经广泛用于氨基糖苷类抗生素、顺铂、马兜铃酸等药物的肾毒性机制研究，还经常用于化学物对 Na^+/H^+ 交换系统和对氨基马尿酸转运系统的研究。

2. LLC-PK1 细胞系　来源于猪肾小管上皮的单层极性细胞，除了具有钠依赖性的磷酸盐、氨基酸和葡萄糖转运系统及钠依赖性的乳酸盐转运系统外，还具有非钠依赖性的己糖转运系统及多胺转运系统。LLC-PK1 细胞的 β-氨基酸转运系统最活跃的部位在顶侧膜，而不像犬肾集合管细胞(MDCK 细胞)位于基底膜。与其他肾小管细胞系相比，LLC-PK1 细胞高表达 γ-GT、谷胱甘肽-S-转移酶(GST)和还原型辅酶Ⅱ(NADPH)细胞色素 C 还原酶。糖原异生是肾近端小管的主要代谢途径之一，但该细胞系缺乏果糖-1，6-二磷酸酶、葡糖-6-磷酸酶和己糖激酶的表达。另外，LLC-PK1 细胞对甲状旁腺激素不敏感，而且缺乏对丙磺舒敏感的有机阴离子转运系统。LLC-PK1 细胞已成为肾毒性研究的主要细胞模型之一，主要用于药物的细胞跨膜运输和环孢素 A、β-内酰胺类抗生素等药物肾细胞毒性机制的研究。

3. HK-2 细胞系　来源于正常成年男性肾近端小管上皮细胞，经人乳头状瘤病毒(HPV)-16 的 E6/E7 基因转染而永生化。HK-2 细胞分化良好，能够表达 AP、γ-GT、亮氨酸氨基肽酶、酸性磷酸酶、细胞角蛋白、α3β1 整合素和纤溶酶，生长呈表皮生长因子(EGF)依赖性。另外，HK-2 细胞还保持了肾小管上皮细胞特有的钠依赖性的葡萄糖转运系统，对甲状旁腺激素的调节作用也非常敏感，但对血管升压素的刺激没有反应。试验证实，HK-2 细胞能够利用和储存糖原，进行糖原异生。由于 HK-2 细胞来源于成人肾细胞，其功能更接近于原代培养的肾小管上皮细胞，近年来，HK-2 细胞系已成为研究各种肾毒性及肾小管毒性损伤机制的重要细胞模型，如应用于胆固醇、鞘氨醇和神经酰胺、脂质过氧化物等在肾损伤中的作用及药物引起细胞凋亡的机制等研究。

4. HKC 细胞系 与 HK-2 细胞系同样起源于成人肾细胞，不同的是 HKC 细胞系是通过腺病毒（Adenol12-SV40）转染而永生化。HKC 细胞也是分化良好的肾近端小管上皮细胞，表达肾近端小管细胞标志酶 AP、γ-GT 及上皮细胞分化的标志物角蛋白。与 HK-2 细胞相比，HKC 的 AP、谷胱甘肽还原酶和 *N*-乙酰-β 氨基葡萄糖酶（NAG）的活性较高，而 γ-GT 和 Na^{+}/H^{+}-ATP 酶活性则较低。因为 HKC 细胞系建立的时间比较短，目前的应用还不广泛。

5. MDCK 细胞系 MDCK 来源于犬肾集合管上皮细胞，拥有肾集合管上皮细胞的大部分特征，常用于研究转运功能。

6. 其他细胞系 大鼠肾小管上皮细胞 NRK-52E 经常用于研究凋亡和顺铂等药物肾毒性机制。人胚肾 HEK-293 细胞系与其变异体 KEK-293T 具有上皮细胞的表型，也曾用于一些毒性研究，如砷的蓄积、药物毒理，但由于易于传染，经常被用做外源基因导入的对象，用于表达相应的载体或通道。非洲绿猴肾细胞系 COS 由于缺乏大部分膜通道，也是常用的转染对象。

五、肾毒性的整合研究策略

体外研究方法具有实验周期短、易于标准化和相对高能量的特点，免去了动物饲养的麻烦等，而且离体肾灌注、原代肾细胞培养、亚细胞器分离以及建立肾细胞株等方法日益成熟，新的体外技术不断应用，体外试验在进一步检测靶器官中不同细胞的损伤程度、功能状态等方面、在发现体内试验难以发现的毒性效应和毒性作用机制等方面，将发挥越来越重要的作用。但体外系统也有缺点，如新鲜制备的离体灌注肾、肾切片、肾小管和细胞等虽然在功能上与整体类似，但在体外存活的时间只有 2～24h。与此相反，肾原代或细胞株存活时间可达 2 周以上，但在功能上与整体情况下的功能相似性方面不如上述的几项技术，在肾毒性测试时应根据情况选用。

（谈伟君　程树军）

参考文献

彭双清，郝卫东，伍一军. 毒理学替代法. 北京：军事医学科学出版社，2009

庄志雄. 靶器官毒理学 . 北京：化学工业出版社，2006

周宗灿编著. 毒理学教程. 北京：北京大学医学出版社，2006

Atterwill. Brain reaggregate cultures in neurotoxicological investigations. In：Atterwill，C. K. ，C. E. Steele (ed)：In vitro Methods in Toxicology，1989，133～164

Breems DA，Blokland EAW，Neben S，Ploemacher RE. Frequency analysis of human primitive haematopoietic stem cells subsets using a clobbestone area-forming cell assay. Leukimia，1994，8：1095

Bruinink A，Maier P. Identification of neurotoxic chemicals in cell cultures. ALTEX，2007，24：22～25

Cronin MTD，Jaworska JS，Walker JD，et al. Use of QSARs in international decision-making frameworks to predict health effects of chemical substances. Environmental Health Perspectives，2003，111：1391～1402

Dietl P，Haller T，Mair N，Frick M. Mechanisms of surfactant exocytosis in alveolar type II cells in vitro and in vivo. News Physiol Sci，2001，16：239～243

Felder E，Jennings P，Seppi T，Pfaller W. LLC-PK1 cells maintained in a new perfusion cell culture system exhibit an improved oxidative metabolism. Cellular Physiology and Biochemistry，2002，12：153～162

Forbes II. Human airway epithelial cell lines for in vitro drug transport and metabolism studies. Pharm. Sci. Technol Today，2000，3：18～27

Forsby A，Pilli F，Bianchi V，Walum E. Determination of critical cellular neurotoxic concnetrations in human neuroblastoma cell cultures. ATLA，1995，23：800～811

Foster KA，Avery ML，Yazdanian M，et al. Characterization of the Calu-3 cell line as a tool to screen pulmonary drug delivery. Int J Pharm ,2000,208:1～11

Foster KA, Yazdanian M, Audus KL. Microparticulate uptake mechanisms of in-vitro cell culture models of the respiratory epithelium. J Pharm Pharmacol,2001,53:57～66

Gebhardt R,Hengstler JG,Muller D,et al. New hepatocyte in vitro system for drug metabolism: metabolic capacity and recommendations for application in basic research and drug development, standard operating procedures. Drug Metabolism Review,2003,35:145～213

Goldoni M,Vettori MV,Alinovi R,et al. Models of neurotoxicity: extrapolation of benchmark doses in vitro. Risk Anal,2003,23:505～514

Hartung T. Summary: EU Standards measurements and testing projects PL95-3407. Development of a standardised in vitro methodology for hepatic and renal toxicity testing. ATLA,2001,29:493～495

Loreal O,Levavasseur F,Fromaget C,et al. Cooperation of Ito cells and hepatocytes in the deposition of an extracellular matrix in vitro. American Journal of Pathology, 1993,143:538～544

Muller D,Steinmetzer P,Pissowotzki K,et al. Induction of cytochrome P450 2B1-mRNA and pentoxyresorufin O-depentylation after exposure of precision-cut rat liver slices to Phenobarbital. Toxicology,2000, 144:93～97

Pfaller W, Balls M, Clothier R, et al. Novel advanced in vitro methods for long term toxicity testing. The report and recommendations of ECVAM workshop 45. ATLA, 2001,29:393～426

Punzel M,Wissink SD,Miller JS,et al. The myeloid-lymphoid initiating cell (ML-IC) assay assesses the fate of multipotent human progenitors in vitro. Blood, 1999, 93: 3750～3756

Schmuck G,Ahr HJ,Schluter G. Rat cortical neuron cultures: an in vitro model for differentiating mechanisms of chemically induced neurotoxicity. In Vitr Mol Toxicol, 2000,13,37～50

Schrattenholz A,Klemm M. Neuronal cell culture from human embryonic stem cells as in vitro model for neuroprotection. ALTEX,2007,24:9～15

Vanoirbeek JA, Mandervelt C, Cunningham AR, et al. Validity of methods to predict the respiratory sensitizing potential of chemicals: A study with a piperidinyl chlorotriazine derivative that caused an outbreak of occupational asthma. Toxicol. Sci,2003,76:338～346

Worth AP,Balls M,eds. Alternative (non-animal) methods for chemicals testing: current status and future prospects. A report prepared by ECVAM and the ECVAM working group on chemicals. ALTA,2002,30:Suppl. 1,71

第 17 章　毒代动力学与代谢试验及替代方法

Chapter 17　Toxicokinetics & Metabolism and Alternative Methods

第 1 节　概　　述

机体对外来化学毒物的处置可简单地分为相互关联的吸收、分布、代谢和排泄 4 个过程(简称 ADME 过程)。毒代动力学(toxicokinetic)是在毒理学实验的条件下描述一种物质的生物利用度及其在体内的动力学和生物代谢的过程。毒代动力学研究,正如国际现行的各种公认的试验指南所述,是为了获取母体化合物及其代谢产物在时量变化过程中有关种类、剂量和途径依赖的数据,包括血液、尿液、粪便和呼出气体中代谢物的浓度。采用合适的技术可从这些数据中推算出动力学参数。从现行规范的体内外毒代动力学研究中能够获取的信息可分为两类:一类是基本信息,包括化学物质及其代谢产物在血液、呼出气体、组织和其他体液(例如尿液、胆汁)以及排泄物中的浓度-时间变化参数,还包括蛋白结合或与血红细胞结合的信息(可能采用体外/离体研究);另一类是衍生信息,包括吸收和生物利用的速率和程度、物质在体内的分布、生物转化、经口、透皮、吸入毒物的首过效应和整体代谢的速率及程度。

一、毒代动力学与代谢试验的法规要求

研究毒代动力学的体内方法可参照 OECD 指南 417,欧盟指令 67/548/EC 附录 V、中国《化学品毒性鉴定技术规范》、化学品相关系列国家标准基本与 OECD 方法一致。OECD 指南 417 对毒代动力学是这样描述的:“考虑到受试物的多种特性,毒代动力学试验的设计必须具有灵活性”。所以,有关毒代动力学和生物代谢的研究不仅局限于动物实验,还应包括各种替代方法,包括预测和模型的方法、体外试验系统的数据收集、体内(包括人体的)研究数据的收集,结合这些替代试验系统最终形成了毒代动力学和生物代谢研究的分级试验策略。

受法规管理的目的不同,不同受试物对于毒代动力学和生物代谢的要求也存在差别,对于化妆品,除了皮肤吸收外,化妆品的毒代动力学和生物代谢研究似乎不太重要,只有在体内试验中产生特殊效应的特殊情形下才需要特别补充这些额外的信息,而且只有在经口、透皮或吸入摄取后仍具生物活性的化妆品原料才需要对其局部或其他的效应进行进一步的毒性试验。但是对于药品和食品的管理,毒代动力学和生物代谢是最为重要的评价指标。

对于化妆品还存在另外一种情况,根据欧盟化妆品法规 2003/15/EC,当亚慢性毒性试验和生殖毒性试验等项目被体外方法替代时,上述情况将发生重大改变。由于活体动物生理规律的复杂性和内在的相互调节网络,期望通过建立一套不同体外方法组合的试验策略能够解决有关特定器官毒性

的所有问题。在此新形势下，化妆品原料安全评价中毒代动力学和代谢/生物转化的替代方法研究是目前需要重点研究的领域，设计更具价值的体外毒性试验显得格外重要。

一些体外试验方法已被验证并被 OECD 和欧盟管理机构认可，如体外皮肤吸收试验、体外皮肤腐蚀试验、体外 3T3 中性红光毒性试验。此外，还有一些测试生物利用度和体外生物转化的试验系统在内部使用，其中的一些方法获得了大量的数据支持，表明其在获取明确的定性、定量信息方面具有重要价值。

二、毒代动力学与代谢试验替代方法的作用和意义

药物开发过程中，体外试验系统在阐明潜在的生物转化方面能发挥极大的作用。应用生物转化的体外试验系统，如微粒体制剂或离体肝细胞等研究药物相互作用，已被欧洲药品管理局（European Medicines Agency，EMA）和美国 FDA 药品评价与研究中心（FDA- Center for Drug Evaluation and Research，CDER）列入相应的指导文件中。指南文件的主要目的是提供关于利用现有方法研究体外相互作的建议，并在认为可行和合适的情况下随时将体外相互作用的研究方法列为常规方法。一种药物若没有发现其具有潜在的酶抑制性，就可以避免进一步的临床研究或至少有助于增加研究设计的针对性。这些体外研究药物相互作用的方法在减少过度使用实验动物方面已发挥出重要作用。

毒代动力学的另一模型是计算机模拟的方法。总的来说，一种化合物的动力学将取决于两种因素：体内生物学特性和化合物结构特性。对于后者，可用某种结构与生物活性的相关程度进行定量，这就是所谓的定量构效关系（QSAR），在某些系统（生物体）中用于描述化合物的生物活性（或毒性）。同样地，一种化合物理化性质能够用来评估生物活性以外的其他性质，如应用某些理化性质特性（如亲脂性）来估算血液-组织分布。因此，先确定一种理化性质（logpoct）并把它与“分布”的动力学性质相联系，在此基础上可进行定量结构-性质关系（QSPR）的构建。

三、毒代动力学与代谢的试验策略

所有危险评价和风险评估方法的主要目的是评估人体健康受到的影响及程度。最理想的是，应用计算机模拟方法分别模拟人体内的毒物代谢动力学过程，应用人体细胞和（或）组织建立体外方法。但是，由于人细胞和组织的局限性和当中涉及的伦理问题，应用人体细胞或组织的方法受到限制。其他的方法正不断发展，为了避免种间外推的不确定性，推荐使用那些能够用于评估人体风险相关信息的模型。有些动物源性细胞和组织能够实现这一目标，但在其他情况下，如Ⅰ期反应及Ⅱ期反应的生物转化途径中，种间差异是非常显著的。本章各节所举的例子中所建立的策略和方法必须考虑到种间差异，并使用与人类体内过程极其相似的方法。

需指出的是，传统的毒理学动物方法并不包括生物转化酶的遗传多态性等方面的研究。体外转基因细胞研发工作的第一步是试图挑选出一些具有显著遗传多态性的基因，这些信息对于某一项具体的风险评估来说可能有用，但是要整合到毒代动力学分级策略中还需要做更多的努力。

根据提议的分级试验方法，如果一种化学品原料没有生物活性或者没有毒理学相关性，就没有必要去分析该化学品成分的生物转化作用。另一方面，在首个分级阶段对人体屏障的代谢能力进行详细了解，可把其

与人体状态的相关性作为一个甄选体外模型选择的标准。此外，还应重视一些特殊的人体屏障，如血-脑屏障、血-睾丸屏障和胎盘屏障，被认为与某些化学品和药品的毒性作用机制相关，而对于化妆品的毒性相关性不大。不同毒理学领域之间的交流有助于该问题的阐明。事实上，生殖/发育毒性与毒物代谢动力学/生物转化两类毒性理学效应之间以及相关的替代方法之间是密不可分的。

第2节　毒代动力学与代谢试验方法

一、化合物的吸收与转运

（一）生物膜与生物转运

外源化学物质的吸收、分布和排泄过程需要通过一系列生物膜构成的屏障。生物膜包括细胞膜和细胞器膜。化学物通过生物膜的方式有被动转运（包括简单扩散、易化扩散和滤过）、主动转运和膜动转运3大类。被动转运是顺浓度梯度进行，不消耗能量；易化扩散和主动转运由载体介导，可饱和；而主动转运和膜动转运消耗能量，以可逆浓度梯度进行。影响转运的主要因素包括化学物结构、分子量大小、脂/水分配系数、带电性等，这些参数是设计数学模型的基础。

简单扩散是外源化学物质经生物膜转运的主要方式，简单扩散的条件是：①膜两侧存在浓度梯度；②外源化学物质有脂溶性；③化学物质处于非解离状态。解离型化合物脂溶性小、极性大，难以扩散，而非解离型与其相反，容易跨膜扩散。非解离型的比例取决于化学物质的解离常数 pKa 和体液的 pH。如弱酸性化合物在 pH 低的溶液中解离度小，容易跨膜转运，在酸性胃液中吸收较快。脂溶性可用脂-水分配系数表示，意思是指当一种物质在脂相和水相分配达到平衡时其在脂相和水相中溶解度的比值。常以正辛醇、氯仿或己烷来代表脂相。一般情况下，化学物的脂水分配系数越大，跨膜转运的速率越快。

主动转运是外源化学物质在载体的参与下逆浓度梯度通过生物膜的转运过程，主动转运对于已吸收的外源化学物在体内不均匀分布和排泄具有重要意义。主动转运的特点是：①需载体参与；②可逆浓度梯度转运；③消耗能量，因此代谢抑制剂可阻止主动转运过程；④载体有容量限制，当化学物浓度达到一定浓度时，载体可达饱和状态；⑤载体对外源化合物结构有特殊选择性；⑥同一载体转运的不同化学物间存在竞争性抑制。目前已鉴定的主动转运系统有8种，包括多药耐受蛋白 mdr 和 mrp、有机阴离子转运多肽 oapt 和 oat、有机阳离子转运体 oct、核苷转运体 nt、二价金属离子转运体 dmt 和肽类转运体 pept。

（二）胃肠道吸收

吸收是外源化学物从接触部位的生物膜转运到血液循环的过程。机体对外源化学物吸收的主要部位是消化道、呼吸道和皮肤。吸收过程的两个关键要素是吸收量和吸收速率。

胃肠道是外源化学物最主要的吸收途径，胃肠道构成了环境与人体之间最大的黏膜屏障。外源化学物的吸收可发生于整个肠道，但主要是在小肠，其次是胃。胃肠道黏膜的屏障可分为机械屏障、生物屏障、化学屏障及免疫屏障等。黏膜上皮和上皮细胞间紧密连接构成了胃肠道的机械屏障。多数化学物质的吸收属于“被动扩散”，故胃肠道上皮细胞起着脂溶性屏障的作用，其中脂溶性化合物通过被动扩散而吸收，非脂溶性化学物的扩散受屏障限制而相当困难。

胃肠吸收的模型包括体内、原位和体外3种：①体内动物实验：动物实验由于存在种属差异，往往不能很好地反映人体内的情况；②离体器官模型：如肠管外翻模型、离体灌注模型和尤斯灌注室等；③细胞和人工膜方法：如原代和细胞系(Caco-2 细胞)培养以及共培养系统和人工膜等。有关胃肠道吸收的体外模型及应用见第 21 章。

(三) 经呼吸道吸收

呼吸道是空气中外源化学物进入机体的主要途径，从鼻腔到肺泡的整个呼吸道各部分对外源化学物的吸收存在部位性差异，以肺泡的吸收为主，经肺泡的吸收速度仅次于静脉注射。其次，由于鼻腔黏膜的高度通透特性，经鼻腔的吸收也很重要。

气态物质的水溶性影响其吸收部位，通常易溶于水的气体(如二氧化硫、氯气等)等在上呼吸道吸收，水溶性较差的气体(如二氧化氮、光气等)可深入到肺泡并主要通过肺泡吸收。气态物质到达肺泡后，主要经简单扩散透过呼吸膜进入血液，吸收速率主要受血-气分配系数的影响，即呼吸膜两侧的浓度(分压)达到动态平衡时在血液内的浓度与在肺泡中的浓度之比，此系数越大，越易被吸收入血液。此外，气态物质的吸收还受化学物在血中溶解度、肺通气量和血流量影响。

气溶胶的吸收受颗粒大小和化学物水溶性的影响，颗粒物大小直接影响其在呼吸道的沉积部位，空气动力学直径在 5μm 以上的颗粒物通常沉积在鼻咽部；直径在 2～5μm 的颗粒物主要沉积在肺的气管支气管区域；直径在 1μm 以下的颗粒物可达到肺泡，进而被吸收入血液或被巨噬细胞清除，也可能被淋巴系统清除及蓄积。

(四) 经皮肤吸收

有关经皮吸收及体外试验方法见第 11 章。

化学物的吸收机制比较复杂，机体究竟以何种机制吸收化学物，与化学物特性、吸收部位和环境有关。

二、化合物的分布

外源化学物通过吸收进入血液和体液后随血液和淋巴液分散到全身各组织的过程称为分布。器官或组织的血液量和对外源化学物的亲和力是影响化学物分布的最关键因素。在初始分布阶段，影响分布的主要因素是组织器官的血流量，血液灌注量最高的器官如心脏、肝脏、肾脏、肾上腺、肺等毒物的分布量最多，而血液灌注量低的器官如皮肤、结缔组织、脂肪等分布量较少。

(一) 外源化学物的组织储存

进入血液的外源化学物大部分与血浆蛋白结合，使血浆游离型外源化学物浓度降低，可能增加胃肠道或肾小管与血液的浓度梯度，增加从胃肠道或肾小管向血液的扩散。外源化学物与血浆蛋白结合是可逆的，与血浆中游离型外源化学物形成动态平衡。不同外源化学物与血浆蛋白的结合是有竞争性的，结合力更强的外源化学物可取代已被结合的外源化学物，使之成为游离态而显示毒性。

肝、肾既是一些外来外源化学物储存的场所，又是体内有毒物质转化和排泄的重要器官。肝和肾具有与许多外源化学物结合的能力，这些组织细胞中含有一些特殊的结合蛋白，如肝细胞中的一种配体蛋白(ligandin)除了能和许多有机酸结合外，还能与一些有机阴离子、偶氮染料致癌物和糖皮质激素结合，使这些物质进入肝脏。

(二) 特殊屏障

1. 血-脑屏障(blood-brain barrier，BBB)并不是对毒物进入中枢神经系统的完全屏障，仅表现为较身体其他部位的通透性小。由于血-脑脊液屏障的存在，许多毒物不易进入中枢神经系统，其原因与血脑屏障的结构和生理有关：①中枢神经系统的血管内皮细胞结合紧密，细胞间没有或仅有很小的孔隙；②脑毛细血管内皮细胞含有一种 ATP 依赖的转运体，即多药耐受蛋白(mdr 蛋白)，它可将某些化学物转运回血液；③中枢神经系统的毛细血管很大程度上被胶质细胞(星状细胞)包围；④中枢神经系统组织间液的蛋白质浓度较机体其他部位要低。这些特性防止了毒物分布到中枢神经系统，避免对中枢神经系统的毒性。对于水溶性小到中等的分子，毛细血管内皮的紧密连接和胶质细胞的脂质膜是主要的屏障。

2. 胎盘屏障(placental barrier)　大部分外源化学物是通过单纯扩散通过胎盘，但也有一些内源性嘌呤和嘧啶结构类似物是以主动转运的方式在母体和胎体循环间转运生理物质。胎盘具有主动转动系统如 mdr 蛋白，可保护胎体免受外源化合物的伤害。胎盘还具有生物转化能力，可防止外源化合物的蓄积。采用胎盘灌注模型和胎盘细胞培养模型可用于研究外源物质的毒性作用，特别是生殖/发育和致癌致畸作用。

3. 其他屏障　体内还有其他特殊屏障，如血-眼屏障、血-睾屏障等，可保护这些器官免于或减少外源物质的损害，见第 19 章。

三、化合物的排泄

排泄(excretion)是外源化学物及其代谢产物向体机外转运的过程，是生物转运的最后一个环节。毒物通过不同的途径排出体外，主要经肾脏(尿)、经粪便和经肺(呼气)排出，还可以随各种分泌物如汗、唾液、泪水和乳汁等排出。

肾脏是排泄外来外源化学物最重要的器官，涉及肾小球的被动滤过、肾小管的重吸收和主动分泌。粪便排泄是外源化学物从机体排出的另一个主要途径，粪便排泄是一个复杂的过程，研究还不如肾脏排泄清楚。

胆汁排泄是血循环中外源化学物进入胃肠道的最主要的机制。胆汁排泄可作为经尿排泄的补充途径，小分子经肾排泄，较大分子经胆汁排泄。胆汁是很多结合产物(如谷胱甘肽和葡萄糖醛酸结合物)的主要排泄途径。在体温下主要以气相存在的物质主要通过肺排出。挥发性液体与其气相在肺泡处于动态平衡，也可通过肺排泄。液体通过肺排泄的量与其气体分压成正比。肺排泄是通过简单扩散进行的，排出速度大致与其吸收速度成反比。

四、化合物的生物转化/代谢

生物转化(biotransformation)是指外源化学物在机体内经多种酶催化的代谢转化。生物转化是机体对外源化学物处置的重要环节，是机体维持稳态的主要机制。

外源化学物生物转化酶所催化的反应一般分为两大类：Ⅰ相反应和Ⅱ相反应。Ⅰ相反应包括水解反应、还原反应和氧化反应，这些反应涉及暴露或引入一个功能基团，如—OH、$—NH_2$、—SH 或—COOH，通常仅导致水溶性少量的增加。Ⅱ相反应包括葡糖醛酸化、硫酸化、乙酰化、甲基化、与谷胱甘肽结合以及与氨基酸结合(如甘氨酸、牛磺酸和谷氨酸)。这些反应的辅助因素与外源化学物功能基团反应一致，功能基团可以是外源化学物原有组成成分，也可以是经过Ⅰ相反应引入或暴露的成分。大多数Ⅱ相反应可导致外源化学物的水溶性显著增加，且加速其排泄。当然也有例外，如经呼气排泄的挥发性代谢物。

外源化学物生物转化的另一结果是改变其毒效应性质。大多数情况是生物转化终止了药物的药效作用或降低了外源化学物的毒性，但对有的毒物却可以使毒性增强，甚至产生致癌、致突变和致畸效应，又称为代谢活化(metabolic activation)或生物活化。

五、经典毒代动力学

毒代动力学是从速率论的观点出发，用数学模型分析和研究化学毒物在体内吸收、分布、代谢和排泄的过程及其动力学的规律。

毒代动力学研究的数学处理一般利用计算机程序，如为药物动力学资料建立的房室模型有几种计算机软件可供使用，如 WinNuolin、PKAnalyst、Summit 和 SAS 以及国内的 3P97 程序均可进行房室数、计算模型、权重和计算精度选择，并输出各种参数和作图。经典动力学的基本理论是速率论和房室模型。

（一）房室模型

房室模型(compartment model)用来描述毒物在体内的分布情况。其原理是假设机体像房室，毒物进入体内可分布于房室中，由于分布速率的快慢，可分为一室开放模型、二室开放模型或多室模型。通常将化学毒物体内转运的速率过程分为一级、零级和非线性 3 种类型。

一室开放模型(open one compartment model)是指当毒物吸收入血循环后立即均匀分布到全身体液和各组织器官中，迅速达到动态平衡。化学物在静脉注射之后，以化学物的血浆浓度的对数值对时间作图，如能配合一条直线，则该化学物符合一室模型。

当毒物在体内组织器官中分布速率不同，毒物先进入中央室，包括全血和血液充盈的器官如肾、脑、心、肝等，然后较缓慢地进入周边室，如血管供应较少、血流缓慢的脂肪、肌肉、皮肤等。中央室和周边室之间的转运是可逆的，K_{12} 是毒物从中央室转至周边室的一级动力学常数，K_{21} 是毒物从周边室转至中内室的一级动力学常数，达到动态平衡时，两室间的转运速率相等，$K_{12}=K_{21}$。大多数毒物在体内的转运和分布符合二室开放模型(open two compartment model)。符合二室模型的化学物在静脉注射后时量曲线可分解为分布相和消除相。

经典毒代动力学房室模型的研究已经有多年历史，目前仍被广泛应用，但它存在许多缺陷。例如，组成模型的基本单位“房室”仅仅是数学上的抽象概念，缺乏实际的解剖学、生理学意义。20 世纪 60 年代中后期，Bischoff 以及 Dedrick 等开始了比较可行的“生理药动学”的研究。近年对生理毒代动力学模型研究取得了很大进展。

（二）生理毒代动力学模型

生理毒代动力学模型(physiological toxicokinetics; physiological based toxicokinetics, PBTK)是指一种比较符合毒物在体内动态变化的具体状况的模型。在该模型中，以“生理学室”代替经典模型中的隔室，这些“生理学室”分别代表与毒物体内分布有主要关系的单个或者多个脏器、组织或体液。毒物以血流的传送为驱动力，透过各种生物膜被送入某“生理学室”，而毒物离开该“生理学室”时可能发生的消除则应以该“生理学室”的各种清除率进行描述(代谢清除率、排泄清除率)。根据质量平衡关系按模型建立速度方程，对方程组进行求解得出各个组织或器官的毒物浓度与时间的关系。采用这种方法可基本明确阐述毒物在体内动态增加或减少的真实情况。

生理毒代动力学模型的主要用途是预测在靶组织中毒物原型或其活性代谢物的剂量。利用化学物靶组织的剂量可为危险性评定的剂量-效应关系研究提供可靠的基础，进行毒性可能预测和估算不同暴露方案、途径、剂量和毒物的靶组织剂量，有助于降低传统外推方法的不确定性，包括从一种暴露条件向另一种暴露条件(暴露程度、时间、途径和方式)、从一个种属向另一个种属(实验动物向人)以及从一个群体向另一个群体(一般群体向敏感群体)外推时的误差。

第3节 毒代动力学与代谢试验替代方法

目前化学物质/药物安全性评价所需要的毒理学数据通常都是从体内实验获得的,为了得到一个化合物潜在毒性的完整信息,将不同体外方法组合应用是至关重要的。因此,对于毒物代谢动力学和代谢的研究应将重点集中在组合试验方法上。

20世纪90年代开始的“整合毒性研究计划”(integrated toxicity testing scheme)(简称ECITTS),提出应用体外试验系统进行化学物的危害评估。该计划依据的理念是:用来预测不同类型的局部或系统毒性的试验组合可以整合到检测化学物毒性作用谱的试验体系中。该计划认为对一个化学物进行毒性检测和危害评估时,先进行“初步分析”是比动物实验更有效的方法。对毒性的“初步分析”表明,化学物毒性作用模式可以分解为许多毒代动力学事件和细胞事件,其中每一个事件都可以用合适的模型系统进行识别和定量。

任何生物系统的体内毒性均是多种相互作用过程的累积表现(图17-1),这些过程可简单地分为毒动、启动和毒效三个阶段,毒动学研究的是转运毒物的活性形式(T)到与之相互作用的分子靶点(M)的过程。毒物与靶分子的生物化学相互作用导致其变化(M1),启动呈级联反应的生物事件,也即毒效学的过程。毒效学的过程是以分子水平开始,最后发展到更高水平的生物学组织或器官,最终可导致体内毒性所能观察到的效应(E)。体外细胞系统模拟了体内毒性作用过程的核心部分,包括启动过程和早期的分子或细胞水平的事件,体外试验系统毒性作用发生的过程与体内相似,但其生物学研究的水平只能在分子、细胞或部分器官的层次。

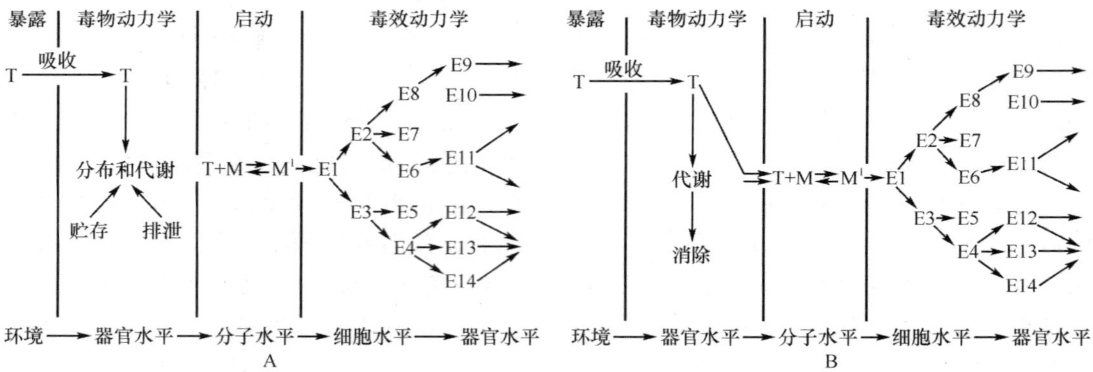

图17-1 体内(A)和体外(B)毒理学过程

利用体外试验系统预测体内毒物代谢取得了一定的成功,此外,还有一些计算机软件预测化学物代谢途径和产物涉及的代谢酶及代谢速率,这些预测方法有待进一步发展和验证。

一、分级试验策略

毒代动力学与代谢试验的替代方法是一种基于3个层级的方法:第一级,包括体外和计算机模拟实验方法的组合,用于说明化合物将会产生系统暴露的可能性；第二级，进行一系列组合试验以测定化合物系统暴露后的分布情况。第三级，将药物动力学和生物转化试验与化合物毒性评价试验联合使用，从而确定一个化合物的全部作用。每一级都有可以单独使用的实验方法作为基本方法，还有一部分试验是组合方法。这些体外和计算机模拟的方法整合在一起提供了第 1 级和第 2 级实验的相关信息，再加上以志愿者为基础的方法，并与其他体外模型和计算机模拟的办法结合，这一方案构成了替代毒代动力学与代谢试验的分级试验策略的框架，用于在法规背景下进行人体危害评估，见表 17-1。

表 17-1　分级试验策略三级方法总览

第一级：系统暴露的可能性								
经皮途径			经口途径			吸入途径		
透皮吸收试验	定量结构关系 QSPR		动力学模型	细胞基础检测（Caco-2 和 TC-7 细胞）和人工膜		QSPR 方法/理化性质	肺部上支皮（A549、Calu-3、BEAS-2B、16HBE4o-、Primary 细胞）	
见 10 章				见 21 章			见 16 章	
第二级：化合物的分布								
血浆水平评价			排泄	生物累积		生物转化（代谢）		
QSPR 方法/物化性质	血浆蛋白结合	动力学模型	无体外试验方法	QSPR 方法/物化性质	血液/组织分布	代谢稳定性和种间差异	生物活性检测	计算机模拟方法
第三级：化合物效应的决定因素								
急性毒性	皮肤刺激	眼部刺激	皮肤致敏	亚急性和亚慢性毒性	基因毒性/致畸毒性	光诱导毒性作用（包括光毒性，光致敏性和光遗传毒性）	致癌性	生殖和发育毒性
8 章	9 章	13 章	11 章	15,16 章	14 章	12 章	18 章	19 章

（一）第一级：全身暴露的可能性

这一级实验的整体目标是获得一个通过屏障的总的通过量（如 mmol/kg），用来确定存在全身暴露的可能性。第一级实验的主要作用是表明是否需要推进到第二级，这一级试验包括 3 个方面：①经皮肤接触的皮肤吸收（g/cm^2）；②经口的胃肠道吸收；③吸入途径的生物利用度。

（二）第二级：测定化合物的分布

这一级实验的两个主要目标是：①通过估算血浆水平、生物积累和生物转化来估计母体化合物及其相关代谢产物的生物利用度；②获得与毒性作用相关的毒物代谢动力学和生物转化的信息，包括急性毒性、皮肤刺激、眼刺激、皮肤过敏、亚急性和亚慢性毒性、遗传毒性/致突变性、光毒性、致癌性和生殖与发育毒性等。在此级试验中，为了确定体内生物蓄积的可能性，计算机模拟和（或）体外试验系统是必要的。建模工具、理化数据、类推（READ-ACROSS）、类比（QSAR/QSPR）方法在这一级试验中起着重要作用。建议在这一级实验中优先使用计算机模拟方法。

另外，体外方法可以用来测定关于主动运输的新的关键点（如血脑屏障、胎盘屏障）。这级实验包括了用计算机模拟和体外方法测定生物转化相关作用的方法。在这个阶段没有必要鉴别母体化合物所有的代谢产物，建议只进行简单筛选。所获得的信息可以用于决定是否有必要补充或整合一种代谢物到体外系统中，以用于第三级实验。

（三）第三级：化合物毒性作用的测定

这一级包括内在毒性鉴定的一系列强制性的试验（皮肤和眼睛刺激、皮肤过敏、光毒性）和致突变性/遗传毒性等。对特定靶组织浓度的更详细的资料可以从其他方面的毒性结果获得，也可以从第一级和第二级的试验结果得到。在这些情况中，首选的是包括/或不包括具体的体外屏障实验（如血脑屏障）的动力学模拟法。

二、第一级：化合物暴露的可能性

（一）经皮途径

化合物的经皮途径，见第 11 章。

（二）经口途径

1. 定量结构关系 QSPR 见第 8 章。

2. 经口吸收的动力学模型 目前尚无替代方法。

3. 胃肠道吸收的体外模型 见第 21 章第 3 节。

(1) Caco-2 和 TC-7 细胞：Caco-2 细胞是一种广泛用于体外模拟肠道屏障的腺癌细胞系。其在培养过程中可形成单层的极性肠上皮细胞，能形成顶端和基底外膜并且极好地分化出刷状缘。在标准培养条件下细胞融合 7 天后开始分化过程，在 14～21 天后完成分化。融合的培养物具有高电阻性，能够表达小肠典型的胞膜肽酶和二糖苷酶，也能够表达主动转运载体，如氨基酸、糖类、维生素和激素；膜离子载体，如 Na^+/K^+-ATP 酶、H^+/K^+-ATP 酶、Na^+/H^+ 交换通道、$Na^+/K^+/Cl^-$ 共转运载体和顶端 Cl^- 通道；膜非离子载体，如透过性糖蛋白、多重耐药相关蛋白、抗肺癌相关蛋白；还有一些受体，如维生素 B_{12}、维生素 D_3、表皮生长因子、葡萄糖转运蛋白(GLUT)1、3、5、2 和钠葡萄糖共转运蛋白(SGLT)1。

人源性细胞系可避免小肠细胞在形态学与生理学上的物种间差异，这是一种相对简单、快速、灵活的方法。从 Caco-2 单细胞层获得的渗透性数据可定性地预测人体内的吸收程度，这是一种按物质的渗透特性对化合物进行等级划分的有用模型。Caco-2/TC-7 是来自亲代 Caco-2 细胞系的单细胞层亚克隆。它是通过有限稀释技术由晚期传代的 Caco-2 细胞分离出来的，在标准培养条件下也需要 14～21 天进行分化。两种细胞系特性都是相近的，然而结合生化分析和形态学特征，就刷状缘结构和一些水解酶（蔗糖异麦芽糖酶、氨肽酶 N、二肽基肽酶 IV）以及刷状边缘相连的糖类载体（葡萄糖转运蛋白 5，钠葡萄糖共转运蛋白 1）的表达水平而言，TC-7 克隆比 Caco-2 更接近于正常的肠上皮细胞。因为它能够表达 CYP3A4，能主动转运牛磺胆酸以及较 Caco-2 更低水平地表达 P 糖蛋白(P-gp)。TC-7 的跨上皮阻抗性数值比 Caco-2 低，所以其特性更接近小肠。TC-7 还表现出比其亲代细胞较高的 1-萘酚糖苷化活性。TC-7 培养模型在 CYP3A4 和 P 糖蛋白参与下能提供化合物相互作用的定量信息，这些信息在药物开发过程中极其重要。现已证实 TC-7 克隆在研究 P 糖蛋白相互作用方面是较佳的模型，但在细胞色素 P 3A4/5 相互作用的研究方面，由于其 CYP3A4/5 的表达水平较低，因而其价值不高。而且在对细胞色素 P 3A4/5 相互作用进行定量方面，微粒体或重组人细胞色素 Supersomes™ 是更好的模式。

标准化和验证：1977 年，Fogh 等首次建立了 Caco-2 细胞模型，此后这一体外模型得到广泛应用。美国 FDA 评估了 Caco-2 细胞体外模型的优点及其适用性，计划制定各相关学科中使用该细胞系的指导规则。Rousset 博士研究小组开发了 Caco-2/TC-7 细胞株。ECVAM 已经资助了一项关于开发和优化体外肠屏障功能的 Caco-2 细胞模型的研究(17299-2000-12 F1ED ISP IT)，并形成了最终研究报告。其主要目的是：①确定 Caco-2 细胞系及其多个克隆(Caco-2/TC-7，Caco-2/AQ，Caco-2/15)的特征以及用于渗透性/吸收、代谢/生物转化和毒性研究所应达到的最低要求；②确定对于特定应用所需的最适合的细胞株或克隆及其相关参数；③制定明确的标准操作程序；④明确肿瘤来源的细胞对其分化能力的影响。该细胞模型已完成了标准化和优化，准备进入前验证阶段。

应用与局限性：在研究药物吸收方面，Caco-2 细胞系作为一个可自动化和高通量的系统已被广泛认可，此外在炎症研究领域也有所应用。在体外测量得到的跨上皮渗透系数可预测化合物的经口吸收。如果对一种化合物的吸收程度有足够的了解，并采用标准化的模型，可以对吸收程度进行半定量分级。为高、中、低。

Caco-2 和 Caco-2/TC7 体外模型缺乏杯状细胞，杯状细胞是肠道中数量第二多的细胞类型，在体内形成黏液层起到屏障作用并起到限制亲脂性化合物吸收的作用。Caco-2细胞的 CYP3A4 表达水平很低。但其 P 糖蛋白的表达水平却比体内的细胞高得多，因此，有时体外转运数据与体内情况并不相符。单细胞层的紧密度(高电阻性)特点更相似于结肠(与小肠相比)，该模型对于亲水性化合物的渗透性相对较低，亲水性物质是通过透水的旁细胞途径进入上皮细胞的。另一个限制是在 Caco-2 中，依赖载体介导转运的化合物的渗透性会低于人体内的小肠细胞。此外，高含量的氧化还原酶类也是 Caco-2 细胞的特征之一。

Caco-2 细胞的体外试验系统应作为分级试验策略的一部分来预测经口吸收和人体系统暴露的可能性。分级试验策略可用于替代经典的动物生物利用度的研究。

需要进一步研究 Caco-2 和 Caco-2/TC-7 细胞的转运载体与生物转化特性，以提高细胞检测的预测能力，建议扩大细胞模型的应用范围，而不仅限于某一类药物的研究。

(2) 人工膜：人工膜渗透性检测(parallel artificial membrane permeability assay，PAMPA)是一种相对较新的利用人工膜测定药物渗透性的体外高通量非细胞检测方法。PAMPA 是一种以滤膜为载体的类脂膜，是完全没有小孔和无主动运输的系统，因此，这种方法只能用于测定药物或化学物质的被动跨膜渗透性质。尽管这是 PAMA 的一个缺点，但值得注意的是大部分药物(大于 80%)都是通过小肠上皮的被动扩散方式进入血液。有研究表明，化合物的人工膜渗透性数值与人体内的吸收百分率有良好的相关性即可用 PAMPA 膜渗透性的大小预测化合物的吸收程度。

标准化和验证：1998 年，瑞士罗氏公司的 Kansy 等首次介绍了 PAMPA，自此该技术不断被广泛使用和改进。目前该方法主要被制药企业和研究机构使用，其标准化和室内验证也主要在应用公司和实验室内进行，由于没有细胞成分，这种检测方法比较利于标准化。

人工膜被用来模拟化学品的潜在吸收，特别适用于自动化和高通量的研究(96 孔板)。不同的人工膜可用于模仿不同的生物屏障(如消化道壁，血脑屏障)。但此系统并不能完全模拟通透性的特征，这是因为其不含其他吸收机制，包括主动运输、旁细胞途径等。但是这种非细胞检测方法避免了被评价的化合物对细胞可能具有的毒性问题。人工膜的体外试验系统可作为分级试验策略的一部分，用于预测经口吸收和人体系统暴露的可能性。成套试验策略可用于替代经典的动物生物利用度的研究。人工膜的转运系统宜进一步微型化，通过对人工膜其他组成成分的优化提高人工膜的预测能力。建议扩大人工膜的应用范围，而不仅限于某一类药物的研究。

（三）吸入途径

1. 量效结构关系方法/物化性质 计算机模拟技术使用了系统的生物学方法，用于鉴定和研究暴露-剂量-反应模式中的多个物理学和生物学参数，这样有助于减少不确定性。现已建立了一些预测模型模型用于人类和实验动物上呼吸道和下呼吸道气体吸入量和微粒沉积的研究。现有多种通用的和吸入的系统，见第 8 章。

标准化和验证：许多试验系统是由其开发者自主验证的，有必要进行外部和独立的评审。医药工业已经接受了其中的一些方法。目前的大多数系统用于评价特定的产品，但其中的一些可能具有更广泛的应用范围。

就分级方法而言，是否需要开发一套独立的用于吸入途径的 QSPR 系统仍存有疑问，开发这样一个良好的“通用型”综合系统（包括皮肤、肺和肠道）可以对化合物一次性完成各项检测。有专家认为肺部微粒沉积的检测需要建立这样一个独立系统。现在仍需做大量工作来考虑划分不同系统或考虑将其综合起来，通过对现有数据比较而进行优化和验证。数据收集及其质量对于今后 QSPR 方法的改进是一个挑战，但会随着细胞系统的发展而取得进展。

2. 呼吸系统的体外实验 体外系统已被用作研究化合物的经呼吸道毒性、吸收和转化，但这些系统没有一个经过验证。这些系统包括肺上皮细胞系培养、原代细胞培养、离体灌注培养等。第 16 章第 3 节有详细论述。

总体来讲，尽管现有使用人源细胞的系统备受期望，但仍不清楚在研究化合物和微粒的吸收和毒性方面应分别选用哪一个细胞系（Calu-3、Beas-2B 或 16HBE14O-）较为合适。目前还没有一个细胞系适合用于肺泡的吸收研究。虽然可以联合选用人的气管细胞或肺泡细胞，但获取人体组织比较困难。

三、第二级——测定化合物的分布

（一）血浆浓度预测

（1）QSPR 方法/物化性质。

（2）血浆蛋白结合：化合物或药物的药物动力学和药效学性质主要取决于其与血浆或血清蛋白的可逆结合程度。总的来说，只有未结合的部分才能以扩散或转运的方式透过细胞膜，从而对其药理学靶分子产生影响，毒代动力学也如此。酸性药物更易与清蛋白结合，而碱性药物则易与 α_1-酸性糖蛋白和脂蛋白结合。所以，化合物与血浆蛋白的结合程度（plasma proteinbinding，PPB）决定其活性、分布和消除。高摄取量化合物的清除则更依赖于蛋白的结合。目前常用于化合物与血清蛋白研究的体外方法主要有平衡透析、超滤、凝胶过滤、光谱法和光学生物传感器。每种方法都有各自的优缺点，因此目前还没有一种完美的方法。例如，平衡透析的优点是不会与材料非特异性结合，而后者通常在用超滤技术或超速离心检测高亲脂性化合物时经常发生。上述方法都具有自动化、易操作、精确度高和重现性好的特点。应用液相色谱串联质谱法（LC/MSMS）是提高选择性和灵敏度的必要条件，除非能够使用到放射性标记的化合物。

标准化和验证：总的来说，96 孔超滤装置和平衡透析设备的商品化大大推动了这些高通量 PPB 检测技术的发展。上述 3 种技术通常用于药物开发中作为 PPB 的筛选工具，标准化主要在实验室内部进行。

应用和局限性：血浆中主要结合化合物的蛋白是清蛋白、α_1-酸性糖蛋白和脂蛋白，而用平衡透析、超滤技术、超速离心测定血浆蛋白结合程度是不可能区分这些蛋白的差异。由于血浆中 α_1-酸性糖蛋白的浓度较低，因而蛋白连接饱和的风险高于化合物与 α_1-酸性糖蛋白结合的风险，这一点可能非常重要。

使用高通量的 PPB 检测方法能够测定化合物中未结合的部分，然而在蛋白结合能力高的情况下，平衡解离常数(Kd)是一个更合适的参数。医药企业主要使用平衡透析、超滤技术和超速离心技术来测定 PPB，以用于药物的开发。这些检测方法在医药行业以外的应用仍未清楚。

由于人血浆容易获取，所以直接采用人血浆体外培养的方法就可以测定游离的化合物浓度，同样的方法可用于检测 PPB 在人种间的差异。采用高通量(96 孔板)方法测定蛋白结合率，可减少血浆的用量，尤其适用于检测小动物的 PPB。此外，还需要进一步改进分析方法，以及降低非特异结合的可能性，如应用 Biocore 公司的表面膜等离子共振技术(surface plasmon resonance technology，SPR)分析化合物与血浆蛋白间的相互作用。

(3) 动力学模型。

(二) 生物积累

(1) QSAR 方法/理化特性。

(2) 血液-组织分布：挥发性化学物的组织-空气分配系数(PCs)可以通过化学物在缓冲盐溶液中与各个组织匀浆共孵育后在体外测量，然后通过对空气的分析来测定化学物的平衡分布。通过将组织-血液分布系数除以各自的血-气分配系数来计算组织-气分配系数。Fiserova-Bergerova 分别用人或动物的血液、肝、肺、肾、脂肪、肌肉和脑匀浆来研究挥发性烃类化学物的组织-血液分配系数。根据此原理，多种化学物在缓冲液中与各个组织匀浆共孵育的体外方法也可用于非挥发性化学物质的组织血液分配系数研究。然而这些技术耗费时间，并且化学物经常需要放射性标记。因此，新方法尝试用非生物学数据，如化学物的水溶性和(或)脂溶性数据评估化学物的生物学分布过程。

化学物在脑中的分布速率可以用它从动脉血流进入大脑并且从静脉端输出的函数来定量描述。静脉平衡模型的假说认为，流出脑组织的静脉血中化学物的浓度与其在脑组织中的浓度相平衡。此类模型适用于亲水性化学物和非极性的小分子亲脂性化学物的脑分布速率研究。脑的灌注速率取决于通过血-脑屏障的扩散率，这是化合物脑内分布的限速步骤。

模拟血脑屏障的模型主要是采用脑血管内皮细胞和神经胶质细胞的共培养物，神经胶质细胞可以诱导血管内皮细胞维持体内的紧密连接。共培养可采用 Transwell 嵌入式培养板，先在下层小池底部接种神经胶质细胞，培养 2～3 天后，再在上层小池底部的膜上接种血管表皮细胞，经培养可形成紧密连接的单层细胞。也可将神经胶质细胞接种于上层小池的膜底部。研究药物的穿透能力时，先在上层小池内加入药物，经过一定时间再检测下面大池内药物浓度。血管内皮细胞培养物的接触紧密性可通过跨模电阻(TER)及参照化学物的转运率来确定。研究比较发现，采用该模型得出的参数与体内实验结果有较大相关性，可以用于研究药物穿透血脑屏障能力。

试管平衡技术(vial-equilibration)是一个非常有用的系统。大鼠的混合组织匀浆缓冲液达到平衡后测定游离(未结合)的药物浓度。通过分别计算纯缓冲液、组织缓冲液和血液组织共孵育缓冲液的结果就可推算出组织-血液分布系数，将不同组织混合就可得出求出组织分布的平均值，如对充分灌注的组织块的分析。橄榄油或辛醇通常用于代替脂肪组织。游离化合物的浓度可通过以下的任何一种方法测定：平衡透析、超滤技术、超速离心、液面上气体分析（用于挥发性物质），或固相（微量）萃取处理后再用高效液相（HPLC）或质谱（MS）等传统的技术进行分析。此方法用以预测体内的组织血液分布和体内的分布容积。

标准化和验证：血液-组织的体外技术比较复杂，如上清液平衡分析技术、平衡透析与超速离心联用技术、蛋白结合率测定方法和固相微量萃取方法等。其中平衡透析和超速离心技术应用比较成熟，而其他技术仍未标准化。这些方法虽然已应用于医药和工业化学品研究中，但对于化学物分布容积方面的应用还缺少验证，而这是评价系统暴露的重要方面。对于非挥发性物质和亲脂性物质，目前还缺乏一种对体外预测和高质量的体内数据进行比较的系统的方法。

这些试验能够通过预测分布容积来估计药物的血浆浓度，此外也可估计组织中的浓度，尤其是代替体内组织分布或用于全身放射显影术的研究。利用大鼠组织的数据可用来预测人体组织的数值。所得的数据可应用到生理药代动力学模型（PBBK）。

体外检测结果必须与体内的血液组织分布数据和体内分布容积进行比较才有效。但是，只有被动的分布才能被体外系统模拟；而主动转运如透过血脑屏障或者组织中的整体代谢很难被模拟。对高疏水性化合物（即 log Kow＞4 的化合物）的实验分析也比较困难。此外，皮肤血液分布系数的研究也很少，主要是由于皮肤的高稳定性结构所致。因此，有必要进一步发展固相微萃取技术和试管平衡技术，以实现高疏水性化合物的快速平衡及其游离浓度的快速测定。

（三）生物转化（代谢）

代谢是化学物从体内消除的主要途径，因此构建 PBTK 模型非常关键。然而，早期准确地了解化学物代谢反应特性的信息对于减少不必要的体外和体内实验是非常有价值的。这些信息包括，①测定代谢稳定性以获取潜在生物蓄积作用数据；②识别具有生物活性或化学活性的代谢物；③化学物代谢过程中涉及的酶的信息，可用于预测任何效应的靶组织和靶细胞个体变异的范围以及是否存在遗传多态性、环境因子或病理生理效应引起的变异；④有关代谢特异性的信息，有利于采用合理的方法预测代谢的相互作用。

用于代谢的体外系统：在很多情况下，体外系统已成为外源化学物的代谢研究的首选方法，而不仅仅是一种替代方法。随着人们对体外实验所涉及酶认识的提高，建立了许多可靠的能预测外源化学物代谢的体外实验系统，广泛用于新化学物代谢特征的筛选。由于代谢酶的表达水平和活性存在显著种间差异，因此，只要可能，应优先选择源于人的体外系统而不是体内动物实验。

用于外源化学物代谢研究的体外实验系统包括悬浮或贴壁的原代细胞、连续细胞系、组织切片、亚细胞组分（如微粒体组分以及细胞锚定重组蛋白酶）。近年来活性位点模型取得了相当大的进展，特别是细胞色素 P450 酶的研究。目前，这些体外系统的预测还受到作用路径和特异性的限制，如果与计算化学的方法结合，可能实现对代谢率的预测。

大多数体外系统来源于肝脏。肝细胞及微粒体、细胞质部分、S9 部分、肝匀浆等均可用于药物代谢研究。微粒体包含了大部分Ⅰ相氧化酶，但不含胞液酶。Ⅱ相反应的酶除尿苷二磷酸葡糖苷酸基转移酶（UGT）外大都是胞液酶。在用肝微粒体进行研究时，需加入相应的辅助因子，如研究Ⅰ相反应要加入 NADPH、研究 UGT 则需加入尿苷二磷酸葡萄糖醛酸(UDPGA)。完整的肝实质细胞包含所有参与药物代谢过程的成分,并有合适的浓度、环境及细胞器,故用完整细胞进行研究更接近于体内状况。用新鲜制备的肝实质细胞研究肝清除率和体内代谢路径被认为是标准方法,经低温储藏的肝细胞也可使用。此外,还有一些肝外系统如肺和小肠也可用于代谢研究,但应需要考虑肠内微生物和肠上皮在肠内代谢过程中的作用。对挥发性有机物的研究需要特殊的体外检测系统。

体外系统的应用:体外系统可用于检测代谢稳定性,如估计系统中孵育时低浓度酶作用底物的消减变化,用于代谢稳定性的快速评估。体外试验系统适用于代谢途径的识别,在体外有时能检测到短时存在的代谢物,而在体内却检测不到这种代谢物。体外系统还非常适用于研究代谢形成的机制,例如用于评价外源化学物对代谢酶基因多态性的研究(使用化学物或抗体抑制剂)、用于重组表达酶的研究以及应用酶的同源模型进行相关的研究(通过标志物酶活性或特异酶含量)等、分析化学物的代谢活化和随后的共价结合、原形化合物的消失或特定代谢物的形成率等。

已有研究证明几种化学物的体外代谢率与(代表的关键步骤相应的)体内代谢率是相关的。这种相关的依据是运用了内在清除率这一参数。对于一种在体内的化学物来讲,它纯粹是一种酶活性的测定,不受其他生理清除的决定性因素(如肝脏血流或药物结合)的影响。由于内在清除率对应于 V_{max}/K_m 比值,所以该参数在体外也具等效性。在体外运用内在清除率预测体内清除率,并由此评估肝脏清除率和整体清除率,已经用于大鼠细胞色素 P450 对 35 种药物反应底物数据库的评估,其他研究也已经证实了用该方法预测人体动力学的有效性。如果化学物的生物转化依赖于人类已知的具有多态性的酶体系,则应用该方法时应特别小心。体外系统应当将这些因素考虑进去。

对新鲜分离的肝细胞进行孵育而得到动力学数据,要已清楚地证实从体外实验结果向体内外推的价值。一些容易测量的体外参数,如用于初始速率研究的 V_{max} 和 K_m 以及肝细胞计数,都可用于获得体内清除率的信息。已经证明,每 g 肝组织中 1.1×10^9 个细胞的比例系数是一个有力的参数。在肝微粒体和肝切片的体外系统中,也可采用类似的方法,肝微粒体研究的合适参数是微粒体恢复指数,相当于大约每 g 肝组织中 45mg 微粒体蛋白质。使用这个资料库,对微粒体的预测 2/3 是成功的,而对于肝细胞数据的预测 90%是成功的。所谓预测成功的定义是指内在清除率的预测值与观察值的比值在 0.5～2 之间。肝切片的肝细胞构成是一个不甚理想的测量动力学资料的参数,这是因为在切片培养系统中底物的扩散对于酶代谢是一个竞争的过程。因此,对低清除率的化学物比高清除率化学物更容易预测。应用 3 个体外描述肝脏清除率的模型(静脉平衡、平行小管和扩散)的内在清除率值来预测肝清除率的效果,结果表明还没有一种模型的稳定性优于其他模型。因此,最简单的静脉平衡模型对于现有的肝细胞和微粒体资料来讲已足够。

体外系统结果对体内进行预测取得了一定的成功,但不同化学物预测成功的水平是不同的。阐明每个体外系统预测失败的原因是重要的,也应注意到现有的方法使几个关键问题过于简单。在应用 PBTK 或代谢稳定性筛查的体外方法时,有 3 个重要的问题需要考虑:①测定内在清除率时,对乙状结肠 S 形酶动力学曲线的重要性进行评估;②化学物的代谢转归尚不清楚时,要评估用底物消耗实验代替 V_{max}/K_m 测定的可能性。使用这种方法所产生的问题包括应分析哪一个样品(整个培养体系、分离的细胞或培养介质)、介质结合的作用和代谢物产生产生的长时程的影响;③非功能性的Ⅱ相代谢引起肝微粒体产物的抑制作用。

1. 代谢稳定性与种间差异 研究一种化合物的代谢稳定性和易变性是一种相对简易、快速但需要专业的分析设备为基础的方法。这种方法由以下部分组成:组织的制备(包括人的肝脏,最好是匀浆),可与待测化合物共同孵育的合适的辅助因子(包括还原型辅酶Ⅱ NADPH、二磷酸尿苷葡萄糖醛酸 UDPGA、3′-磷酸腺苷-5′-磷酸硫酸酯 PAPS 和谷胱甘肽 GSH)、不同时间点收集的样品、母体化合物的分析(包括普通的样品制备和色谱和(或)液相与质谱联用方法)。检测母体化合物的减少速率可以反映代谢的稳定性。在相同的条件下孵育动物(包括人的)肝脏或组织样品,可用于代谢种间差异的比较。

因为肝脏是生物代谢的重要器官,采用适合的辅助因子强化试验方法应该可获得一个相当可靠的肝内清除率的试验结果,这对于多数有机物是非常重要的。为了能够预测体内清除率,应对研究中的化合物作多种假设,并且需要建立一个外推模型。当然这不包括肝外代谢。以肝细胞为基础检测代谢稳定性的方法可以与生物活性检测联合使用。由于现代质谱技术的引入,该技术可定性定量地研究代谢过程的细节,此外还包括代谢稳定性、体内清除率和体内药动学的预测数据。重组酶类、转染细胞、代谢健全的人类细胞(肝细胞)的应用都是目前研究的热点。干细胞来源且保留代谢能力的肝细胞是一个期待的目标。上述方法也可用来检测物种间的差异。

作为体外检测策略的一部分,体外试验系统可在某程度上取代动物药物动力学和生物转化的研究。运用来自不同物种的组织(包括人类)在具有可比性的条件下使用,可提供关于物种差异的有价值信息,这是非常有意义的。

2. 生物活性分析 在生物转化过程中,Ⅰ期反应的酶类通常可产生活性代谢物,而Ⅱ期的结合反应则是一个解毒的过程。代谢过程中通常会生成较多的活性代谢物。尽管生物转化反应常常伴随着解毒过程,但有不少化合物的代谢产物会产生毒性效应。Ⅰ期反应的一些酶类如细胞色素 P450 (CYPs)可以产生与亲核物质反应的代谢物,这些代谢物能够与生物大分子共价结合或在细胞内引发自由基链反应。同样,Ⅱ期反应的一些生物代谢酶类,如谷胱甘肽 S 转移酶与解毒反应有关,但这些酶类通常可增加原有物质或其代谢产物的溶解性从而促进它们的排泄。

鉴定活性代谢产物对评价可能的毒性效应是非常重要的,评价母体化合物代谢产物的毒性效应必须使用代谢能力正常的细胞。原代培养的肝细胞具有成熟细胞的特征表型,即具有药物代谢的活性,因此,目前已作为鉴定活性代谢物的有价值的体外模型,但物种间的差异和特定器官之间代谢方式的差异是非常明显的。所以除了原代肝细胞和具有代谢能力的器官外,一些能够表达一种或多种人生物代谢酶类的基因改造细胞株都可使用。

在所有使用的方法中,第一步都是必须查明毒性是否与待测化合物的代谢有关。所以要同时采用代谢能力完全的细胞模型(原代肝细胞,基因工程细胞系等)和非代谢细胞模型(一些常用的细胞系)两种细胞进行研究。通过两种模型检测得到的化合物浓度-毒性曲线的比较(或 IC_{50} 数据),就可以明确生物代谢是否会优先地在肝细胞或代谢正常的细胞中产生毒性反应,同时也表明外源化学物质需要经过生物活化后才产生毒性作用。另一个揭示外源化合物毒性的方法是在肝细胞培养基中加入代谢酶抑制剂(基本上是 CYP 抑制剂)进行孵育,抑制剂存在情况下出现毒性下降，表明毒性作用可能与待测化合物的代谢有关。

细胞毒性终点是进行一系列毒性筛选试验和第一步，这些试验包括氮甲唑蓝（MTT）法、中性红摄取法、阿尔玛蓝法（Alamar Blue）法或酶漏出检测法（LDH 或转氨酶）等。通常一个参数已经足以说明毒性化合物引起的不可逆损伤。细胞毒性试验可得出量效曲线和 IC_{50}。有关基本细胞毒性的试验方法见本书第 7 章。另外一个毒性终点是关于生物转化介导的诱变效应，如典型的 Ames 试验，具体方法参见第 14 章。

标准化和验证：许多体外系统都适用于研究生物代谢介导的效应，这包括亚细胞部分，如微粒片段、S9 混合物、原代悬浮细胞、原代培养细胞、传代细胞系、永生化原代细胞和基因工程细胞系。根据 ECVAM 的原则和规程，至今为止，还没有单独一种方法用于检测Ⅰ期反应或Ⅱ期反应的生物代谢，或者评价生物代谢依赖性的体外毒性方法经过正式验证。OECD 评价化合物毒代动力学的实验指南 TG417 是基于体内研究制定的。不过，现已有很多研究支持以体外方法测定生物代谢和生物代谢介导毒性效应。

应用和局限性：运用培养的肝细胞筛选与外源化合物毒性相关的生物活化过程需要严格规范的实验条件。原代培养的肝细胞所具有的分化完全的肝细胞功能会随着培养时间和的延长逐渐减退，包括细胞色素 P450 的表达。接种后的细胞很可能在适应培养基的过程中导致细胞色素 P450 活性的快速下降。为了克服这个难题，可以把待测化合物与肝细胞进行短时间的孵育。化合物通常在细胞接种 1h 后就加到培养基中，而化合物的溶解度、挥发性和与培养基的相互作用必须在添加之前了解清楚。培养基的 pH 和等渗浓度的改变与蛋白结合的程度与培养基成分共沉淀的形式或用来溶解化合物的溶剂的毒性效应都是主要的考虑因素。基因工程细胞的缺点是限制了一些代谢酶类的共同表达以及表达水平与体内环境存在差异，而且还包括特定的协同因子的缺失和正常细胞环境的改变。

一些无需代谢而产生毒性的化合物根据其体外的毒性效应来推测相应的人体体内毒性，所得的结果很少出现假阴性，这表明即使是简单的细胞毒性参数也能获得可靠的结果。由于外源性化学物需要高水平的代谢和延长暴露时间才能呈现出细胞毒性效应，而体外模型通常缺乏足够的敏感性。此外，有些特殊的毒性效应是不能通过细胞毒性试验方法确定的，如遗传毒性效应。不过已有文献报道测定生物转化介导的诱变效应。

毒代动力学特征存在物种间差异，尤其是人类与啮齿类动物间的代谢差异。所以，现在迫切需求建立以人为基础的体外模型来预测对人体的潜在危害，这将比实验动物更为可靠。使用转染了人类基因的细胞，在此基础上建立试验策略是找到更好地控制种间差异的理想方法。运用基因技术已成功构建出稳定的转染细胞系和短期细胞系。编码主要细胞色素 P450 基因用以代谢外源化合物的缺陷重组载体已构建成功和发挥作用。近来，以计算机应用为基础（计算机模拟）的代谢和毒性预测方法取得重大进展。计算机模拟技术还可用于化合物性质的预测和筛查。在管理毒理学应用方面，可将计算机技术与体内模型整合成为成套试验策略用于化学物生物转化和代谢毒性的检测。

3. 计算机模拟技术 目前可行的系统有 3 种类型：①以结构-代谢规则知识为基础的专家系统（例如 metabolexpert 专家系统）；②构效活性关系（SAR）和定量构效关系（QSAR）模型；③药效基团和分子蛋白模型（包括 CYP2C9 或 CYP3A4 的分子模型）系统。据估计目前有超过 40 种商业软件或

ADMET(药物的吸收、分布、代谢、排泄和毒性)数据生成软件,但并非所有这些软件都能够解决生物代谢问题(如 SIMCYP、Cloe Screen 等软件)。这些模型处于不同的发展阶段,各种模型要预测的目的包括可能存在的代谢物、代谢酶类、动力学的定量等目标,然而在现阶段,还没有一个系统能达到真正可靠的水平。

数据模拟方法是现时快速(但并不精确可靠)提供化合物潜在的代谢终产物概况的有效方法。分子模拟方法能够对细胞色素 P450 有选择性生物转化的化合物相对精确地进行预测,而且只处于定性水平。有用的预测通常只局限于应用在训练集中的化合物。计算机模拟代谢方法仍需要做大量的改进。代数方程对于确定潜在的代谢位点是有用的,但真正的需求是当存在大量的代谢途径时具备能够预测主要代谢途径的功能。另一方面,物种差异也必须有所兼顾。在建立有意义的预测之前,必须对不同物种和不同器官中的酶学做更多了解。以临床前的体外模型去推导临床前的体内模型是非常困难的,而以局限性的人体外模型去预测人体内模型则是一项重大挑战。

动物替代方法的前景:计算机系统主要由中小型企业开发和使用,作为一种筛选工具用于药物研发的早期阶段,标准化和验证只能在"内部"进行。目前就如何对计算机模拟系统进行验证和认可还没有统一意见。作为体外试验方法策略的一部分,计算机模拟方法在一定程度上能代替毒代动力学和生物代谢的动物实验研究,而且计算机模型通常是以人体数据为基础的,因此,所得的预测结果可直接应用于人体。

计算机模拟方法发展迅速,第一代的模型在经济上是可行的,但它们的预测能力和实用性却良莠不齐,所得的结果远未达到管理者需求。以机制研究为基础的第二代模型已经问世,为预测生物代谢带来了希望。下一步的推进目标是模型间的组合应用,如包含细胞色素 P450 的生物转化、Ⅱ期反应的各种酶类、内源性的肝内和肝外清除模型等。计算机模型的开发离不开可靠数据支持。所以,建立可靠的高质量数据对软件的开发是非常重要的,适用性和实用性也会提高。

四、第一级和第二级整合方法

(一) 第一级(经口吸收)+第二级(检测化合物血浆浓度和代谢)

Cloe® Screen 系统包括了第一级和第二级内多项体外和计算机模拟的方法,包括第一级经口吸收途径的量效结构关系和 Caco-2 细胞系统,第二级检测化合物血浆浓度的量效结构关系方法/生化活性、血浆蛋白结合率以及第二级生物转化的代谢稳定性与物种间差异和计算机模拟方法见表 17-1。

Cloe® Screen 系统是由 Cyprotex 公司开发的,该公司由 David E Leahy 博士在 2001 年建立,旨在研发提供 ADME 数据的 HTADME(高通量测评吸收、分布、代谢、排泄)筛选设备和模拟人体与动物药代动力学过程的 Cloe PK™ 软件。

Cloe Screen™ 是一套在精确度、准确度和高通量方面都做了优化的软件系统,能应用于体外 ADME 的检测,内容包括以人肝脏微粒体为研究工具的代谢稳定性评价、溶解度的比浊法测定、对 Caco-2 细胞的渗透性、人肝脏微粒体细胞色素 P450(3A4、2C9、2C19、1A2、2D6)的半数抑制浓度测定、血浆蛋白结合率和亲脂性的测定。通过使用 96 孔板或 384 孔板对检测方法进行自动化筛选的优化,所得的内部验证数据具有高精确度、高重现性、低输出量的特点,利用这些检测方法每年的化学品处理量可达 200 000 个。Cloe Screen 实验系统已在全球制药企业广泛应用。该检测系统的处理量庞大,系统重点是溶解度、肠道吸收、代谢稳定性、细胞色素 P450 的 50%抑制浓度、对 Caco-2 细胞的渗透性(AB/BA)、血浆蛋白结合率、Log$P$(辛醇)和 Log Ka。应用的化合物覆盖了药物研发阶段已确切使用的化合物。

(二) 第一级(经口途径)+第二级(化合物血浆浓度和生物累积)

Cloe PK™ 是一套非常适合应用于 Cyprotex 开发的生理学模型的客户服务软件,包括了第一级经口途径的动力学模型、第二级测定血浆中的浓度(动力学模型)和生物累积(血液组织分布)等方法(见表 17-1)。

Cloe PK™是由 Cyprotex 公司开发的,具有外推法的处理方式和分析体外 ADME 数据的能力。该试验系统最大的优点是已经将人和大鼠参数化,能够在口服或静脉注射给药后模拟血液和组织(胞内,间质中)中的浓度水平,也包括游离药物和总体药物的浓度。对于标准参数的测定如吸收百分比、生物利用度、清除率和曲线下面积都可以通过此系统完成。获得的体外 ADME 数据可以用来预测组织暴露于待测混合物时发生的变化以及提供一种以体外毒性数据评价体内风险因素的外推法。研发者指出,该实验系统在体外毒性方法验证完成后将取代体内模型。

以生理学为基础的药物动力学建模方法(Physiologically based pharmacokinetic, PBPK)已开发和应用多年。近年来,已有多家企业紧跟 Cyprotex 步伐,开发了多种适用于生理药物动力学研究的软件产品,包括 Lion Biosciences (Idea™)、Bayer Technology (PKSIM™) 和 Simulations Plus (GastroPlus™)。

应用和局限性:目前在国外大约有 20 家大型医药企业对该实验系统做出了评价。利用该系统对将近 80 种化合物(主要是药物)在人和大鼠中的药血浓度的模型进行了内部验证,对约 100 种化合物吸收分数的肠道吸收模型通过了内部验证。采用盲法测试的外部验证已经在 7 家企业中完成,其中有 120 种化合物经动物实验(大鼠)检测,80 种化合物经人体试验检测预测所需的参数的平均误差为 2 到 5 倍之间。例如,对化合物在大鼠血浆中半衰期的预测,56%的化合物在 2 倍预测范围之内,84%的化合物在 5 倍预测范围之内,不超过 10 倍预测值的化合物可达 94%以上。但是这些内部验证信息很少被公开发表。

该模拟软件可以用于测定药物在血浆中的游离浓度和总浓度及主要器官中组织内浓度,包括口服或静脉注射后肠道随时间变化的浓度,但用于经皮途径的药物动力学研究还有待改进。

动物替代方法的前景:该软件可与实验操作或计算机模拟技术结合使用,用于获得化合物的亲脂性、体外代谢率、渗透性、蛋白结合率及溶解度的估计数据。研发者通过对现有的嵌入式计算机虚拟模型进行改进而提高预测药血浓度的质量,进而可应用于肾清除率、血液组织分布系数、胆汁排泄率的检测。通过将血药浓度与体外浓度效应关系结合起来,将模型的应用范围延伸到生物学和毒理学研究领域是可能的。研发者的下一步目标是使用由试验系统生成的微粒体 P450 的抑制数据建立模型检测化合物的相互作用。此外,就是把模型进一步应用到经皮给药途径的药物动力学研究方面。

(三) 第二级(检测化合物血浆浓度、生物累积和代谢)

Simcyp™算法试验系统是由英国 Simcyp 公司开发的,包括第二级策略中的血浆浓度测定(动力学模型)、生物积累(QSRP 方法/物化性质)和计算机模拟技术(见表 17-1)。Simcyp 公司是一家虚拟体药代动力学模型及模拟装置平台的开发商,该公司的科学家 Geoffrey Tucker 教授和 Amin Rostami-

Hodjegan博士还开发了模拟药物动力学的计算机随机模拟方法(Monte Carlo,蒙地卡罗算法)。据报道,该试验系统已具备了通过普通简单的临床前数据来模拟人体内的药物动力学过程的能力。通过试验系统获得的药物动力学结果能够以稳态清除或血液/血浆浓度的方式表示出来,而之前这两个参数仅用于动力学模型或生物累积度生物的预测。该系统需要对系统生物利用度和消除的数据进行联合运算,才能得到清除率和药物之间潜在的相互影响等群体的预测信息。用于系统分析的体外代谢的可靠数据可通过重组人细胞色素P450(rCYPs)或典型的人肝脏微粒体获取。据报道,此试验系统还能够确定群体的不良反应以及处于不良反应的风险人群的数量。

应用和局限性:目前只有大型跨国制药公司、美国管理部门和学术研究者获得授权可使用这套系统。该试验系统覆盖的体内试验终点包括全血和血浆中总的与游离的代谢物经口及全身的清除率。据报道,运用改进的模型可模拟单一药物的时间浓度变化和药物间的相互作用。药物效应可根据口服或静脉注射后的清除率变化、动态药物血浆浓度以及稳态药物血浆浓度进行定量。上述的所有参数能够最大程度地实现用户个性化服务,其样本包括健康的志愿者或特殊疾病患者和不同人种背景的个体。目前,试验系统仍未与药效学或毒理学模型结合使用,但据称只需运用标准模拟技术获得的数据和动力学关系式就能够简易地进行整合。由于没有开发出适合的体外模型,现时的推算方法还不能预测肾清除率,而运用已知的总体变化参数去估计肾清除率则更为可取。研发者称,试验系统已经过多种药物实体的多方面检测,而就代谢清除的预测而言,仍未发现一类独特的化合物连续表现出非准确性。

动物替代方法的前景:研发者宣称该试验系统在预测药物的代谢清除方面(通常运用种间类推法)有利于取代动物实验方法,而且早期的13种多途径代谢药物检测的试验结果表明试验系统比外推法更具准确性和精确性。目前种间外推法仍被视为唯一的一种预测肾清除率的方法,然而发展中的体外系统方法具有取而代之的潜能。

据研发者称目前正在开发的实验系统的算法有多种方式,并制订了长远的开发目标,这种系统与现代科学技术的发展紧密相关。2005年,开发建立了儿科模型的算法。还研究了人种差异与疾病人群间的相互关系,利用解剖学、生理学、遗传学和人口统计学的参数来对各个种族的真实个体进行更准确的模拟。2008年,用于体外预测药物动力学的“虚拟实验大鼠”投放市场。Simcyp大鼠可模拟化合物在体内吸收、分布、代谢和排泄的情况。

试验系统的研发完成以后,正式的验证就会落实,这将会获得与现行的方法(如种间外推法)和临床体内试验结果形成鲜明对比的数据。

五、结合人类自愿者的方法

第一级(经皮、经口和吸入途径)+第二级(检测药血浓度、排泄、生物聚集和生物转化)。

加速器质谱(Accelerator mass spectrometry,AMS)已经用来检测在尿液、血液、血浆、粪便(和其他组织)样品中含量极低的放射标记物质的浓度。结合高效液相色谱等样品分离技术,AMS就能测定药物、化学合成或生物技术合成产物及其代谢物在亚药理学和亚毒理学水平的浓度(即原子摩尔的灵敏度,10^{-18}M)。由于AMS具有极高的灵敏性和精确性,因而可应用于人体志愿者体内微剂量化合物的研究,而这一微小剂量的化学物是相当安全的(化学性质和放射性质),这是以前动物实验难以达到的(以前常用啮齿类动物的急性毒性或 7 天毒性试验)。经皮、经口、吸入、阴道内和皮下给药途径都能够收集到样品,而血液样品则可少至 5μl。AMS 能够提供 ADME 和详细的人体药物动力学数据,包括相当重要的排泄数据。

此项技术是由 RC Garner 教授及其同事发明的,研究机构位于英国约克郡的 Xceleron 有限公司。加速器质谱中心设于美国加利福尼亚州的 Lawrence Livermore 国家实验室。

应用和局限性:目前只有英国的 Xeleron 实验室为一些医药公司提供 AMS 分析服务,除此之外,AMS 的应用很少,主要是由于该设备费用非常昂贵。

尽管可从任何给药途径中得出 ADME 和药物动力学的详细数据,但相当高的检测费用限制了其大规模应用。局限性还包括需要对测试分子进行核素标记。由于一些化合物的放射性合成物和非放射性合成物存在显著差异,该类化合物的核素标记在工艺上是不可能的。但该项检测方法的技术原理相当有优势,在样品的分析中目前的制约步骤是样品的制备,这涉及放射性核素标记过程中防止氧化(combustion)和碳化(graphitisation)的技术。

标准化和验证:验证和标准化仍在完善中。一项比较 AMS 和液体闪烁计数在大鼠体内试验效果的研究表明两者都显示出良好的相关性(试验药物为丙酸氟替卡松),但 AMS 的敏感性和可靠性更高。志愿者服用微量的核素标记的试验药物后,可检测得剂量和补偿放射量之间的质量平衡。

关于饱和代谢和转运的研究往往只需采用微小剂量就可以了。静脉注射途径(包括其他预期的途径)具有的绝对清除率最大程度地简化了人体的生物利用度问题。饱和代谢和转运(在高剂量时)有可能发生,但可能性不大。从微量外推到高剂量的更深入的人体研究应作为验证程序的一部分。人体中的高剂量数据已经获得,而物质的微量数据可通过 AMS 测定。然而,将未知化合物应用于人体的做法可能会受到质疑与批评。

当 AMS 成本降低而被常规应用时,将会取代所有或大部分通常以不同种动物获取毒代动力学和 ADME 数据的方法。由于人体的数据是已知的,因此,需要化学品企业和制药企业提供更多由微量外推至高剂量的数据。

六、无动物实验替代方法

(一) 第一级策略

现仍需做大量工作来改进研究化合物通过生理屏障的方法,其中发展最快的是经皮吸收方法,其后是肠道吸收屏障。但是这些检测肠道吸收的方法(Caco-2 和 TC-7)一般只能显示表面透过率。由于肠道吸收状况的复杂性(例如绒毛/腺窝等结构)和肠道的蠕动,这些方法难以得出以 g/cm^2 为单位的数据。要使肠道吸收数据应用于本章所述的实验策略中,就必须建立一种与皮肤吸收不同的试验方法。

鉴于肠道屏吸收屏障存在多种复杂因素,包括摄取/分泌转运体、药物代谢酶系统和不同的转运机制(跨细胞和(或)细胞旁路径),因此,方法的进一步改良必须在规范管理下进行,并且需要更多具体的相关数据。此外,需要与现行的肠道渗透率检测方法相整合,使其能用于更多层次的筛选策略中。化合物的吸收是多因素共同参与的过程,涉及溶出率、溶解度、亲脂性和渗透性,所以,测定渗透性必须与物化性质结合才能更好地评价吸收或系统暴露的可能性。而在吸入途径方面,则需要更多的研究和改进,以实现本章所述的第一层策略方法对数据的需求。

(二) 第二级策略

目前很少有合适的实验方法能预测或检测人体暴露化合物后的生物蓄积性,所以必须加强这方面的研究和开发。体内排泄模型最为经典的方法是传统的离体模型(如离体灌注肾或肝脏)。在建立动物替代试验的背景下,这些方法有着明显的缺点。但是,离体模型在减少使用动物方面也发挥了重要的作用,如取代了动物胆囊插管等体内模型。

目前依旧很少有研究致力于填补体外排泄模型的空白,值得注意的是,关于肝肾排泄过程中的药物转运载体研究已经建立了数个体外模型,用于测定该药物是否作为特殊转运载体的底物。通过体外载体的信息推导肾和肝的定量排泄数值还是不可能的,但这些体外模型有助于对潜在排泄途径的了解。

胆汁排泄的体外研究方法仍需改进,因为这与毒性效应密切相关(如转运体的问题)。肝细胞夹心培养用于测定胆汁的排泄程度和检测胆汁中代谢物的性质。对于肾排泄,可以运用动物来源的肾细胞系(MDCK 细胞或 LLC-PK1 细胞)。

预测肾和胆汁排泄方法所需的信息与化学性质及剂型高度相关。目前可用的是以肾小球滤过率为基础的肾清除率计算机模型。相对于药物的体内肾清除率数据,在体外模型中,重摄取率是一个以亲脂性为变量的函数。如果结合更多先进的灌注细胞培养技术,以培养的单层上皮细胞或内皮细胞(又或者将两者进行共培养)作为试验对象更适用于某种外源物质(毒物)的重吸收和分泌的研究。

类似的模型可以应用于肾、肠道、肺屏障和血-脑屏障,然而需要保持在器官型的培养条件下,然而实验系统操作费劲且并非轻易掌握。

第 4 节 替代方法前景预测

目前可行的替代方法及 ECVAM 的评论见表 17-2。ECVAM 专家组认为目前的结论如下:

表 17-2 毒代动力学与代谢试验替代方法的前景

第一级:系统暴露的可能性						
动物实验终点	可行的替代方法	检测终点	目的	应用领域	验证状态	评论
OECD 417:经皮吸收	(1) 体外透皮吸收试验	见 11 章	部分替代,作为第二级试验的终止标准	见 11 章	见 11 章	需要标准化
	(2) QSPR 方法/物化性质	见 11 章	部分替代,试验策略的一部分		研发	
OECD 417:经口吸收	(3) QSPR 方法/物化性质	模拟肠道渗透性	部分替代,试验策略的一部分	药物	研发	有多种计算模型,质量有待提高
	(4) 动力学模型	与肠道渗透性有关的动力学参数	部分替代,QSPR 方法和试验策略的一部分	药物	研发	
	(5) 细胞检测(Caco-2 或 TC-7)和人工膜	肠渗透性	部分替代,作为第二级试验的终止标准,试验策略的一部分	药物及营养饮食	高标准化,未正式验证,ECVAM 正进行评估	进一步改进必须符合管理规范和需要更多数据。综合溶解度和渗透性可对化合物的吸收度分类和预测

续表

OECD 417：肺部	(6) QSPR 方法/物化性质	预测上下呼吸道吸收	部分替代，试验策略的一部分	药物	研发	急需加强体外方法和 QSPR 方法的研发
	(7) 肺上皮(A549，孙女 Calu-3，BEAS-2B，16HBE14O、原代细胞)	肺吸收	部分替代，第二级试验的终止标准，试验策略的一部分	药物和气体污染物、微粒	研发和改良模型(商品化模型)	加快关于蒸汽和微粒等物质的研发
第二级：测定化合物的分布						
OECD 417：测定药血浓度	(8) QSPR 方法/物化性质	血浆蛋白结合	部分替代，试验策略的一部分	药物	研发	
	(9) 血浆蛋白结合测试	血浆蛋白结合	部分替代，用于动力学模型的数据，测试策略的一部分	药物	优化并应用，未正式验证，已广泛评估	
	(10) 动力学模型	测定药血浓度的动力学参数	部分替代，试验策略的一部分	药物	研发	
OECD 417：排泄	无可行的体外试验策略，传统离体模型仍在使用	肝肾排泄	部分替代	药物	研发，很少研究	需要研发体外方法和 QSPR 方法
OECD 417：组织分布/积累	(11) QSPR 方法/物化性质	计算组织分布的动力学参数	部分替代，试验策略的一部分		研发	
	(12) 血液/组织分布	体外组织血液/血浆分布系数	部分替代，试验策略的一部分	药物和工业化学品	优化并应用，未正式批准，需广泛评估	急需生物积累替代方法的发展
OECD 417：生物转化(代谢)	(13) 代谢稳定性和种间差异	原化合物的代谢和相关种间差异	部分替代，试验策略的一部分	药物及一些化学品	优化，未批准，但已在内部广泛测评，需要前验证	稳定性筛选试验可准备验证。人体衍生系统的有效性和质量仍有疑问
	(14) 生物活性检测	代谢介导的毒性	部分替代，试验策略的一部分	药物及一些化学品	优化，需要前验证，高通量筛选系统需继续开发(包括与人体相关的模型)	
	(15) 计算机模拟技术	鉴定代谢产物，代谢酶类，动力学定量	部分替代，试验策略的一部分	药物及一些化学品	研发	

续表

整合第一、二级体外方法与计算机模拟方法					
OECD417：动力学参数	结合体外模型与计算机模拟技术	经口吸收，估计血浆水平、代谢、组织/血液分布	部分替代，支持总体联合策略	药物	研发
结合志愿者的方法					
OECD 417：动力学参数	加速器质谱方法(AMS)	鉴定原混合物的亚药物动力学和亚毒代动力学的代谢水平	部分替代，支持总体联合策略	药物、杀虫剂和饮食致癌物	研发

(1) 继续加强对成套试验策略的研究。

(2) 在第一级策略中，对生理屏障代谢能力的详细了解及其与人体状况的相关性将作为筛选体外模型的标准。局部生物活化物质的局部效应应以这种方式确定，同样测定化合物效价的方法也可以通过这种方式确定。如果对一种化合物的代谢存在疑问，这就要考虑使用成套策略中相关的专门试验加以确认。

(3) 建议用多种有效的替代方法对总体测试策略进行验证，除了可参考 ECVAM 的验证程序外，对于构成毒代动力学总体策略的各个部分应当考虑采用“证据法”进行验证，见第 3 章。大多数的内部数据(计算机模拟和体内外数据)都是有效的，尤其是在毒代动力学方面。毒代动力学试验策略的验证将会是一个关键步骤，需要详细策划验证程序和方案。

(4) 需要选择一系列参与模拟系统训练或经过验证的化合物来涵盖范围更广的化合物种类，而不仅局限于常用的药物。应成立化学品选择委员会，负责列出所需参考化合物的候选名单。

ECVAMR 专家小组对于通过人体试验来预测或测定化合物的生物累积度仍缺少合适的方法。极少实验应用于这方面的研究，因此必须鼓励更多的研究和改进。

肾和胆汁的排泄模型(体外或计算机模拟)仍处于研发阶段。排泄过程的信息与化学品和药物制剂的研究高度相关。如图17-2所示，大约到 2013 年(欧盟提出的全面禁止化妆品动物实验的最后期限)才会批准第一级策略的替代方法用以“预测整体暴露的可能性”。第二级策略中检测“化合物分布”的替代方法在近年内部分获得批准，包括测定药血浓度、生物积累和生物代谢 3 方面。

但是，由于排泄试验的研究尚在完善中，要实现毒代动力学所需的数据完整替代，估计需要 5～10 年的时间。从第一、二级试验所得的数据经过整合后，在化妆品材料透皮吸收研究和安全性评价方面极具意义，尤其是在毒性研究领域，包括急性毒性、皮肤致敏、基因毒性/诱变性、光诱毒性、生殖毒性、亚慢毒性、致癌性，也因此毒代动力学领域的前验证和验证必须处于先决地位。总的来说，除了高透皮吸收度的个别例子，详细的数据在毒代动力学和化妆品材料代谢研究方面都是次要的。当亚慢毒性和慢性毒性试验甚至是生殖毒性研究根据《化妆品管理规范的第 7 次修正》而被体外方法取代，未来的形势将发生重大改变。成套策略方法，配合上决策点和各种模拟技术及体外模型，探索动物体内复杂的生理规律和调节网络领域，将解答所有关于整体毒性的问题。

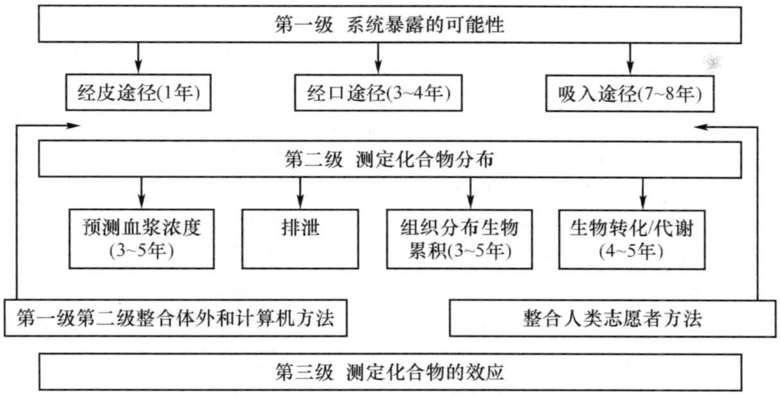

图 17-2　毒代动力学与代谢试验策略流程图

（臧林泉　程树军）

参 考 文 献

Artola-Garicano E, Vaes WH, Hermens JL. Validation of negligible depletion solid-phase microextraction as a tool to determine tissue/blood partition coefficients for semivolatile and nonvolatile organic chemicals. Toxicol Appl Pharmacol, 2000, 166: 138～144

Banker MJ, Clark TH, Williams JA. Development and validation of a 96-well equilibrium dialysis apparatus for measuring plasma protein binding. J Pharm Sci, 2003, 92: 967～974

Bergstrom CA, Strafford M, Lazorova L, et al. Absorption classification of oral drugs based on molecular surface properties. J Med Chem, 2003, 46: 558～570

Blaauboer BJ. The necessity of biokinetic information in the interpretation of in vitro toxicity data. Altern. Lab Anim, 2002, 30: Suppl 2, 85～91

Boobis A, Gundert-Remy U, Kremers P, et al. *In silico* prediction of ADME and pharmacokinetics. Report of an expert meeting organised by COST B15. Eur J Pharm Sci, 2002, 17: 183～193

Bull S, Langezaal I, Clothier R, Coecke S. A Genetically engineered cell-based system for detecting metabolism-mediated toxicity. Altern Lab Anim, 2001, 29: 703～716

Clarke SE, Jeffrey P. Utility of metabolic stability screening: comparison of in vitro and *in vivo* clearance. Xenobiotica, 2001, 31: 591～598

Eskes C, Zuang V. Alternative (non-animal) method for cosmetics testing: current status and future prospects. ATLA , 2005, 33: suppl, 147～175

Frederick CB, Lomax LG, Black KA, et al. Use of a hybrid computational fluid dynamics and physiologically based inhalation model for interspecies dosimetry comparisons of ester vapors. Toxicol. Appl. Pharmacol, 2002, 183: 23～40

Fung EN, Chen YH, Lau YY. Semi-automatic high-throughput determination of plasma protein binding using a 96-well plate filtrate assembly and fast liquid chromatography-tandem mass spectrometry. J Chromatogr B Analyt Technol Biomed Life Sci, 2003, 795: 187～194

Gomez-Lechon MJ, Donato MT, Castell JV, Jover R. Human hepatocytes as a tool for studying toxicity and drug metabolism. Curr Drug Metab, 2003, 4: 292～312

Grass G. Physiologically Based Pharmacokinetic Simulation Modelling, Adv. Drug Delivery Reviews, 2002, 54: 433～451

Gres MC, Julian B, Bourrie M, et al. Correlation between oral drug absorption in humans, and apparent drug permeability in TC7 cells, a human epithelial intestinal cell line: comparison with the parenteral Caco-2 cell line. Pharmaceutical Research, 1998, 15: 726～733

Hamilton KO, Backstrom G, Yazdanian MA, Audus KL. P-glycoprotein efflux pump expression and activity in Calu-3 cells. J Pharm Sci, 2001, 90: 647～658

Hukkanen J, Lassila A, Päivä rinta K, et al. Induction and regulation of xenobioticmetabolising cytochrome P450s in human A549 lung adenocarcinoma cells. Am J Respir Cell Mol Biol, 2000, 22: 360～366

Kariv I, Cao H, Oldenburg KR. Development of a high

throughput equilibrium dialysis method. J Pharm Sci, 2001,90:580～587

Langowski J,Long A. Computer systems for the prediction of xenobiotic metabolism. Adv Drug Delivery Rev,2002, 54: 407～415

Le Ferrec E, Chesne C, Artursson P, et al. In vitro models of the intestinal barrier. The report and recommendations of ECVAM workshop 46. ATLA,2001,29:649～668

Leahy DE. Progress in Simulation Modelling for Pharmacokinetics,Current Topics in Medicinal Chemistry,2003,3: 1257～1268

Li AP. Screening for human ADME/Tox drug proteins in drug discovery. Drug Discovery Today,2001,6:357～366

Lin JH. "Applications and limitations of interspecies scaling and in vitro extrapolation in pharmacokinetics." Drug Metab Dispos,1998,26: 1202～1212

Masimirembwa CM,Bredberg U,Andersson TB. Metabolic stability for drug discovery and development: pharmacokinetic and biochemical challenges. Clin. Pharmacokinet., 2003,42(6):515～528

Nemmar A,Hoet PH,Vanquickenborne B,et al. Passage of inhaled particles into the blood circulation in humans. Circulation ,2002,105:411～414

Obach RS. The prediction of human clearance from hepatic microsomal metabolism data. Curr. Opin. Drug Discov. Devel,2001,4(1):36～44

Pelkonen O,Boobis RB,Gundert-Remy U. *In vitro* prediction of gastrointestinal absorption and bioavailability: an experts' meeting report, European Journal of Clinical Pharmacology,2001,57:621～629

Peng FC, Tseng HY, Tsai JC, Lin C, Doehmer J. Role of human hepatic cytochrome P-450s in territrem A metabolism. J Toxicol Environ Health A,2003,66:1237～1248

Poulin P,Theil FP. Prediction of pharmacokinetics prior to in vivo studies. 1. Mechanism-based prediction of volume of distribution. J Pharm Sci,2002,91:129～156

Proctor NJ,Rostami-Hodjegan A,Tucker GT. In vitro prediction of population in vivo drug clearance using updated scaling factors. British Journal of Clinical Pharmacology, 2003,55:445

Rich RL, Day YS, Morton TA, et al. High-resolution and high-throughput protocols for measuring drug/human serum albumin interactions using BIACORE. Anal Biochem, 2001,296:197～207

Seo PR, Teksin ZS, Kao JPY, Polli JE. Lipid composition effect on permeability across PAMPA. European Journal of Pharmaceutical Sciences,2006,3(4): 259～268

Sweeney LM. Comparing occupational and environmental risk assessment methodologies using pharmacokinetic modeling. Human and Ecological Risk Assessment,2000, 6: 1101～1124

Tavelin S, Taipalensuu J, Soderberg L, et al. Prediction of the oral absorption of low-permeability drugs using small intestine-like 2/4/A1 cell monolayers. Pharm Res,2003, 20:397～405

Townsend AJ,Kabler SL,Doehmer J,et al. Modeling the metabolic competency of glutathione S-transferases using genetically modified cell lines. Toxicology,2002,181～182, 265～269

Young G, Ellis, W, Ayrton, J, et al. Accelerator mass spectrometry (AMS): recent experience of its use in a clinical study and the potential future of the technique. Xenobiotica, 2001,31:619～632

Yu H,Adedoyin A. ADME-Tox in drug discovery: integration of experimental and computational technologies, Drug Discovery Today,2003,8:854～861

第 18 章　致癌性试验及替代方法

Chapter 18　Carcinogenicity Test and Alternative Methods

第 1 节　概　　述

一、致癌物的定义

癌症是严重威胁人类健康和生命的疾病，癌症的病因很复杂，是遗传因素和环境因素相互作用的结果。环境因素包括物理因素(电离辐射)、化学因素和生物因素。其中化学因素是造成人类肿瘤的主要原因。Doll 于 1981 年指出，归因于环境因素的癌症死亡的百分率中，化学因素占 77%。化学致癌(chemical carcinogenesis)是指化学物质引起正常细胞发生恶性转化并发展成肿瘤(良性或恶性)的过程，具有化学致癌作用的化学物称为化学致癌物(chemical carcinogen)。化学致癌物能实验性地通过呼吸、摄取、注射等手段进入生物体内后导致肿瘤形成，能提高肿瘤发生率和恶化率或者缩短肿瘤发生的时间的物质可界定为具有致癌性。诱发癌症涉及直接或者间接的基因改造。

二、致癌物的分类

根据化学致癌物的结构和来源、作用证据的可靠程度、作用机制等多种标准对化学致癌物进行分类。

(一) 根据致癌物的作用机制/模式分类

根据作用机制和模式，化学致癌物一般被分成两类：一类是起诱发作用的遗传毒性致癌物；另一类是起促进作用的非遗传毒性致癌物。遗传毒性致癌物(genotoxic carcinogens)对 DNA 造成损害，遗传毒性致癌物进入细胞后作用于 DNA 引起细胞基因的改变而发挥致癌作用。有的化合物(如亲电子有机物)不依赖代谢活化，能直接与 DNA 反应，称为直接致癌物，如烷基和芳香基环氧化物、内酯、硫酸酶、亚硝酰胺等属于此类。有的化合物需经宿主或体外代谢活化成亲电子剂后才能与 DNA 反应，称为间接致癌物，如多环芳烃类、芳香胺类、亚硝胺类、偶氮化合物、黄曲霉毒素 B1 和硝基杂环类等。还有些无机化合物可通过选择性改变 DNA 复制保真性导致 DNA 改变，如铬、镍。

非遗传性致癌物(non-genotoxic carcinogens)又称表遗传致癌物(epigenetic carcinogens)，此类物质不直接与 DNA 反应，可能通过抑制凋亡或促进有丝分裂间接地影响遗传物质导致细胞癌变。其机制可能包括：引起细胞增殖失调，直接或持续的组织损伤；增强氧应激，生成活性氧自由基，导致 DNA 损伤；扰乱受体倡导的细胞信号传递过程等。非遗传致癌物包括：促长剂(佛波酯、苯巴比妥、二丁基羟基甲苯)、激素调控剂(己烯雌酚、硫脲)、细胞毒剂(溴化钾、丁羟茴醚)、免疫抑制剂(嘌呤类、环孢菌素)、过氧化物酶体增殖剂(苯二甲酸盐)、固态物质(石棉)。

(二) 国际癌症研究所(IARC)分类

IARC 从 1971 年开始组织专家收集和

评价已公开的有关化学致癌物的动物实验及流行病学资料，并出版论文集和报告，对所有环境因子、物理因子和生物因子对人类的致癌危险性进行评价。IARC 对化学致癌物的分类主要基于实验动物致癌资料和人类流行病学资料的证据充分性(证据权重分析)，不涉及致癌活性的大小和机制。致癌性证据资料分为 4 级：证据充分、证据有限、证据不足和证据提示缺乏致癌性。IARC 根据对人类流行病学和实验动物致癌性资料以及其他相关资料，包括癌前病变、肿瘤病理学、遗传毒性、结构活性关系、代谢动力学、理化参数及同类的生物因子进行综合评价，将环境因子和类别、混合物及暴露环境与人类癌症的关系分为下列 4 类：

(1) 1 类：人类致癌物，对人的致癌性证据充分者属于此类，如砷及化合物、黄曲霉毒素、苯、联苯胺等。

(2) 2 类：对人类很可能或可能致癌物，又分为两类，即 2A 类和 2B 类：2A：对人类很可能是致癌物，指对人类致癌性证据有限，对实验动物致癌性证据充分；2B：对人类是可能致癌物，指对人类致癌性证据有限，对实验动物致癌性证据并不充分；或指对人类致癌性证据不足，对实验动物致癌性证据充分。

(3) 3 类：现有的证据不能对人类致癌性进行分类。

(4) 4 类：对人类可能是非致癌物。

IARC 对化学物质引起人类癌症的危险性评价是目前公认的权威性资料。据 2009 年评价结果统计，其中 1 类 95 种、2A 类 66 种、2B 类 241 种、3 类 497 种、4 类 1 种。

(三) US EPA 分类

US EPA 在其 2005 年的致癌危险性评价指南报告中，以证据权重将化学致癌物分为 5 类：①对人是致癌的；②对人可能是致癌的；③证据提示有致癌性可能；④评价致癌性的信息不足；⑤对人可能不是致癌性的。类似 IARC 和 EPA 的分类系统还有加拿大卫生和福利部(Health and Welfare Canada，HWC)和 IFSTP(International Federation of Societies of Pathologist，国际病理学家联合会)，见表 18-1。

表 18-1 基于权重的致癌物分类

分类	IARC	美国 EPA	人类证据	动物资料
人类致癌物	1	①	证据充分	证据充分或有限
人类很可能致癌物	2A	②	证据有限或不足	证据充分
人类可能致癌物	2B	③	证据缺乏或不足	证据充分或有限
不能进行分类	3	④	证据缺乏或不足	证据不足或缺乏
人类可能非致癌物	4	⑤	证据缺乏或阴性证据	至少 2 个物种的阴性证据

(四) 欧盟分类

欧盟将化学致癌物的危害分为 3 类：①已知为人类致癌物；②认为是人类致癌物；③证据不足以进行满意的评价。

(五) GHS 分类

联合国全球协调系统(GHS)基于证据权重，将致癌物分为两类：1 类化学物是已知的或假定的人类致癌物(基于人类资料为 1A，基于动物资料为 2A)，2 类为疑似人类致癌物。按照 GHS 指南化学物诱发的肿瘤形成包括遗传的改变，哺乳动物的致突变化学物可能分类为致癌物。

三、致癌性试验的发展状况

化合物能引起人类肿瘤已经被发现了两个多世纪，过去的大多数时间里，在临床观察和流行病学调查基础上确定了特定化合物和混合物为致癌物。然而，在过去的半个世纪里，焦点从确认环境致癌物转移到及时地避免暴露于致癌物。对于这一点，随着对这些化合物致癌机制的认识加深，越来越依赖于一系列危害鉴定筛选模型。

在 19 世纪 50 和 60 年代，研究发现在啮齿动物中致癌的很多化合物对人类也是具有致癌性的。2 年生物鉴定的方法为预测化合物是否为人类致癌物提供了一种标准的筛选程序。但是，对于致癌性危险度评价，应把重点放在这些观察的最终目的上，即这些物质能否引起人类的癌症。

在利用动物建立生物鉴定筛选模型中，实际上是基于两种重要假设：①在动物模型中观察到的结果是与人类相关的（物种外推）；②在动物身上使用的剂量是与人类的暴露水平相关的（剂量外推）。对于很多化合物，特别是 DNA 反应致癌物，这些假设是合理的。然而，就像已经弄清楚的很多化合物一样，以上一种或两种假设都是不恰当的。

致癌物 2 年生物鉴定需要高额的费用，如果加上最初的剂量设置研究和最终的评价，需要 4～5 年时间。对于生物鉴定中经常使用高剂量（最大耐受剂量）是否合理存在着争议。然而，最重要的是，对于在啮齿动物生物鉴定中的发现是否与人类危险度相关存在越来越多的怀疑。

一些两年生物鉴定的替代方法已经提出，一些涉及动物模型，另一些涉及体外实验或计算机模型。由沙门菌致突变实验开始，很多基因毒性试验已经用来进行致癌物的筛选。非动物方法包括细胞试验和计算机预测模型。诱变性和遗传毒性实验可用于检测致瘤性物质。细胞转化试验（cell transformation assay，CTA）是目前唯一能检测遗传毒性和致癌毒性的体外方法，而微核试验（MNT）和彗星试验仅能检测遗传毒物。细胞转化和间隙连接细胞间通讯实验（体外实验）可以用于识别某些致瘤物质，包括非遗传毒性致癌物。与体内致癌性实验比较，体外实验更加快速和便宜。但是，目前的体外试验方法不能完全替代动物实验。用此类实验来预测致癌性仍相对不足，仅仅适合于 DNA 反应类致癌化合物。已经发展了一种计算机模拟化学物质结构活性模型的方法，由于建立这些模型所需的大量数据已被收集，使得此模型变得愈加实用。然而，这些模型局限于特定实验终点，如 DNA 反应、突变、受体交互作用及其他。致癌性的可预测性通常不高。

另外还有一些用于危害鉴定筛选的新的动物鉴定方法，或基于动物鉴定的机制方法，如大鼠 Ito 中期生物鉴定；或通过插入或去除一个已知与人类癌症相关基因的转基因小鼠或基因敲除小鼠（如杂合 *p*53 小鼠），这些模型在反应机制的探索研究中具有价值。然而，由于在毒理学、新陈代谢、解剖及生理学中的物种差异，对于这些模型的解释需要慎重。

第 2 节　致癌性动物实验方法概述

哺乳动物致癌实验是法规认可的鉴定化学致癌物的标准体内实验，实验的目的是用来确定受试物对实验动物的致癌性、剂量-反应关系及诱发肿瘤的靶器官。

一、体内致癌实验的考虑因素

ICH 根据已知的危害因素、拟定的适应证和用药时间，体现 3R 原则，避免不必要的试验，提出新药致癌性研究的程序：

(1) 临床上连续应用 6 个月以上的药品，对慢性或复发性疾病需长期反复治疗的药品，造成长期暴露的给药系统。

(2) 已知属于对人具有潜在致癌性的同类化合物；构效关系提示具有致癌危险性的物质；长期毒性试验发现癌前病变；原型或代谢产物在组织内长期蓄积，引起局部组织反应或其他病理生理反应的物质。

(3) 具有遗传毒性的物质往往具有致癌性，如长期使用，应进行慢性毒性试验，检测早期致癌反应。

(4) 拟用于患者预期寿命少于 3 年的药品不必进行致癌实验，如肿瘤治疗药等。

(5) 局部使用吸收很差的药物不必进行经口致癌试验。

(6) 已具有致癌性资料的药物的各种酸、碱、盐应提供其在药动学、药效学或安全性方面没有明显改变的证据，对于酯和复杂的衍生物在确定其是否需要进行致癌试验时也应有类似的资料。

(7) 基本作为替代治疗的内源性物质不需要进行致癌试验，但对于生物技术制品，下列情况可考虑进行致癌试验：生物学作用或(和)结构明显不同于天然物质，在人体引起局部或全身浓度明显增加的制品。

二、体内致癌实验方法

(一) 哺乳动物致癌实验

体内致癌实验的标准方法是体内致癌性研究(OECD 451)、联合慢性毒性/致癌性研究(OECD 453)。

1. 动物选择 目前致癌性实验一般要用 2 种性别的大鼠和小鼠进行为期 2 年的实验。实验动物应选择较敏感、自发肿瘤率低、生命力强的品系。美国国立癌症研究所(National Cancer Institute，NCI)推荐 Fischer344 大鼠和 B6C3F1 小鼠。致癌性实验之前，需要进行遗传毒性和亚慢性毒性实验(90 天)，为致癌试验做好剂量选择。虽然这些数据用于定量的风险评估，但是其作用机制却常常是未知的。这一系列的实验很昂贵，并且需要 5 年甚至更多的时间。

2. 剂量和染毒途径 致癌试验一般设 3 个试验组。美国 NCI 推荐以最大耐受剂量(MTD)为高剂量，MTD 可由 90 天慢性毒性试验确定；高剂量选择还可根据：①药代动力学终点，即啮齿动物血浆时量曲线下面积(area under the curve，AUC)为人的 25 倍；②选择吸收饱和剂量；③药效学终点，不应产生生理学和内稳态紊乱；④最大可行剂量，如受试物在饲料中最高含量为 5%，致癌试验的限制剂量为 1500mg/(kg 体重 · 天)。确定高剂量后，中低剂量组按等比级数下推，如 1/2 或 1/3。低剂量组应不影响动物的正常生长、发育和寿命，即不产生任何毒性效应。但应高于人的接触剂量，通常不低于高剂量的 10%。每组至少雌雄各 50 只动物。染毒途径有经口、经皮和吸入 3 种，应尽量模拟人体可能的暴露途径。

3. 试验期限 通常小鼠为 18 个月，大鼠为 24 个月，对于某些生命周期较长或自发肿瘤率低的动物品系，小鼠可持续 24 个月，大鼠可延长至 30 个月。试验过程中，当最低剂量组或对照组存活的动物只有 25%时，也可以结束试验，对于有明显性别差异的试验，则试验结束时间可根据性别有所不同。

4. 观察和结果分析 每天观察受试动物 1 次，主要包括外表、活动、摄食等情况，记录体重和食物消耗量，特别注意有无肿瘤出现及出现的时间和死亡时间。自然死亡或处死动物应及时剖检肉眼检查和病理切片检查，包括已出现肿瘤或可疑肿瘤的器官，通过病理检查确定肿瘤的性质和靶器官。试验结束后，统计各种肿瘤的数量、患肿瘤动物数、每只动物肿瘤数及潜伏期等。

在进行的 2 个物种 2 种性别动物试验

中，只要有一种结果为阳性，即认为该受试物有致癌性；只有 2 个物种 2 种性别动物试验结果均为阴性时，方能认为未观察到致癌作用。

关于致癌强度的表达应用最广泛的系统是致癌强度数据库，半数致癌剂量(median tumorigenic dose，TD_{50})的定义是在实验动物标准寿命结束时未患肿瘤动物达 50%所需每日的剂量率。用于法规制定简化为 TD_{25}，定义是经实验动物标准寿命结束时自发率校正 25%的动物在特定部位发生肿瘤所需的慢性剂量，表示为 mg/(kg 体重·天)。对 DNA-反应性致癌物，致癌性和 DNA 结合的一般关系可以表示为共价结合指数(covalent binding index，CBI)。

(二) 致癌物筛选的短期试验

用于致癌物筛选的短期实验见第 14 章，包括：①基因突变试验：鼠伤寒沙门菌回复突变试验(Ames 试验)、培养哺乳动物细胞 *TK* 或 *HGPRT* 正向突变试验；②染色体畸变试验：体外细胞系细胞遗传学试验、小鼠骨髓微核试验、大鼠骨髓染色体畸变试验；③原发性 DNA 损伤：DNA 加合物、链断裂、彗星试验、DNA 修复诱导(细菌 SOS 反应，大鼠肝 UDS 诱导)、SCE 试验；④体外细胞转化：叙利亚地鼠胚胎细胞、ALB/c 3T3 细胞等。

(三) 短期致癌实验

哺乳动物短期致癌试验又称为有限体内致癌试验(limited carcinogenicity test)，指时间有限、靶器官有限的研究。通常短期试验不是成组试验，可根据受试物的特点有选择地使用，但应注意短期试验不是经过验证的成套试验(或组合试验)，应根据受试物的特点单独或任意组合使用。其中任何 1 个试验得到阳性结果的意义与长期动物致癌试验相似，但阴性结果并不能排除受试物的致癌性。短期致癌试验主要有以下 4 种。

1. 小鼠皮肤肿瘤诱发试验　通过在小鼠皮肤局部涂抹受试物，观察皮肤乳头瘤和癌的发生，一般 20 周可结束实验。小鼠中 SENCAR 品系较敏感。该试验也可用于检测受试物的引发活性或促长活性，如用于典型引发剂致癌性多环芳烃、促长剂佛波醇酯(TPA)的研究。

2. 小鼠肿瘤诱发试验　通过腹腔注射、灌胃或吸入的染毒途径，一般 30 周可结束实验，观察肺肿瘤发生。A 系小鼠比较敏感。该试验也可用于检测受试物的引发活性或促长活性，如用于典型引发剂乌拉坦、促长剂二丁基羟基甲苯的研究。

3. 大鼠肝转化灶诱发试验　切除大鼠肝组织后再给予受试物，试验周期 8～14 周。用来观察肝转化灶生成。肝转化灶是癌前病变，表现为 γ-谷氨酰转肽酶(γ-GT)活性升高，葡萄糖-6-磷酸酶和 ATP 酶活性下降以及铁摄取能力降低。转化灶可用免疫组化或组化方法鉴定。该试验也可用于检测受试物的引发活性或促长活性，如用于典型引发剂二乙基亚硝胺、促长剂苯巴比妥的研究。

4. 雌性大鼠乳腺癌诱发试验　通常选用 SD 大鼠，实验周期为 6 月。

三、体内致癌试验的认识

传统的 2 年动物致癌实验方法，为人类和实验动物试验性致癌资料提供了相当重要的历史数据。但是 2 年动物实验除了花费高昂、大量使用动物、实验过程漫长、实验结果不确定等不足外，还存在动物实验与人致癌机制的种属差异、外推到人体的不确定等。动物试验(特别是在欧洲)还必须面对法规的压力，而且随着生物技术的进步，致癌机制的认识和评估技术也在不断更新。因此，体内致癌实验的变革是必需的。

（一）动物实验外推的不确定性

在标准致癌试验中，以最大耐受剂量(MTD)染毒，经 50%有致癌活性，此百分率太高，外推到人具有很大的不确定性。

2 年期动物实验的研究数据表明，大鼠和小鼠的致癌一致性被普遍地认为是为 75%。如 DiCarlo 总结了 138 次 NTP 的生物检测，得出大鼠-小鼠一致性为 75%。Huff 等总结了 379 次 NTP 的生物检测，发现大鼠和小鼠的一致性为 74%。Contrera 等考察了美国食品药品监督局 282 种药物的实验结果，再一次发现大鼠和小鼠的一致性为 74%。NTP 的数据来源于 Fischer 344 大鼠和 B6C3F1 小鼠的实验结果。美国 FDA 的数据来自于 SD 大鼠和 Swiss Webster-derived 小鼠的实验结果。因此，很难判定大鼠和小鼠的致癌性预测能力到底孰优孰劣。

（二）致癌危害机制的不确定性

对啮齿类动物的致癌反应，已有足够证据证明其与人体存在物种特异性作用机制的差异。如经由 α_2 微球蛋白聚集导致的大鼠肾肿瘤和尿结石导致的膀胱瘤不是人类危害鉴定的合适终点。大鼠对于膀胱上皮损伤的敏感性比小鼠高，其原因是大鼠膀胱上皮缺乏紧密连接，浅层上皮的屏障功能弱，使下层的组织容易受到慢性刺激；再加上大鼠比人类有更多的腔内蛋白、硅酸盐沉积、晶体形成和尿道结石。这样大鼠比人类更易发生细胞增生和膀胱肿瘤，而在人不会产生这种效应。还有如啮齿类动物对于诱导细胞过氧化物酶体增生比人类更敏感，其原因可能与啮齿类动物肝内过氧化酶活化受体(PPARα)高表达有关。由于继发于过氧化酶体增生而发生的肿瘤并不能预测人类的致癌危害。

有一些表遗传性肿瘤发生机制可能与人类致癌危害无关。如 F344 大鼠睾丸激素紊乱介导的睾丸间质细胞肿瘤的发生率很高，而人类罕见这种肿瘤。再如由于某些化学物(安定剂、止吐剂、抗高血压药、外源激素等)造成大鼠激素紊乱，进而介导乳腺及腺垂体肿瘤的发生，这一机制与人类类似肿瘤的发生不同。

还有一些化合物引起啮齿类动物肿瘤发生，但对人类的致癌危害意义还不明确，或者与人类致癌并无相关。如小鼠膀胱间充质瘤、小鼠肝脏和子宫的组织细胞肉瘤、小鼠卵巢小管腺瘤、大鼠颗粒细胞肿瘤、大鼠单核细胞白血病、大鼠乳腺纤维腺瘤、B6C3F1 小鼠的高发性肝脏肿瘤等。其致病机制可能是啮齿类特异性的，或其与人类的致癌相关性还未建立。因此，类似发现只发生在啮齿类的致癌试验，不能作为人类致癌危害的根据。

（三）实验动物预测能力的不确定性

2 年期动物实验本质上是经验主义，建立在这样的假设基础上的肿瘤形成预测(即便机制尚未明确)人体的致瘤潜能有很大的不确定性。只用一种动物得出的致癌预测不确定性更高。Crouch 和 Wilson 认为，只有那些在大鼠和小鼠中均有致癌性的化学物质才具有良好的物种关联性，而大鼠和小鼠的相互效价比一般在 20 倍以内。Gaylor 分析了 770 种物质的致癌性风险数据，发现大鼠、小鼠、仓鼠(通过各种暴露途径)间的致癌性效价有良好的一致性。但差异是客观存在的(一般在 100 倍以内)。Gaylor 还发现 69 种能在相同性别和相同组织中导致肿瘤的 NTP 化学药物的大鼠和小鼠的致癌性风险比在 40 倍以内。

Tennant 等以化学结构、沙门菌实验、剂量水平、亚慢性实验等信息为基础预测了 44 中 NTP 化学药物的致癌性状况。结果表明，40 种药物中只有 14 种(35%)药物的结果是一致的。人类专家系统的表现优于以计算机为基础的系统。这么高比例的不确定性，使 2 年期动物实验很难作为有效的致癌试验的预测系统。Ashby 和 Tennant 提出不同预测性技术的整合试验效果优于单独使用某一技术的预测效果。通常认为致癌性预测能力的极限是 80%，余下的一部分是 2 年动物实验不能检测的弱致癌物。

总之，2 年动物实验的致癌性检测准确率约为 75%，这种试验对弱致癌物的检测能力较差，也不适于评估致癌性机制。致癌性机制的评估需要更多样化的实验和试验组合得出数据。这些缺陷说明 2 年动物实验不能作为黄金标准，必须开发出 2 年动物实验的替代方法，且替代实验的开发中必须要考虑到这些缺陷。

四、致癌试验的基本原则

1997 年，ICH 提出了致癌试验的基本原则，内容如下。

（一）长期致癌试验

根据药理学、重复染毒毒理学、代谢、毒物动力学等资料设计长期动物试验，选择适宜动物品系，在缺乏某种明显的优先证据时，推荐选择大鼠。如果某项长期或短期致癌试验和遗传毒性试验的结果和其他资料都表明受试物具有对人的致癌危害性，一般不必进行第 2 项致癌试验。

（二）进一步致癌体内试验

可在下述 2 种进一步的致癌试验中选择 1 种：①短期或中期体内啮齿类试验系统，包括啮齿类引发-促长模型（如大鼠肝转化灶促长试验）、多器官促长试验（先接触引发剂再暴露于受试物数月）、转基因小鼠试验（如 $p53^{+/-}$ 缺失模型、*Tg AC* 模型、*TgrasH2* 模型、*XPA* 缺失模型等）、新生啮齿类致癌模型；②第 2 种啮齿类的长期致癌研究。

（三）选择短期或中期致癌试验

选择的试验方法应能为评价致癌性全面"证据权重"提供有价值的信息。选择试验方案的合理性应在报告中说明，并说明可利用的信息，如药效学与人类暴露的比较或任何其他有关的信息。报告也应包括对该药品选择试验方案的优缺点的讨论。

（四）机制研究

机制研究常有助于对致癌试验结果提供解释和对人的危险度评价。根据药品的特殊性质和（或）致癌试验的特殊结果，要求设计某些研究，这些研究应评价剂量依赖性和与致癌试验条件的关系。建议的研究包括：①细胞改变：可利用形态学、组织化学或功能指标，检查有关组织的细胞水平的改变。如可能应研究凋亡、细胞增殖、肝转化灶、细胞间通讯改变与剂量的关系。②生化测定：根据假设的致癌作用模式可测定血浆激素作用（如 T_3/T_4、TSH、催乳激素）、生长因子与蛋白类结合（$\alpha_{2\mu}$-球蛋白）、组织酶活性等。有时可能以另一个研究来检测某个假设。如对激素失调，可增加激素失调至少已部分代偿的研究。③附加的遗传毒性试验：对某些在遗传毒性试验标准试验组合中得到阴性结果，在致癌试验有致癌作用，但没有表遗传毒性机制的明确的证据，需要进行附加的遗传毒性试验。进一步的试验包括改变代谢活化条件的体外试验或在引起肿瘤的靶器官的体内遗传毒性试验（如 DNA 损伤和修复试验、^{32}P-后标记、转基因动物的致突变试验）。④改变试验方案：改变试验方案可能有助于阐明受试物致癌作用模式。这些方法可包括几组动物，以检测停止给药后细胞改变的可逆性。

（五）致癌强度评价

药品在啮齿类致癌作用的证据应根据肿瘤发生率、潜伏期、药品在啮齿类和人的动力学比较，以及从附加的研究或机制研究得到的资料进行评价。上述试验得到的结果均应作为总的“证据权重”评价的一部分。

第3节　致癌性试验的减少和优化方法——转基因小鼠模型

一、致癌试验的3R原则

1959年，英国动物学家William和微生物学家Rex Burch在《人道动物实验技术原则》一书中提出了3R原则。在3R原则下，传统致癌性试验的方法也在不断优化和改进中。有关3R的由来和发展现状参见本书第1章。

目前还没有获得验证的致癌性替代的实验方法，因此，还需要考虑一些精简和优化的方法。具有明确基因修改背景的转基因小鼠能表达与致癌性相关的基因，或者使其过失活，而转基因动物本身的基因改造并不足以导致肿瘤的产生，只是提高动物对致癌性化学物质的敏感度。因此，转基因动物实验的动物使用量比较少（20～25只/组），实验周期（6～9个月）比普通啮齿类动物实验（2年）短。但野生型实验动物仍需加入实验组以证明基因漂移并不影响对实验结果的解释。

二、转基因小鼠用于致癌性研究的意义和作用

选择转基因小鼠的目的在于设计一种短周期体内实验，这种实验能区分致癌性和非致癌性化学物质，以及区分基因诱变性和非基因诱变性化学物质。基因工程小鼠被用于生命科学研究已经有20多年历史，很多模型现在已被用于药物筛选和鉴定基因的生物学功能。这些转基因动物为提高人类药理机制的认识、了解影响药物代谢和分布的分子因素等做出了巨大的贡献。1997年，国际协调研讨会（ICH）通过了将转基因小鼠用于人类药物非临床评估（包括致癌性风险评估）的提议。从此致癌性风险评估可以用中、短期的转基因动物模型试验（在证明该模型的适用性的前提下）来代替2年啮齿动物（一般用小鼠）试验。

转基因小鼠经过基因工程的改造，加入或修改了编码对人类肿瘤形成起关键作用蛋白的序列。分子医学的发展，与致癌相关的致癌物、致癌基因、基因修复酶以及基因组稳定调节子的不断发现，为转基因小鼠模型的制作提供了丰富的目的基因资源。这些转基因模型在致癌物的作用下肿瘤的形成速度快于普通小鼠。若模型中经过改造的基因是与人类化学致癌作用机制相关的关键基因，那么这个模型与人类致癌机制的相关性要远高于野生型小鼠；如果经改造的基因所编码的蛋白对多个人类相关致癌物致癌作用的共同通路起关键作用，那么这种模型应用价值更大；如果目的基因不能包含所有的人类相关致癌物致癌作用，那么这个模型只能用于筛选潜在的人类致癌物。由于化学致癌物的作用机制非常复杂多样，所以要制作一个全能型的转基因小鼠模型是一项巨大的挑战。如果模型设计中诱变的基因的目的通路与药物试验中致癌过程不相关，那么试验很有可能得到假阴性结果。虽然经过了科学家的多年努力，也取得了可喜的研究成果，但目前还没有一个转基因小鼠模型能够反映所有的化学致癌机制，这就需要确定每个模型的适用性和缺

陷，然后适当地应用于特定的致癌性风险评估。

基于科学的验证以及现有的科学技术水平，应对识别人体致癌物的啮齿动物转基因模型的优点及其应用正确认识。成功开发啮齿类转基因动物模型的条件是：

（1）转基因动物模型试验预期的致癌作用机制与人类的相关性要高于那些经过 2 年小鼠实验得出的种属特异性的机制。这些模型的品系和物种特异性肿瘤的生成应该减少，因为这些致癌机制很可能来自适应性反应或与原发性损害无关。然而，该模型对于各品系间固有的肿瘤特异性位点以及高度多样化的散发性和自发性肿瘤谱并不期望排除。

（2）基因改造能加速致癌过程，这种过程加速的预期是：①减少由于动物老化引发自发肿瘤所带来的不确定性和误判；②能避免 2 年期动物实验的大量动物消耗，有效减少实验动物使用量；③缩短实验周期，减少背景不明的肿瘤的产生，因此能够提高信噪比，并且用比当前策略更少的动物就能得到一样的统计效果；④能为药物开发和监管决策相关的致癌作用评估，或者减少偶发性情况提供更早的鉴别和合理地选择，如等待 2 年动物实验的长期重复染毒试验的结果既不实际也不值得。

（3）对转基因模型动物的化学诱导肿瘤的分子分析，有助于了解致癌物如何通过协同修改的基因导致肿瘤的产生，随着早期基因表达和蛋白质功能的改变转化成肿瘤位点靶向药物作用机制信息的相关知识的增加，以及早期信号改变与出现于成熟肿瘤中的分子指纹之间存在何种联系的难题的解决，有希望在不久的将来提供更精确的致癌机制和人类相关性的评估方法。

基于不同实验体系的优缺点，转基因动物模型还不能完全代替啮齿动物终生生物检测试验，1997 年，ICH 提出允许继续使用传统 2 年啮齿动物试验，并允许选择短期替代试验或者同时进行第 2 种动物的 2 年啮齿动物试验。

三、转基因动物模型的应用评估

用于监管目的制定的理想的短期替代肿瘤模型的标准是：①具有稳定的表型和基因型，以获得较高程度的可重复性；②能达到等同于人体的暴露剂量，代谢和组织分布类似于人体；③可以快速重复，能够稳健地诱导与化学暴露相关的具有统计学意义的肿瘤，不出现散发性肿瘤的干扰；④广泛的组织易感性有利于更大面积的暴露；⑤致癌作用的模式或机制易于鉴别并已经被科学地掌握；⑥模型的表现记录对于区分人类致癌物和非致癌物具有合适的敏感性与特异性。

鉴于转基因动物模型在广泛认同的多步骤、多阶段的恶性肿瘤形成过程的研究框架中所起的作用，大量的基因修改模型小鼠被开发用于研究目的。一些模型被认为适合于作为致癌性评估筛选方法的替代手段，如 *Tg-AC*、*TgrasH2*、$p53^{+/-}$、$XPA^{-/-}/p53^{+/-}$ 等模型。此外，双基因甚至三基因交叉的转基因动物模型也被开发出来，但尚未商业化应用，如 *TGFα*、*TRAMP*、$p16(INK4A)^{+/-}$。还有一些商业化的模型，如 *PIM1*、$XPC^{-/-}$ 和 *K6/ODC*，其应用评价还较有限。因此，有必要评估这些模型区分致癌物与非致癌物方面的作用，以及额外提供有关致癌模式和作用机制的有价值的信息的能力。

表 18-2 和表 18-3 是不同转基因模型对于人类和啮齿类参考致癌物和非致癌物的预测能力。

表 18-2 不同转基因模型对于已知人类/啮齿类致癌物/非致癌物的预测能力

	Tg-AC Topical	*TgrasH2*	$p53^{+/-}$	$XPA^{-/-}/p53^{+/-}$
人类遗传毒性致癌物				
苯(benzene)	+	+	+	Nd
苯丙芘(benzo(a)pyrene)	+	Nd	+	+
环磷酰胺(cyclophosphamide)	−	+	+	Nd
二甲基苯丙蒽(7,12-dimethylbenzanthracene)	+	Nd	+	+③
苯丁酸氮芥,美法仑(mephalan)	−	+/−	+	Nd
乙酰对氨苯乙醚,非那西汀(phenacetin)	−	+	−	−
甲基苄肼(procarbazine)	Nd	+	Nd	Nd
人类非遗传毒性致癌物				
环孢素 A(cyclosporine A)	+	+/−	+	+
已烯雌酚(diethylstilbestrol)	+	+	+	+
17β 雌二醇(17-β-estradiol)	+#	−	+/−	+
羟甲烯龙(oxymetholone)	+	Nd	−	Nd
2,3,7,8-TCDD	+	Nd	−	Nd
啮齿类遗传毒性致癌物				
2,3,7,8—四氯二苯并二恶英(p-cresidine)	−	+	+	+
对甲酚啶(2,4-diaminotolunen)	+	Nd	−	Nd
二乙基亚硝胺(diethylnitrosamine)	Nd	+	Nd	Nd
二甲基亚硝胺(dimethylnitrosamine)	Nd	+	+	Nd
N-乙基亚硝基脲(*N*-ethylnitrosoure)	Nd	+	+	Nd
环氧丙醇(glycidol)	−	+	−	Nd
N-甲基亚硝基脲(*N*-methylnitrosoure)	Nd	+	+	Nd
酚酞(phenolphthalein)	Nd	−	+	Nd
塞替哌(thiotepa)	Nd	+	Nd	Nd
氨基甲酸酯(urethane)	Nd	+	+	Nd
4-乙烯基-1-环已烯(4-vinyl-cyclohexene-diepoxde)	−	+	+	Nd
啮齿类非遗传毒性致癌物①				
氯丙嗪(chlormazine)	Nd	−	Nd	Nd
氯贝丁酯,对氯苯氧异丁酸乙酯(clofibrate)	+	+	−	Nd
狄氏剂(dieldrin)	Nd	Nd	−	Nd
邻苯二甲酸二异辛酯(diethylhexylphthalate)	−	+	+/−	−
氟哌啶醇(haloperidol)	Nd	−	−	−
D-柠烯(*D*-limonene)	Nd	Nd	−	Nd
二羟苯基异丙氨基乙醇(metaproterenol)	Nd	−	−	Nd
五氯苯酚(pentachlorophenol)	+	Nd	−	Nd
鲁米那,苯巴比妥(phenobarbital)	−	−	−	−
利血平(reserpine)	−	−	−	−
磺胺甲基恶唑(sulfamethoxazole)	−	−	−	−
WY—14643	−	+	−	+③

Nd:无充分数据;①可能无人类致癌性或者人类致癌性未能确定;③6 个月 $XPA^{-/-}$ 试验和 $p53^{+/-}$ 试验为阳性,双转基因 $XPA^{-/-}/p53^{+/-}$ 未检测

表 18-3　不同转基因模型对于参考非致癌物的预测能力

	Tg-AC topical	*TgrasH2*	$p53^{+/-}$	$XPA^{-/-}/p53^{+/-}$
遗传毒性				
P-氨基苯甲醚(P-anisidine)	—	—	—	Nd
2-氯乙醇(2-chloroethanol)	—	Nd	Nd	Nd
1-氯-2-丙醇(1-chloro-2-propanol)	—	Nd	—	Nd
2,6 二氨基甲苯(2,6-diaminotoluene)	—	Nd	—	Nd
8-羟基喹啉(8-hydroxy-quinoline)	—	—	—	Nd
非遗传毒性				
氨苄西林(ampicillin)	Nd	—	Nd	Nd
bezethonium chloride	—	Nd	Nd	Nd
D-甘露醇(*D*-mannitol)	Nd	—	Nd	—
油酸二乙醇酰胺(oleic acid diethanolamine)	—	Nd	—	Nd
酚(phenol)	—	Nd	Nd	Nd
间苯二酚(resorcinol)	+	—	—	Nd
鱼藤酮(rotenone)	—	—	—	Nd
磺胺二甲异恶唑(sulfisoxazole)	—	—	Nd	Nd

Nd:无充分数据

(一) *Tg-AC* 小鼠模型

Tg-AC 小鼠(*v-Ha-ras*)是由 Leder 等人于 1990 年开发的。因为 Ras 蛋白家族是多个生长刺激受体信号通路的转换器,*ras* 基因的活性诱变可以产生能导致肿瘤形成的持续性增生信号。诱变 *ras* 基因蛋白的表达能引发和保持对细胞的生长促进作用。然而,如果模型设计中这个诱变基因的表达受到抑制,那么将不会有肿瘤产生,除非诱变基因的表达得到激活或一些有一定诱变基因表达能力的细胞群落通过它们所形成的细胞环境排除生长抑制的干扰。*Tg-AC* 杂合子小鼠至少有一个反向重复序列和大约 40 个串联重复整合的微注射 DNA 结构的拷贝。这种微注射 DNA 结构包含小鼠胎儿 ζ-球蛋白(zetaglobin)启动子,该启动子与带有活性诱变的 *v-Ha-ras* 基因相连(诱变位于 12 和 59 密码子)。*v-Ha-ras* 基因的另一端连着 SV-40 聚腺苷酸化尾。转基因的表达只能限定在一定的组织位点,估计可能是由于 ζ-球蛋白启动子序列的高组织特异性表达造成的。可靠的转基因依赖性化学致癌作用出现在成年小鼠的有毛囊皮肤的某些干细胞中。这一特点有利于将 *Tg-AC* 小鼠用于皮肤暴露致癌物的风险评估。

局部应用某种化学物或者全层皮肤创伤能导致与转基因表达相关的肿瘤形成。有趣的是,两个接头定向的转基因拷贝中的关键的重复序列的定向对化学物导致肿瘤的产生至关重要。这个反向重复序列与整合位点 3′端序列的相互作用似乎最有利于转基因序列的功能发挥。有些转基因小鼠未能产生肿瘤是因为生殖细胞自发地切除了转基因反向重复序列中或附近的一些片段,使得小鼠对致癌诱导产生抗性。对来自敏感小鼠的肿瘤的研究显示,这个片段区域有不同程度的不稳定性。基因组不稳定性的增加有利于肿瘤的形成,因此,化学致癌性的物质可能在 *Tg-AC* 实验中获得阳性结果。

表 18-2 中总结的化学物质实验结果说明,直接的 DNA 反应机制并不能引发转基因的表达活性,也不能使表达转基因的极少

量的毛囊干细胞克隆扩增。了解能引发这两个过程的细胞活动对研究这种模型实用价值的科学家很重要。*TG-AC* 模型在皮肤接触部位不能鉴别多数的遗传毒性致癌物(包括美法兰、环磷酰胺、苯胺、非那西汀、缩水甘油),这使得利用 *Tg-AC* 小鼠模型进行皮肤染毒性试验不能可靠地检测遗传毒性致癌物。利用 *Tg-AC* 小鼠经口途径的致癌物试验引发的前胃(贲门窦)肿瘤或者系统性赘生物的试验终点也不大可信。

这种模型对于通过皮肤暴露可能产生的局部或者系统作用的非遗传毒性机制具有一定的应用价值。如表 18-2 所示,应用这种模型检测的受试物通常对包括雌性激素、芳香烃类化合物、雄性激素等受体介导的致癌相关的通路有反应。还有,已知皮肤肿瘤促进因子 TPA、苯甲酰过氧化物、苯甲基氯等化学物的 *Tg-AC* 小鼠皮肤染毒性试验结果为阳性,进一步说明肿瘤生长促进通路的激活导致了 *Tg-AC* 小鼠快速的皮肤致癌作用。如果说对激活能导致致癌作用的非遗传毒性通路的检测比进一步的调查某个物质是否是遗传毒性致癌物重要的话,那么这个模型更有应用价值。依赖于 *Tg-AC* 试验的结果很难将一个纯粹的肿瘤促进因子和非遗传毒性致癌物区分开,但 *Tg-AC* 试验能为产品的开发决策制定提供重要的区分依据。此外,从目前可获得的数据中,不能确定是否存在具有诱变性和肿瘤促进活性的双重能力的物质;也不能确定诱变活性是否会干扰并减少 *Tg-AC* 小鼠模型中致癌作用的表现。例如,美法兰和巴豆醇肉豆蔻酸酯醋酸盐(phorbol 12-myristate 13-acetat, TPA)的混合物减少了肿瘤信号的现象仅仅是 TPA 造成的吗?这能解释为什么 WY14643(曾被证明具有致畸变性)的 *Tg-AC* 试验结果为阴性,而氯贝丁酯的 *Tg-AC* 实验结果为阳性吗?如果这是事实的话,那么遗传毒性检测为阳性的物质在 *Tg-AC* 试验中的阴性结果没有参考价值且很有可能产生误导。有必要更彻底地调查这个问题。某些物质在全身应用于人体时总会出现问题。但是小鼠全身给药剂量的试验路线并不能达到人体暴露的程度,在这样的情况下,实现高浓度局部皮肤应用将比全身低剂量暴露 2 年小鼠实验更有价值。

(二) *TgrasH2* 小鼠模型

TgrasH2 小鼠模型不同于 *Tg-AC* 小鼠,这个模型中的转基因 *ras* 并没有经过诱变。*TgrasH2* 模型带有 3 个构成性表达并受自身启动子转录调控的人类 *c-Ha-ras* 序列。模型中转基因的表达没有组织特异性。这个模型通过持续性地提高生长刺激信号转换蛋白 Ras 的稳定表达来“过度促进(pre-promoted)”肿瘤的形成。但是如果认为这个模型的致癌作用是受到了持续性促进影响的想法是过分简单化了。这导致了一个看似准确合乎逻辑的预测:遗传毒性损伤使的转基因、致癌基因以及能快速提高肿瘤负荷的抑癌基因等产生稳定的突变。

动物试验发现暴露于遗传毒性物质,包括苯、环磷酰胺、*N*-乙基亚硝基脲(ENU)、*N*-甲基-*N*-亚硝基脲(MNU)、缩水甘油、甲基苄肼、4-乙烯基-1-环己烯-diepoxide 等,能在 6 个月染毒期内明显地提高肿瘤负荷(表 18-2)。但美法兰染毒试验中出现的无确定性的结果值得深思。在这项检测中,以 1.5mg/kg剂量美法兰每周腹腔注射 1 次给药后,存活的 8 只雌性小鼠中有 3 只发生了前贲门乳头瘤。15 只雌性小鼠中有 7 只死于腹腔注射导致的腹腔粘连。与此对比,*Tg-AC* 小鼠会出现口服耐受、局部使用耐受(4mg/(mg · 周))和雄性耐受;*p*3 杂合子小鼠对 4.5mg/(mg · 周)剂量腹腔注射(等同于每周 3 次每次 1.5mg/kg 美法兰丙烯乙二醇溶液腹腔注射的给药方式)耐受。在 *p*53 杂合子模型试验中,雄性小鼠在高剂量组产生了具有统计学意义的肿瘤增长，而在低剂量组中（0. 3mg/kg 3×每周 3 次）没有出现与性别有关的有统计学意义的肿瘤增长。

这些数据表明这个模型以及其他转基因模型共有的一些值得注意的趋势：

1. 转基因小鼠并不是对致癌物“超级敏感”　高剂量是很重要的，而且确定最高耐受剂量对优化实验结果的精确度至关重要。必须做出关于剂量、给药方式、给药频率的重要决策，以最大程度地优化暴露从而避免剂量极限毒性。

2. 剂量的小范围递减（如选择 2 倍而不是 5 倍）**对高、中剂量的选择来说是比较谨慎的**　这将会提高对高剂量组中实验动物的数量在实验结束时大量的减少，而中剂量组的结果必定被看作最重要的情况的试验解释的可信度。用于 *TgrasH*2 的阳性对照 MNU，在以 18. 75mg/kg 的剂量（相当于 1. 4g用于一个 75kg 的人类）对 *TgrasH*2 给药之后的结果为阴性。然而，仅仅 2 倍剂量的提高就能在 28 只小鼠中获得 27 只患前贲门肿瘤的小鼠，而且 75mg/kg 很接近这个模型的最大耐受剂量。

一个“过度促进”模型并不能在非遗传毒性致癌物、非肿瘤促进因子间接作用下，形成加速的肿瘤负荷。然而，暴露于过氧化物增殖子氯贝丁酯、邻苯二甲酸二辛酯、WY-14643 后却发现了肝脏肿瘤。这说明致癌物的间接作用机制是可以检测到的。这种机制可能会涉及 DNA 的氧化性损伤和反常的生长变化（表 18-3）。乙烯硫脲、1，4-二噁烷、丙烯酸乙酯就是附加非遗传毒性跨物种啮齿类动物致癌物（*TgrasH*2 实验为阳性）的例子。但是 17-β-雌二醇检测试验的阴性结果使得利用这个模型检测所有人体相关非遗传毒性致癌物的前景变得不明朗。其他不适宜使用这个模型碱性风险评估的非遗传毒性机制包括某些生长促进激活子，如巴豆醇酯类、瑞香素、全氯五环癸素等。

运用转基因模型研究致癌作用时，在对机制的清晰了解和对关键的物种差异的准确掌握的情况下，所有转基因动物中发现的阳性肿瘤的人类相关性不能仅仅停留在假设上。实验性评估通常是不够充分的，试验策略的设计对于机制的了解始终是很重要的。

*TgrasH*2 小鼠模型对非遗传毒性致癌物阳性反应的不一致，表明这个模型对非遗传毒性致癌物的检测能力，以及对评价非遗传毒性机制的贡献还存在不足。在筛选鉴定更多的化学致癌模式时，*TgrasH*2 模型比 *Tg-AC*、*p*53 杂合子，$XPA^{-/-}/p53^{+/-}$ 具有更广泛的适用性。另一方面，因为这个模型在鉴别遗传毒性致癌物方面有良好的效果，在没有其他信息（例如来自对肿瘤的分子分析的信息）的情况下，很难做出有关致癌作用模式的结论。

对 *TgrasH*2 小鼠暴露于 ENU、MEU 以及乌拉坦所产生的肿瘤的研究以及对散发性肿瘤的研究，表明在这个模型中转基因的突变不是诱导肿瘤的必要条件。研究发现人类 *H-ras* 基因的过表达呈现一致性。然而在 MNU 诱导肿瘤和乌拉坦诱导肿瘤中都发现了非必需性的人类 *H-ras* 转基因的突变；在乌拉坦诱导肿瘤中发现了内源性小鼠 *H-ras* 基因的突变（MNU 诱导肿瘤中没发现）。因此，扩大对相似肿瘤的分析以及对 DNA 发生甲基化改变的分析，对于监管决策的制定具有启迪性和实用价值，包括在检测突变和在其他关键致癌基因中、在发散性肿瘤的抑癌基因中、在遗传毒性致癌物和非遗传毒性致癌物诱导肿瘤中。

（三）$p53^{+/-}$ 模型

P53 蛋白的作用是保持基因组的稳定性，被看作是“基因组卫士”。这个蛋白功能的正常发挥对细胞周期、细胞凋亡、DNA 修复和细胞分化的正确调控起积极的作用。

*p*53 基因突变跟 50%的人类癌症有关。大多数带有经基因工程改造或自然诱发的 P53 蛋白功能缺陷的动物模型和细胞模型，易出现细胞周期、细胞凋亡、DNA 修复、细胞分化的失调。化学或辐射导致的 DNA 损伤或经遗传工程改造引起的细胞致癌基因不平衡会导致 *p*53 基因稳态的明显激活。

P53 蛋白功能缺陷的细胞其细胞周期经历的时间比较短，其中 G_0 期(这个时期细胞能发现并修复 DNA 损伤)只占很小一部分的时间。此外，由于将受损细胞引向凋亡的机制受到了限制，使得这些受损细胞能通过更短的细胞周期中存活下来，并进行细胞分裂。这样的细胞的生长可能被“过度促进”并容易受到化学致癌物诱导。突变或者其他基因改造带来的影响能被细胞保持，因此，在遗传毒性物质(与那些更有生长刺激和肿瘤促进作用的物质相反)的作用下肿瘤更有可能生成。通过基因敲除删掉两个等位基因上的 *p*53 基因的实验动物很快地生成了自发性肿瘤，表明正常遗传背景条件下遗传毒性损伤和编辑错误导致了致癌作用。另外，其他的实验证据表明 *p*53 基因表达剂量的减少能加快肿瘤恶化的过程。

这个模型利用来自经 *p*53 基因改造的 AB1(129Sv)小鼠胚胎细胞衍生的第 5 代回交 C57BL/6 小鼠。这些小鼠都是杂合子，包含 1 个野生型 *p*53 肿瘤抑制基因和 1 个无效的 *p*53 等位基因(无转录能力或无翻译能力)。研究发现证实，这种模型的应用很少发生例外。能引起基因删除或突变的遗传毒性物质(如苯、环磷酰胺、美法兰、3 氨基对甲苯甲醚、MNU 等)，在 $p53^{+/-}$ 实验中都得到阳性结果；非遗传毒性致癌机制的物质(TCDC、羟甲烯龙、WY-14643、氯贝丁酯) $p53^{+/-}$ 的实验结果为阴性；而 17-β-雌二醇的实验结果不能确定。这个模型能可靠的检测遗传毒性致癌物，而不能检测非遗传毒性致癌物。这一点增加了对分析某种致癌作用是否遗传毒性或非遗传毒性的实验的可信度。这对监管决策和产品开发决策的制定非常重要。在遗传毒性实验组结果不一致或者得到弱阳性结果时，模型的这一特质也会很有帮助。临床应用方式的假定和预期全身应用也会从这些实验结果中受益。

对比 $p53^{+/-}$ 模型染毒 6 个月和 9 个月研究结果表明，染毒 9 月后肿瘤的形成还是很低的。另外，吸入苯导致的肿瘤发生率高于先前以最大耐受口服剂量给药 6 个月的发生率。

因为 $p53^{+/-}$ 小鼠模型来自经 *p*53 基因改造的 AB1(129Sv)小鼠胚胎干细胞衍生的第 5 代回交 C57BL/6 小鼠。第 11 号染色体上除了含经遗传筛选、包含经过基因工程修改的 *p*53 等位基因外，还有约 3% 的 129*Sv*DNA 被保留。保留的 129Sv 序列在 *p*53 基因的旁边并与其连锁，使得科学家能研究这一个肿瘤区域中的分子线索，并与野生型等位基因进行比较，以了解基因损害的各种潜在机制。集中于这个区域的遗传改变的分子研究，曾经证明过不少基因损伤机制。例如，酚酞诱导的胸腺淋巴癌与 *p*53 杂合子(其中可能涉及了同源重组)的趋势有关；苯诱导肿瘤也与 *p*53 杂合子有关，涉及非同源性末端接入；3 氨基对甲苯甲醚诱导膀胱瘤并没有涉及杂合子的确实也没出现 *p*53 基因点突变，而是由其他基因的点突变造成的，点突变参与降低 *p*53 基因表达的表观效应。类似的分子研究进一步发展，有利于促进对化学致癌性的了解和区分可检查的自发性肿瘤与无统计学意义但有重要生物学意义的化学诱导肿瘤。此外，缩水甘油和 2,4-二氨基甲苯的阴性结果(表 18-2)表明：应该更好地了解这个模型的缺陷和对诱变性致癌物的抗性，以及通过优化实验设计提高这个模型(如 25 只动物为 1 组，以最大口服剂量和优化的给药方案处理 9 个月)对致癌物质的敏感性。

（四）转基因动物的使用策略

过去 3 年美国 FDA 曾经讨论过开发新的致癌性检测策略使其能对致癌性检测数据集（不包括 2 年 2 种性别、2 个品种动物实验的结果）做出管理决策。致癌潜能的结论应基于全面的毒理学数据，而不是单一生物检测的结果。证据的权重比依赖于决策树的方法更重要。结论应该将描述致癌机制的数据考虑在内。这样的策略应该包括来自新实验系统的数据，如 $TG:p53^{+/-}$ 转基因动物模型（*p*53 杂合子）和 *TG*:*AC* 转基因模型。转基因动物模型与人体的相关性必须经过检验。另一个正在进行相关性验证的实验是新生小鼠检测。

图 18-1 描述了一个囊括这些实验系统的策略。有关人体暴露的物质的致癌潜能信息的搜集，应以物质的物理化学性质、结构改变信息、计算机预测系统信息、遗传毒理筛选结果作为预测致癌性的基础。根据这些数据基础可以判定该物质是否具有遗传毒性或非遗传毒性。若该物质具有明显的遗传毒性，则可假定该物质为致癌物或者确定下一步要进行 2 年啮齿类动物实验。然而，由于标准生物测定的突变 1/3 无致癌性，常规实验证明 1/3 的致癌物无诱变性，因此，应慎重考虑进行下一步实验。对于遗传毒性不明显的物质则需要 *p*53 杂合子动物模型进行程度筛选。若 *p*53 杂合子动物模型实验的结果为阳性，下一步可选择做 2 年动物实验以确定该物质具有致癌性，或者可假定该物质有致癌性（因为 *p*53 杂合子动物模型对遗传毒性致癌物敏感）。若该物质的 *p*53 杂合子动物模型实验结果为阴性，这就要用 *TG-AC* 实验来检验该物质的致癌机制而不是遗传毒性。若 *TG-AC* 实验的结果为阳性，就可以假定该物质有致癌性或选择进行 2 年动物实验以验证其致癌潜能。若检验物质在 *p*53 杂合子实验和 *TG-AC* 实验的结果都是阴性，则可以假定该物质无致癌性。

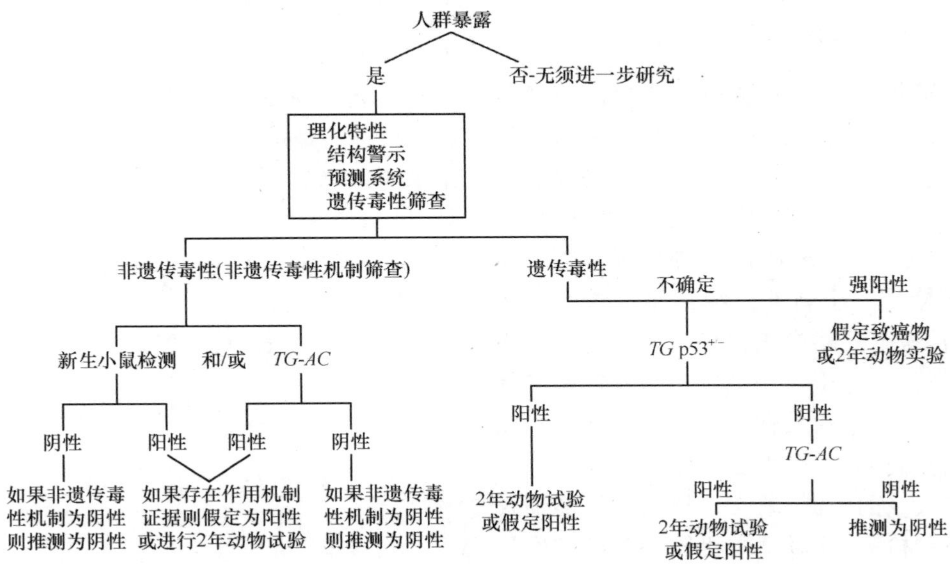

图 18-1　转基因动物的使用策略

对于非遗传毒性物质的致癌性检测，可以选择进行新生小鼠实验与（或者）*TG-AC* 模型实验。之所以在这一步加入了新生小鼠实验是因为这种实验的预测范围的不确定性。先前的研究明表明新生小鼠实验对遗传毒性物质敏感。新生小鼠实验对非遗传毒性物质的敏感性的研究正在进行中。虽然如此，如果一种物质在 *TG-AC* 或新生小鼠实验中呈现阳性，则可以选择进行 2 年动物实验或者假定该物质具有致癌性(有机制性证据证明某些化学物质能通过非遗传毒性机制致癌)。如果非遗传毒性物质的 *TG-AC* 和(或)新生小鼠实验结果为阴性，则可以假定该物质不是致癌物(尤其是在经过机制性评估表明这些化学物质不能通过非遗传毒性机制致癌的情况下)。因为这个实验体系能提供肿瘤发生率，所以也可以考虑动物与人体接触的致癌剂量比。这个比率能为管理决策的制定和进一步的实验的优先设置提供规律依据。

这项检测策略包括短期的体内致癌性筛选，也十分依赖于非遗传毒性致癌机制信息的积累。这些机制信息(图 18-1)包括激素调整、生长因子干扰、细胞增殖的改变、细胞凋亡以及其他不依赖于 DNA 损伤的致癌机制。

(五) 转基因模型的验证

下面将进一步的说明这项检测策略的可行性。首先，这只是一个可以发展成检测策略的概念框架。目前这个策略并没有准备好作为一个广泛应用的完善的监测体系，因为某些步骤尚未经过充分的评估。如果以正式接受一个新的监测体系的传统的理念来看，这个策略尚未得到认可。这就引发了一个问题：对于一个基于机制性的检测体系来说，认可意味着什么呢? 为数众多的实验室通过盲目的手段在大量的药物研究中耗费了大量的资源，证实这样一个不能通过其他机制检测、而以基本机制为基础的致癌物检测体系，这看起来毫无价值。图 18-1 所示的策略中某些步骤很有可能在将来被其他实验手段所取代。因此，策略中提到新生小鼠实验和特殊的转基因实验体系，并不意味这些实验手段一定会在未来的几年内投入应用。

验证是检测策略的获得监管机构、相关行业以及学术机构认可的重要步骤，EC-VAM、ICCVAM 和类似的验证机构的成立是实现这一前景的必要条件。促进新的检测系体系得到广泛接受的办法是用传统 2 年动物实验与新检测体系作对比试验。这个方法在过去应经被多次提议，但由于这个实验所需的费用较高，还没有执行到可评估的程度。不过，NTP 正在支持一项进一步的转基因模型的评估计划。计划涉及的转基因模型有 *p*53 杂合子、*TG-AC* 模型、*rasH*2 模型、新生小鼠实验等。正在接受评估的模型包括 E*μ*-*pim*-1 模型、*TGFα* 模型、Xeroderma pigmentosum 模型。另外，国际生命科学研究所组织多个实验室开展对其他模型的评估。

另一个影响替代性检测体系认可的因素是对过去的 2 年动物实验阴性结果的依赖程度。超过 25 年的 2 年动物实验的使用使我们对这些实验的阴性结果产生了一定程度的信赖。替代性检测体系认证的关键是监管机构如何利用这些体系的实验结果。必须考虑的是是否太依赖于 2 年动物实验的结果而又对利用替代实验的阴性结果心存恐惧。

第 4 节　致癌性试验的替代方法

一、细胞转化检测

(一) 细胞转化与致癌性

致癌作用是一个多阶段的过程，它包括单个靶细胞基因序列的改变引起生长调控方面的细微变化并最终导致癌细胞的形成，如图 18-2 所示致癌作用的发生过程和细胞转化检测的原理。DNA 自发性或者致癌物诱导性的改变导致了遗传物质的改变，即

DNA 中的癌基因和(或)抑癌基因的改变导致了遗传改变。非遗传毒性机制虽不具备直接的 DNA 损伤功能,但也可有致癌作用。阐明这一致癌机制的研究包括实验动物模型、体外细胞系及临床和流行病学研究。35 年前,哺乳动物体外细胞培养的形态学变化方面研究的进展大大促进了致癌作用研究的发展。细胞形态学改变现象包括细胞自身行为和自身生长调控的改变,通常有以下一个或多个特征(图 18-2):细胞形态的改变、克隆生长形式的紊乱、获得性不贴壁生长、致癌基因和(或)抑癌基因的表达改变。

细胞转化被定义为:体外培养具有致癌性细胞特征的细胞所发生的某些表型改变。通过使正常细胞暴露于致癌物或者激活的癌基因表达可以诱导这种表型的改变。在易感动物体内,发生转化的细胞由于获得了癌细胞所有特征而变成癌细胞进而形成肿瘤。

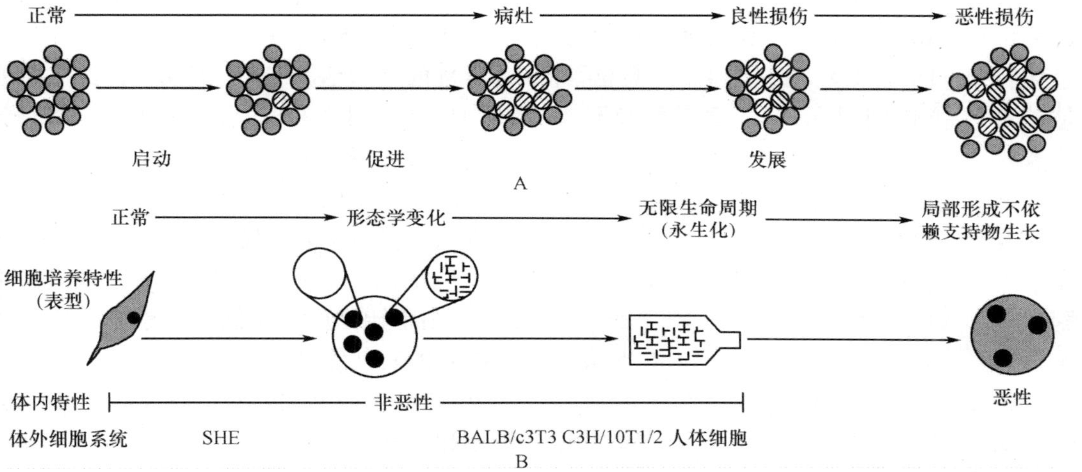

图 18-2　致癌作用的发生过程和细胞转化检测的原理

传统动物实验通常是结合病理切片分析啮齿动物终生性生物检测(大、小鼠,2 种性别)。这种实验方法主要用于检测完全致癌物、肿瘤促进因子和协同致癌物。但是,动物实验耗时费钱,同时搜集到的大鼠和小鼠的数据相关性不是很好,从啮齿动物得到的结论外推到人的时候也存在诸多的问题。特别是当一种化学物暴露对人体健康有 2 种不同的影响时,问题会更加的复杂。事实上,具有遗传毒性的化学物常显示跨物种的致癌性,常同时存在于 2 种性别中,有不同剂量水平,可有多个靶组织。这种化学物称为遗传毒性致癌物。然而,越来越多非遗传毒性化学物被证实具有单物种、单性别、单一靶器官及高剂量水平的致癌性,这种致癌物称为非遗传毒性致癌物。非遗传毒性致癌物的特征没有遗传毒性致癌物的特征那么明显,因此,在判定此类化学物时只有较少的信息供以判断。目前来说,已经被实验证实的体外细胞的非遗传毒性致癌物仍然可能需要进行啮齿动物试验,这取决于这些化学物的用途以及是否存在高程度的人体暴露。但是啮齿动物试验花费高,不适用于大量化学物的鉴定。

细胞转化试验对广泛的遗传毒性和非遗传毒性致癌物敏感,尤其是那些通过后生效应途径产生作用的物质、作为促进因子的物质以及影响细胞增殖的物质。缺乏接触抑制和支持物的依赖性分别是细胞转化两种主要终结局(灶性形成和获得在软琼脂上生长能力）的原因。细胞最终结局可在体外培养细胞和活体细胞中检测到，它与致癌作用以及恶性肿瘤之间的关系可以通过将变异细胞注射到动物体内后观察到癌细胞来证实。由于很难建立致癌作用后期的模型，针对癌细胞的侵袭力和转移的活体细胞试验受到了限制，因此，进行体外细胞的研究就显得尤为重要，如三维体外细胞侵袭力的测定实验。

哺乳动物细胞恶性转化试验（cell malignant transformation assay）是体外试验，是一种遗传毒理学试验。在第14章中介绍的遗传毒理学试验的检测终点为基因突变、染色体畸变、DNA原发性损伤和非整数倍，而体外细胞转化则是另一个重要的遗传学终点。

体外细胞转化是一个多阶段的过程，具有体内致癌过程的某些特点，最终产生在形态学、生长方式和生物化学上发生改变的细胞克隆。例如，成纤维细胞体外转化的表型改变有：在等基因宿主或裸鼠体内形成肿瘤、细胞的估计寿命无限长（永生化）、核型改变、细胞形态改变、生长杂乱、失去锚基依赖性生长特性（可在软琼脂中形成集落）、能在低血清培养液生长、丢失某些表面蛋白、具有纤维蛋白溶解性、可为刀豆蛋白A及麦胚芽酯酶凝集、在底层琼脂上的液体培养基中凝集、细胞表面微绒毛增加等。其中最重要的特征是在敏感宿主中的成瘤性，在半固体培养基中形成集落及细胞交叉重叠、成杂乱生长。目前，还特别着重发展上皮细胞特别是在人体上皮细胞的转化试验。体外转化试验的终点仍属形态转化或恶性前期转化，此种转化可能发展为真正的肿瘤，也可能停滞在此阶段不进一步恶化。因此，对体外转化试验阳性结果的解释应慎重，阳性结果仅提示受试物有致癌可能性。

（二）啮齿动物细胞转化检测

细胞转化模型已经广泛用于研究肿瘤形成的细胞和分子基础、化学物致癌机制的研究以及潜在化学致癌物的筛选。例如，啮齿动物细胞系的转化实验包括有限生命细胞，如叙利亚仓鼠胚胎细胞（Syrian hsmster embryo，SHE）和无限寿命成纤维细胞系，如BALB/c3T3细胞和C3H/10T1/2细胞。这3种转化生物学测定拥有重要的历史数据，如何用它们来进行致癌物评估已经发展成为一门被广泛研究的学科。从转化实验的结果预测化学物的致癌性显示了用啮齿类生物检测来预测人类致癌物的高预测价值。

当这些检测方法与其他的研究信息（遗传毒性的结构活力分析、短期活体细胞以及作用机制的研究）相连接的时候，能够对致癌物的致癌活力做出正确的判断并建立致癌作用模型。此外，细胞转化试验的结果还可以用来判别一种细胞转化活力究竟是源于遗传毒性机制还是非遗传毒性机制。事实上，细胞转化可通过同时观察同种体外培养细胞的其他终结局来进行评估，如基因变异、姐妹染色体的损伤以及细胞微核染色的诱导和非整倍性。

细胞转化试验有鉴定致癌物的潜在应用价值，但是由于实验参数的选择不同导致的实验室间的差异影响了它的广泛使用。早期研究显示，细胞增殖和转化的频率受很多参数的影响，如pH、血清的天然成分、细胞培养的方法、细胞的传代数、细胞接种的密度、分离和处理细胞的方法（特别是在用SHE细胞检测方法中）。其他影响试验计划的参数包括治疗期、细胞分裂时间、对支持物的依赖、转化的表达、细胞集落转化的表型特性、转化细胞的体内致癌性以及细胞对遗传性致癌物和非遗传性致癌物的不同应答。

（三）BALB/c 3T3细胞转化检测

有关BALB/c 3T3小鼠细胞转化实验的研究已经很广泛。最常用的是A31-1-13

和 A31-1-1 亚克隆。BALB/c3T3 转化细胞系是以自然发生的永生细胞系为基础，最初源于小鼠的胚胎，通过反复传代以及后续的亚克隆最终获得 A31-1 细胞系，它是一种接触抑制细胞，在高稀释环境中会形成低饱和密度生长(集落形成率为 50%～60%)，可以在组织培养过程中用 SV40 病毒和鼠肉瘤病毒的致瘤基因使细胞转化。细胞呈单细胞层成纤维细胞样生长。细胞的分裂期为 16h，分裂调节有浓度依赖性。尽管 A31-1 细胞系表现出转化细胞系的一些特征(heteroploydia、有限生命、克隆效率高、对比于原代培养细胞出现的形态改变)，但是它缺乏悬浮生长以及接种至裸鼠后形成肿瘤这两个转化的关键性指示标志。细胞系自发转化频率低，在第三型集落转化频率为 0.71×10^6，其化学诱导转化频率受致癌物的浓度和作用时间及细胞密度的影响。

BALB/c3T3 细胞检测可以提供在起始和促进因子的作用机制下细胞间隙通讯的相关信息，还可以通过正常的细胞与转化细胞的对照，提出转化细胞的概念。此外，化学诱导的 BALB/c3T3 细胞转化可以确定体外转化和细胞毒性、致癌性以及遗传毒性这三者之间的关系，在检测细胞毒性和非细胞毒性致癌物及非致癌物的排除方面显示其高灵敏度和特异性。

BALB/c3T3 细胞检测主要的细胞变形标准包括暴露剂量的改变、高细胞毒性化学物的后暴露条件和多种内源性代谢活性形式的相加作用。然而它也存在着许多缺陷，主要有：①大约 4～6 周的细胞培养后，要求形成明确的转化细胞集落；②转化频率较低；③检测的工作量很大。

一种新的检测方法弥补了以上的一些缺陷，特别是缩短了检测的时间。这个新的检测方案涉及 A31-1-1 细胞的克隆、培养基的改良及新的细胞处理方法。它将大大的提高细胞的转化频率，在细胞培养的更早阶段形成清晰明确的细胞集落，增强这个检测方法(以及其他适用于促进性作用研究的方案)对致癌物的应答能力。

(四) 叙利亚仓鼠胚胎细胞转化检测

体外叙利亚仓鼠胚胎细胞(SHE)转化是一个致癌的过程，它经过以下几个可测定的阶段：体外形态学转化、无限寿命的获得、致癌性和肿瘤衍生细胞的生成。SHE 细胞是原代的双倍体啮齿动物细胞，对比已经建立的细胞系，它有着新陈代谢能力和较低的自发转化频率。SHE 细胞不需要一个外源性物质来代谢活化，这是与大多数体外检测不同的地方。

SHE 细胞转化检测是最早用原代细胞进行检测的检测方法之一，它以转化细胞集落的形成作为终结局。检测所用的 SHE 细胞是在分离到混合种群的胚胎细胞后经过 2～3 次传代所获得的细胞。胚胎细胞处在多个分化阶段，能为新生瘤的形成提供更多的细胞来源。SHE 细胞是一种有限生命细胞，很少有致癌性，除非暴露于致癌物。理论上，选用有限生命细胞作为细胞转化检测的细胞系，其优点在于能够研究个体细胞所经历的整个致瘤过程。然而事实上，定量试验通常只测定致癌过程的某一个阶段，因此，这些阶段就构成了转化检测的基础。

SHE 细胞的检测方法自从 1965 年由 Berwald 和 Sachs 发明后，经历了很多次的改进，传统的检测标准为：将待测化学物放置于 Dulbecco's 改良的含有胎牛血清 Eagle's 培养基中，使集落细胞接受 7 天化学物的作用，pH 7.1～7.3。集落固定，染色及对形态改变进行评分。

SHE 细胞测定试验有许多特征：①细胞暴露于致癌物后发生形态转化率低，需要大量集落以进行统计学分析；②用于证实化学诱导的形态学转化检测在区分不同细胞隔离群和不同批次的血清偏差较大；③对转化细胞集落进行评分和鉴定比较困难；④缺乏化学诱导转化的剂量应答关系，这在一般情况下都会导致低转化率。

SHE 细胞检测实验出现的一些问题可以通过调整检测的参数来解决。例如，调整 SHE 细胞培养基中的 pH 在 6.7 可以增加细胞的转化率，减少对血清质量波动的敏感性以及更好地对转化表型进行评分。通过调整 pH 来增强细胞转化的机制尚未阐明，但是与细胞间的酸化作用有着密切的联系。产生许多很重要的细胞效应，首先，它能减少细胞间交流的空隙，如细胞间 H^+ 起到刺激细胞有丝分裂的作用，相比于更高的 pH，当 pH=6.7 时，细胞伸出更多纤维状的纺锤体。其次，形态转化细胞表型的十字交叉生长模式对其进行评分将会更容易，同时能够减少评分的变异。再次，低 pH 能够使细胞保持在低分化状态，从而增加它对转化的敏感性。

（五）Balb/c3T3 细胞和 SHE 细胞转化检测的性能对比

SHE 细胞和 BALB/c3T3 细胞转化实验的数据库比 C3H、10T1/2 细胞转化系统应用得更为广泛。尽管这两种细胞检测尚存在一些问题，前景未明，但是它们鉴定致癌物的能力仍然值得期待。

检测同一种化学物，SHE 和 BALB/c3T3 细胞检测的一致性分别为 83% 和 71%，灵敏度为 83%和 80%，特异度为 82% 和 60%，远远优于 Salmonella 检测的表现。SHE 和 BALB/c3T3 细胞检测在鉴定诱变性致癌物方面有着很高的灵敏度（94%～95%），从全部检测方法来看，遗传检测结果显示：细胞检测具有较高的阴性预测能力，在 BALB/c3T3 检测中为 71%，SHE 为 79%，一项对 84 种致癌物和 77 种非致癌物的数据分析显示：BALB/c3T3 细胞检测的全部一致率为 71%，灵敏度为 80%，特异度为 60%。对比相对应的 Salmonella 检测数据显示，SHE 和 BALB/c3T3 细胞检测可以检测非诱变性致癌物，而 SHE 检测对这类化学物有较高的敏感度、对诱变性的非致癌物有着较高特异性。

然而，在进行两种方法的直接比较时，必须经过慎重的考虑，因为两个系统检测过的物质并非完全一样，待测一系列化学物的构成可以在很大程度上影响这些检测的表现。其次，这两种方法检测的细胞转化阶段是不一样的，SHE 评价在肿瘤形成早期的细胞转化，而 BALB/c3T3 细胞检测则检验细胞转化的最后阶段，如无限增殖细胞系发生基因突变而发展为癌细胞。

上述通过细胞检测预测致癌性的方法表明，企图用任何一种检测来评估所有的致癌机制是不现实的，因为癌变是一个相当复杂的过程。但是，高灵敏度的细胞转化检测显示了化学致癌物物类别的多样性，假设它们有着很多不同的致癌机制，则可以在体外检测到大量致癌性化学物在细胞水平上的作用。

（六）基于人体细胞的转化系统

虽然对引发人体和啮齿动物致癌性的机制的了解还不够充分，但人体和啮齿动物细胞转化进程的顺序被认为是相似的（甚至是一致的）。了解人类和啮齿动物的肿瘤形成的物种差异关系至关重要。这些差异包括：①人类是长寿命物种，在 35 岁后肿瘤的发生率会提高，而啮齿动物的寿命只有 2～3 年；②不一样的外源物代谢作用；③在体外培养中，啮齿动物细胞有更高的自发性和诱导性永生化转换。

为了整合风险评估的数据，人体细胞将会被用于开发一个理想的转化模型。一直以来，开发一个以致癌性最终端点的人体细胞转化系统是极其困难的。主要的问题是人体细胞不能像动物细胞那样在体外培养自发地形成永生化细胞系。由于致癌过程涉及带有致癌基因或因癌基因突变的细胞的顺序选择，而非永生化的细胞在获得致癌所需的遗传改变之前就已经衰老了。因此，目前可获得的人体细胞转化系都是经过基因修改而获得永生化表型细胞系，而不是原代细胞。

（七）HaCaT 细胞系

HaCaT 细胞是一种与 MSU-1 人体成纤维细胞转化模型一同被开发和研究的细胞转化系统。HaCaT 细胞系来源于由 *p*53 基因突变和衰老基因片段丢失而形成的自发性永生化、具有正常人体细胞核型的细胞。细胞的名字 HaCaT 表明：这个细胞系是经过在低 Ca^{2+} 高温条件延期培养的成人表皮细胞。现在还没明确的区分致癌性和非致癌性 HaCaT 细胞的标准。这种永生化细胞系是一种便利的研究各种致癌物致癌过程的模型。

HaCaT 自发性永生化细胞系（>140 代）能在体外培养中保持稳定的非致癌性。然而，通过激活致癌基因或者其他的干涉，HaCaT 细胞可以转化成具有良性或恶性表型致癌性变异体。

在遗传水平和表型水平上，这个模型都很好地展现了已知的人体上皮皮肤癌（还有其他的癌细胞系）形成的各个阶段。这就使得遗传改变和与转化不同阶段相关的表型特征能被鉴别。

二、间隙连接细胞间通讯（GJIC）

（一）GJIC 与致癌性

间隙连接是细胞膜间通过一对中空的半通道连接蛋白（connexin）连接两侧细胞质的水相通道，是细胞间实现直接胞间通讯的结构基础。间隙连接细胞间通讯（gap junction intercellular communication，GJIC）指相互靠近的细胞通过间隙连接实现小分子物质（分子量小于 1000～1500D）的直接通讯，对细胞的生长和分化的调控至关重要。多种证据表明，这类胞间通讯的异常会导致细胞生长和行为的异常，并与多种人体病理学条件相关，特别是与肿瘤的发生发展关系密切。这些证据包括：大多数肿瘤细胞和转化细胞 GJIC 功效减弱或消失，而正常细胞 GJIC 功能正常；连接蛋白表达的量与肿瘤和恶性程度及转移能力呈负相关；许多非基因致癌物、肿瘤促进剂和激活的癌基因对 GJIC 具有抑制作用（如 TPA、苯巴比妥），进而导致肿瘤的发生。通过观察带有某些代谢通路酶缺陷的细胞之间进行的合作代谢和显微注射后的染料转移实现了对 GJIC 的测量。这种检测手段的优点在于周期短、血清批次不影响实验的结果、易于检测。缺点在于实验药物的细胞膜毒性会影响细胞间的通讯。常用于检测 GJIC 功能的方法主要包括激光漂白荧光恢复技术（fluorescence redistribution after photobleaching，FRAP）和划痕负载染料迁移法（scrape-loading and dye transfer，SLDT）。

（二）基于中国仓鼠 V-79 细胞的协同代谢抑制检测

这个检测方法能利用测试物质检查两个细胞系之间的细胞间通讯。这个检测中用到的一个细胞系是野生型 V-79 细胞，这种细胞带有次黄嘌呤-鸟嘌呤磷酸核糖转移酶活性（$HGPRT^+$）；另一种细胞系是 6-硫代鸟嘌呤（6-TG）抗性的 V-79 细胞，无次黄嘌呤-鸟嘌呤磷酸核糖转移酶活性（$HGPRT^+$）。HGPRT 能将 6-TG 转变成有毒的 6-TG 一磷酸盐。因此，$HGPRT^+$ V-79 细胞不能在含 6-TG 的环境中存活，而 $HGPRT^-$ V-79 细胞则可以存活。当 $HGPRT^+$ V-79 和 $HGPRT^-$ V-79 共培养于含 6-TG 的环境中，$HGPRT^+$ 细胞将 6-TG 转变成有毒的 6-TG—磷酸盐，并通过邻近细胞间的 GJIC 传递到 $HGPRT^-$ 细胞，并导致后者死亡。如果用肿瘤促进因子如 TPA（12-o-tetradecanoylphorbol-13-acetate）抑制 GJIC，HG-

PRT$^-$就能在与 HGPRT$^+$共培养于含 6-TG 的环境的情况下存活下来。试验最后生成的细胞克隆是 HGPRT$^-$。

(三) 染料迁移检测

荧光染料传递检测中,荧光染料如荧光黄通过为注射进入经受检测物处理的细胞。然后可用荧光显微镜观察并评估该细胞通过 GJIC 向邻近细胞传递荧光染料的程度。BALB/c 3T3 小鼠细胞之间以及中国仓鼠 V-79 细胞之间的细胞间通讯被肿瘤促进子佛波酯(而不是非促进性的衍生物)完全的抑制。作为快速并可靠的染色传递检测,划痕负载染料迁移技术代替了微注射。这项检测中,细胞经过肿瘤促进子如 TPA、替柳西丁、瑞香素等的预处理,可以有效阻断染料的传递。划痕负载染料迁移法检测可应用于各种的哺乳细胞,如中国仓鼠 V-79、大鼠肝脏 WB 细胞、NIH/3T3 细胞、小牛主动脉肌细胞(原代培养)、人体包皮 MSU-2 细胞(原代培养)。

第5节 替代方法前景预测

两个验证机构 ICCVAM 和 ECVAM 都没有正式地批准任何致癌性预测的替代方法。ECVAM 正在进行 SHE 和 BALB/c 3T3 细胞转化实验的预审批工作。OECD 的指导条例也在起草当中。致瘤作用有多个阶段、需要长期的体内过程、有多个机制作用,并需要某些物质的代谢转化。因此,现有的细胞实验只能用于多层实验或者部分地替代动物实验。ECVAM 认为要实现遗传毒性动物实验的完全替代还需要近 5～10 年时间。

表 18-4 是对目前有效的致癌性替代实验的总结和前景预测。

表 18-4 致癌性替代实验前景预测

目前的动物实验终点	目前可用的替代试验	实验检测终点	目的	适用范围	认可状况
遗传毒性和非遗传毒性损伤	SHE 细胞转化分析	转化克隆	部分替代(分层策略和(或)成套试验)	遗传毒性和致癌性检测	优化
	BALB/c 3T3 转化分析	灶性形成	部分替代(分层策略和(或)成套试验)	遗传毒性和致癌性检测	优化
	C3H10T3 转化分析	转化克隆	部分替代(分层策略和(或)成套试验)	遗传毒性和致癌性检测	优化
非遗传毒性损伤	间隙连接细胞通讯(GJIC)	GJIC 抑制	部分替代(分层策略和(或)成套试验)	致癌性检测	研发中

肿瘤的形成是多个步骤和复杂的生物作用的结果。传统的致癌性检测手段是 2 年生物鉴定。因为 2 年的动物实验是一个昂贵又耗时且不能给出确定性结果的筛选实验,所以有必要寻找一种新的替代实验方法。目前,使用非动物实验难以模拟这一复杂的过程。大量用于预测致瘤性的实验体系和模型已经问世,然而目前致瘤性只能被简单地预测。

转基因动物经过基因工程改造,增加了模型对致癌物的敏感性,加速致癌过程,具有缩短试验周期、降低信噪比、减少动物使用量等优点。因此,转基因动物实验可能作为重要的简化和优化手段。

非动物方法包括细胞试验和计算机预测模型。诱变性和遗传毒性实验可用于检测致瘤性物质。细胞转化和间隙连接细胞间交流实验(体外实验)可以用于识别某些致瘤性物质,包括非遗传毒性致癌物。与体内致癌性实验比较，体外实验更加快速和便宜。但是，目前的体外试验方法不能完全的替代动物实验。现有用于遗传毒性检测的实验手段存在一些重要的缺陷，如缺乏代谢能力，所用的细胞系与终端实验的靶器官无关。此外，非遗传毒理致瘤物的各种作用机制难以预测和检测。普遍存在的缺陷是体外实验很难在相对较短的时间内模拟具有长期病理过程的肿瘤。

（郭中敏　程树军）

参考文献

Blaha L, Kapplova P, Vondracek J, et al. Inhibition of gap-junctional intercellular communication by environmentally occurring polycyclic aromatic hydrocarbons. Toxicol. Sci, 2002, 65: 43～51

Boley SE, Anderson EE, French JE, et al. Loss of p53 in benzene-induced thymic lymphomas in p53+/−mice: evidence of chromosomal recombination. Cancer Res, 2000, 60: 2831～2835

Bolon B, Galbreath E. Use of genetically engineered mice in drug discovery and development: wielding Occam's razor to prune the product portfolio, Int. J. Toxicol, 2002, 21: 55～64

Daniela Maurici, Marilyn Aardema etal. Carcinnogenicity. ATLA, 2005, 33: suppl, 177～182

Dean SW, Brooks TM, Burlinson B, et al. Transgenic mouse mutation assay systems can play an important role in regulatory mutagenicity testing in vivo for the detection of site-of-contact mutagens. Mutagenesis, 1999, 14 (1): 141～151

Eastin WC, Mennear JH, Tennant RW, et al. Tg. AC genetically altered mouse: assay working group overview of available data. Toxicol Pathol, 2001, 29: Suppl, 60～80

Elmquist WF, Miller DW. The use of transgenic mice in pharmacokinetic and pharmacodynamic studies. J. Pharm. Sci, 2001, 90: 422～435

Hamadeh HK, Bushel PR, Jayadev S, et al. Gene expression analysis reveals chemical-specific profiles. *Toxicol.* Sci, 2002, 67: 219～231

Honchel R, Rosenzweig B, Thompson KL, et al. Loss of palindromic symmetry in Tg. AC mice with a nonresponder phenotype. Mol Carcinog, 2001, 30: 99～110

Isfort RJ, Kerckaert GA, LeBoeuf RA. Comparison of the standard and reduced pH Syrian hamster embryo (SHE) cell in vitro transformation assays in predicting the carcinogenic potential of chemicals. Mutat. Res, 1996, 356: 11～63

Kiyomi Ohmori. In Vitro Assys for the Prediction of Tumorigenic Potential of Non-genotoxic Carcinogens. Journal of Health Science, 2009, 55(1): 20～30

Morton D, Alden CL, Roth AJ, Usui T. The TgrasH2 mouse in cancer hazard identification, Toxicol. Pathol, 2002, 30: 75～79

Rivedal E, Miikalsen SO, Sanner T. Morphological transformation and effect on gap junction intercellular communication in Syrian hamster embryo cells as screening tests for carcinogens devoid of mutagenic activity. Toxicol In Vitro, 2000, 14: 185～192

Robinson DE, MacDonald JS. Background and framework for ILST's collaborative evaluation program on alternative models for carcinogenicity assessment, Toxicol Pathol, 2001, 29: Suppl, 13～19

Rosenkranz HS, Pollack N, Cunningham AR. Exploring the relationship between the inhibition of gap junctional intercellular communication and other biological phenomena. Carcinogenesis, 2000, 21: 1007～1011

Salleh MN, Caldwell J, Carmichael PL. A comparison of gene expression changes in response to diethylstilbestrol treatment in wild-type and p53 (+/−) hemizygous knockout mice using focused arrays. Toxicology, 2003, 185: 49～57

Samuel M. Cohen. Human Carcinogenic Risk Evaluation: An Alternative Approach to the Two-Year Rodent Bioassay. ToxSci Advance Access published May 5, 2004

Schwetz B, Gaylor D. Alternative Tests: Carcinogenesis as an Example. Environmental Health Perspectives, 1998, 106: Suppl 2, 105～109

Suemizu H, Muguruma K, Maruyama C, et al. Transgene stability and features of rasH2 mice as an animal model for short-term carcinogenicity testing. Mol. Carcinog, 2002, 34: 1～9

Van Dyke T, Jacks T. Cancer modeling in the modern era: progress and challenges. Cell, 2002, 108: 135～144

第 19 章　生殖和发育毒性试验及替代方法

Chapter 19　Reproductive & Developmental Toxicity Test and Alternative Methods

第 1 节　概　　述

生殖是使种族延续的各种生理过程的总称。生殖发育也可称为繁殖过程，包括生殖细胞（或称配子）发生、卵细胞受精、着床、胚胎形成、胚胎发育、器官发生、胎仔发育、分娩和哺乳过程。生殖毒性指的是一种物质在繁殖周期的任何一个阶段中所产生的毒副作用，包括生殖功能的缺陷和胚胎发育过程中的不良效应，如发育迟缓、畸形乃至死亡。因此，生殖毒性和发育毒性既包括外源物质对亲代生殖功能的影响，也包括对子代发育过程的有害影响。

一、生 殖 毒 性

生殖毒性（reproductive toxicity）是指对雄性和雌性生殖功能或能力的损害以及对后代的有害影响。生殖毒性既可发生于妊娠期，也可发生于妊前期和哺乳期。毒物可通过作用于生殖系统而产生干扰生殖能力的任何效应，这可能包括（但不限于）对雌性和雄性生殖系统的改变；对青春期的开始、配子产生和输送、生殖周期正常状态、性行为、生育能力、分娩的有害影响；过早生殖衰老；或者对依赖生殖系统完整性的其他功能的改变及内分泌系统的变化。

二、发 育 毒 性

发育毒性（developmental toxicity）指出生前经父体和（或）母体接触外源性理化因素引起的子代到达成体之前出现的有害作用，包括结构畸形、生长迟缓、功能障碍及死亡。能造成发育毒性的物质称为发育毒物。发育毒物应是在未诱发母体毒性的剂量下产生发育毒性的物质。

某些外源化学物可干扰胚胎以及胎儿的发育过程，影响正常发育。具体表现可分为：①生长迟缓：即在外源化学物影响下，胚胎与胎仔的发育过程较正常的发育过程缓慢。②致畸作用：由于外源化学物干扰，活产胎仔出生时，某种器官表现形态结构异常。这些异常在出生后可被立即发现。③功能不全或异常：即胎仔的生化、生理、代谢、免疫、神经活动及行为的缺陷或异常。功能不全或异常往往在出生后一定时间才被发现，因为正常情况下有些功能在出生后一定时间才发育完全。④胚胎或胎仔致死作用：某些外源化学物在一定剂量范围内，可在胚胎或胎仔发育期间对胚胎或胎仔造成损害作用，并使其死亡。具体表现为自然流产或死产、死胎率增加。在一般情况下，引起胚胎或胎仔死亡的剂量较致畸作用的剂量为高，而造成发育迟缓的剂量往往低于胚胎毒性作用剂量，但高于致畸作用的剂量。

以上 4 种发育毒性的具体表现并非一定在一种外源化学物作用下同时出现，有时只出现其中的一种或一部分。此外，有些外源化学物通过胎盘与发育中的胚胎或胎仔接触，还可以引起子代肿瘤发生率增高。

三、生殖与发育毒性的特点及靶器官

生殖与发育过程包括配子(精子与卵子)的发育与形成、交配、受精、合子形成与植入、胚胎形成与发育、分娩等阶段。生殖与发育过程的每个阶段所涉及的细胞或器官都可能成为外源化学物毒作用的靶点。外源化学物对生殖与发育过程的损害主要包括以下几个方面:

(一) 亲性腺作用(性腺毒性 gonal toxicity)

某些化学物可作用于性腺,影响生殖器官的发育与性腺成熟,或造成性腺组织病理学改变。如氯乙烯单体可使睾丸曲细精管萎缩,氯化镉可引起小鼠卵巢出血、排卵抑制。某些化学物可影响配子的发生、增殖和成熟,使生殖细胞数量减少、功能减退及突变,如铅中毒患者易发生生殖细胞受损,导致精子数目减少,精子活动力降低,精子畸变率增加。生殖细胞受损的结果是不育、流产、死胎、畸胎和其他先天缺陷。生殖细胞突变造成的畸胎与妊娠期内接触毒物的致畸作用不同,前者突变发生于父体或母体的性细胞中,突变诱发的畸形可传给后代。后者突变发生在胚胎的体细胞中,引起的畸形不具有遗传性。已知的亲性腺毒物有多种,包括固醇类药物、化疗药物、有机磷和有机氯农药、重金属镉、铅、汞和二硫化碳等。

(二) 亲胚体作用(胚体毒性 embryotoxicity)

某些化学物可作用于妊娠早期(即从受孕到胚体形成阶段),从而对胚体发育产生损害作用;某些化学物可以降低胚体对必须营养素的利用度,如 EDTA 降低胚体对微量元素的利用度、氨基蝶呤降低胚体对叶酸的利用度。当给予母体这些化学物时,可导致与缺乏这些必须营养素相似的胚体毒性。胚体毒性、胎体毒性(fetotoxicity)和胚胎毒性(embryo-fetal toxicity)是指由出生前接触危害物引起对孕体的任何有害影响,包括结构和功能异常,或这种影响在出生后的表现。这些术语与有害作用诱发的瞬间(时期)有关,而不考虑检测的时间。

(三) 亲胎盘作用(胎盘毒性 placental toxicity)

某些化学物可对胎盘造成损伤,改变胎盘血流量,降低胎盘对营养物质的转运,特异地干扰胎盘功能(如内分泌和代谢功能)。如 5-羟色胺使小鼠动、静脉狭窄,胎盘血流量减少,胎盘转运功能障碍,引起死胎和先天畸形;甲基汞改变人胎盘滋养层微绒毛对不能代谢的氨基酸的摄取而导致功能畸形,即先天水俣病。

除上述外,化学物还可引起胎期毒性、哺乳期毒性(通过乳汁使婴儿中毒,如铅中毒)以及通过对中枢神经系统及全身功能状态的毒作用来影响生殖过程。某些化学物还能经胎盘致癌(transplacental carcinogenesis),即致癌物由母血经胎盘进入胚胎,造成胚胎期接触,引发后代肿瘤。己烯雌酚是第一个被证明的人类经胎盘致癌物。孕妇孕早期作为保胎药服用时,女性后代可发现阴道透明细胞腺癌、阴道腺癌及阴道和子宫颈隆起;男性后代可发生附睾囊肿、睾丸营养性衰竭、睾丸囊性硬结、小阴茎畸形及精子异常。经胎盘致癌的发育致癌物通过动物实验已发现了 40 多种。

化学物的生殖发育毒性有两个显著的特点:①生殖系统较机体的其他系统或功能对某些化学物的毒作用更为敏感,在成体系统毒性中未观察到的有害作用水平(NOAEL)即可使胎儿受到影响。如妊娠期接触过不足以引起肿瘤的低剂量二乙基亚硝胺,仔鼠成年后再次接触,则肿瘤发生率增加。②损害作用不仅表现在接触化学物质的机体本身,还可影响其后代。如母鼠接触高浓度二硫化碳引起致畸作用,其子一代即使不再接触二硫化碳,交配后所生的子二代仔鼠也出现与子一代仔鼠几乎完全相同的畸变类型。

四、生殖和发育毒性的标准方法

用于毒理学研究和安全试验的动物，其中大约15%被用于检测化学品对人类生殖系统的危害。鉴于哺乳类动物繁殖过程的复杂性，对繁殖过程的各个方面进行毒理学分析都是必需的，包括致畸性、内分泌干扰、母细胞突变、生育受损等。

为了检测化学物质对生殖周期内不同靶细胞/器官的毒副作用，OECD发布了8个试验指导，分别是TG 407、414、415、416、421、422、441、455，还有另外3个试验指南在起草中，即TG426、延长一代毒性和TG 440，见表19-1。这些指南大多数是动物实验方法，只有2009年9月最新被OECD认可的TG 455(雌二醇受体转录试验)是首个发布的生殖毒性试验替代方法。还有3项体外试验方法已完成验证，进入法规认可程序。其他方法尚在开发或验证中。

表19-1为机构认可的生殖和发育毒性试验方法。

表19-1 机构认可的生殖和发育毒性试验方法

传统动物试验	替代方法			
	名称	验证状态	法规认可状态	对动物实验影响
一代生殖毒性试验(OECD TG 415,EU B. 34) 二代生殖毒性研究(OECD TG 416,EU B. 36) 发育神经毒性试验(OECD TG 426,US EPA OPPTS 870. 6300) 出生前发育毒性研究(OECD TG 414, EU B. 31)	延长一代生殖毒性试验	—	OECD新试验指南在制定中	减少动物使用
啮齿类动物28天经口重复染毒研究(OECD TG 407) 生殖/发育毒性筛选试验(OECD TG 421)	重复染毒毒性研究结合生殖/发育毒性筛选试验	—	OECD: TG 422 (1996)	减少动物使用
出生前发育毒性研究(OECD TG 414, EU B. 31)	胚胎干细胞试验	ECVAM验证用于无、弱和强胚胎毒性化学物鉴定(2002)	无	替代
	微团胚胎毒性试验	ECVAM验证用于强胚胎毒性化学物鉴定(2002)	无	优化
	大鼠全胚胎培养胚胎毒性试验	ECVAM验证用于强、弱和无胚胎毒性化学物鉴定(2000)	无	优化
	爪蟾蛙胚胎致畸试验 Xenopus (FETAX)	美国ASTM标准(E1439-98) ICCVAM建议进一步研究(2000)	无	代替或减少
Hershberger试验(OECD TG441) 子宫增重试验 Uterotropic Assay(OECD440)	雌二醇受体转录激活试验	—	OECD: TG 455 (2009)	替代

发育和生殖毒性试验的管理、标准和方法还见于环境污染物、化学品等安全评价中，如美国试验和材料学会(ASTM)、美国环保局(USEPA)等的标准：

(1) ASTM E1439-98 爪蟾蛙胚胎致畸试验标准指南(FETAX)。

(2) US EPA 发育毒性风险评估指南(1991)。

(3) US EPA 放流水毒性管理：建立分析污染物的试验程序指南(40 CFR 136)。

US EPA 870 系列是针对健康效应的试验指南，有关生殖和发育毒性的指南包括：

(1) OPPTS 870.3550 生殖/发育毒性筛选试验。

(2) OPPTS 870.3650 重复染毒毒性研究结合生殖/发育毒性筛选试验。

(3) OPPTS 870.3700 出生前发育毒性研究。

(4) OPPTS 870.3800 生殖和繁殖力作用。

US EPA 890 系列是专门针对内分泌干扰物的试验指南，2009 年 10 月，发布了 11 项相关试验指南：

(1) OPPTS 890.1100-两栖(蛙)动物变形试验。

(2) OPPTS 890.1150-大鼠前列腺雄激素受体结合试验。

(3) OPPTS 890.1200-人重组芳香化酶试验。

(4) OPPTS 890.1250-雌激素受体结合试验。

(5) OPPTS 890.1300-雌激素受体转录激活试验(人 HeLa-9903 细胞系)。

(6) OPPTS 890.1350-鱼短期生殖毒性。

(7) OPPTS 890.1400-雄性大鼠 Hershberger 试验。

(8) OPPTS 890.1450-雌性大鼠青春期试验。

(9) OPPTS 890.1500-雄性大鼠青春期试验。

(10) OPPTS 890.1550-甾体生成试验(人 H295R 细胞系)。

(11) OPPTS 890.1600-大鼠子宫增重试验。

五、生殖毒性的危害分级

(一) 危害类别

GHS 系统为了对生殖毒性进行分类，将化学物划分为对生殖能力的影响和对发育的影响两个类别，此外，将对哺乳期的影响划分单独的危害类别。

GHS 对化学物生殖毒性的分类主要基于实验动物资料和人类流行病学资料的充分证据(证据权重分析)。生殖毒性证据资料分为 3 类：已知的人类生殖毒物(1A 类)、假定的人类生殖毒物(1B 类)和可疑的人类生殖毒物(2 类)，见表 19-2。若要以人类证据为主要依据进行第 1A 类分类，就必须有可靠的证据表明该物质对人类生殖具有有害影响，用于分类的证据最好来自经过良好控制的流行病学资料。如果来自人类的研究数据不够准确，则应用实验动物得到的证据作为补充，并考虑划入第 1B 类。

分类的基础主要是以整体证据权重的评估为原则，运用这一原则应注意以下几点：①考虑对生殖毒性有影响的所有信息，包括人类流行病学研究、病例报告和特定的生殖研究，以及对动物的亚慢性、慢性和特殊研究结果，化学结构的评估也应包括在内。应注意现有证据的权重会受到各种因素的影响，如研究的质量、结果的一致性、效应的本质和严重性、群体间差异的统计学意义、检测终点指标的数量和相关性、与人接触途径的差异等。②动物和人类的动力学研究、作用部位和作用机制或模式的研究结果可以提供相关的信息，这些信息可以在不增加动物试验的基础上获得对人类健康危害的关注。如证明毒物作用机制与模式与人类无关，或者毒物动力学差异与人类差异如此显著以至于可以确定危害性质不会在人类出现，那么对实验动物的生殖毒性有害影响的物质不应被分类。③在一些实验动物的生殖毒性研究中，所观察到的效应被认为具有很低或极其微小的毒理学意义，对此类化学物可能不需要进行分类。④动物研究数据应在没有其他毒性效应的情况下，提供明确的有关生育功能、生殖能力或发育有害效应的特定证据。但是，如果发育毒性和其他毒性效应在母体上同时发生，那么应尽可能对普遍性有害作用的潜在影响进行评估。⑤如果已有适当的信息，就应尝试确定发育毒性是由于特定的母体中介机制还是由于非特异继发性机制而引起的。一般来说，不能用母体毒性的存在确定胚胎/胎体效应的研究结果，除非能够证明这些效应是非特异继发性效应。

表 19-2 GHS 系统对化学物生殖毒性的危害分类

类别	解释	标 识
第 1 类	已知或假定的人类生殖或发育毒物	危险，可能对生育能力或未出生儿童造成伤害（如果已知特定效应，则予以说明；如果最终没有证明其他接触途径会产生这一危害，那么说明会产生这一危害的接触途径）
第 1A 类	已知的人类生殖毒物，基于人类证据的基础	
第 1B 类	假定的人类生殖毒物，基于实验动物的证据基础	
第 2 类	可疑的人类生殖毒物	警告，怀疑对生育能力或未出生儿童造成伤害（如果已知特定效应，则予以说明；如果最终没有证明其他接触途径会产生这一危害，那么说明会产生这一危害的接触途径）

（二）哺乳期影响的危害类别

GHS 将影响哺乳期或通过哺乳期对后代产生的影响划为单独类别。对于许多物质，并没有信息显示它们是否有可能通过哺乳期对后代产生有害影响。但是，被母体吸收并被发现干扰哺乳期的物质或者其在母乳中的数量（包括代谢产物）足以使人们关注以母乳喂养的儿童的健康应划为此类。其依据以下进行分类：①吸收、代谢、分布和排泄研究；这些研究表明该物质有可能以具有潜在毒性的水平存在于母乳中；②一代或两代动物研究的结果。这些结果应以明确的证据表明，由于该物质进入母乳中或对母乳质量产生有害影响而对后代带来危害；③类证据表明该物质在哺乳期内对婴儿有危害。

（三）致畸物的危险度评定

由于致畸作用的机制尚未充分阐明，所以致畸物危险度评定方法也没有完全统一。常用的方法有：

1. 致畸指数（teratogenic index，TI）**判断** 致畸指数＝母体 LD_{50}/胎体最小致畸剂量。通过致畸指数可以判断致畸带的宽窄和致畸性的强弱。致畸指数小于 10 为一般不致畸，致畸指数 10～100 为致畸，大于 100 为强致畸。

2. 化学物致畸潜力分类和安全系数确定 根据动物试验中发育毒性效应的类型、严重性和发生率将化学物分为 4 类，并规定各类型的不同的安全系数范围（表 19-3），用于评定待测物发育毒性的危险度，由国际生命科学院（International Life Sciences Institute，ILSI）1989 年提出。

表 19-3　致畸化学物的分类

基准	A类	B类	C类	D类
最小母体中毒剂量与最小致畸剂量之比值	远大于1	大于1或两剂量间有很大重叠	小于1	母体中毒时无致畸
畸胎率	高，与剂量有关	高，与剂量有关	低，但与剂量有关	—
较低剂量时畸形的类型	有特定的器官系统	一般为多发性，也可能有特定的特点	无特异性，广泛多发	—
靶细胞	特定细胞	特定细胞	泛化、非特定细胞	不详
安全系数范围	～400	～300	～250	～100

3. 欧盟(EC)和OECD建议根据动物试验和人群调查资料对致畸物分级　致畸物的参考分级标准见表19-4。

表 19-4　致畸物的参考分级标准

级别	分级依据	对人类危险性
1	已确定人类母体接触后可引起子代先天性缺陷	已证实对人致畸
2A	对动物肯定致畸，但对人类致畸作用尚未确定因果关系	对人可能致畸
2B	动物试验结果肯定致畸，但无人类致畸资料	对人可能致畸
3	尚无结论性肯定致畸证据或资料不足	可以认为对人无致畸作用，但应继续研究
4	动物试验阴性，人群调查结果未发现致畸	对人无致畸作用

4. 确认人类致畸物的标准　尽管动物试验中检测得到的阳性致畸物的比率很高，但确认的人类致畸物还比较少。由于没有完全适合的动物模型，在确认人类新的致畸物时，不能把动物实验的结果轻易外推到人，还必须结合环境流行病学和有控制的临床研究的结果进行评价。Wilson提出的确认人类新的致畸物的标准如下：一种特殊的缺陷或几种缺陷并发(综合征)的频率突然增加；缺陷的增加与某种已知的环境改变有关，如一种新药的广泛使用；已知在妊娠的特殊阶段接触环境的改变会产生有特征性缺陷的综合征；缺少妊娠时引起特征性缺陷婴儿产生的其他普通因子。

六、生殖毒性的试验策略

鉴于哺乳类动物繁殖过程的复杂性，因此不可能通过体外系统模拟整个繁殖周期来检测某种化合物对哺乳类动物生殖过程的影响。然而，繁殖过程可划分成数个生物学部分，进而对其进行单独或联合研究。这种策略的最大优势是能够鉴定出某种物质的靶细胞、组织或器官。在生殖毒性的某些领域，已建立了许多可靠而有前景的体外模型，目前需要将这些模型转变成独立且具备预测能力的检测方法才能用于安全性评价。但是，必须清楚的是大部分的独立试验还不能作为动物实验的替代方法，只有与其他试验联合应用才能进行详细的危害识别。因此，单个试验可作为试验策略的组成单元。

到目前为止，绝大多数已开发和验证的试验方法集中在生殖毒性的某些方面，特别是胚胎器官的发生、致畸化合物和类激素化合物对甾体受体的影响等方面，目的是为了分析化学物对生殖系统和内分泌系统的干扰作用。作为多层试验策略的组成单元，这些试验方法在若干实验室中已取得成效，但生殖毒性的其他领域(如生育、着床、胎盘和胎儿毒性)则关注较少。

在试验方法的相关性和可靠性得到验证和认可之前，许多现有体外模型需要进一步开发和完善方案。此外，还应注意到，许多需要建模的生理过程（如配子的形成）都必须依赖细胞间的相互作用以及旁分泌和内分泌的信号传导。能否在没有支持细胞的条件下成功培养配子，或者在没有内分泌因子的情况下成功培养支持细胞和生殖细胞，至今仍处于研究阶段。为了建立具有真实预见性的生殖毒理模型，这些问题都需要进行深入研究和回答。

另外，目前大多数较为完善的方法都要求使用来源于整体动物的组织，包括微团培养、整体胚胎培养、睾丸切片培养、卵巢卵泡培养等方法。但是在不断增加的实验动物保护的压力下，如果有关保护胚胎和胎儿的法规增加限制性条款和要求，届时全胚胎培养等方法的应用将面临限制。

七、环境内分泌干扰物的毒性

内分泌干扰物是指干扰生物体内维持稳态和调节发育过程中激素的产生、释放、代谢、结合、排泄和交互作用的外源物质，这些物质通过干扰内分泌功能，引起个体、后代或人群可逆或不可逆的生物学效应。内分泌干扰物通常与物种的生殖和发育密切相关，许多检测和试验方法也相同或类似，因此放在本章阐述。

世界各国对环境内分泌干扰物的有害作用越来越关注，很多国家设立专门机构制定相关法规、标准、检测方法监控和研究环境内分泌干扰物的有害效应。美国环保局（USEPA）制订了检测内分泌干扰物的筛查和试验计划，计划分为两个阶段：第一阶段为组合筛查试验，在这一阶段确定为阳性的化合物，进行第二阶段的确认组合试验。同样，OECD也成立了工作组，以建立、优化和验证内分泌干扰物的试验方法。两个机构推荐的第一阶段组合筛查试验都含两项方法：子宫增重试验检测雌激素和抗雌激素作用；Hershberger 试验检测抗雄激素作用。两项试验接近于完成验证程序，实验室间一致性较好。USEPA 推荐的另一项试验是雌性青春期试验，用于评价类固醇生成作用、抗甲状腺活性和抗雌激素作用，而 OECD 建议在其标准试验方法指南 407（28 天大鼠毒性试验）中增加条款，而不另外增加试验指南。第二阶段试验两个机构都建议在二代生殖毒性规范试验中增加条款。第二阶段试验是一项消耗大量时间和动物的试验，为了获得最多的化学物内分泌干扰的信息，应当按照第一阶段的试验结果修订下一阶段试验计划。

EPA 内分泌干扰物筛查和检测顾问委员会（Endocrine Disruptors Screening and Testing Advisory Committee，EDSTAC）建议的第一阶段筛查试验包括 5 项体外方法和 5 项体内方法，5 项体外方法是：雌激素受体结合和报告基因检测（estrogen receptor binding and reporter gene assays）、雄激素受体结合和报告基因检测（androgen receptor binding and reporter gene assays）、睾丸切片类固醇激素生成试验（steroidogenesis assay with minced testes）。5 项体内方法是：啮齿类动物 3 天子宫增生试验（rodent 3-day uterotrophic assay）、雌性啮齿类动物 20 天青春期甲状腺试验（rodent 20-day pubertal female with thyroid）、啮齿类动物 5～7 天 Hershberger 试验（rodent 5-7-day Hershberger assay）、青蛙变态试验（frog metamorphosis assay）、鱼性腺复发检测（fish gonadal recrudescence assay）。

此外，报告建议增加一项可能的体外替代方法即胎盘芳香化酶试验（placental aromatase assay）和 3 项体内方法即改良静脉注射啮齿类 3 天子宫增生试验（modified rodent 3-day uterotrophic assay with i. p. dosing)、雄性啮齿类动物 14 天未成年甲状腺试验（rodent 14-day intact male assay with thyroid）和雄性啮齿类动物 20 天甲状腺/青春期试验（rodent 20-day thyroid/pubertal male assay）。

第 2 节 生殖和发育毒性的动物试验

评价化学物的生殖和发育毒性需要 3 方面的资料，即环境流行病学，体内/体外生殖与发育毒性试验和控制的临床研究。在新化学品和药品开发过程中，至少在目前，预测人类生殖与发育的危险主要依靠动物试验，体外试验是必要的补充，在某些毒性作用方面可能是主要的方法。

一、生殖毒性的动物实验

传统的生殖毒性检测以动物试验为主，包括分娩前发育毒性研究（OECD TG 414）、一代动物毒性研究（OECD TG 415）、二代动物毒性研究（OECD TG 416）、生殖毒性/发育毒性筛选检测（OECD TG421）、重复剂量毒性研究结合生殖毒性/发育毒性筛选检测（OECD TG 422）以及 2009 年发布的 Hershberger 试验（TG441）和目前正在讨论中的发育神经毒性试验（TG426）。研究的目的是揭示化学品/药品对哺乳动物生殖发育的有害影响，并将研究的结果与所有可以得到的其他药理学和毒理学资料联系起来，以推测对人可能造成的生殖危险。研究应包括成年动物和从受孕到子代性成熟的各个发育阶段接触受试物的反应。为检测接触所致的即发和迟发效应，应连续通过一个完整的生命周期，即从亲代受孕到子一代受孕。为清楚地阐述各试验方案的组合，通常将完整的生殖发育过程细分为以下阶段：

A 阶段：指交配前到受孕，检查成年雄性和雌性生殖功能，配子的发育与成熟，交配行为，受精。

B 阶段：指受孕到着床，检查成年雌性生殖功能，胚胎着床前发育、着床。

C 阶段：指着床到硬腭闭合，检查成年雌性生殖功能，胎体发育，主要器官形成。

D 阶段：指硬腭闭合到妊娠结束，检查成年雌性生殖功能、胎体的发育与生长，器官的发育与生长。

E 阶段：指出生到断乳，检查成年雌性生殖功能，新生仔对宫外生活的适应，断乳前的发育与生长。

F 阶段：指断乳到性成熟，检查断乳后的发育与生长，对独立生活的适应，达到完全的性功能。

以上不同阶段的组合可以构成许多可能的测试方案，各个国家和国际机构均发布了不同的试验准则和研究设计细则。本节介绍 ICH 准则和我国新药评价、农药及健康相关产品安全性评价中推荐的三段生殖毒性试验，一代和二代（多代）生殖毒性试验。

（一）三段生殖毒性试验

三段生殖毒性试验由生育力和早期胚胎发育毒性试验、胚体-胎体毒性试验（致畸试验）和出生前后发育毒性试验（围产期毒性试验）3 部分组成（图 19-1）。三段的划分是按有害作用诱发的时期，而不考虑检测的时间。

1. 生育力和早期胚胎发育毒性试验 主要评价化学物对配子成熟、交配行为、生育力、胚胎着床前和着床的影响（包括前述生殖发育过程 A 和 B 阶段的评价）。雌性包括对动情期、输卵管运输、着床和胚胎着床前阶段发育的影响。雄性包括对生育功能的影响（性欲、附睾的精子成熟等）。

动物首选大鼠，雄大鼠给药 4 周，雌大鼠给药 2 周后开始同笼。染毒期间观察雌、雄亲代（P_0）体征和死亡、体重和体重改变、摄食

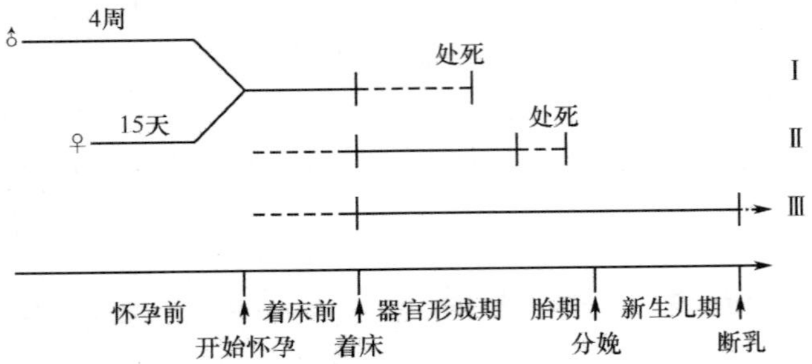

图 19-1　三段生殖试验图解

Ⅰ. 生育力和早期胚胎发育毒性试验　Ⅱ. 胚体-胎体毒性试验(致畸试验)　Ⅲ. 出生前后发育毒性试验

量,镜检雌性阴道涂片和其他毒性研究中常见的靶效应。交配期 2～3 周,交配比例 1∶1。阴道涂片检查是否受孕,雌性一般在孕中期第 13～15 天终止妊娠。雄性在证实交配并受孕成功后处死检查。处死时所有成体均做尸体解剖和肉眼观察,所有动物的睾丸、附睾(雄性)和卵巢、子宫(雌性)均做组织学检查,附睾或睾丸中的精子计数以及精子存活力测定。检查计数雌性的黄体数、着床数、吸收胎、死胎和活胎数。保存其他病变脏器,必要时组织学检查。对明显未孕的大鼠或小鼠(而不是对家兔),可用硫化铵子宫染色鉴别是否为胚胎着床前死亡。

综合对 F_0代观察的各项指标和参数,用合适的统计方法分析和评价。在分析对胎体(子一代,F_1)的影响时,应考虑下述参数:各组受影响的窝数比、每窝受影响的胎体的组平均百分率、受影响胎体总数比。在对生殖与发育毒性的试验结果进行推理统计(显著性检验)时,应以窝(litter)(在两种性别均被处理时,用于交配的双方)进行统计;在两代生殖毒性试验中,以亲代交配的双方而不是以胎体或新生仔作为比较的单位。

2. 胚体-胎体毒性试验(致畸试验)

(1) 研究目的:评价母体自胚泡着床到硬腭闭合期间接触受试物对妊娠雌性和对胚体-胎体发育的有害影响,即前述生殖发育过程中的 C 和 D 阶段,主要增加了与非妊娠雌性有关的毒性,胚体-胎体死亡、生长改变与结构异常。

(2) 试验程序:通常用两种动物,啮齿类首选大鼠;非啮齿类,最好是兔。建议每组 16～20 窝。雌性宜选用性成熟未交配过的动物。给药期应覆盖着床期到硬腭闭合,即器官形成期,大、小鼠为孕期的第 6～15 天,兔为孕期的 6～18 天。致畸试验应设阴性和阳性对照组。阳性对照大、小鼠可用乙酰水杨酸或浓缩鱼肝油,家兔可用 6-氨基烟酰胺。在分娩前一天处死怀孕母体,剖腹检查亲代受孕情况和胎体发育。除逐个检查所有胎体的存活和畸形外,尚需分别检查软组织和骨骼的异常。将每窝 50%胎仔经茜素红染色后做骨骼检查。另外 50%胎仔经 Bouin's 固定后做内脏检查。对家兔胎体检查,可使用新鲜标本的显微解剖技术检查软组织改变。

染毒期间观察妊娠动物的体征和死亡、体重和体重改变、摄食量和在其他毒性研究中已证实的重要靶效应。有流产和早产征兆者处死并进行肉眼检查。对所有妊娠动物进行尸体解剖,保存病变组织做组织学检查。取出子宫,称带有胎体的子宫重,以得出妊娠雌性动物的净增重。计数黄体数、吸收胎数、活胎数与死胎数及着床点,称胎盘重并做肉眼评价,必要时可做组织学检查。称活胎体重,检查胎体性别以及外观、内脏和骨骼畸形。

(3) 结果评定:致畸研究的结果应根据

毒性效应与剂量的关系进行评价，并考虑所用试验动物的物种和品系的历史致畸资料。应提供一个符合要求的 NOAEL（未观察到有害作用水平）的估计。对母体的终点评价指标包括体重、体重变化、食物消耗量和母体毒性体征及母体畸胎出现率等。对胎体影响的评价应包括受影响的窝数比、每窝胎体数的组间均数和胎体总数比、畸胎率和某单项畸胎率等。

（4）影响致畸作用的因素：致畸作用受多种因素影响，主要包括敏感期、遗传类型、剂量和母体毒性等。

1）致畸敏感期：器官形成期是发生形态结构畸形的关键期。人的器官形成期在妊娠的第 3～8 周。对于大多数的器官，又都有各自致畸作用的特殊敏感期，即“靶窗（target windows）”。致畸实验的染毒时间必须安排在器官形成期，才有可能观察到形态致畸效应。由于不同物种妊娠期长短不同，敏感期长短也不同，因此致畸试验的染毒时间需随动物种属而改变。

2）遗传因素：致畸作用存在明显的物种差异，这种差异是因代谢变化、胎盘种类、胚胎发育的速度和方式引起的。易感性取决于机体的基因型。化学物生物转化成活性中间产物的速度和途径与遗传因素有关，而畸形仅发生在那些形成恰当代谢物的物种中。所以在筛选致畸物时，采用包括非啮齿类在内的两种动物中进行试验，可以减少因动物不敏感而出现的假阴性。

3）剂量：各种致畸物都有其引发致畸作用的阈剂量以及不同的剂量-效应关系。一般所用的剂量高于该化学物致畸作用的阈剂量时，可使致畸范围扩大、程度加重、靶窗延长，再增大则出现胚胎死亡。而由于有缺陷的胚胎死亡，畸形率反会降低。剂量再进一步增大，则可造成母体的死亡。典型的致畸作用的剂量-反应曲线的斜率很大，从最大未观察到有害作用剂量到胚胎死亡剂量间的剂量带称为致畸带，通常只差 2～4 倍。致畸带越宽的致畸物，致畸危险性越大。掌握致畸作用的剂量-反应关系规律，对致畸实验剂量的确定具有重要意义。剂量过低或过高，均影响结果的正确判断。

4）母体毒性：母体毒性是指对怀孕母体的特异的（直接的作用）或非特异的（间接的作用）有害影响。在致畸试验中，剂量选择应避免用诱发母体毒性的剂量，但实际研究中，胚胎毒性与母体毒性的因果关系很难明确建立。为证明胚胎毒性是继发于母体毒性的一个特殊的参数，必须显示所有胚胎毒性的母体也有母体毒性，并证明对发育影响的严重性和发生率与母体毒性相关。一般认为胚胎死亡和生长迟缓是母体中毒剂量水平引起的胚胎毒性表现，但先天畸形是否继发于母体毒性还有争论。1984 年，Khera 提出化学物质的母体毒性和致畸作用之间存在 3 种关系：即母体毒性不伴致畸作用、母体毒性伴有包括腭裂在内的多种畸形谱、母体毒性伴有特征性的畸形谱。但严格判断区分是很困难的。

5）其他因素：化学物的理化性质、染毒途径也影响致畸试验结果。分子量小、极性小、高脂溶性、未与母体血浆蛋白结合的外来化学物或其代谢产物易穿透胎盘屏障，到达胚胎体内，影响胚胎发育。

3. 出生前和出生后发育毒性试验（围生期毒性试验）

（1）研究目的：评价母体从着床至断乳期间接触化学物对妊娠/哺乳母体和对孕体及子代发育直至成熟的有害影响（前述生殖过程的 C～F 阶段）。在此期间引起的毒性反应会延迟发生，故观察应继续到性成熟。有害影响主要增加了与未妊娠雌性有关的毒性、子代出生前和出生后死亡、生长与发育的改变、子代功能缺陷（包括行为，青春期性成熟）和生殖（F_1代）。

（2）试验过程：动物至少一种，首选大

鼠。建议每组 16～20 窝。雌性染毒期从着床至哺乳期终止。试验可持续到分娩和抚养子代到断乳。子代出生当天被定为出生后 0 天。在断乳时，每窝可选出部分雄性和雌性子代抚育到成熟并交配。亲代于 F_1代断乳时处死。评价生殖能力的 F_1代要在雄/雌同笼、子二代（F_2）出生后处死。染毒期间观察亲代体征和死亡、体重和体重增长、有价值的靶效应、妊娠的长度和分娩等。对处死的所有亲代和 F_1代成体进行尸体解剖，检查病变并保留器官，必要时组织学评价。检查着床数，对明显未孕大鼠或小鼠（家兔除外）可用硫化铵染色以证实胚胎着床前死亡。子代需检查每窝出生时活仔数、死仔数、畸形数、出生时和断乳前后存活率、体重、身长、身体发育、性成熟和生育力、感觉功能、反射和行为等。断奶前观察还包括张耳、开眼、出毛和出牙等。断乳后包括表明性成熟开始的雌性阴道张开和雄性龟头包皮分开。功能试验目前未规定专门的试验方法，鼓励对感觉功能、反射、运动能力、学习和记忆的检测方法进行探索。

（3）结果评定：综合亲代（F_0）和子代（F_1）各项指标观察的结果，对围产期染毒的毒性及影响程度做出评价。

（二）一代生殖毒性试验

一些外源性化学物如食品添加剂、农药以及环境污染物等人类反复接触化学物，欲查明其对生殖和发育的影响，仅做三段生殖毒性试验是不够的，应进行多代生殖试验。

一代生殖毒性试验是指仅亲代（F_0代）动物直接接触受试物，仔一代（F_1）将在母体子宫内及经哺乳接触受试物。例如，将生育力研究和出生前后研究的染毒期合并，雄性在交配前 4 周、雌性在交配前 15 天直至断乳接触受试物，就构成了一个典型的一代生殖毒性研究（即 A-E 阶段的评价）（图 19-2）。在这种研究中包括胚体-胎体期检查，部分孕鼠在分娩前一天处死，进行胎鼠形态与结构检查；另一部分正常分娩和继续接触毒物至断乳和对子代进行生化、生理或行为的评价，如果在足够高的接触剂量得到明确的阴性结果，则没有必要在啮齿类中进行进一步研究，但希望提供另一种动物进行胚体-胎体发育毒性的结果。

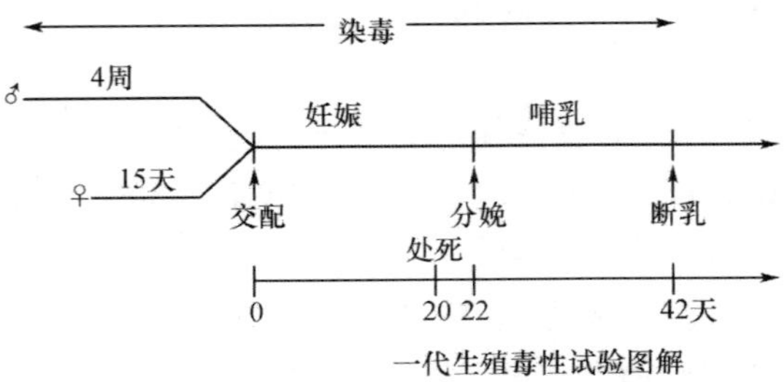

图 19-2　一代生殖毒性试验图解

1. 试验过程　啮齿类动物首选大鼠，小鼠也可，非啮齿类动物选家兔。试验分 4 组，即对照组和 3 个给药组，高剂量组应选择有轻度毒性的剂量，如产生体重减轻、摄食量减少和特异靶器官毒性等；低剂量组选无毒性作用剂量；中间剂量组介于高低剂量之间。每组、每性别动物数 20 只。染毒途径应与人的实际接触途径相同。雄鼠染毒 6～8 周时，雌鼠开始染毒，持续 2 周后，雌雄大鼠按 1∶1 同笼交配，交配时间为 2 周。雄鼠染毒至雌鼠受孕成功后处死，性腺组织和器官进行组织病理学检查；部分孕鼠在分娩前一天处死，检查胎鼠形态与结构的异常，其余染毒至子代断乳处死。

观察指标包括：实验动物一般状态，如活动、步态、行为及对外界的反应等，每周称体重 1 次，并记录摄食量以及交配行为、受孕率等；雄性动物检查垂体、睾丸、附睾、副性腺、前列腺重量及病理、性激素水平、精子数量及质量、性行为和其他（睾丸下降、包皮分离、精子生成、肛门生殖器间距、外生殖器的结构等）指标。雌性动物检查子宫、卵巢、阴道重量及病理、动情周期、卵巢原始卵泡数量等；受孕动物观察子宫大小、胚胎植入数目、胎仔数目、活胎数目、死胎数目和畸形发生率等指标。出生后动物检查亲代雌鼠分娩、哺育和哺乳等情况、子代体重和身长及其生长、发育，出生胎、存活胎、死胎和畸形率、分娩后 21 天存活率及功能检测等。

2. 结果评价　综合亲代(P)和子代(F_1)各项观察指标，对受试物生殖毒性做出评价，评价指标主要有：交配指数(%)＝(阴道检出精子的雌鼠数/用于交配的雌鼠数)×100%；受精指数(%)＝(与雄性交配受精的雌鼠数/与雄性同笼的雌鼠数)×100%；受孕率(%)＝(怀孕动物数/交配雌性动物数)×100%；正常分娩率(%)＝(正常分娩雌鼠数/妊娠雌鼠数)×100%；妊娠率(%)＝(分娩活体的动物数/怀孕动物数)×100%；出生存活率(%)＝(产后 4 天仔鼠存活数/出生时活仔数)×100%；哺乳存活率(%)＝(21 天断乳时仔鼠存活数/出生 4 天后仔鼠存活数)×100%；活产率(%)＝(出生时活产的胎仔数/胎仔的总数)×100%。

（三）两代（多代）生殖毒性试验

两代生殖毒性试验是指仅对两代动物成体进行染毒，即 F_0 代直接接触受试物，F_1 代既有直接接触，也有通过母体的间接接触，第三代动物(子二代，F_2)将在子宫和经哺乳接触受试物。三代及多代的研究也照此规定类推。

1. 实验过程　F_0 代雄性于交配前 4 周接触受试物，雌性于交配前 2 周接触受试物并延续至哺乳期，以便 F_1A 代经胎盘转运和经乳汁接触受试物，F_1A 代在断乳时处死、尸体解剖并检查出现的异常与畸形。断乳后的 2 周仍然接触受试物的 F_0 代雌鼠再繁殖产生第 2 窝 F_1B 代。F_1B 代断乳后，随机选出部分 F_1B 进行进一步生殖毒性研究，即 F_1B 代在同一周龄接受同一剂量受试物，繁殖并开始下一个周期，产生 F_2A 代。F_2A 代断乳时处死，检查。F_1B 代再繁殖，产生第二窝 F_2B 代。如此提供了不断接触受试物的子代来源和开始下一代 F_3A 和 F_3B。图19-3示三代生殖试验。

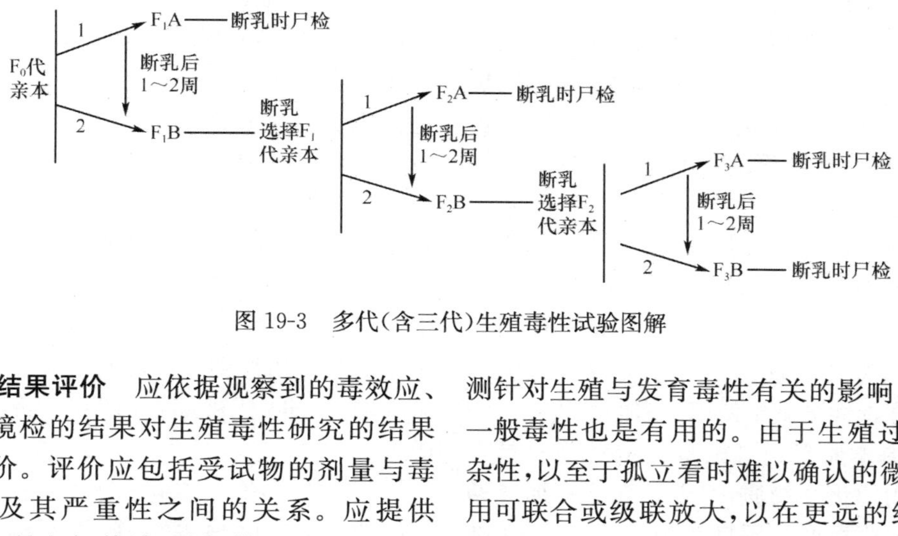

图 19-3　多代(含三代)生殖毒性试验图解

2. 结果评价　应依据观察到的毒效应、尸检和镜检的结果对生殖毒性研究的结果进行评价。评价应包括受试物的剂量与毒性效应及其严重性之间的关系。应提供 NOAEL 的良好估计，并提供生殖、分娩、哺乳和出生后生长等的信息。

多代生殖毒性试验可看作对处于繁殖期动物的毒性筛选试验，虽然它强调的是检测针对生殖与发育毒性有关的影响，但对于一般毒性也是有用的。由于生殖过程的复杂性，以至于孤立看时难以确认的微小毒作用可联合或级联放大，以在更远的终点(如窝重)产生一个更显著的偏移。因此，多代生殖毒性试验的主要优点是能检测那些对生殖具有间接或直接影响的范围广泛的毒作用。交配前的观察为评价随后的观察提供了背景资料；在交配期间初期的观察可确定性欲缺乏或激素（动情）周期的紊乱；在这之后得到的资料表明繁殖力、生育力、出生前的毒性以及分娩、哺乳、断乳和子代出生后的生长和发育、青春期至性成熟的毒效应。

生殖毒性试验中交叉交配（即未处理的雄性与处理的雌性交配，或反之）可能也是需要的，以查明不育配偶的性别。一旦确定不育性别后，生殖系统的组织病理学检查可以提供表明毒效应种类的证据。此外，还可以进行血液中激素水平的测定。

多代生殖毒性试验的最大缺点是其复杂性。由于研究过程很难控制，常常由于试验结束时出现动物数不足或对照组动物生殖功能的变异而造成无法解释的结果。多代生殖试验要求选用生育力高的动物，具备高标准的动物饲养和管理条件，能够追踪全部子代的情况，并且应避免子代间的交配。

二、发育毒性的动物试验方法

发育毒性试验主要研究外来化合物对胚胎发育、胎仔发育以及出生幼仔发育的影响及其评定，其中主要为致畸试验。致畸试验是评定化学物质是否具有致畸作用的标准方法，通过检查受试物能否通过妊娠母体引起胎儿畸形、影响胎儿生长发育、导致胎儿和胚胎死亡等发育毒性，揭示化学物主要诱发何种畸形以及累及的主要器官，并且能确定致畸作用和发育毒性的最大无作用剂量和最小有作用剂量。大小鼠致畸试验是目前发育毒性测试中使用最多的方法。

1. 基本原理 妊娠母体接触某些具有致畸作用的化学物质，对于处在器官形成期的胚胎发育可产生不良影响，使胎仔形态结构发生缺陷而呈现畸形。因此，可以通过观察妊娠母体在敏感期接触受试物后胚胎及胎仔的发育状况来评价某种化学物质有无致畸作用。

2. 试验过程 选择健康成年未曾孕产的大鼠，体重 200～250g，小鼠 20～25g。雌雄动物 2∶1 比例于晚上合笼，次日早晨对雌鼠阴道涂片检查，检查精子或发现阴栓者揭示已交配过，定为孕鼠。将查出的孕鼠随机分组，每组 10～20 只。一般高剂量组可选雌鼠 LD_{50} 的 1/5～1/3，低剂量组取1/50～1/30 LD_{50} 的剂量。也可以把亚慢性毒性实验中的最大无作用剂量定为高剂量，以其1/30为低剂量。或以人体实际接触量为低剂量，以此剂量的 3～5 倍为高剂量，在高、低剂量之间再插入一个中间剂量组。阴性对照组为受试物的溶剂，阳性对照组可选维生素 A（150 000U/kg），也可用敌枯双、五氯酚钠、脒基硫脲或乙酰水杨酸等。在雌鼠妊娠的第 7～15 天染毒，每日 1 次。染毒途径采用灌胃法。

3. 观察指标 孕鼠检查：试验期间应密切观察孕鼠的一般状况，每 3 天称量体重 1 次，通过体重的增减反映出受试物对孕鼠及胚胎的毒性程度。如母体未明显中毒，胚胎发育正常，孕鼠体重应明显持续增加；反之，如母体中毒，胚胎死亡、吸收，则体重停止增长或下降。在预期分娩的前一天处死母鼠进行检查。检查子宫和卵巢，并记录黄体数、活胎数及吸收胎数。

胎仔检查：鉴别并记录每窝胎仔中活胎数、晚期死胎数、早期死胎数、吸收胎数及各种胎仔的特征。逐一记录胎仔外观所见，对活胎仔要测量其体重、体长和尾长。必要时记录活胎仔的性别。检查胎仔外观畸形、内脏畸形（Bouin 氏液固定，切片检查）和骨骼畸形。

4. 结果评价 各组统计以下指标：母鼠妊娠期体重变化、平均着床数、平均活胎率、着床后死亡率、活胎仔平均体重和形态（体长和尾长）、畸形（外观、内脏及骨骼）总数、畸胎出现率、不同类别畸形出现率、活胎仔畸形率和母体畸胎率等。根据上述指标计算结果。将各项指标与对照组进行比较，经统计学处理后，实验组母体畸胎率高于对照组且活胎仔出现的畸形率显著高于对照组，而且畸形的出现具有剂量-效应关系，方能判定受试化学物对受试动物具有致畸作用。为了比较不同致畸物的致畸效应强度，可采用致畸指数这一指标进行评价。

三、体内筛选试验

生殖发育毒性筛选试验（reproduction/developmental toxicity screening test）又称 Chernoff/Kavlock 试验，1995 年，正式成为 OECD 试验指南 TG421。其原理是依据大多数出生前受到的损伤将在出生后表现为存活率下降或生长障碍。因此，仔鼠出生后观察其发育毒性改变（外观畸形、胚胎致死、生长迟缓等）而不进行常规试验中内脏和骨骼畸形的检查，就可以达到筛选目的。试验所用动物少、周期短、检测终点少，可用于化学物生殖和发育毒性的初筛。

试验选择性成熟大鼠，每种性别每组至少 10 只，除对照组外一般设 3 个剂量组，组间间隔 2～4 倍。在交配前 2 周，两种性别同时经口染毒。雄性持续染毒 4 周，从交配前、交配期直至处死。雌鼠整个试验期间染毒，包括交配前期、受孕、孕期到分娩后 4 天，以交配期满 14 天计，共 54 天。雄性通常在染毒 4 周后处死，母鼠和仔鼠在分娩后 4 天处死，未孕雌鼠在最后一次交配后 24～26 天处死。雌雄亲代应于第一次染毒后每周和处死前称重，仔鼠在出生时 0 天、出生后 1 天和 4 天称重。整个试验期间测定食物消耗量。染毒期间每天观察毒性体征和其他有价值的重要靶器官效应。所有死亡或处死的动物应解剖检查、称重、并保留生殖器官，必要时做病理学检查。仔鼠出生后，检查窝重、仔鼠数、性别、活产数和外观异常等。

根据观察到的毒性效应和病理学发现，评价受试物剂量效应关系。由于本试验只是初筛方法，筛选结果即使为阴性也不能表示无生殖/发育毒性潜在可能，当实际暴露剂量明显低于 NOAEL 剂量时能提供可能安全的信息。当结果是阳性而又缺乏其他生殖/发育毒性资料时，通常需要做进一步试验。

四、延长一代生殖毒性研究

2008 年，OECD 提出了一项新的试验指南，称为延长一代生殖毒性研究（extended one-generation reproduction toxicity study），用于代替其他两项生殖毒性试验方法（OECD 415，416），也可用于测定其他特定的发育毒性（OECD 426，414），并有可能将其取代。试验设计更加灵活和有效，强调现有资料的重要性并作为试验的开始，试验过程中更多地采用动态观察方法，见图 19-4。

新的指南项目由美国、德国和荷兰牵头，目的是为使生殖/发育毒性试验符合 3R 法规的要求，项目大部分是建立在国际生命科学研究所（International Life Science Institute，ILSI）- 健康和环境科学研究所（Health and Environmental Sciences Institute，HESI）和农业化学品安全评价（Agricultural Chemical Safety Assessment，ACSA）技术委员会提交的“生命阶段 F1 延长研究报告”的基础上。试验指南设计分为 3 组 F1 代动物，一组用于主要的生殖/发育毒性终点研究，必要时可以延长到包括 F2 代；另外两组分别评价发育神经毒性和免疫毒性，前提是根据现有毒性数据库资料和法规管理的要求确定。

新的试验指南覆盖了原来的一代生殖毒性试验所不包括的 28 天和 90 天重复染毒的生殖毒性终点，即能反应雄性精子发生（睾丸组织病理学）、精子产生和精子完整功能、雌性动物的发情周期、卵泡数、卵母细胞

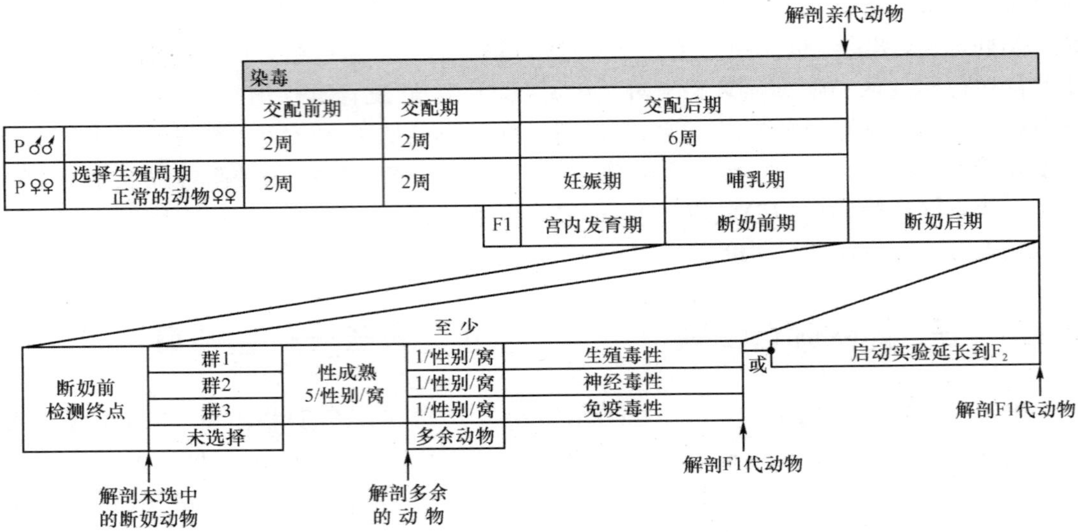

图 19-4 延长一代生殖毒性试验方案（Merged draft version 4，2008-06-18）

成熟和卵巢功能完整性（组织病理学），综合考虑了雄性/雌性、雌性与孕体、母体与后代的相互作用。该试验指南目前还在完善中。

五、生殖和发育毒性的检测方法

（一）雄性生殖毒性实验

精子的发生是指精原细胞发育成为成熟精子的过程。自胎儿期以来，精原细胞在曲细精管中是休止的，到了青春期数量开始增多。曲细精管基底膜上的精原细胞在性成熟期间不断分裂，同时产生初级精母细胞，经过减数分裂，形成2个单倍体的次级精母细胞，再经等数分裂，形成4个单倍体的精子细胞，精子细胞再进一步分化成为具有特殊形态的成熟精子。

调节精子发生的激素主要有垂体前叶分泌的促性腺激素（FSH）、黄体生成激素（LH）以及睾丸间质细胞产生的雄激素。进入曲细精管的精子没有活动能力，在副睾丸中经过成熟过程逐步获得运动能力和受精力，变为成熟精子。精子的发生是周期性变化的。对于同一种动物而言，精子发生所需时间相对恒定。了解生精上皮的周期性变化，对确定化学物对精子发育各阶段的影响具有重要意义。常用的雄性生殖毒性实验主要有：

1. 精子分析 精子分析是生殖毒性较为敏感的指标，主要包括精子计数、精子运动能力以及精子形态的检查。实验常用小鼠或大鼠。计算机辅助精子分析方法见第3节。

2. 精子穿透实验或精子体外授精实验 哺乳动物受精过程中物种专一性主要表现在卵子的透明带上，获能及顶体反应是所有哺乳动物精子授精的先决条件。通过观察受试动物的精子使去透明带的金黄地鼠的卵子受精，用以综合评价化学物对精子授精能力的影响。

3. 大鼠睾丸支持细胞与间质细胞分离培养 睾丸体外培养模型可用于检测化学物质对睾丸功能的影响，见第3节。

4. 睾丸中标志酶活性检测 睾丸中酶含量和活性的改变是生殖毒性的敏感指标之一，可以简便且可靠地反映出外来化学物质对睾丸功能的损害。已知睾丸中的酶大致可分为两类：一类酶的含量和活性随着精子的形成、成熟而增高，如乳酸脱氢酶同工酶、山梨醇脱氢酶、透明质酸酶、α-磷酸甘油脱氢酶等；另一类则是随着精子的形成、成熟其活性下降，如6-磷酸葡萄糖脱氢酶、苹果酸脱氢酶、三磷酸甘油醛脱氢酶以及异柠檬酸脱氢酶等。

5. 雄性激素检测 睾丸生成精子的同时还具有分泌性激素的功能，其中以雄性激素为主，睾丸的功能主要靠卵泡刺激素、促黄体生成素和睾酮来维持和调节。卵泡刺激素主要作用于曲细精管的支持细胞，使其合成与分泌雄性激素结合蛋白。后者的作用是使雄性激素浓聚，维持曲细精管中的雄性激素达到一定水平。促黄体生成素主要作用于间质细胞，使其合成和分泌睾酮。生殖系统无论生精过程、精子成熟过程，还是附属性腺的分泌活动，都需要有足够的睾酮。检测上述3种性激素含量有助于生殖毒性的评价以及生殖毒作用机制的研究。

6. 雄性生殖器官毒性病理检验 从形态学评价化学物对雄性生殖系统的各个器官包括睾丸、附睾、前列腺以及精囊腺的作用，是雄性生殖毒理学研究中敏感和重要的内容。

7. 雄性生殖细胞遗传毒性检测 哺乳动物生殖细胞突变试验，如小鼠睾丸染色体畸变分析、小鼠精子畸变分析、小鼠显性致死突变试验以及小鼠精子彗星试验。见第14章。

（二）雌性生殖毒性实验

外来化学物质对雌性生殖系统的损伤主要表现在对雌性卵巢功能的干扰。卵巢功能包括生殖功能（卵细胞的发育、排卵和黄体形成）和内分泌功能（雌激素和孕激素等性激素的生成和分泌）。卵巢的内分泌功能受垂体前叶FSH和LH的控制。垂体分泌的FSH又受下丘脑某些神经细胞产生的促性腺释放激素（GnRH）的调节。由于FSH和LH的作用，促使卵巢内发生周期性的变化。FSH使卵泡生成，卵泡发育至次级卵泡时卵泡膜内层细胞分泌雌激素，雌激素作用于子宫内膜，使子宫内膜呈增生期改变。同时它们又反馈地抑制下丘脑和垂体停止分泌促性腺激素。于是，黄体退化、血中孕酮和雌激素含量下降。此时，下丘脑及垂体不再受抑制，促性腺激素又开始分泌。卵巢中又有卵泡的生长。如此生长反复循环，从而形成卵巢周期性变化。

1. 发情周期的观察 卵巢的周期性变化与动情周期密切相关。外来化学毒物及不良环境因素会影响卵巢功能，使发情周期紊乱。以大鼠为例，发情周期可分为发情前、中、后及间期等4个期，发情周期4～5天。阴道上皮细胞受卵巢激素的变化不断地脱落和再生，脱落的阴道上皮细胞类型和形态也呈现周期性变化。可以通过阴道上皮变化，了解卵巢功能状况是否正常。具体试验过程：在灭菌的平皿中倒入灭菌生理盐水，抓牢受试动物，将湿润的棉拭子伸入其阴道，轻轻擦拭阴道壁，拭取阴道分泌物，将其涂布于滴有生理盐水的载玻片上，置显微镜下观察脱落细胞。正式实验前，对实验动物连续做阴道脱落红细胞观察8～12天，按每组10只选出发情周期正常的受试动物。实验处理开始后对阴道脱落细胞观察至少25天。统计分析各组动物发情周期平均持续天数，将各处理组与对照组比较，如有周期异常表现（发情周期延长或缩短），应进一步明确主要是发情周期中哪一期发生改变或出现停滞。

2. 排卵的观察 在雌鼠处于发情间期进行染毒，在染毒的第6天（发情前期）处死动物。取出卵巢。称量湿重，分离出黄体及非黄体再分别称重。计数黄体数。用Hank's液冲洗两侧输卵管，在显微镜下计数卵细胞数。分析卵巢重量，黄体数目及其总重量、卵细胞数等指标。黄体重量减轻、排卵数目减少是化学毒物对卵巢功能损害的常见表现。也可将卵巢固定，做连续切片，观察计数各期卵泡，判断排卵情况。

3. 雌性激素检测 包括雌激素活性测定(氯化三苯四氮唑还原实验)、血浆雌二醇放免分析法、血浆孕酮放免分析。

4. 病理组织学检查 雌性生殖系统包括阴道、子宫、输卵管、卵巢等以及肾上腺和脑垂体，除了进行病理组织学检查外，还应注意器官重量。

5. 卵巢卵泡细胞与颗粒细胞的分离培养 卵巢体外培养模型可用于检测化学物质对雌性生殖功能的影响，见第3节。

(三) 发育神经毒性试验

发育神经毒性试验(developmental neurotoxicity study, DNS)，DNS 已被列为 OECD TG 426，草案尚在完善中，检测胚胎和出生后早期发育过程中重复暴露于受试物的神经毒性效应，通常采用经口染毒，雌性大鼠染毒从着床、经离乳(出生后21天)到交配。至少设3个剂量组，同时设阳性对照。后代从窝内自由选择用于神经毒性评价。所有动物和后代都应每天至少观察1次，评分其健康状况，包括异常和死亡。检测终点包括大体和行为异常观察、出生后和发育过程中的脑重量和神经病理学分析。有关发育神经毒性试验的动物试验及替代方法策略见第16章。

六、内分泌干扰物的体内试验

(一) 子宫增重试验

子宫增生试验(uterotrophic assay)是检测雌激素样作用的体内试验，雌激素控制动情周期中子宫的生长周期，通常2天就可检测出动情周期中子宫的生长变化。当缺乏内源性雌激素作用时(动物未性成熟或动物切除卵巢)，子宫的生长对外源性雌激素样物质非常敏感，将这种动物暴露于具有雌激素作用样的物质时，子宫内膜细胞液体增多或细胞增殖，子宫重量增加。

实验动物可选小鼠或大鼠，应是性成熟前的正常动物或切除双侧卵巢的成年动物，染毒途径分经口暴露和皮下注射途径两种，受试物最高剂量为引起实验动物产生毒性效应的剂量，通常设3～5个剂量组，已知的雌激素阳性对照用乙烃雌二醇。子宫重量为检测终点，包括湿重和干重。

(二) Hershberger 试验

Hershberger 生物检测(Hershberger assay)是一项体内短期筛查试验，用于雄激素激动剂、拮抗剂或5á还原酶抑制剂等生物活性类似化学物的评价，检测终点是评价青春期前去势的雄性大鼠与雄激素产生有关的5个重要器官的重量变化，包括腹侧前列腺、精囊腺(包括凝固腺)，球海绵体提肌、成对的尿道球腺和阴茎。

去势的雄性大鼠副性腺和组织的生长发育或维持其大小需要补充外源性雄激素，根据这一原理，给予去势雄性大鼠受试物，检测副性腺和组织器官的生长发育情况，如果增加，则受试物具有雄激素样作用。如给予雄激素的同时再给予受试物，则可用于评价受试物的雄激素拮抗作用。

实验动物选择SD大鼠，切除睾丸后7天用于试验。设3个剂量组，每组最少6只动物。最高剂量为最大耐受剂量。采用灌胃或皮下注射染毒，染毒时间为10天。检测雄激素样作用，阳性对照为丙酸睾酮。检测雄激素拮抗作用，阳性对照为氟卡尼，同时所有试验组和对照组动物皮下注射雄激素激活剂(丙酸睾酮)。最后一次给药24h后称重处死动物，取前列腺、精囊腺、阴茎、尿道球腺和球海绵体提肌5个性腺组织，新鲜称重。还可分析血液睾酮、雌激素、卵泡刺激素、黄体激素和促甲状腺素的水平。结果经统计学分析，如果 5 个组织中有 2 个组织的重量变化具有统计学差异，表明受试物检测结果为阳性，体重增加表明具有雄激素作用，体重下降表明抗雄激素作用。近年来，有人提出了体外 Hershberger 试验，利用无细胞系统进行体外雌激素结合试验和雄激素结合试验评价化学物的内分泌干扰作用。

（三）雄性和雌性大鼠青春期试验

雄性和雌性大鼠青春期试验是检测化学物对大鼠青春期发育和甲状腺功能影响的体内试验，可用于检测具有干扰甲状腺激素、雌激素、黄体激素、卵泡刺激素、泌乳素、下丘脑功能以及生长激素功能的外源物质。

雌性大鼠青春期试验选择离乳（出生 21 天）雌性大鼠，设两个剂量组，分别为最大耐受剂量（MTD）和 1/4 MTD，经口连续染毒 20 天，末次染毒后处死动物。取血分析血液样本激素水平，称重子宫、卵巢、甲状腺、肝脏、肾脏和肾上腺，并进行病理学检查。

雄性大鼠青春期试验选择离乳（出生 21 天）雄性大鼠，设两个剂量组，分别为最大耐受剂量和 1/4MTD，经口连续染毒 30 天，末次染毒后处死动物。取血分析血液样本激素水平，称重精囊腺和凝固腺、前列腺、睾丸、附睾、甲状腺、肝脏、肾脏和肾上腺，并进行病理学检查。

第 3 节　生殖和发育毒性的研究策略与验证的方法

一、替代方法的研究策略

为了能够得到可靠的危害鉴定结论，应联合计算机模拟、体外实验和必要的体内实验，制订发育毒性的试验策略。计算机模拟主要是高通量筛查技术的应用和 QSAR 模型的构建。近年来，用于生殖/发育毒性和内分泌干扰物研究的体外试验进展很快，特别是欧盟框架计划的实施推动了该领域体外技术和方法的研发进程。2003 年，ECVAM 验证了 3 个胚胎毒性体外替代试验，下一步需要对这 3 个方法的代谢能力进行测试，并考虑改用人类胚胎干细胞代替小鼠胚胎干细胞进行试验。由欧盟第四框架计划资助而建立的睾丸间质细胞（莱迪希细胞）模型已开始进行预验证程序。

2004 年，欧盟第六框架计划内启动了名为 ReProTect 的生殖毒性项目，资助 910 万欧元，在这个项目中，整个哺乳动物的生殖周期被分为数个工作组，分别进行替代方法的研发，同时对替代方法进行评价、优化、预验证和应用研究。这些生物组件覆盖的生殖周期主要包括 3 个领域：①繁殖力，包括雄性/雌性生殖细胞发生和受精；②着床；③胚胎发育，见图 19-5。

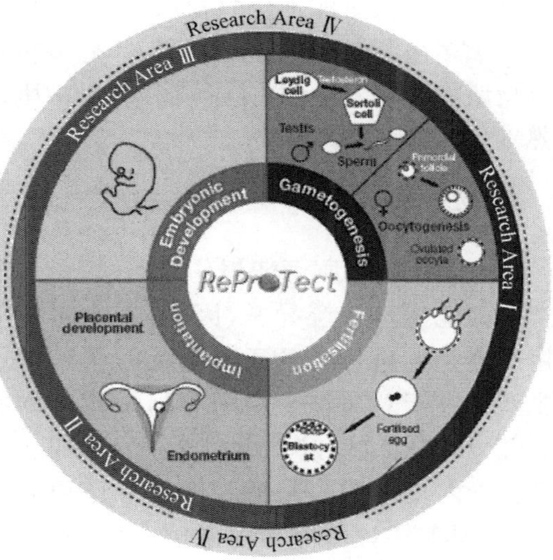

图 19-5　ReProTect 项目生殖毒性替代试验的研究框架（Nogueiro EM，2009）

（一）雄性和雌性繁殖力和受精的毒性作用体外实验

目前处于开发阶段的方法覆盖了许多不同的毒性作用终点，如 Leydig 和 Sertoli 细胞（Leydig 和 Sertoli 细胞毒性检测）、卵泡发生(FBA 检测)、生殖细胞成熟(FBA 检测和牛生殖细胞体外成熟);精子运动性和形态学(CASA 检测)、精子 DNA 损伤(ReProComet 检测)、甾体生成(FBA 和粒层细胞检测)、内分泌系统(MELN、CALUX、PALM 和 PANVERA)、授精(小鼠和牛体外授精检测)、着床前胚胎(小鼠和牛体外着床前检测)、胎盘形成(绒毛膜和周边细胞培养、胎盘表面灌注、滋养层细胞检测)、子宫功能(内膜、血管膜、基质细胞和移植物检测)等,将在以下各节分别阐述。

目前,比较成熟的体外试验方法约有 15 项,可以用于检测的毒性作用包括精液形成、卵泡发生、甾体形成、卵母细胞成熟和授精以及胚胎植入前 5 方面。经比较,有 2 项方法(IVM 和 IVF 试验)能用于鉴别化学物对卵母细胞成熟和授精过程的毒性作用。另外一项试验是滤泡生物检测(FBA),FBA 是一项多检测终点的方法,利用体外模拟可开展诸如卵泡发生、甾体形成和卵母细胞成熟等多个终点的评价。

(二) 着床毒性作用方面

由于化学物质可能损伤着床过程,进而造成其他生殖系统异常,因此,着床毒性作用研究是生殖毒性的重要方面。体外方法主要集中于对离体人组织和组织移植物的研究,其中最重要的靶组织是子宫内膜。毛细血管内皮细胞也是潜在的毒性作用靶组织,已证实其对环境毒物敏感,也是药物代谢的主要组织。第 2 个重要组织是人类胎盘,如利用人的离体灌注胎盘对不同化合物的转运研究。

(三) 胎儿发育的毒性作用方面

现有的方法是全胚胎培养(WEC)和小鼠胚胎干细胞试验(EST)。经过验证的小鼠 EST 试验的终点是分化为搏动的心肌细胞,目前分化为神经元和骨骼肌的检测终点也被开发。ReProTect 第一次提出了用人的胚胎干细胞(hES)用于检测神经发育毒性物质的替代方法,避免了因毒性反应的种间差异引起的化学物错误分类。EST 试验的一个不足是缺少外源物质的代谢系统,可在体外检测系统中加入活化系统,即增加受试物与原代培养的大鼠肝细胞的前孵育步骤,有关改进方法见下文。

关于着床机制的数学模型也取得了进展,QSAR 模型开发用于预测化学物的胎盘转移、可能的内分泌紊乱活性作用和代谢方式等。毒性基因组学结合功能性指标(如表型锚定)用于评价受体介导以及分化过程中基因表达变化的相关性和一致性。

二、生殖和发育毒性的体外试验系统

(一) 低等非哺乳动物系统

1. 蛙胚胎致畸检测 爪蟾蛙胚胎致畸试验(frog embryo teratogenesis assay-xenopus,FETAX)是美国 ASTM 认可的试验方法。利用南非爪蟾(xenopus laevis)的早期胚胎发育阶段,进行 96h 胚胎发育毒性试验,检测化学物对胚胎死亡、畸形和生长抑制作用,可作为筛选方法鉴定潜在的人类致畸物和发育毒物。

(1) 原理:两栖动物胚胎细胞比鸟类和哺乳类动物细胞大,容易在室温下增殖、分裂和运动,便于进行胚胎生长发育和演化各阶段的研究,因而是发育毒理学研究的一种常用材料。FETAX 通过观察化学物对爪蟾囊胚至蝌蚪形成过程中的影响,预测对人类的胚胎毒性作用。

(2) 试验简介:实验选择 3 对健康成年爪蟾,通常雌蟾大于 3 岁,雄蟾大于 2 岁,于交配前 12h 给予雌雄成蛙 HCG,雌蛙产卵后立即收集蛙卵,选择处于卵裂期的正常蛙卵用于 FETAX 检测。囊胚置于 L-15 生长液中培养(生长液含 10%胎牛血清、60%Leibovitz L-15 培养液和 30%超纯水)。先经预试验确定受试物的浓度范围,正式试验设 5 个浓度组,每个浓度组有 20 个蛙囊胚,阳性对照为氨氢烟酢胺。每天更换培养液,并观察记录胚胎的发育情况,观察期为胚胎培养至蝌蚪形成阶段。试验终点包括显微镜下观察胚胎生长发育情况(发育阶段和体长变化)、胚胎死亡率、致畸率和生长抑制等。常见的蛙胚胎畸形有水肿、水泡、轴畸形、色素缺失和眼缺陷等。若受试物引起胚胎致畸剂量小于胚胎死亡剂量,则认为该受试物具有致畸作用。

(3) 结果统计:计算半数死亡浓度(LC_{50})、半数致畸有效浓度(EC_{50})、无作用浓度、生长抑制指数,计算致畸指数(TI) = LC_{50}/EC_{50}。进行统计学分析,如 TI>1,表明有强致畸作用。

(4) 应用与标准化:蛙胚发育的观察终点与哺乳动物胚胎死亡、结构缺陷、生长发育迟缓和行为功能异常等生长发育毒性的测试终点基本一致,可以用于比较化学物质致畸作用的种属间差异,便于种属间外推,同时观察多个试验终点,可提高判定结果的可靠性和准确性。缺点是 FETAX 试验不能反映母体与胚胎毒性之间的相互关系。存在 9%的假阴性,假阳性也较高。该试验已被列为美国 ASTM 标准,目前已进入 ICCVAM 认可程序,有望成为化学物发育毒性研究的替代方法。

2. 鸡胚体外培养　1988 年,鸡受精卵体外培养模型系统成功建立,该系统可应用于研究胚胎正常发育和研究外源化学物的致畸作用、胚胎毒性与致突变性。

3. 鱼胚胎培养　早期鱼类胚胎培养主要用于研究水体污染物的生殖毒性,研究证实外源化学物质发育毒性的剂量与鱼类发育状况具有较好的剂量-反应关系。近年来,鱼胚胎试验应用于研究外源化学物的发育毒性和致畸性;用于环境污染物的筛选;如果在受精前暴露受试物还可用于生殖毒性的研究。鱼类胚胎培养可采用静式培养或循环动态培养两种模式,检测终点包括幼鱼孵化水平、致死性和致畸性、鱼卵存活等。有关利用鱼胚胎培养检测环境毒性的方法参考 OECD 试验指南。

4. 果蝇培养　将果蝇暴露在不同浓度的测试物中,将果蝇雌雄配对产子,观察并记录亲代雌雄果蝇存活数、子代成蛹数和新羽化的果蝇数,计算测试物对果蝇生育量和生育期的影响,从而评价测试物对果蝇的生殖毒性。

5. 水螅培养　成熟水螅及其胚胎与受试物接触后,按照它们各自的形态学变化即可评价受试物的发育毒性。A/D 比是评价发育毒性的一个指标,即以成熟水螅的最低毒性浓度为分子 A,以胚胎的最低毒性浓度为分母 D 计算得出的比值。当 A/D≥3 时,受试物有发育毒性,即在低于母体毒性时就可损害胚胎;当 A/D<3 时,受试物无发育毒性,即只在母体产生毒性反应时才对胚胎有不利影响。由水螅试验得出的一些化合物的 A/D 比与已报道的标准动物试验得出的 A/D比两者间的符合率达 93%。

(二) 离体器官系统

1. 睾丸卵巢器官培养　离体睾丸或卵巢的培养系统可用于生殖毒性的研究,体外器官培养可采用整体简单培养、表面灌流或灌注培养等方式。

(1) 睾丸培养:动物麻醉后摘取睾丸,在 37℃、95% O_2和 5% CO_2条件下用 Kreb-Rsinger 营养液培养。通过在培养体系中加入受试物观察对睾丸的毒性作用。还可以采用睾丸灌注培养,其操作是摘取睾丸后,精索动脉插管,以灌流液冲去血液,将睾丸置于培养瓶中开始灌流,灌流可持续 6~10h,在此期间可通过添加不同浓度受试物的方式，收集灌流液进行分析。

(2) 卵巢培养：动物麻醉后摘取卵巢，在34℃、95% O_2和5% CO_2条件下，旋转培养，通过在培养体系中加入受试物观察对卵巢的毒性作用，培养时间通常为1～24h。还可以采用卵巢表面灌流培养，采用专用灌流设备，其操作是麻醉摘取卵巢后，置于肝素化培养液中，室温静置培养使血液排出。然后放入表面灌流系统中培养，开始灌流，通常可持续几天时间，在此期间可通过添加不同浓度受试物的方式，收集灌流液进行分析。卵巢灌流培养与睾丸类似，其操作是麻醉摘取保留动静脉的卵巢，将卵巢插管，先灌流使血液排出。然后接入灌流系统中培养20h，可将受试物加入灌流液中，根据试验要求收集灌流液进行分析。Skinner等建立了新生大鼠卵巢培养，可以用于检测化学物对卵泡形成、卵泡池静息和卵泡生长的影响。

2. 切片培养

(1) 睾丸切片培养：见第4节。

(2) 卵巢切碎培养：见第4节。

3. 微团培养 鸡、兔、大小鼠胚胎肢芽细胞的体外培养特点是细胞原代高密度培养，又称微团培养，具体见第4节。

4. 神经嵴细胞培养 神经嵴是胚胎发育中的暂时结构，可分化为周围神经系统、肾上腺嗜铬细胞及皮肤中的色素细胞。

(三) 细胞培养系统

原代分离的细胞由于方法的限制，通常不是单一的细胞类型，而细胞系则是单一细胞型，试验结果可重复性高；另外，原代细胞受供体动物的品系、年龄、生理状况、激素和营养水平等因素的影响比较大，一般都要求较高的细胞密度，这一点在细胞系也不必要。但细胞系也具有其弊端，随着单层培养时间的延长，细胞的生理反应会逐渐弱化、消失或放大，从而影响结果判断。具体采用哪种方法，还要视实验目的而定。

1. 睾丸组织的体外培养 睾丸组织中的细胞，除生精细胞(精原细胞、精母细胞)外，还有支持细胞、间质细胞、原始生殖细胞等，对生殖细胞的正常发育起到不可忽视的作用，因而也常被用于生殖毒性的体外研究。睾丸组织细胞的生殖毒性研究可采用原代培养的方法，同时也有不少永生化的大鼠和小鼠细胞可供利用，如Leyding细胞就有TM3、R2C、I10A、MA10、LC540等多种细胞系。

(1) 睾丸支持细胞培养：睾丸支持细胞又称Sertoli细胞，是睾丸曲细精管中存在的一种有分支的特殊细胞，与精子生成过程有关。Sertoli细胞作为与生精细胞接触的唯一体细胞，为生精细胞的生长提供营养，创造适宜的微环境，在精子发生的内分泌和旁分泌调控中起至关重要的作用。Sertoli细胞呈不规则锥体形，基部紧贴基膜，顶部伸达管腔。每个曲细精管横断面有8～10个Sertoli细胞。相邻Sertoli细胞基部的紧密连接与间质的毛细血管内皮及其基膜、结缔组织构成血-睾屏障(blood-testis barrier, BTB)。因为生精细胞本身不能利用葡萄糖，它所必需的能量是由支持细胞糖酵解所产生的乳酸和丙酮酸来提供，支持细胞具有较强的糖酵解能力，可将葡萄糖转化为乳酸和丙酮酸。支持细胞的乳酸含量和乳酸脱氢酶活性的变化常被作为反映支持细胞功能的指标，以及用于对生精细胞能量代谢影响和对生精过程干扰的分析。

支持细胞培养可以采用16～22天的小鼠或大鼠。以大鼠为例，麻醉后仰卧固定，无菌切开腹腔，剪断睾丸被膜将睾丸组织挤出，置于含生理盐水培养基皿中，移入超净台，去除血管，反复冲洗。将睾丸切成碎块，移入2.5mg/ml的V型胶原酶溶液中，37℃下振荡消化10～20min至组织变成条索状。PBS洗涤，1000rpm/min离心5min后收集细胞，再用 0.25%胰酶消化 10～20min，离心收集细胞，重悬后用 200 目不锈钢网过滤，静置 5min，取下层细胞，用含 10%新生牛血清的 DMEM 培养液稀释细胞至密度为(3～3.5)×10^6/ml。将细胞悬液接种在 6 孔培养板中，放入 CO_2 培养箱中，培养 24h 吸去培养液，加少量 Tris-HCl 溶液(20nmol/L，pH 7.4)低渗处理 3～5min 以溶解生精细胞，再用 PBS 液冲洗，每孔滴加 0.25%胰酶 1ml 消化 2～5min，终止消化后离心，弃上清，用含 10%胎牛血清的 DMEM 重悬细胞，再将细胞悬液以 5×10^4/孔接种至 24 孔板中，放入培养箱中继续培养 48h 后使用。

(2) 间质细胞培养：睾丸间质细胞又称 Leydig 细胞，分布于生精小管之间的疏松结缔组织中，占睾丸组织细胞数量 2%～4%，其主要功能是分泌雄激素(睾丸酮)。人血浆 95%的睾酮是由 Leydig 细胞分泌的。间质细胞分泌睾酮受下丘脑-垂体-性腺轴的调节。

以大鼠为例，将大鼠断髓处死，消毒后取出双侧睾丸，在冰面上去除睾丸被膜、剔除血管。Hanks 液漂洗后，用镊子将睾丸实质拨散，加入 10ml 消化液(含 1g/L Ⅱ型胶原酶，1.5g/L BSA)，34℃振荡消化 15min。消化后，把睾丸组织和消化液转移至 50ml 离心管中，加入 30ml Hanks 液，静置后取上清液用 250 目网过滤，以 1000rpm/min 离心滤液 10min，弃上清。细胞沉淀用 4ml 培养液稀释后，将细胞悬液加于 4 个密度梯度的 Percoll 梯度离心液上(试管底部向上依次为 60%、34%、26%、21% Percoll 液各 10ml)，3000r/min 离心 30min。梯度离心后离心管中可看到 4 条细胞带，取第 3 条细胞带(即 34%与 60%梯度之间)的细胞，用 Hank's 液稀释洗涤 2 次，1000r/min 离心 8min，弃上清，细胞沉淀用 DMEM 培养液稀释，调节细胞浓度为 1×10^6/ml，接种于 24 孔板中，每孔接种细胞数约为 1×10^5。

经 Percoll 梯度离心分离出的睾丸 Leydig 细胞为圆形细胞，接种 24h 后开始梭形贴壁，72h 后倒置显微镜下可见细胞相互连接呈典型的拉网状。HE 染色后可见贴壁细胞形态均一，成群分布，体积较大，圆形或多边形，核大而圆居中，胞质嗜酸性较强，具有分泌类固醇激素的超微结构特点。

(3) 原始生殖细胞培养：原始生殖细胞(promordial germ cell，PGC)来源于胚胎生殖嵴，与来源于囊胚内细胞团的胚胎干细胞同属多能干细胞。PGC 也具有发育分化形成 3 个胚层所能形成器官的潜能，可用于生殖毒性的研究。PGC 细胞的培养需要胚胎成纤维细胞或 Sertoli 细胞作为饲养层提供营养。以小鼠为例，首先原代分离 Sertoli 细胞培养成单层为饲养层。然后取 13 日龄胎鼠生殖嵴，胰酶消化 20min，终止消化后吹打成细胞悬液，以 60 目细胞筛过滤，将 PGCs 按 2.5×10^6/ml 的密度接种于含饲养层的培养瓶内。培养液为含 10%胎牛血清的 H-DMEM。待 PGC 和 Sertoli 细胞在体外培养至占培养瓶底面积 80%时，分别使用 0.25%胰蛋白酶将其各自消化制成单细胞悬液，并将二者按 1∶1 比例混匀进行共培养。

2. 卵巢细胞体外培养　卵泡是卵巢的基本功能单位，形态学上由 3 种基本细胞类型组成：卵泡膜细胞、颗粒细胞和卵细胞。前两种细胞为卵泡支持细胞，能合成和分泌激素(包括甾体激素和生长因子)，调节其他生殖器官与中枢神经系统的相互作用。出生时休眠的原始卵泡库已经形成，在此阶段的任何损伤都不可能修复。卵泡生长的每一个阶段都表现出独特的状态，包括促性腺激素的敏感性、甾体激素的产量、维持下丘脑-垂体-性腺轴的反馈信号。在每个特定阶段，卵泡单位(卵泡膜细胞、颗粒细胞和卵细胞)的每一个组成部分都会受到影响，进而不同程度地扰乱生殖系统。因此，体外培养的卵泡细胞是常用的体外试验模型。

（1）颗粒细胞：颗粒细胞的分离有多种方法，通常需要选择处于滤泡阶段的雌性动物，或在试验前72～96h用HCG预处理。处死动物后，取出卵巢，放入含少量培养基（DMEM/HAMF12培养基1∶1混合）的培养皿中，切开卵泡，冲洗出颗粒细胞，收集后清洗、离心，反复吹打使之分散。必要时可用密度梯度离心或用透明质酸处理。调整细胞密度后先用含血清培养基培养24h，再更换无血清培养基（如McCoy 5A培养液和DMEM/Ham F12混合培养液），以免血清所含激素影响试验结果，用于毒性研究时添加睾酮、FSH和受试物。可进行细胞形态观察、活性分析和培养液中雌二醇/孕酮含量测定。

（2）卵泡膜细胞：取上述颗粒细胞制备步骤中已去除颗粒细胞的卵泡膜，用培养液反复吹打清洗，然后分装到培养皿中（3～4个卵泡膜/ml），用DMEM/Ham F12培养液。于培养终止前3h加入促黄体生成激素（luteinizing hormone，LH），收集各孔培养液，测定孕酮、雄烯二酮和雌二醇等激素的水平。

（3）黄体细胞：雌性成年大鼠，按常规方法获取妊娠16天的孕鼠，处死动物，或先皮下注射孕马血清促性腺激素（PMGS）使卵泡开始发育，经65h左右卵泡发育成熟，再于皮下注射HCG，促发超数排卵并转变成妊娠黄体，于注射HCG后7天处死动物。取出卵巢，分离黄体，用消化液（DMEM 50ml、Ⅰ型胶原酶125mg、BSA 1%）以10ml消化液/g黄体组织的比例，37℃振荡消化30min，经100目筛网过滤后，调整细胞密度至10^6/ml，37℃下振荡孵育30min，离心后重悬细胞，在含类固醇合成底物和1%BSA的MEM培养液中培养。

三、筛查技术和定量结构活性模型

（一）高通量筛查技术

高通量筛查技术（high throughput prescreening，HTPS）是基于细胞的自动检测系统，能够检测雌激素受体和雄激素受体与化学物质的相互作用，可以在相对短时间内检测大量样品。美国EPA采用HTPS技术和QSAR模型获得激素的生物学活性数据，美国内分泌干扰物筛查检测顾问委员会（EDSTAC）建议将HTPS作为辅助方法用于确定化学物筛查的优先顺序，即作为“预筛查”工具，前提是能证实HTPS在内分泌干扰物筛查和检测过程中的作用。尽管HTPS得到的数据有限，但其结果可以用于确定化学物质对雌激素、雄激素或甲状腺受体的亲和力。这些数据结合其他流行病学资料和暴露的效应资料，可以用于确定何种化学物应该优先筛查以及需要哪些阶段的筛查和检测。但是HTPS的结果还不能充分判断化学物质是否为内分泌干扰物，还需要体外或体内实验加以确认。

（二）定量结构活性关系

QSAR模型可用于生殖发育毒性的研究，特别是内分泌干扰物的生物学作用研究，如许多具有雌激素作用的化合物都含有苯酚基。QSAR模型以一系列要素为基础，其中最重要的是对分子结构的描述，特定的化学物分子结构是否与雌激素和雄激素受体的分子结构类似。研究人员建立了几个功能基团和QSAR模型用于预测化学物质与大鼠雌激素受体的亲和力及其构效关系，Hong等建立的树型模型，采用理化性质结合已知与雌激素受体具有亲和力的化学物质数据建立QSAR模型，评价了58 000种化学物质与雌激素受体的结合能力，首先采用排除筛选法排除相对分子量范围小于94 kD和大于1000 kD的化学物，然后采用接受筛选，要求化学物具备甾环、苯环或己烯雌酚骨架双环结构之一。此外，QSAR模型还要考虑脂水分配系数、表面区域的正电荷及分子大小等。QSAR模型还处于优化阶段，未获得正式验证。

四、已验证的生殖和发育毒性替代实验方法

2003 年，3 项胚胎毒性替代试验通过了欧洲替代方法验证中心（ECVAM）的验证，包括全胚胎培养试验（WEC）、微团培养试验（MM）和胚胎干细胞试验（EST），为了使体外试验能够涵盖所有主要的发育毒性现象，有必要对这些方法进一步完善，包括对预测模型的优化和与代谢系统相结合。2009 年，雌二醇受体转录试验被 OECD 认可为指南 TG 455。虽然这些试验只反映了发育毒性的某个方面，但这些试验无论是作为筛选试验还是用于发育机制的研究，均可以作为试验策略的组成部分，或与整体动物试验相结合，或与其他体外试验相结合，提供有价值的资料，减少实验动物使用。

（一）雌二醇受体转录检测（estrogen receptor transcriptional assay）

雌二醇受体（ER）是一个诱导靶基因转录的转录因子，利用 ER 的这一特性，将雌二醇受体调控的 DNA 序列与容易检测的蛋白的基因（即报告基因）连接起来，这样可以直接快捷地对雌激素类化合物进行筛选。只要将载体转入适当的细胞系中（Hela、HepG2、MCF-7、CHO、T47D），一种雌二醇反应的报告细胞系就可建成，如 MCF-7、T47D 细胞能够内源性表达雌二醇受体，且转染效果迅速稳定。体外雌二醇受体转录检测主要用来鉴定在体内具有激动剂或拮抗剂效应且能够影响雌二醇活性的化合物，试验是通过检测雌激素诱导表达的报告基因产物和测试底物或雌激素对细胞生长的激活效应来实现的。拮抗效应可以通过雌激素诱导的报告基因产物的表达含量和细胞增殖的数量来进行测量。

许多实验室已利用以下数种细胞系建立了雌激素受体转录检测的试验方法，所用的细胞系包括 MCF-7、T47D、MELN、T47D＋pLuc 报告基因载体（体外雌激素受体报告基因分析系统，ER-CALUX）和 pLuc 报道基因载体转染的 CHO 细胞系（Eco SCREEN™）。其中 ER-CALUX 和转移性肿瘤淋巴结细胞系（MELN）应用的优化方案已落实，并将会进入 ReProTect 计划的前验证程序。

2009 年，OECD 认可的试验方法 TG 455 使用的是细胞系 hERa-HeLa-9903，可用于机制研究以及筛查和优选目的。hERa-HeLa-9903 细胞系来自人的宫颈癌并经稳定转染细胞。该细胞系能检测化学物诱导的由 hERa 介导的荧光素酶基因表达的转录激活的能力。细胞暴露于非细胞毒性浓度的受试物 20～24h 以诱发报告基因的产生。每个试验应包括 4 种参考化学物质，强雌激素（17β-雌二醇）、弱雌激素（17α-雌二醇）、极弱雌激素（17α-甲基睾酮）和阴性对照（corticosterone）。荧光素酶活性的测定采用液闪仪。如果诱发的最高反应相当或超过阳性对照（1 nmol/L 17α-雌二醇）反应的 10% 则可判定为阳性物质。具体试验方法可参考有关文献。

（二）胚胎干细胞试验（embryonic stem cell test，EST）

Laschinski 等于 1991 年将 ES 细胞用于体外致畸实验研究，通过比较化合物对 ES 细胞和小鼠成纤维细胞的细胞毒性，对致畸物的胚胎毒性进行评估。Heuer 等于 1994 年首次将 ES 细胞的分化过程用于胚胎毒性的检测。同年，Newall 等通过将 ES 细胞在含致畸物的培养液中培养 7 天后判断致畸物的细胞毒性和对克隆形成能力的影响。以上几种方法虽然可用于胚胎毒性的检测，但只有很少一部分化合物能被正确检测和分

类，最主要原因是由于生物系统评估的检测终点不全面。德国动物试验替代方法评价中心（ZEBET）Spielmann 等在 1997 年首次建立了利用已建系的 2 种小鼠细胞系（成纤维细胞 3T3 和胚胎干细胞 D3）进行 2 种细胞的 3 个检测终点的胚胎干细胞实验法。之后经过方法优化，2003 年完成全部验证过程，被 ECVAM 认可为替代动物试验的方法，EST 实验也可作为实验策略的组成单元替代 OECD TG 414。

1. 原理 传统胚胎毒性试验利用妊娠动物在体内进行，或利用培养的胚胎以及来自妊娠动物的胚胎组织或细胞在体外进行。这几种体内和体外试验必须以牺牲动物为代价。胚胎毒性作用的一个最重要机制是胚胎和成体组织对受试物损伤的敏感性存在差异，这种差异可以通过检测分化的抑制程度来区分。细胞毒性研究资料显示，ES 细胞对毒性物质的反应较成体细胞敏感。因此，采用 2 个永生化的小鼠细胞系，mES（胚胎干细胞）代表胚胎组织，3T3 成纤维细胞代表成体组织。mES 细胞在白血病抑制因子（LIF）存在的情况下能保持未分化状态，但在一定条件下，ES 细胞能发育形成胚胎体和分化成主要的胚胎组织。通过评价受试物抑制胚胎干细胞分化的能力和抑制 ES、3T3 细胞生长的能力用来测定化学物质的潜在胚胎毒性。

2. 胚胎干细胞的生物学特性 胚胎干细胞（embryonic stem cells，ES）是指来源于分裂发育成囊胚时内细胞团的细胞，它具有体外培养无限增殖、自我更新和多向分化的特性。胚胎干细胞最早由 Evans 等首次从小鼠内细胞团分离和建立。目前已有很多种属的动物建立了 ES 细胞系，包括小鼠、兔、猪、牛、羊、金黄仓鼠、水貂、猕猴、狨猴、食蟹猴和人等。ES 细胞体积小，核浆比例高，呈克隆性生长，在体外长期培养时能保持核型稳定，为正常的二倍体核型。ES 细胞具有自我更新能力和多向分化潜能，能在体外无限分裂增殖，并长期保持未分化状态。在体外一定条件下可分化为全身各种类型的组织细胞，注射到裸鼠体内可以形成包含三胚层组织和细胞的畸胎瘤。其在体外分化的过程与胚胎发育过程相似。

3. 胚胎干细胞试验法的试验过程

EST 试验主要由 3 个程序组成：化合物对 ES 细胞的细胞毒性试验，对 3T3 细胞的细胞毒性试验和对 ES 细胞的分化抑制试验。利用 3 个毒理学反应终点鉴定化合物潜在的胚胎毒性：①抑制胚胎干细胞分化成心肌细胞（分化抑制 5%的化学物浓度，ID_{50}）；②抑制 3T3 细胞的增殖（MTT 检测 3T3 细胞生长抑制 50%的化学物浓度，IC_{50} 3T3）；③抑制 ES 细胞增殖（MTT 检测 D3 细胞生长抑制 50%的化学物浓度，IC_{50} ES）。预测模型的验证研究表明，EST 试验的总准确度可达 78%。

（1）ES 细胞和 3T3 细胞毒性试验：试验中采用 D3 系小鼠 ES 细胞，培养基为高糖 DMEM，含 10%胎牛血清、2mmol/L 谷氨酰胺、双抗、1%非必需氨基酸、0.1mmol/L 巯基乙醇和 1000U/ml 的白血病抑制因子（mlIF）。BALB/c 3T3 成纤维细胞的培养基为高糖 DMEM 加入 10%胎牛血清、4mmol/L 谷氨酰胺和双抗。第 1 天常规培养制备细胞悬液 1×10^4 个细胞/ml，用多通道移液管加 50μl 培养液于 96 孔板周边各孔，为空白对照，余下各孔加 50μl 浓度为 1×10^4 个细胞/ml 的细胞悬液，每孔细胞浓度为 500 细胞/孔。5% CO_2 37℃孵育 2h，使细胞贴附。2h 后，加 150 μl 含一定浓度化学物质的检测培养液（试验液）。加 150μl 无化学物的检测培养液于周边空白对照孔，5% CO_2 37℃孵育 3 天。第 3 天、第 5 天分别更换培养基，处理第 10 天 MTT 法检测细胞活性，在 570nm 处测其光吸收值，将得到的数据绘成浓度-反应曲线，求出 IC_{50} 3T3 和 IC_{50} D3。

(2) ES细胞分化抑制试验：用加入不同化学物浓度的不含mlIF的ES培养液重悬ES细胞密度为750个/ml，接种在细胞培养皿的盖子上进行悬滴培养，用不含化学物的溶剂作对照。3天后，将形成的胚胎体(embryoid bodies，EB)转移至含有相应浓度化学物培养基的细菌培养皿中进行悬浮培养。培养2天后，按每孔1个EB将EB接种在含相应化学物浓度的24孔组织培养板内进行贴壁培养。培养5天后在相差显微镜下进行观察，计数含搏动心肌细胞的孔数，与对照组相比，得出每种浓度化学物抑制ES细胞向心肌细胞分化的百分比。做出浓度-反应曲线，计算ID_{50}。

(3) 化合物胚胎毒性的分类：试验得到3个终点：IC_{50} 3T3、IC_{50} D3和ID_{50}。如IC_{50}或ID_{50}的值超过1000 μg/ml，则试验结果确定为1000 μg/ml，表明进一步试验的最大浓度将是1000 μg/ml。在判别函数中将检测终点进行对数变量转换，即IC_{50} 3T3转变为lg(IC_{50} 3T3)，将IC_{50} D3转变为lg(IC_{50} D3)，将ID_{50}转变为(IC_{50} 3T3-ID_{50})/IC_{50} 3T3，然后代入线性判别函数

Ⅰ：5.916 lg(IC_{50} 3T3)+3.500 lg (IC_{50} D3)−5.307[(IC_{50} 3T3−ID_{50})/IC_{50} 3T3]−15.27

Ⅱ：3.651 lg (IC_{50} 3T3)+2.394 lg (IC_{50} D3)−2.033[(IC_{50} 3T3−ID_{50})/IC_{50} 3T3]−6.85

Ⅲ：−0.125 lg (IC_{50} 3T3)−1.917 lg (IC_{50} D3)+1.500[(IC_{50} 3T3−ID_{50})/IC_{50} 3T3]−2.67

将所得结果按下面评价标准对受试物发育毒性进行评级：Ⅰ级，无胚胎毒性：Ⅰ>Ⅱ且Ⅰ>Ⅲ；2级，弱胚胎毒性：Ⅱ>Ⅰ且Ⅱ>Ⅲ；3级，强胚胎毒性：Ⅲ>Ⅰ且Ⅲ>Ⅱ。

4. 胚胎干细胞试验法的改良

(1) 实时定量RT-PCR技术检测反应终点：已验证的EST实验是对ES细胞向心肌细胞分化的反应终点，采用相差显微镜进行观察，计数含搏动的心肌细胞的孔数。其缺点是主观性大，特别是当ES细胞向其他组织细胞分化时难以用镜检法判断。从分子生物学水平检测分化抑制实验的反应终点可以突破这一不足，更全面的检测化合物对ES细胞向多个方向分化的抑制作用。实时定量RT-PCR技术通过检测ES细胞向特定组织分化过程中特异性mRNA的表达，计算ID_{50}。Nieden等最早于2004年采用RT-PCR技术建立ES细胞分化抑制实验的分子终点，同时检测化合物对ES细胞向心肌分化、成骨分化、软骨分化和神经分化的抑制作用。Festag等采用RT-PCR技术检测PECAM-1和VE-Cadherin基因的表达，建立了化合物抑制ES细胞向内皮细胞分化的反应终点。

(2) 组织特异性荧光基因检测反应终点：通过构建组织特异性启动子启动表达荧光的基因，并将构建的质粒转入ES细胞，可以通过观察ES细胞分化过程中荧光的表达判断ES细胞向特定细胞的分化，并可以通过荧光的强弱得到分化抑制试验的反应终点。Paparella将甲胎蛋白(AFP)特异启动的绿色荧光蛋白(GFP)基因转入ES细胞，通过检测GFP荧光直观地判断反应终点。转基因ES细胞与野生D3细胞在分化能力上没有区别，在培养第10天用形态学分析作为毒性终点，发现插入的DNA结构对ES细胞的分化没有影响。事实上，报告基因GFP的表达在第3天可监测到，在第7天达到高峰，到第10天GFP的表达已下降，这可能由于其他系统细胞生长超过心肌细胞；但在化学物对表达的效应方面，只需分析其对组织特异性启动子的效应就足够了，这样就缩短了实验时间，而且对分化的分析是采用报告基因表达的荧光蛋白的检测，使实验更加自动化。建立带有更多组织特异性启动子的

ES 细胞，或者用诱导 ES 细胞分化为其他细胞系的方法，检测靶组织是否为其他细胞系的致畸物，将这一系统更加完善，扩大其检测范围。这一方法将不仅检测受试物的致畸性，而且提示其靶组织和作用方式并能揭示致畸物作用机制。

(3) 高通量的胚胎干细胞实验法：ECVAM验证的 EST 试验操作过程较为复杂，通常采用 24 孔板观察反应终点，由于每种化合物通常要设置几种不同的浓度，工作量非常大。为此，Peters 等采用低黏附性 96 孔版代替传统悬滴实验进行 ES 细胞向心肌细胞分化抑制实验，并采用自动测试心肌细胞跳动的仪器简化步骤，建立了高通量的 EST 实验方法，大大提高了检测效率。

(4) 与代谢活化系统结合应用：经过验证的 EST 方法只能检测具有直接毒性作用的化学物，因此，EST 体外试验与代谢活化系统结合使用，可以用于预测需要代谢活化的胚胎毒性化学物。试验前，将新鲜分离的大鼠肝细胞与受试物共孵育，含有活性代谢产物的上清液加入到 D3 ES 中，接下来按照标准 EST 试验进行。

5. 非人灵长类和人类胚胎干细胞试验法 人类和啮齿类动物遗传学差异很大，采用啮齿类动物细胞检测得到的结果外推到人存在很大风险。而采用人类或非人灵长类(non human primates，NHPs)动物的细胞进行胚胎毒性试验，实验数据的可靠性更强。虽然 NHPs 与人类胚胎干细胞早已建系成功，但由于其培养和分化体系的复杂性和分化的低效率，目前用于胚胎毒性的研究还比较少。Adler 等分别在 2007 年和 2008 年对以人 ES 细胞为基础的细胞毒性实验进行研究，报道中仅涉及分化过程中未分化标志基因和三胚层基因随着分化时间的表达谱的变化。Mehta 和 Stummann 采用 RT-PCR 技术对化合物的分化抑制作用进行判断，但均未得出 EST 分化抑制的反应终点 ID_{50}，对化合物的胚胎毒性进行分类的预测模型也尚未建立。关于 NHPs 动物和人类 EST 的研究有待进一步完善。

6. 胚胎干细胞试验法的应用

(1) 对药物和其他化学物进行高通量检测和评价：EST 试验可用于药物胚胎毒性作用的高通量评价和筛选，美国致畸协会推荐的体外致畸试验验证化学物名单中挑选了 9 个受试化学物和 1 个阳性对照物，主要是一些抑制细菌感染和肿瘤治疗的药物，其中非胚胎毒性化学物 3 个：青霉素 G、异烟肼、维生素 C；弱胚胎毒性化学物 3 个：二苯基乙内酰脲、咖啡因、乙氨酸地塞米松；强胚胎毒性化学物 3 个：阿糖胞苷、视黄酸、羟基脲。用 5-氟尿嘧啶作阳性对照。验证结果显示，EST 试验能对大多数化学物正确归类。非胚胎毒性评价的正确率为 100%，弱毒性 89%，强毒性 91%，平均正确率为 94%。

(2) 揭示受试物细胞毒性与发育毒性的关系：不同化学类别和胚胎毒性强度的化学物对 ES 细胞和对成体细胞的毒性存在差异，EST 试验可以用于揭示受试物细胞毒性与发育毒性的关系。如实验发现强胚胎毒性化学物通常在非常低的浓度下即可抑制 ES 细胞分化，而且在低浓度下对 3T3 细胞和 ES 细胞有细胞毒性，如细胞抑制剂 5-氟尿嘧啶。高致畸潜能的化学物如视黄酸(RA)在很低浓度时抑制 ES 细胞分化，但其细胞毒性效应浓度大许多个数量级。另一方面，弱胚胎毒性化学物在中等浓度表现效应，而其对分化的影响比对细胞活力大，如二苯乙内酰脲。无胚胎毒性的化合物如糖精和青霉素 G 在高于 500mg/L 的浓度未显示抑制细胞分化和活力，但维生素 C 对 3T3 细胞在较低浓度下表现出细胞毒性，对 ES 细胞分化与活性影响不大。采用更敏感的 RT-PCR EST 试验，同样选用 9 种化合物进行试验，非致畸物增加糖精。结果其中 6 种化合物 5-氟尿嘧啶、羟脲、RA、二苯基乙内酰脲、咖啡因和糖精在低于引起细胞毒性的浓度下对心肌重链球蛋白的表达有影响，预测其有致畸和胚胎毒性潜能；RA 和二苯基乙内酰脲 IC_{50} 远远高于 ID_{50}，表明其强致畸和胚胎毒性；5-氟尿嘧啶、羟基脲和咖啡因 IC_{50} 略大于 ID_{50}，可能在体内有生长和（或）发育毒性。体内试验为非致畸物的糖精，在浓度近于 10μmol/L 高浓度时，出现 IC_{50} 大于 ID_{50}，可能反映其致癌性。

（3）揭示致畸物的靶组织和作用方式：致畸化合物有不同类型和不同的作用方式．如高特异性的受体信号系统或普遍机制。虽然几种致畸物的分子作用正被研究，如全反视黄酸（RA）受体途径或芳香烃受体途径，但影响正常哺乳动物发育的机制非常复杂。因此，可用现行的 EST 试验方法作为衡量分化和早期哺乳动物发育的方法，用于化学物胚胎毒性作用机制的研究。研究表明，EST 能对不同种类强和弱致畸物做出基本正确的鉴定，甚至可鉴别那些体内试验中不能发现的特异作用于早期心脏发育的物质，如啮齿类动物胚胎体内早期着床后暴露于 RA 常引起颅面部缺陷和中枢神经系统缺陷，后期发育阶段的暴露常与肢体和泌尿生殖系统缺陷有关，利用 EST 试验就能鉴别 RA 是抑制心肌早期发育的物质。在 EST 中还没有发现假阴性结果，但值得注意的是，那些特异性抑制其他组织如腭区或神经系统发育的致畸物可能在标准 EST 中检测不出。

（三）全胚胎培养试验（whole embryo culture，WEC）

全胚胎培养试验由 Dennis New、Nigel Brown 和 Tom Sadler 等研发。来源于小鼠、大鼠和兔等哺乳类动物的胚胎培养均可用于检测具有发育毒性的物质。头褶或在早期体节阶段的胚胎从母体组织、壁层卵黄囊和赖歇特膜中分裂出来，只留下脏层卵黄囊和完整的外胚盘锥体细胞。孕体可以在特定的培养中培养 24～48h。培养基通常都含有高比例的血清，并且加入待测化合物后需培养适合的时间。孵育期过后，可以进行一系列终点的检测，如致畸效应、胚胎生长及分化、卵黄囊发育、血管和血细胞形成的影响。WEC 实验也可作为实验策略的组成单元替代 OECD TG 414。

1. 原理　大鼠全胚胎培养是从孕期第 9～10 天大鼠子宫取出胚胎，剥去 Reichert 膜，放入培养液中加入受试物，在含 O_2、CO_2 和 N_2 环境中旋转培养。观察胚胎发育情况，记录胚胎存活，检测胚芽、卵黄囊直径、体节和体长等。以胚胎的心跳和血液循环是否存在作为胚胎存活的指标；以卵黄囊直径、颅臀长和头长、体节数和胚胎重作为胚胎生长发育的指标；根据 Brown 评分对器官形态分化做出评价。该方法可用于筛查化学物的发育毒性、探讨其剂量反应关系和作用机制。

2. 试验过程

（1）WEC 的培养基：WEC 试验难以常规应用的限制因素之一是培养基，体外 WEC 所用培养基来源于大鼠即刻离心血清（immediately centrifugal serum，ICS），ICS 的制备方法最早由 Steel 提出并用于体外啮齿类动物的胚胎培养。与凝血血清相比，ICS 具有促进体外培养的大、小鼠胚胎生长发育和形态分化的独特功能。ICS 制作步骤：麻醉大鼠，固定肢体，在腹壁做“V”形切口，拨开腹腔各脏器，分离腹主动脉，持10～20ml 注射器，45°角刺入腹主动脉，沿动脉壁向心方向进针约 1cm，快速抽血直到大鼠呼吸停止。一般每只鼠可抽血 7～13ml。血液凝固前立即离心（3000r/min）至少 5min。离心后血液分为 2 层，下层为血细胞，上层为纤维血清凝固体。用大镊子轻轻挤压上层纤维血清凝固体，使其释出血清，再离心 15 min。用注射器抽出上层琥珀色血清，并将血清用 0.22μm 过滤，即获得 ICS。

(2) 胚外膜剥离术和胚胎移植：脱颈法处死 9.5 天孕龄大鼠，打开腹壁，从子宫颈处、卵巢连接处分别剪断子宫，移入已灭菌的大平皿中。用 Hank's 液冲洗子宫，清除脂肪和肠系膜，从卵巢端用眼科镊子提起子宫，剪一小口。从小口处插入眼科剪，紧贴子宫壁，向宫颈端轻柔划开。打开子宫壁后，分离蜕膜团，移入另一培养皿，加入少量 Hank's 液。去除蜕膜组织，将所有胚胎移入另一盛有 Hank's 液的培养皿中，在解剖显微镜下进行胚胎外膜-Reichert 膜分离术。当同窝胚胎的 Reichert 膜全部被打开后，将胚胎移入已含培养基的培养瓶中。对 9.5 天龄大鼠胚胎来说，上述步骤应在 2h 内完成。

(3) 混合供气系统和胚胎培养：体外全胚胎培养过程中，必须供应适量氧气，过量或过少的氧气均可造成胚胎生长发育迟缓、畸形和死亡。体外供气的总原则是氧气浓度必须随着胎龄的增加而增高。胚胎体外培养的方法有多种，如静式培养、旋转器培养和循环器培养等。目前国内外最普及和最常用的是间断充气旋转培养法。

于容积为 30ml 或 50ml 培养瓶内加入 3～5ml 已灭活补体的 ICS，充入含 5% O_2、5% CO_2、90% N_2 混合气体 30s，迅速在培养箱中旋转平衡 15～30min。取出培养瓶，将已分离好的胚胎移入培养瓶，每瓶 3～5 只。立即向培养瓶中充入 5% O_2、5% CO_2、90% N_2 的混合气体 2～3min，充气流量以气体轻微吹动液面为好，然后用塞子塞紧瓶口。将培养瓶塞入旋转器上的相应孔中，开动旋转器。转速要求为 35r/min，培养箱温度要求为 37℃。旋转培养 14～24h 后，取出含胚胎的培养瓶，肉眼观察一下胚胎的生长发育状况。然后进行第 2 次充气，此时混合气体的比例是 20% O_2、5% CO_2、75% N_2，旋转培养至第 24～44h 后，取出培养瓶肉眼观察胚胎的生长发育状况，然后进行第 3 次充气，此时混合气体比例是 40% O_2、5% CO_2、55% N_2，继续旋转培养至第 48h，收获胚胎进行各生物终点的观察。

(4) 胚胎发育终点和评分法：评价胚胎生长发育和器官形态分化的终点包括以下几个方面：①反映胚胎生存情况的终点，包括解剖显微镜下直接观察胚胎心跳和血液循环，如两者消失，表示胚胎死亡，反之胚胎存活；②反映胚胎生长发育的终点，主要包括卵黄囊直径、颅臀长、头长、体节数、胚胎干重、胚胎蛋白质或核酸数量；③反映胚胎组织器官形态分化的终点。

用于衡量 WEC 形态分化的评分方法有多种，最常用的是 Brown 和 Fabro 的大鼠胚胎发育评分法。他们根据胚胎的外观选用了 17 项形态指标，见表 19-5。然后按各个组织器官形态分化过程分为 5 个层次，分别赋予 0～4 分，各器官累积得分为总得分，总得分越低，说明胚胎形态发育越不正常，化学物发育毒性作用越强。

表 19-5 Brown 的大鼠胚胎发育评分法

组织器官	评分				
	0	1	2	3	4
卵黄囊血管	无或散在血岛	血岛吻合	较少卵黄囊血管	完整的卵黄囊血管丛	卵黄蒂消失，动静脉分离
尿囊	尿囊在胚外体腔中游离	尿囊与绒毛膜融合	脐血管	脐、卵黄囊动脉原基分离	
体屈	腹凸	翻身转位	背凸	背凸和扭转	
心脏	无心跳	“S”形心血管，有心跳	旋绕心血管	动脉球、心房、心室	心房分隔

续表

组织器官	评分 0	评分 1	评分 2	评分 3	评分 4
神经管	神经板或神经褶	神经褶未融合	神经褶融合	后神经管形成，但开启	后神经管孔闭合
后脑	神经板	菱脑原节	前神经管孔形成，但开启	前神经管孔闭合，菱脑形成	明显第四脑室顶
中脑	神经板	中脑褶	中脑褶融合	中脑褶完全融合	明显区分中脑和后脑
前脑	神经板	前脑褶	前脑完全融合	明显端脑突	端脑半球
听觉器官	不可见	听原基	听凹	听泡	听泡和背部隐窝
视觉器官	不可见	视沟	视原基展长	原始视泡眼基开启	晶状体板凹陷
嗅觉器官	不可见	嗅板	可区分嗅板边缘	明显嗅脊	外侧鼻突和内侧边缘
鳃弓	无	第 1 对	第 1,2 对	第 1,2,3 对	第 2 对过度增长掩盖第 3 对
上颌突	无	明显上颌突	上颌突与鼻突融合		
下颌突	无	可见下颌突			
前肢芽	不可见	9～13 体节处肢芽隆起	前肢芽	桨形肢芽	前肢芽顶端外突
后肢芽	不可见	26～30 体节处肢芽隆起	后肢芽	桨形肢芽	
体节	0～6	7～13	14～20	21～27	28～34

（5）WEC 的常见染毒方式：根据预期试验目的的不同，染毒方式分为以下几种：①用显微注射的方法将化学物质注射到胚胎的某一部位，对研究某一部位的致畸机制很有意义。②将化学物质直接加入培养基，观察化学物质对胚胎的影响。这样可以去除母体代谢因素以及不同种属动物胎盘的通透性差异所造成的影响。③给大鼠染毒后用其血清做培养基以便探讨中毒与致畸的可能关系。④将化学物质和生物转化酶，如肝微粒体及辅助因子同时加入培养基中，观察化学物质经代谢转化后对胚胎的毒效应。⑤孕鼠染毒后取其胚胎在正常的培养基中培养，用于研究孕鼠染毒对胚胎的影响，这种影响可能是毒物本身或其代谢物的作用，也可能是毒物使母体生理功能发生改变从而影响胚胎的发育。⑥对物理性有害因素可通过调节培养箱的温度控制，或将有害气体充填培养瓶内的空间进行温度和气体因素的研究。

3. 全胚胎培养模型的应用　WEC 模型为研究毒理学、畸胎学、药理学、快速筛检致畸原和探讨致畸机制等方面提供了一条有效途径，因此该模型具有巨大的发展潜力。①WEC 试验可用于筛检致畸原，已成为常规致畸实验方法之一。在英国的 Tesh 实验室，7 年中用该模型测试了数百种外源性化学物，20 世纪 90 年代初又用体内/体外对比实验研究了 61 种已知致畸物，获得了极好的体内/体外一致性结果。②用于探讨剂量-反应和时间-效应关系，因 WEC 可排除母体等干扰因素，故可控制受试物剂量，一般随着染毒剂量的增加和接触时间的延长，发育毒性反应呈相应增高的趋势。根据剂量-反应关系可初步判断最大无作用剂量，最低致畸剂量和致死剂量，并可为体内试验选择染毒剂量提供依据。③研究外源性化学物的发育毒性和作用机制。在整体水平，可利用解剖显微镜观察外源性化学物对胚胎损害作用的主要靶点。如亚硒酸钠致畸的靶器官主要是视觉系统和神经系统、尼古丁的发育毒性主要是神经系统和心原基的分化受到抑制。在细胞水平和亚细胞水平,可将 WEC 和病理、免疫组化等技术结合,探讨外源性化学物对胚胎细胞及细胞器的损害程度,Abbott 等将培养后的胚胎用改良福伊尔根染色法检查,结果发现,甲醇诱发胚胎畸形的主要靶部位是颅面部,畸形的发生与该部位细胞死亡数增加有密切关系。还可利用基因组学和蛋白组学技术,在分子水平研究毒性作用机制。

4. 全胚胎培养的局限与改进 目前,经过验证的 WEC 方法只能检测具有直接毒性作用的化学物,因此,WEC 体外试验与代谢活化系统结合使用,可以用于预测需要代谢活化的胚胎毒性化学物。试验前,将受试物与新鲜分离的大鼠肝微粒体共孵育使其生物活化,将含有活性代谢产物的上清液加入到 WEC 培养系统,但只限于鉴定由药物代谢Ⅰ相酶活化的前致畸物。WEC 模型还有一些问题有赖于进一步探索和研究。例如,尽管整个培养过程是在组织器官形成期,但培养时间还是相对较短,故某些发育缺陷未能全面反映出来,同时该模型亦不能反映着床前接触某些致畸物所导致的胚胎发育异常。替代体外胚胎培养所用的大鼠立刻离心血清的人工合成培养基尽管已研究多年,但至今未见有实质性突破。

(四) 微团培养

微团培养(micromass culture,MM)由 Wilk、Renault、Flint 和 Orton 等提出和建立,胚胎肢芽细胞可取自鸡、兔或大、小鼠,细胞一般分离自器官形成中期胚胎的肢体或头部组织。制成单细胞悬液后,以高密度接种培养,进而在没有外加刺激的情况下分化成软骨细胞和神经元。通过分析受试物暴露后细胞分化情况,对确定的毒理学终点进行检测。微团培养模型可用于体外观察细胞生长发育和分化,探索外源性化合物的致畸作用、细胞毒性作用及作用机制研究。MM 实验也可作为实验策略的组成单元替代 OECD TG 414。

1. 原理 从第 11 天的大鼠胚胎取得代表 CNS 的原代中脑细胞微团、肢芽区或其他区的细胞微团,在培养瓶中分别加入不同浓度的受试物共同培养 5 天,用中性红染色判断细胞存活,用 ALcian 蓝染色判断肢芽软骨细胞分化数量,苏木素染色判断 CNS 细胞分化数量。对结果进行处理,求出影响终点的 IC_{50},比较受试物组与对照组数据,评价化学毒物的细胞毒性和发育毒性。

2. 胚胎肢芽细胞毒性试验过程

(1) 肢芽分离和细胞悬液制备:通常在妊娠 13 天脱颈处死孕鼠。无菌条件下取出子宫,在培养皿中用 PBS 冲洗 3 次,沿纵轴向对侧剪开子宫,分离出胚胎及外膜。在解剖显微镜下,去除胚胎外的蜕膜、Reichert 膜和卵黄囊膜,将分离好的胚胎收集于另一含温热马血清和 EBSS(1∶1)的培养皿中。选择体节数为 34～36 的胚胎,取出前肢芽,收集于青霉素小瓶中待用。将分离的肢芽转移至含有 10ml 胰酶消化液的 50ml 离心管中,37℃搅拌消化 10～30min。细胞培养液(含 10%胎牛血清的 HamsF12 培养基)终止消化,吸管反复吹打后,1000r/min 离心 5～10 min,重悬并制成肢芽细胞悬液。200～300目筛网过滤细胞悬液。显微镜下计数细胞,再次离心后,弃上清,细胞密度调整到 $2 \sim 2.5 \times 10^7$ 个/ml。

(2) 肢芽细胞培养和分化检测:将上述细胞悬液加到 24 孔培养板或直径为 35mm 的培养皿中,加入量一般为 5 滴,37°C 使细胞贴壁生长 2h,形成 6～8mm 的细胞小岛。再加入 2ml 含不同浓度受试物或溶剂对照的细胞培养液,CO_2 孵箱中连续培养 5 天。5

天培养结束后，吸出培养液，用含有 1%氯化十六烷铵基吡啶的 10%甲醛液室温固定 20min 左右，3%醋酸浸洗 3～5min，两遍，然后细胞微团用 0.5%～1%的阿利新蓝（3%醋酸配制）染色 2h 以上，自来水漂洗后，自然干燥。在显微镜下分别计数着色后的肢芽细胞集落数，再根据不同受试物浓度和每个微团中的全部集落数绘制出浓度-效应曲线，经作图后确定出 50%细胞分化抑制浓度（ID_{50}）。

（3）肢芽细胞毒性试验：96 孔培养板经 0.05%胶原包被，每孔加入上述制备的细胞悬液 10μl，在 CO_2 孵箱中预培养 2h。然后，每孔再加入 0.2ml 含有不同浓度受试物或溶剂对照的培养液。CO_2 孵箱中再培养 5 天。弃去培养液，用 4.5%戊二醛固定 20min，PBS 洗涤 3 次，室温条件下，用 0.1%中性红（200μl）染色 90min，弃去中性红液，PBS 洗涤 1～2 次，再用 200 μl 含 0.5%（v/v）醋酸的 50%甲醇洗涤至少 2h。

（4）增殖检测：在波长 550nm 条件下，用分光光度计测染色密度。根据吸光度值的大小来反映受试物对细胞存活增殖毒性作用的强弱。经作图后可确定出 50%细胞增殖抑制浓度（IP_{50}）。也可用 MTT 法检测，或运用 Lowry 法或考马斯亮蓝法测定细胞蛋白质含量的多少来判断化学物对肢芽细胞毒性的大小。

（5）代谢活化系统：由于一些外源性化学物需经母体代谢活化产生具有致畸作用的产物才能干扰胚胎细胞的生长、存活和分化。因此，在体外细胞培养过程中，可将 S9 混合液、受试物及细胞培养液一起加入到培养皿中。因为 S9 混合液对细胞具有一定毒性作用，故加入量有一定的浓度限制。一般来说，肢芽细胞对 S9 混合液的耐受量为：2h 的培养细胞耐受上限值为 50μl，5d 培养细胞耐受上限值为 3μl。环磷酰胺经 50μl/2h 暴露或 3μl/5d 暴露后，均能被活化而产生具有毒性作用的代谢产物。

（6）结果评价：常用指标主要包括：ID_{50}、IP_{50}、IP_{50}/ID_{50} 值；细胞超微结构；生化指标（如 ^{35}S 掺入法测定软骨细胞的蛋白多糖）等。Flint 和 Orton 提出的判定标准为：ID_{50}＜10μg/ml 为强致畸原；10～50μg/ml 或 75μg/ml 为阳性致畸物；50～100μg/ml 为弱致畸物；ID_{50}＞100μg/ml 一般为非致畸物。Renault 提出的评价标准以肢芽细胞增殖抑制浓度（IP50）为依据：IP_{50}＜10μg/ml 为强阳性（+++）；10～100μg/ml 为阳性（++）；100～1000μg/ml 为弱阳性（+）；如果非特异性抑制浓度＜10μg/ml 而特异性抑制浓度＞1000μg/ml 定为可疑（+−）；其他类型均为（−）。

3. 胚胎中脑细胞培养

（1）实验步骤：脱颈处死孕鼠，无菌条件下取出子宫，剔除脂肪组织，转移入平皿。EBSS 清洗后打开子宫壁取出胚胎，移入含 HS/EBSS 的平皿。在体视显微镜下去除羊膜，计数体节，选择体节数 34～36 的胚胎。剪下的中脑组织在 CMF-PBS 中洗 3 遍，用眼科剪反复剪至 1～2mm 大小，37℃孵化 30min。吸去 CMF 换为 1%胰酶，37℃消化 20min。Hams 全培养基终止消化，尖吸管反复吹打后 10μm 尼龙膜过滤得到单细胞悬液，调整细胞密度为 5×10^6。将制成的细胞悬液 20μl 加入培养皿或培养板中，在 37℃的 CO_2 孵箱中使细胞贴壁生长 2h，形成细胞小岛。再加入 2ml 含不同浓度受试物或溶剂对照的细胞培养液。在 37℃、5% CO_2、100%相对湿度的 CO_2 孵箱中连续培养 5 天。将细胞悬液加入 96 孔细胞培养板，每孔 10μl，CO_2 孵箱中预培养 2h。加入 0.2ml 含有不同浓度受试物或溶剂对照的培养液，继续培养 5 天。Flint 认为受试物的最高浓度应＜500μg/ml，而 Renault 认为可达 5mg/ml 或更高。

染毒方式还可以采用体内/外结合法，

将胚胎在子宫中时就暴露于测试物质，经过12h再取出胚胎进行细胞培养。通常选取大约6只孕鼠，在妊娠第12天的下午4时到5时腹腔注射受试物质。所用溶液是聚山梨酸酯80或EBSS，前者用于脂溶性药物，后者用于水溶性药物。注射的体积为200g/ml。所给剂量通过急性毒性实验确定，最大剂量应小于最高耐受量但又不导致母体中毒为佳。

(2) 结果观察：细胞分化测定：吸去培养基，加入10%甲醛固定，水洗，苏木精或银氨染液染色。在显微镜下计数着色后群落，根据不同的受试物浓度和每个微团中的全部集落数，绘制剂量-效应曲线，计算50%细胞分化抑制浓度(IC_{50}或ID_{50})。

细胞增殖测定：弃去培养基，戊二醛固定，PBS洗涤，中性红染色，冲洗后用含0.5%乙酸溶液的50%甲酸洗提至少2h。分光光度计测定550nm波长的吸光度，根据吸光度值的大小来反映受试物对细胞存活、增殖毒性作用的强弱。分析确定50%细胞增殖的抑制浓度(IP_{50})。

其他生物学监测终点还包括细胞成熟力和细胞超微结构的观察及特殊化指标，如乙酰胆碱酯酶、神经元特异性烯醇化酶及γ-氨基丁酸等。

(3) 结果判定：Flint等认为$ID_{50}<10\mu g/ml$为强致畸物，10～50或75μg/ml为阳性致畸物，50～100μg/ml为弱致畸物，>100μg/ml一般为非致畸物。

4. 胚胎肢芽细胞培养的应用 MM试验已被国外一些大型制药企业采用。主要用于快速筛检和鉴定致畸原，将受试物直接加入细胞培养液中，通过终点观察受试物对细胞分化、培殖的抑制作用可测试哪些是不受母体代谢影响的物质，同时排除母体等的干扰作用。代谢活化系统(如S9混合液)和受试物同时加入细胞培养液，可判断受试物是否经代谢活化后才对细胞产生损害作用。体内/体外结合法受试物先染毒孕鼠，经母体-胎盘-胚胎作用一段时间后，取出肢芽细胞进行体外培养，再观察细胞的变化情况。通过和体外直接染毒法比较，可鉴别致畸物是否是受试物本身还是经母体-胎盘-胚胎生物转化才有致畸作用。因此，利用肢芽细胞培养模型再配合其他相关实验技术，就可以从细胞水平上提示外源性化学物的致畸作用机制。通过在细胞培养液中加入血清的方式，还可用于测试血清中是否存在可导致畸形的危害因子(如糖尿病、维生素A摄入过量、某些治疗药等)。

Flint等用盲法测试了46种外源性化学物(27种致畸物和19种非致畸物)，结果是阳性符合率为93%(25/27致畸物)，阴性符合率为89%(17/19)，假阴性率和假阳性率分别为7%和11%；用体内/体外结合法测试了31种化学物(18种致畸物和13种非致畸物)，假阴性率和假阳性率分别为5.6%和7.7%。Renault等测试了51种外源性化学物(33种已知致畸物和18种非致畸物)，敏感性为61%，特异性为100%，准确性为75%。Flint、Renault等都认为，肢芽细胞培养模型作用为一种快速筛检和鉴定致畸原的方法，具有较高的预测性和准确性。

第4节 生殖和发育毒性的替代方法

一、繁殖力和着床前毒性

(一) 计算机辅助精子检测

计算机辅助精子检测(computer assisted sperm analysis，CASA)最早是由德国圣阿尔伯特(Christian-Albrecht)大学开发的。通过观察化学物质对牛精子细胞的毒副作用，评估化学物对雄性生殖力的影响。试验前先进行剂量范围确定试验，然后计算IC_{50}(与对照相比，精子总的运动性下降50%的化学物浓度)，还包括对精子的生育能力、生存能力、活力、速率、活动、精液形态学等检测指标做实时分析。例如精子头运动轨迹图和力度等参数的分析，能够轻易地在同一细胞中同时检测不可逆的损伤和修复效应，而且即使是低剂量的轻微效应也能检测出来。应注意，当精子密度为 4×10^7/ml 时，CASA 系统就难于辨认单个精子，因此，必须使用同源精浆(通过离心获得)或等渗 pH 7.2～7.5 的人工培养基稀释标本，同时，还应在培养基中加入牛血清蛋白(0.3g/L)和葡萄糖，以防止因标本稀释而造成精子运动改变。由 CASA 系统测出的参数有一套标准术语，如曲线速度、直线速度、平均路径速度、精子头侧摆幅度、直线性、平均移动角度等，用于检测结果描述和判定。全自动化的精液分析仪现已用于生殖药物的研究。被研究机构和企业广泛使用，CASA 可作为试验策略的组成部分，用于替代 TG415，416。

(二) 牛精子彗星试验

哺乳动物生殖细胞彗星试验(ReProComet)是改良的彗星检测，利用牛精子测定化学物质诱导精子 DNA 链断裂和碱基不稳定位点。由于成熟的精子基本不具备修复酶，因此，传统的彗星检测不适用。ReProComet 检测加入 HeLa 细胞的天然蛋白提取物提供修复酶，可识别 DNA 加合物和检测 DNA 断裂产物。检测终点包括尾长、彗尾和彗头 DNA 片断分析、尾矩分析(通过彗尾长度反映 DNA 片断的迁移)、与 DNA 损伤(被释放或断裂的 DNA 片段)程度相关的彗尾亮度和长度分析。

(三) 睾丸间质细胞(莱迪希细胞)毒性试验

睾丸间质细胞(Leydig 细胞)分布于生精小管之间的疏松结缔组织中，其主要功能是分泌睾酮。Leydig 细胞分泌睾酮受到丘脑-垂体-性腺轴的调节。越来越多的研究表明，外源化学物质可造成哺乳动物雄性生殖系统的损伤，如有的药物会对精子形成的关键细胞产生毒性，有的化合物会直接损伤莱迪希细胞进而影响睾酮分泌。运用 Leydig 细胞分泌睾酮检测生殖毒性的试验方法由鹿特丹伊拉斯姆斯大学开发，可作为实验策略的组成单元，替代一代/二代生殖毒性试验 OECD TG 415 和 416。该方法已在部分科研和检测机构应用，目前试验方案正在优化过程中。

原理：对 Leydig 细胞具有毒性作用的化合物能够影响 LH/hGG (黄体生成激素/人绒毛膜促性腺激素)激活的甾体形成过程，如通过 hGG 的稳定性或者干扰 hGG 受体的相互作用。因此，用 LH/hGG 激活体外培养的莱迪希细胞，然后检测不同浓度的化合物对甾体生成过程的影响。通过提高莱迪希细胞的甾体基础产量可以改进这些实验的可靠性、重现性和标准化。如基因改良的 cLHMRMA 10 细胞或 BLT1 小鼠细胞系能够稳定地表达活性 LH/hGG 受体，前者具有高活性的胆甾醇单链裂解酶和黄体酮合成酶，主要产生黄体酮但不产生睾酮；BLT1 小鼠细胞系可产生黄体酮和睾酮。

试验过程：莱迪希细胞在 37℃培养形成单层，受试物以适当的溶媒溶解后，直接加入细胞中孵育，时间可维持 2～24h。孵育后期吸出培养基，用来检测黄体酮或睾酮含量。该方法可用于评价潜在毒性化合物对 cAMP 调控的甾体生成途径的直接影响(如采用 MA10 莱迪希细胞系)，还可评价对细胞毒性、增生和凋亡方面的毒性作用。但是，这些方法并不能检测化合物对 G 蛋白偶联 LH 受体的腺苷环化酶系统的作用，也不能预测对下丘脑-垂体-睾丸轴的影响。

(四) Sertoli 细胞毒性试验

睾丸支持细胞(Sertoli 细胞)是生精小

管的主要细胞，对精子的发生非常重要，支持细胞能合成和分泌多种活性蛋白质和多肽因子，如抑制素、激动素、雄激素结合蛋白等。体外培养的 Sertoli 细胞，用不同浓度的化学物作用，检测细胞活性和功能变化，可用于评价化学物对睾丸支持细胞的毒性作用。

可用两种细胞系统进行试验，大鼠原代 Sertoli 细胞和 Sertoli 细胞系（SerW3）。细胞在 37℃培养形成单层，直接将不同浓度的受试物加入细胞培养液中进行孵育，时间可维持 2～24h。孵育结束后吸出培养基，试验终点包括细胞毒性（MTT 法）、培养液中抑制素 B 水平测定（ELISA 法），计算 EC_{50} 的值，判断化学物对 Sertoli 功能的变化。该试验可单独运用或作为试验策略的组成部分，用于化学物质的雄性生殖毒性试验。

（五）睾丸切片试验

睾丸切片培养试验（sliced testis）可用于检测受试物对睾丸激素水平的影响，也可用于组织学分析。取 10～12 周龄成年 SD 大鼠，切开阴囊，取出睾丸，剔除周围组织后称重。去掉筋膜，沿纵轴切开睾丸，每个睾丸分成 2～8 个切片，每个切片称重。将切片置于含 5ml 培养液的培养瓶中，培养液为含 0.1%牛血清清蛋白（BSA）的 M199 培养液，34℃旋转培养 1h，取 0.5ml 培养液检测激素的基线水平。受试物溶解于适当溶剂配制成不同浓度，将受试物溶液加入培养液中，每个浓度设 6 个平行样。一半平行样加入 hCG，另一半不加。继续旋转培养，2、3、4h 取 0.5ml 培养液测定激素水平。切片组织可用于组织学分析。

美国环境保护署（EPA）正在研究如何优化切片睾丸检测方法，包括验证定量流程（睾酮含量、放免检测、乳酸脱氢酶活性）和优化实验条件（培养基、温度、体积、气压等因素）。一项多化合物研究将会对大概 15 种化合物的毒性进行研究，实验室间认证也在计划中。然而，睾丸切片培养检测还不是严格意义上的替代方法，如果 H295R 成功通过预认证，则此方法将会被其取代。

（六）卵巢切碎培养

卵巢切碎培养（chipped ovary culture）用于检测受试物对卵巢功能的影响，主要包括激素分泌水平和组织学变化。取 10～12 周龄成年 SD 雌性大鼠，保证试验动物动情周期一致。麻醉后摘取卵巢，剔除周围组织后称重。放入培养液中用剪刀切碎，培养液采用含 0.1%牛血清清蛋白（BSA）的 M199 培养液，34℃培养 1h。离心后，取上清液检测激素的基线水平。重新悬浮卵巢碎片，在培养瓶中加入以适当溶剂溶解的不同浓度的受试物，每个浓度设 6 个平行样。一半平行样加入 hCG，另一半不加。继续培养，每 1、2、3h 离心，收集上清液测定激素水平。卵巢切碎培养的影响因素较复杂，现倾向于用采用原代或细胞系培养的方法。

（七）牛体外受精试验

牛体外受精试验（in vitro bovine fertilisation test，bIVF）可用于检测生殖毒性，试验采用成熟的牛卵母细胞和公牛精子，检测体外受精过程中化学物质对卵子、精子以及受精过程的毒性作用，可以用于筛选对卵母细胞受精过程具有毒性作用的物质，用于研究生殖毒性化合物的作用机制。由于卵母细胞和精子均暴露于受试物中，因此，化学物对两种配子功能的不良影响均可检测出来。检测终点包括精子穿透卵母细胞的能力、受精卵前核的形成分析等。该试验可单独运用或作为试验策略的组成部分，用于化学物质的生殖毒性试验。该试验方法的可重复性和实验室间可转移性有待评估。

（八）体外牛卵母细胞成熟试验

体外牛卵母细胞成熟试验（in vitro bovine maturation test，bIVM）可用于雌性生殖毒性的检测。试验选用未成熟的卵母细胞，加入不同浓度的受试物，观察卵母细胞体外成熟过程中特定核形态的变化，通过与未暴露受试物的对照组比较，检测化学物的毒性作用。试验终点主要是观察未成熟卵母细胞是否能成功达到成熟的中期阶段 II，即完成减数分裂。IVM 可用于筛选对卵子成熟过程可能具有副作用的化学物。该试验可单独运用或作为试验策略的组成部分，用于化学物质的生殖毒性试验。该试验方法的可重复性和实验室间可转移性正处于评估阶段。

（九）着床前小鼠胚胎检测

小鼠胚胎生物检测（mouse embryo bioassay，MEA）是对发育至 8 天龄的受精卵进行的多指标的长期检测，可用于生殖毒性化学物的研究。取 8～10 周龄小鼠，注射激素超速排卵并使之体内受孕。孕后 3～5 天处死小鼠，取出子宫，用 CMRL1066 培养基将带有透明带的胚泡从宫腔冲出，清洗后种植于培养皿中，种植胚泡当天为 0 天。加入不同浓度的受试物，每天更换 1 次培养液。每天评价胚胎发育情况，并记录评分。检测终点有多种，可测定胚胎存活率，观察着床前各个阶段、紧贴期（桑椹期）、成腔期（囊胚期，胚泡期）以及胚胎分化发育（扩张囊胚期）等胚胎形态异常的发生率，如胚泡细胞数、有丝分裂指数、细胞周期、胚泡化率、内细胞群细胞数的测定等，还可以用细胞遗传学的方法评价受试物的胚胎遗传毒性。

该试验可用于筛选对植入前早期胚胎发育具有毒性作用的物质，计算存活情况，测定 NOEL 用于化合物分类，证明化合物的敏感阶段，测定胚胎发育的不同阶段的 NOEL 值。进行机制研究以阐明化合物干扰胚胎着床前发育的作用模式。试验可单独运用或作为试验策略的组成部分，用于化学物质的生殖毒性试验。

（十）颗粒细胞甾体生成试验

颗粒细胞甾体生成试验（granulosa cells steroidogenesis test）用于检测雌性生殖毒性，细胞可选用永生化的小鼠颗粒细胞系 NT-1 和变异株 NT-1-hAROM（表达人芳香化酶基因），研究受试物对颗粒细胞甾体生成水平的影响。如检测对孕酮生成的影响，可将 NT-1 细胞与不同浓度受试物孵育，免疫法测定上清液中孕酮含量，贴壁细胞进行细胞毒性测定（MTT 检测）。如检测对雌二醇生成的影响，可将 NT-1-hAROM 细胞与芳香化酶的底物雄烯二酮共孵育，酶联免疫法测定培养液中雌二醇的产量，贴壁细胞进行细胞毒性测定（MTT 检测）。该试验方法可单独运用或作为试验策略的组成部分，用于化学物质的生殖毒性试验。

（十一）卵泡培养检测

卵细胞的生长和发育依赖于其周围支持细胞的健康与发育状况（即卵泡的形成）。在卵泡的漫长生长过程中，其组成部分在各个发育阶段对化学损伤都是非常敏感的，这些损伤使卵细胞质量下降，可能导致卵细胞减数分裂异常、受精失败或胚胎发育不良。

卵泡检测（follicle bioassay，FBA）是一项多指标的长期体外试验，利用体外试验系统模拟卵巢形态学特征（卵泡形成、卵子发生和甾体形成）。该试验方法由比利时布鲁塞尔自由大学（VUB）开发，目前已完成操作程序的标准化。

试验简介：体外培养小鼠腔前卵泡至排卵前期阶段，然后诱导体外排卵和获取成熟卵细胞。卵泡的发育与体内相似，包括膜细胞增生、颗粒细胞增生和分化、卵母细胞的生长和成熟。在体外卵泡发生过程中，甾体生成途径被短暂激活，甾体产生（雄激素、雌激素和孕激素）并分泌。体外生长的卵泡或急性或慢性暴露于化学物，通过形态学、生物化学和功能指标检验分析化学物对卵泡发生、甾体形成和卵子发生的影响。可用于对卵巢功能具有副作用或前激活作用的潜在化学物的筛查、天然内分泌类似物的内分泌干扰物筛查、研究化合物干扰雌性生殖和受精能力的作用机制。试验终点是多指标的，包括以下方面：①卵泡发生方面：检测卵泡存活、分化和反应性（排卵感应性）；②甾体生成方面：可检测雄烯二酮/睾酮、雌二醇和孕酮水平；③卵子发生方面：检测产量、核成熟度和发育能力（图 19-6）。此外，还可以进行浓度-效应研究，以揭示 NOEL /LOELs 的值。

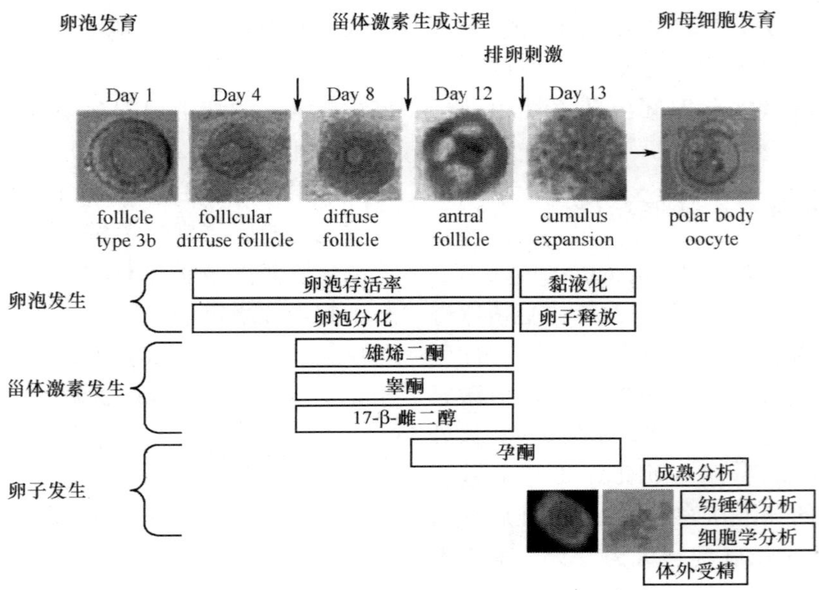

图 19-6　卵泡培养试验：卵巢功能的多指标体外检测方法（Nogueiro EM，2009）

应用与标准化：使用该方法能够研究化合物对非黄体化组织的壁细胞层造成的低剂量长时间作用。与卵细胞质量有关的甾体激素产量和甾体激素受体的表达水平也可以通过体外模型进行研究。用于体外培养卵泡的培养基能够用来定量分析雌激素、雄性激素和黄体激素的含量（免疫检测）。暴露于化合物后，通过对甾体激素生成过程和受体表达水平的变化的研究，可以反映出卵细胞的质量。还可作为糖皮质激素、盐皮质激素、促卵泡激素、促黄体激素、促性腺激素释放激素的筛查工具。

二、着床发育毒性替代试验

（一）人子宫内膜移植物试验

人子宫内膜移植物试验（human endometrial explants）用于研究化学物质对着床的影响。激素调控平衡和子宫内膜发育正常是胚胎能否成功着床的关键，采用原代人子宫内膜细胞移植培养物，具有与体内非常相似的条件，与原代或永生化细胞培养物相比，适合作为体外模型检测对胚胎着床具有副作用的子宫内膜相关化合物。从 3 个月内未经激素治疗的绝经前妇女，通过吸宫术获取增生期和分泌期的内膜组织。用不同浓度的受试物作用于组织碎片，毒性终点可用定量 RT-PCR、EIA、Western blotting 和免疫组织化学分析。检测项目包括甾体激素受体（PRα，ERα）、LIF、整合素 αvβ3、降钙素、IGFBP-1、COX-2、PGDH、CRH-受体 1、VEGF-A、VEGF 受体 2（KDR）等。

（二）人胎盘绒毛膜移植物试验

人胎盘绒毛膜移植物试验（human placental chorionic villous explants）用于检测化学物对滋养层着床和发育的影响。与分离的滋养层细胞不同，胎盘绒毛膜移植物保留了完整的绒毛结构特点，可以用于滋养层功能活性的研究，如侵入、增生和分化。用于试验的胎盘绒毛膜移植物来自妊娠头 3 个月的胎盘，在显微镜下轻轻分离后置于马丁胶预包被的嵌入式培养皿中，用无血清培养基培养，加入不同浓度化学物处理，化学物浓度和作用时间根据先前滋养层细胞系的研究结果分析确定。检测终点包括滋养层功能参数（如增生、分化和侵入形式和滋养细胞合体化（syncytialization））、激素、细胞因子和生长因子分泌等。

（三）子宫内膜细胞癌 Ishikawa 细胞试验

Ishikawa 细胞试验用于检测化学物对着床的毒性影响。目的是利用人子宫内膜癌细胞株 Ishikawa 细胞鉴别那些使胚胎着床相关靶基因表达发生改变的化学物。Ishikawa 细胞培养至半融合，与受试物共孵育 0.5～24 h，用定量 RT-PCR 技术分析靶基因 mRNA 水平。可作为筛查试验预测化学物对人子宫内膜的有害作用。试验终点包括孕激素受体和其他着床相关靶基因的 mRNA 水平。

（四）滋养层细胞试验

滋养层细胞试验（trophoblast cell test）用于检测化学物对胎盘的直接作用。滋养层细胞系 BeWo 和 HTR-8Svneo 是评价化学物对胎盘发育过程中可能发生毒性作用的体外替代物。BeWo 和 HTR-8Svneo 接种于 96 孔板，用不同浓度的化学物或溶剂对照处理。孵育 24h 后，检测细胞活性，分析上清液激素分泌水平。可作为筛查试验鉴别具有潜在干扰胎盘生理功能的化学物。试验终点包括滋养层细胞活性和激素分泌（β-hCG）。

（五）人胎盘外皮细胞试验

胎盘外皮细胞（placental pericytes，PP）是未分化的细胞，对胎盘血管起到支持作用。胎盘外皮细胞试验可用于筛选影响人 PP 细胞增生和分化的化学物。PP 细胞分离培养，暴露于受试物，处理后的细胞用生长因子受体的抗体进行标记，作为细胞增生的标志。检测终点是细胞周期数和分化状态。

（六）子宫内膜内皮细胞试验

原代人子宫内膜内皮细胞（primary human endometrial endothelial cells，hEECs）可作为指示细胞检测化学物对子宫内膜的毒性作用，如着床。HECCs 细胞暴露于化学物质，用 WST-1 法检测细胞活性，BrdU 法检测细胞增生，定量 RT-PCR 法检测内皮细胞标志基因（HIF-1α、VEGFR-1/2、PECAM-1/CD31、CD34、vWf、Annexin V、VEGF-A、ER β、PGDH、CYP1A1 和 CYP1B1）表达谱的变化。

三、胚胎发育毒性

（一）胎盘灌流

人体胎盘体外灌流（placental perfusion)用于胚胎发育研究,不仅可研究人胎盘转运(包括胎儿暴露)和代谢外源化学物的过程,而且也可确定胎盘对化合物的反应及其过程。从妊娠4～5周龄到成熟后的胎盘均可用于不同目的的灌流研究。如前3个月的胎盘可用于研究分化的自分泌/旁分泌调控,利用子宫内膜和滋养层的着床模型研究锚定的早期事件。

目前灌流系统已有专用设备。在体外胎盘双重灌流系统中,胎盘的母体面和胎儿面分开灌注,与体内生理状态相似。将来自健康、自然分娩或剖腹手术获取的不同孕龄的胎盘,迅速用导管从滋养外周小叶的一对动脉和静脉处插管,建立起双灌流再循环系统。胎儿面通过动脉、静脉和蓄液池建立循环,并设置采样口用于分析。母体面通过设置动脉和静脉建立循环,受试物从静脉注射口进入循环,通过母体面的绒毛间隙进行转运。胎儿面空间的减少(由于从高压的胎儿循环到低压的母体循环间,出现灌注介质的泄漏)是最好的检测膜完整性和灌流系统活性的指标。氨基比林可以作为血流限速的阳性对照标志物,用于受试物胎盘透过率的结果比较,还可将胎盘基因表达作为胎盘功能的对照进行平行测定。

目前该方法正处于人类胎盘小叶灌注系统进行前认证阶段。在胎盘屏障研究方面,此系统将提供有利于定量构效关系系统(QSAR)发展的信息。

(二) EST 试验

见第3节。

(三) WEC 试验

见第3节。

(四) 芳香化酶测试

芳香化酶具有将雄性激素转化成雌性激素的功能,此生理过程通常发生在雄性和雌性生殖器官中,尤其是卵巢和胎盘。而大部分的杀虫剂和黄体类似物都能够抑制芳香化酶的活性。体外芳香化酶检测(aromatase tests)通过测量芳香化酶对标记的雄烯二酮的代谢能力,判断受试物是否干扰芳香化酶的活性,可以作为一种筛选环境中对该酶活性起干扰作用的毒性物质的手段。目前有2种体外检测系统,分别是JEG-3和JAR绒毛癌细胞系。此外,还可以运用人类胎盘微粒体的体外亚细胞手段检测芳香化酶的活性。美国环境保护署(EPA)正研究如何优化胎盘芳香化酶实验方案,并计划将其与人类重组芳香化酶检测进行比较。人类重组芳香化酶检测与胎盘芳香化酶检测将同时进行认证。

1. 细胞系芳香化酶检测 芳香化酶试验的常用细胞系有绒癌细胞系JEG-3和JAR、H295R和腺样癌细胞系KGN等,试验方法基本相同。以JEG-3细胞为例,芳香酶的活性范围为每小时每毫克蛋白产生5.4～6.7ng产物。用含10%胎牛血清的DMEM/F-12常规培养细胞,调整细胞密度至25 000个/ml,接种于96孔细胞培养板,每孔2ml,培养2天到约50%融合,更换含有标记的1β-[^{3}H]雄烯二酮和不同浓度受试物的培养基,继续培养2h。将培养液转移到试管中经氯仿处理后,转移到液闪瓶中进行闪烁计数,定量芳香化酶代谢1β-[^{3}H]雄烯二酮所产生的^3H_2O的量;细胞进行MTT活性分析。该方法具有一些缺点,如不能用于机制的解释、细胞系芳香化酶的活性会随细胞培养时间的延长而下降、受试物可能具有细胞毒性、受试物的溶解性和在细胞中的可能代谢等也会影响检测结果。

2. 胎盘微粒体芳香化酶检测 微粒体是由结合在内质网上的细胞色素P450芳香化酶和NADPH-细胞色素P450还原酶组成。该方法是通过检测底物1β-[^{3}H]-雄烯二酮溶液中的氚放射量来定量。

试验前先制备胎盘微粒体，取冰冻保存的胎盘组织，在磷酸缓冲液中经组织匀浆后 10 000g 离心 30min，取上清超速（100 000g）离心 1h，弃上清得到微粒体球，经洗涤重悬后低温保存备用，其活性一般为 10～19ng/(mg 微粒体 · min)。试验时，在试管内加入含有标记的 1β-[^{3}H]雄烯二酮、不同浓度受试物和胎盘微粒体悬液，37℃振荡培养 2h，加入氯仿终止培养，将处理后的培养液转移到液闪瓶中进行闪烁计数，定量芳香化酶代谢 1β-[^{3}H]雄烯二酮所产生的^3H_2O 的量。

胎盘微粒体芳香化酶可以检测每分钟每毫克微粒体蛋白中的产物，灵敏性比较高，已有多个实验室和制药企业应用。缺点是该方法只能测量芳香酶的活性，不能解释酶活性抑制的机制，也不能反应受试物对芳香酶表达的影响，而且微粒体提取物中含有的其他类固醇代谢酶也会直接或间接影响芳香化水平，检测结果还受到受试物溶解性和微粒体保存后活性下降等的影响。

（五）仓鼠卵穿透试验和精子低渗肿胀试验

就精子的毒性而言，CASA 与其他实验如仓鼠卵穿透试验（hamster egg penetration test，HEPT）和低渗肿胀试验（hypoosmotic Swelling Test，HOST））联合应用能够提供精子功能状态的信息。

这些试验涉及的检测终点可能与生殖机能紊乱有关（如受精延迟）可能与精子获能、精子与卵细胞融合和精子与透明带的结合等因素有关。如果只进行精子计数和形态学分析以及单纯的精子与透明带结合等检测，并不能如 HEPT 那样准确有效地检测生育能力。

HEPT 又称为精子穿透试验（sperm penetration test，SPT），是临床评价精子功能最常用的试验。SPT 是测定精子获能、顶体反应和结合卵子能力的一种技术复杂而严格的生物学试验。试验结果用相差显微镜观察，计算卵子受精率和受精指数（fertilization index，FI）。计算公式：受精率（%）＝受精卵数/卵细胞总数×100%；FI＝穿透卵细胞的精子数/卵细胞总数。受精率＞10%；受精指数＞5。SPT 试验结果与体内、外穿透实验结果有良好的相关性，对不育症的诊断符合率达 90%，所以，可作为测定精子功能的基础试验。虽然 HEPT 是实验室用作研究男性学和生殖生物学的常规方法，但其在毒理学的应用仍未验证，有关该方法标准操作可参考 WHO 的“检测人类精液和精子与宫颈黏液相互作用的实验指南中”实验方案。

HOST 试验是通过观察精子在低渗溶液中的变化情况，用于检测精子细胞膜功能的完整性，已有研究表明精子细胞膜的完整性不足与发育不良相关。试验方法是将精子置于低渗溶液中，由于渗透压改变，精子为维持内外体液间的平衡，水分可通过精子膜进入精子，由于精子尾部的膜更柔软、疏松，所以尾部可肿胀/弯曲。用相差显微镜观察，计算 100～200 个精子中出现肿胀的百分率。结果判断分 7 型：a 型，未出现肿胀；b 型，尾尖肿胀；c 型，尾尖弯曲肿胀；d 型，尾尖肿胀伴弯曲肿胀；e 型，尾弯曲肿胀；f 型，尾粗短肿胀；g 型，全尾部肿胀。g 型肿胀精子率＞50%判断为阳性。

（六）雌激素受体结合试验

雌激素受体结合试验（estrogen receptor binding assays）用于检测能够与雌二醇受体（ER）结合的化合物。雌二醇受体是属于核激素受体超家族的转录调控蛋白，其在调控转录活化和（或）抑制雌二醇应答基因方面发挥重要作用。雌二醇受体结合试验可检测雌激素激动剂和拮抗剂，但不能将二者区分。雌二醇受体体外竞争结合实验是通过定量检测受试物和 17β-雌二醇与雌激素受体的竞争性结合能力，检测受试物是否能与ER结合发挥雌激素作用或干扰正常雌激素活性。雌激素受体结合试验可作为实验策略的组成部分，替代子宫增重检测，以及替代 OECD TG 415 和 416。

1. 大鼠雌激素受体竞争结合试验 将受试物给予切除卵巢的雌性大鼠，定量检测其在生殖组织中与雌激素受体的结合能力，判断大鼠体内雌激素受体与雌激素的结合能力是否受到影响。先测量不同浓度受试物存在的情况下某一浓度标记的雌二醇与受体的总结合能力，以标记雌二醇的总体结合能力相对于受试物的浓度绘制竞争结合曲线，从而判断受试物是否干扰了雌二醇与ER的结合能力。

试验前10天将10～12周龄SD大鼠去除卵巢。处死大鼠，取出子宫，子宫称重后放入含有TEDG缓冲液中匀浆处理，转移组织匀浆至离心管中超速离心，取上清液作为雌激素受体提取液直接进行试验，上清液中含有细胞溶质的雌激素受体。

制作两套试管，分别用于标准曲线测定和受试样品测定，所有试管中先加入10μl [^{3}H]雌二醇，用于标准曲线的试管加入10μl未标记的不同浓度的雌二醇，受试物测定的试管加入10μl未标记的不同浓度的受试物，每个试管中加入缓冲液和雌激素受体提取液，试管内各物质混匀后振荡20h。经沉淀吸取上清液加入闪烁瓶，加入闪烁液测定放射性活度。

以结合百分比和未标记受试物的浓度绘制标准曲线，使[^{3}H]雌二醇与ER总体结合能力抑制50%的受试物浓度作为IC_{50}。

2. MCF-7细胞的雌激素受体竞争结合试验 在外源化学物质存在的情况下，定量检测[^{3}H]雌二醇与人乳腺癌细胞(MCF-7)表达的雌激素受体的结合能力的变化，从而判断外源化学物是否可以竞争性地与ER结合。

体外培养含有人重组雌二醇受体α的MCF-7细胞到对数生长期，调整细胞密度为20 000/ml，于24孔板中每孔加入1ml，培养4天后，去除培养液，分别加入不同化学物。用于测定未标记雌二醇IC_{50}的孔中加入[^{3}H]雌二醇和不同浓度的未标记雌二醇；用于测定外源化学物IC_{50}的孔中加入[^{3}H]雌二醇和不同浓度的受试物。培养结束后，加入无水乙醇。取上清液加入闪烁瓶中，检测放射性活度。以结合百分比和未标记受试物的浓度绘制标准曲线，使[^{3}H]雌二醇与ER总体结合能力抑制50%的受试物浓度作为IC_{50}。

3. 优化试验 MELN试验：MELN细胞是雌激素敏感的人乳腺癌细胞(MCF-7)稳定转染了通过重复雌激素反应元件控制(estrogen-responsive elements，EREs)的荧光素酶质粒报告基因的表达。由化学物引起的ER激活或抑制可通过荧光素酶活性的变化表示，该试验可用于筛选对人的ER起作用的化学物(拮抗剂或激活剂)。终点包括荧光素酶活性(EC_{50})和LDH漏出。

ER-CALUX试验：U2-OS细胞是来源于人的骨肉瘤细胞系，ER-CALUX细胞是转染了基因编码的人雌激素受体α(ERα)和荧光重复雌激素反应元件控制(EREs)的荧光素酶质粒报告基因的细胞。配体激活的ERα诱导荧光素酶报告基因。用于检测具有雌激素效应的化学物。检测终点是细胞裂解液荧光素酶活性。

应用：美国环境保护署正在计划验证大鼠子宫胞质溶胶检测实验。其他检测与α雌二醇受体和β受体亲和力的试验也已经建立。如日本科学家检测了948种化合物与α雌二醇受体的亲和力。美国环境保护署、日本化学评价研究协会(CERI)和欧盟 RePro-Tect计划将就其预测性进行预验证研究。

(七) 雌二醇受体转录检测

雌二醇受体转录检测(estrogen receptor

transcriptional assay)主要用来鉴定在体内具有激动剂或拮抗剂效应而能够影响雌二醇活性的化合物。体外的雌二醇受体转录检测(TAs)主要是通过检测雌激素诱导表达的报告基因产物和测试底物或雌性激素对细胞生长的激活效应来实现的。OECD TG455 是 TAs 实验的一种,其原理是在化学物与特异性受体结合继而发生下游转录的活化后,诱导报告基因表达。利用报告基因的表达与否及表达量评估由特异性核受体(如雌激素受体)调节的特异性基因表达。

(八) 雄性激素受体结合试验

雄性激素受体结合试验(androgen receptor binding assay)是设计用来检测待测底物与雄性激素受体(AR)的亲和力。雄激素受体属于核激素受体超家族的一种转录调控蛋白,与甾体类激素受体家族的成员高度同源,这些成员包括黄体激素、糖皮质激素和盐皮质激素的受体,因此,可导致配体的非特异性结合。雄激素受体在雄性和雌性生殖系统发育和功能维持过程中发挥重要作用。5α 双氢睾酮(DHT)是雄激素受体的天然配体,一些外源化学物质可能通过模拟或阻断 DHT 发挥雄激素受体介导的内分泌干扰作用。如果外源化学物质的空间结构与 DHT 相似,就可能与雄激素受体结合或干扰 DHT 与雄激素受体的结合,从而导致正常生殖生理过程的紊乱。有些化学物可直接与雄激素受体结合,阻断 DHT 引发的细胞内过程,成为 DHT 拮抗剂。雄性激素受体亲和力检测能够检验出激动剂和拮抗剂,但不能区分两者。该试验方法可单独运用或作为试验策略的组成部分替代 OECD TG 415 和 416,用于化学物质的生殖毒性试验。

1. 大鼠前列腺胞质雄激素受体竞争性结合试验　该试验用于测定外源化学物和 ^{3}H标记的配体与大鼠前列腺组织中雄激素受体竞争结合的能力。选择雄性大鼠,去势 24h 后处死大鼠,取出前列腺,去除脂肪组织,称重,加入低盐 TEDG 缓冲液(含丙三醇、钼酸钠、EDTA、苯甲磺酰氟和二硫苏糖醇),将组织剪碎,4℃匀浆后 30 000g 离心 30min,收集含有细胞溶质受体的上清液,直接用于检测或低温保存备用。测定溶质中蛋白质含量。

制作两套试管,分别用于标准曲线测定和受试样品测定,标准物质用 R1881(methyltrienolone,美曲勃龙),所有试管中先加入 30μl 0.01 μmol/L[^{3}H]R1881 和 50μl 60 μmol/L 曲安奈德溶液(triamcinolone acetonide),用于标准曲线的试管加入 30μl 无活性的 R1881。受试物测定的试管加入 10μl 未标记的不同浓度的受试物,每个试管中加入缓冲液和胞质受体混合液,轻轻混匀后振荡过夜。经沉淀吸取上清液加入闪烁瓶,加入闪烁液测定放射性活度。以结合百分比和未标记受试物的浓度绘制标准曲线,使[^{3}H]R1881 总体结合能力抑制 50%的受试物浓度作为 IC_{50},计算相对结合能力。

2. 转染细胞的雄激素受体结合试验　采用重组了大鼠报告基因的转染细胞进行雄激素受体结合试验,可用于评价化学物对雄激素受体(AR)的亲和力。放射性标记检测配体[^{3}H]R1881 和报告基因,经硫氧还蛋白质粒重组融合了大鼠 AR 铰链区配体结合区,分别与含和不含受试物的培养液孵育。未结合的配体和受试物通过羟基磷灰石或木炭吸附,结合 AR 的配体通过液闪仪测定。该试验可用于化合物筛查和优选目的。试验终点是放射性标记的配体与 AR 结合。

(九) 雄性激素受体转录检测

与雌二醇受体转录检测(TAs)一样,雄性激素受体转录检测主要用来鉴定在体内具有激动剂或拮抗剂效应而能够影响雄激素活性的化合物。这些检测方法都是以基因工程细胞系为基础，检测受雄性激素调控的报告基因产物（例如荧光素酶）。体外的雄性激素受体转录检测主要是通过检测雄激素诱导表达的报告基因产物和测试底物或雄性激素对细胞生长的激活效应来实现的。拮抗效应可以通过雄性激素诱导的报告基因产物的表达含量和细胞增殖的数量来进行测量。

以下细胞系已应用于实验：CV＋pLuc、CHO-K1（Eco SCREEN™）、MDA-MB-453-kb2、PALM 细胞系和 AR-CALUX。

美国环境保护署已构建能够表达雄性激素受体和糖皮质激素受体的细胞系，简称 MDA-kb2，从而极大地促进了雄性激素受体转录检测方法的发展。该细胞的最大优势是其含有内源性的雄性激素，避免了在转染过程中使用已获有专利的人类重组雄性激素受体。应用该检测方法已对 17 种化合物进行了检测。

体外雄性激素受体报告基因分析系统（AR-CALUX）和人前列腺癌细胞（PALM）应用的优化方案已经落实，并将会进入 ReProTect 计划的前验证程序。

1. HEP G2 细胞雄激素受体试验 采用转染了雄激素受体（AR）、雄激素调控基因反应元件（ARE）、受雄激素调控的目的基因的 HEP G2 细胞，经外源化学物质刺激后，通过定量检测目的基因来评价受试物的雄激素激活作用或拮抗作用。

2. 酵母雄激素受体试验 采用转染了 AR、AREs、β-半乳糖苷酶基因的酵母，经外源化学物质刺激后，再将酵母裂解，通过酶促反应检测 β-半乳糖苷酶的诱导水平来评价受试物的雄激素激活作用或拮抗作用。

3. 转染人类雄激素受体和荧光素酶的 CV-1 细胞试验 采用转染了人类 AR、AREs 和受雄激素调控的荧光素酶基因的 CV-1 细胞，给予外源化学物质刺激后，裂解细胞，通过酶促反应检测荧光素酶的表达，进而评价受试物的雄激素激活作用或拮抗作用。

4. CHO 细胞试验 采用转染了人类 AR 和荧光素酶基因的 CHO 细胞，给予外源化学物质刺激后，裂解细胞，通过酶促反应检测荧光素酶的表达，进而评价受试物的雄激素激活作用或拮抗作用。利用 CHO-K1 细胞开发的 Eco SCREEN™ 试剂盒已实现商业化应用。

5. AR-CALUX 试验 AR-CALUX 细胞来源于人 U2-OS 细胞，经过稳定转染人雄激素受体 α（AR）基因和受 AREs 控制的荧光素酶报告基因质粒。经配体激活的 AR 诱发荧光素酶报告基因的表达。用于检测具有雄激素效应的化学物，检测终点是细胞裂解液荧光素酶活性。

6. PALM 试验 PC-3 是人的前列腺癌，PALM 细胞是人的前列腺癌细胞，稳定转染了 AREs 控制的荧光素酶质粒报告基因。由化学物引起的 AR 激活或抑制可通过荧光素酶活性的变化表示，该试验可用于筛选对人的 AR 起作用的化学物（拮抗剂或激活剂）。终点包括荧光素酶活性（EC_{50}）和 LDH 漏出。

四、替代方法的终点或验证领域

在发育毒理学的很多方面，尚有不少体外检测方法有望转化成为预测外源物质毒性的毒理学试验方法。前提是这些方法在毒理学安全试验方面的可靠性和相关性需要进一步确认，这些方法的开发和验证状态需要评估。此外，哺乳动物生殖过程中，哪一个靶器官和生殖生理机制对化学物的损伤较为敏感，以及哪一个合适的体外模型能覆盖这一敏感范围，都必须达成共识。只有那些能够在测试策略中提供确切判定性信息的方法才有进一步开发和验证价值。

因此，现行的体外系统的应用大多是不成熟的，其作为毒理学安全评价试验的可靠性和相关性需要另外的研究加以证明。以下所列的是已知的对化学物损伤较为敏感的生殖毒理学领域，相关的体外模型都应该包含在试验策略中。

（一）生殖细胞突变

生殖细胞突变应当包括精原细胞（spermatogonial）和原生殖细胞（PGC）的突变，试验方法可以采用原代培养的精原细胞、原生殖细胞，也可采用精原干细胞系或胚胎生殖细胞系。

1. 精原细胞和原生殖细胞突变试验 精原细胞和原生殖细胞是精子发生和发育的原始细胞，这些原始细胞的培养成功，使其可以作为体外检测生殖细胞致突变作用的主要靶细胞，利用这些细胞系建立的生殖细胞突变检测方法的可靠性和适用性仍有待进一步研究。

精原干细胞（Spermatogonial stem cell）具有自我增殖和分化为精子的能力，如大鼠精原干细胞系 Gc-5spg 和 Gc-6spg。精原干细胞的数量和特性可以用于判断雄性动物的生殖能力。因此，精原干细胞可以作为体外检测生殖细胞致突变作用的靶细胞之一。

2. BALB/cJ 小鼠永生化胚胎生殖细胞系的生殖细胞突变试验 利用来源于 BALB/cJ 小鼠原生殖细胞的永生化雄性和雌性胚胎生殖细胞系（EG），开发一种具有高灵敏度和预测性的体外方法，可以替代体内生殖细胞突变试验。在完全相同的实验条件下，比较 EG 细胞系和分化的小鼠 3T3 成纤维细胞系对遗传毒物的发育毒性的敏感性差异，细胞毒性可利用 MTT 法检测，而遗传毒性则可通过计算标准致突变剂诱发的姐妹染色单体的交换率（SCE）来测定。这些测试结果可将化合物划分为两类：一类是非生殖细胞遗传毒性，另一类是高生殖细胞遗传毒性。

科学家开发了一项以雌性细胞系 EG_3 为基础、运用线性判别分析的生物统计学预测模型，此模型只分析一个变量，即 $Ig(SCE_{200}EG_3)$，表示细胞暴露 3h 后，在每一次分裂中期，具有统计学显著意义的与浓度相关的 SCEs 较平均次数增加 200％的受试物浓度，运用这一模型，足以把化合物区分为非生殖细胞遗传毒性和高生殖细胞遗传毒性两类。运用此预测模型检测 5 种遗传毒性物质和 3 种非遗传毒性物质，正确区分率达到 100％。

（二）生殖细胞成熟

雄性生殖细胞成熟的试验策略应当包括精原细胞和附睾上皮试验、精子活性检测、曲精细管培养和功能检测、体外受精/精子的毒性检测以及鼠/牛体外受精实验。这些试验在许多实验室都能够成功建立。附睾精子及上皮的共培养是一种有效的体外检测精子形成的方法，共培养方法能够促进精子的运动并提高与卵细胞结合的能力，还可以延长精子在体外的活力。杜克大学的 Blanche Capel 开发了胎儿生殖腺培养技术，可用于检测雄性或雌性性腺原基的发育。

雌性生殖细胞成熟的试验策略应当包括颗粒细胞试验/膜细胞试验，体外受精试验以及卵细胞质量检测等。采用卵巢离体器官培养技术，可检测化学物对卵泡形成、卵泡池静息和卵泡生长的影响。体外受精/卵细胞毒性检测可用牛卵母细胞进行。评价卵细胞质量方面现有多种技术可行，包括纺锤体染色法、染色体制备、钙离子测定、体外受精、囊胚泡分析等。

（三）研究类固醇激素生成

几种细胞系可用于甾体生成的检测。

1. 人肾上腺皮质癌细胞系 H295R 该细胞可用于阐明甾体生成的完整途径，包括从胆甾醇到 17-β 雌二醇整个过程中芳香化酶活性的变化，试验方法由比利时布鲁塞尔自由大学研发，目前处于验证和标准化阶段。

2. R2C 大鼠间质细胞瘤细胞系 该细胞没有 hCG 受体，能大量分泌孕酮，细胞间 cAMP 水平不足以诱导激素合成反应，表达高水平的 P450 芳香化酶和 5-α 还原酶，可用于研究激素和神经内分泌对性腺的调节。

3. H540 大鼠间质细胞瘤细胞系 该细胞与双环膦酸腺苷反应后能够产生雄性激素，对 hCG/LH 缺乏反应性。

4. mlTC-1 小鼠间质细胞瘤细胞系 与 hCG 有特异的高亲和力，hCG 结合后可刺激腺苷酸环化酶产生 cAMP，且具有时间和浓度依赖性。当细胞暴露于 hCG 后，会产生孕酮，但不产生睾酮。但在基线条件下，细胞不产生孕酮而产生少量睾酮。该细胞系可用于 hCG 对 LH 受体功能的机制、hCG 对腺苷酸环化酶系统的机制研究。

5. KGN 人类颗粒样肿瘤细胞系 表达相对较高的芳香化酶，孕酮的分泌受双环磷酸腺苷调控。

6. HO-23 永生化人类颗粒细胞系 能分泌孕酮，用于孕激素的研究。

7. Jc-410 猪粒细胞系 能分泌孕酮，对促性腺激素缺少反应。

这些细胞系在甾体生成测试策略中的应用仍需要评价。其他有待完善的方法还包括猪颗粒细胞检测、人颗粒细胞检测、牛颗粒细胞检测、莱迪希细胞富功能培养和猪莱迪希细胞检测。

（四）胎盘毒性检测

外源化学物通过胎盘转运对胚胎和胎儿的影响可分为两种情况：一是影响胎盘本身的结构和功能，从而间接影响胎儿造成发育毒性；二是母体血浆中未结合的化学物质以原型或代谢物的形式透过胎盘，造成胚胎或胎儿宫内的直接暴露。可采用胎盘灌流系统研究化学物的转运。

（五）着床

着床的过程包括胚胎的附着、滋养细胞和胎盘的形成等，子宫对于妊娠起到十分重要的支持作用。胚胎的移动速度和胚胎的发育阶段必须与子宫内膜滋养层的生理变化阶段保持同步。此过程受到雌激素和孕酮的严格调控，而且子宫内膜上皮的严格调控只为着床提供了非常小的机会。化合物可以从以下几个方面干扰此过程，如化合物使胚胎转运受阻，导致子宫与孕体的不同步；化合物影响子宫内皮的功能；化合物毒性作用于子宫和胚胎而妨碍其附着和侵入；破坏激素的平衡，导致妊娠失败。几种体外模型应用于研究着床的过程，所用的细胞系有绒癌细胞系 JART、肾上腺皮质癌细胞系 H295R 以及原代培养细胞。

（六）子宫功能

几种子宫内膜上皮的细胞系如 RL95-2 可以用来检测化合物对子宫功能的影响。此外，大鼠阴道角质细胞的长期培养已经建立。这些细胞可以在膜性材料上进行三维培养，在模仿体内激素（雌激素和孕激素）水平波动的情况下，能够准确地重现大鼠生殖过程中结构和组织的特征性变化。

（七）血液-睾丸屏障

赛托利细胞是男性睾丸的Ⅱ型支持细胞。在早期性成熟时，赛托利细胞以细胞质基底膜外侧的表面形成紧密的连接，从而构成血液-睾丸屏障，并将曲细精管分为管腔小室和基底室。这些腔室与精子的成熟密切相关。此外，血液-睾丸屏障能够保护生殖细胞免受化学伤害。因此，赛托利细胞是化合物作用的靶点，相应的毒性检测也已经建立。如已建立了保留自身特征的赛托利细胞系、大鼠赛托利细胞富集培养检测、赛托利细胞功能检测、赛托利细胞血液-睾丸屏障检测、赛托利细胞培养检测等。

由于生殖过程主要受内分泌系统调控，因此，不仅要完善检测化合物对生殖器官和组织产生毒副作用的方法，还必须考虑针对整个内分泌系统的毒性的检测。

（八）受体的相互作用

（1）雌激素受体和雄性激素受体的研究：对雌二醇的结合检测可以通过细胞系进行。与大鼠子宫胞质溶胶检测比较，细胞系的应用因避免使用实验动物而更有优势。

（2）源于 MCF 7 细胞系的胞质溶胶试验。

（3）经纯化的重组人雌激素 α 受体和 β 受体以及标记荧光的雌激素 α 或 β 受体：体外的雄性激素受体竞争性实验可以通过测定底物与 DHT（5α-脱氢睾酮）的竞争结合能力来进行。此实验方法经过标准化后，可以取代大鼠前列腺胞质溶胶的检测方法。

（4）转染人类雄性激素受体的 COS-1 细胞系。

（5）半纯化的重组雄性激素受体。

（6）计算机模型：美国环境保护署曾验证两种不同的雌激素受体结合的定量结构活性模型（QSAR），分别名为 COREPA 和 CoMFA。测试了 300 种化合物，但验证不成功。

（九）胸腺激素

胸腺激素轴关系到生长、发育和生育力的调控以及早期的胚胎形成，但其复杂的机制仍未完全清楚。一系列的体外技术已经用于测评胸腺细胞的各方面生物学指标，但作为生殖毒性化合物检测的最合适方法还没有确定。

（十）下丘脑-垂体-性腺轴

现时仍未有筛选工具。

（十一）发育毒性检测的替代方法

除了已验证的胚胎毒性试验外，其他发育毒性实验包括胎儿发育、分娩和功能成熟都需要体外系统和计算机虚拟系统来进行模拟。化合物对着床前胚胎的影响现在可以通过牛和啮齿类动物的着床前胚胎进行检测（见第 3 节）。牛精子和卵细胞可取自屠宰场或养殖场，无须牺牲动物就能获取用于实验的细胞。

（十二）基因组学在离体和体外测试中的发展和验证

由于 DNA 微矩阵和 RNA 微矩阵等芯片技术的成功应用，大量基因的相关表达都可以轻易地检测。离体和体外的微矩阵检测的开发、完善和验证都将会大大提高其预测价值。尽管在形态学检测之前的分子水平检测较为敏锐，但难以直观反映作用靶点的变化，所以必须进行针对性的改造。此外，分子水平的鉴定可以用于解释离体和体外检测所得的数据。

包含生殖发育毒性相关基因的微阵列技术现已投入使用（包括同源基因、凋亡基因和涉及叶酸、维生素 A 和甾体通路的基因），而且发育毒性基因的微阵列已在多个实验室得到应用，并能够在现有实验系统中任何适当的阶段发挥作用。这方面的技术应用见本书第 5 章。

然而，基因组学的替代测试方法要通过验证，则仍需在以下的方面做出努力：对已知的、可疑的或毒性较弱的化合物进行广泛的测评；明确相关机制的“指纹”特征；评价量效和时效关系；明确标准化系统的要求，以使该方法能够进入正式的验证程序。

（十三）体外发育神经毒性的模型

发育中的神经系统已被认为是多种毒

性物质的主要靶点，如未成熟的脑细胞(尤其是神经元)相对于其他已分化的细胞对神经毒性物质更为敏感。由于神经元和神经胶质细胞能够在体外同时达到形态学和生理学的成熟(包括突触形成、髓鞘形成和表达特征性的神经递质)，所以原代神经元的培养、神经胶质细胞的培养和两者的混合培养都可以用于研究发育依赖的神经毒性。发育神经毒性的替代技术进展见第 16 章。

然而，这些研究仍处在发展阶段，现时还不能选出值得推荐的方法。该系统包括以下方面：

①聚集细胞培养：在与体内环境相似的生长发育环境下，对细胞进行三维结构培养。②脑细胞和海马细胞的切片培养：适用于检测通过少突胶质细胞诱导中枢神经系统髓鞘形成发生改变的神经毒性物质。③从中枢神经系统或外周神经系统分离任何类型的原代神经细胞，如交感神经元。这些模型适用于神经元的形态学研究以及在原位和体外能够调控神经神经元形态形成的内分泌因子。④原代纯系培养的皮质星形胶质细胞系和神经胶质细胞系，如胶质细胞瘤 C6，适用于研究能够减少星形胶质细胞增生和成熟的化合物(如影响神经胶质酸性蛋白的表达)。⑤秀丽隐杆线虫和斑马鱼在细胞与分子水平研究神经发育方面，都是具有很好特征性的模型，此外还包括了个体细胞死亡和神经发育特定阶段相关基因的鉴定。秀丽隐杆线虫和斑马鱼的全基因组测序已经完成，这能够使生物化学水平、细胞水平和分子水平的神经发育毒性研究整合起来，进而研究结构和功能的变化。这促进了基因组学/蛋白质组学数据库的构建，有利于跨物种神经发育毒性的研究，尤其是在进化过程中保守的神经发育的关键因素。

五、小　　结

现行替代方法的总结见表 19-6。这些方法的目的主要是用于试验策略(或)成套试验的一部分，用于部分替代动物试验，现阶段仍需对检测化合物的生殖和发育毒性的实验策略进行进一步研究和完善，才能为下一步替代方法的开发和验证提供框架基础。由于生殖过程的复杂性，为了审核现行各种体外实验的相关性及其在实验策略中所扮演的角色，必须对具体的某项体外方法进行研讨和评估，然而由于体外试验的研究策略仍未明确以及人们对生殖和发育毒性机制的认识还有待深入，因此，难以准确预测现行的实验方案能否涵盖生殖发育毒理学的某个方面。但有一点应予强调的是必须加强新方法的开发，因为现行的方法仍不能满足安全评价的需要。

此外，必须指出的是目前仍未清楚如何发挥现行方法在实验策略中的作用以及如何确定体外模型的优先发展顺序。现时还未能预测几种涉及原代细胞培养和器官培养的暂定方法是否会被替代。此外，一些未被实验计划涵盖的关于生殖发育毒理学其他领域的研究已经进行鉴定，如生殖行为、分娩、出生后的功能发育和促性腺激素的分泌。

表 19-6　生殖和发育毒性替代方法一览表

动物实验终点	可用替代方法	测试终点	应用领域	验证进程	说明
发育毒性(OECD TG414-421)	EST 试验	ES 细胞分化抑制(ID_{50})，3T3 和 ES 细胞增殖抑制($IC_{50\ 3T3}$，$IC_{50\ ES}$)	发育毒性化合物测试结构模拟；优选	已验证(ECVAM)	①；仅用于有限合物

续表

动物实验终点	可用替代方法	测试终点	应用领域	验证进程	说明
发育毒性（OECD TG414-421）	MM 测试	分化抑制	发育毒性化合物测试结构模拟；排序	已验证(ECVAM)	①
	WEC 测试	多方面	发育毒性化合物测试结构模拟；排序	已验证(ECVAM)	①
	鸡胚视网膜细胞培养	多方面	发育毒性化合物测试结构模拟；排序	研发	①
	胎儿性腺培养	多方面	发育毒性化合物测试结构模拟；排序	研发	①
	新生卵巢培养	多方面	胚胎毒性化合物测试结构模拟；排序	研发	①
	人胎盘灌流系统	多方面	穿越胎盘屏障的化合物	研发	①
	滋养层细胞系	多方面	胎盘毒性	研发	①
	JAR 细胞及 RL95-2 细胞	多方面	移植	研发	①
1和2代生殖毒性研究（OECD TG415、416、421）	牛和啮齿类动物前植入胚胎	多方面	对前植入胚胎的影响	研发	①
	cLHMR MA 10 细胞	黄体激素产生	干扰类固醇生成	预验证(ECVAM)	①
	睾丸切片分析	睾酮产生，睾丸间质细胞计数	干扰睾酮产生	预验证（US EPA EDMVS)	①
	H295R 细胞	产生类固醇量	干扰类固醇生成	预验证（US EPA EDMVS)	①
	R2C 细胞	产生类固醇量	干扰类固醇生成	研发中	①
	H 540 细胞	产生类固醇量	干扰类固醇生成	研发中	①
	MLTC-1 细胞	产生类固醇量	干扰类固醇生成	研发中	①
	TM 3 细胞	多方面	干扰类固醇生成	研发中	①
	I-10 细胞	多方面	干扰类固醇生成	研发中	①
	KGN 细胞（人颗粒样细胞系）	产生类固醇量	干扰类固醇生成	研发中	①
	HO-23 细胞永生化人颗粒细胞系	产生类固醇量	干扰类固醇生成	研发中	①
	Jo-410 细胞（稳定猪颗粒细胞系）	产生类固醇量	干扰类固醇生成	研发中	①
	RL95-2 细胞子宫内膜上皮细胞系	多方面	子宫功能	研发中	①
	鼠阴道角质细胞	多方面	子宫功能	研发中	①
	胎盘微粒体芳香化酶试验	芳香化酶活性	干扰芳香化酶活性	USEPA 前验证	①
	滤泡培养生物检测	类固醇生成，类固醇受体表达	卵巢功能的影响	研发中	①

续表

动物实验终点	可用替代方法	测试终点	应用领域	验证进程	说明
1和2代生殖毒性研究(OECD TG415、416、421)	计算机辅助精子检测(CASA)	多方面	精子的影响	研发中	①;终点相关性有待证明
	仓鼠卵穿透试验/低渗肿胀试验	精子功能状态,精子质量,受精能力	检测精子功能	研发中	①
	附睾精子及上皮共培养	多方面	精子生成过程的影响	研发中	①
	睾丸支持细胞和生精细胞共培养	多方面	生精细胞毒性	研发中	①
	生精小管培养试验	多方面	睾丸毒性	研发中	①
	精子激活检测	多方面	精子功能的影响	研发中	①
	体外受精卵毒性试验	多方面	卵细胞和植入前毒性	研发中	①
	卵原细胞增生试验	多方面	干扰卵细胞减数分裂	研发中	①
	支持细胞系试验	多方面	化学物对血睾屏障的作用	研发中	①
啮齿类显性致死试验(OECD TG478)	精原干细胞系	生殖细胞突变	遗传毒性	研发中	②
	腔前卵泡培养系统	多方面		研发中	②
	附睾精子和上皮共培养	多方面		研发中	②
哺乳动物精原细胞染色体试验(OECD TG483)	精原干细胞和细胞系	生精细胞突变		研发中	②
	支持细胞系	多方面		研发中	②
小鼠点突变试验(OECD TG484)	植入前胚胎	多方面			②
子宫增重生物检测1和2代生殖毒性研究的(抗)雌激素作用(OECDTG 415、416、草案)	大鼠子宫细胞溶质试验	雌激素受体结合	内分泌干扰物	验证中(USEPA)	③
	MCF7细胞系细胞溶质试验	雌激素受体结合	内分泌干扰物	研发中	③
	纯化重组人hERα	雌激素受体结合	内分泌干扰物	优化方法	③
	QSAR ER结合模型	ER结合性	内分泌干扰物	优化方法	③
	雌激素受体转录检测(细胞系MCF7、T47D、MVLN、ER-CALUX、Eco、SCREEN)	细胞增生诱导/抑制 报告基因产物诱导/抑制	内分泌干扰物	研发中	③
	基于人类ERα转染细胞系的雌激素受体转录检测(HeLa细胞)	细胞增生诱导/抑制 报告基因产物诱导/抑制	内分泌干扰物	验证中(USEPA)	③

续表

动物实验终点	可用替代方法	测试终点	应用领域	验证进程	说明
Hershberger 试验 1 和 2 代生殖毒性研究的(抗)雌激素作用(OECDTG 415、416、草案)	大鼠前列腺细胞溶质试验	雄激素受体结合	内分泌干扰物	验证中(USEPA)	④
	雄激素受体转录检测(转录细胞系 MDA-MB-453、AR-CALUX、Eco-SCREEN)	细胞增生诱导/抑制 报告基因产物诱导/抑制	内分泌干扰物	验证中(ECVAM USEPA)	④
发育神经毒性试验(OECD 草案 426)	见第 16 章				①

注:①仅用于覆盖发育周期主要特征的测试策略;②生殖细胞突变;③雌激素激活剂和拮抗剂;④雄激素激活剂和拮抗剂

(项　鹏　程树军)

参考文献

常艳. 小鼠胚胎干细胞在遗传和发育毒理学中的应用. 国外医学·卫生学分册,2004,31(3): 163～167

程树军,李海标. 非人灵长类胚胎干细胞研究进展,实验动物与比较医学,2004,2:15～19

李建科. 食品毒理学. 北京:中国计量出版社,2007

李勇,张天宝. 发育毒理学研究方法和实验技术. 北京:北京医科大学出版社,2000

陆荣柱. 胚胎干细胞的毒理学应用研究进展. 卫生毒理学杂志,2004,18(2): 121～123

王心如. 毒理学实验方法与技术. 北京:人民卫生出版社,2003

周宗灿. 毒理学基础. 第 2 版. 北京:北京医科大学出版社,2000

Adler S, Pellizzer C, Hareng L, et al. First steps in establishing a developmental toxicity test method based on human embryonic stem cells. Toxicol In Vitro, 2008, 22(1): 200～211

Bantle JA, Fort DJ, Rayburn JR, et al. Further validation of FETAX: evaluation of the developmental toxicity of five known mammalian teratogens and non-teratogens. Drug Chem Toxicol, 1990, 13:267～282

Brown NA, Spielmann H, Bechter R, et al. Screening chemicals for reproductive toxicity: thecurrent alternatives. The report and recommendations of an ECVAM/ETS workshop (ECVAM Workshop 12). ATLA, 1995, 23: 869～882

Bueggemeier RW, Katlic NE. Aomatase inhibition by an enzymeactivated irreversible inhibitior in human carcinoma cell cultures. Cancer Res, 1990, 50, 3652～3656

Chen R, Chen J, Cheng SJ, et al. Assessment of embryotoxicity of compounds in cosmetics by the embryonic stem cell test. Toxicology Mechanisms and Methods, 2010, 1～7

Cortvrindt, R. J. Smitz. Follicle culture in reproductive toxicology: a tool for in-vitro testing of ovarian functionvarious. Hum Reprod Update, 2002, 8:243～254

Culig Z, Hobisch A, Bartsch G, Klocker H. Androgen receptor-an update of mechanisms of action in prostate cancer. Urol Res, 2000, 28(4):211～219

Dees JH, Gazouli M, Papadopoulos V. Effect of mono-ethylhexyl phthalate on MA-10 Leydig tumor cells Reprod Toxicol, 2001, 15(2):171～187

Ekwall B, Selling J, Johnels D. Toxicity of chlorophenols to HeLA cells as measured in the MIT-24 system. ATLA, 1987, 14:178～181

Elsby R, Maggs JL, Ashby J, et al. Assessment of the effects of metabolism on the estrogenic activity of xenoestrogens: a two-stage approach coupling human liver microsomes and a yeast estrogenic assay, J Pharmacol Exp Ther, 2001, 296:329～337

Evans MJ, Kaufman MH. Establishment in culture of pluripotential cells from mouse embryos. Nature, 1981, 292 (5819):154

Festag M, Viertel B, Steinberg P, Sehner C. An in vitro embryotoxicity assay based on the disturbance of the differentiation of murine embryonic stem cells into endothelial cells Ⅱ. Testing of compounds. Toxicol In Vitro. 2007, 21(8):1631～1640

Flint OP. A micromass culture method for rat embryonic neural cells. J. Cell. Sci, 1983, 61: 247～262

Genschow E, Spielmann H, Scholz G, et al. The ECVAM international validation study on in vitro embryotoxicity tests. Results of the definitive phase and evaluation of prediction models. ATLA, 2002, 30: 151～176

Hartig PC, Bobseine KL, Britt BH, et al. Development of two androgen receptor assays using adenoviral transduction of MMTV-luc reporter and/or hAR for endocrine screening. Toxicol Sci, 2002, 66(1): 82～90

Hu Y, Cortvrindt R, Smitz J. Effects of aromatase inhibition on in vitro follicle and oocyte development analyzed by early preantral mouse follicle culture. Mol Reprod Dev, 2002, 61(4): 549～559

Lambright C, Ostby J, Bobseine K, et al. Cellular and molecular mechanisms of action of linur. on: an antiandrogenic herbicide that produces reproductive malformations in male rats. Toxicol Sci, 2000, 56(2): 389～399

Mehta A, Konala VB, Khanna A, et al. Assessment of drug induced developmental toxicity using human embryonic stem cells. Cell Biol Int, 2008, 32(11): 1412～1424

Molenaar R, de Rooij DG, Rommerts FF, et al. Specific destruction of Leydig cells in mature rats after in vivo administration of ethane dimethyl sulfonate. Biol Reprod, 1985, 33(5): 1213～1222

Monsees TK, Franz M, Gebhardt S, et al. Sertoli cells as a target for reproductive hazards. Andrologia, 2000, 32: 239～246

New DAT. Whole embryo culture, teratogenesis and the estimation of teratological risk. Teratology, 1990, 42: 635～642

Nikula H, Talonpoika T, Kaleva M, et al. Inhibition of hCG stimulated steroidogenesis in cultured mouse Leydig tumor cells by bisphenol A and octylphenols. Toxicol Appl Pharmacol, 1999, 157(3): 166～173

Nogueiro EM. European Commission: Alternative testing strategies progress report, 2009

Pelissero C, Lenczowski MJ, chinzi D, et al. Effects of falvonoids on aromatase activity, an in vitro study. J. Steroid biochem. Mol, 1999, 70: 249～256

Peters AK, Steemans M, Mesens N, et al. Evaluation of the embryotoxic potency of compounds in a newly revised high throughput embryonic stem cell test. Toxicological Sciences, 2008, 105(2): 342～350

Peters AK, Wouwer GV, Weyn B, et al. Automated analysis of contractility in the embryonic stem cell test, a novel approach to assess embryotoxicity. Toxicology In vitro, 2008, 22(8): 1948～1956

Sanderson JT, Seinen W, Giesy JP, et al. 2-Chloro-s-triazine herbicides induce aromatase (CYP 19) activity in H295R human adrenocortical carcinoma cells: a novel mechanism for estogenicity. Toxicol Sci, 2000, 54: 121～127

Skinner MK. Regulation of primordial follicle assembly and development Hum Reprod Update September 1, 2005, 11(5): 461～471

Spielmann H, Pohl I, Döring B, et al. The embryonic stem cell test (EST), an in vitro embryotoxicity test using twopermanent mouse cell lines: 3T3 fibroblasts and embryonic stem cells. In Vitro Toxicology, 1997, 10: 119～127

Stresser DM, Turner SD, McNamara J, et al. A high-troughput screen to identify inhibitors of aromatase (CYP 19). Anal. Biochem, 2000, 284: 427～430

Suemori H, Tada T, Torii R, et al. Establishment of embryonic stem cell lines from cynomolgus monkey blastocysts produced by IVF or ICSI. Dev Dynamics, 2001, 222: 273～279

Sultan C, Balaguer P, Terouanne B, et al. Environmental xenoestrogens, antiandrogens and disorders of male sexual differentiation. Mol Cell Endocrinol, 2001, 178(1～2): 99～105

Tamura H, Maness SC, Reischmann K, et al. Androgen receptor antagonism by the organophosphate insecticide fenitrothion. Toxicol Sci, 2001, 60(1): 56～62

Terouanne B, Tahiri B, Georget V, et al. A stable prostatic bioluminescent cell line to investigate androgen and antiandrogen effects. Mol Cell Endocrinol, 2000, 160 (1～2): 39～49

Thomson JA, Itskovitz-Eldor J, Shapiro SS, et al. Embryonic stem cell lines derived from human blastocytes. Science, 1998, 282: 1145

Tilley WD, Marcelli M, Wilson JD, et al. Characterization and expression of a cDNA encoding the human androgen receptor. Proc Natl Acad Sci USA, 1989, 86: 327～331

Uphill PF, Wilkins S, Allen JA. In vitro micromass teratogen test: results from a blind trial of 25 compounds. Toxicol In Vitro, 1990, 4: 623～626

Vinggaard AM, Hnida C, Larsen JC. Environmental polycyclic aromatic hydrocarbons affect androgen receptor activation in vitro. Toxicology, 2000, 145(2～3): 173～183

Wilson VS, Bobseine K, Lambright CR, et al. A novel cell line, MDAkb2, that stably expresses an androgen- and glucocorticoid-responsive reporter for the detection of hormone receptor agonists and antagonists. Toxicol Sci, 2002, 66(1): 69～81

Zahalsky MP, Zoltan E, Medley N, et al. Morphology and the sperm penetration assay. Fertil Steril, 2003, 79(1): 39～41

Zur Nieden NI, Kempka G, Ahr HJ. Molecular multiple endpoint embryonic stem cell test—a possible approach to test for the teratogenic potential of compounds. Toxicol Appl Pharmacol, 2004, 194(3): 257～269

第 20 章　化学品危害评估/生态毒性评价及替代方法的应用

Chapter 20　Chemical Hazard Evaluation/Ecotoxicology Assessment and Alternative Methods Application

第 1 节　化学品法规管理概述

目前全球大约有 700 万种化学品，其中常用化学品超过 7 万种，并且每年还有 1000 多种新的化学物质问世。中国已生产和上市销售的化学物质大约有 45 000 种，每年申报新化学物质约 100 种。化学品是现代社会不可缺少的生产资料和消费品，并作为医药、农药、化肥、塑料、纺织品、日用化工产品、化妆品、食品添加剂等广泛应用。但是，许多化学品，在其制造生产、进出口、存储、销售、运输、公共危险品管理、使用以及应急处置、废弃的整个过程中，由于误用、滥用、化学事故或处置处理不当，都会对人类健康产生危害和对生态环境产生不利影响。

化学品的大量生产和广泛应用产生了区域和全球性的环境和健康危害，如持久性生物蓄积性有毒化学品污染、内分泌干扰物问题、危险化学品泄漏事故、危险废弃物的跨国转移和处置、臭氧层消耗等。世界卫生组织（WHO）研究报告表明，造成癌症的各种因素中化学因素约占 80%。此外，生产生活过程中产生的有毒有害化学污染物的危害也有显现，如二噁英的污染。基于大量的科学研究和现实的污染危害事件，人们已认识到，化学品不仅对人类健康造成危害，而且化学品在流入环境后，除了造成生存环境的变化，还对生态环境中的各种生物个体和群落造成危害，如化学品干扰鱼类、鸟类、爬行类和哺乳类野生动物的内分泌功能，导致野生动物种群雌性化和生殖繁衍衰竭等现象。化学品的健康危害评估和环境评价已经成为世界各国关注的焦点问题。

当今的化学品管理概念综合涵盖“安全、环境和健康”3 个方面，可以分为：①化学品环境管理；②化学品消费者人群的健康保护管理；③作业场所工人职业安全和健康管理。化学品健全管理（chemicals sound management）一词来自 1992 年联合国环发大会通过的纲领性文件——《21 世纪议程》第 19 章，该文件提出了 6 大国际化学品管理战略规划，包括：①扩展和加快化学品风险评价；②统一化学品分类和标识；③加强有毒化学品和化学品风险的信息交流；④建立风险减低计划；⑤加强国家化学品管理能力；⑥防止有毒和危险化学品的非法国际贸易。随后，国际社会建立了政府间化学品安全论坛（International Forum on Chemical Safety，IFCS）和组织间化学品健全管理计划（Inter-Organization Programme for the Sound Management of Chemicals，IOMC）两个重要的国际化学品管理组织与协调机制，后者成员包括联合国粮农组织（FAO）、国际劳工组织（ILO）、联合国环境规划署（UNEP）、联合国工业发展组织（UNIDO）、联合国训练与研究协会（UNITAR）、世界卫生组织（WHO）和 OECD 7 个组织和联合国发展计划署（UNDP）和世界银行 2 个观察员。从安全和环境的角度管理化学品，保护生态环境与人类健康。

一、国际社会对化学品管理的法规

（一）国际化学品管理战略方针（SAICM）

化学品健全管理的自愿积极性机制建立在这样的观念基础上，“通过基于科学的风险评价以及考虑费用和获利以及安全替代品的可行性及其绩效，对于对人体健康和生态环境造成不可接受的和难以管理的风险的化学品或者化学品的使用应该不再生产或者不再用于这样的用途。”2002 年，世界可持续发展首脑会议（WSSD）通过了为实现《21 世纪议程》可持续发展目标而敦促世界各国进行统一和实际行动的《执行计划》。《执行计划》设定了实现化学品环境无害化管理的一项具有时限性的战略目标“为了实现化学品整个生命周期内的无害化管理，到 2020 年，实现化学品生产、使用对人类健康与环境不利影响的最小化”。2006 年 2 月 4 日至 6 日，经过国际社会共同努力，140 多个国家共同签署了推动国际化学品管理的迪拜宣言（Dubai Declaration），支持联合国国际化学品管理策略方针（Strategic Approach to International Chemical Management，SAICM），成为未来 2020 年前国际化学品安全管理推动的主要工作架构。SAICM 的总体目标是：在化学品的整个生命周期内对之实行健全的管理，以便最迟至 2020 年把化学品的使用和生产方式对人类健康与环境产生的重大不利影响降低到最低限度。本目标将特别通过实施在《全球行动计划》中所订立的各项具体活动予以实现，包括风险减少、知识与资讯、公共治理、能力建设与技术合作、非法国际贩运等方面的总体政策战略和一系列具有明确的行动步骤和时间表，综合和协调现有国际化学品安全管理行动的统一战略与行动方案。但 SAICM 涵盖的化学品范围不包括属于以下范畴内的产品：此类化学品和产品所涉及的健康与环境风险受本国国内的食品或药品主管部门所制订的相关规章条例或相关措施的制约。

（二）全球化学品统一分类和标签制度（GHS）

化学品分类及标记全球协调制度（Global Harmonization of Hazard Classification and Labeling Systems，缩写 GHS）于 1992 年由联合国正式提出，建议各国应展开国际间化学品分类与标记协调工作，以减少化学品对人类和环境造成的危险，以及减少因化学品跨国贸易必须符合各国不同分类与标记带来的成本。GHS 旨在对世界各国不同的危险化学品分类方法进行统一，最大限度地减少危险化学品对人类健康和环境造成的危害。GHS 是在 ILO、OECD 和联合国危险货物运输专家委员会（UN TDG）的协调下，经过多年的国际磋商努力，以世界各国现行的主要化学品分类制度为基础，创建的一套科学、统一、标准化的化学品分类标记、标签制度。该系统涉及场所安全、环境保护、运输、危险化学品管制、事故处理、公共健康、劳工和消费者保护等内容。经过 10 多年的努力，2003 年，GHS 终于完成并发布。从 2008 年开始，联合国要求所有国家对危险化学品的管理与 GHS 体系的要求达到完全一致。GHS 必将成为世界各国未来普遍遵循的统一的化学品危害性分类制度，并极大地推动国际化学品环境管理进程。GHS 按化学品的物理危险及健康和环境危害 2 个方面把它的危险分为 26 类 60 多项。按物理危险分为 16 类；按健康和环境危害分为 10 类，即急性毒性、皮肤腐蚀/刺激、严重眼睛损伤/眼睛刺激性、呼吸或皮肤过敏、生殖细胞突变性、致癌性、生殖毒性、特定靶器官系统毒性-单次暴露、特定靶器官系统毒性-重复暴露、对水环境的危害。在 26 类化学品的分类之后，都设定了特殊的标记，每一个标记的危险信息要素包括符号、标记字符、危险性说明、警示性说明和象形图、产品说明、供应商名称等内容。

（三）化学品环境管理国际公约

1998 年，国际社会共同达成了《关于国际贸易中特定危险化学品和农药事先知情同意程序的鹿特丹公约》（PIC 公约）；2001 年，通过了《关于持久性有机污染的斯德哥尔摩公约》（POPs 公约）；此外，UNEP 等国际机构目前正积极开展全球范围内汞和内分泌干扰物质的评估活动。

二、发达国家的化学品环境管理制度

（一）新化学物质申报和评估

申报制度是化学品环境管理的一项基本制度。20 世纪 70～80 年代，发达国家普遍通过制定化学品专项立法并建立了新化学物质申报制度，如日本于 1973 年颁布的“化学物质控制法”、美国于 1976 年发布的《有毒物质控制法》（*Toxic Substances Control Act*，TSCA）和欧盟于 1979 年颁布的“关于危险物质分类、包装和标志指令（79/831/EEC）”（该法令是对欧盟 67/548/EEC 的第 6 次修订）。在欧盟，根据新化学物质的上市销售或进口数量，新物质的申报被分为 3 个级别。新化学物质的上市量/进口量越高，所要求提供的数据越详细。欧盟要求申报者提供的各种健康和环境危害性数据必须符合 GLP 规范以及《化学品测试准则》的要求。OECD 制定了欧盟和其他 OECD 国家普遍遵循的关于新化学物质申报的统一最低限度数据要求，即所谓“上市前最低限度数据（MPD）”。

美国有毒物质控制法（TSCA）规定的新化学物质申报数据内容可分为 4 部分：①一般信息：主要包括新化学物质的种类、分子式、组成成分、纯度以及制备工艺、生产/进口量、用途和职业安全说明等；②人体暴露和环境释放信息：主要包括操作规程、职业暴露估计和防护措施、环境释放估量和控制技术信息；③附录安全和测试信息：主要包括安全技术说明书、现有健康和环境毒性研究数据、理化性质等任何测试数据（可选）；④可选择提供包括污染防治的相关信息。与欧盟不同的是，美国 TSCA 对于新化学物质申报的上述数据是以现有数据为基础，通常不强制要求进行测试。

（二）现有化学物质风险评价与风险管理制度

“现有化学物质”是指在过去某一段时期内（如欧盟）或者从某一时间到目前（如美国）一个国家或地区已经生产、进口或上市销售和使用的化学物质。1993 年，欧盟颁布了“关于现有化学物质风险评价和控制条例（EEC793/93）”，要求生产和进口量超过 10 吨/年的化学品生产厂家或进口商在 1998 年前按产量分阶段申报要求的信息，规定生产和进口量超过 1000 吨/年的高产量（high production volume，简称 HPV）化学品的生产厂家或进口商必须提交包括进入环境途径与转归、生态毒性、急性毒性、亚急性毒性等多项化学品风险评价数据。欧盟建立了一个称为“欧洲现有商业物质名录（EINECS）”的现有化学品名录，并启动了一项由欧盟各成员国分工合作的现有化学物质优先风险评价与风险管理计划，旨在逐步评估和控制现有化学物质的环境与健康风险。

美国 TSCA 规定：当 EPA 认定一种现有化学物质可能对人类健康或环境产生“不合理风险”（unreasonable risk）或因该化学品的大量生产造成人体或环境显著的暴露、但缺乏风险评价数据或需要进行必要的毒性测试时，则可要求该化学品生产者或进口者提供该化学品危害测试信息，并可采取强制性管理措施，包括禁止该物质的生产或严格管制其使用，亦或两者皆有；同时，TSCA 还授权设立了测试咨询委员会，负责向 EPA 推荐需优先开展毒性测试、评价和风险管理的现有化学物质名单。

鉴于现有化学物质数目庞大以及其风险评价的复杂性，优先风险管理已成为各国的一项基本政策，即对通常意义上意味着具有高暴露概率的高产量化学品（HPV，产量 >1000 吨/年）开展制度化或组织化的危害性质测试，并根据对某些高风险或优先类化学品的特定标准采取风险管理措施，禁止或限制使用某些高风险的“优先有毒化学品”，如 PBT、CMRs（致癌、致突变或对生殖系统有毒的物质）或 vPvB 类化学品。优先性风险管理也反映在欧盟新 REACH 法规制度中，其要求年生产量和进口量在 10 吨以上的化学品生产厂家或进口商必须对其化学品“已确定”的用途进行风险评价。

综上所述，发达国家建立的现有化学物质风险评价与管理制度、优先化学品风险信息报告、必要的测试、风险评价及管理可以使政府主管部门获得现有化学品危害性和风险的基本信息。根据这些信息，主管当局可以对具有高环境和健康风险的某些优先化学品合理地采取风险管理行动，包括禁止或限制其生产和使用措施，可以逐步降低现有化学品的环境和健康风险。

（三）欧盟化学品 REACH 管理体系

2006 年 12 月，欧盟委员会通过了 EC1907/2006 指令，即“化学品注册、评估、审批法规（Registration，Evaluation and Authorization of Chemicals，REACH）”，已于 2007 年 6 月 1 日起实施。该法规替代了 20 世纪 70 年代以来建立的多项主要化学品环境管理法规。其目标是：“在保证欧盟统一市场和化学工业竞争力的同时，确保给予人类健康和环境高水平的保护。”因此，REACH 法规对经济发展和人类健康与环境保护进行了综合的考虑，并且在发展和满足需求的同时贯彻了预防原则。

REACH 法规特别针对解决现有化学物质危害和风险信息缺乏的问题，并加快现有化学物质风险管理进程，保留了对现有化学物质“提供证据的负担”要求，并将提供证据的责任由主管部门移交给企业，要求生产厂家和进口商对其超过规定数量生产或进口的化学物质，针对“已确定的”用途开展风险评价，并将评价结果报告主管部门和告知下游用户与消费者。因此，REACH 法规的目的是让企业来承担风险评价的责任。此外，通过采取限制措施和批准授权制度在全欧洲范围内为主管部门对具不合理风险的化学品处置提供风险管理手段。

三、中国对化学品的环境管理要求

我国现有的涉及化学品环境管理相关的法律法规包括《固体废物污染环境防治法》、《危险化学品安全管理条例》和《农药管理条例》，涉及的管理内容对项目立项、生产、储运、经营、使用、进出口、处置的整个周期的各环节都有规定。中国的化学品管理体系还包括一系列涉及环境保护、危险化学品、农药、医药品、兽药等安全管理的法律和行政法规，以及药品、化妆品、食品和食品添加剂、饲料和饲料添加剂、农药等专用化学品的管理法律法规和部门规章。在标准体系方面，中国还颁布了一系列危险化学品分类、储存、运输、包装与标志等安全标准，一系列控制化学污染物排放、危险废物处理等环境标准及职业卫生标准。

从 1994 年 5 月起，中国开始实施有毒化学品进出口环境管理登记制度。环保总局将列入《鹿特丹公约》管制名单上的有毒化学品列入了《中国禁止或严格限制的有毒化学品目录（第 1 批）》，实施进出口环境管理登记，并对相关进出口国家履行了 PIC 程序。2005 年 6 月，为履行《鹿特丹公约》、《斯德哥尔摩公约》，环保总局与海关总署联合发布了《中国禁止或严格限制的有毒化学品目录（第 2 批）》，将公约新增有毒化学品（7 种）增补进管理目录，纳入进出口环境管理的范围，自同年 7 月 10 日起实施。2005 年 12 月，环保总局和海关总署联合发布的 2005 年第 65 号公告《中国严格限制进出口有毒化学品目录》，将限制管理的有毒化学品品种由 34 种增加到 188 种，自 2006 年 1 月 1 日起实施、其他相关管理办法还有《新化学物质环境管理办法（第 17 号令）》（环保总局，2003 年）、《农药毒理学安全性评价良好实验室规范》（农业部，2003 年）、卫生部《化学品毒性鉴定管理规范》（2001 年）等。

四、法规对于环境毒性动物试验替代的规定

欧盟法规 86/609/EEC 明确定义的被保护的实验动物为“任何活的非人类脊椎动物，包括自由生活的幼体和（或）育苗期的幼体，但不包括胎儿或胚胎”。因此，除了哺乳动物、禽类以外，鱼类（不包括胚胎）也是欧盟动物法规保护的范围。对于化学品的健康和环境毒性试验，如果不对动物实验加以合理限制和适宜的评估的话，按照国际社会对化学品管理的要求，完成所有评估的实验几乎是不可能的。因此，法规建议对化学品的评估应采用整合试验的策略（图 20-1）。欧盟 REACH 特别指出了替代动物试验的建议，有关条款综合如下：

（1）鼓励使用经过验证的计算机技术，包括定量结构活性关系方法。

（2）促进新的体外试验方法的研发。

（3）使每次试验所需的实际动物的使用数量减到最少。

（4）有义务提供数据、费用的共享，以及建立化学品毒性试验的信息交换机制。

（5）所有试验必须符合 GLP 原则，以及

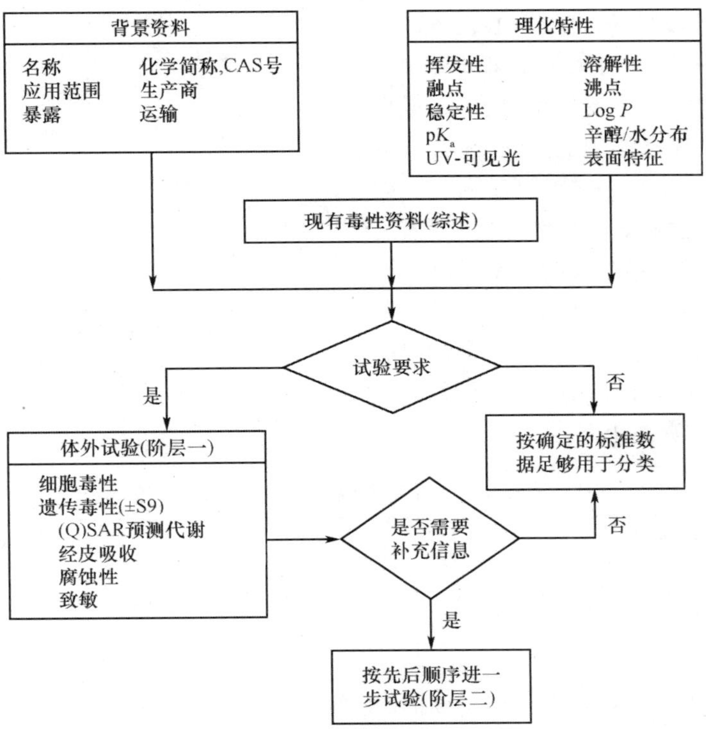

图 20-1　建议对现有和新化学物质的整合试验方案流程图

其他保护试验用动物的法规的要求。

(6) 只要有可能就用有效的替代方法代替动物实验。

第2节 化学品生态毒性及替代方法

一、生态毒理学概念

生态毒理学是以研究生态环境中有毒有害因素对非人类生物(包括人类以外的所有动物、植物、微生物)的损害作用及其规律的科学,其目的在于保护生态系统的健康不受影响。环境毒理学研究的是环境污染物对人体和人群健康的损害作用,其目的是为了保护人体健康免受环境不利因素的影响。两者在研究主体和目的等方面都有区别。由于人类活动而造成的环境污染特别是化学物污染是当今全球生态系统所面临的最大问题之一,研究环境污染物对非人类生物特别是野生生物及其生态系统的毒害作用及其规律是生态毒理学研究的中心任务。

生态毒理学的研究对象是生态环境中的所有生物,包括非人类生物的个体、群体或群落,为了研究这些损害作用的本质,还要从器官、组织、细胞及分子水平进行试验研究。因此,用于生态毒理学的试验材料,既包括人工培养的模式生物,如藻类、大型水蚤、拟南芥、斑马鱼、蚕豆、线虫等以外,还可以选用生态系统中有代表性的动物、植物或微生物个体或群落。本章主要讨论与脊椎动物保护和替代试验相关的水生生物毒性研究。

生态毒理学研究中,根据研究目的和对象的不同,可以分为体内研究、体外研究、分子水平研究和生态系统水平研究等几种。体内研究多选择整体动植物个体进行,根据研究目的,使受试生物接触有毒有害因素一定时间,然后观察受试生物形态和功能上的变化。体内实验可以分为急性实验、亚慢性实验、繁殖试验、蓄积试验、代谢试验和"三致"试验(致癌、致突变和致畸)等。环境污染物在生态系统中往往是低剂量、长时期暴露,因而亚慢性和慢性试验更具价值。

二、法规认可的鱼类毒性试验方法

法规认可的水生生物毒性试验见表20-1。评价终点包括死亡、致死和非致死效应、生殖和生长率等,其中应用最广泛的试验是 TG 203 急性毒性试验,在 OECD 高产量化学品计划(HPV)计划中,急性鱼毒性试验要求作为一项基本的资料提交给筛查信息数据库(screening information data set, SIDS)。GHS 要求计算 96h 的 LC_{50},利用急性和慢性毒性比(acute to chronic ratio, ACR)或安全因子评估化学物的急性和慢性毒性分级。试验 TG305 可测定生物富集因子。其他鱼类试验用于评估慢性效应和特定发育阶段的毒性作用。关于内分泌干扰物的评价,有 2 项鱼的试验方法(生殖毒性的短期试验和长期试验)正在 OECD 审核阶段,这两个试验的目的是通过鱼评价化学物的内分泌效应。

表 20-1 法规认可的生态毒性试验方法(水生生物部分)

	试验名称	检测终点	OECD 指南	欧盟指南附录Ⅴ
1	藻类生长抑制试验	死亡	201	
2	蚤类 24h EC_{50} 急性活动抑制试验	死亡	202	
3	鱼类急性毒性试验	死亡	203	C. 1
4	鱼类 14 天延长毒性试验	死亡	204	
5	鱼类早期生活阶段毒性试验	致死和亚致死效应	210	
6	大型蚤繁殖试验		211	

续表

	试验名称	检测终点	OECD 指南	欧盟指南附录Ⅴ
7	鱼类胚胎-卵黄囊吸收阶段的短期毒性试验	胚胎-卵黄囊吸收阶段的致死和亚致死效应	212	C. 15
8	鱼类幼体生长试验	对生长率的影响	215	C. 14
9	生物蓄积——流水式鱼类试验	生物富集因子	305	C. 13
10	内分泌干扰物鱼类筛选试验	大体形态，卵黄脂磷蛋白产生和性腺组织学		
11	内分泌干扰物鱼类全生命周期试验	除上述外，生长率，性反转率，生殖和第二性特征		
12	鱼短期生殖毒性试验 吸收和蓄积试验		299	C. 1

加拿大法律规定要求纸浆和造纸厂排水必须定期进行虹鳟急性致死性毒性测试，类似的规定在采矿业也有要求，试验鱼暴露于排水中 96h，如果死亡鱼总数超过 6 只，则检测不合格，污水不能排放；否则判定为可排放水。近期，加拿大政府尝试采用鱼细胞体外检测的方法代替活体动物试验用于污水的评估。

海洋水生物毒性试验是生态毒理学的重要内容，随着人类活动范围向海洋的延伸，海洋生态环境保护日益受到重视。美国 EPA 和材料学会已发布了水生生物试验的一系列标准。如美国材料学会(ASTM)，海洋和河口端足类 10 天静水式沉积物毒性试验指南(E1367-99)、鱼早期阶段毒性试验指南(E1241)、沉积物毒性试验方法—河口和海洋无脊椎动物相关污染物(E1367)材料对水生生物的危害评估指南及应用(E1023)、水生生物毒理学行为测试指南(E1604)等 10 多项；美国 EPA 全污水毒性试验手册(包括 821-R-02 系列标准，即污水及受纳水淡水、海洋和河口生物的急性毒性试验方法、预测慢性毒性的短期试验方法等)；沉积物毒性试验手册(包括 600-R-94 系列方法，即淡水无脊椎动物、海洋生物和河口生物检测沉积污染物毒性和生物蓄积毒性的方法)；毒性鉴定和评估手册等测试指南。

近年来我国也有类似的检测标准发布，如海洋监测规范(GB 17378-2007)第 6 部分生物体分析和第 7 部分近海污染生态调查和生物监测、海洋石油勘探开发污染物生物毒性(GB 18420-2009)第 1 部分分级和第 2 部分检验方法。

鱼作为生物医学和基础生物学研究的实验动物可用于毒性机制的研究中，作为模式生物用于癌症研究和发育生物学研究，另外一个日渐重要的领域是用于化学物和水体的毒性试验，以符合法规的管理要求，满足新物质和产品开发安全评价的需要，或用于环境监测和监督。据统计，1999 年，欧盟 13 国全年的试验鱼使用数量为 61.4 万条，其中约 29%用于毒理学和安全评价目的。鱼的使用量变化比较大，如英国，鱼的使用量从 1999 年的 12.2 万条增加到 2000 年的 24.3 万条，但到 2001 年又下降到 17.1 万条。鱼的使用与环境监管力度和科技发展水平等有关，在欧洲还受到动物福利的影响。

三、急性毒性试验

水生生物急性毒性试验主要包括鱼类、水蚤类和藻类 3 种，这些试验是化学物质生态和环境毒性评价的要求(如 REACH 法规附录Ⅵ)。水生生物急性毒性试验的目的与哺乳动物试验是一致的(见第 8 章)。

鱼类毒性试验包括鱼类急性毒性、延长毒性和慢性毒性实验，主要用于化学品分类，化学品、杀虫剂、农药、药品的环境风险评估，以及用于产品和污水环境的评价。尽管在某些情况下蚤类和水藻用于污水或化学品测试可能比鱼类敏感，但总体情况来看，鱼类是最敏感的物种。欧洲化学品局2000年的一项研究，采用3种生物测试了新注册化学品的急性毒性，结果表明，藻类生长抑制试验最为敏感，检测率达43.5%；蚤类活动抑制试验为22.3%，鱼类为15.6%。对其中18.6%的化学物，这3种生物同等敏感。在对污水的毒性评估中，鱼类（特别是虹鳟）是最敏感的生物，约对20%的测试样品敏感。

法规认可的可用于毒性试验的鱼的种类有8种，其中青鳉（medaka，*oryzias-latipes*）、虹鳟（rainbow trout，*oncorhynchus mykiss*）、斑马鱼（zebrafish，*danio rerio*）、黑头呆鱼（*fathead minnow*，*pimephales promelas*）是应用最广泛的物种。在我国，剑尾鱼（*xiphophorus helleri*）、稀有鮈鲫和红鲫是常用的实验鱼种。

根据综合试验策略和3R的原则，通过对受试物理化性质和现有资料的分析，可减少不必要的实验。如果受试物高度不溶于水（水溶性 < 10μg/L）、不大可能透过生物膜（分子量>800，分子直径>15Å）或已进行了长期毒性研究的，则不必要进行鱼类急性动物试验。

（一）动物试验及优化

急性鱼类、水蚤和藻类毒性试验是OECD、欧盟法规（REACH）和我国化学品测试毒性测试认可的基础毒性的系列方法（表20-1）。急性鱼类毒性试验中，将受试物溶于水（溶解度低的物质可超声分散或以有机溶剂助溶），鱼类暴露于受试物96h，并记录24、48、72、96h时死亡率，检测致50%鱼死亡的浓度（LC_{50}）。用鱼数量：每个剂量组和对照组7条，每次试验约用42条（限度检查用14条鱼）。

可考虑用于环境毒性检测的终点有多种，为了便于评估，大多数法规可能只规定了对藻类、水蚤属及鱼类的毒性。现已建立了许多毒性作用模式，如流水式、静水式和活动抑制的观察等。对于某些特殊作用模式（例如麻醉）已基本认识。也建立了许多良好的模型数据库，不少数据库还配有相关质量评价。根据这些数据（如机制研究及有用数据），急性环境毒性模型可应用于多类化合物的毒性评价。

（二）替代方法

欧洲化学品毒理学和生态毒理学中心（ECETOC）环境风险评估替代试验方法工作组提出在鱼类毒性和生物蓄积性研究中采用替代方法，包括采用细胞系和鱼胚胎。

1. 急性毒性的阈值法 急性毒性阈值试验（acute threshold approach）或称阶层试验法（step-down approach），是由Hutchinson于2003年提出的策略，其目的是通过比较蚤类和水藻急性毒性试验获得的阈值资料来估计鱼类急性毒性试验的LC_{50}，从而减少生态毒性试验所需鱼的数量。按照分层策略，首先应当进行藻类和水蚤试验，然后决定是否进行鱼急性毒性试验。这一方法最近已通过ECVAM的回顾性验证，并被ESAC认可。据估计，利用这种方法可大幅度减少65%～70%急性毒性试验鱼的使用数量，从42条减少到10条。经过优化分析，可以做出的判定情形包括：继续进行下一层鱼阈值试验，即单一浓度水平的毒性试验；如果有明确的证据表明非脊椎动物具有高毒性，则无须鱼的试验；进行鱼的限度试验；采用较少的受试物浓度测定鱼的LC_{50}值；运用已验证的替代方法的资料，如鱼胚胎毒性试验。

2. 鱼胚胎试验 根据86/609/EEC指令，胚胎不在被保护的范围内，因此鱼胚胎试验（fish embryo toxicity，FET）提出作为鱼急性毒性试验的替代方法。多数已公开的鱼胚胎毒性资料来自斑马鱼试验，但如果该试验成为国际认可的方法还应考虑其他鱼种，特别是青鳉和黑头呆鱼。还需要研究鱼胚胎作为非动物替代方法的可接受性和种间差异分析，即适用性和敏感性，如研究不同鱼胚胎期持续时间和孵化方式的种间差异。卵黄囊完全吸收前的后孵化胚胎期称为自由胚胎(eleutheroembryo)，斑马鱼较青鳉和黑头呆鱼短。2002 年，德国官方已批准斑马鱼胚胎实验(danio rerio toxicity, DarT)替代鱼急性毒性试验用于污水检测。ECETOC 推荐在所有规定以鱼测试检测污水的国家应以鱼胚胎试验替代鱼试验，保护活体动物免于试验。进一步研究胚胎试验作为非动物试验的替代方法的可能性，有助于该试验被法规认可，这些努力包括对更广范围的化合物进行测试，对不同种类的鱼进行试验，评估胚胎发育不同阶段的敏感性，除致死终点外可增加发育不良等非致死终点。基因组学和蛋白组学的研究可能有助于提供胚胎试验的关于机制的基础，用于危害识别和风险评估。

3. 鱼细胞试验　体外培养的鱼细胞用于毒理学试验主要是 3 个方面：①细胞毒性：包括基本毒性和细胞特异毒性；②遗传毒性；③细胞特异性功能的影响：包括生物转化、特异生物标志物和毒性机制的研究。研究表明，在细胞机制方面鱼细胞与哺乳动物细胞具有许多相似功能，但也有其独特优势：能在室温和大气中培养，无需专用设备；能在 4℃长期保存，无需冻存和复苏；能暴露于不同渗透压的含样品的水环境中。由于毒性终点相同和操作简单，鱼细胞可作为传统鱼急性毒性试验的替代方法或作为补充的生物检测法，用于生态毒理学测试；也可用于替代哺乳动物细胞用于某些特殊的实验，如测试非无菌的环境污染物。因此，鱼细胞在体外毒理学和筛查试验中的应用并不局限于生态毒理学试验。

多种鱼细胞系(见表 20-2)和原代培养的鱼细胞(如鳃上皮细胞、鱼肝细胞)可用于检测化合物及环境样本，且利用体外 EC_{50} 数据进行毒性分级与体内 LC_{50} 比较具有良好的相关性。细胞毒性采用与人类急性毒性类似的检测终点(如用 MTT、中性红摄取检测细胞活力)。有研究认为鱼细胞不如成体鱼敏感，而且鱼细胞系试验对于中等毒性程度的化学物或污水可能会产生假阴性反应，但其较低的敏感性可能降低假阳性结果的风险，因而可作为鉴定高毒性化学物的筛选工具。除了某些特定类型的化合物以及用细胞不能检测到的特殊作用模式产生的一般毒性的化学物(如有机磷酸酯抑制乙酰胆碱酯酶)以外，鱼细胞试验可用于多种不同类别化学物的检测。在目前细胞试验仍存在争议的情况下，短期来看，鱼细胞试验仅能用于筛选目的，而不能完全替代鱼急性毒性测试。

表 20-2　用于生态毒理学测试的不同鱼细胞系

鱼细胞系	鱼种类
FHM	圆腹雅罗鱼(golden orfe)
GFS	鲤鱼(carp)、黑头呆鱼(fathead minnow)、虹鳉鱼(guppy)、金鱼(goldfish)、青鳉(medaka)、虹鳉鱼(guppy)
RTG-2	虹鳟(rainbow trout)、斑马鱼(zebra fish)
BG/F	虹鳟(rainbow trout)、鲽(platessa)
PLHC-1	青鳉(medaka)
BF-2	翻车鱼(蓝鳃，bluegill)
R1	虹鳟(rainbow trout)
CHSE-214	大鳞大马哈鱼(chinook salmon)

(三) 计算机技术

1. 定量构效模型 QSAR　依据不同数量(及质量)的毒理学数据，现已开发出许多用于急性环境毒性研究的 QSAR。通常分为基于机制的模型和源于多元统计方法的模型。两种方法各有其特点和相对优势。已开发的 QSAR 模型可处理大量不同终点的毒理学数据，大多数采用黑头呆鱼数据库及四膜虫毒性数据。已尝试利用来源于监管的数据建立模型，但数据量少，预测结果相对较差。

2. 专家系统 随着可用的鱼（如黑头呆鱼和虹鳟鱼）类毒性数据数量的增长和质量的提高，现已开发出多种模拟鱼毒性的专家系统。美国 EPA 已开发了 ECOSAR 程序（可通过 EPIWIN 免费下载），为美国法律规定的"生产前公告（Pre-Manufactory Notices）"提供信息，包含用于不同物种的化合物急性毒性分级的独立疏水基 QSAR 模型。类似的还有通过过程估计毒性的 PBT 剖析程序（PBT Profiler）。

已有商品化软件包（也是基于黑头呆鱼和虹鳟鱼数据库）用于毒性预测，包括 TOPKAT、MultiCASE、OASIS 及 TerraQSAR。

（四）组合试验

组合上述替代方法，分别对 QSAR、鱼细胞试验和胚胎试验以及组合试验的可靠性和预测能力进行比较，有望建立经优化的试验组合以替代鱼急性毒性试验。

有关急性毒性试验的替代方法见表 20-3。

表 20-3 急性鱼毒性试验的替代方法

	法规认可	方法的相关性	可靠性（再现性和重复性）	开发状态	ECVAM 验证阶段
48h 胚胎污水试验	仅德国认可	+++	+++	DIN，ISO+/−	
化学物鱼胚胎毒性试验	列入 OECD 计划	+++	+++	提交 OECD	
鱼细胞毒性试验	无	+	+++	DIN 方案	
哺乳动物细胞毒性（3T3 和角质细胞）	无	+	+++	ECVAM 完成验证	++(+)
阈值方法	单个试验方法可用，扩大应用需讨论	+++	不可用	药品评价完成，ECVAM 开发新化学物，兽用药	
QSAR	限于欧盟	++(+)	++(+)	有一些方法	
试验策略（细菌、藻类和水蚤）	单个试验方法可用，扩大应用需讨论	++(+)	++(+)	+++	

四、慢性毒性实验

法规认可的鱼类长期毒性试验包括 3 种方法（表 20-1）：鱼类早期生命阶段毒性试验（fish early life stage toxicity test，FELS）、鱼类胚胎-卵黄囊吸收阶段的短期毒性试验（fish short-term toxicity test on embryo and sac-fry stages）和鱼类幼体生长试验（fish juvenile growth test）。存在潜在生物蓄积性的受试物建议使用 FELS 毒性测试。若受试物不大可能透过生物膜（分子量>800、分子直径>15Å）或不大可能接触水层，则不必要进行该试验。

（一）动物试验及优化

1. 鱼类早期生命阶段毒性试验（OECD TG 210） 是将处于早期生活阶段的鱼（或胚胎）暴露于一定浓度范围的受试物水溶液，试验持续至对照组中所有鱼都能自由摄食时方可结束试验。评估致死或亚致死效应并与对照值比较以确定最低可观察效应浓度（LOEC）、无可观察效应浓度（NOEC）。鱼卵的用量为每个浓度组或对照组至少 60 粒卵，每次试验约需 360 个。

2. 鱼类胚胎-卵黄囊吸收阶段的毒性试验（REACH C14、OECD TG 212） 是将鱼类胚胎-卵黄囊阶段的鱼苗受精卵暴露于受试物水溶液，试验从受精卵放入试验容器后开始，持续至所有容器中的任一幼体的卵黄囊均已完全被吸收或者对照组鱼因饥饿开始死亡之前。计算致死或亚致死效应并与对照值比较测定 LOEC 和 NOEC。鱼卵的用量为每个浓度组或对照组至少 30 粒受精卵，每次试验约需 180 个。

3. 鱼类幼体生长试验（REACH C14、OECD TG 215） 是将处于指数生长期的鱼类幼体暴露于受试物亚致死浓度范围内的水溶液。试验条件可采用流水式或半静态，试验周期为 28 天。每天投饵，投饵量根据鱼的初始重量计算，14 天后重新计算投饵量。由试验开始即计算体重变化及确定对生长率的影响，从而估计造成 $x\%$生长率变化的浓度 ECx（如 EC_{10}、EC_{20}或 EC_{30}）。如其他试验一样，可计算最低效应浓度（LOEC）及无效应浓度（NOEC）。鱼卵的用量为每个浓度组或对照组至少 16 条，每次试验约需 96 条。

相较于急性毒性，慢性环境毒性机制的了解相对较少。假设致死机制是类似的，如哺乳动物的麻醉剂对鱼类也有麻醉作用，而且更多特殊毒性的毒物也可以相同方式产生效应。那么，诸如降解（生物或非生物）、疏水化合物的生物蓄积等对于鱼类毒性和毒力的影响变得更为重要。但实际上，可用于分析的鱼类慢性毒性数据很少，影响这一领域实现完全替代的可能性。

4. 内分泌干扰物鱼类筛选试验

（1）短期（14 天和 21 天）鱼生殖毒性实验：鱼类生殖毒性试验采用性成熟的雄性和雌性黑头呆鱼，通过观察暴露期间鱼的外观、行为、生殖能力以及血浆中激素水平的改变，对外源化学物的雌激素样或者雄激素样作用进行评估。在化学物暴露 14 天和 21 天后，观察其存活率、生殖行为以及第二性征的变化。记录每天的产卵数以及受精情况。测定受精卵孵化后的胚胎发育情况。在试验结束时检测外部形态、性腺体重系数（gonadosomatic index，GSI）、性腺组织形态学以及血浆中卵黄原蛋白（vitellogenin，VTG）和性激素如雄二醇（17β-estradiol，E_2）、睾酮、11-酮睾酮等的水平。受试动物采用刚刚性成熟的黑头呆鱼（通常为孵化后 4～6 个月大小），对于 14 天或者 21 天生殖试验，在浓度探测试验中，最高浓度组的死亡率不应该显著高于对照组的死亡率。而且低浓度应该是最高浓度的 1/5 或者 1/10。每个浓度组最少应该有 4 个平行的试验水箱（每个水箱 4 尾雌鱼和 2 尾雄鱼）。这样每次试验至少需要 72 尾鱼（每个剂量组有 4 个平行试验水箱，每个水箱中 6 尾鱼，2 个浓度组加对照组）。暴露前，将 5～6 个月大的黑头呆鱼混养在同一个水箱中，在每个试验组的水箱中随机放入 4 尾雌性和 2 尾雄性黑头呆鱼，一旦观察到雌鱼产卵，即开始化学物质的暴露。暴露时间为 14 天或者 21 天，试验期间，正常健康的雌鱼可以多次产卵。

观察存活率、成鱼外观和行为、受精率、孵化率、幼鱼外观及存活率、性腺大小和形态学变化，采集血样用于 VTG 和性激素的水平的检测。

（2）短期（14 天）非产卵鱼筛选试验：试验目的是检测化学物内分泌干扰物作用的模式（雄激素样/抗雄激素及雌激素样/抗雌激素作用）。14 天筛查试验检测内分泌干扰物对黑头呆鱼生化、形态以及组织学产生的变化，不检测生殖能力的变化。暴露前不需要确认雌鱼能否产卵。试验以成鱼为研究对象，在 14 天的化学物暴露期间，观察成鱼的存活率以及第二性征的变化。如果在化学物暴露期间，观察到染毒组动物出现明显第二性征的改变，暴露时间可缩短。检测以下指标：①存活观察：每天观察成鱼病变、外观异常（像出血、变色）及死亡（迅速取出死亡的成鱼）。② 成鱼行为的观察：观察任何不正常的行为，如强力呼吸、不协调游泳、平衡失调或者禁食以及生殖行为的改变，尤其是雄鱼领土侵略行为的消失等。③成鱼外观：注意观察任何异常的变化，重要的外部特征有：身体的颜色（浅色或者深色）、色斑（垂直色带的出现）、体型（头和胸部区域）以及特殊的第二性征（雄鱼颈背垫、婚节数目；雌鱼产卵管大小）。对于具有雄激素样或者拮抗雄激素样内分泌活性的化合物，这些指标非常重要。④14 天筛查试验：性腺大小、形态以及生化终点（VTG、性激素指标的选择测定）。⑤性腺大小和形态学变化。⑥卵黄蛋白原的测定。⑦性激素的测定：血浆样品中雄二醇、睾酮和 11-酮睾酮浓度等。

5. 内分泌干扰物鱼类完全生命周期试验

（1）一代完全生命周期试验：环境内分泌干扰物可引起鱼类的性别分化、发育以及生殖功能的改变，黑呆头鱼的性别分化主要由遗传控制，但是在性成熟的关键期，内分泌干扰物导致的激素活性改变可以干扰性别分化，通过观察试验鱼性别分化、生殖功能指标，可检测外源化学物是否具有内分泌干扰作用。

完全生命周期试验是从受精卵（P）开始连续暴露直到试验结束，子代（F1）从受精卵开始暴露至性成熟，评价 F1 代的早期发育。用于评价的生物学终点包括：亲代胚胎孵化时间、孵化率、幼鱼的存活和长度、小鱼的体重、存活率、第二性征、产卵/生殖能力（如：卵/尾雌鱼）和生长、F1 的孵化率、存活率和生长（长度和体重）等。受试物暴露所用的玻璃鱼缸应平均分隔成两个独立部分，上部分用于亲代、F1 和 F2 的胚胎孵化以及鱼苗和幼鱼的饲养；下部分用于亲代和 F1 代产卵。将水箱的每个独立部分分隔成两个小部分作为小的平行水箱。其中的一个小的平行水箱可用于特定终点的检测，如孵化结果、鱼苗暴露和产卵。受试物设 5 个浓度，组间距至少为 2 倍，浓度的选择应包含整个剂量-反应关系曲线的浓度范围。应设立稀释用水对照和溶剂对照组。溶剂的浓度不应超过 100μg/L，尽量将其浓度控制在＜10μg/L的范围。每周采样分析以保证受试物浓度保持稳定。

试验过程中，幼鱼需要每天自由喂食几次，成鱼需要每天喂食 2 次（卤虫混合饲料）。试验过程分以下几个步骤：①亲代胚胎暴露（孵化率）：在受精一开始就尽快暴露，通常为 48h，最好是 24h。在试验开始时收集大量的鱼卵，在孵化前于显微镜下检查以评估受精的情况，胚胎在较小的孵化器（小的平行水箱）中孵化，每天观察，直到孵化完成。②亲代鱼苗暴露：直到完成孵化，随机选择鱼苗放入鱼苗生长水箱（小的平行水箱），在孵化后 4 周完成鱼苗暴露（28 天）。③亲代幼鱼暴露：在此时，将小的平行水箱合并，幼鱼在其中饲养暴露直到性成熟。性成熟的时间是变化的，因此饲养管理非常重要。④亲代成鱼生殖：当成鱼达到性成熟（第二性征和性行为的出现表明黑头呆鱼达到性成熟），将要形成产卵鱼群。产卵鱼群在暴露水箱的下部形成。处死没有参与产卵鱼群的亲代成鱼并将检测产卵前亲代发育的终点。生殖期持续 14～28 天，取决于试验的鱼种。⑤F1 胚胎暴露（孵化率）：每天计数胚胎的个数，选择部分鱼卵用于孵化并检测孵化成功率（与亲代胚胎暴露的条件一样）。⑥F1鱼苗暴露：同步骤②。⑦F1 幼鱼暴露：同步骤③。

一代生命周期试验的检测指标：亲代胚胎孵化时间、孵化率、亲代鱼苗存活率和体长、体重（幼鱼）、亲代存活率、第二性征以及内部性腺发育、胚胎孵化率、F1 代孵化时间和存活率、雌鱼产卵率等。如果暴露中使用溶剂对照，采用 t 检验对两种对照进行统计检验。如果两个对照组间结果没有差异，合并两个对照组以检验处理组和对照组的效应差异。如果两个对照组间结果有差异，溶剂对照组的结果将用于检验处理组和对照组的效应差异。

(2) 两代生命周期毒性试验：两代生命周期毒性试验即成年亲代、F1 代完全暴露，检测 F2 的存活能力。评价的生物学终点包括：亲代存活率、第二性征、生殖行为、产卵能力、生殖力、受精率；F1 孵化率、存活率、生长(体长和体重)、性成熟时间、性别比、第二性征、产卵/生殖能力(如卵/尾雌鱼)以及蛋白和性激素生物标志物(如 VTG)、F2 孵化率、存活率和生长。受试物浓度设置和分组同一代生命周期试验。

试验过程中，幼鱼需要每天喂食几次，成鱼需要每天喂食 2 次(卤虫饲料混合投放)。试验过程分以下几步：①性成熟的亲代成鱼暴露前期：第二性征和性行为的出现表明黑头呆鱼达到性成熟，将要形成产卵鱼群。通常产卵鱼群在暴露水箱的下部形成。生殖期持续 14～28 天，取决于试验的鱼种。在此期间，可得到存活率、第二性征、生殖行为、产卵能力、生殖能力和受精率的数据。②性成熟的亲代成鱼暴露：观察到亲代成鱼产卵即开始暴露，得到暴露 21 天的存活率、第二性征、生殖行为、产卵能力、生殖能力和受精率的数据。③F1 胚胎暴露(孵化率)：胚胎在受精一开始就尽快暴露，通常为 48h，最好是 24h。在亲代暴露期末，收集亲代产卵鱼群所产鱼卵。在孵化前于显微镜下检查以评估受精的情况，胚胎在较小的孵化器(小的平行水箱)中孵化，每天观察，直到孵化完成。④F1 鱼苗暴露：完成孵化后，随机选择鱼苗放入鱼苗生长水箱(小的平行水箱)。在孵化后 3～4 周完成鱼苗暴露。⑤F1幼鱼暴露：将小的平行水箱合并，幼鱼在其中饲养暴露直到性成熟。性成熟的时间是变化的，饲养的管理非常重要(饲养最关键)。⑥F1 成鱼生殖：F1 代成鱼生殖暴露与亲代生殖暴露程序完全相同。⑦F2 胚胎暴露(孵化率)：同步骤③。⑧F2 鱼苗暴露：同步骤④。

二代生命周期试验的检测指标包括生殖能力、产卵能力、生育能力、第二性征、性腺发育、受精率、胚胎孵化率和存活率、体重和体长、形态等。统计分析方法同前述。

(二) 替代方法

生态环境中低剂量化合物长期暴露较急性暴露更为普遍，因此长期效应研究更为重要，但是用细胞试验检测长期效应更为困难。Mothersill 等提出一个有发展前景的方法，即延长鱼细胞暴露时间，采用鱼鳍和皮肤外植块培养。体外维持原代细胞培养可达 8 周，从而使其能用于长期毒性研究。体外暴露试验与类似剂量平行进行的体内试验进行比较，结果表明，体外试验结果与体内试验结果在相同剂量范围内。

由于已发现许多污染物影响多种野生动物的内分泌系统，内分泌紊乱已成为环境毒性检测的重要部分。研究显示，排放入河流的多种工业化学品可影响鱼的内分泌功能，并且城市污水中高水平的避孕药物使甾体激素升高甚至可使下游雄鱼雌性化，水生物种雄性化也有报道。

虽然鱼类筛选分析检测(fish screening assay)及两栖类蜕变分析两项检测均被收入 OECD 近期评审的项目，并且也正在美国 EPA 验证中，但是迄今为止，尚没有全部经验证的环境内分泌干扰物测试指导方针。有关内分泌干扰物的试验可见第 19 章。另外也开发了采用小鱼(如黑头呆鱼、青鳉、斑马鱼或虹鳟)进行筛选测试的方法。

已开发多种体内生物标记终点用于检测外源性化学物质及水样本的雌激素活性，包括血浆类固醇浓度、雌激素受体结合激活、诱导雌鱼产生卵黄蛋白原。诱导产生卵黄蛋白原(主要卵黄前体蛋白)是内分泌干扰物检测试验使用最多的生物标记，它具有雌激素依赖性，可在体外以原代鱼肝细胞或永生化鱼肝癌细胞系评价。

其他体外检测也是基于人内分泌紊乱相同的原则，如竞争性配体结合、细胞增殖、雌激素受体转染试验。Fent 以虹鳟细胞系 RTG-2 开发了受体基因系统，是基于转染受体基因质粒组成雌激素效应元件融合至萤火虫荧光素酶基因(可在雌激素激动剂与雌激素受体结合并转录激活后，诱导荧光素酶表达)。重组酵母分析是最方便的环境样本筛选方法，天然及外源雌激素均可检测，其优点是易于处理及培养，从而为大量筛选受试物提供了机遇。

迄今，大部分使用虹鳟鱼细胞系体外检测环境中内分泌干扰物质。为提高此法的适用范围，建议应特别考虑增补鲤鱼(Crap)、青鳉、棘鱼(Stickleback)及斑马鱼用于内分泌干扰物质检测。至于欧洲，可能更适于采用虹鳟和棘鱼。应建立及研究这些物种的细胞系，以比较同物种细胞体内体外的反应。实际上，原代鲤鱼肝细胞也用于检测结合雌激素受体的化合物及诱导卵黄蛋白原。

与哺乳动物细胞培养不同，鱼细胞培养是一个争议性话题。生成具有与鱼特定基因表达系统相连的核受体报告基因的哺乳动物细胞系是可能的，如卵黄蛋白原合成，但利用鱼细胞系筛选内分泌干扰物测试的重要性尚待进一步研究。

(三) 计算机技术

有关慢性环境毒性预测的可用模型比较缺乏。

1. QSAR 模型 慢性毒性 QSAR 的资料很少。可参阅 Dyer 的文献。

2. 专家系统 对慢性环境影响有预测能力的专家系统仅有 ECOSAR 及 PBT。

3. 内分泌干扰 QSAR 结合雌激素受体(ER)的配体 QSAR 模型已得到开发，但是大多数 QSAR 模型是基于文献来源的数据集，这些数据集样本太小又缺乏结构多样性。尽管在训练及交叉验证中这些模型取得了好统计结果，也解释了某些 ER 结合决定子，但其在预测广泛的、结构多样的化合物的 ER 配体结合亲和力时应用能力有限。

为获取足够的训练集以建立更为强大的 QSAR 模型，Tong(2004 年)等开发了大鼠 ER 结合检测方法。多年来，ER 竞争结合试验被认为是金标准。然而，由于已开发方法上的差异导致出现明显不同的检测结果。经严格验证的 ER 竞争结合试验为开发 QSAR 模型提供了高质量数据。Tong 等检测了 232 种化合物，获得了用于模型开发的训练集。ER 结合活性以相对结合亲和力(relative binding affinity，RBA)表示，内源性 ER 配体(17β-雌二醇)的 RBA 值设定为 100，然后比较受试物的 RBA 值。美国 FDA 国家毒理学研究中心(NCTR)的数据集包含的化合物结构多样，且与 ER 的亲和力程度覆盖 6 个级别，这两点对于预测结构各异的雌激素类似物很重要。NCTR 数据集现已广泛用于建立及验证 ER 结合的 QSAR 模型(图 20-2、图 20-3)。

(四) 小结

目前还没有建立慢性环境毒性试验的整合试验策略。对于慢性毒性实验，建议考虑的减少和优化原则是：如有证据显示受试物具潜在生物蓄积，则鱼类急性和慢性环境毒性检测是不必要的(ECETOC，2004 年)。要求做慢性毒性检测时，所选择的剂量及暴露途径应代表最相关的暴露情形。应根据设想的程序选择受试物种(尤其是需监测长期效应的)。如可能，来自急性毒性研究的剂量资料可用于剂量范围计算。只有充分证据显示受试物对慢性暴露有效应而在急性试验中无反应、存在可预见的长期环境污染风险时，才考虑做长期试验。

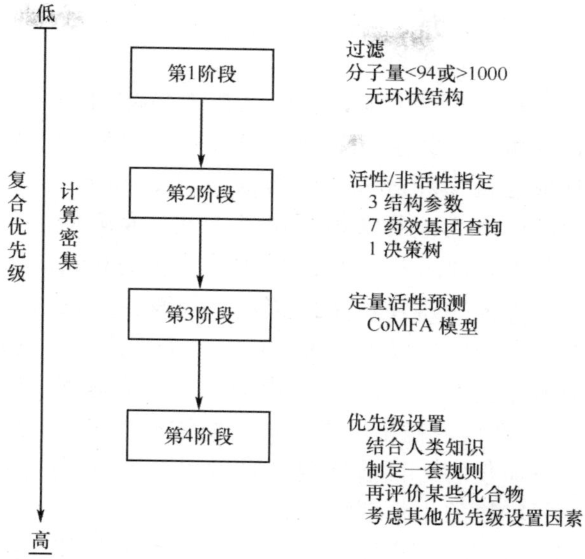

图 20-2　美国国家毒理学研究中心(NCTR) 4 阶段 QSAR 优先级设置示意图

第 1 阶段：分子量＜94 或＞1000 或含非环状结构的化合物将被剔除；第 2 阶段：在总共 11 个用于定量活性预测的模型中选择 3 种方法(结构参数、药效基团、分类方法)；第 3 阶段：以三维 QSAR/CoMFA 模型做更为精确的定量活性预测；第 4 阶段：将一套基于规则的专家系统做优先级设置的决策。不同阶段是分级的；每阶段的不同方法是互补的

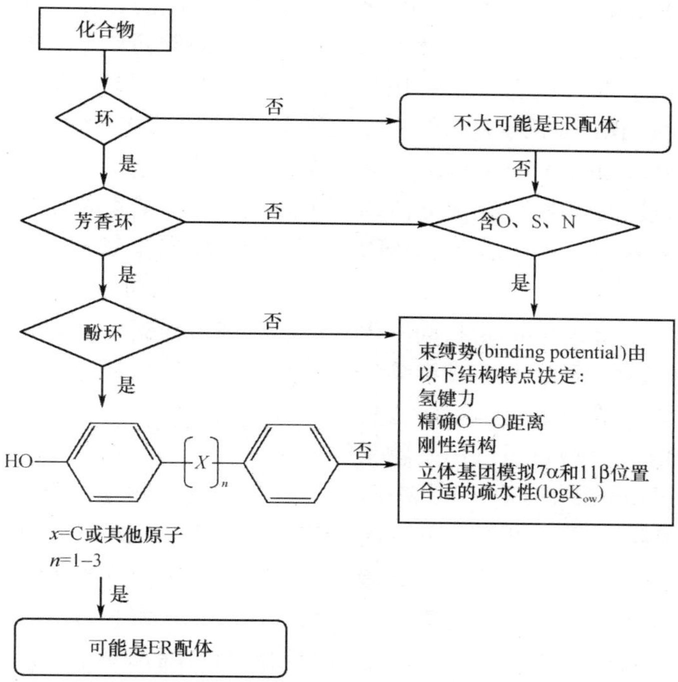

图 20-3　以一套“是-否”规则来鉴别雌激素受体配体的流程图

①若化合物不含环状结构，则不大可能是 ER 配体；②若化合物是非芳环结构，又不含 O、S、N 或其他形成氢键杂原子，则不大可能是 ER 配体；③若化合物是非—OH 芳香结构，则其束缚势依赖于关键结构特征的出现；④若化合物含有一个苯环，又含有任何附加关键结构特征，则可能是 ER 配体；⑤化合物含一个苯环，与另一个苯环以 0～3 个桥接原子隔离，其很有可能是 ER 配体

五、生 物 蓄 积

环境中的化学物质可以在生物体内进行浓缩和积累，还可以通过食物链的物质循环浓缩转移和放大。生物浓缩(bioconcentration)又称生物富集，是指生物机体从环境中蓄积某种元素或化学物，使生物体内该物质的浓度超过环境中的浓度。具有生物浓缩特性的污染化学物通常具有以下特点：易于被生物吸收，在生物体内降解和排泄速度较慢，在体内积累过程中对生物体本身未达到致命伤害。目前法规认可的方法要求检测污染物的生物富集系数(bioconcentration factor，BCF)，即当生物体中化学物浓度与环境中该化学物的浓度达到动态平衡时的比值。BCF 的大小与化学物、生物及环境因素等有关。试验获得的 BCF 信息可用于化学物风险评估、分类和标识以及用于持久性生物累积性有毒污染物(persistent bioaccumulative toxic，PBT)和高积累、高持久性生物毒性物质(very persistent，very bioaccumulative，vPvB)的评价。

生物累积(bioaccumulation)是指同一生物随着其生长发育期的延长或随着年龄的增长，环境中某元素或难分解化学物的富集系数不断增大的现象，生物累积可用生物累积系数(bioaccumulation factor，BAF)表示，BAF 是一个时间函数，主要与化学物暴露时间长短有关。食物链中，环境中某元素或难分解化学物随着营养级的提高而富集系数不断增大的现象称为生物放大(biomagnification)。生物放大可用生物放大系数(biomagnification factor，BMF)表示，生物放大的结果是使食物链高营养级生物体中该化学物的浓度大大超过其在环境中的浓度。生物富集效应与化学物的生物转化、生物利用度和吸收动力学等因素有关。

REACH 方案的附录Ⅶ要求测试环境生物蓄积。试验采用植物、陆地生物或水生物种。对于水生物种，REACH 建议使用单一物种，最好是鱼类。如果受试物具有低生物蓄积可能(log Kow$<$3)或不大可能透过生物膜(分子量$>$800，分子直径$>$15Å)或不大可能接触水资源，则不必要进行该试验。

(一) 动物试验及优化

法规认可的蓄积试验是流水式鱼类试验(flow-through fish test，REACH C13、OECD TG 305)。该试验用于确定生物蓄积因子值，分为暴露(吸收)阶段和后暴露(净化)阶段。在吸收阶段，鱼类暴露于受试物溶液 28 天或达到平衡(直至 60 天)，然后将鱼转入不含受试物的水中(净化期)。在两个阶段均要监测鱼体内和体表受试物浓度，并以鱼体内与近似稳态时水中受试物浓度的比率计算 BCF 值。也可计算动态 BCF——吸收和净化的恒定速率常数比(假设为一级动力学)。每一浓度和对照组使用鱼 36 条，每次试验约需 108 条。

假设环境生物蓄积的机制是一个被动蓄积，这样模型的建立就相对完善且简单。虽然有许多数据可供生物蓄积研究，但目前这些数据质量参差不齐。

(二) 体外方法

大多数生物蓄积评价依赖于计算机模型预测，即主要基于辛醇水分配系数(Kow)。当前更多模型依赖于生物分配系数来评价生物蓄积，而这些模型对于现有化合物的初步筛选非常有用，但对于特征性较差的化学物类别或代谢产物亲脂性较差的化合物该法不太可靠。生物蓄积包含了整合吸收、分布、代谢和排泄过程，深入地分析这些过程(尤其是代谢)将可以更好地评价生物利用度与生物蓄积。现已开发具代谢能力的鱼细胞系替代体内代谢研究。此外还有原代培养鳃上皮细胞作为代替鱼鳃(通常是水体有毒物质的第一个接触点和摄取进入体内的主要途径)的方法。

（三）计算机方法

1. QSAR　大多数生物蓄积 QSAR 是基于分配系数，可以预期得到线性关系，基于分配的非线性模型也很普遍。

2. 专家系统　ECOSAR 和 PBT Profiler 提供生物蓄积免费模型，MultiCASE 和 ADMEWorks 提供商用模型，但其预测能力不太可能明显优于 ECOSAR 模型。

只有证据显示出现生物蓄积时，才能进行生物蓄积试验。建议采用可监测组织特异性生物蓄积的放射性示踪剂或其他方法。任何急性毒性或研究发现的资料信息均可应用于指导浓度(剂量)选择。

（四）试验策略

对于蓄积试验，目前还没有经过验证的试验策略，但是制订试验策略的总体计划应从估计最坏的情况开始，在此基础上优化组合其他方面已有的信息和试验。图 20-4 是建立生物蓄积风险管理策略的流程图。

对于大多数化学物，第 1 层是基于 log Kow分析，如果受试物 log Kow<3，应将其作为低关注物质排除在进一步考虑之外，对于 log Kow 在 3 和 4.5 之间的化学物，采用最严格的方法检测得到的结果，可能需要进入下一层试验。log Kow>4.5 的化学物，通常需要进行第 2 层试验。当 log Kow 不可用时，应当考虑运用类推(read-cross)方法，包括局部 QSAR 模型。如果这些模型也不可用时，应当采用最高试验测定的 BCF 值，以 BCF_{max} 作为绝对最坏情形。第 3 层，应当评价迁移因子的影响，如吸收或生物转化的减少。在这一层，来自相关化学物、其他物种或监测数据的信息也可以使用。

如果风险评估、分类或 PBT/vPvB 评估仍不能得出，可能需要进入第 4 层，进行体内试验。风险评估策略的最后一步，应当设计和制订关注环境监测计划，该监测计划的目的应当建立明确食物链的蓄积方式，从环境监测实际得出的 BCF、BAF 和 BMF 用于风险评估。

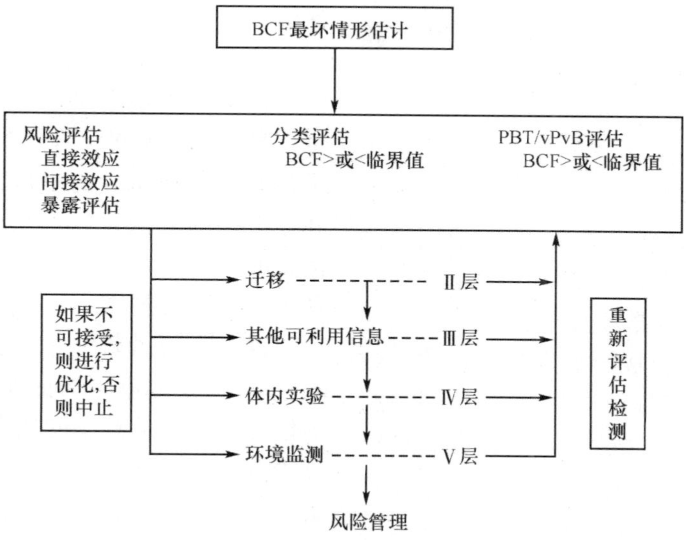

图 20-4　建立 BCF、BAF 和 BMF 的试验策略

六、四膜虫化学感应试验

四膜虫化学感应试验（tetrahymena thermophyla chemosensory response）可用于评估化学品的水环境毒性。

（一）原理

原生动物嗜热四膜虫（tetrahymena thermophyla）对外源化合物显示出阴性的化学感受反应（即回避反应），化学感受的程度可提供外源化学物毒性的指征。嗜热四膜虫对水环境毒性评估颇有价值，表现在：①四膜虫是淡水环境中丰富而功能重要的物种；② 四膜虫显示的化学感应是物种生存必需的一种选择机制；③用四膜虫可完成水环境毒性感应反应测试而无需额外进行高等动物试验。

（二）试验概述

将四膜虫置于两室系统，其可从无受试物的外室经过一定的固定浓度梯度迁移至含受试物的内室。经过 90min 的测试，可以定量评估阴性化学感应，计算 EC_{10} 和 EC_{50} 值。

（三）应用

四膜虫化学感应试验是一个相对成本低廉、快速、高灵敏性的测试，可不使用高等动物试验而检测对水生毒素的感应反应。该受试生物易于培养且其生物化学和生理特性已知，采用不直接影响生物生存的非致死终点可使该测试可以检测痕量级污染物。如果将试验结果与四膜虫生长抑制实验结果相结合，可作为非致死终点的补充。一旦测试生物移至内室，即为有效圈闭。因为毛细管位于狭窄孔管的底部，其必须水平游动方可通过毛细管进入内室，但一旦得以进入内室后又趋于向上游动。四膜虫的平均游速为 0.2mm/s，具固定化合物浓度梯度的毛细管长度为 3mm。因而要求在避免发生反应的 15s 内（而不在其他时段）穿越浓度梯度，在两室间进行选择。

第 3 节　化学品毒性评价的组合试验策略和决策树

一、化学物质毒性预测的组合试验策略

组合试验方案开始于初步风险评估过程，包括可用的暴露和危害信息的利用、某些相对简单的试验、基于理化特性和 QSAR 的方法。QSAR 研究包括建立分子理化特性及其生物活性相互关系的公式，以预测未知但关联物质的毒性。QSAR 方法与专家系统模型结合使用，用于推测化学物的代谢信息和确定主要的人类代谢产物，以估算生物利用度。接下来，应当将这些信息与化学物潜在暴露的水平、分布、使用方式的评价结果结合，以用于可接受的和适宜的风险评估。

化学物明显和关键的资料空白（包括可能的人群暴露水平）应当说明，建议仅在基本信息缺少的情况下才进行补充的试验，而不是为了弥补所有的资料缺失按照通用的和经审核的方法进行试验。用于提供基本信息的试验方法的选择，只要有可能，应当基于非动物的方法。

进一步的风险评估方案应当包括反馈环（feedback loop），以使所有可用的和相关的信息都具有足够高的质量，以用于提高计算机专家系统方法的预测性。分层试验方案的基本要素见表 20-4，总体流程见图 20-5。

表 20-4　构成序列试验程序的基本要素

第1层:人群暴露预测
- 理化特性(决定生物利用度)
- 目前生产水平
- 生产模式
- 参与生产的工人数量和类型
- 分布和运输
- 主要用途(天然的和扩展的)
- 明显的人群暴露信息(车间、污染)
- 废弃/处置方法
- 生物降解(回收情况)
- 环境残留水平
- 化学物聚类

第2层:初步风险分析和优先化学物
- 结合应用 ECETOC 和 CONCAWE 程序评估暴露水平
- 独立的计算机技术应用(初级和下游应用)和普通人群的使用程度
- 组合利用表达人类 CYP 同工酶和Ⅱ期代谢酶的基因工程哺乳动物细胞系和专家系统预测方法,预测人体代谢和主要的代谢产物
- 利用全部可用的危害资料(包括出版和未出版的)
- 运用 QSAR 和计算机专家系统预测毒性,考虑代谢的信息
- 运用类推法(read-cross),如果可能
- 运用反向风险评估
- 运用所有信息(包括化学物是否已知或疑似致癌物、致突变物或生殖毒物,或持续有机污染物),以决定其分类,或决定进一步优先试验

第3层:决定或改进初步风险评估判断所需要的缺失信息
- 运用全部原有信息以添补资料空白
- 按照阶段一和阶段二的信息判定必需和非必需信息
- 考虑应用风险评估结果令人满意的替代产品,或者已知危害评价数据不合适的替代产品
- 如果可能,对替代产品进行风险评估
- 提出满足相关风险评估的最小信息的毒性终点
- 做出进行试验的必要性的决定(尽可能是非动物的方法)

第4层:缺失信息的获取
- 评估现有信息,鼓励资料共享
- 整合试验策略中尽可能运用非动物方法
- 评价现有的和新获得的危害性资料的质量,以提高现有的 QSAR 和专家系统的规则或建立新的规则
- 应用毒性危害性决策树,化学结构和急性经口致死毒性可以使用
- 计算机方法、体外和体内方法的逐层应用,以获得新的资料
- 进行风险评估(充分利用体内和体外危害性数据)

化学物质风险评估涉及的主要要素说明如下:

(一) 人群暴露分析

不同生物系统的生物利用,如跨小肠、体表的上皮屏障和体内的血液屏障,可通过亲水分配系数和分子量大小预测人群暴露的性质和程度。

(二) 现有毒性资料分析

基于逻辑上和动物福利的考虑,试验策略强调充分利用现有毒性资料和相关信息以

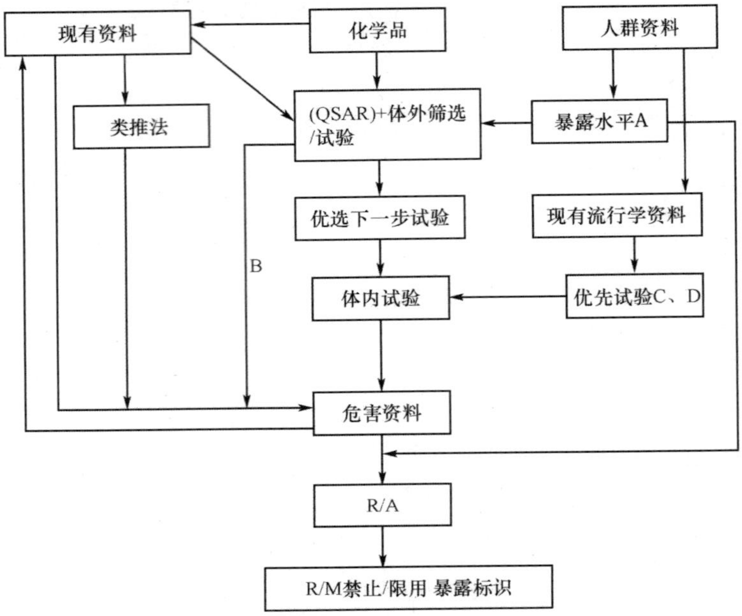

图 20-5 现有化学品的整合试验策略流程

A. 如果不可用,应在体内试验前获得;B. 只有极少情况下,体外试验被认可为替代方法;C. 如果急性人群资料可用,应关注亚慢性和慢性毒性;D. 试验的先后顺序:低优先和高优先是相对的说法,意思是高优先化合物应先于低优先化合物进行风险评估;其他信息,包括用途和收益、替代物可利用性、相对毒力和预期人群暴露水平等,都是在这两类分类之间确定进一步优先顺序时应当考虑的影响因素

减少不必要的重新测试。最大化的应用现有信息,应当包括从管理部门、供应商和制造商处获得的最初风险资料,它们共同构成了风险评估的网络。现有毒性资料的分析应特别重视慢性长期的资料,特别是关于致突变、致癌和生殖毒性资料。

(三) 决策树的概念

已经开发出多种阶梯式(step-wise)或决策树(decision-tree)的方法,可避免大量化学品的毒性测试,通过最大化地利用现有的信息以预测其他化学物的可能效应,当现有信息的供应不能满足对于危害所需资料的要求时,决策树的作用特别重要。早期毒理学决策树方法的例子是由 Cramer 等 1978 年开发的,由于化学物质的毒性效应主要受其化学结构的影响,Cramer 按照大多数基于结构和(或)基于广泛已知的生化和理化性质的标准,将每种结构明确的有机物和金属有机物分类建立决策树分类系统。通过决策树,可将化学物分为 3 类,分别代表不同的毒性危害顺序,目的是确定进一步试验的优先顺序。Ⅰ类物质是那些毒性小的物质,当与低人群暴露的证据结合时应当降低其试验的优先考虑;Ⅲ类是那些不能界定为毒性小的物质,基于可能的人群暴露水平这些物质应当优先进行试验。Ⅱ类化学物介于Ⅰ类和Ⅲ类之间,由于其缺少提示毒性的结构特征,应考虑其危害性没有Ⅲ类物质大,尽管还没有直接的证据表明其有还是没有毒性。

(四) 管理关注阈值与毒理学关注阈值的概念

管理关注阈值(threshold of regulatory concern)的概念是建立在最早由 Frawley 提出的假说上的,即现有的大量化学物质的历史毒性资料可用于建立暴露的最大安全水平(阈值),然后将其普遍地用于任何新物质的危害评价,如果新物质在环境特别是在食物中的最大残留量是已知的或是可以预知的小于这个阈值，那么有可能将其排除在法规要求的审查清单以外。这一概念与传统认可的设置一个通用的截止/取决(cut-off)水平用于法规审核的原理相比，其合理性并未得到证实，因此，任何阈值的运用只能是具体问题具体(case-by-case)分析。已建立的方法利用了已知的或预知的人群暴露的NOAEL值，然后与不确定因子结合设定特定化学物的暴露限量(如食品添加剂平均每日摄入量ADI的值)。管理关注阈值的概念与决策树预测毒性的方法是一致的。

最初提出管理关注阈值的目的，是设计用于解决所谓的出现在食品中的通常是含量非常低的间接食品添加剂的问题，这些微量物质通常通过包装材料迁移而来，或者是由于使用杀虫剂污染的结果。1990 年，Munro 在总结美国 FDA 有关食品接触化学物质管理关注阈值的工作基础后提出了毒理学关注阈值 (threshold of toxicological concern ，TTC)的概念，并作为 FDA 间接食品添加剂阈值管理的科学基础。

原则上 TTC 适用于食品安全评价中那些缺乏毒性数据的低浓度化合物，其前提是要了解化合物的化学结构，并能够有效估计人体摄入量。TTC 原则相继被世界粮农和卫生组织(FAO，WHO) 食品添加剂委员会(J ECFA)、欧洲食品安全局(EFSA) 、欧洲药品评估机构(EMEA) 、化学品安全评估 WHO 国际计划(IPCS) 和欧盟毒理、生态毒理与环境科学委员会认可和采纳，到 2004 年为止，J ECFA 已经用 TTC 方法评价超过了 1250 种调味料。

TTC 作为一项毒理学危险度评价原则，它的提出可有效地避免不必要的毒性研究，减少大量实验动物的使用，进一步发展了危险度评价原则。但是，如何将 TTC 的概念从间接食品添加剂扩展应用到其他领域，还必须解决两个原则性问题：一是确定准确的阈值，二是如何将具体的阈值运用于不同毒性机制的化学物，特别是用于致癌物和遗传毒性化学物。因此，对于任何一项危害评价策略或试验组合，必须优先检测遗传毒性试验，可利用体外方法必要时结合体内试验，只要排除不是遗传毒性化学物，应当考虑采用阈值方法进行评估。最近国际生命科学研究所(ILSI) 欧洲专家组要建议，将应用 TTC 评估的化合物的范围从普通毒物进一步扩展到遗传毒性和致癌性化合物。

（五）类推法

类推(read-across)是一种预测毒性的方法，通过与其相似的另一种已知毒性的化学物比较，推测化学物可能的毒性，比较的内容包括理化特性、制造过程、用途和可能的人群暴露等。运用这种方法，Barratt 曾评价了一系列烷基甜菜碱表面活性剂的系统毒性。已知结构相关的化学物的毒性通常依据的是体内动物实验数据，从这些数据外推到未知化学物时借助特定的体外试验可为类推法的应用提供有用的信息。利用类推法分析相似化学物的毒性在一些法规范围内是被认可的，如英国健康安全卫生署(Health & Safety Executive，HSE) 和德国联邦机构，前提是只要有了有效的科学基础提供支持。但必须认识到，类推法是针对某个化学物逐例使用，而不应盲目扩大使用范围。

（六）反向风险评估(reverse risk assessment)

开发新化学物时，通常进行一套标准的风险评估试验，最后将结果置于该化学物预期使用的背景下进行风险评估。以往的经验表明，在某些情况下，对于化学物将来使用的安全边界(安全因子或 NOAEL 超过已知或预测暴露水平的程度)是如此之高，以致后来发现大多数这些已经完成的前期试验特别是低剂量水平的试验是完全没有必要的。运用反向风险评估的程序就有可能避免这些过多的试验，这个方法需要专门为新化学物可能预期的暴露选定必要的试验。在有的情况下，新化学物预期的暴露水平非常低，可能根本不必要做任何动物试验。反向评估过程见图 20-6。第一步是基于经验和(或)预测数据进行暴露评估，最严重的情况是推定 100% 吸收，那么基于 NOAEL 水平的暴露就可确定，并可将安全因子定为 100。接下来，通过器官特异性的细胞毒性试验(如培养的哺乳动物细胞)测定体外 NOAEL。如果体外 NOAEL 高于基于暴露的 NOAEL，意味着化学物可能比预测所关注的可能暴露的毒性还要低，如体外 NOAEL 比基于暴露的 NOAEL 高出 100 倍，会导致最终的安全因子变为 10 000。如果体外 NOAEL 与经暴露测定的 NOAEL 是同一数量级或稍低，则在决定下一步试验之前应考虑化学物的吸收可能不到 100%。如果体外 NOAEL 低于基于暴露的 NOAEL，则应下的结论为：或者对于所提出的暴露其安全边界的设定是不合适的，或者在最后下结论前视两个值差异的程度需要进行必要的试验。反向风险评估通常用于风险信息交流、危害识别过程中以及用于毒理学试验方案的制订过程中。

(七) 代谢的预测

化学物的体内代谢是决定毒性的关键因素，对化学物的危害评估应包括对其代谢途径、代谢产物、靶器官及种属特异性等内容的分析，具体见第 17 章。

(八) QSAR 和专家系统

有关 QSAR 和专家系统的应用见第 5 章。

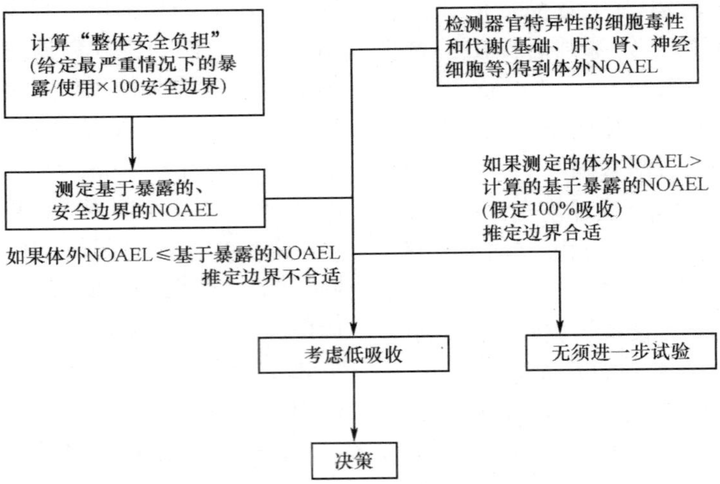

图 20-6　化学品反向风险评估流程

二、毒性作用的总决策树

决策树的毒性评估可覆盖与化学品危险性评估相关的全部毒性终点，决策树中运用的方法包括外试验和计算机方法，特别是最高阈值浓度-阶层向下的方法（upper threshold concentration-step down)，简称 UTC 方法，这一方法最近已通过 ECVAM 的回顾性验证，并被 ESAC 认可。决策树中体内实验只是最后的选择。决策树和评估方法可避免大量化学品的毒性测试。化学物的总决策树流程见图 20-7。不同毒性终点的决策树评估顺序分述如下：

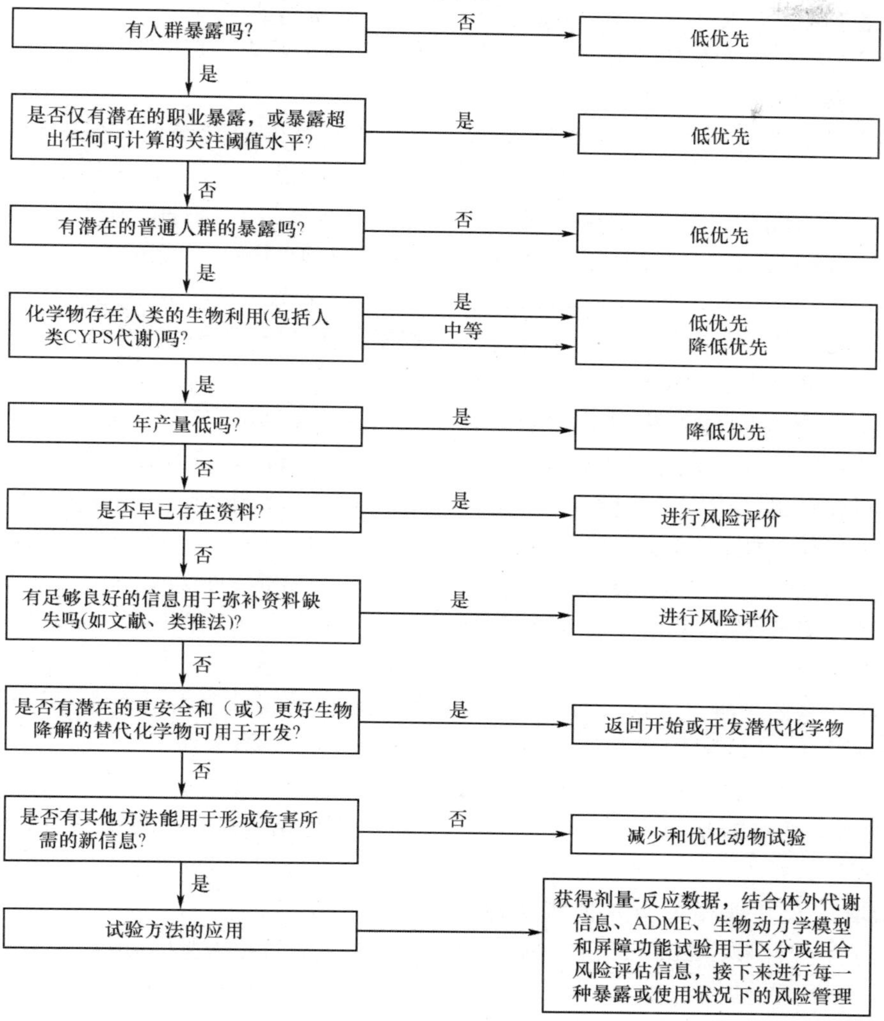

图 20-7　化学品风险分析的总决策树

（一）急性毒性和毒代动力学决策树

(1) 是否有已知的人类或动物数据来显示该物质具有急性毒性(数据包括以往体内外急性毒性测试、流行病学研究结果、毒物单作用数据、药物不良反应等)？如果数据质量与数量足以达到要求，则不要求做测试；若否，进入第(2)步。

(2) 评估理化性质：理化性质数据有助于确定生物活性及在第(7)步 PBPK 研究中划分，进入第(3)步。

(3) 可否用计算机方法预测急性毒性？如应用局部 QSAR 或适宜专家系统(TOPKAT、MultiCASE、PASS、OASIS、ToxBoxes、TerraQSAR、DEREK)。如可成功应用一种以上的预测方法(如该化合物在模型应用范围内)，则预测可否被接受？受试物急性毒性预测可应用于第(7)步的 PBPK 研究的，进入第(4)步。

(4) 可否用计算机及体外方法预测可能的代谢产物及其毒性？代谢产物及其毒性预测可应用于第(7)步的 PBPK 研究，进入第(5)步。

(5) 用源自适宜物种的细胞进行一般细

胞毒性试验(这些试验不适于挥发性物质/气体等)。可采用预测体内初始剂量的中性红摄取法。测试结果可应用于第(7)步的PBPK研究,以及要求确立体内研究初始剂量的,进入第(6)步。

(6) 以体外细胞试验预测药物代谢特点。如肠吸收模型、血-脑屏障模型(详见第17章)。结果可应用于第(7)步PBPK研究,进入第(7)步。

(7) 进行PBPK及生物动力学模拟以预测主要靶器官毒性代谢作用、体内吸收。以PBPK模拟研究结果确定靶器官及第(8)步进一步体外试验的体内剂量浓度。

(8) 进行体外靶器官毒性测试(无验证方法),包括肝、肾、神经、心、肺细胞(见第16章)。靶器官研究结果可用于证据权重评估,进入第(9)步。

(9) 将迄今为止所有数据进行证据权重评估。如证据足以显示物质是否具急性毒性,进行C&L和(或)RA,不再要求做其他试验,否则进入第(10)步。

(10) 进行优化的急性毒性试验——以中性红摄取法及其他相关研究预测初始剂量(经口急性毒性TG420、423、425,以420最常用)。

因为经皮及吸入研究优化试验(分别是TG434和TG433)正经OECD审查,但批准之前,还是要应用LC_{50}测试(分别是TG402和403)。

用得到的结果进行化学物标识(classification & labelling,C&L)和(或)风险评估(risk assessment,RA)。

代谢计算机模型已列入替代方法,包括Meteor、COMPACT及TIMES专家系统。

(二) 致癌性评估决策树

(1) 是否有已知的人类或动物数据显示该物质的致癌性(数据包括以往致癌、致突变、多剂量/慢性毒性、职业接触等研究结果)?如果数据质量与数量足以达到C&L和(或)RA要求,则不要求做测试;若否,进入第(2)步。

由于体外遗传毒性试验对致癌性不敏感,应评估现有的体内、体外研究数据以确定遗传毒性,若为阳性,则已显示该物质为致癌物而无需进一步测试。

(2) 若致突变研究中无非整倍体毒性的数据,则应进行非整倍性试验。若非整倍性数据是阳性,则可进行C&L和(或)RA,则无需进一步测试;若为阴性,进入第(3)步。

(3) 可否用计算机方法预测致癌性?如应用局部QSAR或适宜专家系统(MultiCASE、TOPKAT、PASS、ToxBoxes、OncoLogic、DEREK、HazardExpert)。如可成功应用一种以上的预测方法(如该化合物在模型应用范围内),则预测可否被接纳?受试物致癌性预测可应用于第(9)步的证据权重研究中,进入第(4)步。

(4) 进行核及细胞膜受体(亚细胞和细胞)的配体结合研究,如Ah受体结合。结合研究结果可用于第(9)步的证据权重研究,进入第(5)步。

(5) 进行报告基因分析(如用荧光素酶)检测受体上调产生的结合反应。报告基因分析结果可用于第(9)步的证据重要性研究,进入第(6)步。

(6) 进行细胞增殖试验,如无血清肝丝裂原试验。细胞增殖试验结果可用于第(9)步的证据权重研究,进入第(7)步。

(7) 进行启动因子及启动子两步细胞转化分析,如SHE细胞分析(或仅做Bhas 42细胞的促进子分析)。细胞转化分析结果可用于第(9)步的证据权重研究,进入第(8)步。

(8) 进行血管发生体外测试,如器官型皮肤模型。血管发生测试可用于第(9)步的证据权重研究,进入第(9)步。

(9) 将迄今为止所有数据进行证据权重

评估，包括细胞增殖、过氧化物酶体增殖、增生、化生、内分泌功能、肿瘤组织特异摄取及重复剂量研究中的其他早期生物标记数据资料（如基因组关键位点 DNA 加合物的蓄积）。若证据足以显示物质是否有致癌性，可进行 C&L 和（或）RA，则不再要求做其他试验，否则进入第(10)步。

(10) 依次进行小鼠转基因检测和大鼠生物检测（OECD TG451）：见第 18 章。完成转基因测试后（约 9 个月），如结果为阳性，应考虑是否停止啮齿动物生物检定。因为转基因试验已经显示物质具小鼠致癌性，可推断其具有潜在人类致癌性。

用试验结果进行 C&L 和（或）RA。

啮齿动物的致癌性生物检定可与慢性毒性研究相结合（OECD TG453），因测试可能导出无用的结果（意味着需进行独立试验），需审查这样做的好处。

体内试验应仅作为最终手段，试验所。采用的物种及检测类型根据具体情况判别。同时利用转基因小鼠测定及大鼠生物检定（OECD TG451）进行药学试验已获药评部门的认可，但是 OECD 尚未决定是否同样应用于化合物。突变可应用转基因测试，但应小心选择所应用的突变类型。例如，若化合物应用于皮肤，就选择 Tg:AC 检测。

（三）慢性环境毒性和生物蓄积决策树

(1) 是否有已知的环境数据显示该物质是慢性环境毒素或可生物蓄积？如果数据质量与数量足以达到执行 C&L 和（或）RA 要求，则不要求做进一步测试；若否，进入第(2)步。

(2) 能否利用理化性质和（或）计算机方法预测生物蓄积？QSARs 主要基于分配系数，可靠的 log$P$ 值。专家系统包括 ECOSAR、PBT profiler、MultiCASE 及 ADMEWorks。预测值可能被过高估计。若可确定预测生物蓄积，进入第(4)步；若否，进入第(3)步。

(3) 进行流水式鱼类试验（OECD TG 305）确定生物蓄积。

如结果为阴性，执行 C&L 和（或）RA，不再要求做进一步测试；若为阳性，进入第(4)步。

(4) 进行长期鱼类毒性试验——鱼类早期生命阶段毒性试验（OECD TG 210；推荐）、鱼类胚胎-卵黄囊吸收阶段毒性试验（OECD TG 212）、鱼类幼体生长试验（OECD TG 215）。

以实验结果进行 C&L 和（或）RA。

（四）发育与生殖毒性评估决策树

(1) 是否有已知的人类和（或）动物数据显示该物质是生殖或发育毒素？这些数据包括以往生殖或发育毒性、致突变、体外胚胎毒性测试、重复剂量/慢性毒性、致癌性、人类流行病学、职业暴露等研究结果。如果数据质量与数量足以达到执行 C&L 和（或）RA 要求，则不要求做进一步测试；若否，进入第(2)步。

(2) 能否利用计算机方法预测生殖或发育毒性？如应用局部 QSAR 或适宜专家系统（MultiCASE、TOPKAT、DEREK、HazardExpert）。如可成功应用一种以上的预测方法（如该化合物在该模型应用范围内），则预测可否被接受？预测可应用于第(4)步证据权重评估，进入第(3)步。

(3) 进行经验证的体外胚胎毒性筛选测试，即胚胎干细胞试验、微团试验和全胚胎培养试验。若任何胚胎毒性筛选测试有阳性结果则进入第(5)步；若全为阴性，进入第(4)步。

(4) 进行包含代谢系统的体外胚胎毒性筛选测试（同上），见第 19 章。测试的阳性及阴性结果可应用于证据权重评估，进入第(5)步。

(5) 将当前所有数据进行证据权重评

估。如证据足以显示物质是胚胎毒性物质，则进行 C&L 和(或)RA，不再要求做其他试验，否则进入第(6)步。

(6) 进行进一步的体外发育及生殖毒性试验。进一步的体外测试结果可应用于第(7)步证据权重评估的，进入第(7)步。

(7) 将现有所有数据进行证据权重评估。如证据权重评估足以显示物质是否为发育或生殖毒性物质，则进行 C&L 和(或)RA，不再要求做其他试验，否则进入第(8)步。

(8) 进行发育和生殖毒性筛选试验(OECD TG 421)。若要求做重复剂量试验，应考虑合并重复剂量试验与发育及生殖毒性筛选试验(OECD TG 422)，以减少动物使用量。若结果为阳性，则进行 C&L 和(或)RA，不再要求做其他试验；阴性则进入第(9)步。

(9) 以啮齿类(最好是大鼠)进行发育毒性试验(OECD TG 414)。若试验结果为阳性，则进行 C&L 和(或)RA，不再要求做其他试验；阴性则进入第(10)步。

(10) 将迄今为止所有数据进行证据权重评估(包括所有可能相关的重复剂量试验数据)。如证据权重评估足以显示物质是否为发育毒性物质，进行 C&L 和(或)RA，不再要求做其他试验，否则进入第(11)步。

(11) 以第 2 种动物(最好是兔)进行发育毒性试验(OECD TG 414)。若试验结果为阳性，则进行 C&L 和(或)RA，不再要求做其他试验；阴性则进入第(12)步。

(12) 仅以啮齿类动物进行两代繁殖毒性研究(OECD TG 416)。

以试验结果进行 C&L 和(或)RA。

(五) 人类内分泌干扰物评估决策树

(1) 是否有已知的人类和(或)动物数据显示该物质是内分泌干扰物？这些数据包括以往发育和生殖研究结果(包括体外胚胎毒性测试、急性毒性试验、重复剂量/慢性试验、人类流行病学、职业暴露等)。如果数据质量与数量足以达到执行 C&L 和(或)RA 要求，则不要求做进一步测试，否则进入第(2)步。

(2) 能否利用计算机及体外方法(未经验证)预测可能的代谢产物及其毒性？代谢产物及其毒性预测可应用于第(7)步 PBPK 研究，进入第(3)步。

(3) 能否利用计算机方法预测受体结合？如核激素受体 ER 和 AR、细胞表面受体(甲状腺和胰高血糖素)。譬如以四阶段法预测内分泌干扰。核受体结合预测结果可应用于第(8)步证据权重评估，进入第(4)步。

(4) 进行体外亚细胞竞争配体结合试验，见第 19 章。竞争配体结合研究结果可应用于第(8)步证据权重评估，进入第(5)步。

(5) 进行雌激素/雄激素反应细胞系体外细胞增殖试验。细胞增殖试验结果可应用于第(8)步证据权重评估，进入第(6)步。

(6) 进行进一步体外测试，如含克隆核受体反式激活/报告基因检测、甲状腺受体结合试验、甾体检测(如芳香酶检测)及人肾上腺皮质瘤细胞株(H295R)检测。进一步体外试验结果可应用于第(8)步证据权重评估，进入第(7)步。

(7) 应用生理药动学(PBPK)及生物动力学模型。由 PBPK 模型得到的组织浓度可用于复检以上体外测试中最敏感阳性结果，以给予一个更为结论性的结果。PBPK 模型结果可应用于第(8)步证据权重评估，进入第(8)步。

(8) 将到此为止所有数据进行证据权重评估(包括第(1)步所有不足以免除进一步测试的数据)。如证据权重评估足以显示该物质是否为内分泌干扰物质，进行 C&L 和(或)RA，不再要求做其他试验，否则进入第(9)步。

(9) 进行短期体内试验，如大鼠子宫增

重试验、Hershberger 分析试验、强化 28 天重复剂量研究。若短期试验结果为阳性，进行 C&L 和(或)RA；阴性则进入第(10)步。

(10) 将到此为止所有数据进行证据权重评估(包括 PBPK 及 ADME 模型数据以解释阴性结果)。如证据权重评估足以显示该物质是否为内分泌干扰物质，进行 C&L 和(或)RA，不再要求做其他试验，否则进入第(11)步。

(11) 进行多代繁殖毒性研究(OECD TG 416)，但仅假如风险评估要求准确定量数据的最终手段。

以实验结果进行 C&L 和(或)RA。

(六) 眼刺激评估决策树

(1) 是否有已知的人类和(或)动物数据显示该物质对眼具有腐蚀性或刺激性？这些数据包括以往皮肤或眼刺激试验结果、急性皮肤毒性试验、职业暴露数据等。如果数据质量与数量足以达到执行 C&L 和(或) RA 要求，则不要求做进一步测试；否则进入第(2)步。

(2) pH 是否等于或小于 2，或等于或大于 11.5(具高缓冲能力，是否相关)？如果是，则评估 C&L 和(或)RA 眼腐蚀性，不要求做进一步测试；否则，进入第(3)步。

(3) 是否有其他理化性质数据可用于预测该物质的腐蚀\刺激性(包括暴露情形)，应特别重点检测酸性或碱性。如果数据质量与数量足以达到执行 C&L 和(或)RA 要求，则不要求做进一步测试；否则进入第(4)步。

(4) 可否用计算机方法预测眼腐蚀\刺激性？如应用局部 QSAR 或适宜专家系统(MultiCASE、TOPKAT、DEREK、HazardExpert)。如可成功应用一种以上的预测方法(如该化合物在模型应用范围内)，则预测可被接纳与否？若可得到 C&L 和(或)RA 结论性预测，则不要求做进一步测试；若为非结论性，进入第(5)步。

(5) 进行体外/离体眼刺激试验*。若试验结果为阳性，执行 C&L 和(或)RA 要求，而不要求做进一步测试；若为阴性或模棱两可，进入第(6)步。

(6) 将所有数据进行证据权重评估(包括皮肤腐蚀性和刺激性数据)。如证据权重评估足以显示该物质是否为对眼有腐蚀\刺激性物质，进行 C&L 和(或)RA，不再要求做其他试验；否则，则进入第(7)步。

(7) 进行体内 Draize 眼刺激试验，最初只用 1 个动物，使用 LVET 法，见第 13 章。

以实验结果进行 C&L 和(或)RA。

*多种眼刺激方法处于评估或验证中(见第 13 章)。目前已完成验证的方法是 BCOP、IRE、ICE 及 HET-CAM。

(七) 致突变评估决策树

(1) 是否有已知的人类和(或)动物数据显示该物质具致突变性？这些数据包括以往致突变、致癌、重复剂量/慢性毒性、皮肤致敏、职业暴露/生物监测研究结果等。如果数据质量与数量足以达到执行 C&L 和(或)RA 要求，则不要求做进一步测试；否则进入第(2)步。

(2) 可否用计算机方法预测致突变性及致突变代谢产物？如应用局部 QSAR 或适宜专家系统(MultiCASE、TOPKAT、PASS、ToxScope、OASIS、DEREK、HazardExpert)。如可成功应用一种以上的预测方法(如该化合物在模型应用范围内)，则预测可被接纳与否？致突变力预测可应用于第(7)步证据力评估，进入第(3)步。

(3) 进行细菌回复突变试验(Ames 试验)(OECD TG 471)，观察有或无代谢活化。若 Ames 试验结果为阴性，执行 C&L；若为阳性或要求做 RA，进入第(4)步。

(4) 进行体外染色体损伤(数量及结构)测试——代谢及无代谢。如染色体畸变等测试(OECD TG 473)或体外微核试验(OECD TG 487 草案)。若试验结果为阴性,执行 C&L;若为阳性或要求做 RA,进入第(5)步。

(5) 可否用计算机方法预测药物代谢特性(ADME)? 如应用局部 QSAR 或适宜专家系统(MultiCASE、ADME Boxes、ADME-Works)。如可成功应用一种以上的预测方法(如该化合物在模型应用范围内),则预测可否被接受? ADME 特性部分研究结果可用于第(6)步的 PBPK 模型,进入第(6)步。

(6) 利用 PBPK 及生物动力学模型预测主要靶器官及Ⅰ相、Ⅱ相代谢酶相关作用。PBPK 模型试验结果可应用于第(7)步证据权重评估,进入第(7)步。

(7) 将到此为止所有数据进行证据权重评估,确定是否可以解释体内阴性反应。如证据权重评估足以推断体内反应,进行 C&L 和(或)RA,否则进入第(8)步。

(8) 进行进一步体外测试阐明体内反应。如进一步体外测试可确定体内反应,进行 C&L 和(或)RA,否则进入第(9)步。

(9) 进行适宜的短期体内试验,如微核试验(OECD TG 474)、染色体畸变试验(OECD TG 4475)、非程序 DNA 合成(OECD TG 486),通过适宜参数选择测试。

以实验结果进行 C&L 和(或)RA。

(八) 重复染毒毒性评估决策树

(1) 是否有已知的人类或动物数据来显示该物质是慢性毒物(数据包括以往重复剂量及长期毒性测试结果,信息来源于体内外急性毒性研究、人类流行病学、职业暴露等研究结果)? 如果数据质量与数量足以达到 C&L 和(或)RA 要求,则不要求做测试;若否,进入第(2)步。

(2) 是否用计算机及体外方法预测可能的代谢*? 预测可能的代谢产物可直接用细胞毒性试验(既可合成又可直接测试代谢产物),或将代谢系统纳入测试系统,进入第(3)步。

(3) 采用重复剂量及一体化回收进行基本细胞毒性试验(见第 15 章)。基本细胞毒性试验结果可用于第(5)步证据权重评价,进入第(4)步。

(4) 采用重复剂量及一体化回收进行靶器官细胞毒性试验。可以已有的急性毒性试验(ADME 和 PBPK)数据确定可能的靶器官。靶器官细胞毒性试验结果可用于第(5)步证据权重评价,进入第(5)步。

(5) 将目前所有数据进行证据权重评估。如证据权重评估足以显示该物质是否具有慢性(重复剂量)毒性,进行 C&L 和(或)RA,不再要求做其他试验,否则进入第(6)步。

(6) 进行优化的体内试验——应用所有相关试验结果预测初始剂量。

需注意的试验结束时间:如为期 28 天的试验仅用于皮肤和吸入研究;口服毒性试验则结合为期 28 天和 90 天实验。

以实验结果进行 C&L 和(或)RA。

* 用于代谢预测的计算机模型收录于第 17 章,包括 Meteor、COMPACT、TIMES。

(九) 皮肤腐蚀/刺激评估决策树

(1) 是否有已知的人类或动物数据来显示该物质对皮肤具有腐蚀性和刺激性(数据包括以往皮肤或眼刺激试验、急性皮肤毒性试验、人类流行病学、职业暴露等研究结果)? 如果数据质量与数量足以达到 C&L 和(或)RA 要求,则不要求做测试;若否,进入第(2)步。

(2) pH 是否等于或小于 2,或等于或大于 11.5(具高缓冲能力,是否相关)?

如果是,则评估 C&L 和(或)RA 眼腐蚀性,不要求做进一步测试;否则,进入第(3)步。

(3) 是否有其他理化性质数据可用于预

测该物质的腐蚀或刺激性(包括暴露情形),可包括生物利用度及经皮吸收相关特性。如果数据质量与数量足以达到执行 C&L 和(或)RA 要求,则不要求做进一步测试;否则进入第(4)步。

(4) 可否用计算机方法预测皮肤腐蚀或刺激性? 如应用局部 QSAR 或适宜专家系统(TOPKAT、MultiCASE、DEREK)。如可成功应用一种以上的预测方法(如该化合物在模型应用范围内),则预测可被接纳与否? 若可得到 C&L 和(或)RA 结论性预测,则不要求做进一步测试;若为非结论性,进入第(5)步。

(5) 进行体外或离体皮肤腐蚀试验(OECD TGs 430、431、435)。若试验结果为阳性,执行 C&L 和(或)RA,而不要求做进一步测试;若为阴性或不能确定,进入第(6)步。

(6) 进行体外或离体皮肤刺激试验(EPISKIN 及 EpiDerm)。若试验结果为阳性,执行 C&L 和(或)RA,而不要求做进一步测试;若为阴性或不能确定,进入第(7)步。

(7) 将目前所有数据进行证据权重评估。如证据权重评估足以显示该物质是否为对皮肤有腐蚀\刺激性物质,是,则进行 C&L 和(或)RA,不再要求做其他试验;否或样本很少,则进入第(7)步。

(8) 进行体内 Draize 试验(最初只用 1 个动物)。

以实验结果进行 C&L 和(或)RA。

(十) 皮肤敏感评估决策树

(1) 是否有已知的人类或动物数据来显示该物质具致敏性(数据包括以往皮肤致敏性、皮肤或眼腐蚀/刺激、致突变试验(显示是否具潜在亲核反应)、人类流行病学、职业暴露等研究结果)? 如果数据质量与数量足以达到 C&L 和(或)RA 要求,则不要求做测试;若否,进入第(2)步。

(2) 可否用计算机方法(如 DEREK、OASIS/TIMES、HazardExpert、TOPKAT、MultiCASE)预测皮肤致敏性(包括代谢诱导致敏)? 皮肤致敏物质预测可用于第(7)步证据权重评价,进入第(3)步。

(3) 是否有受试物(或其同类化合物)任何化学反应资料(可包括标准范围的亲核反应或肽/蛋白质反应)? 化学反应资料可用于第(7)步证据权重评价,进入第(4)步。

(4) 进行蛋白结合试验(内部实验)。蛋白结合能力数据可用于第(7)步证据权重评价,进入第(5)步。

(5) 进行体外皮肤渗透试验(OECD TG 428)。皮肤渗透试验数据可用于第(7)步证据权重评价,进入第(6)步。

(6) 进行体外细胞(例如树突状/朗汉斯细胞和(或)T 淋巴细胞)试验。细胞试验数据可用于证据权重评价,进入第(7)步。如证据权重评估足以显示该物质是否为皮肤致敏物质,进行 C&L 和(或)RA,不再要求做其他试验,否则进入第(8)步。

(7) 将目前所有数据进行证据权重评估。

(8) 进行局部淋巴结试验(LLNA;OECD TG 429)。以实验结果进行 C&L 和(或)RA。若 LLNA 不适用于该测试或结果模棱两可,进入第(9)步。

(9) 进行豚鼠最大化试验或 BT 斑贴测试(OECD TG 406)。

以实验结果进行 C&L 和(或)RA。如需确认人类是阴性反应,进入第(10)步。

(10) 某些伦理道德允许的情况下,可以人类最大化试验或人类斑贴试验等人类皮肤试验确定致敏阴性。

以实验结果进行 C&L 和(或)RA。

(十一) 急性环境毒性决策树

(1) 是否有已知的环境数据来显示该物质具鱼类急性毒性(数据包括以往鱼类、水蚤、水藻环境毒性试验及哺乳动物基底细胞毒性研究结果)?如果数据质量与数量足以达到 C&L 和(或)RA 要求,则不要求做测试;若否,进入第(2)步。

(2) 可否用计算机方法预测鱼类急性环境毒性(包括代谢及生物降解)?如应用局部 QSAR 或适宜专家系统(ECOSAR、EPISuite、PBT Profiler、TOPKAT、MultiCASE、OASIS、TerraQSAR)。如可成功应用一种以上的预测方法(如该化合物在模型应用范围内),则预测可否被接受?预测可用于第(5)步证据权重评价,进入第(3)步。

(3) 进行鱼类替代体外试验,如水蚤(OECD TG 202)及藻类(OECD TG 201)或发光细菌试验。试验结果可用于第(5)步证据权重评价,进入第(4)步。

(4) 以鱼类细胞系、原代鱼类细胞(如鳃上皮细胞、肝细胞)、鱼胚胎、鱼卵进行体外试验,见第 2 节。试验结果可用于第(5)步证据权重评价,进入第(5)步。

(5) 将目前所有数据进行证据权重评估。如证据权重评估足以显示该物质是否具有急性环境毒性,进行 C&L 和(或)RA,不再要求做其他试验;否则进入第(6)步。

(6) 应用藻类或水蚤试验数据确定初始剂量,进行体内渐降法试验。若结果为阳性,进行 C&L 和(或)RA,否则进入第(7)步。

(7) 进行鱼类急性毒性试验(OECD TG 203,包括物种选择标准)。

(程树军 巫 玮 邹明强)

参考文献

Arnot JA, Gobas FAPC. A generic QSAR for assessing the bioaccumulation potential of organic chemicals in aquatic food webs. QSAR and Combinatorial Science, 2003, 22: 337~345

Bermudez-Saldana JM, Escuder-Gilabert L, Medina-Hernandez MJ, et al. Modelling bioconcentration of pesticides in fish using biopartitioning micellar chromatography. Journal of Chromatography A, 2005, 1063: 153~160

Casta o A, Bols N, Braunbeck T, et al. The use of fish cells in ecotoxicology. The report and recommendations of ECVAM Workshop 47. ATLA, 2003, 31: 317~351

Combes R, Barratt M, Balls M. An Overall Strategy for the Testing of Chemicals for Human Hazard and Risk Assessment under the EU REACH System, ATLA, 2003, 7~19

Cronin MTD, Aptula AO, Duffy JC, et al. Comparative assessment of methods to develop QSARs for the prediction of the toxicity of phenols to Tetrahymena pyriformis. Chemosphere, 2002, 4: 1201~1221

Christiansen LB, Pedersen KL, Pedersen SN, et al. In vivo comparison of xenoestrogens using rainbow trout vitellogenin induction as a screening system. Environmental Toxicology and Chemistry, 2000, 19: 1867~1874

Dearden JC. QSAR modeling of bioaccumulation. In MTD Cronin, DJ Livingstone (eds) Predicting Chemical Toxicity and Fate. CRC Press, Boca Raton FL, USA, 2004, 333~355

Dimitrov SD, Dimitrova NC, Walker JD, et al. Bioconcentration potential predictions based on molecular attributes - an early warning approach for chemicals found in humans, birds, fish and wildlife. QSAR and Combinatorial Science, 2003, 22: 58~68

ECETOC. Workshop on Alternative Testing Approaches in Environemtnal Risk Assessement. Workshop report 5. European Centre for Ecotoxicology and Toxicology of Chemicals, Brussels, 2004

Fent K. Fish cell lines as versatile tools in ecotoxicology: assessment of cytotoxicity, cytochrome P4501A induction potential and estrogenic activity of chemicals and environmental samples. Toxicology in Vitro, 2001, 15: 477~488

Hanway RH, Evans PF. Read-across of toxicological data in the notification of new chemicals. Toxicology Letters, 2000, 116. Suppl1, 61

Hutchinson TH, Barrett S, Buzby M, et al. A strategy to reduce the numbers of fish used in acute excotoxicity testign of pharmaceuticals. Environmental Toxicology and Chemistry, 2003, 22: 3031~3036

Kelly SP, Fletcher M, Pärt P, Wood CM (2000) Procedures for the preparation and culture of "reconstructed" rainbow trout branchial epithelia. Methods in Cell Science 22: 153~163

Knekta E, Andersson PL, Johansson M, Tysklind M. An

overview of OSPAR priority compounds and selection of a representative training set. Chemosphere, 2004, 57: 1495～1503

Lessigiarska I, Worth AP, Sokull-Kluttgen B, et al. QSAR investigation of a large data set for fish, algae and Daphnia toxicity. SAR and QSAR in Environmental Research, 2004, 15: 413～431

Moore DRJ, Breton RL, MacDonald DB. A comparison of model performance for six quantitative structure-activity relationship packages that predict acute toxicity to fish. Environmental Toxicology and Chemistry, 2003, 22, 1799～1809

Nagel R. DarT: The embryo test with the zebrafish Danio rerio-a general model in ecotoxicology and toxicology. ALTEX, 2002, 19: Suppl. 1, 38～48

OECD (2004a) Detailed Review Paper on Fish Screening Assays for the Detection of Endocrine Active Substances. OECD Series on Testing and Assessment, Number 47, 2004

OECD (2004b) Detailed Review Paper on Amphibian Metamorphosis Assay for the Detection of Thyroid Active Substances. OECD Series on Testing and Assessment, Number 46, 2004

Parks LG, Lambright CS, Orlando EF, et al. Masculinization of female mosquitofish in kraft mill effluent contaminated Fenholloway River water is associated with androgen receptor agonist activity. Toxicological Sciences, 2001, 62: 257～267

Weyers A, Sokull-Klüttgen B, et al. Acute toxicity data: a comprehensive comparison of results of fish, Daphnia, and algal tests with new substances notified in the European Union. Environ Toxicol Chem, 2000, 19: 1931～1933

第 21 章 食品风险评估及替代方法的应用

Chapter 21 Food Safety Assessment and Alternative Methods Application

第 1 节 概 述

食品风险评估是一个“识别存在的不确定性，以及对暴露于危险因素的特定情况下，对人类或环境产生不良影响的可能性和严重程度的评估过程”。风险评估由危害识别、危害特征描述、暴露评估和风险特征描述几部分组成。进行全面的食品风险评估的关键取决于第一个步骤，即危害识别的质量。

目前食品风险评估的重点还是关注食品中的化学物质，包括食物中的天然化学物（如植物毒素、藻类毒素和真菌毒素）、有意引入食物链中的化学物（食品添加剂、农药、其他农业化学物、饲料添加剂和兽药）以及食品污染物。用于食品化学物危害识别的手段涉及从经典的动物毒性实验到体外模型到分子生物学技术等多种方法。

危害识别中动物实验资料的可靠性和科学性主要取决于对研究目的的把握度，即风险评估者能找出与处理有关的效应和能排除与处理无关的效应的能力。在实验动物福利的要求下（主要指欧洲），危害识别过程中一方面要尽可能减少不能检测到真实效应的几率，另一方面又要从动物保护出发而减少受试动物数量，这两者之间需要达到平衡。就这方面的现状来讲，公众对这一问题的关注往往是矛盾的，即一方面要保证供应食物的安全性，另一方面又要减少动物实验。虽然动物实验方法仍是今后一段很长的时间内食品危害识别的主要依据，但是将实验动物数减少至大家一致认同的最小量并不意味着会影响危害识别过程的质量，因为可以通过许多其他的方法提高危害识别的完整性，如应用不同类型和不同周期的实验研究（研究时相覆盖动物的整个生命周期以评估某些交叉反应的一致性）；或应用 1 种以上的动物种属；或应用人体膳食暴露的不同剂量。如果发现有害作用可在实验过程中增加其他毒性测定方法以进一步提高研究效力。同时，选用有效、恰当的统计方法进行资料分析也是十分重要的。

目前的食品危害识别的方法主要适用于食物中的低分子量化学物，包括食品添加剂、调味剂和污染物（如食品包装材料的迁移物、农药和兽药残留）。采用动物毒理学方法对食物化学物和食物成分进行危害识别仍是目前危害评估的主要方法，但人们已经发现目前传统实验研究存在的不足，而且毒理学危害识别也不是一种静止不变的科学，开发和应用体外实验技术是今后食品危害识别的发展方向之一。

本章从食品风险评估角度，重点讨论体已建立的或新开发的体外毒理学方法的研究现状、未来发展潜力以及在食物过敏、食品抗生素残留和生物毒素危害识别中的应用。

一、对食品危害识别动物实验的认识

为了便于对人类安全性进行评价，许多管理机构对新化学物或已有化学物进行安全性评价时需要进行的毒性实验制订了相应的指南。对于许多化学物，如食品添加剂、农药和兽药，无论人群现在暴露或者将来可能暴露的量是多少，都有必要进行某些毒性检测。近10年来一些管理和咨询机构提出根据人群实际的或可能暴露剂量来确定需要进行多少毒性试验的分级体系。如欧盟(EU)的食品科学委员会(SCF)已经降低了对通过包装材料进入食品中的物质、食品中的酶类和香精进行动物实验检测的要求。多年来对于毒性分级的科学依据研究表明，特殊毒理学结果及其NOAEL、可能的暴露水平是用于提出和分析毒理学阈值的基础，如低于阈值则无法进行实验。

体内实验的最终目的是制订每日允许摄入量(ADI)，通常要求实验所用的剂量或摄入水平明显高于人体可能的接触水平，这对于食物中随意加入的低剂量成分(如食品添加剂)是可行的，但体内实验研究膳食中宏量营养素时，由于将引起受试动物饲料营养不平衡而引起毒性反应，在技术上比较难以进行评价。在这种情况下，需要有新的方法。另一方面，对于那些公众健康的危险性可忽略不计的物质，也不必进行动物实验来确定ADI值。目前的急性毒性实验对食物化学物和食物成分的危害识别没有什么意义，因为除少数个别情况(如抗胆碱酯酶活性的化学物)外，在人体摄入水平下很少发生急性中毒反应，而且以死亡为终点的研究大多数情况下所表现的毒性反应意义不大。另一方面，某些人类特有的损害效应则不能用动物实验进行评估和检测，如因食物不耐受而引起的腹泻。另外，很少有指南建议进一步识别一次大剂量暴露引起的迟发毒性。人体耐受实验(如胃肠道反应)是危害识别最终唯一可靠的方法，因此，有必要建立更好的模型来检测食物化学物和食品，特别是新食品的一般急性耐受性。

对于长期与口腔黏膜接触的食品，如口香糖，则有必要进行特殊类型的急性毒性实验，如在豚鼠或人类志愿者进行的黏膜刺激实验；同样，对于一些与食物接触的材料，如婴儿奶瓶上的橡胶奶嘴，有必要研究在咀嚼时可能从橡胶中释放出的物质是否具有黏膜刺激性和潜在毒性。目前尚未制定这种实验的指导原则。同样，对于具有抗胆碱酯酶活性的化学物，其急性参考剂量确定方法的指导原则也未制定。

由于化学物与特殊靶系统和器官相互作用了解的日益增多，一些新的毒性终点被发现，动物实验程序也需要经常更新和优化。如生殖和发育毒性试验程序中增加了内分泌干扰物活性的测定。但同时也应关注到，目前仍没有新食品、宏量营养素和膳食中其他宏量成分相对安全性评估的标准方法。

二、危害识别中体外实验的应用

非动物实验方法包括基于计算机的方法和体外研究，是增强认识化学物的危害效应和推测其对人体影响的重要工具(Broadhead，2001年)。体外系统主要用于毒性筛选以及积累更全面的毒理学资料，用于局部、组织或靶器官的特异毒效应的研究，也可用功能食品的评估。因此，为了满足风险评估所需的充分而有效的信息，应该综合考虑体内实验和体外实验。

(一)化学毒性的筛选与分级

体外方法被广泛地用于化学物毒性的筛选和分级。在食品添加剂方面，体外实验资料已经被用于某些危险性评估中。

(二)获取有关毒性机制的信息

体外实验可以提供食物成分如何与人类细胞以及大分子相互作用的更精细的信息。体外研究系统特别适合研究低分子量的化学物、包括天然原料成分、食品制备过程中产生的化学物、食品添加剂、香料、污染物、农药和兽药残留以及天然毒素。另外,微量营养素与营养补充剂,如维生素、矿物质、非营养素的生物活性化学物,也适合于体外评估,特别是对于作用机制的研究。也可以通过针对性的体外研究评估复杂混合物的联合效应。相反,检测常量营养素如蛋白质、碳水化合物和脂肪的特征时,通常受到细胞对它们的生物利用率较低的限制。在这些情况下,可采用特定的体外共同培养程序,如二室系统,或开发和应用新的体外方法。

(三)食品安全性研究

体外实验适用于食品加工引起的效应的研究,包括传统加工方式(如烹煮、烟熏或烘干)以及像辐射这样的技术或者新的方法(如高压处理)等。对于膳食纤维样成分的研究包括新的益生原性食物成分,可以通过制备发酵提取物来模拟细菌代谢(如肠道微生物群)。现在越来越认识到只考虑潜在的有害食物成分本身的作用是不够的,有必要充分考虑食物的基质成分。对化学结构的考虑有可能提示需要模拟特定类型的体内代谢,如肠道酶、肠道微生物群或其他潜在的肝外代谢模型。通过关注那些与人类有关的毒性作用机制,有可能发现具有较高预测价值的一些毒理学反应。另一个目的是研究食物中危险因子和保护因子的相互作用。总之,利用体外方法评估功能食品这一新领域非常有发展前景,未来的模式应该是建立并充分利用适宜的、经过验证的与人类健康相关的实验系统。

体外方法提供的信息对于了解化合物对实验动物和对人毒性作用机制具有重要意义。然而,在常量营养成分和全食品方面体外毒性试验具有局限性。现在的情形正如国际生命科学学会(ILSI)欧洲分会认为的那样,体外实验资料对于计算每日允许摄入量(ADI)没有直接的意义。一些新的技术(如"组学"技术)和体外试验策略(如 MOS 法)(见第 13 章)的应用可以在减少或不使用动物的情况下推算出 NOAEL。可以预见,生物医学科学的迅猛发展将会产生新一代基于机制的体外检测方法,这些方法可用于风险评估中的危害特征描述。

三、食品危害评估的综合实验策略

体外实验获得的数据向体内情况外推用于预测化学物对人的危害性,可采用所谓的平行程序法,将从动物细胞实验中得到的数据与动物实验结果相比较,将来源于人的体外系统的资料与人类细胞系统之间的比较,然后将这两种比较用于向人体内情况的外推。这种策略得到了动物和人体内生物学标志物分析的支持,而且现代基因组学、蛋白组学等技术的联合运用能够加强对危害特征描述的准确性。这样通过平行程序法就可以对化学物进行定量、基于作用机制的种属间评价(图 21-1)。

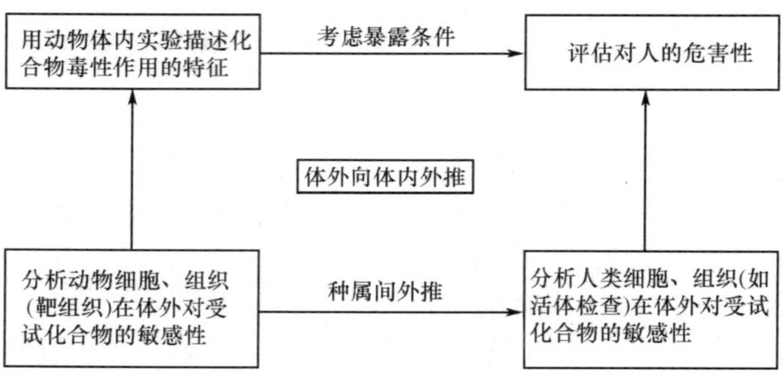

图 21-1 平行外推法

在运用体外试验系统或方法进行食品危害识别时，更多地采用综合实验策略，它是指联合使用两种或两种以上的毒理学分析方法，包括物理化学方法、体外实验、人体实验（如流行病学研究、临床病例报告）、动物资料（存在时或者必需的）以及非生物方法，如定量的结构-活性关系（QSAR）、结构预警和毒代动力学模型。采用综合策略方法需要回答以下相关问题：

（1）我们需要知道什么。

（2）什么时候我们需要知道。

（3）什么是获取相关知识的最适宜实验方法，同时考虑到避免动物实验。

（4）如何利用所获取的知识。

欧洲毒性试验替代方法研究组ERGATT和食品与营养委员会（CFN）制订了整合毒性试验计划，简称ECITTS（ERGATT/CFN Integrated Toxicity Test Scheme），将体外试验系统和方法进行整合用于化学物质的风险评估（Blaauboer，1999）。一个理想的完全依赖于非动物实验的程序应包括以下4个方面：①基于理化性质、化学物功能和应用（QSARs）的评估；②建立毒代动力学模型，包括生物转化、组织分布和运输以及基础细胞毒性测试等；③在高组织浓度下，从一组特定的细胞毒性实验和细胞特异的功能毒性实验中进行选择；④根据相关化学结构的历史资料、法规要求或化学物的使用目的从一组特定的细胞毒理学实验中进行选择。

在程序的每一个分支点都要询问前面所列出的那些重要问题，根据每一步的结果，专家做出可以识别毒性危害和（或）确定下一步实验的判断。因此，这个程序不仅可以用于化学物毒性的筛选，而且可了解化学物质更全面的毒理学作用谱。在实际工作中没有必要按程序从头到尾每一步都执行，根据所要解决问题（如我们需要了解什么）的不同，程序中有些步骤可以省略。

应用这个程序需要考虑的一点是化学物的暴露情况。如果所研究的化学物只在食物中存在而且浓度很低（如一种香料），可试用“毒性作用阈值（TTC）”的概念（Kroes，2000年）。TTC的概念由Edier等（2002年）做了详细的讨论。重点是检查化学物的结构，以确定是否存在所关注的化学功能团（结构预警）。需要考虑的另一点是对已有的动物实验结果的运用，如可以在体内实验的基础上获得定量的结构-活性关系（QSAR）。QSAR结果可以用在评估程序中任何合适的地方。此外，需要指出的是，有些反应的生物学终点在非动物实验中并不存在，如过敏反应。因此，一个合理的综合程序应使用不同来源的资料，包括暴露、结构、理化性质、生理学、动力学和动态模型、体外研究和体内研究。

（一）预期的暴露水平

关于“我们需要要知道什么”的问题主要取决于暴露方式和暴露水平。对食物化学物来讲，需要知道该化学物的含量、基质、暴露的持续时间和频率等，这是风险评估的主要决定因素。在这一阶段，毒性作用阈值的概念将起作用。然而，如果有特定毒性作用的结果预警，如致突变性，那么应制订很低的暴露水平的阈值。

（二）现有的毒理学资料和理化性质资料

下一步则要考虑现有的关于该化学物毒性的文献。如果在已有的资料（动物实验和非动物实验）的基础上就能够确定其危险性特征，就没有必要进行下一步的实验。

食物化学物或食物成分的背景资料可以从两个方面考虑，一是确定受试化学物的技术资料，二是那些将化学物性质与其生物学效应联系起来的各种化学结构与分析资料。

1. 技术资料 对于即将上市的各种食

物成分和食物化学物，包括农药和兽药，研究者都需要充分了解其质量规格资料所包含的信息：CAS 编号（如果可以得到的话）、化学物名称和所有常用名、商品名及同义名。除此之外，还应包括化学物的化学组成、纯度、已知杂质的性质和含量、物理形态、溶解度、稳定性和其他相关的物理化学特性。这些物理化学性质可直观的预测某些危害的发生，如有助于确定该化学物是否具有刺激性（高或低 pH）、生物蓄积性（高分配系数）或存在吸入性危害（高蒸气压）。

2. 化学方法 通过了解化学物的化学结构和存在的特殊官能团可以预测该物质潜在的特殊毒性作用和（或）其代谢产物。如环氧化物、氨基甲酸盐或亚硝胺基团可以表明此类化学物可能具有致癌性，而含有有机磷酸酯基团的物质可能具有神经毒性。

根据化学物结构，可以确定一些理化参数（log$P$）和化学功能（亲电子性）。应用合适的 QSAR 模型可以用来预测一些毒理学性质。如果能够同时预测化学物的人体摄入量，将会大大有助于确定需要进行多少毒理学实验。一些与毒理学终点相关的 QSAR 模型分别见相关章节。

（三）毒代动力学

这部分的中心是化学物的动力学资料。在某些情况下，得到一些相关的基本资料如吸收率就已经足够，而在其他情况下则要求有更进一步的资料，如复杂的毒代动力学模型参数。PB-TK 模型描述了化学物在体内不同组织的浓度随时间变化的过程。倘若可以得到相应的生理参数（如血流、组织大小和组成等），那么对各种感兴趣的动物种属均可建立模型。化学物特异的参数，如组织分配系数，可以从理化性质计算或者直接测量得到，而像生物转化率和转运率这样的参数则需要通过相应的体外实验来测定。一旦确定生物活化是化学物的一个重要过程，则需要研究阐明所有相关的代谢物的毒代动力学资料。许多体外系统已用于代谢实验，绝大多数是利用肝细胞培养系统或具有经转基因表达的特定的（人）生物转化酶的细胞系。

（四）基础细胞毒性

下一步是了解化学物或其相关代谢物的基础细胞毒性信息，如对所有细胞类型都通用的代谢毒性（Seibert，1996 年）。用于检测基础细胞毒性的实验方法有很多，如中性红摄取（NRU）实验。毒代动力学模型的结果是对化学物在不同组织中浓度/时间过程的预测。这类资料和基础细胞毒性资料结合起来，可用于预测化学物的全身急性毒性。基础细胞毒性不但可以识别对特定组织有潜在危害的化学物，而且可以预测非特异性效应，如非反应性亲脂性化学物在生物膜上的积聚，这种现象被称作基线毒性，在神经系统表现为常见的“麻醉”效应。

（五）特殊毒性

如果所研究的化学物的结构特征表明应关注其在某些组织可能产生的特殊效应，或者毒代动力学模型结果表明化学物在特定组织存在高浓度，那么就应该测定化学物对该组织的毒性作用。特殊毒性有以下两种：①选择性毒性，即某些类型的细胞比其他细胞的敏感性高；②细胞特异的功能性毒性，即对特定类型细胞的功能产生毒性损伤，有的毒性损伤作用影响到整个机体的功能，如抑制肝细胞清蛋白、细胞因子或激素等的产生。这类实验的结果可以用产生基础毒性的有效浓度和产生细胞特殊毒性的有效浓度的比值来表示。比值显著高于 1，表明有特殊的靶器官毒性，并需要确定“未观察到效应的剂量水平”（NOAEL）。细胞类型的选择需要根据毒代动力学数据以及细胞毒性可能存在的潜在靶点来确定。

即使一种化学物并没有在特定组织内蓄积，或者其基础细胞毒性与特殊毒性的比值也不是很高，也有其他理由需要对化学物的组织特异性效应进行细致研究，也就是说，要遵循与化学物预期用途相关的特别法规的要求。在这种情况下，测试系统除了应包括前文所述的组织特异性实验外，也可能包括对其他毒性作用终点如发育毒性和致癌性的检测。这个阶段的结果是对化学物进行分类和预测系统毒性的依据。

试验程序的这一部分明显地依赖于是否有经过充分评估的体外实验方法。如果没有有效的体外方法，则为了回答关于"我们需要知道什么"这个问题，必须按照 OECD 的指南进行动物实验。

然而，如果通过以上步骤所获取的信息能够使体内实验更具针对性，则需要的体内试验是很少的。应用这个试验策略进行食品化学物危害识别可有效减少动物实验，并能获得预期的效果。

四、SAR 方 法

有关 SAR 的理论和应用分别见第 5 章、第 8 章等。

五、生物学标志物方法

生物标志技术是体外毒理学的主要技术，生物标志物对于检测有毒化学物从一般暴露水平到引起临床病理可见的暴露水平所产生的效应特别具有意义（见第 5 章）。生物标志技术可以用来分析食物相关化学物或膳食成分在体内的复杂作用，特别是对于阐明癌症风险非常具有价值，此外，对于非癌症终点也同等重要。

生物标志物的筛选，除了关注指示食物化学物及其体内代谢物的潜在危害作用的标志物外，应同样关注指示保护性和易感性的生物学标志物，因为毒性因子的作用很大程度上取决于膳食中的抗毒性物质。已建立的危害识别因子包括暴露标志物（如体内化学物质的分析测定）和效应标志物（如体细胞的遗传损伤）。体液（尿液或血浆）或体细胞（如淋巴细胞）的生物学标志物可反映机体的全部遗传毒性负荷，较新的研究目标是了解受个体易感性影响的危害作用。用作生物学标志物的易感类型包括表明前损伤作用及肿瘤相关基因的改变以及那些表明危害易感性增加的生物学标志物，如 DNA 修复酶和外源化学物代谢酶的多态性。然而，这些易感性不仅受遗传的影响，而且还受外源性暴露和可显著影响易感性的膳食的影响。有报道表明，一些功能性生物学标志物技术已经用于显示食物或食物产品对黏膜免疫的作用，这些食物产品被认为可能增加或者降低致癌的风险。

摄入有害食物化学物，可产生一些可用于检测毒性的生物学标志物，特别是癌症相关的终点。然而，需要对这些生物学标志物的适用性、可靠性以及预测性进行验证。对于引起癌症以外其他疾病的生物学标志物的研究水平仍较低。例如，与氧化应激有关的癌症相关终点也有可能与导致其他退行性疾病的危害有关。

现在已有一系列生物学标志技术可作为评估指示作用机制的参数。采用新的技术，如基因组学、转录组学以及蛋白质组学，可以在体外识别被有害食品化学物质诱导或者抑制的基因组和蛋白组，这将显著增加对于机制的了解。识别特定的反应模式将使我们以前所未有的方式检测并且描述体内暴露的结果特性。同样重要的是，可以在固有的易感性基础上补充评估有害化学物质的影响。这种整合应用体外与体内研究方法，以机制来驱动的研究，将主要依赖细胞分析技术来建立新的生物学标志物。

(一) 暴露标志物:利用细胞培养评估体液作用

对食品化学物,其代谢物或者特殊的大分子反应物(如 DNA 或蛋白质加合物)的化学分析测定可用作暴露标志物。这种研究方法的目的是检测在血浆中循环或从尿液排泄的有毒化学物,以反映其在全身的暴露负荷。其他例子包括检测 DNA 等活性代谢物形成的加合物或尿液中排泄的内源性形成的化学物等。氧化应激的标志物,如丙二醛-DNA 加合物、血浆丙二醛水平和氧化的 DNA 碱基也可用作预测特殊疾病(如某些心血管疾病)的生物学标志物。另外,暴露也可从功能方面来评价,也就是评估体液的毒性或遗传毒性作用、细胞或组织培养以及体液的致突变性,体外毒理学方法有助于此类标志物的研究。

运用细胞培养技术对食物相关化学的毒性进行体外毒理学评估可提供一些新的敏感参数,这些系数可用于研究体液对细胞的作用,所用细胞应能代表所关注的靶组织。例如,通过检测粪液对培养的人结肠细胞的遗传毒性,用来评价消化道内危险因子的暴露情况。几乎任何表示食物中有害化学物的细胞反应的终点,都可以表明体液内是否含有该化学物、是否可以导致 1 种或 1 组细胞反应。通过将潜在暴露个体的体液与同一类型的细胞一起培养,可以选择性的分析 1 组已知某种有害化学物在体外产生的效应。这种方法已经应用于测定膳食干预如何导致粪液中胆酸水平的改变、食物中的抗氧化剂是否可以减弱体内过氧化氢的氧化作用或可以调节其他细胞参数以及肠腔内容物是否含有可改变结肠上皮细胞基因表达的因子等。通过采用合适的细胞培养模型,可将细胞暴露于体液。如结肠细胞可用于检测粪液、膀胱细胞用于检测尿液、淋巴细胞用于检测血浆样品。另一种可能性是模拟体内暴露情况以分析在肠道中发生的效应。现在已经可以利用长期的消化道发酵系统模拟体液的作用方式在体外进行。这也可以阐明有害的食物化学物怎样受到肠细胞内代谢的影响以及这又将如何改变它们对胃肠道细胞的影响。因此,期望能够发现一些在粪便的生物学标志物检验中有用的指标。

(二) 效应标志物:以人体组织作为标靶发现新的效应参数

在细胞培养实验中,有很多参数对应于有害化学物引起的反应。因此,人们希望通过食品相关化学物在细胞培养系统中的体外毒性评估,能够揭示或者发现新的敏感参数,以作为食用含有这些化学物质的食物后检测其在体内作用的生物学标志物。采用生物活检样品或者脱落细胞进行研究也需要体外毒理学检测的基本专业知识。用不同来源和种类的细胞系进行所积累的专业知识和特殊技术能力,是采用人类细胞材料特定效应参数的前提条件。如检测离体培养的直肠或结肠隐窝的细胞增殖寻找生物标志物。同样,体外研究过程中发现的其他新的细胞毒性终点、癌症相关终点和细胞反应也可能作为新的生物学标志物,如血加氧酶的可诱导性、热休克因子或者 DNA 修复的抑制。一种最有发展潜力的方法是运用基因组学和蛋白组学技术,通过比较暴露与非暴露体外细胞中基因表达谱或者蛋白质表达谱的差异,建立生物学标志物(见第 13 章)。

(三) 易感生物标志

在食物危害评估领域,生物标志物方法将更多地考虑膳食对生物标志物反应的影响,并将其作为一个易感性因素。有些影响可以增强遗传损伤,使细胞对于其他的毒性成分更加敏感。有些则可以减轻损伤,使细胞对于其他的暴露相关因子更耐受。如高脂膳食产生的高水平 5-羟-甲尿嘧啶、不同脂肪酸组分对丙二醛-DNA 加合物的调节作用、适量饮酒对于机体内在的DNA氧化损伤的保护作用。最近，有研究显示摄入类胡萝卜素含量丰富的蔬菜汁或者每日补充维生素可以减少淋巴细胞DNA的氧化损伤。相反，通过淋巴细胞微核的检测比较素食与非素食的生活方式，并没有发现遗传损伤的差异。一般认为，通过膳食调节代谢酶的作用，可以影响食物中有害成分的作用。因此，膳食中对谷胱甘肽硫转移酶的诱导，在暴露于有害化学物时是一种保护性机制，因为这种酶可以抑制有害化学物的作用。

体外实验对于了解特定的预期遗传学改变或者酶的遗传学多态性如何影响所研究的特定有害化学物的效应具有促进作用。通过测定特定的化学物对含有特定遗传学改变（如修复缺陷）的细胞毒性或者基因多态性（如谷胱甘肽硫转移酶野生型与缺失型的多态性），可很容易地研究这些影响。更精确的方法是采用含有高度表达或缺失某个特定基因的遗传工程细胞，此法已经应用在这类研究中，目的是在危害评估中获得更多关于易感性后果的信息。

将来有可能通过基因组学、转录组学以及蛋白质组学的方法识别终点。有可能用单一膳食成分诱导复杂的基因表达模式，并且有可能通过分析不同的基因表达谱比较处理细胞与未处理细胞之间的易感性。化学物的危害作用可以通过测定基础细胞毒性或检测具有不同基因表达谱细胞的标准遗传毒性参数来确定。最好这些研究是在生物学标志物分析中常用的细胞（如外周淋巴细胞）中进行，因为这样可以更容易进行体外资料向体内情况的外推。一种更加复杂的方法是测定肿瘤靶组织细胞的各种细胞反应参数，在复杂的易感性谱的基础上来理解有害化学物的作用结果。

第2节　胃肠道吸收的替代方法

一、肠上皮的特点和影响因素

肠上皮细胞就像是一个门卫，控制着营养成分和外源物质的进入。了解这些物质在肠道黏膜水平的吸收和代谢过程具有特别重要的意义。化合物的肠道吸收是一个复杂的跨膜转运过程，包括通过细胞间隙和（或）吸收性细胞膜的被动扩散、小泡性吸收（吞噬或胞饮作用）、基侧间隙释放（转胞吞作用），还有一种转运可能并非由受体介导（或转运子转运），是先通过上皮顶端区域吸收后伴随跨基侧间隙的被动扩散（图21-2）。每种转运机制都取决于被吸收复合物的理化性质，如立体结构、膜分配系数、分子量大小和体积、pK_a值、溶解度、化学稳定性和电荷分布。在评估吸收效应时还应考虑一些生理因素，如胃排空、胃肠运动、肠道pH、血流、淋巴流（图21-3）以及病理状态、药物相互作用、营养和黏液分泌等。

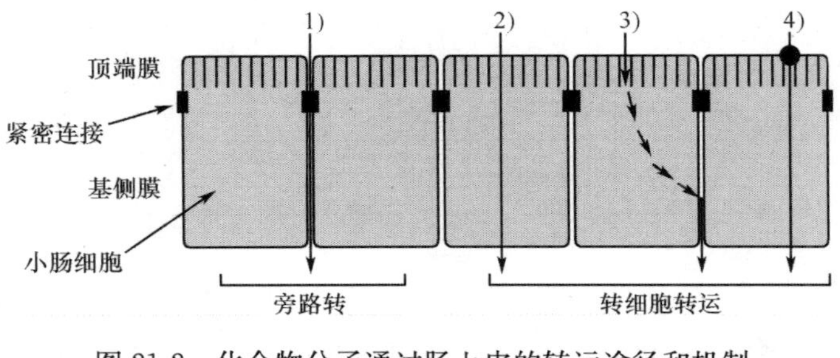

图21-2　化合物分子通过肠上皮的转运途径和机制

1)细胞旁路途径；2)跨细胞的被动扩散；3)转胞吞作用；4)顶端载体介导吸收后跨细胞基侧膜被动扩散

经摄取后的化合物会脱离原来的剂型，分解到含大量成分(胆盐、离子、血脂、胆固醇和酶)的复杂的肠液中。肠液组成受个体差异、肠段和饮食等影响差别很大，而且肠稳态既包括理化特性也包括酶活性的稳定，如由于死亡的肠上皮细胞和(或)肠道菌群的分泌使肠液含有丰富的酶。人们对于肠道系统对食物(药物)的溶解度的了解很有限。利用体外系统进行绝对溶解度和分解度的测定比较困难，如采用缓冲系统代替肠液进行溶解性研究，可能会导致对体内实际情况的高估或低估。

肠道内层覆盖着一层由肠道绒毛上皮杯状细胞分泌的黏液和弹性凝胶。这层凝胶的理化性质会影响从整体到点的吸收的扩散率。因此，凝胶可以认为是肠道吸收屏障的第1层。此外，黏液层中含有许多代谢酶，化学物经口吸收的酶屏障可能包括肠内的酶系以及吸收细胞本身含有的酶，如一些细胞色素酶P450(色素)亚型，通过与P-糖蛋白结合(P-糖蛋白)，这些酶负责肠道的首过效应。

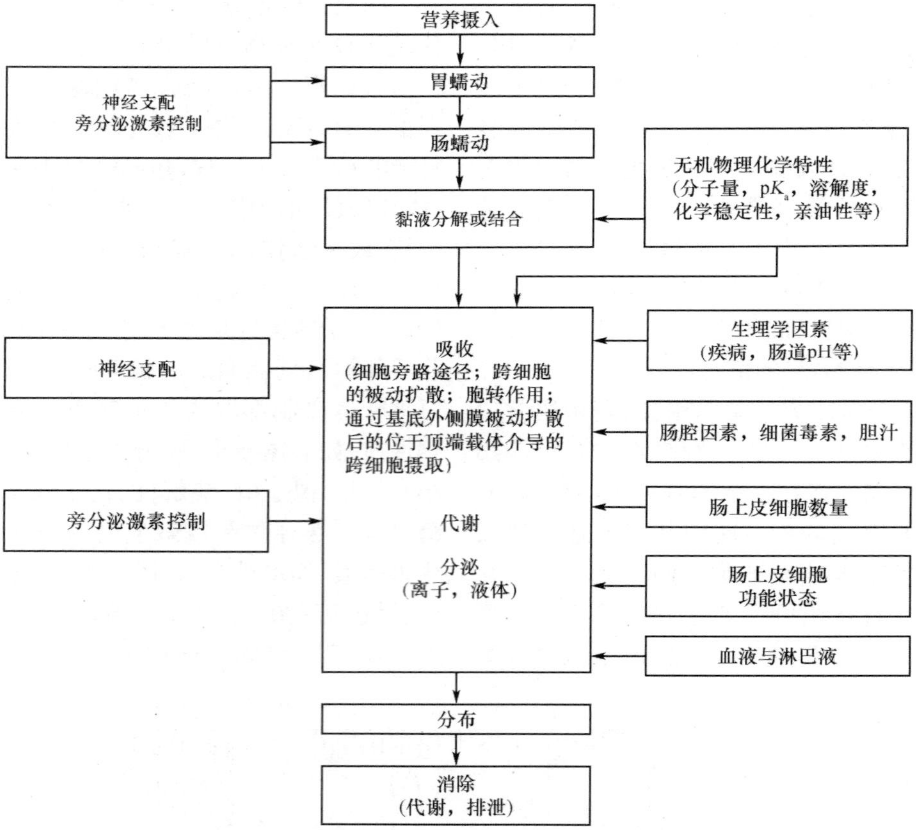

图 21-3 影响肠道吸收的因素

二、现有模型

肠上皮绒毛构成了肠道营养与药物吸收的解剖与功能单位，这些绒毛和微绒毛为吸收提供了巨大的表面积。黏膜由上皮细胞层、固有层(含血管和淋巴管的胶原基质)和黏膜肌层构成。任何外源性物质进入血液系统都要通过上皮细胞层、部分固有层和个别管腔壁。因此，了解吸收过程的限速步骤是选择合适模型的关键。现在已经有体内、原位和体外 3 种模型用于研究动物肠道吸收机制研究。

（一）体内模型

体内模型的主要优势在于综合了肠系膜血液循环的动力学部分、黏液层以及其他所有可能影响药物分解的因素。常用动物为大鼠，因大鼠比犬能更好地反映人类的新陈代谢，而犬与人类在新陈代谢方面不相似，用犬会高估旁细胞限制复合物的吸收。大鼠经口实验研究也有局限性，有时会产生假阳性结果。体内模型的缺陷在于它不能区分吸收过程中的多种可变因素，即不能鉴别个别限速因素。

（二）原位模型

灌注技术的发展为肠道运输和代谢研究提供有力的工具。动物麻醉后暴露腹腔，以开环或闭环的方式引入药物溶液。原位实验模型比体内模型具有明显优势，如避免了酸性复合物在胃部的沉积，化合物分解率就不会影响其在肠道中的浓度和血浆中的水平。此外，原位灌注使实验者能够只用公式就能估算胃酸环境中的分解率。但是，选择麻醉剂一定要谨慎，因为有报道表明麻醉会影响药物的肠道吸收。

原位实验模型需要考虑的另外一个方面是药物溶解液的体积，由于水分吸收或分泌使药物体积和浓度随时都在发生变化。为此必须使用一些不吸收或低吸收的复合物，如聚乙二醇放射性标记物（PEG）4000、菊糖、甘露醇和黄色荧光标记物等。另外，灌注药物的减少或消失并不等于其被吸收。因此，除了追踪观察灌注液的浓度变化之外，还应增加门静脉采样分析，如将采样位置从门静脉移向肝门静脉，则可以获得肝脏首过效应的额外信息。

人体内药物肠道运输的研究可以利用气囊方法（loc-1-Gut），即采用导管进药技术和血样分析技术。应用气囊方法可在各个肠段水平进行药物吸收研究，缺点是比较昂贵且不易操作，不能用于药物常规开发过程中。应用此模型还可以研究静脉注射化合物向肠腔分泌的过程，如研究外源物质通过 P-糖蛋白、多药耐药相关蛋白（MRP）和肺癌相关耐药蛋白（LRP）进入肠道管腔的机制。

三、体外模型

（一）器官型模型

器官型模型保留了所有的肠道细胞类型（如肠上皮细胞、杯状细胞和淋巴细胞），可用于研究配方化合物的效应（由于药物溶解度低，可以使用肠外脂肪乳剂，如脂肪乳®或牛血清清蛋白）、肠内代谢/稳定性、渗透性的部位差异等。

1. 肠管外翻　大鼠小肠肠管外翻可用来测定动力学参数，模型的可靠性和再现性均较高。含氧培养基和特别的制备技术可以确保组织的存活力达到 2h。采用敏感的检测方法，结合化合物的放射性核素标记，这种技术可用于研究药物跨肠壁进入上皮细胞的转运。该模型已应用于研究大分子和脂质体的转运，用于研究亲水性分子的旁通道转运，还可用于吸收促进剂效果的评估。甘露醇是旁通路的标记化合物，转运研究表明其具有明显的渗透率（Papp）$1.5\sim1.7\times10^{-5}$ cm/s。这个值与低分子量亲水性药物人体灌注研究的报道相似。吸收促进剂的毒性可以通过细胞内酶的释放或组织学研究来检查。

这种模型适用于测量小肠不同位点的吸收，用于评价药物在肠绒毛上皮细胞的首过代谢效应，还可以研究 Pg-p 对外源物质通过肠道屏障转运的作用研究。

该模型的缺陷是存在黏膜肌层，因此，这种模型并不能反映真实的肠道屏障，因为在研究中发现有许多复合物从肠腔流向固有层，并通过黏膜肌层。该模型可能低估了转运复合物与肌细胞结合的可能性。

2. 离体灌注模型 离体灌注肠道保留了细胞间的生理接触和正常细胞内基质。主要的局限可能是由于体外快速发生变化导致体外实验持续时间较短。

3. 尤斯灌流室(Ussing chambers) 尤斯灌流室最早于1951年提出，用于离体蛙皮钠离子主动转运的研究，之后广泛用于多种类型离子的跨膜转运研究，也可用于小肠转运和外源化学物肠道代谢研究。在此系统中，药物既可暴露于黏膜水平(肠上皮细胞顶端)，也可暴露于浆膜水平(肠上皮细胞基底层)，而且尤斯灌流室相对简单，使其成为研究药物吸收的合适体外模型。尤斯灌流室安装电极后，还可研究化合物对肠道屏障的电-生理参数的作用。

(二) 细胞模型

吸收机制的研究最好在只含有吸收细胞的模型中进行，以排除黏液、黏膜固有层和(或)黏膜肌层的混合影响。因此，上皮细胞模型广泛用于药物的运输机制研究。由于原代分离的肠上皮细胞很难培养已不常使用。目前常用的是人类腺癌细胞株，如HT-29和Caco-2，它们具有分化肠细胞的很多特征。这些细胞模型可与灵敏的自动测量技术(如液相色谱法和质谱分析法)结合使用。细胞模型相对简单、适合自动化操作和HTS；也有其局限性，主要是这些细胞来源于肿瘤，没有体内的生理环境，因此向体内外推数据比较困难。

1. 非肠道细胞系 MDCK犬肾细胞系(MDCK)是由Madin和Darby从犬肾分离出来的，目前它们用于研究细胞生长规律、药物代谢、毒性和远端肾小管上皮细胞水平的运输研究。MDCK细胞显示已经分化成柱状上皮细胞，而且半透膜上培养时能彼此间形成紧密连接。

Cho等讨论了使用这些细胞作为一个机械屏障模型用来评估肠上皮药物运输。结果表明，MDCK细胞(类似Caco-2细胞)适合分子通透性筛查研究。MDCK细胞不需要3周的培养就可以使用；与Caco-2细胞不同，它们不表达P-gp。

2. 新生鼠和鼠胎中的小肠上皮细胞系 在反复的纯株培养之后，已经从新生鼠的小肠中分离出来IEC和RIE等细胞系。这些细胞系显示隐窝上皮细胞的形态学和功能特征。IEC细胞系特定用来分析肠上皮细胞生长过程中生长因子的作用，也用来研究肠细胞的特定功能(包括氨基酸、葡萄糖和核苷酸运输，或胆固醇的合成)以及基础研究。较少用于研究化合物的转运通道。

3. Caco-2细胞

(1) 特点：Caco-2细胞是一种广泛用于体外模拟肠道屏障的腺癌细胞系。其在培养过程中可形成单层的极性肠上皮细胞，能形成顶端和基底外膜，并且极好地分化出刷状缘，相邻细胞间出现紧密连接。在标准培养条件下细胞融合7日后开始分化过程，在14～21日后完成分化。融合的培养物具有高电阻性，能够表达小肠典型的胞膜肽酶和二糖苷酶，也能够表达典型微绒毛转运体，如主动转运体(氨基酸、糖类、维生素、激素)、膜离子载体(Na^+/K^+ ATP酶、H^+/K^+ ATP酶、Na^+/H^+交换通道、$Na^+/K^+/Cl^-$共转运载体、顶端Cl^-通道)、膜非离子载体(透过性糖蛋白、多重耐药相关蛋白、抗肺癌相关蛋白)和一些受体(维生素B_{12}、维生素D_3、表皮生长因子、葡萄糖转运蛋白1、3、5、2、钠葡萄糖共转运蛋白1)。

Caco-2细胞系最早用于研究肠上皮细胞分化模型，之后用于评估细胞旁路和跨细胞通路在药物吸收中的相对贡献。尽管该细胞来自结肠，但在培养中显示小肠吸收细胞的大多数形态学和功能特征，包括Ⅰ相和Ⅱ相酶。表达 *N*-乙酰转移酶和谷胱甘肽转移酶活性，可以通过测量酶解物活性或用免疫技术对其进行检测。

人源性细胞系可避免小肠细胞在形态学与生理学上的物种间差异，这是一种相对简单、快速、灵活的方法。从 Caco-2 单细胞层获得的渗透性数据可定性地预测人体内的吸收程度，这是一种按物质的渗透特性对化合物进行等级划分的有用模型。Caco-2/TC-7 是来自亲代 Caco-2 细胞系的单细胞层亚克隆。它是通过有限稀释技术由晚期传代的 Caco-2 细胞分离出来的。两种细胞系特性都是相近的，然而结合生化分析和形态学特征，就刷状缘结构和一些水解酶（蔗糖异麦芽糖酶、氨肽酶 N、二肽基肽酶Ⅳ）以及刷状边缘相连的糖类载体（葡萄糖转运蛋白 5、钠葡萄糖共转运蛋白 1）的表达水平而言，TC-7 克隆比 Caco-2 更接近于正常的肠上皮细胞。类似于 Caco-2 细胞，TC-7 细胞在标准培养条件下也需要 14～21 天进行分化。TC-7 细胞比它的亲代细胞 Caco-2 更具优点，因为它能够表达 CYP3A4，能主动转运牛磺胆酸以及较 Caco-2 更低水平地表达 P 糖蛋白（P-gp）。TC-7 的跨上皮阻抗性数值比 Caco-2 低，所以其特性更接近小肠。TC-7 还表现出比其亲代细胞较高的 1-萘酚糖苷化活性。TC-7 培养模型可获取在 CYP3A4 和 P 糖蛋白参与下化合物相互作用的定量信息。这些信息在药物开发过程中极其重要。现已证实 TC-7 克隆在研究 P 糖蛋白相互作用方面是较佳的模型，但在 CYP3A4/5 相互作用的研究方面，由于其 CYP3A4/5 的表达水平较低，因而其价值不高；在对 CYP3A4/5 相互作用进行定量方面，微粒体或重组人细胞色素 Supersomes™ 是更好的模式。

（2）开发：1977 年，Fogh 及其合作伙伴首次建立了 Caco-2 细胞模型，之后这种体外模型就在若干个研究小组中广泛应用。美国 FOA 计划制定各相关学科中使用该细胞系的指导规则。Monique Rousset 博士的研究小组开发了 Caco-2/TC-7 细胞株，是在 Caco-2 细胞暴露于甲氨蝶呤后分离出来的。ECVAM 组织了优化肠道体外模型的研究。

（3）标准化和验证：ECVAM 已经资助了一项关于开发和优化体外肠屏障功能的 Caco-2 细胞模型的研究（17299-2000-12 F1ED ISP IT），并于 2005 年形成了最终的研究报告。其主要目的是：①确定 Caco-2 细胞系及其多个克隆（Caco-2/TC-7、Caco-2/AQ、Caco-2/15）的特征，以及用于渗透性/吸收、代谢/生物转化和毒性研究所应达到的最低要求；②确定对于特定应用所需的最适合的细胞株或克隆及其相关参数；③制定明确的标准操作程序；④明确肿瘤来源的细胞对其分化能力的影响。细胞模型已完成了标准化和优化，准备进入前验证阶段。

（4）应用与局限性：在研究药物吸收方面，Caco-2 细胞系作为一个可自动化和高通量的系统已被广泛认可，此外在炎症研究领域也有所应用。在体外测量得到的跨上皮渗透系数可预测化合物的经口吸收。如果对一种化合物的吸收程度有足够的了解，并采用标准化的模型，可以按高、中、低的分级对吸收程度进行半定量分级。

Caco-2 和 Caco-2/TC7 体外模型缺乏杯状细胞，杯状细胞是肠道中数量第二多的细胞类型，在体内形成黏液层起屏障作用并限制亲脂性化合物吸收。Caco-2 细胞的 CYP3A4 表达水平很低。用 1α，25-二羟维生素 D_3（一种在 mRNA 水平对 CYP3A4 起作用的诱导剂）处理和转染 CYP3A4 cDNA，是增加 Caco-2 中 CYP3A 表达水平的两种方法，然而这些方法仍达不到体内可检测到的水平。但是，Caco-2 细胞的 P 糖蛋白表达水平却比体内的细胞高得多，因此，有时体外转运数据与体内情况并不相符，其他膜运载体如 MRP 和 LRP 也有表达（表 21-1）。单细胞层的紧密度（高电阻性）特点更相似于结肠（与小肠相比），该模型对于亲水性化合物的渗透性相对较低，亲水性物质是通过透水的旁细胞途径进入上皮细胞的。另一个限制是在 Caco-2 中依赖载体介导转运的化合物的渗透性会低于人体内的小肠细胞。此外，高含量的氧化还原酶类也是 Caco-2 细胞的特征之一。

表 21-1　亲代 Caco-2 细胞的特征描述

起源	人类结肠直肠腺癌
培养中的生长	单细胞层上皮细胞
分化	在标准培养基融合后 14～21 天
形态学	极化细胞，紧密连接，有尖刷状缘
电学参数	高电阻
消化酶	典型膜状肽酶和小肠的二糖酶
主动运输	氨基酸、糖、微生物、激素……
离子膜转运	Na^+/K^+ 三磷酸腺苷酶，H^+/K^+ 三磷酸腺苷酶，Na^+/H^+ 交换，$Na^+/K^+/Cl^-$ 协同转运，Cl^- 顶端通道
非离子膜转运	渗透性糖蛋白，多重耐药蛋白，肺癌抗性蛋白
受体	维生素 B_{12}，维生素 D_3、上皮生长因子、糖运载体（GLUT1、GLUT3、GLUT5、GLUT2、SGLT1）

（5）作为替代方法的前景：体外 Caco-2 试验系统应作为分级试验策略的一部分来预测经口吸收和人体系统暴露的可能性。分级式试验策略可用于替代经典的动物生物利用度的研究。

需要进一步研究 Caco-2 和 Caco-2/TC-7 细胞的转运载体与生物转化特性，以提高细胞检测（Caco-2/TC-7）的预测能力，提倡不再使用单一的药物分类规则应用于其他化合物的研究。

（6）Caco-2 细胞的培养：Caco-2 细胞能在半透膜上生长成单层并且分化，因此，可以将基底层与顶层分离，它们分别对应肠腔面和绒毛膜面（图 21-4）。Caco-2 细胞完全形态和功能分化需要在专用培养条件下培养 3 周。

培养条件：培养液，血清浓度 20%，1 型胶原包被，培养基添加 1%非必需氨基酸溶液、25mmol/L 葡萄糖溶液、2mmol/L 谷氨酸盐溶液、抗生素，pH7.4，细胞接种密度（2.5 ～4）×10^5 cells/cm^2，传代次数 25～100 次。

模型的质量应达到表 21-2 的要求。

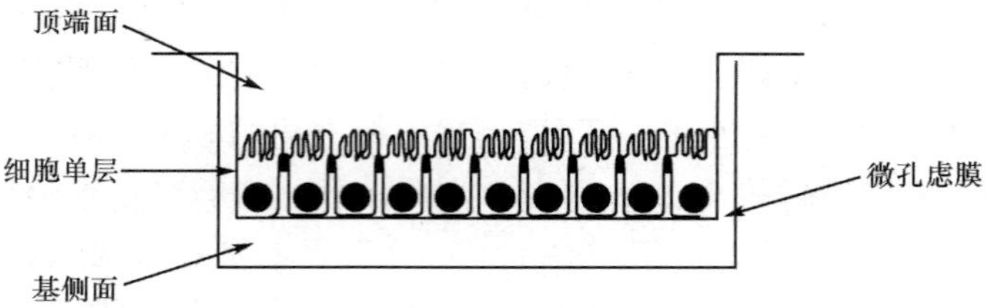

图 21-4　Caco-2 细胞在微孔过滤膜上培养示意图

表 21-2　单细胞层的主要控制

控制指标	方　法
经上皮电阻（TEER）	单细胞层完整性采用 TEER 测量，取决于滤膜面积，用于显示毒性或药物作用的变化。CaCo-2 细胞的 TEER 值是 260～420Ω/cm^2；人结肠：12.69；鼠回肠：(35 ± 4.9)Ω cm^2；鼠结肠：(100 ± 26)Ωcm^2
分化标记	通过测定蔗糖酶异麦芽糖酶复合物、氨基肽酶和碱性磷酸酶活性
形态分化	使用电子显微镜
P-gp 表达	通过免疫印迹或测量 P-gp 活性，免疫组织化学

续表

控制指标	方　法
消除支原体污染	使用标准微生物测定法检测
待测物渗透性检测单层细胞完整性	甘露醇、PEG 4000、荧光黄

（三）体外模型比较

良好的吸收是候选某些食品营养素或新药的关键因素，在开发阶段，吸收研究可以在实验动物体内进行，或在可以定性和定量特征描述的体外系统进行。从渗透系数来预测人体吸收分数的各种实验设计有其优势和局限性（表 21-3）。模型的选择取决于化合物的利用率、项目进程和所要回答的问题。药物的肠道吸收由穿过上皮层和进入血流两部分组成。在某些模型中，例如尤斯灌流室或外翻肠囊，药物必须横穿所有肠壁，其中部分会在体外是限速的，但在体内不会，这会导致对转运值低估。当只研究穿过上皮层时，细胞系（例如 Caco-2）是一个可以模拟生理环境的良好模型。然而，必须指出细胞系与体内环境之间最大的区别是缺乏黏液，这可能会限制吸收，尤其是亲脂类药物，而且单层细胞只包含一种类型的细胞。现在已经提出了肠细胞系（Caco-2 细胞）和黏液分泌功能的细胞系（HT29-MTX）的共培养系统（表 21-4）。

表 21-3　不同模型的优点和局限性

技术		优点	局限性
原位技术（大鼠）		完整通路和代谢特征 具有影响通路的全部生理因素 可用于肠内特殊位点吸收的研究 可用于药物直接影响肠吸收的研究	开发时使用但不能用于常规 实验过程中腔内流体静压增加影响肠渗透性 动物模型
人体肠内灌注		是一种参考模型 具有影响通路的全部生理因素 允许在人体的研究 与药代动力学研究良好相关	导管插入对局部麻醉技术要求高 不能用于开发或常规试验
小肠外翻（大鼠）		具有全部细胞类型和黏液层 较快速和低廉的技术 可以用于吸收机制或成分的研究	不是灌注模型 药物必须通过整个肠壁 动物模型
尤斯灌流室（人或大鼠）		可用于肠内特殊位点吸收的研究 被测药物可以加在顶端或基底外侧 能进行代谢研究 人体和动物模型	测量技术必须灵敏，因为药物分散在不同扩散室中 细胞成活率有限 药物必须通过整个肠壁 可用的人体组织来源有限 不用于筛查
细胞培养	Caco-2 细胞	相对快速和简单的方法 灵活的模型 可以用于转运机制研究 被测药物可以加在顶端或基底外侧 可以用在药物筛查试验	不具备影响通路的生理因素（黏液、胆盐、胆固醇） 静态模型 肿瘤来源的细胞 仅有一种细胞类型的模型 难以评估 P-gp 的影响

续表

技术		优点	局限性
细胞培养	TC7 细胞（Caco-2 亚克隆）	表达 CYP3A 比 Caco-2 细胞生长迅速 比 Caco-2 细胞需要更少葡萄糖	
	MDCK 细胞	快速和简单的方法 可以用于筛查试验 可以用于测量被动扩散 不表达 P-gp	不是一个肠内模型

表 21-4　不同技术的关联性

技术	检测化合物数量	注释	关联性	当前检测化合物
Caco-2 与 MDCK 细胞	55	这两项技术计算出 Papp 相关系数是 0.79。另外，与人类口服途径有关的 MDCK 和 Caco-2 细胞的 Papp 值分别是 0.58 和 0.54，表明这两种细胞都合适	＋＋	*D*-葡萄糖聚乙二醇(PEG)，呋塞米，普萘洛尔，阿替洛尔，美托洛尔，特布他林，依那普利，左旋多巴，*D*-甘露醇
TC7 与 Caco-2 细胞	20	基于形态学和生物化学参数以及转运特征，表明在转运研究中 TC7 细胞是较 Caco-2 细胞更可靠的替代物	＋＋＋	
Caco-2 细胞与人经口途径	20	Caco-2 和 TC7 细胞用于人体被动扩散的预测	＋＋＋	
TC7 细胞与人经口途径	20	Caco-2 和 TC7 细胞用于人体被动扩散的预测	＋＋＋	
大鼠尤斯灌流室与“人体”原位灌注	12	大鼠尤斯灌流室技术对于具有局部药理作用和载体介导效应的药物的筛选特别有用	＋＋	
大鼠原位灌流与人体口服途径	12		＋＋＋	
大鼠原位灌注与“人体”原位灌注	10	两个模型对于被动吸收的分子关联性高，均可用于预测人体吸收。“大鼠模型”里要包括成活力结果的标志。	＋＋＋	
大鼠原位灌注与人体经口途径	16	用于有机小分子	＋＋＋	
“大鼠”肠内糖精 vs 人体口服途径[50]	12	预试筛查	＋	

＋：有限关联；＋＋：中度关联；＋＋＋：高度关联；MDCK：马-达二氏犬肾（细胞系）；Papp：近似透过性

Caco-2（体外人结肠腺癌细胞系）单细胞层已经成为研究药物吸收的理想模型，主要用于测定药物是主动还是被动跨肠上皮转运以及提供药物转运调控的新见解。

四、体外模型的局限性

Caco-2 单细胞层是用于药物透过性分

级时的有用模型，但是不能用于定量预测人体体内的吸收。如 Gan 等报告用 Caco-2 细胞测定甲胺呋硫的透过性系数是$<1\times10^{-7}$ cm/s(相当于低透过率药物)，但人体实际生物利用度很好(50%～70%)。

其他试验比较体外和体内药物透过性见表，用 Caco-2 细胞和人体空肠双气球技术比较一系列药物的透过系数，结果显示完全吸收的药物透过性在体内与体外试验模型之间有 2～4 倍的差别，而吸收不良的药物透过性的差别是 30～80 倍。因此，使用 Caco-2 细胞进行透过性测量只能用于定性比较。此外，当采用被动扩散模式时不同技术之间的相关性比较好；当涉及受体介导的转运时，相关系数的计算很难的，甚至是不可能的。

此外，还要注意到单细胞层是一个二维系统，而肠黏膜是三维系统，具有绒毛和皱褶结构。吸收取决于实际可用吸收的表面区域，通过计算透过率估计管中(气室技术)吸收表面区域是很困难的。实际表面区域会更大，因此报告透过率会太高。

因为体外模型不能给出药物在人体吸收的定量阈，所以使用动物模型成为另一种可能，这是基于药物基底膜透过率积累没有种类依赖。因为肠内上皮细胞血浆基底膜组成在不同种类间是相似的，药物在胃肠道壁的透过性(简单扩散)预期是相似的。药物在人体的吸收可以有理由很好地从动物数据外推，在首过代谢的信息也是可用的。然而，实质上生物利用度在不同种类之间不一样，可能是首过代谢换算中种属差异的结果。

美国药典委员会(USP)提出了预测体内和体外相关性的两个方法。图 21-5 显示用根据溶解性和渗透性对分子进行分类的体内和体外方法的关联性。图 21-6 显示体内和体外数据之间的关联性。表明高渗透性分子(I 和 II 类)具有高的体内/体外关联性，反之低渗性分子(Ⅲ和Ⅳ类)体内/体外关联性也较低。

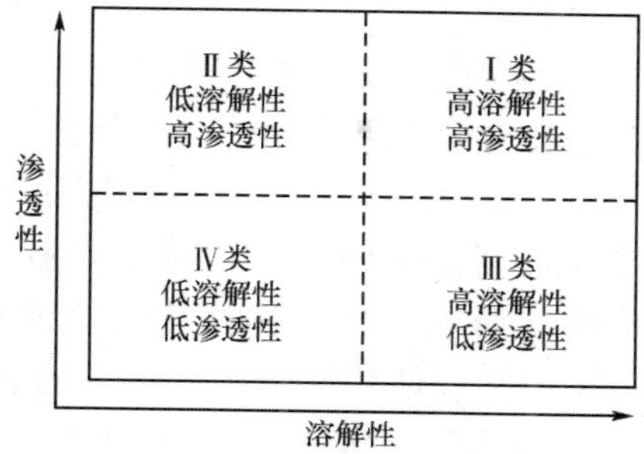

图 21-5　生物药理学分类系统

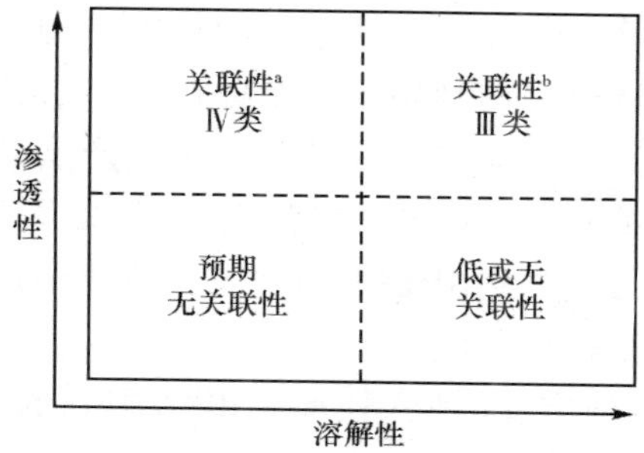

图 21-6　体内/体外关联性

如果溶出率低于胃排空率，否则是有限或无关联；

如果体内和体外溶出率相近

USP 提供了供选择的已知 Papp 值的参考分子，即甲氨蝶呤 1.2×10^{-6} cm/s、盐酸普萘洛尔 28×10^{-6} cm/s、睾酮 73×10^{-6} cm/s。如果从 Caco-2 细胞获得的 Papp 值和 USP 给出的 Papp 值相近(±20%)，则这个模型可以认为是有效的。然而，由于 USP 定义的硬性限制，这些参考分子并没有被使用者接受。许多实验室宁愿采用内部技术要求和认可标准。另一种可供选择的途径是清楚描述肠吸收的理化性质，在此基础上开发出用于预测的计算机方法。最著名的方法是 Lipinski 等从 2245 种药物分析中得出的“5 项原则”。利用该原则，可以得出有关化合物吸收的警示：①多于 5 个氢键供体(以羟基和主要氨基团总和表示)；②分子量大于 50；③logP 大于 5(或者 Mlog$P$ 大于 4.15)；④大于10个氢键受体(以氮原子和氧原子总和表示);⑤作为生物转运底物是原则以外的化合物类别。

“5项原则”方法最初因为大量被HTS选择命中的化合物不能具有“药物样”特性而提出。显然,关于预测“药物样”方法的出版物增长数目已经对药厂设计和选择化合物造成主要影响。化合物筛查试验前的实验吸收系统常规使用提供了有价值的数据,并且允许为药物吸收改进模式的开发。当药物开发周期减少时,更彰显这些实验和理论系统的价值。

像“药物剂量盒”这样的技术应用,可以提供药物生物利用度的全面信息,包括肠道屏障通道。当需要测试大剂量的产品时(高通量筛查)这种方法非常适用;当需要测试产品的生物利用度时,体外模型就不适用了。

结论和建议:

(1) P-gp在人体肠内和细胞系表达的知识要提高。

(2) Caco-2之外的细胞系(如HT29、TC7)研究要更全面。

(3) 细胞系黏液流失是一个问题。联合培养细胞系表达肠上皮细胞标志(Caco-2细胞)显示细胞系黏液分泌特性(HT-29细胞系),能克服黏液缺失的局限性。

(4) 要创建和开发促进研究者之间交流影响肠壁和电脑模拟预测的网页与软件。

(5) 简单和强力的细胞培养系统要商品化(如动态系统、三维模式、自动化系统)。

(6) 要建立允许人体肠内片段(来自组织银行)安全的和伦理的保存、转运和使用的适合条件。

(7) 不同实验室肠壁药物通道的数据比较仍然未标准化。因此,要在最佳实验条件(介质、参考物质等)中达成一致意见并与FDA和USP文件协调。

第3节 食物过敏动物试验及替代方法

已知有许多化学物能对免疫系统产生负性调节,从而改变免疫系统的应答反应。具有这种潜在作用的化学物不仅包括许多低分子量化学物(LMWC),如药品、职业化学物和环境污染物;还包括较大分子量的化合物(HMWC),如食品致敏原、生物制品(疫苗和血液制品)以及生物药物(重组DNA技术产生的多肽、单克隆抗体和基因治疗产品)。对免疫系统的刺激引起的主要有害效应是过敏。过敏又可以分为接触性过敏、呼吸性过敏、药物过敏和食物过敏等几类。接触性过敏和呼吸性过敏均可由职业化学物引起,而食物过敏也可以引起皮肤反应(异位性皮炎)或呼吸性过敏反应。

免疫毒性和过敏反应的区别在于,前者是以化学毒物与免疫系统细胞的相互作用为特征,而后者是与维持免疫系统正常功能所需的其他细胞相互作用为特征。这种相互作用可以非特异性地抑制或增强正常的免疫反应。免疫毒性化学物对足够暴露水平的任何个体都可能产生影响。而过敏反应是机体对某些化学物或蛋白质产生的抗原特异性免疫反应,这种反应对机体有害。过敏反应仅会发生于某些具有过敏遗传易感性的特殊个体。

大多数化学物(化学品或蛋白质)口服时均会导致免疫耐受,因此,同药物过敏一样,人群的食物过敏发生率大约为2%,甚至更低。儿童食物过敏发生率较高(8%～10%),显然与其口服耐受力的发育不完善有关。免疫学家多年来主要利用小鼠进行食物过敏反应的研究,研究的目的是探讨口服耐受性的形成及其细胞学机制。正常健康的受试对象,无论是人还是小鼠,当胃肠道免疫系统接触外源性蛋白质时可出现口服耐受。此时,机体可针对外源性蛋白质产生少量特异性免疫球蛋白，但这是一种下调反应，不会引起损害。

食物的有害作用在人体中很常见。然而，只有明确涉及免疫系统的有害作用才被定义为食物过敏反应，它有Ⅰ型超敏反应或免疫球蛋白 E(IgE)介导，有可能发生细胞介导的植物过敏反应，但人们对它不是很了解。人类食物过敏反应已经有了明确的定义和检测方法。但是，利用动物或体外实验来预测食品过敏反应还存在一定的困难。人群中有时也会出现某种食品添加剂的不耐受反应，但发生几率比食物过敏反应少得多，而且作用机制通常也不是很清楚。因此，迄今为止还不可能建立预测这些反应的模型。

一、食物过敏的发生原理

外源性蛋白质诱导机体产生特异性 IgE 的过程称为致敏作用。当这种蛋白质再次进入已致敏的机体时，就可能诱发过敏症状。目前尚未清楚某些个体在摄入致敏性蛋白质后产生特异性 IgE 的原因，但多数 IgE 介导的食物过敏反应中都存在交叉反应，其中主要的途径是呼吸道。经口致敏和经呼吸道致敏之间的确切关系尚未探明。在人类，可能引起职业性呼吸道过敏的食物比经口摄入引起过敏的食物要多，因此致敏途径是非常重要的。

过敏反应意味着 T 淋巴细胞的激活和致敏。因此，T 细胞要通过抗原递呈细胞(在未成熟的个体中是一种巨噬细胞样的树突细胞)上的 MHC-Ⅱ-肽复合体来识别过敏物质。除了抗原识别，T 细胞的完全致敏还需要辅助信号。炎症信号(细胞因子，如 IL-Iβ、TNF-α、IL-6)是重要的辅助信号，在 T 淋巴细胞的致敏过程中起着不可缺少的辅助刺激的作用。

对 LMWC 和 HMWC 进行区别非常重要，因为与 HMWC 不同，LMWC 不能被免疫系统识别。LMWC 需要与一种载体蛋白结合才能具有免疫原性(半抗原-载体机制)，而这种载体蛋白可以是体内的任何一种蛋白质。HMWC 尤其是源自 HMWC 的多肽能够通过 MHC 分子被 T 细胞识别。有些 LMWC 需要经过代谢转化成活性的半抗原，称作前半抗原(prohapten)。

一旦 T 细胞被激活和致敏，就会产生对同样过敏物质的记忆免疫应答，这种记忆应答由记忆 T 淋巴细胞驱动。记忆 T 淋巴细胞要在多种因素(其他细胞因子)影响下，在一定时间内由幼稚 T 细胞分化而来。在小鼠，给予抗原后的 5～15 天甚至几周后才可以评估记忆应答。这段时间是鉴别初次应答和记忆应答的最适宜期。记忆应答的主要特征是发生的速度比初次免疫应答更快，并且更有效。

记忆应答究竟是否是免疫致敏的结果以及如何产生，很大程度取决于与遗传有关的易感性因子，如 MHC 的组织适合抗原系、性激素、感染及健康状况等。对呼吸性过敏、食物性过敏以及某种程度的接触性过敏(如异位性皮炎)来讲，遗传易感性主要与 IgE 同型抗体的反应(也叫遗传性过敏症)有关。

总的来说，免疫刺激导致的不同形式过敏是一个非常复杂的过程，在此过程中，许多因素的作用尚未完全或最多是部分地了解。这就使得通过体外实验来预测物质的全部致敏潜力极为困难。

一般利用人类临床资料对已知食物致敏源进行危险性评估。对人类未曾摄入过的蛋白质，如通过新食品引入的蛋白质，进行危害识别时则需要建立新的方法以检测致敏性。目前，新蛋白质是通过与已知食物致敏原进行结构比较以及测定其在体外的消化率来进行致敏性评估的，在此基础上可以预测新蛋白质是否可能对消费者产生致敏性危害。因此，对新蛋白质的致敏性危害识别主要依赖理论上的推断，这就需要建立能够预测食物蛋白质致敏性的动物模型。

二、食物过敏的动物模型

若用动物来预测致敏性，重要的是它们能否识别那些引起人类过敏的结构和抗原决定簇。研究表明，棕色挪威(Brown Norway)大鼠与人类一样可以识别牛奶和鸡蛋中的蛋白质及其结构(Knipples，1998 年)。C_3H/HeJ 小鼠的 IgE 和花生过敏患者中的 IgE 同样可以识别花生致敏原的异构体和抗原决定簇。在研究蛋白质致敏性的时候，很重要的一点是动物应至少在两代之内没有通过饲料摄入这种受试的蛋白质(Knipples，1998 年)。

在建立食物过敏动物模型时，经常遇到一个问题是机体摄入外源可溶性蛋白质后出现的正常生理反应就是引起口服耐受性。因此，动物模型必须改变这种正常的反应。霍乱毒素或氢氧化铝($AIOH_3$)或用来协助诱导特异性 IgE 反应模型，但这些模型还不能用来研究位置蛋白质的致敏性。

Atkinson 等于 1998 年建立了一个预测蛋白质致敏性的动物模型。在这个模型中，给棕色挪威大鼠腹腔注射蛋白质和角叉胶(carrageenan)佐剂，然后通过被动皮肤过敏反应测定 IgE。研究者利用这种模型得到一些蛋白质的致敏顺序如下：乳铁转运蛋白＞Ⅱ级卵清蛋白＞胱氨酸蛋白酶抑制剂＞Ⅶ级卵清蛋白＞牛血清清蛋白。乳铁转运蛋白和牛血清清蛋白的 ED_{50} 分别是 40～50ng 和 10μg。这样就可以利用已知致敏原对未知蛋白质进行排序同时还能预测其潜在的致敏性。该模型的一个缺点是采用腹腔注射可能会导致假阳性结果，因为在食物过敏反应中消化率是一个重要的影响因素。Atkinson 在后来的一项研究中又进行了一项类似的试验。试验中角叉胶佐剂通过腹腔注射给予，而蛋白质则经口灌胃给予，每周 2 次，共 6 周。在这项研究中，致敏原的排列顺序是：Ⅱ级卵清蛋白＞乳铁转运蛋白＞牛血清蛋白。

Knipples 等(1998 年)也采用棕色挪威大鼠进行实验，但是没有使用佐剂。雄性幼年大鼠每天经口灌胃给予卵清蛋白 1mg，共 6 周。实验结束时采用酶联免疫吸附(ELISA)方法测定血清样本中特异性 IgE 和 IgG。在 8 只实验动物中有 7 只产生特异性 IgE 和 IgG。在一项与此类似的研究中，10 只动物中有 4 只产生了 IgG。由于这些实验采用了 ELISA 方法，因此不仅可以测定出现反应的动物数，而且可以测定血清中免疫球蛋白的浓度。然而，其他人使用 Knipples 的方法进行研究时发现不同实验的结果之间存在很大差异。

Dearman 等用 BALB/c 小鼠来比较暴露途径对不同致敏性的食物蛋白质激发抗体反应能力的影响。实验中选用的两种抗消化的强致敏原(花生植物血凝素和卵清蛋白)以及一种非致敏原(马铃薯酸性磷酸酶)。研究发现这些蛋白质的致敏强度如下：花生植物血凝素＞卵清蛋白＞马铃薯酸性磷酸酶，并且发现无论是经口还是腹腔注射给药，上述物质致敏强度顺序没有明显差别。但对其他致敏原来说实验结果可能有所不同。

尽管一些有前景备选模型正处于研究阶段，目前尚无可用的食物过敏的体内模型，也没有评价 LMWC 经口致敏的模型。通过胃肠免疫系统导致耐受的机制方面的基础知识的缺乏妨碍这类实验模型的发展。由此不难理解，还没有体外模型来预测经口诱导的过敏或这种过敏的某些方面。理想的食物过敏反应动物模型应该能够预测摄入的某种蛋白质是否是一种致敏原，而且还应能将致敏原分为强、中、弱 3 个等级。因为消化率是食物过敏反应中的一个重要因素，所以可靠的食物过敏反应动物模型应该包括经口致敏途径。显然，至今尚无一个理想的食物过敏反应动物模型，但这是将来发展的一个目标。同时，深入了解胃肠道免疫学以及膳食成分如何影响胃肠道免疫功能也是非常有意义的。

三、食物过敏的体外研究

食物过敏原主要是高分子的糖蛋白，更确切的说法是高分子化学物（HMWC）。低分子化学物（LMWC）经口服引起过敏反应较罕见，但并非没有，口服药物引起的过敏现象即是证据，这可能与非疫区的或未控制的兽药或抗生素（如青霉素）污染有关。仅有很少报道防腐剂、色素等食品添加剂引起不良临床反应的情况，这些反应被作为食物不耐受（即非免疫介导的超敏反应）的指征，尽管未进行血清抗体水平分析，在这些研究中不能完全排除过敏的可能。

已有一些来自接触性过敏研究的预测过敏的体外实验，但这些实验尚未得到验证。这些实验是否能够用于食物中LMWC过敏性的评价值得进一步研究，现概括如下。

（一）接触性过敏的体外实验方法

接触性过敏的体外实验方法可能识别部分食源性LMWC过敏源，并解释免疫原性的某些重要问题。

（二）结构-活性关系分析

可以用对标准亲核基团的亲脂性和反应性来研究结构-活性关系，用来推测结构相关的化学物的致敏性。

（三）检测辅助活性

检测辅助活性包括用新分离细胞或细胞株（如皮肤成纤维细胞或角质形成细胞产生前炎性细胞因子）以及含抗原的细胞或树突细胞的活化（CD54、CD80、CD86、MHC分子活化分子的表达）。这类方法相对简单，但针对某些LMWC的强烈反应可以造成细胞死亡，而对实验造成干扰。

（四）T细胞刺激

尽管有研究者曾尝试用LMWC来刺激幼稚T细胞，但是所用的方法却非常复杂，不仅分离过程困难，而且培养条件要求高。此外，未成熟免疫系统中特异性T细胞的缺乏以及LMWC经常产生强反应更进一步对实验统造成了限制。T细胞的半体内在此刺激（记忆）是一个比较可行的方法。体内致敏导致特异T细胞显著增加；并且无毒性的半抗原-载体结合如LMWC与牛血清蛋白结合可以引发这类反应。

显然，这些检测记忆T细胞的半体内方法并不是完全替代的方法，但阳性反应可表明记忆淋巴细胞的真实存在，而且这些实验方法无须用同样的化学物在此处理动物来诱发并检测记忆免疫应答。

四、食物中HMWC致敏潜力的检测

Barlow等提供了食物过敏的一般资料，这篇综述终点描述了可供选择的用于评价食物过敏原某些方面的方法。已经提交了一个用来评价食物尤其是来自转基因植物的食物致敏潜能的决策树状策略（FAO/WHO，2001）。在该决策树中，对新的食物产品评价策略取决于这种食品中是否含有来源于已经证实对人类有致敏作用的基因成分。如果有，则必须进行一系列体外和（或）体内免疫学实验，来检测这种新产品的致敏潜能。这些实验包括固相免疫实验、皮肤划痕实验和双盲、有安慰剂对照的食物攻击实验（DBPCFC）。相反，如果食物中所含基因与人类致敏无关，则依照该评价策略，需评估其基因序列相似性以及对消化或加工的稳定性。如果实验结果显示有潜在的致敏作用则要继续进行动物实验。

在决策树中，对转基因产品的检测可考虑以下的实验项目。

（一）固相免疫

对于食物中是否存在致敏成分，可通过放射过敏吸收实验（RAST）、RAST 抑制实验或 ELISA 方法来进行评价。在提议的决策树方案中，这些检验需要使用至少 14 份来自不同个体的 IgE 阳性血清，且这些个体对含有插入基因的食物过敏。如果得到阳性结果，则要求标识基因来源。

（二）序列相似性

蛋白质中可被 B 细胞或 T 细胞识别的部位称为抗原决定簇。由于 IgE 的产生依赖于辅助 T 细胞，对于食物成分中优势抗原决定簇存在的了解至关重要。T 细胞抗原决定簇由至少 8 个氨基酸长度的一级肽链连接组成，通过抗原递呈细胞上（APC）的 MHC 分子识别。如果一个新的蛋白质的氨基酸序列有 8 个或 8 个以上的氨基酸与已知致敏原的氨基酸序列相匹配，则提示可能有致敏作用。B 细胞抗原决定簇通常为三级结构，所以不适于应用这种方法，特别是对于那些已经致敏的个体而言，将可能存在问题。因为其含有能够识别这种三级结构的特异性 IgE 分子。

（三）对消化/加工的稳定性

一种对水解反应稳定的蛋白质有较大可能到达肠黏膜和肠内免疫系统。因此，与被完全消化的蛋白质相比较，稳定性高的蛋白质更容易具有致敏性。可以使用模拟胃和（或）肠液模型进行消化率实验，通过测定在消化状态下的蛋白质保持完整的时间来评价其稳定性。强的食物致敏源在 60min 的时间内仍然保持完整，而普通食物蛋白质在 15s 之内迅速降解。

以上提到的体外实验方法有助于评估食源性 LMWC 和 HMWC 致敏源性的某些方面，但要注意，并非所有的阳性反应都意味着这种受试物在体内真正会引起过敏反应。如前所述，由于黏膜免疫系统的抑制或调节作用，多数食源性抗原化学物能引起免疫耐受。显然，在胃肠道黏膜免疫方面需要进行更多的基础研究来填补有关食物成分如新的转基因食品的导致的过敏反应的知识的空白。总的来说，对这种具有危害性的过敏反应的预测目前需依赖于总体动物实验（Barlow，2002 年）。

第 4 节　生物毒素动物试验的替代方法

海洋生物毒素也称贝类毒素，主要由藻类或浮游植物产生。根据它们的化学结构，将它们分为 8 类，分别是原多甲藻酸（azaspiracid，AZA）、短裸甲藻毒素（brevetoxin）、环状亚胺（cyclic imines）、软骨藻酸（domoic acid，DA）、冈田软海绵酸（okadaic acid，OA）、扇贝毒素（pectenotoxin，PTX）、石房蛤毒素（saxitoxin，STX）和虾夷扇贝毒素（yessotoxin，YTX）。根据毒性作用将其分为 4 类，分别是腹泻性贝毒（diarrheic shellfish poisoning，DSP）、麻痹性贝毒（paralytic shellfish poisoning，PSP）、神经性贝毒（neurotoxic shellfish poisoning，NSP）、记忆缺损性贝毒（amnesic shellfish poisoning，ASP）。STX 及其衍生物属于麻痹类毒素（PSP）组，DA 属于遗忘毒素（ASP），腹泻类贝类毒素（DSP）包括 OA 和翅甲藻毒素（DTX）。AZA、PTX 和 YTX 属于亲脂毒素，它们可以在滤食性的软体贝壳类动物的组织内蓄积，如蚌、扇贝、蛤蚌、牡蛎等。如果人类食用了受污染的贝类动物会给健康带来很大风险，甚至死亡。

一、法规管理

（一）腹泻性贝毒

腹泻性贝毒（DSP）由另外一种海洋藻类产生，大量存在于软体贝类中，如双壳贝类，棘皮动物、被囊动物或腹足动物，主要来自甲藻中的鳍藻属和原甲藻属，是 20 世纪 70 年代由日本科学家 Yasumoto 发现。根据毒素的结构，腹泻性贝毒毒素可以分成 3 类：聚醚类毒素——大田软海绵酸（OA）和鳍藻毒素（Dinophysistoxins，DTX）；大环聚醚内酯毒素——扇贝毒素（PTX）；融合聚醚毒素——虾夷扇贝毒素（YTX）。当 DSP 类毒素的含量超过一定限值的时候，会给人体健康造成很大危害。DSP 被摄食后，主要症状是腹泻，因此往往被误为食用了被微生物污染的海产品引起的，反而忽视了贝毒的主导作用。尽管 DSP 不是一种可致命的毒素，通常只引起轻微的胃肠疾病，而症状也会很快消失，但冈田软海绵酸（OA）是强烈的致癌因子，其长期毒性效应当引起足够重视。欧盟 2002/225/EC 对此类毒素设定了最高限量水平：OA/DTX 和 PTX 的总量不能超过 160μg OA eq/kg；YTX 及其衍生物不能超过 1mg YTX eq/kg；AZA 不能超过 160μg AZA eq/kg。

（二）麻痹性贝毒

麻痹性贝毒（PSP）由海洋藻类形成，主要存在于软体贝类中，是目前世界上分布最广、事故发生频率最高的一种贝毒。根据结构，麻痹性贝类毒素可以大致分为 3 类：氨基甲酸酯类毒素（carbamate toxins）：包括石房蛤毒素（STX）、新石房蛤毒素（neoSTX）、膝沟藻毒素 1～4（GTX1～4）；*N*-磺酰氨甲酰基类毒素（*N*-sulfocarbamoyl toxins），包括 GTX5（B1）、GTX6（B2）、C1～4；脱氨甲酰基类毒素（decarbamoyl toxins），包括 dcSTX、dcneoSTX、dcGTX1～4。麻痹性贝毒的毒理作用是引起神经肌肉麻痹，阻断细胞钠离子通道，造成神经系统传输障碍而生产麻痹作用。对人的中毒量为 600～5000 Mu，致死量为 300～3000 Mu，且目前没有对症解毒剂。PSP 的半致死量 LD_{50} 在（3～10）×10^{-9}μg/kg 之间，其中石房蛤毒素是眼镜蛇毒素毒性的 80 倍，0.5mg 足以使人致死。欧盟指令 91/492/EEC 指定用 MBA 法检测 PSP 组的毒素，并作为终产品检测的标准方法，软体动物可食用部分中 PSP 毒素含量不能超过 80μg/100g。我国规定上市贝类麻痹性贝毒必须低于 800μg/kg 贝肉，相当于 4 Mu/g。

（三）神经性贝毒

神经性贝毒（NSP）主要是因贝类摄食短裸甲藻后在体内蓄积，被人类食用后产生以神经麻痹为主要特征的中毒。从短裸甲藻细胞提取液中分别分离出神经性贝毒共计 13 种，包括短裸甲藻毒素 A（brevetoxin A）、短裸甲藻毒素 B（brevetoxin B）和半短裸甲藻毒素 B（hemibrevetoxins B）等。其中 11 种成分结构已经确定。NSP 可以引起鱼类的大量死亡，当吸入含有其毒素的气雾时也会引起咳嗽、呼吸困难等中毒症状。DSP 的毒性较低，对小鼠的半致死量为 LD_{50} 为 50μg/kg。

（四）遗忘性贝毒

遗忘性贝毒（ASP）直到 1987 年才被发现，其引起中毒的成分是软骨藻酸（DA），它是一种强烈的神经毒性非蛋白氨基酸，能导致短期记忆功能长久损害。半致死量 LD_{50} 为 10μg/kg。

二、动物试验

（一）PSP 毒素组

1937 年，由 Sommer 和 Mayer 建立了 PSP 的小白鼠生物试验法（MBA），PSP 毒素

的 MBA 方法是 AOAC 指定的检测方法，并且已经使用了 50 多年，检测的限值近似 40μg STXeq/100g 贝壳组织，是目前最高残留限量的（MRL）50%。其检测步骤是：取 100～150g 样品，匀浆，再取 100g 样品加入 100ml 0.1 mol/L 的 HCl 溶液，搅拌并调 pH3.0 左右，再加热煮沸 5min，冷却至室温再次调节 pH 在 2.0～4.0 之间。将混合物转移到刻度量筒中，用酸水稀释到 200 ml，保持 pH 在 2.0～4.0 之间，待上清液沉淀至呈半透明状态后将上清液倒出，此酸性提取液即可进行小白鼠注射。开始先给 1 只（最好是 2 只或 3 只）小鼠腹腔内注射 1ml，记录死亡时间，如果＜5min，则要稀释提取物直到死亡时间达到 5～7min。然后给 3 只小鼠注射，确定死亡时间的中值。以“小鼠单位”（MU）乘以稀释倍数，如果必要的话，用体重进行修正，结果以“MU/100g”表达。

鼠单位的定义是使一只 20g 重的小鼠在腹腔注射后 15 min 内死亡的毒素含量即为 1 个鼠单位，而 1 Mu 的毒素含量相当于 0.18g 的 STX（石房蛤毒素），可以通过乘以转换系数从小鼠单位 MU 转换到 μg STX 当量，但由于不同品种的小白鼠的敏感性不同，这个数值会有一些波动，因此，每个实验室都应该对本实验室的 MU 数值加以校正。

PSP 毒素的 MBA 检测法结果快速、可靠，但也有一些缺点：①受样品高盐度的影响，真实毒力水平可能会被低估，如采用 PSP 的 MBA 方法检测动物组织中毒素水平是 80μg/100g，而实际浓度范围可能是 1.2～2.0mg/kg；②检测结果存在实验室间偏倚；③实验需要大量小鼠，以死亡为终点，给动物带来痛苦。通过省略开始的稀释步骤可以减少老鼠使用的数量，因为存活时间＜5min 相当于＞ 64μg STXeq/100g，接近于相应 MRL 的存活时间；④由于锌的天然蓄积（尤其是蚌）可能存在假阳性；⑤小鼠品系和性别可能对结果有影响。

（二）DSP 毒素组和其他亲脂毒素

根据试验样品（肝胰脏或全部生物体）以及用于提取和纯化的溶剂的不同，可用不同的方案进行 MBA 实验，用来检测 DSP 毒素组和其他亲脂毒素。

检测法的选择取决于所用的溶剂和用全部生物体（WB）还是肝胰脏（HP）做试样。在选定方法之前应该加以考虑以便检测能覆盖到所有范围的毒素。例如，仅用丙酮提取的一次 DSP 毒素组 MBA 检测可用来检测 OA/DTX、PTX 和 YTX，而用丙酮提取后接着用二乙醚进行液相分隔，一次 DSP 毒素组 MBA 检测可用来检测 OA/DTX、PTX 和 AZAs，但不能检测 YTX。AZA 的检测要求用全部生物体（WB）试样。

检测步骤：取样品 200g 以上，用丙酮匀浆，过滤，减压浓缩丙酮提取液，再以乙醚溶解残渣，水洗醚层，浓缩存留的脂质提取物，用 1%的 Tween-60 生理盐水悬浮，注射小白鼠，观察存活情况。该方法最低检出限量是 0.5 Mu/g，换算为 DSP 的毒力约为 220μg/kg，报告结果需 2 天时间。通常每个试验 3 只小鼠。腹腔注射 5g HP-eq 或 25g WB-eq，如果 3 只鼠有 2 只死亡可以判定阳性结果。大鼠生物鉴定法（RBA）也可以用来检测 OA/DTXs 和 AZAs。

对于动物实验的争论，不只是关于动物保护，还在于用动物实验检测生物毒素对人类健康的危害是否合适。DSP MBA 的一个优点是它或许可以根据动物异常的症状检测未知的亲脂毒素，并且比仪器分析方法便宜。但动物方法会给动物造成痛苦，并且使用动物较多。

由于 DSP MBA 缺少专一性，所以无法区别究竟哪一种亲脂毒素导致了观察到的毒素效果，而且假阴性和假阳性都会发生。因此，它无法准确测定 OA、PTX、YTX 或 AZA，并不能确保不会超出最高水平。再有，MBA 方法反应的是 OA/DTXs 对人的经口毒性与 OA/DTXs 对鼠的腹腔注射毒性关系，而实际上，OA/DTXs 等亲脂性毒素是通过不同的作用机制产生毒性作用，因此，OA/DTX 毒素的鼠腹腔毒性与经口毒性可能不同。

DSP MBA 方法在欧盟并不统一，目前有几个可用方案，主要是以 Yasumoto 开发的 DSP 毒素检测方法为基础建立的，但是即使不同实验室使用相同方案也还有许多不同因子(如小鼠种类和性别)影响检测结果。同样，严格来讲，没有一项 DSP MBA 方案是通过正式验证的。RBA 不常用，只能用于 OA 和 AZA 类毒素的检测，它是一个半定量的试验，而且像 DSP MBA 法一样还没有被正式验证。目前 DSP MBA 方法还没有在欧洲或国际上经过统一和验证，主要原因是由于 DSP MBA 方法对于 YTXs 和环状亚胺检测的高灵敏性，导致假阳性结果存在；此外，DSP MBA 方法对于 OA 类，特别是 OA 的酯类和 DTXs 的(可能也包括 AZA 类)低灵敏度可能导致假阴性结果存在。由于 DSP MBA 的非特异性无法满足目前法规管理的要求，加上该试验无法被验证确认和消耗大量动物，因此建议尽快地将 DSP MBA 替换掉，如果可能的话根据不同的适用范围建立逐级检测方法。

(三) NSP 的小鼠生物试验法

其检测步骤是：取 100 g 样品用 300 ml 丙酮匀浆 20 s，过滤，丙酮提取液经 35 ℃旋转蒸发近干，其剩余物用 100 ml 二氯甲烷溶解开移入 500 ml 的分液漏斗中，轻轻摇动，静置分层。二氯甲烷层经无水硫酸钠过滤后，洗脱液再经蒸发干燥后的存留部分即为样品脂质提取物。用 0.85 %生理盐水溶液(含 1 %Tween-60) 将样品脂质提取物悬浮，制备成相当于含样品 10 g/ml 浓度的悬浮液用于小鼠腹腔注射。

(四) ASP 的小鼠生物试验法

ASP 的主要毒素成分是软骨酸藻。对 DA 的小鼠生物试验法类似于 PSP 的毒性分析，只是时间延长至 4 h 以上。使用 3 只小鼠，观察时间一直持续到 18～24 h。该方法对贝类组织中高浓度毒素成分的检测十分成功。但该方法不适用于作用水平在 20 μg/g以下的组织情况。ASP 对小鼠有独特的搔抓症状反应，该症状可在贝类组织中 DA 含量超过 40 μg/g 时观察到，并且在其含量超过 100 μg/g 时更加明显。

三、动物实验优化和减少

(一) 动物实验的优化

Dennison 开发了 PSP 试验的麻醉小鼠模型，小鼠在腹腔注射之前已被麻醉，而且正到试验结束都保持麻醉状态。优化方法减轻了动物的痛苦，来自 STX 的检测数据表明麻醉可能会增加 PSP MBA 方法的灵敏度，因此比知觉模型更可靠。

(二) 动物实验的减少

按照标准的 DSP MBA 方法，要求腹腔注射贝类毒素提取物后 24h 内 3 只中有 2 只出现死亡判定为阳性结果。而据英国海洋生物毒素国家参考实验室支持的一项统计分析表明，如果试验只使用 2 只小鼠(试验最后 2 只老鼠都存活或都死亡)可以为超过 99%的样品检测提供明确的结果。根据阳性样品出现的百分比，如果再增加 1 只小鼠，只能为 1/1000 的样品提供确证(试验最后有 1 只小鼠死亡 1 只小鼠存活)。在出现不明确结果的情况下，使用第 3 只小鼠检测是合理的。然而，如果标准预先设定 2 只老鼠中只要有 1 只出现死亡就判定为阳性而不是 3 只中有 2 只死亡才判定阳性的话，就没有必要再使用额外的动物。因为这一改变只会提高检测的灵敏度，从法规管理的角度更为安全。鉴于以上发现，英国监控实验室已经将 DSP 毒素检测的动物使用数量减少到了 2 只，只有在试验最后出现 1 只小鼠死亡 1 只小鼠存活的情况下才增加 1 只动物。该方案已被接受。

此外，Asp 提出可以去除 PSP MBA 方法中的稀释步骤使动物使用数量减少，作者认为没有必要将高浓度的毒素样品稀释，直到小鼠的存活时间在 5～7min 范围内，因为 MBA 试验的目的是为了保护消费者免于 PSP 的伤害，纵使注射未稀释的高浓度毒素样品时会降低检测的精密度，但是只要注射的样品超过了动物的耐受水平，检测的精确性并不是那么重要。

四、非动物试验方法

（一）细胞检测方法

生物活性物质包括海洋生物毒素通过与敏感系统中细胞成分的相互影响启动特异反应，细胞的这种选择的结构和功能识别称为受体，通过配体-受体的结合将化学信息转化成确定的细胞反应。细胞检测方法（或称功能检测方法）是利用配体与受体高选择性的特点进行开发，目前有多种海洋毒素的功能检测方法。表 21-5 总结了 STX、OA 和 YXT3 类毒素细胞检测方法的关键特征。这些方法要用到细胞系统和无细胞系统，并且主要以识别毒素的靶分子为基础。

表 21-5　部分贝类毒素的功能检测法

毒素类别	海藻毒素（STX）			冈田软海绵酸（OA）			Yessotoxins	
	Neuro-2a 神经母细胞瘤细胞系	BE(2)-M17 神经母细胞瘤细胞系	无需细胞	无需细胞	无需细胞	无需细胞	MCF-7	无需细胞
原理	CSVOT	MPVTC	MPVTC 抑制	PP2A 抑制	PP2A 抑制	PP2A 片断	E-钙黏蛋白促进	PDE
理论检测限	0.5ng/ml	1.0ng/ml	5.0ng/ml	0.2nM	0.2nM	0.1nM	0.3nM	0.5uM
检测类型	比色	荧光	荧光	比色	比色	荧光	细胞提取物免疫印迹	荧光
方法	96 孔板	单一样品	单一样品	单一样品	96 孔板	96 孔板	单一样品	96 孔板
试验时间	24 h	1 h	10 min	1 h	1 h	1 h	48 h	1 h
处理通量	高	中	中	中	高	高	低	高
检测自然污染样品	是	是	是	否	是	是	是	否
极限	2.0μg/100gST	0.2μg/100gST	20.0μg/100g ST	100.0ng/g DG	1.0ngOA/gDG	12.8ng/g DG	100.0ng/g DG	NR
与化学分析相关性	是	是	是	是	是	是	是	是
国际验证	否	否	否	否	否	否	否	否

注：CSVOT：毒毛花苷/藜芦预处理后的细胞活性；MPVTC：藜芦处理细胞膜电位变化；PP2A：磷蛋白磷酸酶 2A；PDE：磷酸二酯酶；ST：甲壳类组织；DG：消化腺

1. 麻痹类毒素（PSP）　PSP 类毒素是细胞膜钠离子通道选择性阻断剂，细胞膜钠离子通道的阻滞导致细胞膜去极化，从而特异性地干扰了神经-肌肉的传导过程而产生麻痹作用。石房蛤毒素（STX）对 Na 通道的抑制作用可以通过毒毛花苷/藜芦预处理的神经母细胞瘤细胞的存活情况测定，也可以通过藜芦预处理的神经母细胞瘤细胞中膜电位变化来测定。检测方法可用直接比色法、荧光分析或膜电位染色，采用多孔细胞培养板进行。此外，利用神经母细胞瘤还可以检测双鞭甲藻神经毒素。

2. 冈田酸（OA）类毒素　OA类毒素可对蛋白丝/苏氨酸磷酸酶2A产生特异性抑制作用（PP2A），利用这一特点可开发各种定量检测方法，检测极限可达0.2nM，如采用直接比色、荧光分析和电化学检测等。当采用多孔滴定板快速（1h）方法时，可适用于大量样品的筛选。如Campas等开发了一种用于OA的电化学检测酶传感器，这种传感器建立在固定该毒素的蛋白磷酸酶（PP2A）的抑制作用和由酶引起脱磷酸化作用之后才具有电化学活性的酶基质的基础上。人红细胞中PP2A较敏感，能提供一个广泛的线性范围。对氨基苯基磷酸盐（P-APP）已被测试用来作为酶的基质。结果与用比色法和液相偶联质谱法（LC-MS/MS）得到的对比，发现经过改进的电化学装置可作为生物工具对样品中的毒性进行筛选和评估。以PP2A为基础的OA毒素类功能检测方法已有商业化检测试剂盒。

3. 扇贝毒素（YTX）类毒素　YTX类毒素对磷酸二酯酶活性具有增强作用，而后者直接作用于环磷酸腺苷，基于此机制，建立了以培养的上皮细胞中E-钙黏蛋白碎片的测量为基础的磷酸二酯酶活性生物化学分析方法。检测程序涉及细胞提取物的免疫印记法、荧光分析法和离子体共振（SPR）技术。Fonfra使用带有生物特异性评估软件（BiaCore）的x表面等离子体共振生物传感器来定量测定YTX。结果表明信号与剂量呈正相关。如果采用多孔滴定板快速（1h）荧光分析，可适用于大量样品的筛选。

4. 细胞检测方法和毒素等量因子　毒素等量因子（toxic equivalence factors，TEFs）表示毒素类似物与参考化合物相比的能力，用于功能性方法的统计转换，由于许多毒素类似物的毒素相关因子（TEF）还不完全清楚，所以功能性方法的精密度还不能充分鉴定。因此，了解一种方法精确性的前提是获得每种类型毒素的主要毒素类似物的TEFs。由于缺少TEFs，也就缺少了与其他方法的可比性，因此，在CODEX文件中，这些方法仍然只能作为一种试验性的方法。

虽然目前开发中的功能性方法取得了进展，有些方法已完成了实验室间的验证，很多检测方法可用于动物实验的替代，而且具有商业化应用前景。但是每个试验方法都应以国际通用的准则和程序进行正式验证。由于细胞检测方法的特殊性，需要从以下方面努力：①当受试样品只存在1种单一毒素的时候，要能证明这种方法分析的准确性；②对含有混合毒素的检测样品应提供良好重复性的证据，最好通过一个参照机构使用同样的细胞方法对单一材料中毒素的总含量进行估计；③被测样品用单一法定方法分析评估得到的数据可以由细胞检测方法通过数据转化得出；④进一步明确每个毒素类别中主要分析物的TEFs的估计值以及它们在独立程序中的特征描述；⑤制备用于方法比较和实验室间验证的参照材料。

（二）免疫学方法

生物化学或免疫学方法是建立在抗体与化合物特异性结合过程的基础上。也可以将制备好的毒素抗体用于一系列的试验，包括酶联免疫吸附试验（ELISA）、横向流动免疫测定（LFIA）和基于表面等离子体共振的生物传感器（SPR）。免疫学方法实际上是通过非功能分子的化学识别，而不是对样品中毒素的直接测定。在只有一种毒素存在并且其抗体特异性高的情况下，样品中毒素浓度的测量与它的毒性直接相关（如DA毒素的检测）；但在其他的情况下，抗体测定法的结果只能用于样品毒性的估计。因此，免疫测定法只能当作筛选或定性方法，不能作为定量方法。然而关于MBA动物试验的替代，筛选方法的意义也非常重要。

1. 遗忘毒素(ASP) 已有许多免疫学测定方法,包括检测 ASP 的横向流动免疫色谱法(LFIC)、ELISA 法和 SPR 生物传感器技术。目前欧盟规定主要使用高效液相色谱法 HPLC,主要原因是由于动物方法不够敏感。

Yu 等研制出一种用于测定 ASP 中软骨藻酸毒素(DA)的光学免疫传感器。该毒素以共价键连接着一个混合自组装单层膜(SAM) 的改性的 SPR 芯片,采用竞争法测定。由于该仪器的 SPR 的高灵敏度和 SAM 上非特异抗体吸附的减少,检测限为 0.1ng/ml,远低于 ELISA 方法的检出限(4 ng/ml),该芯片已成功在 NaOH 中再生,且货架寿命较长(2 个月)。Micheli 等使用微分脉冲伏安法(DPV) 耦合的电化学免疫传感器检测 DA,该免疫传感器建立在"间接竞争免疫测定"的基础上,使用的是一次性丝网印刷电极(SPEs),DA 与牛血清清蛋白(BSA) 共轭,然后涂在 SPE 的工作电极表面,其次是样品(或标准毒素)和抗体的孵育。并用山羊 IgG 抗体- 碱性磷酸酶(AP) 来产生信号。结果表明,电化学系统比较简单,且由于 S PEs 的可支配性,其成本效益较合算。与 Yu 等得到的结果相比,检测限要高些(5ng/ml),但分析时间要长些(150min)。还有人采用分子印迹聚合物(MIP) 传感器检测 DA,采用竞争法进行检测,检出限约是单克隆抗体的 1/3 倍(分别为 1.8ng/ml 和 5ng/ml),而且 MIP 还具有检测范围更大、芯片容易再生、使用寿命长(超过 2 个月)的优点。

2. 麻痹类毒素(PSP) 已经使用了两种类型的方法,即抗体方法和受体锚定方法检测石房蛤毒素(STX)。抗体方法已经形成 ELISA 方法并向侧向横流免疫色谱(LFIC)的格式化试剂盒发展,已经在广泛领域里进行了试验并且完成了协作试验,结果在等待 AOAC 的许可通过。已开发的 LFIC 试剂盒,如对 PSP 快速检测的 MIST Alert™,可以在不到 20min 时间内得到 40μg/100g 的检测极限。该方法还可用于田间试验和终产品的检测。受体锚定测定法,由 Doucette 等进一步发展,采用放射性同位素标记的方法具有非常好的精密度和稳定性,与动物试验可比性极好。

3. 神经性贝毒(NSP) 对短裸甲藻毒素目前已有 ELISA 检测法,并用于美国官方监管服务。Garthwaite 提出了一套针对 NSP 毒素的 ELISA 检测法,在支持膜上采用化学固定技术先将 P 短裸甲藻毒素(PbTX-3)抗原与牛血清清蛋白共轭,然后通过牛血清清蛋白上的赖氨酸基团与固定的膜形成共价闭合环,PbTx-3 抗体与葡萄糖氧化酶共轭连接,然后将两者放在一起孵育,让其发生抗体抗原反应,用 β-D-葡萄糖来检测过氧化氢的生成量。在没有自由 PbTx-3 竞争的情况下,信号是最强的。在有竞争的情况下,信号与自由 PbTx-3 的浓度成反比。对于 bTx-3 的检测限为 0.53 mg/ml,其优势是可以直接分析海水,而且有潜力作为鉴别有毒鞭毛藻的工具。

4. 腹泻性贝毒(DSP) 目前对于 Azaspiracid(AZA)类毒素和环状亚胺类毒素还没有使用抗体的免疫学检测方法。

总之,目前可用的海洋毒素检测方法,当结果有质疑时,很少方法有充足的证据表明可以作为参考方法。但是,很多方法作为动物实验替代是非常有前景的,可用于筛选试验。

(三) 化学分析方法

化学分析方法以液相色谱(LC)分离原样或净提取物为基础,接着用物理化学方法进行特异性毒素检测,如用紫外线(LC-UV)、荧光法(LC-FL)或质谱分析法(LC-MS)。由于这些方法对化合物检测的特异性,化合物中单一物质的单独浓度的原始数据必须用转换因子转换成毒素当量。

1. DSP 属于腹泻性贝毒的AZA毒素由于其缺少发色团不能用于LC-UV法检测，而且也没有建立荧光色谱检测(LC-FL)的条件，但是液相色谱质谱法(LC-MS)在检测AZAs中表现出了高特异性和高灵敏度。这种方法量化的极限值是0.05mg/kg，但因为缺少鉴定分析标准，其适用性还有局限。

属于DSP的环状亚胺毒素包括gymnodimine和spirolides，可用LC-MS方法也进行检测，特别适合于筛选和验证。一项检测冈田酸毒素(OA)的LC-FL方法已经用在几个试验室应用并获得了好的结果，证明对蚌类消化腺中OA毒素检测有效，并且结果已经得到欧洲标准委员会许可。LC-MS方法已经发展来检测PTXs，适合用于筛选和确认试验，该方法对扇贝组织中的PTX1、PTX2和PTX6具有良好的回收率。

2. NSP LC-MS法可用来检测宽广范围的短裸甲藻毒素。然而只有几种毒素的方法经过确认，因为它们的分析标准可用。对几种代谢物的分析表明，回收率和精确率均较好，检测限可达0.03mg/kg，该方法检测数值已推荐作为短裸甲藻毒素污染的标志。

3. ASP类 LC-UV是目前检测软骨藻酸毒素(DA)的标准方法，此外还开发了一种薄层色谱法(TLC)方法作为便宜的筛选试验，已证实有效。

4. PSP类 Saxitoxin(STX)毒素类 一项有关前色谱氧化LC-FL方法的合作研究已于2005年被AOAC批准。该方法与MBA数据的相关性好，后柱LCFL法也被广泛使用，其他还有如LC-MS方法尚在开发中。

目前可用的海洋毒素分析方法很少试验是经过足够的验证用作替代目前的动物试验，尤其是有强制目的的或有质疑的时候用来做参照的方法。只有DA和STX毒素类的检测方法已经在试验室间被广泛的评估，并且可以直接推荐。强烈建议候选的仪器方法也要经过确认研究。表21-6中列出了仪器方法和可以替代动物试验的其他类型的方法，希望这些方法被国际公认标准成功确认。

表 21-6 非动物的毒素分析方法

毒素类别	功能性检测方法	生化/免疫学方法	分析方法	动物实验
原多甲藻酸AZA	细胞形态	无	LC-MS	MBA/RBA
短裸甲藻毒素	钠通道受体结合试验 神经母细胞瘤	ELISA	LC-MS	APHA-MBA
环状亚胺	无	无	LC-MS	MBA
软骨藻酸DA	受体结合试验	ELISA、免疫传感器	LC-UV、LC-FL、LC-MS、TLC	无
冈田软海绵酸(OA)	PP2A、PP1、F-肌动蛋白	ELISA	LC-MS、a LC-FL	(S)MBA/RBA
腹泻性贝毒(PTX)	F-肌动蛋白	无	LC-MS、a LC-FL、LC-UV	MBA
石房蛤毒素(STX)	钠通道受体结合试验；saxiphilin受体结合试验；神经母细胞瘤	ELISA、LFIC、FIFLD	LC-FL、LC-MS	AOAC-MBA
扇贝毒素(YTX)	E-钙黏蛋白分子片段；PDE-增强试验	ELISA	LC-MS、LC-FL	MBA

注：MBA：小鼠生物检测；RBA：大鼠生物检测；AOAC-MBA：小鼠生物检测按照AOAC标准；APHA-MBA：美国公共卫生协会小鼠生物检测；PP2A：蛋白磷酸酶2A；PP1：蛋白磷酸酶1；F-actin丝状肌动蛋白；PDE：磷酸二酯酶；LFIC：侧向横流免疫色谱；LC-FL：液相色谱-荧光检测；LC-MS：液相色谱-质谱检测；LC-UV：液相色谱-紫外吸收检测；TLC：薄层色谱分析；FIFLD：流动注射荧光检测

(四) 生物传感器方法

生物传感器以生物化学和传感技术为基础,是用生物活性物质(如酶、抗体、抗原、细胞等)作为识别元件,配以适当的物理或化学信号转换器所构成的分析工具。一般的设计原理是:待测物质经扩散作用进入感应器(由对被测物具有特异性分子识别功能的生物活性物质构成),经分子识别,与感应器上特异性分子结合,发生生物化学反应,产生的生物学信息通过转换器(由压电晶体、声波器件、光学器件等物理元件组成)转化为可以定量处理的光信号或电信号,然后把得到信号通过放大、滤波、调制等一系列电子技术处理,最后送到计算机或微处理器中进行分析处理和显示记录,即可达到分析检测的目的。

传感器技术是建立在对毒素作用机制了解的基础上,适用于贝毒的快速检测,目前生物传感器在贝毒检测方面的应用还只是处于实验室阶段,其应用有待进一步发展。

1. 麻痹性贝毒(PSP)检测 PSP 类毒素的活性部位与细胞膜钠通道受体结合,如短裸甲藻毒素和西加毒素均能与钠通道受体靶部位Ⅵ结合,激活钠通道,增加钠离子通透性。结合后作用发生得非常快,消失的也比较快。PSP 毒素各衍生物对膜的作用机制相似,均以剂量-依赖型方式阻断钠离子内流,而对静息电位或钾通道无作用。

青蛙的膀胱膜含有丰富的钠离子通道,用青蛙膀胱膜覆盖 Na^+ 电极,使之形成一个流动的细胞。然后对钠离子的运输进行研究,发现它们可以检测到毒素的存在,可检测到低于 86fg/ml 的 STX。Kulagina 等利用 STX 对人工培养的哺乳动物神经元细胞胞外动作电位的效应,开发了神经元网络生物传感器,将小鼠胚胎的脊索组织中得到的神经元培养在 64 微电极阵列基板上。STX 抑制动作电位的传播,并且抑制脊索神经元网络的平均的锋电位几率。STX 检测限在缓冲溶液中为 12pg/ml,在稀释 25 倍的海水中为 28pg/ml。与小鼠生物测定法的检测限相比,大约低 30 000 倍。该法不能完全确定或量化毒素,但可作为筛选方法。

2. 腹泻性贝毒(DSP)检测 对于 DSP 的检测通常是将免疫学技术与各种灵敏的检测技术相结合开发生物传感器,如检测 OA 的压电免疫传感器,使用石英晶体微天平(QCM)来测定 OA;采用直接竞争法结合化学发光检测技术以提高检测的灵敏度;利用表面等离子体共振(SPR)现象,以 OA 多克隆抗体来代替 OA-牛甲状腺球蛋白复合物提高检测的特异性和灵敏度。

3. 神经性贝毒(NSP)检测 由 Kulagina 等开发的神经元网络生物传感器,也能检测 PbTx-3,利用的是 PbTx-3 对胞外动作电位的效应,尽管这两种毒素在神经组织上具有不同的作用(STX 抑制动作电位的传播,PbTx-3 增强钠离子通道的激活能力),但同时都抑制脊索神经元网络的平均锋电位几率。PbTx-3 的检测限在缓冲溶液中为 296pg/ml,在稀释 25 倍的海水中为 430pg/ml。

4. 记忆缺失性贝毒(ASP)检测 目前用于贝类毒素检测的商业化产品并不多见。出现这种情况的主要原因可归纳为:大多数生物传感器只能完成某一特定指标的分析,且不能像免疫分析一样进行多样品的同时检测,这就使其应用范围受到极大限制;检测的稳定性仍有待进一步验证,生物识别元件的再生及可重复利用问题并未得到根本解决。针对以上问题,今后的研究趋势大致包括:通用型快速检测平台的建立;逐步向蛋白质芯片过渡,能够完成多指标、多样品的同时检测;小型化、集成化、自动化的特点更加鲜明,现场快速筛选检测的功能特点更加突出。作为一种新兴的现代分析手段应用在贝类毒素检测中,生物传感器本身具有许多独特的优势,尽管目前仍有许多缺陷有待弥补，但随着研究的不断深入和技术的不断发展，相信会拥有非常广阔的发展前景。

（五）替代方法的标准化

尽管在海洋和淡水毒素研究上已经取得很多进展，目前只有 3 种 AOAC 正式方法来检测海生毒素：PSP 毒素检测的 MBA 方法、DA 毒素检测的 HPLC 方法、STX 毒素类的检测的 HPLC 方法。

目前已经由欧洲标准委员会(CEN)完成标准化的海洋生物毒素分析方法，包括用来检测贝类 DA 毒素的 LC-UV 方法、检测贝壳类 OA 毒素的前置柱衍生作用加荧光检测的 LC-FL 方法、检测贝壳类 STX 和 dc-STX 毒素的前置柱衍生作用加荧光检测的 LC-方法、检测贝壳类 OA 毒素的有后置柱衍生作用加荧光检测的 LC-方法等。所有的这些方法都是以液相色谱技术为基础的，原则上，标准的 CEN 方法也可以以其他技术为基础，如感受器为基础的测定和生物传感器技术。然而，CEN 没有对海洋毒素检测的动物试验标准化，目前在 EU 立法中描述可以用 MBA 方法检测 PSP 毒素类，DSP 毒素类和一些其他的亲脂毒素。

CEN 认为对海洋毒素的检测标准是主要用于健康和安全，对国际贸易来说不是很重要。而在实际上，CEN 标准通常被用作参考方法。一些对海洋毒素的 CEN 方法已经被推荐作为食品法典委员会的参照方法。因此，未来 CEN 标准化工作组的主要方向集中在 LC-MS 方法的标准化，尤其是对贝壳类水生动物中的亲脂毒素，PSP 毒素和 ASP 毒素的优先顺序应降低。因为在替代动物试验的压力下，亲脂毒素的化学方法如 LC-MS 备受关注。

（六）结论

1. 对体内实验方法的认识

(1) 研究表明 DSP MBA 方法并不适用于所有类别的毒素，如 OA、DTX、YTX、PTX 和 AZA，然而目前可用的非动物方法对所有这些毒素类也不是完全有效，因此，完全代替 DSP MBA 方法还不可能。按照国际认可的协议已经完成验证的非动物试验方法应该可用于日常的筛选检测。

(2) DSP MBA 方法还没有被验证而且欧盟并没有统一的方法。主要有两方面的原因，科学原因是由于 DSP MBA 方法的提取率较低，对 YTXs 和 AZA 的检测极限达不到法规要求。动物保护原因包括试验动物遭受的一般的疼痛和痛苦、缺少在观察时间上的协调性、缺少在使用的动物重量上的灵活性。

(3) CODEX 药典委员会的 WHO/FAO/IOC 专家组也认为 DSP MBA 或许不合适用来保护公众免受暴露于适当水平海洋毒素的危害。

2. 非动物试验替代方法的认识 理想的海洋毒素动物替代实验方法无论是对单独样品还是混合物的定量检测都要精确，因此，制定用于不同试验方法结果的比较程序有助于促进替代方法的认可。目前体外实验建立的毒性转换因子主要有 3 种，分别是功能方法采用的毒性等价因子(TEF)概念、化学分析方法采用的标记混合物(MC)和相对反应因子(RRF)概念。其中与替代方法最密切的是 TEF。

3. 毒素等价因子概念(TEF) TEFs 代表与参照混合物相比较的毒素类似物的潜能。一个用于表示毒素类似物的 TEF 的简单的方法是用参照混合物的 EC_{50} 和毒素类似物的 EC_{50} 的比值。这个值可以作为该类似物的绝对浓度的一个乘数，从而可以得出相当于参照混合物的毒素当量的评估值。因此，替代方法的验证和认可的功能性检测方法的比较要求每种类别毒素的毒理学相关类似物的 TEFs 都是已知的，并且对于试验数据的数学处理是允许的。目前对于海洋毒素的 TEFs 值是否需要在动物试验中给出定义和描述以及是否作为功能性检测方法的评估基础仍存在争议。但是，鉴于本领域内对动物试验替代方法的迫切要求，应当统一 TEF 的概念，而且应当确定使用的最适当的因子和数据的数学处理方式。

（焦 红 程树军 毕克新）

参 考 文 献

Anon. Report Of The Joint FAO/IOC/WHO Ad Hoc Expert Consultation On Biotoxins In Molluscan Bivalves (Oslo, Norway, 26-30 September 2004), 31pp. Rome, Italy: Food And Agriculture Organization, 2005

Anon. European Standard EN 14176. Foodstuffs-Determination Of Domoic Acid In Mussels By HPLC. 10pp. Brussels, Belgium: European Committee For Standardization(CEN), 2003

Anon. Commission Decision 2002/225/EC Of 15 March 2002 Laying Down Detailed Rules For The Implementation Of Council Directive 91/492/EEC As Regards The Maximum Levels And The Methods Of Analysis Of Certain Marine Biotoxins In Bivalve Molluscs, Echinoderms, Tunicates And Marine Gastropods. Official Journal Of The European Communities, 2002, 75: 62～63

Asp TN, Larsen S, Aune T. Analysis Of PSP Toxins In Norwegian Mussels By A Post-Column Derivatization HPLC Method. Toxicon, 2004, 43: 319～327

Burton PS, Conradi RA, Hilgers AR, et al. Evidence for a polarized efflux system for peptides in the apical membrane of Caco-2 cells. Biochemical and Biophysical Research Communications, 1993, 190, 760～766

Barthe L, Woodley J, Houin G. Gastrointestinal absorption of drugs: methods and studies. Fundamental and Clinical Pharmacology, 1999, 13: 154～168

Campas M, Jean-Louis M. Enzyme Sensor For The Electrochemical Detection Of The Marine Toxin Okadaic Acid Anal Chim Acta, 2007, 605: 87～93

Camacho F G, Rodriguez J G, Miron AS, et al. Biotechnological Significance Of Toxic Marine Dinoflagellates. Biotechnology Advances, 2007, 25: 176～194

Fonfria ES, Viarino N, Vieytesm R, et al. Feasibility Of Using A Surface Plasmon Resonance-Based Biosensor To Detect And Quantify Yessotoxin. Anal Chim Acta, 2008, 1: 1～4

Fisher JM, Wrighton SA, Calamia JC, et al. Midazolam metabolism by modified Caco-2 monolayers: effects of extracellular protein binding. Journal of Pharmacology and Experimental Therapeutics, 1999, 289: 1143～1150

Ferrec EL, Chesne C, Artusson P, et al. In Vitro Models of the Intestinal Barrier The Report and Recommendations of ECVAM Workshop 461, 2 ATLA, 2001, 29: 649～668

Hess P, Grune B, Anderson DB, et al. Three Rs Approaches in Marine Biotoxin Testing, ECVAM Workshop 55, ATLA, 2006, 34: 193～224

Hilgendorf C, Spahn-Langguth H, Regardh CG, et al. Caco-2 versus Caco-2/HT29-MTX cocultured cell lines: permeabilities via diffusion, inside- and outside-directed carrier-mediated transport. Journal of Pharmaceutical Sciences, 2000, 89: 63～75

Holtrop G, Petrie J, Mcelhiney J, et al. Can General Anaesthesia Be Used For The Paralytic Shellfish Poison Bioassay? Toxicon, 2006, 47: 336～347

Jellett JF, Roberts RL, Laycock MV, et al. Detection Of Paralytic Shellfish Poisoning (Psp) Toxins In Shellfish Tissue Using Mist Alert, A New Rapid Test, In Parallel With The Regulatory Aoac Mouse Bioassay. Toxicon, 2002, 40: 1407～1425

Kulagina NV, Mikulski CM, Gragy S, et al. Azaspiracid linhibits Bioelectrical Activity Of Spinal Cord Neuronal Networks. Toxicon, 2006, 47: 766～773

Ledoux M, Hall S. Proficiency Testing Of Eight French Laboratories In Using The AOAC Mouse Bioassay For Paralytic Shellfish Poisoning: Interlaboratory Collaborative Study. Journal Of AOAC International, 2000, 83: 305～310

Louzao MC, Vieytes MR, Baptista De Sousa JMV, et al. A Fluorimetric Method Based On Changes In Membrane Potential For Screening Paralytic Shellfish Toxins In Mussels. Analytical Biochemistry, 2001, 289: 246～250

Lipinski CA, Lombardo F, Dominy BW, et al. Experimental and computational approaches to estimate solubility and permeability in drug discovery and development settings. Advanced Drug Delivery Reviews, 2001, 46: 3～26

Lawrence JF, Niedzwiadek B, Menard C. Quantitative Determination Of Paralytic Shellfish Poisoning Toxins In Shellfish Using Prechromatographic Oxidation And Liquid Chromatography With Fluorescence Detection: Collaborative Study. Journal Of AOAC International, 2005, 88: 1714～1732

Micheli L, Radoi A, Guar Ina R, et al. Disposable Immunosensor For The Determination Of Domoic Acid In Shellfish. Biosens Bioelectron, 2004, 20: 190～196

Pierotti S, Malaguti C, Milandri A, et al. Functional Assay To Measure Yessotoxins In Contaminated Mussel Samples. *Analytical Biochemistry*, 2003, 312: 208～216

第22章 化妆品风险评估与替代方法的应用

Chapter 22 Cosmetics Risk Assessment and Alternative Methods Application

第1节 化妆品风险评估概论

一、化妆品的定义与分类

根据《化妆品卫生监督条例》，化妆品是指以涂擦、喷洒或者以其他类似方法，散布于人体表面任何部位(皮肤、毛发、指甲、口唇等)，以达到清洁、消除不良气味、护肤、美容和修饰目的的日用化学工业产品。2008年颁布的《化妆品标识管理规定》将牙膏纳入化妆品行业监管的范畴。目前还不包括肥皂和香皂。欧盟化妆品法规76/768/EC给出的化妆品定义为：用于接触人体表面(表皮、头发、指甲、唇及外生殖器)或牙齿及口腔黏膜，以清洁、增加香气、改变容颜、纠正体臭、保护或保持其处于良好状态为目的的物质或制剂。

1938年，美国颁布了《食品药品和化妆品法案》，将化妆品纳入FDA的管制范围之内，根据该法案，化妆品被定义为"……预计以涂抹、喷洒或喷雾，或其他途径施用于人体以达到清洁、美化、增加魅力、或改变外观目的的物品……"。对于肥皂，当这种产品的非挥发性物质是由脂肪酸的碱性盐组成并且肥皂的去污能力是由碱性脂肪酸化合物产生时，这类肥皂不属于化妆品。

可见，化妆品的定义和覆盖的范围在世界不同国家是存在差异的，但是不管涵盖的范围如何，化妆品与药品和其他产品相比具有以下特点：化妆品应用的部位是皮肤及其附属结构，如毛发、指甲、眉毛和牙齿等；化妆品的施用方式不包括口服、吸入、注射和植入；化妆品不针对任何疾病或病理状况；化妆品的功能不仅只是美化、美容或增加香气，而是保护和保持皮肤及附属结构处于良好状态。

二、化妆品通用风险评估程序概述

化妆品的使用目的是为了满足消费者形象外观的需求，所以随着社会的进步和时间的变迁，化妆品已变成一种持续增长的需要，从原来单一的美化装饰产品演变为卫生用途产品以及更为复杂的调节皮肤状况和抗衰老的产品。

总体来讲，所有化妆品几乎都是通过外部途径接触人体来使用的，不应该包括药品、医疗器械或生物制品等类似的使用途径。但是化妆品的安全评价不应排除那些偶然会被暴露的情况，如吸入(香水)或吞入(口腔卫生用品)。而且，不论是何种类型的产品，都不应对消费者产生不良反应。

化妆品风险分析主要采用与通常应用于其他类型物质(即医药产品、食品添加剂、植物保护产品等)的风险评估相同的原则与方法。这一通用原则见图22-1(仅考虑人类健康，未虑及环境风险评估)，包括风险评估、风险管理和风险交流3个过程。

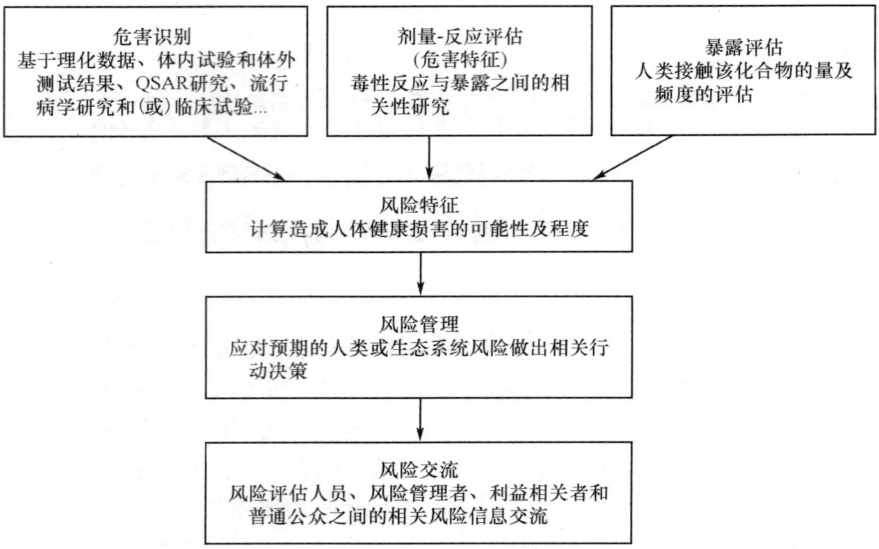

图 22-1 国际公认的风险分析程序

三、化妆品危害识别

（一）理化性质测定

危害识别是化妆品风险评估的定性阶段，其目的是基于已知的资料和可能的作用模式评价化妆品成分对人可能产生的有害作用，危害识别的资料主要包括 4 类：化合物理化性质测定和定量结构-反应关系等理论分析、动物毒理学研究、体外试验和人体志愿者研究。危害识别最重要的目的是确定化学物的毒作用性质是否是靶器官毒物、致癌物、致畸物或致突变物。一般认为，外源化学物的一般毒性（器官毒性）和致畸作用的剂量-反应关系是有阈值的，而遗传毒性致癌物和致突变物的剂量-反应关系是无阈值的。

危害识别的第一步是研究分子的内在物理、化学和毒理学特性，以确定该物质是否可能损害人类健康。化妆品成分的化学结构与特性必须明确，如按进口国要求提供标注成分的 CAS 编号、INCI 命名（国际化妆品成分命名）、EINECS（欧洲现有商品化学物质）编号，为适应 REACH 法规，还要加上 ELINCS（欧洲登记化学物质清单）的编号。对于无法确定结构式的成分，应当提供具体制备方法（包括物理、化学、生物技术、酶法和（或）微生物方法的步骤）。对于来源于天然原料的成分，需要提供原料的来源及相关提取和纯化方法。对于直接使用的原料（如石棉、矿物和植物粉末），应提供其定性和定量配方资料（包括主要成分、防腐剂、溶剂、缓冲剂和杂质等）。

其他物理性质还包括化学物纯度、分子量、杂质或污染物、可溶物、分配系数等。大量官方认可的检测理化特性的方法，被收录在 OECD 技术指南清单和列入指令 67/548/EEC 附件ⅤA 部分。与化妆品危害特征最为相关部分见表 22-1。

表 22-1　欧盟指令和 OECD 试验指南认可的试验方法

理化性质	67/548/ EEC 附件 V A 部分及 OECD No.
物态(固体、液体、气体)	
感官特性(颜色、气味、味道)	
水溶性(?℃)和相关溶剂(包括皮肤吸收试验中的接收液)	A. 6,OECD105
分配系数($\log P_{ow}$,?℃)	A. 8,OECD107,117,122,123
闪点	A. 9
液体特殊物理性质:	
沸点	A. 2,OECD103
密度(温度?)	A. 3,OECD109
pK_a(温度?)	
黏性(温度?)	OECD114
蒸气压(温度?)	A. 4,OECD104
固体特殊物理性质:	
一般外观(晶体,无定形,……)	
熔点	A. 1,OECD102
pK_a(溶剂? 温度?)	
气体特殊物理性质:	
密度(温度?)	
粒径	OECD110
燃点	EU A. 15
针对紫外吸收成分:紫外吸收谱	OECD101

(二) 毒理学动物试验和体外试验

危害识别的绝大多数毒理学数据来自动物试验,这就要求这些动物试验必须遵循科学界广泛接受的标准化试验方法,如收录在 OECD 技术指南清单和列入指令 67/548/EEC 附件 V B 部分的方法以及 US EPA 的试验方法等。无论采用哪种程序,所有试验必须实施 GLP 规范和质量控制方案。这些方法已在本书相关章节有过详细的介绍。与化妆品危害特征最为相关部分见表 22-2。

需要指出的是,除皮肤腐蚀、皮肤吸收、光毒性和体外致突变性试验组外,表 22-2 中提及的所有欧盟附件 V 和 OECD 方法均要求使用实验动物。其研究结果可直接用于受试化合物的分类(如刺激性资料、敏感性资料、LD_{50}值)或将用于进一步计算。不过,针对化妆品而言,已有经过验证的替代方法可用于监管和法规目的,这些方法的介绍见第 3 节。

表 22-2　欧盟指令和 OECD 指南认可的毒理学测试方法

毒理学终点	有效测试方法	67/548/ EEC 附件 V B 部分及 OECD No.
急性经口毒性	固定剂量法	B. 1bls,OECD420
	急性毒性分类法	B. 1tris,OECD423
	上下法	OECD425

续表

毒理学终点	有效测试方法	67/548/ EEC 附件ⅤB 部分及 OECD No.
刺激性和腐蚀性	皮肤刺激-Dralze 法	B. 4，OECD404
	眼刺激-Dralze 法	B. 5，OECD405
	BCOP	OECD437
	ICE	OECD438
	皮肤腐蚀	B. 40，OECD430，431 及 435
皮肤敏感性	Magnusson Kligman 豚鼠最大值试验或 Buehler 豚鼠试验	B. 6，OECD406
	局部淋巴结检测(LLNA)	B. 42，OECD429
皮肤/经皮吸收	体外皮肤吸收试验	OECD428
重复染毒毒性	经口 28 天毒性试验	B. 7，OECD407
	皮肤 28 天毒性试验	B. 9，OECD410
	啮齿类动物经口 90 天毒性试验	B. 26，OECD408
	啮齿类动物皮肤 90 天毒性试验	B. 28，OECD411
	慢性(≥12 个月)毒性试验	B. 30，OECD452
致突变性/遗传毒性	细菌回复突变试验(Ames)	B. 13-14，OECD 471
	大肠杆菌恢复突变试验	OECD 472
	哺乳动物细胞姐妹染色单体互换试验(SCE)	B. 19，OECD 479
	酿酒酵母基因突变试验	B. 15，OECD 480
	酿酒酵母有丝分裂重组试验	B. 16 OECD 481
	体外哺乳动物细胞基因突变试验(小鼠淋巴瘤试验)	B. 17，OECD476
	体外哺乳动物染色体畸变试验	B. 10，OECD473
	体外微核试验	OECD487
	哺乳动物细胞程序外 DNA 合成试验(UDS)	B. 18，OECD482
	体外叙利亚仓鼠胚胎细胞转化试验	B. 21
	果蝇伴性隐性致死试验	B. 20，OECD 477
	啮齿类显性致死试验	B. 22，OECD 478
	哺乳动物骨髓细胞染色体畸变试验	B. 11，OECD475
	哺乳动物骨髓多染红细胞微核试验	B. 12，OECD474
	哺乳动物精原细胞染色体畸变试验	B. 23，OECD 483
	小鼠点试验	B. 24，OECD484
	小鼠可遗传易位试验	B. 25，OECD485
	体内哺乳动物肝细胞程序外 DNA 合成(UDS)试验	B. 39，OECD486
致癌性	致癌性试验	B. 32，OECD451
	慢性毒性/致癌性联合试验	B. 33，OECD453
生殖毒性	两代繁殖毒性试验	B. 35，OECD416
	致畸性试验	B. 31，OECD414
毒代动力学	毒代动力学试验	B. 36，OECD417
光毒性	3T3 中性红摄取光毒性试验	B. 41，OECD432

（三）结构-活性关系

结构-活性关系对于化妆品的危害识别分析是有用的。在对某一类化学物(如多环芳烃化合物、多氯联苯类和四氯苯丙二噁英)进行评价时,如果此类化学物中的一种或多种有足够的毒理学资料,则可以采用毒性当量的方法来预测人类暴露于类似化学物对健康的可能危害。有关方法参阅第 5 章。

（四）人体志愿者评估

化妆品上市前的人体志愿者资料和上市后的人群不良反应资料对于化妆品安全检验和监控都是必要的。化妆品可能引起的局部反应包括刺激、过敏性接触性皮炎、接触性荨麻疹和紫外线诱发的不良反应等。人体志愿者测试还可用于化妆品的皮肤适应性或相容性评估,以证实化妆品用于皮肤或黏膜是无害的。SCCNFP 关于人体试验提出的指南包括:①人类志愿者相容性研究;②人类志愿者化妆品成分(混合物)潜在皮肤刺激测试;③人类志愿者化妆品成分(混合物)潜在皮肤致敏预测试验。尽管如此,有关志愿者皮肤测试的资料和人群不良反应的资料还是非常有限。

四、剂量-反应关系评估

剂量-反应关系评估又称为危害表征(hazard characterisation),是危险性评估的定量阶段。通过剂量-反应关系评定确定外源化学物暴露水平与有害效应发生频率之间的关系。为了使动物毒理学试验达到一定的灵敏度,实验剂量必须很高,这是毒理学动物试验的预设原则,这一前提面临的主要问题是用高剂量化学物的动物试验所发现的有害作用究竟对预测人类化妆品低剂量暴露所产生的危害有多大意义。这也是毒理学动物试验备受质疑的局限性之一,见第 1 章。

（一）NOAEL 值与基准剂量(Benchmark dose)法

风险评估者对 NOAEL(重复染毒后未观察到实验动物不良反应的剂量)值(mg/kg · d)感兴趣,该值在随后的风险特征阶段与可预见的消费者暴露或职业可能暴露的内剂量进行比较。虽然 NOAEL 法被世界范围内广泛使用,但它也受到了批评。其中一个意见是:在经典的重复剂量毒性试验中,以 3 个不同剂量水平的受试物染毒,最高剂量预计可引起明确的毒性现象但不会造成过量致死,而最低剂量则不应产生任何不良反应。通常以某一因子相互隔开 2～4 个水平(如 100、300、1000mg/kg · d)。这意味着若得到的 NOAEL 值为 100mg/kg · d,那么实际值可以是(100～300)mg/kg · d 范围内的任一值。此外,一些试验中最低剂量水平还是产生了不良反应,从而得出的是最小有害作用剂量(LOAEL)而不是无毒性反应剂量(NOAEL)。

经典的 NOAEL 试验的替代方法是所谓的基准剂量法(benchmark dose, BMD)。这种方法是基于在可观测范围内建立适当的实验数据的数学模型,由此估计出的剂量可造成低的但可测量的反应,一般选择发生率高出对照 5%或 10%的剂量。基准剂量下限(BMD lower limit,BMDL)指 BMD 单侧 95%可信区间的相应低限。

采用基准剂量法意味着风险评估的出发点将不限制在实验选定的其中一个剂量水平,产生不良反应的最低水平时也不会对确定 BMDL 造成任何问题。这一方法的不足之处在于人们对它的了解还不够深入,而通常动物试验所用的 3 个剂量水平对于建立复杂的数学模型所要求的统计分析而言又太少。一个正确 BMD 值的计算需要更多的动物重新组合,但需要的剂量组较少。BMD 法自开发以来已得到快速的发展并被认为是解释毒理学数据包中一些关键研究的有价值补充工具。

（二）无阈值效应

在无阈值遗传毒性作用研究时，有必要将剂量-反应数据外推至体内观察范围以外的极低暴露水平。对无阈值致癌物，通常认为其无剂量-效应关系。多年来已提出了许多数学模型被不同监管机构采用。

1. 剂量指标 T_{25} 是指在该物种标准寿命内，经过肿瘤自然发生率校正后，使 25% 动物在特定组织部位发生肿瘤的慢性剂量率，这一方法被 SCCP 用于计算化妆品成分的致癌风险。

2. LED_{10} 法 由美国环境保护局（EPA）提出，根据可用的有效数据的 95% 置信下限，再经数学外推 10% 附加风险（LED_{10}）的相关剂量。

3. TD_{50} 标准实验时间（该种动物标准寿命）内致半数动物发生肿瘤的指定靶部位慢性剂量率（mg/kg · d）。TD_{50} 既可用于计算特定类别肿瘤病变（如恶性肿瘤，只限肝肿瘤），也适用于所有肿瘤。

上述 BMD 是欧洲食品安全局（EFSA）最常用于评估无阈值效应的指标，前提是所提供的有效数据足以确定 95% 置信区间，否则建议采用 T_{25} 指标。

五、暴露评估

（一）总原则

暴露评估的目的是表征人群暴露于某种外源物质的自然状况、规模以及暴露范围、频率和持续时间。在此过程中，确定潜在暴露途径（经口、经皮或吸入）。

任何暴露评估中被问及的普遍问题是何种类型的暴露需要定量评估，回答这一问题存在不同的可能性（图 22-2 中以星号表示），包括外剂量、吸收/内剂量、血液循环中物质的量和靶组织中的浓度或可能与关键受体结合的部分。在大多数情况下，需要获知总的吸收/内剂量，用于 NOAEL、LOAEL 或基准剂量（BMD）值比较。几乎每一个行业都有自己的暴露评估模式、模型和流程图。在此就化妆品而言，将集中讨论所谓“系统暴露剂量”。

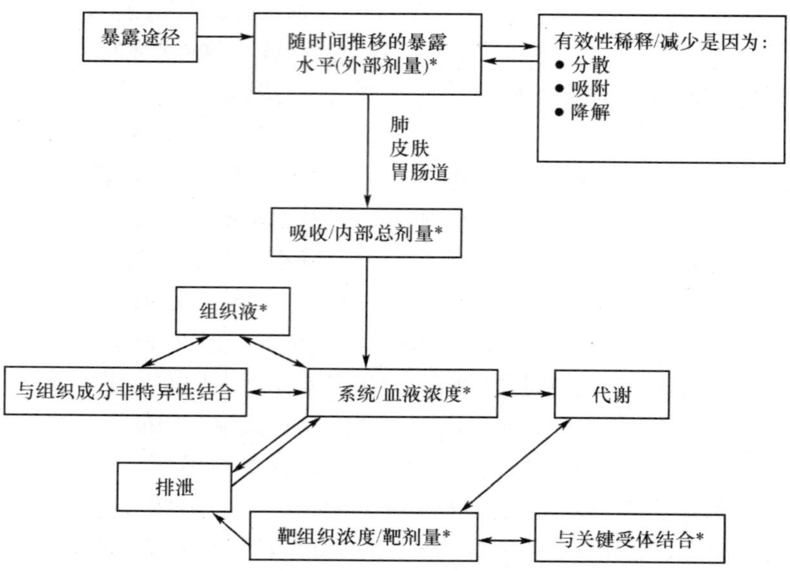

图 22-2 人类暴露评估的考量：暴露类型

（二）不同化妆品的暴露水平

化妆品成品的安全性评价是基于成分的毒理学特性、化学结构及暴露水平。每个具体暴露情况将关系到物质可能经皮肤或黏膜摄入或吸收的量。每种特定化妆品类型的某些外部暴露水平和涉及的皮肤表面积可在相关文献中检索，除了欧盟 SCCP 指南注释外，一些研究还提供了更可靠的特定类型化妆品暴露估计，其结果比较见表22-3，这些数据来自于：

（1）荷兰国家公共卫生及环境研究院（RIVM）基于 ConsExpo 暴露评估软件模型进行的化妆品暴露评估研究（包含 35 个化妆品类型的暴露数据及置信水平）。

（2）消费者使用情况调查，全面评估 360 名女性志愿者的 12 类化妆品（面霜、唇膏、润肤露、喷雾香水、发胶、粉底液、洗发水、沐浴露、固体止汗剂、洗面奶、护发素和眼影）。

（3）由 Colipa 组织的大规模产品调查，提供润肤露、除臭剂、面部保湿剂、洗发水、唇膏、牙膏的最新可靠数据。

从表 22-3 中可推断：每天应用化妆品水平的估计值略有不同，但保持在同一数量级。

表 22-3　不同机构独立估计的润肤露、面霜、洗发精和唇膏的每日应用水平(g/d)

产品类型	SCCP	RIVM	消费者调查	Colipa
润肤露	8.0	8.0	8.7	7.8
面霜	1.6	1.6	2.1	1.5
洗发精	8.0	20	12.8	11.0
唇膏	0.040	0.040	0.024	0.057

（三）化妆品全身暴露剂量计算

下一步考虑将上述外部成品值转化为内部剂量或所谓全身暴露剂量。因此，成品中化合物的浓度及其皮肤吸收值要一起考虑。由于皮肤吸收可以 μg/cm² 或%表示，SCCP 提出了 2 种可能的全身暴露剂量（SED）计算公式。

（1）受试物皮肤吸收（以 μg/cm² 表示）

$$SED=\frac{DA_a(\mu g/cm^2)\times 10^{-3}mg/\mu g\times SSA(cm^2)\times F(day^{-1})\times R}{60kg}$$

SED（mg/kg bw/d）：全身暴露剂量；DAa（μg/cm²）：皮肤吸收量/cm²；SSA（cm²）：化妆品成品应用的皮肤表面积；F（day⁻¹）：成品的应用频率；R：保留因子；60kg：默认人体重量。

（2）受试物皮肤吸收（以%表示）

$$SED=\frac{A(g/day)\times 1\ 000mg/g\times C(\%)/100\times DA_p(\%)/100}{60kg}$$

SED(mg/kg · d)：全身暴露剂量；A(g/day)：化妆品每日应用量；C(%)：化妆品成品中受研究成分在应用部位的浓度；DA_p(%)：以实际生活使用的剂量推算的百分率表示皮肤吸收；60kg：默认人体重量。

六、风险特征

典型的风险特征步骤是将暴露评估、危害识别的信息整合为适用于决策或风险管理的建议。在化妆品的安全评估中，研究化妆品的风险特征通常要计算所研究的对象造成人类健康损害的可能性及风险水平，通常由安全系数（MoS）确定。

（一）计算安全边界

化妆品成分的 MoS 值是由 NOAEL 最低值除以计算得到的 SED 值得出。

$$MoS=\frac{NOAEL}{SED}$$

通常认为，MoS 值至少应达到 100 方能宣称该物质可安全应用，其依据是从实验动物外推至普通人群，再由普通人群推至敏感人群(图 22-3)。当 NOAEL 值有效时，用上述方法易于计算判定受试物的特定用途“安全”或“不安全”。但是，需要考虑以下方面：

(1) 大多数化妆品原料的 MoS 值计算是皮肤接触值与经口 NOAEL 值比较。这表明，预计化合物接触皮肤(考虑皮肤吸收)后的实际系统利用率是与经口应用的外部剂量水平进行比较，其假定前提是经口吸收值为 100%(通常不是)。SCCP 指南条款承认存在这一问题，但建议当经口数据有效时应予以计算。此外，由于肝和皮肤生物转化之间可能存在本质的差别，经口和皮肤给药后受试物形成的代谢产物可能不同。

(2) 对于并非日常使用的化妆品成分的 MoS 计算是否科学存在争议。以染发剂每日使用量估算得到的 NOAEL 值与按月使用的实际情况相比较，显然会过高估计其风险。

(3) 尽管在某些研究中，NOAEL 值的选择显而易见，但特定效应是否足以称之为“不良反应”值得商榷。例如，观察到体重减轻既可能是不良反应所致，也可能只是由于受试物不适口而造成进食减少所致。暂时性肝酶紊乱既可能是肝毒性首要指征，也可能只是对受试物的附加效应。致癌危害存在物种差异，通常认为，特定癌症风险评估领域中啮齿类动物前胃肿瘤发生与人类没有相关性(第 18 章)。

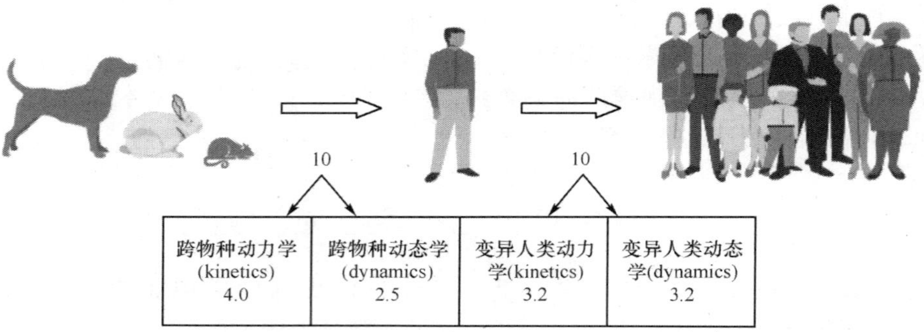

图 22-3　从动物外推到人示意图(考虑到种内和种间外推动力学和动态学)

(二) 化妆品安全性评价的其他方法

1. 患癌风险　对于无阈值致癌物，通常认为任何暴露水平均可造成小但有限的致癌概率。欧洲及美国监管部门已采纳或拟采纳数种风险特性定量方法(T_{25}、LED_{10}、TD_{50})。

SCCP 已采用 T_{25} 作为剂量指标。为确定化合物的致癌风险，首先将动物的剂量描述符转换成人类剂量描述符，然后通过线性外推至实际暴露剂量而确定致癌风险 。

2. 毒理学关注阈值(the threshold of toxicological concern，TTC)　TTC 作为原则首先在食品和食品添加剂领域得到应用，即建立没有人类明显健康风险的所有化合物的临界暴露阈值。人类阈值法已推行了 20 年以上并随着时间推移得以显著发展。早期的人类阈值主要是基于 LD_{50} 值结合致癌性数据及某些重复毒性试验结果，目前的 TTC 概念结合了对大量化学物质的致癌性、代谢与蓄积、结构警示、内分泌干扰特性、神经毒性、致畸性、发育毒性、致敏性、免疫毒性的知识，共同纳入复杂的决策树以确立适当的 TTC 值。

在食品层面，通过引入间接食品添加剂

1.5g/(人·天)的调整阈值,人类阈值的一般概念已获得监管部门接受(如美国 FDA)。最近公布了扩大 TTC 法应用于化妆品成分安全性评价的可行程序,将这一方法扩大应用的一些重要问题已得以解决,如:①化妆品成分与原 TTC 法基于的化学品之间具有(非)相似性;②从经口途径(食品层面)转至经皮途径(化妆品层面):代谢和皮肤吸收差异,暴露频率差异,每日食用的食品和可能间歇使用的化妆品(如每月应用 1 次的氧化型染发剂)之间的差异;③因使用多种含受试物的化妆品而计算的化妆品成分总暴露量(累计暴露);④同时接触不同的化妆品成分。

Kroe 认为,只要注意经皮暴露后的系统风险,将 TTC 法和食品 TTC 值数据库应用于化妆品成分安全性评价的某些特定情况是科学合理的。在 2007 年 9 月 ICCG 会议上,欧盟委员会健康及消费者保护总司提出了关于 TTC 的主题,并评估了其在一些具体领域的适用性。

空气中化学物质风险评估领域最近接受建议引入了非毒理学关注浓度(concentration of no toxicological concern,CoNTC)的概念,形成了对应吸入 TTC 的概述。更具体地说,空气中化学物质的空气浓度为 $0.03g/cm^3$ 时,则认为是空气化学物的非毒理学关注浓度。

七、风险管理、风险交流及风险认知

风险特征的最后阶段是风险管理和风险交流,通常认为风险评估是科学活动,而风险管理是对采取的具体行动做出选择,并不一定需要技术专家来执行。风险管理的审议和决策不仅需要考虑风险评估程序预计的潜在不良反应信息,而且还需考虑所设想决策和(或)行动的社会政治和经济影响。因此,风险评估者向风险管理者提供建议,清楚地描述有效危险识别的性质、任何默认值使用背后的合理性、进行任何推断的细节和清楚地描述某种方法不确定性等至关重要。

风险管理者有权应用所谓"预防原则(precautionary principle)",这一原则特别适用于相关认知不确定或不完美的情况。由于处理不确定性是一项高度透明的工作,不可能完全规范,预防原则允许决策者在其处置过程中依据其掌握的(缺乏的)信息以建设性或限制性方式采取行动。对于化学品,建设性的处理方式通常是以危害较小的物质替代危险物质,而限制性方式则是采取禁止、淘汰或严格限制的方式处理未经全面风险评估的物质。

2006 年,世界卫生组织提出了关于预防原则的最新定义:在情况具科学复杂性、不确定性和未知性而必须采取行动以避免或减少对健康或环境潜在的严重或不可逆转威胁时,预防原则运用一种恰当水平的科学证据并考虑到行动和不行动可能产生的优点与缺点,为公共政策行动提供正当理由。新的定义考虑了人类和环境暴露于众多具有潜在诱导蓄积效应化学品的复杂境况,而当前进行的风险评估程序几乎总是忽视这方面。预防原则方法未来的可操作性将取决于确定有足够证据采取具体行动的出发点、组织有效的利益相关者磋商并以一致和透明的方式执行成本效益分析的能力。

风险评估的过程中,风险交流是必不可少的,但风险评估者、风险管理者、利益相关方和其他公众间的互动过程(其间风险信息是相互交换的)是很困难的。首先,风险交流将在风险评估者和风险管理者之间进行,之后不同利益相关方和普通公众可以参与。随后的交流时机和程度取决于被调查的问题及其背景。

应重视风险交流并需要考虑在风险鉴别领域什么是已知的,风险认知主要是认知何种类型、何种程度的风险是普通公众可以接受的，其在媒体关注和政治压力的基础上均可能影响法规。普通消费者对风险认知的过程是复杂的，可受预期效果性质的多种相关变数影响。此外，群体内或群体间的文化和宗教差异共同决定个体的风险认知。种族、性别和社会经济因素仍然发挥着最重要的作用。

八、化妆品安全评价者面临的挑战

（一）废除动物试验

欧盟法规 76/768/EC 经过多次修订，使欧洲立法者对于化妆品动物试验的态度逐渐清晰，在其第 7 次修订中 2003/15/EC 明确提出，化妆品的人类健康安全评价要确保不使用实验动物。自 2004 年 3 月 11 日起禁止化妆品成品测试使用动物；自 2009 年 3 月 11 日起，化妆品成分或成分组合测试禁止使用动物。这些规定表明：2009 年之后，经验证的替代方法必须取代动物毒性试验用于新化妆品成分安全性评价。有些测试未经验证可与动物试验同等水平地保障消费者安全，目前尚不可用。由于只允许使用完全替代动物试验方法而忽视了优化和减少方法作为有效与现实的替代方法的重要作用，显然对科研人员和化妆品企业构成了巨大挑战。本章第 2 节对化妆品成分安全测试替代方法验证的实际状况予以总结。

需要注意的是，对于确定 NOAEL 值，目前无替代方法可用。化妆品有关各方和其他业界已提出该问题，这成为欧洲化妆品安全评估者面临的最重要挑战。

（二）人体暴露数据

虽然目前已有一些暴露数据可使用，但仍然无法覆盖所有 SCCP 指南注释中不能处置的产品类型，因此，安全评估者将需要定期处理现有数字外推的组合及一系列假设（如沐浴油、婴儿滋润乳霜等）。对于某种特殊化妆品类型（如欧盟 SCCP 指南注释中未提及的文身液、吸油纸等）仍非常需要统一的暴露水平资料。

（三）特殊化妆品材料的评估

1. 矿物、动物、植物和生物技术成分 正如 SCCP 指南注释中指出的，这类复杂成分是构成化妆品安全隐患的一个重要方面，如何明确其来源、制备工艺、提取条件、杂质概况、微生物污染等构成鉴定的主要障碍。在食品和食品添加剂中应用植物方面，ILSI（国际生命科学研究所）做了大量的鉴别和风险评估工作。

2. 氧化型染发剂 这些特定化妆品成分通常包括一个双组分系统，包含所谓的“前体”和“耦合剂′，以形成氧化反应。这表明染发剂的安全评价应包括对前体、耦合剂、中间物和终产品的充分分析和潜在毒性评估。

3. 香氛 用于组成化妆品的任何合成制备的或天然来源的化学物质即被认为是化妆品成分，但香水中香料和芳香成分却不是。此外，作为香料和芳香成分的溶剂或载体的严格定量的材料也不视为化妆品成分。因此，欧盟法规对于复杂香味混合物要求鉴别的范围仅限于收载入 76/768/EEC 附件目录物质和危险物指令附件Ⅰ的 CMR1 类或 2 类物质。显然，化妆品中香氛成分的风险是被低估了。

4. 纳米微粒 纳米微粒和纳米材料技术开发及其在化妆品行业的应用已引起 SCENIHR 和 SCCP 的关注。最近，SCCP 表达了对可溶性/可生物降解纳米粒子（如脂质体、纳米乳剂）和可能引发健康问题的不溶性纳米粒（TiO_2、ZnO）加以区别对待的观点。

对于水溶性/生物降解组，假设基于质量指标的风险评估的传统方法已经足够，但对于不溶性纳米微粒，粒子数、表面积、分布等指标对其毒性风险的影响不容忽视。总体而言，纳米材料被认为是需要特别引起注意，现行的体内试验或替代方法对于纳米材料的适用性需要重新评估。关于纳米材料的毒性评估及替代方法参见第25章。

（四）人体试验的伦理约束

废除动物试验就需要增加人体试验，因为并不是每个替代方法都可获得足够的人类暴露预测值。人体适应性安全测试有时是必要的，但应考虑伦理问题。就人类志愿者测试意见，SCCNFP得出的结论是：只有当基于动物和（或）替代方法的化妆品所有成分及成品的毒理学资料有效且均证实有利时，方可考虑人类兼容性测试。人体试验不应视为是动物使用的替代。

（五）全成分标识

世界各国的化妆品管理法规，均将消费者知情权放在重要的位置给予考虑，使消费者知情的首选种方式是适当的化妆品标识。欧盟化妆品法规要求化妆品的包装和容器上需标明适应证。2007年，我国发布《化妆品标识管理规定》，明确要求化妆品标注全成分表。这些标签规定为消费者提供了有用信息，对专业医务人员也非常有用。然而，个别香料/芳香成分允许以“香料”或“芳香剂”的字眼替代。除非是以下情况：①属于76/768/EEC指令附件Ⅲ近期列出的26种致敏物之一；②冲洗产品浓度超过0.01%或留置产品浓度超过0.001%。同样，对于着色剂的标识，可能以“可能含有”或“+/－”表示，使得同一种包装被用于同系列不同颜色产品。显然现有的处理方式没有完全标识上述香料或色素的组分。

关于动物替代试验，欧盟化妆品法规允许化妆品公司在标签上刊登其产品或其产品成分未使用动物试验的广告。委员会2006年发表的指导性文件解释了该项规定的适用性。但是，由于其限制标准如此复杂，操作起来比较困难。

第2节　欧盟化妆品法规对动物试验替代方法的规定

欧盟化妆品管理的统一法规是1976年颁布的指令76/768/EC，其目的是为了确保化妆品消费者的人身安全，其核心理念是欧盟一体化、消除技术法规壁垒、促进化妆品在欧盟各成员国之间的自由流通。法规自实施以来，经过多次修订（指较大规模的修改）和修正（指为适应技术的进步做出的不定期修改），累计已修订7次，修正超过57次。

2003年，欧盟委员会通过了关于76/768/EEC第7次修订，即2003/15/EC指令，该指令明确了取消动物实验的时间表。该规定对欧盟内部成员国和非欧盟国家进口的产品的要求是一致的。2009年12月22日，欧洲议会和欧盟理事会通过了新的化妆品法规1223/2009，欧盟拟定在过渡期以后，以法规（原76/768/EC是欧盟指令）的形式实施新的统一的化妆品管理制度。新的法规简化了欧洲经济区对化妆品的要求，使其成为单一法律，消除了可能在成员国执法过程中产生分歧的内容，保留并进一步明确了有关动物替代的规定。

3R原则和替代试验在以欧盟为主要地区的化妆品领域中的应用，既体现了社会发展的需要，也是科学技术进步的结果。特别是禁止动物试验成为欧盟的法律率先在化妆品安全评价中实施，反映了3R原则从最初理念发展为技术现实的历程。目前，至少在欧洲范围内，动物福利和3R的原则已经完成了从最初的理念形成（1959年），到立法约束（1986年）、到技术进步推进（2003年），再到最后形成法律禁令（2009年）的过程。这一法规的出台，对化妆品的立法、监管、检验、研发、贸易造成了深远的影响,也必将影响到管理模式和风险评估模式的变革。

有关欧洲化妆品法规对于动物试验替代的规定条款可参阅本书第2章第3节。

第3节 化妆品安全评价的动物试验替代方法

目前法规认可的化妆品安全性评价的试验方法主要列于欧盟指令67/548/EEC附件ⅤB部分,以及OECD试验指南。毒理学终点包括急性经口毒性、皮肤刺激和腐蚀性、皮肤致敏、经皮肤吸收、皮肤光毒性、遗传毒性、致癌、生殖、毒性动力学等(见表22-2)。需要注意的是,除了皮肤腐蚀或刺激、皮肤吸收、眼刺激或腐蚀、光毒性、致突变性和生殖毒性已有经过验证的可替代动物试验的体外试验方法以外,表22-2中提及的所有欧盟附件Ⅴ和OECD方法均要求使用实验动物。对于化妆品安全评价,一方面是废除动物试验呼声高涨,另一方面是持续的保护人类健康的要求,这两方面的因素都有要求开发新的危害和风险评价方法。有关替代方法的开发、验证、认可和应用情况可参阅本书前面各章,简述如下。

一、急性毒性试验

(一)已验证的替代方法

1. 固定剂量法(FDP) 减少和优化的替代方法,不以动物死亡为观察终点,而是利用预先选定的或固定的一系列剂量染毒,从观察化学物的毒性反应体征作为终点来对化学物的毒性进行分级。该方法的价值在于使估计化学品急性经口毒性所需要的动物量达到最小。

2. 急性毒性分类法(ATC) 减少和优化的替代方法,采用ATC法仅需2~4步即可判定急性毒性分类,有效地减少了动物的使用。

3. 上下增减剂量法(UDP) 减少和优化的替代方法,该方法最大的特点是大大减少实验动物的使用,不但可以进行毒性表现的观察,还可以估算LD_{50}及其可信限,适合于能引起动物快速死亡的受试物。

4. 急性吸入毒性-急性毒性分类法(AIT-ATC) 减少和优化的替代方法,该方法能提供一个对LG_{50}和GHS分类的范围估计,使用了更少的动物。

(二)未验证的替代方法

1. 预测急性毒性的组合试验 利用3种人类细胞系的4个实验组合而成,即① HepG2细胞蛋白含量/24h暴露,② HL-60细胞ATP含量/24h暴露,③ Chang肝细胞形态变化/24h暴露,④ Chang肝细胞pH改变/168h暴露。

2. 预测急性毒性的基本细胞毒性试验方法 通过体外基本细胞毒性试验预测受试物的体内毒性效应,经验证方法有两项,分别是3T3中性红吸收细胞毒性检测和正常人角质细胞中性红吸收细胞毒性检测。

3. 皮肤固定剂量法(dermal FDP) 该方法仅用适度毒性剂量并以非致死性指标为试验终点。OECD建议将草案指南434用于固定剂量法,尚待认可。

4. QSAR模型 有许多软件包用于预测人类健康的影响和相关的毒性,这些系统能够直接从化学物质的结构预测其毒性。由于其使用方便和快速的特点,已经在实践中得到应用,如TOPKAT系统。

(三)小结

目前已验证的急性毒性试验的替代方法还不能单独使用,不能完全代替动物实验,但作为组合试验或(和)阶梯试验的一部分可能是一个比较好的选择。

二、皮肤刺激和腐蚀性

（一）已验证的替代方法

（1）体外皮肤腐蚀性的重建人体皮肤模型试验：可用的是 EpiSkin、EpiDerm 和 SkinEthic。

（2）皮肤腐蚀性的大鼠皮肤经皮电阻试验（TER）。

（3）体外皮肤刺激性的重建人体表皮试验方法：可用的皮肤模型是 EpiSkin SIT、改良 EpiDerm 和 SkinEthic。

（4）皮肤腐蚀性的 CORROSITEX® 试验。

（二）未验证的替代方法

（1）小鼠皮肤完整性功能试验。

（2）鼠离体皮肤模型试验，首选小型猪。

（3）QSAR 模型。

（三）小结

2004 年以后，皮肤刺激和腐蚀试验的替代方法的验证和法规认可进程明显加快，2004 年，体外皮肤腐蚀试验的人体皮肤模型法获得认可；2010 年，体外皮肤刺激性的重建人体表皮（*RhE*）试验方法获得认可。鉴于皮肤腐蚀性和刺激性的替代方法已被验证和被法规接受，在这一项试验中，化妆品的动物试验是不能再进行了。化妆品皮肤腐蚀和刺激性的危害识别应该基于 pH 测试、QSAR 和上述合适的体外试验。

三、眼刺激/腐蚀试验

（一）已验证的替代方法

（1）牛角膜浑浊和渗透性实验（BCOP）。

（2）离体鸡眼实验（ICE）。

（二）未验证的替代方法

（1）离体兔眼实验（IRE）。

（2）鸡胚绒毛膜尿囊膜试验（HET-CAM）。

（3）绒毛膜尿囊膜血管试验（CAMVA）。

（4）绒毛膜尿囊膜台盼蓝染色试验（CAM-TB）。

（5）重组人角膜组织模型——EpiOcular 模型和 SkinEthic™ HCE 模型。

（6）中性红摄取（NRU）试验。

（7）红细胞溶血试验。

（8）荧光素漏出试验。

（三）小结

目前认为虽然没有单独体外试验可以覆盖 Draize 兔试验的损伤和炎症的标准范围，而且替代方法均有其局限性，但采用自上而下的方法，或自下而上的方法，通过一系列替代方法的组合，可实现完全覆盖 Draize 兔试验所显示的刺激性范围。

四、皮肤吸收和渗透

目前经过验证的体外方法是皮肤吸收体外扩散池法，此外多种动物的离体皮肤比较容易得到（猪皮通常为首选），因此，能够制备试验所需的合适的皮膜，使试验的质量控制和重复得以保证。人体皮肤也可以用于试验，但从外科手术和尸体来源的数量毕竟有限。对于体外吸收/渗透的研究中采用何种动物来源的器官型皮肤模型，需要进一步研究比较以体现其应用前景。

五、皮肤致敏试验

（一）验证的替代方法

（1）小鼠局部淋巴结试验（LLNA）。

（2）优化的小鼠淋巴结试验（LLNA），流式-小鼠局部淋巴结试验。

（二）未验证的方法

（1）小鼠耳郭肿胀试验（MEST）。

(2) 重建皮肤模型试验。

(3) 树突状细胞浸没试验。

(4) 人角质细胞系 NCTC 2544 试验。

(5) 蛋白、多肽结合试验。

(三) 小结

化妆品体外致敏试验仍处于研究阶段，现在还未有可行的体外方法进入 ECVAM 验证阶段，目前公认的变态反应体外试验研究策略包括：①已有资料表明某种物质具有致敏性的，直接进行分级和标识，不需做进一步的试验。②利用化学物结构资料和现有毒性资料，以及使用计算机定量结构活性关系(QSAR)模型，预测化学物质的致敏潜力。③根据 OECD 428 进行皮肤吸收试验或者体外皮肤渗透试验，判断化学物质是否能够通过皮肤屏障；或者利用新鲜皮片检测化学物质在皮肤内的新陈代谢率，以确定该物质在体内是否能转化为致敏原。④如果化学物具有与致敏原相似的分子结构，并能穿透皮肤屏障，则可认为其具有致敏性；根据体外蛋白质结合试验判定化学物质与蛋白质的结合能力，试验结果为阴性的物质可认为无致敏性。⑤志愿者进行皮肤斑贴试验，评价非蛋白结合物的致敏性。⑥用角质形成细胞、树突状细胞/郎格汉斯细胞、器官培养等体外培养系统，对化学物质的致敏性进行评价、分级和标识。

六、光 毒 性

(一) 验证的替代方法

(1) 3T3 成纤维细胞中性红摄取光毒性试验(3T3 NRU-PT)。

(2) 联合血红细胞光毒性测试(RBC-PT)。

(3) 人体三维皮肤模型的体外光毒性测试(H3D-PT)。

(二) 未验证的替代方法

1. 光遗传毒性 几乎所有的体外遗传毒性试验方法都可被转化为光遗传毒性试验方法，如检测染色体断裂作用的光-染色体致畸变试验(P-CAT)和光微核试验(P-MNT)比专门预测基因突变的光-Ames 测试法和光-胸腺嘧啶激酶测试法(P-TKT)更为重要。此外，另外，光-彗星试验(P-Comet)也很有开发价值。目前，P-MNT 法和 P-Comet法现正处于实验室间正式验证评估阶段。

2. 光变态反应 目前正在开发的方法是一种模拟光活化化学物与人血清蛋白共价结合的体外筛选方法，但这一方法还不能作为独立的预测方法。目前最可行的方法是体内优化方法，即光局部淋巴结测试法(PLLNA)。

(三) 小结

急性光毒性已经有体外替代方法成功获得验证可用于监管目的，因此，欧洲从 2000 年起，不再允许用动物进行急性光毒性体内实验。急性光毒性替代方案中，3T3-NRU-PT 是核心测试法，另外两种体外方法 RBC-PT 和 H3D-PT 是辅助方法。光遗传毒性和光变态反应的替代方法应视遗传毒性和变态反应的替代方法的研究进展而定。

七、遗 传 毒 性

遗传毒性包括由各种途径引起的生物遗传物质的损伤，遗传结构本身的变化及其引起的变异称为突变，包括基因突变、染色体畸变及染色体数目改变。由于遗传毒性和致突变性对于机体的损伤最终都以 DNA 的不同类型损伤或程度为结果，所以此类试验所需选择的毒性终点非常明确并且单纯，以 DNA 损伤为基础的相关检测易于在体外进行。

化妆品遗传毒性试验策略

1. 第 1 步 通过已有的数据和知识对化妆品物质进行定性。可以通过数据库分析和计算机模型分析，如果能够证明化合物无皮肤吸收，并且不会进入皮肤基底细胞层，可不进行致突变/遗传毒性检测。

2. 第 2 步 应用体外组合试验进行危害识别，这些试验包括：Ames 试验、哺乳动物细胞基因突变检测(最好是小鼠淋巴瘤试验)、微核试验和染色体畸变试验(首选微核试验)。如果可能发生 UV-暴露，并且化合物可能被光活化，必须进行光遗传毒性的检测。如果在一个或多个试验中的结果为阳性，则需进行第 3 步的试验，以阐明作用机制。

3. 第 3 步 如果第 2 步中的单个或多个方法得到阳性结果，接下来应进行体外模型的研究进一步确证。第三步为中间步骤，如果试验结果有效，则可以消除第 2 步中的"假阳性"结果。如果在第 3 步中完成的试验结果均为阴性，无需进行进一步试验。主要使用体外皮肤细胞或皮肤组织进行危害识别，测试包括皮肤细胞原代培养或模型的彗星试验、微核试验；对于光致突变/遗传毒性检测，考虑进行原代皮肤细胞或皮肤模型的光-彗星试验和光-微核试验。

对于非皮肤用化妆品，需要建立和验证以原代细胞或者模型为基础的新的合适的试验，以进行致突变作/遗传毒性的评估。

4. 第 4 步 如果第 3 步中任意一个结果都是阳性，必需继续进行体内试验。常用于化妆品工业的体内试验包括：经典体内微核试验、哺乳动物肝细胞程序外 DNA 合成试验，必要时补充体内彗星试验、骨髓染色体畸变试验、转基因致突变模型(BigBlue 突变小鼠)试验等。这些模型对于测定皮肤细胞遗传毒性和致突变作用(DNA 链断裂或基因突变)可能是适合的。建议下列体内试验可以不必进行：啮齿动物显性致死实验、小鼠遗传移位实验、小鼠点试验、哺乳动物精子染色体畸变实验和果蝇伴性隐性致死试验。

此外，对于化妆品，还应关注有关试验策略的更新，如 SCCNFP 推荐的染发剂检测策略(SCCNFP/0720/03)、化妆品成分检测及其安全性评价试验指南和致突变性/遗传毒性检测指南等。

八、毒性动力学和代谢

(一) 化妆品毒性动力学和代谢

对于化妆品，除了皮肤吸收外，化妆品的毒代动力学和生物代谢研究似乎不太重要，只有在体内试验中产生特殊效应的特殊情形下，才需要特别补充这些额外的信息，而且只有在经口、透皮或吸入摄取后仍具生物活性的化妆品原料，才需要对其局部或其他的效应进行进一步的毒性试验。

但是对于化妆品还存在另外一种情况，根据动物试验替代方法的进展，当亚慢性毒性试验和生殖毒性试验等项目被体外方法替代时，有关化妆品代谢动力学试验的要求和方法将发生重大改变。由于活体动物生理规律的复杂性和内在的相互调节网络，期望通过建立一套不同体外方法组合的试验策略能够解决有关特定器官毒性的所有问题。在此新形势下，毒代动力学和代谢/生物转化在化妆品原料安全评价中将成为非常有用的信息，因而设计更具价值的体外毒性试验显得格外重要。

(二) 毒性动力学替代试验的分级策略

化妆品毒代动力学与代谢试验的替代方法可制订一套基于 3 个层级的组合方法：

1. 第一级 全身暴露的可能性。包括体外和计算机模拟实验方法的组合，用于说明化合物将会产生系统暴露的可能性。第一级实验的结果表明是否需要推进到第二级，这一级试验包括 3 个方面的试验，即化妆品成分经皮肤吸收、经口的胃肠道吸收和吸入途径的生物利用度。可行的替代方法如体外皮肤吸收试验(扩散池法)、离体肠道灌注模型和Caco-细胞系,肺上皮细胞培养等。

2. 第二级 测定化合物的分布。通过一系列组合试验测定化合物系统暴露后的分布情况。即通过估算血浆水平、生物积累和生物转化来估计母体化合物及其相关代谢产物的生物利用度;以获得用于毒性作用的关于毒物代谢动力学和生物转化的信息,包括急性毒性、皮肤刺激、眼刺激、黏膜刺激、皮肤过敏、亚急性和亚慢性毒性、遗传毒性/致突变性、紫外线毒性作用(包括光毒性、光变态反应和光遗传毒性)、致癌性和生殖与发育毒性。为了确定体内生物蓄积的可能性,有必要使用计算机模拟和体外试验系统。有关评估毒理学终点的建模工具、理化数据、类推分析、QSP/QSAR方法在这一级试验中起着重要作用,而且建议优先使用计算机模拟方法和先进行体外筛选,并考虑所获得的信息是否有必要补充或整合到其他体外系统中,以用于第三级实验。

3. 第三级 化合物毒性作用的整合测定。将动力学和生物转化试验与化合物毒性评价试验联合使用,从而确定一个化合物的全部作用。具体包括耐受性试验(皮肤和眼睛刺激、皮肤过敏、光毒性)、致突变性/遗传毒性等一系列强制性的实验。首选的是包括或不包括具体的体外屏障实验(如血脑屏障)的动力学模拟法。

九、生殖和发育

生殖毒性包括生殖功能的缺陷和胚胎发育过程中的不良效应,生殖毒性和发育毒性既包括外源物质对亲代生殖功能的影响,也包括对子代发育过程的有害影响。鉴于哺乳类动物繁殖过程的复杂性,对繁殖过程的各个方面进行毒理学分析都是必需的,包括致畸性、内分泌干扰、母细胞突变、生育受损等。

(一) 已验证的生殖和发育毒性替代方法

2003年,三项胚胎毒性替代试验通过了欧洲替代方法验证中心(ECVAM)的验证,这些实验是:全胚胎培养试验(WEC)、微团培养试验(MM)和胚胎干细胞试验(EST),为了使体外试验能够涵盖所有主要的发育毒性现象,有必要对这些方法进一步完善,包括对预测模型的优化和与代谢系统相结合。2009年雌二醇受体转录试验被OECD认可为指南TG 455。虽然这些试验只反映了发育毒性的某个方面。但这些试验不论是作为筛选试验,还是用于发育机制的研究,均可以作为试验策略的组成部分,或与整体动物试验相结合,或与其他体外试验相结合,提供有价值的资料,减少实验动物使用。

1. 雌二醇受体转录检测(estrogen receptor transcriptional assay) 使用细胞系hERa-HeLa-9903,用于鉴定在体内具有激动剂或拮抗剂效应且能够影响雌二醇活性的化合物。

2. 胚胎干细胞试验(EST) 通过评价受试物抑制胚胎干细胞分化的能力和抑制ES、3T3细胞生长的能力用来测定化学物质的潜在胚胎毒性。如果将EST体外试验与代谢活化系统结合使用,可以用于预测需要代谢活化的胚胎毒性化学物。

3. 全胚胎培养试验(WEC) 通过体外大鼠全胚胎培养,用于筛查化学物的发育毒性、筛检致畸原,用于探讨剂量-反应和时间-效应关系,以及用于研究外源性化学物的发育毒性和作用机理。

4. 微团培养(MM) 通过体外培养来自鸡、兔或大、小鼠有胚胎肢芽,通过分析受试物暴露后细胞分化情况,评价化学毒物的细胞毒性和发育毒性。

（二）替代方法的终点或验证领域

在发育毒理学的很多方面，尚有不少体外检测方法有望转化成为预测外源物质毒性的毒理学试验方法。前提是这些方法在毒理学安全试验方面的可靠性和相关性需要进一步确认，这些方法的开发和验证状态需要评估。此外，哺乳动物生殖过程中，哪一个靶器官和生殖生理机制对化学物的损伤较为敏感，以及哪一个合适的体外模型能覆盖这一敏感范围，都必须达成共识。只有那些能够在测试策略中提供确切判定性信息的方法才有进一步开发和验证价值。

十、总　　结

根据现有的方法研发现状，对不久的将来用于化妆品成分安全性试验的完全替代方法的展望见表 22-4。部分毒理学试验终点的替代试验方法进程取决于欧盟以及世界范围内科学界研究计划或项目实施的成效。

表 22-4　化妆品安全性评价试验的完全替代方法展望

试验终点	有前景的完全替代方法及最理想应用时间
急性毒性试验：	
急性口服毒性试验	☺ 2010 年后有望完全替代（Acute-Tox*）
急性经皮或吸入毒性试验	☹ 无可预见的替代方法
皮肤腐蚀性试验	☺ 可用 TER、EPISKIN™、EPIDERM®、CORROSITEX®
皮肤刺激性试验	☺ ESAC 批准了 EPISKIN
眼刺激性试验	☺ HET-CAM、BCOP、ICE、IRE、RBC、NRU 等
皮肤致敏性试验	☺ 2010 年后有望完全替代（Sens-it-iv*）
透皮吸收试验	☺ 体外皮肤吸收试验有效
重复剂量毒性（28 天、90 天、慢性毒性）试验	☹ 无可预见完全替代方法，2010 年后有望开发试验方法（Predictomics*）
致突变性/遗传毒性试验	☺ 有数种有效体外试验
致癌性试验	☺ 无可预见完全替代方法，某些方法 2012 年后有望开发（carcinogenomics*）
生殖毒性试验：	☹ 无可预见完全替代方法
致畸性试验	😐 WEC、MM、EST，某些替代方法 2009 年后有望开发（ReproTect*）
两代生殖毒性试验	☹ 无可预见完全替代方法
毒代动力学试验	☹ 无可预见完全替代方法（某些方法 2011 年后有望开发（LIINTOP*）
光毒性试验	☺ 3T3 中性红摄取光毒性试验有效

* 为欧盟框架计划内的替代试验方法研究项目，替代方法的进展视上述项目的实施成效

（程树军　焦　红　徐丽艳）

参 考 文 献

Drew R, Frangos J. The concentration of no toxicological concern(CoNTC): a risk assessment screening tool for air toxics. J Toxicol Environ Health, 2007, 70: 1584～1593

EU: Commission Recommendation 2006/406/EC of 7 June 2006 establishing guidelines on the use ofclaims referring to the absence of tests on animals pursuant to Council Directive 76/768/EEC. Off J, 2006, L158: 18～19

EU:Directive 2003/15/EC of the European Parliament and of the Council of 27 February 2003 amending Council Directive 76/768/EEC on the approximation of the laws of the Member States relating to cosmetic products. Off J, 2003,L066:26～35

FDA:Food additives, threshold of regulation for substances used in food-contact articles. Final rule. Fed Regist, 1995,60:36 582～36 594

ICCG: ICCG/1/06 (2006): Inter Committee Coordination Group of Scientific Committees (ICCG) Position Statement 'Alternatives to animal tests'. Adopted by the ICCG during the ICCG meeting of 3 July 2006 after consultation of each of the nonfood Scientific Committees

IPCS(1999):International Programme on Chemical Safety, Environmental Health Criteria 210:Principles for the assessment of risks to human health from the exposure to chemicals. WHO,1999

Kroes R, Renwick AG, Feron V, et al. Application of the threshold of toxicological concern(TTC) to the safety evaluation of cosmetic ingredients. Food Chem Toxicol, 2007,45:2533～2562

Loretz LJ, Api AM, Babcock L, et al. Exposure data for cosmetic products: Facial cleanser, hair conditioner, and eye shadow. Food Chem Toxicol,2008,46:1516～1524

McNamaraC, RohanD, GoldenD, et al. Probabilistic modelling of European consumer exposure to cosmetic products. Food Chem Toxicol,2007,45:2086～2096

Sand S, Victorin K, Filipsson AF. The current state of knowledge on the use of the benchmark dose concept in risk assessment. J Appl Toxicol,2008,28:405～421

Sanner T, Dybing E, Willems MI, et al. A simpl method for quantitative risk assessment of non threshold carcinogens based on the dose descripto T25. Pharmacol Toxicol, 2001,88:331～341

SCCNFP. SCCNFP/0003/98(1998):Guidelines on the use of human volunteers in the testing of potentially cutaneous irritant cosmetic ingredients or mixtures of ingredients, adopted by the plenary session of the SCCNFP of 25 November 1998

SCCNFP. SCCNFP/0068/98(1999a):Guidelines on the use of human volunteers in compatibility testing of finished cosmetic products, adopted by the SCCNFP during the plenary session of 23 June 1999

SCCNFP. SCCNFP/0120/99 (2000): Opinion concerning the predictive testing of potentially cutaneous sensitising cosmetic ingredients or mixtures of ingredients, adopted by the SCCNFP during the 11th plenary session of 17 February 2000

SCCNFP. SCCNFP/0245/99 (1999b): Opinion concerning basic criteria of the protocols for the skin compatibility testing of potentially cutaneous irritant cosmetic ingredients or mixtures of ingredients on human volunteers, adopted by the SCCNFP during the plenary session of 8 December 1999

SCCP(2007b). SCCP Opinion on the safety of nanomaterials in cosmetic products, adopted by the SCCPafter the public consultation on the 14th plenary meeting of 18 December 2007

SCCP. SCCP/0941/05(2005):Opinion on exposure to reactants and reaction products of oxidative hair dye formulations, adopted by the SCCP during the 6th plenary meeting of 13 December 2005

SCCP. SCCP/1005/06(2006):The SCCP's Notes of Guidance for the Testing of Cosmetic Ingredients and their Safety Evaluation, adopted by the SCCP during the 10th plenary meeting of 19 December 2006

SCCP. SCCP/1111/07(2007a):Memorandum on the actual status of alternative methods on the use of experimental animals in the safety assessment of cosmetic ingredients in the European Union, adopted by the SCCP during the 12th plenary meeting of 19 June 2007

SCENIHR. SCENIHR/002/05 (2005): Modified opinion (after public consultation) on the appropriateness of existing methodologies to assess the potential risks associated with engineered and adventitious products of nanotechnologies, adopted by the SCENIHR during the 10th plenary meeting of 10 March 2006

WHO(2006). Dealing with uncertainty: setting the agenda for the 5th Ministerial Conference on environment and health, 2009, Copenhagen, Denmark, 15-16 December 2005

第 23 章　疫苗和生物制品中评价及替代方法的应用

Chapter 23　Vaccine and Biological Products Safety Assessment and Alternative Methods Application

第 1 节　概　　述

在 20 世纪传染病预防和治疗中，疫苗和生物制品的广泛应用发挥了极其重要的作用，免疫生物制品被认为是预防传染性疾病最有成效的工具。而在疫苗和生物制品研发过程中，需要使用大量的动物代替人类进行安全性及有效性试验研究，由此带来了许多实验动物学和伦理学问题。一些测试方法使动物承受相当大的痛苦，例如，在测定一批疫苗如何较好地抵抗特定疾病的过程中，需要动物在有或没有接种疫苗条件下有意暴露在能引起疾病的组织或细菌毒素的环境中，一些动物在这些"激发试验"中受到非常严重的影响，甚至会死于感染或毒素反应。同时，某些安全性试验（如口服脊髓灰质炎疫苗的神经毒素试验）之所以被高度关注，是因为这些试验会使用灵长类动物并可能导致其神经性病症，甚至瘫痪，从人道主义的角度似乎难以接受。

以动物作为替身接受各种试验，使人类免受因试验可能导致的危害是科技发展史上的一大进步。随着医学科学技术的发展，特别是疫苗和生物制品研究领域中实验动物使用量的增加，所引发的一系列问题也开始引起了社会公众的极大关注。自 1959 年首次提出 3R 原则以来，得到许多组织以及国内外科学家的认同。3R 原则同样应在疫苗和生物制品研制过程中得到推广和应用。

疫苗和生物制品中的替代方法研究涉及生产、检定、质量控制等方面，较多集中在效力试验、安全试验、毒性试验、热源试验方面等，如通过引入单一浓度稀释试验而成功达到减少使用动物的数量。随着大量的免疫化学实验的发展，能够部分甚至完全替代效能试验中动物的使用。

采用不使用动物的人道的替代方法来替换疫苗试验中的动物试验是最终愿望。然而，非动物性试验（包括免疫方法、细胞培养或以计算机为基础的方法）还不能完全模拟体内复杂的相互作用等因素的影响，现阶段尚难以在各种疫苗试验中取得完全替代动物使用的目标，替代技术的发展有赖于科学知识和技术的不断发展与进步。

一、疫苗和生物制品的安全性

生物制品非临床安全评价的主要目的是为确定人体使用的安全起始剂量以及随后的剂量递增方案、确定潜在的毒性靶器官并研究这种毒性是否可逆、确定临床监测的安全性参数。生物制品的毒性主要来自 3 个方面：药理作用的放大或延伸、免疫毒性（包括免疫原性、免疫抑制、刺激反应和过敏反应）和杂质或污染物引起的毒性。

大多数生物制品由蛋白质、多肽组成，分子量较大、具有复杂的高级结构，不仅具有种属特异性，而且对实验动物有免疫原性，产生的抗体可能会明显影响到对药效、药代和毒性(特别是长期毒性实验)结果的解释。必须考虑并避免由于供试品免疫原性造成的免疫复合物引起过敏疾病带来的假阳性,以及因免疫应答产生的中和抗体抑制供试品药效作用而表现的假阴性。因此,由于免疫原性的存在,在生物制品非临床安全性评价中,应注意检测抗体滴度、出现抗体的动物数、中和或非中和抗体,尤其在解释数据时应考虑抗体形成对药代动力学/药效参数、影响范围和(或)不良反应的严重程度、补体活化或出现新的毒性作用等影响,也应注意评价与免疫复合物形成和沉积有关的病理变化。在基因治疗制品的安全评价中,不仅应对治疗基因及表达产物的免疫毒理指标进行考察,还应该对病毒载体等转运系统的相关免疫毒理参数进行评价,必要时还应设载体对照。

在动物中诱导了抗体形成并不能预示在人体可能生成抗体。人体可能产生抗人源蛋白的血清抗体。但往往出现抗体后仍存在治疗作用。人体很少发生对重组蛋白的严重过敏反应。关于这一点,一般对蛋白产品呈阳性的豚鼠过敏实验结果不能预示人体反应,因此,此类实验对于这类产品的常规评价几乎没有价值。对那些针对实验动物和人体均为异体蛋白的生物制品,豚鼠等动物的过敏实验结果对预测人体临床的过敏反应可能仍有一定价值。

生物制品的安全性评价与传统小分子药物的安全性评价存在很大差异,如对于单克隆抗体,其化学性质是免疫球蛋白,不容易穿透组织,免疫原性强,半衰期长,对其安全性评价应重点关注免疫交叉反应,本来单克隆抗体只能与细胞或组织中的特异性抗原或抗原决定簇结合,但是如果单克性抗体与非靶细胞或组织中具有相同或相似抗原决定簇结合,则可能导致不良反应。对于基因治疗产品的安全性评价,不仅要考虑目的基因表达本身可能产生的生物活性,也要考虑转运载体系统带来的安全性,以及载体在靶组织和非靶组织表达的程度与时间的不同、目的基因表达对组织器官的影响、机体免疫系统与转化细胞的相互作用等。免疫治疗类生物制品(如治疗性疫苗)的安全性应从体液、免疫和细胞免疫两方面考虑。生物制品安全性评价的特点见表 23-1。

表 23-1 生物制品与传统药物安全性评价的差别

传统药物	生物制品	传统药物	生物制品
有先例	独一无二	短期效应	长期效应
有历史数据库	同期对照	慢性每日剂量	间歇剂量
毒性	夸大的活性	直接的效果	复杂的关系
与种属无关	种属特异性	剂型复杂	剂型简单
代谢变化	降解	口服给药	注射给药
存在异构体	二级、三级或者四级结构/不稳定键	生物等效	可比性
特定的机制	多效机制		

二、疫苗和生物制品安全性管理

(一) 美国

早在 1902 年,美国就通过了第一个生物制品管理的法律,即《病毒、血清和毒素管制法》,1944 年并入《美国公共卫生服务法》。由隶属于 FDA 的生物制品审核和研究中心(Center of Biologics Evaluation and Research,CBER)负责疫苗和生物制品上市前的审批,这些产品包括疫苗、变态反应原性产品、血液及血液制品、免疫球蛋白产品、活微生物制剂、细胞培养产生的蛋白质或多肽产品、由转基因动物产生的蛋白质类产品、动物毒素产品、合成的变态原性产品等。

(二) 欧盟

1985 年，欧盟出版了《欧盟医药产品管理规则》，成为欧盟范围内管理所有医药产品的基础，1993 年，成立了欧盟医学产品评价局(EMEA)，负责欧盟内对人用医药产品的上市审批，EMEA 下设 3 个主要委员会，分别是专利药品审查委员会、兽用医药委员会和罕见药品委员会。为适应生物技术的不断进步，欧盟每年不定期地发布指令性文件。指令 2001/83/EC 提出了非临床实验的欧盟管理要求。指令 87/18/EEC 和指令 88/320/EEC 提出了药品生产的 GLP 原则。指令 86/609/EEC 对实验和其他科学研究中使用实施动物福利和保护提出了要求。目前欧盟生物制品安全性评价的要求见表 23-2。

表 23-2 欧盟生物制品安全性评价要求

安全性评价项目	激素细胞因子和其他调节因子			血液制品			单抗	疫苗
	Ⅰ	Ⅱ	Ⅲ	Ⅰ	Ⅱ	Ⅲ		
药物动力学	+	+	+	+				
药物效应学	+	+	+	+			+	(+)
急性毒性	+	+	+	+			+	
长期毒性	+	+	+		+		(+)	
免疫毒性		(+)	+				+	+
致突变实验	(+)	(+)	+				(+)	
致畸实验	(+)	(+)	+				(+)	(+)
致癌试验		(+)	(+)					
局部毒性实验	(+)	(+)	(+)				(+)	+

注：+：需要；(+)：视情况而定

第 2 节 疫苗和生物制品评价中的动物试验

疫苗是指含有抗原、能够诱导人体/动物产生特异性主动免疫的生物制剂，它可以保护机体免受传染源、毒素以及传染源引起的抗原性物质的损伤，是人类/动物预防传染性疾病最有效的手段之一。随着现代生物技术的进步和在疫苗研发中的广泛应用，疫苗的生产制造和组成成分都发生了明显的变化。目前一般将疫苗分为 5 大类：灭活疫苗、组分疫苗、基因工程疫苗、抗血清(被动免疫)和生物制品。

人类疫苗和生物制品的非临床安全性评价是其从实验室研究走向临床实验的前提，实验动物的作用主要用于评估疫苗的体内安全和监测临床效果，另外许多传染病疫苗，尤其是病毒疫苗，早期是利用整体动物或动物脏器进行制备。实验动物还用于疫苗相关传染病的发病和病后免疫机制、疫苗和佐剂的作用机制、试验用和治疗用的抗血清的制备等研究中。此外，与其他医药用品相比，疫苗是使用量最大的用于人体的产品，每年用于检测疫苗和生物制品功效及安全性研究等所需的实验动物数量十分惊人。虽然近年来开发了治疗用疫苗(以免疫方式达到治疗疾病作用的疫苗)，但大部分疫苗仍主要用于健康人群预防传染性疾病，因此，对其安全性、效果性的检测必须非常严格。兽用疫苗的临床前评价也是为了相同的目的，此外，还必须兼顾不同物种之间的安全性。

本节主要从毒性、毒力和效力试验3个方面介绍实验动物在疫苗和生物制品研究中的应用。

一、一般毒性试验

一般毒性试验又称非特异性毒性试验，是与特殊毒性实验相对而言的，按染毒时间的长短可分为急性毒性试验、亚慢性毒性试验和慢性毒性试验。在每批疫苗或生物制品正式上市前，需要做一般毒性试验。主要目的是检查疫苗中各种有毒物质，包括可能来自细菌、病毒、防腐剂、杀菌剂以及未知的残余毒性物质。

（一）急性毒性实验

多数情况下，急性毒性试验是将受试物按人用每千克体重的剂量适当加倍注入动物，每日定期观察注入受试物后动物出现的症状。通常至少选用2种动物，至少观察7天。无毒性应为体重不减轻，不出现任何不健康的现象。

（二）局部刺激性实验

局部刺激性实验可单独进行，也可结合长期实验进行。重点观察疫苗的局部刺激性和耐受性，观察和评价的部位应根据临床给药途径而定。

（三）生殖毒性实验

生物制品在进行生殖毒性评价时，应根据产品、临床适应证及拟用人群来决定是否需要进行生殖/发育毒性实验，根据种属特异性、免疫原性、生物活性和（或）长的半衰期来进行特殊的实验设计与确定给药时间。目前对于生物制品进行生殖毒性评价时，国际上主要遵循的指导原则有：①ICH S5A "Detection of Toxicity to Reproduction for Medicinal Products"，1993；②ICH S5B "Maintenance of the ICH Guideline on Toxicity to Male Fertility"，2000；③ICH S6 "Preclinical Safety Evaluation of Biotechnology-Deriver Pharmaceuticals"，1997；④SFDA，化学药物生殖毒性研究技术指导原则，2006。

1. 单克隆抗体 单克隆抗体对于胎儿的影响已经引起了药品管理当局的注意。因Fc受体可以将IgG主动转运通过胎盘，如果孕妇接受单抗治疗，胎儿将处于高浓度的暴露状态，并且这些活性物质具有长的血浆半衰期。随着这些制剂在慢性免疫与感染性疾病中的应用越来越多，这种情况会经常发生。因此，如果需要对育龄妇女长期或者重复用药，应选择适当的动物种属进行生殖与发育毒性研究，在临床Ⅱ期时完成胚胎/胎儿发育毒性研究，临床Ⅲ期完成生殖Ⅰ段与Ⅲ段的研究。由于单克隆抗体高度的特异性及免疫原性，那些在生殖毒性研究中常用的动物种属不适于单抗的生殖毒性评价，这对生殖毒性研究提出了特殊的挑战。

2. 疫苗 多数传统疫苗是在孩童时期接种，妊娠期妇女很少接种，并且疫苗只是低剂量、有限次数的接种，实际上没有证明已批准的疫苗对人体的生殖系统有影响。因此，拟用于儿童的疫苗一般不需要进行生殖毒性实验。拟用于孕妇和育龄妇女的疫苗，必须进行生殖毒性实验。除非有证据显示疫苗在临床上不存在生殖毒性的可能。

由于疫苗诱导的免疫应答主要可能影响胚胎或新生儿的发育，因此，其生殖毒性实验研究一般仅考察疫苗对动物胚胎和幼子发育的影响，对于生育能力和婴儿发育阶段生殖毒性实验，只有在需要时才考虑进行。生殖毒性实验应根据疫苗的免疫原性及母体产生的抗体在出生前及出生后转移到胎儿的时间与速度（决定于胎盘的生理特性）选择敏感动物种属，如大鼠、小鼠与家兔是常用的种属，并且大多数疫苗在这些种属中具有免疫原性。由于实验动物的妊娠周期通常较短，为使动物在整个妊娠期间充分暴露,一般需要在交配前接种。接种间隔根据动物的免疫应答而确定,必要时应在妊娠期间进行加强免疫,以维持妊娠期间免疫诱导的最佳免疫应答。实验观测指标至少应包括活胎数、吸收胎数、流产数、胎体重量和形态学检查,以及幼子断乳前的生存率、体重和体重增长等。必要时,生殖毒性实验还应考察脐带或胚胎血液中的目标抗体水平,以确定胚胎中目标抗体暴露水平。

有些实验疫苗与兽用疫苗发现可引起动物致畸,并且随着新疫苗与佐剂的发展以及对与免疫机制进一步的理解及它们与妊娠的关系,使得科学工作者与管理当局开始正视疫苗的生殖毒性问题。FDA 特异地针对疫苗的生殖毒性出台新的指导原则,如果对妊娠期妇女或可能的哺育妇女使用疫苗,则必须在Ⅲ期临床或管理当局批准之前进行生殖/发育毒性研究。

对于疫苗中使用的佐剂,也需要进行生殖毒性研究。研究方案的设计应该能够反应预计的给药途径,由于再次加强的免疫反应可能与第一次的免疫反应不同,所以应该考虑到交配前给予第一次,在妊娠期给予加强。

3. 基因转移产品　基因转移产品是否进行生殖毒性研究,情况非常复杂。对于基因转移产品很重要的一点是需要清楚该产品在性腺与生殖细胞中的分布与定位。通过核酸扩增技术确定载体和目的基因在雌性与雄性中存在与持续情况。如果是阳性结果,需要进一步排除基因是否存在于真正的生殖细胞,是否整合到生殖细胞的基因组中,可以考虑采用基因扩增技术检测精子与卵子。

4. 免疫治疗制剂　免疫治疗制剂包括免疫抑制剂、免疫激活剂、抗感染制剂、细胞因子与抗细胞因子抗体。考虑到许多生化途径在发育与免疫学方面具有双重作用,免疫活性物质可以通过多种途径影响发育机制。ICH 的指导原则基本能满足免疫治疗制剂的生殖毒性评价,但是为了观察发育免疫毒性,需要适当地在出生前-出生后毒性研究中增加部分免疫学观察指标,而现在的指导原则没有规定对出生后的子代直接给药进行研究(在化合物与食品添加剂的研究中要求进行),因此,没有进行关于药物对出生后期发育影响的评价,从而忽视了药物对于晚成熟的器官的直接影响,如关于神经行为、生殖与免疫系统的评价。

5. 外源性细胞/组织产品　外源性细胞/组织产品是否进行生殖毒性研究取决于植入的部位、临床适应证、拟用人群,并且需要具体情况具体分析,见第 24 章。

(四) 遗传毒性、致癌实验、安全药理实验和药代动力学实验

疫苗通常不需要进行遗传毒性实验、致癌性实验、安全药理实验和药代动力学实验,但如果疫苗中含有新的佐剂或添加剂时,则可能需要在进入人体临床研究前开展遗传毒性研究。对于有信息提示疫苗存在对中枢神经系统、心血管系统和呼吸系统的影响时(如疫苗中含有的毒素成分),应开展安全药理学实验或将安全药理学实验结合到一般毒性实验中。在某些情况下,还需要考虑进行药代动力学实验(如新的佐剂或给药途径发生变化时)。某些特殊疫苗(如 DNA 疫苗),应进行组织分布的研究,除考察主要组织脏器外,还应考察注射局部和注射局部的引流淋巴结,以反映疫苗的局部滞留特点。

(五) 过敏实验和其他毒性

由于疫苗在临床上很可能引起超敏反应,因此应在临床前完成常规豚鼠主动过敏实验,见第 11 章。

二、特殊毒性试验

(一) 家兔热原试验

热原反应是由致热原引起的反应。除

了革兰阴性细菌产生热原反应外，其他的物质也可以引起热原反应，如疫苗储存期间产生热原或霉变、使用时被污染等。此外，在药物和疫苗生产或制备过程中所涉及的实验室、仪器、器皿、各种试剂等极易被细菌污染，成为产品含有致热原的主要原因。热原试验是将一定剂量的受试物静脉注射入家兔体内，在规定时间内观察家兔体温升高的情况，以判定受试物中所含热原的限度是否符合规定。

家兔体温测试应使用精密度为±0.1℃的热原测温仪或肛门体温计。在试验前1～2天，供试用家兔应处于同一温度环境中，实验室和饲养室的温度相差不得大于5℃，实验室温度应为17～28℃。在试验全过程中，室温变化不大于3℃，避免噪音干扰。

供试用的家兔应健康合格，体重1.7～3.0kg，雌兔应无孕。预测体温前7天，应严格按照实验要求挑选实验兔，观察期间不得发现任何异常现象。实验时取适用兔3只，试验前1h开始停食并置于适宜的装置中，直至试验完毕。每隔30min测量体温1次，测量2次，以此2次体温的平均值作为该兔的正常体温。测定其正常体温后15min，分别自耳静脉缓缓注入规定量(10ml/kg)并温热至38℃的受试物注射液(或浸提液)，然后每隔30min按前法测量其体温1次，共测6次，以6次体温中最高的一次减去正常体温，即为该兔体温的升高温度(℃)。

如3只家兔中有1只体温升高0.6℃或0.6℃以上；或3只家兔体温升高均低于0.6℃，但体温升高的总和达1.4℃或1.4℃以上，应另取5只家兔复试，检查方法同上。

结果判定：在初试的3只家兔中，体温升高均低于0.6℃，并且3只家兔体温升高的总和低于1.4℃；或在复试的5只家兔中，体温升高0.6℃或0.6℃以上的家兔不超过1只，并且初试、复试合并8只家兔的体温升高总和为3.5℃或3.5℃以下，均判为供试品的热原检查符合规定。

在初试的3只家兔中，体温升高0.6℃或0.6℃以上的家兔超过1只；或在复试的5只家兔中，体温升高0.6℃或0.6℃以上的家兔超过1只；或在初试、复试合并8只家兔的体温升高总和超过3.5℃，均判为供试品的热原检查不符合规定。

(二) 人用疫苗异常毒性试验

疫苗异常毒性试验(abnormal toxicity test，ATT)以往是人用疫苗的常规检测项目。异常毒性检测是指检查药品及生物制品在生产过程中引入的异物或药物降解产生的不正常毒性反应，与生产工艺有关，不是检查药物或生物制品本身的毒性。

目前法规(WHO生物制品检定指导文件)规定的异常毒性的检测方法为豚鼠法，即给豚鼠腹腔注射5ml待检疫苗后，观察7～12天，如未观察到异常症状，则认为该批制品异常毒性检测合格。常用的检测指标有死亡率和异常体重改变。《中国药典》(2005版)中异常毒性的检测方法分为小鼠法和豚鼠法。

(三) 兽用疫苗目标动物安全性试验

目标动物安全性试验(target animal safety test，TAST)是兽用疫苗管理的要求，类似于人用疫苗的ATT试验。主要用于终产品的检测和非特异性污染，推荐至少2只动物进行2倍(灭活疫苗)或10倍稀释剂量注射，在观察期内动物不应出现异常或全身反应。试验所需动物数量有所差异，通常哺乳动物疫苗2只，禽类疫苗10只。

近年来，ATT试验和TAST试验的合理性不断受到质疑，因为疫苗生产过程中GLP和GMP规范的实施使疫苗的质量和安全性显著提高，用动物实验进行纯度和安全检测缺乏特异性和科学性，似乎是多余的。

因此，有些国家和国际组织主张对于某些疫苗ATT和TAST试验应予以废除，如有必要保留应对试验设计的要求重新审核。

（四）其他试验

用于检测破伤风疫苗、白喉疫苗的毒性逆转试验；百日咳疫苗的皮肤坏死试验；无细胞百日咳疫苗的小鼠体重减轻试验、小鼠白细胞增多试验、组胺致敏试验等都需要用动物进行。

三、毒力试验

（一）细菌毒力试验

细菌毒力试验包括胃肠道细菌毒力试验和呼吸道细菌毒力试验。其中前者以痢疾杆菌为例，包括了猴的灌胃感染法、豚鼠的眼角结膜试验、家兔的小肠结扎试验，合格的疫苗不得出现任何炎症反应。呼吸道细菌毒力试验以百日咳的毒力测定为例，包括了滴鼻法、大白鼠支气管感染法、小鼠气雾攻击等。目前我国药典对于百日咳杆菌的毒力试验以滴鼻法为主，要求LD_{50}的菌数不应高于1.2×10^{8}。

（二）病毒毒力试验

目前我国主要对脊髓灰质炎的小儿麻痹症口服疫苗（OPV）进行病毒毒力试验。我国药典主要推荐采用猴神经毒力试验（MNVT）。评价Ⅰ、Ⅱ型受试物及其参考物最少应各使用11只有效猴，评价Ⅲ型受试物应至少有18只有效猴。有效猴是指脊髓灰质炎病毒引起中枢神经系统特异性神经元损伤的猴子。1999年10月，WHO生物标准专家委员会正式批准以带有脊髓灰质炎病毒的细胞受体（PVR）的转基因小鼠的第12号染色体（TgPVR21）取代MNVT进行Ⅲ型OPV的检定。

四、效力试验

效力（efficacy）试验主要通过动物模型进行，使动物感染相关病毒后可诱发典型的病毒性的感染情况，检测药物/疫苗是否能有效地对抗某种疾病。通过动物模型可以观察特异性抗体的反应、细胞介导的免疫、免疫持久性，寻找疫苗的保护性指标。当然对每批疫苗进行动物模型的攻击实验有时是困难的，如果通过一系列的效价和效力的实验研究发现两者有明显的相关性，可以用效价实验来代替效力实验。疫苗的效力试验即保护性免疫力试验，又可分为主动保护性免疫力试验和被动保护性免疫力试验。

（一）主动保护性免疫试验

对接种疫苗后的动物，以有毒的细菌或病毒株进行攻击。与空白对照组相比，免疫组动物应部分或全部不发病，这是衡量疫苗质量最直接的动物实验方法。通常在毒理学上以最小或最低感染量（MID）、半数感染量（ID_{50}）、最小致死量（MLD）、半数致死量（LD_{50}）来衡量攻击菌毒株毒力。观察、记录两组受试动物在攻击后的发病及死亡数据，并对数据进行统计学处理，其结果可作为判断试验动物被保护情况的依据。

1. 百日咳疫苗　目前我国药典规定百日咳疫苗效价是通过小鼠脑腔攻击效力试验进行测定。在免疫过程中至少使用3个稀释度的参考菌苗和供试品，分别免疫小鼠。每个稀释度至少免疫16只小鼠，同时饲养小鼠55只作为对照。小鼠免疫后14～16天，对每只小鼠进行攻击，在试验组攻击后再进行对照组毒力测定，对照组每个稀释度攻击10只小鼠，观察小鼠状况及死亡数量，从而判定疫苗效力。近年来发现对于各种无细胞百日咳疫苗，脑腔攻击的效力试验并非是最好的选择，呼吸道感染保护力试验方法相对优于前者。此外,也有学者利用大鼠免疫力试验测定百日咳疫苗。

2. 痢疾菌苗 我国药典对于痢疾菌苗的效价测定推荐使用皮下注射法。将40只小鼠分成免疫组和对照组,免疫组皮下注射供试品,对照组注射0.9%氯化钠溶液,共3次,并在末次注射后14天,用福氏佐剂和志贺菌分别攻击免疫组和对照组动物,观察发病情况,免疫组应全部或大部分不发病。还有一些从毒力试验中发展出来的,如豚鼠眼角结膜免疫力试验、家兔小肠结扎免疫力试验等,都能有效地检测出痢疾菌苗的效力。

3. 疟疾疫苗 临床前的效力试验主要有:①以抗原免疫小鼠、家兔等动物后,体外检测抗体水平,并进行体外杀虫试验;②猴试验:抗原免疫恒河猴后采血检测抗体及体外杀虫试验,以疟疾原虫攻击免疫和未免疫对照动物后观察动物发病或死亡情况,检测血中原虫量。

(二)被动保护性免疫试验

1. 幼龄大白鼠被动保护力试验 用A、B、C型流脑菌腹腔注射4～6日龄的大白鼠均可以引起菌血症和脑膜炎。将4～6日龄的大鼠随机分组,每组6只,腹腔注射不同剂量的抗流脑多糖疫苗血清,1～2h后,以10^4～10^7流脑病毒腹腔攻击被动免疫的大鼠,攻击后6h和24h后采取10μl血液和15μl脑脊液进行细菌培养。这种被动免疫保护与疫苗效果成正比关系。

2. 霍乱乳鼠被动保护力试验 将霍乱毒菌与不同稀释度的抗血清预先混合,再口服攻击乳鼠,观察保护乳鼠免于死亡的情况,或计算肠道内的活菌数。与未经预先抗血清处理的毒菌攻击的对照组相比,判定特异霍乱抗血清及相应抗原的保护性。

五、动物实验的局限性和3R原则

疫苗和生物制品的毒性、毒力和效力实验目前仍然采用动物实验为主的方法进行,其目的是通过动物实验结果来检定产品质量和预计将来人体应用时的效果。

(一)动物实验局限性

临床前安全性评价的意义主要取决于动物毒性反应和人体不良反应之间的相关性,生物制品的生物活性、毒性作用与动物种属或与组织特异性相关。由于人与实验动物在免疫反应和病理反应等许多方面存在明显的种属差异,由动物实验的结果外推人体临床实验的安全性往往存在局限性,同时,在动物实验中发现的毒性反应也许在人体中并不会导致毒性。因此,在非临床安全性评价中发现的任何毒性都应在人体临床实验中认真地分析;反之,在动物毒性实验中没有发现毒性反应,也并非意味着疫苗在人体临床实验中就一定是安全的。

(二)体外试验

针对生物制品本身的污染物和杂质带来的安全性问题,可以通过改进纯化工艺、提高质控水平实现,如加强残留宿主蛋白、外源病毒污染和残留宿主细胞核酸的质量控制等。此类动物实验(如人用疫苗异常毒性试验和兽用疫苗目标动物安全性试验)可以减少或取消,或改用理化检测的方法。

动物实验主要是为了验证疫苗的免疫源性和证明每批疫苗之间的质量一致性,以及与经过临床验证的疫苗之间具有可比性。与动物实验结果相比,体外实验内在的变异要小的多,从确保质量一致性方面考虑,体外实验方法更为适当。

(三)人道终点

大多数人用疫苗(百日咳、白喉、破伤风和狂犬病)和动物用疫苗(梭菌、螺旋体、丹毒)的效力实验是以疫苗挑战实验为基础的,即疫苗保护感染动物或免疫动物抗毒素产生的能力。如果疫苗保护力不足，会导致动物出现明显症状甚至死亡。大多数疫苗管理指南都将动物临床症状和死亡作为评价终点，通常使动物遭受相当大的痛苦。采用人道终点的免疫生物学试验可用于评价疫苗的效力和验证疫苗的有效性。在对百日咳、狂犬病毒和丹毒 3 种疫苗的研究中，建立了一套不以死亡为终点的评价指标，包括体重、体温和临床症状，如每天 2 次观察动物是否出现被毛紊乱、弓背、运动改变、麻痹、瘫痪、抽搐等临床症状。如百日咳疫苗出现体温下降至 34.5℃、肌肉共济失调等症状是较为适宜的人道终点，可用于疫苗的效力试验，以此为检测终点可使试验周期缩短 1～3 天。但是狂犬病毒感染的小鼠不表现体温的任何上升或下降，临床症状(体重减轻)更为特异，因此，以体重下降 15%和出现神经紊乱症状适宜作为狂犬病疫苗检测的人道终点，可以缩短试验周期 3 天。

(四) 提高实验动物标准化水平

实验动物的质量对于疫苗的品质、检定质量和鉴定结果具有重要影响，因此，加强实验动物饲养管理，提高其自身微生物检测水平，能有效提高实验动物的使用效率，体现 3R 原则。中国学者建立了动物病原微生物检测的细胞免疫学检测技术、分子生物学检测技术，如应用光敏生物素探针检测人用鼠源性杂交瘤细胞和单抗制品的小鼠白血病病毒和流行性出血热病毒；应用 RT-PCR 检测活疫苗及其生产基质中仙台病毒等。这些方法的建立和应用，缩短了检定周期，提高了敏感性，也降低了检定工作中的动物使用量。

第 3 节　疫苗和生物制品研究中动物试验的替代方法

自 1959 年 3R 理念首次提出以来，已逐渐为国际社会接受，并成为生命科学研究的指导原则。世界各国的科学家都在积极研究替代方法在疫苗和生物制品中的应用，取得了一些成果，如用鲎试剂替代家兔法检测热原。酵母作为具有抗体片段或疫苗抗原编码的特异性基因表达载体，通过转基因技术使用植物用于疫苗生产，使用低等生物材料或啮齿类动物替代灵长类动物进行疫苗或神经毒性的研究等。

鉴于疫苗和生物制品的复杂性以及新技术的应用催生了许多新的生物技术药物，与普通药物相比，生物制品属于生物大分子物质，具有结构复杂、生物功能多样、种属特异性和免疫原性等特点，因此，生物制品安全评价替代技术的开发和应用也具有复杂性和多样性，在涉及具体生物制品产品时，除了要考虑传统药物安全评价的基本原则外，在替代方法的实验设计时就应对各自特性予以足够重视，遵循逐例分析的原则。

一、生物活性测定

生物制品的生物学活性通常采用特异的方法，所用方法不但应能反映产品的活性，而且要求定量、专一性强、重现性好。生物活性测定必须采用国际上通用的惯例或者方法，用参考品对测定结果进行校正，以国际单位或指定单位表示。非动物替代方法的应用应遵循科学性和相关性严格验证的原则，只有经过验证研究并被法规认可的替代方法才能用于产品检定和审批。根据生物制品的性质、药效学特性，生物学活性测定可以分为体细胞毒性测定、体内动物实验测定和免疫学活性测定等方法。

(一) 单克隆抗体生物活性测定

单抗生物活性的测定主要包括以下方法：细胞水平的生化检测、体外细胞增殖差异、免疫学方法和流式细胞测定法、动物体内活性检测实验、血清学分析法、功能性检测方法等。

1. 细胞毒实验(补体介导的溶细胞作用) 重组嵌合抗CD20单克隆抗体的适应证是治疗难治性低分化活滤泡型B淋巴细胞非霍奇金淋巴瘤。通过测定体外细胞活性,可反映被检抗体对效应细胞的杀伤作用。将抗体系列稀释,与一定量的表达CD20的效应细胞结合,在补体的作用下产生明显的细胞毒效应。通过LDH检测法,求出半数有效浓度或剂量(ED_{50}),来计算抗体相对活性的百分比。

2. 细胞因子为靶的杀伤活性中和实验 以抗肿瘤坏死因子-α(TNF-α)抗体为例,抗体的活性是通过中和TNF-α对敏感细胞株的杀伤活性测定的。TNF-α是能识别细胞表面抗体并与之特定结合的一种细胞因子,在与特定受体结合后,TNF-α会对细胞产生毒性作用从而导致细胞死亡。重组肿瘤坏死因子-α(TNF-α)单抗能够特异性识别和结合TNF-α,通过阻断TNF-α与细胞受体结合而拮抗TNF-α的毒性,使细胞免受TNF-α细胞毒性的作用。活性测定采用对TNF-α杀伤敏感的细胞系,将抗体做系列稀释与一定量的TNF-α共同孵育,使抗体与TNF-α结合并中和其作用。孵育结束后,加入一定数量对TNF-α杀伤敏感的细胞并进行培养,而未被中和的TNF-α将与细胞上TNF-α受体结合并产生其细胞毒性作用、抑制细胞增殖。通过MTT法测定存活的细胞,求出半数有效浓度或剂量(ED_{50}),计算抗体相对活性的百分比。

3. 以细胞因子为靶的细胞增殖抑制实验 血管内皮细胞生长因子(VEGF)的重组人源化单克隆抗体(rhuMAb VEGF)可以特异性阻断血管内皮生长因子的活性,利用这一特性,将不同稀释量单克隆抗体与一定量血管内皮细胞生长因子(相当于抗原)进行反应,然后与人的原代脐静脉内皮细胞共同培养一定时间,通过显色剂与细胞的反应观察rhuMAb VEGF对VEGF的中和作用,抗体浓度高则抑制了VEGF的作用、细胞的增殖受到抑制,随着抗体浓度的减少,VEGF的促增殖的作用增强。

4. 以细胞因子受体为靶的细胞增殖抑制实验 以表皮生长因子受体(EGFR)单抗为例,重组的人鼠嵌合或人源化的表皮生长因子受体单抗可以特异性地与表皮生长因子受体结合,从而抑制过度表达表皮生长因子受体的肿瘤细胞生长。利用这一特性,该抗体生物学活性测定可以从抗体与细胞因子受体结合能力以及与相应受体结合后对肿瘤细胞的增殖抑制效果两方面对产品的有效性进行控制。首先表皮生长因子受体(EGFR)单抗的结合活性测定中,抗体与表皮生长因子受体的结合随抗体浓度的增加而增强,但达到一定的抗体则不再增加,剂量反应曲线为正"S"形。其次将表达相应细胞因子受体的效应细胞和系列稀释的抗体加入培养板中,抗体对细胞增殖的抑制作用与浓度相关,通过一种氧化还原指示剂(MTS)的颜色反应进行测定。

5. ELISA法抗原抗体结合测定 IL-6受体抗体是采用重组技术的人源化单抗,它通过与IL-6受体结合发挥其治疗效果。抗体IL-6受体结合能力检测方法采用竞争ELISA法,首先将可溶性IL-6受体包被于微孔板上,其次以IL-6受体抗体(待测样品)、生物素标记的IL-6受体抗体竞争结合可溶性IL-6受体,随着系列稀释抗体浓度的降低,生物素标记的IL-6受体抗体与固定于微孔板上的可溶性IL-6受体的结合增加,因而测定的吸收值增高,与标准品比较,通过平行线分析后计算出抗体的效价。

6. 流式细胞法 采用流式细胞仪对抗体活性的测定方法与结合活性基本相同,只是将带有特异结合位点或膜表面标记分子的细胞代替可溶性抗原或受体,经洗涤后同时加入待测抗体与荧光标记的同种抗体,竞争与细胞的结合,结合的荧光强度的高低反映了抗体浓度的变化，结果计算可以通过 4-参数曲线分析，求出半数有效浓度或剂量(ED_{50})，与标准品比较计算抗体相对活性的百分比。

（二）疫苗生物学活性测定

检测疫苗效价的方法主要是在小动物中检测疫苗的免疫原性、对疫苗进行特异性抗原定量检测、对减毒活疫苗在细胞培养中进行病毒滴定检测。动物体内效价主要是通过体内抗体产生的水平来反映疫苗的效价，是目前评价疫苗效价的最常用的指标。实际上动物体内效价反映的是疫苗的体液免疫水平。随着免疫技术的发展，逐渐认识到细胞免疫在治疗性和预防性疫苗中起着不可代替的作用，对疫苗的评价不应仅局限在体液免疫，也应对细胞免疫进行检测。

1. T 淋巴细胞的增殖反应　①有丝分裂原诱导细胞增殖的检测；②抗原诱导的 T 细胞增殖。常用检测方法：^{3}H-TdR 掺入法、MTT 法、XTT 比色法、酸性磷酸酶法、结晶紫法等。

2. T 细胞亚群的检测　检测方法有免疫荧光法；APAAP 免疫酶标法；流式细胞仪(FACS)检测 T 细胞亚群等几种。

3. 淋巴细胞功能的检测　①接触性超敏反应：小鼠接触性反应是实验室一种简单可靠的体内检测细胞介导免疫功能的方法；②迟发型超敏反应，迟发型超敏反应包括致敏阶段和触发两个时相，致敏阶段需 6 天，在触发后 24～48h 其炎症反应达高峰。在初始的致敏阶段，抗原特异性细胞分布到外周各个淋巴组织，在任何局部的抗原刺激下都会使这些细胞活化，引起迟发型超敏反应。

4. T 淋巴细胞毒性功能的检测　细胞毒性 T 淋巴细胞(cytotoxic T lymphocytes，CTL)是 T 细胞在体内或体外经抗原刺激产生的一种 T 效应细胞，当再次与靶细胞抗原接触时，可特异性地杀伤带有同种抗原的靶细胞。常用的检测方法有^{51}Cr 标记释放法、LDH 法。

5. 细胞因子的测定　①生物学方法：^{3}H-TdR掺入法、MTT 法、结晶紫法等细胞因子作用于特定的靶细胞，影响靶细胞的生物学活性。通过检测靶细胞的生物学活性或细胞增殖动力学的变化，可间接反映细胞因子的水平；②免疫学测定法：免疫学测定是目前应用最多的细胞因子定性和定量检测方法，具有特异性、重复性较好、快速简便等优点。常用方法有免疫斑点法(dot-ELISA)、酶联免疫吸附实验(ELISA)；③分子生物学测定法：测定细胞因子的 mRNA 的表达，该法敏感性高。

（三）其他生物制品活性测定

1. 体外细胞培养测定法　主要通过生物制品对细胞增殖、抑制或杀伤、间接保护作用等特异性生物学功能进行分析。例如，利用大多数细胞因子能特异促进某种细胞生长的功能特点(G-CSF、NFS-60 细胞；GM-CSF、TF1 细胞等)、利用制品对敏感细胞的毒性、促凋亡等不同功能特点(TNF、L929 细胞；TRAIL、H460 细胞等)以及制品对攻击敏感细胞的病毒、毒素、杀伤因子等具有的特异中和保护作用(IFN 可以保护 WISH 免受滤泡性口炎病毒 VSV 破坏，TNFR：Fc 则可以中和 TNF 对 L929 细胞的杀伤作用等)，通过梯度稀释获得量效关系进行活性测定的方法。

2. 离体动物器官测定法　基于生理学功能的测定方法，如采用家兔主动脉条测定重组脑利钠肽生物学活性等。

3. 体内测定法　利用动物体内某些指标的变化确定产品的生物学活性单位，如红细胞生成素(EPO)活性测定是在小鼠体内注射 EPO 后，计算网织红细胞增加的数量与标准品比较，确定其活性单位。

4. 生化酶促反应测定法　这类测定方

法不依赖活的生物系统，主要基于产品与底物或某种物质的结合后发生物理化学反应后再对结果进行分析。如重组链激酶等溶栓药物生物学活性测定，即利用与纤溶酶原结合后可激活纤溶酶，并可在纤维蛋白琼脂平板中形成溶圈的方法进行检测。

5. 免疫学活性测定法 采取ELISA等方法测定产品活性。由于蛋白质的生物学活性与其免疫学活性不一定相平行，如果蛋白肽键的抗原决定簇和生物活性中心相一致，ELISA法测定结果和生物学活性测定结果一致；如果不一致，两者的结果也不平行。由于两种测定法所代表的意义不同，所以免疫学活性测定法不能代替生物学活性的检测。

6. 比活性检测 比活性是每毫克蛋白质的生物学活性单位，这是重组蛋白质药物不同于化学药的一项重要指标，也是进行成品分装的重要定量依据。由于蛋白质的空间结构不能常规测定，而蛋白质空间结构的改变特别是二硫键的错误配对可影响蛋白质的生物学活性，从而影响蛋白质药物的药效，比活性可间接地反映这一情况。通过对原料药比活性的检测，不仅可反映产品生产工艺的稳定情况，而且还可以比较不同表达体系、不同生产厂家生产同一产品时的质量情况。一般比活性的标准可根据中试工艺优化后的多次检定结果统计后定出标准。

二、疫苗效力检测

尽管在少数情况下，有些动物实验能预测人体应用时的实际效果，但在大多数情况下，动物实验结果与人体实际效果并不存在任何直接联系。用细胞培养代替动物实验，可使实验简单化、减少结果的内在变异，结果判定指标直观，用于疫苗效力和毒力检测体外实验方法更为适当。

（一）测定破伤风抗毒素效价的ELISA法和毒素结合抑制试验（ToBI）

传统的测定破伤风抗毒素效价的方法采用的是小鼠试验法，即将待检的抗毒素做数个稀释度，与毒素混合，作用1h后注射小鼠。连续观察5天，并记录发病和死亡情况。这种方法不仅费时费力，而且有接触毒素的危险，需要使用大量的小鼠。为此，有学者建立了测定毒素效价的ELISA法。通过实验比较，结果表明在一定的毒素浓度范围内，两种方法具有很好的线性关系。ELISA法具有快速简便的优点，尤其适用于大量样品的检测。同时该法在破伤风类毒免疫原性测定方面也是一个可选择的替代方法。人用破伤风疫苗的批次毒力检验的ELISA试验（ELISA test for batch potency testing of tetanus vaccines for human use）已列为破伤风疫苗检测方法，2000年通过ESAC的验证，并被欧洲药品质量管理局（European Directorate for Quality Medicines, EDQM）和欧洲药典于2003年3月认可。

测定破伤风抗毒素效价还可用毒素结合抑制试验（toxin binding inhibition, ToBI），ToBI法已成为破伤风疫苗检测的标准方法，被欧洲药典委员会2003年3月认可。

（二）百日咳疫苗诱导巨噬细胞产生NO的效力测定法

百日咳疫苗效价测定的传统方法是小鼠脑内攻击保护实验，该方法结果与免疫儿童的实际保护效果具有良好的对应关系，但是操作过程复杂、费时、重复性差，需要研究开发新型替代实验。全血细胞百日咳疫苗能激活巨噬细胞产生NO，NO的产量与疫苗免疫剂量存在量效反应关系，因此，可以通过测定被激活巨噬细胞产生的NO中间产物含量来推断疫苗的保护效果，该结果与小鼠脑内攻击保护实验所得结果具有相关性，可以作为百日咳疫苗效力测定的替代方法。

（三）重组乙肝疫苗的效力试验测定

2000 年，WHO 将乙肝病毒抗原的体外定量方法纳入疫苗检测规程。我国 2000 年版的生物制品规程中，重组（酵母）乙肝免疫的效力测定规定为小鼠体内实验法，即采用不同稀释度的疫苗免疫 NIH 或 BALB/c 小鼠，用 RIA 或 EIA 法测定抗-HBs。在 2005 年版的中国药典中，已将重组乙肝疫苗（酵母）效力测定方法改为体外相对效力检查法，即以酶联免疫法测定供试品中乙肝表面抗原的含量，以参考品为标准，采用双平行线分析法计算供试品的相对效力。利用体外相对效力检测法代替原有的小鼠体内实验，不仅减少了动物使用量，而且缩短了检定周期。

（四）霍乱疫苗效力试验

以往的霍乱免疫效力实验主要采取小鼠攻毒模型，疫苗免疫后，以霍乱活菌进行攻击，以免疫保护力大于 50%、ED_{50}小于 5×10^7为合格标准。此方法程序复杂，需要在生物安全实验室进行，攻毒用毒株不稳定，动物个体差异明显等因素，常常造成实验误差及结果的不稳定。WHO 建议在口服灭活霍乱疫苗的制造及质量控制指导原则中使用其他方法代替动物效力实验。为此，我国生物制品质量检定部门开展了这方面的研究。以不同剂量霍乱疫苗免疫小鼠，用 ELISA 方法测定小鼠血清的抗菌抗体和抗毒素抗体，并用一定量的活菌进行攻击，观察保护率。结果提示：在高免疫剂量组（5×10^8），抗菌抗体滴度和抗毒素抗体滴度分别高于对照组 8～16 倍，实验结果稳定，可以作为效力实验合格的判定标准。可以通过检测高免疫剂量组实验动物抗菌、抗毒素抗体替代以往小鼠攻击法的效力实验。

（五）转基因小鼠替代灵长类动物进行脊髓灰质炎病毒疫苗的神经毒实验

因为只有灵长类动物对脊髓灰质炎病毒的 3 个型病毒是敏感的，因此以往的口服活脊灰疫苗神经毒实验都是用猴子，但由于实验用猴价格昂贵而且质量难以保证，还可能带来人畜共患病病原，给疫苗的质量鉴定造成一定困难。国外学者研究出应用携带人脊髓灰质炎病毒受体（PVR）基因的转基因小鼠（PRV Tg21）替代猴。实验结果证明，PRV Tg21 转基因小鼠对脊髓灰质炎病毒有足够的敏感性，毒力不同的疫苗通过观察小鼠的临床表现和组织病理学变化可以鉴别进行，且与猴体神经毒力试验结果相吻合。因此，转基因小鼠完全可用作评价脊髓灰质炎活疫苗毒力试验的模型。

其原理是脊髓灰质炎疫苗的神经毒力主要与病毒基因组中 472 位的 U→C 有关，当 472 位 U→C 大于 2%时，一般猴体神经毒力明显增高而不能通过检定要求；当 472 位 U→C 在 1.5%～2.0%时，为边缘疫苗，很可能不能通过猴体鉴定。因此，利用脊髓灰质炎病毒基因组位点突变或返祖的检测法（MAPREC test），可以准确测定出 1 个碱基位点突变量，从而大大减少了动物的使用。

采用转基因小鼠代替灵长类动物，不仅解决了灵长类动物来源的问题，符合动物福利的原则，同时也使用于疫苗检定的动物质量得到保证，提高了鉴定结果的可靠性。在 2000 年瑞典召开的生物制品标准化委员会上，将利用转基因小鼠和分子生物学技术正式地列入世界卫生组织的生物制品检验规程。这一方法已通过国际合作的验证，并写入中国生物制品规程。

（六）兽用疫苗的效力检测

丹毒疫苗采用批次毒力检验的 ELISA 试验（ELISA test for batch potency testing

of erysipelas vaccines)，2002 年通过 ESAC 验证，并被欧洲 EDQM 和药典收录（No 01/2004:0064）。

三、疫苗质量控制和毒性鉴定

（一）全细胞百日咳菌苗的毒性试验

全细胞百日咳菌苗的毒性试验目前使用小鼠重量增加试验来检测，被认为是一个估计总毒力的非特异性试验。至少 10 只小鼠给予待测疫苗的注射，然后测量 d_3 和 d_7 的体重，并跟对照组比较。该方法的相关性较低，难以鉴别反应性和非反应性的因素。目前可以参考的替代实验有：组织胺敏感因子实验、鲎变形细胞溶解物（LAL）测定法、单克隆抗体测定白喉毒素的 ELISA 方法、淋巴细胞促进因子实验（LPF）、CHO 细胞实验等。

Canthaboo 等报道了一个替代方法，是通过估计用氧化亚氮诱导用 WCPV 免疫的小鼠巨噬细胞量为基础的。这种方法目标是替代小鼠试验，目前还处于研究阶段。

（二）层析技术在疫苗质量检定中的应用

新西兰科学家采用亲和层析技术对梭状芽孢杆菌疫苗生产过程中所产生的毒素和类毒素进行检测和定量分析。将特异中和 McAb 或多克隆抗体与 NHS 活化的 SepharoseHP 结合，制成亲和层析柱。细菌培养物在经过柱床时，毒素或类毒素与特异性抗体结合，洗脱后所记录下来的洗脱峰面积与培养物中的毒素或类毒素量呈正比。这种方法特异性好、快速，而且可以定性定量。由于整个系统为自动化控制，所以重复性好。它与小鼠中和实验的结果相关性非常显著。按每个层析柱作用 500 次计算，全国每年可减少 13 000 只小鼠的使用量。

（三）敏感细胞试验检测外源性病毒

无论是利用转基因动物生产用的基因工程蛋白药物，还是利用小鼠制备单克隆抗体，对产品来讲，都存在动物病毒污染的可能。因此，外源性病毒检查非常必要。利用动物抗体产生的实验方法检查鼠源性单抗制品可能存在的病毒污染已成为公认的检测方法，需将检品接种小鼠，经过一段时间后测定血清中是否存在病毒抗体。该法时间长，对动物质量和实验环境要求严格。根据病毒对细胞的易感性和所要检查的病毒种类，选择其敏感细胞作为“指示剂”，如 vero-E6 细胞对流行性出血热病毒敏感；BHK21 细胞对鼠痘病毒敏感；BHK21、Vero 细胞和鸡胚对仙台病毒敏感。检测时将检品接种细胞，连续传代，观察细胞是否出现病变，即可得知检品中是否污染有病毒。如果结合免疫荧光抗体检测技术或 PCR 技术，则可对病毒定性。

（四）反转录酶活性检测反转录病毒

哺乳动物细胞的大肠埃希菌是重组药物最主要的生产载体，中国仓鼠卵巢细胞、BHK、NSO、HEK-293 和人视网膜细胞也常用于重组蛋白的表达。有些细胞株含有某些内源性病毒，如反转录病毒，且难以去除。因此，应采用适当的方法进行检查，以确认细胞无病毒的污染。对于反转灵病毒可采用反转录酶活性进行测定。

反转录酶是反转录病毒群特有的 RNA 依赖性 DNA 聚合酶，通过对反转录酶活性的检测来确定重组药物或表达载体中是否含有反转录病毒。一般选用雀麦草花叶病毒、禽成髓细胞瘤病毒或小鼠白血病毒的 RNA 为模板。根据病毒 RNA 序列设计引物。在受试品中加入模板和引物，如果受试品中存在反转录酶，则以病毒 RNA 为模板反转录为 DNA，琼脂糖电泳后，出现相应的 DNA 条带。根据条带的有无确定受试品中是否存在反转录酶(反转录病毒)。

(五) 生物物理、物理化学检定方法

现代科学技术的发展,使得生物物理、物理化学检定方法可以用于对疫苗和生物制品进行鉴定。通过对检测样品组成分析、结构分析、活性的分析等,作为传统的生物实验方法的补充,替代现有的生物鉴定和效力实验方法,从而达到控制疫苗和生物制品质量的目的。相信随着世界科学技术的不断革新,生物物理、物理化学新方法将会得到广泛应用。

四、制备过程中替代方法

(一) 单克隆抗体研究中的替代方法

自从单克隆抗体(monoclonal antibody, McAb)技术产生以来,无论是在医学诊断和治疗中还是在基础研究领域都得到了广泛的应用。McAb 的出现不仅解决了多克隆抗体非特异性的问题,而且显著减少了动物的用量,但随之也出现了一些问题,在 McAb 的制备过程中仍需要用一定量的动物,特别是小鼠。在制备 McAb 的过程中,需要将杂交瘤细胞注射入小鼠腹腔内,经过若干天后杂交瘤细胞大量增殖形成腹水,通过抽取腹水即可获得高浓度的抗体。这种传统方法存在许多问题,如腹水中无关蛋白成分的污染、鼠源性病毒的污染、动物的适合性、动物的预处理、肿瘤细胞生长的不可预测性等。同时由于腹水的产生以及反复抽取腹水导致腹水增多,压迫腹腔和胸腔的器官等,这些都给小鼠造成极大的痛苦和严重的伤害。

McAb 的制备,既要解决大批量生产的问题,同时符合动物福利的要求,国内外学者开展了替代方法研究。目前已经研究出数种方法替代体内生产的方法。例如,培养杂交瘤细胞的体外发酵系统和中空纤维系统,利用一种已商品化、具有通气性能的柔软的细胞培养带大量繁殖杂交瘤细胞,在培养期间,不需要更换培养液和向培养带内充气,操作方便,且需要较小的空间。利用这一方法制备的 McAb,价格仅是传统动物方法的 1/7,没有小鼠其他蛋白的污染,质量也优于小鼠法。

中国学者利用圆片状聚酯载体做固定床,在连续灌注的细胞培养器内,让杂交瘤细胞滞留在载体的间隙中,并在其中生长、繁殖和分泌 McAb。这种方法可获得高密度的细胞,抗体产量提高 1 倍。不仅减少了动物的使用量,而且避免因使用动物所造成的鼠源性蛋白和病毒污染的可能性,确保了人用鼠源性 McAb 质量。McAb 制备的替代方法还有基因工程抗体法(噬菌体生产抗体法)、生物合成抗体技术等,正在研究之中。

(二) 幽门螺杆菌(HP)抗体被动免疫法

为探讨治疗幽门螺杆菌(HP)感染的抗体被动免疫法,中国学者利用 HP 蛋白抗原免疫鸡,其后 3～12 天收集其产的卵。取出卵黄液,再经稀释、离心等处理方法,获得抗体 IgY。试验结果说明,HP 菌体蛋白免疫制备的卵黄 IgY 明显剂量依赖地阻断 HP 菌体超声裂解物的 HeLa 细胞毒性。提示口服抗体制剂可能成为 HP 感染免疫治疗的方法之一。通过这种免疫方法,即达到减少动物用量又可获得大量抗体的目的,同时也减轻了常规免疫给动物造成的痛苦,使实验方法得到优化。

(三) 对弗氏完全佐剂(FCA)替代物的研究

在利用动物制备抗体的过程中,为提高免疫效果,通常使用佐剂,但很少有人去考虑佐剂对动物的不良影响。由于目前所使用的佐剂(如 FCA)刺激性较强,易造成动物局部组织肿胀、脓肿、坏死。从动物保护主义的角度来看,这是不人道的。从科学的角度来讲,局部组织肿胀、坏死后,影响其抗原

的吸收和动物机体的反应性，从而影响免疫效果。为此，荷兰的科学家研制出 5 种替代物（FIA、Specol、Montanide、TiterMax、RIBI），并用它们做了大量的动物免疫试验，根据免疫效果和对组织损伤程度从两个方面进行评价。结果表明，经不同途径注射不同的佐剂其免疫效果是不一样的。其中有的佐剂不仅对组织的损伤程度小，而且与抗原混合后仅注射 3～4 次，即可达到满意的免疫效果，使实验技术得到了优化。

（四）甲流 H1N1 疫苗的生产

目前 H1N1 疫苗的制造过程，需要利用受精卵鸡胚进行活的流感病毒的培养，本身就存在许多缺陷，如消耗大量无任何微生物感染的鸡胚。虽然采用细胞系统可大模型的生产，但哺乳动物细胞（非洲绿猴肾细胞和人源肾细胞）用于活病毒的增殖效率不高，而采用重组 DNA 技术和昆虫细胞培养系统是理想的替代方法。

五、热原检测实验

凡是能引起人体发热反应的物质均为热原，热原通过刺激哺乳动物使其体内产生内源性致热原（如 IL-1、IL-6、TNF 和干扰素）引起机体发热。疫苗和生物制品中的热原物质主要有两类，即革兰阴性菌的内毒素和革兰阳性菌的脂磷壁酸。关于致热原的检测，传统的方法是家兔热原实验。由于家兔法能反映热原引起哺乳动物复杂的升温反应过程，因此，家兔法对保证药品安全检查发挥了重要作用。但同时这一检查方法也存在许多缺点：由于动物个体差异导致精密度差，难以达到标准化的要求；少数药品本身的药理活性干扰家兔体温；需要一定规格的动物室和实验设备；检测周期长。近年来许多学者研究热原实验的替代方法，

（一）鲎实验

1968 年，鲎变形细胞溶解试验（limulus amebocyte lysate，LAL）测定法确定为替代兔热原试验的体外方法。如用于流脑菌苗的热原试验中细菌内毒素的检测。乙肝疫苗中代替家兔热原试验用于细菌内毒素的检测。但这种方法只能检测革兰阴性菌的细胞壁成分，对革兰阳性菌、真菌或其他可能的致热原引起的热原反应不能检测。LAL 方法已被 EDQM/欧洲药典（5.0）和美国药典（85）认可。

细菌内毒素法与家兔法相比较，优点是不使用动物，避免因动物质量或个体差异所引起的检测结果的不准确性和不稳定性，缺点是细菌内毒素实验所用的鲎试剂的标准化程度有待提高，仅能检出革兰阴性菌的内毒素，实际检测中存在漏检的可能性。除了方法本身因素之外，产品中的某些成分也会直接影响检测结果。如在重组人白介素-2（IL-2）纯化过程中因含有较高浓度的酶抑制剂（十二烷基硫酸钠）则不能直接采用内毒素法进行热原检测，需对 IL-2 产品进行稀释，使 SDS 浓度低于 0.0025%。

（二）热原试验的体外细胞实验法

采用人全血（whole blood，WB）或细胞系可用于内毒素与其他热原的体外检测，细胞方法的原理是：当免疫系统细胞，主要是血液中的单核细胞和巨噬细胞与热原质接触后，细胞释放介质，将发热反应传递给大脑的体温调节中枢，从而引起机体发热。而引起发热的代表性内源性致热源是 IL-1β、IL-6、TNF 等。任何热原，不论其化学性质如何，都能诱导免疫细胞释放内源性致热原，细胞方法就是基于该反应原理来检测热原质的。

主要步骤：在 100μl 培养液中加入 100μl 抗凝新鲜人全血（或单核细胞）和 100μl 受试品，在无内毒素存在的塑料瓶内孵育培养 37℃过夜。如果样品污染了热原质，则直接作用于血液中的单核细胞和巨噬细胞，使内源性致热原白细胞介素-1β（IL-1β）释放增

加，通过 ELISA 方法进行检测，从而对受试品有无热原做出判断。

2005～2008 年，ECVAM 验证了 5 项体外热原试验的替代方法，分别是人全血 IL-1β 体外热原试验（WB/ IL-1β）、冷冻人全血 IL-1β 体外热原试验（Cryo WB/IL-1β）、人全血 IL-6 体外热原试验（WB/ IL-6）、外周血单核细胞 IL-6 体外热原试验（PBMC/IL-6）、单核细胞系 Mono Mac6/ IL-6 体外热原试验（MM6/IL-6）。3 个不同实验室参与了验证过程，精确性 81%～93%，敏感性 89%～99%，特异性 81%～97%，假阴性率 1%～27%，假阳性率 3%～23%（表 23-3）。全血试验已被欧洲药典认可，其他方法尚待认可。

表 23-3 体外细胞热原检测方法的验证结果

试验方法	精确性	敏感性	特异性	假阴性率	假阳性率
冷冻全血 Cryo WB/IL-1β	92%(110/120)	97%(75/77)	81%(35/43)	3%(2/77)	19%(8/43)
MM6/IL-6	93%(138/148)	96%(85/89)	90%(53/59)	5%(4/89)	10%(6/59)
PBMC/IL-6	93%(140/150)	92%(83/90)	95%(57/60)	8%(7/90)	5%(3/60)
PBMC/IL-6 (Cryo)	87%(130/150)	93%(84/90)	77%(46/60)	7%(6/90)	23%(14/60)
WB/IL-6	92%(136/148)	89%(79/89)	97%(57/59)	11%(10/89)	3%(2/59)
WB/IL-1β(Tube)	81%(119/147)	73%(64/88)	93%(55/59)	27%(24/88)	7%(4/59)
WB/IL-1β(96-well plate)	93%(129/139)	99%(83/84)	84%(46/55)	1%(1/84)	16%(9/55)

注：EU/ml：内毒素单位/ml；PBMC：外周血单核细胞（peripheral blood mononuclear cells）；WB：全血（whole blood）；验证指标的意义见第 3 章

与传统家兔热源实验相比，体外血细胞试验方法更敏感、稳定、经济和易于标准化，而且采用人体细胞的试验避免了种间外推的不确定性。此外，全血试验与鲎变形细胞溶解物（LAL）测定法相比，不受革兰阴性菌内毒素的限制，也不受内毒素结合蛋白的影响，它可以检测所有哺乳动物热原质引起的发热反应。这 5 项方法除了内毒素以外的其他热原的检测还缺少证据。

（三）其他方法

在目前，各国药典普遍收录的热原检测法主要为家兔热原法和内毒素法。但是随着新的生物制品包括基因工程产品、基因治疗产品和体内使用的医疗器械（如透析液）的出现和增多，对现有 2 种热原检测法提出了新的挑战。

为寻找更为理想的体外实验方法，中国学者利用 THP-1 传代细胞与血清学方法相结合，测定内毒素的浓度与细胞分泌 IL-6、TNFα 等细胞因子之间的关系。通过实验条件的摸索和改进，目前已获得初步结果，在 0.32～200EU/ml 的范围内，内毒素与细胞分泌 IL-6、TNFα 等细胞因子呈现线性关系（相关系数 $r^2>0.198$）。

六、其他替代方法

同传统药物类似，疫苗和生物制品的临床前毒性试验需要进行一般毒性试验和特殊毒性试验，见表 23-4，有关动物实验及替代方法参阅 7～18 章。

关于疫苗和生物制品研究中动物试验的替代方法还有很多，可以把相关的新技术应用到替代方法的研究中，如利用毒理基因组学、毒理蛋白质组学、肝细胞技术、转基因动物模型、体外三维细胞培养技术等学科的新知识、新方法，推动替代方法的研究。

表 23-4 疫苗和生物制品动物实验和替代试验

	动物实验(半成品和成品)及动物数量	替代试验	建议
白喉疫苗	·特殊毒性(仅成品),5 只豚鼠/批 ·动物试验和细胞培养培养试验证明无毒素和类毒素,5 只豚鼠/批 ·效力试验(挑战试验),8～20 只豚鼠/试验组,对照动物 20 只	Vero 细胞检测毒素,ELISA 检测毒素,Vero 细胞血清学试验,ToBI 试验检测抗体,双抗原免疫检测	动物试验有望取消,体外试验优先,Vero 细胞血清学试验在验证中
无细胞百日咳疫苗	·毒素试验(组胺敏感试验),5 只小鼠 ·类毒素试验(组胺敏感试验),5 只小鼠 ·效力试验(血清试验,多倍稀释),6 组小鼠(每组数只)	白细胞增多促进试验,中国仓鼠卵巢(CHO)细胞聚集试验	体外方法在研发中
全细胞百日咳疫苗(包括组合疫苗)	·毒素试验(小鼠增重试验),10 只小鼠 ·效力试验(多倍稀释挑战试验),136 只小鼠	LAL 试验检测内毒素,中国仓鼠卵巢细胞聚集试验检测百日咳毒素,效力的全细胞 ELISA 试验和小鼠巨噬细胞 NO 检测	WHO 认可中国仓鼠卵巢(CHO)细胞聚集试验用于无佐剂的无细胞百日咳疫苗的检测
破伤风疫苗	·特殊毒性(成品),5 只豚鼠 ·动物试验证明无毒素和类毒素,5 只豚鼠或小鼠 ·效力试验(挑战试验),豚鼠或小鼠(数量不定)	肽键内切酶试验检测毒素,ToBI 检测血清抗体,ELISA 血清学试验	动物试验有望取消,血清学试验完成验证并经 WHO 认可
狂犬疫苗	效力试验(NIH 试验),170 只小鼠	快速荧光灶抑制试验,单向辐射扩散试验,抗体结合试验,G 抗原 ELISA 试验,G 和 N 蛋白 ELISA 试验	WHO 认可,WHO 认可,WHO 认可,已验证方法

七、替代方法的前景预测

目前国外替代方法的研究 50%以上主要集中在生物制品和化妆品等质量检定领域。疫苗和生物制品是一种特殊商品,它所具有的属性和发挥的作用不同于一般产品,人们无法凭借自己的生活常识和疫苗、生物制品说明书来判断出疫苗和生物制品质量的好坏。因此,安全性和有效性是这些产品质量的重要指标,也是质量检验的重要内容。虽然动物实验一直是检验疫苗和生物制品质量的传统方法,并且在某种程度上被一些人看成是不可替代的手段,但随着现代科学的发展,特别是一些替代方法的成功应用,解决了以往动物实验中存在的问题,使检验过程在更为科学可控的条件下得以完成,保证了检验结果的科学性和可靠性。

疫苗和生物制品研发、效果检定、安全评价等方面都离不开实验动物,不仅对动物种类和品系要求严格,而且对动物质量和试验环境要求也高,使之研究费用和产品成本上升。安全性评价不仅要求一定数量的动物,而且试验周期长,某些反应会给动物造成极大的痛苦。因此,这些因素决定了疫苗和生物制品质量检验将成为动物实验替代方法研究的主攻方向和重点领域。

根据 3R 原则,研究替代方法在疫苗和生物制品中的应用时,应注意全面研究,兼顾重点。在有替代方法时就要鼓励使用替代方法,积极开展替代方法的研究;在现阶段没有适合的替代方法时,要提倡尽可能的减少动物的使用量,使用较少量的动物获取同样多的实验数据或使用一定数量的动物能获得更多的实验数据;若没有替代方法,同时必须使用动物进行研究时,应该尽量减少对动物的影响范围和程度,减少动物在使用过程中和使用之后的痛苦,尊重动物的生命价值。应该注意在实验的设计、实施过程、实验结束之后均应考虑是否符合 3R 原则。

替代方法的研究是一项长期、复杂的工作，任何一个新替代方法都要经过提出、研究、开发、转化、验证，最后才有可能应用到实际工作中，关于疫苗和生物制品的替代方法也不例外，所以要加强对有关疫苗和生物制品的替代方法的研究，以战略眼光开展前瞻性、有应用价值的方法研究，推动疫苗和生物制品产业的发展。

（王家骥　吴晓亮　祁　贤）

参考文献

贺争鸣，李冠民，邢瑞昌．3R 理论的形成、发展及在生命科学研究中的应用．中国生物制品学杂志，2002，15(2)：122～124

贺争鸣．李冠民. 动物实验替代方法概论. 北京：学苑出版社，2003

李继平，贺争鸣，李冠民等．我国开展动物实验替代方法工作的前景研究(一)——我国动物实验替代方法研究的现状．中国实验动物学杂志，2002，12 (4)：236～238

王军志．生物技术药物安全性评价. 人民卫生出版，2008

Anon. The use of humane endpoints in the quality control of rabies vaccines. ATLA，2003，31：450～454

Bruckner L，Cussler K，et al. Three Rs Approaches in the Production and Quality Control of Avian Vaccines. ATLA，2000，28：241～258

Bruckner L，Cussler K，Halder M，et al. Three Rs approaches in the quality control of inactivated abies vaccines. ATLA，2003，31：429～445

Council of Europe (1997). Vaccines for veterinary use. In European Pharmacopoeia，3rd ed. Strasbourg，Rance：Council of Europe，1997

Hendriksen CFM，Spieser J-M，Akkermans A，et al. Validation of alternative methods for the otency testing of vaccines. The report and recommendations of ECVAM Workshop 31. ATLA，1998，26：747～761

Joy A. Cavagnaro. Preclinical safety evaluation of biotechnology-derived pharmaceuticals Nature Reviews Drug Discovery，2002，1：469～475

Leenaars M，Hendriksen CFM. Critical steps in the production of polyclonal and monoclonal antibodies：Evaluation and recommendations，ILAR J，2005，46：269～279

Liu MA，Ulmer JB. Gene-based vaccines. Molecular Therapy，2000，1：497～500

Marlies Halder. Three Rs Potential in the Development and Quality Control of Immunobiologicals. ALTEX，1999. 18，Suppl. 01，13～46

NIEHS. Validation and Regulatory Acceptance of Toxicological Test Methods. A，1997

Pool E J，Johaar G，James S. The detection of pyrogens in blood products using an ex vivo whole blood culture assay. J Immunoassay，1998，19～95

Poole S，Hubbard A R，Gearing A J. Detection of pyrogen by cytokine release [letter]. Lancet，1988，1：130

Report of the ad hoc Interagency Coordinating Committee on the Validation of Alternative Methods. 105pp. Research Triangle Park，NC：NIEHS

Rosskopf-Streicher U，Johannes S，Wilhelm M，et al. Quality control of inactivated erysipelas vaccines：results of an international collaborative study to establish a new regulatory test. Vaccine，2001，19：1477～1483

Varney C. The development of a monoclonal antibody based ELISA for measuring antibodies to canine leptospiral vaccine. Pharmeuropa Special Issue，BIO，1999，99(2)：81～84

第 24 章　医疗器械生物学评价及替代方法的应用

Chapter 24　Medicine Instrument Biology Assessment and Alternative Methods Application

第 1 节　医疗器械生物学评价概述

医疗器械是指单独或者组合使用于人体的仪器、设备、器具、材料或者其他物品，包括所需要的软件；其用于人体体表及体内的作用不是用药理学、免疫学或者代谢的手段获得，但是可能有这些手段参与并起一定的辅助作用；其使用旨在达到下列预期目的：①对疾病的预防、诊断、治疗、监护、缓解；②对损伤或者残疾的诊断、治疗、监护、缓解、补偿；③对解剖或者生理过程的研究、替代、调节；④妊娠控制。

中国对医疗器械实行分类管理，按管理类别分为 3 类：第 1 类是指通过常规管理足以保证其安全性、有效性的医疗器械；第 2 类是指对其安全性、有效性应当加以控制的医疗器械；第 3 类是指植入人体用于支持/维持生命，对人体具有潜在危险，对其安全性、有效性必须严格控制的医疗器械。

医疗器械涉及机械、电子、材料、生命科学等众多学科。安全有效是世界范围内确定为医疗器械投入使用的最基本要求。近 30 年来，随着现代科学技术的发展，具有高新技术的医疗器械工业迅速发展，在医疗卫生事业中起到越来越重要的作用。2008 年，全球医疗器械市场规模达到 2065.9 亿美元，其中美国、欧洲、日本分列前三，占全球医疗器械市场比重达到近 78%；中国位居第四，占 5%。

近年来，我国医疗器械发展迅猛，每年约以 15%～20%的速度递增，特别是 2000～2008 年每年平均递增 20%以上，2008 年，整个市场份额 3000 多亿人民币，全年生产总值 2200 亿，销售 2100 亿，实现利润超过 200 亿。我国医疗器械产业是一个新兴产业，市场前景广阔。据推测，到 2050 年，中国医疗器械总产值在世界医疗器械市场上的份额将达到 25%。其中与人体接触的生物医用材料医疗器械约占整个医疗器械市场的 50%左右。

一、生物学评价意义

生物医用材料一般称为生物材料和人工器官，这类医疗器械与人体相接触，介入或植入人体内，存在一定或较高的风险，如人工心脏瓣膜、人工关节、冠脉支架、人工乳房等都要在体内使用十几年或几十年。这类医疗器械质量的好坏直接关系到使用者的生命安危，因此，在临床使用前应对其进行生物学评价，以保证其安全性。生物医用材料造成的生物学危害分两方面：一是材料造成的生物学危害；二是医用材料的机械故障引起的生物学危害。

生物医用材料与人体接触，对宿主人体的影响是一个非常复杂的过程，主要发生的生物反应有组织反应、血液反应、免疫反应和全身反应。生物学评价只涉及这部分，材料机械故障引起的危害要通过物理性能指标来控制。因此，本章节所提及的医疗器械均指与人体接触的由生物医用材料制成的器械。

生物学评价主要是为医疗器械提供一套生物学评价程序，通过微生物、细胞试验（体外试验）和动物试验（体内试验）评价器械或材料对细胞和动物体的有害作用，并通过以上试验综合评价，结合物理和化学性能、加工性能及外形等指标，提供医疗器械安全性和有效性的完整数据。除了生物材料本身的危害外，还应考虑材料与组织间的作用。生物学试验一般基于体外和半体外试验方法以及动物模型，鉴于试验方法的局限性，在体外系统或体内试验出现的生物学效应不能完全断定在人体内也出现同样的反应。因此，只能以警示的方式判断器械用于人体时的预期作用。在某些情况下，在动物体内出现的组织反应，在人体内却不一定出现同样的反应；同时，在生物学评价中好的生物医用材料或器械，由于人体与动物间的差异，也许会在某些患者身上产生不良反应，这就需要在临床研究进一步评价，以确保临床广泛应用时的安全性。生物学评价应结合制造器械所用材料成分的性质及其安全性、其他非临床试验、临床研究以及上市后情况进行总体评定。

二、生物学评价过程

为了保证医疗器械的安全性，在产品设计阶段就必须预先考虑可能的各种危害，并使其可能造成的危害减至最低可接受程度。根据风险管理的原则，医疗器械的安全性评价程序为：物理和化学性能评价→生物学评价（包括动物模拟试验）→临床试验。在我国应按 YY/T 0316 的风险管理原则进行生物学评价，如图 24-1 所示。

物理和化学性能评价：医用材料的强度、透明度、耐疲劳性等物理、化学和机械性能不仅是保证有效性的指标，而且也关系到产品的安全性。例如，人工心脏瓣膜的耐疲劳性既是产品重要的有效性指标，又是一个安全性指标。该试验是在加速情况下，使人工心脏瓣膜样品至少连续完成 3.8 亿次关闭（相当于正常人 15 年的瓣膜关闭次数）。同样，生物医用材料的化学性能会更加直接影响人体的安全性，因此，对材料的残留单体、有害金属元素、各种添加剂更要严加控制，如医用聚氯乙烯中氯乙烯含量必须小于 1μg/g。通常控制的指标有 pH、重金属含量、氧化还原物量、蒸发残留量等，但有些残留物或降解产物无法确定和控制，只有通过生物学评价才能进一步确认这些生物医用材料是否安全，即是否可以在临床使用。

生物学评价过程中的材料表征是至关重要的第一步。图 24-1 给出了如何将化学表征过程中各阶段与总体生物学评价判断点相连接的关系。

在进行生物学评价试验前，应对所有现有的合理和适用的信息进行分析，并与器械生物学安全性分析所需的数据组（见图 24-1 和表 24-1）进行比较，以明确风险评定完整数据组需要补充的其他数据或试验。如果现有临床前和临床数据（包括安全使用史）能满足生物学评价的要求，就没有必要进行动物试验。生物学评价中所用的试验方法应灵敏、精密并准确，所有试验都应在公认现行有效的实验室质量管理规范（如 GLP 或 ISO/IEC 17025）下进行。

表 24-1 是一个评定程序的框架，不是一个核查清单。对一些特殊医疗器械，可能需要不同的试验组，或多于或少于表中所包括的试验。除了表中所列的框架外，还应在风险评定的基础上根据接触性质和接触周期考虑慢性毒性、致癌性、生物降解、毒代动力学、免疫毒性、生殖和发育毒性或其他器官特异性毒性。

三、医疗器械生物学评价的标准

为了保障医疗器械临床使用的安全有效性，ISO 在 1989 年专门成立 194 个技术委员会，负责研究制定《生物材料和医疗器械生物学评价标准》，目前该委员会已制订 20 个有关标准或草案。

由于各国医疗器械法律、法规和技术标

表 24-1 医疗器械生物学评价需要考虑的试验

器械分类			生物学作用							
人体接触性质		接触时间 A-短期(≤24h)；B-长期(＞24h～30d)、持久(＞30d)	细胞毒性	致敏	刺激或皮内反应	全身毒性(急性)	亚慢性毒性(亚急性毒性)	遗传毒性	植入	血液相容性
表面器械	皮肤	A	×	×	×					
		B	×	×	×					
		C	×	×	×					
	黏膜	A	×	×	×					
		B	×	×	×					
		C	×	×	×		×	×		
	损伤表面	A	×	×	×					
		B	×	×	×					
		C	×	×	×		×	×		
外部接入器械	血路，间接	A	×	×	×	×				×
		B	×	×	×	×				×
		C	×	×		×	×	×		×
	组织/骨/牙本质	A	×	×	×					
		B	×	×	×	×	×	×	×	
		C	×	×	×	×	×	×	×	
	循环血液	A	×	×	×	×				×
		B	×	×	×	×	×	×	×	×
		C	×	×	×	×	×	×	×	×
植入器械	组织/骨	A	×	×	×					
		B	×	×	×	×	×	×	×	
		C	×	×	×	×	×	×	×	
	血液	A	×	×	×	×	×		×	×
		B	×	×	×	×	×	×	×	×
		C	×	×	×	×	×	×	×	×

×：表示基于风险分析之上的生物学安全性评价所必要的数据终点。当已有适宜的数据时，则不需要再进行试验

准不一致，给各国间医疗器械产品的国际贸易带来极大不便。为此，美国、欧共体、日本、加拿大及澳大利亚的医疗器械产业界和政府监督管理部门代表于 1992 年召开了首次医疗器械全球协调工作组(Global Harmonizationg Task Force，GMTF)会议。10 多年来，GMTF 为全球医疗器械管理一体化做了大量工作，取得了可观的成绩，达成了一些大家共识的技术性文件。在全球一体化的促进下，ISO 10993 标准已逐渐被各国采用，我国也正式采纳此标准，并将其等同转化为 GB/T 16886 系列标准。欧共体将 ISO 10993 转化成 EN 30993 标准，美国 FDA 也将 ISO 10993 标准转化成《生物相容性评价指南》(♯G 95-1)。在美国和欧盟的推动下，ISO 10993 标准已成为全球评价医疗器械安全性的纲领性文件，被各国研究单位和生产企业采纳并实施(图 24-1)。

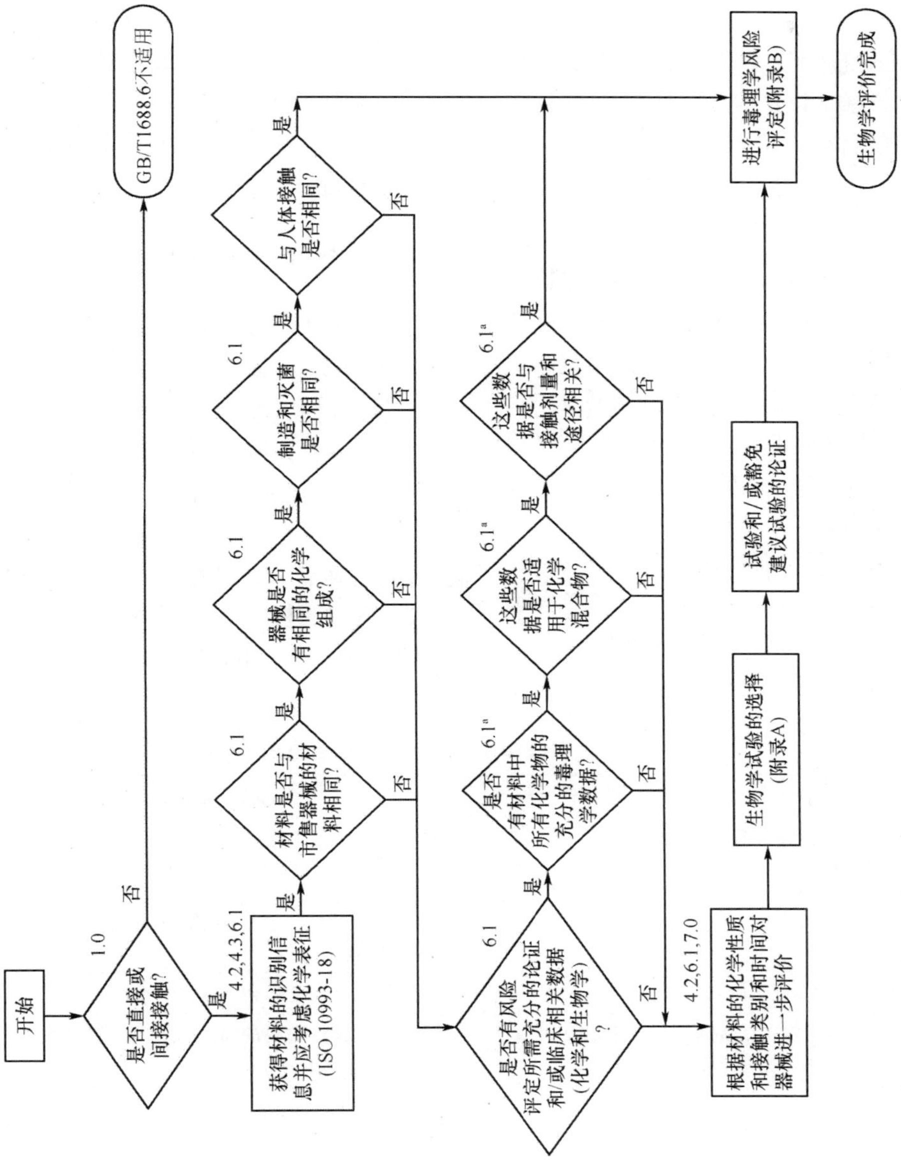

图24-1 作为风险管理组成部分的医疗器械生物学评价的系统方法框图

第2节　医疗器械生物学评价试验方法

医疗器械的生物学评价试验包括在体试验与离体试验，本节重点介绍体内动物试验以与下节的替代方法相对照。

一、血液相容性试验

血液相容性试验是指通过生物材料和医疗器械与血液相接触(体外、半体内或体内)，评价其对血栓形成、凝血、血液学、血小板和补体系统的作用，其评价方法见表24-2。由于目前国际标准中只提及了需要评价的内容而无标准的试验方法，因此只介绍在体血栓形成试验。

医疗器械表面与血液相互作用的后果，重者形成肉眼可见的血栓和栓塞，轻者会加速消耗体内止血成分。血栓形成是指由于血栓引起的血管、器械部分或完全闭塞的体内现象。血栓形成试验用于评价血液或血液成分与器械间的相互作用所导致的对血液、器官、组织或器械的影响。血栓形成试验包括在动物或临床装置上进行的半体内和体内方法。半体内法是指将人体或试验动物血液直接引入一个置于体外的试验容器中，如果使用动物模型，血液可直接返回动物体内(循环)，也可收集至试管内进行评价(单向通过)。

(一) 适于评价器械种类

适用于血栓评价的器械包括外部接入器械和植入器械两类。

1. 外部接入器械　包括以下几种：①与血路间接触的外部接入器械，如插管、延长器、血液采集器械等(不局限于此)；②与循环血液接触的外部接入器械，如导管、血液监测器、心血管介入器械等(不局限于此)。

2. 植入器械　包括机械或组织心脏瓣膜、下腔静脉过滤器和支架等(表24-2)。

表24-2　植入器械和外部接入器械试验方法

试验分类	植入器械评价方法	外部接入器械评价方法
血栓形成	扫描电镜(血小板黏附和聚集、血小板和白细胞形态、纤维蛋白等)	扫描电镜(血小板黏附和聚集、血小板和白细胞形态、纤维蛋白等)
	闭塞百分率	闭塞百分率
	流速降低	流速降低
	血栓成分的标记抗体	血栓成分的标记抗体
	器械剖检(肉眼和显微镜下)；组织病理学	光学显微镜(黏附的血小板、白细胞、聚集物、红细胞、纤维蛋白等)
		重量分析(血栓重量)
		器械产生的压降
凝血	特异性凝血因子测定；FPA、D-二聚体、F1＋2、PAC-1、S-12、TAT	凝血酶生成；特异性凝血因子评价；FPA、D-二聚体、F1＋2、TAT
	PTT(非活化)、PT、TT；血浆纤维蛋白原；FDP	PTT(非活化)

续表

试验分类	植入器械评价方法	外部接入器械评价方法
血小板	PF-4、β-TG；血栓烷 B2	PF-4、β-TG；血栓烷 B2
	血小板活化标记	血小板活化标记
	血小板微粒	血小板微粒
	放射性核素 ^{111}ln 标记的残存血小板伽玛成像	放射性核素 ^{111}ln 标记的残存血小板伽玛成像*
	血小板功能分析	血小板功能分析
	血小板计数/黏附	血小板计数/黏附
	血小板聚集	血小板聚集
		模版出血时间
血液学	白细胞计数（有或无分类计数）	白细胞计数（有或无分类计数）
	白细胞活化	白细胞活化
	溶血	溶血
	网织红细胞计数；外周血细胞活化特异性释放产物（例如粒细胞）	网织红细胞计数；外周血细胞活化特异性释放产物（例如粒细胞）
补体系统	C 3a、C5a、TCC、Bb、iC3b、C4d、SC5b-9、CH50、C3 转化酶、C5 转化酶	C 3a、C5a、TCC、Bb、iC3b、C4d2、SC5b-9、CH50、C3 转化酶、C5 转化酶

* ^{111}ln 标记推荐用于长期或重复应用（＞24h～30d）和永久接触（＞30d）

（二）动物试验

实验动物中非人灵长类与人的血液等级和反应性最为相近，但是欧盟法规（86/906/EEC）和有些国家的法规明确禁止使用灵长类动物进行血液相容性试验和医疗器械试验。其他动物，如家兔、猪、牛、绵羊或狗等进行试验也能获取令人满意的结果，由于物种间可能存在的明显差异（如犬科类动物比人更容易发生血小板黏附、血栓形成和溶血），因此，对所有动物研究结果均应予以谨慎的解释。

半体内试验适用于半体内器械（如外部接入器械），也适用于像血管移植物这样的体内器械，但这种试验不能替代植入试验。半体内试验系统适用于监测血小板黏附、栓子形成、纤维蛋白原沉积、血栓重量、白细胞黏附、血小板消耗和血小板激活。

与体外试验相比，半体内试验的优点在于使用流动的本体血（提供了生理血流条件），由于能改变试验容器，故能评价多种材料，还可对一些状况进行实时监测。缺点则是各试验之间的血流条件不一致，动物间血液的反应不同，可供评价的时间间隔相对较短。建议在试验中采用同一动物进行阳性与阴性对照试验。

体内试验系将材料或器械植入动物体内。用于体内试验的器械有血管补片、血管移植物、瓣膜环、心脏瓣膜和辅助循环器械。对于大多数体内试验，测定血液管道是否开放是衡量试验成败的最常用方法。器械取出后测定闭塞百分率和血栓重量，通过肉眼及显微镜仔细检查器械下游器官，评价器械上形成的血栓梗塞末端器官的程度。此外，周围组织和器官的组织病理学评价也是有价值的。例如肾脏特别易于滞留肾动脉上游的植入器械（如心室辅助器械、人工心脏、主动脉人工移植物）形成的血栓。目前已有无须试验结束即可评价体内相互作用的方法，如用心动图测定移植物开放性或器械上的血栓沉积、放射成像技术用于监测体内各个时期血小板的沉积情况。血小板存活与消耗可提示血液/器械相互作用和由新内膜形成或蛋白质吸附引起的钝化反应。有些体内试验系统中材料特性可能不是血液/器械相互作用的主要决定因素，确切地说就是血流参数、柔顺性、多孔性及植入物设计可能比材料本身的血液相容性更为重要。例如，对同一种材料，流速的高与低会导致截然不同的结果。在这种情况下，体内试验系统性能要比体外试验结果更具重要性。

（三）血栓形成的评价方法

1. 闭塞百分率 是器械经过使用并取出后以目力来定量测定的方法，即测定管道中血栓形成过程的严重程度。无闭塞不能完全排除血栓形成过程的存在，因为血栓可能在测量闭塞百分率之前已经变成栓子或被清除。闭塞亦可能不仅仅是因血栓形成造成的，还可能由内膜增生引起，尤其是在血管移植物的外周吻合处，需用显微镜检查来鉴别闭塞过程的性质。在允许的情况下，可进行血栓覆盖表面积和血栓游离表面积半定量试验测定。

2. 流速降低 器械使用一个时期后测量流速，可在使用期间或使用前后进行。

3. 血栓重量分析 器械经过使用后连同接触处的血管一并取出，剖开血管检查血栓，将血栓取下恒重后称量其重量。

4. 光学显微镜 采用该技术可以获得有关细胞密度、细胞聚集和纤维蛋白黏附等方面的信息，以及材料或器械上这些沉积物的几何分布。光学显微镜法为半定量方法。

5. 器械产生的压降 可在器械使用前后一个时期进行测量。

6. 扫描电镜（SEM） 能显示被检成分更为清晰的细微结构。要做出定量结论需进行反复多次测定。

7. 抗体结合 对材料上的纤维蛋白和血小板沉积进行显微定性判定之后，可通过测量纤维蛋白原或血小板膜受体的特异性标记抗体水平进行定量评价。进行这种测量时，材料在接触血液之后应进行清洗，以在标记抗体结合之前除去非附着性血液成分。

8. 器械取出和检查法 对于评价植入器械的生物学反应非常重要。通过认真细致的检查，可对细胞和蛋白质沉积物的分布、大小和显微镜下的属性进行最完善的测定。

9. 远侧器官剖检 检查植入的器械对远侧的影响，这些影响包括血栓栓塞和器械成分引起的栓塞。

10. 成像技术 如血管造影术、血管内超声、多普勒超声和 MRI，可从中选择方法来测定移植物或其分管道的开放性或闭合程度，还可测定体内器械上的血栓沉积。

二、迟发型超敏反应

皮肤致敏的动物实验法是检验受试物是否具有皮肤变态反应的优选方法，目前最常用的检测方法是 Magnusson Kligman 豚鼠最大剂量法和 Buehler 封闭斑贴试验法。有关方法可参见第 11 章。

对于医疗器械应注意不同用途的器械前处理程序的区别，必要时可进行预试验。

预试验是为了确定主试验中所用试验样品的浓度。用通用溶剂制备的未稀释的浸提液不需要进行预试验。试验前应对全部动物进行弗氏完全佐剂(FCA)注射的预处置。

三、刺激试验

刺激试验包括皮肤刺激、皮内反应、眼刺激、口腔刺激、阴茎刺激、直肠刺激、阴道刺激等。

（一）皮肤刺激试验

皮肤刺激试验主要采用动物实验评价材料在试验条件下产生皮肤刺激反应的潜力。家兔为首选动物。为了证实试验的敏感性，每只动物最好设有阴性对照和阳性对照。试验材料和对照材料的试验剂量与所用的浸提介质应相同。皮肤刺激可分为单次接触试验和多次接触试验。

结果评价可采用平均皮肤刺激反应评分或原发性刺激指数(PII)。分别计算单次接触和多次接触试验的原发性刺激指数(PII)。具体内容可参考第9章。

(二)皮内反应试验

通过皮内注射材料浸提液,对材料产生刺激反应的潜在性做出评价,一般使用健康、初成年的白化兔,雌雄不限,体重不低于2kg,应至少采用2只动物。任何显示为皮肤、眼、黏膜组织刺激物的材料,或是pH≤2或pH≥11.5的材料,不应进行皮内试验。

实验步骤:试验前4~18h,取家兔2只,在脊柱两侧各选择约10cm×15cm区域剃毛,尽量避免机械损伤皮肤。在每只兔脊柱一侧的前5个点皮内注射0.2ml极性溶剂制备的样品浸提液,同一侧的后5个点皮内注射0.2ml极性溶剂对照液。在每只兔脊柱另一侧的前5个点皮内注射0.2ml非极性溶剂制备的样品浸提液,同一侧的后5个点皮内注射0.2ml非极性溶剂对照液。具体见图24-2。

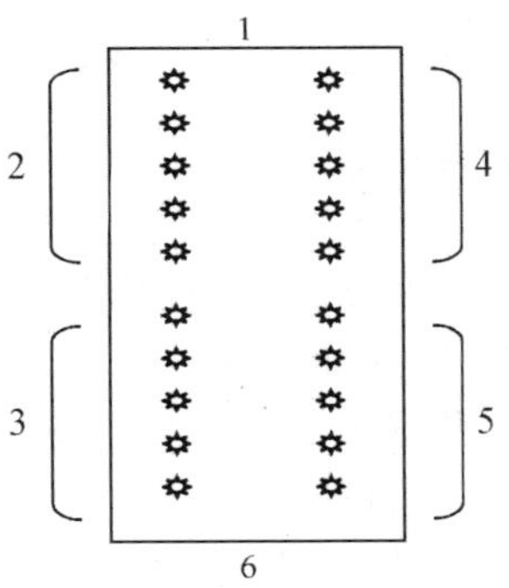

图24-2 注射点排列

1:头端;2:0.2ml极性浸提液注射点;3:0.2ml极性溶剂对照液注射点;4:0.2ml非极性浸提液注射点;5:0.2ml非极性溶剂对照液注射点;6:尾端

注射后即刻以及24、48、72h观察和记录各注射部位情况,根据表24-3对每一观察期各注射部位的红斑和水肿的组织反应评分,并记录试验结果。在72h观察时,可静脉注射适宜的活体染料,如台盼蓝或伊文思蓝,有助于显示刺激区域反应评价。如可行也可使用无创技术以有助于评价。

表24-3 皮内反应记分系统

反应	记分
红斑和焦痂形成	
无红斑	0
极轻微红斑(勉强可见)	1
清晰红斑	2
中度红斑	3
重度红斑(紫红色)至焦痂形成	4
水肿形成	
无水肿	0
极轻微水肿(勉强可见)	1
清晰水肿(肿起,不超出区域边缘)	2
中度水肿(肿起约1mm)	3
重度水肿(肿起超过1mm,并超出接触区)	4

注:记录并报告注射部位的其他异常情况

结果评价:72h后,分别将样品组和溶剂对照组的全部红斑与水肿记分相加,再除以12[2(动物数)×3(观察期)×2(记分类型)],计算出样品组和对照组的综合平均记分。如样品组和对照组的综合平均记分之差不大于1.0,则符合试验要求。在任何观察期,如样品一般反应疑似大于溶剂对照反应,应取家兔重新进行试验,样品组与溶剂对照组平均记分之差不大于1.0,则符合试验要求。

(三)眼刺激试验

眼刺激试验只有在用其他方法不能得到安全性数据的情况下才考虑进行,并且仅适用于预期与眼或眼睑接触的材料。该试验的目的在于对材料在试验条件下产生眼刺激反应的潜在性做出评价。在皮肤试验中已证实有明显腐蚀性或有重度刺激性的材料和(或)最终产品不应再进行眼刺激试验。任何显示为皮肤刺激物或 pH≤2 或 pH≥11.5 的材料不应进行试验。

对于医疗器械产品，如果是液体，将 0.1ml 未稀释液直接滴入动物一只眼的下结膜囊内。

试验材料如果是固体或颗粒状制品，应碾成细粉，混合后取 0.1ml 体积容量（重量不超过 100 mg）滴入动物 1 只眼的下结膜囊内。有的产品可能不能直接在眼中试验，机械损伤会导致试验无效。

如将试验材料装入泵中喷射，可像液体样喷射滴入 0.1 ml。如将试验材料装入喷雾器中，可选择在距离张开的眼睛 10cm 处喷射 1 s；或选择喷入一冷容器内凝结为液体后应用。如试验材料只能用其浸提液进行试验，应按有关规定制备浸提液，将 0.1ml 的浸提液滴入动物 1 只眼的下结膜囊内。在上述同等条件下不加试验材料，用极性和非极性溶剂制备空白液。

按照 3R 的原则，初试应使用 1 只动物评价试验材料。如预期无反应，初试可采用 3 只动物。如 1 只动物出现清晰的阳性反应时则不必再进行试验。固体或液体材料如没有出现清晰反应时，应至少再使用两只动物进行试验。对于浸提液，每种浸提液也应至少再使用 2 只动物。使用了至少 3 只动物后，如试验反应仍然疑似或不明确，应考虑进行复试。

试验步骤：试验前 24h 内检查每只家兔的双眼是否有异常现象，如发现异常应淘汰该兔。检眼时可使用 2%荧光素钠检查角膜损伤，也可使用检眼镜、裂隙灯或其他适宜的器械。按前所述要求滴入试验样品于 1 只眼内。滴注后闭眼约 1s。检验浸提液时，每只动物的对侧眼作为对照滴入空白液。如材料预期要反复接触人体，并且在急性试验中未发现有显著反应时，可进行多次接触试验。多次接触试验只能在急性接触试验完成后进行（至少在 72 h 后）。接触期应与试验材料/器械临床使用期相似。

动物观察：对一次滴入试验材料的动物在滴注后约 1、24、48、72h 检查每只动物的双眼。如有持续性损伤存在，应延长观察时间，以确定损伤的进展性和可逆性，但延期最多为 21 天。对有严重损伤的动物延期观察则没有任何意义。美国食品药品管理局（US FDA）导则中的接触镜检验要求 21 天接触期，每天接触 8h。根据眼损伤记分系统，对观察到的反应记分并记录。对多次滴入试验材料的动物在每次滴注前和滴注后约 1 h 检查每只动物的双眼。如末次滴注后有刺激现象，应延长观察时间。如有持续性角膜受累症状或其他眼刺激反应也应延长观察时间，以确定损伤的进展性和可逆性。

眼损伤评分系统可参考本书第 13 章表 13-2，对观察到的反应记分并记录。动物如出现下列症状之一时应立即从试验中淘汰并无痛处死：极重度眼损伤（结膜腐痂或溃疡、角膜穿孔、前房内有血和脓液等）；有血污或脓液排出；明显的角膜溃疡。如动物显示最大反应时也应从试验中淘汰，这种反应包括：对光反射消失（虹膜反应记分 2）或角膜浑浊（记分 4）并在 24 h 内无可逆迹象；或是结膜炎（球结膜水肿记分 4，并伴发充血记分 3）并在 48 h 内无可逆迹象。

（四）口腔刺激试验

口腔刺激试验只有在用其他方法不能得到安全性数据的情况下才考虑进行动物试验，并且仅适用与口腔组织接触的材料，其目的在于对材料在试验条件下使口腔组织产生刺激反应的潜在性做出评价。任何显示为皮肤或眼的刺激物或 pH≤2 或 pH≥11.5 的材料，不应进行试验。

应使用健康、初成年的金黄色地鼠，同一品系，雌雄不限。应使动物适应环境，并按有关的规定饲养。除此以外，必要时给动物套上 1 个 3～4 mm 宽的适用项圈，使动物能维持正常进食和呼吸，且又能防止动物口腔内棉球移出。试验期间动物每天称重，连续 7 天。在此期间，检查每只动物的体重下降情况，必要时可调整项圈。如动物体重持续下降，应将其从试验中淘汰。初试应至少使用 3 只动物。另取动物用相应的阴性对照材料或空白液进行试验。初试反应如疑似或不明确，应考虑进行复试。

试验步骤：除掉动物项圈，翻转颊囊用生理盐水冲洗后，检查有无异常。对于固体试验材料，可将样品(直径不大于 5mm)放入颊囊内。液体试验材料或浸提液样品则可用棉球浸透试验材料或浸提液，记录所用的体积，放入动物的一侧颊囊内。也可将适宜体积的样品直接灌注入颊囊，另一侧颊囊不放样品作为对照。对照动物平行试验。必要时重新给动物带上项圈放回笼中。接触时间应尽可能与材料实际使用时间一致，但最少不能少于 5min。接触后除去项圈和棉球，用生理盐水冲洗颊囊，应注意不要污染另一侧颊囊。对于急性接触，重复上述步骤每小时 1 次，共 4 h。多次接触试验时，应根据预期临床应用情况确定试验用量、接触次数、时间和间隔期。

动物观察：取出试验球后肉眼观察颊囊，并且在每次接触前(如需多次接触时)检查颊囊。描述动物颊囊的一般状况，并按表 24-4 给出的记分系统，判定动物每一观察期颊囊表面红斑反应记分。末次接触后 24 h 肉眼观察颊囊，无痛处死地鼠，取颊囊有代表性部位的组织样品进行组织学评价。

表 24-4　口腔和阴茎反应记分系统

反应	记分
红斑和焦痂形成	
无红斑	0
极轻微红斑(勉强可见)	1
清晰红斑	2
中度红斑	3
重度红斑(紫红色)至焦痂形成	4

注：记录并报告注射部位的其他异常情况

结果评价：肉眼观察和比较空白对照侧颊囊与对侧颊囊，如有对照组，则还应与对照组动物的颊囊进行比较。每一观察记分(见表 24-4)相加后再除以观察总数得出每只动物平均记分。这些观察可能有助于组织学评价。试验材料首次接触前的初始观察结果不包括在平均记分中。

组织学评价：对口腔组织切片进行显微镜观察，可按表 24-5 规定的记分系统对每一组织进行评分。将试验组所有动物的显微镜评价记分相加，再除以观察总数，得出试验组平均记分。对照组同法计算。最大记分为 16。空白对照颊囊的显微镜评价总分大于 9 时，表明有病理改变，对照动物如出现这种情况，则可能是试验操作时造成的损伤。如其他试验或对照动物出现同样的高分，无论是哪种情况，可能都有必要进行复试。试验组平均记分减去对照组平均记分得出刺激指数(表 24-6)。对于多次接触试验，可将表 24-5 修改为适合于对有关慢性刺激组织反应的评价。表 24-5、表 24-6 也适用于阴茎、直肠和阴道刺激试验结果的评价。

表 24-5　口腔、阴茎、直肠和阴道组织反应显微镜记分系统

反应	记分
上皮	
正常，完好无损	0
细胞变性或变扁平	1
组织变形	2
局部糜烂	3
广泛糜烂	4
白细胞浸润(每个高倍视野)	
无	
极少(少于 25)	
轻度(26～50)	
中度(51～100)	
重度(大于 100)	
血管充血	
无	0

续表

反应	记分
极少	1
轻度	2
中度	3
重度伴血管破裂	4
水肿	
无	0
极少	1
轻度	2
中度	3
重度	4

表 24-6 刺激指数

平均记分	反应程度
0	无
1～4	极轻
5～8	轻度
9～11	中度
12～16	重度

（五）阴茎刺激试验

阴茎刺激试验只有在用其他方法不能得到安全性数据的情况下才考虑进行，并且仅适用与阴茎组织接触的材料。该试验的目的在于对材料在试验条件下产生阴茎皮肤刺激反应的潜在性做出评价。任何显示为皮肤或眼的刺激物或 pH≤2 或 pH≥11.5 的材料，不应进行试验。

实验选择成年健康的雄性白化兔或豚鼠。能供试验接触的阴茎长度应至少为 1cm。由于动物个体色素差异，首次试验前应先观察动物，按表 24-4 给出的记分统计对红斑进行评分，对出现严重变色或红斑记分大于等于 2 的动物不能用于试验。初试应至少使用 3 只动物评价试验材料，另取 3 只动物作为对照组。初试反应如疑似或不明确时，应考虑进行复试。

用辅助器具固定动物四肢，使动物保持仰卧姿势。用食指和中指轻压外阴部使阴茎伸出。阴茎伸出后，施用足够的试验样品（约 0.2ml）以确保覆盖阴茎。使阴茎缩回包皮中，并应采取措施防止动物舔试验部位，以避免继发性因素（如 Elizabethan 项圈）干扰原发性刺激反应。试验材料末次接触后，动物也可固定在一个设计合理的固定器中 1h 后再放回笼中。对于急性接触，重复上述步骤每小时 1 次，共 4h。长期多次接触试验时，应根据预期临床应用情况确定试验用量、接触次数、时间和间隔期。

动物观察：急性接触时，每次接触后 1h（即下次接触前）注意观察阴茎一般状况。末次接触后 1、24、48h 观察并记录动物状况。长期多次接触时，在首次接触后 1h 和下次接触之前观察记录阴茎状况。按表 24-4 规定的记分系统对动物每一间隔期皮肤表面红斑反应记分，并记录试验结果。动物在试验前如有皮肤发红现象，应从试验样品红斑记分中减去试验前的红斑记分，以确定由试验样品引起的红斑反应。每一观察记分最高为 4 分。

结果评价：将末次试验阴茎和包皮与对照动物阴茎进行肉眼观察比较。将每次观察记分相加后再除以观察次数得出每只动物的平均记分。这些观察可能有助于组织学评价；试验材料首次应用前的初试观察结果不包括在平均记分中。试验结束后，对阴茎材料常规固定，制作病理切片，进行显微形态学检查。阴茎皮肤的刺激反应评价可参考表 24-5。

（六）直肠刺激试验

直肠刺激试验只有在用其他方法不能得到安全性数据的情况下才考虑进行，并且仅适用于预期与直肠组织接触的材料。其目的在于对材料在试验条件下产生直肠组织刺激反应的潜在性做出评价。任何已显示为皮肤或眼的刺激物或 pH≤2 或 pH≥

11.5 的材料不应再进行试验，可认定为潜在的直肠刺激物。

试验动物选择健康的白化兔。初试应至少使用 3 只动物评价试验材料，另取 3 只动物作为对照组。初试反应如疑似或不明确时应考虑进行复试。每次试验操作前应检查动物直肠排液、水肿和其他感染、刺激和损伤情况。

将一短软管(6cm)或一钝头插管与一容量大于 1ml 的注射器连接，注射器和导管注满后可使动物能接受 1ml 试验样品。应为每只动物分别准备一套注射器和连接导管。将动物置于固定器中固定，以便于接触会阴部位。导管插入前可用对照样品或适当的润滑剂湿润处理。提起动物尾巴暴露出会阴，然后将湿润过的导管轻柔的插入直肠，用注射器注入 1ml 试验液。由于动物个体直肠容积的差异性，试验液注入时或注入后可能会有溢出，可用软棉纸轻拭去溢出的液体。每次间隔 24h 连续重复上述步骤，连续 5 天。对于长期多次接触试验，应根据预期临床接触时间确定接触次数、时间和间隔期。

动物观察：初次接触后 24 h 和每次试验操作前注意记录会阴溢液、红斑和刺激状况。对于出现过度溢液、肿胀或难以给药的动物，应无痛处死后做组织学检查。

结果评价：末次接触后 24 h 无痛处死动物，完整切下直肠后纵向切开，肉眼检查上皮组织层的刺激、损伤以及坏死情况。将直肠和大肠的末端放入适当的固定剂中固定后进行组织学评价。将试验兔的直肠组织与对照兔直肠组织进行比较。记录并描述肉眼观察下每只动物直肠组织的状况，注意试验与对照部位之间的差别。

肠道组织的反应评价可参考表 24-5。对于长期多次接触试验，可将表 24-5 修改为适合于对有关慢性刺激组织反应的评价。

(七) 阴道刺激试验

阴道刺激试验只有在用其他方法不能得到安全性数据的情况下才考虑进行，并且仅适用于预期与阴道组织接触的材料。其目的在于对材料在试验条件下产生阴道组织刺激反应的潜在性做出评价。任何已显示为皮肤或眼的刺激物或 pH≤2 或 pH≥11.5 的材料不应再进行试验，可认定为潜在的阴道组织刺激物。固体或液体试验材料应按有关规定进行制备。

实验动物通常选择健康的雌性白化兔。初试应至少使用 3 只动物评价试验材料，另取 3 只动物作为对照组。初试反应如疑似或不明确时应考虑进行复试。每次试验操作前应检查动物阴道排液、水肿和其他感染、刺激和损伤情况。在动物发情期阶段也应检查阴道，以避免由于阴道的生理变化而做出假阳性反应判定。

试验步骤：将一短软管(6cm)或一钝头插管与一容量大于 1ml 的注射器连接，注射器和导管注满后可使动物能接受 1ml 试验样品。应为每只动物分别准备一套注射器和连接导管。将动物置于固定器中固定，以便于接触阴道。导管可用对照液或适当的润滑剂湿润处理。提起动物尾巴暴露出阴道口，然后将湿润过的导管轻柔地插入阴道，用注射器注入 1ml 试验样品。每次间隔 24h 连续重复上述步骤，至少连续 5 天。对于长期多次接触试验，应根据预期临床应用情况确定试验用量、接触次数、时间和间隔期。

动物观察：初次接触后 24h 和每次试验操作前注意记录阴道口与会阴溢液、红斑和水肿状况。对于出现过度溢液、红斑或难以给药的动物，应无痛处死后做组织学检查。

结果评价：末次接触后 24h 无痛处死动物，完整切下阴道后纵向切开，检查上皮组织层的刺激、损伤以及坏死情况。将取下的阴道组织进行组织学评价。每块阴道组织应取其两端和中央 3 部分。将试验动物与对照动物的阴道部位进行比较。记录并描述肉眼观察下每只动物阴道组织的状况，注意试验组与对照组之间的差别。阴道黏膜的反应评价可参考表 24-5。对于长期多次接触试验，可将此表修改为适合于对有关慢性刺激组织反应的评价。

四、全身毒性试验

（一）急性全身毒性

涉及整个生物体的毒性即为全身毒性。器械作用于患者的条件或状况各异，应首选器械在正常使用条件下的试验样品，如果确实存在差异，应在试验报告中予以报告，并说明原因。试验应对最终产品、最终产品有代表性的组成成分的样品进行试验。有些情况下，也可在最终产品装配好之后分别对其各组件立即进行试验。

按暴露途径不同，急性全身毒性可以分为经口、经皮、吸入、静脉注射和腹膜内途径等几种，应用较多的系将医疗器械浸提液直接注入小鼠静脉和腹腔内，在规定时间内观察小鼠有无毒性反应和死亡情况，以判定供试品是否具有潜在的急性全身毒性作用。主要使用的浸提介质为质量浓度为生理盐水和精制植物油，推荐采用符合《美国药典》24 版规定的棉籽油或芝麻油，也可使用其他经验证实无生物学毒性反应的植物油。

试验动物选择小鼠，每种浸提液用小鼠 10 只，随机分为供试品和浸提介质对照两组，每组 5 只。复试时每组取 18～19 g 的小鼠 10 只。试验前，按有关规定选择适宜的浸提条件，每种供试品制备极性和非极性两种浸提液。同条件制备浸提介质对照液。自尾静脉分别注入氯化钠注射液浸提液和介质对照液，以不超过 0.1ml/s 的恒定速度注射，注射剂量为 50ml/kg。由腹腔分别注入植物油浸提液和介质对照液，注射剂量为 50ml/kg。注射完毕后，观察小鼠即时反应，并于 4、24、48、72h 观察和记录试验组与对照组动物的一般状态、毒性表现和死亡动物数，在 72 h 时称量动物体质量。动物反应观察判定参考表 24-7。

表 24-7　毒性反应观察

反应程度	症状
正常，无症状	注射后无毒性症状。
轻微	注射后有轻微症状但无运动减少、呼吸困难或腹部刺激征
中度	注射后出现明显的腹部刺激症状、呼吸困难、运动减少、眼睑下垂或腹泻（体质量下降至 15～17g 之间）
重度	注射后出现虚脱、发绀、震颤或严重腹部刺激症状、腹泻、眼睑下垂或呼吸困难（体质量急剧下降，一般低于 15g）
死亡	注射后死亡

在 72h 观察期内，试验组动物的反应不大于阴性对照动物，则判定供试品合格。如试验组动物有 2 只或 2 只以上出现中度毒性症状或死亡，则判定供试品有急性全身毒性反应；如试验组动物出现轻微毒性症状，或不超过 1 只动物出现中度毒性症状或死亡，或虽无毒性症状但组内动物体质量普遍下降，则另取小鼠 10 只为 1 组进行复试，复试结果试验组动物反应不大于阴性对照组动物，则判定供试品合格。

（二）重复染毒毒性

亚急性/亚慢性全身毒性和慢性毒性可统称为重复染毒毒性。亚急性/亚慢性毒性试验主要用于经口、经皮、吸入、静脉和腹膜内注射等染毒途径，应用较多的是将医疗器械植入动物体内或将医疗器械浸提液直接注入动物静脉、腹腔或皮下，在大于 24 h 但不超过试验动物寿命的 10%的时间（如大鼠是 90 天）内，测定器械或其浸提液一次或多次作用或接触对试验动物的影响，以判定供试品是否具有潜在的亚急性（亚慢性）全身毒性作用。出于对实验动物福利以及“3R”原则的考虑，目前大部分实验室将慢性（亚慢性）毒性试验与植入试验合并设计，以减少动物使用量以及不必要的重复。

试验途径的选择应尽可能与器械的临床应用相关，可选择下列适用途径进行试验：体内植入适用于植入器械；静脉注射适用于直接或间接与血液接触的器械；腹腔注射适用于液路器械或与腹腔接触器械；皮下注射适用于皮下接触方式有利于评价器械毒性作用时。

体内植入首选家兔。静脉、腹腔或皮下接触首选大鼠。每一试验剂量组需要的动物数量根据试验目的来确定，推荐的动物种属和每剂量组最少动物数量为：亚急性毒性，啮齿类动物 10 只(雌、雄各 5 只)，非啮齿类动物 4 只(雌、雄各 2 只)；亚慢性毒性，啮齿类动物 20 只(雌、雄各 10 只)，非啮齿类动物 8 只(雌、雄各 4 只)。也可根据器械具体应用情况使用单一性别动物，但应说明理由。

每一种供试品应设立供试品组和对照组。静脉、腹腔或皮下接触途径的供试品组一般应设高、中、低 3 个剂量水平组。如根据器械材料成分和结构方面的相关数据预期不会出现毒性反应时，可考虑设定为单剂量组(不低于中剂量组浓度)，即限定性试验。

推荐的剂量水平设定 1：高剂量组应是可使动物产生毒性反应但无死亡；中剂量组能产生可观察到的微弱毒性反应；低剂量组不产生任何毒性症状。

推荐的剂量水平设定 2：以 GB/T16886.12 的要求制备的浓度为中剂量组，高剂量组为中剂量组的 2 倍浓度，低剂量组为中剂量组的 2 倍稀释浓度。

对照组分为阴性对照组或试剂对照组，可设定为单剂量组，采用与试验组相同的染毒途径。

体内植入试验的要求见下文。对照组可植入阴性对照样品，或仅进行与供试品组相同的手术步骤而不植入阴性对照样品。单次静脉快速注射时一般在 1min 内注射完毕，亦可根据供试液具体情况采用慢速注射，大鼠静脉注射速度通常不超过 2 ml/min。根据评价需求和供试液具体情况确定注射剂量体积，各动物种属最大注射剂量体积见表 24-8。

表 24-8　最大注射剂量体积

动物种属	静脉注射体积(ml/kg)	腹腔注射体积(ml/kg)	皮下注射体积(ml/kg)
小鼠	50	50	50
大鼠	40	20	20
兔	10	20	10
犬	10	20	2

静脉、腹腔和皮下接触时一般每周 5 天或 7 天。亚急性全身毒性试验接触周期为 14～28 天，静脉注射接触时小于 14 天。亚慢性全身毒性试验接触周期通常为 90 天，但不超过动物寿命期的 10%，静脉注射接触时为 14～28 天。

有关重复染毒毒性试验的过程和评价参见本书第 15 章。

五、热原试验

本试验系将医疗器械浸提液注入家兔静脉，在规定的时间内观察家兔体温升高的情况，以判定供试品是否具有潜在的材料致热作用。使用质量浓度为 9g/L 的氯化钠注射液应无菌无热原，并确保与供试液接触的所有玻璃器皿无潜在热原(可置电热干燥箱内 180℃ 干烤至少 2h，或 250℃ 干烤至少 30min)。有关兔热原试验可参考第 23 章。

六、植入试验

植入试验是将医疗器械材料植入动物肌肉或皮下组织内，通过观察植入材料周围组织反应程度，以评价供试品的生物相容性。试验适用于预期与人体内组织接触、采用非降解聚合物材料制造的医疗器械的生物学安全性评价，也可以用于亚急性（亚慢性）毒性作用的评价。

（一）植入样品的制备

固体材料：试验材料的物理特性（形状、密度、硬度、表面光洁度）可影响组织对试验材料的反应性质。每一植入物都应经过与最终产品相同的制造、处理、污物清除及灭菌过程。植入样品制备并灭菌后，应特别注意在植入前或植入过程中不使其受到擦伤、损坏或任何污染。

非固体材料（包括粉剂）：非固体材料包括液体、糊状物和颗粒状，可在使用前将其成分调合并在不同时间后种植（如骨水泥、齿科材料）。这些材料可以装在管内做植入后局部反应试验，常用的有聚乙烯（PE）、聚丙烯（PP）或聚四氟乙烯（PTFE）管。试验前将管子用70%乙醇溶液和蒸馏水清洗，并经高压蒸汽或其他临床使用的适当的方法灭菌。以新鲜混合状态进行试验的材料应进行微生物学检验。PE管高压蒸汽灭菌时可能会变形。PTFE管在切片机上切片较困难，如管子保留在组织块内一起切片，最好用同样尺寸的PE管或PP管代替。

对照样品的尺寸、形状，特别是表面条件，应尽可能与试验样品一致。如试验材料装在管内，对照样品则应为与管子同样材料的杆状体，且其直径与管子外径相同。对照样品所采用的处理、清洗及灭菌方法应能使其保持可接受性和良好的对照特性。对照材料应选择其临床应用确定的用途与待选试验材料预期用途一致的材料。

（二）实验动物选择

应根据植入试验样品的大小、试验周期、动物寿命以及种属间硬组织和软组织生物反应的差异等因素选择试验动物。皮下组织和肌肉内的短期试验，一般可选用小鼠、大鼠、豚鼠和家兔中的一种。皮下组织、肌肉和骨内的长期试验，一般可选用大鼠、豚鼠、家兔、狗、绵羊、山羊、猪或其他寿命较长的动物中的一种。试验样品与对照材料应以相同条件植入到同一年龄、性别、同一品系同种动物的相同解剖部位。植入物的数量和大小根据试验动物及其解剖部位的情况而定。

对植入材料局部组织反应评价时，分为短期试验（12周以内）和长期试验（12周以上）2种。选择的试验周期应能使相应的生物学反应达到一稳定状态。植入材料的局部生物反应主要与材料的特性有关，还受到手术创伤的影响。术后植入物周围组织结构的改变随时间而变化，通常情况下，1周观察期内发现细胞活性增高，接着转入过渡期。在9～12周后肌肉和结缔组织中细胞群呈稳定状态，随动物品种的不同而异。骨组织内植入可能需要较长的观察期。

皮下组织和肌肉短期植入可选择的试验观察期，小鼠为1、3、9周，大鼠豚兔为1、4、12周。

皮下组织、肌肉和骨长期植入可选择的试验观察期，大鼠和豚鼠为12、26、52周，兔为12、26、52、78周，犬、绵羊、山羊和猪为12、26、52、78周，必要时可延长至104周。

（三）试验过程

麻醉动物（可采用质量浓度30g/L戊巴比妥钠或质量浓度20g/L硫喷妥钠，亦可采用其他适宜麻醉剂），去除手术区毛发，消毒手术区。在无菌状态下，采用对植入部位损伤最小的方法，手术植入受试物进行，术后用创口夹或缝合线闭合创口，并注意保持无菌。手术中应避免动物毛发与植入物或创面接触。在植入期内适当的间隔期观察每只动物，并记录任何异常现象，包括局部、全身和行为异常。试验期结束时应采用超剂量麻醉或其他人道的方法将动物无痛处死。

（四）生物学反应评价

通过对不同时间内的肉眼观察和组织病理反应分级与记录来评价生物学反应，并比较试验材料和对照材料的生物学反应。对相同部位相对应的每一对照植入物与试验植入物进行比较，以将组织和植入物之间相对运动产生的反应降至最低限度。柱状样品的观测部位应是柱的中部；带槽的柱状植入物，其槽间的中央部位及平顶端面处适合于评价。对于装入管内的非固体或颗粒材料，管的末端部是唯一适于评价的区域。

试验结束后，切取包含植入物及其周围足够多未受影响组织的组织标本，肉眼观察记录组织反应的特性和程度，包括植入物表面和组织床的状态，对切取的试验和对照植入物组织块进行适当处理与固定，以便进行组织病理学和其他有关研究。推荐将完整组织包膜与在原位使用硬塑料的植入物一起包埋，采用塑料包埋技术对界面组织不会造成明显改变。

组织反应程度系根据对植入物/组织界面至具有正常组织和血管特性未受影响区域距离的测量来确定，记录与植入物尺寸有关的切片定位、植入物定位、切片数量和组织块的几何形状。应评价和记录的生物反应指标包括：纤维化/纤维囊腔和炎症程度；由组织形态学改变而确定的变性；材料/组织界面炎性细胞类型及其他多核细胞的数量和分布；根据核碎片和/或毛细血管壁的破裂情况确定是否存在坏死；其他指标，如材料碎片、脂肪浸润、肉芽肿。对于多孔植入材料，定性、定量测定长入材料内的组织；对于骨组织，主要观测组织与材料的界面，应评价植入物与骨的接触面积和植入物周围骨的数量以及期间的非钙化组织，注意骨吸收和骨形成情况。

（五）皮下组织植入试验

皮下组织植入试验是将植入物植入试验动物的皮下组织，通过与准许临床使用的对照材料的生物学反应进行比较，评价皮下组织对植入材料的生物学反应，可用于比较不同表面结构或条件的同种材料的生物学反应，或用于评价一种材料经各种处理或改性后的生物学反应。

片状材料制成直径 10～12mm、厚度 0.3～1mm 的试验样品。值得注意的是深度达浅筋膜肌层的部位特别适于评价片状聚合物材料，片状材料若植入肌肉内可能会打折，使得难以评价材料本身所造成的生物学反应。块状材料制成直径 1.5mm、长 5mm 两端为球面的试验样品。带槽的样品制成直径 4mm、长 7mm。组织生长入槽内可使界面运动造成的刺激降至最低程度。非固体材料（包括粉末）装入直径 1.5mm、长 5mm 的管内。

试验动物选择成年小鼠、大鼠、豚鼠或家兔中的一种动物，将植入物植入动物背部皮下组织。每种材料和每一植入期至少采用 3 只动物，植入 10 个样品。

分析比较供试品与阴性对照品之间组织反应的差异，综合评价供试品与活体组织间的生物相容性。也可以与同类型已经临床认可的器械进行比较，判定医疗器械炎性反应和囊腔形成等级。推荐的炎性反应分级见表 24-9。

表 24-9　炎性反应分级

级别	炎性反应
0	试样周围未见炎性细胞
Ⅰ	试样周围仅见极少量淋巴细胞
Ⅱ	试样周围可见少量嗜中性粒细胞和淋巴细胞，偶见多核异物巨细胞
Ⅲ	试样周围可见以嗜中性粒细胞浸润为主的炎性反应，并可见组织细胞、吞噬细胞、毛细血管和小血管

推荐的纤维囊腔形成分级见表24-10。

表24-10 纤维囊腔形成分级

级别	炎性反应
0	囊壁较薄，由少量胶原纤维和1～2层纤维细胞组成
Ⅰ	囊壁有变薄而致密趋势，由少量胶原纤维细胞组成，偶见成纤维细胞
Ⅱ	试样周围形成囊腔结构，主要由成纤维细胞、胶原纤维和少量纤维细胞组成
Ⅲ	试样周围形成疏松的囊壁，可见毛细血管和成纤维细胞

（六）肌肉植入试验方法

肌肉植入试验是将植入物植入试验动物的肌肉组织，通过与准许临床使用的对照材料的生物学反应进行比较，评价肌肉组织对植入材料的生物学反应。植入物尺寸根据选用的肌肉群的大小来决定。每次试验只能使用一种动物。家兔脊柱旁肌为首选植入部位，也可选用大鼠臀肌或家兔大腿肌。对于小的植入物可采用皮下针或套针植入法；对于较大的植入物，可采用其他适用的植入技术。

每一植入期至少采用3只动物，在充足的植入部位植入8个试验样品和8个对照样品。如需要对照材料产生的反应大于最小反应时，可植入2个这种对照样品。在试验材料的相对应部位植入已知能引起最小组织反应的材料组成的2个的对照样品。

以家兔脊柱旁肌肉植入试验为例，样品制备成宽1～3mm、长大约10mm的植入物，圆形边缘，两端为光滑球面。将4个试验材料样品沿肌纤维长轴平行植入每只家兔脊柱一侧肌内，应平行于脊柱，离中线25～50mm，各植入物间隔约25mm。同法在脊柱另一侧植入4个对照材料样品。

组织学评价参照皮下组织植入试验方法。

（七）骨植入试验方法

骨植入试验是将植入物植入试验动物的骨组织内，通过与准许临床使用的对照材料的生物学反应进行比较评价骨组织对植入材料的生物学反应。该试验可用于比较不同表面结构或条件的同种材料的生物学反应，或用以评价一种材料经各种处理或改性后的生物学反应。

植入物可以加工成螺纹状或刻有螺纹的样品，以使植入物在骨内能保持最初的稳定性。如无法加工成螺纹状，可制成圆柱形。试验样品的尺寸根据所选用的试验动物及其骨组织的大小来决定，推荐下列尺寸：家兔：直径2 mm、长6 mm的柱状植入物；狗、绵羊和山羊：直径4mm、长12 mm的柱状植入物；家兔、狗、绵羊、山羊和猪：2～4.5 mm矫形外科骨内螺纹式植入物。

可选择狗、绵羊、山羊、猪或家兔中的一种，将植入物植入动物骨内。种属间骨生理学差异至关重要，植入前应首先对其进行评价。每一植入期至少采用4只家兔，或其他动物至少2只。试验和对照样品应植于相同的解剖部位，试验植入物植于对照植入物的对侧。选择的植入部位应使植入物不易移位。植入部位宜选择股骨和胫骨，但也可考虑用其他部位。植入部位的数目应是：家兔每只最多6个植入部位：3个试验样品和3个对照样品；狗、绵羊、山羊或猪每只最多12个植入部位：6个试验样品和6个对照样品。任何一只动物的植入量不应多于12个。

选择动物群、动物大小和年龄以及植入部位时，应确保植入不会造成试验部位病理性骨折。使用年幼动物时，尤其应注意避免将植入物植入到骺区或其他未发育成熟骨内。用低转速间歇地在骨上钻孔，操作时用生理盐水和引液器充分灌洗，以免过热使局部组织坏死。植入物直径与骨植入床配合良好对于避免纤维组织向骨内生长至关重要。将股骨或胫骨的皮质露出，钻适量的孔用以植入试验样品。家兔最多制备3孔，较大动物最多制备6孔。植入前将孔扩至所需直径或用丝锥攻出螺纹。柱状样品用手按压植入，螺纹状样品用器械按预定转矩旋紧到位并记录该转矩。

七、遗传毒性

目前，医疗器械生物学评价的国际标准对遗传毒性试验的设计方案均为体外试验法，分别为：

方案 1：包括 3 个试验：细菌基因突变试验(OECD471)、哺乳动物细胞基因突变试验(OECD476)和哺乳动物细胞诱裂性试验(OECD473)。

方案 2：包括 2 个试验，细菌基因突变试验(OECD471)和哺乳动物细胞基因突变试验(OECD476)，特别是小鼠淋巴瘤试验包含集落数和尺寸测定，可覆盖 2 个终点(诱裂性和基因突变)。

有关遗传毒性的试验方法可参见本书第 14 章。

第 3 节　动物实验的替代方法

一、血栓形成试验的替代试验

(一) 动物模型试验

运用动物模型进行血栓形成试验，其优点是可对器械进行持续监控，尤其像狒狒这样的非人灵长类动物有着与人相近的血液等级、血凝机制、心血管系统和免疫机制(可使用人用免疫探针进行检测)。对与血液短期接触的器械(<24 h)，主要是测定血液学、血液动力学以及性能变量变化的严重程度、肉眼可见的血栓形成和潜在的栓塞。对长期、重复或永久接触(>24 h)的器械，重点则放在一系列可以获得血栓和血栓栓塞的时间过程、循环血液成分的消耗、内膜增生的扩展和感染等信息的测定技术上。血栓形成可能在很大程度上受外科技术、血栓溶解和栓塞现象的各种时间因素、器械的感染及接触表面可能发生的变化(如内膜增生和内皮化)的影响。后者可以被补偿(器械消耗血小板数量很少时不会影响血小板总量)，或导致血小板或血浆凝血因子的降低(因器械表面积较大而消耗的血小板数影响其总量)。因此，溶血和血小板功能评价也是很重要的，但是动物模型的应用受到动物大小、可获得性、伦理和成本的限制。

(二) 体外试验

1958 年，Chandler 发明了在体外形成人工血栓的装置，即将塑料管弯成环形管，注入血液，以 17r/min 转动，当该圆环在垂直平面上顺时针旋转时，角速度为 ct，在圆环右边的下弯月面下降，而圆环左边的上弯月面上升，造成较大的液面差，从而产生重力差以推动圆环内血液运动。流体力学分析认为，在流体效应作用下，圆环内的血液流动成一个复杂的三维流动，而由此产生的回流在下弯月面上形成一个中心主流冲击，这种冲击可启动血小板聚集进而形成血栓。这种体外人工形成的血栓，经病理学证明，同体内形成的血栓有类似的组织结构：头部为白血栓(主要是白细胞和血小板的聚集体，亦有纤维蛋白和一些红细胞，质地柔韧而颜色较浅)，体部为红血栓(主要由纤维蛋白网架网络了大量红细胞而构成，色泽红润，充盈饱满)，尾部纤维蛋白含量减少，其结构较为疏松。尽管国内外学者对影响体外血栓形成的物理因素如转速、温度、流变学因素进行了研究，但是在替代体内实验上还是存在一定的不足，如并未形成体内多数情况下的层流状态。

试验步骤：采用健康人或动物自愿者(正常血液)静脉血 5ml，不做抗凝处理，用作体外血栓形成试验，采用一次性塑料注射器取未抗凝血液 1.6ml，迅速注入直径为 6mm 硅胶管内，弯成直径为 80mm 的旋转环，迅速套在血栓仪的有机玻璃盘上，开动仪器，使旋转环旋转(17±1)r/min,仪器内温度保持在37℃。旋转15min后,取下硅胶管圆环,将血样轻轻倒在滤纸上,用眼科镊轻轻夹住血栓一端放在滤纸上,测量血栓的长度、湿重和干重等指标。形成血栓后的剩余血液(血栓形成后血液组)可以抗凝后测定血液学和血液流变学指标。

体外试验不使用介入试验、所需的动物或人的血量不大、成本相对较低,可进行足够次数的重复试验以进行统计学评价。体外试验主要是测定血液学、血液动力学以及性能变量变化的严重程度、肉眼可见的血栓形成和补体激活。其优点是能方便地通过改变材料或器械与血液的接触期来对各种因子和活化作用的动力学进行研究;体外实验还是有一定缺陷,如来自实验系统本身的干扰不明确。

(三) 离体实验

离体实验系统是从人体或试验动物体直接将血液引入一个置于体外的试验容器中。如果使用动物模型,血液可直接返回动物体内(循环),也可收集至试管内进行评价(单向通过)。在循环方式中,只要注意一定的手术技巧和无菌原则,动物的生命得以保存延续。通过这种实验对比已经上市的血液相容性合格的产品或者直接评价测试器械的血液相容性可以评价血液或血液成分与器械间的相互作用所导致的血栓形成。这既有Chandler的优点,又较大程度地模拟了体内的环境。

二、眼刺激替代试验

家兔眼刺激试验(Draize试验)是许多国家管理机构的毒理学安全性评价常规测试方法之一。作为评价眼刺激作用的直观方法广泛应用于药品、医疗器械、化妆品和其他与人类生活密切相关的化学品的安全性评价。

(一) 经验证的体外方法

——牛角膜混浊(BCOP)试验。

——离体兔眼球(IRE)试验。

——离体鸡眼(ICE)试验。

——鸡胚绒毛尿囊膜试验(HET-CAM)。

以下介绍CAM试验,其他方法见第13章。

鸡胚孵化过程约需20~21天,鸡胚内有4层胚膜(卵黄囊膜、羊膜、浆膜、尿囊膜)和2套血管网(卵黄囊血管网、尿囊膜浆膜血管网)。鸡胚尿囊出现在孵育的第3.5天,在孵育的4~10天尿囊腔迅速增大至胚外体腔并包围羊膜,以后尿囊外壁与绒毛膜紧贴形成尿囊绒毛膜。CAM是由胚龄4~5天时绒毛膜体壁中胚层和尿囊膜脏层中胚层融合而成,第6~7天的CAM及其血管覆盖了整个卵黄囊表面,大部分绒毛膜与壳膜相接触,尿囊体积迅速增大,绒毛膜尿囊膜的两中胚层互相融合。CAM组织学结构有3层:外胚层位于壳膜下方,由来自绒毛膜的上皮组成;中胚层是一层富含毛细血管的结缔组织;内胚层位于尿囊,由来自尿囊膜的内皮形成。CAM是一个体外呼吸器官,随胚龄的增加而增大,毛细血管极其丰富。不成熟的血管散在分布于中胚层,直到第8天形成毛细血管丛,覆盖在绒毛上皮细胞表面。毛细血管快速增殖持续到第11天,此后内皮细胞有丝分裂指数迅速下降,到第18天,血管系统最终形成。

鸡胚尿囊膜上血管密度从8~12天增加可达3倍之多,在10~11天新血管达高峰,12天后血管密度不再继续增加,18天后血管开始退化。选择10天龄的受精鸡卵上加100μl或0.1g受试物,反应20s,观察5min内CAM的反应变化,评分并判断刺激强度,每个受试样品用4只鸡卵进行检测。在CAM法中,固态待测物可直接加入,液态产品或医疗器械浸提液需要适宜载体,使其在局部缓释起效及定位。常用的载体有明胶海绵、中速定性滤纸、快速定性滤纸、混合纤维素滤膜、M-450 甲基纤维素。不同载体对 CAM 的影响不同，易造成假性结果，应根据实验要求选择相应载体，如明胶海绵显著刺激血管增生，利于观察药物对血管的抑制作用；M-450 甲基纤维素对 CAM 的刺激作用较小、质地透明有利于观察促进血管生成作用。

观测 CAM 应首选活体才能反映血管生长及功能状态。目前已建立了 2 种 CAM 模型的观测方法，即窗法和无壳法。国内窗法应用多见，较之无壳法有鸡胚病死率明显降低，操作简便，不易受外界因素影响的特点。窗法又有侧面开窗法和顶端气室开窗法，而侧面开窗法很少会损伤 CAM，且观察面积大。观察 CAM 血管的方法有墨汁灌注法、尿囊膜贴片 HE 染色法及原位活体观察等。墨汁灌注后虽然血管更加清晰，但灌注时的压力会使血管扩张 5～10 倍，且灌注后几分钟即可观察到墨汁从末梢血管渗出，从而影响到微血管指标的准确性。另外，由于尿囊膜较厚，采用贴片后 HE 染色虽可看到血管的轮廓，但清晰度不够，难以进行定量研究。采用剥离假气室周围蛋壳，使 CAM 充分暴露，置于解剖显微镜下观察照相，活体记录 CAM 血管图像，同时也将其置于平皿中完全暴露观察，但操作过程中极易损伤 CAM 血管，故多采用原位客观分析更具科学性。

CAM 新生血管的定量是该模型应用中的一个关键环节，国内外使用的方法多种多样，有的研究者计数呈放射状排列的血管数、血管密度；有的在新生血管的反应区内计算无血管生成区；还有用一些非免疫源性的特异碳水结合蛋白标记 CAM 上内皮细胞来定量新血管生成；又有测量卵黄囊血流或直接测量血管长度、密度和血管分级结构所占空间，将其作为血管密度指数与血管图像区域的分级比较；也有通过内皮细胞 DNA 合成过程氘标记的胸腺嘧啶和亮氨酸的结合测量 CAM 的胸腺嘧啶脱氧核苷酸混合物来定量新血管生成；还有用夹有待测样品的 2 片聚乙烯醇泡沫滤膜制成“盘面血管生成系统”计数长入该系统内的新生血管数量，用计算机图像数字技术定量新生血管。应尽量提高血管生成指标的客观性及计数的自动化程度，以减少差异产生：标准化图像捕获处理程序和图像分析的应用；分析图像结果时排除血管退化及接种前后血管变化因素的干扰。

CAM 法具有下述优点：① 鸡胚血管的发育过程与眼周血管网相似；②鸡胚是一种天然的免疫缺陷宿主，可接受各种组织的移植，实验周期短；③实验操作简单，可耐受一定的温度变化，条件要求不高；④指标易于观察和获得，效果直观而明显，可在解剖显微镜下或肉眼下直接观察，并可将图像输入计算机量化观察指标；⑤ 经济实用、利于推广，可同时进行大样本的实验观察。这些优点均有利于刺激评价实验研究。

（二）未经验证方法

（1）红细胞溶血实验(RBC hemolysis test)。

（2）鸡胚尿囊膜(CAM)试验。

（3）细胞毒性试验。

利用体外培养的细胞可用于眼刺激试验的筛选，细胞毒性试验是通过检测产品暴露于体外培养的细胞后，致使细胞对染料或代谢底物的摄取、处理、释放、排斥等功能发生改变，从而预测化学品的眼刺激性。进行体外细胞毒性试验的细胞可来源于人类和其他哺乳动物，如 3T3 成纤维细胞、角质形成细胞等(见第 7 章)。本节介绍 Hela 细胞毒性试验和中国仓鼠肺细胞系结晶紫染色试验。

Hela 细胞 MTT 毒性试验：Hela 细胞是来源于子宫颈癌细胞的细胞，经过乳头瘤病毒(HPV18)转染后成为永生化细胞株，试验采用 MTT 分析法检测细胞活性。试验采用一组梯度浓度的测试液预试，加入 Hela 细

胞 4×10^4 个细胞悬液同受试物共同孵育48h，去除培养液后，加入足量 MTT 继续培养 2 h，以酸性异丙醇萃取染料，酶标仪570 nm测定光密度值，计算 MTT 减少 50%的受试物浓度（EC_{50} μg/ml）。按预试结果调整受试物浓度，设置 4 个剂量，其剂量设置原理是使 MTT 减少的受试物浓度在 50%上下均有分布，以保证得到准确的 EC_{50} μg/ml 用受试物浓度为横坐标，MTT 的吸光值为纵坐标做剂量关系曲线，得到 EC_{50} 值。重复 2 次试验的 EC_{50} 均数同上述两种方法的体内 Draize 试验评分进行相关分析。Hela 细胞试验能检测受试物作用引起的细胞增殖、代谢、膜完整性和细胞形态学等方面的改变。

中国仓鼠肺细胞系结晶紫染色试验：结晶紫（crystal violet，CV）是一种三苯甲烷类染料，常用作生物染色剂和无机离子的显色剂，其染色原理是可以结合到细胞骨架上，再用洗脱液将其洗脱，用酶联免疫检测仪在570nm 波长处测定其光吸收值，可反映细胞数量。但是采用结晶紫染色法检测细胞数量存在一些不足：结晶紫则不分死活细胞都可以被染色，因此并不能真正反应存活细胞的多少；染色过程虽然相对简单，但染色后的反复漂洗脱色过程可能造成很多细胞的丢失，特别是对于某些可以影响细胞贴壁却不影响细胞存活的受试物，可能造成细胞毒性的过高估计。试验步骤简述如下：细胞悬液同受试物共同孵育 48 h，去除培养液后用体积分数为 10%的甲醛溶液固定，结晶紫染色 15min，用酶标仪 590 nm 测定光密度值，计算结晶紫减少 50%的受试物浓度（μg/ml），每个受试样品做 4 个平行孔。

采用细胞毒性的研究结果表明与体内试验具有一定的相关性，其原理都是通过检测受试物对活细胞摄取、处理、释放或排斥染料或代谢底物等功能的影响，以反映受试物对细胞膜结构、细胞器功能、物质和能量代谢以及由此导致的细胞增殖和存活力的影响，用于预测皮刺激物的类似毒性作用。但是所有细胞毒性试验体系都有一定的局限性。这些方法都没有经过严格的验证，针对具体某项体外方法，要想得到广泛的认可，还需要选择更多种类的品种，在多个实验室进行联合协作研究和验证试验。

三、皮肤刺激性试验的替代试验

参见第 9 章

1. 验证的替代方法

（1）皮肤刺激试验的人体皮肤模型法（Episkin 或 Epiderm）；

（2）皮肤腐蚀试验的 TER（经皮肤电阻）。

2. 未验证的替代方法

（1）非灌注猪耳实验；

（2）体外小鼠皮肤完整功能实验（SIFT）；

（3）Prediskin 模型。

四、致敏试验的替代试验

参见第 11 章

1. 验证的替代方法

减少动物试验的 LLNA（局部淋巴结分析）。

2. 未验证的替代方法

（1）小鼠耳郭肿胀试验（MEST）；

（2）筛查接触过敏原的多肽反应检测法；

（3）含朗汉斯细胞的人表皮重建模型；

（4）细胞试验（如树突状细胞浸没试验、人角质细胞 NCTC 2544 试验、树突细胞迁移试验、T 细胞激活试验）。

（曹　苹　庐　辉）

参考文献

孙静等．抗血管生长抑制肿瘤转移的鸡胚绒毛尿囊膜模型研究，现代中西医结合杂志，2009，18(30)：64～68

王红梅，马玲，穆效群．Hela 细胞 MTT 试验作为眼刺激替代试验的研究，实验动物科学，2007，24(2)：65～68

Balls M. Progress in the reduction, refinement and replacement of animal experimentation. Amsterdam Elsevier, 2000, 587～600

Chandler AR. An exarmnation of the fulid mechanics and thrombus formation time parameters in a Chandler rotating loop systerc～Lab ClinMed, 1974, 84(4): 494～507

Corsini E. Induction of adipose differentiation related protein and neutral lipid droplet accumulation in keratinocytes by skin irritants. Invest Dermato1, 2003, 121: 337～344

OECD. Acute Inhalation Toxicity-Fixed Concentration Procedure, OECD Paris, 2002, 433: 1～23

OECD. Dr Guidance Document Oil Acute Inhalation Toxicity Testing, OECD Paris, 2004, 39B: 1～23

Prinsen M K. Justification of the enucleated eye test with eyes of slaughterhouse animals as an alternative to the Draize eye irritation test with rabbits. Food Chem Toxicol. 1993, 31: 69～71

Sanehez L. Assessment of the potential skin irritation of lysine-derivative anionic surfactants using mouse fibroblasts and human keratinocytes as an alternative to animal testing, Pharm Res, 2004, 21: 1637～1641

Sanehez L. Determination of interleukin-1 alpha in human NCTC 2544 keratinocyte cells as a predictor of skin irritation from lysine-based surfaetants. Toxicol Lett, 2006, 25

UBELS J L. Corneal opacity, hydration and endothelial morphology in the bovine cornea opacity and permeability assay using reduced treatment times. Toxicol In Vitro, 2000, 14: 379～386

第 25 章　纳米材料的安全性评估及替代方法的应用

Chapter 25　Nanomaterials Safety Assessment and Alternative Methods Application

第 1 节　概　　述

纳米科学与技术是指纳米级(0.1～100nm)尺度材料的物理、化学行为的科学及其设计、制造、测量、控制和产品的技术。纳米科技已是深入到原子级(原子层间的距离为 0.1～0.3nm)微观世界的新兴科技发展领域,有可能使化学、材料、航空航天、计算机、电子、机械、生物等多个科技领域产生重大突破。

纳米材料由于其直径很小,结构特殊,具有许多与传统材料截然不同的物理化学特性,如很大的比表面积、量子效应等。这些特性不仅使纳米科学成为当今世界上三大支柱科学(生命科学、信息科学、纳米科学)之一,而且新兴材料和技术带来的人类健康与环境风险也日益引起关注。本章从风险评估的角度探讨纳米材料安全评价的现有知识和动物试验替代方法的应用。

一、纳米的概念

纳米材料是一个比较笼统的概念,广义的纳米材料是指在三维空间中至少有一维处在纳米尺度范围(1～100mm)或由它们作为基本单元构成的材料。纳米材料是指晶体直径为纳米级(10^{-9} m)的超细材料,它的微粒直径小于通常的微粒,一般为 100～102nm。由于纳米微粒(0.1～100nm)的独特结构状态,因而赋予由其构成的纳米结构以新的特性和功能,而这些特性和功能是传统材料与器件所没有的。它包括体积分数近似相等的两个部分:一是直径为几个或几十个纳米的粒子;二是粒子间的界面。

根据纳米尺度的粒子在终端纳米制品中存在的形式不同,纳米材料可以分为 3 类,即纳米粒子、纳米块体材料和纳米组装体系。对于纳米粒子,主要是发挥单个纳米粒子的性能。对于纳米块体材料,其性能不仅同单个纳米粒子的特性有关,还同纳米粒子间或相互作用有关。对于纳米组装体系,则是对纳米粒子间的相互作用和排列结构进行更为精确的调控,从而得到特定的自组装结构和性能。

纳米粒子指线度处于 1～100nm 之间的聚合体,是处于该几何尺寸的各种粒子的总称。纳米粒子的形态并不限于球形,还有板状、棒状、角状、海绵状等。当粒子尺寸进入纳米级时,具有量子尺寸效应、小尺寸效应、表面效应和宏观量子隧道效应,因而展现出许多特有的性质。

纳米块体材料从几何形态的角度可划分为纳米块状材料、纳米薄膜材料和纳米纤维材料。纳米块状材料通常是指由表面清洁的纳米微粒经高压形成的三维凝聚体,纳米薄膜则是指二维的纳米固体,纳米固体材料的主要特征是具有巨大的颗粒间界面。纳米组装体系是由人工组装合成的且具有纳米结构的材料组装体系。

二、纳米材料的特性

纳米材料具有许多独有特性，如量子尺寸效应，表面效应和宏观量子隧道效应等。

（一）表面与界面效应

表面与界面效应指的是纳米晶体粒表面原子数与总原子数之比随粒径变小而急剧增大后所引起的性质上的变化。例如，粒子直径为 10nm 时，微粒包含 4000 个原子，表面原子占 40%；粒子直径为 1nm 时，微粒包含有 30 个原子，表面原子占 99%。主要原因就在于直径减少，表面原子数量增多。再例如，粒子直径为 10nm 和 5nm 时，比表面积分别为 $90m^2/g$ 和 $180m^2/g$。如此高的比表面积会出现一些极为奇特的现象，如金属纳米粒子在空中会燃烧、无机纳米粒子会吸附气体等。

（二）小尺寸效应

当纳米微粒尺寸与光波波长，传导电子的德布罗意波长及超导态的相干长度、透射深度等物理特征尺寸相当或更小时，它的周期性边界被破坏，从而使其声、光、电、磁，热力学等性能呈现出“新奇”的现象。例如，铜颗粒达到纳米尺寸时就变得不能导电；绝缘的二氧化硅颗粒在 20nm 时却开始导电。利用这些特性，可以高效率地将太阳能转变为热能、电能等。

（三）量子尺寸效应

当粒子的尺寸达到纳米量级时，费米能级附近的电子能级由连续态分裂成分立能级。当能级间距大于热能、磁能、静电能、静磁能、光子能或超导态的凝聚能时，会出现纳米材料的量子效应，从而使其磁、光、声、热、电、超导电性能变化。例如，有种金属纳米粒子吸收光线能力非常强，在 1.1365kg 水里只要放入千分之一这种粒子，水就会变得完全不透明。

（四）宏观量子隧道效应

微观粒子具有贯穿势垒的能力称为隧道效应。纳米粒子的磁化强度等也有隧道效应，它们可以穿过宏观系统的势垒而产生变化，这种被称为纳米粒子的宏观量子隧道效应。

此外，纳米材料还具有介电限域效应，在低温下继续保持超顺磁性，对光线有强烈的吸收能力，能大量吸收紫外线，对红外线亦有强烈吸收特性；在高温下，仍具有高强、高韧、优良稳定性等，其应用前景十分广阔。

三、纳米材料药品和化妆品中的应用

目前纳米材料已经应用于染料、涂料、纺织品、医药诊断、化妆品、食品等传统产业中，其在生产和使用过程中直接进入人体，或通过环境、食物链进入人体。人们在工作和生活中接触到纳米材料的机会越来越多，因此，对纳米材料的安全性风险评估工作显得尤其重要。

（一）纳米材料在化妆品中的应用

普通的化妆品乳液滴直径在 100～100 000nm，纳米乳液的成分与普通化妆品乳液相同，但乳液滴直径可以小到 10nm。因此纳米乳液是透明的，并具有特殊的流变学特性。当应用于皮肤或头发时，纳米乳液就不稳定，并可分解成其他相关成分。一些采用矿物质材料的化妆品特性取决于它们的微粒大小。在防晒产品中，矿物质纳米微粒(如大小为 20nm 的二氧化钛和氧化锌)是有效的 UV 过滤剂。在强烈吸收 UV 波时，它们可以吸收、反射并过滤太阳光中的可见部分。这些矿物质纳米过滤剂由微米大小的微粒组成，而这些微粒是由纳米大小的微粒组成。矿物质 UV 过滤剂的优势是：作为一种接触性过敏原，它们可以提供 UV 保护，并不会引起皮肤危害。

（二）药品应用

纳米技术能使药品生产过程越来越精细，并在纳米材料的尺度上直接利用原子、分子的排布制造具有特定功能的药品。纳米材料粒子将使药物在人体内的传输更为方便，纳米粒子的智能性靶向性攻击癌细胞或修补损伤组织更有能力。使用纳米技术的新型诊断仪器只需检测少量血液，就能通过其中的蛋白质和 DNA 诊断出各种疾病。如以纳米磁性材料作为药物载体的靶定向药物，称为“定向导弹”，在磁性纳米微粒包覆蛋白质表面携带药物，注射到人体血管中后，通过磁场导航输送到病变部位后释放药物。由于纳米粒子的小尺寸使得它们可以在血管中自由流动，因此，可以用来检查身体各部位的病变和用于治疗，特别适用于毒副作用大、生物半衰期短和易被生物酶降解的药物给药。

纳米材料不仅限于药品和化妆品，还广泛应用于塑料、陶瓷、磁性材料、纺织等工业中。

四、国际社会对纳米材料的管理

纳米技术在国民经济的许多领域都有潜在重要应用，包括消费品、健康相关产品、运输、能源和农业。据预测，纳米技术带来的市场发展，将从现在的 7500 亿欧元猛增到 2015 年的 2 万亿欧元，创造相关的就业机会 2014 年可达 1 千多万，占全球制造业从业人数的 10%。因此，对纳米技术应用带来的检测、监、管和减少环境危害等也值得关注。

美国 EPA 在研究和开发纳米技术带来的利益的同时，也承担维护人类健康和保护环境的义务与责任，通过更好地了解和阐明纳米级材料和含纳米材料的产品暴露可能引起的潜在风险。从 2001 年开始，EPA 在资助纳米材料的环境应用研究和制订研究方向方面一起处于领先地位，多年来的研究已取得了成果，特别是在利用纳米材料进行环境清洁的过程中发现了纳米材料在生物系统中的沉积。2004 年 10 月，EPA 科学政策委员会（EPA’s Science Policy Council）成立了跨部门的工作组处理纳米技术应用可能带来的环境危害的关键科学问题。

在欧洲，纳米科技的管理纳入现行的相应法规管理覆盖的范围内，如化学品的法规框架 REACH，还受其他特殊法规如食品、化妆品和医药产品等的管理。

欧洲议会要求对毒理学及生态毒理学的常规监测设备及数据进行完善，并强调对所采用的毒理学测试方法进行改进。纳米材料安全性评价需要加强国际间合作，以确保术语、测试标准及测试方法可以在全球范围内进行比较，用于制定法规的科学方法也必须完全一致。这方面的工作已经由隶属于 OECD 的科学和技术政策委员会（Committee on Scientific and Technological Policy，CSTP）的一个关于纳米材料制造的工作组完成，该工作组成立于 2007 年 3 月，其目的是促进成员国及非成员国对纳米技术的研究开发以及商业贸易领域中的国际性合作。

第 2 节　纳米材料的安全评价策略

一、纳米材料的评价策略

针对纳米材料的毒理学研究应该建立一个系统分层的试验方法（图 25-1），具体方法可能包括：从有限的毒性资料获得哪种类型细胞较为敏感的提示，考虑纳米材料的表面特性所造成的多种变化的可能性，直接利用这些类型的细胞进行体外评价试验，并以生物分布研究中（如果此资料可以获得），最高的纳米微粒浓度为暴露剂量。结合纳米料材料可能的暴露途径，这些体外方法通常包括上皮细胞（如呼吸和胃肠道）和巨噬细胞（如特定的巨噬细胞），用于评价细胞毒性、吸收和摄取、氧化状态和介质的释放等。

这些研究可以为纳米材料间的相互比对提供基础数据。之后可以进行某些适当暴露途径的第二阶段体内试验。采用这一分层试验策略，已研究证明某种单壁碳纳米微管（single-walled carbon nanotube，SWCNT）可以经口吸收。对纳米材料鉴别的范围进行标准化可以为纳米材料结构的毒理学反应提供基础性信息（例如对纳米材料表面化学性质的影响），所采用的研究方法归纳如图 25-1。

在目前有关纳米材料毒性研究还存在许多不确定影响因素的情况下，制订合理可行的最终评价策略并获得验证是不切实际的。在欧洲，纳米材料的评价还必须遵守相关法规的规定，如纳米化妆品的评价应符合 76/768/EC 的约束，即"禁止使用动物体内试验对化妆品及其成分进行检测"，因此，只能采用体外验证方法评价纳米化妆品的毒性，但现实的情况是目前还没有一种验证方法可以用于纳米材料。

国际许多研究机构（如英国皇家科学和皇家工程学会）都认为，为了满足纳米技术日益增长的重要性要求，应当把纳米微粒作为一种新的化学物质来评估风险。

二、Nanotest 计划

鉴于纳米微粒（nanoparticle，NPs）具有的独特理化属性，而它们对人体健康的潜在影响还不清楚，因此，迫切需要了解纳米微粒针对人体的暴露情况，以评估相应的健康和安全问题。欧盟于 2008 年 4 月 1 日开展了为期 42 个月的纳米测试（Nanotest）计划，重点在医学诊断中的纳米微粒毒理学评估替代试验方法策略研究，该计划属于欧盟框架计划 7 的项目（FP7）。Nanotest 计划强调该研究内容要与在医学诊断中采用的纳米微粒的毒理学属性紧密相关（图 25-1）。

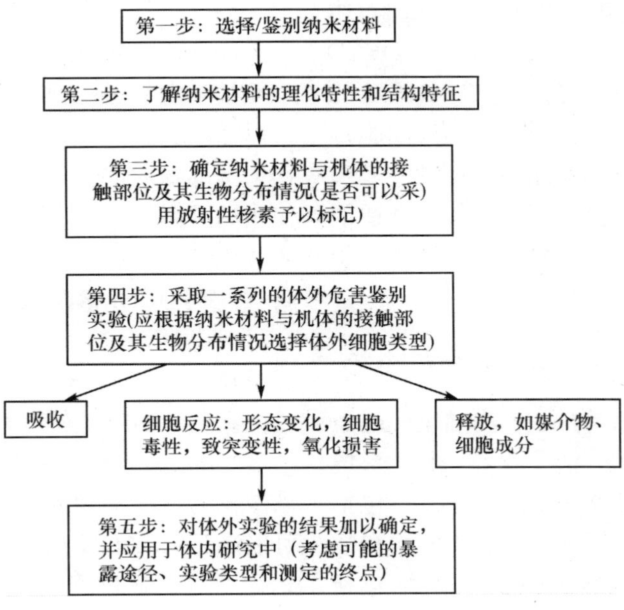

图 25-1　纳米材料试验策略

（一）Nanotest 计划的主要目的

Nanotest 计划的目的是研发替代试验策略和高通量的体外与模拟毒理学方法，用于进行 NP 的风险评估。为了达到这个目标，NANOTEST 制订的具体目标如下：①对纳米微粒的理化属性进行研究；②采用模型、细胞和组织对纳米微粒的相互作用进行研究，并发展可以鉴别纳米微粒潜在毒性的体外方法；③采用短期体内模型来对体外方法进行验证，并研究纳米微粒在动物和人体内的反应情况，以评估个体对纳米微粒的敏感反应；④建立纳米微粒的结构-活性模型和以生理结构为基础的药物动力学模型（PBPK）；⑤采用最先进和最有效的分析方法对高通量自动系统进行分析，并为通过ECVAM的验证做准备。

（二）可用于策略评估的试验方法

Nanotest将对各种用于纳米微粒风险评价的体外和模拟试验方法进行审查，包括对屏障转运、细胞毒性、氧化应激、炎症反应、免疫毒性和基因毒性的试验方法进行评估。具体的检测方法包括中性红吸收、MTT试验、ROS产生、LDH分析、WST-1分析、用于细胞因子和生长因子的ELISAs检测、生长活性试验、平板培养效力、彗星试验、体外切除修补分析、体外微核试验（OECD 487）。计划的研究重点集中在纳米微粒的反应能力上，如氧化应激、炎症反应、细胞毒性、免疫毒性、基因毒性和相关的毒性终点。并针对纳米微粒的特殊毒性研发最合适的毒性终点。大多数纳米微粒的毒理学分析都在修订或研发中。

（三）用于NANOTEST的试验系统

采用来自不同生物系统，如血液、造血系统、肝、肾、肺、胎盘、消化系统、排泄系统和中枢神经系统的小器官组织片段（不包括体内）来开发体外分析方法，并对人类和哺乳动物细胞群以及初级细胞进行培养，包括人类内皮细胞、LN229、Caco-2、BeWo、16HBE、A549、人体淋巴细胞、小鼠kuffer细胞、小鼠窦状小管内皮细胞、肝细胞等。将纳米颗粒在不同靶系统中的反应与其毒理学属性研究相结合。按照标准操作规程（SOP）和数据库的要求，以及模拟试验分析结果（QSRA，PBPK模型），Nanotest将对纳米微粒在纳米医药中的毒性和相互作用进行评估，其结果将采用伦理上所允许的体内模型来验证。最后，将对纳米微粒在新药中的潜在风险评估提出建议。

（四）质量控制

对于纳米材料毒性试验策略中的每个试验方法，选择合适的阳性对照物十分重要，二氧化钛可以作为所有测试的基准物来使用，另外，在检测细胞毒性、氧化应激和基因毒性（彗星试验）时，还可以采用过氧化氢来作为基准物。某些试验还应对阳性对照物做出特别规定。有证据表明，至少在基因毒性方面，石棉纤维和石棉微粒具有相同的致突变性。阴性对照应选择与受试纳米微粒平行培养的细胞。

（五）应用和替代价值

Nanotest的目的是对用于医学诊断的工业纳米微粒进行测试，但是所研发的方法可以适用所有天然的和工业的纳米微粒，如作为基准物质的二氧化钛、生物医学治疗中使用的顺磁性金属氧化物（Fe_3O_4和稀土金属氧化物）、金属球壳状碳分子（含有顺磁金属，可用于MRI诊断）、用于大分子载体的复合材料（复合羟基乙酸、壳聚糖、透明质酸）、量子粒（quantum dots，QD）用于细胞标记、成像和追踪的有机染料替代物。

Nanotest制订的试验策略可以用于纳米微粒的危害鉴别和风险评估，试验的结果可以满足REACH法规的要求，该方案将建立有关纳米微粒测试的系列测试方法及相关策略，将有助于新法规做出是否需要对纳米微粒进行风险评估的决定。

对纳米微粒毒理学特性评估的替代试验方法研究，可以改善或减少在医学诊断中所使用的纳米微粒的动物毒理学试验。此外，这些替代方法和策略还可以用于评估纳米微粒在其他应用领域中的健康效果(化妆品等),将促进 3R 的发展。

三、纳米材料评价方法

SCENIHR 强调纳米材料毒性研究需要充分了解材料的特征信息,而且对纳米材料的特殊属性的研究需要采用新的检测方法,以确定它们可能引起的潜在危害机制。

(一) 代谢模型

关于皮肤吸收,目前已经有一系列的技术用于研究和量化化学品经皮肤吸收的问题,但是,采用传统的评估方法是否也适用于脂质体和其他纳米材料,还需要进一步的研究。纳米微粒结构-活性关系的研究应建立在已知纳米材料毒性资料的基础上,但这方面的体内或体外毒性资料还很有限,而且不同评价方法之间的差异较大,影响到数据的可靠程度和适用性。在 PBPK 模型的研究方面,有学者尝试利用计算机模拟液态颗粒的动力学,以分析纳米颗粒在呼吸系统和心血管系统中的行为。

(二) 体外方法

1. 已经验证的体外方法 近年来,体外毒理学试验方法已经得到了快速发展,已经有很多可供选择的方法和技术用于研究化合物的生物活性及分子代谢学,但只有少数几个方法可以应用于物质风险评估的法规目的。对于化妆品成分及成品时,只有经过确证的方法才能应用。

目前对于化妆品原料和成份的安全评估,已通过验证的体外方法可参考欧洲“危险物质指令”(76/548/EEC) B 部分附录 V 及其相关的技术进展,或 OECD 指南。在 SCCP 指南的第 6 次修订版中给出了针对化妆品成分及其安全性评估的综述(SCCP/1005/06)。

根据化妆品指令 78/768/EEC 的要求,当需要对化妆品成分进行安全性评估测试时,必须采用这些经过验证的方法。在这些验证方法中,目前可以使用的主要是有关急性毒性检测或短期毒性检测的方法,而重复剂量毒性检测方法或长期毒性检测方法没有。这些经过验证的方法主要包括:

(1) 皮肤刺激试验的人体皮肤模型法、皮肤腐蚀试验的 TER(经皮肤电阻)、人体皮肤模型法(Episkin 或 Epiderm)、3T3 成纤维细胞中性红摄取光毒性试验、采用人类/猪皮肤的体外皮肤吸收试验。

(2) 眼腐蚀和眼刺激的筛选试验的 BCOP(牛角膜通透性试验)、ICE(离体鸡眼试验)、IRE(离体兔眼试验)和 HET-CAM(鸡胚试验——尿囊膜)。

(3) 采用减少动物试验的 LLNA(局部淋巴结分析)进行的敏感性筛选试验。

(4) 基因毒性/致突变性方面,采用一个系列的 3 个推荐试验进行体外检测:细菌回复突变试验、体外哺乳动物细胞基因致突变试验、体外微核试验或体外哺乳动物染色体畸变试验。

(5) 完成验证的胚胎毒性的 3 个体外试验方法:EST 试验、微团试验(MM)和全胚胎试验(WEC)。

(6) 内分泌干扰物的雌激素受体试验法。

上述这些已通过验证的方法分别已在前面各章节论述,可代替动物试验用于化妆品的安全性评估,但对于纳米材料来说,它们还没有通过验证。因此,这些试验是否可以适用于纳米微粒目前还未有定论。

2. 没有经过验证的体外方法 目前还有许多没有经过验证的方法,这些方法不适用于定量的风险评估。这些未经验证方法有眼刺激性的人体角膜模型试验、皮肤致敏的多肽结合试验等,可参阅本书前述各章。

欧盟框架计划 6(FP6)正在开发许多体

外试验和方法，内容涉及预测组学(predictomics)、生殖毒性试验(reprotect)、致敏试验(sensit-iv)、急性毒性(acutox)、药代和药动(lintop)和致癌基因组学(carcinogenomics)等。必须强调的是，这些试验只适用于普通物质，而不一定适用于纳米材料。因此，针对纳米材料化妆品成分的体外试验需要进行验证。

(三) 体外试验的毒性终点

2006年8月，英国纳米研究协调工作组(Nanotechnology Research Coordination Group，NRCG)提出了与纳米材料安全评价相关的毒性终点，包括通过生理屏障的渗透、吸收和转运、细胞损伤或细胞毒性、诱发细胞应激反应(重点是氧化应激和炎症)和致突变性/基因毒性。

1. 通过生理屏障的渗透

(1) 皮肤：人体皮肤角质层是一个优秀的天然屏障，当皮肤局部接触化学物时，就可能发生化学物质的渗透。通常认为有毛的啮齿类动物的吸收估计量可能要高于人体皮肤的实际吸收量。无毛的动物种类效果更好些，但是用这些模型检测配方中与促进皮肤渗透相关的因素都会被夸大。有毛发的动物与人体皮肤毛囊密度的显著不同可以会对包括纳米材料在内的试验系统造成影响。当试验前对有毛皮肤被剃毛或备皮时，就可能对皮肤的屏障功能造成危害，进而对纳米微粒吸收结果的可靠性造成不良影响。由于猪的皮肤在吸收方面与人体相似，目前已经证明可以用于某些体内试验，然而还是存在一个问题：猪皮肤毛囊的特性是否与人体皮肤相似？

OECD指南427是经皮吸收的体内方法，OECD指南428是经皮吸收的体外方法，通过离体人体或猪皮肤的扩散池(Franz扩散池)系统进行检测，详细描述可见本书第11章。体外方法可用于传统化学物质的检测，但不一定适用于纳米微粒。因为体外方法在用于监测待测物和载体之间的关系时并不是很好，它或许可以解决载体是否能够改变待测物转运的问题，但是不能通过皮肤中或者接受池中化学物的分析来推断其机制。同样，在接受池介质中定量测定纳米微粒载体的可能性极小，而且必须采用TER(皮肤电阻试验)或TEWL(表皮水分流失试验)对离体皮肤的完整性进行严格评估。

(2) 肺：支气管和肺泡上皮细胞组成了吸气的主要屏障。已建立了许多人的支气管和肺泡上皮的细胞群，但这些单层细胞不能完全代表体内状态。采用离体的初级支气管和肺泡细胞代替单层细胞培养可能更具优势，利用正常人的支气管上皮细胞建立体外三维培养模型，与体内呼吸道上皮结构相似，可用于代替动物试验进行吸入纳米颗粒的肺毒性研究。但这些方法还没有针对纳米材料进行此类试验的验证。

(3) 经口：纳米材料经口进入胃肠道的重要性较为有限，除了某些药品外，还有一些唇膏、牙膏等化妆品成分进入到胃肠道系统，这些成分中可能含有纳米材料。永生化细胞系主要用于研究肠上皮细胞的渗透情况，特别是来自于人结肠腺癌的Caco-2细胞系可用于药物转运和肠屏障功能的研究，而且三维肠上皮模型更接近体内的情况。但同样除了体外细胞共有的不足之外，是否适用于纳米材料的评价还有待证明。

2. 吸收和转运 巨噬细胞对纳米材料的吸收是很重要的，其吸收能力与纳米材料的大小、化学成分和表面活性有关。Moller等(2005年)发现极其微小的炭黑颗粒可以削弱吞噬体的转运能力，导致细胞骨架结构紊乱和细胞内钙瞬时增加。微粒的特殊表面在这些反应中起到很重要的作用。Moss和Wong开发了通过检测参与吞噬的巨噬细胞表面突起累计面积表示巨噬细胞吸收能力的方法，研究表明纳米微粒是以非内吞作用机制穿透细胞膜。一种纳米微粒在细胞内(亚细胞水平)的分布可能不同于另一种微粒,如内溶酶体(细菌基因毒性试验)、细胞质、细胞核及线粒体等。

2007 年,Geys 建立了用单层肺细胞检测纳米颗粒易位研究的体外模型,对于皮肤吸收的研究已经建立了不同的体外模型,如重建表皮、离体人体/猪皮肤。但对于透过其他类型屏障的体外研究还很少,Lu 等建立了大鼠脑毛细血管内皮细胞和星形胶质细胞共培养模型,可用于研究纳米颗粒通过血脑屏障的转胞吞作用和对内皮细胞紧密连接的毒性作用。

虽然多项体内研究表明吸入超细颗粒可进入循环系统,但对于颗粒如何易位的机制和动力学还不清楚,当研究纳米颗粒在人体内的转移时,并没有观察到由于肺吸收而造成在次级靶器官内的沉积,其原因可能与检测敏感性有关,沉积在肺部的纳米颗粒的检测限仅有 1% (15 ng)。而据报道大鼠 1h 内一次性吸入纳米颗粒,6 个月后在可观察到肺部和次靶器官中大量纳米颗粒的沉积。

胎盘灌注模型可用于纳米材料的转运研究,检测终点包括组织活性、凋亡、坏死、氧化应激等。可参考第 19 章生殖毒性部分。采用胎盘灌注模型发现直径 40～60nm 的纳米微粒能透过胎盘绒毛膜细胞重建的单层细胞屏障。

3. 细胞损伤和细胞毒性　根据所需要研究的靶组织,细胞毒性可以通过多种细胞群和初级细胞体外培养来检测。然而,必须强调现有的方法没有经过纳米材料验证,也不一定适用于纳米材料。可以通过定量检测细胞膜的损伤、细胞内代谢变化或者细胞凋亡来衡量细胞的损伤程度。

细胞膜损伤的测定可采用以下方法:光镜观察和计数损伤与死亡的细胞被动摄取染料(如台盼蓝);受损伤的细胞释放胞内酶(LDH)于培养液中,分光光度法定量测定释放出的酶含量;活细胞主动摄取染料(如中性红)可通过分光光度法定量,具体可参考第 6 章。

细胞内代谢变化的定量测定可采用以下方法:Ⅰ相和Ⅱ相生物转化酶活性,分光光度法或质谱技术、放射标记、GC、HPLC 或其他方法检测;MTT 检测;ATP 含量测定。体外试验可能由于受试物与检测试剂的相互作用使结果受到干扰,表明单一的细胞毒性检测评价纳米材料的毒性并不可靠。

凋亡促发了许多生化和形态学改变,可以用常规方法定量,如 caspase 活性测定、a-1、凋亡前 Bcl-2 蛋白 Bax 和 Bid、肿瘤抑制因子 p53 表达;胞质膜 annexin Ⅴ 标记磷脂酰丝氨酸检测、TUNEL 检测、凝胶电泳 DNA 片段分析和 DNA 末端标记。

最近一些科学文献已经针对纳米材料所导致的细胞损伤和细胞毒性进行了报道。Hussain 等 2005 年报道,采用 BRL 3A 永生化大鼠肝细胞来评估不同大小的金属/氧化金属纳米材料的急性毒性,试验分别在对照和暴露状态下,对细胞形态、线粒体功能(MTT 分析)、膜渗漏(LDH 分析)、谷胱甘肽(GSH)水平降低、活性氧(ROS)和线粒体膜电位(MPP)进行评估。结果表明,纳米微粒可以引起细胞形态学改变、LDH 渗漏和线粒体功能紊乱。不同的金属表示出不同的毒性水平,如银表现出的毒性是与氧化应激有关的 GSH 水平显著降低,线粒体膜势能降低和 ROS 水平增加。有研究采用人体肺癌细胞系进行纳米材料细胞毒性的研究,主要是把氧化应激作为细胞毒性的终点。还有的研究应用培养的人体表皮成纤维细胞、人体肝细胞瘤(HepG2)细胞和人体神经胶质细胞检测纳米材料的毒性。

从对工业用纳米材料的细胞毒性研究中得知,纳米颗粒的溶解是影响细胞反应的关键因素,这就决定了体外方法只适合用作初筛方法,而不能完全替代体内方法研究。

对处于悬浮液中的纳米微粒的细胞毒性应予以考虑。根据环境(介质、离子浓度、pH 和黏度)条件以及纳米微粒本身性质(大小、形状和密度),纳米微粒可以在细胞培养介质中扩散、下降和凝聚,因此,细胞数量的多少是影响细胞培养量的关键因素。如果在培养介质中使用过于简单的纳米材料浓度可能导致试验数据及反应结果的明显误解,所以必须对细胞培养液中的纳米微粒动力学进行研究。

4. 诱发细胞应激反应

(1) 氧化应激的体外研究:许多研究已经证明纳米微粒的反应产生活性氧,从而产生氧化应激的能力。因此,有研究提出将氧化应激作为适用于多种组织评价纳米材料的共同毒性终点,并可运用细胞培养系统和无细胞系统进行研究。例如,巨噬细胞、肺细胞、支气管上皮细胞和脑小胶质细胞可对氧化应激的机制进行分析。但是在生物和非生物条件下,纳米微粒在细胞摄取、细胞内定位和催化产生活性氧的能力等方面是有差别的。已经有文献对环境中的纳米微粒和纳米产品所产生的氧化应激进行了比较分析。目前可采用的 ROS 定量法主要有以下 3 种方法:①还原型谷胱甘肽(GSH)量与其氧化型(GSSG)的比率;②通过硫代巴比妥酸比色法和更准确的自旋捕获剂以及电子自旋共振方法产生自由基,并形成稳定的加合物;③羟基自由基和 8-羟基脱氧鸟苷形成的加合物。

(2) 炎症反应的体外研究:通过监测不同来源的细胞前炎性介质的释放(如细胞因子、趋化因子、NO)、上调转录因子(如核因子 kappaB 和激活子蛋白 1)的测定,可用于纳米微粒的毒性作用检测。纳米微粒的靶器官可能是上皮细胞、驻留的巨噬细胞和嗜中性粒细胞,或靶器官的细胞如肝、肾和神经系统等。不同物种的原代细胞可用于检测试验,但这些细胞与人体细胞的反应可能存在差异。来源于非肿瘤组织的细胞系易于操作,但与体内的可比性稍差。

对于纳米微粒来说,其表面积、ROS 产生能力和炎症前反应之间的直接关系已经被建立。然而,在大多数关于机制的研究中,采用的是柴油颗粒和直径为 2.5μm 大小的纳米微粒。这些研究已经证明,核转录因子 NF-kB 的活性大小取决于氧化应激,并与炎症前反应细胞因子如 IL8、IL1β、GM-CSF(粒细胞-巨噬细胞刺激因子)有关。已经知道极其微小的炭黑微粒可以引起肺细胞 NF-kB 基因表达增高。这些微粒不仅可以导致细胞毒性损伤和炎症反应,而且抑制了血管内皮细胞的生长。采用人体皮肤内皮细胞也获得了类似的结果。

5. 基因毒性/致突变性 一般来说,纳米微粒的潜在基因毒性可以采用哺乳动物细胞的体外试验来评估。然而,可以对试验的时间进行选择,以确保纳米材料在细胞有丝分裂时到达细胞核。在体外染色体畸变试验中,除了要对第一次处理后的转位期进行检测外,还必须要对第二次处理后细胞分裂中期的细胞进行检测。在体外细胞核分裂抑制的微核试验中,在细胞分裂抑素 Cyt-B 存在时做一个细胞循环,然后在没有 Cyt-B 的情况下给予一个细胞循环的暴露,并对经过第二次处理后的有丝分裂细胞进行检测。对于纳米微粒这样的物质,细菌遗传毒性检测并不是非常适用。

如果纳米微粒的基因毒性与其炎症反应相关,那么简单的体外试验分析方法不足以显示其潜在的基因毒性,况且人们对化学物(如不溶性非纳米级大颗粒物)基因表达与炎症之间的关系也不十分清楚。因此,还需要对炎症反应与基因毒性之间的关系做进一步的基础性研究。

在体内,正如突变只能固定发生在细胞分裂时一样,分裂活跃的细胞被认为是与致癌作用相关联的基因毒性作用的主要靶器官。这些分裂活跃的细胞在肺部是产生新细胞的细胞（Ⅱ型肺泡细胞），在皮肤中是位于基底层的表皮细胞，在胃肠道也是类似部位的细胞。体内基因毒性试验广泛地采用骨髓微核试验、肝 UDS（非序 DNA 合成）试验，分别用于检测到达骨髓和肝脏或能产生全身基因毒性效应的基因毒性物。目前还没有用于评估预期靶器官基因毒性的体内试验经过验证，但是可以应用转基因动物模型进行体内彗星试验、微核试验和基因突变分析。

6. 其他毒性效应研究　Hofmann 利用新的生殖干细胞系 C18-4 检测纳米材料的细胞毒性，在分子水平研究纳米微粒对生精过程的早期阶段发育毒性的机制。杨辉等应用小鼠胚胎成纤维细胞检测了纳米碳、单壁碳纳米管、纳米氧化锌、纳米二氧化硅 4 种纳米材料的细胞毒性，结果表明，纳米碳、纳米氧化锌和纳米二氧化硅对细胞增殖的抑制作用和对细胞膜完整性的损伤作用均随染毒剂量的升高而增强，具有明显的剂量-效应关系，碳纳米管组的剂量-效应之间不呈对数线性关系结果提示，破坏细胞膜的完整性可能只是纳米材料作用的途径之一。

新的研究报告指出，已经在不同炎症细胞因子促进子作为对照的基础上，对 A459 细胞系的报告基因的表达进行了开发。这些细胞已经被成功地应用到所有一对一的 NP/细胞相互作用的分析中以及生物传感器研究中。通过将 A549、BEAS-2B 和 Caco-2 细胞暴露于纳米氧化钴和氧化铈，采用转录蛋白组学的方法研究诱导产生的与免疫有关的基因表达情况（3～24h）已经得到评价。一种用于急性大剂量暴露的分析方法已经通过脂质体转染方法得到改进，对纳米微粒的吸收较正常情况下高出 50%，而没有导致细胞死亡。该分析方法可以对细胞表面及细胞内新的化学物种进行鉴别（如在含钴纳米微粒脂质体转染后含铁的磷酸钴沉淀物）。在此之前，类似的新物质已经通过含钴纳米微粒在小鼠中及在人类肿瘤样本中培养而被发现。开发了一种通过分化的 Caco-2 细胞评价纳米微粒效应的方法，用于纳米材料暴露后慢性和蓄积性综合毒性的评价，包括对上皮层的渗透性和细胞转运，以及在暴露于纳米微粒 15 天后的自然免疫反应等。

（四）体内方法

纳米材料在体内的生物分布、转运、蓄积和清除等信息对于危害分析研究是不可缺少的。在欧洲，根据化妆品指令第 7 次修订（2003/15/EC），对于禁止动物试验的要求，含纳米材料的化妆品的动物试验也是不允许的。因此，需要对目前包括用于纳米材料的体外方法进行验证。人体皮肤的替代如 EpiSkin™、Epiderm™、Skinethic™ 和其他人体皮肤重构模型可以用于化妆品成分及成品安全性评估，也可用于纳米材料化妆品的安全性评估，前提是这些方法已通过含纳米化妆品的验证。纳米材料的体内经皮吸收是安全性评估中的基本测试（OECD 427），但是，对于用作化妆品成分的纳米材料来说，为了符合欧盟的要求，需要用体外测试方法来替代体内试验（OECD 428）。

采用受试物处理后的角质层连续胶带剥离法，可以提供受试物穿透皮肤上层的信息，但是对于残留在皮肤深处和毛囊中的量却无法估计，而且角质层屏障功能的受损可能加速了纳米微粒的穿透。因此，角质层胶带剥离技术虽然是有用的工具，但对于纳米微粒在皮肤深层的定位还不够敏感，采用共聚焦、电镜、离子束和放射自显影等高分辨率的可视技术可检测不同标记的载体颗粒和活性成分。

EC 和 OECD 指南针对传统意义上的化学品做出了规定，但还没有针对纳米材料的规定。目前还不知道现有的常规毒理学检测方法对于纳米材料来说是否足够或适合，是否还需要进一步的调整，或是研发新的方法。因此，需要对纳米材料现有的危害鉴别方法进行逐一研究。

（五）小结

（1）经典的经皮吸收技术没有对不溶性纳米微粒或纳米材料渗透性的机械效果加以考虑。

（2）没有适用于纳米微粒吸收的计算机模型。

（3）对于所有物质来说，目前的体外方法（包括已验证和未验证的）都不能显示纳米微粒在活体组织中的转运情况。动物模型对于生物分布、转运、蓄积和清除研究来说仍然是不可缺少的。

（4）虽然纳米微粒的致突变性/基因毒性检测要求与其他微粒材料相同，但是纳米微粒的特殊性质可能需要对其更多的关注。纳米微粒的潜在基因毒性评估可以通过体外哺乳细胞来进行，但前提必须确定每一种检测方法的核暴露时间。目前经过验证的体内基因毒性试验没有覆盖纳米微粒作用的靶器官（特别是在呼吸道方面），也没有经过参考物质验证。

（5）对于纳米微粒来说，不仅要对初级靶器官的吸收剂量予以考虑，而且要对次级靶器官的吸收剂量予以考虑。

（6）与大颗粒相比，纳米材料作用于靶细胞的种类更多，因为其胞吞和非胞吞的途径和作用效果不同。

（7）质量可能不是纳米微粒最重要的相关测量参数，其他参数如尺寸大小和表面积可能更为重要。

总之，在采用多种针对纳米材料属性和功效的评估技术时，应确保得出的结果是一致的。然而，必须清楚地认识到所有提到的技术都仍处于研究阶段。针对纳米材料的已经确证的体外方法还没有得到实际应用，仍然处于早期的研究阶段。

四、暴露途径

纳米材料或其混合物的人群暴露可分为以下3种：①纳米材料生产、使用循环和处置过程中作业工人的职业暴露；②纳米材料在生产、使用循环和处置过程中释放进入环境后造成普通人群的暴露；③消费者使用商品化的含纳米材料的产品造成的直接人体接触暴露。由于纳米材料在消费品中的应用越来越普遍，使人群暴露日趋普遍，如电子、医药、化妆品、化学品和催化剂等。纳米微粒的暴露途径为皮肤、呼吸道、消化道和眼，以呼吸道和皮肤最为重要。表25-1是普通人群和消费者暴露纳米材料的可能情况。

表 25-1 普通人群和消费者可能接触的几种纳米产品

产品类型	释放和/或暴露来源	暴露人群	潜在暴露途径
含纳米微粒的防晒剂	消费者皮肤应用	消费者	皮肤
	消费者排放（如进入排水系统）	普通人群	摄入
	使用后容器废弃（残留防晒剂）	普通人群	吸入或摄入
汽油中用于减少尾气排放的金属催化剂	从尾气排入空气（沉积于水体表面）	普通人群	吸入或摄入
染料和涂料	风化、废弃	消费者，普通人群	皮肤，吸入或摄入
纺织品	穿着、洗涤、废弃	消费者，普通人群	皮肤，吸入或摄入
电子产品	生命或使用周期结束时释放	消费者，普通人群	皮肤，吸入或摄入
运动商品	生命或使用周期结束时释放	消费者，普通人群	皮肤，吸入或摄入

（一）经皮吸收

纳米材料的皮肤暴露备受关注，主要是因为职业暴露或使用含纳米材料的消费品（如化妆品或药品中的 TiO_2）。外源物质通过皮肤渗透有 3 条途径：皮肤细胞间转运、毛囊转运和跨越皮肤细胞的方式（见第 10 章）。纳米微粒通过完整角质层的被动转运几乎是不可能的，因为角质细胞基质、细胞间脂质双层以及角质层以下为高蛋白质含量的生理环境。但是，如果皮肤破损，正常屏障功能被破坏，那么微粒进入的可能性就会显著增加。

毛囊开放的程度与微粒的大小相关。因此，可以对与微粒大小相关的渗透量进行估计。另外，纳米微粒还可以使皮肤直接"染色"，而不容易由常规清洁剂去除。已经证明圆形和椭圆形量子粒可以穿透角质层并沉积在角质层和表皮层。因此，可以采用培养的角质细胞研究碳纳米管的细胞毒性。皮内注射一定量的纳米尺度的量子粒，发现纳米微粒进入皮下组织，并通过皮下淋巴管进入淋巴结。最近报道，不同理化特性的量子粒（大小、形状和包被）暴露 24h 后，可穿透完整的猪皮肤角质层进入表皮层和真皮层。药物输送研究表明，蜡状纳米颗粒表面的电荷能改变血脑屏障的完整性和渗透性。

目前对纳米微粒的经皮渗透性研究采用的是静态影像技术，并没有发现纳米微粒可以少量地沉积在真皮血管中，然后被血液带走。如果皮肤暴露于大剂量的纳米微粒，即使有少量吸收也会显得很重要，这些少量的微粒可以蓄积在次级靶器官中。例如，皮肤暴露于防晒产品中的 TiO_2，在整个夏天 TiO_2 的暴露量可以达到几 g。如果只有相当于 10^{-4} 的 TiO_2 纳米微粒被吸收，并通过血液循环和淋巴循环进行转运，那么在整个或某个特定器官中的转运量可能达到 100～500μg。

至今还没有针对不同器官之间关联风险的信息报告。一个最有可能的次级靶器官是肺，这方面的数据是最多的。已经观察到在给予一个极低剂量时出现的显著刺激反应，例如，当给予小鼠肺细胞 500μg 的 TiO_2 极小微粒时，在给予 24h 后出现中性粒细胞的渗透现象，显示需要对 TiO_2 这种具有广泛暴露量的物质进行生物转运的量化研究。

虽然化妆品通常要求应用于正常皮肤，但实际情况是也常用于不健康的皮肤，如患有遗传性过敏症或银屑病的人群。在这种情况下皮肤的正常屏障有可能已经被破坏。最近欧盟资助的 NANODERM 方案中，正在对患有银屑病的人群皮肤进行含 TiO_2 纳米微粒配方的潜在渗透性进行调查。

（二）呼吸道

用气溶胶理论解释空气中纳米微粒的行为学比较合适，气溶胶纳米微粒主要受颗粒大小、重量和扩散性的影响，其他影响气溶胶浓度的因素还包括凝聚性、沉降和重悬等。在吸入微粒物质的健康影响研究中，最为关注的是肺泡巨噬细胞和Ⅱ型肺泡上皮细胞。肺泡巨噬细胞在肺部对吸入尘粒的反应及肺部炎症反应发展中起重要作用，其基本功能是吞噬作用，并清除微粒和微生物。Ⅱ型细胞是一种分泌细胞（产生表面活性剂），并被认为是Ⅰ型细胞的前体细胞。Ⅱ型细胞含有大量的生物转化酶，特别是细胞色素 P450 依赖的单一氧化酶。另外，这些细胞还具有其他代谢功能，如对内源性化合物或外源化合物的被动吸收、渗透功能和免疫功能等。

纳米微粒在呼吸道中的情况：纳米微粒（＜100nm）在呼吸道的沉积主要由＜0.5μm 的微粒扩散运动（热运动）决定，是空气分子热运动的结果。纳米微粒在呼吸中的扩散运动主要受 3 种因素影响：①微粒动力学，包括大小和形状，及其可能的动力学变化；

②呼吸道分支的几何结构及肺泡结构；③呼吸方式决定了气流速度和在呼吸道的停留时间(包括鼻式和复式呼吸)，研究表明纳米微粒可以在呼吸道停留较长时间。

在呼吸道壁(上皮)，纳米微粒首先与黏液或浆性衬液(serous lining fluid)及其所含的表面活性剂接触。因此，能溶于衬液的微粒化合物的命运应与那些缓慢溶解或不溶解的化合物的命运分开考虑。可溶性颗粒物质可溶解于衬液中并被代谢，最终可进入血液分布于器官进一步代谢，通过这种方式，化合物可达到任何靶器官，并在远离其首次进入的肺组织产生毒性作用。

大多数溶解缓慢和不溶性的纳米颗粒沉积在气道中，在纤毛细胞的运动下被清除，或被咳嗽咳出或吞咽的方式转移。但也有证据表明，除此之外，仍有相当多的颗粒滞留于气道。

部分溶解缓慢和不溶性的纳米颗粒沉积在肺泡区，正常生理情况下会被肺泡巨噬细胞吞噬，没有被吞噬的纳米微粒可能进入肺间质，特别是未成年人、老年人和肺部疾患的人群，通过肺部巨噬细胞清除微粒的能力可能受损或低下。

如上所述，巨噬细胞吞噬纳米微粒的效果通常比较差，纳米微粒与内衬细胞的相互作用程度要强于较大微粒。纳米微粒的表面积较大，就更容易与细胞发生相互作用。根据分子面积，不仅在呼吸系统，而且在心血管系统、中枢神经系统和免疫系统中，纳米微粒引起毒性反应的能力要比较大的微粒更强。

(三) 胃肠道及眼

关于纳米微粒在胃肠道及眼的吸收资料很少，除了传统的食物、食品添加剂和膳食补充剂外，灰尘等颗粒物吸入后的吞咽也可能进入胃肠道，但总的摄入量相对其他途径比较少。进入胃肠道的特殊吸收不仅发生在胃肠道相关的淋巴组织(gut-associated lymphoid tissue，GALT)，而且还发生在正常小肠的肠黏膜上皮细胞。

(四) 小结

纳米微粒可以通过几种途径进入人体，但对其暴露评估资料是有限的。可能发生的穿透取决于微粒的大小和表面性质以及暴露部位的特殊结构。虽然有研究表明某些颗粒可能以机械作用穿透皮肤，但证据还不足。纳米微粒可以蓄积在皮脂腺及毛囊内，并在局部释放成分。之后，微粒在体内的分布主要取决于纳米颗粒的理化性质。

五、纳米材料的暴露毒性

最近几年已经对纳米微粒的毒性特征进行了研究，主要集中在呼吸道和心血管系统方面。早期的研究表明极其微小的 TiO_2 颗粒与相同浓度的细小 TiO_2 颗粒相比，前者引起小鼠肺部炎症反应的能力更强。如果 TiO_2 的暴露剂量很大，如来自防晒产品或日常饮食，即使吸收的剂量只有 10^{-4}，也可以引起蓄积毒性的发生。

(一) 皮肤

SCCNFP 在 1998 年开始对防晒产品中的纳米大小的矿物质 UV 过滤剂能否穿透或进入健康人体皮肤进行研究，发现在防晒化妆品中作为矿物质 UV 过滤剂的 TiO_2 不会穿透正常健康皮肤的角质层，也没有由于皮肤暴露造成人体健康局部或全身危害(SCCNFP，2000 年)。然而对于其他纳米微粒的研究资料极为有限。纳米微粒比较大尺度的颗粒穿透皮肤的风险更大，研究表明，单壁碳纳米管对体外培养的人表皮角质细胞具有细胞毒性，包括氧化应激和细胞活性下降。

有研究指出，如果皮肤接触的纳米微粒

剂量很大(如防晒化妆品中的 TiO_2),就可能发生纳米微粒的少量吸收。由于纳米材料的特性,不仅需要对吸收器官的吸收剂量予以考虑,而且也要对纳米微粒生物转运到次级靶器官中的剂量加以考虑。此外,由于胞吞和非胞吞作用,纳米颗粒可能比大颗粒影响到更多类型的细胞。

(二) 呼吸道

吸入纳米微粒除了产生直接的化学毒性作用外(内在化学毒性),纳米颗粒的物理性质包括表面特性也应考虑。纳米微粒越小,表面积增加越明显,形成活性氧的能力也越强,越容易发生严重炎症反应。此外,其他因素,如表面处理和包被、纳米材料的凝聚或聚集状态,以及释放入肺泡中的化学物(分解)等,都会对纳米微粒的反应产生影响。在呼吸道中,某些纳米微粒可以逃脱巨噬细胞的吞噬,也有研究表明,纳米微粒可被非巨噬细胞摄取,而且巨噬细胞吞噬纳米微粒后抑制了对微米大小颗粒的吞噬,使这些微粒从肺部的清除受阻。

已证明,吸入纳米微粒后在肺外组织存在2种不同途径的毒性作用:一是通过肺的直接或间接作用进入循环,进而达到靶器官;二是由于肺的氧化应激导致炎症发生,引起末端炎症,这种情况纳米微粒未被转运即可发生。据报道,单壁碳纳米管比炭黑纳米颗粒具有更大的肺毒性,Jia采用体外细胞毒性的研究也得到了相似的结果表明。

纳米微粒的表面电荷在全身反应中起重要作用。有证据表明,通过鼻腔进入的纳米微粒可以到达脑部。另外,在血液中循环的铱纳米微粒可以通过血脑屏障。

(三) 消化道和眼

关于纳米微粒在消化道中的信息极为有限。据报道纳米微粒可能引起角膜损伤,如用于药物传递的纳米载体在用药数月后在眼部仍被发现。

(四) 致突变性与基因毒性

基因毒性是一个用来检测潜在致癌性的短期检测方法。基因毒性分析可以反映生殖细胞的可遗传的致突变作用,具有基因毒性的物质通常也具有很强的生殖毒性。对于纳米微粒可能的基因毒性,应重点关注微粒与DNA或其他大分子结构(微管、动粒、中心粒)的直接作用,以及与可能的氧化应激和炎症活性相关的间接的作用。纳米微粒很容易通过细胞膜,并可能到达具有重要基因毒性效应的细胞核和DNA,如功能性的单壁碳纳米管可进入细胞核。即使纳米微粒不能穿过核膜,在细胞分裂时它们也可以到达细胞核,因为核膜在细胞分裂时已经消失。

目前已知或推测各种纳米大小的微粒可能与较大材料一样具有致癌性(IARC,1997年),最近根据动物致癌数据,2007年,二氧化钛和炭黑粒子被IARC确认为是人类的可能致癌物(2B类)。虽然基因毒性可能会导致这些材料的致癌性,但其过程是复杂的,并涉及相关微粒的种类、炎症反应类型、脂质过氧化、产生活性氧和氮自由基、巨噬细胞清除过载、未及时清除的纳米微粒在组织中蓄积等。在纳米微粒基因毒性测试中的许多特殊问题(可能的间接机制、作为体内靶器官的肺部、对材料属性的要求等),如果采用适用于大微粒及纤维的标准基因毒性试验方法并不是十分理想。

另外,纳米微粒独有的特性(直径极小、表面积极大,等)都会导致与大微粒材料截然不同的结果。对于大多数纳米微粒来说,还不清楚它们是在哪个大小和电荷水平与DNA或有丝分裂纺锤体相互作用,引起基因突变、染色体结构或数目变化。已经有证据表明某些纳米微粒具有这些功能,如具有阳离子特性的碳纳米微管可以浓缩DNA。纳米管表面积和电荷密度被认为在与DNA形成静电复合物的过程中直到决定性作用。Pan认为，几种类型癌性细胞的死亡可能是由于1.4 nm的纳米金微粒结合于DNA双螺旋的主沟部位开始的，而更小或更大的纳米金微粒并不具有这些效应。

纳米材料的成分及涂层可能是决定其基因毒性的关键因素。涂层为阳离子性质的高分子聚合电解质纳米微管在加上DNA后，可以作为DNA传感器，发挥其作为阴离子DNA配对物的功能；不同类型的纳米微粒在与DNA结合后，可以被用作向细胞和核传送DNA与低聚核苷酸的工具。单壁纳米微管可以与双股或单股DNA及多肽核酸结合，特别是蛋白质工程纳米微管可以与DNA结合，水溶性半导体量子粒（带有氧化锌外壳的硒化镉，表面附有功能性生物素）由于带有光活化及表面氧化所产生的自由基，可以在剪切位点形成DNA杂合子。

人们对富勒烯毒性的认识充分说明纳米材料的特性与其毒性作用的关系，如遗传毒性研究发现，在Ames试验中对富勒烯的致突变性取决于与富勒烯相连的分子群和所使用的溶剂。一般而言，观察到在水溶性富勒烯C60衍生物中的阳离子群可以诱导明显的毒性作用，而阴离子或中性离子则不会。

富勒烯具有光毒性，光激发可诱发富勒烯引起DNA断裂、突变、癌症发生和细胞毒性。在可见光照射下，溶解在聚乙烯吡咯烷酮中的富勒烯对于含有大鼠肝微粒体的沙门菌TA102、TA104和YG3003菌株来说是一种致突变物，其机制可能是通过（亚油酸）氧化磷脂化。对2′-脱氧鸟苷加微粒体或含有C60的亚油酸进行处理以提高8-羟基脱氧鸟苷的形成。在激光照射下，带有糖挂件（sugar pendant）的C60富勒烯可以产生单线态氧，并对Hela细胞造成光毒性作用。Yamakoshi认为光诱导的富勒烯的生物活性作用是由于C60与分子氧发生的电子转移反应产生还原型氧（超氧自由基和OH^-）自由基的结果。

还有一些遗传毒性数据是针对碳纳米管或其他纤维碳纳米材料的。Jia等人于2005年发现当C60富勒烯没有表现出细胞毒性时，碳纳米管特别是单壁纳米管在其剂量水平时可以表现出针对肺泡巨噬细胞的强烈毒性提示碳纳米管具有比富勒烯更强的生物活性，这种差异可能与遗传毒性有关。Sayes发现，从以往研究富勒烯的经验表明，当富勒烯结构发生少许变化时，细胞毒性的致死剂量可以改变超过7个数量级，聚集形态的C60比其高度水溶性的衍生物毒性更大。因此，可以假设与细胞膜中氧损害发生相关的细胞死亡与来自水中富勒烯的超氧化物阴离子或其他氧自由基的发生有关。Sayes等进一步研究证明了产生ROS的脂质过氧化反应是导致纳米材料毒性的原因。单壁碳纳米管可以诱导氧化应激，并形成自由基，产生过氧化物的累积、抗氧化物的消耗以及针对人类角化细胞的细胞毒性。含有微量金属（如镍、钴、铁、镉、锰）的碳纳米管和纤维可能具有基因毒性。

Rahman等于2002年发现，超细二氧化钛（直径≤20nm）可以诱导叙利亚仓鼠体外胚胎细胞的微核产生，而直径≥200nm的二氧化钛没有这种能力。超细二氧化钛可以增加人类B淋巴细胞WIL2-NS细胞的体外突变发生、微核及核浆桥（nucleoplasmic bridges）的产生、DNA损伤（彗星试验）。Gurr等于2005年发现纳米尺寸（10和20nm）锐钛矿可以诱导人体支气管上皮BEAS 2B细胞的氧化性DNA损伤、微核产生、脂质过氧化、过氧化氢和一氧化氮的形成，而粒径较大的锐钛矿（200nm及以上）没有这种能力。

在彗星试验中，当受到紫外线照射时，锐钛矿TiO_2（亲水性，直径大约20nm）对小鼠淋巴瘤 L5178Y 细胞的光毒性作用明显高于二氧化钛(锐钛矿和金红石,直径都为 255nm)。粒径较大(420nm)的金红石没有表现出光毒性作用。研究发现,当采用染色体畸变诱导评价试验时,纳米尺寸的锐钛矿二氧化钛在中国仓鼠肺 CHL/IU 细胞中可以表现出光毒性,但在鼠伤寒沙门菌或小鼠淋巴瘤 L5178Y $tk^{+/-}$ 细胞中却没有表现出光毒性。此外,这种具有纳米尺寸的二氧化钛(亲水性表面)在 UV 照射下只引起 DNA 损伤、染色体畸变和基因突变。超细的二氧化硅结晶(SiO_2)纳米微粒越多,其诱发细胞形成微核的数量就越多,同时还可以引起体外人类 WIL2-NS 细胞中 *HPRT* 位点突变率增加。

(五) 安全范围

风险鉴定的最后阶段是考虑不确定度因素(SCCP/1005/06),对于化妆品,这一因素称为安全范围(MoS),通常认为化学物的 MoS 可以通过其最低 NOAEL (未观察到有害效应水平)值除以其可能的系统暴露剂量(Systemic Exposure Dosage ,SED) 来计算。MoS 的值用于从一组动物试验的数据外推到人群平均水平,然后从人群平均水平再外推到敏感人群。通常可接受的 MoS 值应当至少是 100,以确保其使用的安全性。对于纳米材料,传统的 MoS 可能并不足以体现其安全性。

(六) 小结

对于可溶性纳米微粒来说,现有的大微粒物质的风险评估方法可能适用。而对于不溶性纳米微粒来说,就需要更多的关于不同暴露途径的毒代动力学和毒效动力学数据。

(1) 只有几个长期研究(除了二氧化硅、炭黑和二氧化钛)的数据,因此,需要对不同材料逐一进行风险评估研究,直到对其作用机制有更好地了解和阐明。

(2) 纳米微粒具有潜在的氧化能力。由于纳米微粒比大微粒具有更大的表面积,以及具有特殊的理化性质,因此,纳米微粒可能引起局部(肺、肠和皮肤)氧化应激和严重的健康反应。

(3) 目前对纳米微粒经皮渗透的研究是采用了静力学影像技术,不能观察到到达真皮层及真皮血管中的纳米微粒。因此,如果纳米微粒的剂量很大,如在防晒产品中的二氧化钛,即使微粒小到 10^{-4},也可以导致在次级靶器官中的蓄积和炎症反应。因此,有必要对广泛应用于化妆品和其他材料中的纳米微粒,如纳米大小的二氧化钛的生物分布进行量化,并对其暴露量进行风险评估。

(4) 体外研究提供了有关机制的信息,但其相关性需要用体内研究证明。

(5) 目前所能提供的信息,大多局限于球壳状碳分子富勒本(fullerenes)和二氧化钛,提示某些纳米微粒可能具有基因毒性和光毒性。某些证据表明纳米大小的二氧化钛比较大的二氧化钛微粒具有更强的基因毒性。

六、纳米材料风险评估研究

目前的研究资料表明,纳米微粒的毒性非常复杂,且毒性作用受纳米材料特性等多种因素的影响,如颗粒大小和形状、表面特性(如电荷、面积和反应性等)。

人群暴露

1. 风险和暴露评价研究需要解决的问题　现行的暴露评价方法是否适用于评价纳米材料的暴露?质量剂量效应是否能作为暴露评价的有效指标?如果不能,什么指标能够替代(如颗粒数、表面积)?是否应考虑敏感人群的暴露问题(如危险人种、儿童或哮喘患者)?纳米材料的理化特性如何影响其排放和暴露？纳米材料在生产期间和之后的使用过程中有何差异，微粒表面的修饰影响其暴露特性吗？关于纳米材料特有的释放和暴露模式，什么样的信息是目前可以用的？还需要什么额外的信息？

2. 人体健康效应评价需要解决的问题 纳米材料所引起的有害作用可以来自这些新材料直接暴露于人类所产生的有害影响，或者来自生产过程中产生的副产品释放到环境中所造成的有害影响。目前有关这些特定用途的纳米材料及其副产品、分解物和废弃物的毒性、有害成分、处理以及与暴露相关的易感性资料还很缺乏。最后，还没有确定标准测试方法是否适用于纳米材料理化特性的毒性鉴别。

对于纳米材料的健康风险评价研究来说，及时建立纳米材料及目前应用的微粒和纤维的毒理学数据库以便于对它们的理化特性进行预测与评价是很重要的。目前所进行的有限的研究提示，采用现有的数据库来外推到那些特定生产的纳米材料是很困难的。虽然具有纳米尺寸的材料的毒理学特征目前还没有完全了解，但通常来说，纳米微粒的毒理学特征与其相应的较大尺寸的材料不尽相同。许多研究已经证明纳米微粒的毒性是复杂的和多因素的，受多种理化因素（如直径大小、化学成分、形状）、表面特性（如电荷、范围和反应性）的影响和调控。随着粒子直径的减少，每个纳米微粒的体表面积比就随之加大，与大体积颗粒相比，其毒性也随之增加。同样，粒子越小，纳米微粒就更容易透过细胞膜直接进入细胞内或者渗透到皮肤内，通过循环系统在体内分布。虽然纳米微粒的形状与其毒性的关系尚未清楚，但最近的体外细胞毒性研究结果表明，单壁碳纳米微管的毒性高于多壁碳纳米微管。因此，除了考虑纳米微粒对接触部位（如肺、皮肤、肠）的毒性外，还应该对其系统毒性（如靶器官、心血管毒性和神经毒性）予以考虑。

首先，了解纳米材料的表面材料/涂层性质、应用范围、可能的暴露途径、可能影响其毒性的其他暴露方式（如 UV 照射）是非常重要的，不能只依赖在单一试验条件下得出的结果进而推断在其他条件下可能发生的情况。然而，根据现有化学物质的以往研究经验可知，纳米材料的毒理学研究应该从开发基于假设的预测模型开始。同时还需要对具有高分散性的纳米技术对人类的健康影响进行确定，这些纳米技术通常用于位点修饰、监测和污染控制策略。有必要对这些纳米技术所造成的空气、土壤、水的污染以及所引起的潜在健康危害进行研究。研究工作应着重于以下方面：

（1）对目前的试验计划、危害策略及剂量选择是否适当进行确定。

（2）对纳米材料的性质进行鉴别，以便于更好地预测其对其受体和易敏感的亚人群的毒性。

（3）对那些具有很大商业应用价值的纳米材料应给予鉴别，并确定它们最可能的暴露途径。

这些研究领域引起以下研究问题：

（1）纳米材料或其副产品直接暴露对人类的健康影响（局部的和系统的；急性的和慢性的）是什么？以及与纳米技术应用引起的潜在暴露对人类的健康影响是什么？

（2）这些特定的毒性终点，如神经系统、心血管系统、呼吸系统或免疫系统，是否意味着需要给予纳米材料更多的关注？

（3）目前用于纳米材料的测试方法（生物体、暴露方式、媒介、分析方法、试验计划）是一个标准化的毒理学测试方法吗？

（4）目前的测试方法，例如 OECD 和 EPA 危害测试指南，能否用于广泛生产的纳米材料以及在其生产和应用中产生的副产品的毒性评估？

（5）目前的分析方法可否用于分析和鉴

别所生产纳米材料的剂量-反应关系？

(6) 控制纳米材料吸收、分布、代谢和排泄的理化特性是什么(ADME)？

(7) 在各种不同的暴露途径中，纳米材料的哪种理化特性和剂量选择与其毒性(局部和系统；急性和慢性)最有关联？

(8) 纳米材料在生产和加工过程中的变化以及其表面粒子的改变是如何影响其危害作用的？

(9) 当亚人群暴露于所应用的纳米材料时，其受到有害影响的风险是否增大？

(10) 建立有效的毒理学预测模型的最佳方法是什么(SAR、PBPK、"omics"等)？

(11) 是否可以根据体外试验、体内试验或计算机试验数据，按照纳米材料的毒力大小将其分类分组？

第3节　化妆品中纳米微粒的安全评价

化妆品通常是应用于人体皮肤和毛发，化妆品中所含微粒直径小于100nm称作纳米微粒。使用纳米微粒的目的是强化配方性质和可接受性，化妆品中的纳米颗粒对皮肤和头发有直接作用，如保湿或抗衰老配方、美容或护发，或是保护皮肤，如防晒产品中的UV过滤剂。

对纳米微粒进行风险评估的关键因素是其吸收情况。对于化妆品的传统应用是经过毛囊及皮脂腺以及其他类似的暴露途径。除了此途径外，当纳米微粒作为头发定型剂、唇膏或牙膏时，经过吸入、消化、眼结膜和黏膜表面的暴露途径也应予以考虑。虽然作为色素应用的二氧化钛通常是微米大小的颗粒，但小于100nm的微粒也被认为属于这个等级。

纳米微粒可以被分为两组：① 可溶性纳米微粒：以分子形式应用于皮肤，如脂质体、微米乳滴、纳米乳滴；② 不溶性纳米微粒：如二氧化钛、球壳状碳分子富勒本、量子粒。对于第一组，目前用于大微粒的风险评估方法已经足够，而后者，就需要考虑微粒数量、表面积及其分布情况。

对于不溶性微粒来说，与健康有关的首要问题是了解其吸收情况。它们可以转运，并最终蓄积于次级靶器官中，这一点在重复使用的化妆品中显得很重要。不溶性的纳米材料会造成环境负担，对其生命周期必须逐一分析。

在对纳米微粒进行风险评估时，应对以下特性予以考虑：

物理特性：大小、形状(如球形或纤维状)、表面积、表面电荷、表面形态、流变学、多孔性、结晶性和非晶态、初级纳米微粒、凝聚体和聚集体等。

化学特性：化学成分、表面化学、氧化能力、催化能力、化学计量(从大面积到体积变化的比率)、分散动力学和溶解性、亲水性和疏水性、表面包膜、杂质(外来物、副产品或降解物等)、表面吸附剂。

换言之，仅分析纳米微粒本身的特性是不够的，纳米微粒与所处环境的相互作用也应测定，包括溶解性/不溶解性，自由基形成等。

一、纳米材料安全评价的方法

对于化妆品中的纳米微粒来说，风险评估的方法还有待重新评估或开发，数据积累还需要漫长的过程。鉴于此，欧盟要求其下属的新兴及新鉴定健康风险科学委员会(Scientific Committee on Emerging and Newly Identified Health Risks，SCENIHR)提供"针对纳米技术产品所产生潜在风险的现有的适当的评估方法"，同时要求SCCNFP针对化妆品成分测试及安全性评估的文件中增加对纳米材料的安全性评估内容(SCCP/1005/06)。

传统风险评价中，皮肤渗透研究通常采用健康或完整皮肤。在确定安全范围(MoS)

时，功能减弱的皮肤可能会增加纳米材料的吸收。如果纳米微粒进入了血管，就可能进入全身循环。可以预计在不正常的皮肤状态下全身吸收有可能会增多，如晒伤皮肤、患有遗传性过敏症的皮肤、患有湿疹的皮肤等。有证据表明皮肤自身的生理和理化特性对纳米微粒的渗透也有影响。

目前，体外扩散池是用来估计经皮渗透吸收的标准装置。然而，由于纳米微粒的机械作用对其渗透/吸收作用有很大影响，这个标准的模型可能不是十分理想。因此，需要建立经皮渗透评估的新方法。

为了评估可能存在的肺部效应（及其相关的全身效应），可以运用现有的简化的体外试验系统，如细胞毒性和前炎性效应研究。然而，体外试验并不适合研究肺部复杂的毒性作用。用于全身毒性和亚慢性毒性的体外模型还需要进一步开发建立，特别是用于转运、生物分布、聚集和清除研究的模型。因此，纳米材料毒性研究的体内方法仍然是必需的。

纳米材料的生物分布（毒性动力学）还没有更详细的研究。决定纳米微粒吸收和通过屏障（如皮肤、肺、消化道和眼）转运、在其全身的循环、代谢以及在次级靶器官的蓄积、排泄的相关理化特性的信息也非常有限。因此，不可能在短时间内建立纳米材料的模拟分布模型。

虽然纳米微粒的致突变性/基因毒性试验的要求与其他材料相同，但是纳米微粒的特殊性质可能需要更多的考虑。纳米微粒的潜在基因毒性可以通过体外哺乳细胞试验来评估。然而，目前已经经过验证的体内基因毒性试验没有包括纳米微粒的预期靶器官（特别是呼吸道），也没有采用含纳米材料的化妆品产品进行验证。

总之，所有纳米材料的体内和体外风险评估试验方法仍然处于研发之中，虽然现有的某些体外方法已经经过验证，但没有经过纳米参考（标准）材料的验证。这表明对于对化妆品成分的安全性评估，目前仍然没有可靠的经过验证的体外试验方法。例如，对于皮肤渗透试验研究来说，虽然替代方法的使用已使动物试验大量减少，但对于慢性毒性研究来说，仍然需要进行体内转运和蓄积性研究。因此，虽然欧盟法规已提出禁止采用动物试验来进行化妆品成分的体内测试，而且也有经过验证的体外方法可以用于风险评估。但是必须强调是，对于含纳米材料的化妆品的安全性评估，以上所提到的方法都必须经过纳米材料的验证后才能进行纳米微粒的安全评估。

二、含纳米化妆品的毒性评估

由于目前人们对于纳米材料的总体毒性研究还不够深入，就目前的危险性分析资料，有关化妆品的纳米材料的危害信息总结如下：

（一）经皮暴露

（1）有证据表明某些小于 10nm 的微粒可以经皮渗透到达表皮层的棘层，并最终到达真皮层，如富勒本和量子粒。

（2）当采用经皮渗透方案（完整皮肤）时，没有证据表明用于防晒产品中物理性 UV 过滤剂的 20nm 及以上的微粒可以穿透皮肤，到达最终器官。

（3）以上所述内容都是应用于健康皮肤（人体、猪）。对于功能减弱的皮肤，如患有遗传性过敏症的皮肤、晒伤皮肤，还没有资料。

（4）有证据表明皮肤的某些机制（如可伸曲性）可以对纳米微粒的渗透性产生影响。

（5）没有关于 20nm 以下微粒的附属转运渗透资料。20nm 及以上的纳米微粒可以深深地渗透到头发毛囊中，但是没有发现可以渗透到真皮层中。

(二) 含纳米化妆品的吸入暴露

(1) 在吸入过程中，大小为 10～100nm 的纳米微粒主要沉积在呼吸道的肺泡中，也有 20%～60%的可能性沉积在细支气管中。相反，<10nm 的纳米微粒主要沉积在上呼吸道。

(2) 纳米微粒可以通过上皮屏障进入到细胞间隙中。

(3) 吸入和灌注的转运试验研究表明，纳米微粒可以通过多个器官转运，并通过血脑屏障。

(4) 极小微粒的吸入可能引起血栓形成，由于直接作用或通过肺部炎症引起。

(5) 纳米微粒的肺部清除很慢，因为巨噬细胞的吞噬能力较低、纳米微粒不易从肺泡清除以及大量沉积在肺间质。因此，纳米材料可以在肺中长期保留。

(6) 纳米微粒可能引起的肺部局部反应是：

由微粒本身和/或巨噬细胞和上皮细胞诱导的氧化应激增加；炎症反应；致突变性/基因毒性：体外肺细胞培养的证据，还没有体内吸入暴露的直接证据；细胞毒性。

(三) 纳米微粒经消化道及眼部暴露

目前该资料还比较缺乏。

(四) 体外细胞研究

(1) 已经开展了纳米微粒的体外皮肤细胞反应研究。所观察到反应多种多样，包括细胞内化(胞吞或非胞吞机制)、细胞内钙和活性氧浓度升高，细胞增殖及细胞存活能力影响。

(2) 虽然体外试验可用于危害鉴别，但目前还没有经过验证的替代方法可用于纳米材料测试。纳米微粒在细胞培养基中的分散、沉积和蓄积与所处环境(介质、离子强度、酸度和黏度)及微粒属性(如大小、形状和密度)有关。对这些属性和效应予以考虑有助于明显提高对纳米微粒的毒性评估。

(3) 目前的体外试验检测方法(验证和非验证方法)还不能完全用于风险评估。

(五) 以下领域的信息都不足够

①危害鉴定；②暴露评估；③吸收(包括正常和异常人体皮肤的生理学)；④纳米微粒的理化性质在其穿过消化道和肺部的细胞膜进行吸收与转运中所起的作用；⑤系统循环中的纳米微粒的理化性质在决定其次级靶器官中的生物动力学和蓄积过程中所起的作用；⑥纳米微粒通过胎盘的转运情况；⑦可能的健康危害(包括敏感人群)；⑧用于纳米材料的体内和体外试验方法的验证与优化。

在安全评估过程中，应该对市售的纳米材料的特性和危害性进行鉴定，而且还要把可溶的、不溶的或难溶的纳米微粒区别开来。可以溶入分子内部的纳米微粒与不溶性纳米微粒不一样，对于前者，目前的基于大微粒的风险评估方法对于化妆品及其成分来说是足够用的，而对于后者(如二氧化钛、氧化锌、富勒本、碳纳米微管和量子粒)还需要其他方法予以补充。对于这些纳米材料需要更完整的理化特性资料，特别是大小、数量、形状和表面积特性。

SCCNFP 确定化妆品中允许使用二氧化钛是在 2000 年，氧化锌是在 2003 年，但是根据对纳米微粒安全性评估的新发现，有必要对以上物质的使用情况重新进行评估。为了获得尽可能多的安全性信息，SCCNFP 已经于 2005 年 8 月和 2006 年 11 月发起两次针对纳米化妆品信息的征集要求，从研究机构及企业收集到的信息已经应用于最终的评估报告。

(程树军　席　静)

参 考 文 献

Beck-Speier I, Dayal N, Karg E, et al. Oxidative stress and lipid mediators induced in alveolar macrophages by ultrafine particles. Free Radic Biol Med, 2005, 38: 1080～1092

Borm PJ, Robbins D, Haubold S, et al. The potential risks of nanomaterials: a review carried out for ECETOC. Particle and Fibre Toxicology, 2006, 3: 11

Bourges JL, Gautier SE, Delie F, et al. Ocular drug delivery targeting the retina and retinal pigment epithelium using polylactide nanoparticles. Invest Ophthalmol Vis Sci 2003, 44(8): 3562～3569

Choi MG, Koh HS, Kuess D, et al. Effects of titanium particle size on osteoblast functions in vitro and in vivo. PNAS, 2005, 102 (12): 4578～4583

Council Directive 2003/15/EC of the European Parliament and of the Council of 27 February 2003 amending Council Directive 76/768/EEC on the approximation of the laws of the Member States relating to cosmetic products. Official Journal L66, 11/03/2003, 26

Cross SE, Innes B, Roberts MS, et al. Human skin penetration of sunscreen nanoparticles: in vitro assessment of a novel micronised zinc oxide formulation. Skin Pharmacol Physiol, 2007, 20 : 148～154

Gamer AO, Leibold E, van Ravenzwaay B. The in vitro absorption of microfine zinc oxide and titanium dioxide through porcine skin. Toxicol In Vitro, 2006, 20 (3): 301～307

Geys J, Coenegrachts L, Vercammen J, et al. In vitro study of the pulmonary translocation of nanoparticles: a preliminary study Toxicol Lett, 2006, 160(3): 218～226

Geys J, Nemery B, Hoet PH. Optimisation of culture conditions to develop an in vitro pulmonary permeability model. Toxicol In Vitro, 2007, 21(7): 1215～1219

Gurr JR, Wang AS, Chen CH, Jan KY. Ultrafine titanium dioxide particles in the absence of photoactivation can induce oxidative damage to human bronchial epithelial cells. Toxicology, 2005, 213: 66～73

Hofmann MC, Braydich-Stolle L, Dym M. Isolation of male germ-line stem cells; influence of GDNF. Dev. Biol, 2005, 279, 114～124

Hussain SM, Hess KL, Gearhart JM, et al. In vitro toxicity of nanoparticles in BRL3A rat liver cells. Toxicol In Vitro, 2005, 19(7): 975～983

Jia G, Wang H, Yan L, et al. Cytotoxicity of carbon nanomaterials: single-wall nanotube, multi-wall nanotube, and fullerene. Environ Sci Technol, 2005, 39: 1378～1383

Lin W, Huang YW, Zhou XD, et al. In vitro toxicity of silica nanoparticles in human lung cancer cells. Toxicol Appl Pharmacol, 2006, 217(3): 252～259

Lohbach C, Neumann D, Lehr CM, et al. Human vascular endothelial cells in primary cell culture for the evaluation of nanoparticle bioadhesion. J Nanosci Nanotechnol, 2006, 6(9～10): 3303～3309

Lu W, Tan YZ, Jiang XG. Establishment of coculture model of blood-brain barrier in vitro fornanoparticles transcytosis and toxicity evaluation. Yao Xue Xue Bao, 2006, 41 (4): 296～304

Moller W, Brown DM, Kreyling WG, et al. Ultrafine particles cause cytoskeletal dysfunctions in macrophages: role of intracellular calcium. Part Fibre Toxicol, 2005, 4: 2～7

Moss OR, Wong VA. When nanoparticles get in the way: impact of projected area on in vivo and in vitro macrophage function. Inhal Toxicol, 2006, 18(10): 711～716

Nel A, Xia T, Madler L, Li N. Toxic potential of materials at the nanolevel. Science, 2006, 311(5761): 622～627

OberdÖrster G, Maynard A, Donaldson K, et al. Principles for characterizing the potential human health effects from exposure to nanomaterials: elements of a screening strategy. Part Fibre Toxicol, 2005, 2: 8

Pan Y, Neuss S, Leifert A, et al. Size-dependent cytotoxicity of gold nanoparticles. Small, 2007, 3(11): 1941～1949

Pulskamp K, Diabat S, Krug HF. Carbon nanotubes show no sign of acute toxicity but induce intracellular reactive oxygen species in dependence on contaminants, Tox Letters, 2007, 168: 58～74

Rahman Q, Lohani M, Dopp E, et al. Evidence that ultrafine titanium dioxide induces micronuclei and apoptosis in Syrian hamster embryo fibroblasts. Environ Health Perspect, 2002, 110: 797～800

Rajendra J, Rodger A. The binding of single-stranded DNA and PNA to single-walled carbon ananotubes probed by flow linear dichroism. Chemistry, 2005, 11: 4841～4847

Rothen-Rutishauser BM, Schurch S, Haenni B, et al. Interaction of fine particles and nanoparticles with red blood cells visualized with advanced microscopic techniques. Environ Sci Technol, 2006, 40(14): 4353～4359

Royal Society and Royal Academy of Engineering, UK. Nanoscience and nanotechnologies: opportunities and uncertainties. July 2004

Ryman-Rasmussen JP, Riviere JE, Monteiro-Riviere NA. Penetration of intact skin by quantum dots with diverse physicochemical properties. Toxicol Sci, 2006, 91 (1): 159～165

Sayes CM, Reed KL, Warheit DB. Assessing toxicity of fine and nanoparticles: comparing in vitro measurements to in vivo pulmonary toxicity profiles. Toxicol Sci, 2007, 97 (1): 163～180

SCCNFP/0005/98 (Scientific Committee on Cosmetic Products and Non-Food Products) Titanium Dioxide, adopted by the SCCNFP during the 14th plenary meeting of 24 October 2000

SCCNFP/0649/03 (Scientific Committee on Cosmetic Products and Non-Food Products) Evaluation and opinion on: Zinc oxide, adopted by the SCCNFP during the 24th plenary meeting of 24-25 June 2003

SCCP/1005/06 (Scientific Committee on Consumer Products), 19 December 2006, The SCCP's Notes of Guidance for the Testing of Cosmetic Ingredients and their Safety Evaluation

SCCP/1111/07 (Scientific Committee on Consumer Products), 19 June 2007, Memorandum on Actual Status of Alternative Methods on the Use of Experimental Animals in the Safety Assessment of Cosmetic Ingredients in the European Union

SCENIHR, 10 March2006, The appropriateness of existing methodologies to assess the potential risks associated with engineered and adventitious products of nanotechnologies

SCENIHR, 21-22 June2007, The Appropriateness of the Risk Assessment Methodology in Accordance with the Technical Guidance Documents for New and Existing Substances for Assessing the Risks of Nanomaterials

Semmler-Behnke M, Takenaka S, Fertsch S, et al. Efficient elimination of inhaled nanoparticles from the alveolar region: evidence for interstitial uptake and subsequent reentrainment onto airways epithelium. Environ Health Perspect, 2007, 115(5): 728～733

Teegarden JG, Hinderliter PM, Orr G, et al. Particokinetics in vitro: dosimetry considerations for in vitro nanoparicle toxicity assessments. Toxicol Sci, 2007, 95: 300～312

Wang JJ, Sanderson BJS, Wang H. Cyto- and genotoxicity of ultrafine TiO_2 particles in cultured human lymphoblastoid cells. Mutat Res, 2007, 628: 99～106

Warheit DB, Webb TR, Colvin VL, et al. Pulmonary bioassay with nanoscale and fine-quartz particles in rats: toxicity is not dependent upon particle size but on surface characteristics. Toxicol Sci, 2007, 95 (1): 270～280

Xia T, Kovochich M, Brant J, et al. Comparison of the abilities of ambient and manufactured nanoparticles to induce cellular toxicity according to an oxidative stress paradigm. Nano Lett, 2006, 6(8): 1794～1807

Yamawaki H, Iwai N. Cytotoxicity of water-soluble fullerene in vascular endothelial cells. Am J Physiol Cell Physiol, 2006, 290: 1495～1502

Yin H, Too HP, Chow GM. The effects of particle size and surface coating on the cytotoxicity of nickel ferrite. Biomaterials, 2005, 26(29): 5818～5826

附录1 动物福利及替代方法大事记

Appendix 1 Key Milestones of Animal Welfare and Alternative Methods

1822～1900年

1822年：英国发布"对待牲畜法案"(Treatment of Cattle Act)；
英国发布"马丁反残酷法"(Martin's Anti-cruelty Act)

1824年：英国防止虐待动物协会(SPCA)成立

1826年：英国发布"防止残酷及不当对待犬只法案"(Bill to Prevent the Cruel and Improper Treatment of Dogs)

1832年：英国发布"渥柏顿解剖法"(Warburton Anatomy Act)

1840年：英国维多利亚女王御赐"防止虐待动物协会"皇家头衔，成为皇家防止虐待动物协会(RSPCA)

1866年：美国防止虐待动物协会(ASPCA)成立

1875年：英国成立维多利亚街反活体解剖动物学会

1876年：英国发布"残酷对待动物法"(Cruelty to Animals Act)

1877年：美国人道协会(American Humane Association)成立

1883年：美国反动物解剖协会(American Anti-Vivisection Society)成立

1889年：美国人道教育协会(American Humane Education Society)成立

1898年：英国废除活体解剖联盟(British Union for the Abolition of Vivisection)成立

1900～1950年

1911年：英国发布"动物保护法案"(Protection of Animals Act)"

1925年：英国发布"表演用动物(管理)法案"(The Performing Animals (Regulations) Act

1926年：英国伦敦大学动物福利协会(University of London Animal Welfare Society)成立，1938年更名为动物福利大学联盟(Universities Federation for Animal Welfare, UFAW)

1929年：英国成立全国反活体解剖协会(National Anti-Vivisection Society)，前身为成立于1875年的维多利亚街反活体解剖动物协会

1946年：英国成立全国医学研究协会(National Society for Medical Research)

1948年：摩利士动物基金会(Morris Animal Foundation)成立

1949年：英国颁布"毁损动物肢体法案"(The Docking and Nicking of Animals Act)

1950年：丹麦发布"动物保护法"(Animal Protection Law)，其内容涵盖农场动物及箱笼饲养动物

1950～1970年

1951年：动物福利研究所(Animal Welfare Institute)成立

1952年：实验动物资源研究所(Institute for Animal Laboratory Resources)成立

1954年：美国人道主义协会(Humane Society of the United States, HSUS)成立；
英国发布"保护动物麻醉法"The Protection of Animals (Anaesthetics)；
Pomerat和Leake详细讨论了利用组织培养进行药物检验的方法(包括毒性测定)。

1957年：拉塞尔发表《强化人道试验》(*The Increase of Humanity in Experimentation*)，提出了3Rs的概念；
"动物之友"(Friends' of Animals)成立

1958年："人道主义屠宰法"(Humane Slaughter Act)发布。

1959年：英国"要美丽不要残酷协会"(Beauty without Cruelty)成立；Russell和Burch合著

《人道试验技术原理》(*The Principles of Humane Experimental Technique*)一书由动物福利联合大学(UFAW)出版;
"天主教动物福利协会"(Catholic Society for Animal Welfare)成立,现称为"国际动物权协会"(International Society for Animal Rights)。

1960 年:英国发布"动物遗弃法案"(The Abandonment of Animals Act)

1962 年:英国罗森泰德信托(Lawson-Tait Trust)成立,以鼓励和支持替代技术的研究
英国发布"残酷毒害动物法案"The Animals (Cruel Poisons) Act

1965 年:英国出版"布兰贝尔农场动物福利报告"(*Brambell Report on Farm Animal Welfare*);
英国出版"立托伍德报告"(*Littlewood Report*);
美国实验动物管理认证协会(American Association for Accreditation of Laboratory Animal Care, AAALAC)成立,即后来的实验动物管理评估及认证协会(Association for Assessment and Accreditation of Laboratory Animal Care International, AAALAC)。

1966 年:美国颁布"实验动物福利法"(Laboratory Animal Welfare Act);

1967 年:英国动物基金会(Fund for Animals)成立;
美国颁布"联邦动物行动法"(United Action for Animals),以促进动物试验的替代。
英国成立农场动物福利咨询委员会(Farm Animal Welfare Advisory Committee)。

1968 年:动物保护研究所(Animal Protection Institute)成立。

1969 年:英国"医学试验用动物替代基金会"(FRAME)成立,促进可行的替代方法的应用,支持替代方法开发研究和加强资助。
欧洲议会动物运输协定(Council of Europe Convention on Animals in Transport);
国际动物福利基金会(International Fund for Animal Welfare,IFAW) 成立。
美国发布"濒危物种法案"(Endangered Species Act)。
英国成立国际反残酷动物实验协会(International Association Against Painful Experiments on Animals)。

1970 年:FRAME 发表实验动物过时了吗?(*Is the Laboratory Animal Obsolete*),勾勒出替代方法学,如计算机模拟、组织培养研究和低等生物利用等方法。
"实验动物福利法"更名为"动物福利法",涵盖所有温血动物,并扩及宠物及动物展览贸易等。
英国海德文博士人道实验信托基金(Dr. Hadwen Trust for Humane Research 成立)。

1971～1990 年

1971 年:加州大学伯克利分校的布鲁斯艾姆斯(Bruce Ames)第一次提出利用沙门菌进行突变试验(Ames 试验)。
欧洲议会(Council of Europe)通过 621 号决议,提出制订替代方法文件和成立信息中心。
绿色和平组织(Greenpeace)成立,现称为国际绿色和平组织。

1972 年:发布"海洋哺乳类动物保护法"(Marine Mammal Protection Act);
德国"动物保护法"(Animal Protection Act)。

1973 年:成立国际灵长类动物保护联盟(International Primate Protection League);
英国成立国家反活体解剖动物协会(National Antivivisection Society);
濒临绝种野生动植物国际贸易公约(Convention on International Trade in Endangered Species of wild fauna and flora,简称 CITES)发布;

1976 年:亨利史匹拉 Henry Spira 的"动物权国际"(Animal Rights International)成立;
动物福利法保护范围扩大到动物运输,且禁止斗鸡斗犬等。

1977 年:首次动物权国际学术研讨会,由安德鲁林基及理查瑞德筹办,于英国剑桥大学 三一学院举行;

1978 年:Smyth 在英国出版《动物试验替代》(*Alternatives to Animal Experiments*)

1979 年:瑞士颁布"动物福利法"(Swiss Animal Welfare Act);
生物医学研究协会(Association for Biomedical Research)以"研究用动物联盟(Research Animal Alliance)的名义成立;
荷兰举行第一届欧洲农场动物福利研讨会;

1980 年：由 Henry Spira 和 Revlon 资助在 Rockefeller 大学开展废除 Draize 试验的替代研究。
在荷兰 Sosterburg 召开毒理学研究中利用组织培养的研讨会。

1981 年：OECD 理事会通过关于资料互认的条款；
化妆品、盥洗用品和香水协会（CTFA）资助在约翰霍普金斯大学彭勃公共卫生学院建立动物试验替代中心（CAAT）
人道对待动物协会（People for the Ethical Treatment of Animals，PETA）成立；

1982 年：CAAT 资助首批 16 个研究项目并举行首次研讨会

1985 年：美国动物福利法修订

1986 年：英国发布'动物（科学程式）法' Animals (Scientific Procedure)；
动物福利信息中心（Animal Welfare Information Center）成立；
肥皂和洗涤剂协会（Soap and Detergent Association）启动体外替代计划；
欧盟通过 86/609 指令，提示保护用于试验和其他科学研究目的之动物；
CAAT 和 Bausch & Lomb 资助"急性眼刺激试验替代方法的关键评价"项目。

1988 年：CTFA 声明建立替代方法评估计划；
第一次举行由政府和企业参加的 Draize 试验非动物替代方法研究进展联合工作会议；
召开行业体外毒理学工作组（Industrial In Vitro Toxicology Group，IIVTG）第一次会议；
瑞典动物福利法（Sweidish Animal Welfare Act）发布；
中国发布《实验动物管理条例》。

1989 年：Noxell 公司（化妆品生产商）宣布完成采用琼脂扩散法用于眼刺激试验；
德国动物试验替代方法评价中心（ZEBET）在联邦卫生研究院兽医所成立；
宝洁公司宣布大学动物替代研究项目；
雅芳公司宣布不再进行 Draize 眼刺激试验。
CAAT 与政府交流工作组召开第一次会议；
MEIC（体外细胞毒性试验多中心评价）研究项目由斯堪的那维亚细胞生物学会开发。

1990 年：CAAT/ERGATT 验证工作组会议召开。

1991～2000 年

1991 年：IRAG（Interagency Regulatory Alternatives Group）召开眼刺激方法的法规咨询工作组会议；
CAAT 主席 Alan M. Goldberg 博士颁发美国人道主义协会第一届 Russell & Burch 奖；
OECD 认可固定剂量法（FDP）替代经典 LD_{50} 试验；
欧洲成立动物试验替代方法验证中心（ECVAM），作为联合研究中心的组成部分。

1992 年：荷兰成立 ICAAT；
11 月份，欧盟部长理事会批准了化妆品指令，提出 1998 年开始禁止销售含有经过动物试验的化妆品组份的化妆品，同时也同意考虑到截止日期前，如果有效验证的替代方法还不存在，可能将截止期延长。

1993 年：美国国立卫生研究院复兴法案（The US National Institutes of Health Revitalization Act）呼吁加强替代方法研究；
11 月在美国巴尔的摩，第一届生命科学中动物使用及替代方法世界大会召开，主题是"教育，研究和试验"。

1996 年：OECD 召集举行第一届国际验证研讨会议；
第二届世界替代方法大会由荷兰乌得勒支大学主办。

1997 年：美国成立特别常设委员会 ICCVAM；
ECVAM 认可第一个细胞毒性试验方法，即 3T3 中性红摄取光毒性试验。

1998 年：ECVAM 认可三项体外皮肤腐蚀试验。

1999 年：第三届世界替代方法大会在意大利召开。

2000 年：美国通过 ICCVAM 授权法案；
ICCVAM 认可其第一项体外试验方法，评价皮肤腐蚀性的 Corrositex® 检测法。

2001～2009 年

2001 年：美国国会批准美国环保局耗资 400 万美元用于替代方法研究；
OECD 指南废除 TG401 经口致死剂量试验；

2002 年：OECD 试验指南纲要采纳第一次正式验证的体外试验方法；

OECD 成立验证管理小组(Validation Management Group)专门用于非动物方法验证的管理；
欧洲第六个框架计划(FP6)启动(2002-2006)，大规模资助替代方法的研究。
第四届世界替代方法大会在美国奥尔良召开。

2003 年：欧盟化妆品指令第 7 次修正案(2003/15/EC)设定禁止化妆品及其原料动物试验的最终期限。

2004 年：英国成立 3Rs 国家中心(NC3Rs)；
欧盟关于化妆终产品动物实验的禁令于 2004 年 9 月 11 日生效；
OECD 发布体外 3T3 NRU 光毒性试验和体外经皮肤吸收试验指南；
《北京市实验动物管理条例》发布，作为中国第一部实验动物管理的地方法规。

2005 年：美国国家毒性理学计划(NTP)执行 21 世纪路线图(21st Century Roadmap)，强化物理生物学和非动物的研究；
欧盟管理机构和行业联合成立欧盟动物试验替代方法合作联盟(EPAA)；
日本替代方法验证中心成立；
第五届世界替代方法大会在柏林召开。

2006 年：欧盟提供超过 8000 万元的资助，用于有目的地分年度实施的 3Rs 研究计划；
由农药制造商和管理部门成立的一项国际工作组提出一项能使生殖与发育毒性研究用动物减少 70%的试验策略；
欧洲第七个框架计划(FP7)启动(2006-2012)，资助替代方法的研究；
中国科技部颁布《关于善待实验动物的建议》。

2007 年：美国科学院(NAS)专家组在其报告“21 世纪毒性试验观点和策略”中呼吁对管理毒理学的基本原理进行修改；
ECVAM 批准 EPISKIN 皮肤刺激试验作为兔皮肤刺激试验的完全替代方法；
ICCVAM 和 ECVAM 批准两项离体的眼毒性试验方法，用于眼严重刺激性/腐蚀物质分类的方法；
欧洲实施新的化学品登记、注册、评估制度(REACH)，鼓励使用替代方法；
第六届世界替代方法大会在日本东京召开，同期在北京和首尔召开了卫星会议。

2008 年：ICCVAM 发布 5 年计划，确定替代试验方法优先开发的 4 个领域；
美国联邦管理机构宣布启动新的高通量毒性试验筛选协作计划；
两项新的皮肤刺激试验的体外方法被认可；
中国替代方法研究评价中心(CCARE)成立。

2009 年：OECD 认可四项体外替代方法；
欧盟从 2009 年 3 月 11 日禁止所有与人类健康相关的化妆品原料的急性动物试验；
美国 EPA 采纳美国科学院(NAS)的观点，在其新的策略计划中运用体外方法评价化学物质的毒性；
欧洲(ECVAM)、美国(ICCVAM)、日本(JACVAM)及加拿大环境健康科学研究署共同签署国际协议，协调替代方法的立场，加快科学验证的动物实验替代方法在全球的推广应用；
第七届世界替代方法大会在意大利罗马召开；
中国发布首批化妆品动物试验替代方法标准；
国际社会隆重纪念 Russell 和 Burch 发表 3R 专著《人道试验技术原理》50 周年。

附录2　3R和替代方法网络信息资源

Appendix 2　3Rs and Alternatives Internet Resource

一、实验动物管理和福利

美国实验动物评估和认可协会 AAALAC-Association for Assessment and Accreditation of Laboratory Care International

www. aaalac. org/

美国实验动物科学协会 AALAS - American Association for Laboratory Animal Science

www. aalas. org/

澳大利亚和新西兰研究和教育用动物委员会 ANZCCART - Australian and New Zealand Council for the Care of Animals in Research and Teaching

http://www. adelaide. edu. au/ANZCCART/

美国反活体解剖学会 aavs - American Anti-Vivisection Society

http://www. aavs. org/

动物权利兽医协会 AVAR– Association of Veterinarians for Animal Rights

http://www. avar. org

动物福利信息中心(美国农业部和农业图书馆) AWIC - Animal Welfare Information Center

http://awic. nal. usda. gov/nal_display/index. php?info_center=3&tax_level=1&tax_subject=185

动物福利研究所 AWI–Animal Welfare Institute

http://www. awionline. org/

英国废除活体解剖联合会 BUAV—The British Union for the Abolition of Vivisection

http://www. buav. org/

加拿大动物管理委员会 CCAC - Canadian Council on Animal care

http://www. ccac. ca/

欧洲实验动物医学学院 ECLAM - European College of Laboratory Animal Medicine

http://www. eclam. org/

欧洲实验动物兽医学会 ESLAV - European Society of Laboratory Animal Veterinarianse

http://www. eslav. org/

欧洲动物保护组织联盟 EUROGROUP - European Federation of Animal Protection Organisations

http://www. eurogroupanimalwelfare. org/

欧洲实验动物科学协会联盟 FELASA - Federation of European Laboratory Animal Science Associations

http://www. felasa. eu/index. php

芬兰国家实验动物中心 Finnish National Laboratory Animal Center

http://www. uku. fi/wwwdata/pulu/Departments/19. shtml

法国动物保护学会 French Society for Animal Protection

http://www. spa. asso. fr/

美国人道主义学会 HSUS - Humane Society of the United States

http://www. hsus. org/

国际实验动物科学委员会 ICLAS - International Council for Laboratory Animal Science

http://www. iclas. org/

国际畜牧业学会(德国)IGN - International Society of Livestock Husbandry

http://www. ign-nutztierhaltung. ch/

国际兽医信息中心 IVIS - International Veterinary Information Service

http://www. ivis. org/home. asp

挪威实验动物科学和替代法参考中心 NORINA - The Norwegian Reference Centre for Laboratory Animal Science and Alternatives

http://oslovet. veths. no/fag. aspx? fag=57&mnu=

databases_l

英国皇家防止虐待动物学会 RSPCA Royal Society for the Prevention of Cruelty to Animals

http://www.rspca.org.uk

瑞士实验动物科学协会 SGV - Swiss Laboratory Animal Science Association

http://www.sgv.org/

瑞士动物保护学会 Swiss Animal Protection

http://www.animal-protection.net/

动物福利联合大学 UFAW - Universities Federation for Animal Welfare

http://www.ufaw.org.uk/

世界保护动物学会 WSPA - World Society for the Protection of Animals

http://www.wspa.org.uk/

中国实验动物学会

http://www.calas.org.cn/

二、3R 相关组织和研究基金

1. 替代方法研究和验证中心

欧洲替代方法共识平台 ecopa - European Consensus Platform for Alternatives (3R-Methods) in Animal Experimentation

http://www.ecopa.eu/

美国约翰霍普金斯动物实验替代中心 CAAT-Center For Alternatives To Animal Testing

http://caat.jhsph.edu/

替代方法领先研究和开发中心 CARDAM - Centre for Advanced Research and Deveopment on Alternative Methods

http://www.cardam.eu/CARDAM

欧洲替代方法验证中心 ECVAM- European Centre for the Validation of Alternative Methods

http://ecvam.jrc.ec.europa.eu/

欧洲动物实验替代方法合作联盟 EPAA-The European Partnership for Alternative Approaches to Animal Testing

http://ec.europa.eu/enterprise/epaa/index_en.htm

美国 NTP 毒理学替代方法部门评价中心/美国替代方法验证部门协调委员会 NICEATM/ICCVAM

http://iccvam.niehs.nih.gov

英国 3R 国家中心(NC3Rs) - National Centre for the Replacement, Refinement and Reduction of Animals in Research, UK

http://www.nc3rs.org.uk

荷兰动物使用替代方法中心 NCA--Netherlands Centre for Alternatives to Animal Use

http://www.nca-nt.orql

加州大学动物替代法中心 UCCAA - University of California, Center for Animal Alternatives.

http://www.vetmed.ucdavis.edu/Animal_Alternatives/main.htm

德国动物实验替代方法档案和评估中心 ZEBET--Centre for the Documentation and Evaluation of Alternative Methods to Animal Experiments http://www.bfr.bund.de/cd/1591

奥地利动物试验替代和辅助方法中心 ZET--Austrian Centre for Alternative and Complementary Methods to Animal Testing

http://www.zet.or.at/index.php? lang=en

日本替代方法验证中心 JaCVAM-Japanese Center for the Validation of Alternative Methods

http://jacvam.jp/en_about/en_about03.html

中国实验动物信息网 http://www.lascn.net/

中国替代方法研究评价中心 CCARE-Chinese Center for Alternatives Research and Evuation

http://www.vitrotox.com

2. 3R 相关基金

美国替代研究与发展基金 ARDF-Alternatives Research and Development Foundation

http://www.ardf-online.org/

3R 生物图形实验室-动物实验的计算机替代 Biographics Laboratory 3R - Computational Alternatives to Animal Testing

http://www.biograf.ch/index.php? id=home

德国 Doerenkamp-Zbinden 基金会 Doerenkamp-Zbinden Foundation

http://www.doerenkamp.ch/en/index.html? id=10

欧洲实验动物医学学院-欧洲实验动物兽医学会联合基金 efE - ECLAM/ESLAV Foundation

http://www.eclameslavfoundation.org/

德国 Erna Graff 动物福利基金 Erna-Graff Foundation of Animal Welfare.

http://www.erna-graff-stiftung.de/cms/englisch.php

聚焦替代法 FOA - Focus on Alternatives

http://www.focusonaltemativesl.org.uk/

医学实验动物替代基金 FRAME-Fund for the Replacement of Animals in Medical Experiments

http://www.frame.org.uk/

国际伦理研究基金会 IFER-The International Foundation for Ethical Research

http://www.ifer.org/

Hadwen 博士人道研究信托基金 Dr Hadwen Trust for Humane Research

http://www.drhadwentrust.org/

人道研究信托基金 Humane Research Trust

http://www.humaneresearch.org.uk/

英国道丁基金 The Lord Dowding Fund - Humanity in Research

http://www.ldf.org.uk/research/

瑞典非动物实验研究基金会 The Swedish Fund for Research Without Animal Experiments

http://www.forskautandjurforsok.se/in-english/

瑞士 3R 研究基金 3R Research Foundation Switzerland

http://www.forschung3r.ch/en/news/index.html

劳伦特王子基金会 Prince Laurent Foundation

http://www.fondation-prince-laurent.be/indexnl.html

促进减少动物实验的替代和辅助方法研究基金会(德国 SET 基金)Foundation for the Promotion of Alternate

http://www.tierversuche-ersatz.de/index.php? id=3&L=1

瑞士国立科学基金 Swiss National Science Foundation

http://www.snf.ch/E/Pages/default.aspx

动物福利科学家中心 SCAW—Scientists' Centre for Animal Welfare

http://www.scaw.com/

西班牙替代方法开发网络 REMA—The Spanish Network for the Development of Alternative Methods

http://www.remanet.net/ingles/remaingles.htm

动物实验替代法网络 Altweb-Alternatives to Animal Testing on the web

http://altweb.jhsph.edu/

非动物研究 AnimalfreeResearch

http://www.animalfree-research.org/

三、3R 相关数据库

替代生物医学研究和试验中活体脊椎动的使用文献检索(ALTBIB)

http://toxnet.nlm.nih.gov/altbib.html

美国典型物质保藏中心 ATCC - American Type Culture Collection

http://www.lgcstandards-atcc.org/

美国动物福利信息中心 AWIC - Animal Welfare Information Centre, National Agricultural Library USA

http://awic.nal.usda.gov/nal_display/index.php?info_center=3&tax_level=1&tax_subject=183

欧洲动物细胞培养物保藏中心 ECACC—European Collection of Animal Cell Cultures

http://www.hpacultures.org.uk/

灵长类脑组织库 PBB— Primate Brain Bank

http://www-vf.bio.uu.nl/~webmanager/PBB/PBB-Start.html

无血清培养基和细胞系交互数据库 SEFREC - Interactive database about serum free medias and cell lines

http://www.sefrec.com/

毒理学数据网络 TOXNET-Toxicology Data Network

http://toxnet.nlm.nih.gov/

德国联邦风险评估研究所 ZEBET 动物替代数据库 ZEBET-Datenbank über Alternativen zu Tierversuchen im Internet (AnimAlt-ZEBET)

http://www.bfr.bund.de/cd/1591

四、继续教育和学术出版物

3R 培训和继续教育 3R - Training, Continuing Education

http://3r-training.tierversuch.ch/en

日本动物实验和检验替代法杂志 AATEX–Alternatives to Animal Testing and Experimentation

http://wwwsoc.nii.ac.jp/jsaae/e_aatex.html

实验动物福利和健康评价 AHWLA - Assessing the Health and Welfare of Laboratory Animals

http://www.ahwla.org.uk/

ATLA 杂志

http://www.frame.org.uk/page.php? pg_id=19

动物试验替代法 ALTEX - Alternativs to Animal Experiments

http://www.altex.ch/en/index.html? id=12

替代法教育数据库 AVAR - Alternatives in Education Database

http://www.hsvma.org/

CAAT 学生通讯 CAATalyst: A Student Newsletter

http://caat.jhsph.edu/publications/caatalyst/

比较医学杂志(原实验动物科学)Comparative Medicine

http://www.aalas.org/publications/index.aspx#cm

欧洲高等教育替代方法资源中心 EURCA—European Resource Centre for Alternatives in Higher Education

http://www.eurca.org/

国际人道主义教育网络 InterNICHE - International Network for Humane Education

http://www.interniche.org/

国际研究和教育用动物替代中心(I-CARE)

http://www.icare-worldwide.org/

替代方法通讯 Alternatives Newsletter

http://www.avar.org

动物福利杂志 Animal Welfare

http://www.ufaw.org.uk/animal.php

实验动物研究所杂志 ILAR journal

http://dels.nas.edu/ilar_n/ilarhome/index.shtml

体外细胞和发育生物学杂志-动物 In Vitro Cellular & Developmental Biology - Animal

http://www.sivb.org/pubs_a_index.asp

应用动物福利科学杂志 JAAWS—Journal of Applied Animal Welfare Science

http://www.animalsandsociety.org/config/vanity_url_controller.php? vanity_url=jaaws/index.html

实验动物(英国)Laboratory Animals

http://www.lal.org.uk/

实验动物(美国)Laboratory Animals

http://la.rsmjournals.com/

实验灵长类通讯 Laboratory Primate Newsletter

http://www.brown.edu/Research/Primate/

体外毒理学杂志 Toxicology in Vitro

http://www.elsevier.com/wps/find/journaldescription.cws_home/800/description

农业和环境伦理学杂志 Journal of agricultural & environmental ethics

http://www.springer.com/sociology/applied+ethics/journal/10806

兽医教育杂志 Journal of veterinary medical education

http://www.jvmeonline.org/

试验用动物(日本实验动物学会)Experimental Animals

http://www.jstage.jst.go.jp/browse/expanim

美国实验动物科学学会杂志 JAALAS- Journal of the American Association for Laboratory Animal Science

http://www.aalas.org/periodicalsearchresults.aspx? issue=3&volume=47&periodical=JAALAS&q=

中国药理学与毒理学杂志 Chinese Journal of Pharmacology and Toxicology

http://www.cjpt.ac.cn/

中国比较医学杂志 Chinese Journal of Comparative Medicine

http://www.calas.org.cn/html/qkts/yxzz/

中国实验动物学报 Acta Laboratorium Animalis Scientia Sinica

http://www.calas.org.cn/html/qkts/dwxb/

五、国际组织和协会

世界经济合作和发展组织 OECD—Organisation for the Economic Cooperation and Development

http://www.oecd.org

世界卫生组织 World Health Organization

http://www.who.int/en/

欧盟 European Union

http://europa.eu/index_en.htm

国际标准化组织 ISO-International Organization for Standardization

www.iso.org

欧洲香化协会 COLIPA-the European cosmetics association

http://www.colipa.eu

美国个人护理用品协会 PCPC-Personal Care Products Council

http://www.ctfa.org/

国际肥皂、洗涤剂和保养产品行业协会 A.I.S.E.—the international Association for Soaps, Detergents and Maintenance Products

http://www.aise.eu/

欧洲化学工业协会 Cefic -European Chemical Industry Council

www. cefic. org

欧洲植物保护协会 ECPA-the European Crop Protection Association

http://www. ecpa. be/

欧洲制药工业协会联合会 EFPIA- European Federation of Pharmaceutical Industries and Associations

http://www. efpia. org/Content/Default. asp

欧洲生物技术工业协会 EuropaBio-the European Association for Bioindustries

http://www. europabio. org/

欧洲动物健康国际联盟 IFAH-Europe

http://www. ifaheurope. org/

欧洲体外毒理学会 ESTIV - European Society of Toxicology In Vitro

http://www. estiv. org/

体外生物学会 SIVB - Society for In Vitro Biology

http://www. sivb. org/

瑞士组织培养学会 STCS - The Swiss Tissue Culture Society (STCS)

http://www. stcs. unibe. ch/

欧洲组织培养学会 ETCS - The European Tissue Culture Society (ETCS)

http://www. etcs. info/

美国责任医疗医师委员会 PCRM-Physicians Committee for Responsible Medicine

http://www. pcrm. org/

日本动物实验替代协会 JSAAE-Japanese Society for Alternatives to Animal Experiments

http://wwwsoc. nii. ac. jp/jsaae/e_index. html

荷兰-比利时体外方法学会 INVITROM —Dutch-Belgian Society for In Vitro Methods

http://www. invitrom. org/

六、体外研究和技术公司

体外科学研究所 IIVS - Institute for In Vitro Sciences

http://www. iivs. org/

体外试验产业平台 IVTIP—In Vitro Testing Industrial Platform

http://www. ivtip. org/

欧洲生态毒理和化学毒理中心 ecetoc—European Centre for Ecotoxicology and Toxicology of Chemicals

http://www. ecetoc. org/

实验动物研究所 ILAR—Institute for Laboratory Animal Research

http://dels. nas. edu/ilar_n/ilarhome/

美国体外国际公司 InVitro International, Irvine, CA, USA

http://www. invitrointl. com/products/corrosit. htm

欧盟框架计划急性毒性研究项目 AcuteTox

http://www. acutetox. org/

瑞士 Elchrom 公司基因鼠 Elchrom Scientific AG, Switzerland - GenoMouse, the mouse of truth

http://www. elchrom. com/genomouse/

法国 SkinEthic 人工皮肤实验室 SkinEthic Laboratories, Nice-FRANCE

http://www. skinethic. com/

美国 GenPharmTox 生物技术公司 GenPharmTox BioTech AG

http://www. genpharmtox. de/

美国 MatTek 公司 MatTek Corporation, Ashland, MA, USA

http://www. mattek. com/

美国 MB 实验室 MB Research Laboratories, Spinnerstown, PA, USA

http://www. mbresearch. com/

德国体外细胞公司 VitroCell, Gutach, Germany

http://www. vitrocell. com/

毒性实验非动物方法 AltTox - Non-animal Methods for Toxicity Testing

http://www. alttox. org/

欧莱雅公司

http://www. lorealchina. com

玫琳凯公司

http://www. marykay. com

宝洁公司 Procter & Gamble

http://www. pg. com. cn/

华代体外科学研究所 Sina-alternative Institute for In Vitro Science

http://www. vitrotox. com

附录 3　缩写和索引
Appendix 3　Abbreviations and Index

缩写	中文	英文	章
3D	立体(培养)、三维(培养)	three dimensional(culture)	5,6
3R	优化、减少和替代	refinement,reduction,replacement	1
3T3	BALB/c 小鼠成纤维细胞	BALB/c mouse fibroblasts	3,7,8,19
3T3-NRU-PT	体外 3T3 光毒性中性红摄取试验	3T3 neutral red uptke phototoxicity test	7,12,13,25
AAALAC	国际实验动物管理评估及认证协会	Association for Assessment and Accreditation of Laboratory Animal Care	2
AAPS	美国药学科学家协会	American Association of Pharmaceutical Scientists	10
AATEX	日本动物检测和动物实验替代方法杂志	Alternatives to Animal Testing and Experimentation	4
AAVS	美国反活体解剖学会	American Anti-Vivisection Society	1
ACD	过敏性接触性皮炎	allergic contact dermatitis	11
ACUTE-TOX	急性毒理学计划	Acute-Tox Project	5,7,8
ACSA	美国农业化学品安全评价	Agricultural Chemical Safety Assessment	19
ADI	每日允许摄入量	acceptable daily intake	20,21
ADME	吸收、分布代谢和排泄	absorption, distribution, metabolism, and elimination	8,14,17,20,25
AHAW	动物健康和福利科学委员会	Animal Health And Welfare	2
AISE	欧洲国际肥皂、洗涤剂和保养产品行业协会	International Association for Soaps, Detergents and Maintenance Product Industry in Europe	4
ALTEX	(瑞士)动物试验替代方法杂志	alternatives to Animal Experiments	4
AltWeb	试验动物替代网站	AltWeb(CAAT)	4
Ames	鼠伤寒沙门氏菌恢复突变试验	bacterial reverse mutatuon test	14
AMS	加速器质谱	accelerator mass spectrometry	17
ANC	中性粒细胞绝对计数	absolute neutrophil count	16
ANZCCART	澳大利亚和新西兰研究和试验用动物管理委员会	Australia and New Zealand Council for the Care of Animal in Research and Testing	4
APC	抗原呈递细胞	antigen presenting cells	11,12
AR	雄激素受体	androgen receptor	19
ARDF	美国替代方法研究与发展基金会	Alternatives Research &Development Foundation	4
AREs	雄激素反应元件控制	androgen-responsive elements	19

续表

缩写	中文	英文	章
ASPCA	美国防止虐待动物组织	American Society for the Prevention of Cruelty to Animals	1
ASTM	美国试验与材料协会	American Society for Testing and Materials	13,19,20
ATC	急性毒性分类方法	acute toxic class method	8
ATCC	美国典型培养物保藏中心	American Type Culture Collection	6,7
ATLA	实验动物替代方法	alternatives to laboratory animal	4
ATSDR	毒性物质和疾病登记处	Agency for Toxic Substances and Disease Registry	2,3
ATWG	急性毒性工作组	Acute Toxicity Working Group	8
AUC	曲线下面积	area under the curve	18
AWI	动物福利研究所	Animal Welfare Institute	1,3,4
BAF	生物累积系数	bioaccumulation factor	20
BALF	支气管肺泡灌洗液	bronchoalveolar lavage fluids	16
BBB	血脑屏障	blood brain barrier	16,17
BCF	生物富集系数	bioconcentration factor	20
BCOP	牛角膜浑浊和渗透性实验	bovine corneal opacity and permeability	13,20～25
BTB	血睾屏障	blood testis barrier	19
Bfgf	碱性成纤维细胞生长因子	basic fibroblast growth factor t	19
BfR	(德国)联邦风险评估研究所	Federal Institute for Risk Assessment	4
BgVV	德国消费者卫生保护和兽医研究所	Bundesinstitut für Gesundheitlichen Verbraucherschutz Und Veterinärmedizin (*German institute for consumer health protection and veterinary medicine*)	9
Bivf	牛体外受精试验	in vitro bovine fetertilization test	19
Bivm	牛体外卵母细胞成熟试验	in vitro bovine maturation test	19
BMF	生物放大系数	biomagnification factor	20
BrdU	溴脱氧核苷尿嘧啶	bromodeoxyuridine	11,14
BT	豚鼠封闭斑贴试验(贝氏检测)	Buehler Test	11
CAAT	美国霍普金斯大学动物实验替代研究中心	Johns Hopkins Center for Alternatives to Animal Testing	2,3,4
CAS	化学文摘服务社	Chemical Abstracts Service	21
CASA	计算机辅助精子检测	computer assisted sperm analysis	19
CASE	计算机自动结构评估程序	Computer Automated Structure Evaluation	5,11
CBI	共价结合指数	covalent binding index	18
CCARE	中国替代方法研究评价中心	Chinese Center for Alternative Research and Evaluation	4
CDER	美国 FDA 药品评价和研究中心	U. S. FDA Center for Drug Evaluation and Research	17
CDS	化学检测系统	chemical detection system	9
CFC	集落形成细胞	colony-forming cell	16

续表

缩写	中文	英文	章
Cefic	欧洲化学工业协会	European Chemical Industry Council	4
CFE	克隆形成率	colony-forming efficiency	14
CFU	克隆形成单位	colony forming units	16
CFU-GM	粒细胞巨噬细胞集落形成单位	colony forming unit-granulocyte and macrophage	3,8,16
CFU-MK	巨核细胞集落形成单位	colony-forming unit-megakaryocyte	16
CHL	中国仓鼠肺细胞	Chinese hamster lung cell	3,14,25
CHO	中国仓鼠卵巢细胞	Chinese hamaster ovary cell	14,23
CIOMS	国际医学科学组织理事会	Council for International Organizations of Medical Sciences	1
C&L	(化学物)分类和标识	(chemical)classification, labelling	20
CMF-PBS	不含钙镁的磷酸缓冲液	calcium-magnesium free-phosphate buffered saline	19
CNS	中枢神经系统	CNS central nervous system	8
COLIPA	欧洲化妆品、香水和化妆用品协会	European Cosmetics, Perfumery and Toiletry Association	3,4,10,12,13,14
COM	食品、日用品和环境中化学物致突变性委员会	Committee on Mutagenicity of Chemicals in Food, Consumer Products and the Environment	14
CORROSITEX	皮肤腐蚀性的 CORROSITEX 检测	CORROSITEX assay for skin corrosivity	3,9
COST	欧洲科学和技术合作组织	European Cooperation in Science and Technology	5
CPMP	专利药品委员会	Committee for Proprietary Medicinal Products	12,25
CPSC	消费者产品安全委员会	Consumer Product Safety Commission	2,3,13
CRAE(UK)	动物试验改革委员会(英国)	Committee for the Reform of Animal Experimentation	2
CSTP	(OECD)科学和技术政策委员会	Committee on Scientific and Technological Policy	25
CTFA	化妆品,盥洗用品和香水协会	Cosmetic, Toiletries and Fragrance Association	3,4,13
DC	树突状细胞	dendritic cells	11
DG ENTR	(欧盟)企业总司	Enterprise DG	4
DG ENV	(欧盟)环境总司	Environment DG	4
DG RES	(欧盟)研究总司	Research DG	4
DG SANCO	(欧盟)健康和消费者保护总司	Health & Consumer Protection DG	4
DHHS	美国卫生和公共事务部	U. S. Department of Health and Human Services	3
DLT	剂量限制性毒性	dose-limiting toxicity	16
DMEM	Dulbecco 改良 Eagle 培养基	Dulbecco's Modification of Eagle's Medium	12,13
DMF	二甲替甲酰胺	*N*, *N*-Dimethyl formamide	11
DMSO	二甲基亚砜	dimethyl sulfoxide	6
DNBS	二硝基苯磺酸	dinitrobenzene sulphonate	11
DNCB	2,4-二硝基氯苯	2, 4-dinitrochlorobenzene	11
DNFB	二硝基氟苯	dinitrofluorobenzene	11
DNS	发育神经毒性试验	developmental neurotoxicity study	19

续表

缩写	中文	英文	章
D-PBS	Dulbecco 磷酸缓冲液	Dulbecco's phosphate buffered saline	9
DPM	分解量/分钟	disintegrations per minute	11
DTH	迟发型超敏反应	delayed-type hypersensitivity	11
EBT	循证毒理学	evidenced-based toxicology	4
EC	欧盟委员会	European Commission	11
EC/HO	欧盟委员会/英国内政部	European Commission/British Home Office	13
ED_{50}/EC_{50}	半数有效剂量/半数有效浓度	Dose/Concentration of a substance that produces 50% of the maximum	8,13,20,21,23,24
ECB	欧洲化学品局	European Chemicals Bureau	8
ECETOC	欧洲化学品毒理学和生态毒理学中心	European Centre for Ecotoxicology and Toxicology of Chemicals	3,20
ECITTS	欧洲整合毒性研究计划	ERGATT/CFN integrated toxicity testing scheme	15,17,20
ECOPA	欧洲替代方法咨询平台	European Consensus-Platform for Alternatives	4
ECVAM	欧洲替代方法验证中心	Europe Center for Validation of Alternative Methods	3～14,18,21,25
EDIT	新体外试验方法开发评价指南	evaluation-guided development of new in vitro tests	8
EDSTAC	EPA 内分泌干扰物筛查和检测顾问委员会	Endocrine Disruptors Screening and Testing Advisory Committee	19
EMEA	欧洲药品局	European Medicines Agency	24
EFPIA	欧洲制药工业协会联合会	European Federation of Pharmaceutical Industries and Associations	3,4
ELISA	酶联免疫检测方法	Enzyme-Linked Immunosorbent Assay	3,21,23,25
EPA U. S.	美国环保局	U. S. Environmental Protection Agency	2,3,8,10,11,13,14,20,25
EPAA	欧洲动物试验方法合作组织	European Partnership for Alternative Approaches to Animal Testing	3,4
Epiderm	一种重建人工皮肤模型(美国)	EpiDerm™(MatTek Corp., USA)	3,5,9,11,12,25
EpiOcular	一种重建人工角膜模型(美国)	EpiDerm™(MatTek Corp., USA)	13
Episkin	一种重建人工皮肤模型 (法国)	EpiSkin™(EpiSkinc Corp., Francd)	3,9,22
ER	雌二醇受体	estrogen receptor	19,20
EREs	雌激素反应元件	estrogen-responsive elements	19
ERGATT	欧洲毒理实验替代方法研究小组	European Research Group for Alternatives in Toxicity Testing	3,20
ESAC	ECVAM 科学顾问委员会	ECVAM Scientific Advisory Committee	3,12,13
EST	胚胎干细胞试验	embryonic stem cell test	3,19,25
ESTIV	欧洲体外毒理学会	European Society of Toxicology in Vitro	4
ET_{50}	使细胞活性下降 50%所需的暴露时间	time it takes to reduce tissue viability by 50%	9,13
EU	欧盟	European Union	12,13
EURCA	欧洲高等教育替代资源中心	European Resource Centre for Alternatives in Higher Education	4

续表

缩写	中文	英文	章
Eurogroup	动物福利欧洲集团	Eurogroup for Animal Welfare	4
EUSAAT	欧洲动物实验替代方法学会	European Society for Alternatives to Animal Testing	4
FAL	FRAME 替代实验室	FRAME Alternatives Laboratory	4
FBA	卵泡检测	Follicle bioassay	19
FCA	弗氏完全佐剂	Freund Complete Adjvant	11
FCM-LLNA	流式-小鼠局部淋巴结试验	Flow Cytometry-Local Lymph Node Assay	11
FDA	食品和药品管理局	Food and Drug Administration	2,3,11,13,14
FDP	固定剂量程序	FDP fixed dose procedure	7,8
FELS	鱼类早期生命阶段毒性试验	fish early life stage toxicity test	20
FELASA	欧洲实验动物科学协会联合会	Federation of European Laboratory Animal Science Association	4
FET	鱼胚胎试验	fish embryo toxicity	20
FETAX	爪蟾蛙胚胎致畸试验	frog embryo teratogenesis assay-xenopus	19
FIFRA U. S.	联邦杀虫剂、杀真菌剂和杀鼠剂计划	federal Insecticide, fungicide and rodenticide act	18
FITC	异硫氰酸荧光素	fluorescein isothiocyanate	8,11
FRAME	医学试验中动物替代基金会	Fund for the Replacement of Animals in Medical Experiments	1,4
GCCP	良好细胞培养规范	good cell culture practices	3,5,6
GHS	化学品全球协调分类系统	globally harmonized classification system	8,11,13,20
GJIC	间隙连接细胞间通讯	gap junction intercellular communication	18
GLP	良好实验室规范	good laboratory practice	3,11,20
GM-CSF	粒细胞-巨噬细胞克隆刺激因子	granulocyte-macrophage colony stimulating factor	11,23,25
GMTF	医疗器械全球协调工作组	Global Harmonizationg Task Force	24
GnRH	促性腺释放激素	gonadotropin releasing hormone	19
GPMT	豚鼠最大化试验	guinea pig maximization test	11,12
GSH	谷胱甘肽	glutathione	7,11,16,25
GSI	性腺体重系数	gonadosomatic index	20
GSSG	谷胱甘肽二硫化物	glutatluone disulfide	11,25
H3D-PT	人三维皮肤模型光毒性测试	human 3-D skin model phototoxicity test	12
HCS	高容量筛选检测	high content screening	8
HEMA	甲基丙烯酸羟乙酯	2-hydroxyethyl-methacrylate	11
HEPT	仓鼠卵穿透试验	hamster egg penetration test	19
HESI	美国健康和环境科学研究所	Health and Environmental Sciences Institute	14
HET-CAM	鸡胚绒毛尿囊膜试验	hen's egg test on the chorioallantoic membrane	3,13,20,24,25
HET-TB	绒毛膜尿囊膜苔盼蓝染色试验	chicken chorioallantoic membrane-trypan blue staining	13
HLA-DR	人白细胞 DR 抗原	human leukocyte antigen DR	11

续表

缩写	中文	英文	章
HMT	人最大化试验	human maximization test	11
HOST	低渗肿胀试验	hypoosmotic swelling test	19
HPT	皮肤贴斑试验	human patch test	9
HPTA	人体贴斑过敏试验	human patch test allergen	11
HPV	高产量(化学品)	high production volume chemicals	20
HRIPT	人体重复斑贴试验	human repeated insult patch tests	11
HSDB	危害物质数据库	Hazardous Substances Data Bank	20
HSUS	美国人道主义学会	Humane Society of the United States	1,3,4
HTPS	高通量筛查技术	high throughput pre-screening	19
IARC	国际癌症研究机构	International Agency for Research on Cancer	18,25
ICx	x%抑制浓度	Concentration producing x % inhibition of the endpoint measured	9
ICAPO	OECD 动物保护国际委员会	International Council for Animal Protection in OECD Programmes	4
ICCR	化妆品法规国际协调会议	International Cooperation on Cosmetic Regulation	4
ICCVAM	(美国)替代方法验证跨部门协调委员会	Interagency Coordinating Commitee on the Validation of Alternative Methods	3,4,7,13
ICE	离体鸡眼实验	isolated chicken eye	13
ICH	人用药物注册技术要求国际协调会	international coference on harmonisation of technical requirementsn for registration of pharmaceuticals for human use	8,14,18,23
ICPEMC	国际环境致诱变剂和致癌物防护委员会	International Commission for Protection against Environmental Mutagens and Carcinogens	14,18
ICS	大鼠即刻离心血清	immediately centrifugal serum	19
ID_{50}	细胞分化抑制 50%的化合物浓度;半数感染量	concentration producing 50 %inhibition of differentiation;median infective dose	19,23
IFER	国际伦理学研究基金会	International Foundation for Ethical Research	4
IgE	免疫球蛋白 E	Immunoglobin Class E	21
IIVS	体外科学研究所	Institute for In Vitro Sciences	14
IL-1,2,6	白介素 1,2,6	interleukin type 1,2,6	3,21,23
ILSI	国际生命科学院	International Life Sciences Institute	14
IPCS	国际化学品安全规划署	International Programme on Chemical Safety	5
IRAG	国际替代方法法规小组	Interagency Regulatory Alternatives Group	13
IRE	离体兔眼实验	isolated rabbit eye test	13
ISO	国际标准化组织	International Standards Organization	24
IWGT	遗传毒性试验国际工作组	International Workshop on Genotoxicity Testing	14
JaCVAM	日本替代方法验证中心	Japanese Center for the Validation of Alternative Methods	3
JECFA	食品添加剂联合专家委员会	Joint Expert Committee on Food Additives	20
JRC	(欧洲)联合研究中心	Joint Research Centre	3,4

续表

缩写	中文	英文	章
JSAAE	日本动物实验替代协会	Japanese Society for Alternatives to Animal Experiments	4
KoCVAM	韩国替代方法验证中心	Korean Center for the Validation of Alternative Methods	3
KGF	表皮生长因子	keratinocytes growth factor	9
Kow	辛醇-水分配系数	octanol-water partition coefficient	10,20
LC	致死血液浓度	lethal blood concentration	11,19,20
LD_{50}/LC_{50}	半数致死剂量/半数致死浓度	dose/concentration that produces lethality in 50% of test animals	8,13,14,21,23
LD_{100}/LC_{100}	绝对数致死剂量/绝对致死浓度	dose/concentration that produces lethality in 100% of test animals	8
LDH	乳酸脱氢酶	lactate dehydrogenase	13,23,25
LH	黄体生成激素	luteinizing hormone	19
LIF	白血病抑制因子	leukemia inhibitory factor	19
LLNA	小鼠局部淋巴结检测,最低可见有害作用水平	(murine) local lymph node assay	3,11,12,25
LOAEL/LOEC	最小有害作用剂量	lowest observable adverse effect levels(concentration)	8,20
LTC-IC	长期培养起始细胞	long-term culture-initiating cells	16
LTT	淋巴细胞转化试验	lymphocyte transformation test	12
MED	最小红斑量	minimal erythema dose	12
MAS	最大平均分	maximum average draize score	13
MCI/MI	5-氯 2-甲基异噻唑啉酮和 2-甲基异噻唑啉酮混合物	5-chloro-2-methylisothiazolinone plus 2-methylisothiazolinone	11
MEA	小鼠胚胎生物检测	mouse embryo bioassay	19
MEIC	体外细胞毒理学多中心评价	Multicentre Evaluation of In Vitro Cytotoxicity	7,8
MEST	鼠耳郭肿胀试验	mouse ear swelling test	11,12
MIT	代谢抑制试验	metabolic inhibition test	8
MLD/MLC	最小致死剂量或浓度	minimum lethal dose/concentration	8
MNLD,MD0	最大非致死剂量或浓度	maximum nonlethal dosage/concentration	8
MMAS	改良最大平均记分	modified maximum average score	13
MNT	微核试验	micronucleus Test	14
MPE	平均光效应	mean photo effect	12
MTD	最大耐受剂量	maximum tolerated dose	7,8,16,18,19
MTT	一种染料	3-[4, 5-dimethylthiazole-2-yl]-2, 5-diphenyl tetrazolium bromide	6～13,23～25
NC3Rs	英国国家 3R 中心	National Centre for the Replacement, Refinement and Reduction of Animals in Research	4
NCA	荷兰动物应用替代方法研究中心	Netherlands Center Alternatives to Animal Use	4
NCCT	国家计算毒理学中心	National Center for Computational Toxicology	5
NCI	国立癌症研究所	National Cancer Institute, NIH	2,3,8,18
NCTR U. S.	美国 FDA 国立毒理学研究中心	U. S. FDA National Center for Toxicological Research	20

续表

缩写	中文	英文	章
NICEATM	NTP 毒理学替代方法评价中心	NTP Interagency Center for the Evaluation of Alternative Toxicological Methods	3,7,8
NIEHS	国立环境卫生科学研究所	National Institute of Environmental Health Science	2,3,8
NIH	国立卫生研究院	National Institute of Health	2,3
NITR	韩国国立毒理学研究所	National Institute of Toxicological Research	3
NLM	国立医学图书馆	National library medicine	2,3
NIOSH	国立职业安全和健康研究所	National Institute for Occupational Safety and Health	2,3,8
NO(A)EL/NOEC	(未)观察到有害作用水平(浓度),无毒负反应水平(浓度)	no observed adverse effect level(concentration)	3,8,19～25
NPs	纳米微粒	nanoparticle	25
NRC	美国国家研究委员会	National Research Council	5
NRR	中性红释放试验	neutral red release assay	13
NRU	中性红摄取	neutral red uptake	3
NTP	美国国家毒理学纲要(或国立毒理学计划)	National Toxicology Program	3,8,18
OD	光密度	optical densities	13
OECD	经济合作和开发组织	Organization for Economic Cooperation and Development	2,3,4,8,10～14,19～25
OPPTS	美国环保局污染、杀虫剂和有毒物质办公室	Office of Prevention, Pesticides, and Toxic Substances	5,13
ORD	美国 EPA 研发处	Office of Research and Development/U. S. EPA	5
OSHA	劳工部职业安全和卫生管理局	Occupational Safety and Health Administration	2,3
P-Ames	光-Ames 测试	photo-ames test	12
PAMA	人工膜渗透性检测	parallel artificial membrane permeability assay	17
PBMC	外周血单核细胞	peripheral blood mononuclear cell	3,11
PBPK	基于生理学的药物动力学模型	physiologically based pharmacokinetic	16,20,25
PBT	持久性生物累积性有毒污染物	persistent bioaccumulative toxic	20
PBTK	生理毒物动力学模型	physiological toxicokinetics; physiological based toxicokinetics	17
PCPC	美国个人护理用品协会	Personal Care Products Council	3
P-CAT	光-染色体致畸变试验	photo-chromosome Aberration	12
PCD	光变应性接触性皮炎	photoallergic contact dermatitis	12
PCNA	增生的细胞核抗原	proliferating cell nuclear antigen	8
P-Comet	光-彗星试验	Photo-Comet Assay	12
PCP	跨细胞通透性	paracellular permeability	8
PDT	群体倍增时间	population-doubling time	7
PETA	善待动物组织	People for the Ethical Treatment of Animals	4
PFTE	聚四氟乙烯	Polytetrafluoroethylene	5,9
PGC	原始生殖细胞	promordial germ cell	19

续表

缩写	中文	英文	章
PHET	光鸡胚试验	photo hen's egg test	12
PHF	光溶血因子	photohaemolysis factor	12
PIF	光抑制因子	photo inhibition factor	12
PLLNA	光局部淋巴结测试法	photo Local Lymph Node Assay	12
PM	预测模型	prediction model	3
PMA,TPA	佛波酯	phorbol 12-myristate 13-acetate	11
P-MNT	光微核试验	photo-micronucleus test	12
PPDA	对苯二胺	paraphenylenedeamine	11
P-TKT	光-胸腺嘧啶激酶测试法	photo-thymidine kinase test	12
QD	量子粒	quantum dots	25
QSAR	计算机定量结构活性关系模型	quantitative structure-activity relationship	3,5,8～14,19～21,25
RA	风险评估	risk assessment	20
R1881	美曲勃龙	Methyltrienolone	11
R34	联合国化学品包装分类Ⅱ、Ⅲ组	UN chemical classification for Packing Groups Ⅱ and Ⅲ	3,9,13
RBA	相对结合亲和力	relative binding affinity	20
RBC-PT	红细胞光毒性测试	RBC phototoxicity test	12
RC	细胞毒性登记	registry of cytotoxicity	8
REACH	化学品的注册、评估、许可和限制制度	registration, evaluation, authorisation and restriction of chemicals	3,20,25
RHE	重建人表皮	reconstructed human epidermis	9
ROS	活性氧	reactive osygen species	7, 25
RSPCA	英国皇家美国防止虐待动物组织	Royal Society for the Prevention of Cruelty to Animals	1
RTECS	化学物质毒性效应登记数据库	Registry of Toxic Effects of Chemical Substances	8
SACATM	替代毒理学方法科学咨询委员会	Scientific Advisory Committee on Alternative Toxicological Methods	3
SAR	结构-活性关系	structure-activity relationships	5,8,21
SAS	统计分析系统	statistical analysis system	4
SCAAT	动物试验替代方法指导委员会	COLIPA-the Steering. Committee on Alternatives to Animal Testing	4,13
SCAW	动物福利科学工作者中心	Scientists Center for Animal Welfare	4
SCC	美容科学委员会	Scientific Committee of Cosmetology	3
SCCNEP	化妆品和非食品科学委员会	Scientific Committee on Cosmetics Products and Non-Food Products	10,11,12,14,25
SCENIHR	欧盟新兴及新鉴定健康风险科学委员会	Scientific Committee on Emerging and Newly Identified Health Risks	25
SCE	姐妹染色单体交换试验	sister-chromatid exchange	14
SDS	十二烷基磺酸钠	sodium dodecylsulphate	11,23

续表

缩写	中文	英文	章
SED	系统暴露剂量	systemic exposure dosage	25
SHE	叙利亚仓鼠胚胎细胞	syrian hsmster embryo	12,18
SI	刺激指数	stimulation index	11
SIS	ECVAM科学信息中心	ECVAM Scientific Information system	7
SIFT	小鼠皮肤完整性功能检测	the mouse skin integrity function test	9
SLRL	果蝇伴性隐性致死试验	sex-linmked recessive lethal test in drosophila melanogaster	14
SGOMSEC	化学品安全评价方法科学委员会	Scientific Group on Methodologies for the Safety Evaluation of Chemicals	8
SkinEthic	一种皮肤模型(法国)	skinEthic skin model	3,9,11,12,25
SLS	十二烷基硫酸钠	sodium lauryl sulfate	11
SOP	标准操作程序	standard operating procedures	25
SPF	无特定病原体	Special pathogen free	1
SPR	表面膜等离子共振技术	surface plasmon resonance technology	17
SWCNT	单壁碳纳米微管	single-walled carbon nanotube	25
T4	欧盟/美国跨大西洋毒理学智库	EU/USA：A transatlantic think tank of toxicology	4
TD_{50}	半数致癌剂量	median tumorigenic dose	8,18
TER	经皮电阻	transcutaneous electrical resistance	3,9,25
TG	试验指南	Test Guideline	2,3,8
TGF-β1	转移生长因子	transforming growth factor	9
TEWL	经表皮水分流失	transepidermal water loss	9
TI	致畸指数	teratogenic index	19
TNBS	三硝基苯磺酸	trinitrobenzene sulphonic acid	11
ToBI	人用破伤风疫苗的批次毒力检验的毒素结合抑制试验	toxin binding inhibition (ToBI) test for batch potency testing of tetanus vaccines for human use	3
TRI	(美国环保局)毒物排放暴露监控系统	EPA toxics release inventory	11
TTC	毒理学关注阈值	threshold of toxicological concern	20
TTRC	毒性试验资源中心	(AltTox)Toxicity Testing Resource Center	4
TSCA	毒性物质控制法案	Toxic Substances Control Act	20
UDP	上下程序法	Up-and-Down Procedure	5,7,8
UFAW	(英国)动物福利大学联合会	Universities Federation for Animal Welfare	4
UTC	最高阈值浓度逐降法	Upper Threshold Concentration-Step Down	3,20
vPvB	高积累、高持久性生物毒性物质	very persistent, very bioaccumulative	20
VEGF	血管内皮生长因子	vascular endothelial growth factor	23
VTG	卵黄原蛋白	vitellogenin	20
WHO	世界卫生组织	World Health Organization	20,23

续表

缩写	中文	英文	章
ZEBET	德国国家动物实验替代方法评价中心	National German Center for Documentation and Evaluation of Alternatives to Testing in Animals	3,4,8
ZeT	奥地利动物实验替代和辅助方法中心	Austrian Center for Alternative and Complementary Methods in Animal Experiments	4